토목기사 필기

과년도 10개년 문제풀이

1. 시험과목

- 필기 : 1. 응용역학
  2. 측량학
  3. 수리학 및 수문학
  4. 철근콘크리트 및 강구조
  5. 토질 및 기초
  6. 상하수도공학
- 실기 : 토목설계 및 시공 실무

2. 관련학과

대학 및 전문대학에 개설되어 있는 토목공학, 농업토목, 해양토목 관련학과

3. 검정방법

- 필기 : 객관식 4지 택일형 과목당 20문항(과목당 30분)
- 실기 : 필답형(3시간, 100점)

4. 합격기준

- 필기 : 100점을 만점으로 하여 과목당 40점 이상, 전 과목 평균 60점 이상
- 실기 : 100점을 만점으로 하여 60점 이상

Information

직무분야	건설	중직무분야	토목	자격종목	토목기사	적용기간	2022.1.1~2025.12.31

○ **직무내용**: 도로, 공항, 철도, 하천, 교량, 댐, 터널, 상하수도, 사면, 항만 및 해양시설물 등 다양한 건설사업을 계획, 설계, 시공, 관리 등의 직무를 수행

필기검정방법	객관식	문제수	120	시험시간	3시간

필기과목명	문제수	주요항목	세부항목	세세항목
응용역학	20	1. 역학적인 개념 및 건설 구조물의 해석	1. 힘과 모멘트	1. 힘 2. 모멘트
			2. 단면의 성질	1. 단면 1차 모멘트와 도심 2. 단면 2차 모멘트 3. 단면 상승 모멘트 4. 회전반경 5. 단면계수
			3. 재료의 역학적 성질	1. 응력과 변형률 2. 탄성계수
			4. 정정보	1. 보의 반력 2. 보의 전단력 3. 보의 휨모멘트 4. 보의 영향선 5. 정정보의 종류
			5. 보의 응력	1. 휨응력 2. 전단응력
			6. 보의 처짐	1. 보의 처짐 2. 보의 처짐각 3. 기타 처짐 해법
			7. 기둥	1. 단주 2. 장주
			8. 정정트러스(Truss), 라멘(Rahmen), 아치(Arch), 케이블(Cable)	1. 트러스 2. 라멘 3. 아치 4. 케이블
			9. 구조물의 탄성변형	1. 탄성변형
			10. 부정정구조물	1. 부정정구조물의 개요 2. 부정정구조물의 판별 3. 부정정구조물의 해법

필기과목명	문제수	주요항목	세부항목	세세항목
측량학	20	1. 측량학일반	1. 측량기준 및 오차	1. 측지학 개요 2. 좌표계와 측량원점 3. 측량의 오차와 정밀도
			2. 국가기준점	1. 국가기준점 개요 2. 국가기준점 현황
		2. 평면기준점측량	1. 위성측위시스템(GNSS)	1. 위성측위시스템(GNSS) 개요 2. 위성측위시스템(GNSS) 활용
			2. 삼각측량	1. 삼각측량의 개요 2. 삼각측량의 방법 3. 수평각 측정 및 조정 4. 변장계산 및 좌표계산 5. 삼각수준측량 6. 삼변측량
			3. 다각측량	1. 다각측량 개요 2. 다각측량 외업 3. 다각측량 내업 4. 측점전개 및 도면작성
		3. 수준점측량	1. 수준측량	1. 정의, 분류, 용어 2. 야장기입법 3. 종·횡단측량 4. 수준망 조정 5. 교호수준측량
		4. 응용측량	1. 지형측량	1. 지형도 표시법 2. 등고선의 일반개요 3. 등고선의 측정 및 작성 4. 공간정보의 활용
			2. 면적 및 체적 측량	1. 면적계산 2. 체적계산
			3. 노선측량	1. 중심선 및 종횡단 측량 2. 단곡선 설치와 계산 및 이용방법 3. 완화곡선의 종류별 설치와 계산 및 이용방법 4. 종곡선 설치와 계산 및 이용방법
			4. 하천측량	1. 하천측량의 개요 2. 하천의 종횡단측량

Information

필기과목명	문제수	주요항목	세부항목	세세항목
수리학 및 수문학	20	1. 수리학	1. 물의 성질	1. 점성계수 2. 압축성 3. 표면장력 4. 증기압
			2. 정수역학	1. 압력의 정의 2. 정수압 분포 3. 정수력 4. 부력
			3. 동수역학	1. 오일러방정식과 베르누이식 2. 흐름의 구분 3. 연속방정식 4. 운동량방정식 5. 에너지 방정식
			4. 관수로	1. 마찰손실 2. 기타손실 3. 관망 해석
			5. 개수로	1. 전수두 및 에너지 방정식 2. 효율적 흐름 단면 3. 비에너지 4. 도수 5. 점변 부등류 6. 오리피스 7. 위어
			6. 지하수	1. Darcy의 법칙 2. 지하수 흐름 방정식
			7. 해안 수리	1. 파랑 2. 항만구조물
		2. 수문학	1. 수문학의 기초	1. 수문 순환 및 기상학 2. 유역 3. 강수 4. 증발산 5. 침투
			2. 주요 이론	1. 지표수 및 지하수 유출 2. 단위 유량도 3. 홍수추적 4. 수문통계 및 빈도 5. 도시 수문학
			3. 응용 및 설계	1. 수문모형 2. 수문조사 및 설계

필기과목명	문제수	주요항목	세부항목	세세항목
철근콘크리트 및 강구조	20	1. 철근콘크리트 및 강구조	1. 철근콘크리트	1. 설계일반 2. 설계하중 및 하중조합 3. 휨과 압축 4. 전단과 비틀림 5. 철근의 정착과 이음 6. 슬래브, 벽체, 기초, 옹벽, 라멘, 아치 등의 구조물 설계
			2. 프리스트레스트 콘크리트	1. 기본개념 및 재료 2. 도입과 손실 3. 휨부재 설계 4. 전단 설계 5. 슬래브 설계
			3. 강구조	1. 기본개념 2. 인장 및 압축부재 3. 휨부재 4. 접합 및 연결
토질 및 기초	20	1. 토질역학	1. 흙의 물리적 성질과 분류	1. 흙의 기본성질 2. 흙의 구성 3. 흙의 입도분포 4. 흙의 소성특성 5. 흙의 분류
			2. 흙 속에서의 물의 흐름	1. 투수계수 2. 물의 2차원 흐름 3. 침투와 파이핑
			3. 지반 내의 응력분포	1. 지중응력 2. 유효응력과 간극수압 3. 모관현상 4. 외력에 의한 지중응력 5. 흙의 동상 및 융해
			4. 압밀	1. 압밀이론 2. 압밀시험 3. 압밀도 4. 압밀시간 5. 압밀침하량 산정
			5. 흙의 전단강도	1. 흙의 파괴이론과 전단강도 2. 흙의 전단특성 3. 전단시험 4. 간극수압계수 5. 응력경로

Information

필기과목명	문제수	주요항목	세부항목	세세항목
			6. 토압	1. 토압의 종류 2. 토압 이론 3. 구조물에 작용하는 토압 4. 옹벽 및 보강토옹벽의 안정
			7. 흙의 다짐	1. 흙의 다짐특성 2. 흙의 다짐시험 3. 현장다짐 및 품질관리
			8. 사면의 안정	1. 사면의 파괴거동 2. 사면의 안정해석 3. 사면안정 대책공법
			9. 지반조사 및 시험	1. 시추 및 시료 채취 2. 원위치 시험 및 물리탐사 3. 토질시험
		2. 기초공학	1. 기초일반	1. 기초일반 2. 기초의 형식
			2. 얕은기초	1. 지지력 2. 침하
			3. 깊은기초	1. 말뚝기초 지지력 2. 말뚝기초 침하 3. 케이슨기초
			4. 연약지반개량	1. 사질토 지반개량공법 2. 점성토 지반개량공법 3. 기타 지반개량공법
상하수도공학	20	1. 상수도계획	1. 상수도 시설계획	1. 상수도의 구성 및 계통 2. 계획급수량의 산정 3. 수원 4. 수질기준
			2. 상수관로 시설	1. 도수, 송수계획 2. 배수, 급수계획 3. 펌프장 계획
			3. 정수장 시설	1. 정수방법 2. 정수시설 3. 배출수 처리시설
		2. 하수도계획	1. 하수도 시설계획	1. 하수도의 구성 및 계통 2. 하수의 배제방식 3. 계획하수량의 산정 4. 하수의 수질
			2. 하수관로 시설	1. 하수관로 계획 2. 펌프장 계획 3. 우수조정지 계획
			3. 하수처리장 시설	1. 하수처리 방법 2. 하수처리 시설 3. 오니(Sludge) 처리 시설

Contents

2015년도 기출문제

2015년 1회(2015년 3월 8일 시행) ·········· 3
2015년 2회(2015년 5월 31일 시행) ········· 31
2015년 4회(2015년 9월 19일 시행) ········· 60

2016년도 기출문제

2016년 1회(2016년 3월 6일 시행) ·········· 91
2016년 2회(2016년 5월 8일 시행) ·········· 120
2016년 4회(2016년 10월 1일 시행) ········· 149

2017년도 기출문제

2017년 1회(2017년 3월 5일 시행) ·········· 181
2017년 2회(2017년 5월 7일 시행) ·········· 210
2017년 4회(2017년 9월 23일 시행) ········· 239

2018년도 기출문제

2018년 1회(2018년 3월 4일 시행) ·········· 269
2018년 2회(2018년 4월 28일 시행) ········· 298
2018년 4회(2018년 8월 19일 시행) ········· 325

2019년도 기출문제

2019년 1회(2019년 3월 3일 시행) ·········· 355
2019년 2회(2019년 4월 27일 시행) ········· 382
2019년 4회(2019년 8월 4일 시행) ·········· 409

Contents

2020년도 기출문제

2020년 통합 1·2회(2020년 6월 7일 시행) ·· 439
2020년 3회(2020년 8월 23일 시행) ·· 467
2020년 4회(2020년 9월 27일 시행) ·· 497

2021년도 기출문제

2021년 1회(2021년 3월 7일 시행) ··· 527
2021년 2회(2021년 5월 15일 시행) ·· 556
2021년 3회(2021년 8월 14일 시행) ·· 585

2022년도 기출문제

2022년 1회(2022년 3월 5일 시행) ··· 615
2022년 2회(2022년 4월 24일 시행) ·· 643
2022년 3회(2022년 7월 시행 기출복원) ·· 672

2023년도 기출복원문제

2023년 1회(2023년 2월 시행 기출복원) ·· 703
2023년 2회(2023년 5월 시행 기출복원) ·· 731
2023년 3회(2023년 6월 시행 기출복원) ·· 761

2024년도 기출복원문제

2024년 1회(2024년 3월 시행 기출복원) ·· 795
2024년 2회(2024년 5월 시행 기출복원) ·· 826
2024년 3회(2024년 7월 시행 기출복원) ·· 856

contents

3월 8일 시행
5월 31일 시행
9월 19일 시행

토목기사 필기
과년도 기출문제

2015

과년도 기출문제 (2015년 3월 8일 시행)

제1과목 **응용역학**

01. 아래의 그림과 같이 길이 L인 부재에서 전체 길이의 변화량(ΔL)은?(단, 보는 균일하며 단면적 A와 탄성계수 E는 일정)

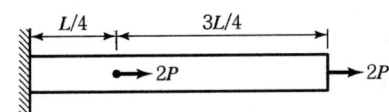

① $\dfrac{2PL}{EA}$ ② $\dfrac{2.5PL}{EA}$

③ $\dfrac{3PL}{EA}$ ④ $\dfrac{3.5PL}{EA}$

■해설

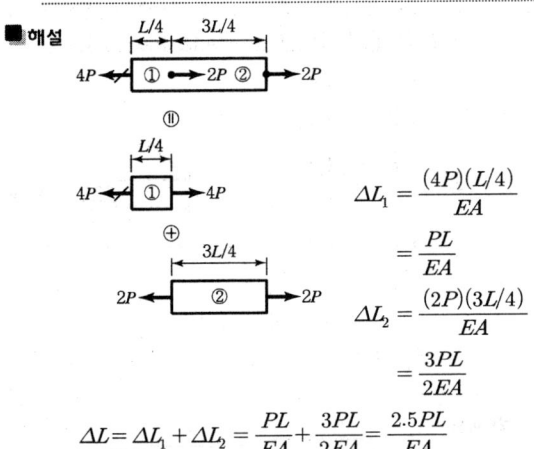

$\Delta L_1 = \dfrac{(4P)(L/4)}{EA} = \dfrac{PL}{EA}$

$\Delta L_2 = \dfrac{(2P)(3L/4)}{EA} = \dfrac{3PL}{2EA}$

$\Delta L = \Delta L_1 + \Delta L_2 = \dfrac{PL}{EA} + \dfrac{3PL}{2EA} = \dfrac{2.5PL}{EA}$

02. 그림과 같이 C점이 내부힌지로 구성된 게르버보에서 B지점에 발생하는 모멘트의 크기는?

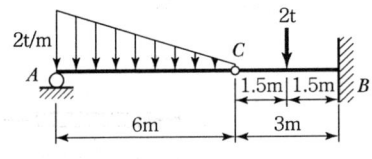

① 9t·m   ② 6t·m
③ 3t·m   ④ 1t·m

■해설

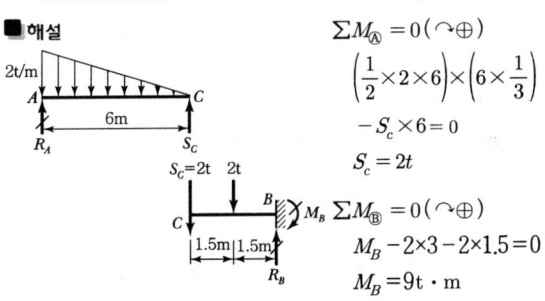

$\sum M_{\text{Ⓐ}} = 0 (\curvearrowright \oplus)$

$\left(\dfrac{1}{2} \times 2 \times 6\right) \times \left(6 \times \dfrac{1}{3}\right) - S_c \times 6 = 0$

$S_c = 2t$

$\sum M_{\text{Ⓑ}} = 0 (\curvearrowright \oplus)$

$M_B - 2 \times 3 - 2 \times 1.5 = 0$

$M_B = 9t \cdot m$

03. 주어진 보에서 지점 A의 휨모멘트(M_A) 및 반력 R_A의 크기로 옳은 것은?

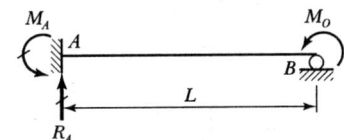

① $M_A = \dfrac{M_o}{2}$, $R_A = \dfrac{3M_o}{2L}$

② $M_A = M_o$, $R_A = \dfrac{M_o}{L}$

③ $M_A = \dfrac{M_o}{2}$, $R_A = \dfrac{5M_o}{2L}$

④ $M_A = M_o$, $R_A = \dfrac{2M_o}{L}$

■해설
$M_A = \dfrac{M_o}{2}$

$\sum M_{\text{Ⓑ}} = 0 (\curvearrowright \oplus)$

$R_A \times L - \dfrac{M_o}{2} - M_o = 0$

$R_A = \dfrac{3M_o}{2L} (\uparrow)$

|해답| 1.② 2.① 3.①

04. 그림과 같은 단면에 $1,500 \text{kg}$의 전단력이 작용할 때 최대 전단응력의 크기는?

① 28.6kg/cm^2
② 35.2kg/cm^2
③ 47.4kg/cm^2
④ 59.5kg/cm^2

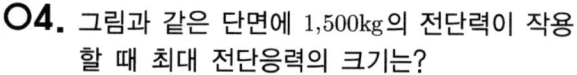

■ 해설

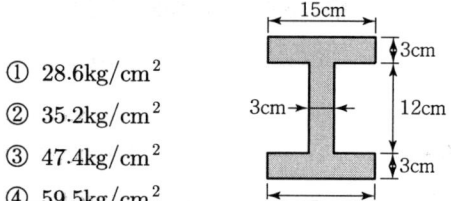

I형 단면에서 최대 전단응력은 단면의 중립축에서 발생한다.
$b_o = 3\text{cm}$(단면 중립축에서 폭)
$I_o = \dfrac{15 \times 18^3}{12} - \dfrac{12 \times 12^3}{12} = 5,562 \text{cm}^4$
$G_o = (15 \times 3) \times 7.5 + (3 \times 6) \times 3$
$\quad = 391.5 \text{cm}^3$

$\tau_{max} = \dfrac{S \cdot G_o}{I_o \cdot b_o}$

$\quad = \dfrac{1,500 \times 391.5}{5,562 \times 3}$

$\quad = 35.19 \text{kg/cm}^2$

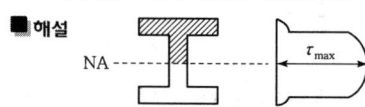

05. 단면이 $10\text{cm} \times 20\text{cm}$인 장주가 있다. 그 길이가 3m일 때 이 기둥의 좌굴하중은 약 얼마인가?(단, 기둥의 $E = 2 \times 10^5 \text{kg/cm}^2$, 지지상태는 양단힌지이다.)

① 36.6t ② 53.2t
③ 73.1t ④ 109.8t

■ 해설
$I_{min} = \dfrac{hb^3}{12} = \dfrac{20 \times 10^3}{12} = 1,666.7 \text{cm}^4$

$P_{cr} = \dfrac{\pi^2 E I_{min}}{(kl)^2}$ (양단힌지, $k = 1$)

$\quad = \dfrac{\pi^2 \times (2 \times 10^5) \times (1,666.7)}{(1 \times 300)^2} = 36,554 \text{kg}$

$\quad = 36.6 \text{t}$

06. 다음과 같이 1변이 a인 정사각형 단면의 1/4을 절취한 나머지 부분의 도심(C)의 위치 y_o는?

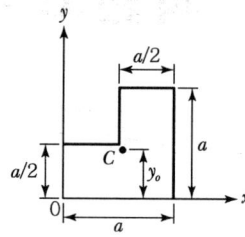

① $\dfrac{5a}{12}$ ② $\dfrac{6a}{12}$
③ $\dfrac{7a}{12}$ ④ $\dfrac{8a}{12}$

■ 해설
$y_o = \dfrac{\left\{\left(\dfrac{a}{2} \times \dfrac{a}{2}\right) \times \dfrac{a}{4}\right\} + \left\{\left(\dfrac{a}{2} \times a\right) \times \dfrac{a}{2}\right\}}{\left(\dfrac{a}{2} \times \dfrac{a}{2}\right) + \left(\dfrac{a}{2} \times a\right)} = \dfrac{5a}{12}$

07. 그림에 표시한 것과 같은 단면의 변화가 있는 AB 부재의 강도(Stiffness Factor)는?

① $\dfrac{PL_1}{A_1 E_1} + \dfrac{PL_2}{A_2 E_2}$

② $\dfrac{A_1 E_1}{PL_1} + \dfrac{A_2 E_2}{PL_2}$

③ $\dfrac{A_1 E_1}{L_1} + \dfrac{A_2 E_2}{L_2}$

④ $\dfrac{A_1 A_2 E_1 E_2}{L_1 (A_2 E_2) + L_2 (A_1 E_1)}$

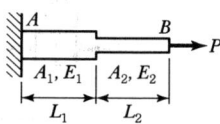

■ 해설

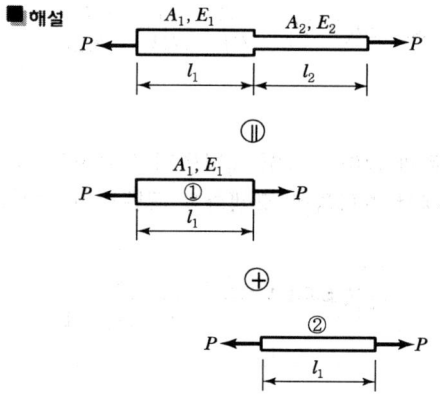

|해답| 4.② 5.① 6.① 7.④

$$\Delta L = \Delta L_1 + \Delta L_2 = \frac{PL_1}{E_1 A_1} + \frac{PL_2}{E_2 A_2}$$
$$= P\left(\frac{L_1 E_2 A_2 + L_2 E_1 A_1}{E_1 A_1 E_2 A_2}\right)$$
$$(\Delta L = 1 \rightarrow P = K)$$
$$K = \frac{A_1 A_2 E_1 E_2}{L_1 (A_2 E_2) + L_2 (A_1 E_1)}$$

08. 아래 그림과 같은 캔틸레버 보에 80kg의 집중하중이 작용할 때 C점에서의 처짐(δ)은?(단, $I = 4.5 \text{cm}^4$, $E = 2.1 \times 10^6 \text{kg/cm}^2$)

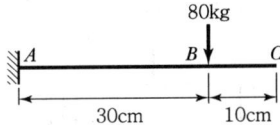

① 1.25cm ② 1.00cm
③ 0.23cm ④ 0.11cm

■해설

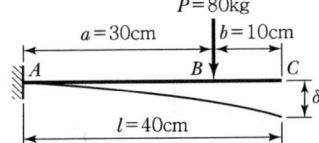

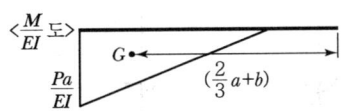

$$\delta_c = \left(\frac{1}{2} \times \frac{Pa}{EI} \times a\right) \times \left(\frac{2}{3}a + b\right)$$
$$= \frac{Pa^2 (3l - a)}{6EI}$$
$$= \frac{80 \times 30^2 \times (3 \times 40 - 30)}{6 \times (4.5 \times 2.1 \times 10^6)}$$
$$= 0.11 \text{cm}$$

09. 아래 그림과 같은 트러스에서 부재 AB의 부재력은?

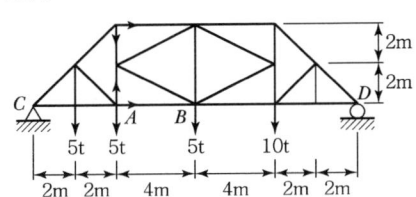

① 10.625t(압축) ② 15.05t(압축)
③ 10.625t(인장) ④ 15.05t(인장)

■해설 $\sum M_\text{D} = 0 (\curvearrowright \oplus)$
$R_c \times 16 - 5 \times 14 - 5 \times 12 - 5 \times 8 - 10 \times 4 = 0$
$R_c = 13.125 \text{t} (\uparrow)$

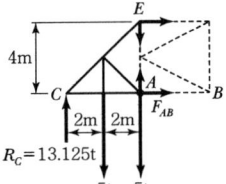

$\sum M_\text{E} = 0 (\curvearrowright \oplus)$
$13.125 \times 4 - 5 \times 2 - F_{AB} \times 4 = 0$
$F_{AB} = 10.625 \text{t} (인장)$

10. 다음 그림과 같은 3활절 포물선 아치의 수평반력(H_A)은?

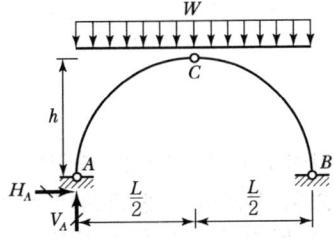

① $\dfrac{WL^2}{16h}$ ② $\dfrac{WL^2}{8h}$
③ $\dfrac{WL^2}{4h}$ ④ $\dfrac{WL^2}{2h}$

■해설 $\sum M_\text{B} = 0 (\curvearrowright \oplus)$
$V_A \times l - (\omega \times l) \times \dfrac{l}{2} = 0$, $V_A = \dfrac{\omega l}{2} (\uparrow)$

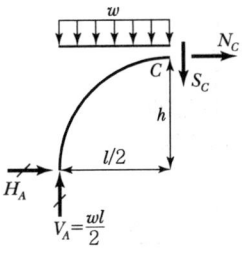

$\sum M_\text{C} = 0 (\curvearrowright \oplus)$
$\dfrac{\omega l}{2} \times \dfrac{l}{2} - \left(\omega \times \dfrac{l}{2}\right) \times \left(\dfrac{l}{2} \times \dfrac{1}{2}\right) - H_A \times h = 0$
$H_A = \dfrac{\omega l^2}{8h} (\rightarrow)$

11. 지름 D인 원형단면보에 휨모멘트 M이 작용할 때 휨응력은?

① $\dfrac{64M}{\pi D^3}$

② $\dfrac{32M}{\pi D^3}$

③ $\dfrac{16M}{\pi D^3}$

④ $\dfrac{8M}{\pi D^3}$

■해설
$$Z = \dfrac{I}{y_1} = \dfrac{\left(\dfrac{\pi D^4}{64}\right)}{\left(\dfrac{D}{2}\right)} = \dfrac{\pi D^3}{32}$$

$$\sigma_{\max} = \dfrac{M}{Z} = \dfrac{M}{\left(\dfrac{\pi D^3}{32}\right)} = \dfrac{32M}{\pi D^3}$$

12. 길이 l인 양단고정보 중앙에 100kg의 집중하중이 작용하여 중앙점의 처짐이 1mm 이하가 되려면 l은 최대 얼마 이하이어야 하는가?(단, $E = 2 \times 10^6 \text{kg/cm}^2$, $I = 10 \text{cm}^4$임)

① 0.72m ② 1m
③ 1.56m ④ 1.72m

■해설
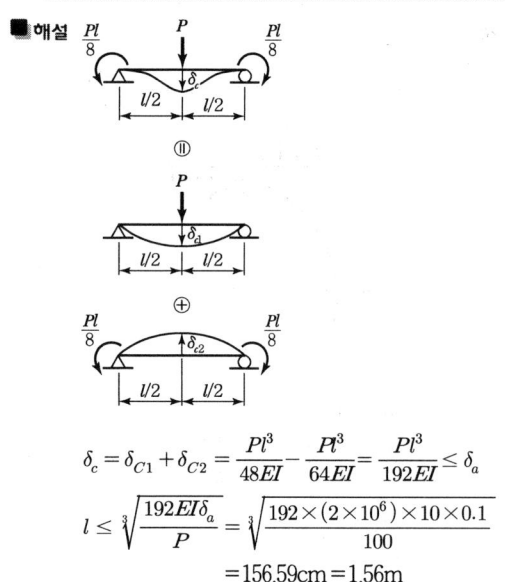

$\delta_c = \delta_{C1} + \delta_{C2} = \dfrac{Pl^3}{48EI} - \dfrac{Pl^3}{64EI} = \dfrac{Pl^3}{192EI} \leq \delta_a$

$l \leq \sqrt[3]{\dfrac{192EI\delta_a}{P}} = \sqrt[3]{\dfrac{192 \times (2 \times 10^6) \times 10 \times 0.1}{100}}$

$= 156.59\text{cm} = 1.56\text{m}$

13. 다음 그림과 같은 정정 라멘에서 C점의 수직 처짐은?

① $\dfrac{PL^3}{3EI}(L + 2H)$

② $\dfrac{PL^2}{3EI}(3L + H)$

③ $\dfrac{PL^2}{3EI}(L + 3H)$

④ $\dfrac{PL^3}{3EI}(2L + H)$

■해설 단위하중법을 적용하여 C점의 수직 처짐을 구하면 다음과 같다.

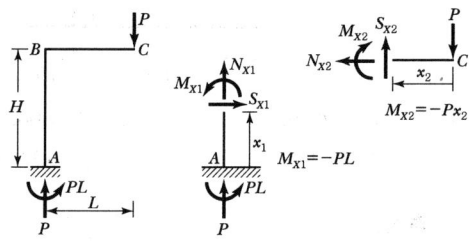

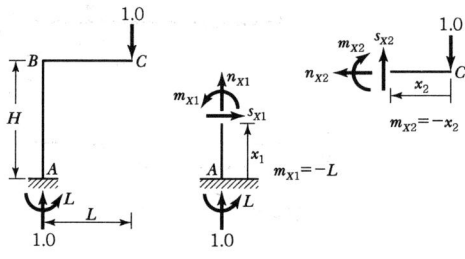

$y_c = \Sigma \displaystyle\int \dfrac{Mm}{EI} dx$

$= \displaystyle\int_0^H \dfrac{1}{EI}(-PL)(-L)dx_1$

$+ \displaystyle\int_0^L \dfrac{1}{EI}(-Px_2)(-x_2)dx_2$

$= \dfrac{1}{EI}\left[PL^2 x_1\right]_0^H + \dfrac{1}{EI}\left[\dfrac{P}{3}x_2^3\right]_0^L$

$= \dfrac{PL^2 H}{EI} + \dfrac{PL^3}{3EI} = \dfrac{PL^2}{3EI}(L + 3H)$

14. 그림과 같은 3경간 연속보의 B점이 5cm 아래로 침하하고 C점이 3cm 위로 상승하는 변위를 각각 보였을 때 B점의 휨모멘트 M_B를 구한 값은?(단, $EI = 8 \times 10^{10}$kg·cm^{2}로 일정)

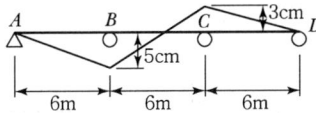

① 3.52×10^6kg·cm
② 4.85×10^6kg·cm
③ 5.07×10^6kg·cm
④ 5.60×10^6kg·cm

■해설 $M_A = 0$, $M_D = 0$

$(A-B-C)$

$M_A\left(\dfrac{600}{I}\right) + 2M_B\left(\dfrac{600}{I} + \dfrac{600}{I}\right) + M_C\left(\dfrac{600}{I}\right)$

$= \dfrac{6 \times E \times 5}{600} + \dfrac{6 \times E \times 8}{600}$

$4M_B + M_C = \dfrac{78EI}{(600)^2}$ ················ ㉠

$(B-C-D)$

$M_B\left(\dfrac{600}{I}\right) + 2M_C\left(\dfrac{600}{I} + \dfrac{600}{I}\right) + M_D\left(\dfrac{600}{I}\right)$

$= \dfrac{6 \times E \times (-8)}{600} + \dfrac{6 \times E \times (-3)}{600}$

$M_B + 4M_C = \dfrac{-66EI}{(600)^2}$ ················ ㉡

식 ㉠, ㉡을 연립하여 풀면
$M_B = 5.60 \times 10^6$kg·cm
$M_C = -5.07 \times 10^6$kg·cm

15. 지름이 d인 강선이 반지름 r인 원통위로 굽어져 있다. 이 강선내의 최대 굽힘모멘트 $M_{\max}$를 계산하면?(단, 강선의 탄성계수 $E = 2 \times 10^6$kg/cm^2, $d = 2$cm, $r = 10$cm)

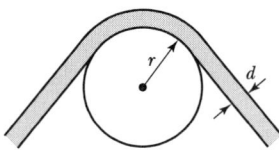

① 1.2×10^5kg·cm
② 1.4×10^5kg·cm
③ 2.0×10^5kg·cm
④ 2.2×10^5kg·cm

■해설 $\dfrac{1}{\rho} = \dfrac{M}{EI}$

$M = \dfrac{EI}{\rho} = \dfrac{E\left(\dfrac{\pi d^4}{64}\right)}{\left(r + \dfrac{d}{2}\right)} = \dfrac{E\pi d^4}{64\left(r + \dfrac{d}{2}\right)}$

$= \dfrac{(2 \times 10^6)\pi (2^4)}{64\left(10 + \dfrac{2}{2}\right)} = 1.4 \times 10^5$kg·cm

16. 그림과 같이 이축응력(二軸應力)을 받고 있는 요소의 체적변형율은?(단, 탄성계수 $E = 2 \times 10^6$ kg/cm^2, 포아송비 $\nu = 0.3$)

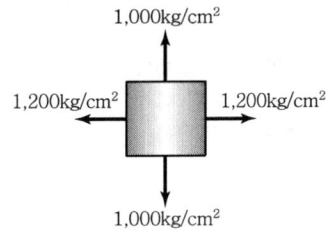

① 3.6×10^{-4}
② 4.0×10^{-4}
③ 4.4×10^{-4}
④ 4.8×10^{-4}

■해설 $\varepsilon_\nu = \dfrac{1-2\nu}{E}(\sigma_x + \sigma_y + \sigma_z)$

$= \dfrac{1 - 2 \times 0.3}{(2 \times 10^6)}(1,200 + 1,000 + 0)$

$= 4.4 \times 10^{-4}$

17. 그림과 같은 내민보에서 A점의 처짐은?
(단, $I = 16,000$cm^4, $E = 2.0 \times 10^6$kg/cm^{2}이다.)

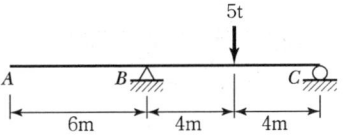

① 2.25cm
② 2.75cm
③ 3.25cm
④ 3.75cm

■해설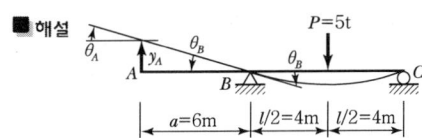

$$\theta_B = -\frac{Pl^2}{16EI}(c.c.w)$$
$$y_A = a \cdot \theta_B = a\left(-\frac{Pl^2}{16EI}\right) = -\frac{Pl^2 a}{16EI}$$
$$= -\frac{(5\times10^3)\times(8\times10^2)^2\times(6\times10^2)}{16\times(2.0\times10^6)\times(16,000)}$$
$$= -3.75\text{cm}(상향)$$

18. 다음 중 정(+)의 값뿐만 아니라 부(-)의 값도 갖는 것은?

① 단면계수 ② 단면 2차 모멘트
③ 단면 2차 반경 ④ 단면 상승 모멘트

■해설 $I_{xy} = \int_A xy dA = I_{XY} + Ax_0 y_0$

단면 상승 모멘트는 주어진 단면에 대한 설정 축의 위치에 따라 정(+)의 값과 부(-)의 값이 모두 존재할 수 있다.

19. 「재료가 탄성적이고 Hooke의 법칙을 따르는 구조물에서 지점침하와 온도 변화가 없을 때, 한 역계 P_n에 의해 변형되는 동안에 다른 역계 P_m가 하는 외적인 가상일은 P_m역계에 의해 변형하는 동안에 P_n역계가 하는 외적인 가상일과 같다.」 이것을 무엇이라 하는가?

① 가상일의 원리
② 카스틸리아노의 정리
③ 최소일의 정리
④ 베티의 법칙

■해설
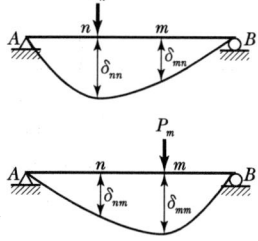

$P_n \cdot \delta_{nm} = P_m \cdot \delta_{mn}$ (베티의 정리)

20. 그림(a)와 같은 하중이 그 진행방향을 바꾸지 아니하고, 그림(b)와 같은 단순보 위를 통과할 때, 이 보에 절대 최대 휨 모멘트를 일어나게 하는 하중 9t의 위치는?(단, B지점으로부터 거리임)

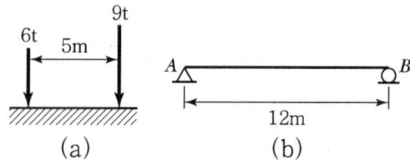

① 2m ② 5m
③ 6m ④ 7m

■해설 절대 최대 휨모멘트가 발생하는 위치와 하중 배치

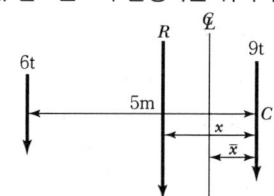

㉠ 이동 하중군의 합력 크기(R)
$\Sigma F_y (\downarrow\oplus) = 6+9 = R$
$R = 15t$

㉡ 이동 하중군의 합력 위치(x)
$\Sigma M_C (\curvearrowright\oplus) = 6\times 5 = R\times x$
$x = \frac{30}{R} = \frac{30}{15} = 2m$

㉢ 절대 최대 휨모멘트가 발생하는 위치($\bar{x}$)
$\bar{x} = \frac{x}{2} = \frac{2}{2} = 1m$

따라서, 절대 최대 휨모멘트는 9t의 재하위치가 보 중앙으로부터 우측으로 1m 떨어진 곳(A지점으로부터 7m 떨어진 곳, 또는 B지점으로부터 5m 떨어진 곳)일 때 9t의 재하 위치에서 발생한다.

제2과목 **측량학**

21. 원곡선의 주요점에 대한 좌표가 다음과 같을 때 이 원곡선의 교각(I)은?

- 교점(I.P)의 좌표 : $X=1,150.0$m, $Y=2,300.0$m
- 곡선시점(B.C)의 좌표 : $Y=2,100.0$m
- 곡선종점(E.C)의 좌표 : $X=1,000.0$m, $Y=2,500.0$m

① 90°00′00″
② 73°44′24″
③ 53°07′48″
④ 36°52′12″

■해설 ㉠ 현장(C) $=2,500-2,100=400$m
㉡ 현장 중심에서 IP까지의 거리
$=1,150-1,000=150$m
㉢ $\tan\dfrac{I}{2}=\dfrac{150}{\dfrac{400}{2}}=\dfrac{150}{200}$
㉣ $I=\tan^{-1}\left(\dfrac{150}{200}\right)=73°44′23″$

22. 하천측량에서 수애선이 기준이 되는 수위는?

① 갈수위
② 평수위
③ 저수위
④ 고수위

■해설 수애선은 하천경계의 기준이며 평균 평수위를 기준으로 한다.

23. 장애물로 인하여 접근하기 어려운 2점 P, Q를 간접거리측량한 결과 그림과 같다. $\overline{AB}$의 거리가 216.90m일 때 PQ의 거리는?

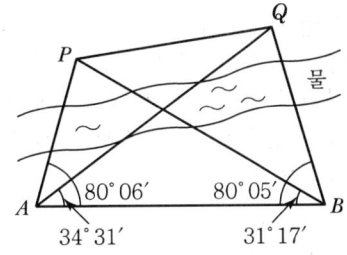

① 120.96m
② 142.29m
③ 173.39m
④ 194.22m

■해설 ㉠ $\angle APB=68°37′$
$\dfrac{\overline{AP}}{\sin31°17′}=\dfrac{216.90}{\sin68°37′}$
㉡ $\overline{AP}=\dfrac{\sin31°17′}{\sin68°37′}\times216.9=120.96$m
㉢ $\angle AQB=65°24′$
$\dfrac{\overline{AQ}}{\sin80°05′}=\dfrac{216.90}{\sin65°24′}$
㉣ $\overline{AQ}=\dfrac{\sin80°05′}{\sin65°24′}\times216.9=234.99$m
㉤ $\overline{PQ}=\sqrt{(\overline{AP})^2+(\overline{AQ})^2-2\cdot\overline{AP}\cdot\overline{AQ}\cdot\cos\angle PAQ}$
$=\sqrt{120.96^2+234.99^2-2\times120.96\times234.99\times\cos45°35′}$
$=173.39$m

24. 수준측량에서 수준 노선의 거리와 무게(경중률)의 관계로 옳은 것은?

① 노선거리에 비례한다.
② 노선거리에 반비례한다.
③ 노선거리의 제곱근에 비례한다.
④ 노선거리의 제곱근에 반비례한다.

■해설 경중률과 거리의 관계
거리에 반비례한다.
$P_1 : P_2 = \dfrac{1}{S_1} : \dfrac{1}{S_2}$

25. 교점(I.P)까지의 누가거리가 355m인 곡선부에 반지름(R)이 100m인 원곡선을 편각법에 의해 삽입하고자 한다. 이때 20m에 대한 호와 현길이의 차이에서 발생하는 편각(δ)의 차이는?

① 약 20″   ② 약 34″
③ 약 46″   ④ 약 55″

■해설 · 현과 호의 길이차
$$\Delta l = \frac{L^3}{24R^2} = \frac{20^3}{24 \times 100^2} = 0.033m$$
· 편각
$$\delta = \frac{L}{R} \times \frac{90°}{\pi} = \frac{0.033}{100} \times \frac{90°}{\pi} = 34.03''$$

26. 촬영고도 3,000m에서 초점거리 15cm인 카메라로 촬영했을 때 유효모델 면적은?(단, 사진크기는 23cm×23cm, 종중복 60%, 횡중복 30%)

① 4.72km²   ② 5.25km²
③ 5.92km²   ④ 6.37km²

■해설 · 축척 $\left(\frac{1}{m}\right) = \frac{f}{H} = \frac{0.15}{3,000} = \frac{1}{20,000}$
· 유효면적(A_0)
$= A\left(1-\frac{p}{100}\right)\left(1-\frac{q}{100}\right)$
$= (ma)^2\left(1-\frac{p}{100}\right)\left(1-\frac{q}{100}\right)$
$= (20,000 \times 0.23)^2\left(1-\frac{60}{100}\right)\left(1-\frac{30}{100}\right)$
$= 5,924,800m^2 \fallingdotseq 5.92km^2$

27. 사진 상의 연직점에 대한 설명으로 옳은 것은?

① 대물렌즈의 중심을 말한다.
② 렌즈의 중심으로부터 사진면에 내린 수선의 발이다.
③ 렌즈의 중심으로부터 지면에 내린 수선의 연장선과 사진면과의 교점이다.
④ 사진면에 직교되는 광선과 연직선이 만나는 점이다.

■해설 연직점은 지면에 내린 수선이 렌즈 중심을 통과, 사진면과 만나는 교점이다.

28. 수평각관측법 중 가장 정확한 값을 얻을 수 있는 방법으로 1등 삼각측량에 이용되는 방법은?

① 조합각관측법   ② 방향각법
③ 배각법   ④ 단각법

■해설 조합각관측법이 가장 정밀도가 높고, 1등 삼각측량에 사용한다.

29. GPS 위성측량에 대한 설명으로 옳은 것은?

① GPS를 이용하여 취득한 높이는 지반고이다.
② GPS에서 사용하고 있는 기준타원체는 GRS80 타원체이다.
③ 대기 내 수증기는 GPS 위성 신호를 지연시킨다.
④ VRS 측량에서는 망조정이 필요하다.

■해설 대류권 지연
이 층은 지구기후에 의해 구름과 같은 수증기가 있어 굴절오차의 원인이 된다.

30. 클로소이드 곡선에 대한 설명으로 틀린 것은?

① 곡률이 곡선의 길이에 반비례하는 곡선이다.
② 단위클로소이드란 매개변수 A가 1인 클로소이드이다.
③ 모든 클로소이드는 닮은꼴이다.
④ 클로소이드에서 매개변수 A가 정해지면 클로소이드의 크기가 정해진다.

■해설 곡률은 곡선의 길이에 비례한다.

31. 지형도 작성을 위한 방법과 거리가 먼 것은?

① 탄성파 측량을 이용하는 방법
② 토털스테이션 측량을 이용하는 방법
③ 항공사진 측량을 이용하는 방법
④ 인공위성 영상을 이용하는 방법

■해설 탄성파측량은 물리학적 측지학으로 지구 내부구조를 파악하기 위해 실시하는 측량이다.

|해답| 25.② 26.③ 27.③ 28.① 29.③ 30.① 31.①

32. 트래버스 측점 A의 좌표가 (200, 200)이고, AB 측선의 길이가 50m일 때 B점의 좌표는?(단, AB의 방위각은 195°이고, 좌표의 단위는 m이다.)

① (248.3, 187.1)   ② (248.3, 212.9)
③ (151.7, 187.1)   ④ (151.7, 212.9)

■해설 ㉠ $X_B = X_A + 위거(L_{AB})$,
$Y_B = Y_A + 경거(D_{AB})$
㉡ $X_B = X_A + l\cos\theta = 200 + 50 \cdot \cos 195°$
$= 151.70m$
㉢ $Y_B = Y_A + l\sin\theta = 200 + 50 \cdot \sin 195°$
$= 187.06m$
㉣ $(X_B, Y_B) = (151.7, 187.1)$

33. 전자파거리측량기로 거리를 측량할 때 발생되는 관측오차에 대한 설명으로 옳은 것은?

① 모든 관측오차는 거리에 비례한다.
② 모든 관측오차는 거리에 비례하지 않는다.
③ 거리에 비례하는 오차와 비례하지 않는 오차가 있다.
④ 거리가 어떤 길이 이상으로 커지면 관측오차가 상쇄되어 길이에 대한 영향이 없어진다.

■해설 EDM에 의한 거리관측오차
(1) 거리비례오차
 ㉠ 광속도오차
 ㉡ 광변조 주파수오차
 ㉢ 굴절률오차
(2) 거리에 비례하지 않는 오차
 ㉠ 위상차 관측오차
 ㉡ 기계상수, 반사경상수오차
 ㉢ 편심으로 인한 오차

34. 수준측량에서 전시와 후시의 시준거리를 같게 하면 소거가 가능한 오차가 아닌 것은?

① 관측자의 시차에 의한 오차
② 정준이 불안정하여 생기는 오차
③ 기포관축과 시준축이 평행하지 않았을 때 생기는 오차
④ 지구의 곡률에 의하여 생기는 오차

■해설 전·후시 시준거리가 같을 때 소거 가능 오차
• 레벨 조정 불완전 오차 소거(기포관축//시준축)
• 기차의 소거
• 구차의 소거

35. 100m²인 정사각형 토지의 면적을 0.1m²까지 정확하게 구하고자 한다면 이에 필요한 거리관측의 정확도는?

① 1/2,000   ② 1/1,000
③ 1/500   ④ 1/300

■해설 면적과 거리의 정도관계
$\dfrac{\Delta A}{A} = 2\dfrac{\Delta L}{L}$, $\dfrac{0.1}{100} = 2 \times \dfrac{\Delta L}{L}$
$\dfrac{\Delta L}{L} = \dfrac{1}{2} \times \dfrac{0.1}{100} = \dfrac{1}{2,000}$

36. 트래버스 ABCD에서 각 측선에 대한 위거와 경거값이 아래 표와 같을 때, 측선 BC의 배횡거는?

측선	위거(m)	경거(m)
AB	+75.39	+81.57
BC	−33.57	+18.78
CD	−61.43	−45.60
CA	+44.61	−52.65

① 81.57m   ② 155.10m
③ 163.14m   ④ 181.92m

■해설 ㉠ 첫 측선의 배횡거는 첫 측선의 경거와 같다.
㉡ 임의 측선의 배횡거는 전 측선의 배횡거 + 전 측선의 경거 + 그 측선의 경거이다.
㉢ 마지막 측선의 배횡거는 마지막 측선의 경거와 같다.(부호반대)
• AB 측선의 배횡거 = 81.57
• BC 측선의 배횡거 = 81.57 + 81.57 + 18.78
 = 181.92m

37. 30m에 대하여 3mm 늘어나 있는 줄자로써 정사각형의 지역을 측정한 결과 80,000m²였다면 실제의 면적은?

① 80,016m² ② 80,008m²
③ 79,984m² ④ 79,992m²

■해설 • 축척과 거리, 면적의 관계
$$\frac{1}{m} = \frac{도상거리}{실제거리},\ \left(\frac{1}{m}\right)^2 = \frac{도상면적}{실제면적}$$
• 실제면적
$$(A_0) = \left(\frac{L + \Delta L}{L}\right)^2 \times A$$
$$= \left(\frac{30 + 0.003}{30}\right)^2 \times 80,000 = 80,016\text{m}^2$$

38. 지성선에 관한 설명으로 옳지 않은 것은?

① 지성선은 지표면이 다수의 평면으로 구성되었다고 할 때, 평면간 접합부, 즉 접선을 말하며 지세선이라고도 한다.
② 철(凸)선을 능선 또는 분수선이라 한다.
③ 경사변환선이란 동일 방향의 경사면에서 경사의 크기가 다른 두면의 접합선이다.
④ 요(凹)선은 지표의 경사가 최대로 되는 방향을 표시한 선으로 유하선이라고 한다.

■해설 최대경사선을 유하선이라 하며 지표의 경사가 최대인 방향으로 표시한 선.
요(凹)선은 계곡선 합수선이라 한다.

39. 항공 LIDAR 자료의 특성에 대한 설명으로 옳은 것은?

① 시간, 계절 및 기상에 관계없이 언제든지 관측이 가능하다.
② 적외선 파장은 물에 잘 흡수되므로 수면에 반사된 자료는 신뢰성이 매우 높다.
③ 사진 촬영을 동시에 진행할 수 없으므로 자료 판독이 어렵다.
④ 산림지역에서 지표면의 관측이 가능하다.

■해설 LIDAR은 레이저에 의한 대상물의 위치 결정 방법으로 산림이나 수목지대에서도 투과율이 높다.
항공기에 레이저 펄스, GPS수신기, 관성측량장치 등을 동시에 탑재하여 비행방향에 따라 일정한 간격으로 지형을 관측하고 위치결정은 GPS, 수직거리는 관성측량기로 한다.
• 산림, 수목 및 늪지대에서도 지형도 제작이 용이하다.
• 항공사진에 비해 작업속도가 빠르며 경제적이다.
• 저고도 비행에 의해서만 가능하다.
• 산림지대의 투과율이 높다.

40. 평탄한 지역에서 A측점에 기계를 세우고 15km 떨어져 있는 B측점을 관측하려고 할 때에 B측점에 표척의 최소높이는?(단, 지구의 곡률반지름=6,370km, 빛의 굴절은 무시)

① 7.85m ② 10.85m
③ 15.66m ④ 17.66m

■해설 ㉠ 양차(Δh) $= \frac{D^2}{2R}(1-k)$
㉡ $\Delta h = \frac{15^2}{2 \times 6,370} = 0.01766\text{km} = 17.66\text{m}$

제3과목 수리수문학

41. 평면상 x, y 방향의 속도성분이 각각 $u = ky$, $v = kx$인 유선의 형태는?

① 원 ② 타원
③ 쌍곡선 ④ 포물선

■해설 유선방정식
㉠ 유선방정식
$$\frac{dx}{u} = \frac{dy}{v} = \frac{dz}{w}$$
㉡ 2차원 유선방정식에 $u = ky$, $v = kx$를 대입하면
$$\frac{dx}{ky} = \frac{dy}{kx}$$
$xdx - ydy = 0$
$x^2 - y^2 = 0$
∴ 쌍곡선이다.

42. 자연하천에서 수위-유량관계곡선이 loop형을 이루게 되는 이유가 아닌 것은?

① 배수 및 저수효과
② 하도의 인공적 변화
③ 홍수 시 수위의 급변화
④ 조류 발생

■해설 수위-유량 관계곡선
㉠ 하천 임의 단면에서 수위와 유량을 동시에 측정하여 장기간 자료를 수집하면 이들의 관계를 나타내는 검정곡선을 얻을 수 있다. 이 곡선을 수위-유량 관계곡선(Rating Curve)이라 한다.
㉡ 자연하천에서 수위-유량관계곡선이 loop형인 이유
• 하도의 인공적, 자연적 변화
• 홍수시 수위의 급상승, 급하강
• 배수 및 저하효과
• 초목 및 얼음의 효과
㉢ 수위-유량곡선의 연장방법에는 전대수지법, Manning 공식에 의한 방법, Stevens 방법 등이 있다.

43. 비중이 0.9인 목재가 물에 떠 있다. 수면 위에 노출된 체적이 $1.0m^3$이라면 목재 전체의 체적은?(단, 물의 비중은 1.0이다.)

① $1.9m^3$
② $2.0m^3$
③ $9.0m^3$
④ $10.0m^3$

■해설 부체의 평형조건
㉠ 부체의 평형조건
• $W(무게) = B(부력)$
• $w \cdot V = w_w \cdot V'$

여기서, w : 물체의 단위중량
V : 부체의 체적
w_w : 물의 단위중량
V' : 물에 잠긴 만큼의 체적

㉡ 체적의 산정
• $0.9 \times V = 1.0 \times (V - 1.0)$
∴ $V = 10m^3$

44. 이중누가해석(Double Mass Analysis)에 관한 설명으로 옳은 것은?

① 유역의 평균강우량 결정에 사용된다.
② 자료의 일관성을 조사하는 데 사용된다.
③ 구역별 적합한 강우강도식의 산정에 사용된다.
④ 일부 결측된 강우기록을 보충하기 위하여 사용된다.

■해설 이중누가우량분석(Double Mass Analysis)
수십 년에 걸친 장기간의 강수자료의 일관성(Consistency) 검증을 위해 이중누가우량분석을 실시한다.

45. 개수로 흐름에 대한 설명으로 틀린 것은?

① 한계류 상태에서는 수심의 크기가 속도수두의 2배가 된다.
② 유량이 일정할 때 상류에서는 수심이 작아질수록 유속은 커진다.
③ 비에너지는 수평기준면을 기준으로 한 단위무게의 유수가 가진 에너지를 말한다.
④ 흐름이 사류에서 상류로 바뀔 때에는 도수와 함께 큰 에너지 손실을 동반한다.

■해설 개수로 일반사항
• 한계류 상태에서는 수심의 크기가 속도수두의 2배가 된다.
• 유량이 일정할 때 상류(常流)에서는 수심이 작아질수록 유속은 커진다.
• 비에너지는 수로바닥면을 기준으로 한 단위무게당의 유수가 가진 에너지(수두)를 말한다.
• 흐름이 사류(射流)에서 상류(常流)로 바뀔 때에는 도수와 함께 에너지 손실을 동반한다.

46. 그림과 같이 일정한 수위가 유지되는 충분히 넓은 두 수조의 수중 오리피스에서 오리피스의 직경 $d = 20cm$일 때, 유출량 Q는?(단, 유량계수 $C = 1$이다.)

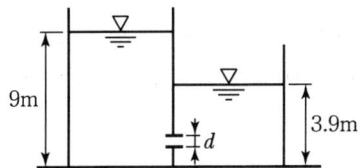

① $0.314 \text{m}^3/\text{s}$
② $0.628 \text{m}^3/\text{s}$
③ $3.14 \text{m}^3/\text{s}$
④ $6.28 \text{m}^3/\text{s}$

■해설 완전수중오리피스
㉠ 완전수중오리피스
- $Q = CA\sqrt{2gH}$
- $H = h_1 - h_2$

㉡ 완전수중오리피스의 유량계산
$Q = CA\sqrt{2gH}$
$= 1 \times \dfrac{\pi \times 0.2^2}{4} \times \sqrt{2 \times 9.8 \times (9-3.9)}$
$= 0.314 \text{m}^3/\text{sec}$

47. 원형 관수로 흐름에서 Manning식의 조도계수와 마찰계수와의 관계식은?(단, f는 마찰계수, n은 조도계수, d는 관의 직경, 중력가속도는 9.8m/s^2이다.)

① $f = \dfrac{98.8n^2}{d^{1/3}}$
② $f = \dfrac{124.5n^2}{d^{1/3}}$
③ $f = \sqrt{\dfrac{98.8n^2}{d^{1/3}}}$
④ $f = \sqrt{\dfrac{124.5n^2}{d^{1/3}}}$

■해설 마찰손실계수
㉠ R_e수와의 관계
- 원관 내 층류 : $f = \dfrac{64}{R_e}$
- 불완전 층류 및 난류의 매끈한 관 :
 $f = 0.3164 R_e^{-\frac{1}{4}}$

㉡ 조도계수 n과의 관계
$f = \dfrac{124.5n^2}{D^{\frac{1}{3}}} = 124.5n^2 D^{-\frac{1}{3}}$

㉢ Chezy 유속계수 C와의 관계
$f = \dfrac{8g}{C^2}$

48. 절대압력 P_{ab}, 계기압력(또는 상대압력) P_g, 그리고 대기압 P_{at}라고 할 때 이들의 관계식으로 옳은 것은?

① $P_{ab} - P_g = P_{at}$
② $P_{ab} + P_g = P_{at}$
③ $P_g - P_{at} = P_{ab}$
④ $P_g + P_{at} = P_{ab} - 1$

■해설 압력의 산정
㉠ 절대압력과 계기압력
- 계기압력(대기압 무시) : $p = wh$
- 절대압력(대기압 고려) : $p = p_a(\text{대기압}) + wh$
㉡ 관계식
∴ $P_{ab} - P_g = P_{at}$

49. 직사각형 단면 개수로에서 수심이 1m, 평균유속이 4.5m/s, 에너지보정계수 $\alpha = 1.0$일 때 비에너지(H_e)는?

① 1.03m
② 2.03m
③ 3.03m
④ 4.03m

■해설 비에너지
㉠ 단위무게당의 물이 수로바닥면을 기준으로 갖는 흐름의 에너지 또는 수두를 비에너지라 한다.
$H_e = h + \dfrac{\alpha v^2}{2g}$

여기서, h : 수심
α : 에너지보정계수
v : 유속

㉡ 비에너지의 산정
$H_e = h + \dfrac{\alpha v^2}{2g} = 1 + \dfrac{1 \times 4.5^2}{2 \times 9.8} = 2.03\text{m}$

50. 어떤 유역에 70mm의 강우량이 그림과 같은 분포로 내렸을 때 유역의 직접유출량이 30mm이었다면 이때의 $\phi-\text{index}$는?

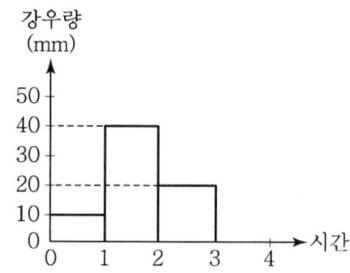

① 10mm/h
② 12.5mm/h
③ 15mm/h
④ 20mm/h

■해설 침투능 추정법
  ㉠ 침투능을 추정하는 방법
    • 침투지수법에 의한 방법
    • 침투계에 의한 방법
    • 경험공식에 의한 방법
  ㉡ 침투지수법에 의한 방법
    • ϕ-index법 : 우량주상도에서 총 강우량과 손실량을 구분하는 수평선에 대응하는 강우강도가 ϕ-지표이며, 이것이 평균침투능의 크기이다.
    • W-index법 : ϕ-index법을 개선한 방법으로 지면보유, 증발산량 등을 고려한 방법이다.
  ㉢ ϕ-지수법에 의한 ϕ-index의 산정
    • 손실량(침투량) = 총 강우량 − 유출량
      = 70 − 30 = 40
    • ϕ-index = 침투량/시간
      = (40−10)/2 = 15mm/hr

51. 한 유선 상에서의 속도수두를 $\dfrac{V^2}{2g}$, 압력수두를 $\dfrac{P}{w}$, 위치수두를 Z라 할 때 동수경사선(E)을 표시하는 식은?(단, V는 유속, P는 압력, w는 단위중량, g는 중력가속도, Z는 기준면으로부터의 높이이다.)

① $\dfrac{V^2}{2g}+\dfrac{P}{w}+Z=E$ ② $\dfrac{V^2}{2g}+\dfrac{P}{w}=E$

③ $\dfrac{V^2}{2g}+Z=E$ ④ $\dfrac{P}{w}+Z=E$

■해설 에너지선과 동수경사선
  ㉠ 에너지선
    기준면에서 총수두까지의 높이 $\left(z+\dfrac{p}{w}+\dfrac{v^2}{2g}\right)$를 연결한 선, 즉 전수두를 연결한 선을 말한다.
  ㉡ 동수경사선
    기준면에서 위치수두와 압력수두의 합 $\left(z+\dfrac{p}{w}\right)$을 연결한 선을 말한다.
  ∴ 동수경사선 $E=z+\dfrac{p}{w}$

52. 그림과 같은 부등류 흐름에서 y는 실제수심, y_c는 한계수심, y_n은 등류수심으로 표시한다. 그림의 수로경사에 관한 설명과 수면형 명칭으로 옳은 것은?

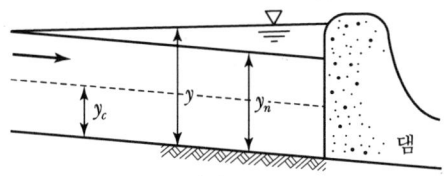

① 완경사 수로에서의 배수곡선이면 M_1 곡선
② 급경사 수로에서의 배수곡선이면 S_1 곡선
③ 완경사 수로에서의 배수곡선이면 M_2 곡선
④ 급경사 수로에서의 배수곡선이면 S_2 곡선

■해설 부등류의 수면형
  ㉠ $dx/dy>0$이면 흐름방향으로 수심이 증가함을 뜻하며 이 유형의 곡선을 배수곡선(Backwater Curve)이라 하고, 댐 상류부에서 볼 수 있는 곡선이다.
  ㉡ $dx/dy<0$이면 수심이 흐름방향으로 감소함을 뜻하며 이를 저하곡선(Dropdown Curve)이라 하고, 위어 등에서 볼 수 있는 곡선이다.
  ∴ 그림은 상류(常流)로 흐르는 수로에 댐을 만들었을 때 그 상류(上流)에 생기는 수면곡선으로 배수곡선이며 M_1 곡선이다.

53. 수표면적이 $10km^2$인 저수지에서 24시간 동안 측정된 증발량이 2mm이며, 이 기간 동안 저수지 수위의 변화가 없었다면, 저수지로 유입된 유량은?(단, 저수지의 수표면적은 수심에 따라 변화하지 않음)

① $0.23m^3/s$ ② $2.32m^3/s$
③ $0.46m^3/s$ ④ $4.63m^3/s$

■해설 저수지 증발량 산정방법
  ㉠ 물수지 방법
    일정기간 동안의 저수지 내로의 유입량과 유출량을 고려하여 물수지관계를 계산함으로써 증발량을 산정
    $E=P+I-O\pm S\pm U$
    여기서, E : 증발량
    　　　　I : 유입량
    　　　　O : 유출량

S : 저류량
U : 지하수 유출입량

ⓒ 유입량의 산정
주어진 조건은 증발량과 유입량만 있으므로 물수지방정식을 사용하면 다음과 같다.
$$E = I = (2 \times 10^{-3}) \times (10 \times 10^6)$$
$$= 20,000 \text{m}^3/\text{day} = 0.23 \text{m}^3/\text{sec}$$

54. 두께 20.0m의 피압대수층에서 $0.1 \text{m}^3/\text{s}$로 양수했을 때 평형상태에 도달하였다. 이 양수정에서 각각 50.0m, 200.0m 떨어진 관측점에서 수위가 39.20m, 40.66m이었다면 이 대수층의 투수계수(k)는?

① 0.2m/day ② 6.5m/day
③ 20.7m/day ④ 65.3m/day

■해설 우물의 양수량
㉠ 우물의 양수량

종류	내용
깊은 우물 (심정호)	우물의 바닥이 불투수층에 도달한 우물을 말한다. $Q = \dfrac{\pi K(H^2 - h_o^2)}{\ln(R/r_o)} = \dfrac{\pi K(H^2 - h_o^2)}{2.3 \log(R/r_o)}$
얕은 우물 (천정호)	우물의 바닥이 불투수층에 도달하지 못한 우물을 말한다. $Q = 4Kr_o(H - h_o)$
굴착정	피압대수층의 물을 양수하는 우물을 굴착정이라 한다. $Q = \dfrac{2\pi aK(H - h_o)}{\ln(R/r_o)} = \dfrac{2\pi aK(H - h_o)}{2.3 \log(R/r_o)}$
집수 암거	복류수를 취수하는 우물을 집수암거라 한다. $Q = \dfrac{Kl}{R}(H^2 - h^2)$

ⓒ 굴착정의 투수계수
$$K = \dfrac{2.3 \log(R/r_o) Q}{2\pi a(H - h_o)}$$
$$= \dfrac{2.3 \log(200/50) \times 0.1}{2 \times \pi \times 20 \times (40.66 - 39.20)}$$
$$= 65.3 \text{m/day}$$

55. 베르누이 정리가 성립하기 위한 조건으로 틀린 것은?

① 압축성 유체에 성립한다.
② 유체의 흐름은 정상류이다.

③ 개수로 및 관수로 모두에 적용된다.
④ 하나의 유선에 대하여 성립한다.

■해설 베르누이 정리
베르누이 정리의 성립가정은 다음과 같다.
• 하나의 유선에서만 성립된다.
• 정상류흐름에 적용된다.
• 이상유체(비점성, 비압축성)만 성립된다.

56. 부등류에 대한 표현으로 가장 적합한 것은?(단, t : 시간, ℓ : 거리, v : 유속)

① $\dfrac{dv}{d\ell} = 0$ ② $\dfrac{dv}{d\ell} \neq 0$
③ $\dfrac{dv}{dt} = 0$ ④ $\dfrac{dv}{dt} \neq 0$

■해설 흐름의 분류
㉠ 정류와 부정류 : 시간에 따른 흐름의 특성이 변하지 않는 경우를 정류, 변하는 경우를 부정류라 한다.
• 정류 : $\dfrac{\partial v}{\partial t} = 0$, $\dfrac{\partial p}{\partial t} = 0$, $\dfrac{\partial \rho}{\partial t} = 0$
• 부정류 : $\dfrac{\partial v}{\partial t} \neq 0$, $\dfrac{\partial p}{\partial t} \neq 0$, $\dfrac{\partial \rho}{\partial t} \neq 0$

ⓒ 등류와 부등류 : 공간에 따른 흐름의 특성이 변하지 않는 경우를 등류, 변하는 경우를 부등류라 한다.
• 등류 : $\dfrac{\partial Q}{\partial l} = 0$, $\dfrac{\partial v}{\partial l} = 0$, $\dfrac{\partial h}{\partial l} = 0$
• 부등류 : $\dfrac{\partial Q}{\partial l} \neq 0$, $\dfrac{\partial v}{\partial l} \neq 0$, $\dfrac{\partial h}{\partial l} \neq 0$

∴ 부등류는 $\dfrac{\partial v}{\partial l} \neq 0$이다.

57. 수위차가 3m인 2개의 저수지를 지름 50cm, 길이 80m의 직선관으로 연결하였을 때 유량은?(단, 입구손실계수=0.5, 관의 마찰손실계수=0.0265, 출구손실계수=1.0, 이외의 손실은 없다고 한다.)

① $0.124 \text{m}^3/\text{s}$ ② $0.314 \text{m}^3/\text{s}$
③ $0.628 \text{m}^3/\text{s}$ ④ $1.280 \text{m}^3/\text{s}$

■해설 단일관수로의 유량
㉠ 단일관수로의 유속
$$V = \sqrt{\dfrac{2gH}{f_i + f_o + f \cdot \dfrac{l}{d}}}$$
㉡ 유량의 산정
$$Q = AV = \dfrac{\pi D^2}{4} \times \sqrt{\dfrac{2gH}{f_i + f_o + f \cdot \dfrac{l}{d}}}$$
$$= \dfrac{\pi \times 0.5^2}{4} \times \sqrt{\dfrac{2 \times 9.8 \times 3}{0.5 + 1 + 0.0265 \times \dfrac{80}{0.5}}}$$
$$= 0.628 \mathrm{m^3/s}$$

58. 직각삼각형 위어에 있어서 월류수심이 $0.25\mathrm{m}$일 때 일반식에 의한 유량은?(단, 유량계수(C)는 0.6이고, 접근속도는 무시한다.)

① $0.0143\mathrm{m^3/s}$ ② $0.0243\mathrm{m^3/s}$
③ $0.0343\mathrm{m^3/s}$ ④ $0.0443\mathrm{m^3/s}$

■해설 삼각위어의 유량
㉠ 삼각형 위어
삼각위어는 소규모 유량의 정확한 측정이 필요할 때 사용하는 위어이다.
$$Q = \dfrac{8}{15} C \tan \dfrac{\theta}{2} \sqrt{2g}\, h^{\frac{5}{2}}$$
㉡ 직각삼각형 위어의 유량
$$Q = \dfrac{8}{15} C \tan \dfrac{\theta}{2} \sqrt{2g}\, h^{\frac{5}{2}}$$
$$= \dfrac{8}{15} \times 0.6 \times \tan \dfrac{90}{2} \sqrt{2 \times 9.8} \times 0.25^{\frac{5}{2}}$$
$$= 0.0443 \mathrm{m^3/s}$$

59. Darcy-Weisbach의 마찰손실수두공식 $h = f\dfrac{\ell}{D}\dfrac{V^2}{2g}$에 있어서 f는 마찰손실계수이다. 원형관의 관벽이 완전 조면인 거친 관이고, 흐름이 난류라고 하면 f는?

① 프루드 수만의 함수로 표현할 수 있다.
② 상대조도만의 함수로 표현할 수 있다.
③ 레이놀즈 수만의 함수로 표현할 수 있다.
④ 레이놀즈 수와 조도의 함수로 표현할 수 있다.

■해설 마찰손실계수
㉠ 원관 내 층류($R_e < 2,000$)
$$f = \dfrac{64}{R_e}$$
㉡ 불완전 층류 및 난류($R_e > 2,000$)
• $f = \phi\left(\dfrac{1}{R_e}, \dfrac{e}{d}\right)$
• f는 R_e와 상대조도(ε/d)의 함수이다.
• 매끈한 관의 경우 f는 R_e만의 함수이다.
• 거친 관의 경우 f는 상대조도(ε/d)만의 함수이다.
∴ 난류에서의 거친 관의 마찰손실계수는 상대조도(ε/d)만의 함수이다.

60. 단위유량도(Unit Hydrograph)에서 강우자료를 유효우량으로 쓰게 되는 이유는?

① 기저유출이 포함되어 있기 때문에
② 손실우량을 산정할 수 없기 때문에
③ 직접유출의 근원이 되는 우량이기 때문에
④ 대상유역 내 균일하게 분포하는 것으로 볼 수 있기 때문에

■해설 단위유량도
㉠ 단위도의 정의
특정 단위시간 동안 균등한 강우강도로 유역 전반에 걸쳐 균등한 분포로 내리는 단위유효우량으로 인하여 발생하는 직접유출 수문곡선
㉡ 단위도의 구성요소
• 직접유출량
• 유효우량 지속시간
• 유역면적
㉢ 단위도의 3가정
• 일정기저시간 가정
• 비례가정
• 중첩가정
∴ 단위유량도에서 유효우량을 쓰게 되는 이유는 직접유출량의 근원이 되는 우량이기 때문이다.

제4과목 철근콘크리트 및 강구조

61. 횡구속골조구조물에서 세장비 $\left(\dfrac{kl_u}{r}\right)$가 얼마를 초과할 때 장주로 취급하는가?(단, M_1 : 압축부재의 단부 계수 휨모멘트 중 작은 값, M_2 : 압축부재의 단부 계수 휨모멘트 중 큰 값)

① $22 - 12\dfrac{M_1}{M_2}$
② $34 - 12\dfrac{M_1}{M_2}$
③ $34 + 12\dfrac{M_1}{M_2}$
④ $22 + 12\dfrac{M_1}{M_2}$

■해설 장주와 단주의 구별

다음 각 경우에 대하여 세장비$\left(\lambda = \dfrac{kl_u}{r}\right)$가 주어진 조건을 만족하면 단주로서 고려하고, 조건을 만족하지 않으면 장주로서 고려한다.

- 횡방향 상대변위가 구속된 경우
  $\lambda < 34 - 12\left(\dfrac{M_1}{M_2}\right) \leq 40$
  (여기서, $-0.5 \leq \left(\dfrac{M_1}{M_2}\right) \leq 1.0$)
- 횡방향 상대변위가 구속되지 않은 경우
  $\lambda < 22$

62. 용접시의 주의 사항에 관한 설명 중 틀린 것은?

① 용접의 열을 될 수 있는 대로 균등하게 분포시킨다.
② 용접부의 구속을 될 수 있는 대로 적게 하여 수축변형을 일으키더라도 해로운 변형이 남지 않도록 한다.
③ 평행한 용접은 같은 방향으로 동시에 용접하는 것이 좋다.
④ 주변에서 중심으로 향하여 대칭으로 용접해 나간다.

■해설 용접은 중심에서 주변을 향해 대칭으로 해나가는 것이 변형을 적게 한다.

63. 계수전단력 $V_u = 75\text{kN}$에 대하여 규정에 의한 최소전단철근을 배근하여야 하는 직사각형 철근콘크리트보가 있다. 이 보의 폭이 300mm일 경우 유효깊이(d)의 최소값은?(단, $f_{ck} = 24\text{MPa}$, $f_y = 350\text{MPa}$)

① 375mm
② 387mm
③ 394mm
④ 409mm

■해설 $\phi V_c \geq V_u$
$\phi\left(\dfrac{1}{6}\sqrt{f_{ck}}\,b_w\,d\right) \geq V_u$
$d \geq \dfrac{6V_u}{\phi\sqrt{f_{ck}}\,b_w} = \dfrac{6 \times (75 \times 10^3)}{0.75 \times \sqrt{24} \times 300} = 408.2\text{mm}$

64. 강도 설계법에서 그림과 같은 T형보에 압축연단에서 중립축까지의 거리(c)는 약 얼마인가? (단, $A_s = 14-D25 = 7,094\text{mm}^2$, $f_{ck} = 35\text{MPa}$, $f_y = 400\text{MPa}$)

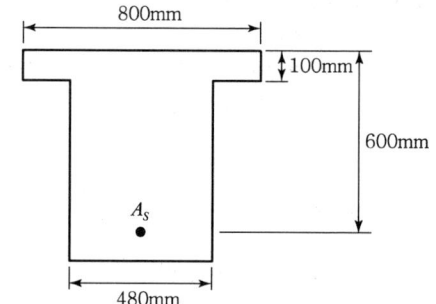

① 132mm
② 155mm
③ 165mm
④ 186mm

■해설 ㉠ T형 보의 판별
  $b = 800\text{mm}$인 직사각형 단면보에 대한 등가사각형 깊이
  $a = \dfrac{A_s f_y}{0.85 f_{ck} b} = \dfrac{7,094 \times 400}{0.85 \times 35 \times 800} = 119.2\text{mm}$
  $t_f = 100\text{mm}$
  $a > t_f$이므로 T형 보로 해석

㉡ $T_f = C_f$
  $A_{sf} f_y = 0.85 f_{ck} (b - b_w) t_f$

|해답| 61.② 62.④ 63.④ 64.③

$$A_{sf} = \frac{0.85 f_{ck}(b-b_w)t_f}{f_y}$$
$$= \frac{0.85 \times 35 \times (800-480) \times 100}{480}$$
$$= 2{,}380 \text{mm}^2$$

ⓒ $T_w = C_w$
$(a_s - A_{sf})f_y = 0.85 f_{ck} a b_w$
$$a = \frac{(A_s - A_{sf})f_y}{0.85 f_{ck} b_w} = \frac{(7{,}094 - 2{,}380) \times 400}{0.85 \times 35 \times 480}$$
$$= 132 \text{mm}$$

$f_{ck} > 28$MPa인 경우 β_1의 값
$$\beta_1 = 0.85 - 0.007(f_{ck} - 28)$$
$$= 0.85 - 0.007(35-28) = 0.801$$
$$c = \frac{a}{\beta_1} = \frac{132}{0.801} = 164.8 \text{mm}$$

65. 다음 중 플랫 슬래브(Flat Slab)에 대한 설명으로 옳은 것은?

① 보 없이 지판에 의해 하중이 기둥으로 전달되며, 2방향으로 철근이 배치된 콘크리트 슬래브
② 보나 지판이 없이 기둥으로 하중을 전달하는 2방향으로 철근이 배치된 콘크리트 슬래브
③ 상부 수직하중을 하부 지반에 분산시키기 위해 저면을 확대시킨 철근콘크리트판
④ 기초 위에 돌출된 압축부재로서 단면의 평균최소치수에 대한 높이의 비율이 3 이하인 부재

■해설 (1) 플랫 슬래브(Flat Slab)
  • 보 없이 기둥만으로 지지된 슬래브를 플랫 슬래브라고 한다.
  • 기둥 둘레의 전단력과 부모멘트를 감소시키기 위하여 지판(Drop Panel)과 기둥머리(Column Capital)를 둔다.
(2) 평판 슬래브(Flat Plate Slab)
  • 지판과 기둥머리 없이 순수하게 기둥만으로 지지된 슬래브를 평판 슬래브라고 한다.
  • 하중이 크지 않거나 지간이 짧은 경우에 사용한다.

66. 그림과 같은 2방향 확대 기초에서 하중계수가 고려된 계수하중 P_u(자중포함)가 그림과 같이 작용할 때 위험단면의 계수전단력(V_u)은 얼마인가?

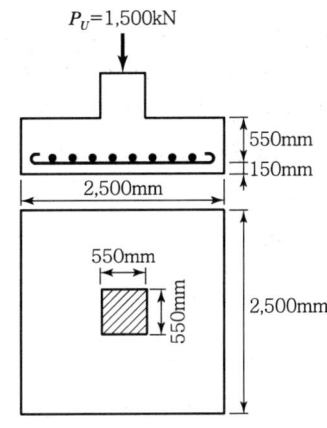

① 1,151.4kN ② 1,209.6kN
③ 1,263.4kN ④ 1,316.9kN

■해설 $q = \dfrac{P}{A} = \dfrac{1{,}500 \times 10^3}{2{,}500^2} = 0.24 \text{N/mm}^2$
$B = t + 1.5d = 550 + 1.5 \times 550 = 1{,}375 \text{mm}$
$V_u = q(SL - B^2) = 0.24 \times (2{,}500^2 - 1{,}375^2)$
$= 1{,}046{,}250\text{N} = 1{,}046\text{kN}$

67. 유효프리스트레스응력을 결정하기 위하여 고려하여야하는 프리스트레스의 손실원인이 아닌 것은?

① 정착장치의 활동
② 콘크리트의 탄성수축
③ 포스트텐션의 긴장재와 덕트 사이의 마찰
④ 긴장재의 건조수축

■해설
Jacking Force
↓ (즉시손실)
초기 프리스트레싱력
↓ (시간손실)
유효 프리스트레싱력

(1) 즉시손실
  • 정착장치의 활동에 의한 손실
  • PS강재와 쉬스 사이의 마찰에 의한 손실
  • 콘크리트의 탄성변형에 의한 손실
(2) 시간 손실
  • 콘크리트의 크리프에 의한 손실
  • 콘크리트의 건조수축에 의한 손실
  • PS강재의 릴랙세이션에 의한 손실

|해답| 65.① 66.정답 없음 67.④

68. 유효깊이(d)가 450mm인 직사각형 단면보에 $f_y = 400$MPa인 인장철근이 1열로 배치되어 있다. 중립축(c)의 위치가 압축연단에서 180mm인 경우 강도감소계수(ϕ)는?

① 0.817　② 0.824
③ 0.835　④ 0.843

■해설　(1) ε_t(최외단 인장철근의 순인장 변형율) 결정

$$\varepsilon_t = \frac{d_t - c}{c}\varepsilon_c$$
$$= \frac{450 - 180}{180} \times 0.003 = 0.0045$$

(2) 단면 구분
- $f_y = 400$MPa인 경우, ε_y(압축지배 한계 변형율)와 $\varepsilon_{t,l}$(인장지배 한계 변형율) 값

$$\varepsilon_y = \frac{f_y}{E_s} = \frac{400}{(2 \times 10^5)} = 0.002$$

$\varepsilon_{t,l} = 0.005$
- $\varepsilon_y(=0.002) < \varepsilon_t(=0.0045) < \varepsilon_{t,l}$
$(=0.005)$이므로 변화구간 단면

(3) ϕ 결정
- $\phi_c = 0.65$(나선철근으로 보강되지 않은 부재의 경우)

$$\phi = 0.85 - \frac{\varepsilon_{t,l} - \varepsilon_t}{\varepsilon_{t,l} - \varepsilon_y}(0.85 - \phi_c)$$
$$= 0.85 - \frac{0.005 - 0.0045}{0.005 - 0.002}(0.85 - 0.65)$$
$$= 0.817$$

69. 프리스트레스트 콘크리트의 원리를 설명할 수 있는 기본 개념으로 옳지 않은 것은?

① 균등질 보의 개념
② 내력 모멘트의 개념
③ 하중평형의 개념
④ 변형도 개념

■해설　프리스트레스트 콘크리트의 기본개념
- 균등질 보의 개념(응력개념)
- 내력 모멘트의 개념(강도개념)
- 하중평형 개념(등가하중개념)

70. 이형철근의 최소 정착길이를 나타낸 것으로 틀린 것은?(단, d_b=철근의 공칭지름)

① 표준갈고리가 있는 인장 이형철근 : $10d_b$, 또한 200mm
② 인장 이형철근 : 300mm
③ 압축 이형철근 : 200mm
④ 확대머리 인장 이형철근 : $8d_b$, 또한 150mm

■해설　이형철근의 최소 정착길이
- 인장 이형철근 : 300mm
- 압축 이형철근 : 200mm
- 표준갈고리가 있는 인장 이형철근 : $8d_b$ 또한 150mm

71. 그림과 같은 나선철근 기둥에서 나선철근의 간격(Pitch)으로 적당한 것은?(단, 소요나선철근비 $\rho_s = 0.018$, 나선철근의 지름은 12mm이다.)

① 61mm
② 85mm
③ 93mm
④ 105mm

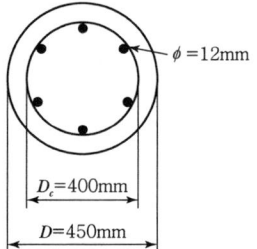

■해설　$\rho_s = \dfrac{\text{나선철근의 체적}}{\text{심부의 체적}}$

$$0.018 = \frac{\dfrac{\pi \times 12^2}{4} \times \pi \times 400}{\dfrac{\pi \times 400^2}{4} \times s}$$

$s = 62.8$mm

72. 그림과 같은 두께 13mm의 플레이트에 4개의 볼트구멍이 배치되었을 때 부재의 순단면적을 구하면?(단, 볼트구멍의 직경은 24mm이다.)

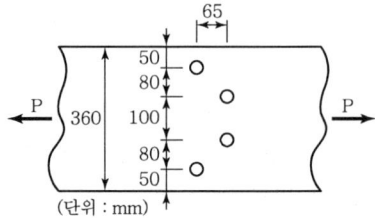

|해답|　68.①　69.④　70.①　71.①　72.③

① 4,056mm² ② 3,916mm²
③ 3,775mm² ④ 3,524mm²

■해설 $d_h = \phi + 3 = 24\text{mm}$
$b_{n2} = b_g - 2d_h = 360 - (2 \times 24) = 312\text{mm}$
$b_{n3} = b_g - 3d_h + \dfrac{s^2}{4g}$
$= 360 - (3 \times 24) + \left(\dfrac{65^2}{4 \times 80}\right) = 301.2\text{mm}$
$b_{n4} = b_g - 4d_h + 2 \times \dfrac{s^2}{4g}$
$= 360 - (4 \times 24) + \left(2 \times \dfrac{65^2}{4 \times 80}\right) = 290.4\text{mm}$
$b_n = [b_{n2}, b_{n3}, b_{n4}]_{\min} = 290.4\text{mm}$
$A_n = b_n t = 290.4 \times 13 = 3,775.2\text{mm}^2$

73. 옹벽의 설계 및 해석에 대한 설명으로 틀린 것은?
① 활동에 대한 저항력은 옹벽에 작용하는 수평력의 1.5배 이상이어야 한다.
② 전도에 대한 저항휨모멘트는 횡토압에 의한 전도모멘트의 2.0배 이상이어야 한다.
③ 저판의 뒷굽판은 정확한 방법이 사용되지 않는 한, 뒷굽판 상부에 재하되는 모든 하중을 지지하도록 설계하여야 한다.
④ 부벽식 옹벽의 뒷부벽은 3변 지지된 2방향 슬래브로 설계하여야 한다.

■해설 부벽식 옹벽의 뒷부벽은 T형 보로 설계하여야 한다.

74. 그림과 같은 직사각형 단면의 프리텐션 부재의 편심 배치한 직선 PS강재를 820kN으로 긴장했을 때 탄성변형으로 인한 프리스트레스의 감소량은?(단, $I = 3.125 \times 10^9 \text{mm}^4$, $n = 6$이고, 자중에 의한 영향은 무시한다.)

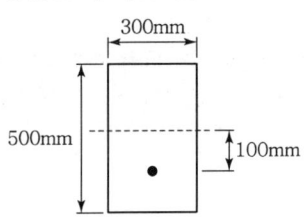

① 44.5MPa ② 46.5MPa
③ 48.5MPa ④ 50.5MPa

■해설 $\Delta f_{pe} = nf_{cs} = n\left(\dfrac{P_i}{A_c} + \dfrac{P_i e_p}{I_c} e_p\right)$
$= 6\left[\dfrac{(820 \times 10^3)}{(300 \times 500)} + \dfrac{(820 \times 10^3) \times 100}{(3.125 \times 10^9)} \times 100\right]$
$= 48.544\text{MPa}$

75. 복철근 콘크리트 단면에 인장철근비는 0.02, 압축철근비는 0.01이 배근된 경우 순간처짐이 20mm일 때 6개월이 지난 후 총 처짐량은?(단, 작용하는 하중은 지속하중이며 지속하중의 6개월 재하기간에 따르는 계수 ξ는 1.2이다.)
① 26mm ② 36mm
③ 46mm ④ 56mm

■해설 $\lambda = \dfrac{\xi}{1+50\rho'} = \dfrac{1.2}{1+(50\times0.01)} = 0.8$
$\delta_L = \lambda \cdot \delta_i = 0.8 \times 20 = 16\text{mm}$
$\delta_T = \delta_i + \delta_L = 20 + 16 = 36\text{mm}$

76. $f_{ck} = 28\text{MPa}$, $f_y = 350\text{MPa}$로 만들어지는 보에서 압축이형철근으로 D29(공칭지름 28.6mm)를 사용한다면 기본정착길이는?(단, 보통 중량 콘크리트를 사용한 경우)
① 412mm ② 446mm
③ 473mm ④ 522mm

■해설 $l_{db} = \dfrac{0.25 d_b f_y}{\sqrt{f_{ck}}} = \dfrac{0.25 \times 28.6 \times 350}{\sqrt{28}} = 472.9\text{mm}$
$0.043 d_b f_y = 0.043 \times 28.6 \times 350 = 430.43\text{mm}$
$l_{db} \geq 0.043 d_b f_y - \text{O.K}$

77. $b_w = 300\text{mm}$, $d = 500\text{mm}$인 단철근직사각형 보가 있다. 강도설계법으로 해석할 때 최소철근량은 얼마인가?(단, $f_{ck} = 35\text{MPa}$, $f_y = 400\text{MPa}$이다.)
① 490mm²
② 525mm²
③ 555mm²
④ 575mm²

■해설
$$\rho_1 = \frac{0.25\sqrt{f_{ck}}}{f_y} = \frac{0.25 \times \sqrt{35}}{400} = 0.0037$$
$$\rho_2 = \frac{1.4}{f_y} = \frac{1.4}{400} = 0.0035$$
$$\rho_{\min} = [\rho_1, \rho_2]_{\max} = 0.0037$$
$$A_{s,\min} = \rho_{\min} \cdot b_w d$$
$$= 0.0037 \times 300 \times 500 = 555 \text{mm}^2$$

78. 경간 6m인 단순 직사각형 단면($b=300\text{mm}$, $h=400\text{mm}$)보에 계수하중 30kN/m가 작용할 때 PS강재가 단면도심에서 긴장되며 경간 중앙에서 콘크리트 단면의 하연 응력이 0이 되려면 PS강재에 얼마의 긴장력이 작용되어야 하는가?

① 1,805kN ② 2,025kN
③ 3,054kN ④ 3,557kN

■해설
$$f_b = \frac{P}{A} - \frac{M}{Z} = \frac{P}{bh} - \frac{3\omega l^2}{4bh^2} = 0$$
$$P = \frac{3\omega l^2}{4h} = \frac{3 \times 30 \times 6^2}{4 \times 0.4} = 2,025 \text{kN}$$

79. 폭(b_w) 400mm, 유효깊이(d) 600mm인 보에서 압축연단으로부터 중립축까지의 거리가 250mm이고 $f_{ck}=38\text{MPa}$, $f_y=300\text{MPa}$일 때 등가응력 사각형의 깊이는?

① 195mm ② 207mm
③ 212.5mm ④ 224.6mm

■해설
• $f_{ck} > 28\text{MPa}$인 경우 β_1의 값
$$\beta_1 = 0.85 - 0.007(f_{ck} - 28)$$
$$= 0.85 - 0.007(38 - 28)$$
$$= 0.78$$
• $a = \beta_1 C = 0.78 \times 250 = 195 \text{mm}$

80. 프리스트레스트 콘크리트의 경우 흙에 접하여 콘크리트를 친 후 영구히 흙에 묻혀 있는 콘크리트의 최소 피복두께는?

① 40mm ② 60mm
③ 80mm ④ 100mm

■해설 프리스트레스트 콘크리트의 경우 흙에 접하여 콘크리트를 친 후 영구히 흙에 묻혀 있는 콘크리트의 최소 피복두께는 80mm이다.

제5과목 토질 및 기초

81. 사운딩에 대한 설명 중 틀린 것은?

① 로드 선단에 지중저항체를 설치하고 지반 내 관입, 압입, 또는 회전하거나 인발하여 그 저항치로부터 지반의 특성을 파악하는 지반조사방법이다.
② 정적 사운딩과 동적 사운딩이 있다.
③ 압입식 사운딩의 대표적인 방법은 Standard Penet Ration Test(SPT)이다.
④ 특수사운딩 중 측압사운딩의 공내횡방향재하시험은 보링공을 기계적으로 수평으로 확장시키면서 측압과 수평변위를 측정한다.

■해설 표준관입시험(SPT)은 동적 사운딩의 방법이다.

82. 다음 표는 흙의 다짐에 대해 설명한 것이다. 옳게 설명한 것을 모두 고른 것은?

(1) 사질토에서 다짐에너지가 클수록 최대건조단위 중량은 커지고 최적함수비는 줄어든다.
(2) 입도분포가 좋은 사질토가 입도분포가 균등한 사질토보다 더 잘 다져진다.
(3) 다짐곡선은 반드시 영공기간극곡선의 왼쪽에 그려진다.
(4) 양족 롤러(Sheepsfoot Roller)는 점성토를 다지는 데 적합하다.
(5) 점성토에서 흙은 최적함수비보다 큰 함수비로 다지면 면모구조를 보이고 작은 함수비로 다지면 이산구조를 보인다.

① (1), (2), (3), (4) ② (1), (2), (3), (5)
③ (1), (4), (5) ④ (2), (4), (5)

|해답| 78.② 79.① 80.③ 81.③ 82.①

■해설 점성토에서 OMC보다 큰 함수비(습윤 측)로 다지면 이산구조(분산구조), OMC보다 작은 함수비(건조 측)로 다지면 면모구조를 보인다.

83. 현장에서 완전히 포화되었던 시료라 할지라도 시료채취 시 기포가 형성되어 포화도가 저하될 수 있다. 이 경우 생성된 기포를 원상태로 용해시키기 위해 작용시키는 압력을 무엇이라고 하는가?

① 구속압력(Confined Pressure)
② 축차응력(Diviator Stress)
③ 배압(Back Pressure)
④ 선행압밀압력(Preconsolidation Pressure)

■해설 배압
실험실에서 흙 시료를 100% 포화시키기 위해 흙 시료 속으로 가하는 수압

84. 직경 30cm의 평판재하시험에서 작용압력이 30t/m²일 때 평판의 침하량이 30mm이었다면, 직경 3m의 실제 기초에 30t/m²의 압력이 작용할 때의 침하량은?(단, 지반은 사질토 지반이다.)

① 30mm
② 99.2mm
③ 187.4mm
④ 300mm

■해설 침하량(사질토)
$$S_{(기초판)} = S_{재하판} \times \left[\frac{2B_{(기초판)}}{B_{(기초판)} + B_{(재하판)}}\right]^2$$
$$= 0.03 \times \left[\frac{2 \times 3}{3 + 0.3}\right]^2 = 0.0992m = 99.2mm$$

85. 다음 그림과 같은 p-q 다이어그램에서 K_f 선이 파괴선을 나타낼 때 이 흙의 내부마찰각은?

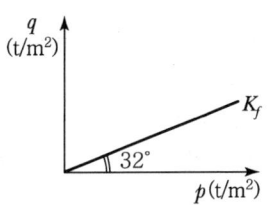

① 32°
② 36.5°
③ 38.7°
④ 40.8°

■해설 k_f 선과 Mohr-Coulomb 선의 기하학적 관계
$\sin\phi = \tan\alpha$
∴ $\phi = \sin^{-1}(\tan\alpha)$
$= \sin^{-1}(\tan 32°) = 38.7°$

86. 기초폭 4m의 연속기초를 지표면 아래 3m 위치의 모래지반에 설치하려고 한다. 이때 표준 관입시험 결과에 의한 사질지반의 평균 N값이 10일 때 극한지지력은?(단, Meyerhof 공식 사용)

① 420t/m²
② 210t/m²
③ 105t/m²
④ 75t/m²

■해설 Meyerhof 공식
$$q_{ult} = 3NB\left(1 + \frac{D_f}{B}\right) = 3 \times 10 \times 4 \times \left(1 + \frac{3}{4}\right) = 210t/m²$$

87. 어떤 흙의 입도분석 결과 입경 가적 곡선의 기울기가 급경사를 이룬 빈입도일 때 예측할 수 있는 사항으로 틀린 것은?

① 균등계수는 작다.
② 간극비는 크다.
③ 흙을 다지기가 힘들 것이다.
④ 투수계수는 작다.

■해설 빈입도(경사가 급한 경우)
• 입도 분포가 불량하다.
• 균등계수가 작다.
• 간극비가 크다.
• 투수계수가 크다.

88. 통일분류법으로 흙을 분류할 때 사용하는 인자가 아닌 것은?

① 입도 분포
② 애터버그 한계
③ 색, 냄새
④ 군지수

■해설 흙의 공학적 성질
㉠ 통일 분류법(입도분포, 액성한계, 소성지수)
㉡ AASHTO 분류법(군지수)

89. 다음 중 투수계수를 좌우하는 요인이 아닌 것은?

① 토립자의 크기
② 공극의 형상과 배열
③ 포화도
④ 토립자의 비중

■해설
$$k = D_s^2 \cdot \frac{\gamma_w}{\mu} \cdot \frac{e^3}{1+e} \cdot C$$
(k는 토립자 비중과 무관함)

90. 유선망의 특징에 대한 설명으로 틀린 것은?

① 균질한 흙에서 유선과 등수두선은 상호 직교한다.
② 유선 사이에서 수두감소량(Head Loss)은 동일하다.
③ 유선은 다른 유선과 교차하지 않는다.
④ 유선망은 경계조건을 만족하여야 한다.

■해설 등수두선 사이에서 수두감소량(손실수두)은 동일하다.

91. 사면안정 해석방법에 대한 설명으로 틀린 것은?

① 일체법은 활동면 위에 있는 흙덩어리를 하나의 물체로 보고 해석하는 방법이다.
② 절편법은 활동면 위에 있는 흙을 몇 개의 절편으로 분할하여 해석하는 방법이다.
③ 마찰원방법은 점착력과 마찰각을 동시에 갖고 있는 균질한 지반에 적용된다.
④ 절편법은 흙이 균질하지 않아도 적용이 가능하지만, 흙속에 간극수압이 있을 경우 적용이 불가능하다.

■해설 절편법은 흙속에 간극수압이 있을 경우 적용 가능하다.

92. 흙시료 채취에 대한 설명으로 틀린 것은?

① 교란의 효과는 소성이 낮은 흙이 소성이 높은 흙보다 크다.
② 교란된 흙은 자연상태의 흙보다 압축강도가 작다.
③ 교란된 흙은 자연상태의 흙보다 전단강도가 작다.
④ 흙시료 채취 직후에 비교적 교란되지 않은 코어(Core)는 부(負)의 과잉간극수압이 생긴다.

■해설 소성이 낮은 흙은 교란 효과가 작다.

93. 아래 그림과 같은 지표면에 2개의 집중하중이 작용하고 있다. 3t의 집중하중 작용점 하부 2m 지점 A에서의 연직하중의 증가량은 약 얼마인가?(단, 영향계수는 소수점 이하 넷째 자리까지 구하여 계산하시오.)

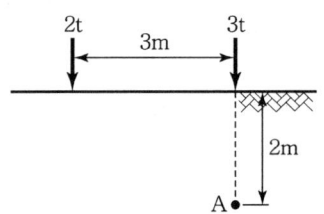

① 0.37t/m²
② 0.89t/m²
③ 1.42t/m²
④ 1.94t/m²

■해설
$$\Delta\sigma_Z = \frac{Q_1}{Z^2}I_{\sigma_1} + \frac{Q_2}{Z^2}I_{\sigma_2}$$
$$= \frac{Q}{Z^2}\left(\frac{3}{2\pi}\right) + \frac{Q}{Z^2}\left(\frac{3}{2\pi} \times \frac{Z^5}{R^5}\right)$$
$$= \frac{3}{2^2}\left(\frac{3}{2\pi}\right) + \frac{Z}{2^2}\left(\frac{3}{2\pi} \times \frac{2^5}{3.6^5}\right)$$
$$= 0.37\text{t/m}^2$$
($R = \sqrt{r^2 + Z^2} = \sqrt{3^2 + 2^2} = 3.6$)

94. 어떤 흙에 대한 일축압축시험 결과 일축압축강도는 1.0kg/cm², 파괴면과 수평면이 이루는 각은 50°였다. 이 시료의 점착력은?

① 0.36kg/cm²
② 0.42kg/cm²
③ 0.5kg/cm²
④ 0.54kg/cm²

■해설 일축압축강도$(q_u) = 2c\tan\left(45° + \dfrac{\phi}{2}\right)$

$1 = 2c\tan 50°$

$\therefore c = \dfrac{1}{2 \times \tan 50°} = 0.42\text{kg/cm}^2$

95. 내부마찰각 30°, 점착력 1.5t/m² 그리고 단위중량이 1.7t/m³인 흙에 있어서 인장균열(Tension Crack)이 일어나기 시작하는 깊이는 약 얼마인가?

① 2.2m   ② 2.7m
③ 3.1m   ④ 3.5m

■해설 인장균열 깊이(점착고)

$Z_c = \dfrac{2c}{\gamma_t} \cdot \tan\left(45° + \dfrac{\phi}{2}\right)$

$= \dfrac{2 \times 1.5}{1.7}\tan\left(45° + \dfrac{30°}{2}\right) = 3.1\text{m}$

96. 아래 그림과 같은 폭(B) 1.2m, 길이(L) 1.5m인 사각형 얕은 기초에 폭(B) 방향에 편심이 작용하는 경우 지반에 작용하는 최대압축응력은?

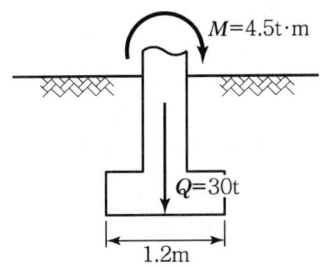

① 29.2t/m²   ② 38.5t/m²
③ 39.7t/m²   ④ 41.5t/m²

■해설 $\sigma_{\max} = \dfrac{Q}{A}\left(1 + \dfrac{6e}{B}\right)$

$= \dfrac{30}{1.2 \times 1.5}\left(1 + \dfrac{6 \times 0.15}{1.2}\right)$

$= 29.2\text{t/m}^2$

$\left(e = \dfrac{M}{Q} = \dfrac{4.5}{30} = 0.15\text{m}\right)$

97. 그림과 같이 3m×3m 크기의 정사각형 기초가 있다. Terzaghi 지지력공식 $q_u = 1.3cN_c + \gamma_1 D_f N_q + 0.4\gamma_2 BN_\gamma$을 이용하여 극한지지력을 산정할 때 사용되는 흙의 단위중량(γ_2)의 값은?

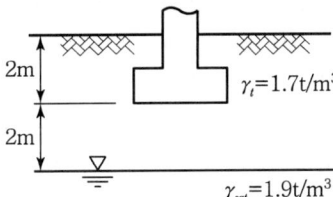

① 0.9t/m³   ② 1.17t/m³
③ 1.43t/m³   ④ 1.7t/m³

■해설
- $B \leq d$: 지하수위 영향 없음
- $B > d$: 지하수위 영향 고려

$\gamma_2 = \dfrac{\gamma \cdot d + \gamma_{sub}(B-d)}{B}$

$= \dfrac{17 \times 2 + (19 - 9.81)(3-2)}{3} = 14.4\text{kN/m}^3$

98. 어떤 흙의 변수위 투수시험을 한 결과 시료의 직경과 길이가 각각 5.0cm, 2.0cm이었으며, 유리관의 내경이 4.5mm, 1분 10초 동안에 수두가 40cm에서 20cm로 내렸다. 이 시료의 투수계수는?

① 4.95×10^{-4}cm/s   ② 5.45×10^{-4}cm/s
③ 1.60×10^{-4}cm/s   ④ 7.39×10^{-4}cm/s

■해설 $k = 2.3 \cdot \dfrac{aL}{At}\log\dfrac{h_1}{h_2} = 2.3 \times \dfrac{\left(\dfrac{\pi \times 0.45^2}{4} \times 2\right)}{\left(\dfrac{\pi \times 5^2}{4} \times 70\right)}\log\dfrac{40}{20}$

$= 1.6 \times 10^{-4}$cm/s

99. 지표면에 4t/m²의 성토를 시행하였다. 압밀이 70% 진행되었다고 할 때 현재의 과잉 간극수압은?

① 0.8t/m²   ② 1.2t/m²
③ 2.2t/m²   ④ 2.8t/m²

■해설
$$u = \frac{u_i - u_t}{u_i} \times 100$$
$$70 = \frac{4 - u_t}{4} \times 100$$
$$\therefore u_t = 1.2\text{t/m}^2$$

100. Sand Drain 공법에서 Sand Pile을 정삼각형으로 배치할 때 모래기둥의 간격은?(단, Pile의 유효지름은 40cm이다.)

① 35cm   ② 38cm
③ 42cm   ④ 45cm

■해설 정삼각형 배치 시 유효직경(d_e) = 1.05s
$\therefore 40 = 1.05s$
샌드파일의 간격(s) = 38cm

제6과목 **상하수도공학**

101. 하수관으로 폐수를 운반할 때 하수관의 직경이 0.5m에서 0.3m로 변환되었을 경우, 직경이 0.5m인 하수관 내의 유속이 2m/s이었다면 직경이 0.3m인 하수관 내의 유속은?

① 0.72m/s   ② 1.20m/s
③ 3.33m/s   ④ 5.56m/s

■해설 연속방정식
㉠ 질량보존의 법칙에 의해 만들어진 방정식이다.
$Q = A_1 V_1 = A_2 V_2$ (체적유량)
㉡ 유속의 산정
$$V_2 = \frac{A_1}{A_2} V_1 = \frac{D_1^2}{D_2^2} V_1 = \frac{0.5^2}{0.3^2} \times 2 = 5.56 \text{m/sec}$$

102. 수원에 관한 설명으로 옳지 않은 것은?

① 복류수는 어느 정도 여과된 것이므로 지표수에 비해 수질이 양호하며 정수공정에서 침전지를 생략하는 경우도 있다.
② 용천수는 지하수가 자연적으로 지표로 솟아나온 것으로 그 성질은 대체로 지표수와 비슷하다.
③ 천층수는 지표면에서 깊지 않은 곳에 위치하므로 공기의 투과가 양호하므로 산화작용이 활발하게 진행된다.
④ 심층수는 대지의 정화작용으로 무균 또는 거의 이에 가까운 것이 보통이다.

■해설 용천수
용천수는 지하수가 지반의 약한 곳을 뚫고 지표로 솟아 나온 물로 지표에서 관찰할 수 있지만 최초의 존재 구간은 심층지하수로 성질은 지하수와 비슷하다.

103. BOD 200mg/L, 유량 600m³/day인 어느 식료품 공장폐수가 BOD 10mg/L, 유량 2m³/s인 하천에 유입한다. 폐수가 유입되는 지점으로부터 하류 15km 지점의 BOD(mg/L)는?(단, 다른 유입원은 없고, 하천의 유속 0.05m/s, 20℃ 탈산소계수(K_1) = 0.1/day이고, 상용대수 20℃ 기준이며 기타 조건은 고려하지 않음)

① 4.79mg/L   ② 7.21mg/L
③ 8.16mg/L   ④ 4.39mg/L

■해설 BOD 혼합농도 계산
㉠ BOD 혼합농도
$$C_m = \frac{Q_1 \cdot C_1 + Q_2 \cdot C_2}{Q_1 + Q_2}$$
$$= \frac{172800 \times 10 + 600 \times 200}{172800 + 600} = 10.66 \text{mg/}l$$
• $Q_1 = 2\text{m}^3/\text{s} = 172,800\text{m}^3/\text{day}$

㉡ 유하시간
유속 0.05m/s로 하류 15km까지 유하하는 데 걸리는 시간은
$$\frac{15,000}{0.05} = 300,000\text{sec} = 3.47\text{day}\text{이다}.$$

㉢ t일 후의 BOD
$$Y = L_a \times 10^{-kt} = 10.66 \times 10^{-0.1 \times 3.47}$$
$$= 4.79\text{mg/}l$$

|해답| 99.② 100.② 101.④ 102.② 103.①

104. 수격현상(Water Hammer)의 방지대책으로 틀린 것은?

① 펌프의 급정지를 피한다.
② 가능한 한 관내유속을 크게 한다.
③ 토출관 쪽에 압력조정용 수조(Surge Tank)를 설치한다.
④ 토출측 관로에 에어챔버(Air Chamber)를 설치한다.

■해설 수격작용
㉠ 펌프의 급정지, 급가동 또는 밸브를 급폐쇄하면 관로 내 유속의 급격한 변화가 발생하여 이상 압력이 발생하는 현상을 수격작용이라 한다. 수격작용은 관로 내의 물의 관성에 의해 발생한다.
㉡ 방지책
 • 펌프의 급정지, 급가동을 피한다.
 • 부압 발생방지를 위해 조압수조(Surge Tank), 공기밸브(Air Valve)를 설치한다.
 • 압력상승 방지를 위해 역지밸브(Check Valve), 안전밸브(Safety Valve), 압력수조(Air Chamber)를 설치한다.
 • 펌프에 플라이휠(Fly Wheel)을 설치한다.
 • 펌프의 토출 측 관로에 급폐식 혹은 완폐식 역지밸브를 설치한다.
 • 펌프 설치위치를 낮게 하고 흡입양정을 적게 한다.
∴ 관 내 유속을 크게 하면 수격작용의 발생을 증가시킨다.

105. 송수시설에 대한 설명으로 옳은 것은?

① 정수 처리된 물을 소요 수량만큼 수요자에게 보내는 시설
② 수원에서 취수한 물을 정수장까지 운반하는 시설
③ 정수장에서 배수지까지 물을 보내는 시설
④ 급수관, 계량기 등이 붙어 있는 시설

■해설 상수도 구성요소
㉠ 수원→취수→도수(침사지)→정수(착수정→약품혼화지→침전지→여과지→소독지→정수지)→송수→배수(배수지, 배수탑, 고가탱크, 배수관)→급수
㉡ 수원, 취수, 도수, 정수, 송수 등의 설계에는 계획 1일 최대급수량을 기준으로 한다.
㉢ 계획취수량은 계획 1일 최대급수량을 기준으로 5~10 정도 여유 있게 취수한다.
㉣ 배수관의 직경결정, 펌프의 직경결정 등은 계획 시간 최대급수량을 기준으로 한다.
∴ 송수관은 정수장과 배수지를 연결한 관이다.

106. 배수관의 갱생공법으로 기존 관내의 세척(Cleaning)을 수행하는 일반적인 공법과 거리가 먼 것은?

① 제트(Jet) 공법
② 로터리(Rotary) 공법
③ 스크레이퍼(Scraper) 공법
④ 실드(Sheild) 공법

■해설 관의 갱생공법
관의 갱생공법은 다음과 같다.
 • 제트(Jet) 공법
 • 로터리(Rotary) 공법
 • 스크레이퍼(Scraper) 공법

107. 원형 하수관에서 유량이 최대가 되는 때는?

① 수심이 72~78% 차서 흐를 때
② 수심이 80~85% 차서 흐를 때
③ 수심이 92~94% 차서 흐를 때
④ 가득 차서 흐를 때

■해설 원형 관에서의 최대유속, 유량과 수심의 관계
㉠ 유량
 $Q_{max} = 0.94D$
㉡ 유속
 $V_{max} = 0.813D$
∴ 원형 관에서의 유량은 수심이 약 92~94% 정도 차서 흐를 때 최대가 된다.

108. 1일 오수량 $60,000m^3$의 하수처리장에 침전지를 설계하고자 할 때 침전시간을 2시간으로 하고 유효수심을 $2.5m$로 하면 침전지의 필요 면적은?

① $4,800m^2$ ② $3,000m^2$
③ $2,400m^2$ ④ $2,000m^2$

|해답| 104.② 105.③ 106.④ 107.③ 108.④

■해설 **수면적부하**
㉠ 입자가 100% 제거되기 위한 입자의 침강속도를 수면적부하(표면부하율)라 한다.
$$V_o = \frac{Q}{A} = \frac{h}{t}$$
㉡ 면적의 산정
- $A = \dfrac{Qt}{h} = \dfrac{2,500 \times 2}{2.5} = 2,000 \text{m}^2$
- $Q = \dfrac{60,000}{2.4} = 2,500 \text{m}^3/\text{h}$

109. 동일한 조건에서 비중 2.5인 입자의 침전속도는 비중 2.0인 입자의 몇 배인가?(단, Stoke's 법칙 기준)

① 1.25배 ② 1.5배
③ 1.6배 ④ 2.5배

■해설 **Stoke's의 침강속도**
㉠ 침강속도
$$V_s = \frac{(w_s - w_w) \cdot d^2}{18\mu} = \frac{(\rho_s - \rho_w) \cdot g \cdot d^2}{18\mu}$$
㉡ 침강속도의 계산
- $V_{s2.0} = \dfrac{(w_s - w_w) \cdot d^2}{18\mu} = \dfrac{(2.0 - 1.0) \cdot d^2}{18\mu}$
  $= \dfrac{1.0 d^2}{18\mu} = V$
- $V_{s2.5} = \dfrac{(w_s - w_w) \cdot d^2}{18\mu} = \dfrac{(2.5 - 1.0) \cdot d^2}{18\mu}$
  $= \dfrac{1.5 d^2}{18\mu} = 1.5 V$

∴ 비중이 2.5인 입자가 침강속도가 1.5배 빠르다.

110. 집수매거(Infiltration Galleries)에 관한 설명 중 옳지 않은 것은?

① 집수매거는 복류수의 흐름 방향에 대하여 지형 등을 고려하여 가능한 직각으로 설치하는 것이 효율적이다.
② 집수매거의 매설깊이는 5m 이상으로 하는 것이 바람직하다.
③ 집수매거 내의 평균유속은 유출단에서 1m/s 이하가 되도록 한다.
④ 집수매거의 집수개구부(공) 직경은 3~5cm를 표준으로 하고, 그 수는 관거표면적 1m²당 10~20개로 한다.

■해설 **집수매거**
- 복류수를 취수하기 위해 매설하는 다공질 유공관을 집수매거라 한다.
- 집수매거는 복류수의 흐름방향에 대하여 수직으로 설치하는 것이 취수상 유리하지만, 수량이 풍부한 곳에서는 흐름방향에 대해 수평으로 설치하는 경우도 있다.
- 집수매거의 경사는 1/500 이하의 완구배가 되도록 하며, 매거 내의 유속은 유출단에서 유속이 1m/sec 이하가 되도록 함이 좋다.
- 집수공에서 유입속도는 토사의 침입을 방지하기 위해 3cm/sec 이하로 한다.
- 집수공의 크기는 지름 10~20mm이며, 그 수는 표면적 1m²당 20~30개 정도가 되도록 한다.

111. 도·송수관로 내의 토사류 퇴적방지와 관내면의 마멸방지를 위한 평균유속의 허용한도로 옳은 것은?

① 최소한도 : 0.3m/s, 최대한도 : 3.0m/s
② 최소한도 : 0.1m/s, 최대한도 : 2.0m/s
③ 최소한도 : 0.2m/s, 최대한도 : 1.5m/s
④ 최소한도 : 0.5m/s, 최대한도 : 1.0m/s

■해설 **평균유속의 한도**
- 도·송수관의 평균유속의 한도는 침전 및 마모방지를 위해 최소유속과 최대유속의 한도를 두고 있다.
- 적정유속의 범위 : 0.3~3m/sec

112. 하수배제방식에 관한 설명 중 틀린 것은?

① 합류식과 분류식은 각각의 장단점이 있으므로 도시의 실정을 충분히 고려하여 선정할 필요가 있다.
② 합류식은 우천시 계획 하수량 이상이 되면 오수가 우수에 섞여서 공공수역에 유출될 수 있기 때문에 수질보존 대책이 필요하다.
③ 분류식은 우천시 우수가 전부 공공수역에 방류되기 때문에 우천시 오탁의 문제가 없다.

④ 분류식의 처리장에서는 시간에 따라 오수 유입량의 변동이 크므로 조정지 등을 통하여 유입량을 조정하면 유지관리가 쉽다.

■해설 하수의 배제방식

분류식	합류식
• 수질오염 방지 면에서 유리 • 청천 시에도 퇴적의 우려가 없다. • 강우 초기 노면 배수 효과가 없다. • 시공이 복잡하고 오접합의 우려가 있다. • 우천 시 수세효과를 기대할 수 없다. • 공사비가 많이 든다.	• 구배 완만, 매설깊이 적으며 시공성이 좋다. • 초기 우수에 의한 노면배수처리 가능 • 관경이 크므로 검사 편리, 환기가 잘 된다. • 건설비가 적게 든다. • 우천 시 수세효과가 있다. • 청천 시 관내 침전, 효율 저하

∴ 분류식은 우천시 우수가 전부 공공수역에 방류되므로 초기우수에 의한 오염의 염려가 있다.

113. 계획오수량에 대한 설명으로 옳지 않은 것은?

① 계획오수량의 산정에서는 일반적으로 지하수의 유입량을 무시할 수 있다.
② 계획1일평균오수량은 계획1일 최대오수량의 70~80%를 표준으로 한다.
③ 오수관거의 설계에는 계획시간 최대오수량을 기준으로 한다.
④ 계획시간 최대오수량은 계획1일최대오수량의 1시간당 수량의 1.3~1.8배를 표준으로 한다.

■해설 오수량의 산정

종류	내용
계획오수량	계획오수량은 생활오수량, 공장폐수량, 지하수량으로 구분할 수 있다.
지하수량	지하수량은 1인 1일 최대오수량의 10~20%를 기준으로 한다.
계획 1일 최대오수량	• 1인 1일 최대오수량×계획급수인구＋ (공장폐수량, 지하수량, 기타 배수량) • 하수처리 시설의 용량 결정의 기준이 되는 수량
계획 1일 평균오수량	• 계획 1일 최대오수량의 70(중·소도시) ~80%(대·공업도시) • 하수처리장 유입하수의 수질을 추정하는 데 사용되는 수량
계획시간 최대오수량	• 계획 1일 최대오수량의 1시간당 수량에 1.3~1.8배를 표준으로 한다. • 오수관거 및 펌프설비 등의 크기를 결정하는 데 사용되는 수량

∴ 계획오수량에 지하수량은 포함된다.

114. 고도처리 및 3차처리시설의 계획하수량 표준에 관한 아래 표에서 빈칸에 알맞은 것으로 짝지어진 것은?

구분		계획하수량
		합류식 하수도
고도처리 및 3차처리	처리시설	(가)
	처리장 내 연결관거	(나)

① (가) – 계획시간 최대오수량
   (나) – 계획1일최대오수량
② (가) – 계획시간 최대오수량
   (나) – 우천시 계획오수량
③ (가) – 계획 1일 최대오수량
   (나) – 계획시간 최대오수량
④ (가) – 계획 1일 최대오수량
   (나) – 우천시 계획오수량

■해설 계획하수량 표준
처리시설은 하수처리장의 용량과 동일하게 계획 1일 최대오수량을 기준으로 하고, 처리장 내 관거는 계획시간 최대오수량을 기준으로 한다.

115. 정수방법 선정 시의 고려사항(선정조건)으로 가장 거리가 먼 것은?

① 원수의 수질
② 도시발전 상황과 물 사용량
③ 정수수질의 관리목표
④ 정수시설의 규모

■해설 정수방법 선정 시 고려사항
정수방법의 선정에 원수의 수질, 정수시설의 관리목표, 정수시설의 규모 등은 중요한 고려사항이지만 도시발전 상황과 물 사용량은 거리가 멀다고 할 수 있다.

116. 1일 22,000m³를 정수처리하는 정수장에서 고형 황산알루미늄을 평균 25mg/L씩 주입할 때 필요한 응집제의 양은?

① 250kg/day
② 320kg/day
③ 480kg/day
④ 550kg/day

■해설 황산알루미늄의 필요량 결정
황산알루미늄의 소비량은 다음과 같이 결정한다.
$$22,000\text{m}^3/\text{day} \times 25\text{mg}/l \times \frac{10^{-6}(\text{kg})}{10^{-3}(\text{m}^3)} = 550\text{kg}/\text{day}$$

117. 활성슬러지법의 관리요인으로 옳지 않은 것은?
① 활성슬러지 슬러지용량지표(SVI)는 활성슬러지의 침강성을 나타내는 자료로 활용된다.
② 활성슬러지 부유물질 농도 측정법으로 MLSS는 활성슬러지 안의 강열감량을 의미한다.
③ 수리학적 체류시간(HRT)은 유입오수의 반응탱크에 유입부터 유출까지의 시간을 의미한다.
④ 고형물 체류시간(SRT)은 처리 시스템에 체류하는 활성슬러지의 평균체류시간을 의미한다.

■해설 활성슬러지법 관리요인
활성슬러지법에서 MLSS(Mixed Liquor Suspended Solid)는 폭기조 내의 혼합액의 부유물질을 말한다.

118. 취수시설의 침사지 설계에 관한 설명 중 틀린 것은?
① 침사지 내에서의 평균유속은 10~15cm/min를 표준으로 한다.
② 침사지의 체류시간은 계획취수량의 10~20분을 표준으로 한다.
③ 침사지의 형상은 장방형으로 하고 길이는 폭의 3~8배를 표준으로 한다.
④ 침사지의 유효수심은 3~4m를 표준으로 하고, 퇴사심도는 0.5~1m로 한다.

■해설 침사지
• 원수와 함께 유입한 모래를 침강, 제거하기 위하여 취수구에 근접한 제내지에 설치하는 시설을 침사지라고 한다.
• 형상은 직사각형이나 정사각형 등으로 하고 침사지의 지수는 2지 이상으로 하며 수밀성 있는 철근콘크리트 구조로 한다.
• 유입부는 편류를 방지하도록 점차 확대, 축소를 고려하며, 길이는 폭의 3~8배를 표준으로 한다.
• 체류시간은 계획취수량의 10~20분
• 침사지의 유효수심은 3~4m
• 침사지 내의 평균유속은 2~7cm/sec

119. 펌프의 흡입관에 대한 설명으로 틀린 것은?
① 흡입관이 길 때에는 중간에 진동방지대를 설치할 수도 있다.
② 흡입관은 가능하면 수평으로 설치하도록 한다.
③ 흡입관에는 공기가 흡입되지 않도록 한다.
④ 흡입관은 펌프 1대당 하나로 한다.

■해설 펌프의 흡입관
• 흡입관이 길 때에는 중간에 진동방지대를 설치할 수도 있다.
• 흡입관을 수평으로 부설하는 것은 피한다. 부득이한 경우에는 가능한 한 짧게 하고 펌프를 향해서 1/50 이상의 경사로 한다.
• 흡입관은 연결부나 기타 부분으로부터 절대로 공기가 흡입되지 않도록 한다.
• 흡입관은 펌프 1대당 하나로 한다.

120. 우수가 하수관거로 유입하는 시간이 4분, 하수관거에서의 유하시간이 15분, 이 유역의 유역면적이 4km², 유출계수는 0.6, 강우강도식 $I = \frac{6,500}{t+40}$ mm/h일 때 첨두유량은?(단, t의 단위 : [분])

① 73.4m³/s   ② 78.8m³/s
③ 85.0m³/s   ④ 98.5m³/s

■해설 우수유출량의 산정
㉠ 합리식의 적용 확률연수는 10~30년을 원칙으로 한다.
$$Q = \frac{1}{3.6} CIA$$
여기서, Q : 우수량 (m³/sec)
C : 유출계수(무차원)
I : 강우강도(mm/hr)
A : 유역면적(km²)

㉡ 유달시간의 계산
$t = t_1 + t_2 = 4 + 15 = 19$min

㉢ 강우강도의 산정
$$I = \frac{6,500}{t+40} = \frac{6,500}{19+40} = 110.17 \text{mm/hr}$$

㉣ 계획우수유출량의 산정
$$Q = \frac{1}{3.6}CIA = \frac{1}{3.6} \times 0.6 \times 110.17 \times 4$$
$$= 73.4 \text{m}^3/\text{sec}$$

|해답| 117.② 118.① 119.② 120.①

과년도 기출문제

(2015년 5월 31일 시행)

제1과목 응용역학

01. 그림과 같은 이축응력(二軸應力)을 받고 있는 요소의 체적변형율은?(단, 탄성계수 $E=2\times10^6$ kg/cm², 포아송비 $\nu=0.3$)

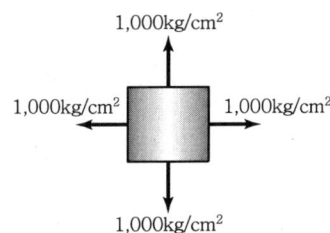

① 0.0003 ② 0.0004
③ 0.0005 ④ 0.0006

■해설
$$\varepsilon_V = \frac{1-2\nu}{E}(\sigma_x+\sigma_y+\sigma_z)$$
$$= \frac{1-2\times0.3}{2\times10^6}(1{,}000+1{,}000+0) = 0.0004$$

02. 다음 게르버 보에서 E점의 휨 모멘트값은?

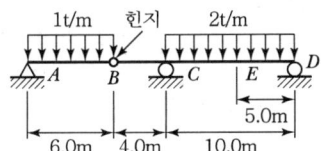

① $M=19t\cdot m$ ② $M=24t\cdot m$
③ $M=31t\cdot m$ ④ $M=71t\cdot m$

■해설

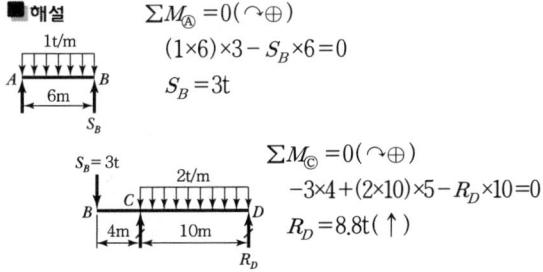

$\Sigma M_{\textcircled{A}}=0(\curvearrowright\oplus)$
$(1\times6)\times3 - S_B\times6=0$
$S_B=3t$

$\Sigma M_{\textcircled{C}}=0(\curvearrowright\oplus)$
$-3\times4+(2\times10)\times5-R_D\times10=0$
$R_D=8.8t(\uparrow)$

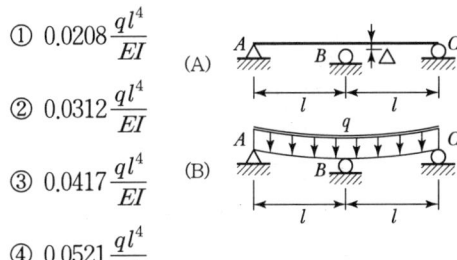

$\Sigma M_{\textcircled{E}}=0(\curvearrowright\oplus)$
$M_E+(2\times5)\times2.5-8.8\times5=0$
$M_E=19t\cdot m$

03. 다음 그림 (A)와 같이 하중을 받기 전에 지점 B와 보 사이에 Δ의 간격이 있는 보가 있다. 그림 (B)와 같이 이 보에 등분포하중 q를 작용시켰을 때 지점 B의 반력이 ql 가 되게 하려면 Δ의 크기를 얼마로 하여야 하는가?(단, 보의 휨강도 EI는 일정하다.)

① $0.0208\dfrac{ql^4}{EI}$

② $0.0312\dfrac{ql^4}{EI}$

③ $0.0417\dfrac{ql^4}{EI}$

④ $0.0521\dfrac{ql^4}{EI}$

■해설
$$y_B = \frac{5q(2l)^4}{384EI} - \frac{(ql)(2l)^3}{48EI} = \Delta$$
$$\Delta = \frac{1}{24}\frac{ql^4}{EI} = 0.0417\frac{ql^4}{EI}$$

04. 아래의 표에서 설명하는 것은?

> 탄성체에 저장된 변형에너지 U를 변위의 함수로 나타내는 경우에, 임의의 변위 Δ_i에 관한 변형에너지 U의 1차 편도함수는 대응되는 하중 P_i와 같다. 즉, $P_i=\dfrac{\partial U}{\partial \Delta_i}$로 나타낼 수 있다.

① 중첩의 원리
② Castigliano의 제1정리
③ Betti의 정리
④ Maxwell의 정리

|해답| 1.② 2.① 3.③ 4.②

05. 상하단이 고정인 기둥에 그림과 같이 힘 P가 작용한다면 반력 R_A, R_B 값은?

① $R_A = \dfrac{P}{2}$, $R_B = \dfrac{P}{2}$

② $R_A = \dfrac{P}{3}$, $R_B = \dfrac{2P}{3}$

③ $R_A = \dfrac{2P}{3}$, $R_B = \dfrac{P}{3}$

④ $R_A = P$, $R_B = 0$

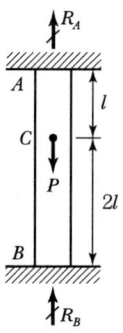

■ 해설

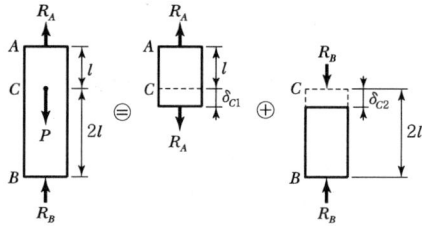

$\delta_{c1} = \dfrac{R_A l}{EA}$ (신장) ……… ㉠

$\delta_{c2} = -\dfrac{R_B(2l)}{EA}$ (수축) …… ㉡

- 적합조건식

  $\delta_{c_1} + \delta_{c_2} = 0 \rightarrow R_A = 2R_B$

- 평형방정식

  $R_A + R_B = P$, $2R_B + R_B = P$, $R_B = \dfrac{P}{3}$

  $R_A = 2R_B = \dfrac{2P}{3}$

06. 그림 (a)와 (b)의 중앙점의 처짐이 같아지도록 그림 (b)의 등분포하중 w를 그림 (a)의 하중 P의 함수로 나타내면 얼마인가?(단, 재료는 같다.)

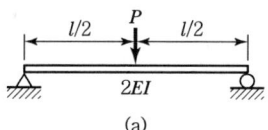
(a)

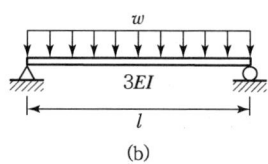
(b)

① $1.2\dfrac{P}{l}$ ② $1.6\dfrac{P}{l}$

③ $2.0\dfrac{P}{l}$ ④ $2.4\dfrac{P}{l}$

■ 해설

$\delta_{(a)} = \dfrac{Pl^3}{48(2EI)} = \dfrac{Pl^3}{96EI}$

$\delta_{(b)} = \dfrac{5wl^4}{384(3EI)} = \dfrac{5wl^4}{1,152EI}$

$\delta_{(a)} = \delta_{(b)}$

$\dfrac{Pl^3}{96EI} = \dfrac{5wl^4}{1,152EI}$

$w = \dfrac{12}{5}\dfrac{P}{l} = 2.4\dfrac{P}{l}$

07. 길이가 6m인 양단힌지 기둥은 I-250×125×10×19(mm)의 단면으로 세워졌다. 이 기둥이 좌굴에 대해서 지지하는 임계하중(Critical Load)은 얼마인가?(단, 주어진 I-형강의 I_1과 I_2는 각각 7,340cm^{4}과 560cm^{4}이며, 탄성계수 $E=2\times10^6$kg/cm^{2}이다.)

① 30.7t
② 42.6t
③ 307t
④ 402.5t

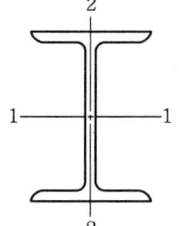

■ 해설 $K=1$(양단힌지)

$P_{cr} = \dfrac{\pi^2 EI_{\min}}{(kl)^2} = \dfrac{\pi^2(2\times10^6)\times(560)}{(1\times600)^2}$

$= 30,705\text{kg} = 30.7\text{t}$

08. 다음 그림과 같은 보에서 A점의 반력이 B점의 반력의 2배가 되도록 하는 거리 x는 얼마인가?

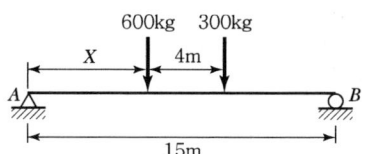

① 1.67m ② 2.67m
③ 3.67m ④ 4.67m

■해설 $R_A = 2R_B$

$\Sigma F_y = 0(\uparrow \oplus)$
$R_A + R_B - 900 = 0$
$(2R_B) + R_B = 900$
$R_B = 300\text{kg}$
$R_A = 2R_B = 600\text{kg}$

$\Sigma M_{\circledA} = 0(\curvearrowright \oplus)$
$600 \times X + 300 \times (X+4) - 300 \times 15 = 0$
$X = 3.67\text{m}(\rightarrow)$

09. 주어진 T형보 단면의 캔틸레버에서 최대 전단응력을 구하면 얼마인가?(단, T형보 단면의 $I_{N.A.} = 86.8\text{cm}^4$이다.)

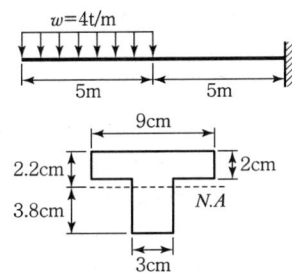

① $1,256.8\text{kg/cm}^2$
② $1,663.6\text{kg/cm}^2$
③ $2,079.5\text{kg/cm}^2$
④ $2,433.2\text{kg/cm}^2$

■해설 T형 단면에서 최대전단응력($\tau_{\max}$)은 최대전단력($S_{\max}$)이 발생하는 단면의 중립축에서 발생한다.
$I_{NA} = 86.8\text{cm}^4$
$b = 3\text{cm}$
$S_{\max} = \dfrac{wl}{2} = \dfrac{4 \times 10}{2} = 20\text{t}$
$G_{NA} = 3 \times 3.8 \times \dfrac{3.8}{2} = 21.66\text{cm}^3$
$\tau_{\max} = \dfrac{S_{\max} G_{NA}}{I_{NA} b} = \dfrac{(20 \times 10^3) \times 21.66}{86.8 \times 3}$
$= 1,663.6\text{kg/cm}^2$

10. 아래 그림에서 블록 A를 뽑아내는 데 필요한 힘 P는 최소 얼마 이상이어야 하는가?(단, 블록과 접촉면과의 마찰계수 $\mu = 0.3$)

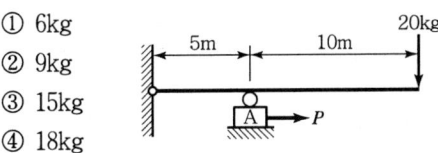

① 6kg
② 9kg
③ 15kg
④ 18kg

■해설
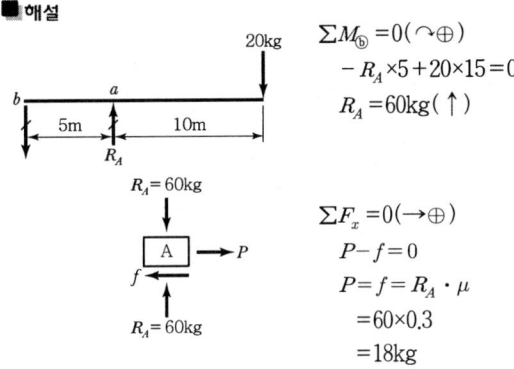

$\Sigma M_{\circledB} = 0(\curvearrowright \oplus)$
$-R_A \times 5 + 20 \times 15 = 0$
$R_A = 60\text{kg}(\uparrow)$

$\Sigma F_x = 0(\rightarrow \oplus)$
$P - f = 0$
$P = f = R_A \cdot \mu$
$= 60 \times 0.3$
$= 18\text{kg}$

11. 지름 5cm의 강봉을 8t으로 당길 때 지름은 약 얼마나 줄어들겠는가?(단, 전단탄성계수(G) = 7.0 $\times 10^5 \text{kg/cm}^2$, 포아송비($\nu$) = 0.5)

① 0.003mm ② 0.005mm
③ 0.007mm ④ 0.008mm

■해설
$G = \dfrac{E}{2(1+\nu)}$
$E = G \cdot 2(1+\nu) = (7 \times 10^5) \times 2 \times (1+0.5)$
$= 2.1 \times 10^6 \text{kg/cm}^2$

$\Delta l = \dfrac{Pl}{EA}$
$\dfrac{\Delta l}{l} = \dfrac{P}{EA} = \dfrac{P}{E\left(\dfrac{\pi D^2}{4}\right)} = \dfrac{4P}{E\pi D^2}$
$= \dfrac{4 \times (8 \times 10^3)}{(2.1 \times 10^6)\pi \cdot 5^2} = 0.000194$

$\nu = -\dfrac{\left(\dfrac{\Delta D}{D}\right)}{\left(\dfrac{\Delta l}{l}\right)} = -\dfrac{l \cdot \Delta D}{D \cdot \Delta l}$

$\Delta D = -\nu \cdot D \cdot \dfrac{\Delta l}{l} = -0.5 \times 5 \times 0.000194$
$= -0.0005\text{cm} = -0.005\text{mm}$

|해답| 9.② 10.④ 11.②

12. 그림과 같은 구조물에서 C점의 수직처짐을 구하면?(단, $EI = 2 \times 10^9 \text{kg} \cdot \text{cm}^2$이며, 자중은 무시한다.)

① 2.70mm
② 3.57mm
③ 6.24mm
④ 7.35mm

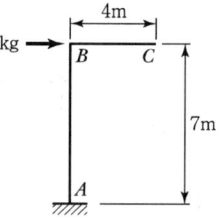

■해설 AB부재는 캔틸레버 보와 동일한 거동을 하고, BC부재는 강체 거동을 한다.

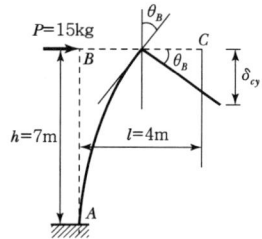

$$\delta_{cy} = l \times \theta_B = l \times \frac{Ph^2}{2EI} = \frac{Ph^2 l}{2EI}$$
$$= \frac{15 \times (7 \times 10^2)^2 \times (4 \times 10^2)}{2 \times (2 \times 10^9)} = 0.735 \text{cm}$$
$$= 7.35 \text{mm}$$

13. 그림과 같은 부정정보에서 지점 A의 휨모멘트 값을 옳게 나타낸 것은?

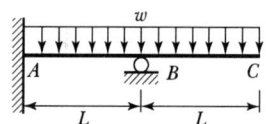

① $\dfrac{wL^2}{8}$ ② $-\dfrac{wL^2}{8}$

③ $\dfrac{3wL^2}{8}$ ④ $-\dfrac{3wL^2}{8}$

■해설

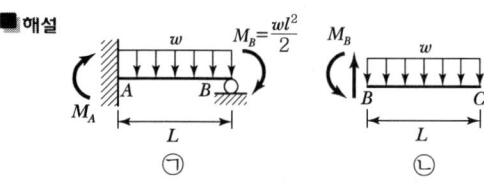

㉠ $M_B = \dfrac{\omega L^2}{2}$

㉡ $M_A = \dfrac{1}{2} M_B - \dfrac{\omega L^2}{8}$
$= \dfrac{1}{2}\left(\dfrac{\omega L^2}{2}\right) - \dfrac{\omega L^2}{8} = \dfrac{\omega L^2}{8}$

14. 정정보의 처짐과 처짐각을 계산할 수 있는 방법이 아닌 것은?

① 이중적분법(Double Integration Method)
② 공액보법(Conjugate Beam Method)
③ 처짐각법(Slope Deflection Method)
④ 단위하중법(Unit Load Method)

■해설 (1) 처짐을 구하는 방법
  • 이중적분법
  • 모멘트면적법
  • 탄성하중법
  • 공액보법
  • 단위하중법 등
(2) 부정정 구조물의 해석 방법
  ㉠ 연성법(하중법)
    • 변위일치법
    • 3연 모멘트법
  ㉡ 강성법(변위법)
    • 처짐각법
    • 모멘트 분배법

15. 그림에서와 같이 케이블 C점에서 하중 30kg이 작용하고 있다. 이때 BC 케이블에 작용하는 인장력은?

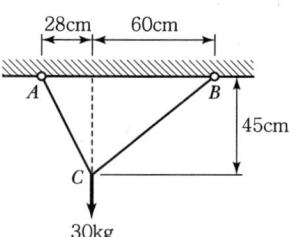

① 12.3kg ② 15.9kg
③ 18.2kg ④ 22.1kg

|해답| 12.④ 13.① 14.③ 15.②

■해설
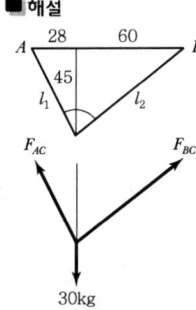

$l_1 = \sqrt{28^2 + 45^2} = 53$
$l_2 = \sqrt{60^2 + 45^2} = 75$

$\Sigma F_x = 0(\rightarrow \oplus)$
$-F_{AC,x} + F_{BC,x} = 0$
$-\frac{28}{53}F_{AC} + \frac{60}{75}F_{BC} = 0$
$F_{AC} = 1.5F_{BC}$

$\Sigma F_y = 0(\uparrow \oplus)$
$F_{AC,y} + F_{BC,y} - 30 = 0$
$\frac{45}{53}F_{AC} + \frac{45}{75}F_{BC} - 30 = 0$
$\frac{45}{53} \cdot (1.5F_{BC}) + \frac{45}{75}F_{BC} - 30 = 0$
$F_{BC} = 16\text{kg}$

16. 트러스 해석시 가정을 설명한 것 중 틀린 것은?
① 부재들은 양단에서 마찰이 없는 핀으로 연결되어 진다.
② 하중과 반력은 모두 트러스의 격점에만 작용한다.
③ 부재의 도심축은 직선이며 연결핀의 중심을 지난다.
④ 하중으로 인한 트러스의 변형을 고려하여 부재력을 산출한다.

■해설 트러스 해석에 있어서 트러스의 부재력을 산출할 경우 하중으로 인한 트러스의 변형은 고려하지 않는다.

17. 그림과 같이 X, Y축에 대칭인 빗금친 단면에 비틀림우력 $5t \cdot m$가 작용할 때 최대전단응력은?

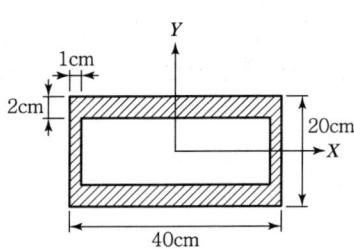

① 356.1kg/cm^2 ② 435.5kg/cm^2
③ 524.3kg/cm^2 ④ 602.7kg/cm^2

■해설 $A_m = (40-1) \times (20-2) = 702\text{cm}^2$
$f = \frac{T}{2A_m} = \frac{(5 \times 10^5)}{2 \times 702} = 356.1\text{kg/cm}$
$\tau_{max} = \frac{f}{t_{min}} = \frac{356.1}{1} = 356.1\text{kg/cm}^2$

18. 그림과 같은 3활절 아치에서 A지점의 반력은?

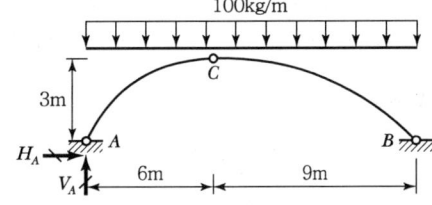

① $V_A = 750\text{kg}(\uparrow)$, $H_A = 900\text{kg}(\rightarrow)$
② $V_A = 600\text{kg}(\uparrow)$, $H_A = 600\text{kg}(\rightarrow)$
③ $V_A = 900\text{kg}(\uparrow)$, $H_A = 1,200\text{kg}(\rightarrow)$
④ $V_A = 600\text{kg}(\uparrow)$, $H_A = 1,200\text{kg}(\rightarrow)$

■해설 $\Sigma M_B = 0(\curvearrowleft \oplus)$
$V_A \times 15 - (100 \times 15) \times \frac{15}{2} = 0$
$V_A = 750\text{kg}(\uparrow)$

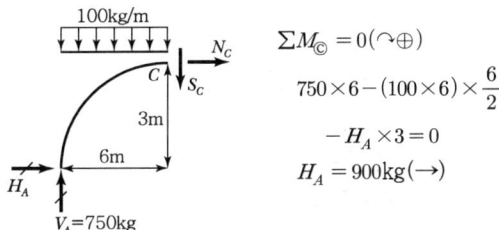

$\Sigma M_C = 0(\curvearrowleft \oplus)$
$750 \times 6 - (100 \times 6) \times \frac{6}{2}$
$-H_A \times 3 = 0$
$H_A = 900\text{kg}(\rightarrow)$

19. 다음 삼각형의 x축에 대한 단면 1차 모멘트는?

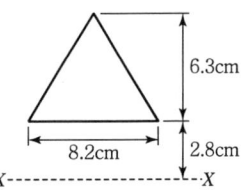

① 126.6cm^3 ② 136.6cm^3
③ 146.6cm^3 ④ 156.6cm^3

|해답| 16.④ 17.① 18.① 19.①

■해설 $G_X = \left(\frac{1}{2} \times 6.3 \times 8.2\right) \times \left(2.8 + \frac{6.3}{3}\right)$
= 126.6cm³

20. 길이 l인 양단고정보 중앙에 200kg의 집중하중이 작용하여 중앙점의 처짐이 5mm 이하가 되려면 l은 최대 얼마 이하이어야 하는가?(단, $E = 2 \times 10^6 \text{kg/cm}^2$, $I = 100\text{cm}^4$이다.)

① 324.72cm ② 377.68cm
③ 457.89cm ④ 524.14cm

■해설
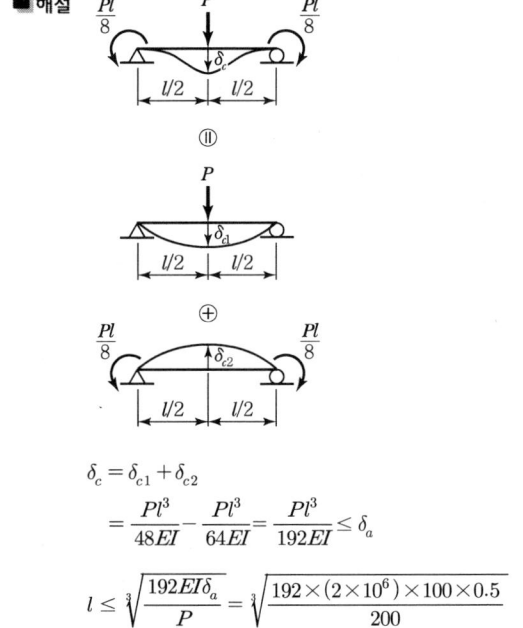

$\delta_c = \delta_{c1} + \delta_{c2}$
$= \frac{Pl^3}{48EI} - \frac{Pl^3}{64EI} = \frac{Pl^3}{192EI} \leq \delta_a$

$l \leq \sqrt[3]{\frac{192EI\delta_a}{P}} = \sqrt[3]{\frac{192 \times (2 \times 10^6) \times 100 \times 0.5}{200}}$
= 457.89cm

제2과목 측량학

21. 완화곡선에 대한 설명으로 옳지 않은 것은?

① 모든 클로소이드(Clothoid)는 닮음 꼴이며 클로소이드 요소는 길이의 단위를 가진 것과 단위가 없는 것이 있다.
② 완화곡선의 접선은 시점에서 원호에, 종점에서 직선에 접한다.
③ 완화곡선의 반지름은 그 시점에서 무한대, 종점에서는 원곡선의 반지름과 같다.
④ 완화곡선에 연한 곡선반지름의 감소율은 캔트(Cant)의 증가율과 같다.

■해설 완화곡선의 접선은 시점에서 직선에, 종점에서 원호에 접한다.

22. 그림과 같은 삼각형을 직선 AP로 분할하여 $m : n = 3 : 7$의 면적비율로 나누기 위한 BP의 거리는?(단, BC의 거리 = 500m)

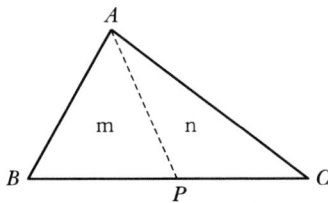

① 100m ② 150m
③ 200m ④ 250m

■해설 한 꼭짓점을 지나는 직선에 의한 분할
$\overline{BP} = \frac{m}{m+n}\overline{BC} = \frac{3}{3+7} \times 500 = 150\text{m}$

23. 토량 계산공식 중 양단면의 면적차가 클 때 산출된 토량의 일반적인 대소 관계로 옳은 것은?(단, 중앙단면법 : A, 양단면평균법 : B, 각주공식 : C)

① A = C < B ② A < C = B
③ A < C < B ④ A > C > B

■해설 각주공식이 가장 정확하며, 계산값의 크기는 양단평균법>각주공식>중앙단면법 순이다.

24. 조정계산이 완료된 조정각 및 기선으로부터 처음 신설하는 삼각점의 위치를 구하는 계산 순서로 가장 적합한 것은?

① 편심조정계산 → 삼각형계산(변, 방향각) → 경위도계산 → 좌표조정계산 → 표고계산
② 편심조정계산 → 삼각형계산(변, 방향각) → 좌표조정계산 → 표고계산 → 경위도계산
③ 삼각형계산(변, 방향각) → 편심조정계산 → 표고계산 → 경위도계산 → 좌표조정계산
④ 삼각형계산(변, 방향각) → 편심조정계산 → 표고계산 → 좌표조정계산 → 경위도계산

■해설 계산순서
편심조정계산 → 삼각형계산(변, 방향각) → 좌표조정계산 → 표고계산 → 경위도계산

25. 기선 $D=30m$, 수평각 $\alpha=80°$, $\beta=70°$, 연직각 $V=40°$를 관측하였다면 높이 H는?(단, A, B, C 점은 동일 평면임)

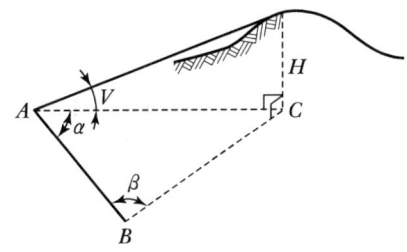

① 31.54m
② 32.42m
③ 47.31m
④ 55.32m

■해설 • sin정리 이용

$$\frac{30}{\sin 30°}=\frac{\overline{AC}}{\sin 70°}, \overline{AC}=56.38m$$

• $H=\overline{AC}\tan V=56.38\times\tan 40°=47.31m$

26. 축척 1:1,000의 지형측량에서 등고선을 그리기 위한 측점에 높이의 오차가 50cm였다. 그 지점의 경사각이 1°일 때 그 지점을 지나는 등고선의 도상오차는?

① 2.86cm
② 3.86cm
③ 4.86cm
④ 5.86cm

■해설 • $\tan\theta=\frac{H}{D}$, $D=\frac{H}{\tan\theta}=\frac{0.5}{\tan 1°}=28.64m$

• $\frac{1}{m}=\frac{도상거리}{실제거리}$

도상거리$=\frac{28.64}{1,000}=0.02864m=2.86cm$

27. 평균표고 730m인 지형에서 $\overline{AB}$측선의 수평거리를 측정한 결과 5,000m였다면 평균해수면에서의 환산거리는?(단, 지구의 반지름은 6,370km)

① 5,000.57m
② 5,000.66m
③ 4,999.34m
④ 4,999.43m

■해설 • 평균해면상 보정(C_h)
$=-\frac{LH}{R}=-\frac{5,000\times 730}{6,370\times 1,000}=-0.573m$

• 평균해면상 거리(D)
$=L-C_h=5,000-0.573≒4,999.43m$

28. A점에서 관측을 시작하여 A점으로 폐합시킨 폐합 트래버스 측량에서 다음과 같은 측량결과를 얻었다. 이때 측선 AB의 배횡거는?

측선	위거(m)	경거(m)
AB	15.5	25.6
BC	-35.8	32.2
CA	20.3	-57.8

① 0m
② 25.6m
③ 57.8m
④ 83.4m

■해설 ㉠ 첫 측선의 배횡거는 첫 측선의 경거와 같다.
㉡ 임의 측선의 배횡거는 전 측선의 배횡거+전 측선의 경거+그 측선의 경거이다.
㉢ 마지막 측선의 배횡거는 마지막 측선의 경거와 같다.(부호반대)
∴ AB 측선의 배횡거=25.6m

29. 세부도화 시 한 모델을 이루는 좌우사진에서 나오는 광속이 촬영면상에 이루는 종시차를 소거하여 목표 지형지물의 상대위치를 맞추는 작업을 무엇이라 하는가?

① 접합표정
② 상호표정
③ 절대표정
④ 내부표정

■해설
- 내부표정 : 화면거리 조정
- 상호표정 : 종시차소거
- 접속표정 : 모델 간, 스트립 간의 접합
- 절대표정 : 축척결정, 위치, 방위결정, 표고, 경사의 결정

30. 다각측량에서 어떤 폐합다각망을 측량하여 위거 및 경거의 오차를 구하였다. 거리와 각을 유사한 정밀도로 관측하였다면 위거 및 경거의 폐합오차를 배분하는 방법으로 가장 적당한 것은?

① 각 위거 및 경거에 등분배한다.
② 위거 및 경거의 크기에 비례하여 배분한다.
③ 측선의 길이에 비례하여 분배한다.
④ 위거 및 경거의 절대값의 총합에 대한 위거 및 경거의 크기에 비례하여 배분한다.

■해설 컴퍼스 법칙의 오차배분은 각 변 측선길이에 비례하여 배분한다.

31. 노선측량에서 단곡선의 설치방법에 대한 설명으로 옳지 않은 것은?

① 중앙종거를 이용한 설치방법은 터널 속이나 삼림지대에서 벌목량이 많을 때 사용하면 편리하다.
② 편각설치법은 비교적 높은 정확도로 인해 고속도로나 철도에 사용할 수 있다.
③ 접선편거와 현편거에 의하여 설치하는 방법은 줄자만을 사용하여 원곡선을 설치할 수 있다.
④ 장현에 대한 종거와 횡거에 의하는 방법은 곡률반지름이 짧은 곡선일 때 편리하다.

■해설 중앙 종거법은 곡선 반경, 길이가 작은 시가지의 곡선 설치나 철도, 도로 등 기설 곡선의 검사 또는 개정에 편리하다. 근사적으로 1/4이 되기 때문에 1/4법이라고도 한다.

32. 거리측량의 정확도가 $\dfrac{1}{10,000}$일 때 같은 정확도를 가지는 각 관측오차는?

① 18.6″
② 19.6″
③ 20.6″
④ 21.6″

■해설
- $\dfrac{\Delta L}{L} = \dfrac{\theta''}{\rho''}$
- $\theta'' = \dfrac{1}{10,000} \times 206,265'' = 20.63''$

33. GPS 측량에서 이용하지 않는 위성신호는?

① L_1 반송파
② L_2 반송파
③ L_4 반송파
④ L_5 반송파

■해설
- L_1 : 항법메시지, C/A코드, P(Y)코드
- L_2 : P(Y)코드, Block-IIR-M 이후 L2C 코드도 포함
- L_3 : 미사일 발사, 핵폭발 등의 고에너지 감지를 위해 방위지원 프로그램에서 사용
- L_4 : 추가적인 전리층 보정을 위해 연구 중
- L_5 : GPS 현대화계획이 제안함. Block-IIF 위성(2009년) 이후 사용 중

34. 사진의 크기 23cm×18cm, 초점거리 30cm, 촬영고도 6,000m일 때 이 사진의 포괄면적은?

① 16.6km²
② 14.4km²
③ 24.4km²
④ 26.6km²

■해설
- $\dfrac{1}{m} = \dfrac{f}{H} = \dfrac{0.3}{6,000} = \dfrac{1}{20,000}$
- 실제면적 = 20,000m² × 0.23 × 0.18
  = 16,560,000m² = 16.56km²

35. 등고선에 관한 설명으로 옳지 않은 것은?
  ① 높이가 다른 등고선은 절대 교차하지 않는다.
  ② 등고선 간의 최단거리 방향은 최급경사 방향을 나타낸다.
  ③ 지도의 도면 내에서 폐합되는 경우 등고선의 내부에는 산꼭대기 또는 분지가 있다.
  ④ 동일한 경사의 지표에서 등고선 간의 수평거리는 같다.

■해설 동굴이나 절벽에서 교차한다.

36. 삼변측량에 관한 설명 중 틀린 것은?
  ① 관측요소는 변의 길이뿐이다.
  ② 관측값에 비하여 조건식이 적은 단점이 있다.
  ③ 삼각형의 내각을 구하기 위해 Cosine 제2법칙을 이용한다.
  ④ 반각공식을 이용하여 각으로부터 변을 구하여 수직위치를 구한다.

■해설 반각공식은 변을 이용하여 각을 구하는 공식

37. GIS 기반의 지능형 교통정보시스템(ITS)에 관한 설명으로 가장 거리가 먼 것은?
  ① 고도의 정보처리기술을 이용하여 교통운용에 적용한 것으로 운전자, 차량, 신호체계 등 매순간의 교통상황에 따른 대응책을 제시하는 것
  ② 도심 및 교통수요의 통제와 조정을 통하여 교통량을 노선별로 적절히 분산시키고 지체 시간을 줄여 도로의 효율성을 증대시키는 것
  ③ 버스, 지하철, 자전거 등 대중교통을 효율적으로 운행관리하며 운행상태를 파악하여 대중교통의 운영과 운영사의 수익을 목적으로 하는 체계
  ④ 운전자의 운전행위를 도와주는 것으로 주행 중 차량간격, 차선위반여부 등의 안전운행에 관한 체계

■해설 ITS(지능형 교통정보시스템)는 대중교통 운영체계의 정보화를 바탕으로 시민들에게 대중교통 수단의 운행 스케줄, 차량 위치 등의 정보를 제공하여 이용자 편익을 극대화하고, 대중교통 운송 회사 및 행정 부서에는 차량관리, 배차 및 모니터링 등을 위한 정보를 제공함으로써 업무의 효율성을 극대화한다.

38. 캔트(Cant)의 계산에서 속도 및 반지름을 2배로 하면 캔트는 몇 배가 되는가?
  ① 2배   ② 4배
  ③ 8배   ④ 16배

■해설
  • 캔트$(C) = \dfrac{SV^2}{Rg}$
  • 속도와 반지름이 2배이면 캔트(C)는 2배가 된다.

39. 하천의 수위관측소 설치를 위한 장소로 적합하지 않은 것은?
  ① 상하류의 길이가 약 100m 정도는 직선인 곳
  ② 홍수 시 관측소가 유실 및 파손될 염려가 없는 곳
  ③ 수위표를 쉽게 읽을 수 있는 곳
  ④ 합류나 분류에 의해 수위가 민감하게 변화하여 다양한 수위의 관측이 가능한 곳

■해설 지천의 합류, 분류점에서 수위 변화가 없는 곳에 설치

40. 평야지대에서 어느 한 측점에서 중간 장애물이 없는 26km 떨어진 어떤 측점을 시준할 때 어떤 측점에 세울 표척의 최소 높이는?(단, 기차상수는 0.14이고 지구곡률반지름은 6,370km이다.)
  ① 16m   ② 26m
  ③ 36m   ④ 46m

■해설
  • 양차$(\Delta h) = \dfrac{D^2}{2R}(1-K)$
  • $\Delta h = \dfrac{26^2}{2 \times 6,370}(1-0.14) = 0.0456\text{km} ≒ 46\text{m}$

|해답| 35.① 36.④ 37.③ 38.① 39.④ 40.④

제3과목 수리수문학

41. 원형 댐의 월류량(Q_p)이 $1,000\text{m}^3/\text{s}$이고, 수문을 개방하는 데 필요한 시간(T_p)이 40초라 할 때 1/50 모형(模型)에서의 유량(Q_m)과 개방 시간(T_m)은?(단, 중력가속도비(g_r)는 1로 가정한다.)

① $Q_m = 0.057\text{m}^3/\text{s}, \ T_m = 5.657\text{s}$
② $Q_m = 1.623\text{m}^3/\text{s}, \ T_m = 0.825\text{s}$
③ $Q_m = 56.56\text{m}^3/\text{s}, \ T_m = 0.825\text{s}$
④ $Q_m = 115.00\text{m}^3/\text{s}, \ T_m = 5.657\text{s}$

■해설 수리모형 실험
  ㉠ Froude의 모형법칙
   • 유속비 : $V_r = \sqrt{L_r}$
   • 시간비 : $T_r = \dfrac{L_r}{V_r} = \sqrt{L_r}$
   • 가속도비 : $a_r = \dfrac{V_r}{T_r} = 1$
   • 유량비 : $Q_r = \dfrac{L_r^3}{T_r} = L_r^{\frac{5}{2}}$

  ㉡ 유량의 계산
   • $Q_r = \dfrac{L_r^3}{T_r} = L_r^{\frac{5}{2}}$
   • $\dfrac{Q_p}{Q_m} = L_r^{\frac{5}{2}}$
   ∴ $Q_m = \dfrac{Q_p}{L_r^{\frac{5}{2}}} = \dfrac{1,000}{50^{\frac{5}{2}}} = 0.05\text{m}^3/\text{sec}$

  ㉢ 시간의 계산
   • $T_r = \dfrac{L_r}{V_r} = \sqrt{L_r}$
   • $\dfrac{T_p}{T_m} = L_r^{\frac{1}{2}}$
   ∴ $T_m = \dfrac{T_p}{L_r^{\frac{1}{2}}} = \dfrac{40}{50^{\frac{1}{2}}} = 5.657\text{s}$

42. 일반 유체운동에 관한 연속 방정식은?(단, 유체의 밀도 ρ, 시간 t, $x \cdot y \cdot z$ 방향의 속도는 u, v, w이다.)

① $\dfrac{\partial \rho}{\partial t} + \dfrac{\partial u}{\partial x} + \dfrac{\partial v}{\partial y} + \dfrac{\partial w}{\partial z} = 0$
② $\dfrac{\partial \rho}{\partial t} + \dfrac{\partial \rho u}{\partial x} + \dfrac{\partial \rho v}{\partial y} + \dfrac{\partial \rho w}{\partial z} = 0$
③ $\dfrac{\partial \rho}{\partial t} + \dfrac{\partial u}{\partial \rho x} + \dfrac{\partial v}{\partial \rho y} + \dfrac{\partial w}{\partial \rho z} = 0$
④ $\dfrac{\partial u}{\partial x} + \dfrac{\partial v}{\partial y} + \dfrac{\partial w}{\partial z} = 0$

■해설 3차원 연속방정식
3차원 부정류 비압축성 유체의 연속방정식
$$\dfrac{\partial(\rho u)}{\partial x} + \dfrac{\partial(\rho v)}{\partial y} + \dfrac{\partial(\rho w)}{\partial z} = -\dfrac{\partial \rho}{\partial t}$$
∴ $\dfrac{\partial \rho}{\partial t} + \dfrac{\partial(\rho u)}{\partial x} + \dfrac{\partial(\rho v)}{\partial y} + \dfrac{\partial(\rho w)}{\partial z} = 0$

43. 안지름 1cm인 관로에 충만되어 물이 흐를 때 다음 중 층류 흐름이 유지되는 최대유속은?(단, 동점성계수 $v = 0.01\text{cm}^2/\text{s}$)

① 5cm/s   ② 10cm/s
③ 20cm/s   ④ 40cm/s

■해설 흐름의 상태
  ㉠ 층류와 난류의 구분
   $R_e = \dfrac{VD}{\nu}$
   여기서, V : 유속, D : 관의 직경, ν : 동점성계수
   • $R_e < 2,000$: 층류
   • $2,000 < R_e < 4,000$: 천이영역
   • $R_e < 4$: 난류

  ㉡ 층류조건의 유속 계산
   $R_e = \dfrac{VD}{\nu} = 2,000$
   ∴ $V = \dfrac{2,000\nu}{D} = \dfrac{2,000 \times 0.01}{1} = 20\text{cm/s}$

44. 면적 평균 강수량 계산법에 관한 설명으로 옳은 것은?

① 관측소의 수가 적은 산악지역에는 산술평균법이 적합하다.
② 티센망이나 등우선도 작성에 유역 밖의 관측소는 고려하지 말아야 한다.

|해답| 41.① 42.② 43.③ 44.④

③ 등우선도 작성에 지형도가 반드시 필요하다.
④ 티센 가중법은 관측소 간의 우량 변화를 선형으로 단순화한 것이다.

■해설 유역의 평균우량 산정법
  ㉠ 유역의 평균우량 산정공식

종류	적용
산술평균법	유역면적 500km² 이내에 적용 $P_m = \dfrac{1}{N}\sum_{i=1}^{N} P_i$
Thiessen법	유역면적 500~5,000km² 이내에 적용 $P_m = \dfrac{\sum_{i=1}^{N} A_i P_i}{\sum_{i=1}^{N} A_i}$
등우선법	산악의 영향이 고려되고, 유역면적 5,000km² 이상인 곳에 적용 $P_m = \dfrac{\sum_{i=1}^{N} A_i P_i}{\sum_{i=1}^{N} A_i}$

  ㉡ Thiessen법의 특징
    Thiessen의 가중법은 관측소 간의 유량 변화를 선형으로 단순화한 것이다.

45. 다음 중 유역의 면적 평균 강우량 산정법이 아닌 것은?

① 산술평균법(Arithmetic Mean Method)
② Thiessen 방법(Thiessen Method)
③ 등우선법(Isohyetal Method)
④ 매닝 공법(Manning Method)

■해설 유역의 평균우량 산정법
  유역의 평균우량 산정법은 산술평균법, Thiessen법, 등우선법이 있다.
  [44번 해설 표 참조]

46. 보기의 가정 중 방정식 $\sum F_x = \rho Q(v_2 - v_1)$에서 성립되는 가정으로 옳은 것은?

  가. 유속은 단면 내에서 일정하다.
  나. 흐름은 정류(定流)이다.
  다. 흐름은 등류(等流)이다.
  라. 유체는 압축성이며 비점성 유체이다.

① 가, 나
② 가, 라
③ 나, 라
④ 다, 라

■해설 운동량방정식
  운동량방정식은 관수로 및 개수로 흐름의 다양한 경우에 적용할 수 있으며, 일반적인 경우가 유량과 압력이 주어진 상태에서 관의 만곡부, 터빈 및 수리구조물에 작용하는 힘을 구하는 것이다. 운동량방정식은 흐름이 정상류이며, 유속은 단면 내에서 균일한 경우 입구부와 출구부 유속만으로 흐름을 해석할 수 있는 방정식이다.

47. 그림과 같이 우물로부터 일정한 양수율로 양수를 하여 우물 속의 수위가 일정하게 유지되고 있다. 대수층은 균질하며 지하수의 흐름은 우물을 향한 방사상 정상류라 할 때 양수율(Q)을 구하는 식은?(단, k는 투수계수임)

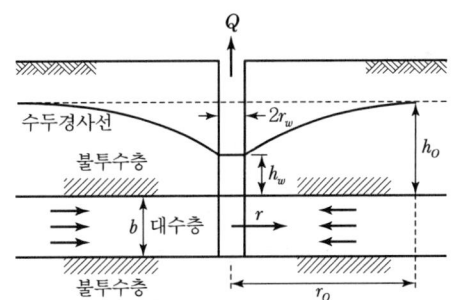

① $Q = 2\pi bk \dfrac{h_o - h_w}{\ln(r_o/r_w)}$

② $Q = 2\pi bk \dfrac{\ln(r_o/r_w)}{h_o - h_w}$

③ $Q = 2\pi bk \dfrac{h_o^2 - h_w^2}{\ln(r_o/r_w)}$

④ $Q = 2\pi bk \dfrac{\ln(r_o/r_w)}{h_o^2 - h_w^2}$

■해설 우물의 수리

종류	내용
깊은 우물 (심정호)	바닥이 불투수층까지 도달한 우물을 말한다. $Q = \dfrac{\pi K(H^2 - h_o^2)}{\ln(R/r_o)} = \dfrac{\pi K(H^2 - h_o^2)}{2.3\log(R/r_o)}$
얕은 우물 (천정호)	바닥이 불투수층까지 도달하지 못한 우물을 말한다. $Q = 4Kr_o(H - h_o)$

굴착정	피압대수층의 물을 양수하는 우물 $Q=\dfrac{2\pi aK(H-h_o)}{\ln(R/r_o)}=\dfrac{2\pi aK(H-h_o)}{2.3\log(R/r_o)}$
집수암거	복류수를 취수하는 우물 $Q=\dfrac{Kl}{R}(H^2-h^2)$

∴ 굴착정의 양수량 공식은 $Q=\dfrac{2\pi bK(h_o-h_w)}{\ln(r_o/r_w)}$
이다.

48. 지하수의 흐름에서 상·하류 두 지점의 수두차가 1.6m이고, 두 지점의 수평거리가 480m인 경우, 대수층의 두께 3.5m, 폭이 1.2m일 때의 지하수 유량은?(단, 투수계수 $k=208$m/day 이다.)

① 3.82m³/day ② 2.91m³/day
③ 2.12m³/day ④ 2.08m³/day

■해설 Darcy의 법칙
㉠ Darcy의 법칙
 • $V=K \cdot I = K \cdot \dfrac{h_L}{L}$
 • $Q=A \cdot V=A \cdot K \cdot I=A \cdot K \cdot \dfrac{h_L}{L}$
㉡ 지하수 유량의 산정
 $Q=A \cdot K \cdot \dfrac{h_L}{L}=(3.5 \times 1.2) \times 208 \times \dfrac{1.6}{480}$
 $=2.91$m³/day

49. 수문을 갑자기 닫아서 물의 흐름을 막으면 상류(上流) 쪽의 수면이 갑자기 상승하여 단상(段狀)이 되고, 이것이 상류로 향하여 전파되는 현상을 무엇이라 하는가?

① 장파(長波)
② 단파(段波)
③ 홍수파(洪水波)
④ 파상도수(波狀跳水)

■해설 단파
수문 등을 갑자기 닫아서 물의 흐름을 중지시키면 수문 상류의 수심이 갑자기 상승하여 서지 또는 단파라 불리는 수파가 형성되어 상류로 전파된다.

50. 그림과 같은 수로에서 단면 1의 수심 $h_1=1$m, 단면 2의 수심 $h_2=0.4$m라면 단면 2에서의 유속 V_2는?(단, 단면 1과 2의 수로 폭은 같으며, 마찰손실은 무시한다.)

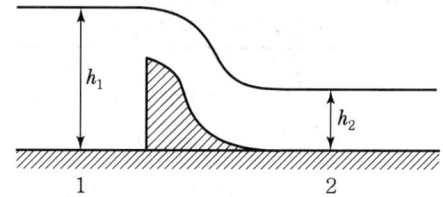

① 3.74m/s ② 4.05m/s
③ 5.56m/s ④ 2.47m/s

■해설 개수로 단면에 작용하는 힘
㉠ 단면 1, 2에 Bernoulli 정리를 적용하면
$\dfrac{V_1^2}{2g}+1=\dfrac{V_2^2}{2g}+0.4$
∴ $\dfrac{1}{2g}(V_2^2-V_1^2)=0.6$ ······ ⓐ
㉡ 연속방정식의 적용
$q=V_1=0.4V_2$ ··············· ⓑ
㉢ 식 ⓐ에 식 ⓑ를 대입
$\dfrac{1}{2 \times 9.8}\{V_2^2-(0.4V_2)^2\}=0.6$
∴ $V_2=3.74$m/sec

51. 댐 여수로 내 물받이(Apron)에서 시점수위가 3.0m이고, 폭이 50m, 방류량이 2,000m³/s인 경우, 하류 수심은?

① 2.5m ② 8.0m
③ 9.0m ④ 13.3m

■해설 도수
㉠ 흐름이 사류(射流)에서 상류(常流)로 바뀔 때 표면에 소용돌이가 발생하면서 수심이 급격하게 증가하는 현상을 도수라 한다.
㉡ 도수 후의 수심
 • $h_2=-\dfrac{h_1}{2}+\dfrac{h_1}{2}\sqrt{1+8F_{r1}^2}$
 $=-\dfrac{3}{2}+\dfrac{3}{2}\sqrt{1+8 \times 2.45^2}=9.0$m
 • $F_{r1}=\dfrac{V_1}{\sqrt{gh_1}}=\dfrac{13.3}{\sqrt{9.8 \times 3}}=2.45$
 • $V=\dfrac{Q}{A}=\dfrac{2,000}{50 \times 3}=13.3$m/sec

52. 다음 중 토양의 침투능(Infiltration Capacity) 결정방법에 해당되지 않는 것은?

① 침투계에 의한 실측법
② 경험공식에 의한 계산법
③ 침투지수에 의한 방법
④ 물수지 원리에 의한 산정법

■해설 침투능 추정법
㉠ 침투능을 추정하는 방법
  • 침투지수법에 의한 방법
  • 침투계에 의한 방법
  • 경험공식에 의한 방법
㉡ 침투지수법에 의한 방법
  • ϕ-index법 : 우량주상도에서 총 강우량과 손실량을 구분하는 수평선에 대응하는 강우강도가 ϕ-지표이며, 이것이 평균 침투능의 크기이다.
  • W-index법 : ϕ-index법을 개선한 방법으로 지면 보유, 증발산량 등을 고려한 방법이다.
∴ 침투능 추정방법이 아닌 것은 물수지 원리에 의한 방법이다.

53. 그림과 같은 직사각형 위어(Weir)에서 유량계수를 고려하지 않을 경우 유량은?(단, g=중력가속도)

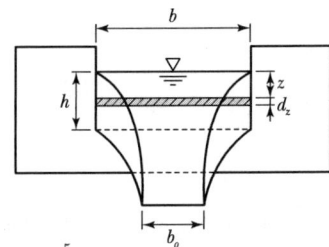

① $\frac{2}{5}b\sqrt{2g}\,h^{\frac{5}{2}}$
② $\frac{2}{3}b\sqrt{2g}\,h^{\frac{3}{2}}$
③ $\frac{2}{5}b_o\sqrt{2g}\,h^{\frac{5}{2}}$
④ $\frac{2}{3}b_o\sqrt{2g}\,h^{\frac{3}{2}}$

■해설 직사각형 위어
㉠ 직사각형 위어의 유량
$$Q=\frac{2}{3}Cb\sqrt{2g}\,h^{\frac{3}{2}}$$
㉡ 유량계수를 무시한 직사각형 위어의 유량
$$Q=\frac{2}{3}b\sqrt{2g}\,h^{\frac{3}{2}}$$

54. 유출(流出)에 대한 설명으로 옳지 않은 것은?

① 비가 오기 전의 유출을 기저유출이라 한다.
② 우량은 그 전량이 하천으로 유출된다.
③ 일정기간에 하천으로 유출되는 수량의 합을 유출량(流出量)이라 한다.
④ 유출량과 그 기간의 강수량과의 비(比)를 유출계수 또는 유출률(流出率)이라 한다.

■해설 유출해석일반
㉠ 총 유출은 직접유출과 기저유출로 구분된다.
㉡ 직접유출은 강수 후 비교적 단시간 내에 하천으로 흘러들어가는 부분을 말하며, 지표면유출수와 조기지표하유출이 이에 해당된다. 또한 직접유출에 해당하는 유출을 유효강우량이라 한다.
㉢ 기저유출은 지연지표하유출과 지하수유출로 구성되며, 시간이 상당히 지연된 후 이루어지는 유출을 말한다.
㉣ 강우량은 초기 손실을 이룬 후에 비로서 유출이 시작되며, 유출량과 강수량의 비를 유출계수 또는 유출률이라고 한다.

55. n=0.013인 지름 600mm의 원형 주철관의 동수경사가 1/180일 때 유량은?(단, Manning 공식을 사용할 것)

① $1.62\text{m}^3/\text{s}$
② $0.148\text{m}^3/\text{s}$
③ $0.458\text{m}^3/\text{s}$
④ $4.122\text{m}^3/\text{s}$

■해설 유량의 산정
㉠ Manning 공식
$$V=\frac{1}{n}R^{\frac{2}{3}}I^{\frac{1}{2}}$$
㉡ 유량의 산정
$$Q=AV=\frac{\pi D^2}{4}\times\frac{1}{n}R^{\frac{2}{3}}I^{\frac{1}{2}}$$
$$=\frac{\pi\times0.6^2}{4}\times\frac{1}{0.013}\times\left(\frac{0.6}{4}\right)^{\frac{2}{3}}\times\left(\frac{1}{180}\right)^{\frac{1}{2}}$$
$$=0.457\text{m}^3/\text{sec}$$

56. 액체와 기체와의 경계면에 작용하는 분자인력에 의한 힘은?

① 모관현상
② 점성력
③ 표면장력
④ 내부마찰력

■해설 **표면장력**
ⓐ 유체입자 간의 응집력으로 인해 그 표면적을 최소화하려는 장력이 작용한다. 이를 표면장력이라 한다.
$$T = \frac{PD}{4}$$
ⓑ 가느다란 철사나 바늘을 물 위에 놓으면 가라앉지 않고 뜨게 되는데 이는 표면장력 때문이다.

57. 빙산의 비중이 0.92이고 바닷물의 비중은 1.025 일 때 빙산이 바닷물 속에 잠겨 있는 부분의 부피는 수면 위에 나와 있는 부분의 약 몇 배인가?

① 10.8배 ② 8.8배
③ 4.8배   ④ 0.8배

■해설 **부체의 평형조건**
ⓐ 부체의 평형조건
- $W(무게) = B(부력)$
- $w \cdot V = w_w \cdot V'$

여기서, w : 물체의 단위중량
V : 부체의 체적
w_w : 물의 단위중량
V' : 물에 잠긴 만큼의 체적

ⓑ 체적의 산정
$0.92 \times V = 1.025 \times V'$
∴ $V' = 0.89 V$
∴ 물에 잠긴 만큼의 체적이 전체 체적의 89%로, 수면 위로 나온 부분의 약 8.8배 정도이다.

58. 오리피스(Orifice)의 이론과 가장 관계가 먼 것은?

① 토리첼리(Torricelli) 정리
② 베르누이(Bernoulli) 정리
③ 베나콘트랙타(Vena Contracta)
④ 모세관현상의 원리

■해설 **오리피스 이론**
ⓐ 토리첼리 정리 : 베르누이 정리를 이용하여 오리피스의 유출구 유속을 계산한다.
$v = \sqrt{2gh}$

ⓑ 베나콘트랙타 : 오리피스 단면적을 통과한 물 기둥은 오리피스 지름의 1/2 지점에서 수축 단면적이 발생하는데 이 수축 단면적을 베나콘트랙타라 한다.
∴ 오리피스 이론과 관련이 없는 것은 모세관현상의 원리이다.

59. 점성을 가지는 유체가 흐를 때 다음 설명 중 틀린 것은?

① 원형관 내의 층류 흐름에서 유량은 점성계수에 반비례하고 직경의 4제곱(승)에 비례한다.
② Darcy-Weisbach의 식은 원형관 내의 마찰손 실수두를 계산하기 위하여 사용된다.
③ 층류의 경우 마찰손실계수는 Reynolds 수에 반비례 한다.
④ 에너지 보정계수는 이상유체에서의 압력수두를 보정하기 위한 무차원상수이다.

■해설 **점성 유체의 흐름**
ⓐ 원형관 내의 층류 흐름에서 유량은 점성계수에 반비례하고 직경의 4승에 비례한다.
$$Q = \frac{w h_L r^4}{8 \mu l}$$
ⓑ Darcy-Weisbach의 식은 원형관 내의 마찰손 실수두를 계산하기 위하여 사용된다.
$$h_L = f \frac{l}{D} \frac{V^2}{2g}$$
ⓒ 층류의 경우 마찰손실계수는 Reynolds 수에 반비례한다.
$$f = \frac{64}{R_e}$$
ⓓ 에너지보정계수는 실제유체에서 실제유속과 평균유속의 에너지차이를 보정하기 위한 무차원 상수이다.

60. 수위-유량 관계곡선의 연장방법이 아닌 것은?

① 전대수지법
② Stevens 방법
③ Manning 공식에 의한 방법
④ 유량 빈도 곡선법

■해설 수위-유량 관계곡선
㉠ 하천 임의 단면에서 수위와 유량을 동시에 측정하여 장기간 자료를 수집하면 이들의 관계를 나타내는 검정곡선을 얻을 수 있다. 이 곡선을 수위-유량 관계곡선(Rating Curve)이라 한다.
㉡ 자연하천에서 수위-유량관계곡선이 루프(Loop)형인 이유
- 하도의 인공적·자연적 변화
- 홍수시 수위의 급상승, 급하강
- 배수 및 저하효과
- 초목 및 얼음의 효과
㉢ 수위-유량곡선의 연장방법에는 전대수지법, Manning 공식에 의한 방법, Stevens 방법 등이 있다.

제4과목 철근콘크리트 및 강구조

61. 그림의 단순지지 보에서 긴장재는 C점에 150mm의 편차에 직선으로 배치되고, 1,000kN으로 긴장되었다. 보의 고정하중은 무시할 때 C점에서의 휨 모멘트는 얼마인가?(단, 긴장재의 경사가 수평압축력에 미치는 영향 및 자중은 무시한다.)

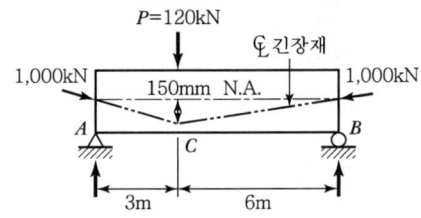

① $M_c = 90 \text{kN} \cdot \text{m}$
② $M_c = -150 \text{kN} \cdot \text{m}$
③ $M_c = 240 \text{kN} \cdot \text{m}$
④ $M_c = 390 \text{kN} \cdot \text{m}$

■해설 $\sum M_{\text{Ⓑ}} = 0$
$V_A \times 9 - 120 \times 6 = 0$
$V_A = 80 \text{kN}(\uparrow)$

(1) 외력($P = 120\text{kN}$)에 의한 C점의 단면력

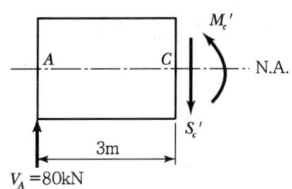

$\sum F_y = 0 (\uparrow \oplus)$
$80 - S_C' = 0$
$S_C' = 80 \text{kN}$

$\sum M_{\text{ⓒ}} = 0 (\curvearrowright \oplus)$
$80 \times 3 - M_C' = 0$
$M_C' = 240 \text{kN} \cdot \text{m}$

(2) 프리스트레싱력($P_i = 1,000\text{kN}$)에 의한 C점의 단면력

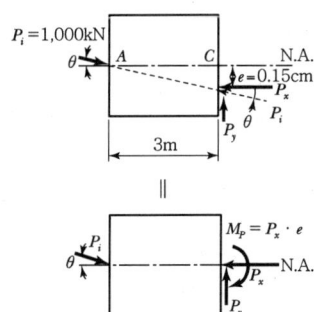

- $P_x = P \cdot \cos\theta \fallingdotseq P_i = 1,000 \text{kN}$
- $P_y = P \cdot \sin\theta = 1,000 \times \dfrac{0.15}{\sqrt{3^2 + 0.15^2}}$
  $= 50 \text{kN}$
- $M_P = P_x \cdot e = 1,000 \times 0.15 = 150 \text{kN} \cdot \text{m}$

(3) 외력과 프리스트레싱력에 의한 C점의 단면력

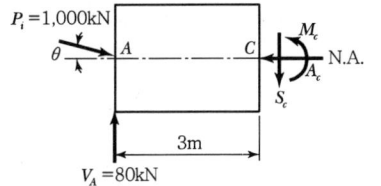

- $A_C = P_x = 1,000 \text{kN}$
- $S_C = S_C' - P_y = 80 - 50 = 30 \text{kN}$
- $M_C = M_C' - M_P = 240 - 150 = 90 \text{kN} \cdot \text{m}$

62. 직사각형 기둥(300mm×450mm)인 띠철근 단주의 공칭축강도(P_n)는 얼마인가?(단, f_{ck}=28MPa, f_y=400MPa, A_{st}=3,854mm²)

① 2,611.2kN ② 3,263.2kN
③ 3,730.3kN ④ 3,963.4kN

■해설
$P_n = \alpha \cdot \{0.85 f_{ck}(A_g - A_{st}) + f_y A_{st}\}$
$= 0.8 \times \{0.85 \times 28 \times (300 \times 450 - 3,854)$
$\quad + 400 \times 3,854\}$
$= 3,730.3 \times 10^3 \text{N} = 3,730.3 \text{kN}$

63. b_w=300mm, d=550mm, d'=50mm, A_s=4,500mm², A_s'=2,200mm²인 복철근 직사각형 보가 연성파괴를 한다면 설계 휨모멘트 강도(ϕM_n)는 얼마인가?(단, f_{ck}=21MPa, f_y=300MPa)

① 516.3kN·m ② 565.3kN·m
③ 599.3kN·m ④ 612.9kN·m

■해설 인장철근과 압축철근이 모두 항복한다고 가정하여 해석
$a = \dfrac{f_y(A_s - A_s')}{0.85 f_{ck} b} = \dfrac{300 \times (4,500 - 2,200)}{0.85 \times 21 \times 300}$
$= 128.85 \text{mm}$
$\beta_1 = 0.85 (f_{ck} \leq 28\text{MPa}인 경우)$
$\varepsilon_t = \dfrac{d_t \beta_1 - a}{a} \varepsilon_c = \dfrac{550 \times 0.85 - 128.85}{128.85} \times 0.003$
$= 0.0079$
$\varepsilon_{t,l} = 0.005 (f_y \leq 400\text{MPa}인 경우)$
$\varepsilon_{t,l} < \varepsilon_t$이므로 인장지배단면, $\phi = 0.85$
$\phi M_n = \phi f_y \left\{(A_s - A_s')\left(d - \dfrac{a}{2}\right) + A_s'(d - d')\right\}$
$= 0.85 \times 300 \times \Big\{(4,500 - 2,200)$
$\quad \times \left(550 - \dfrac{128.85}{2}\right) + 2,200 \times (550 - 50)\Big\}$
$= 565.3 \times 10^6 \text{N·mm} = 565.3 \text{kN·m}$

또한, $c = \dfrac{a}{\beta_1} = \dfrac{128.85}{0.85} = 151.59 \text{mm}$
$\varepsilon_s' = \dfrac{c - d'}{c}\varepsilon_c = \dfrac{151.59 - 50}{151.59} \times 0.003 = 0.002$
$\varepsilon_y = \dfrac{f_y}{E_s} = \dfrac{300}{2 \times 10^5} = 0.0015$
$\varepsilon_y < \varepsilon_s'$이므로 인장철근과 압축철근이 모두 항복한다는 가정은 적절하다.

64. 그림과 같은 단순 PSC 보에서 계수등분포하중 W=30kN/m가 작용하고 있다. 프리스트레스에 의한 상향력과 이 등분포 하중이 비기기 위해서는 프리스트레스 힘 P를 얼마로 도입해야 하는가?

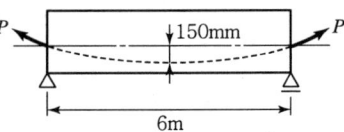

① 900kN
② 1,200kN
③ 1,500kN
④ 1,800kN

■해설 $W = u = \dfrac{8PS}{l^2}$
$P = \dfrac{Wl^2}{8S} = \dfrac{30 \times 6^2}{8 \times 0.15} = 900 \text{kN}$

65. 아래의 표의 조건에서 표준갈고리가 있는 인장 이형철근의 기본정착길이(l_{hb})는 약 얼마인가?

보통 중량골재를 사용한 콘크리트 구조물
• 도막되지 않은 D35(공칭직경 34.9mm) 철근으로 단부에 90° 표준갈고리가 있음
• f_{ck}=28MPa, f_y=400MPa

① 635mm
② 660mm
③ 1,130mm
④ 1,585mm

■해설 $\beta = 1.0$(표면처리 하지 않은 철근)
$\lambda = 1.0$(보통 중량 골재)
$l_{hb} = \dfrac{0.24 \beta d_b f_y}{\lambda \sqrt{f_{ck}}}$
$= \dfrac{0.24 \times 1 \times 35 \times 400}{1 \times \sqrt{28}}$
$= 634.98 \text{mm}$

|해답| 62.③ 63.② 64.① 65.①

66. 아래 그림과 같은 단철근 T형보에서 등가압축응력의 깊이(a)는?(단, $f_{ck}=21MPa$, $f_y=300MPa$)

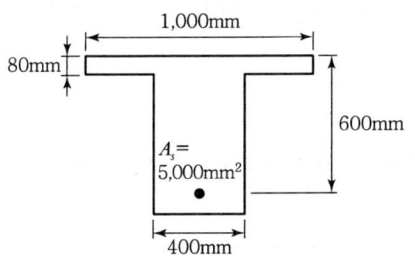

① 75mm ② 80mm
③ 90mm ④ 103mm

■해설 ㉠ T형 보의 판별
폭이 $b=1,000mm$인 직사각형 단면보에 대한 등가사각형 깊이
$$a=\frac{A_s f_y}{0.85f_{ck}b}=\frac{5,000\times300}{0.85\times21\times1,000}=84.03mm$$
$t_f=80mm$
$a(=84.03mm)>t_f(=80mm)$이므로 T형보로 해석

㉡ T형 보의 등가사각형 깊이(a)
$$A_{sf}=\frac{0.85f_{ck}(b-b_w)t_f}{f_y}$$
$$=\frac{0.85\times21\times(1,000-400)\times80}{300}$$
$$=2,856mm^2$$
$$a=\frac{(A_s-A_{sf})f_y}{0.85f_{ck}b_w}=\frac{(5,000-2,856)\times300}{0.85\times21\times400}$$
$$=90mm$$

67. 그림과 같은 맞대기 용접의 용접부에 발생하는 인장 응력은?

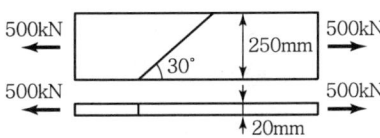

① 100MPa ② 150MPa
③ 200MPa ④ 220MPa

■해설 $f=\dfrac{P}{A}=\dfrac{(500\times10^3)}{(250\times20)}=100N/mm^2=100MPa$

68. 부재의 설계시 적용되는 강도감소계수(ϕ)에 대한 설명 중 옳지 않은 것은?

① 압축지배단면에서 나선철근으로 보강된 철근 콘크리트부재의 강도감소계수는 0.70이다.
② 인장지배 단면에서의 강도감소계수는 0.85이다.
③ 공칭강도에 최외단 인장철근의 순인장 변형율(ε_t)이 압축지배와 인장지배단면 사이일 경우에는, ε_t가 압축지배변형율 한계에서 인장지배 변형율 한계로 증가함에 따라 ϕ값을 압축지배 단면에 대한 값에서 0.85까지 증가시킨다.
④ 포스트텐션 정착구역에서 강도감소계수는 0.80이다.

■해설 포스트텐션 정착구역에서 강도감소계수는 0.85이다.

69. 아래의 표에서 설명하는 것은?

> 보나 지판이 없이 기둥으로 하중을 전달하는 2방향으로 철근이 배치된 콘크리트 슬래브

① 플랫 슬래브 ② 플랫 플레이트
③ 주열대 ④ 리브 쉘

■해설 (1) 플랫 슬래브(Flat Slab)
　　• 보 없이 기둥만으로 지지된 슬래브를 플랫 슬래브라고 한다.
　　• 기둥 둘레의 전단력과 부모멘트를 감소시키기 위하여 드롭 패널(Drop Pannel)과 기둥머리(Column Capital)를 둔다.
(2) 평판 슬래브(Flat Plate Slab)
　　• 드롭 패널과 기둥머리 없이 순수하게 기둥만으로 지지된 슬래브를 평판 슬래브라고 한다.
　　• 하중이 크지 않거나 지간이 짧은 경우에 사용한다.

70. 옹벽의 구조해석에서 T형보로 설계하여야 하는 부분은?

① 뒷부벽
② 앞부벽
③ 부벽식 옹벽의 전면벽
④ 캔틸레버식 옹벽의 저판

■해설 부벽식 옹벽에서 부벽의 설계
• 앞부벽 – 직사각형 보로 설계
• 뒷부벽 – T형 보로 설계

71. 아래 그림의 보에서 계수전단력 $V_u = 262.5\text{kN}$에 대한 가장 적당한 스터럽간격은?(단, 사용된 스터럽은 D13철근이다. 철근 D13의 단면적은 127mm², $f_{ck} = 24\text{MPa}$, $f_y = 350\text{MPa}$이다.)

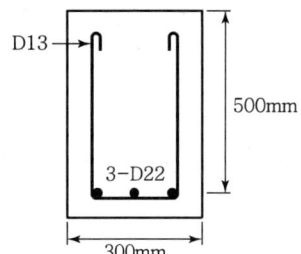

① 125mm ② 195mm
③ 210mm ④ 250mm

■해설 $V_u = 262.5\text{kN}$

$V_c = \frac{1}{6} \times \sqrt{f_{ck}}\, bd = \frac{1}{6} \times 1 \times \sqrt{24} \times 300 \times 500$
$= 122.5 \times 10^3 \text{N} = 122.5\text{kN}$

$\phi V_c = 0.75 \times 122.5 = 91.9\text{kN}$

$V_u(=262.5\text{kN}) > \phi V_c(=91.9\text{kN})$ – 전단 보강 필요

$V_s = \frac{V_u - \phi V_c}{\phi} = \frac{262.5 - 91.9}{0.75} = 227.5\text{kN}$

$= \frac{1}{3} \times \sqrt{f_{ck}}\, bd = \frac{1}{3} \times 1 \times \sqrt{24} \times 300 \times 500$
$= 245 \times 10^3 \text{N} = 245\text{kN}$

$V_s(=227.5\text{kN}) < \frac{1}{3}\lambda\sqrt{f_{ck}}\, bd(=245\text{kN})$이므로 전단철근간격($S$)은 다음값 이하라야 한다.

• $S \leq \frac{d}{2} = \frac{500}{2} = 250\text{mm}$
• $S \leq 600\text{mm}$
• $S \leq \frac{A_v f_y d}{V_s} = \frac{(2 \times 127) \times 350 \times 500}{(227.5 \times 10^3)} = 195.4\text{mm}$

따라서, 전단철근간격은 $S \leq 195.4\text{mm}$이어야 한다.

72. 길이 6m인 철근콘크리트 캔틸레버보의 처짐을 계산하지 않는 경우 보의 최소두께는? (단, $f_{ck} = 28\text{MPa}$, $f_y = 350\text{MPa}$)

① 279mm ② 349mm
③ 558mm ④ 698mm

■해설 캔틸레버보에서 처짐을 계산하지 않아도 되는 최소두께(h)

• $f_y = 400\text{MPa}$인 경우 : $h = \frac{l}{8}$
• $f_y \neq 400\text{MPa}$인 경우 : $h = \frac{l}{8}\left(0.43 + \frac{f_y}{700}\right)$

따라서, $f_y = 350\text{MPa}$인 경우 캔틸레버보의 최소두께(h)는 다음과 같다.

$h = \frac{l}{8}\left(0.43 + \frac{f_y}{700}\right)$
$= \frac{(6 \times 10^3)}{8}\left(0.43 + \frac{350}{700}\right) = 697.5\text{mm}$

73. 경간이 6m인 직사각형 철근 콘크리트 단순보(폭 300mm, 전체 높이 500mm)가 자중에 의한 등분포하중과 활하중인 집중하중 P_L이 보의 중앙에 작용되었다. 주어진 단면의 설계 휨강도(ϕM_n)가 200kN·m이라면, 최대로 작용 가능한 P_L의 크기는?(단, 철근콘크리트 단위중량은 25kN/m^3)

① 45.9kN ② 51.5kN
③ 62.4kN ④ 73.2kN

■해설 $W_D = m_c \cdot A_c = 25 \times (0.3 \times 0.5) = 3.75\text{kN/m}$
$W_u = 1.2W_D = 1.2 \times 3.75 = 4.5\text{kN/m}$
$P_u = 1.6P_L$
$M_u = \frac{W_u l^2}{8} + \frac{P_u l}{4}$
$= \frac{4.5 \times 6^2}{8} + \frac{(1.6P_L) \times 6}{4}$
$= 20.25 + 2.4P_L$
$M_u \leq \phi M_n$
$20.25 + 2.4P_L \leq 200$
$P_L \leq 74.9\text{kN}$

74. 그림과 같은 필렛 용접에서 목 두께가 옳게 표시된 것은?

① S
② $\dfrac{\sqrt{3}}{2}S$
③ $\dfrac{\sqrt{2}}{2}S$
④ $\dfrac{1}{2}l$

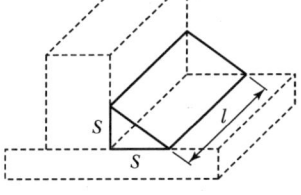

■해설 $a = \dfrac{\sqrt{2}}{2}S$

75. 콘크리트의 압축강도(f_{ck})가 35MPa, 철근의 항복강도(f_y)가 400MPa, 폭이 350mm, 유효깊이가 600mm인 단철근 직사각형 보의 최소철근량은 얼마인가?

① 690mm^2 ② 735mm^2
③ 752mm^2 ④ 777mm^2

■해설
$\rho_1 = \dfrac{0.25\sqrt{f_{ck}}}{f_y} = \dfrac{0.25\sqrt{35}}{400} = 0.0037$
$\rho_2 = \dfrac{1.4}{f_y} = \dfrac{1.4}{400} = 0.0035$
$\rho_{\min} = [\rho_1,\ \rho_2]_{\max} = 0.0037$
$A_{s,\min} = \rho_{\min} \cdot bd = 0.0037 \times 350 \times 600$
$= 777\text{mm}^2$

76. 아래 그림의 지그재그로 구멍이 있는 판에서 순폭을 구하면?(단, 구멍직경 = 25mm)

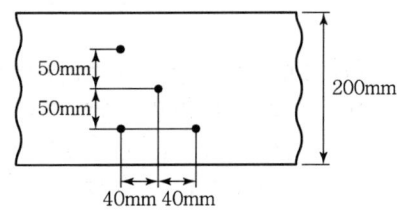

① $b_n = 187\text{mm}$
② $b_n = 141\text{mm}$
③ $b_n = 137\text{mm}$
④ $b_n = 125\text{mm}$

■해설
$d_h = \phi + 3 = 25\text{mm}$
$b_{n2} = b_g - 2d_h = 200 - (2 \times 25) = 150\text{mm}$
$b_{n3} = b_g - 3d_h + 2 \times \dfrac{S^2}{4g}$
$= 200 - (3 \times 25) + \left(2 \times \dfrac{40^2}{4 \times 50}\right) = 141\text{mm}$
$b_n = [b_{n2},\ b_{n3}]_{\min} = 141\text{mm}$

77. 2방향 슬래브 직접설계법의 제한사항에 대한 설명으로 틀린 것은?

① 각 방향으로 3경간 이상 연속되어야 한다.
② 슬래브 판들은 단변 경간에 대한 장변 경간의 비가 2이하인 직사각형이어야 한다.
③ 각 방향으로 연속한 받침부 중심간 경간 차이는 긴 경간의 1/3 이하이어야 한다.
④ 연속한 기둥 중심선을 기준으로 기둥의 어긋남은 그 방향 경간의 20% 이하이어야 한다.

■해설 2방향 슬래브의 설계에서 직접설계법을 적용할 경우, 연속한 기둥 중심선으로부터 기둥의 이탈은 이탈방향 경간의 최대 10%까지 허용한다.

78. $b_w = 300\text{mm}$, $d = 450\text{mm}$인 단철근 직사각형 보의 균형철근량은 약 얼마인가?(단, $f_{ck} = 35\text{MPa}$, $f_y = 300\text{MPa}$이다.)

① $7,590\text{mm}^2$ ② $7,320\text{mm}^2$
③ $7,150\text{mm}^2$ ④ $7,010\text{mm}^2$

■해설 · $f_{ck} > 28\text{MPa}$인 경우 β_1의 값
$\beta_1 = 0.85 - 0.007(f_{ck} - 28)$
$= 0.85 - 0.007(35 - 28)$
$= 0.801\ (\beta_1 \geq 0.65)$

· $\rho_b = 0.85\beta_1 \dfrac{f_{ck}}{f_y} \cdot \dfrac{600}{600 + f_y}$
$= 0.85 \times 0.801 \times \dfrac{35}{300} \times \dfrac{600}{600 + 300}$
$= 0.052955$

· $A_{s,b} = \rho_b \cdot b \cdot d$
$= 0.052955 \times 300 \times 450 = 7,149\text{mm}^2$

79. 철근의 정착에 대한 다음 설명 중 옳지 않은 것은?

① 휨철근을 정착할 때 절단점에서 V_u가 (3/4) V_n을 초과하지 않을 경우 휨철근을 인장구역에서 절단해도 좋다.
② 갈고리는 압축을 받는 구역에서 철근정착에 유효하지 않은 것으로 보아야 한다.
③ 철근의 인장력을 부착만으로 전달할 수 없는 경우에는 표준 갈고리를 병용한다.
④ 단순부재에서는 정모멘트 철근의 1/3 이상, 연속부재에서는 정모멘트 철근의 1/4 이상을 부재의 같은 면을 따라 받침부까지 연장하여야 한다.

■해설 휨철근의 정착에 있어서 휨철근을 인장구역에서 절단할 수 있는 경우
㉠ 절단점의 계수전단력(V_u)이 설계전단강도(ϕV_n)의 $\frac{2}{3}$ 이하인 경우. 즉, $V_u \leq \frac{2}{3}\phi V_n$인 경우
㉡ D35 이하의 철근에 대해서는 연장되는 철근량이 절단점에서 휨에 필요한 철근량의 2배 이상이고, 또 $V_u \leq \frac{3}{4}\phi V_n$인 경우
㉢ 전단과 비틀림에 필요로 하는 이상의 스터럽이 휨철근을 절단하는 점의 전후 $\frac{3}{4}d$ 구간에 촘촘하게 배치되어 있는 경우
이때, 스터럽의 간격(s)과 스터럽의 단면적(A_v)은 다음과 같다.
$$s \leq \frac{d}{8\beta_b}, \quad A_v \geq 0.42\frac{b_w s}{f_y}$$
여기서, β_b는 절단철근의 전체철근에 대한 단면비이다.

80. 포스트텐션 긴장재의 마찰손실을 구하기 위해 아래의 표와 같은 근사식을 사용하고자 한다. 이때 근사식을 사용할 수 있는 조건으로 옳은 것은?

$$P_x = \frac{P_o}{1+Kl+\mu\alpha}$$

① P_o의 값이 5,000kN 이하인 경우
② P_o의 값이 5,000kN을 초과하는 경우
③ $(Kl+\mu\alpha)$의 값이 0.3 이하인 경우
④ $(Kl+\mu\alpha)$의 값이 0.3을 초과하는 경우

■해설 PS강재와 쉬스 사이의 마찰에 의한 손실량
㉠ 엄밀식
$$P_x = P_o e^{-(kl+\mu\alpha)}$$
$$\Delta P_f = P_o[1-e^{-(kl+\mu\alpha)}]$$
㉡ 근사식
$kl+\mu\alpha \leq 0.3$인 경우는 근사식을 사용할 수 있다.
$$P_x = \frac{P_o}{1+(kl+\mu\alpha)}$$
$$\Delta P_f = P_o\left[\frac{(kl+\mu\alpha)}{1+(kl+\mu\alpha)}\right]$$

제5과목 **토질 및 기초**

81. 어느 흙댐의 동수경사가 1.0, 흙의 비중이 2.65, 함수비가 40%인 포화토에 있어서 분사현상에 대한 안전율을 구하면?

① 0.8 ② 1.0
③ 1.2 ④ 1.4

■해설
$$F_s = \frac{i_c}{i} = \frac{\frac{G_s-1}{1+e}}{\frac{h}{L}} = \frac{\frac{2.65-1}{1+1.06}}{1.0} = 0.8$$

$$\left(G_s \cdot \omega = S \cdot e \quad \therefore e = \frac{G_s \cdot \omega}{S} = \frac{2.65 \times 0.4}{1} = 1.06\right)$$

82. 굳은 점토지반에 앵커를 그라우팅하여 고정시켰다. 고정부의 길이가 5m, 직경 20cm, 시추공의 직경은 10cm였다. 점토의 비배수전단강도(C_u)=1.0kg/cm², $\phi=0°$라고 할 때 앵커의 극한지지력은?(단, 표면마찰계수는 0.6으로 가정한다.)

① 9.4ton ② 15.7ton
③ 18.8ton ④ 31.3ton

■해설 점토지반일 때 어스앵커의 극한 지지력(저항)
$$P_u = \alpha \cdot C_u \cdot \pi Dl$$
$$= 0.6 \times 1.0 \times \pi \times 20 \times 500$$
$$= 18,849.56 \text{kg}$$
$$= 18.8 \text{t}$$

83. Sand Drain의 지배 영역에 관한 Barron의 정삼각형 배치에서 샌드 드레인의 간격을 d, 유효원의 직경을 d_e라 할 때 d_e를 구하는 식으로 옳은 것은?

① $d_e = 1.128d$
② $d_e = 1.028d$
③ $d_e = 1.050d$
④ $d_e = 1.50d$

■해설
• 정삼각형 배열 $(d_e) = 1.05d$
• 정사각형 배열 $(d_e) = 1.13d$

84. 어느 점토의 체가름 시험과 액·소성시험 결과 0.002mm(2μm) 이하의 입경이 전 시료 중량의 90%, 액성한계 60%, 소성한계 20%였다. 이 점토 광물의 주성분은 어느 것으로 추정되는가?

① Kaolinite
② Illite
③ Calcite
④ Montmorillonite

■해설 활성도(A) $= \dfrac{I_p(W_L - W_P)}{2\mu \text{ 이하의 점토 함유량}}$
$= \dfrac{60 - 20}{90} = 0.44$
∴ A < 0.75 : Kaolinite(0.44)

85. 응력경로(Stress Path)에 대한 설명으로 옳지 않은 것은?

① 응력경로는 특성상 전응력으로만 나타낼 수 있다.
② 응력경로란 시료가 받는 응력의 변화과정을 응력공간에 궤적으로 나타낸 것이다.
③ 응력경로는 Mohr의 응력원에서 전단응력이 최대인 점을 연결하여 구해진다.
④ 시료가 받는 응력상태에 대해 응력경로를 나타내면 직선 또는 곡선으로 나타난다.

■해설 응력경로는 전응력경로와 유효응력경로로 구분된다.

86. 10m 깊이의 쓰레기층을 동다짐을 이용하여 개량하려고 한다. 사용할 해머 중량이 20t, 하부 면적 반경 2m의 원형 블록을 이용한다면, 해머의 낙하고는?

① 15m
② 20m
③ 25m
④ 23m

■해설 개량심도$(D) = \alpha \sqrt{W \cdot H}$
$10 = 0.5 \sqrt{20 \times H}$
∴ $H = 20$m

87. 어떤 점토지반의 표준관입 실험 결과 N값이 2~4였다. 이 점토의 Consistency는?

① 대단히 견고
② 연약
③ 견고
④ 대단히 연약

■해설

연경도(Consistency)	N치
대단히 연약	$N < 2$
연약	2~4
중간	4~8
견고	8~15
대단히 견고	15~30
고결	$N > 30$

|해답| 83.③ 84.① 85.① 86.② 87.②

88. $\Delta h_1 = 50$이고, $K_{V2} = 10K_{V1}$일 때, K_{V3}의 크기는?

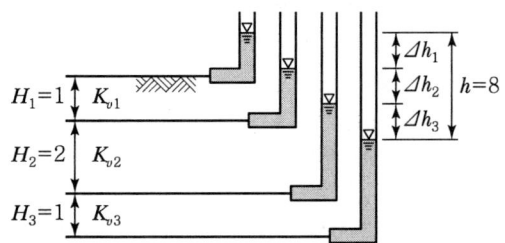

① $1.0K_{V1}$　　　② $1.5K_{V1}$
③ $2.0K_{V1}$　　　④ $2.5K_{V1}$

■해설　※ 각 층의 침투속도는 균일

㉠ $V = Ki = K_{v1} \cdot \dfrac{\Delta h_1}{l_1} = K_{v2} \cdot \dfrac{\Delta h_2}{l_2} = K_{v3} \cdot \dfrac{\Delta h_3}{l_3}$

　$= K_{v1} \cdot \dfrac{\Delta h_1}{1} = K_{v2} \cdot \dfrac{\Delta h_2}{2} = K_{v3} \cdot \dfrac{\Delta h_3}{1}$

　$= K_{v1} \cdot \Delta h_1 = 10K_{v1} \cdot \dfrac{\Delta h_2}{2} = K_{v3} \cdot \Delta h_3$

　$= 5K_{v1} = 5K_{v1} \cdot \Delta h_2 = K_{v3} \cdot \Delta h_3$

　∴ $\Delta h_2 = 1$, $\Delta h_3 = 2$

㉡ $V = K_{v3} \times \dfrac{2}{1} = 5K_{v1}$

　$= 2K_{v3} = 5K_{v1}$

　∴ $K_{v3} = \dfrac{5}{2}K_{v1} = 2.5K_{v1}$

89. Rod에 붙인 어떤 저항체를 지중에 넣어 관입, 인발 및 회전에 의해 흙의 전단강도를 측정하는 원위치 시험은?

① 보링(Boring)
② 사운딩(Sounding)
③ 시료 채취(Sampling)
④ 비파괴 시험(NDT)

■해설　사운딩(Sounding)은 Rod 끝에 설치한 저항체를 지중에 삽입하여 관입, 회전, 인발 등의 저항으로 토층의 물리적 성질과 상태를 탐사하는 것

90. 평판 재하 실험에서 재하판의 크기에 의한 영향(Scale Effect)에 관한 설명으로 틀린 것은?

① 사질토 지반의 지지력은 재하판의 폭에 비례한다.
② 점토지반의 지지력은 재하판의 폭에 무관하다.
③ 사질토 지반의 침하량은 재하판의 폭이 커지면 약간 커지기는 하지만 비례하는 정도는 아니다.
④ 점토지반의 침하량은 재하판의 폭에 무관하다.

■해설　점토 지반의 침하량은 재하판의 폭에 비례한다.

91. 어떤 점토의 토질 실험 결과 일축압축강도 0.48 kg/cm², 단위중량 1.7t/m³이었다. 이 점토의 한계고는?

① 6.34m　　　② 4.87m
③ 9.24m　　　④ 5.65m

■해설　한계고$(H_c) = \dfrac{4c}{\gamma}\tan\left(45° + \dfrac{\phi}{2}\right)$

　　$= 2\dfrac{q_u}{\gamma} = \dfrac{2 \times 4.8}{1.7} = 5.65\text{m}$

　　$(0.48\text{kg/cm}^2 = 4.8\text{t/m}^2)$

92. 2m×2m 정방향 기초가 1.5m 깊이에 있다. 이 흙의 단위중량 $\gamma = 1.7\text{t/m}^3$, 점착력 $c = 0$이며, $N_\gamma = 19$, $N_q = 22$이다. Terzaghi의 공식을 이용하여 전 허용하중(Q_{all})을 구한 값은?(단, 안전율 $F_s = 3$으로 한다.)

① 27.3t　　　② 54.6t
③ 81.9t　　　④ 109.3t

■해설　• 극한지지력
　$q_u = \alpha c N_c + \beta \gamma_1 B N_r + \gamma_2 D_f N_q$
　　$= 1.3 \times 0 \times N_c + 0.4 \times 1.7 \times 2 \times 19 + 1.7 \times 1.5 \times 22$
　　$= 81.94\text{t/m}^2$

• 허용지지력 $q_a = \dfrac{q_u}{F_s} = \dfrac{81.94}{3} = 27.31\text{t/m}^2$

• 허용하중 $Q_a = q_a \cdot A = 27.31 \times 2 \times 2 = 109.3\text{t}$

93. 약액주입공법은 그 목적이 지반의 차수 및 지반 보강에 있다. 다음 중 약액주입공법에서 고려해야 할 사항으로 거리가 먼 것은?

① 주입률
② Piping
③ Grout 배합비
④ Gel Time

■해설 Piping 현상
수위차가 있는 지반 중에 파이프 형태의 수맥이 생겨 사질층의 물이 배출되는 현상

94. 유선망의 특징을 설명한 것으로 옳지 않은 것은?

① 각 유로의 침투유량은 같다.
② 유선과 등수두선은 서로 직교한다.
③ 유선망으로 이루어지는 사각형은 이론상 정사각형이다.
④ 침투속도 및 동수구배는 유선망의 폭에 비례한다.

■해설 침투속도 및 동수구배는 유선망의 폭에 반비례한다.

95. 연약점토지반에 성토제방을 시공하고자 한다. 성토로 인한 재하속도가 과잉간극수압이 소산되는 속도보다 빠를 경우, 지반의 강도정수를 구하는 가장 적합한 시험방법은?

① 압밀 배수시험
② 압밀 비배수시험
③ 비압밀 비배수시험
④ 직접전단시험

■해설 비압밀 비배수시험(UU – Test)
㉠ 포화 점토가 성토 직후 급속한 파괴가 예상될 때
㉡ 성토로 인한 재하속도 > 과잉 간극 수압이 소산되는 속도

96. 그림과 같은 점성토 지반의 토질실험 결과 내부 마찰각 $\phi = 30°$, 점착력 $c = 1.5 t/m^2$일 때 A점의 전단강도는?

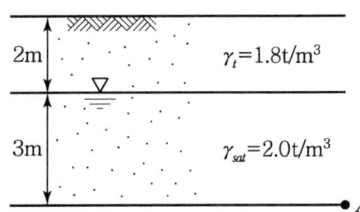

① $5.31 t/m^2$ ② $5.95 t/m^2$
③ $6.38 t/m^2$ ④ $7.04 t/m^2$

■해설 전단강도$(S) = c + \sigma' \tan\phi$
$= 1.5 + 6.6 \tan 30° = 5.31 t/m^2$
$(\sigma' = 1.8 \times 2 + (2.0 - 1) \times 3 = 6.6 t/m^2)$

97. $\gamma_{sat} = 2.0 t/m^3$인 사질토가 20°로 경사진 무한사면이 있다. 지하수위가 지표면과 일치하는 경우 이 사면의 안전율이 1 이상이 되기 위해서는 흙의 내부마찰각이 최소 몇 도 이상이어야 하는가?

① 18.21°   ② 20.52°
③ 36.06°   ④ 45.47°

■해설 무한사면(사질토)
$$F_s = \frac{c}{\gamma_{sub} \cdot Z \sin i \cos i} + \frac{\gamma_{sub}}{\gamma_{sat}} \times \frac{\tan\phi}{\tan i}$$
$$= \frac{\gamma_{sub}}{\gamma_{sat}} \cdot \frac{\tan\phi}{\tan i} = \frac{1}{2} \times \frac{\tan\phi}{\tan 20°} \geq 1$$
$$\therefore \phi = 36.06°$$

98. 아래와 같은 흙의 입도분포곡선에 대한 설명으로 옳은 것은?

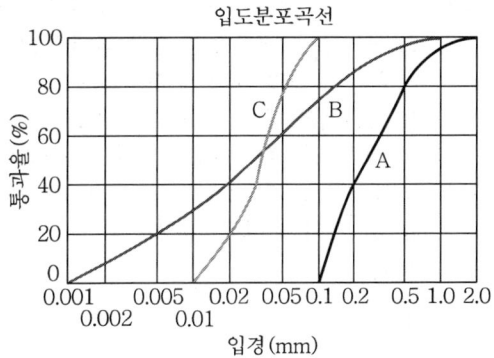

① A는 B보다 유효경이 작다.
② A는 B보다 균등계수가 작다.
③ C는 B보다 균등계수가 크다.
④ B는 C보다 유효경이 크다.

■해설 B 곡선(경사 완만)
  ㉠ 입도분포가 좋은 양입도
  ㉡ 투수계수가 작다.
  ㉢ 균등계수가 크다.

99. 그림과 같은 5m 두께의 포화점토층이 10t/m² 의 상재하중에 의하여 30cm의 침하가 발생하는 경우에 압밀도는 약 $U=60\%$에 해당하는 것으로 추정되었다. 향후 몇 년이면 이 압밀도에 도달하겠는가?(단, 압밀계수(C_v)=3.6×10^{-4}cm²/sec)

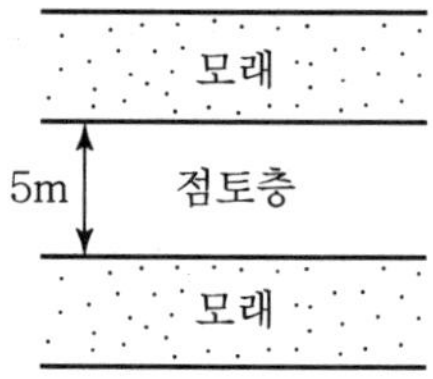

	모래
5m	점토층
	모래

$U(\%)$	T_v
40	0.126
50	0.197
60	0.287
70	0.403

① 약 1.3년 ② 약 1.6년
③ 약 2.2년 ④ 약 2.4년

■해설
$$t_{60} = \frac{T_v \cdot H^2}{C_v} = \frac{0.287 \times \left(\frac{500}{2}\right)^2}{3.6 \times 10^{-4}} = 4982638889\ \text{초}$$
$$\therefore \frac{4982638889}{60 \times 60 \times 24 \times 365} = 1.6\ \text{년}$$

100. 현장 흙의 단위중량을 구하기 위해 부피 500cm³의 구멍에서 파낸 젖은 흙의 무게가 900g이고, 건조시킨 후의 무게가 800g이다. 건조한 흙 400g을 몰드에 가장 느슨한 상태로 채운 부피가 280cm³이고, 진동을 가하여 조밀하게 다진 후의 부피는 210cm³이다. 흙의 비중이 2.7일 때 이 흙의 상대밀도는?

① 33%
② 38%
③ 43%
④ 48%

■해설
㉠ $\gamma_d = \frac{W_s}{V} = \frac{800}{500} = 1.6$
㉡ $\gamma_{d\min} = \frac{400}{280} = 1.43$
㉢ $\gamma_{d\max} = \frac{400}{210} = 1.9$
$\therefore D_r = \left(\frac{\gamma_{d\max}}{\gamma_d} \times \frac{\gamma_d - \gamma_{d\min}}{\gamma_{d\max} - \gamma_{d\min}}\right) \times 100(\%)$
$= \left(\frac{1.9}{1.6} \times \frac{1.6 - 1.43}{1.9 - 1.43}\right) \times 100$
$= 43\%$

제6과목 상하수도공학

101. 하수관거 내에 황화수소(H_2S)가 존재하는 이유에 대한 설명으로 옳은 것은?

① 용존산소로 인해 유황이 산화하기 때문이다.
② 용존산소 결핍으로 박테리아가 메탄가스를 환원시키기 때문이다.
③ 용존산소 결핍으로 박테리아가 황산염을 환원시키기 때문이다.
④ 용존산소로 인해 박테리아가 메탄가스를 환원시키기 때문이다.

■해설 관정부식
  ㉠ 정의 : 콘크리트관의 경우 하수 내에 존재하거나 유기물 분해 시 존재하는 산에 의해 관 정상부에 부식이 발생되는 것을 말한다.
  ㉡ 부식 진행 : 단백질, 유기물, 황화합물 등이 혐기성 상태에서 분해되어 황화수소(H_2S) 발생 → 황화수소가 호기성 미생물에 의해 아황산가스(SO_2, SO_3) 발생 → 아황산가스가 관정부의 물방울에 녹아 황산(H_2SO_4)이 된다. → 황산이 콘크리트관의 성분인 철, 칼슘, 알루미늄과 반응하여 황산염으로 변하여 관을 부식시킨다.
  ㉢ 방지대책 : 유속 증가로 퇴적 방지, 용존산소 농도 증가로 혐기성 상태 예방, 살균제 주입, 라이닝, 역청제 도포로 황산염의 발생 방지
  ∴ 황화수소는 황화합물이 혐기성 상태에서 분해되어 환원되기 때문에 존재하게 된다.

102. 수원으로부터 취수된 상수가 소비자에게까지 전달되는 일반적 상수도의 구성순서로 옳은 것은?

① 도수 - 송수 - 정수 - 배수 - 급수
② 송수 - 정수 - 도수 - 급수 - 배수
③ 도수 - 정수 - 송수 - 배수 - 급수
④ 송수 - 정수 - 도수 - 배수 - 급수

■해설 상수도 구성요소
- 수원 → 취수 → 도수(침사지) → 정수(착수정 → 약품혼화지 → 침전지 → 여과지 → 소독지 → 정수지) → 송수 → 배수(배수지, 배수탑, 고가탱크, 배수관) → 급수
- 수원, 취수, 도수, 정수, 송수 등의 설계에는 계획 1일 최대급수량을 기준으로 한다.
- 계획취수량은 계획 1일 최대급수량을 기준으로 5~10정도 여유 있게 취수한다.
- 배수관의 직경 결정, 펌프의 직경 결정 등은 계획시간 최대급수량을 기준으로 한다.
- ∴ 상수도 구성요소는 도수 - 정수 - 송수 - 배수 - 급수로 이루어진다.

103. 폭기조 내 MLSS가 3,000mg/L, 체류시간 4시간, 폭기조의 크기가 1,000m³인 활성슬러지 공정에서 최종 유출수의 SS가 20mg/L일 때 매일 폐기되는 슬러지는 60m³이다. 폐슬러지의 농도가 10,000mg/L라면 세포의 평균 체류시간은?

① 4.2일   ② 8.2일
③ 10일   ④ 25일

■해설 고형물의 체류시간(SRT)
㉠ 유입수량의 산정
- 수리학적 체류시간 : $HRT = \dfrac{V}{Q}$
- 유입유량의 산정
  : $Q = \dfrac{V}{HRT} = \dfrac{1,000}{\frac{4}{24}} = 6,000 \text{m}^3/\text{day}$

㉡ 물질수지 방정식
- 매일 폐기되는 슬러지 : $Q_w = 60\text{m}^3/\text{day}$
- 폐 슬러지 농도 : $X_w = 10,000\text{mg}/l$
- 유출수의 유량
  : $Q = 6,000 - 60 = 5,940 \text{m}^3/\text{day}$
- 유출수의 SS농도 : $SS = 20\text{mg}/l$

㉢ 고형물 체류시간의 산정
$$SRT = \dfrac{MLSS \cdot V}{SS \cdot Q}$$
$$= \dfrac{3,000 \times 1,000}{(60 \times 10,000) + (20 \times 5,940)}$$
$$= 4.17 \text{day}$$

104. 하수 고도처리방법으로 질소, 인 동시제거 공정은?

① 혐기 무산소 호기 조합법
② 연속회분식 활성슬러지법
③ 정석탈인법
④ 혐기·호기 활성슬러지법

■해설 하수의 고도처리방법
㉠ 하수의 고도처리방법에는 물리적 방법, 화학적 방법, 생물학적 방법이 있으며, 질소와 인의 처리에는 주로 생물학적 방법을 적용한다.

㉡ 고도 처리 방법의 분류
- 질소 제거 : 암모니아 탈기법, 이온교환법, 불연속적 염소주입법, 생물학적 질화 탈질화법
- 인 제거 : 응집침전법, 정석탈인법, A/O(Anoxic Oxic)법
- 질소, 인 동시 제거 : A^2/O(Anaerobic Anoxic Oxic)법, SBR, UCT법, VIP법, 수정 Phostrip법

㉢ A^2/O(Anaerobic Anoxic Oxic)법
- 혐기 - 무산소 - 산소 조의 흐름을 유지한다.
- A/O공법의 전단에 Anaerobic 조를 추가하여 인 제거 효율을 상승시키는 방법이다.

105. 합류식 하수관거의 최소 관경은?

① 100mm   ② 150mm
③ 200mm   ④ 250mm

■해설 하수관거의 직경
하수관거의 직경은 다음과 같다.

구분	최소관경
오수관거	200mm
우수 및 합류관거	250mm

∴ 분류식 우수 및 합류관거의 최소관경은 250mm이다.

|해답| 102.③ 103.① 104.① 105.④

106. 격자식 배수관망이 수지상식 배수관망에 비해 갖는 장점은?

① 단수구역이 좁아진다.
② 수리계산이 간단하다.
③ 관의 부설비가 작아진다.
④ 제수밸브를 적게 설치해도 된다.

■ 해설 배수관망의 배치방식

격자식	수지상식
• 단수시 대상지역이 좁다. • 수압 유지가 용이하다. • 화재 시 사용량 대처가 용이하다. • 수리계산이 복잡하다. • 건설비가 많이 든다.	• 수리계산이 간단하다. • 건설비가 적게 든다. • 물의 정체가 발생된다. • 단수지역이 발생된다. • 수량의 상호 보완이 어렵다.

∴ 격자식은 수지상식에 비해 단수 시 대상지역이 좁다.

107. 관거별 계획하수량 선정 시 고려해야 할 사항으로 적합하지 않은 것은?

① 오수관거는 계획 시간 최대오수량을 기준으로 한다.
② 우수관거에서는 계획우수량을 기준으로 한다.
③ 합류식 관거는 계획 시간 최대오수량에 계획우수량을 합한 것을 기준으로 한다.
④ 차집관거는 계획 시간 최대오수량에 우천 시 계획우수량을 합한 것을 기준으로 한다.

■ 해설 계획하수량의 결정
　㉠ 오수 및 우수관거

종류		계획하수량
합류식		계획 시간 최대오수량에 계획우수량을 합한 수량
분류식	오수관거	계획 시간 최대오수량
	우수관거	계획우수량

　㉡ 차집관거
　　우천 시 계획오수량 또는 계획 시간 최대오수량의 3배를 기준으로 설계한다.
∴ 차집관거는 우천 시 계획오수량 또는 계획 시간 최대오수량의 3배를 기준으로 한다.

108. 하수관거의 접합 중에서 굴착 깊이를 얕게 함으로써 공사비용을 줄일 수 있으며, 수위 상승을 방지하고 양정고를 줄일 수 있어 펌프로 배수하는 지역에 적합한 방법은?

① 관정접합
② 관저접합
③ 수면접합
④ 관중심접합

■ 해설 관거의 접합방법

종류	특징
수면접합	수리학적으로 가장 좋은 방법으로 관 내 수면을 일치시키는 방법
관정접합	관거의 내면 상부를 일치시키는 방법으로 굴착깊이가 증대되고, 공사비가 증가된다.
관중심접합	관중심을 일치시키는 방법으로 별도의 수위 계산이 필요 없는 방법이다.
관저접합	관거의 내면 바닥을 일치시키는 방법으로 수리학적으로 불리한 방법이다.
단차접합	지세가 아주 급한 경우 토공량을 줄이기 위해 사용하는 방법이다.
계단접합	지세가 매우 급한 경우 관거의 기울기와 토공량을 줄이기 위해 사용하는 방법이다.

∴ 굴착 깊이가 얕고 펌프 배수지역에 유리한 방식은 관저접합이다.

109. 다음 생물학적 처리방법 중 생물막 공법은?

① 산화구법
② 살수여상법
③ 접촉안정법
④ 계단식 폭기법

■ 해설 막미생물 공정
　㉠ 막미생물 공정은 활성슬러지법의 가장 어려운 문제인 슬러지 침전성의 문제를 해결한 방법이지만 하수처리 효과는 활성슬러지법보다는 떨어진다.
　㉡ 막미생물 공정의 종류
　　• 살수여상법
　　• 회전원판법
　　• 침지여상법
　　• 유동상법

110. 종말 침전지에서 유출되는 수량이 $5,000\,\mathrm{m^3/day}$ 이다. 여기에 염소 처리를 하기 위하여 유출수에 $100\,\mathrm{kg/day}$의 염소를 주입한 후 잔류염소의 농도를 측정하였더니 $0.5\,\mathrm{mg/L}$이었다면 염소요구량(농도)은?(단, 염소는 Cl_2 기준)

① 16.5mg/L ② 17.5mg/L
③ 18.5mg/L ④ 19.5mg/L

■해설 염소요구량
  ㉠ 염소요구량
   • 염소요구량 = 요구농도 × 유량 × 1/순도
   • 염소요구농도 = 주입농도 − 잔류농도
  ㉡ 염소요구농도의 계산
   • 주입농도 = 주입량/유량
     $= \dfrac{100 \times 10^3}{5,000} = 20\,\mathrm{mg/L}$
   • 염소요구농도 = 주입농도 − 잔류농도
     $= 20 - 0.5 = 19.5\,\mathrm{mg/L}$

111. 지표수를 수원으로 하는 경우의 상수시설 배치 순서로 가장 적합한 것은?

① 취수탑 - 침사지 - 응집침전지 - 여과지 - 배수지
② 집수매거 - 응집침전지 - 침사지 - 여과지 - 배수지
③ 취수문 - 여과지 - 보통침전지 - 배수탑 - 배수관망
④ 취수구 - 약품침전지 - 혼화지 - 여과지 - 배수지

■해설 상수도 구성요소
  • 수원 → 취수 → 도수(침사지) → 정수(착수정 → 약품혼화지 → 침전지 → 여과지 → 소독지 → 정수지) → 송수 → 배수(배수지, 배수탑, 고가탱크, 배수관) → 급수
  • 수원, 취수, 도수, 정수, 송수 등의 설계에는 계획 1일 최대급수량을 기준으로 한다.
  • 계획취수량은 계획 1일 최대급수량을 기준으로 5~10정도 여유 있게 취수한다.
  • 배수관의 직경 결정, 펌프의 직경 결정 등은 계획 시간 최대급수량을 기준으로 한다.
  ∴ 지표수 수원의 배치로 옳은 것은 취수탑 - 침사지 - 응집침전지 - 여과지 - 배수지의 순이다.

112. 합류식 하수도에 대한 설명으로 옳지 않은 것은?

① 청천 시에는 수위가 낮고 유속이 적어 오물이 침전하기 쉽다.
② 우천 시에 처리장으로 다량의 토사가 유입되어 침전지에 퇴적된다.
③ 소규모 강우 시 강우 초기에 도로나 관로 내에 퇴적된 오염물이 그대로 강으로 합류할 수 있다.
④ 단일관로로 오수와 우수를 배제하기 때문에 침수 피해 다발 지역이나 우수배제시설이 정비되지 않은 지역에서는 유리한 방식이다.

■해설 하수의 배재방식

분류식	합류식
• 수질오염 방지 면에서 유리하다.	• 구배 완만, 매설깊이가 적으며 시공성이 좋다.
• 청천 시에도 퇴적의 우려가 없다.	• 초기 우수에 의한 노면배수 처리가 가능하다.
• 강우 초기 노면 배수 효과가 없다.	• 관경이 크므로 검사가 편리하고, 환기가 잘된다.
• 시공이 복잡하고 오접합의 우려가 있다.	• 건설비가 적게 든다.
• 우천 시 수세효과를 기대할 수 없다.	• 우천 시 수세효과가 있다.
• 공사비가 많이 든다.	• 청천 시 관 내 침전이 발생하고, 효율이 저하된다.

  ∴ 합류식은 강우 초기의 노면 배수의 처리가 가능하다.

113. 완속여과지에서 모래층의 두께는 수질과 관계가 깊다. 간단한 삭취만으로 여과기능을 재생하기 위한 모래층의 최초 또는 보사 후의 두께는?

① 10~20cm ② 70~90cm
③ 100~120cm ④ 150~160cm

■해설 완속여과지와 급속여과지의 비교

항목	완속여과 모래	급속여과 모래
여과속도	4~5m/day	120~150m/day
유효경	0.3~0.45mm	0.45~1.0mm
균등계수	2.0 이하	1.7 이하
모래층 두께	70~90cm	60~120cm
최대경	2mm 이하	2mm 이내
최소경		0.3mm 이상
세균 제거율	98~99.5%	95~98%
비중	2.55~2.65	

  ∴ 완속여과지의 모래층 두께는 70~90cm이다.

114. 계획우수량 산정 시 유입시간을 산정하는 일반적인 Kerby식과 SCS식에서 각 계수와 유입시간의 관계로 틀린 것은?

① 유입시간과 지표면 거리는 비례 관계이다.
② 유입시간과 지체계수는 반비례 관계이다.
③ 유입시간과 지표면 평균경사는 반비례 관계이다.
④ 유입시간과 설계 강우강도는 반비례 관계이다.

■해설 유입시간
㉠ 유입시간은 유역의 최원격지점에서 유역출구까지 물입자가 도달하는 데 소요되는 시간이다.
㉡ Kerby 공식
$T_c = 36.264(L \cdot N)^{0.467}/S^{0.2335}$

여기서, T_c : 유입시간
L : 유로의 최원점에서 하천유입부분까지의 직선거리
N : 유역의 조도를 나타내는 상수

㉢ 관계
• 유입시간과 지표면 거리는 비례 관계에 있다.
• 유입시간과 지체계수(조도계수)는 비례 관계에 있다.
• 유입시간과 지표면 평균경사는 반비례 관계에 있다.
• 유입시간과 강우강도는 반비례 관계이다.

115. 상수도 송수시설의 용량 산정을 위한 계획송수량의 기준이 되는 수량은?

① 계획 1일 최대급수량
② 계획 1일 평균급수량
③ 계획 1인 1일 최대급수량
④ 계획 1인 1일 평균급수량

■해설 계획송수량
정수장에서 정수 처리가 끝난 상수가 계획 1일 최대급수량이므로 이를 배수지까지 운반하는 송수관의 설계용량은 계획 1일 최대급수량을 기준으로 한다.

116. 혐기성 소화 공정의 영향 인자가 아닌 것은?
① 체류시간 ② 온도
③ 메탄함량 ④ 알칼리도

■해설 혐기성 소화와 호기성 소화
㉠ 혐기성 소화와 호기성 소화의 비교

호기성 소화	혐기성 소화
• 시설비가 적게 든다.	• 시설비가 많이 든다.
• 운전이 용이하다.	• 온도, 부하량 변화에 적응 시간이 길다.
• 시료가치 크다.	• 병원균을 죽이거나 통제할 수 있다.
• 동력이 소요된다.	• 영양소 소비가 적다.
• 소규모 활성슬러지 처리에 적합하다.	• 슬러지 생산이 적다.
• 처리수 수질이 양호하다.	• CH_4과 같은 유용한 가스를 얻는다.

㉡ 혐기성 소화의 영향인자
• 소화는 중온소화(35℃)와 고온소화(55℃)로 나뉜다.
• pH
• 영양염류(N, P)
• 중금속 등 독성물질
• 산소
• 알칼리도
• 체류시간
∴ 혐기성 소화와 관련이 없는 인자는 메탄함량이다.

117. 혐기성 소화에서 탄산염 완충시스템의 관여하는 알칼리도의 종류가 아닌 것은?
① HCO_3^- ② CO_3^{2-}
③ OH^- ④ HPO_4^-

■해설 알칼리도
알칼리도란 알칼리성 또는 알칼리와는 달리 어떤 수계에 산이 유입될 때 이를 중화시킬 수 있는 능력의 척도로 표시하며 유발물질로는 수산화물(OH^-), 중탄산염(HCO_3^-), 탄산염(CO_3^{2-}) 등이 있다.

118. 하수도시설에서 펌프의 선정기준 중 틀린 것은?

① 전양정이 5m 이하이고 구경이 400mm 이상인 경우에는 축류 펌프를 선정한다.
② 전양정이 4m 이상이고 구경이 80mm 이상인 경우는 원심펌프를 선정한다.

|해답| 114.② 115.① 116.③ 117.④ 118.④

③ 전양정이 5~20m이고 구경이 300mm 이상인 경우 원심사류펌프로 한다.
④ 전양정이 3~12m이고 구경이 400mm 이상인 경우는 원심펌프로 한다.

■해설 펌프의 선정기준
전양정이 3~12m이고 구경이 400mm 이상인 경우는 중양정펌프로 사류펌프를 사용한다.

119. 상수도에 있어서 도·송수관거의 평균유속의 허용 최대값은?

① 3m/s ② 4m/s
③ 5m/s ④ 6m/s

■해설 평균유속의 한도
- 도·송수관의 평균유속의 한도는 침전 및 마모 방지를 위해 최소유속과 최대유속의 한도를 두고 있다.
- 적정 유속의 범위 : 0.3~3m/sec
∴ 최대유속의 한도는 3m/sec이다.

120. 슬러지 농축과 탈수에 대한 설명 중 틀린 것은?

① 농축은 자연의 중력에 의한 방법이 가장 간단하며 경제적인 처리방법이다.
② 농축은 매립이나 해양투기를 하기 전에 슬러지 용적을 감소시켜 준다.
③ 탈수는 기계적 방법으로 진공여과, 가압여과 및 원심탈수법이 있다.
④ 중력 농축의 슬러지 제거기기 설치 시 바닥 기울기는 1/100 이상이다.

■해설 슬러지 농축 및 탈수
- 농축은 중력농축, 부상농축, 원심농축 등이 있지만 중력에 의한 방법이 가장 간단하고 경제적인 처리방법이다.
- 농축은 매립이나 해양투기를 하기 전에 슬러지 용적을 감소시켜 주는 공정이다.
- 탈수는 진공탈수, 가압탈수, 원심탈수 등이 있다.
- 중력농축의 슬러지 제거기 설치 시 바닥 기울기는 5/100 정도의 경사를 둔다.

|해답| 119.① 120.④

과년도 기출문제 (2015년 9월 19일 시행)

제1과목 응용역학

01. 그림과 같은 단면에서 외곽 원의 직경(D)이 60cm이고 내부 원의 직경($D/2$)은 30cm라면, 빗금 친 부분의 도심의 위치는 x축에서 얼마나 떨어진 곳인가?

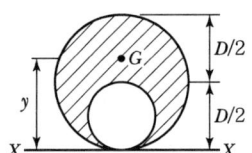

① 33cm ② 35cm
③ 37cm ④ 39cm

■해설
$$y = \frac{G_x}{A} = \frac{G_{x(큰 원)} - G_{x(작은 원)}}{A_{(큰 원)} - A_{(작은 원)}}$$

$$= \frac{\left[\left(\frac{\pi D^2}{4}\right)\left(\frac{D}{2}\right)\right] - \left[\left\{\frac{\pi\left(\frac{D}{2}\right)^2}{4}\right\}\left(\frac{D}{2} \cdot \frac{1}{2}\right)\right]}{\left(\frac{\pi D^2}{4}\right) - \left\{\frac{\pi\left(\frac{D}{2}\right)^2}{4}\right\}}$$

$$= \frac{7D}{12} = \frac{7 \times 60}{12} = 35\text{cm}$$

02. 단면이 10cm×20cm인 장주가 있다. 그 길이가 3m일 때 이 기둥의 좌굴하중은 약 얼마인가?(단, 기둥의 $E=2\times10^5$kg/cm², 지지상태는 일단 고정, 타단 자유이다.)

① 4.58t ② 9.14t
③ 18.28t ④ 36.56t

■해설
$I_{\min} = \frac{hb^3}{12} = \frac{20 \times 10^3}{12} = 1,666.7\text{cm}^4$

$P_{cr} = \frac{\pi^2 EI_{\min}}{(kl)^2}$ (고정-자유인 경우, $k=2$)

$= \frac{\pi^2 \times (2\times10^5) \times 1,666.7}{(2\times300)^2} = 9,138.5\text{kg}$

$= 9.14\text{t}$

03. 그림과 같은 트러스에서 부재 U의 부재력은?

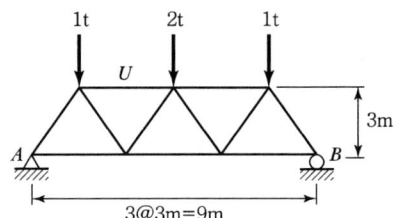

① 1.0t(압축) ② 1.2t(압축)
③ 1.3t(압축) ④ 1.5t(압축)

■해설 $R_A = R_B = \frac{1+2+1}{2} = 2\text{t}(\uparrow)$

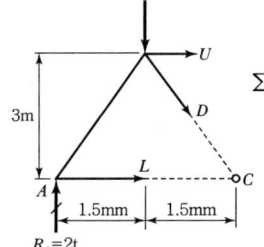

$\sum M_{\text{Ⓒ}} = 0(\curvearrowright\oplus)$
$2\times3 - 1\times1.5 + U\times3 = 0$
$U = -1.5\text{t}(압축)$

04. 그림과 같은 트러스의 C점에 300kg의 하중이 작용할 때 C점에서의 처짐을 계산하면?(단, $E=2\times10^6$kg/cm², 단면적=1cm²)

① 0.158cm
② 0.315cm
③ 0.473cm
④ 0.630cm

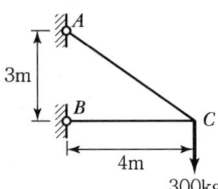

■해설

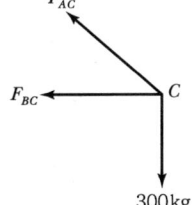

$\Sigma F_y = 0 (\uparrow \oplus)$
$F_{AC} \dfrac{3}{5} - 300 = 0$
$F_{AC} = 500 \text{kg}$

$\Sigma F_x = 0 (\rightarrow \oplus)$
$-F_{BC} - F_{AC} \dfrac{4}{5} = 0$
$F_{BC} = -F_{AC} \dfrac{4}{5}$
$= -(500) \times \dfrac{4}{5}$
$= -400 \text{kg}$

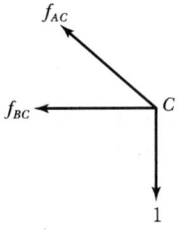

$\Sigma F_y = 0 (\uparrow \oplus)$
$f_{AC} \dfrac{3}{5} - 1 = 0$
$f_{AC} = \dfrac{5}{3}$

$\Sigma F_x = 0 (\rightarrow \oplus)$
$-f_{BC} - f_{AC} \dfrac{4}{5} = 0$
$f_{BC} = -f_{AC} \dfrac{4}{5}$
$= -\left(\dfrac{5}{3}\right) \times \dfrac{4}{5}$
$= -\dfrac{4}{3}$

$y_c = \Sigma \dfrac{Ffl}{EA}$
$= \dfrac{1}{(2 \times 10^6) \times 1} \Big(500 \times \dfrac{5}{3} \times 500$
$+ (-400) \times \left(-\dfrac{4}{3}\right) \times 400\Big) = 0.315 \text{cm}$

05. 중공 원형 강봉에 비틀림력 T가 작용할 때 최대 전단 변형율 $\gamma_{max} = 750 \times 10^{-6}$rad으로 측정되었다. 봉의 내경은 60mm이고 외경은 75mm일 때 봉에 작용하는 비틀림력 T를 구하면?(단, 전단탄성계수 $G = 8.15 \times 10^5$kg/cm²)

① 29.9t · cm ② 32.7t · cm
③ 35.3t · cm ④ 39.2t · cm

■해설
$I_P = \dfrac{\pi}{32}(75^4 - 60^4) = 1,833,966 \text{mm}^4 = 183.4 \text{cm}^4$

$\tau_{max} = G\gamma_{max} = \dfrac{T \times r}{I_P}$

$T = \dfrac{G\gamma_{max} I_P}{r} = \dfrac{2G\gamma_{max} I_P}{D}$

$= \dfrac{2 \times (8.15 \times 10^5) \times (750 \times 10^{-6}) \times 183.4}{(75 \times 10^{-1})}$

$= 29.9 \times \text{kg} \cdot \text{cm} = 29.9 \text{t} \cdot \text{cm}$

06. 다음의 2부재로 된 TRUSS계의 변형에너지 U를 구하면 얼마인가?(단, ( ) 안의 값은 외력 P에 의한 부재력이고, 부재의 축강성 AE는 일정하다.)

① $0.326 \dfrac{P^2 L}{AE}$
② $0.333 \dfrac{P^2 L}{AE}$
③ $0.364 \dfrac{P^2 L}{AE}$
④ $0.373 \dfrac{P^2 L}{AE}$

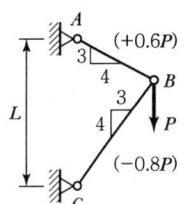

■해설

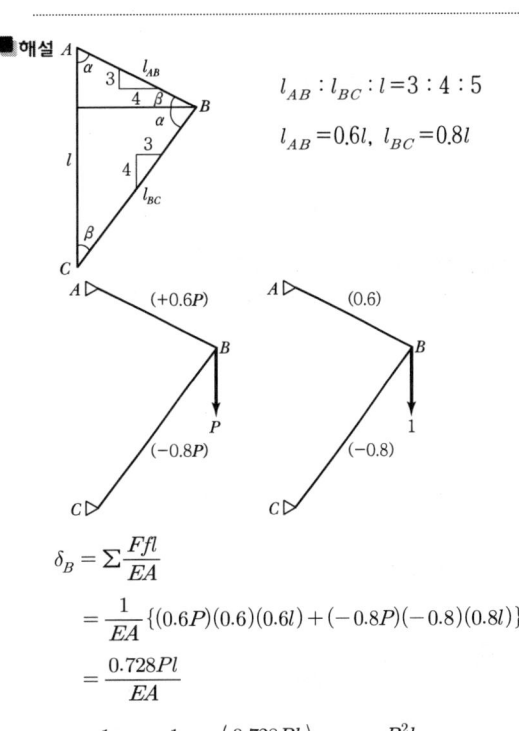

$l_{AB} : l_{BC} : l = 3 : 4 : 5$
$l_{AB} = 0.6l,\ l_{BC} = 0.8l$

$\delta_B = \Sigma \dfrac{Ffl}{EA}$
$= \dfrac{1}{EA}\{(0.6P)(0.6)(0.6l) + (-0.8P)(-0.8)(0.8l)\}$
$= \dfrac{0.728Pl}{EA}$

$U = \dfrac{1}{2}P\delta = \dfrac{1}{2}P \cdot \left(\dfrac{0.728Pl}{EA}\right) = 0.364 \dfrac{P^2 l}{EA}$

07. 아래 그림과 같은 정정 라멘에 분포하중 w가 작용할 때 최대 모멘트를 구하면?

① $0.186wL^2$
② $0.219wL^2$
③ $0.250wL^2$
④ $0.281wL^2$

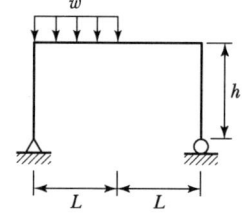

■ 해설 $\sum M_{\text{Ⓐ}} = 0 (\curvearrowright \oplus)$

$$wL \cdot \frac{L}{2} - R_{Ey} \cdot 2L = 0$$

$$R_{Ey} = \frac{wL}{4} (\uparrow)$$

$\sum Fy = 0 (\uparrow \oplus)$

$$R_{Ay} + R_{Ey} - wL = 0$$

$$R_{Ay} = \frac{3}{4}wL (\uparrow)$$

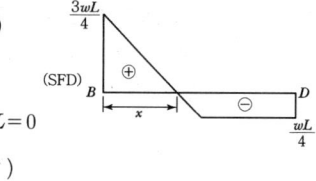

㉠ AB, DE 두 수직부재의 내력은 축방향력만 존재하며, BD부재에만 휨모멘트가 발생한다.
㉡ BD 부재에서 최대 휨모멘트가 발생되는 위치는 전단력이 '0'인 곳이고, 그 크기는 전단력도 (SFD)에서 전단력이 '0'인 곳까지의 면적이다.
• 전단력이 '0'인 곳의 위치

$$L : wL = x : \frac{3wL}{4}, \quad x = \frac{3L}{4}$$

• 최대 휨모멘트의 크기

$$M_{\max} = \frac{1}{2} \cdot \frac{3wL}{4} \cdot \frac{3L}{4} = 0.281wL^2$$

08. 체적탄성계수 K를 탄성계수 E와 포아송비 ν로 옳게 표시한 것은?

① $K = \dfrac{E}{3(1-2\nu)}$
② $K = \dfrac{E}{2(1-3\nu)}$
③ $K = \dfrac{2E}{3(1-2\nu)}$
④ $K = \dfrac{3E}{2(1-3\nu)}$

■ 해설 $K = \dfrac{E}{3(1-2\nu)}$

09. 다음 그림에 표시된 힘들의 x방향의 합력은 약 얼마인가?

① $55\text{kg}(\leftarrow)$
② $77\text{kg}(\rightarrow)$
③ $122\text{kg}(\rightarrow)$
④ $130\text{kg}(\leftarrow)$

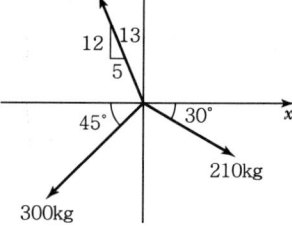

■ 해설 $\sum F_x (\rightarrow \oplus) = -260 \times \dfrac{5}{13} - 300 \times \cos 45°$

$$+ 210 \times \cos 30°$$
$$= -100 - 212.3 + 181.87$$
$$= -130.26 \text{kg}$$
$$= 130.26 \text{kg}(\leftarrow)$$

10. 다음 부정정보의 B지점에 침하가 발생하였다. 발생된 침하량이 1cm라면 이로 인한 B지점의 모멘트는 얼마인가?(단, $EI = 1 \times 10^6 \text{kg} \cdot \text{cm}^2$)

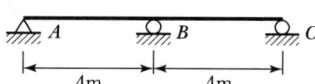

① $16.75 \text{kg} \cdot \text{cm}$
② $17.75 \text{kg} \cdot \text{cm}$
③ $18.75 \text{kg} \cdot \text{cm}$
④ $19.75 \text{kg} \cdot \text{cm}$

■ 해설 $M_A = 0, \ M_B = 0$

$(A - B - C)$

$$M_A \left(\frac{l}{I}\right) + 2M_B \left(\frac{l}{I} + \frac{l}{I}\right) + M_C \left(\frac{l}{I}\right)$$

$$= \frac{6 \times E \times \Delta h}{l} + \frac{6 \times E \times \Delta h}{l}$$

$$M_B = \frac{3EI \cdot \Delta h}{l^2} = \frac{3 \times (1 \times 10^6) \times 1}{(4 \times 100)^2}$$

$$= 18.75 \text{kg} \cdot \text{cm}$$

11. 아래 그림과 같은 내민보에서 D점의 휨 모멘트 M_D는 얼마인가?

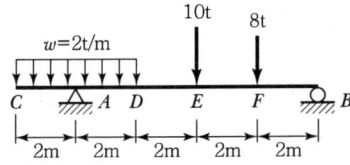

① 18t·m ② 16t·m
③ 14t·m ④ 12t·m

■해설 $\sum M_Ⓐ = 0 (\curvearrowright \oplus)$
$10 \times 4 + 8 \times 6 - R_B \times 8 = 0$
$R_B = 11t(\uparrow)$

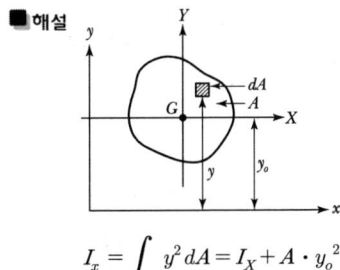

$\sum M_Ⓓ = 0 (\curvearrowright \oplus)$
$M_D + 10 \times 2 + 8 \times 4 - 11 \times 6 = 0$
$M_D = 14t \cdot m$

12. 단면 2차 모멘트의 특성에 대한 설명으로 틀린 것은?

① 단면 2차 모멘트의 최소값은 도심에 대한 것이며 그 값은 "0"이다.
② 정삼각형, 정사각형, 정다각형의 도심에 대한 단면 2차 모멘트는 축의 회전에 관계없이 모두 같다.
③ 단면 2차 모멘트는 좌표축에 상관없이 항상 (+)의 부호를 갖는다.
④ 단면 2차 모멘트가 크면 휨강성이 크고 구조적으로 안전하다.

■해설

$I_x = \int_A y^2 dA = I_X + A \cdot y_o^2$

단면 2차 모멘트의 최소값은 도심에 대한 것이며, 그 값은 항상 "0"보다 크다.

13. 다음 그림과 같은 캔틸레버보에 휨모멘트 하중 M이 작용할 경우 최대처짐 δ_{max}의 값은?(단, 보의 휨강성은 EI임)

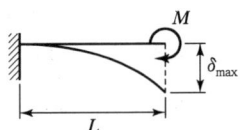

① $\dfrac{ML}{EI}$ ② $\dfrac{ML^2}{2EI}$
③ $\dfrac{M^2L}{2EI}$ ④ $\dfrac{ML^2}{6EI}$

■해설

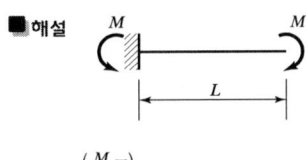

$\delta_{max} = \left(\dfrac{M}{EI} \times L\right) \times \dfrac{L}{2} = \dfrac{ML^2}{2EI}$

14. 그림과 같은 하중을 받는 보의 최대 전단응력은?

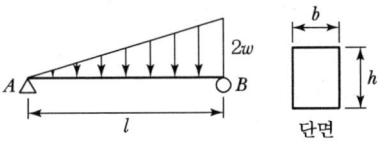

① $\dfrac{2}{3}\dfrac{\omega l}{bh}$ ② $\dfrac{3}{2}\dfrac{\omega l}{bh}$
③ $2\dfrac{\omega l}{bh}$ ④ $\dfrac{\omega l}{bh}$

■해설 단순보에서 최대전단력(S_{max})의 크기는 지점의 반력과 같다.
$R_A = \dfrac{(2w)l}{6} = \dfrac{wl}{3}$, $R_B = \dfrac{(2w)l}{3} = \dfrac{2wl}{3}$
$S_{max} = R_B = \dfrac{2wl}{3}$

$$\tau_{max} = \alpha \frac{S_{max}}{A} = \frac{3}{2} \cdot \frac{\left(\frac{2wl}{3}\right)}{(bh)} = \frac{wl}{bh}$$

15. 아래 그림과 같은 보의 중앙점 C의 전단력의 값은?

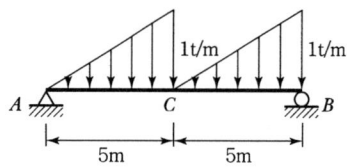

① 0
② $-0.22t$
③ $-0.42t$
④ $-0.62t$

■해설 $\sum M_{\circledB} = 0(\curvearrowright \oplus)$

$$R_A \times 10 - \left\{\left(\frac{1}{2} \times 1 \times 5\right) \times \left(5 + 5 \times \frac{1}{3}\right)\right\}$$
$$- \left\{\left(\frac{1}{2} \times 1 \times 5\right) \times \left(5 \times \frac{1}{3}\right)\right\} = 0$$
$$R_A = 2.08t(\uparrow)$$

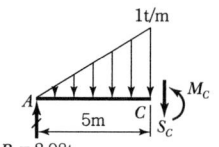

$\sum F_y = 0(\uparrow \oplus)$
$2.08 - \left(\frac{1}{2} \times 1 \times 5\right) - S_c = 0$
$S_c = -0.42t$

16. 정정 구조물에 비해 부정정 구조물이 갖는 장점을 설명한 것 중 틀린 것은?

① 설계모멘트의 감소로 부재가 절약된다.
② 부정정 구조물은 그 연속성 때문에 처짐의 크기가 작다.
③ 외관을 우아하고 아름답게 제작할 수 있다.
④ 지점 침하 등으로 인해 발생하는 응력이 적다.

■해설 정정구조물에 비해 비정정 구조물은 지점 침하 등으로 인해 발생하는 응력이 크다.

17. 단면이 원형(반지름 R)인 보에 휨모멘트 M이 작용할 때 이 보에 작용하는 최대휨응력은?

① $\frac{4M}{\pi R^3}$
② $\frac{12M}{\pi R^3}$
③ $\frac{16M}{\pi R^3}$
④ $\frac{32M}{\pi R^3}$

■해설
$$Z = \frac{I}{y_1} = \frac{\left(\frac{\pi R^4}{4}\right)}{R} = \frac{\pi R^3}{4}$$
$$\sigma_{max} = \frac{M}{Z} = \frac{M}{\left(\frac{\pi R^3}{4}\right)} = \frac{4M}{\pi R^3}$$

18. 반지름이 25cm인 원형단면을 가지는 단주에서 핵의 면적은 약 얼마인가?

① $122.7cm^2$
② $168.4cm^2$
③ $245.4cm^2$
④ $336.8cm^2$

■해설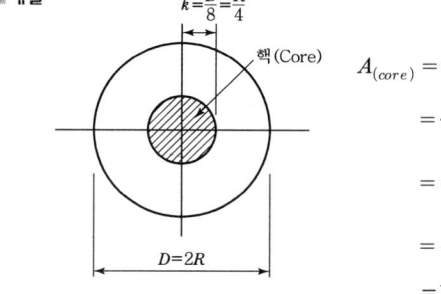

$A_{(core)} = \pi k^2$
$= \pi \left(\frac{R}{4}\right)^2$
$= \frac{\pi R^2}{16}$
$= \frac{\pi \times 25^2}{16}$
$= 122.7cm^2$

19. 다음 구조물에서 하중이 작용하는 위치에서 일어나는 처짐의 크기는?

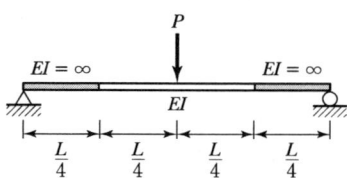

① $\frac{PL^3}{48EI}$
② $\frac{PL^3}{96EI}$
③ $\frac{7PL^3}{384EI}$
④ $\frac{11PL^3}{384EI}$

|해답| 15.③ 16.④ 17.① 18.① 19.③

■해설

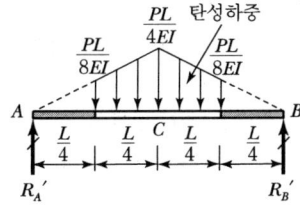

$\Sigma M_{\text{Ⓑ}} = 0(\curvearrowleft \oplus)$

$R_A' \times L - \left\{\left(\dfrac{PL}{8EI} \times \dfrac{L}{2}\right) + \left(\dfrac{1}{2} \times \dfrac{PL}{8EI} \times \dfrac{L}{2}\right)\right\} \times \dfrac{L}{2} = 0$

$R_A' = \dfrac{3PL^2}{64EI}(\uparrow)$

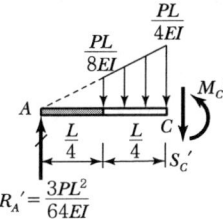

$\Sigma M_{\text{Ⓒ}} = 0(\curvearrowleft \oplus)$

$\dfrac{3PL^2}{64EI} \times \dfrac{L}{2} - \left\{\left(\dfrac{PL}{8EI} \times \dfrac{L}{4}\right) \times \left(\dfrac{L}{4} \times \dfrac{1}{2}\right)\right.$
$\left. + \left(\dfrac{1}{2} \times \dfrac{PL}{8EI} \times \dfrac{L}{4}\right) \times \left(\dfrac{L}{4} \times \dfrac{1}{3}\right)\right\} - M_C' = 0$

$M_C' = \dfrac{7PL^3}{384EI}$

$y_C = M_C' = \dfrac{7PL^3}{384EI}(\downarrow)$

20. 그림과 같은 라멘 구조물의 E점에서의 불균형 모멘트에 대한 부재 EA의 모멘트 분배율은?

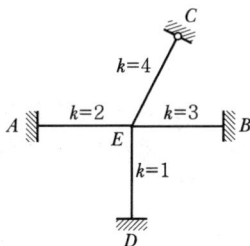

① 0.222 ② 0.1667
③ 0.2857 ④ 0.40

■해설 $K_{EA} : K_{EB} : K_{EC} : K_{ED} = 2 : 3 : 4 \times \dfrac{3}{4} : 1$
$= 2 : 3 : 3 : 1$

$DF_{EA} = \dfrac{K_{EA}}{\Sigma K_i} = \dfrac{2}{2+3+3+1} = \dfrac{2}{9} = 0.222$

제2과목 **측량학**

21. 축척 1 : 25,000의 수치지형도에서 경사가 10%인 등경사 지형의 주곡선 간 도상거리는?

① 2mm ② 4mm
③ 6mm ④ 8mm

■해설 • 1/25,000 지도의 주곡선 간격 10m
• 경사$(i) = \dfrac{H}{D} = 10\%$이므로 수평거리는 100m
• 도상 수평거리$(D) = \dfrac{D}{m} = \dfrac{100}{25,000}$
$= 0.004\text{m} = 4\text{mm}$

22. 직사각형 두 변의 길이를 $\dfrac{1}{200}$ 정확도로 관측하여 면적을 구할 때 산출된 면적의 정확도는?

① $\dfrac{1}{50}$ ② $\dfrac{1}{100}$
③ $\dfrac{1}{200}$ ④ $\dfrac{1}{400}$

■해설 면적과 거리 정밀도의 관계
정밀도 $= \left(\dfrac{1}{M}\right) = \dfrac{\Delta A}{A} = 2\dfrac{\Delta L}{L}$
$= 2 \times \dfrac{1}{200} = \dfrac{1}{100}$

23. 축척 1 : 5,000 수치지형도의 주곡선 간격으로 옳은 것은?

① 5m ② 10m
③ 15m ④ 20m

|해답| 20.① 21.② 22.② 23.①

■해설 등고선 간격

구분	1:5,000	1:10,000	1:25,000	1:50,000
주곡선	5m	5m	10m	20m
계곡선	25m	25m	50m	100m
간곡선	2.5m	2.5m	5m	10m
조곡선	1.25m	1.25m	2.5m	5m

24. 초점거리 210mm인 카메라를 사용하여 사진크기 18cm×18cm로 평탄한 지역을 촬영한 항공사진에서 주점기선장이 70mm였다. 이 항공사진의 축척이 1:20,000이었다면 비고 200m에 대한 시차차는?

① 2.2mm
② 3.3mm
③ 4.4mm
④ 5.5mm

■해설
- $\dfrac{1}{M} = \dfrac{f}{H}$, $H = Mf$
- $\Delta P = \dfrac{h}{H}b_0 = \dfrac{h}{Mf}b_0$
  $= \dfrac{200}{20,000 \times 0.21} \times 0.07$
  $= 0.0033\text{m} = 3.3\text{mm}$

25. 곡선반지름 R, 교각 I인 단곡선을 설치할 때 사용되는 공식으로 틀린 것은?

① $T.L. = R\tan\dfrac{I}{2}$
② $C.L. = \dfrac{\pi}{180°}RI°$
③ $E = R\left(\sec\dfrac{I}{2} - 1\right)$
④ $M = R\left(1 - \sin\dfrac{I}{2}\right)$

■해설 중앙종거$(M) = R\left(1 - \cos\dfrac{I}{2}\right)$

26. 축척에 대한 설명 중 옳은 것은?

① 축척 1:500 도면에서의 면적은 실제면적의 1/1,000이다.
② 축척 1:600 도면을 축척 1:200으로 확대했을 때 도면의 크기는 3배가 된다.
③ 축척 1:300 도면에서의 면적은 실제면적의 1/9,000이다.
④ 축척 1:500 도면을 축척 1:1,000으로 축소했을 때 도면의 크기는 1/4이 된다.

■해설
- 축척$\left(\dfrac{1}{M}\right)$이면 실제면적의 $\left(\dfrac{1}{M}\right)^2$이다.
- $\dfrac{1}{500}$(축척)을 $\dfrac{1}{1,000}$로 축소하면 도면의 면적은 $\dfrac{1}{4}$이다.

27. 노선측량에서 실시설계측량에 해당하지 않는 것은?

① 중심선 설치
② 용지측량
③ 지형도 작성
④ 다각측량

■해설 실시설계측량
① 지형도 작성
② 중심선 선정
③ 중심선 설치(도상)
④ 다각 측량
⑤ 중심선의 설치 현장
⑥ 고저측량
  • 고저측량
  • 종단면도 작성

28. 트래버스측량에서 관측값의 계산은 편리하나 한번 오차가 생기면 그 영향이 끝까지 미치는 각관측 방법은?

① 교각법
② 편각법
③ 협각법
④ 방위각법

■해설 방위각법은 직접 방위각이 관측되어 편리하나 오차발생시 이후 측량에도 영향을 끼친다.

|해답| 24.② 25.④ 26.④ 27.② 28.④

29. 2,000m의 거리를 50m씩 끊어서 40회 관측하였다. 관측결과 오차가 ±0.14m였고, 40회 관측의 정밀도가 동일하다면, 50m 거리 관측의 오차는?

① ±0.022m ② ±0.019m
③ ±0.016m ④ ±0.013m

■해설 • 우연오차는 측량거리의 제곱근에 비례
• 오차 = $\pm 0.14\sqrt{\dfrac{50}{2,000}} = 0.022m$

30. 직접고저측량을 실시한 결과가 그림과 같을 때, A점의 표고가 10m라면 C점의 표고는?(단, 그림은 개략도로 실제 치수와 다를 수 있음)

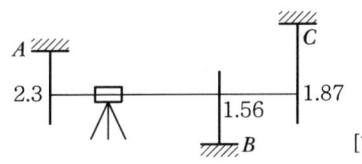

① 9.57m ② 9.66m
③ 10.57m ④ 10.66m

■해설 $H_C = H_A - 2.3 + 1.87 = 10 - 2.3 + 1.87 = 9.57m$

31. 항공 LIDAR 자료의 활용 분야로 틀린 것은?
① 도로 및 단지 설계
② 골프장 설계
③ 지하수 탐사
④ 연안 수심 DB구축

■해설 LIDAR의 활용범위
• 지형 및 일반구조물의 측량
• 용적계산
• 구조물의 변형량 계산
• 가상공간 및 건물시뮬레이션

32. 도로의 종단곡선으로 주로 사용되는 곡선은?
① 2차 포물선 ② 3차 포물선
③ 클로소이드 ④ 렘니스케이트

■해설 • 2차 포물선 : 도로
• 원곡선 : 철도

33. 지구 표면의 거리 35km까지를 평면으로 간주했다면 허용정밀도는 약 얼마인가?(단, 지구의 반지름은 6,370km이다.)

① 1/300,000 ② 1/400,000
③ 1/500,000 ④ 1/600,000

■해설 정도 $\left(\dfrac{\Delta L}{L}\right) = \dfrac{L^2}{12R^2}$
$= \dfrac{35^2}{12 \times 6,370^2} ≒ \dfrac{1}{400,000}$

34. 다음 중 지상기준점 측량방법으로 틀린 것은?
① 항공사진삼각측량에 의한 방법
② 토털스테이션에 의한 방법
③ 지상레이더에 의한 방법
④ GPS에 의한 방법

■해설 지상기준점 측량
• 항공삼각측량 • GPS
• T/S • 관성측량

35. 다음 중 물리학적 측지학에 해당되는 것은?
① 탄성파 관측
② 면적 및 부피 계산
③ 구과량 계산
④ 3차원 위치 결정

■해설 측지학의 분류

구분	기하학적 측지학	물리학적 측지학
정의	지구 및 천체 점들에 대한 상호 위치관계 결정	지구의 형상 및 운동과 내부의 특성을 해석
대상	1. 길이 및 시 결정 2. 수평위치 결정 3. 높이 결정 4. 측지학의 3차원 위치 결정 5. 천문측량 6. 위성측지	1. 지구의 형상해석 2. 중력 측정 3. 지자기 측정 4. 탄성파 측정 5. 지구의 극운동/자전운동 6. 지각변동/균형

|해답| 29.① 30.① 31.③ 32.① 33.② 34.③ 35.①

	7. 하해측지 8. 면적/체적의 산정 9. 지도제작 10. 사진측정	7. 지구의 열 8. 대륙의 부동 9. 해양의 조류 10. 지구의 조석
대상		

36. 수준망의 관측 결과가 표와 같을 때, 정확도가 가장 높은 것은?

구분	총 거리(km)	폐합오차(mm)
I	25	±20
II	16	±18
III	12	±15
IV	8	±13

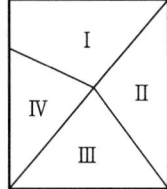

① I ② II
③ III ④ IV

■해설
- I 구간 : $\delta = \frac{\pm 20}{\sqrt{25}} = \pm 4$
- II 구간 : $\delta = \frac{\pm 18}{\sqrt{16}} = \pm 4.5$
- III 구간 : $\delta = \frac{\pm 15}{\sqrt{12}} = \pm 4.33$
- IV 구간 : $\delta = \frac{\pm 13}{\sqrt{8}} = \pm 4.596$

∴ I 구간의 정확도가 가장 높다.

37. 좌표를 알고 있는 기지점에 고정용 수신기를 설치하여 보정자료를 생성하고 동시에 미지점에 또 다른 수신기를 설치하여 고정점에서 생성된 보정자료를 이용해 미지점의 관측자료를 보정함으로써 높은 정확도를 확보하는 GPS측위 방법은?

① KINEMATIC
② STATIC
③ SPOT
④ DGPS

■해설 DGPS(정밀 GPS)는 GPS의 오차 보정 기술이다. 지구에서 멀리 떨어진 위성에서 신호를 수신하므로 오차가 발생하며 지상의 방송국에서 위성에서 수신한 신호로 확인한 위치와 실제위치와의 차이를 전송하여 오차를 교정하는 기술이다.

38. 그림에서 두 각이 ∠AOB=15°32′18.9″±5″, ∠BOC=67°17′45″±15″로 표시될 때 두 각의 합 ∠AOC는?

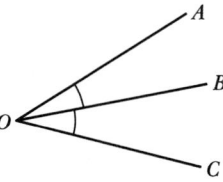

① 82°50′3.9″±5.5″
② 82°50′3.9″±10.1″
③ 82°50′3.9″±15.4″
④ 82°50′3.9″±15.8″

■해설
- 오차 전파의 법칙
$E = \pm \sqrt{m_1^2 + m_2^2} = \pm \sqrt{5^2 + 15^2} = \pm 15.8''$
- $\angle AOC = 15°32'18.9'' + 67°17'45'' \pm 15.8''$
$= 82°50'3.9'' \pm 15.8''$

39. 수심이 h인 하천의 평균 유속을 구하기 위하여 수면으로부터 $0.2h$, $0.6h$, $0.8h$가 되는 깊이에서 유속을 측량한 결과 초당 0.8m, 1.5m, 1.0m였다. 3점법에 의한 평균 유속은?

① 0.9m/s ② 1.0m/s
③ 1.1m/s ④ 1.2m/s

■해설 $3점법(V_n) = \frac{V_{0.2} + 2V_{0.6} + V_{0.8}}{4}$
$= \frac{0.8 + 2 \times 1.5 + 1.0}{4} = 1.2\text{m/s}$

40. 190km/h인 항공기에서 초점거리 153mm인 카메라로 시가지를 촬영한 항공사진이 있다. 사진 상에서 허용흔들림량 0.01mm, 최장 노출시간 $\frac{1}{250}$초, 사진크기 23cm×23cm일 때, 연직점으로부터 7cm 떨어진 위치에 있는 건물의 실제 높이가 120m라면 이 건물의 기복변위는?

① 1.4mm ② 2.0mm
③ 2.6mm ④ 3.4mm

■해설
- 최장 노출시간 $T_l = \dfrac{\Delta s m}{V}$

- $\dfrac{1}{m} = \dfrac{\Delta s}{T_l V}$

  $= \dfrac{0.01}{250 \times \left(190 \times 1,000 \times 1,000 \times \dfrac{1}{3,600}\right)}$

  $= \dfrac{1}{21,111}$

- $H = fm = 0.153 \times 21,111 = 3,230\text{m}$

- $\Delta r = \dfrac{h}{H} r = \dfrac{120}{3,230} \times 70 = 2.6\text{mm}$

제3과목 **수리수문학**

41. 경심이 8m, 동수경사가 1/100, 마찰손실계수 f =0.03일 때 Chezy의 유속계수 C를 구한 값은?

① $51.1\text{m}^{\frac{1}{2}}/\text{s}$ ② $25.6\text{m}^{\frac{1}{2}}/\text{s}$

③ $36.1\text{m}^{\frac{1}{2}}/\text{s}$ ④ $44.3\text{m}^{\frac{1}{2}}/\text{s}$

■해설 마찰손실계수
- ㉠ R_e 수와의 관계
  - 원관 내 층류 : $f = \dfrac{64}{R_e}$
  - 불완전 층류 및 난류의 매끈한 관 :
    $f = 0.3164 R_e^{-\frac{1}{4}}$
- ㉡ 조도계수 n과의 관계
  $f = \dfrac{124.5 n^2}{D^{\frac{1}{3}}}$
- ㉢ Chezy의 유속계수 C와의 관계
  $f = \dfrac{8g}{C^2}$
  $\therefore C = \sqrt{\dfrac{8g}{f}} = \sqrt{\dfrac{8 \times 9.8}{0.03}} = 51.1\text{m}^{\frac{1}{2}}/\text{sec}$

42. 상대조도(相對粗度)를 바르게 설명한 것은?
① 차원(次元)이 [L]이다.
② 절대조도를 관경으로 곱한 값이다.
③ 거친 원관 내의 난류인 흐름에서 속도분포에 영향을 준다.
④ 원형관 내의 난류 흐름에서 마찰손실계수와 관계가 없는 값이다.

■해설 마찰손실계수
- ㉠ 원관 내 층류($R_e < 2,000$)
  $f = \dfrac{64}{R_e}$
- ㉡ 불완전 층류 및 난류($R_e > 2,000$)
  $f = \phi\left(\dfrac{1}{R_e}, \dfrac{e}{d}\right)$
  - f는 R_e와 상대조도(ε/d)의 함수이다.
  - 매끈한 관의 경우 f는 R_e만의 함수이다.
  - 거친 관의 경우 f는 상대조도(ε/d)만의 함수이다.
- ㉢ 상대조도
  - 상대조도의 차원은 L^{-1}이다.
  - 절대조도를 관의 직경으로 나눈 값이다.
  - 거친 원관 내의 난류 흐름에서 속도분포에 영향을 준다.
  - 원형관 내의 난류 흐름에서 마찰손실계수와 관련이 있다.

43. 물의 순환에 대한 다음 수문 사항 중 성립이 되지 않는 것은?
① 지하수 일부는 지표면으로 용출해서 다시 지표수가 되어 하천으로 유입된다.
② 지표면에 도달한 우수는 토양 중에 수분을 공급하고 나머지가 아래로 침투해서 지하수가 된다.
③ 땅속에 보류된 물과 지표하수는 토양면에서 증발하고 일부는 식물에 흡수되어 증산한다.
④ 지표에 강하한 우수는 지표면에 도달 전에 그 일부가 식물의 나무와 가지에 의하여 차단된다.

■해설 물의 순환 일반사항
- ㉠ 물 입자가 수표면으로부터 대기 중으로 날아가는 현상을 증발이라 하고, 토양의 물이 식물의 잎면으로부터 대기 중으로 날아가는 현상을 증산이라 한다.
- ㉡ 땅속에 보류된 물과 지표하수는 하천으로 흘러들어가서 증발이 일어난다.

|해답| 41.① 42.③ 43.③

44. 그림과 같이 d_1 = 1m인 원통형 수조의 측벽에 내경 d_2 = 10cm의 관으로 송수할 때의 평균 유속(V_2)이 2m/s이었다면 이때의 유량 Q와 수조의 수면이 강하하는 유속 V_1은?

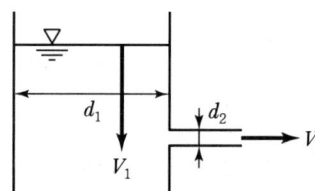

① Q = 1.57L/s, V_1 = 2cm/s
② Q = 1.57L/s, V_1 = 3cm/s
③ Q = 15.7L/s, V_1 = 2cm/s
④ Q = 15.7L/s, V_1 = 3cm/s

■해설 연속방정식
㉠ 연속방정식
$Q = A_1 V_1 = A_2 V_2$
㉡ 유속의 산정
$V_1 = \dfrac{A_2}{A_1} V_2 = \dfrac{0.1^2}{1^2} \times 2 = 0.02 \text{m/sec}$
$= 2 \text{cm/sec}$
㉢ 유량의 산정
$Q = A_1 V_1 = \dfrac{\pi \times 1^2}{4} \times 0.02 = 0.0157 \text{m}^3/\text{sec}$
$= 15.7 \text{L/sec}$

45. 누가우량곡선(Rainfall Mass Curve)의 특성으로 옳은 것은?

① 누가우량곡선은 자기우량기록에 의하여 작성하는 것보다 보통우량계의 기록에 의하여 작성하는 것이 더 정확하다.
② 누가우량곡선으로부터 일정기간 내의 강우량을 산출하는 것은 불가능하다.
③ 누가우량곡선의 경사는 지역에 관계없이 일정하다.
④ 누가우량곡선의 경사가 클수록 강우강도가 크다.

■해설 누가우량곡선
㉠ 정의
자기우량계로 관측한 시간에 대한 누가강우량의 기록으로 누가우량곡선을 제공한다.

㉡ 특징
• 곡선의 경사가 클수록 강우강도 크다.
• 곡선의 경사가 없으면 무강우 처리한다.
• 곡선만으로 일정기간 강우량의 산정이 가능하다.
• 누가우량곡선은 지역에 따른 강우의 기록으로, 지역에 따라 그 값이 다르다.

46. 그림에서 h = 25cm, H = 40cm이다. A, B점의 압력차는?

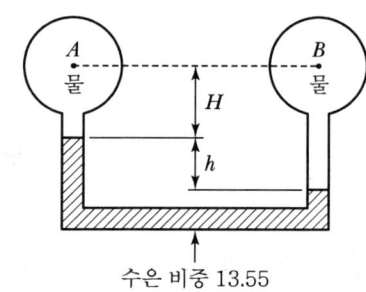

① 1N/cm²
② 3N/cm²
③ 49N/cm²
④ 100N/cm²

■해설 시차액주계
㉠ 두 관의 압력차를 측정하는 액주계를 시차액주계라 한다.
㉡ 압력차의 산정
$P_B - P_A = w_s h - wh = 13.55 \times 25 - 1 \times 25$
$= 313.75 \text{g/cm}^2 = 0.314 \text{kg/cm}^2$
$= 3 \text{N/cm}^2$

47. Bernoulli의 정리로서 가장 옳은 것은?

① 동일한 유선 상에서 유체입자가 가지는 Energy는 같다.
② 동일한 단면에서의 Energy의 합이 항상 같다.
③ 동일한 시각에는 Energy의 양이 불변한다.
④ 동일한 질량이 가지는 Energy는 같다.

■해설 Bernoulli의 정리
㉠ Bernoulli의 정리
에너지 보존법칙에 의거하여 유도된 정리이다.
$z + \dfrac{p}{w} + \dfrac{v^2}{2g} = H(\text{일정})$

ⓛ Bernoulli의 정리 성립 가정
    • 하나의 유선에서만 성립된다.
    • 정상류 흐름이다.
    • 이상유체(비점성, 비압축성)에만 성립된다.
  ∴ Bernoulli의 정리는 동일 유선 상에서 유체입자가 갖는 에너지는 동일하다는 것을 말한다.

48. 지하수의 유속에 대한 설명으로 옳은 것은?
① 수온이 높으면 크다.
② 수온이 낮으면 크다.
③ 4℃에서 가장 크다.
④ 수온에 관계없이 일정하다.

■해설 Darcy의 법칙
  ㉠ Darcy의 법칙
    • $V = K \cdot I = K \cdot \dfrac{h_L}{L}$
    • $Q = A \cdot V = A \cdot K \cdot I = A \cdot K \cdot \dfrac{h_L}{L}$
  ㉡ 투수계수
    $K = D_s^2 \dfrac{\rho g}{\mu} \dfrac{e^3}{1+e} C$
    여기서, D_s^2 : 입자의 직경
    ρg : 유체의 밀도 및 단위중량
    μ : 점성계수
    e : 간극비
    C : 형상계수
  ㉢ 투수계수의 특징
    점성계수는 온도가 상승하면 그 값이 작아진다.
    ∴ 온도가 상승하면 투수계수는 그 값이 커진다.
    ∴ 투수계수 값이 커지면 지하수의 유속은 커진다.

49. 직사각형 단면의 수로에서 단위폭당 유량이 0.4m³/s/m이고 수심이 0.8m일 때 비에너지는?(단, 에너지 보정계수는 1.0으로 함)
① 0.801m   ② 0.813m
③ 0.825m   ④ 0.837m

■해설 비에너지
  ㉠ 단위무게당 물이 수로 바닥면을 기준으로 갖는 흐름의 에너지 또는 수두를 비에너지라 한다.
    $H_e = h + \dfrac{\alpha v^2}{2g}$
    여기서, h : 수심, α : 에너지 보정계수, v : 유속

  ㉡ 비에너지의 계산
    • $v = \dfrac{Q}{A} = \dfrac{0.4}{1 \times 0.8} = 0.5\text{m/sec}$
    • $H_e = h + \dfrac{\alpha v^2}{2g} = 0.8 + \dfrac{1 \times 0.5^2}{2 \times 9.8} = 0.813\text{m}$

50. 단위중량 w 또는 밀도 ρ인 유체가 유속 V로서 수평방향으로 흐르고 있다. 직경 d, 길이 l인 원주가 유체의 흐름방향에 직각으로 중심축을 가지고 놓였을 때 원주에 작용하는 항력(D)은?(단, C : 항력계수, g : 중력가속도)

① $D = C \cdot \dfrac{\pi d^2}{4} \cdot \dfrac{wV^2}{2}$

② $D = C \cdot d \cdot l \cdot \dfrac{\rho V^2}{2}$

③ $D = C \cdot \dfrac{\pi d^2}{4} \cdot \dfrac{\rho V^2}{2}$

④ $D = C \cdot d \cdot l \cdot \dfrac{wV^2}{2}$

■해설 항력(Drag Force)
  ㉠ 흐르는 유체 속에 물체가 잠겨 있을 때 유체에 의해 물체가 받는 힘을 항력(Drag Force)이라 한다.
    $D = C_D \cdot A \cdot \dfrac{\rho V^2}{2}$
    여기서, C_D : 항력계수 $\left(C_D = \dfrac{24}{R_e} \right)$
    A : 투영면적
    $\dfrac{\rho V^2}{2}$: 동압력

  ㉡ 문제 조건에서의 항력의 식
    $D = C_D \cdot A \cdot \dfrac{\rho V^2}{2} = C \cdot d \cdot l \cdot \dfrac{\rho V^2}{2}$

51. 관 내에 유속 v로 물이 흐르고 있을 때 밸브의 급격한 폐쇄 등에 의하여 유속이 줄어들면 이에 따라 관 내에 압력의 변화가 생기는데 이것을 무엇이라 하는가?
① 수격압(水擊壓)   ② 동압(動壓)
③ 정압(靜壓)   ④ 정체압(停滯壓)

■해설 수격작용
  ㉠ 펌프의 급정지, 급가동 또는 밸브를 급폐쇄하면 관로 내 유속의 급격한 변화가 발생하여 관 내의 물의 질량과 운동량 때문에 관 벽에 큰 힘을 가하게 되어 정상적인 동수압보다 몇 배의 큰 압력 상승이 일어난다. 이러한 현상을 수격작용이라 한다.
  ㉡ 방지책
    • 펌프의 급정지, 급가동을 피한다.
    • 부압 발생 방지를 위해 조압수조(Surge Tank), 공기밸브(Air Valve)를 설치한다.
    • 압력 상승 방지를 위해 역지밸브(Check Valve), 안전밸브(Safety Valve), 압력수조(Air Chamber)를 설치한다.
    • 펌프에 플라이휠(Fly Wheel)을 설치한다.
    • 펌프의 토출 측 관로에 급폐식 혹은 완폐식 역지밸브를 설치한다.
    • 펌프 설치위치를 낮게 하고 흡입양정을 적게 한다.

52. 자연하천의 특성을 표현할 때 이용되는 하상계수에 대한 설명으로 옳은 것은?

① 홍수 전과 홍수 후의 하상 변화량의 비를 말한다.
② 최심하상고와 평형하상고의 비이다.
③ 개수 전과 개수 후의 수심 변화량의 비를 말한다.
④ 최대유량과 최소유량의 비를 나타낸다.

■해설 하상계수
  하천 주요 지점에서 최대유량과 최소유량의 비를 하상계수(=유량변동계수)라고 한다.

53. 유속분포의 방정식이 $v=2y^{1/2}$로 표시될 때 경계면에서 0.5m인 점에서의 속도 경사는?(단, y : 경계면으로부터의 거리)

① $4.232\sec^{-1}$ ② $3.564\sec^{-1}$
③ $2.831\sec^{-1}$ ④ $1.414\sec^{-1}$

■해설 속도경사
  ㉠ 속도경사
    속도경사는 속도를 거리에 따라 미분한 것 $\left(\dfrac{dv}{dy}\right)$을 말한다.

  ㉡ 문제 조건에서 속도경사
    • $v=2y^{\frac{1}{2}}$
    • $\dfrac{dv}{dy}=y^{-\frac{1}{2}}$
  ∴ 거리 5m인 지점의 속도 경사 : $5^{-\frac{1}{2}}=1.414\sec^{-1}$

54. 지하수의 투수계수와 관계가 없는 것은?

① 토사의 형상   ② 토사의 입도
③ 물의 단위중량   ④ 토사의 단위중량

■해설 Darcy의 법칙
  ㉠ Darcy의 법칙
    • $V=K\cdot I=K\cdot\dfrac{h_L}{L}$
    • $Q=A\cdot V=A\cdot K\cdot =A\cdot K\cdot\dfrac{h_L}{L}$
  ㉡ 투수계수
    $K=D_s^{\,2}\dfrac{\rho g}{\mu}\dfrac{e^3}{1+e}C$
    여기서, $D_s^{\,2}$: 입자의 직경
          ρg : 유체의 밀도 및 단위중량
          μ : 점성계수
          e : 간극비
          C : 형상계수
  ∴ 투수계수와 관련이 없는 것은 토사의 단위중량이다.

55. Manning의 조도계수 n에 대한 설명으로 옳지 않은 것은?

① 콘크리트관이 유리관보다 일반적으로 값이 작다.
② Kutter의 조도계수보다 이후에 제안되었다.
③ Chezy의 C계수와는 $C=1/n\times R^{1/6}$의 관계가 성립한다.
④ n의 값은 대부분 1보다 작다.

■해설 조도계수
  ㉠ Manning의 조도계수는 관의 거칠기를 나타낸 계수로 콘크리트관이 유리관보다 일반적으로 값이 크다.
  ㉡ Kutter의 조도계수보다 이후에 제안되었다.
  ㉢ Chezy의 계수 C와의 관계는 다음과 같다.
    $C=\dfrac{1}{n}R^{\frac{1}{6}}$
  ㉣ n의 값은 대부분 1보다 작다.

|해답| 52.④ 53.④ 54.④ 55.①

56. 물이 하상의 돌출부를 통과할 경우 비에너지와 비력의 변화는?

① 비에너지와 비력이 모두 감소한다.
② 비에너지는 감소하고 비력은 일정하다.
③ 비에너지는 증가하고 비력은 감소한다.
④ 비에너지는 일정하고 비력은 감소한다.

■해설 장애물 구간의 비에너지와 비력 관계
  ㉠ 장애물 구간(하상 돌출부)
    비에너지 손실은 없고 비력 손실은 발생한다.
    $E_1 = E_2$, $M_1 \neq M_2$
  ㉡ 도수 발생 구간
    비에너지 손실은 발생하고, 비력 손실은 없다.
    $E_1 \neq E_2$, $M_1 = M_2$

57. 삼각 위어(Weir)로 월류 수심을 측정할 때 2%의 오차가 있었다면 유량 산정 시 발생하는 오차는?

① 2%   ② 3%
③ 4%   ④ 5%

■해설 ㉠ 수두측정오차와 유량오차의 관계

  • 직사각형 위어 : $\dfrac{dQ}{Q} = \dfrac{\frac{3}{2}KH^{\frac{1}{2}}dH}{KH^{\frac{3}{2}}} = \dfrac{3}{2}\dfrac{dH}{H}$

  • 삼각형 위어 : $\dfrac{dQ}{Q} = \dfrac{\frac{5}{2}KH^{\frac{3}{2}}dH}{KH^{\frac{5}{2}}} = \dfrac{5}{2}\dfrac{dH}{H}$

  • 작은 오리피스 : $\dfrac{dQ}{Q} = \dfrac{\frac{1}{2}KH^{-\frac{1}{2}}dH}{KH^{\frac{1}{2}}} = \dfrac{1}{2}\dfrac{dH}{H}$

  ㉡ 삼각 위어의 유량오차 계산
    $\dfrac{dQ}{Q} = \dfrac{5}{2}\dfrac{dH}{H} = \dfrac{5}{2} \times 2\% = 5\%$

58. 수문곡선에서 시간 매개변수에 대한 정의 중 틀린 것은?

① 첨두시간은 수문곡선의 상승부 변곡점부터 첨두유량이 발생하는 시각까지의 시간차이다.
② 지체시간은 유효우량주상도의 중심에서 첨두유량이 발생하는 시각까지의 시간차이다.
③ 도달시간은 유효우량이 끝나는 시각에서 수문곡선의 감수부 변곡점까지의 시간차이다.
④ 기저시간은 직접유출이 시작되는 시각에서 끝나는 시각까지의 시간차이다.

■해설 시간 매개변수
  • 지체시간은 유효우량주상도의 질량 중심에서 첨두유량이 발생하는 시각까지의 시간차이다.
  • 도달시간은 유효우량이 끝나는 시각에서 수문곡선의 감수부 변곡점까지의 시간차이다.
  • 기저시간은 직접유출이 시작되는 시각에서 끝나는 시각까지의 시간차이다.

59. 그림과 같이 기하학적으로 유사한 대소(大小) 원형 오리피스의 비가 $n = \dfrac{D}{d} = \dfrac{H}{h}$ 인 경우에 두 오리피스의 유속, 축류단면의 비, 유량의 비로 옳은 것은?(단, 유속계수 C_v, 수축계수 C_a는 대·소 오리피스가 같다.)

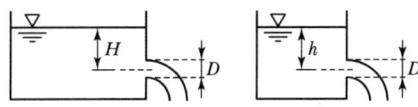

① 유속의 비 $= n^2$, 축류단면의 비 $= n^{\frac{1}{2}}$, 유량의 비 $= n^{\frac{2}{3}}$

② 유속의 비 $= n^{\frac{1}{2}}$, 축류단면의 비 $= n^2$, 유량의 비 $= n^{\frac{5}{2}}$

③ 유속의 비 $= n^{\frac{1}{2}}$, 축류단면의 비 $= n^{\frac{1}{2}}$, 유량의 비 $= n^{\frac{5}{2}}$

④ 유속의 비 $= n^2$, 축류단면의 비 $= n^{\frac{1}{2}}$, 유량의 비 $= n^{\frac{5}{2}}$

■해설 오리피스의 비
  ㉠ 유속의 비
    $\dfrac{V}{v} = \dfrac{\sqrt{2gH}}{\sqrt{2gh}} = \sqrt{\dfrac{H}{h}} = n^{\frac{1}{2}}$

ⓒ 축류단면의 비

$$\frac{A}{a} = \frac{\frac{\pi D^2}{4}}{\frac{\pi d^2}{4}} = \left(\frac{D}{d}\right)^2 = n^2$$

ⓒ 유량의 비
$Q = AV$
$\therefore n^{\frac{1}{2}} \times n^2 = n^{\frac{5}{2}}$

60. 다음 중 합성 단위유량도를 작성할 때 필요한 자료는?

① 우량 주상도
② 유역 면적
③ 직접 유출량
④ 강우의 공간적 분포

■해설 합성단위도
ⓐ 유량기록이 없는 미계측 유역에서 수자원 개발 목적을 위하여 다른 유역의 과거의 경험을 토대로 단위도를 합성하여 근사치로 사용하는 단위유량도를 합성단위유량도라 한다.
ⓑ 합성단위 유량도법
  • Snyder 방법
  • SCS 무차원단위도법
  • 中安(나까야스)방법
  • Clark의 유역추적법
ⓒ 구성인자
  • 강우 지속시간(t_r)
  • 지체시간(t_p)
  • 첨두홍수량(Q_p)
  • 기저시간(T)
$\therefore$ 첨두홍수량 산정에는 유역 면적이 필요하다.

제4과목 **철근콘크리트 및 강구조**

61. 단철근 직사각형보에서 부재축에 직각인 전단 보강 철근이 부담해야 할 전단력 V_s가 350kN이라 할 때 전단 보강 철근의 간격 s는 얼마 이하이어야 하는가?(단, A_v=253mm², f_y=400MPa, f_{ck}=28MPa, b_w=300mm, d=600mm)

① 150mm   ② 173mm
③ 264mm   ④ 300mm

■해설
• $\frac{1}{3}\lambda\sqrt{f_{ck}}b_w d = \frac{1}{3} \times 1 \times \sqrt{28} \times 300 \times 600 = 317.5 \times 10^3 \text{N} = 317.5\text{kN}$
• $V_s = 350\text{kN}$
• $V_s(=350\text{kN}) > \frac{1}{3}\lambda\sqrt{f_{ck}}b_w d(=317.5\text{kN})$이므로 전단철근간격($S$)은 다음 값 이하라야 한다.
  ⓐ $S \leq \frac{d}{4} = \frac{600}{4} = 150\text{mm}$
  ⓑ $S \leq 300\text{mm}$
  ⓒ $S \leq \frac{A_V f_y d}{V_s} = \frac{253 \times 400 \times 600}{350 \times 10^3} = 173.5\text{mm}$
따라서, $S \leq 150\text{mm}$이어야 한다.

62. 1방향 철근콘크리트 슬래브에서 수축·온도 철근의 간격에 대한 설명으로 옳은 것은?

① 슬래브 두께의 3배 이하, 또한 300mm 이하로 하여야 한다.
② 슬래브 두께의 3배 이하, 또한 450mm 이하로 하여야 한다.
③ 슬래브 두께의 5배 이하, 또한 450mm 이하로 하여야 한다.
④ 슬래브 두께의 5배 이하, 또한 300mm 이하로 하여야 한다.

■해설 철근콘크리트 1방향 슬래브에서 수축 및 온도 철근의 간격은 슬래브 두께의 5배 이하, 또한 450mm 이하로 하여야 한다.

63. 강도 설계법에서 사용성 검토에 해당하지 않는 사항은?

① 철근의 피로   ② 처짐
③ 균열   ④ 투수성

■해설 철근콘크리트 구조물의 사용성 검토는 처짐, 균열, 그리고 철근의 피로에 대하여 수행된다.

64. 단철근 직사각형 균형보에서 $f_y = 400\text{MPa}$, $d = 700\text{mm}$일 때 압축연단에서 중립축까지의 거리(c)는?

① 410mm   ② 420mm
③ 430mm   ④ 440mm

■해설 $c_b = \dfrac{600}{600+f_y}d = \dfrac{600}{600+400} \times 700 = 420\text{mm}$

65. 보의 길이 $l = 20\text{m}$, 활동량 $\Delta l = 4\text{mm}$, $E_p = 200,000\text{MPa}$일 때 프리스트레스 감소량 Δf_p는?(단, 일단 정착임)

① 40MPa   ② 30MPa
③ 20MPa   ④ 15MPa

■해설 $\Delta f_p = E_p \varepsilon_p = E_p \dfrac{\Delta l}{l}$

$= 200,000 \times \dfrac{4}{(200 \times 10^3)} = 40\text{MPa}$

66. 확대머리 이형철근의 인장에 대한 정착길이는 아래의 표와 같은 식으로 구할 수 있다. 여기서, 이 식을 적용하기 위해 만족하여야 할 조건에 대한 설명으로 틀린 것은?

$$l_{dt} = 0.19\dfrac{\beta f_y d_b}{\sqrt{f_{ck}}}$$

① 철근의 설계기준항복강도는 400MPa 이하이어야 한다.
② 콘크리트의 설계기준압축강도는 40MPa 이하이어야 한다.
③ 보통중량콘크리트를 사용한다.
④ 철근의 지름은 41mm 이하이어야 한다.

■해설 확대머리 이형철근의 인장에 대한 정착길이

$$l_{dt} = 0.19\dfrac{\beta f_y d_b}{\sqrt{f_{ck}}}$$

• β는 에폭시 도막철근 1.2, 다른 경우 1.0
• 정착길이는 $8d_b$ 또한 150mm 이상
• 위 식을 적용하기 위해서는 다음의 조건을 만족해야 한다.
  ㉠ $f_y \leq 400\text{MPa}$
  ㉡ $f_{ck} \leq 40\text{MPa}$
  ㉢ $d_b \leq 35\text{mm}$
  ㉣ 보통중량 콘크리트 사용, 경량 콘크리트는 사용불가
  ㉤ 확대머리의 순지압 면적은 $4A_b$ 이상
  ㉥ 피복두께는 $2d_b$ 이상
  ㉦ 철근순간격은 $4A_b$ 이상 다만, 상하 기둥이 있는 보·기둥 접합부의 보주철근으로 사용되는 경우 접합부의 횡보강 철근이 0.3% 이상이고, 확대머리의 뒷면이 횡보강 철근 바깥 면부터 50mm 이내에 위치하면 철근 순간격은 $2.5d_b$ 이상 할 수 있다.

67. 그림과 같은 띠철근 기둥에서 띠철근의 최대간격으로 적당한 것은?(단, D10의 공칭직경은 9.5mm, D32의 공칭직경은 31.8mm)

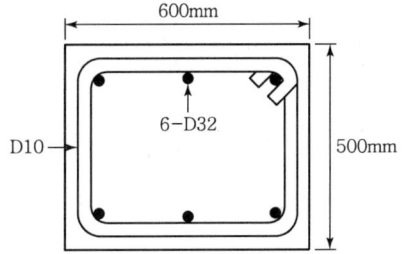

① 456mm   ② 492mm
③ 500mm   ④ 508mm

■해설 띠철근 기둥에서 띠철근의 간격
• 축방향 철근 지름의 16배 이하
  $= 31.8 \times 16 = 508.8\text{mm}$ 이하
• 띠철근 지름의 48배 이하 $= 9.5 \times 48 = 456\text{mm}$ 이하
• 기둥단면의 최소 치수 이하 $= 500\text{mm}$ 이하

따라서, 띠철근의 간격은 최소값인 456mm 이하라야 한다.

68. PS콘크리트의 강도개념(Strength Concept)을 설명한 것으로 가장 적당한 것은?

① 콘크리트에 프리스트레스가 가해지면 PSC부재는 탄성재료로 전환되고 이의 해석은 탄성이론으로 가능하다는 개념
② PSC 보를 RC 보처럼 생각하여, 콘크리트는 압축력을 받고 긴장재는 인장력을 받게 하여 두 힘의 우력 모멘트로 외력에 의한 휨모멘트에 저항시킨다는 개념
③ PS콘크리트는 결국 부재에 작용하는 하중의 일부 또는 전부를 미리 가해진 프리스트레스와 평행이 되도록 하는 개념
④ PS콘크리트는 강도가 크기 때문에 보의 단면을 강재의 단면으로 가정하여 압축 및 인장을 단면전체가 부담할 수 있다는 개념

69. 프리스트레스트 콘크리트 중 비부착긴장재를 가진 부재에서 깊이에 대한 경간의 비가 35 이하인 경우 공칭강도를 발휘할 때 긴장재의 인장응력(f_{ps})을 구하는 식으로 옳은 것은?(단, f_{pe} : 긴장재의 유효프리스트레스, ρ_p : 긴장재의 비)

① $f_{ps} = f_{pe} + 70 + \dfrac{f_{ck}}{100\rho_p}$

② $f_{ps} = f_{pe} + 70 + \dfrac{f_{ck}}{200\rho_p}$

③ $f_{ps} = f_{pe} + 70 + \dfrac{f_{ck}}{300\rho_p}$

④ $f_{ps} = f_{pe} + 70 + \dfrac{f_{ck}}{400\rho_p}$

■해설 PS강재의 응력
(1) PS강재가 부착된 부재
  • 인장철근과 압축철근의 영향을 고려할 경우
  $f_{ps} = f_{pu}\left[1 - \dfrac{\gamma_p}{\beta_1}\left(\rho_p\dfrac{f_{pu}}{f_{ck}} + \dfrac{d}{d_p}(W - W')\right)\right]$
  • 인장철근과 압축철근의 영향을 무시할 경우
  $f_{ps} = f_{pu}\left(1 - \dfrac{\gamma_p}{\beta_1}\rho_p\dfrac{f_{pu}}{f_{ck}}\right)$

(2) PS강재가 부착되지 않은 부재
  • $\dfrac{l}{h} \leq 35$인 경우
  $f_{ps} = f_{pe} + 70 + \dfrac{f_{ck}}{100\rho_p}$
  • $\dfrac{l}{h} > 35$인 경우
  $f_{ps} = f_{pe} + 70 + \dfrac{f_{ck}}{300\rho_p}$

단, f_{ps}를 f_{py} 또는 $(f_{pe} + 200)$MPa보다 크게 취해선 안 된다.

70. 비틀림에 저항하는 유효단면의 보가 슬래브와 일체로 되거나 완전한 합성구조로 되어 있을 때 '비틀림 단면'에 대한 설명으로 옳은 것은?

① 슬래브의 위 또는 아래로 내민 깊이 중 큰 깊이만큼을 보의 양측으로 연장한 슬래브 부분을 포함한 단면으로서, 보의 한 측으로 연장되는 거리를 슬래브 두께의 8배 이하로 한 단면
② 슬래브의 위 또는 아래로 내민 깊이 중 큰 깊이만큼을 보의 양측으로 연장한 슬래브 부분을 포함한 단면으로서, 보의 한 측으로 연장되는 거리를 슬래브 두께의 4배 이하로 한 단면
③ 슬래브의 위 또는 아래로 내민 깊이 중 작은 깊이만큼을 보의 양측으로 연장한 슬래브 부분을 포함한 단면으로서, 보의 한 측으로 연장되는 거리를 슬래브 두께의 2배 이하로 한 단면
④ 슬래브의 위 또는 아래로 내민 깊이 중 작은 깊이만큼을 보의 양측으로 연장한 슬래브 부분을 포함한 단면으로서, 보의 한 측으로 연장되는 거리를 슬래브 두께 이하로 한 단면

■해설

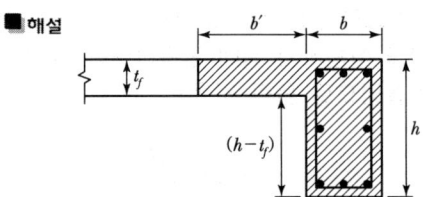

$b' = [(h - t_f),\ 4t_f]\min$

71. 보의 유효깊이(d) 600mm, 복부의 폭(b_w) 320mm, 플랜지의 두께 130mm, 인장철근량 7,650mm², 양쪽 슬래브의 중심간 거리 2.5m, 경간 10.4m, f_{ck} = 25MPa, f_y = 400MPa로 설계된 대칭 T형 보가 있다. 이 보의 등가 직사각형 응력 블록의 깊이(a)는?

① 51.2mm ② 60mm
③ 137.5mm ④ 145mm

■해설 (1) T형 보(대칭 T형 보)의 플랜지 유효폭(b_e)
- $16t_f + b_w = (16 \times 130) + 320 = 2,400$mm
- 양쪽 슬래브의 중심간 거리 = 2.5×10^3 = 2,500mm
- 보 경간의 $\frac{1}{4} = (10.4 \times 10^3) \times \frac{1}{4}$ = 2,600mm

위 값 중에서 최소값을 취하면 $b_e = 2,400$mm 이다.

(2) T형 보의 판별
$b = 2,400$mm인 직사각형 단면보에 대한 등가사각형 깊이
$$a = \frac{f_y A_s}{0.85 f_{ck} b} = \frac{400 \times 7,650}{0.85 \times 25 \times 2,400} = 60\text{mm}$$
$t_f = 130$mm
$a < t_f$ 이므로 $b = 2,400$mm인 직사각형 단면 보로 해석한다.
따라서 등가사각형 깊이 $a = 60$mm 이다.

72. f_{ck} = 35MPa, f_y = 350MPa을 사용하고 b_w = 500mm, d = 1,000mm인 휨을 받는 직사각형 단면에 요구되는 최소 휨철근량은 얼마인가?

① 1,524mm² ② 1,745mm²
③ 2,000mm² ④ 2,113mm²

■해설
$$\rho_{\min} = \left[\frac{0.25\sqrt{f_{ck}}}{f_y}, \frac{1.4}{f_y}\right]_{\max}$$
$$= \left[\frac{0.25 \times \sqrt{35}}{350}, \frac{1.4}{350}\right]_{\max}$$
$$= [0.004226, 0.004]_{\max}$$
$A_{s,\min} = \rho_{\min} b_w d$
$= 0.004226 \times 500 \times 1,000 = 2,113$mm²

73. b_w = 350mm, d = 600mm인 단철근 직사각형 보에서 콘크리트가 부담할 수 있는 공칭 전단강도를 정밀식으로 구하면?(단, V_u = 100kN, M_u = 300kN·m, ρ_w = 0.016, f_{ck} = 24MPa)

① 164.2kN ② 171.5kN
③ 176.4kN ④ 182.7kN

■해설 $\frac{V_u d}{M_u} = \frac{100 \times (600 \times 10^{-3})}{300} = 0.2 < 1$ - O.K.

$V_c = \left(0.16\sqrt{f_{ck}} + 17.6\rho_w \frac{V_u d}{M_u}\right) b_w d$
$= (0.16 \times \sqrt{24} + 17.6 \times 0.016 \times 0.2) \times 350 \times 600$
$= 176.4 \times 10^3 N = 176.4$kN

74. 그림과 같은 리벳 연결에서 리벳의 허용력은? (단, 리벳 지름은 12mm이며, 리벳의 허용전단응력은 200MPa, 허용지압응력은 400MPa이다.)

① 60.2kN ② 55.2kN
③ 45.2kN ④ 40.2kN

■해설 • 허용 전단력
$$P_{Rs} = v_a \cdot \left(2 \times \frac{\pi \phi^2}{4}\right) = 200\left(2 \times \frac{\pi \times 12^2}{4}\right)$$
$= 45,239$N = 45.2kN

• 허용 지압력
$P_{Rb} = f_{ba} \cdot (\phi t_{\min}) = 400(12 \times 12)$
$= 57,600$N = 57.6kN

• 허용력
$P_R = [P_{Rs}, P_{Rb}]_{\min} = [45.2, 57.6]_{\min} = 45.2$kN

75. 그림과 같은 용접부의 응력은?

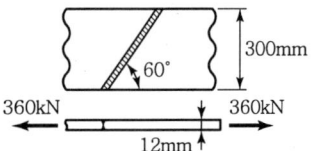

① 115MPa ② 110MPa
③ 100MPa ④ 94MPa

■해설 $f = \dfrac{P}{A} = \dfrac{360 \times 10^3}{300 \times 12} = 100\text{N/mm}^2 = 100\text{MPa}$

76. 2방향 슬래브의 직접설계법을 적용하기 위한 제한사항으로 틀린 것은?
① 각 방향으로 3경간 이상이 연속되어야 한다.
② 슬래브판들은 단변 경간에 대한 장변 경간의 비가 2이하인 직사각형이어야 한다.
③ 모든 하중은 슬래브 판 전체에 걸쳐 등분포된 연직하중이어야 한다.
④ 연속한 기둥 중심선을 기준으로 기둥의 어긋남은 그 방향 경간의 최대 20% 이하이어야 한다.

■해설 2방향 슬래브의 설계에서 직접설계법을 적용할 경우, 연속한 기둥 중심선으로부터 기둥의 이탈은 이탈방향경간의 최대 10%까지 허용한다.

77. 그림에 나타난 이등변삼각형 단철근보의 공칭 휨강도 M_n를 계산하면?(단, 철근 D19 3본의 단면적은 860mm², $f_{ck} = 28$MPa, $f_y = 350$MPa이다.)

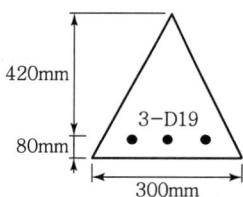

① 75.3kN·m ② 85.2kN·m
③ 95.3kN·m ④ 105.3kN·m

■해설

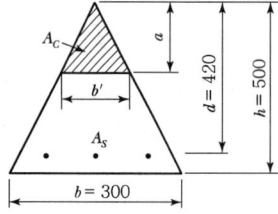

$\begin{cases} b : h = b' : a \\ b' = \dfrac{b}{h}a = \dfrac{300}{500}a = 0.6a \end{cases}$

$A_c = \dfrac{1}{2}ab' = \dfrac{1}{2}a(0.6a) = 0.3a^2$
$C = T$
$0.85 f_{ck} A_c = f_y A_s$
$0.85 f_{ck} (0.3a^2) = f_y \cdot A_s$
$a = \sqrt{\dfrac{f_y \cdot A_s}{0.85 f_{ck}(0.3)}}$
$= \sqrt{\dfrac{350 \times 860}{0.85 \times 28 \times 0.3}} = 205.3\text{mm}$
$M_n = A_s f_y \left(d - \dfrac{2a}{3}\right)$
$= 860 \times 350 \times \left(420 - \dfrac{2 \times 205.3}{3}\right)$
$= 85.2 \times 10^6 \text{N} \cdot \text{mm} = 85.2\text{kN} \cdot \text{m}$

78. 길이 6m의 철근콘크리트 캔틸레버보의 처짐을 계산하지 않아도 되는 보의 최소두께는 얼마인가?(단, $f_{ck} = 21$MPa, $f_y = 350$MPa)
① 612mm ② 653mm
③ 698mm ④ 731mm

■해설 캔틸레버보에서 처짐을 계산하지 않아도 되는 최소두께(h)
• $f_y = 400$MPa인 경우 : $h = \dfrac{l}{8}$
• $f_y \neq 400$MPa인 경우 : $h = \dfrac{l}{8}\left(0.43 + \dfrac{f_y}{700}\right)$

따라서, $f_y = 350$MPa인 경우 캔틸레버보의 최소두께(h)는 다음과 같다.
$h = \dfrac{l}{8}\left(0.43 + \dfrac{f_y}{700}\right)$
$= \dfrac{(6 \times 10^3)}{8}\left(0.43 + \dfrac{350}{700}\right) = 697.5\text{mm}$

79. 그림은 복철근 직사각형 단면의 변형율이다. 다음 중 압축철근이 항복하기 위한 조건으로 옳은 것은?

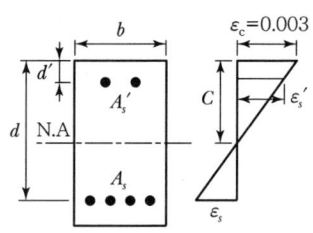

|해답| 76.④ 77.② 78.③ 79.①

① $\dfrac{0.003(c-d')}{c} \geq \dfrac{f_y}{E_s}$ ② $\dfrac{600(c-d')}{c} \leq f_y$

③ $\dfrac{600d'}{600-f_y} > c$ ④ $\dfrac{600d'}{600+f_y} < c$

■해설 $\varepsilon_s' \geq \varepsilon_y$

$\dfrac{\varepsilon_c(c-d')}{c} \geq \dfrac{f_y}{E_s}$

$\dfrac{0.003(c-d')}{c} \geq \dfrac{f_y}{E_s}$

80. 아래 그림과 같은 단면을 가지는 직사각형 단철근 보의 설계휨강도를 구할 때 사용되는 강도감소계수 ϕ값은 약 얼마인가?(단, A_s는 3,176 mm², f_{ck}=38MPa, f_y=400MPa)

① 0.731
② 0.764
③ 0.817
④ 0.834

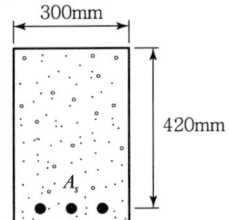

■해설 (1) 최외단 인장철근의 순인장 변형율(ε_t)

- $a = \dfrac{f_y A_s}{0.85 f_{ck} b} = \dfrac{400 \times 3,176}{0.85 \times 38 \times 300} = 131.1$mm
- $\beta_1 = 0.85 - 0.007(f_{ck}-28)$ ($f_{ck} > 28$MPa인 경우)
  $= 0.85 - 0.007(38-28)$
  $= 0.78 (\beta_1 \geq 0.65 - \text{O.K.})$
- $\varepsilon_t = \dfrac{d_t \beta_1 - a}{a} \varepsilon_c = \dfrac{420 \times 0.78 - 131.1}{131.1} \times 0.003$
  $= 0.0045$

(2) 단면구분
- $f_y = 400$MPa인 경우, ε_y와 $\varepsilon_{t,l}$값
  $\varepsilon_y = \dfrac{f_y}{E_s} = \dfrac{400}{2 \times 10^5} = 0.002$
  $\varepsilon_{t,l} = 0.005$
- $\varepsilon_y < \varepsilon_t < \varepsilon_{t,l}$ — 변화 구간 단면

(3) ϕ결정
- $\phi_c = 0.65$(나선철근으로 보강되지 않은 경우)
- $\phi = 0.85 - \dfrac{\varepsilon_{t,l} - \varepsilon_t}{\varepsilon_{t,l} - \varepsilon_y}(0.85 - \phi_c)$
  $= 0.85 - \dfrac{0.005 - 0.0045}{0.005 - 0.002}(0.85 - 0.65)$
  $= 0.817$

제5과목 토질 및 기초

81. 그림과 같이 3층으로 되어 있는 성토층의 수평방향 평균투수계수는?

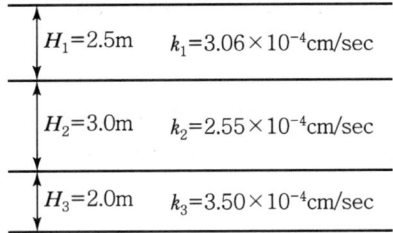

① 2.97×10⁻⁴cm/sec
② 3.04×10⁻⁴cm/sec
③ 6.97×10⁻⁴cm/sec
④ 4.04×10⁻⁴cm/sec

■해설
$K_h = \dfrac{K_1 H_1 + K_2 H_2 + K_3 H_3}{H_1 + H_2 + H_3}$

$= \dfrac{(3.06 \times 10^{-4} \times 250) + (2.55 \times 10^{-4} \times 300) + (3.5 \times 10^{-4} \times 200)}{250 + 300 + 200}$

$= 2.97 \times 10^{-4}$cm/sec

82. 점착력이 0.1kg/cm², 내부마찰각이 30°인 흙에 수직응력 20kg/cm²를 가할 경우 전단응력은?

① 20.1kg/cm²   ② 6.76kg/cm²
③ 1.16kg/cm²   ④ 11.65kg/cm²

■해설 $S(\tau_f) = c + \sigma' \tan\phi = 0.1 + 20\tan 30° = 11.65$kg/cm²

83. 입경가적곡선에서 가적통과율 30%에 해당하는 입경이 D_{30}=1.2mm일 때, 다음 설명 중 옳은 것은?

① 균등계수를 계산하는 데 사용된다.
② 이 흙의 유효입경은 1.2mm이다.
③ 시료의 전체 무게 중에서 30%가 1.2mm보다 작은 입자이다.
④ 시료의 전체 무게 중에서 30%가 1.2mm보다 큰 입자이다.

■해설 $D_{30} = 1.2mm$
- 시료의 30%가 1.2mm를 통과
- 시료의 30%가 1.2mm보다 작은 입자

84. 접지압(또는 지반반력)이 그림과 같이 되는 경우는?

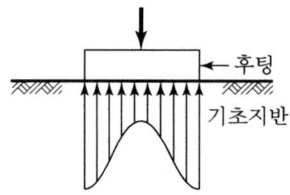

① 후팅 : 강성, 기초지반 : 점토
② 후팅 : 강성, 기초지반 : 모래
③ 후팅 : 연성, 기초지반 : 점토
④ 후팅 : 연성, 기초지반 : 모래

■해설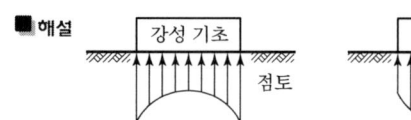

- 점토지반 접지압 분포 : 기초 모서리에서 최대 응력 발생
- 모래지반 접지압 분포 : 기초 중앙부에서 최대 응력 발생

85. 실내시험에 의한 점토의 강도 증가율(C_u/P) 산정방법이 아닌 것은?

① 소성지수에 의한 방법
② 비배수 전단강도에 의한 방법
③ 압밀비배수 삼축압축시험에 의한 방법
④ 직접전단시험에 의한 방법

■해설 직접전단시험은 점토의 강도 증가율과는 무관하다.

86. 무게 300kg의 드롭해머로 3m 높이에서 말뚝을 타입할 때 1회 타격당 최종 침하량이 1.5cm 발생하였다. Sander 공식을 이용하여 산정한 말뚝의 허용지지력은?

① 7.50t ② 8.61t
③ 9.37t ④ 15.67t

■해설 허용지지력(Q_a)
$= \dfrac{Q_u}{F_s} = \dfrac{W_h \cdot H}{8 \cdot S} = \dfrac{300 \times 300}{8 \times 1.5} = 7,500kg$
$= 7.5t$
$\left(Q_u = \dfrac{W_h \cdot H}{S}\right)$

87. 함수비 18%의 흙 500kg을 함수비 24%로 만들려고 한다. 추가해야 하는 물의 양은?

① 80.41kg ② 54.52kg
③ 38.92kg ④ 25.43kg

■해설 ㉠ 함수비 18%일 때 물의 양
$W = \dfrac{W_w}{W_s} \times 100 = \dfrac{W_w}{W - W_w} \times 100$
$0.18 = \dfrac{W_w}{500 - W_w} \times 100$
$\therefore W_w = 76.27kg$
㉡ 함수비 24%일 때 물의 양
$18\% : 76.27kg = 24\% : W_w$
$\therefore W_w = 101.69kg$
㉢ 추가해야 하는 물
$101.69 - 76.27 = 25.43kg$

88. 그림의 유선망에 대한 설명 중 틀린 것은?(단, 흙의 투수계수는 2.5×10^{-3}cm/sec)

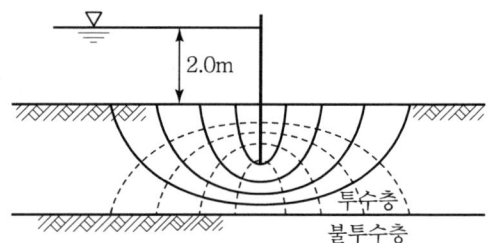

① 유선의 수 = 6
② 등수두선의 수 = 6
③ 유로의 수 = 5
④ 전 침투유량 $Q = 0.278 cm^3/cec$

■해설 ① 유선의 수 : 6개
② 등수두선의 수 : 10개
③ 유로의 수 : $6 - 1 = 5$개

|해답| 84.① 85.④ 86.① 87.④ 88.②

④ 침투유량(Q) = $KH\dfrac{N_f}{N_d}$ = $2.5\times 10^{-3}\times 200\times \dfrac{5}{9}$
= $0.278\text{cm}^3/\text{sec}$

89. 다음 그림과 같은 샘플러(Sampler)에서 면적비는 얼마인가?

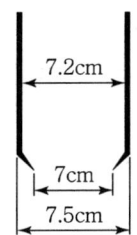

① 5.80% ② 5.97%
③ 14.62% ④ 14.80%

■해설 $A_r = \dfrac{D_w^2 - D_e^2}{D_e^2}\times 100$
$= \dfrac{7.5^2 - 7^2}{7^2}\times 100 = 14.80\%$

90. γ_t=1.8t/m³, c_u=3.0t/m², ϕ=0의 점토지반을 수평면과 50°의 기울기로 굴착하려고 한다. 안전율을 2.0으로 가정하여 평면활동 이론에 의한 굴토깊이를 결정하면?

① 2.80m ② 5.60m
③ 7.15m ④ 9.84m

■해설
• $H_c = \dfrac{4\cdot c_u}{\gamma}\left[\dfrac{\sin\beta\cdot\cos\phi}{1-\cos(\beta-\phi)}\right]$
$= \dfrac{4\times 3}{1.8}\left[\dfrac{\sin 50°\times\cos 0°}{1-\cos(50°-0°)}\right] = 14.297\text{m}$
• $H = \dfrac{H_c}{F_s} = \dfrac{14.297}{2.0} = 7.15\text{m}$

91. 점성토 시료를 교란시켜 재성형을 한 경우 시간이 지남에 따라 강도가 증가하는 현상을 나타내는 용어는?

① 크리프(Creep)
② 틱소트로피(Thixotropy)
③ 이방성(Anisotropy)
④ 아이소크론(Isocron)

■해설 틱소트로피(Thixotrophy) 현상
Remolding한 교란된 시료를 함수비 변화 없이 그대로 방치하면 시간이 경과되면서 강도가 일부 회복되는 현상으로, 점성토 지반에서만 일어난다.

92. 현장에서 다짐된 사질토의 상대다짐도가 95%이고 최대 및 최소 건조단위중량이 각각 1.76 t/m³, 1.5t/m³라고 할 때 현장시료의 상대밀도는?

① 74% ② 69%
③ 64% ④ 59%

■해설 상대밀도(D_r) = $\left(\dfrac{\gamma_{d\max}}{\gamma_d}\times\dfrac{\gamma_d-\gamma_{d\min}}{\gamma_{d\max}-\gamma_{d\min}}\right)\times 100$
$= \left(\dfrac{1.76}{1.67}\times\dfrac{1.67-1.5}{1.76-1.5}\right)\times 100$
$= 69\%$
$\left(\text{상대다짐도}=\dfrac{\gamma_d}{\gamma_{d\max}}\times 100,\ 95=\dfrac{\gamma_d}{1.76}\times 100,\right.$
$\left.\therefore\ \gamma_d = 1.67\text{t/m}^3\right)$

93. 두 개의 기둥하중 Q_1=30t, Q_2=20t을 받기 위한 사다리꼴 기초의 폭 B_1, B_2를 구하면?(단, 지반의 허용지지력 q_a=2t/m²)

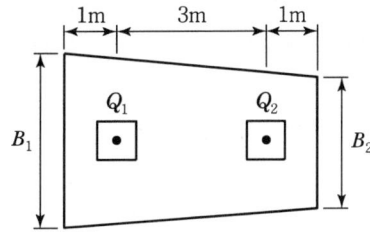

① B_1=7.2m, B_2=2.8m
② B_1=7.8m, B_2=2.2m
③ B_1=6.2m, B_2=3.8m
④ B_1=6.8m, B_2=3.2m

■해설 사다리꼴 복합확대기초의 크기

㉠ $\dfrac{Q_1 \cdot S}{Q_1 + Q_2} = \dfrac{L}{3} \cdot \dfrac{2B_1 + B_2}{B_1 + B_2} - a$

$= \dfrac{30 \times 3}{30 + 20} = \dfrac{1 + 3 + 1}{3} \times \dfrac{2B_1 + B_2}{B_1 + B_2} - 1$

$= \dfrac{30 \times 3}{30 + 20} + 1 \times \dfrac{3}{1 + 3 + 1} = \dfrac{2B_1 + B_2}{B_1 + B_2}$

$= 1.68$

㉡ $\dfrac{B_1 + B_2}{2} \cdot L = \dfrac{Q_1 + Q_2}{q_a}$

$= \dfrac{B_1 + B_2}{2} \times (1 + 3 + 1) = \dfrac{30 + 20}{2}$

$= B_1 + B_2 = \dfrac{30 + 20}{2} \times 2 \div (1 + 3 + 1)$

$= 10$

식 ㉠과 ㉡에 의하여

㉢ $\dfrac{2B_1 + B_2}{B_1 + B_2} = 1.68$

$\dfrac{B_1 + 10}{10} = 1.68$

∴ $B_1 = 6.8\text{m}$

㉣ $B_1 + B_2 = 10$

$6.8 + B_2 = 10$

∴ $B_2 = 3.2\text{m}$

94. 2m×3m 크기의 직사각형 기초에 6t/m²의 등분포하중이 작용할 때 기초 아래 10m 되는 깊이에서의 응력 증가량을 2:1 분포법으로 구한 값은?

① 0.23t/m² ② 0.54t/m²
③ 1.33t/m² ④ 1.83t/m²

■해설 $\Delta\sigma_Z = \dfrac{qBL}{(B+Z)(L+Z)}$

$= \dfrac{6 \times 2 \times 3}{(2+10)(3+10)} = 0.23\text{t/m}^2$

95. 4m×4m인 정사각형 기초를 내부마찰각 $\phi = 20°$, 점착력 $c = 3\text{t/m}^2$인 지반에 설치하였다. 흙의 단위중량 $\gamma = 1.9\text{t/m}^3$이고 안전율이 3일 때 기초의 허용하중은?(단, 기초의 깊이는 1m이고, $N_q = 7.44$, $N_\gamma = 4.97$, $N_c = 17.69$이다.)

① 378t ② 524t
③ 675t ④ 814t

■해설
• 극한 지지력

$q_u = \alpha c N_c + \beta \gamma_1 B N_\gamma + \gamma_2 D_f N_q$

$= 1.3 \times 3 \times 17.69 + 0.4 \times 1.9 \times 4 \times 4.97$
$\quad + 1.9 \times 1 \times 7.44$

$= 98.24\text{t/m}^2$

• 허용지지력

$q_a = \dfrac{q_u}{F_s} = \dfrac{98.24}{3} = 32.75\text{t/m}^2$

• 허용하중

$Q_a = q_a \cdot A = 32.75 \times 4 \times 4 = 524\text{t}$

96. 다음 중 사운딩 시험이 아닌 것은?

① 표준관입시험
② 평판재하시험
③ 콘 관입시험
④ 베인 시험

■해설 • 정적 사운딩 : 콘 관입시험, 베인시험, 이스키미터
• 동적 사운딩 : 표준관입시험, 동적원추관입시험

97. 활동면 위의 흙을 몇 개의 연직 평행한 절편으로 나누어 사면의 안정을 해석하는 방법이 아닌 것은?

① Fellenius 방법
② 마찰원법
③ Spencer 방법
④ Bishop의 간편법

■해설 사면의 안정해석
㉠ 질량법(마찰원법)
㉡ 절편법(분할법)
 • Fellenius 법
 • Bishop 법
 • Spencer 법

|해답| 94.① 95.② 96.② 97.②

98. 도로의 평판재하시험을 끝낼 수 있는 조건이 아닌 것은?

① 하중강도가 현장에서 예상되는 최대 접지압을 초과 시
② 하중강도가 그 지반의 항복점을 넘을 때
③ 침하가 더 이상 일어나지 않을 때
④ 침하량이 15mm에 달할 때

■해설 평판재하시험이 끝나는 조건
 ㉠ 침하량이 15mm에 달할 때
 ㉡ 하중강도가 예상되는 최대 접지압력을 초과할 때
 ㉢ 하중강도가 그 지반의 항복점을 넘을 때

99. 두께 2cm인 점토시료의 압밀시험결과 전 압밀량의 90%에 도달하는 데 1시간이 걸렸다. 만일 같은 조건에서 같은 점토로 이루어진 2m의 토층 위에 구조물을 축조한 경우 최종침하량의 90%에 도달하는 데 걸리는 시간은?

① 약 250일
② 약 368일
③ 약 417일
④ 약 525일

■해설 $t_{90} = \dfrac{T_v \cdot H^2}{C_v}$ $(t \propto H^2)$
1시간 : 2^2cm = t_2 : 200^2cm
$t_2 = 10,000$시간 = 417일

100. 그림과 같은 옹벽배면에 작용하는 토압의 크기를 Rankine의 토압공식으로 구하면?

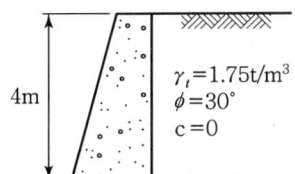

① 3.2t/m
② 3.7t/m
③ 4.7t/m
④ 5.2t/m

■해설 $P_a = K_a \cdot \gamma \cdot H^2 \cdot \dfrac{1}{2} = 0.333 \times 1.75 \times 4^2 \times \dfrac{1}{2} = 4.7\text{t/m}$

$\left[K_a = \tan^2\left(45 - \dfrac{\phi}{2}\right) = \tan^2\left(45 - \dfrac{30}{2}\right) = 0.333 \right]$ t/m

---

제6과목 상하수도공학

101. 해수담수화를 위한 적용방식으로 가장 거리가 먼 것은?

① 촉매산화법 ② 증발법
③ 전기투석법 ④ 역삼투법

■해설 해수담수화
 ㉠ 염분을 포함한 해수를 탈염으로 담수화를 목적으로 시행되고 있는 공업적인 처리과정을 해수담수화라 한다.
 ㉡ 해수담수화 기법
  • 역삼투법
  • 전기투석법
  • 증발법

102. 하수처리장의 처리수량은 10,000m³/day이고, 제거되는 SS농도는 200mg/L이다. 잉여슬러지의 함수율이 98%일 경우에 잉여슬러지 건조중량과 잉여슬러지의 총 발생량은?(단, 잉여슬러지의 비중은 1.02이다.)

① 2,000kg/day, 98.04m³/day
② 200kg/day, 101.99m³/day
③ 2,000kg/day, 101.99m³/day
④ 200kg/day, 98.04m³/day

■해설 잉여슬러지 발생량
 ㉠ 잉여슬러지의 건조무게
  건조무게 = 농도 × 유량
  $= 200 \times 10^{-3} \times 10,000$
  $= 2,000$kg/day = 2.0t/day
 ㉡ 잉여슬러지의 총 발생량
  $2.0 \times \dfrac{100}{100-98} \div 1.02 = 98.04$m³/day

|해답| 98.③ 99.③ 100.③ 101.① 102.①

103. 상수도의 도수, 취수, 송수, 정수시설의 용량 산정에 기준이 되는 수량은?

① 계획 1일 평균급수량
② 계획 1일 최대급수량
③ 계획 1인 1일 평균급수량
④ 계획 1인 1일 최대급수량

■해설 급수량의 선정
  ㉠ 급수량의 종류

종류	내용
계획 1일 최대급수량	수도시설 규모 결정의 기준이 되는 수량 = 계획 1일 평균급수량 ×1.5(중·소도시), 1.3(대도시, 공업도시)
계획 1일 평균급수량	재정계획수립에 기준이 되는 수량 = 계획 1일 최대급수량 ×0.7(중·소도시), 0.8(대도시, 공업도시)
계획 시간 최대급수량	배수 본관의 구경 결정에 사용 = 계획 1일 최대급수량/24 × 1.3(대도시, 공업도시), 1.5(중·소도시), 2.0(농촌, 주택단지)

  ㉡ 상수도시설의 설계용량
  • 취수, 도수, 정수, 송수시설의 설계기준은 계획 1일 최대급수량으로 한다.
  • 배수시설의 설계기준은 계획 시간 최대급수량으로 한다.

104. 그래프는 어떤 하천의 자정작용을 나타낸 용존산소 부족곡선이다. 다음 중 어떤 물질이 하천으로 유입되었다고 보는 것이 가장 타당한가?

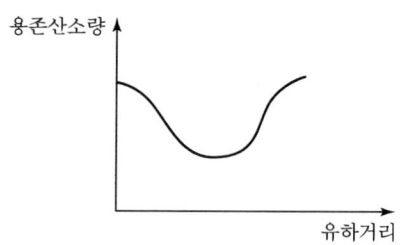

① 질산성질소
② 생활하수
③ 농도가 매우 낮은 폐산(廢酸)
④ 농도가 매우 낮은 폐알칼리

■해설 용존산소 부족곡선
생활하수의 유입으로 용존산소 부족곡선의 DO 농도가 감소하다가 재폭기에 의해서 DO의 농도가 다시 증가된 것으로 해석할 수 있다.

105. 하수관의 접합방법에 관한 설명 중 틀린 것은?

① 관정접합은 토공량을 줄이기 위하여 평탄한 지형에 많이 이용되는 방법이다.
② 단차접합은 지표의 경사가 급한 경우에 이용되는 방법이다.
③ 관저접합은 관의 내면 하부를 일치시키는 방법이다.
④ 관중심접합은 관의 중심을 일치시키는 방법이다.

■해설 관거의 접합방법

종류	특징
수면접합	수리학적으로 가장 좋은 방법으로 관내 수면을 일치시키는 방법
관정접합	관거의 내면 상부를 일치시키는 방법으로 굴착 깊이가 증대되고, 공사비가 증가된다.
관중심접합	관중심을 일치시키는 방법으로 별도의 수위 계산이 필요 없는 방법이다.
관저접합	관거의 내면 바닥을 일치시키는 방법으로 수리학적으로 불리한 방법이다.
단차접합	지세가 아주 급한 경우 토공량을 줄이기 위해 사용하는 방법이다.
계단접합	지세가 매우 급한 경우 관거의 기울기와 토공량을 줄이기 위해 사용하는 방법이다.

∴ 관정접합은 굴착 깊이가 증가되므로 구배가 있는 지역에 적합한 방법이다.

106. 정수시설의 응집용 약품에 대한 설명으로 틀린 것은?

① 응집제로는 황산알루미늄 등이 있다.
② pH 조정제로는 소다회 등이 있다.
③ 응집보조제로는 활성규산 등이 있다.
④ 첨가제로는 염화나트륨 등이 있다.

■해설 응집이론
• 응집제의 종류에는 황산알루미늄, 폴리염화알루미늄, 알루민산나트륨, 황산제1철, 황산제2철 등이 있다.
• 응집보조제는 대부분이 알칼리제로 알칼리가 부족한 원수에 알칼리 성분을 보충해주는 역할을 한다. 종류에는 생석회, 소다회, 가성소다, 활성규산, 소석회 등이 있다.
• 응집이론에서 응집보조제를 제외하고는 별도의 첨가제를 사용하지는 않는다.

107. 펌프의 비속도(비교회전도, N_s)에 대한 설명으로 옳은 것은?

① N_s가 작게 되면 사류형으로 되고 계속 작아지면 축류형으로 된다.
② N_s가 커지면 임펠러 외경에 대한 임펠러의 폭이 작아진다.
③ 토출량과 전양정이 동일하면 회전속도가 클수록 N_s가 작아진다.
④ N_s가 작으면 일반적으로 토출량이 적은 고양정의 펌프를 의미한다.

■해설 비교회전도
㉠ 비교회전도란 펌프나 송풍기 등의 형식을 나타내는 지표로 펌프의 경우 1m³/min의 유량을 1m 양수하는 데 필요한 회전수(N_s)를 말한다.

$$N_s = N \frac{Q^{\frac{1}{2}}}{H^{\frac{3}{4}}}$$

여기서, N : 표준회전수
Q : 토출량
H : 양정

㉡ 비교회전도의 특징
• N_s가 작아지면 양정은 크고 유량은 적은 고양정, 고효율 펌프로 가격은 비싸다.
• 유량과 양정이 동일하다면 표준회전수(N)가 클수록 N_s가 커진다.
• N_s가 클수록 유량은 많고 양정은 적은 저양정, 저효율 펌프가 된다.
• N_s는 펌프 형식을 나타내는 지표로 N_s가 동일하면 펌프의 크고 작음에 관계없이 동일 형식의 펌프로 본다.

108. MLSS 농도 3,000mg/L의 혼합액을 1L 메스실린더에 취해 30분간 정치했을 때 침강슬러지가 차지하는 용적이 440mL이었다면 이 슬러지의 슬러지밀도지수(SDI)는?

① 0.68   ② 0.97
③ 78.5   ④ 89.8

■해설 슬러지 용적지표(SVI)
㉠ 정의 : 폭기조 내 혼합액 1L를 30분간 침전시킨 후 1g의 MLSS가 차지하는 침전 슬러지의 부피(mL)를 슬러지용적지표(Sludge Volume Index)라 한다.

$$SVI = \frac{SV(mL/L) \times 10^3}{MLSS(mg/L)} = \frac{440 \times 10^3}{3,000} = 146.67$$

㉡ 특징
• 슬러지 침강성을 나타내는 지표로, 슬러지 팽화(bulking)의 발생 여부를 확인하는 지표로 사용한다.
• SVI가 높아지면 MLSS 농도가 낮아진다.
• SVI=50~150 : 슬러지 침전성 양호
• SVI=200이상 : 슬러지 팽화 발생
• SVI는 폭기시간, BOD 농도, 수온 등에 영향을 받는다.

㉢ 슬러지 밀도지수(SDI)

$$SDI = \frac{1}{SVI} \times 100\% = \frac{1}{146.67} \times 100 = 0.68\%$$

109. 계획오수량을 결정하는 방법에 대한 설명으로 틀린 것은?

① 지하수량은 1일 1인 최대오수량의 10~20%로 한다.
② 계획 1일 평균오수량은 계획 1일 최소오수량의 1.3~1.8배를 사용한다.
③ 생활오수량의 1일 1인 최대오수량은 1일 1인 최대급수량을 감안하여 결정한다.
④ 합류식에서 우천 시 계획오수량은 원칙적으로 계획시간 최대오수량의 3배 이상으로 한다.

■해설 오수량의 산정

종류	내용
계획오수량	계획오수량은 생활오수량, 공장폐수량, 지하수량으로 구분할 수 있다.
지하수량	지하수량은 1인 1일 최대오수량의 10~20%를 기준으로 한다.
계획 1일 최대오수량	• 1인 1일 최대오수량×계획급수인구+(공장폐수량, 지하수량, 기타 배수량) • 하수처리시설의 용량 결정의 기준이 되는 수량
계획 1일 평균오수량	• 계획 1일 최대오수량의 70(중·소도시)~80%(대·공업도시) • 하수처리장 유입하수의 수질을 추정하는 데 사용되는 수량
계획 시간 최대오수량	• 계획 1일 최대오수량의 1시간당 수량의 1.3~1.8배를 표준으로 한다. • 오수관거 및 펌프설비 등의 크기를 결정하는 데 사용되는 수량

∴ 계획 1일 평균오수량은 계획 1일 최대오수량의 70~80%를 기준으로 한다.

|해답| 107.④ 108.① 109.②

110. 호기성 처리방법에 비해 혐기성 처리방법이 갖고 있는 특징에 대한 설명으로 틀린 것은?

① 슬러지 발생량이 적다.
② 유용한 자원인 메탄이 생성된다.
③ 운전조건의 변화에 적응하는 시간이 짧다.
④ 동력비 및 유지관리비가 적게 든다.

■해설 혐기성 소화와 호기성 소화의 비교

호기성 소화	혐기성 소화
• 시설비가 적게 든다. • 운전이 용이하다. • 시료가치가 크다. • 동력이 소요된다. • 소규모 활성슬러지 처리에 적합하다. • 처리수 수질이 양호하다.	• 시설비가 많이 든다. • 온도, 부하량 변화에 적응 시간이 길다. • 병원균을 죽이거나 통제할 수 있다. • 영양소 소비가 적다. • 슬러지 생산이 적다. • CH_4와 같은 유용한 가스를 얻는다.

∴ 혐기성 소화는 운전조건의 변화에 적응시간이 길다는 단점이 있다.

111. 어떤 하수의 5일 BOD 농도가 300mg/L, 탈산소계수(상용 대수)값이 $0.2day^{-1}$일 때 최종 BOD 농도는?

① 310.0mg/L
② 333.3mg/L
③ 366.7mg/L
④ 375.5mg/L

■해설 BOD 소모량

㉠ BOD 소모량
$$E = L_a(1 - 10^{-kt})$$
여기서, E : BOD 소모량
L_a : 최종 BOD
k : 탈산소 계수
t : 시간(day)

㉡ BOD_u의 산정
$$L_a = \frac{E}{1 - 10^{-kt}} = \frac{300}{1 - 10^{-0.2 \times 5}} = 333.3 \text{mg/L}$$

112. 염소 소독을 위한 염소투입량 시험결과가 그림과 같다. 결합염소(클로라민류)가 분해되는 구간과 파괴점(Break Point)으로 옳은 것은?

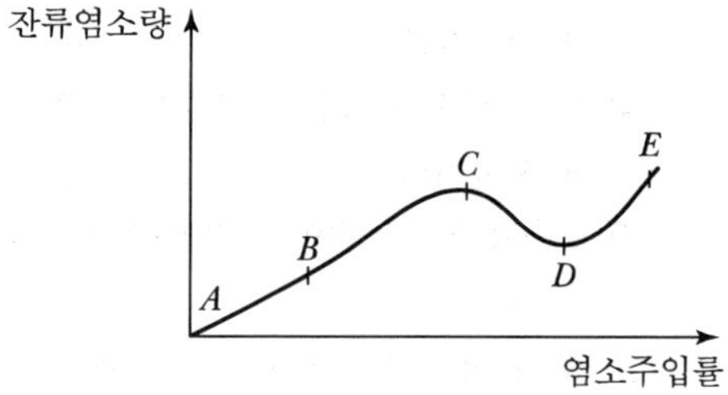

① AB, C
② BC, C
③ CD, D
④ AB, D

■해설 염소 주입과 잔류염소의 관계
• BC 구간 : 결합잔류염소(클로라민) 생성 구간
• CD 구간 : 결합잔류염소 파괴(산화) 구간
• D점 : 파괴점(Break point), 불연속점
• DE 구간 : 염소주입량에 비례하여 잔류염소량 증가 구간

113. 저수시설의 유효저수량 산정에 이용되는 방법은?

① Ripple 법
② Williams 법
③ Manning 법
④ Kutter 법

■해설 유량누가곡선법
해당 지역의 유입량누가곡선과 유출량누가곡선을 이용하여 저수지의 유효저수용량과 저수시작점 등을 결정할 수 있는 방법으로 이론법 또는 Ripple's Method이라고도 한다.

114. 급수방식에 대한 설명으로 틀린 것은?

① 급수방식은 직결식과 저수조식으로 나누며 이를 병용하기도 한다.
② 저수조식은 급수관으로부터 수돗물을 일단 저수조에 받아서 급수하는 방식이다.
③ 배수관의 압력 변동에 관계없이 상시 일정한 수량과 압력을 필요로 하는 경우는 저수조식으로 한다.
④ 재해 시나 사고 등에 의한 수도의 단수나 감수 시에도 물을 반드시 확보해야 할 경우에는 직결식으로 한다.

■해설 급수방식
　㉠ 직결식
　　• 배수관의 수압이 충분히 확보된 경우에 사용한다.
　　• 소규모 저층건물에 사용한다.
　　• 수압 조절이 불가능하다.
　㉡ 저수조식(탱크식)
　　• 배수관의 소요압이 부족한 곳에 설치한다.
　　• 일시에 많은 수량이 필요한 곳에 설치한다.
　　• 항상 일정수량이 필요한 곳에 설치한다.
　　• 단수 시에도 급수가 지속되어야 하는 곳에 설치한다.
　∴ 재해나 사고 등에 의한 단수 시에도 급수가 지속되어야 하는 방법은 저수조식이다.

115. 인구 200,000명인 도시에서 1인당 하루 300L를 급수할 경우, 급속여과지의 표면적은?(단, 여과속도는 150m/day이다.)

① 150m²　　　　② 300m²
③ 400m²　　　　④ 600m²

■해설 여과지 면적
　㉠ 여과지 면적
　　$A = \dfrac{Q}{V}$
　㉡ 여과지 면적의 산정
　　• $Q = 300 \times 10^{-3} \times 200,000 = 60,000 \text{m}^3/\text{day}$
　　• $A = \dfrac{Q}{V} = \dfrac{60,000}{150} = 400\text{m}^2$

116. 펌프의 공동현상(Cavitation)에 대한 설명으로 틀린 것은?

① 공동현상이 발생하면 소음이 발생한다.
② 공동현상을 방지하려면 펌프의 회전수를 크게 해야 한다.
③ 펌프의 흡입양정이 너무 적고 임펠러 회전속도가 빠를 때 공동현상이 발생한다.
④ 공동현상은 펌프의 성능 저하의 원인이 될 수 있다.

■해설 공동현상(Cavitation)
　㉠ 펌프의 관 내 압력이 포화증기압 이하가 되면 기화현상이 발생되어 유체 중에 공동이 생기는 현상을 공동현상이라 한다. 공동현상이 발생되지 않으려면 이용할 수 있는 유효흡입수두가 펌프가 필요로 하는 유효흡입수두보다 커야 하며, 그 차이값이 1m보다 크도록 하는 것이 좋다.
　㉡ 악현상
　　• 소음, 진동 발생
　　• 펌프의 성능 저하
　　• 관 내부의 침식
　㉢ 방지책
　　• 펌프의 설치 위치를 낮춘다.
　　• 펌프의 회전수를 줄인다(임펠러 속도를 적게 한다).
　　• 흡입관의 손실을 줄인다(직경 D를 크게 한다).
　　• 흡입양정의 표준은 −5m까지로 제한한다.
　∴ 공동현상을 방지하려면 펌프의 회전수를 적게 해야 한다.

117. 상수 원수 중 색도가 높은 경우의 유효 처리방법으로 가장 거리가 먼 것은?

① 응집침전 처리
② 활성탄 처리
③ 오존 처리
④ 자외선 처리

■해설 색도제거
　상수 원수에 포함된 색도제거 조작으로 활성탄 처리, 응집침전 처리, 오존 처리를 통해서 효과를 볼 수 있고, 자외선 처리는 소독의 기능을 하는 정수 처리방법으로 색도가 있으면 자외선 처리의 효과를 감소시킨다.

118. 도수 및 송수노선 선정 시 고려할 사항으로 틀린 것은?

① 몇 개의 노선에 대하여 경제성, 유지관리의 난이도 등을 비교·검토하여 종합적으로 판단하여 결정한다.
② 원칙적으로 공공도로 또는 수도용지로 한다.
③ 수평이나 수직방향의 급격한 굴곡은 피한다.
④ 관로상 어떤 지점도 동수경사선보다 항상 높게 위치하도록 한다.

■해설 관로 노선의 선정
- 수평이나 수직의 급격한 굴곡은 피하고 최소동수구배선 이하로 설치하는 것이 원칙이다.
- 관로가 최소동수구배선 위에 있을 경우 상류측 관경을 크게 하거나, 하류 측 관경을 작게 하면 동수구배선 상승의 효과가 있다.
- 동수구배선을 인위적으로 상승시킬 경우 관 내 압력 경감을 목적으로 접합정을 설치한다.

119. 하수관거의 배제방식에 대한 설명으로 틀린 것은?

① 합류식은 청천 시 관 내에 오물이 침전하기 쉽다.
② 분류식은 합류식에 비해 부설비용이 많이 든다.
③ 분류식은 우천 시 오수가 월류하도록 설계한다.
④ 합류식 관거는 단면이 커서 환기가 잘 되고 검사에 편리하다.

■해설 하수의 배제방식

분류식	합류식
• 수질오염 방지 면에서 유리하다. • 청천 시에도 퇴적의 우려가 없다. • 강우 초기 노면 배수 효과가 없다. • 시공이 복잡하고 오접합의 우려가 있다. • 우천 시 수세효과를 기대할 수 없다. • 공사비가 많이 든다.	• 구배 완만, 매설깊이가 적으며 시공성이 좋다. • 초기 우수에 의한 노면배수처리가 가능하다. • 관경이 크므로 검사 편리하고, 환기가 잘된다. • 건설비가 적게 든다. • 우천 시 수세효과가 있다. • 청천 시 관 내 침전, 효율이 저하된다.

∴ 분류식은 전오수의 확실한 처리가 가능한 방식으로 우천 시 오수가 월류하지 않는다.

120. 물의 흐름을 원활히 하고 관로의 수압을 조절할 목적으로 수로의 분기, 합류 및 관수로로 변하는 곳에 설치하는 것은?

① 맨홀　　② 우수토실
③ 접합정　④ 여수토구

■해설 접합정
㉠ 수로의 수압이나 유속을 감소시킬 목적으로 관로의 도중에 접합정을 설치한다.
㉡ 설치장소
- 관로의 분기점
- 관로의 합류점
- 정수압의 조정이 필요한 곳
- 동수경사의 조정이 필요한 곳

|해답| 118.④　119.③　120.③

contents

3월 6일 시행
5월 8일 시행
10월 1일 시행

토목기사 필기
과년도 기출문제

2016

과년도 기출문제 (2016년 3월 6일 시행)

제1과목 **응용역학**

01. 아래 그림과 같은 캔틸레버 보에서 B점의 연직변위(δ_B)는?(단, $M_o = 0.4t \cdot m$, $P=1.6t$, $L=2.4m$, $EI=600t \cdot m^2$)

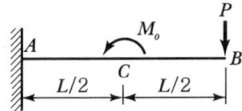

① 1.08cm (↓)　② 1.08cm (↑)
③ 1.37cm (↓)　④ 1.37cm (↑)

 해설

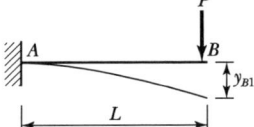　　$y_{B1} = \dfrac{PL^3}{3EI}$

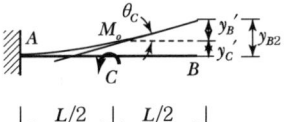

$y_{B2} = y_C' + y_B' = y_C' + \theta_C' \times \dfrac{L}{2}$

$= \dfrac{M_o\left(\dfrac{L}{2}\right)^2}{2EI} + \dfrac{M_o\left(\dfrac{L}{2}\right)}{EI} \times \dfrac{L}{2} = \dfrac{3M_o L^2}{8EI}$

$y_B = y_{B1} - y_{B2} = \dfrac{PL^3}{3EI} - \dfrac{3M_o L^2}{8EI}$

$= \dfrac{L^2}{EI}\left(\dfrac{PL}{3} - \dfrac{3M_o}{8}\right)$

$= \dfrac{2.4^2}{600}\left(\dfrac{1.6 \times 2.4}{3} - \dfrac{3 \times 0.4}{3}\right)$

$= 0.0108m = 1.08cm (↓)$

02. 다음 그림과 같은 세 힘이 평형 상태에 있다면 점 C에서 작용하는 힘 P와 BC 사이의 거리 x로 옳은 것은?

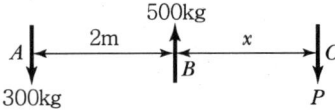

① $P=200kg$, $x=3m$
② $P=300kg$, $x=3m$
③ $P=200kg$, $x=2m$
④ $P=300kg$, $x=2m$

■해설　$\Sigma F_y = 0(\uparrow\oplus)$, $-300+500-P=0$
　　　　$P=200kg(\downarrow)$

　　　　$\Sigma M_{Ⓑ} = 0(\curvearrowright\oplus)$, $-300\times 2 + 200\times X = 0$
　　　　$X=3m$

03. 다음 그림과 같은 3활절 포물선 아치의 수평반력(H_A)은?

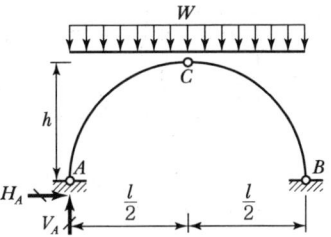

① 0　　　　　　　② $\dfrac{wl^2}{8h}$
③ $\dfrac{3wl^2}{8h}$　　　　④ $\dfrac{5wl^2}{8h}$

■해설　$\Sigma M_{Ⓑ} = 0(\curvearrowright\oplus)$
　　　　$V_A \times l - (\omega \times l) \times \dfrac{l}{2} = 0$,　$V_A = \dfrac{\omega l}{2}(\uparrow)$

|해답| 1.① 2.① 3.②

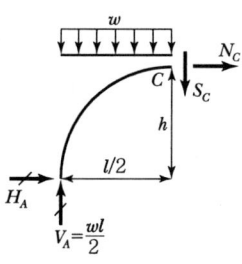

$\sum M_{\copyright} = 0(\curvearrowright \oplus)$

$\dfrac{\omega l}{2} \times \dfrac{l}{2} - \left(\omega \times \dfrac{l}{2}\right) \times \left(\dfrac{l}{2} \times \dfrac{1}{2}\right) - H_A \times h = 0$

$H_A = \dfrac{\omega l^2}{8h}(\rightarrow)$

04. 그림과 같이 속이 빈 직사각형 단면의 최대 전단응력은?(단, 전단력은 2t)

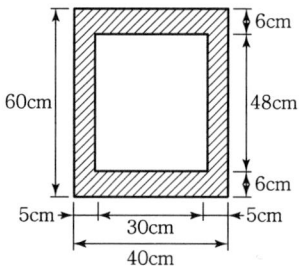

① 2.125kg/cm² ② 3.22kg/cm²
③ 4.125kg/cm² ④ 4.22kg/cm²

■해설
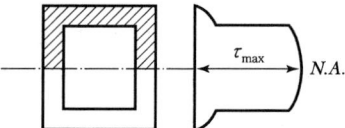

Box형 단면에서 최대 전단응력(τ_{max})은 단면의 중립축에서 발생한다.

$b_o = 10\text{cm}$ (단면의 중립축에서 폭)

$I_o = \dfrac{40 \times 60^3}{12} - \dfrac{30 \times 48^3}{12} = 443{,}520\text{cm}^4$

$G_o = (40 \times 30) \times \dfrac{30}{2} - (30 \times 24) \times \dfrac{24}{2}$

$\quad\ = 9{,}360\text{cm}^3$

$S = 2\text{t}$

$\tau_{max} = \dfrac{S G_o}{I_o b_o} = \dfrac{(2 \times 10^3) \times 9{,}360}{443{,}520 \times 10} = 4.22\text{kg/cm}^2$

05. 다음 그림과 같은 보에서 B지점의 반력이 $2P$가 되기 위해서 $\dfrac{b}{a}$는 얼마가 되어야 하는가?

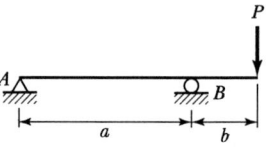

① 0.50 ② 0.75
③ 1.00 ④ 1.25

■해설
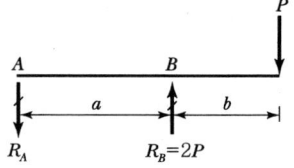

㉠ $\sum F_y = 0(\uparrow \oplus)$
  $-R_A + 2P - P = 0,\ R_A = P(\downarrow)$

㉡ $\sum M_{\circledR} = 0(\curvearrowright \oplus)$
  $-P \times a + P \times b = 0,\ \dfrac{b}{a} = 1$

06. 직경 d인 원형단면의 단면 2차 극모멘트 I_P의 값은?

① $\dfrac{\pi d^4}{64}$ ② $\dfrac{\pi d^4}{32}$

③ $\dfrac{\pi d^4}{16}$ ④ $\dfrac{\pi d^4}{4}$

■해설 원형단면이므로 $I_x = I_y$
$I_p = I_x + I_y = 2I_x = 2 \times \dfrac{\pi d^4}{64} = \dfrac{\pi d^4}{32}$

07. 다음 그림에서 빗금 친 부분의 x축에 관한 단면 2차 모멘트는?

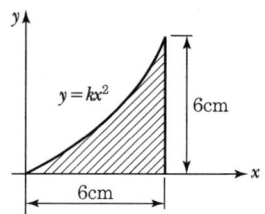

① 56.2cm⁴　　　② 58.5cm⁴
③ 61.7cm⁴　　　④ 64.4cm⁴

■해설 $y=kx^2$에 $(x=6, y=6)$을 대입하면 $k=\frac{1}{6}$

$y=\frac{1}{6}x^2 \to x=\sqrt{6y}$, $\bar{x}=6-\sqrt{6y}$

$I_x = \int_0^6 y^2 dA$
$= \int_0^6 y^2 \cdot \bar{x}dy$
$= \int_0^6 y^2(6-\sqrt{6y})dy$
$= \left[\frac{6}{3}y^3 - \frac{2}{7}\sqrt{6}y^{\frac{7}{2}}\right]_0^6$
$= 61.7\text{cm}^4$

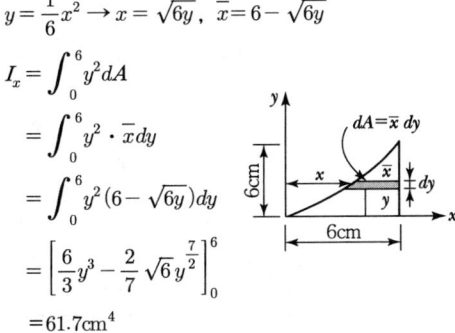

08. B점의 수직변위가 1이 되기 위한 하중의 크기 P는?(단, 부재의 축강성은 EA로 동일하다.)

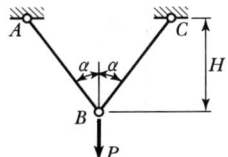

① $\dfrac{E\cos^3\alpha}{AH}$　　② $\dfrac{2E\cos^3\alpha}{AH}$

③ $\dfrac{EA\cos^3\alpha}{H}$　　④ $\dfrac{2EA\cos^3\alpha}{H}$

■해설 $\Sigma F_x = 0(\to \oplus)$
$-F_{AB}\cdot\sin\alpha + F_{BC}\cdot\sin\alpha = 0$
$F_{AB}=F_{BC}$

$\Sigma F_y = 0(\uparrow \oplus)$
$F_{BC}\cdot\cos\alpha + F_{AB}\cdot\cos\alpha - P = 0$
$F_{AB}=F_{BC}=\dfrac{P}{2\cos\alpha}$

$\Sigma F_x = 0(\to \oplus)$
$-f_{AB}\cdot\sin\alpha + f_{BC}\cdot\sin\alpha = 0$
$f_{AB}=f_{BC}$

$\Sigma F_y = 0(\uparrow \oplus)$
$f_{BC}\cdot\cos\alpha + f_{AB}\cdot\cos\alpha - 1 = 0$
$f_{AB}=f_{BC}=\dfrac{1}{2\cos\alpha}$

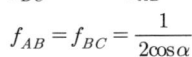

$y_B = \Sigma \dfrac{Ffl}{AE}$
$= 2\cdot\dfrac{1}{AE}\cdot\left(\dfrac{P}{2\cos\alpha}\right)\left(\dfrac{1}{2\cos\alpha}\right)\left(\dfrac{H}{\cos\alpha}\right) = 1$
$P = \dfrac{2EA\cos^3\alpha}{H}$

09. 그림과 같은 캔틸레버보에서 최대처짐각(θ_B)은?(단, EI는 일정하다.)

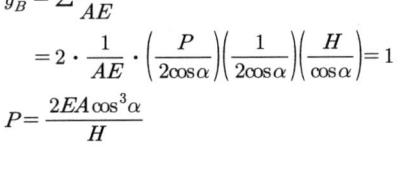

① $\dfrac{3wl^3}{48EI}$　　② $\dfrac{7wl^3}{48EI}$

③ $\dfrac{9wl^3}{48EI}$　　④ $\dfrac{5wl^3}{48EI}$

■해설

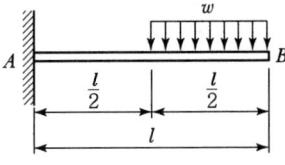

$\theta_B = \dfrac{wl^2}{8EI}\times\dfrac{l}{2}+\dfrac{1}{2}\times\dfrac{2wl^2}{8EI}\times\dfrac{l}{2}+\dfrac{1}{3}\times\dfrac{wl^2}{8EI}\times\dfrac{l}{2}$
$= \dfrac{7wl^3}{48EI}$

10. 다음 그림과 같은 구조물에서 B점의 수평변위는?(단, EI는 일정하다.)

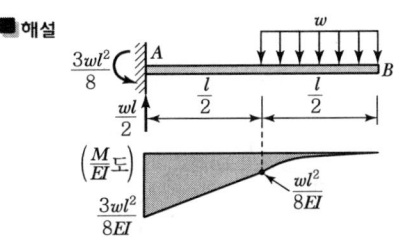

① $\dfrac{Prh^2}{4EI}$　　② $\dfrac{Prh^2}{3EI}$

③ $\dfrac{Prh^2}{2EI}$　　④ $\dfrac{Prh^2}{EI}$

■해설

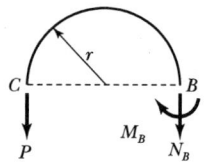

$\sum F_y = 0 (\uparrow \oplus)$
$N_B - P = 0$
$N_B = P$

$\sum M_{\circledB} = 0 (\curvearrowright \oplus)$
$M_B - 2rP = 0$
$M_B = 2rP$

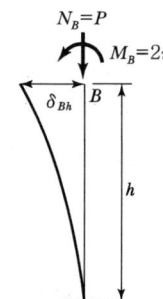

$\delta_{Bh} = \dfrac{M_B h^2}{2EI}$
$= \dfrac{(2rP)h^2}{2EI}$
$= \dfrac{Prh^2}{EI} (\leftarrow)$

11. 아래 그림과 같은 단순보의 B점에 하중 5t이 연직 방향으로 작용하면 C점에서의 휨모멘트는?

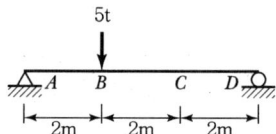

① 3.33t · m   ② 5.4t · m
③ 6.67t · m   ④ 10.0t · m

■해설 $\sum M_{\circledA} = 0 (\curvearrowright \oplus)$
$5 \times 2 - R_d \times 6 = 0$
$R_d = 1.67t (\uparrow)$

$\sum M_{\circledC} = 0 (\curvearrowright \oplus)$
$M_c - 1.67 \times 2 = 0$
$M_c = 3.34t \cdot m$

12. 평균 지름 $d = 1,200$mm, 벽두께 $t = 6$mm를 갖는 긴 강제수도관(鋼製水道管)이 $P = 10$kg/cm² 의 내압을 받고 있다. 이 관벽 속에 발생하는 원환응력(圓環應力)의 크기는?

① 16.6kg/cm²   ② 450kg/cm²
③ 900kg/cm²   ④ 1,000kg/cm²

■해설 $\sigma = \dfrac{Pr}{t} = \dfrac{Pd}{2t} = \dfrac{10 \times (1,200 \times 10^{-1})}{2 \times (6 \times 10^{-1})}$
$= 1,000 \text{kg/cm}^2$

13. 다음 트러스에서 CD 부재의 부재력은?

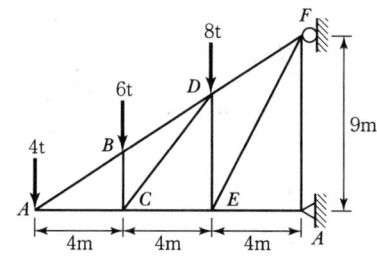

① 5.542t(인장)   ② 6.012t(인장)
③ 7.211t(인장)   ④ 6.242t(인장)

■해설

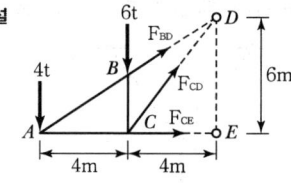

$F_{CD,x} = \dfrac{2}{\sqrt{13}} F_{CD}$
$F_{CD,y} = \dfrac{3}{\sqrt{13}} F_{CD}$

$\sum M_{\circledA} = 0 (\curvearrowright \oplus)$
$6 \times 4 - F_{CD,y} \times 4 = 0$
$6 \times 4 - \dfrac{3}{\sqrt{13}} F_{CD} \times 4 = 0$
$F_{CD} = 2\sqrt{13} = 7.211 \text{t}(인장)$

14. 다음 그림과 같은 보에서 휨모멘트에 의한 탄성변형 에너지를 구한 값은?

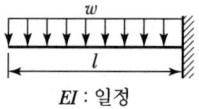

EI : 일정

① $\dfrac{w^2 l^5}{8EI}$ ② $\dfrac{w^2 l^5}{24EI}$
③ $\dfrac{w^2 l^5}{40EI}$ ④ $\dfrac{w^2 l^5}{48EI}$

■해설

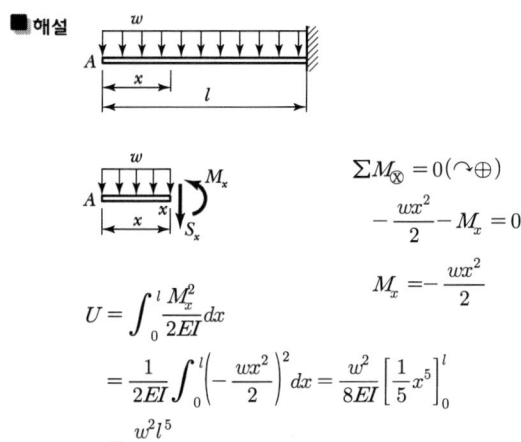

$\sum M_{\otimes} = 0 (\curvearrowright \oplus)$

$-\dfrac{wx^2}{2} - M_x = 0$

$M_x = -\dfrac{wx^2}{2}$

$U = \int_0^l \dfrac{M_x^2}{2EI} dx$

$= \dfrac{1}{2EI} \int_0^l \left(-\dfrac{wx^2}{2}\right)^2 dx = \dfrac{w^2}{8EI}\left[\dfrac{1}{5}x^5\right]_0^l$

$= \dfrac{w^2 l^5}{40EI}$

15. 길이 10m, 폭 20cm, 높이 30cm인 직사각형 단면을 갖는 단순보에서 자중에 의한 최대 휨응력은?(단, 보의 단위중량은 25kN/m³으로 균일한 단면을 갖는다.)

① 6.25MPa ② 9.375MPa
③ 12.25MPa ④ 15.275MPa

■해설 $w = \gamma_A = \gamma(bh) = 25 \times (0.2 \times 0.3)$
$= 1.5 \text{kN/m} = 1.5 \text{N/mm}$

$\sigma_{\max} = \dfrac{M_{\max}}{Z} = \dfrac{\left(\dfrac{wl^2}{8}\right)}{\left(\dfrac{bh^2}{6}\right)} = \dfrac{3wl^2}{4bh^2}$

$= \dfrac{3 \times 1.5 \times (10 \times 10^3)^2}{4 \times (20 \times 10) \times (30 \times 10)^2}$

$= 6.25 \text{N/mm}^2 = 6.25 \text{MPa}$

16. 무게 1kg$_f$의 물체를 두 끈으로 늘여 뜨렸을 때 한 끈이 받는 힘의 크기 순서가 옳은 것은?

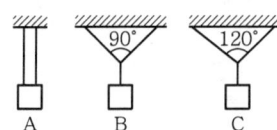

① B > A > C ② C > A > B
③ A > B > C ④ C > B > A

■해설

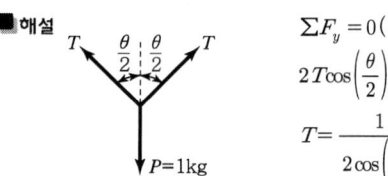

$\sum F_y = 0 (\uparrow \oplus)$

$2T\cos\left(\dfrac{\theta}{2}\right) - 1 = 0$

$T = \dfrac{1}{2\cos\left(\dfrac{\theta}{2}\right)}$

A) $\theta = 0$, $T_A = \dfrac{1}{2\cos(0°)} = \dfrac{1}{2}$

B) $\theta = 90°$, $T_B = \dfrac{1}{2\cos\left(\dfrac{90°}{2}\right)} = \dfrac{1}{\sqrt{2}}$

C) $\theta = 120°$, $T_C = \dfrac{1}{2\cos\left(\dfrac{120°}{2}\right)} = \dfrac{1}{1}$

$T_C > T_B > T_A$

17. 절점 O는 이동하지 않으며, 재단 A, B, C가 고정일 때 M_{CO}의 크기는 얼마인가?(단, K는 강비이다.)

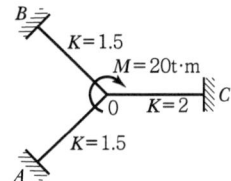

① 2.5t·m ② 3t·m
③ 3.5t·m ④ 4t·m

■해설 · $K_{OA} : K_{OB} : K_{OC} = 1.5 : 1.5 : 2 = 3 : 3 : 4$

· $DF_{OC} = \dfrac{K_{OC}}{\sum K_i} = \dfrac{4}{3+3+4} = \dfrac{4}{10}$

· $M_{OC} = M \times DF_{OC} = 20 \times \dfrac{4}{10} = 8 \text{ton} \cdot \text{m}$

· $M_{CO} = \dfrac{1}{2} \times M_{OC} = \dfrac{1}{2} \times 8 = 4 \text{ton} \cdot \text{m}$

18. 변의 길이 a인 정사각형 단면의 장주(長柱)가 있다. 길이가 l이고, 최대임계축하중이 P이고 탄성계수가 E라면 다음 설명 중 옳은 것은?

① P는 E에 비례, a의 3제곱에 비례, 길이 l^2에 반비례

② P는 E에 비례, a의 3제곱에 비례, 길이 l^3에 반비례

|해답| 15.① 16.④ 17.④ 18.③

③ P는 E에 비례, a의 4제곱에 비례, 길이 l^2에 반비례
④ P는 E에 비례, a의 4제곱에 비례, 길이 l에 반비례

■해설
$$P = \frac{\pi^2 EI_{\min}}{(Kl)^2} = \frac{\pi^2 E\left(\frac{a^4}{12}\right)}{(Kl)^2} = \frac{\pi^2 E a^4}{12(Kl)^2}$$

19. 그림과 같은 2경간 연속보에서 B점이 5cm 아래로 침하하고, C점이 2cm 위로 상승하는 변위를 각각 취했을 때 B점의 휨모멘트로서 옳은 것은?

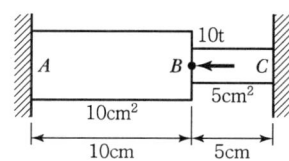

① $20EI/l^2$ ② $18EI/l^2$
③ $15EI/l^2$ ④ $12EI/l^2$

■해설 $M_A = 0$, $M_C = 0$
$(A - B - C)$
$$M_A\left(\frac{l}{I}\right) + 2M_B\left(\frac{l}{I} + \frac{l}{I}\right) + M_C\left(\frac{l}{I}\right)$$
$$= \frac{6 \times E \times 5}{l} + \frac{6 \times E \times 7}{l}$$
$$4M_B \frac{l}{I} = \frac{72E}{l}, \quad M_B = \frac{18EI}{l^2}$$

20. 다음에서 부재 BC에 걸리는 응력의 크기는?

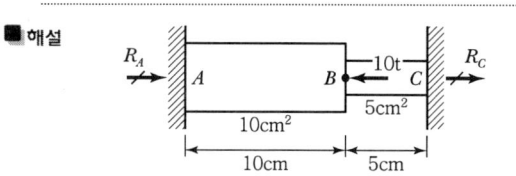

① $\frac{2}{3}$t/cm² ② 1t/cm²
③ $\frac{3}{2}$t/cm² ④ 2t/cm²

■해설

• 강성비
$$k_{AB} : k_{BC} = \frac{A_{AB}}{l_{AB}} : \frac{A_{BC}}{l_{BC}} = \frac{10}{10} : \frac{5}{5} = 1 : 1$$

• 분배율
$$DF_{AB} : DF_{BC} = \frac{K_{AB}}{K_{AB} + K_{BC}} : \frac{K_{BC}}{K_{AB} + K_{BC}}$$
$$= \frac{1}{2} : \frac{1}{2}$$

• 반력(부재력)
$$R_A : R_C = P \cdot DF_{AB} : P \cdot DF_{BC}$$
$$= 10 \times \frac{1}{2} : 10 \times \frac{1}{2} = 5t : 5t$$

• 부재 BC에 걸리는 응력
$$\sigma_{BC} = \frac{R_C}{A_{BC}} = \frac{5}{5} = 1\,\text{t/cm}^2 (인장)$$

제2과목 측량학

21. 축척 1:2,000 도면 상의 면적을 축척 1:1,000으로 잘못 알고 면적을 관측하여 24,000m²를 얻었다면 실제 면적은?

① 6,000m² ② 12,000m²
③ 48,000m² ④ 96,000m²

■해설 ① 면적은 $\left(\frac{1}{m}\right)^2$에 비례한다.
② $A_0 = \left(\frac{m_2}{m_1}\right)^2 \times A = \left(\frac{2,000}{1,000}\right)^2 \times 24,000$
$= 96,000\,\text{m}^2$

22. 지표면 상의 A, B 간의 거리가 7.1km라고 하면 B점에서 A점을 시준할 때 필요한 측표(표척)의 최소 높이로 옳은 것은?(단, 지구의 반지름은 6,370km이고, 대기의 굴절에 의한 요인은 무시한다.)

① 1m ② 2m
③ 3m ④ 4m

■해설 $\Delta h = \frac{D^2}{2R} = \frac{7.1^2}{2 \times 6,370} = 0.00395 ≒ 4m$

23. 3차 중첩 내삽법(Cubic Convolution)에 대한 설명으로 옳은 것은?

① 계산된 좌표를 기준으로 가까운 3개의 화소값의 평균을 취한다.
② 영상분류와 같이 원영상의 화소값과 통계치가 중요한 작업에 많이 사용된다.
③ 계산이 비교적 빠르며 출력영상이 가장 매끄럽게 나온다.
④ 보정 전 자료와 통계치 및 특성의 손상이 많다.

■해설 영상기하보정 – 재배열, 보간방법
기하학적 보정을 위한 좌표변환식이 결정되면 입력되는 자료를 변환식에 맞추어 변환한 후 새로운 영상자료를 출력하게 된다. 이때 새로이 결정되는 좌표는 정수가 아니라 실수로 나오게 된다. 이러한 경우에 수치영상의 각 화소값이 이루는 연속성을 가정하여 새로운 좌표가 가질 화소값을 결정하는 방법을 재배열이라 하며, 대표적인 세가지 방법이 있다.

① 최근린 내삽법 : 가장 가까운 관측점의 화소값을 구하고자 하는 화소의 값으로 한다.
  • 장점 : 화소값을 흠내지 않고 처리속도가 빠르다.
  • 단점 : 위치오차가 최대 1/2화소 정도 생긴다.
② 1차 내삽법 : 보간점 주위 4점의 화소값을 이용하여 구하고자 하는 화소의 값을 선형식으로 보간한다.
  • 장점 : 평균하기 때문에 평활화 효과가 있다.
  • 단점 : 원자료가 흠이 난다.
③ 3차 중첩 내삽법 : 보간하고 싶은 점의 주위 16개 관측점의 화소값을 이용 3차 회선함수를 이용하여 보간한다.
  • 장점 : 화상의 평활화와 동시에 선명성의 효과가 있어 고화질이 얻어진다.
  • 단점 : 원재료가 흠이 나며 계산시간이 많이 소요된다.

24. 하천에서 2점법으로 평균유속을 구할 경우 관측하여야 할 두 지점의 위치는?

① 수면으로부터 수심의 $\frac{1}{5}$, $\frac{3}{5}$ 지점
② 수면으로부터 수심의 $\frac{1}{5}$, $\frac{4}{5}$ 지점
③ 수면으로부터 수심의 $\frac{2}{5}$, $\frac{3}{5}$ 지점
④ 수면으로부터 수심의 $\frac{2}{5}$, $\frac{4}{5}$ 지점

■해설 2점법 평균유속(V_m) = $\frac{V_{0.2} + V_{0.8}}{2}$

25. 확폭량이 S인 노선에서 노선의 곡선 반지름(R)을 두 배로 하면 확폭량(S')은?

① $S' = \frac{1}{4}S$ ② $S' = \frac{1}{2}S$
③ $S' = 2S$ ④ $S' = 4S$

■해설 확폭(ε) = $\frac{L^2}{2R}$에서, R이 2배이면 확폭은 $\frac{1}{2}$이 된다.

26. 등경사인 지성선 상에 있는 A, B표고가 각각 43m, 63m이고 $\overline{AB}$의 수평거리는 80m이다. 45m, 50m 등고선과 지성선 $\overline{AB}$의 교점을 각각 C, D라고 할 때 $\overline{AC}$의 도상길이는?(단, 도상축척은 1 : 100이다.)

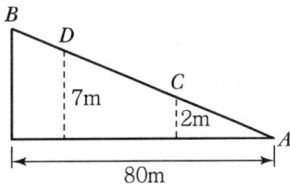

① 2m ② 4m
③ 8m ④ 12m

■해설 비례식 이용($x : h = D : H$)
㉠ $x : 2 = 80 : (63-43)$
㉡ $x = \frac{2 \times 80}{20} = 8m$

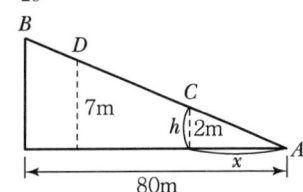

27. 종단면도에 표기하여야 하는 사항으로 거리가 먼 것은?

① 흙깎기 토량과 흙쌓기 토량
② 거리 및 누가거리
③ 지반고 및 계획고
④ 경사고

■해설 종단면도 기재사항
① 측점   ② 거리, 누가거리
③ 지반고, 계획고 ④ 성토고, 절토고
⑤ 구배

28. 그림과 같이 $\triangle P_1 P_2 C$는 동일 평면 상에서 $\alpha_1 = 62°8'$, $\alpha_2 = 56°27'$, $B = 60.00$m이고 연직각 $\nu_1 = 20°46'$일 때 C로부터 P까지의 높이 H는?

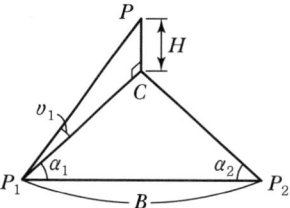

① 24.23m   ② 22.90m
③ 21.59m   ④ 20.58m

■해설 ① $\angle C = 180 - \alpha_1 - \alpha_2 = 61°25'$
② $\dfrac{\overline{P_1 C}}{\sin \alpha_2} = \dfrac{B}{\sin C}$

$\overline{P_1 C} = \dfrac{\sin \alpha_2}{\sin C} B = \dfrac{\sin 56°27'}{\sin 61°25'} \times 60$
$= 56.95$m
③ $H = \overline{P_1 C} \cdot \tan V_1 = 56.95 \times \tan 20°46'$
$= 21.59$m

29. 직사각형의 두 변의 길이를 $\dfrac{1}{100}$ 정밀도로 관측하여 면적을 산출할 경우 산출된 면적의 정밀도는?

① $\dfrac{1}{50}$ ② $\dfrac{1}{100}$
③ $\dfrac{1}{200}$ ④ $\dfrac{1}{300}$

■해설 면적과 거리 정밀도의 관계
정밀도$\left(\dfrac{1}{M}\right) = \dfrac{\Delta A}{A} = 2\dfrac{\Delta L}{L} = 2 \times \dfrac{1}{100} = \dfrac{1}{50}$

30. 수준측량과 관련된 용어에 대한 설명으로 틀린 것은?

① 수준면(Level Surface)은 각 점들이 중력방향에 직각으로 이루어진 곡면이다.
② 지구곡률을 고려하지 않는 범위에서는 수준면(Level Surface)을 평면으로 간주한다.
③ 지구의 중심을 포함한 평면과 수준면이 교차하는 선이 수준선(Level Line)이다.
④ 어느 지점의 표고(Elevation)라 함은 그 지역 기준타원체로부터의 수직거리를 말한다.

■해설 표고는 기준면에서 어떤 점까지의 연직높이를 말한다.

31. 지구의 곡률에 의하여 발생하는 오차를 $1/10^6$까지 허용한다면 평면으로 가정할 수 있는 최대 반지름은?(단, 지구곡률반지름 $R = 6,370$km)

① 약 5km   ② 약 11km
③ 약 22km   ④ 약 110km

■해설 ① 정도$\left(\dfrac{\Delta L}{L}\right) = \dfrac{L^2}{12 R^2}$
② $\dfrac{1}{10^6} = \dfrac{L^2}{12 \times 6,370^2}$,
$L = \sqrt{\dfrac{12 \times 6,370^2}{10^6}} = 22.066$km
③ 반경 $= \dfrac{L}{2} = \dfrac{22.066}{2} = 11.033$km

32. 높이 2,774m인 산의 정상에 위치한 저수지의 가장 긴 변의 거리를 관측한 결과 1,950m였다면 평균해수면으로 환산한 거리는?(단, 지구반지름 $R = 6,377$km)

① 1,949.152m   ② 1,950.849m
③ −0.848m   ④ +0.848m

■해설 ① 평균해면상 보정(C)
$$C = -\frac{L \cdot H}{R} = -\frac{1,950 \times 2,774}{6,377 \times 1,000}$$
$$= -0.848m$$
② 환산거리 = $1,950 - 0.848 = 1,949.152m$

33. 그림과 같은 복곡선(Compound Curve)에서 관계식으로 틀린 것은?

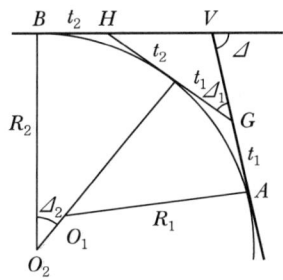

① $\Delta_1 = \Delta - \Delta_2$
② $t_2 = R_2 \tan\frac{\Delta_2}{2}$
③ $VG = (\sin\Delta_2)\left(\frac{GH}{\sin\Delta}\right)$
④ $VB = (\sin\Delta_2)\left(\frac{GH}{\sin\Delta}\right) + t_2$

■해설 $VB = (\sin\Delta_1)\left(\frac{GH}{\sin\Delta}\right) + t_2$

34. 삼각측량을 위한 삼각망 중에서 유심다각망에 대한 설명으로 틀린 것은?

① 농지측량에 많이 사용된다.
② 방대한 지역의 측량에 적합하다.
③ 삼각망 중에서 정확도가 가장 높다.
④ 동일 측점 수에 비하여 포함면적이 가장 넓다.

■해설 정확도는 사변형 > 유심 > 단열순이다.

35. 촬영고도 1,000m로부터 초점거리 15cm의 카메라로 촬영한 중복도 60%인 2장의 사진이 있다. 각각의 사진에서 주점기선장을 측정한 결과 124mm와 132mm였다면 비고 60m인 굴뚝의 시차차는?

① 8.0mm   ② 7.9mm
③ 7.7mm   ④ 7.4mm

■해설 ① $\frac{\Delta P}{b_0} = \frac{h}{H}$
② $\Delta P = \frac{h}{H}b = \frac{60}{1,000} \times \left(\frac{124+132}{2}\right)$
$= 7.68 ≒ 7.7mm$

36. 그림과 같은 유토곡선(Mass Curve)에서 하향 구간이 의미하는 것은?

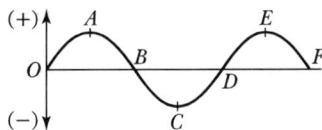

① 성토구간   ② 절토구간
③ 운반토량   ④ 운반거리

■해설 유토곡선에서 상향구간은 절토구간, 하향구간은 성토구간이다.

37. 사진측량의 특수 3점에 대한 설명으로 옳은 것은?

① 사진 상에서 등각점을 구하는 것이 가장 쉽다.
② 사진의 경사각이 0°인 경우에는 특수 3점이 일치한다.
③ 기복변위는 주점에서 0이며 연직점에서 최대이다.
④ 카메라 경사에 의한 사선방향의 변위는 등각점에서 최대이다.

■해설 주점, 등각점, 연직점이 한 점에 일치되면 경사각도가 0°이다.

38. 그림과 같이 수준측량을 실시하였다. A점의 표고는 300m이고, B와 C구간은 교호수준측량을 실시하였다면, D점의 표고는?(단, 표고차는 $A \to B : +1.233m$, $B \to C : +0.726m$, $C \to B : -0.720m$, $C \to D : -0.926m$)

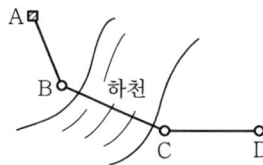

① 300.310m
② 301.030m
③ 302.153m
④ 302.882m

■해설
$$H_D = H_A + 1.233 + \left(\frac{0.726 + 0.720}{2}\right) - 0.926$$
$$= 301.03m$$

39. 트래버스 측량에 관한 일반적인 사항에 대한 설명으로 옳지 않은 것은?

① 트래버스 종류 중 결합트래버스는 가장 높은 정확도를 얻을 수 있다.
② 각관측 방법 중 방위각법은 한 번 오차가 발생하면 그 영향은 끝까지 미친다.
③ 폐합오차 조정방법 중 컴퍼스 법칙은 각관측의 정밀도가 거리관측의 정밀도보다 높을 때 실시한다.
④ 폐합트래버스에서 편각의 총합은 반드시 360°가 되어야 한다.

■해설 컴퍼스 법칙은 각관측과 거리관측의 정밀도가 동일한 경우 실시한다.

40. 다각측량을 위한 수평각 측정방법 중 어느 측선의 바로 앞 측선의 연장선과 이루는 각을 측정하여 각을 측정하는 방법은?

① 편각법
② 교각법
③ 방위각법
④ 전진법

■해설 편각법은 각 측선이 그 앞 측선의 연장과 이루는 각을 측정하여 각을 측정하는 방법

제3과목 수리수문학

41. 개수로 지배단면의 특성으로 옳은 것은?

① 하천흐름의 부정류인 경우에 발생한다.
② 완경사의 흐름에서 배수곡선이 나타나면 발생한다.
③ 상류 흐름에서 사류 흐름으로 변화할 때 발생한다.
④ 사류인 흐름에서 도수가 발생할 때 발생한다.

■해설 지배단면
개수로에서 흐름이 상류(常流)에서 사류(射流)로 바뀌는 지점의 단면을 지배단면이라 한다. 이 지점의 수심은 한계수심이 된다.

42. 그림과 같은 액주계에서 수은면의 차가 10cm이었다면 A, B점의 수압차는?(단, 수은의 비중 =13.6, 무게 1kg=9.8N)

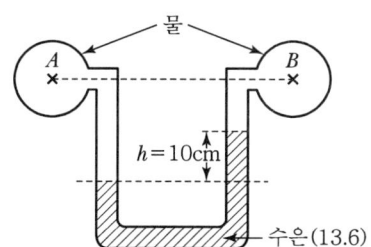

① 133.5kPa
② 123.5kPa
③ 13.35kPa
④ 12.35kPa

■해설 시차액주계
㉠ 두 관의 압력차를 측정하는 액주계를 시차액주계라 한다.
㉡ 압력차의 산정
$$P_B - P_A = w_s h - wh = 13.6 \times 0.1 - 1 \times 0.1$$
$$= 1.26 t/m^2 \times 9.8 = 12.35 kN/m^2$$
$$= 12.35 kPa$$

|해답| 38.② 39.③ 40.① 41.③ 42.④

43. 도수(hydraulic jump) 전후의 수심 h_1, h_2의 관계를 도수 전의 Froude수 Fr_1의 함수로 표시한 것으로 옳은 것은?

① $\dfrac{h_1}{h_2} = \dfrac{1}{2}\left(\sqrt{8Fr_1^2+1}-1\right)$

② $\dfrac{h_1}{h_2} = \dfrac{1}{2}\left(\sqrt{8Fr_1^2+1}+1\right)$

③ $\dfrac{h_2}{h_1} = \dfrac{1}{2}\left(\sqrt{8Fr_1^2+1}-1\right)$

④ $\dfrac{h_2}{h_1} = \dfrac{1}{2}\left(\sqrt{8Fr_1^2+1}+1\right)$

■해설 도수
㉠ 흐름이 사류(射流)에서 상류(常流)로 바뀔 때 표면에 소용돌이가 발생하면서 수심이 급격하게 증가하는 현상을 도수라 한다.
㉡ 도수 후의 수심
$$h_2 = -\dfrac{h_1}{2} + \dfrac{h_1}{2}\sqrt{1+8F_{r1}^2}$$
$$\therefore \dfrac{h_2}{h_1} = \dfrac{1}{2}(\sqrt{8F_{r1}^2+1}-1)$$

44. 관로 길이 100m, 안지름 30cm의 주철관에 0.1 m³/s의 유량을 송수할 때 손실수두는?(단, $v = C\sqrt{RI}$, $C = 63\mathrm{m}^{\frac{1}{2}}/\mathrm{s}$ 이다.)

① 0.54m   ② 0.67m
③ 0.74m   ④ 0.88m

■해설 손실수두의 산정
㉠ 유속의 산정
$$V = \dfrac{Q}{A} = \dfrac{0.1}{\dfrac{\pi \times 0.3^2}{4}} = 1.42\mathrm{m/s}$$
㉡ 손실수두의 산정
$$V = C\sqrt{RI} = C\sqrt{\dfrac{D}{4} \times \dfrac{h_L}{l}}$$
$$\therefore 1.42 = 63 \times \sqrt{\dfrac{0.3}{4} \times \dfrac{h_L}{100}}$$
$$\therefore h_L = 0.678\mathrm{m}$$

45. 안지름 2m의 관내를 20℃의 물이 흐를 때 동점성계수가 0.0101cm²/s이고 속도가 50cm/s라면 이때의 레이놀즈수(Reynolds number)는?

① 960,000   ② 970,000
③ 980,000   ④ 990,000

■해설 흐름의 상태
㉠ 층류와 난류의 구분
$$R_e = \dfrac{VD}{\nu}$$
여기서, V : 유속
D : 관의 직경
ν : 동점성계수
• $R_e < 2,000$: 층류
• $2,000 < R_e < 4,000$: 천이영역
• $R_e > 4,000$: 난류
㉡ 층류와 난류의 계산
$$R_e = \dfrac{VD}{\nu} = \dfrac{50 \times 200}{0.0101} = 990,099 ≒ 990,000$$

46. 관 벽면의 마찰력 τ_o, 유체의 밀도 ρ, 점성계수를 μ라 할 때 마찰속도(U_*)는?

① $\dfrac{\tau_o}{\rho\mu}$ ② $\sqrt{\dfrac{\tau_o}{\rho\mu}}$

③ $\sqrt{\dfrac{\tau_o}{\rho}}$ ④ $\sqrt{\dfrac{\tau_o}{\mu}}$

■해설 마찰속도
㉠ 마찰속도는 다음 식으로 나타낸다.
$$U_* = \sqrt{\dfrac{\tau_0}{\rho}} = \sqrt{\dfrac{wRI}{\rho}} = \sqrt{gRI} \quad (\because w = \rho \cdot g)$$
㉡ 광폭수로에서는 ($R ≒ H$)이므로
$$U_* = \sqrt{gRI} = \sqrt{gHI}$$

47. 저수지의 물을 방류하는 데 1:225로 축소된 모형에서 4분이 소요되었다면, 원형에서의 소요시간은?

① 60분   ② 120분
③ 900분   ④ 3,375분

■해설 Froude 모형 법칙
  ㉠ 중력이 흐름을 지배하게 되면 Froude 모형 법칙을 적용하게 되며, 개수로 흐름이 이에 해당된다.
  ㉡ 시간비
  $$T_r = \frac{T_p}{T_m} = L_r^{\frac{1}{2}}$$
  여기서, T_r : 시간비
  T_p : 원형의 시간
  T_m : 모형의 시간
  L_r : 축척
  $\therefore T_p = T_m L_r^{\frac{1}{2}} = 4 \times 225^{\frac{1}{2}} = 60\min$

48. 강우강도(I), 지속시간(D), 생기빈도(F) 관계를 표현하는 식 $I = \dfrac{kT^x}{t^n}$ 에 대한 설명으로 틀린 것은?

① t : 강우의 지속시간(min)으로서, 강우가 계속 지속될수록 강우강도(I)는 커진다.
② I : 단위시간에 내리는 강우량(mm/hr)인 강우강도이며 각종 수문학적 해석 및 설계에 필요하다.
③ T : 강우의 생기빈도를 나타내는 연수(年數)로 재현기간(년)을 의미한다.
④ k, x, n : 지역에 따라 다른 값을 가지는 상수이다.

■해설 강우자료의 해석
  ㉠ 강우강도 – 지속시간 – 생기빈도관계
  $$I = \frac{kT^x}{t^n}$$
  여기서, I : 강우강도(mm/hr)
  T : 생기빈도
  t : 강우지속시간(min)
  k, x, n : 지역에 따라 결정되는 상수
  ㉡ 해석
  • t는 강우 지속시간(min)으로 강우강도와 지속시간의 관계는 반비례이다.
  • I는 강우강도(mm/hr)로 각종 수문학적 해석 및 설계에 필요한 인자이다.
  • T는 강우의 생기빈도를 나타내는 연수로 재현기간(년)을 의미한다.
  • k, x, n : 지역에 따라 결정되는 상수이다.

49. 지속기간 2hr인 어느 단위유량도의 기저시간이 10hr이다. 강우강도가 각각 2.0, 3.0 및 5.0cm/hr이고 강우지속기간은 똑같이 모두 2hr인 3개의 유효강우가 연속해서 내릴 경우 이로 인한 직접유출수문곡선의 기저시간은?

① 2hr   ② 10hr
③ 14hr ④ 16hr

■해설 단위도의 기본가정
  ㉠ 단위도의 기본가정
  • 일정기저시간 가정 : 동일한 유역에 균일한 강도로 비가 내릴 경우 지속시간은 같으나 강도가 다른 각종 강우로 인한 유출량은 그 크기가 다를지라도 유하시간은 동일하다.
  • 비례가정 : 동일한 유역에 균일한 강도로 비가 내릴 경우 동일 지속시간을 가진 각종 강도의 강우로부터 결과되는 직접유출 수문곡선의 종거는 임의시간에 있어서 강우강도에 직접 비례한다.
  • 중첩가정 : 일정 기간 동안 균일한 강도를 가진 일련의 유효강우량에 의한 총 유출량은 각 기간의 유효강우량에 의한 개개 유출량을 산술적으로 합한 것과 같다.
  ㉡ 기저시간의 산정
  일정기저시간 가정과 중첩가정에 의해 지속시간 2hr인 3개의 유효강우가 연속해서 발생되면 기저시간 10시간을 2차례 2시간씩 뒤로 밀면 되므로 총 유출량의 기저시간은 14시간이 된다.

50. 직사각형의 단면(폭 4m×수심 2m) 개수로에서 Manning 공식의 조도계수 $n = 0.017$이고 유량 $Q = 15\text{m}^3/\text{s}$일 때 수로의 경사($I$)는?

① 1.016×10^{-3} ② 4.548×10^{-3}
③ 15.365×10^{-3} ④ 31.875×10^{-3}

■해설 경사의 산정
  ㉠ Manning 공식
  $$V = \frac{1}{n} R^{\frac{2}{3}} I^{\frac{1}{2}}$$
  ㉡ 경사의 산정
  $$Q = AV = A \frac{1}{n} R^{\frac{2}{3}} I^{\frac{1}{2}}$$

$$\therefore 15 = (4 \times 2) \times \frac{1}{0.017} \times \left(\frac{4 \times 2}{4 + 2 \times 2}\right)^{\frac{2}{3}} \times I^{\frac{1}{2}}$$

$$\therefore I = 1.016 \times 10^{-3}$$

51. 하상계수(河狀係數)에 대한 설명으로 옳은 것은?

① 대하천의 주요 지점에서의 강우량과 저수량의 비
② 대하천의 주요 지점에서의 최소유량과 최대유량의 비
③ 대하천의 주요 지점에서의 홍수량과 하천유지유량의 비
④ 대하천의 주요 지점에서의 최소유량과 갈수량의 비

■해설 하상계수
하천 주요 지점에서 최소유량과 최대유량의 비를 하상계수(=유량변동계수)라고 한다.

52. 어떤 유역에 표와 같이 30분간 집중호우가 발생하였다. 지속시간 15분인 최대강우강도는?

시간(분)	0~5	5~10	10~15	15~20	20~25	25~30
우량(mm)	2	4	6	4	8	6

① 80mm/hr ② 72mm/hr
③ 64mm/hr ④ 50mm/hr

■해설 강우강도
㉠ 강우강도는 단위시간당 내린 비의 양을 말하며 단위는 mm/hr이다.
㉡ 지속시간 15분 강우량의 구성
 • 0~15분 : 2+4+6=12mm
 • 5~20분 : 4+6+4=14mm
 • 10~25분 : 6+4+8=18mm
 • 15~30분 : 4+8+6=18mm
㉢ 지속시간 15분 최대강우강도의 산정
$$\frac{18\text{mm}}{15\text{min}} \times 60 = 72\text{mm/hr}$$

53. 수평으로 관 A와 B가 연결되어 있다. 관 A에서 유속은 2m/s, 관 B에서의 유속은 3m/s이며, 관 B에서의 유체압력이 9.8kN/m²이라 하면 관 A에서의 유체압력은?(단, 에너지 손실은 무시한다.)

① 2.5kN/m² ② 12.3kN/m²
③ 22.6kN/m² ④ 37.6kN/m²

■해설 Bernoulli 정리
㉠ Bernoulli 정리
$$z_1 + \frac{p_1}{w} + \frac{v_1^2}{2g} = z_2 + \frac{p_2}{w} + \frac{v_2^2}{2g}$$

㉡ 압력의 산정
 • 수평관이므로 위치수두 $z_A = z_B$로 생략하고 주어진 조건 입력
 • $\frac{p_A}{1} + \frac{2^2}{2 \times 9.8} = \frac{1}{1} + \frac{3^2}{2 \times 9.8}$
 $\therefore p_A = 1.256\text{t/m}^2 = 12.3\text{kN/m}^2$

54. 연직오리피스에서 일반적인 유량계수 C의 값은?

① 대략 1.00 전후이다.
② 대략 0.80 전후이다.
③ 대략 0.60 전후이다.
④ 대략 0.40 전후이다.

■해설 오리피스의 계수
㉠ 유속계수(C_v) : 실제유속과 이론유속의 차를 보정해주는 계수로, 실제유속과 이론유속의 비로 나타낸다.
 C_v = 실제유속/이론유속 ≒ 0.97~0.99
㉡ 수축계수(C_a) : 수축단면적과 오리피스단면적의 차를 보정해주는 계수로 수축단면적과 오리피스단면적의 비로 나타낸다.
 C_a = 수축 단면의 단면적/오리피스의 단면적 ≒ 0.64
 $$C_a = \frac{A_0}{A}$$
㉢ 유량계수(C) : 실제유량과 이론유량의 차를 보정해주는 계수로 실제유량과 이론유량의 비로 나타낸다.
 C = 실제유량/이론유량 = $C_a \times C_v$ ≒ 0.62
 ∴ 유량계수는 대략 0.6 전후이다.

55. 직사각형 단면의 수로에서 최소 비에너지가 1.5m라면 단위폭당 최대유량은?(단, 에너지보정계수 $\alpha = 1.0$)

① 2.86m³/s/m ② 2.98m³/s/m
③ 3.13m³/s/m ④ 3.32m³/s/m

■해설 유량의 산정
㉠ 비에너지와 한계수심의 관계
직사각형 단면의 비에너지와 한계수심의 관계는 다음과 같다.
$$h_c = \frac{2}{3} h_e$$
$$\therefore h_c = \frac{2}{3} \times 1.5 = 1\text{m}$$
㉡ 직사각형 단면의 한계수심
$$h_c = \left(\frac{\alpha Q^2}{gb^2}\right)^{\frac{1}{3}}$$
$$\therefore 1 = \left(\frac{1 \times Q^2}{9.8 \times 1^2}\right)^{\frac{1}{3}}$$
$$\therefore Q = 3.13\text{m}^3/\text{s}$$

56. 부피가 4.6m³인 유체의 중량이 51.548kN일 때 이 유체의 비중은?

① 1.14 ② 5.26
③ 11.40 ④ 1,143.48

■해설 비중
㉠ 어떤 물체의 단위 체적당 무게를 단위중량이라고 한다.
- $w = \frac{W}{V} = \frac{5.26}{4.6} = 1.14\text{t/m}^3$
- $W = \frac{51.548}{9.8} = 5.26t$

㉡ 임의 액체의 단위중량을 물의 단위중량으로 나눈 값을 비중이라 한다.
$$S = \frac{w}{w_w} = \frac{1.14}{1} = 1.14$$

57. 여과량이 2m³/s이고 동수경사가 0.2, 투수계수가 1cm/s일 때 필요한 여과지 면적은?

① 2,500m² ② 2,000m²
③ 1,500m² ④ 1,000m²

■해설 Darcy의 법칙
㉠ Darcy의 법칙
$$V = K \cdot I = K \cdot \frac{h_L}{L},$$
$$Q = A \cdot V = A \cdot K \cdot I = A \cdot K \cdot \frac{h_L}{L}$$
㉡ 면적의 산정
$$A = \frac{Q}{KI} = \frac{2}{1 \times 10^{-2} \times 0.2} = 1,000\text{m}^2$$

58. 2개의 불투수층 사이에 있는 대수층의 두께 a, 투수계수 k인 곳에 반지름 r_0인 굴착정(artesian well)을 설치하고 일정 양수량 Q를 양수하였더니, 양수 전 굴착정 내의 수위 H가 h_0로 하강하여 정상흐름이 되었다. 굴착정의 영향원 반지름을 R이라 할 때 $(H - h_0)$의 값은?

① $\dfrac{2Q}{\pi ak} \ln\left(\dfrac{R}{r_0}\right)$ ② $\dfrac{Q}{2\pi ak} \ln\left(\dfrac{R}{r_0}\right)$
③ $\dfrac{2Q}{\pi ak} \ln\left(\dfrac{r_0}{R}\right)$ ④ $\dfrac{Q}{2\pi ak} \ln\left(\dfrac{r_0}{R}\right)$

■해설 우물의 양수량

종류	내용
깊은 우물 (심정호)	우물의 바닥이 불투수층까지 도달한 우물을 말한다. $Q = \dfrac{\pi K(H^2 - h_0^2)}{\ln(R/r_0)} = \dfrac{\pi K(H^2 - h_0^2)}{2.3\log(R/r_0)}$
얕은 우물 (천정호)	우물의 바닥이 불투수층까지 도달하지 못한 우물을 말한다. $Q = 4Kr_0(H - h_0)$
굴착정	피압대수층의 물을 양수하는 우물을 굴착정이라 한다. $Q = \dfrac{2\pi aK(H - h_0)}{\ln(R/r_0)} = \dfrac{2\pi aK(H - h_0)}{2.3\log(R/r_0)}$
집수암거	복류수를 취수하는 우물을 집수암거라 한다. $Q = \dfrac{Kl}{R}(H^2 - h^2)$

∴ 굴착정에서 $H - h_0 = \dfrac{Q}{2\pi aK} \ln\left(\dfrac{R}{r_0}\right)$

59. 베르누이 정리를 $\frac{\rho}{2}V^2 + wZ + P = H$로 표현할 때, 이 식에서 정체압(stagnation pressure)은?

① $\frac{\rho}{2}V^2 + wZ$로 표시한다.
② $\frac{\rho}{2}V^2 + P$로 표시한다.
③ $wZ + P$로 표시한다.
④ P로 표시한다.

■해설 Bernoulli 정리
  ㉠ Bernoulli 정리
   $z + \frac{p}{w} + \frac{v^2}{2g} = H$(일정)
  ㉡ Bernoulli 정리를 압력의 항으로 표시 각 항에 ρg를 곱한다.
   $\rho g z + p + \frac{\rho v^2}{2} = H$(일정)
   여기서, $\rho g z$: 위치압력, p : 정압력, $\frac{\rho v^2}{2}$: 동압력
  ㉢ 정체압은 정압과 동압의 합으로 표현할 수 있다.
   ∴ 정체압 = $\frac{\rho V^2}{2} + P$

60. 합성 단위유량도의 모양을 결정하는 인자가 아닌 것은?

① 기저시간 ② 첨두유량
③ 지체시간 ④ 강우강도

■해설 합성단위도
  ㉠ 유량기록이 없는 미계측 유역에서 수자원 개발 목적을 위하여 다른 유역의 과거 경험을 토대로 단위도를 합성하여 근사치로 사용하는 단위유량도를 합성단위유량도라 한다.
  ㉡ 합성단위 유량도법
   • Snyder 방법
   • SCS 무차원단위도법
   • 中安(나까야스)방법
   • Clark의 유역추적법
  ㉢ 구성인자
   • 강우 지속시간(t_r)
   • 지체시간(t_p)
   • 첨두홍수량(Q_p)
   • 기저시간(T)
  ∴ 단위유량도의 모양을 결정하는 인자가 아닌 것은 강우강도이다.

제4과목 **철근콘크리트 및 강구조**

61. 그림과 같이 활하중(w_L)은 30kN/m, 고정하중(w_D)은 콘크리트의 자중(단위무게 23kN/m³)만 작용하고 있는 캔틸레버보가 있다. 이 보의 위험단면에서 전단철근이 부담해야 할 전단력은?(단, 하중은 하중조합을 고려한 소요강도(U)를 적용하고, f_{ck}=24MPa, f_y=300MPa이다.)

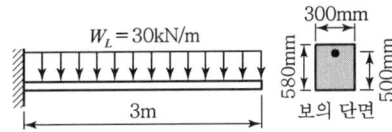

① 88.7kN ② 53.5kN
③ 21.3kN ④ 9.5kN

■해설 ㉠ 계수전단력(V_u)
   w_D = (콘크리트의 자중)×(bh)
     = 23×(0.3×0.58) = 4kN/m
   $w_u = 1.2w_D + 1.6w_L = 1.2×4 + 1.6×30$
     = 52.8kN/m
   보에서 전단에 대한 위험단면의 위치는 지점에서 d만큼 떨어진 곳이다.
   $V_u = w_u(L-d) = 52.8×(3-0.5) = 132$kN
  ㉡ 콘크리트의 전단강도(ϕV_c)
   $\phi V_c = \phi\left(\frac{1}{6}\sqrt{f_{ck}}\,b_w\,d\right)$
     $= 0.75×\left(\frac{1}{6}×\sqrt{24}×300×500\right)$
     $= 91.9×10^3$N = 91.9kN
  ㉢ 전단철근이 부담할 전단력(V_s)
   $V_u(=132\text{kN}) > \phi V_c(=91.9\text{kN})$이므로 전단보강이 필요하다.
   $V_u \leq \phi(V_c + V_s)$
   $V_s \geq \frac{V_u - \phi V_c}{\phi} = \frac{132-91.9}{0.75} = 53.5$kN

62. 설계기준 압축강도(f_{ck})가 24MPa이고, 쪼갬인 장강도(f_{sp})가 2.4MPa인 경량골재 콘크리트에 적용하는 경량콘크리트계수(λ)는?

① 0.75 ② 0.85
③ 0.87 ④ 0.92

■해설 $\lambda = \dfrac{f_{sp}}{0.56\sqrt{f_{ck}}} = \dfrac{2.4}{0.56\sqrt{24}} = 0.87$

63. 아래 그림과 같은 두께 12mm 평판의 순단면적을 구하면?(단, 구멍의 직경은 23mm이다.)

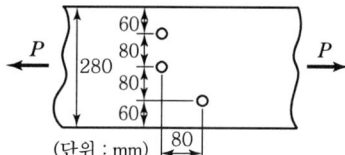

① 2,310mm² ② 2,340mm²
③ 2,772mm² ④ 2,928mm²

■해설 $d_h = \phi + 3 = 23\text{mm}$
$b_{n2} = b_g - 2d_h = 280 - 2 \times 23 = 234\text{mm}$
$b_{n3} = b_g - 3d_h + \dfrac{S^2}{4g}$
$\quad = 280 - 3 \times 23 + \dfrac{80^2}{4 \times 80} = 231\text{mm}$
$b_n = [b_{n1},\ b_{n2}]_{\min} = 231\text{mm}$
$A_n = b_n \cdot t = 231 \times 12 = 2,772\text{mm}^2$

64. $b = 350$mm, $d = 550$mm인 직사각형 단면의 보에서 지속하중에 의한 순간처짐이 16mm였다. 1년 후 총 처짐량은 얼마인가?(단, $A_s = 2,246$mm², $A_s' = 1,284$mm², $\xi = 1.4$)

① 20.5mm ② 32.8mm
③ 42.1mm ④ 26.5mm

■해설 $\rho' = \dfrac{A_s'}{bd} = \dfrac{1,284}{350 \times 550} = 0.00667$
$\lambda = \dfrac{\xi}{1 + 50\rho'} = \dfrac{1.4}{1 + (50 \times 0.00667)} = 1.0499$
$\delta_L = \lambda \cdot \delta_i = 1.0499 \times 16 = 16.8\text{mm}$
$\delta_T = \delta_i + \delta_L = 16 + 16.8 = 32.8\text{mm}$

65. 콘크리트 설계기준강도가 28MPa, 철근의 항복강도가 350MPa로 설계된 내민길이 4m인 캔틸레버 보가 있다. 처짐을 계산하지 않는 경우의 최소 두께는?

① 340mm ② 465mm
③ 512mm ④ 600mm

■해설 캔틸레버 보에서 처짐을 계산하지 않아도 되는 최소두께(h)

㉠ $f_y = 400$MPa인 경우 : $h = \dfrac{l}{8}$

㉡ $f_y \neq 400$MPa인 경우 : $h = \dfrac{l}{8}\left(0.43 + \dfrac{f_y}{700}\right)$

• $f_y = 350$MPa이므로 최소두께(h)는 다음과 같다.

$h = \dfrac{l}{8}\left(0.43 + \dfrac{f_y}{700}\right)$
$\quad = \dfrac{4 \times 10^3}{8}\left(0.43 + \dfrac{350}{700}\right)$
$\quad = 465\text{mm}$

66. 용접이음에 관한 설명으로 틀린 것은?

① 리벳구멍으로 인한 단면 감소가 없어서 강도저하가 없다.
② 내부 검사(X-선 검사)가 간단하지 않다.
③ 작업의 소음이 적고 경비와 시간이 절약된다.
④ 리벳이음에 비해 약하므로 응력 집중 현상이 일어나지 않는다.

■해설 용접이음은 리벳이음에 비하여 리벳구멍으로 인한 인장재 단면이 감소되지 않기 때문에 강도의 저하가 없다. 그러나 용접부에 응력집중현상이 발행하기 쉽다.

67. PS콘크리트의 균등질 보의 개념(Homogeneous Beam Concept)을 설명한 것으로 가장 적당한 것은?

① 콘크리트에 프리스트레스가 가해지면 PSC부재는 탄성재료로 전환되고 이의 해석은 탄성이론으로 가능하다는 개념

|해답| 62.③ 63.③ 64.② 65.② 66.④ 67.①

② PSC 보를 RC 보처럼 생각하여, 콘크리트는 압축력을 받고 긴장재는 인장력을 받게 하여 두 힘의 우력 모멘트로 외력에 의한 휨모멘트에 저항시킨다는 개념
③ PS콘크리트는 결국 부재에 작용하는 하중의 일부 또는 전부를 미리 가해진 프리스트레스와 평형이 되도록 하는 개념
④ PS콘크리트는 강도가 크기 때문에 보의 단면을 강재의 단면으로 가정하여 압축 및 인장을 단면 전체가 부담할 수 있다는 개념

■해설 콘크리트에 프리스트레스가 도입되면 콘크리트가 탄성체로 전환되어 탄성이론에 의한 해석이 가능하다는 개념을 응력개념 또는 균등질보의 개념이라고 한다.

68. 다음과 같은 옹벽의 각 부분 중 직사각형보로 설계해야 할 부분은?

① 앞부벽
② 부벽식 옹벽의 전면벽
③ 캔틸레버식 옹벽의 전면벽
④ 부벽식 옹벽의 저판

■해설 부벽식 옹벽에서 부벽의 설계
 • 앞부벽 : 직사각형보로 설계
 • 뒷부벽 : T형보로 설계

69. 2방향 슬래브 설계 시 직접설계법을 적용할 수 있는 제한사항에 대한 설명으로 틀린 것은?

① 각 방향으로 3경간 이상 연속되어야 한다.
② 슬래브 판들은 단변 경간에 대한 장변 경간의 비가 2 이하인 직사각형이어야 한다.
③ 연속한 기둥 중심선을 기준으로 기둥의 어긋남은 그 방향 경간의 15% 이하이어야 한다.
④ 각 방향으로 연속한 받침부 중심간 경간 차이는 긴 경간의 1/3 이하이어야 한다.

■해설 2방향 슬래브의 설계에서 직접설계법을 적용할 경우, 연속한 기둥 중심선으로부터 기둥의 이탈은 이탈방향 경간의 10% 이하라야 한다.

70. 사용 고정하중(D)과 활하중(L)을 작용시켜서 단면에서 구한 휨모멘트는 각각 M_D=30kN·m, M_L=3kN·m이었다. 주어진 단면에 대해서 현행 콘크리트 구조설계기준에 따라 최대 소요강도를 구하면?

① 30kN·m
② 40.8kN·m
③ 42kN·m
④ 48.2kN·m

■해설 $M_{u1} = 1.2M_D + 1.6M_L$
       $= 1.2 \times 30 + 1.6 \times 3 = 40.8$kN·m
$M_{u2} = 1.4M_D$
       $= 1.4 \times 30 = 42$kN·m
$M_u = [M_{u1}, M_{u2}]_{max}$
     $= [40.8$kN·m$, 42$kN·m$]_{max} = 42$kN·m

71. 깊은보에 대한 전단 설계의 규정 내용으로 틀린 것은?(단, l_n : 받침부 내면 사이의 순경간, λ : 경량콘크리트 계수, b_w : 복부의 폭, d : 유효깊이, s : 종방향 철근에 평행한 방향으로 전단철근의 간격, s_h : 종방향 철근에 수직방향으로 전단철근의 간격)

① l_n이 부재 깊이의 3배 이상인 경우 깊은보로서 설계한다.
② 깊은보의 V_n은 $(5\lambda\sqrt{f_{ck}}/6)b_w d$ 이하이어야 한다.
③ 휨인장철근과 직각인 수직전단철근의 단면적 A_v를 $0.0025b_w s$ 이상으로 하여야 한다.
④ 휨인장철근과 평행한 수평전단철근의 단면적 A_{vh}를 $0.0015b_w s_h$ 이상으로 하여야 한다.

■해설 받침부 내면 사이의 순경간이 부재 깊이의 4배 이하인 경우 깊은보로서 설계한다.

72. 다음 단면의 균열 모멘트 M_{cr}의 값은?(단, 보통 중량 콘크리트로서, $f_{ck}=25$MPa, $f_y=400$MPa)

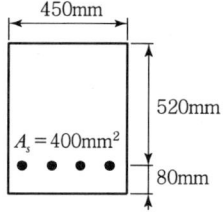

① 16.8kN·m   ② 41.58kN·m
③ 63.88kN·m   ④ 85.05kN·m

■ 해설
- $\lambda=1$(보통 중량의 콘크리트)
- $f_r=0.63\lambda\sqrt{f_{ck}}=0.63\times1\times\sqrt{25}=3.15$MPa
- $Z=\dfrac{bh^2}{6}=\dfrac{450\times600^2}{6}=27\times10^6$mm^3
- $M_{cr}=f_r\cdot Z$
  $=3.15\times(27\times10^6)$
  $=85.05\times10^6$N·mm $=85.05$kN·m

73. 폭 $b=300$mm, 유효깊이 $d=500$mm, 철근단면적 $A_s=2,200$mm²을 갖는 단철근 콘크리트 직사각형보를 강도설계법으로 휨 설계할 때 설계 휨 모멘트 강도(ϕM_n)는?(단, 콘크리트 설계기준강도 $f_{ck}=27$MPa, 철근항복강도 $f_y=400$MPa)

① 186.6kN·m   ② 234.7kN·m
③ 284.5kN·m   ④ 326.2kN·m

■ 해설
$a=\dfrac{f_y A_s}{0.85 f_{ck} b}=\dfrac{400\times2,200}{0.85\times27\times300}=127.8$mm
$\beta_1=0.85\,(f_{ck}\leq28\text{MPa인 경우})$
$\varepsilon_t=\dfrac{d_t\beta_1-a}{a}\varepsilon_c=\dfrac{500\times0.85-127.8}{127.8}\times0.003$
$=0.007$
$\varepsilon_{t,l}=0.005\,(f_y\leq400\text{MPa인 경우})$
$\varepsilon_t(=0.007)>\varepsilon_{t,l}(=0.005)$ – 인장지배단면,
$\phi=0.85$
$\phi M_n=\phi f_y A_s\left(d-\dfrac{a}{2}\right)$
$=0.85\times400\times2,200\left(500-\dfrac{127.8}{2}\right)$
$=326.2\times10^6$N·mm $=326.2$kN·m

74. 아래 그림의 빗금 친 부분과 같은 단철근 T형보의 등가응력의 깊이(a)는?(단, $A_s=6,345$mm², $f_{ck}=24$MPa, $f_y=400$MPa)

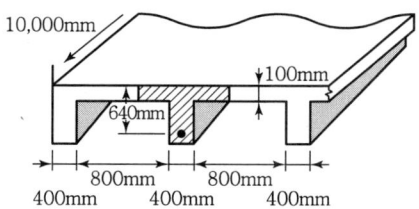

① 96.7mm   ② 111.5mm
③ 121.3mm   ④ 128.6mm

■ 해설
㉠ T형보(대칭 T형보)에서 플랜지의 유효폭(b_e)
- $16t_f+b_w=(16\times100)+400=2,000$mm
- 양쪽 슬래브의 중심 간 거리$=800+400$
  $=1,200$mm
- 보 경간의 $\dfrac{1}{4}=10,000\times\dfrac{1}{4}=2,500$mm

위 값 중에서 최소값을 취하면 $b_e=1,200$mm 이다.

㉡ T형보의 판별
$b=1,200$mm 인 직사각형 단면보에 대한 등가사각형 깊이
$a=\dfrac{f_y A_s}{0.85 f_{ck} b}=\dfrac{400\times6,354}{0.85\times24\times1,200}$
$=103.8$mm
$a(=103.8$mm$)>t_f(=100$mm$)$ 이므로 T형보로 해석한다.

㉢ T형보의 등가사각형 깊이(a)
$A_{sf}=\dfrac{0.85 f_{ck}(b-b_w)t_f}{f_y}$
$=\dfrac{0.85\times24\times(1,200-400)\times100}{400}$
$=4,080$mm²

$a=\dfrac{(A_s-A_{sf})f_y}{0.85 f_{ck} b_w}$
$=\dfrac{(6,354-4,080)\times400}{0.85\times24\times400}$
$=111.5$mm

75. 유효깊이(d)가 500mm인 직사각형 단면보에 f_y=400MPa인 인장철근이 1열로 배치되어 있다. 중립축(c)의 위치가 압축연단에서 200mm인 경우 강도감소계수(ϕ)는?

① 0.804　　② 0.817
③ 0.834　　④ 0.842

■해설　㉠ 최외단 인장철근의 순인장 변형률
$$\varepsilon_t = \frac{d_t - c}{c}\varepsilon_c = \frac{500-200}{200}\times 0.003 = 0.0045$$

㉡ 단면 구분
- f_y=400MPa인 경우, ε_y와 $\varepsilon_{t,l}$ 값
$$\varepsilon_y = \frac{f_y}{E_s} = \frac{400}{2\times 10^5} = 0.002$$
$$\varepsilon_{t,l} = 0.005$$
- $\varepsilon_{t,l}(=0.005) > \varepsilon_t(=0.0045) > \varepsilon_y(=0.002)$
－변화구간단면

㉢ ϕ결정
- ϕ_c=0.65(나선철근으로 보강되지 않은 부재의 경우)
- $\phi = 0.85 - \frac{\varepsilon_{t,l}-\varepsilon_t}{\varepsilon_{t,l}-\varepsilon_y}(0.85-\phi_c)$
$= 0.85 - \frac{0.005-0.0045}{0.005-0.002}(0.85-0.65)$
$= 0.817$

76. 그림과 같은 나선철근 단주의 공칭 중심축하중(P_n)은?(단, f_{ck}=24MPa, f_y=400MPa, 축방향 철근은 8－D25(A_{st}=4,050mm²)를 사용)

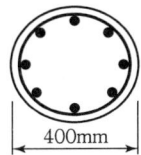

① 2,125.2kN　　② 2,734.3kN
③ 3,168.6kN　　④ 3,485.8kN

■해설　$P_n = \alpha\{0.85f_{ck}(A_g - A_{st}) + f_y A_{st}\}$
$= 0.85\left\{0.85\times 24\times\left(\frac{\pi\times 400^2}{4} - 4,050\right) + 400\times 4,050\right\}$
$= 3,485.8\times 10^3 \text{N} = 3,485.8\text{kN}$

77. 초기 프리스트레스가 1,200MPa이고, 콘크리트의 건조수축 변형률 ε_{sh}=1.8×10⁻⁴일 때 긴장재의 인장응력의 감소는?(단, PS강재의 탄성계수 E_p=2.0×10⁵MPa)

① 12MPa　　② 24MPa
③ 36MPa　　④ 48MPa

■해설　$\Delta f_{ps} = E_p \varepsilon_{sh} = (2\times 10^5)\times(1.8\times 10^{-4}) = 36$MPa

78. 그림과 같은 단면의 도심에 PS강재가 배치되어 있다. 초기 프리스트레스 힘을 1,800kN 작용시켰다. 30%의 손실을 가정하여 콘크리트의 하연 응력이 0이 되도록 하려면 이때의 휨모멘트 값은?(단, 자중은 무시)

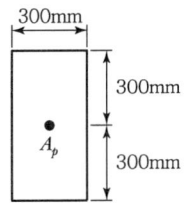

① 120kN·m　　② 126kN·m
③ 130kN·m　　④ 150kN·m

■해설　$f_b = \frac{P_e}{A} - \frac{M}{Z} = \frac{0.7P_i}{bh} - \frac{6M}{bh^2} = 0$
$M = \frac{0.7P_i h}{6} = \frac{0.7\times 1,800\times 0.6}{6} = 126$kN·m

79. 철골 압축재의 좌굴 안정성에 대한 설명으로 틀린 것은?

① 좌굴길이가 길수록 유리하다.
② 힌지지지보다 고정지지가 유리하다.
③ 단면 2차 모멘트 값이 클수록 유리하다.
④ 단면 2차 반지름이 클수록 유리하다.

■해설　$P_{cr} = \frac{\pi^2 E I_{\min}}{(kl)^2}$
압축재의 좌굴강도는 $(kl)^2$에 반비례하므로 압축재는 좌굴길이가 길수록 좌굴에 불리하다.

80. 그림과 같은 복철근 직사각형 보에서 공칭모멘트 강도(M_n)는?(단, f_{ck}=24MPa, f_y=350MPa, A_s=5,730mm², A_s'=1,980mm²)

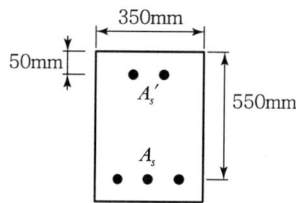

① 947.7kN·m ② 886.5kN·m
③ 805.6kN·m ④ 725.3kN·m

■해설 인장철근과 압축철근이 모두 항복한다고 가정하여 해석

$$a = \frac{(A_s - A_s')f_y}{0.85 f_{ck} b} = \frac{(5,730-1,980) \times 350}{0.85 \times 24 \times 350}$$
$$= 183.8 \text{mm}$$

$$M_n = A_s' f_y (d-d') + (A_s - A_s') f_y \left(d - \frac{a}{2}\right)$$
$$= 1,980 \times 350 \times (550-50) + (5,730-1,980)$$
$$\times 350 \times \left(550 - \frac{183.8}{2}\right)$$
$$= 947.8 \times 10^6 \text{Nmm} = 947.8 \text{kN·m}$$

또한
$\beta_1 = 0.85\,(f_{ck} \leq 28\text{MPa}$인 경우$)$
$c = \dfrac{a}{\beta_1} = \dfrac{183.8}{0.85} = 216.2\text{mm}$
$\varepsilon_s' = \dfrac{c-d'}{c}\varepsilon_c = \dfrac{216.2-50}{216.2}\times 0.003 = 0.00231$
$\varepsilon_y = \dfrac{f_y}{E_s} = \dfrac{350}{2 \times 10^5} = 0.00175$
$\varepsilon_s' > \varepsilon_y$이므로 인장철근과 압축철근이 모두 항복한다는 가정은 적절하다.

제5과목 토질 및 기초

81. 다음 그림에서 흙의 저면에 작용하는 단위면적당 침투수압은?

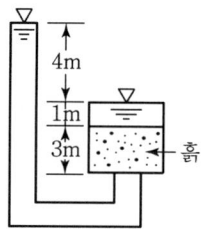

① 8t/m² ② 5t/m²
③ 4t/m² ④ 3t/m²

■해설 침투수압(과잉 간극 수압, F)
$F = i\gamma_w Z$
$= \dfrac{h(\text{수두차})}{H(\text{시료길이})} \times \gamma_w \times Z(\text{지면에서 구하는 점까지 길이})$
$= \dfrac{4}{3} \times 1 \times 3 = 4\text{t/m}^2$

82. 그림에서 안전율 3을 고려하는 경우, 수두차 h를 최소 얼마로 높일 때 모래시료에 분사현상이 발생하겠는가?

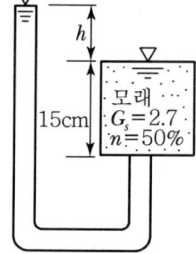

① 12.75cm
② 9.75cm
③ 4.25cm
④ 3.25cm

■해설 분사현상 시 안전율
㉠ $F_s = \dfrac{i_c}{i} \leq 3$

㉡ $F_s = \dfrac{\dfrac{G_s-1}{1+e}}{\dfrac{h}{H}} = \dfrac{\dfrac{2.7-1}{1+1}}{\dfrac{h}{15}} = \dfrac{0.85}{\dfrac{h}{15}} = 3$

$\left(e = \dfrac{n}{1-n} = \dfrac{0.5}{1-0.5} = 1\right)$

∴ $h = \dfrac{0.85}{3} \times 15 = 4.25\text{cm}$

83. 내부 마찰각이 30°, 단위중량이 1.8t/m³인 흙의 인장균열 깊이가 3m일 때 점착력은?

① 1.56t/m² ② 1.67t/m²
③ 1.75t/m² ④ 1.81t/m²

■해설 점착고(인장균열 깊이, Z_c) = $\frac{2c}{\gamma}\tan\left(45°+\frac{\phi}{2}\right)$

$3 = \frac{2 \times c}{1.8}\tan\left(45°+\frac{30°}{2}\right)$

∴ c(점착력) = 1.56t/m²

84. 다져진 흙의 역학적 특성에 대한 설명으로 틀린 것은?

① 다짐에 의하여 간극이 작아지고 부착력이 커져서 역학적 강도 및 지지력은 증대하고, 압축성, 흡수성 및 투수성은 감소한다.
② 점토를 최적함수비보다 약간 건조 측의 함수비로 다지면 면모구조를 가지게 된다.
③ 점토를 최적함수비보다 약간 습윤 측에서 다지면 투수계수가 감소하게 된다.
④ 면모구조를 파괴시키지 못할 정도의 작은 압력으로 점토시료를 압밀할 경우 건조 측 다짐을 한 시료가 습윤 측 다짐을 한 시료보다 압축성이 크게 된다.

■해설 흙을 다짐하면 전단강도는 증가, 압축성과 투수성은 감소한다.

85. 사면안정계산에 있어서 Fellenius 법과 간편 Bishop 법의 비교 설명으로 틀린 것은?

① Fellenius 법은 간편 Bishop 법보다 계산은 복잡하지만 계산결과는 더 안전 측이다.
② 간편 Bishop 법은 절편의 양쪽에 작용하는 연직 방향의 합력은 0(zero)이라고 가정한다.
③ Fellenius 법은 절편의 양쪽에 작용하는 합력은 0(zero)이라고 가정한다.
④ 간편 Bishop 법은 안전율을 시행착오법으로 구한다.

■해설 절편법(분할법)

Fellenius 방법	Bishop 방법
• 전응력 해석법 (공극수압 고려하지 않음)	• 유효응력 해석법 (공극 수압 고려)
• 사면의 단기 안정 문제 해석	• 사면의 장기 안정 문제 해석
• 계산이 간단	• 계산이 복잡
• $\phi = 0$ 해석법	• $c - \phi$ 해석법

86. 점착력이 5t/m², γ_t =1.8t/m³의 비배수상태(ϕ = 0)인 포화된 점성토 지반에 직경 40cm, 길이 10m의 PHC 말뚝이 항타시공되었다. 이 말뚝의 선단지지력은?(단, Meyerhof 방법을 사용)

① 1.527t ② 3.23t
③ 5.65t   ④ 45t

■해설 선단 지지력(Q_p, Meyerhof 법)

$Q_p = A_p(c_u \cdot N_c + q'N_q)$

$= \frac{\pi \times 0.4^2}{4} \times (5 \times 9 + 10 \times 0) = 5.65t$

($\phi = 0$일 때 $N_c = 9$, $N_q = 0$)

87. 사질토에 대한 직접 전단시험을 실시하여 다음과 같은 결과를 얻었다. 내부 마찰각은 약 얼마인가?

수직응력(t/m²)	3	6	9
최대전단응력(t/m²)	1.73	3.46	5.19

① 25° ② 30°
③ 35° ④ 40°

■해설 $S(\tau_f) = c + \sigma'\tan\phi$

$\begin{array}{l} 1.73 = c + 3\tan\phi \\ 5.19 = c + 9\tan\phi \\ \hline -3.46 = -6\tan\phi \end{array}$

∴ $\phi = \tan^{-1}\left(\frac{3.46}{6}\right)$

$= 30°$

|해답| 83.① 84.④ 85.① 86.③ 87.②

88. 그림과 같은 지반에 널말뚝을 박고 기초굴착을 할 때 A점의 압력수두가 3m라면 A점의 유효응력은?

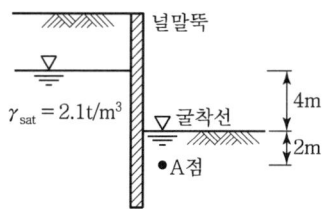

① 0.1t/m² ② 1.2t/m²
③ 4.2t/m² ④ 7.2t/m²

■해설 $\sigma_A' = \sigma_A - u_A$
- $\sigma_A = \gamma_{sat} \times h_A = 2.1 \times 2 = 4.2 \text{t/m}^2$
- $u_A = \gamma_w \times h_p = 1 \times 3 = 3 \text{t/m}^2$
- $\therefore \sigma_A' = \sigma_A - u_A = 4.2 - 3 = 1.2 \text{t/m}^2$

89. 그림과 같은 점토지반에 재하순간 A점에서의 물의 높이가 그림에서와 같이 점토층의 윗면으로부터 5m였다. 이러한 물의 높이가 4m까지 내려오는 데 50일이 걸렸다면, 50% 압밀이 일어나는 데는 며칠이 더 걸리겠는가?(단, 10% 압밀 시 압밀계수 $T_v = 0.008$, 20% 압밀 시 $T_v = 0.031$, 50% 압밀 시 $T_v = 0.197$이다.)

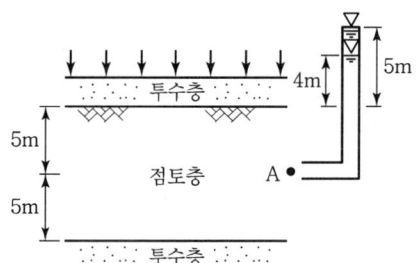

① 268일 ② 618일
③ 1,181일 ④ 1,231일

■해설
- 현재 압밀도
$U = \dfrac{u_i - u_t}{u_i} = \dfrac{5-4}{5} \times 100 = 20\%$
- 압밀 소요 시간과 시간계수는 비례
$\left(t = \dfrac{T_v \cdot H^2}{C_v}\right)$

$t_{50} : T_{50} = t_{20} : T_{20}$
$t_{50} = \dfrac{T_{50}}{T_{20}} \times t_{20} = \dfrac{0.197}{0.031} \times 50 \fallingdotseq 318$일
(50% 압밀소요시간)
$\therefore$ 추가소요일 $= t_{50} - t_{20} = 318 - 50 = 268$일

90. 일반적인 기초의 필요조건으로 틀린 것은?

① 동해를 받지 않는 최소한의 근입깊이를 가져야 한다.
② 지지력에 대해 안정해야 한다.
③ 침하를 허용해서는 안 된다.
④ 사용성, 경제성이 좋아야 한다.

■해설 기초 구비조건
㉠ 최소한의 근입깊이를 가질 것(동결깊이 이하)
㉡ 지지력에 대해 안정할 것
㉢ 침하에 대해 안정할 것(침하량이 허용 침하량 이내일 것)
㉣ 기초공 기공이 가능할 것
㉤ 사용성·경제성이 좋을 것

91. 흙 속에서 물의 흐름에 대한 설명으로 틀린 것은?

① 투수계수는 온도에 비례하고 점성에 반비례한다.
② 불포화토는 포화토에 비해 유효응력이 작고, 투수계수가 크다.
③ 흙 속의 침투수량은 Darcy 법칙, 유선망, 침투해석 프로그램 등에 의해 구할 수 있다.
④ 흙 속에서 물이 흐를 때 수두차가 커져 한계동수구배에 이르면 분사현상이 발생한다.

■해설 불포화토는 투수계수(k)가 작다.

92. 모래지반의 현장상태 습윤 단위 중량을 측정한 결과 1.8t/m³으로 얻어졌으며 동일한 모래를 채취하여 실내에서 가장 조밀한 상태의 간극비를 구한 결과 $e_{min}=0.45$, 가장 느슨한 상태의 간극비를 구한 결과 $e_{max}=0.92$를 얻었다. 현장상태의 상대밀도는 약 몇 %인가?(단, 모래의 비중 $G_s=2.7$이고, 현장상태의 함수비 $w=0\%$이다.)

① 44%   ② 57%
③ 64%   ④ 80%

■해설 상대밀도(D_r) = $\dfrac{e_{max}-e}{e_{max}-e_{min}} \times 100$

- $\gamma_d = \dfrac{\gamma_t}{1+w} = \dfrac{1.8}{1+0.1} = 1.64$
- $e = \dfrac{G \cdot \gamma_w}{\gamma_d} - 1 = \dfrac{2.7 \times 1}{1.64} - 1 = 0.65$

∴ $D_r = \dfrac{e_{max}-e}{e_{max}-e_{min}} \times 100 = \dfrac{0.92-0.65}{0.92-0.45} \times 100 = 57\%$

93. 아래 표의 식은 3축 압축시험에 있어서 간극수압을 측정하여 간극수압계수 A를 계산하는 식이다. 이 식에 대한 설명으로 틀린 것은?

$$\Delta u = B[\Delta\sigma_3 + A(\Delta\sigma_1 - \Delta\sigma_3)]$$

① 포화된 흙에서는 $B=1$이다.
② 정규압밀 점토에서는 A값이 1에 가까운 값을 나타낸다.
③ 포화된 점토에서 구속압력을 일정하게 할 경우 간극수압의 측정값과 측차응력을 알면 A값을 구할 수 있다.
④ 매우 과압밀된 점토의 A값은 언제나 (+)의 값을 갖는다.

■해설 간극수압계수의 A값은 언제나 (+)의 값을 갖는 것은 아니다. (과압밀 점토에서는 (−)값을 갖는다.)

94. 포화된 점토지반 위에 급속하게 성토하는 제방의 안정성을 검토할 때 이용해야 할 강도정수를 구하는 시험은?

① CU-Test   ② UU-Test
③ $\overline{CU}$-Test   ④ CD-Test

■해설 UU-Test 적용
㉠ 포화된 점토 지반 위에 급속하게 성토하는 제방의 안전성을 검토
㉡ 점토의 단기간 안정 검토 시
㉢ 시공 중 압밀, 함수비의 변화가 없고 체적의 변화가 없다고 예상

95. 흙의 비중이 2.60, 함수비 30%, 간극비 0.80일 때 포화도는?

① 24.0%   ② 62.0%
③ 78.0%   ④ 97.5%

■해설 $G_s w = Se$
$S = \dfrac{G_s w}{e} = \dfrac{2.60 \times 30}{0.8} = 97.5\%$

96. 시료가 점토인지 아닌지를 알아보고자 할 때 다음 중 가장 거리가 먼 사항은?

① 소성지수
② 소성도 A선
③ 포화도
④ 200번(0.075mm)체 통과량

■해설 점토 시료 여부 판정 시 필요한 특성값
㉠ 200번(0.075mm) 체 통과량(P200)
㉡ 소성지수
㉢ 소성도 A선

97. 그림과 같은 20×30m 전면기초인 부분보상기초(Partially Compensated Foundation)의 지지력 파괴에 대한 안전율은?

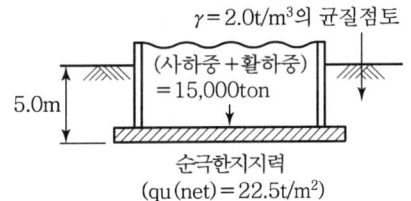

① 3.0   ② 2.5
③ 2.0   ④ 1.5

■해설 부분보상기초의 안전율(F_s)

$$= \frac{q_{u(net)}}{q} = \frac{\text{순극한 지지력}}{\text{하중(압력)}}$$

$$\therefore F_s = \frac{q_{u(net)}}{\frac{Q}{A} - (\gamma \cdot D_f)} = \frac{22.5}{\left(\frac{15,000}{20 \times 30}\right) - (2 \times 5)} = 1.5$$

98. 지름 $d=20$cm인 나무말뚝을 25본 박아서 기초 상판을 지지하고 있다. 말뚝의 배치를 5열로 하고 각 열은 등간격으로 5본씩 박혀 있다. 말뚝의 중심간격 $S=1$m이고 1본의 말뚝이 단독으로 10t의 지지력을 가졌다고 하면 이 무리 말뚝은 전체로 얼마의 하중을 견딜 수 있는가?(단, Converse-Labbarre 식을 사용한다.)

① 100t   ② 200t
③ 300t   ④ 400t

■해설 무리말뚝의 허용지지력(R_{ag})

$$R_{ag} = R_a \times N \times E$$

$$E = 1 - \theta° \left[\frac{(m-1)n + (n-1)m}{90mn}\right]$$

$$= 1 - 11.3° \times \left(\frac{(5-1)5 + (5-1)5}{90 \times 5 \times 5}\right) = 0.799$$

$$\left[\theta° = \tan^{-1}\left(\frac{d}{s}\right) = \tan^{-1}\left(\frac{20}{100}\right) = 11.3°\right]$$

$$\therefore R_{ag} = R_a \times N \times E = 10 \times 25 \times 0.799 = 200\text{t}$$

99. 시험 종류와 시험으로부터 얻을 수 있는 값의 연결이 틀린 것은?

① 비중계분석시험 - 흙의 비중(G_s)
② 삼축압축시험 - 강도정수(c, ϕ)
③ 일축압축시험 - 흙의 예민비(S_t)
④ 평판재하시험 - 지반반력계수(k_s)

■해설 비중계 분석시험 : NO. 200 체를 통과한 시료의 입도 분석

100. 현장 도로 토공에서 모래치환법에 의한 흙의 밀도시험을 하였다. 파낸 구멍의 체적이 $V=1,960$cm³, 흙의 질량이 3,390g이고, 이 흙의 함수비는 10%였다. 실험실에서 구한 최대 건조 밀도 $\gamma_{d\max} = 1.65$g/cm³일 때 다짐도는?

① 85.6%
② 91.0%
③ 95.3%
④ 98.7%

■해설 다짐도 $= \dfrac{\gamma_d}{\gamma_{d\max}} \times 100$

$$\gamma_d = \frac{\gamma_t}{1+\omega} = \left(\frac{1.73}{1+0.1}\right) = 1.57\text{g/cm}^3$$

$$\left(\gamma_t = \frac{W}{V} = \frac{3390}{1960} = 1.73\text{g/cm}^3\right)$$

$$\therefore \text{다짐도} = \frac{\gamma_d}{\gamma_{d\max}} \times 100 = \frac{1.57}{1.65} \times 100 = 95.3\%$$

제6과목 상하수도공학

101. 자연유하식인 경우 도수관의 평균유속의 최소 한도는?

① 0.01m/s   ② 0.1m/s
③ 0.3m/s   ④ 3m/s

■해설 평균유속의 한도
㉠ 도·송수관의 평균유속의 한도는 침전 및 마모방지를 위해 최소유속과 최대유속의 한도를 두고 있다.
㉡ 적정유속의 범위
0.3~3m/sec

102. 완속여과지의 구조와 형상의 설명으로 틀린 것은?

① 여과지의 총 깊이는 4.5~5.5m를 표준으로 한다.
② 형상은 직사각형을 표준으로 한다.
③ 배치는 1열이나 2열로 한다.
④ 주위벽 상단은 지반보다 15cm 이상 높인다.

|해답| 98.②   99.①   100.③   101.③   102.①

■해설 완속여과지의 구조와 형상
  ㉠ 여과지의 깊이는 하부집수장치의 높이에 자갈층과 모래층 두께, 모래면 위의 수심과 여유고를 더하여 2.5~3.5m를 표준으로 한다.
  ㉡ 여과지의 형상은 직사각형을 표준으로 한다.
  ㉢ 배치는 몇 개 여과지를 접속시켜 1열이나 2열로 한다.
  ㉣ 주위벽 상단은 지반보다 15cm 이상 높여 여과지 내로 오염수나 토사 등의 유입을 방지한다.

103. 상수도 계획 설계 단계에서 펌프의 공동현상(cavitation) 대책으로 옳지 않은 것은?

① 펌프의 회전속도를 낮게 한다.
② 흡입 쪽 밸브에 의한 손실수두를 크게 한다.
③ 흡입관의 구경은 가능하면 크게 한다.
④ 펌프의 설치 위치를 가능한 한 낮게 한다.

■해설 공동현상(cavitation)
  ㉠ 펌프의 관내 압력이 포화증기압 이하가 되면 기화현상이 발생되어 유체 중에 공동이 생기는 현상을 공동현상이라 한다. 공동현상이 발생되지 않으려면 이용할 수 있는 유효흡입수두가 펌프가 필요로 하는 유효흡입수두보다 커야 하며, 그 차이 값이 1m보다 크도록 하는 것이 좋다.
  ㉡ 악현상
    • 소음, 진동 발생
    • 펌프의 성능 저하
    • 관 내부의 침식
  ㉢ 방지책
    • 펌프의 설치 위치를 낮춘다.
    • 펌프의 회전수를 줄인다(임펠러 속도를 적게 한다).
    • 흡입관의 손실을 줄인다(직경 D를 크게 한다).
    • 흡입양정의 표준을 -5m까지로 제한한다.
  ∴ 공동현상을 방지하려면 흡입 쪽 밸브의 손실수두를 적게 한다.

104. 관거의 보호 및 기초공에 대한 설명으로 옳지 않은 것은?

① 관거의 부등침하는 최악의 경우 관거의 파손을 유발할 수 있다.
② 관거가 철도 밑을 횡단하는 경우 외압에 대한 관거 보호를 고려한다.
③ 경질염화비닐관 등의 연성관거는 콘크리트기초를 원칙으로 한다.
④ 강성관거의 기초공에서는 지반이 양호한 경우 기초를 생략할 수 있다.

■해설 관거의 보호 및 기초
  철근콘크리트관 등의 강성관거는 조건에 따라 모래, 쇄석, 콘크리트 등으로 기초를 실시하고, 경질염화비닐관 등의 연성관거는 자유받침 모래기초를 원칙으로 하며 조건에 따라 말뚝기초 등을 설치한다.

105. 수중의 질소화합물의 질산화 진행과정으로 옳은 것은?

① $NH_3-N \rightarrow NO_2-N \rightarrow NO_3-N$
② $NH_3-N \rightarrow NO_3-N \rightarrow NO_2-N$
③ $NO_2-N \rightarrow NO_3-N \rightarrow NH_3-N$
④ $NO_3-N \rightarrow NO_2-N \rightarrow NH_3-N$

■해설 질소처리방법
  질소의 생물학적 처리방법은 호기조건에서의 질산화에 이은 무산소 조건에서의 탈질산화 반응에 의해 대기 중 질소가스로 방출한다.
  • 질산화 : 유기성 질소 → NH_3-N → NO_2-N → NO_3-N
  • 탈질산화 : NO_3-N → NO_2-N → N_2(질소가스)

106. 하수관거 설계 시 계획하수량에서 고려하여야 할 사항으로 옳은 것은?

① 오수관거에서는 계획최대오수량으로 한다.
② 우수관거에서는 계획시간 최대우수량으로 한다.
③ 합류식 관거에서는 계획시간 최대오수량에 계획우수량을 합한 것으로 한다.
④ 지역의 실정에 따른 계획수량의 여유는 고려하지 않는다.

■해설 계획하수량의 결정
　㉠ 오수 및 우수관거

종류		계획하수량
합류식		계획시간 최대오수량에 계획우수량을 합한 수량
분류식	오수관거	계획시간 최대오수량
	우수관거	계획우수량

　㉡ 차집관거
　　우천 시 계획오수량 또는 계획시간 최대오수량의 3배를 기준으로 설계한다.

107. 하천, 수로, 철도 및 이설이 불가능한 지하매설물의 아래에 하수관을 통과시킬 경우 필요한 하수관로 시설은?

① 간선　　　　② 관정접합
③ 맨홀　　　　④ 역사이펀

■해설 역사이펀
　㉠ 정의
　　하수관거 시공 중 하천, 궤도, 지하철 등의 장애물을 횡단하는 경우 설치하는 시설
　㉡ 설계 시 고려사항
　　• 관내 유속은 상층부보다 20~30% 증가시킨다.
　　• 상·하류 복월실에는 진흙받이를 설치한다.
　　• 역사이펀의 입구, 출구는 손실수두를 줄이기 위해 종구(bell mouth)형으로 설치한다.
　　• 역사이펀의 구조는 장애물 양측의 역사이펀실을 설치하고 이것을 역사이펀 관거로 연결한다.

108. 관의 길이가 1,000m이고, 직경 20cm인 관을 직경 40cm의 등치관으로 바꿀 때, 등치관의 길이는?(단, Hazen-Williams 공식 사용)

① 2,924.2m
② 5,924.2m
③ 19,242.6m
④ 29,242.6m

■해설 등치관법
　㉠ 개요
　　등치관이란 관로나 회로에서 같은 종류의 관에서, 동일한 유량에 대하여 동일한 손실수두를 가지는 관이며, 등치관법이란 실제관 1개 또는 여러 개를 마찰손실이 같은 등치관으로 가정하고 관망을 해석하는 방법이다.
　㉡ 해석
$$L_2 = L_1 \left(\frac{D_2}{D_1}\right)^{4.87} = 1,000 \left(\frac{40}{20}\right)^{4.87} = 29,242.6m$$

109. 하수관로 내의 유속에 대한 설명으로 옳은 것은?

① 유속은 하류로 갈수록 점차 작아지도록 설계한다.
② 관거의 경사는 하류로 갈수록 점차 커지도록 설계한다.
③ 오수관거는 계획 1일 최대오수량에 대하여 유속을 최소 1.2m/s로 한다.
④ 우수관거 및 합류관거는 계획우수량에 대하여 유속을 최대 3m/s로 한다.

■해설 하수관의 유속 및 경사
　㉠ 하수관로 내의 유속은 하류로 갈수록 빠르게 하며, 경사는 하류로 갈수록 완만하게 한다.
　㉡ 관로의 유속기준
　　관로의 유속은 침전과 마모 방지를 위해 최소유속과 최대유속을 한정하고 있다.
　　• 오수 및 차집관 : 0.6~3.0m/sec
　　• 우수 및 합류관 : 0.8~3.0m/sec
　　• 이상적 유속 : 1.0~1.8m/sec

110. 슬러지의 처분에 관한 일반적인 계통도로 알맞은 것은?

① 생슬러지-개량-농축-소화-탈수-최종처분
② 생슬러지-농축-소화-개량-탈수-최종처분
③ 생슬러지-농축-탈수-개량-소각-최종처분
④ 생슬러지-농축-탈수-소각-개량-최종처분

■해설 슬러지 처리시설
　슬러지 처리시설의 구성은 다음과 같다.
　농축→소화→개량→탈수→건조 및 소각→처분

111. 하수 배제방식 중 분류식의 특성에 해당되는 것은?
   ① 우수를 신속하게 배수하기 위해서 지형조건에 적합한 관거망이 된다.
   ② 대구경관거가 되면 좁은 도로에서의 매설에 어려움이 있다.
   ③ 시공 시 철저한 오접 여부에 대한 검사가 필요하다.
   ④ 대구경 관거가 되면 1계통으로 건설되어 오수관거와 우수관거의 2계통을 건설하는 것보다는 저렴하지만 오수관거만을 건설하는 것보다는 비싸다.

■해설 하수의 배제방식

분류식	합류식
• 수질오염 방지 면에서 유리	• 구배 완만, 매설깊이 적으며 시공성이 좋다.
• 청천 시에도 퇴적의 우려가 없다.	• 초기 우수에 의한 노면배수처리 가능
• 강우 초기 노면 배수 효과가 없다.	• 관경이 크므로 검사가 편리하고, 환기가 잘 된다.
• 시공이 복잡하고 오접합의 우려가 있다.	• 건설비가 적게 든다.
• 우천 시 수세효과를 기대할 수 없다.	• 우천 시 수세효과가 있다.
• 공사비가 많이 든다.	• 청천 시 관내 침전, 효율 저하

∴ 분류식은 오수가 우수관으로 오접되어 무처리 상태로 방류되는 것을 방지하여야 한다.

112. 하수도의 구성 및 계통도에 관한 설명으로 옳지 않은 것은?
   ① 하수의 집배수시설은 가압식을 원칙으로 한다.
   ② 하수처리시설은 물리적, 생물학적, 화학적 시설로 구별된다.
   ③ 하수의 배제방식은 합류식과 분류식으로 대별된다.
   ④ 분류식은 합류식보다 방류하천의 수질보전을 위한 이상적 배제방식이다.

■해설 하수도의 구성 및 계통
하수의 집배수시설은 자연유하식을 원칙으로 한다.

113. 슬러지의 호기성 소화를 혐기성 소화법과 비교 설명한 것으로 옳지 않은 것은?
   ① 상징수의 수질이 양호하다.
   ② 폭기에 드는 동력비가 많이 필요하다.
   ③ 악취 발생이 감소한다.
   ④ 가치 있는 부산물이 생성된다.

■해설 혐기성 소화와 호기성 소화의 비교

호기성 소화	혐기성 소화
• 시설비가 적게 든다.	• 시설비가 많이 든다.
• 운전이 용이하다.	• 온도, 부하량 변화에 적응시간이 길다.
• 비료가치가 크다.	• 병원균을 죽이거나 통제할 수 있다.
• 동력이 소요된다.	• 영양소 소비가 적다.
• 소규모 활성슬러지 처리에 적합하다.	• 슬러지 생산이 적다.
• 처리수 수질이 양호하다.	• CH_4과 같은 유용한 가스를 얻는다.

∴ 호기성 소화를 한다고 해서 가치 있는 부산물이 생성되는 것은 아니다.

114. 호수의 부영양화에 대한 설명으로 옳지 않은 것은?
   ① 조류의 이상증식으로 인하여 물의 투명도가 저하된다.
   ② 부영양화의 주된 원인물질은 질소와 인이다.
   ③ 조류의 발생이 과다하면 정수공정에서 여과지를 폐색시킨다.
   ④ 조류제거 약품으로는 주로 황산알루미늄을 사용한다.

■해설 부영양화
   ㉠ 가정하수, 공장폐수 등이 하천이나 호수에 유입되었을 때 질소(N)나 인(P)과 같은 영양염류농도가 증가된다. 이로 인해 조류 및 식물성 플랑크톤이 과도하게 성장하고, 물에 맛과 냄새가 유발되고 저수지의 수질이 악화되는 현상을 부영양화라 한다. 이때 성장한 조류는 바닥에 퇴적하여 죽게 되고 유입하천에서 부하된 유기물도 바닥에 퇴적하게 되는데 이 퇴적물이 분해하여 생기는 영양염류가 다시 조류의 영양소로 섭취되어 부영양화가 일어날 수 있다.
   ㉡ 부영양화는 수심이 낮은 곳에서 나타나며 한 번 발생되면 회복이 어렵다.

ⓒ 물의 투명도가 낮아지며, COD 농도가 높게 나타난다.
∴ 부영양화가 발생되면 조류 등의 번식을 억제하기 위하여 황산동 또는 염소제 등을 사용한다.

115. 하천 및 저수지의 수질해석을 위한 수학적 모형을 구성하고자 할 때 가장 기본이 되는 수학적 방정식은?

① 에너지보존의 식 ② 질량보존의 식
③ 운동량보존의 식 ④ 난류의 운동방정식

■해설 질량보존의 법칙
㉠ 유체 흐름 해석에 필요한 기본개념으로서 유체의 연속성을 표시한다.
㉡ 수질해석을 위한 수학적 모형을 구성하고자 할 때 기본이 되는 수학적 방정식은 질량보존의 식이다.

116. 저수시설의 유효저수량 결정방법이 아닌 것은?

① 물수지계산
② 합리식
③ 유량도표에 의한 방법
④ 유량누가곡선 도표에 의한 방법

■해설 유효저수량 결정방법
저수지 유효저수량 결정방법에는 물수지계산, 유량도표에 의한 방법, 유량누가곡선법 등이 있다. 합리식은 우수유출량을 결정하는 식이다.

117. 침전지의 표면부하율이 $19.2m^3/m^2 \cdot day$이고 체류시간이 5시간일 때 침전지의 유효수심은?

① 2.5m ② 3.0m
③ 3.5m ④ 4.0m

■해설 수면적부하
㉠ 입자가 100% 제거되기 위한 입자의 침강속도를 수면적부하(표면부하율)라 한다.
$$V_o = \frac{Q}{A} = \frac{h}{t}$$
㉡ 유효수심의 산정
$$h = V_o t = \frac{19.2}{24} \times 5 = 4m$$

118. 상수도에서 배수지의 용량으로 기준이 되는 것은?

① 계획시간 최대급수량의 12시간분 이상
② 계획시간 최대급수량의 24시간분 이상
③ 계획 1일 최대급수량의 12시간분 이상
④ 계획 1일 최대급수량의 24시간분 이상

■해설 배수지
㉠ 배수지는 계획배수량에 대하여 잉여수를 저장하였다가 수요 급증 시 부족량을 보충하는 조절지의 역할과 급수구역에 소정의 수압을 유지하기 위한 시설이다.
㉡ 배수지
• 배수지의 위치는 가능한 한 급수구역의 중앙에 위치하고 적당한 수두를 얻을 수 있는 곳이 적당하다.
• 배수지의 높이는 관말단부에서 최소 $1.5kg/cm^2$(수두 15m)의 동수압이 확보될 수 있는 높이에 위치해야 한다.
• 유효용량 : 계획 1일 최대급수량의 8~12시간분, 최소 6시간 분

119. 정수처리 시 정수유량이 $100m^3/day$이고 정수지 용량이 $10m^3$, 잔류 소독제 농도가 0.2mg/L일 때 소독능(CT, mg·min/L) 값은?(단, 장폭비에 따른 환산계수는 1로 함)

① 28.8 ② 34.4
③ 48.8 ④ 54.4

■해설 소독능
㉠ 소독제와 미생물의 종류에 따라 미생물을 목표만큼 사멸시키는 데 필요한 접촉시간과 농도의 곱을 소독능이라 한다.
소독능 = CT
여기서, C : 유출부에서 소독제의 잔류 농도(mg/L)
T : 실제 접촉시간(min)
㉡ 소독능의 산정
수리학적 체류시간
$$: t = \frac{V}{Q} = \frac{10}{100} = 0.1 day = 0.1 \times 24 \times 60$$
$$= 144 min$$
∴ $CT = 0.2 \times 144 = 28.8 mg \cdot min/L$

120. 계획 1일 최대급수량을 시설 기준으로 하지 않는 것은?

① 배수시설　　② 정수시설
③ 취수시설　　④ 송수시설

■해설　상수도 구성요소
㉠ 수원→취수→도수(침사지)→정수(착수정→약품혼화지→침전지→여과지→소독지→정수지)→송수→배수(배수지, 배수탑, 고가탱크, 배수관)→급수
㉡ 수원, 취수, 도수, 정수, 송수 등의 설계에는 계획 1일 최대급수량을 기준으로 한다.
㉢ 계획취수량은 계획 1일 최대급수량을 기준으로 5~10% 정도 여유 있게 취수한다.
㉣ 배수관의 직경결정, 펌프의 직경결정 등은 계획 시간 최대급수량을 기준으로 한다.
∴ 계획 1일 최대급수량을 시설기준으로 하지 않는 시설은 배수시설이다.

과년도 기출문제 (2016년 5월 8일 시행)

제1과목 응용역학

01. 그림과 같은 양단 고정보에서 지점 B를 반시계 반향으로 1rad만큼 회전시켰을 때 B점에 발생하는 단모멘트의 값이 옳은 것은?

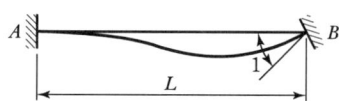

① $\dfrac{2EI}{L^2}$ ② $\dfrac{4EI}{L}$

③ $\dfrac{2EI}{L}$ ④ $\dfrac{2EI^2}{L}$

■ 해설 $\theta_A = 0$, $\theta_B = 1$

$M_{BA} = M_{FBA} + \dfrac{2EI}{L}(2\theta_B + \theta_A)$

$= 0 + \dfrac{2EI}{L}(2 \times 1 + 0) = \dfrac{4EI}{L}$ $(\curvearrowleft)$

02. 아치축선이 포물선인 3활절아치가 그림과 같이 등분포하중을 받고 있을 때, 지점 A의 수평반력은?

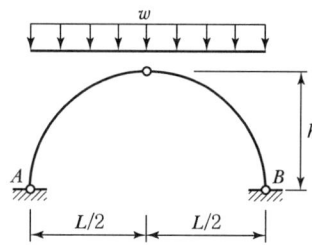

① $\dfrac{wL^2}{8h}(\leftarrow)$ ② $\dfrac{wh^2}{8L}(\leftarrow)$

③ $\dfrac{wL^2}{8h}(\rightarrow)$ ④ $\dfrac{wh^2}{8L}(\rightarrow)$

■ 해설 $V_A = V_B = \dfrac{wL}{2}(\uparrow)$

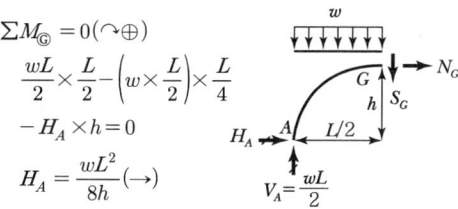

$\sum M_G = 0 (\curvearrowright \oplus)$

$\dfrac{wL}{2} \times \dfrac{L}{2} - \left(w \times \dfrac{L}{2}\right) \times \dfrac{L}{4}$

$- H_A \times h = 0$

$H_A = \dfrac{wL^2}{8h}(\rightarrow)$

03. 다음 그림과 같은 양단고정인 보가 등분포하중 w를 받고 있다. 모멘트가 0이 되는 위치는 지점 A부터 약 얼마 떨어진 곳에 있는가?(단, EI는 일정하다.)

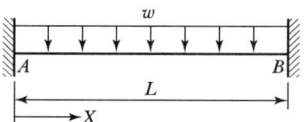

① 0.112L   ② 0.212L
③ 0.332L   ④ 0.412L

■ 해설

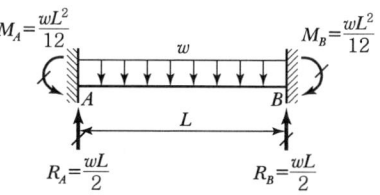

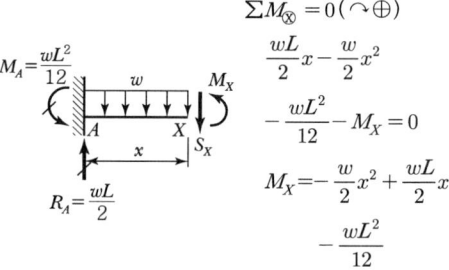

$\sum M_X = 0 (\curvearrowright \oplus)$

$\dfrac{wL}{2}x - \dfrac{w}{2}x^2$

$- \dfrac{wL^2}{12} - M_X = 0$

$M_X = -\dfrac{w}{2}x^2 + \dfrac{wL}{2}x$

$- \dfrac{wL^2}{12}$

$M_X = -\dfrac{w}{2}x^2 + \dfrac{wL}{2}x - \dfrac{wL^2}{12} = 0$

$- \dfrac{w}{2}\left(x^2 - Lx + \dfrac{L^2}{6}\right) = 0$

$x = \dfrac{1}{2}\left(1 \pm \sqrt{\dfrac{1}{3}}\right)L$

$x = 0.211L, \ x = 0.789L$

| 해답 | 1.② 2.③ 3.②

04. 길이가 8m이고 단면이 3cm×4cm인 직사각형 단면을 가진 양단 고정인 장주의 중심축에 하중이 작용할 때 좌굴응력은 약 얼마인가?(단, $E = 2 \times 10^6 \text{kg/cm}^2$이다.)

① 74.7kg/cm² ② 92.5kg/cm²
③ 143.2kg/cm² ④ 195.1kg/cm²

■해설
$r_{min} = \dfrac{h}{2\sqrt{3}} = \dfrac{3}{2\sqrt{3}} = 0.866 \text{cm}$

$\lambda = \dfrac{\ell}{r_{min}} = \dfrac{8 \times 10^2}{0.866} = 923.8$

$k = 0.5$ (양단 고정인 경우)

$\sigma_{cr} = \dfrac{\pi^2 E}{(k\lambda)^2} = \dfrac{\pi^2 \times (2 \times 10^6)}{(0.5 \times 923.8)^2} = 92.52 \text{kg/cm}^2$

05. 직경 d인 원형단면 기둥의 길이가 4m이다. 세장비가 100이 되도록 하려면 이 기둥의 직경은?

① 9cm ② 13cm
③ 16cm ④ 25cm

■해설
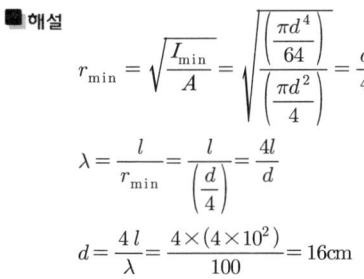

$r_{min} = \sqrt{\dfrac{I_{min}}{A}} = \sqrt{\dfrac{\left(\dfrac{\pi d^4}{64}\right)}{\left(\dfrac{\pi d^2}{4}\right)}} = \dfrac{d}{4}$

$\lambda = \dfrac{l}{r_{min}} = \dfrac{l}{\left(\dfrac{d}{4}\right)} = \dfrac{4l}{d}$

$d = \dfrac{4l}{\lambda} = \dfrac{4 \times (4 \times 10^2)}{100} = 16 \text{cm}$

06. 그림과 같은 단순보에서 휨모멘트에 의한 탄성변형에너지는?(단, EI는 일정하다.)

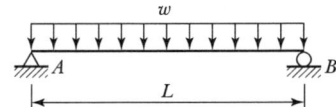

① $\dfrac{w^2 L^5}{40EI}$ ② $\dfrac{w^2 L^5}{96EI}$
③ $\dfrac{w^2 L^5}{240EI}$ ④ $\dfrac{w^2 L^5}{384EI}$

■해설
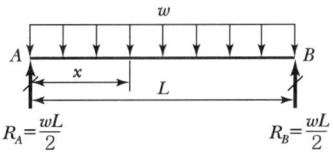
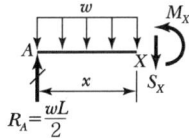

$\sum M_{\otimes} = 0 (\curvearrowright \oplus)$

$\dfrac{wL}{2}x - (wx)\dfrac{x}{2} - M_x = 0$

$M_x = \dfrac{wL}{2}x - \dfrac{w}{2}x^2$

$U = \int_0^L \dfrac{M_x^2}{2EI}dx = \dfrac{1}{2EI}\int_0^L \left(\dfrac{wL}{2}x - \dfrac{w}{2}x^2\right)^2 dx$

$= \dfrac{1}{2EI}\int_0^L \left(\dfrac{w^2L^2}{4}x^2 - \dfrac{w^2L}{2}x^3 + \dfrac{w^2}{4}x^4\right)dx$

$= \dfrac{1}{2EI}\left[\dfrac{w^2L^2}{12}x^3 - \dfrac{w^2L}{8}x^4 + \dfrac{w^2}{20}x^5\right]_0^L$

$= \dfrac{1}{2EI}\left(\dfrac{w^2L^5}{120}\right) = \dfrac{w^2L^5}{240EI}$

07. 아래 그림과 같은 봉에 작용하는 힘들에 의한 봉 전체의 수직처짐의 크기는?

① $\dfrac{PL}{A_1 E_1}$
② $\dfrac{2PL}{3A_1 E_1}$
③ $\dfrac{4PL}{3A_1 E_1}$
④ $\dfrac{3PL}{2A_1 E_1}$

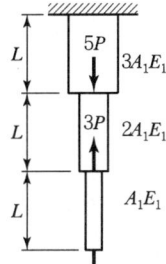

■해설
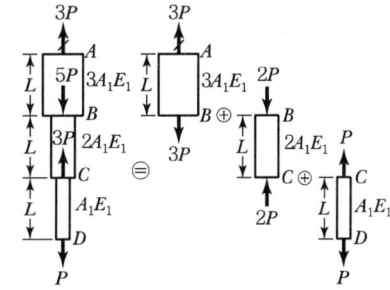

$$\Delta = \Delta_{AB} + \Delta_{BC} + \Delta_{CD}$$
$$= \frac{PL}{A_1 E_1}\left(\frac{3}{3} - \frac{2}{2} + \frac{1}{1}\right) = \frac{PL}{A_1 E_1}$$

08. 아래 그림과 같은 보에서 A점의 휨 모멘트는?

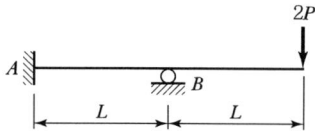

① $\dfrac{PL}{8}$ (시계반향)   ② $\dfrac{PL}{2}$ (시계반향)

③ $\dfrac{PL}{2}$ (반시계반향)   ④ PL (시계반향)

■해설

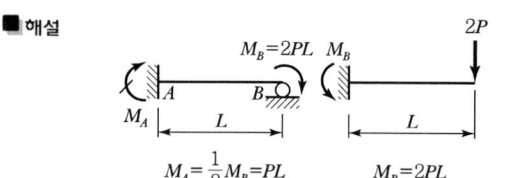

$M_A = \dfrac{1}{2} M_B = PL$ $M_B = 2PL$

09. 그림과 같은 사다리꼴의 도심 G의 위치 $\bar{y}$로 옳은 것은?

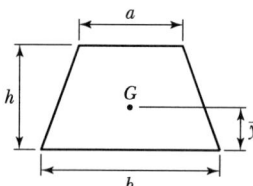

① $\bar{y} = \dfrac{h}{3} \dfrac{a+b}{a+2b}$ ② $\bar{y} = \dfrac{h}{3} \dfrac{a+b}{2a+b}$

③ $\bar{y} = \dfrac{h}{3} \dfrac{a+2b}{a+b}$ ④ $\bar{y} = \dfrac{h}{3} \dfrac{2a+b}{a+b}$

■해설
$$\bar{y} = \frac{G_X}{A} = \frac{G_X(사각형) + G_X(삼각형)}{A(사각형) + A(삼각형)}$$
$$= \frac{\left[(ah)\dfrac{h}{2}\right] + \left[\left\{\dfrac{1}{2}(b-a)h\right\}\dfrac{h}{3}\right]}{(ah) + \left\{\dfrac{1}{2}(b-a)h\right\}}$$
$$= \frac{h}{3} \cdot \frac{2a+b}{a+b}$$

10. 그림과 같은 구조물에 하중 w가 작용할 때 P의 크기는?(단, $0° < \alpha < 180°$이다.)

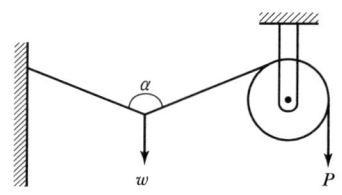

① $P = \dfrac{w}{2\cos\dfrac{\alpha}{2}}$ ② $P = \dfrac{w}{2\cos\alpha}$

③ $P = \dfrac{w}{\cos\dfrac{\alpha}{2}}$ ④ $P = \dfrac{2w}{\cos\dfrac{\alpha}{2}}$

■해설

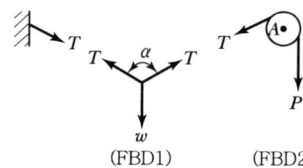

(FBD1)   (FBD2)

(FBD2)에서
$\sum M_{\text{Ⓐ}} = 0(\curvearrowright \oplus), \quad P = T$

(FBD1)에서
$\sum F_y = 0 (\uparrow \oplus), \quad 2P\cos\dfrac{\alpha}{2} - w = 0$

$$P = \frac{w}{2\cos\dfrac{\alpha}{2}}$$

11. 그림과 같은 게르버보의 E점(지점 C에서 오른쪽으로 10m 떨어진 점)에서의 휨모멘트 값은?

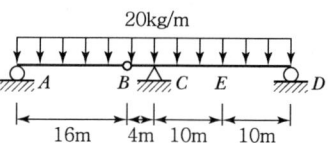

① 600kg·m   ② 640kg·m
③ 1,000kg·m   ④ 1,600kg·m

■해설

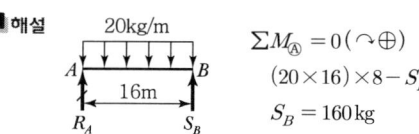

$\sum M_{\text{Ⓐ}} = 0(\curvearrowright \oplus)$
$(20 \times 16) \times 8 - S_B \times 16 = 0$
$S_B = 160 \text{kg}$

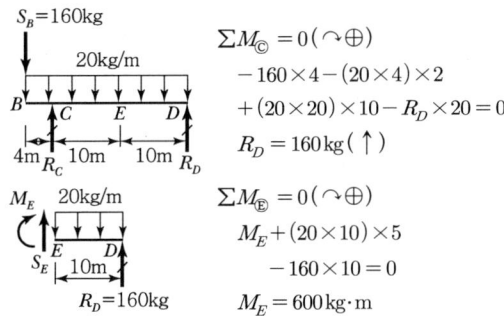

$\sum M_\copyright = 0(\curvearrowright \oplus)$
$-160 \times 4 - (20 \times 4) \times 2$
$+ (20 \times 20) \times 10 - R_D \times 20 = 0$
$R_D = 160\,\text{kg}(\uparrow)$

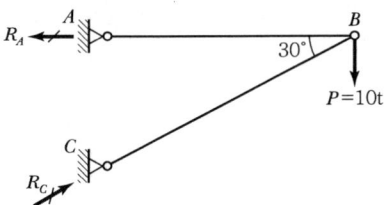

$\sum M_\text{\textcircled{E}} = 0(\curvearrowright \oplus)$
$M_E + (20 \times 10) \times 5$
$- 160 \times 10 = 0$
$M_E = 600\,\text{kg}\cdot\text{m}$

12. 다음 그림에서 지점 A와 C에서의 반력을 각각 R_A와 R_C라고 할 때, R_A의 크기는?

① 20t
② 17.32t
③ 10t
④ 8.66t

■해설

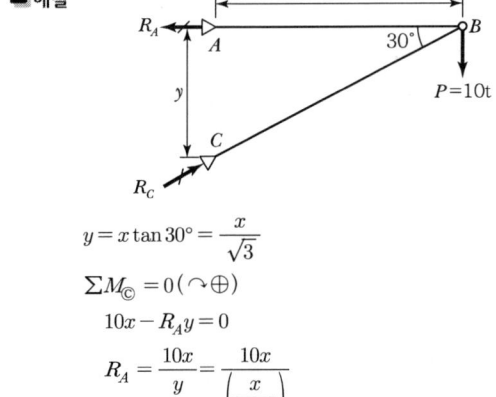

$y = x\tan 30° = \dfrac{x}{\sqrt{3}}$

$\sum M_\copyright = 0(\curvearrowright \oplus)$
$10x - R_A y = 0$
$R_A = \dfrac{10x}{y} = \dfrac{10x}{\left(\dfrac{x}{\sqrt{3}}\right)}$
$\quad = 10\sqrt{3} = 17.32\,\text{t}(\leftarrow)$

13. 평면응력을 받는 요소가 다음과 같이 응력을 받고 있다. 최대 주응력은?

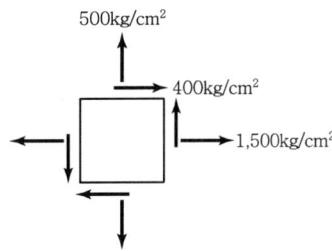

① 640kg/cm²
② 360kg/cm²
③ 1,360kg/cm²
④ 1,640kg/cm²

■해설 $\sigma_x = 1{,}500\,\text{kg/cm}^2$, $\sigma_y = 500\,\text{kg/cm}^2$,
$\tau_{xy} = 400\,\text{kg/cm}^2$

$\sigma_{\max} = \dfrac{\sigma_x + \sigma_y}{2} + \sqrt{\left(\dfrac{\sigma_x - \sigma_y}{2}\right)^2 + \tau xy^2}$

$= \dfrac{1{,}500 + 500}{2} + \sqrt{\left(\dfrac{1{,}500 - 500}{2}\right)^2 + 400^2}$

$= 1{,}000 + 640 = 1{,}640\,\text{kg/cm}^2$

14. 그림과 같이 속이 빈 원형단면(빗금 친 부분)의 도심에 대한 극관성 모멘트는?

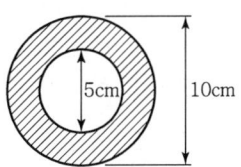

① 460cm⁴
② 760cm⁴
③ 840cm⁴
④ 920cm⁴

■해설 $I_P = I_{P(\text{큰 원})} - I_{P(\text{작은 원})}$
$= \left(\dfrac{\pi \cdot 10^4}{32}\right) - \left(\dfrac{\pi \cdot 5^4}{32}\right) = 920\,\text{cm}^4$

|해답| 12.② 13.④ 14.④

15. 그림과 같은 정정 트러스에서 D_1부재 ($\overline{AC}$)의 부재력은?

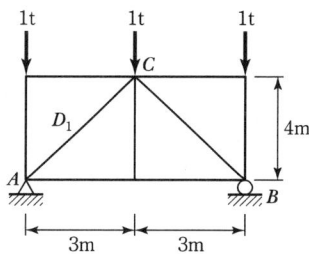

① 0.625t(인장력) ② 0.625t(압축력)
③ 0.75t(인장력) ④ 0.75t(압축력)

■해설 $\sum M_{\text{Ⓑ}} = 0(\curvearrowright \oplus)$
$R_A \times 6 - 1 \times 6 - 1 \times 3 = 0$
$R_A = 1.5\text{t}(\uparrow)$

$\sum F_y = 0(\uparrow \oplus)$
$1.5 - 1 + D_1 \dfrac{4}{5} = 0$
$D_1 = -0.625\text{t}(압축)$

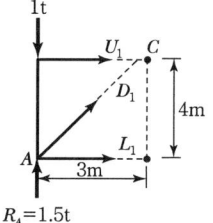

16. 그림과 같이 길이 20m인 단순보의 중앙점 아래 1cm 떨어진 곳에 지점 C가 있다. 이 단순보가 등분포하중 $w=1\text{t/m}$를 받는 경우 지점 C의 수직반력 R_{cy}는?(단, $EI = 2.0 \times 10^{12} \text{kg} \cdot \text{cm}^2$이다.)

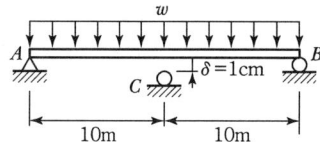

① 200kg ② 300kg
③ 400kg ④ 500kg

■해설 $\delta_c = \delta_{c1} + \delta_{c2}$
$1 = \dfrac{5wl^4}{384EI} - \dfrac{R_{cy}l^3}{48EI}$
$R_{cy} = \dfrac{240wl}{384} - \dfrac{48EI}{l^3}$
$= \dfrac{240 \times 10 \times 2{,}000}{384} - \dfrac{48 \times 2 \times 10^{12}}{2{,}000^3} = 500\text{kg}$

17. 탄성계수는 $2.3 \times 10^6 \text{kg/cm}^2$, 푸아송비는 0.35일 때 전단 탄성계수의 값을 구하면?

① $8.1 \times 10^5 \text{kg/cm}^2$
② $8.5 \times 10^5 \text{kg/cm}^2$
③ $8.9 \times 10^5 \text{kg/cm}^2$
④ $9.3 \times 10^5 \text{kg/cm}^2$

■해설 $G = \dfrac{E}{2(1+\nu)} = \dfrac{(2.3 \times 10^6)}{2(1+0.35)} = 8.5 \times 10^5 \text{kg/cm}^2$

18. 그림과 같은 T형 단면을 가진 단순보가 있다. 이 보의 지간은 3m이고, 지점으로부터 1m떨어진 곳에 하중 $P = 450\text{kg}$이 작용하고 있다. 이 보에 발생하는 최대전단응력은?

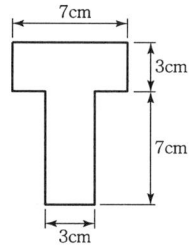

① 14.8kg/cm^2 ② 24.8kg/cm^2
③ 34.8kg/cm^2 ④ 44.8kg/cm^2

■해설 $R_{Ay} = \dfrac{2}{3} \times 450 = 300\text{kg}$
$R_{By} = \dfrac{1}{3} \times 450 = 150\text{kg}$
$S_{\max} = R_{Ay} = 300\text{kg}$
$G = 3 \times 7 \times 3.5 + 7 \times 3 \times 8.5 = 252\text{cm}^3$
(단면 하단으로부터)
$y_o = \dfrac{G}{A} = \dfrac{252}{3 \times 7 + 7 \times 3} = 6\text{cm}$
(단면 하단으로부터)
$I_o = \left(\dfrac{7 \times 3^3}{12} + 7 \times 3 \times 2.5^2\right) + \left(\dfrac{3 \times 7^3}{12} + 3 \times 7 \times 2.5^2\right)$
$= 364\text{cm}^4$
$G_o = 3 \times 6 \times 3 = 54\text{cm}^3$
$\tau_{\max} = \dfrac{S_{\max} G_o}{I_o b} = \dfrac{300 \times 54}{364 \times 3} 14.8\text{kg/cm}^2$

19. 그림과 같은 보에서 최대 처짐이 발생하는 위치는?(단, 부재의 *EI*는 일정하다.)

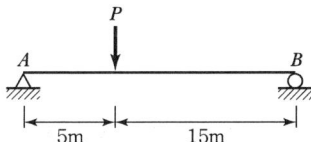

① A점으로부터 5.00m 떨어진 곳
② A점으로부터 6.18m 떨어진 곳
③ A점으로부터 8.82m 떨어진 곳
④ A점으로부터 10.00m 떨어진 곳

■해설

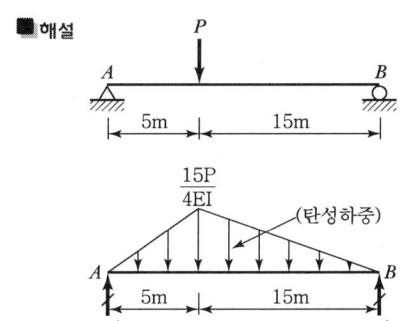

$\sum M_{\text{Ⓐ}} = 0 \,(\curvearrowright \oplus)$

$\left(\dfrac{1}{2} \times \dfrac{15D}{4EI} \times 20\right) \times \left(\dfrac{20+5}{3}\right) - R_B' \times 20 = 0$

$R_B' = \dfrac{125P}{8EI}$

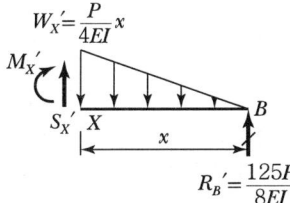

$\sum F_y = 0 \,(\uparrow \oplus)$

$S_X' - \left(\dfrac{1}{2} \times \dfrac{P}{4EI} x \times x\right) + \dfrac{125P}{8EI} = 0$

$S_X' = \dfrac{P}{8EI}(x^2 - 125)$

최대처짐($y_{\max}$)은 처짐각(θ)이 '0'인 곳에서 발생한다.
즉, $\theta = S_X' = 0$인 곳에서 최대처짐이 발생한다.
$x^2 - 125 = 0, \ x = 5\sqrt{5} = 11.18\text{m}$
따라서, 최대처짐은 B점으로부터 좌측 11.18m 떨어진 곳에서 발생한다.(또는, 최대처짐은 A점으로부터 우측 8.82m 떨어진 곳에서 발생한다.)

20. 그림과 같은 단순보의 최대전단응력 $\tau_{\max}$를 구하면?(단, 보의 단면은 지름이 D인 원이다.)

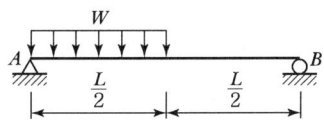

① $\dfrac{WL}{2\pi D^2}$ ② $\dfrac{9WL}{4\pi D^2}$
③ $\dfrac{3WL}{2\pi D^2}$ ④ $\dfrac{2WL}{\pi D^2}$

■해설

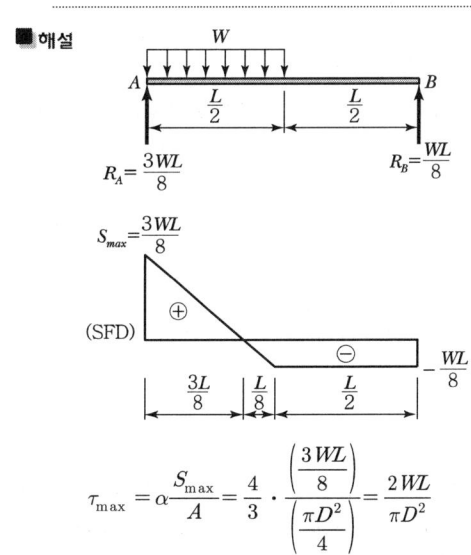

$\tau_{\max} = \alpha \dfrac{S_{\max}}{A} = \dfrac{4}{3} \cdot \dfrac{\left(\dfrac{3WL}{8}\right)}{\left(\dfrac{\pi D^2}{4}\right)} = \dfrac{2WL}{\pi D^2}$

제2과목 측량학

21. 사진측량의 입체시에 대한 설명으로 틀린 것은?

① 2매의 사진이 입체감을 나타내기 위해서는 사진축척이 거의 같고 촬영한 카메라의 광축이 거의 동일 평면 내에 있어야 한다.
② 여색 입체사진이 오른쪽은 적색, 왼쪽은 청색으로 인쇄되었을 때 오른쪽에 청색, 왼쪽에 적색의 안경으로 보아야 바른 입체시가 된다.
③ 렌즈의 초점거리가 길 때가 짧을 때보다 입체상이 더 높게 보인다.
④ 입체시 과정에서 본래의 고지가 반대가 되는 현상을 역입체시라고 한다.

■해설 ① 여색 입체사진의 화면거리가 길 때가 짧을 때 보다 입체상이 더 낮아 보인다.
② 여색 입체시는 역입체시이다.
  • 정입체시 높은 곳은 높게, 낮은 곳은 낮게
  • 역입체시 높은 곳은 낮게, 낮은 곳은 높게

22. 다음 설명 중 틀린 것은?
① 측지학이란 지구 내부의 특성, 지구의 형상 및 운동을 결정하는 측량과 지구표면상 모든 점들 간의 상호위치 관계를 산정하는 측량을 위한 학문이다.
② 측지측량은 지구의 곡률을 고려한 정밀 측량이다.
③ 지각변동의 관측, 항로 등의 측량은 평면측량으로 한다.
④ 측지학의 구분은 물리측지학과 기하측지학으로 크게 나눌 수 있다.

■해설 지각변동의 관측, 항로 등은 대지(측지)측량으로 한다.

23. GPS 구성 부문 중 위성의 신호 상태를 점검하고, 궤도 위치에 대한 정보를 모니터링하는 임무를 수행하는 부문은?
① 우주부문   ② 제어부문
③ 사용자부문 ④ 개발부문

■해설 GPS 구성
① 우주부분 : 21개의 위성과 3개의 예비위성으로 구성 전파신호를 보내는 역할
② 제어부분 : 위성의 신호상태를 점검, 궤도위치에 대한 정보를 모니터링
③ 사용자부분 : 위성으로부터 전송되는 신호정보를 이용하여 수신기 위치 결정

24. 표고 $h=326.42$m인 지대에 설치한 기선의 길이가 $L=500$m일 때 평균해면상의 보정량은? (단, 지구 반지름 $R=6367$km이다.)
① -0.0156m   ② -0.0256m
③ -0.0356m   ④ -0.0456m

■해설 평균해면상 보정
$$C=-\frac{L \cdot H}{R}=-\frac{500 \times 326.42}{6,367 \times 1,000}=-0.0256\text{m}$$

25. 지오이드(Geoid)에 대한 설명으로 옳은 것은?
① 육지와 해양의 지형면을 말한다.
② 육지 및 해저의 요철(凹凸)을 평균한 매끈한 곡면이다.
③ 회전타원체와 같은 것으로 지구의 형상이 되는 곡면이다.
④ 평균해수면을 육지 내부까지 연장했을 때의 가상적인 곡면이다.

26. GNSS 위성측량시스템으로 틀린 것은?
① GPS   ② GSIS
③ QZSS   ④ GALILEO

■해설 GSIS는 지형공간 정보시스템이다.

27. 삼각측량에서 시간과 경비가 많이 소요되나 가장 정밀한 측량성과를 얻을 수 있는 삼각망은?
① 유심망   ② 단삼각형
③ 단열삼각망 ④ 사변형망

■해설 사변형망은 조건식이 많아 시간과 경비가 많이 소요되나 정밀도는 높다.

28. 수평 및 수직거리를 동일한 정확도로 관측하여 육면체의 체적을 3,000m³로 구하였다. 체적계산의 오차를 0.6m³ 이하로 하기 위한 수평 및 수직거리 관측의 최대 허용 정확도는?
① $\frac{1}{15,000}$ ② $\frac{1}{20,000}$
③ $\frac{1}{25,000}$ ④ $\frac{1}{30,000}$

■해설 ① 체적의 정밀도 $\frac{\Delta V}{V} = 3\frac{\Delta L}{L}$

② $\left(\frac{\Delta L}{L}\right) = \frac{0.6}{3,000} \times \frac{1}{3} = \frac{1}{15,000}$

29. 축척 1 : 5000의 지형도 제작에서 등고선 위치 오차가 ±0.3mm, 높이 관측오차가 ±0.2mm로 하면 등고선 간격은 최소한 얼마 이상으로 하여야 하는가?

① 1.5m   ② 2.0m
③ 2.5m   ④ 3.0m

■해설 등고선 최소간격
 = 0.25M = 0.25×5,000 = 1,250mm 이상

30. 클로소이드 곡선에 관한 설명으로 옳은 것은?

① 곡선반지름 R, 곡선길이 L, 매개변수 A와의 관계식은 $RL = A$이다.
② 곡선반지름에 비례하여 곡선길이가 증가하는 곡선이다.
③ 곡선길이가 일정할 때 곡선반지름이 커지면 접선각은 작아진다.
④ 곡선반지름과 곡선길이가 매개변수 A의 1/2인 점($R=L=A/2$)을 클로소이드 특성점이라고 한다.

■해설 ① 클로소이드 곡선의 곡률($\frac{1}{R}$)은 곡선장에 비례
② 매개변수 $A^2 = RL$
③ 곡선길이가 일정할 때 곡선반지름이 크면 접선각은 작아진다.

31. 지형도의 이용법에 해당되지 않는 것은?

① 저수량 및 토공량 산정
② 유역면적의 도상 측정
③ 간접적인 지적도 작성
④ 등경사선 관측

■해설 지형도는 지적도와는 무관하다.

32. 수면으로부터 수심(H)의 $0.2H$, $0.4H$, $0.6H$, $0.8H$ 지점의 유속($V_{0.2}$, $V_{0.4}$, $V_{0.6}$, $V_{0.8}$)을 관측하여 평균유속을 구하는 공식으로 옳지 않은 것은?

① $V_m = V_{0.6}$
② $V_m = \frac{1}{2}(V_{0.2} + V_{0.8})$
③ $V_m = \frac{1}{3}(V_{0.2} + V_{0.6} + V_{0.8})$
④ $V_m = \frac{1}{4}(V_{0.2} + 2V_{0.6} + V_{0.8})$

■해설 ① 1점법 $V_m = V_{0.6}$
② 2점법 $V_m = \frac{1}{2}(V_{0.2} + V_{0.8})$
③ 3점법 $V_m = \frac{1}{4}(V_{0.2} + 2V_{0.6} + V_{0.8})$

33. 직사각형 토지를 줄자로 측정한 결과가 가로 37.8m, 세로 28.9m였다. 이 줄자는 표준길이 30m당 4.7cm가 늘어 있었다면 이 토지의 면적 최대 오차는?

① 0.03m²   ② 0.36m²
③ 3.42m²   ④ 3.53m²

■해설 ① 실제 면적 = 측정면적 × $\left(\frac{측정길이}{표준길이}\right)^2$
 = $(37.8 \times 28.9) \times \left(\frac{30.047}{30}\right)^2$
 = $1,095.846\text{m}^2$
② 면적오차 = 실제 면적 - 측정면적
 = $1,095.846 - 1,092.42 = 3.425\text{m}^2$

34. 그림과 같이 2회 관측한 ∠AOB의 크기는 21°36′28″, 3회 관측한 ∠BOC는 63°18′45″, 6회 관측한 ∠AOC는 84°54′37″일 때 ∠AOC의 최확값은?

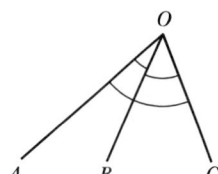

① 84°54′25″　　② 84°54′31″
③ 84°54′43″　　④ 84°54′49″

■해설　① 조건부관측 관측횟수가 다른 경우 경중률
$$P_A : P_B : P_C = \frac{1}{2} : \frac{1}{3} : \frac{1}{6} = 3 : 2 : 1$$
② 오차(E)
$= (\alpha_1 + \alpha_2) - \alpha_3$
$= (21°36′28″ + 63°18′45″) - 84°54′37″$
$= 36″$
③ 조정량(d_3)
$= \dfrac{오차}{경중률의 합} \times 조정할 각의 경중률$
$= \dfrac{36″}{6} \times 1 = 6″$
④ ($\alpha_1 + \alpha_2$)와 α_3를 비교하여 큰 쪽(−)조정, 작은 쪽(+)조정
⑤ $\angle AOC = 84°54′37″ + 6″ = 84°54′43″$

35. 그림과 같은 반지름=50m인 원곡선을 설치하고자 할 때 접선거리 $\overline{AI}$ 상에 있는 $\overline{HC}$의 거리는?(단, 교각=60°, α=20°, $\angle AHC$=90°)

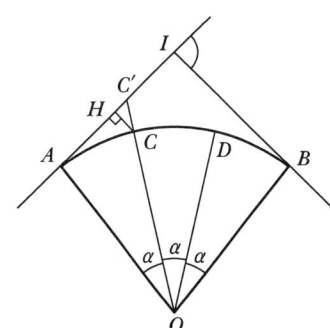

① 0.19m　　② 1.98m
③ 3.02m　　④ 3.24m

■해설　① $\cos\alpha = \dfrac{\overline{AO}}{\overline{CO'}}$
$\overline{OC'} = \dfrac{\overline{AO}}{\cos\alpha} = \dfrac{50}{\cos 20°} = 53.21\text{m}$
② $\overline{CC'} = \overline{OC'} - R = 53.21 - 50 = 3.21\text{m}$
③ $\cos\alpha = \dfrac{\overline{HC}}{\overline{CC'}}$
$\overline{HC} = \overline{CC'}\cos\theta = 3.21 \times \cos 20° = 3.02\text{m}$

36. 항공사진 상에 굴뚝의 윗부분이 주점으로부터 80mm 떨어져 나타났으며 굴뚝의 길이는 10mm였다. 실제 굴뚝의 높이가 70m라면 이 사진의 촬영고도는?

① 490m　　② 560m
③ 630m　　④ 700m

■해설　기복변위 $\Delta r = \dfrac{h}{H} \cdot r$
$\therefore H = \dfrac{h}{\Delta r}r = \dfrac{70}{0.01} \times 0.08 = 560\text{m}$

37. 수준측량에서 전·후시의 거리를 같게 취해도 제거되지 않는 오차는?

① 지구곡률오차　　② 대기굴절오차
③ 시준선오차　　④ 표척눈금오차

■해설　전·후 거리를 같게 하면 제거되는 오차
① 시준축 오차
② 양차(기차, 구차)
표척눈금오차는 기계를 짝수로 설치하여 소거한다.

38. 노선에 곡선반지름 R=600m인 곡선을 설치할 때, 현의 길이 L=20m에 대한 편각은?

① 54′18″　　② 55′18″
③ 56′18″　　④ 57′18″

■해설　편각(δ) $= \dfrac{l}{R} \cdot \dfrac{90°}{\pi} = \dfrac{20}{600} \times \dfrac{90°}{\pi} = 57′18″$

39. 거리 2.0km에 대한 양차는?(단, 굴절계수 k는 0.14, 지구의 반지름은 6,370km이다.)

① 0.27m　　② 0.29m
③ 0.31m　　④ 0.33m

■해설　$\Delta h = \dfrac{D^2}{2R}(1-K) = \dfrac{2^2}{2 \times 6,370}(1-0.14)$
$= 0.00027\text{km} = 0.27\text{m}$

40. 다각측량에서 토털스테이션의 구심오차에 관한 설명으로 옳은 것은?

① 도상의 측점과 지상의 측점이 동일 연직선 상에 있지 않음으로써 발생한다.
② 시준선이 수평분도원의 중심을 통과하지 않음으로써 발생한다.
③ 편심량의 크기에 반비례한다.
④ 정반관측으로 소거된다.

■해설 구심오차는 도상의 측점과 지상의 측점이 동일 연직 상에 있지 않아 발생한다.

제3과목 **수리수문학**

41. 단위유량도에 대한 설명 중 틀린 것은?

① 일정기저시간가정, 비례가정, 중첩가정은 단위도의 3대 기본가정이다.
② 단위도의 정의에서 특정 단위시간은 1시간을 의미한다.
③ 단위도의 정의에서 단위 유효우량은 유역 전 면적 상의 등가우량 깊이로 측정되는 특정량의 우량을 의미한다.
④ 단위 유효우량은 유출량의 형태로 단위도 상에 표시되며, 단위도 아래의 면적은 부피의 차원을 가진다.

■해설 단위유량도
㉠ 단위도의 정의
   특정단위 시간 동안 균등한 강우강도로 유역 전반에 걸쳐 균등한 분포로 내리는 단위유효우량으로 인하여 발생하는 직접유출 수문곡선
㉡ 단위도의 구성요소
   • 직접유출량
   • 유효우량 지속시간
   • 유역면적
㉢ 단위도의 3가정
   • 일정기저시간 가정
   • 비례가정
   • 중첩가정

∴ 단위도의 특정단위 시간은 강우지속시간을 나타낸 것으로 꼭 1시간을 의미하지는 않는다.

42. 물의 순환과정인 증발에 관한 설명으로 옳지 않은 것은?

① 증발량은 물수지방정식에 의하여 산정될 수 있다.
② 증발은 자유수면뿐만 아니라 식물의 엽면 등을 통하여 기화되는 모든 현상을 의미한다.
③ 증발접시계수는 저수지 증발량의 증발접시 증발량에 대한 비이다.
④ 증발량은 수면온도에 대한 공기의 포화증기압과 수면에서 일정 높이에서의 증기압의 차이에 비례한다.

■해설 증발 및 증산
자유수면으로부터 물이 대기 중으로 방출되는 현상을 증발이라 하고, 지중의 물을 식물의 뿌리가 끌어올려서 식물의 엽면으로부터 대기 중으로 방출되는 현상을 증산이라고 한다.

43. 관망(pipe network) 계산에 대한 설명으로 옳지 않은 것은?

① 관내의 흐름은 연속 방정식을 만족한다.
② 가정 유량에 대한 보정을 통한 시산법(trial and error method)으로 계산한다.
③ 관내에서는 Darcy-Weisbach 공식을 만족한다.
④ 임의 두 점 간의 압력강하량은 연결하는 경로에 따라 다를 수 있다.

■해설 관망
㉠ 관망 해석에서 관내의 흐름은 현속 방정식을 만족한다.
㉡ 가정유량에 대한 보정을 통한 시산법 또는 등치관법으로 해석한다.
㉢ 관내에서는 Darcy-Weisbach의 마찰손실수두를 고려한다.

|해답| 40.① 41.② 42.② 43.④

44. 강우 강도 $I=\dfrac{5,000}{t+40}$ [mm/hr]로 표시되는 어느 도시에 있어서 20분간의 강우량 R_{20}은?(단, t의 단위는 분이다.)

① 17.8mm ② 27.8mm
③ 37.8mm ④ 47.8mm

■해설 강우강도
　㉠ 강우강도는 단위시간당 내린 비의 양을 말하며 단위는 mm/hr이다.
　㉡ 지속시간 20분 강우강도의 산정
　　$I=\dfrac{5,000}{t+40}=\dfrac{5,000}{20+40}=83.33\text{mm/hr}$
　㉢ 지속시간 20분 강우량의 산정
　　$R_{20}=\dfrac{83.33}{60}\times 20 = 27.78\text{mm}$

45. 그림과 같은 수로의 단위폭당 유량은?(단, 유출계수 $C=1$이며 이외 손실은 무시함)

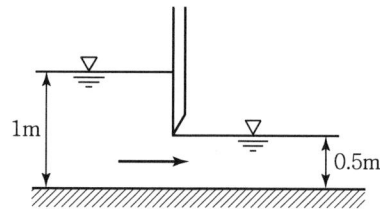

① 2.5m³/s/m ② 1.6m³/s/m
③ 2.0m³/s/m ④ 1.2m³/s/m

■해설 수문
　㉠ 수문의 유량
　　• $Q=CA\sqrt{2gH}$
　　• $H=h_1-h_2$
　㉡ 수문의 유량계산
　　$Q=CA\sqrt{2gH}$
　　$=1\times(1\times 0.5)\times\sqrt{2\times 9.8\times(1-0.5)}$
　　$=1.6\text{m}^3/\text{sec}$

46. 경심이 5m이고 동수경사가 1/200인 관로에서 Reynolds 수가 1,000인 흐름의 평균유속은?

① 0.70m/s ② 2.24m/s
③ 5.00m/s ④ 5.53m/s

■해설 평균유속의 산정
　㉠ 마찰손실계수의 산정
　　$f=\dfrac{64}{R_e}=\dfrac{64}{1,000}=0.064$
　㉡ Chezy유속계수의 산정
　　$C=\sqrt{\dfrac{8g}{f}}=\sqrt{\dfrac{8\times 9.8}{0.064}}=35$
　㉢ 평균유속의 산정
　　$V=C\sqrt{RI}=35\times\sqrt{5\times 1/200}=5.53\text{m/sec}$

47. 그림과 같이 물속에 수직으로 설치된 2m×3m 넓이의 수문을 올리는 데 필요한 힘은?(단, 수문의 물속 무게는 1,960N이고, 수문과 벽면 사이의 마찰계수는 0.25이다.)

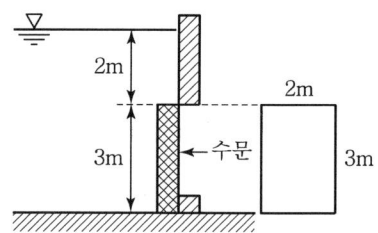

① 5.45kN ② 53.4kN
③ 126.7kN ④ 271.2kN

■해설 수문을 끌어올리는 힘
　㉠ 수문을 끌어올리는 힘
　　$F=fP+W-B$
　　여기서, F : 수문을 끌어올리는 힘
　　　　　f : 수문 홈통의 마찰계수
　　　　　W : 수문의 무게(자체 중량)
　　　　　P : 수문에 작용하는 전수압
　　　　　B : 수문에 작용하는 부력(일반적으로는 무시)
　㉡ 수문을 끌어올리는 힘의 산정
　　• $P=wh_G A=1\times(2+\dfrac{3}{2})\times(2\times 3)=21\text{t}$
　　　$=205.8\text{kN}$
　　• $F=fP+W-B=0.25\times 205.8+1.96$
　　　$=53.4\text{kN}$

48. 강수량 자료를 해석하기 위한 DAD 해석 시 필요한 자료는?

① 강우량, 단면적, 최대수심
② 적설량, 분포면적, 적설일수

③ 강우량, 집수면적, 강우기간
④ 수심, 유속단면적, 홍수기간

■해설 DAD 해석
㉠ DAD(Rainfall Depth - Area - Duration) 해석은 최대평균우량깊이(강우량), 유역면적, 강우지속시간 간 관계의 해석을 말한다.

구성	특징
용도	암거의 설계나 지하수 흐름에 대한 하천수위의 시간적 변화의 영향 등에 사용
구성	최대평균우량깊이(rainfall depth), 유역면적(area), 지속시간(duration)으로 구성
방법	면적을 대수축에, 최대우량을 산술축에, 지속시간을 제3의 변수로 표시

∴ DAD 작성 시 필요사항은 강우량, 유역면적(집수면적), 강우지속시간이 필요하다.

㉡ DAD 곡선 작성순서
㉮ 누가우량곡선으로부터 지속시간별 최대우량을 결정한다.
㉯ 소구역에 대한 평균누가우량을 결정한다.
㉰ 누가면적에 대한 평균누가우량을 산정한다.
㉱ 지속시간에 대한 최대우량깊이를 누가면적별로 결정한다.

49. 단위무게 5.88kN/m³, 단면 40cm×40cm, 길이 4m인 물체를 물속에 완전히 가라앉히려 할 때 필요한 최소 힘은?

① 2.51kN
② 3.76kN
③ 5.88kN
④ 6.27kN

■해설 부체의 평형조건
㉠ 부체의 평형조건
• W(무게) $+P= B$(부력)
• $w \cdot V = w_w \cdot V'$

여기서, w : 물체의 단위중량
V : 부체의 체적
w_w : 물의 단위중량
V' : 물에 잠긴 만큼의 체적

㉡ 힘(P)의 산정
$5.88(0.4 \times 0.4 \times 4) + P = 9.8(0.4 \times 0.4 \times 4)$
∴ $P = 2.51$kN

50. 원형관의 중앙에 피토관(Pito tube)을 넣고 관벽의 정수압을 측정하기 위하여 정압관과의 수면차를 측정하였더니 10.7m였다. 이때의 유속은?(단, 피토관 상수 $C=1$이다.)

① 8.4m/s
② 11.7m/s
③ 13.1m/s
④ 14.5m/s

■해설 피토관 방정식
㉠ 피토관 방정식
$V = \sqrt{2gh}$

㉡ 유속의 산정
$V = \sqrt{2gh} = \sqrt{2 \times 9.8 \times 10.7} = 14.5$m/s

51. 위어(weir)에 관한 설명으로 옳지 않은 것은?

① 위어를 월류하는 흐름은 일반적으로 상류에서 사류로 변한다.
② 위어를 월류하는 흐름이 사류일 경우(완전월류) 유량은 하류 수위의 영향을 받는다.
③ 위어는 개수로의 유량측정, 취수를 위한 수위 증가 등의 목적으로 설치한다.
④ 작은 유량을 측정할 경우 삼각위어가 효과적이다.

■해설 위어 일반사항
• 수로 상 횡단으로 가로막아 그 전부 또는 일부에 물이 월류하도록 만든 시설을 위어라고 한다.
• 유량의 측정 및 취수를 위한 수위 증가의 목적으로 위어를 설치한다.
• 일반적으로 유량측정에서 위어 단면을 지배단면으로 이용하고 흐름은 상류에서 사류로 바뀐다.
• 흐름이 사류일 경우에 유량은 하류 수위에 영향을 받지 않는다.
• 소규모 유량의 정확한 측정이 필요할 경우에는 삼각형 위어를 사용한다.

52. 유선(streamline)에 대한 설명으로 옳지 않은 것은?

① 유선이란 유체입자가 움직인 경로를 말한다.
② 비정상류에서는 시간에 따라 유선이 달라진다.
③ 정상류에서는 유적선(pathline)과 일치한다.
④ 하나의 유선은 다른 유선과 교차하지 않는다.

■ 해설 유선
- 유체입자의 속도벡터에 공통으로 접하는 접선을 유선이라 한다.
- 비정상류(부정류)에서는 시간에 따라 유선이 달라진다.
- 정상류에서 유선과 유적선은 일치한다.
- 정상류에서 하나의 유선과 다른 유선은 교차되지 않는다.
- ∴ 유체입자의 움직이는 경류는 유적선이라고 한다.

53. 다음의 손실계수 중 특별한 형상이 아닌 경우, 일반적으로 그 값이 가장 큰 것은?

① 입구 손실계수(f_e)
② 단면 급확대 손실계수(f_{se})
③ 단면 급축소 손실계수(f_{sc})
④ 출구 손실계수(f_o)

■ 해설 소손실 계수
손실수두에서 가장 큰 손실은 마찰손실수두이며, 손실계수에서 가장 큰 값은 출구손실계수(f_o)가 1.0으로 가장 크다.

54. 다음 설명 중 기저유출에 해당되는 것은?

- 유출은 유수의 생기원천에 따라 (A) 지표면 유출, (B) 지표하(중간) 유출, (C) 지하수 유출로 분류되며, 지표하 유출은 (B_1) 조기 지표하 유출(prompt subsurface runoff), (B_2) 지연 지표하 유출(delayed subsurface runoff)로 구성된다.
- 또한 실용적인 유출해석을 위해 하천수로를 통한 총 유출은 직접유출과 기저유출로 분류된다.

① (A)+(B)+(C) ② (B)+(C)
③ (A)+(B_1) ④ (C)+(B_2)

■ 해설 유출해석 일반
㉠ 유출은 생기원천에 따라 지표면 유출(A), 지표하유출(B), 지하수 유출(C)로 구분한다. 또한 지표하 유출은 비교적 단시간에 발생되는 조기지표하 유출(B_1)과 강수 후 한참 지연되어서 발생되는 지연지표하 유출(B_2)로 구분된다.

㉡ 유출을 다시 유출해석을 위해서 분류하면 직접유출과 기저유출로 나뉜다.
㉢ 직접유출은 비교적 단시간에 발생된 유출을 말하며, 지표수유출(A)과 조기지표하유출(B_1)로 구성된다.
㉣ 기저유출은 강수 후 한참 지연되어서 발생되는 지연지표하 유출(B_2)과 지하수 유출(C)로 구성된다.

55. 개수로에서 일정한 단면적에 대하여 최대유량이 흐르는 조건은?

① 수심이 최대이거나 수로 폭이 최소일 때
② 수심이 최소이거나 수로 폭이 최대일 때
③ 윤변이 최소이거나 경심이 최대일 때
④ 윤변이 최대이거나 경심이 최소일 때

■ 해설 수리학적으로 유리한 단면
㉠ 수로의 경사, 조도계수, 단면이 일정할 때 유량이 최대로 흐를 수 있는 단면을 수리학적으로 유리한 단면 또는 최량수리단면이라 한다.
㉡ 수리학적으로 유리한 단면은 경심(R)이 최대이거나, 윤변(P)이 최소일 때 성립된다.
R_{max} 또는 P_{min}
㉢ 직사각형 단면에서 수리학적 유리한 단면이 되기 위한 조건은 $B=2H$, $R=\dfrac{H}{2}$이다.

56. 폭이 1m인 직사각형 개수로에서 0.5m³/s의 유량이 80cm의 수심으로 흐르는 경우, 이 흐름을 가장 잘 나타낸 것은?(단, 동점성 계수는 0.012 cm²/s, 한계수심은 29.5cm이다.)

① 층류이며 상류   ② 층류이며 사류
③ 난류이며 상류   ④ 난류이며 사류

■ 해설 흐름의 상태
㉠ 층류와 난류의 구분
$$R_e = \dfrac{VD}{\nu}$$
여기서, V : 유속, D : 관의 직경, ν : 동점성계수
- $R_e < 2,000$: 층류
- $2,000 < R_e < 4,000$: 천이영역
- $R_e > 4,000$: 난류

ⓛ 층류와 난류의 계산
- $V = \dfrac{Q}{A} = \dfrac{0.5}{1 \times 0.8} = 0.625 \text{m/s} = 62.5 \text{cm/s}$
- $R_e = \dfrac{VD}{\nu} = \dfrac{62.5 \times 80}{0.012} = 416{,}666$ ∴ 난류

ⓒ 상류(常流)와 사류(射流)의 구분

$$F_r = \dfrac{V}{C} = \dfrac{V}{\sqrt{gh}}$$

여기서, V : 유속
  C : 파의 전달속도

- $F_r < 1$: 상류
- $F_r = 1$: 한계류
- $F_r > 1$: 사류

ⓔ 상류와 사류의 계산
- $F_r = \dfrac{V}{\sqrt{gh}} = \dfrac{0.625}{\sqrt{9.8 \times 0.8}} = 0.22$ ∴ 상류
- 또는 $h(=0.8) > h_c(=0.295)$ ∴ 상류

57. 직각삼각형 위어에서 월류수심의 측정에 1%의 오차가 있다고 하면 유량에 발생하는 오차는?

① 0.4%   ② 0.8%
③ 1.5%   ④ 2.5%

■해설 수두측정오차와 유량오차의 관계
ⓛ 수두측정오차와 유량오차의 관계

- 직사각형 위어 : $\dfrac{dQ}{Q} = \dfrac{\frac{3}{2}KH^{\frac{1}{2}}dH}{KH^{\frac{3}{2}}} = \dfrac{3}{2}\dfrac{dH}{H}$

- 삼각형 위어 : $\dfrac{dQ}{Q} = \dfrac{\frac{5}{2}KH^{\frac{3}{2}}dH}{KH^{\frac{5}{2}}} = \dfrac{5}{2}\dfrac{dH}{H}$

- 작은 오리피스 : $\dfrac{dQ}{Q} = \dfrac{\frac{1}{2}KH^{-\frac{1}{2}}dH}{KH^{\frac{1}{2}}} = \dfrac{1}{2}\dfrac{dH}{H}$

ⓒ 삼각위어의 유량오차의 계산
$\dfrac{dQ}{Q} = \dfrac{5}{2}\dfrac{dH}{H} = \dfrac{5}{2} \times 1\% = 2.5\%$

58. 다음 중 부정류 흐름의 지하수를 해석하는 방법은?

① Theis 방법   ② Dupuit 방법
③ Thiem 방법   ④ Laplace 방법

■해설 부정류 지하수 해석법
부정류 지하수를 해석하는 방법에는 Theis, Jacob, Chow 방법 등이 있다.

59. Darcy의 법칙에 대한 설명으로 옳은 것은?

① 지하수 흐름이 층류일 경우 적용된다.
② 투수계수는 무차원의 계수이다.
③ 유속이 클 때에만 적용된다.
④ 유속이 동수경사에 반비례하는 경우에만 적용된다.

■해설 Darcy의 법칙
ⓛ Darcy의 법칙

$$V = K \cdot I = K \cdot \dfrac{h_L}{L}$$

$$Q = A \cdot V = A \cdot K \cdot I = A \cdot K \cdot \dfrac{h_L}{L}$$

ⓒ 특징
- Darcy의 법칙은 지하수의 층류흐름에 대한 마찰저항공식이다.
- 투수계수는 물의 점성계수에 따라서도 변화한다.

$$K = D_s^2 \dfrac{\rho g}{\mu} \dfrac{e^3}{1+e} C$$

여기서, μ : 점성계수
- Darcy의 법칙은 정상류 흐름의 층류에만 적용된다.(특히, $R_e < 4$일 때 잘 적용된다.)

60. 흐르는 유체 속에 물체가 있을 때, 물체가 유체로부터 받는 힘은?

① 장력(張力)   ② 충력(衝力)
③ 항력(抗力)   ④ 소류력(掃流力)

■해설 항력(drag force)
흐르는 유체 속에 물체가 잠겨 있을 때 유체에 의해 물체가 받는 힘을 항력(drag force)이라 한다.

$$D = C_D \cdot A \cdot \dfrac{\rho V^2}{2}$$

여기서, C_D : 항력계수 ($C_D = \dfrac{24}{R_e}$)
  A : 투영면적
  $\dfrac{\rho V^2}{2}$: 동압력

제4과목 **철근콘크리트 및 강구조**

61. 철근콘크리트 1방향 슬래브의 설계에 대한 설명 중 틀린 것은?
① 1방향 슬래브의 두께는 최소 100mm 이상으로 하여야 한다.
② 4변에 의해 지지되는 2방향 슬래브 중에서 단변에 대한 장변의 비가 2배를 넘으면 1방향 슬래브로 해석한다.
③ 슬래브의 정모멘트 및 부모멘트 철근의 중심 간격은 위험단면에서는 슬래브 두께의 3배 이하이어야 하고, 또한 450mm 이하로 하여야 한다.
④ 슬래브의 단변방향 보의 상부에 부모멘트로 인해 발생하는 균열을 방지하기 위하여 슬래브의 장변방향으로 슬래브 상부에 철근을 배치하여야 한다.

■해설 1방향 슬래브에서 정철근 및 부철근의 중심간격
- 최대 휨모멘트가 발생하는 위험단면의 경우 : 슬래브 두께의 2배 이하, 300mm 이하
- 기타 단면의 경우 : 슬래브 두께의 3배 이하, 450mm 이하

62. 아래와 같은 맞대기 이음부에 발생하는 응력의 크기는?(단, $P=360$kN, 강판두께 12mm)

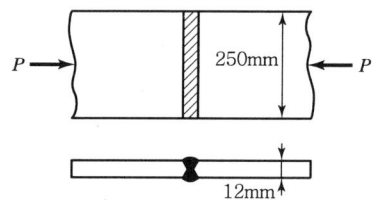

① 압축응력 $f_c = 14.4$MPa
② 인장응력 $f_t = 3000$MPa
③ 전단응력 $\tau = 150$MPa
④ 압축응력 $f_c = 120$MPa

■해설 $f_c = \dfrac{P}{A} = \dfrac{(360 \times 10^3)}{(250 \times 12)} = 120\text{N/mm}^2 = 120\text{MPa}$

63. 아래 그림과 같은 복철근 직사각형 보의 공칭휨모멘트 강도 M_n은?(단, $f_{ck}=28$MPa, $f_y=350$MPa, $A_s=4,500$mm², $A_s'=1,800$mm²이며, 압축, 인장 철근 모두 항복한다고 가정한다.)

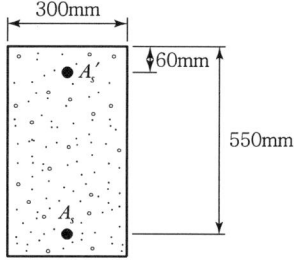

① 724.3kN·m
② 765.9kN·m
③ 792.5kN·m
④ 831.8kN·m

■해설 인장철근 항복시 압축철근도 항복하는 경우
$a = \dfrac{(A_s - A_s')f_y}{0.85 f_{ck} b} = \dfrac{(5,500-1,800) \times 350}{0.85 \times 28 \times 300}$
$= 132.35\text{mm}$

$M_n = A_s' f_y (d-d') + (A_s - A_s') f_y \left(d - \dfrac{a}{2}\right)$
$= 1,800 \times 350 \times (550-60) + (4,500-1,800)$
$\times 350 \times \left(550 - \dfrac{132.35}{2}\right)$
$= 765.9 \times 10^6 \text{N} \cdot \text{mm} = 765.9 \text{kN} \cdot \text{m}$

64. 그림과 같은 띠철근 단주의 균형상태에서 축방향 공칭하중(P_b)은 얼마인가?(단, $f_{ck}=27$MPa, $f_y=400$MPa, $A_{st}=4-D35=3,800$mm²)

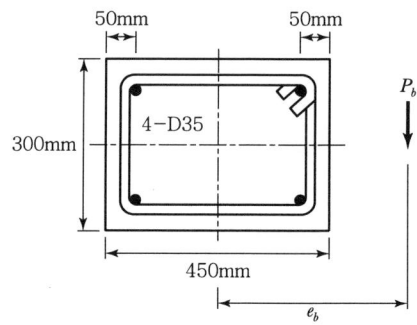

① 1,360.9kN
② 1,520.0kN
③ 3,645.2kN
④ 5,165.3kN

|해답| 61.③ 62.④ 63.② 64.①

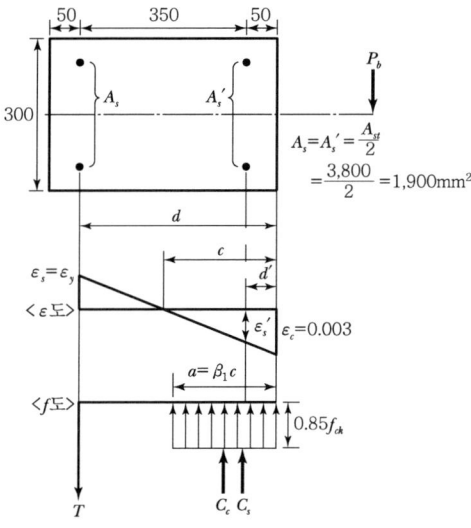

■해설

$c_b = \dfrac{600}{600+f_y}d = \dfrac{600}{600+400} \times 400 = 240\text{mm}$

$\beta_1 = 0.85 (f_{ck} \leq 28\text{MPa}$인 경우$)$

$a_b = \beta_1 c_b = 0.85 \times 240 = 204\text{mm}$

$C_c = 0.85 f_{ck}(a_b b - A_s')$
$= 0.85 \times 27 \times (204 \times 300 - 1,900)$
$= 1,360.9 \times 10^3 \text{N} = 1,360.9\text{kN}$

$\varepsilon_s = \varepsilon_y = \dfrac{f_y}{E_s} = \dfrac{400}{2 \times 10^5} = 0.002$

$f_s = f_y = 400\text{MPa}$

$T = A_s f_y = 1,900 \times 400 = 760 \times 10^3 \text{N} = 760\text{kN}$

$\varepsilon_s' = \dfrac{c-d'}{c}\varepsilon_c = \dfrac{240-50}{240} \times 0.003 = 0.002375$

$\varepsilon_s' > \varepsilon_y$, 항복강도 f_y에 해당하는 변형률보다 더 큰 변형률에 대한 철근의 응력은 변형률에 관계없이 f_y이다.

$f_s' = f_y = 400\text{MPa}$

$C_s = A_s' f_s' = A_s' f_y = 1,900 \times 400$
$= 760 \times 10^3 \text{N} = 760\text{kN}$

$P_b = C_c + C_s - T = 1,360.9 + 760 - 760$
$= 1,360.9\text{kN}$

65. 직사각형 단면의 보에서 계수 전단력 $V_u = 40\text{kN}$을 콘크리트만으로 지지하고자 할 때 필요한 최소 유효깊이(d)는?(단, $f_{ck}=25\text{MPa}$이고, $b_w=300\text{mm}$이다.)

① 320mm ② 348mm
③ 384mm ④ 427mm

■해설 $\lambda = 1$(보통중량의 콘크리트인 경우)

$V_u \leq \dfrac{1}{2}\phi V_c = \dfrac{1}{2}\phi\left(\dfrac{1}{6}\lambda\sqrt{f_{ck}}bd\right)$

$d \geq \dfrac{12 V_u}{\phi\lambda\sqrt{f_{ck}}b} = \dfrac{12 \times (40 \times 10^3)}{0.75 \times 1 \times \sqrt{25} \times 300}$
$= 426.7\text{mm}$

66. 아래 표와 같은 조건에서 처짐을 계산하지 않는 경우의 보의 최소 두께는 약 얼마인가?

- 경간 12m인 단순지지보
- 보통 중량 콘크리트($m_c=2,300\text{kg/m}^3$)를 사용
- 설계기준항복강도 350MPa 철근을 사용

① 680mm ② 700mm
③ 720mm ④ 750mm

■해설 단순지지 보의 처짐을 계산하지 않아도 되는 최소 두께($h_{\min}$)

- $f_y = 400\text{MPa} : h_{\min} = \dfrac{l}{16}$
- $f_y \neq 400\text{MPa} : h_{\min} = \dfrac{l}{16}\left(0.43 + \dfrac{f_y}{700}\right)$

$f_y = 350\text{MPa}$이므로 최소두께($h_{\min}$)는 다음과 같다.

$h_{\min} = \dfrac{12 \times 10^3}{12}\left(0.43 + \dfrac{350}{700}\right) = 697.5\text{mm}$

67. 압축철근비가 0.01이고, 인장철근비가 0.003인 철근콘크리트보에서 장기 추가처짐에 대한 계수(λ_Δ)의 값은?(단, 하중재하기간은 5년 6개월이다.)

① 0.80 ② 0.933
③ 2.80 ④ 1.333

■해설 $\xi = 2.0$(하중재하기간이 5년 이상인 경우)

$\lambda = \dfrac{\xi}{1+50\rho'} = \dfrac{2.0}{1+(50 \times 0.01)} = 1.333$

|해답| 65.④ 66.② 67.④

68. 다음 그림과 같이 $w=40$kN/m일 때 PS강재가 단면 중심에서 긴장되며 인장 측의 콘크리트 응력이 "0"이 되려면 PS강재에 얼마의 긴장력이 작용하여야 하는가?

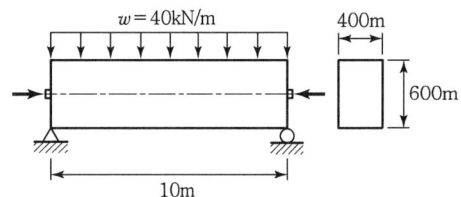

① 4,605kN ② 5,000kN
③ 5,200kN ④ 5,625kN

■해설

$$f_b = \frac{P}{A} - \frac{M}{Z} = \frac{P}{bh} - \frac{\left(\frac{wl^2}{8}\right)}{\left(\frac{bh^2}{6}\right)} = \frac{P}{bh} - \frac{3wl^2}{4bh^2} = 0$$

$$P = \frac{3wl^2}{4h} = \frac{3 \times 40 \times 10^2}{4 \times 0.6} = 5,000\text{kN}$$

69. 강도설계법에서 인장철근 D29(공칭 직경 $d_b=28.6$mm)을 정착시키는 데 소요되는 기본 정착길이는?(단, $f_{ck}=24$MPa, $f_y=300$MPa으로 한다.)

① 682mm ② 785mm
③ 827mm ④ 1,051mm

■해설 · $\lambda=1$(보통중량의 콘크리트인 경우)

$$l_{db} = \frac{0.6d_b f_y}{\lambda \sqrt{f_{ck}}} = \frac{0.6 \times 28.6 \times 300}{1 \times \sqrt{24}}$$
$$= 1,050.83\text{mm}$$

70. 아래 그림과 같은 직사각형 단면의 균열모멘트(M_{cr})는?(단, 보통중량 콘크리트를 사용한 경우로서, $f_{ck}=21$MPa, $A_s=4,800\text{mm}^2$)

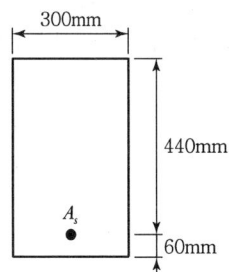

① 36.13kN·m ② 31.25kN·m
③ 27.98kN·m ④ 23.65kN·m

■해설 · $\lambda=1$(보통중량의 콘크리트인 경우)

· $f_r = 0.63\lambda\sqrt{f_{ck}} = 0.63 \times 1 \times \sqrt{21} = 2.89$MPa

· $Z = \frac{bh^2}{6} = \frac{300 \times 500^2}{6} = 12.5 \times 10^6 \text{mm}^3$

· $M_{cr} = f_r \cdot Z$
$= 2.89 \times (12.5 \times 10^6)$
$= 36.125 \times 10^6 \text{N·mm} = 36.125\text{kN·m}$

71. 아래 그림과 같은 단철근 직사각형 보에서 설계 휨강도 계산을 위한 강도감소계수(ϕ)는?(단, $f_{ck}=35$MPa, $f_y=400$MPa, $A_s=3,500\text{mm}^2$)

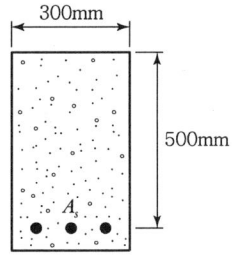

① 0.806 ② 0.813
③ 0.827 ④ 0.839

■해설 · $f_{ck}>28$MPa인 경우 β_1값
$\beta_1 = 0.85 - 0.007(f_{ck}-28)$
$= 0.85 - 0.007(35-28) = 0.801\,(\beta_1 \geq 0.65)$

· $c = \frac{f_y A_s}{0.85 f_{ck} b \beta_1} = \frac{400 \times 3,500}{0.85 \times 35 \times 300 \times 0.801}$
$= 195.8\text{mm}$

· $\varepsilon_t = \frac{d_t-c}{c}\varepsilon_c = \frac{500-195.8}{195.8} \times 0.003$
$= 0.00466$

· $f_y=400$MPa일 경우, ε_y 및 $\varepsilon_{t,l}$ 값
$\varepsilon_y = \frac{f_y}{E_s} = \frac{400}{2 \times 10^5} = 0.002$

$\varepsilon_{t,l} = 0.005$

$\varepsilon_{t,l}(=0.005) > \varepsilon_t(=0.00466) > \varepsilon_y(=0.002)$
이므로 변화구간 단면이다.

· $\phi_c = 0.65$(나선철근으로 보강되지 않은 경우)

$\phi = 0.85 - \frac{\varepsilon_{t,l}-\varepsilon_t}{\varepsilon_{t,l}-\varepsilon_y}(0.85-\phi_c)$

$= 0.85 - \frac{0.005-0.00466}{0.005-0.002}(0.85-0.65) = 0.827$

72. 인장 이형철근의 정착길이 산정 시 필요한 보정계수에 대한 설명으로 틀린 것은?(단, f_{sp}는 콘크리트의 쪼갬인장강도)

① 상부철근(정착길이 또는 겹침이음부 아래 300mm를 초과되게 굳지 않은 콘크리트를 친 수평철근)인 경우, 철근배근 위치에 따른 보정계수 1.3을 사용한다.
② 에폭시 도막철근인 경우, 피복두께 및 순간격에 따라 1.2나 2.0의 보정계수를 사용한다.
③ f_{sp}가 주어지지 않은 전경량콘크리트인 경우 보정계수(λ)는 0.75를 사용한다.
④ 에폭시 도막철근이 상부철근인 경우에 상부철근의 위치계수와 철근 도막계수의 곱이 1.7보다 클 필요는 없다.

■해설 철근의 표면처리계수(에폭시 도막계수), β

조건	보정계수
피복두께가 $3d_b$ 미만 또는 순간격이 $6d_b$ 미만인 에폭시 도막철근 또는 철선	1.5
기타 에폭시 도막철근 또는 철선	1.2
표면처리하지 않은 철근	1.0

73. PSC 보를 RC 보처럼 생각하여, 콘크리트는 압축력을 받고 긴장재는 인장력을 받게 하여 두 힘의 우력 모멘트로 외력에 의한 휨모멘트에 저항시킨다는 생각은 다음 중 어느 개념과 같은가?

① 응력개념(Stress Concept)
② 강도개념(Strength Concept)
③ 하중평형개념(Load Balancing Concept)
④ 균등질 보의 개념(Homogeneous Beam Concept)

■해설 PSC 보를 RC 보와 같이 생각하여, 콘크리트는 압축력을 받고 긴장재는 인장력을 받게 하여 두 힘의 우력이 외력에 의한 휨모멘트에 저항시킨다는 개념을 내력모멘트 개념 또는 강도개념이라고 한다.

74. 직접 설계법에 의한 슬래브 설계에서 전체 정적계수 휨모멘트 M_o = 340kN·m로 계산되었을 때, 내부 경간의 부계수 휨모멘트는 얼마인가?

① 102kN·m   ② 119kN·m
③ 204kN·m   ④ 221kN·m

■해설 부계수 모멘트 = 0.65(정적계수 모멘트)
= 0.65×340 = 221kN·m

75. 경간 25m인 PS콘크리트 보에 계수하중 40kN/m이 작용하고, P=2,500kN의 프리스트레스가 주어질 때 등분포 상향력 u를 하중평형(Balanced Load) 개념에 의해 계산하여 이 보에 작용하는 순수하향 분포하중을 구하면?

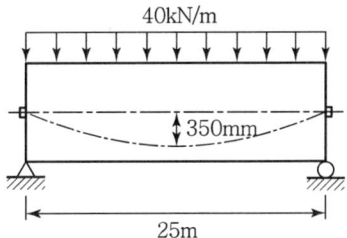

① 26.5kN/m   ② 27.3kN/m
③ 28.8kN/m   ④ 29.6kN/m

■해설 $u = \dfrac{8Ps}{l^2} = \dfrac{8 \times 2,500 \times 0.35}{25^2} = 11.2$kN/m
순하향력 = $\omega - u = 40 - 11.2 = 28.8$kN/m

76. 직사각형 단면(300×400mm)인 프리텐션 부재에 550mm²의 단면적을 가진 PS강선을 콘크리트 단면 도심에 일치하도록 배치하였다. 이때 1,350MPa의 인장응력이 되도록 긴장한 후 콘크리트에 프리스트레스를 도입한 경우 도입 직후 생기는 PS강선의 응력은?(단, n=6, 단면적은 총 단면적 사용)

① 371MPa   ② 398MPa
③ 1,313MPa   ④ 1,321MPa

■해설
$$\Delta f_{pe} = nf_{cs} = n\frac{P_i}{A_g} = n\frac{A_p f_{pi}}{bh}$$
$$= 6 \times \frac{550 \times 1,350}{300 \times 400} = 37.125 \text{MPa}$$
$$f_{ps} = f_\pi - \Delta f_{pe} = 1,350 - 37.125$$
$$= 1,312.875 \text{MPa}$$

77. 인장응력 검토를 위한 L−150×90×12인 형강(Angle)의 전개 총폭 b_g는 얼마인가?

① 228mm ② 232mm
③ 240mm ④ 252mm

■해설 $b_g = b_1 + b_2 - t = 150 + 90 - 12 = 228$mm

78. 프리스트레스트 콘크리트 구조물의 특징에 대한 설명으로 틀린 것은?

① 철근콘크리트의 구조물에 비해 진동에 대한 저항성이 우수하다.
② 설계하중하에서 균열이 생기지 않으므로 내구성이 크다.
③ 철근콘크리트 구조물에 비하여 복원성이 우수하다.
④ 공사가 복잡하여 고도의 기술을 요한다.

■해설 프리스트레스트 콘크리트 구조물은 철근콘크리트 구조물에 비하여 단면이 작기 때문에 변형이 크게 일어나고 진동하기 쉽다.

79. 1방향 철근콘크리트 슬래브의 전체 단면적이 2,000,000mm²이고, 사용한 이형 철근의 설계기준항복강도가 500MPa인 경우, 수축 및 온도 철근량의 최소값은?

① 1,800mm² ② 2,400mm²
③ 3,200mm² ④ 3,800mm²

■해설 • 1방향 슬래브의 수축 및 온도 철근비
$f_y \leq 400\text{MPa} : \rho = 0.002$
$f_y > 400\text{MPa} : \rho = \left[0.0014, \ 0.002\frac{400}{f_y}\right]_{\max}$

따라서, $f_y = 500$MPa인 경우, 1방향 슬래브의 수축 및 온도 철근비는 다음과 같다.
$$\rho = \left[0.0014, \ 0.002\frac{400}{f_y}\right]_{\max}$$
$$= \left[0.0014, \ 0.002\frac{400}{500}\right]_{\max}$$
$$= [0.0014, \ 0.0016]_{\max} = 0.0016$$
$$A_s = A_g \cdot \rho = (2 \times 10^6) \times 0.0016 = 3,200\text{mm}^2$$

80. 그림과 같은 원형철근기둥에서 콘크리트구조설계기준에서 요구하는 최대나선철근의 간격은 약 얼마인가?(단, $f_{ck}=24$MPa, $f_{yt}=400$MPa, D10철근의 공칭단면적은 71.3mm²이다.)

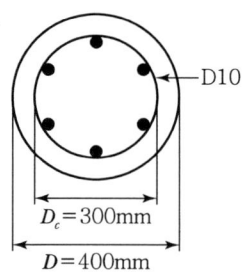

① 35mm ② 38mm
③ 42mm ④ 45mm

■해설
$$\rho_s \geq 0.45\left(\frac{A_g}{A_{ch}} - 1\right)\frac{f_{ck}}{f_y}$$
$$= 0.45\left[\frac{\left(\frac{\pi \times 400^2}{4}\right)}{\left(\frac{\pi \times 300^2}{4}\right)} - 1\right]\frac{24}{400} = 0.021$$
$$\rho_s = \frac{71.3 \times \pi \times 300}{\left(\frac{\pi \times 300^2}{4}\right) \times s} \geq 0.021$$
$s \leq 45.2$mm

제5과목 토질 및 기초

81. 두께가 4미터인 점토층이 모래층 사이에 끼어 있다. 점토층에 3t/m²의 유효응력이 작용하여 최종침하량이 10cm가 발생하였다. 실내압밀시험결과 측정된 압밀계수(C_v)=2×10⁻⁴cm²/sec 라고 할 때 평균압밀도 50%가 될 때까지 소요 일수는?

① 288일
② 312일
③ 388일
④ 456일

■해설
$$t_{50} = \frac{T_v \cdot H^2}{C_v} = \frac{0.197 \times \left(\frac{400}{2}\right)^2}{2 \times 10^{-4}} = 39,400,000 \sec$$
$$\therefore \frac{39,400,000}{60 \times 60 \times 24} = 456 일$$

82. 그림과 같은 지반에서 유효응력에 대한 점착력 및 마찰각이 각각 c'=1.0t/m², ϕ'=20°일 때, A 점에서의 전단강도(t/m²)는?

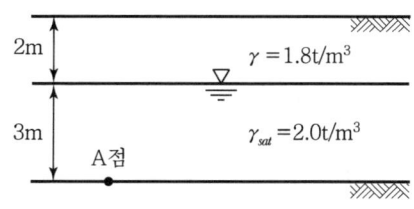

① 3.4t/m²
② 4.5t/m²
③ 5.4t/m²
④ 6.6t/m²

■해설 $S(\tau_f) = c + \sigma' \tan\phi$
$\sigma' = \gamma_t \times h_1 + \gamma_{sub} \times 3$
$= (1.8 \times 2) + (2-1) \times 3 = 6.6 \text{t/m}^2$
$\therefore S(\tau_f) = c + \sigma' \tan\phi = 1 + 6.6 \tan 20 = 3.4 \text{t/m}^2$

83. 연약한 점성토의 지반 특성을 파악하기 위한 현장조사 시험방법에 대한 설명 중 틀린 것은?

① 현장베인시험은 연약한 점토층에서 비배수 전단강도를 직접 산정할 수 있다.
② 정적콘관입시험(CPT)은 콘지수를 이용하여 비배수 전단강도 추정이 가능하다.
③ 표준관입시험에서의 N값은 연약한 점성토 지반 특성을 잘 반영해 준다.
④ 정적콘관입시험(CPT)은 연속적인 지층분류 및 전단강도 추정 등 연약점토 특성 분석에 매우 효과적이다.

■해설 표준관입시험은 사질토의 지반 특성을 잘 반영해 준다.

84. 흙의 분류에 사용되는 Casagrande 소성도에 대한 설명으로 틀린 것은?

① 세립토를 분류하는 데 이용된다.
② U선은 액성한계와 소성지수의 상한선으로 U선 위쪽으로는 측점이 있을 수 없다.
③ 액성한계 50%를 기준으로 저소성(L) 흙과 고소성(H) 흙으로 분류한다.
④ A선 위의 흙은 실트(M) 또는 유기질토(O)이며, A선 아래의 흙은 점토(C)이다.

■해설

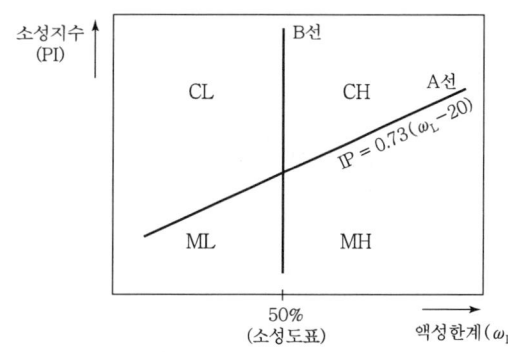

㉠ 압축성이 높음(H) : $W_L \geq 50\%$
㉡ 압축성이 낮음(L) : $W_L \leq 50\%$
㉢ 점토(C) : A선 위쪽
㉣ 실트(M) : A선 아래쪽
∴ A선 위의 흙은 점토(C)이며, A선 아래의 흙은 실트(M)

|해답| 81.④ 82.① 83.③ 84.④

85. 흙의 다짐에 있어 래머의 중량이 2.5kg, 낙하고 30cm, 3층으로 각 층 다짐횟수가 25회일 때 다짐에너지는?(단, 몰드의 체적은 1,000cm³이다.)

① 5.63kg·cm/cm³ ② 5.96kg·cm/cm³
③ 10.45kg·cm/cm³ ④ 0.66kg·cm/cm³

■해설 다짐에너지(E_c)
$$= \frac{W_R \cdot H \cdot N_B \cdot N_L}{V} = \frac{2.5 \times 30 \times 25 \times 3}{1,000}$$
$$= 5.63 \text{kg} \cdot \text{cm/cm}^3$$

86. 수평방향투수계수가 0.12cm/sec이고, 연직방향 투수계수가 0.03cm/sec일 때 1일 침투유량은?

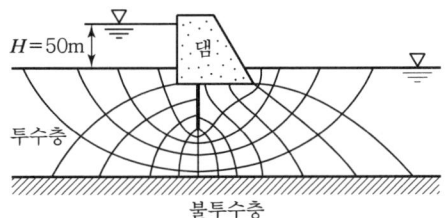

① 970m³/day/m ② 1,080m³/day/m
③ 1,220m³/day/m ④ 1,410m³/day/m

■해설 1일 침투유량(Q)
$$= k \cdot H \cdot \frac{N_f}{N_d}$$
$$= \sqrt{k_H \times k_V} \times H \times \frac{N_f}{N_d}$$
$$= \sqrt{0.12 \times 0.03} \times 50 \times \frac{5}{12} = 1,080 \text{m}^3/\text{day}$$

87. 다음 그림에서 C점의 압력수두 및 전수두 값은 얼마인가?

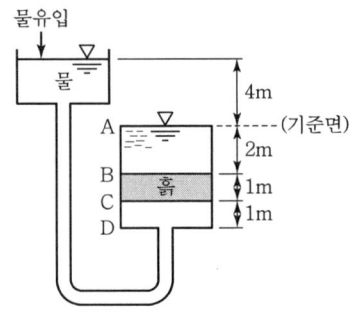

① 압력수두 3m, 전수두 2m
② 압력수두 7m, 전수두 0m
③ 압력수두 3m, 전수두 3m
④ 압력수두 7m, 전수두 4m

■해설 ㉠ C점의 압력수두 = 4+2+1 = 7m
㉡ C점의 위치수두 = -(2+1) = -3
㉢ C점의 전수두 = 위치수두+압력수두
= 7-3 = 4m

88. 그림과 같이 흙입자가 크기가 균일한 구(직경 : d)로 배열되어 있을 때 간극비는?

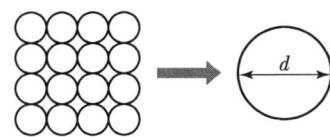

① 0.91 ② 0.71
③ 0.51 ④ 0.35

■해설 간극비(e) = $\frac{V_v}{V_s} = \frac{V-V_s}{V_s}$

㉠ V(흙 전체의 체적) = $4d \times 4d \times d = 16d^3$
㉡ V_s(흙 입자의 체적) = $\frac{4}{3}\pi r^3 \times$ 토립자의 개수
$$= \frac{4}{3}\pi \times \left(\frac{d}{2}\right)^3 \times 16 = \frac{8}{3}\pi d^3$$

∴ $e = \frac{V-V_s}{V_s} = \frac{16d^3 - \frac{8}{3}\pi d^3}{\frac{8}{3}\pi d^3} = 0.91$

89. 표준관입시험(SPT)결과 N치가 25였고, 그때 채취한 교란시료로 입도시험을 한 결과 입자가 둥글고, 입도분포가 불량할 때 Dunham 공식에 의해서 구한 내부 마찰각은?

① 32.3° ② 37.3°
③ 42.3° ④ 48.3°

■해설 내부마찰각(ϕ)
$= \sqrt{12N} + 15$ (입자가 둥글고 입도 분포 불량)
$= \sqrt{(12 \times 25)} + 15$
≒ 32.3°

|해답| 85.① 86.② 87.④ 88.① 89.①

90. 콘크리트 말뚝을 마찰말뚝으로 보고 설계할 때, 총 연적하중을 200ton, 말뚝 1개의 극한지지력을 89ton, 안전율을 2.0으로 하면 소요말뚝의 수는?

① 6개
② 5개
③ 3개
④ 2개

■해설 소요말뚝의 수= $\dfrac{\text{작용하중}}{\text{말뚝의 허용지지력}(Q_a)}$

$\left(Q_a = \dfrac{Q_u}{F_s} = \dfrac{89}{2} = 44.5\right)$

∴ 소요말뚝의 수 = $\dfrac{200}{44.5} = 4.5 ≒ 5$본

91. 점착력이 1.4t/m², 내부 마찰각이 30°, 단위중량이 1.85t/m³인 흙에서 인장 균열 깊이는 얼마인가?

① 1.74m
② 2.62m
③ 3.45m
④ 5.24m

■해설 인장균열 깊이(점착고, Z_c)

$Z_c = \dfrac{2 \times c}{\gamma}\left(\tan 45° + \dfrac{\phi}{2}\right) = \dfrac{2 \times 1.4}{1.85}\left(\tan 45° + \dfrac{30°}{2}\right)$
$= 2.62\text{m}$

92. 다음 중 사면의 안정해석방법이 아닌 것은?

① 마찰원법
② 비숍(Bishop)의 방법
③ 펠레니우스(Fellenius) 방법
④ 테르자기(Terzaghi)의 방법

■해설 사면 안정해석법
- 질량법 – 마찰원법
- 절편법(분할법) – Fellenius의 방법
  – Bishop의 간편법

93. 간극률 50%이고, 투수계수가 9×10^{-2}cm/sec 인 지반의 모관 상승고는 대략 어느 값에 가장 가까운가?(단, 흙입자의 형상에 관련된 상수 $C=0.3\text{cm}^2$, Hazen 공식 : $k = c_1 \times D_{10}^2$에서 $c_1 = 100$으로 가정)

① 1.0cm
② 5.0cm
③ 10.0cm
④ 15.0cm

■해설 모관 상승고(h_c) = $\dfrac{C}{e \cdot D_{10}}$

㉠ $e = \dfrac{n}{1-n} = \dfrac{0.5}{1-0.5} = 1$

㉡ $K = C_1 \times D_{10}^2$

$D_{10} = \sqrt{\dfrac{k}{c_1}} = \sqrt{\dfrac{9 \times 10^{-2}}{100}} = 0.03$

∴ $h_c = \dfrac{0.3}{1 \times 0.03} = 10.0\text{cm}$

94. 흙의 다짐에 대한 설명으로 틀린 것은?

① 다짐에너지가 증가할수록 최대 건조단위중량은 증가한다.
② 최적함수비는 최대 건조단위중량을 나타낼 때의 함수비이며, 이때 포화도는 100%이다.
③ 흙의 특수성 감소가 요구될 때에는 최적함수비의 습윤 측에서 다짐을 실시한다.
④ 다짐에너지가 증가할수록 최적함수비는 감소한다.

■해설
- 다짐에너지가 증가할수록 $\gamma_{d\max}$ 증가, OMC는 작아진다.
- S(포화도)가 100%인 곡선은 영공극 곡선이다.

95. 그림과 같은 지층 단면에서 지표면에 가해진 5t/m²의 상재하중으로 인한 점토층(정규압밀점토)의 1차 압밀 최종침하량(S)을 구하고, 침하량이 5cm일 때 평균압밀도(U)를 구하면?

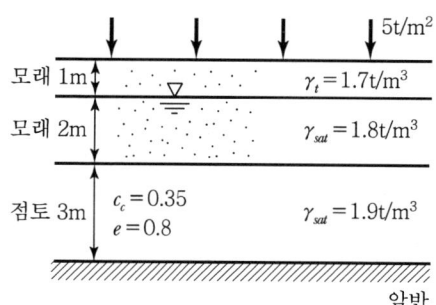

① S=18.5cm, U=27%
② S=14.7cm, U=22%
③ S=18.5cm, U=22%
④ S=14.7cm, U=27%

■해설 평균압밀도(U)
$= \dfrac{\Delta H_t}{\Delta H} \times 100 = \dfrac{t시간\ 후의\ 압밀침하량}{최종\ 1차\ 압밀\ 침하량} \times 100$
$\Delta H = \dfrac{C_c}{1+e_1}\log\dfrac{P_1+\Delta P}{P_1}H$
$= \dfrac{0.35}{1+0.8} \times \log\dfrac{4.65+5}{4.65} \times 300 = 18.5\mathrm{cm}$
점토층 중앙부의 유효응력(P_1)
$= \gamma_t \times H + \gamma_{sub} \times H_2 + \gamma_{sub} \times \dfrac{H_3}{2}$
$= 1.7 \times 1 + (1.8-1) \times 2 + (1.9-1) \times \dfrac{3}{2} = 4.65$
$\therefore U = \dfrac{\Delta H_t}{\Delta H} \times 100 = \dfrac{5}{18.5} \times 100 = 27\%$

96. 동일한 등분포 하중이 작용하는 그림과 같은 (A)와 (B) 두 개의 구형기초판에서 A와 B점의 수직 Z되는 깊이에서 증가되는 지중응력을 각각 σ_A, σ_B라 할 때 다음 중 옳은 것은?(단, 지반 흙의 성질은 동일함)

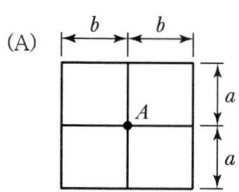 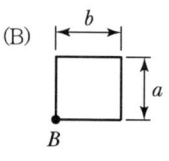

① $\sigma_A = \dfrac{1}{2}\sigma_B$　② $\sigma_A = \dfrac{1}{4}\sigma_B$
③ $\sigma_A = 2\sigma_B$　④ $\sigma_A = 4\sigma_B$

■해설 $\sigma_A = \sigma_B \times 4$

97. 말뚝재하시험 시 연약점토지반인 경우는 pile의 타입 후 20여 일이 지난 다음 말뚝재하시험을 한다. 그 이유는?

① 주면 마찰력이 너무 크게 작용하기 때문에
② 부마찰력이 생겼기 때문에
③ 타입 시 주변이 교란되었기 때문에
④ 주위가 압축되었기 때문에

■해설 말뚝재하시험(평판재하시험) 시 파일 타입 후 즉시 재하시험을 실시하지 않는 이유는 말뚝 주변이 교란되었기 때문이다.

98. Mohr 응력원에 대한 설명 중 옳지 않은 것은?

① 임의 평면의 응력상태를 나타내는 데 매우 편리하다.
② 평면기점(origin of plane, O_p)은 최소주응력을 나타내는 원호 상에서 최소주응력면과 평행선이 만나는 점을 말한다.
③ σ_1과 σ_3의 차의 벡터를 반지름으로 해서 그린 원이다.
④ 한 면에 응력이 작용하는 경우 전단력이 0이면, 그 연직응력을 주 응력으로 가정한다.

■해설 Mohr 응력원은 σ_1과 σ_3의 차의 벡터를 지름으로 해서 그린 원

99. 최대주응력이 10t/m², 최소주응력이 4t/m²일 때 최소주응력 면과 45°를 이루는 평면에 일어나는 수직응력은

① 7t/m²　② 3t/m²
③ 6t/m²　④ 4t/m²

■해설   수직응력$(\sigma) = \dfrac{\sigma_1+\sigma_3}{2} + \dfrac{\sigma_1-\sigma_3}{2}\cos 2\theta$

$= \dfrac{10+4}{2} + \dfrac{10-4}{2}\cos(2\times 45°)$

(θ : 최대주응력면과 파괴면이 이루는 각,
$\theta + \theta' = 90°$, $\theta = 90 - \theta' = 90° - 45° = 45°$)

100. 폭이 10cm, 두께 3mm인 Paper Drain 설계 시 Sand drain의 직경과 동등한 값(등치환산원의 지름)으로 볼 수 있는 것은??

① 2.5cm   ② 5.0cm
③ 7.5cm   ④ 10.0cm

■해설   등치환산원의 지름$(D) = \alpha \times \dfrac{2(A+B)}{\pi}$

$= 0.75 \times \dfrac{2(10+0.3)}{\pi}$

$= 5\text{cm}$

제6과목 **상하수도공학**

101. 혐기성 소화 공정의 영향인자가 아닌 것은?

① 체류시간   ② 메탄함량
③ 독성물질   ④ 알칼리도

■해설   혐기성 소화와 호기성 소화의 비교
㉠ 혐기성 소화와 호기성 소화의 비교

호기성 소화	혐기성 소화
• 시설비가 적게 든다. • 운전이 용이하다. • 비료가치가 크다. • 동력이 소요 된다. • 소규모 활성슬러지 처리에 적합하다. • 처리수 질이 양호하다.	• 시설비가 많이 든다. • 온도, 부하량 변화에 적응시간이 길다. • 병원균을 죽이거나 통제할 수 있다. • 영양소 소비가 적다. • 슬러지 생산이 적다. • CH_4과 같은 유용한 가스를 얻는다.

㉡ 혐기성 소화의 영향인자
• 소화는 중온소화(35℃)와 고온소화(55℃)로 나뉜다.
• pH
• 영양염류(N, P)

• 중금속 등 독성물질
• 산소
• 알칼리도
• 체류시간

∴ 혐기성 소화와 관련 없는 인자는 메탄함량이다.

102. 합류식 하수도의 시설에 해당되지 않는 것은?

① 오수받이   ② 연결관
③ 우수토실   ④ 오수관거

■해설   합류식 하수도 시설
합류식 하수도 시설에는 오수받이, 연결관, 우수토실 등이 필요하며, 관로시설에는 합류식관이 필요하다. 오수관거는 분류식에 필요한 시설이다.

103. 막여과시설의 약품세척에서 무기물질 제거에 사용되는 약품이 아닌 것은?

① 염산   ② 차아염소산나트륨
③ 구연산   ④ 황산

■해설   막여과시설
㉠ 막을 역재로 하여 물을 통과시켜 물리적으로 원수 중의 불순물을 분리, 제거 후 청정한 여과수를 얻는 정수방법을 막여과 정수처리라고 한다.
㉡ 막의 세정
• 물리세정 : 공기세정과 수세정 방법을 이용한다.
• 약품세정 : 가성소다, 황산, 염산 등의 산 혹은 알칼리, 차아염소산소다 등의 산화제, 초산, 구연산 등의 유기산 등을 이용한다.

104. 하수도시설에 관한 설명으로 옳지 않은 것은?

① 하수도시설은 관거시설, 펌프장시설 및 처리장시설로 크게 구별할 수 있다.
② 하수배제는 자연유하를 원칙으로 하고 있으며 펌프시설도 사용할 수 있다.
③ 하수처리장시설은 물리적 처리시설을 제외한 생물학적, 화학적 처리시설을 의미한다.
④ 하수 배제방식은 합류식과 분류식으로 대별할 수 있다.

|해답| 100.② 101.② 102.④ 103.② 104.③

■해설 하수도시설
  ㉠ 하수도시설은 관거시설, 펌프장시설 및 처리장시설로 크게 구별할 수 있다.
  ㉡ 하수배제는 자연유하를 기본 원칙으로 하고 있으며 조건에 따라서는 펌프장시설도 사용할 수 있다.
  ㉢ 하수처리장시설에는 물리적 시설, 화학적 시설, 생물학적 시설 등이 설치되어 있다.
  ㉣ 하수 배제방식은 합류식과 분류식으로 대별할 수 있다.

105. 맨홀에 인버트(invert)를 설치하지 않았을 때의 문제점이 아닌 것은?
  ① 맨홀 내에 퇴적물이 쌓이게 된다.
  ② 맨홀 내에 물기가 있어 작업이 불편하다.
  ③ 환기가 되지 않아 냄새가 발생한다.
  ④ 퇴적물이 부패되어 악취가 발생한다.

■해설 인버트
  ㉠ 맨홀 바닥에 퇴적물이 쌓이지 않도록 하기 위한 것으로 바닥을 경사지게 하여 하수의 흐름을 원활하게 하는 부대시설이다.
  ㉡ 구조
    • 인버트의 종단경사는 하류관의 경사와 동일하게 한다.
    • 인버트의 발디딤부는 10~20%의 횡단경사를 둔다.
    • 인버트의 폭은 하류측 폭을 상류까지 같은 넓이로 연장한다.
    • 상류관 저부와 인버트 저부의 단차는 손실수두를 고려하여 3~10cm 정도의 낙차를 확보한다.
  ∴ 인버트의 설치목적을 환기에 두지는 않는다.

106. 금속이온 및 염소이온(염화나트륨 제거율 93% 이상)을 제거할 수 있는 막여과공법은?
  ① 역삼투법
  ② 정밀여과법
  ③ 한외여과법
  ④ 나노여과법

■해설 막의 종류 및 특성
  ㉠ 정밀여과
    • 정밀여과막모듈을 이용하여 부유물질이나 원충, 세균, 바이러스 등을 체거름원리에 따라 입자의 크기로 분리하는 여과법을 말한다.
    • 부유물질, 클로이드, 세균, 조류, 바이러스, 크립토스포리디움 난포낭, 지아디아 난포낭 등을 제거한다.
  ㉡ 한외여과법
    • 한외여과막모듈을 이용하여 부유물질이나 원충, 세균, 바이러스, 고분자량물질 등을 체거름원리에 따라 분자의 크기로 분리하는 여과법을 말한다.
    • 부유물질, 클로이드, 세균, 조류, 바이러스, 크립토스포리디움 난포낭, 지아디아 난포낭, 부식산 등을 제거한다.
  ㉢ 나노여과법
    • 한외여과법과 역삼투법의 중간에 위치하는 나노여과막모듈을 이용하여 이온이나 저분량 물질 등을 제거하는 여과법을 말한다.
    • 유기물, 농약, 맛·냄새물질, 합성세제, 칼슘이온, 마그네슘이온, 황산이온, 질산성 질소 등을 제거한다.
  ㉣ 역삼투법
    • 물은 통과하지만 이온은 통과하지 않는 역삼투막모듈을 이용하여 이온물질을 제거하는 여과법을 말한다.
    • 금속이온, 염소이온 등을 제거한다.

107. 상수 원수에 포함된 색도 제거를 위한 단위조작으로 거리가 먼 것은?
  ① 폭기처리
  ② 응집침전처리
  ③ 활성탄처리
  ④ 오존처리

■해설 색도 제거
  상수 원수에 포함된 색도 제거를 위한 단위공정에는 응집침전처리, 활성탄처리, 오존처리 등이 있다.

108. BOD$_5$가 155mg/L인 폐수에서 탈산소계수(K_1)가 0.2/day일 때 4일 후에 남아 있는 BOD는? (단, 탈산소계수는 상용대수 기준)

① 27.3mg/L
② 56.4mg/L
③ 127.5mg/L
④ 172.2mg/L

■해설 잔존 BOD
  ㉠ 잔존 BOD
  - $E = L_a(1 - 10^{-kt})$
  - $Y = L_a 10^{-kt}$

  여기서, E : BOD 소모량
  Y : 잔존 BOD
  L_a : 최종 BOD
  k : 탈산소 계수
  t : 시간(day)

  ㉡ L_a의 산정
  $$L_a = \frac{E}{(1-10^{-kt})} = \frac{155}{(1-10^{-0.2 \times 5})}$$
  $= 172.22$mg/L

  ㉢ 잔존 BOD 산정
  $Y = L_a 10^{-kt} = 172.22 \times 10^{-0.2 \times 4} = 27.3$mg/L

109. 하수관거의 단면에 대한 설명으로 옳지 않은 것은?

① 계란형은 유량이 적은 경우 원형거에 비해 수리학적으로 유리하다.
② 말굽형은 상반부의 아치작용에 의해 역학적으로 유리하다.
③ 원형, 직사각형은 역학계산이 비교적 간단하다.
④ 원형은 주로 공장제품이므로 지하수의 침투를 최소화할 수 있다.

■해설 하수관거의 단면 형상
  하수관거의 단면 형상에서 원형은 주로 공장제품으로 연결부가 많아져서 지하수 침투의 우려가 있다.

110. BOD 250mg/L의 폐수 30,000m^3/day를 활성슬러지법으로 처리하고자 한다. 반응조 내의 MLSS 농도가 2,500mg/L, F/M비가 0.5kg BOD/kg MLSS·day로 처리하고자 하면 BOD 용적부하는?

① 0.5kg BOD/m^3·day
② 0.75kg BOD/m^3·day
③ 1.0kg BOD/m^3·day
④ 1.25kg BOD/m^3·day

■해설 BOD 용적부하
  ㉠ BOD 슬러지부하
  $$F/M = \frac{1일\ BOD량}{MLSS\ 무게} = \frac{BOD\ 농도 \times Q}{MLSS\ 농도 \times V}$$
  $$\therefore 포기조\ 체적(V) = \frac{BOD\ 농도 \times Q}{MLSS\ 농도 \times F/M}$$
  $$= \frac{250 \times 30,000}{2,500 \times 0.5} = 6,000\text{m}^3$$

  ㉡ BOD 용적부하
  $$BOD\ 용적부하 = \frac{하수량 \times 하수의\ BOD\ 농도}{포기조\ 부피}$$
  $$= \frac{30,000 \times 250 \times 10^{-3}}{6,000}$$
  $= 1.25$kg/m^3·day

111. 배수관을 다른 지하매설물과 교차 또는 인접하여 부설할 경우에는 최소 몇 cm 이상의 간격을 두어야 하는가?

① 10cm
② 30cm
③ 80cm
④ 100cm

■해설 배수관의 매설위치와 깊이
  ㉠ 보도에 매설하는 배수관의 매설깊이는 흙두께 90cm를 표준으로 한다.
  ㉡ 지하매설물과는 최소 30cm 이상 간격을 두어야 한다.
  ㉢ 오수관과 부득이하게 인접 시는 오수관보다 높게 매설해야 한다.

112. 급수용 저수지의 필요수량을 결정하기 위한 유량누가곡선도에 대한 설명으로 틀린 것은?

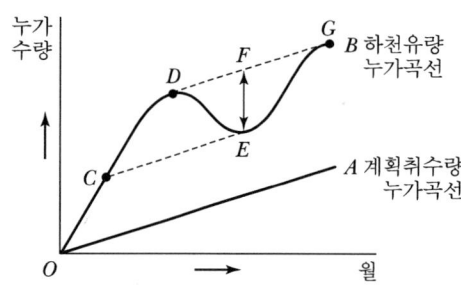

① 필요(유효)저수량은 $\overline{EF}$ 이다.
② 저수시작점은 C이다.
③ $\overline{DE}$ 구간에서는 저수지의 수위가 상승한다.
④ 이론적 산출방법으로 Ripple's method라 한다.

■해설 유량누가곡선법
 ㉠ 해당 지역의 유입량누가곡선과 유출량누가곡선을 이용하여 저수지용량과 저수시작점 등을 결정할 수 있는 방법으로 이론법 또는 Ripple's method라고도 한다.
 ㉡ 그림에서 $\overline{DE}$ 구간은 저수지 수위가 감소하는 구간이며, $\overline{EG}$ 구간이 저수지 수위가 증가하는 구간이다.

113. 계획인구 150,000명인 도시의 수도계획에서 계획급수인구가 142,500명일 때 1인 1일의 최대급수량을 450L로 하면 1일 최대급수량은?

① 6,750,000m³/day ② 67,500m³/day
③ 333,333m³/day   ④ 64,125m³/day

■해설 급수량의 산정

종류	내용
계획 1일 최대급수량	수도시설 규모 결정의 기준이 되는 수량 = 계획 1일 평균급수량×1.5(중·소도시), 1.3(대도시, 공업도시)
계획 1일 평균급수량	재정계획수립에 기준이 되는 수량 = 계획 1일 최대급수량×0.7(중·소도시), 0.85(대도시, 공업도시)
계획시간 최대급수량	배수 본관의 구경결정에 사용 = 계획 1일 최대급수량/24×1.3(대도시, 공업도시), 1.5(중소도시), 2.0(농촌, 주택단지)

∴ 계획 1일 최대급수량 = $450 \times 10^{-3} \times 142,500$
= $64,125 \text{m}^3/\text{day}$

114. 상수의 완속여과방식 정수과정으로 옳은 것은?

① 여과 → 침전 → 살균
② 살균 → 침전 → 여과
③ 침전 → 여과 → 살균
④ 침전 → 살균 → 여과

■해설 정수처리 계통
 ㉠ 완속여과 시스템
   보통침전 → 완속여과 → 살균
 ㉡ 급속여과 시스템
   응결 → floc 형성 → 약품침전 → 급속여과 → 살균

115. 상수도 계통의 도수시설에 관한 설명으로 옳은 것은?

① 적당한 수질의 물을 수원지에서 모아서 취하는 시설을 말한다.
② 수원에서 취한 물을 정수장까지 운반하는 시설을 말한다.
③ 정수 처리된 물을 수용가에서 공급하는 시설을 말한다.
④ 정수장에서 정수 처리된 물을 배수지까지 보내는 시설을 말한다.

■해설 상수도 구성요소
 ㉠ 수원 → 취수 → 도수(침사지) → 정수(착수정 → 약품혼화지 → 침전지 → 여과지 → 소독지 → 정수지) → 송수 → 배수(배수지, 배수탑, 고가탱크, 배수관) → 급수
 ㉡ 수원, 취수, 도수, 정수, 송수 등의 설계에는 계획 1일 최대급수량을 기준으로 한다.
 ㉢ 계획취수량은 계획 1일 최대급수량을 기준으로 5~10% 정도 여유 있게 취수한다.
 ㉣ 배수관의 직경결정, 펌프의 직경결정 등은 계획 시간 최대급수량을 기준으로 한다.
 ∴ 도수시설은 수원에서 취수한 물을 정수장까지 운반하는 시설을 말한다.

116. 그림은 펌프특성곡선이다. 펌프의 양정을 나타내는 곡선 형태는?

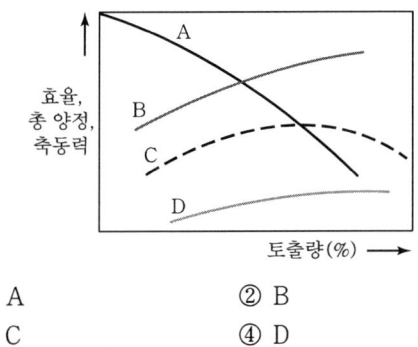

① A
② B
③ C
④ D

■해설 펌프특성곡선
㉠ 펌프의 회전속도를 일정하게 고정하고 토출관의 밸브를 조절하여 토출량을 변화시킬 때 토출량(Q)의 변화에 따른 양정(H), 효율(η), 축동력(P)의 변화를 최대효율점에 대한 비율로 나타낸 곡선을 펌프특성곡선이라 한다.
㉡ 그림에서 토출량과 양정의 관계는 반비례로 A이다.

117. 합류식 하수도는 강우 시에 처리되지 않은 오수의 일부가 하천 등의 공공수역에 방류되는 문제점을 갖고 있다. 이에 대한 대책으로 적합하지 않은 것은?

① 차집관거의 축소
② 실시간 제어방법
③ 스월조절조(swirl regulator) 설치
④ 우수저류지 설치

■해설 우수의 조정
㉠ 합류식 하수도는 강우 시 계획오수량 이상의 오수는 처리되지 않고 하천 등에 방류되는 문제점을 갖고 있어 이를 조절하기 위하여 시설을 설치한다.
㉡ 우수의 조정시설
• 차집관의 확대
• 실시간 제어방법
• 스월조절조의 설치
• 우수체수지의 설치
• 우수토실 및 우수조정지, 저류지의 설치

118. 장기 포기법에 관한 설명으로 옳은 것은?

① F/M비가 크다.
② 슬러지 발생량이 적다.
③ 부지가 적게 소요된다.
④ 대규모 처리장에 많이 이용된다.

■해설 장시간 포기법
㉠ 표준활성슬러지법의 유입부 과부하, 유출부 저부하의 문제점을 해결하기 위해 변법들이 있다.
㉡ 장시간 포기법
• 체류시간을 18~24시간으로 길게 체류시킨다.
• 장시간 포기로 내생호흡단계를 유지시킨다.
• 미생물의 자기분해로 잉여슬러지 생산이 감소된다.
• 산소소모량이 크며, 포기조의 용적이 크다.
• 운전비가 많이 들며, 소규모 처리장에 적합한 방법이다.

119. 관로시설 설계 시 계획하수량으로 옳지 않은 것은?

① 우수관거 : 계획우수량
② 오수관거 : 계획 1일 최대오수량
③ 차집관거 : 우천시 계획오수량
④ 합류식 관거 : 계획시간 최대오수량+계획우수량

■해설 계획하수량의 결정
㉠ 오수 및 우수관거

종류		계획하수량
합류식		계획시간 최대오수량에 계획우수량을 합한 수량
분류식	오수관거	계획시간 최대오수량
	우수관거	계획우수량

㉡ 차집관거
우천 시 계획오수량 또는 계획시간 최대오수량의 3배를 기준으로 설계한다.

120. 분말활성탄과 입상활성탄의 비교 설명으로 틀린 것은?

① 분말활성탄은 재생사용이 용이하다.
② 분말활성탄은 기존시설을 사용하여 처리할 수 있다.
③ 입상활성탄은 누출에 의한 흑수현상(검은물 발생) 우려가 없다.
④ 입상활성탄은 비교적 장기간 처리하는 경우에 유리하다.

■해설 활성탄처리
　㉠ 활성탄처리
　　활성탄은 No.200체를 기준으로 하여 분말활성탄과 입상활성탄으로 분류하며 제거효과, 유지관리, 경제성 등을 비교, 검토하여 선정한다.
　㉡ 적용
　　일반적으로 응급적이며 단기간 사용할 경우에는 분말활성탄처리가 적합하고 연간 연속하거나 비교적 장기간 사용할 경우에는 입상활성탄 처리가 유리하다.
　㉢ 특징
　　• 물에 맛과 냄새를 유발하는 조류 제거에 효과적이다.
　　• 장기간 처리 시 탄층을 두껍게 할 수 있으며 재생할 수 있어 입상활성탄 처리가 경제적이다.
　　• 분말활성탄은 재생 후 재생 사용이 어려우므로 비경제적이다.
　　• 입상활성탄처리는 장기간 사용으로 원생동물이 번식할 우려가 있다.
　　• 입상활성탄처리를 적용할 때는 여과지를 만들 필요가 있다.
　　• 입상활성탄은 누출에 의한 흑수현상 우려가 적다.

과년도 기출문제

(2016년 10월 1일 시행)

제1과목 **응용역학**

01. 반지름이 r인 중실축(中實軸)과 바깥 반지름이 r이고 안쪽 반지름이 $0.6r$인 중공축(中空軸)이 동일 크기의 비틀림 모멘트를 받고 있다면 중실축(中實軸) : 중공축(中空軸)의 최대 전단응력비는?

① 1 : 1.28 ② 1 : 1.24
③ 1 : 1.20 ④ 1 : 1.15

■해설 $\tau_{\max 1} = \dfrac{Tr}{I_{P1}} = \dfrac{Tr}{\dfrac{\pi r^4}{2}} = \dfrac{2T}{\pi r^3}$

$\tau_{\max 2} = \dfrac{Tr}{I_{P2}} = \dfrac{Tr}{\dfrac{\pi(1-0.6^4)r^4}{2}}$

$= \dfrac{1}{(1-0.6^4)}\dfrac{2T}{\pi r^3} = 1.15\dfrac{2T}{\pi r^3}$

$\tau_{\max 1} : \tau_{\max 2} = 1 : 1.15$

02. 그림과 같은 캔틸레버보에서 자유단 A의 처짐은?(단, EI는 일정함)

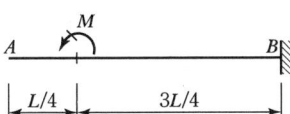

① $\dfrac{3ML}{I}(\downarrow)$ ② $\dfrac{13ML^2}{32EI}(\downarrow)$
③ $\dfrac{7ML^2}{16EI}(\downarrow)$ ④ $\dfrac{15ML^2}{32EI}(\downarrow)$

■해설

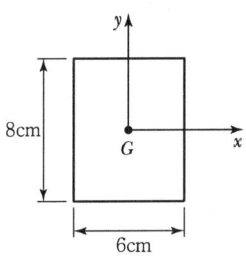

$x_0 = \dfrac{L}{4} + \dfrac{1}{2} \times \dfrac{3L}{4} = \dfrac{5L}{8}$

$y_A = \left(\dfrac{M}{EI} \times \dfrac{3L}{4}\right) \times \dfrac{5L}{8} = \dfrac{15ML^2}{32EI}(\downarrow)$

03. 그림에서 직사각형의 도심축에 대한 단면 상승 모멘트 I_{xy}의 크기는?

① 576cm⁴ ② 256cm⁴
③ 142cm⁴ ④ 0cm⁴

■해설 단면이 대칭이고, 설정된 x, y 두 축 중에서 적어도 한 개 축이 도심을 지날 경우 $I_{xy}=0$이다.

04. 길이가 3m이고 가로 20cm, 세로 30cm인 직사각형 단면의 기둥이 있다. 좌굴응력을 구하기 위한 이 기둥의 세장비는?

① 34.6 ② 43.3
③ 52.0 ④ 40.7

■해설 • $h \geq b$

• $r_{\min} = \sqrt{\dfrac{I_{\min}}{A}} = \sqrt{\dfrac{\left(\dfrac{hb^3}{12}\right)}{(bh)}}$

$= \dfrac{b}{2\sqrt{3}} = \dfrac{20}{2\sqrt{3}} = 5.77\,\text{cm}$

• $\lambda = \dfrac{L}{r_{\min}} = \dfrac{(3\times 10^2)}{5.77} = 52$

|해답| 1.④ 2.④ 3.④ 4.③

05. 다음의 단순보에서 A점의 반력이 B점의 반력의 3배가 되기 위한 거리 x는 얼마인가?

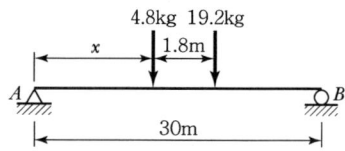

① 3.75m ② 5.04m
③ 6.06m ④ 6.66m

■해설 $\Sigma F_y = 0 (\uparrow \oplus)$
$R_A - 4.8 - 19.2 + R_B = 0$
$(3R_B) + R_B = 24$
$R_B = 6\,\text{kg}(\uparrow)$

$\Sigma M_Ⓐ = 0 (\curvearrowright \oplus)$
$4.8x + 19.2(x+1.8) - 6 \times 30 = 0$
$24x = 145.44$
$x = 6.06\,\text{m}(\rightarrow)$

06. 아래 그림과 같은 라멘구조물에서 A점의 반력 R는?

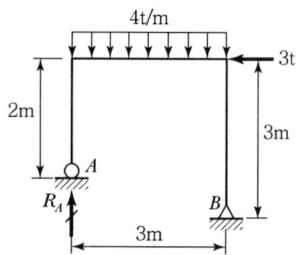

① 3t ② 4.5t
③ 6t ④ 9t

■해설 $\Sigma M_Ⓑ = 0 (\curvearrowright \oplus)$
$R_A \times 3 - (4 \times 3) \times 1.5 - 3 \times 3 = 0$
$R_A = 9\,\text{t}(\uparrow)$

07. 그림과 같은 트러스에서 A점에 연직하중 P가 작용할 때 A점의 연직처짐은?(단, 부재의 축강도는 모두 EA이고, 부재의 길이는 $AB=3l$, $AC=5l$이며, B와 C의 거리는 $4l$이다.)

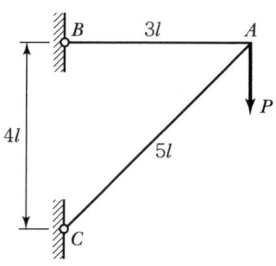

① $8.0\dfrac{Pl}{EA}$ ② $8.5\dfrac{Pl}{EA}$
③ $9.0\dfrac{Pl}{EA}$ ④ $9.5\dfrac{Pl}{EA}$

■해설 $\Sigma F_y = 0(\uparrow \oplus)$
$-F_{AC} \times \dfrac{4}{5} - P = 0$
$F_{AC} = -\dfrac{5}{4}P$

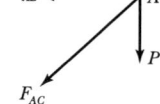

$\Sigma F_x = 0 (\rightarrow \oplus)$
$-F_{AB} - F_{AC} \cdot \dfrac{3}{5} = 0$
$F_{AB} = -F_{AC} \cdot \dfrac{3}{5} = -\left(-\dfrac{5}{4}P\right) \cdot \dfrac{3}{5} = \dfrac{3}{4}P$

$f_{AB} = \dfrac{3}{4}$
$f_{AC} = -\dfrac{5}{4}$

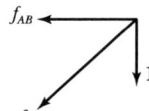

$\delta_A = \Sigma \dfrac{F \cdot f}{EA} l$
$= \dfrac{1}{EA} \left\{ \left(\dfrac{3}{4}P\right)\left(\dfrac{3}{4}\right) \cdot 3l \right.$
$\left. + \left(-\dfrac{5}{4}P\right)\left(-\dfrac{5}{4}\right) \cdot 5l \right\}$
$= 9.5\dfrac{Pl}{EA}$

08. 다음 구조물의 변형에너지의 크기는?(단, E, I, A는 일정하다.)

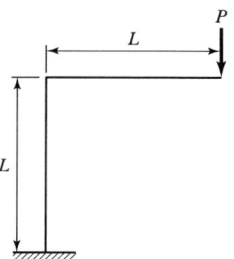

① $\dfrac{2PL^3}{3EI}+\dfrac{P^2L}{2EA}$ ② $\dfrac{P^2L^3}{3EI}+\dfrac{P^2L}{EA}$

③ $\dfrac{P^2L^3}{3EI}+\dfrac{P^2L}{2EA}$ ④ $\dfrac{2P^2L^3}{3EI}+\dfrac{P^2L}{EA}$

■ 해설

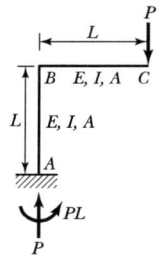

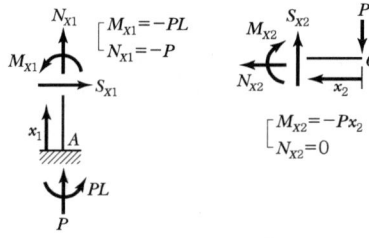

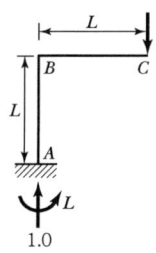

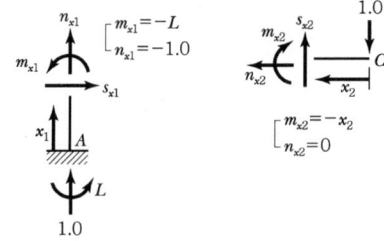

$y_c = \Sigma \int \dfrac{M\cdot m}{EI}dx + \Sigma \int \dfrac{N\cdot n}{EA}dx$

$= \int_0^L \dfrac{1}{EI}(-PL)(-L)dx_1$

$\quad + \int_0^L \dfrac{1}{EI}(-Px_2)(-x_2)dx_2$

$\quad + \int_0^L \dfrac{1}{EA}(-P)(-1.0)dx_1$

$\quad + \int_0^L \dfrac{1}{EA}(0)(0)dx_2$

$= \dfrac{1}{EI}\left[PL^2 x_1\right]_0^L + \dfrac{1}{EI}\left[P\cdot \dfrac{x_2^3}{3}\right]_0^L + \dfrac{1}{EA}\left[Px_1\right]_0^L$

$= \dfrac{PL^3}{EI} + \dfrac{PL^3}{3EI} + \dfrac{PL}{EA} = \dfrac{4PL^3}{3EI} + \dfrac{PL}{EA}$

$U = \dfrac{1}{2}\cdot P \cdot y_c = \dfrac{P}{2}\left(\dfrac{4PL^3}{3EI}+\dfrac{PL}{EA}\right)$

$= \dfrac{2P^2L^3}{3EI} + \dfrac{P^2L}{2EA}$

09. 균질한 단면봉이 그림과 같이 P_1, P_2, P_3의 하중을 B, C, D점에서 받고 있다. 각 구간의 거리 $a=1.0$m, $b=0.5$m, $c=0.5$m이고, $P_2=10$t, $P_3=4$t의 하중이 작용할 때 D점에서의 수직방향 변위가 일어나지 않기 위한 하중 P_1은?

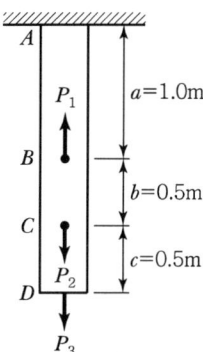

① 21t   ② 22t
③ 23t   ④ 24t

■ 해설

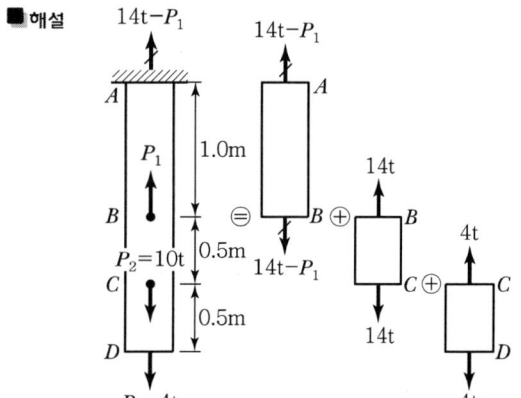

$\delta_D = \delta_{AB} + \delta_{BC} + \delta_{CD}$

$= \dfrac{1}{EA}\left[\{(14-P_1)\times 1\}+(14\times 0.5)+(4\times 0.5)\right]=0$

$(14-P_1)+7+2=0,\ P_1=23\text{t}$

10. 그림의 보에서 지점 B의 휨모멘트는?(단, EI는 일정하다.)

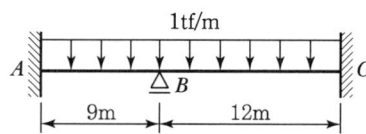

① -6.75tf/m ② -9.75tf/m
③ -12tf/m ④ -16.5tf/m

■해설
- 처짐각법을 적용하면
- 문제에 주어진 값
  $w=1\text{tf/m},\ l_1=9\text{m},\ l_2=12\text{m},\ EI=$상수
- 고정단 모멘트
  $$M_{FBA}=\frac{wl_1^{\,2}}{12}=\frac{1\times 9^2}{12}=6.75\text{tf}\cdot\text{m}$$
  $$M_{FBC}=-\frac{wl_2^{\,2}}{12}=-\frac{1\times 12^2}{12}=-12\text{tf}\cdot\text{m}$$
- 조건식
  $\theta_A=0,\ \theta_C=0,\ \Sigma M_{\text{\tiny B}}=M_{BA}+M_{BC}=0$ ······ ㉠
- 처짐각 방정식
  $$M_{BA}=M_{FBA}+\frac{2EI}{l_1}(2\theta_A+\theta_B)$$
  $$=6.75+\frac{4EI}{9}\theta_B\ \cdots\cdots\cdots\cdots\ ㉡$$
  $$M_{BC}=M_{FBC}+\frac{2EI}{l_2}(2\theta_B+\theta_C)$$
  $$=-12+\frac{EI}{3}\theta_B\ \cdots\cdots\cdots\cdots\ ㉢$$
- 식 ㉡과 ㉢을 식 ㉠에 대입
  $$\Sigma M_{\text{\tiny B}}=M_{BA}+M_{BC}$$
  $$=\left(6.75+\frac{4EI}{9}\theta_B\right)+\left(-12+\frac{EI}{3}\theta_B\right)$$
  $$=-5.25+\frac{7EI}{9}\theta_B=0$$
  $$\theta_B=\frac{6.75}{EI}\ \cdots\cdots\cdots\cdots\ ㉣$$
- 식 ㉣을 식 ㉡과 ㉢에 각각 대입
  $$M_{BA}=6.75+\frac{4EI}{9}\left(\frac{6.75}{EI}\right)=9.75\text{tf}\cdot\text{m}(\curvearrowleft)$$
  $$M_{BC}=-12+\frac{EI}{3}\left(\frac{6.75}{EI}\right)=-9.75\text{tf}\cdot\text{m}(\curvearrowleft)$$

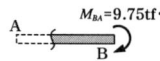 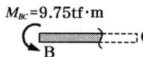

- $M_B=-9.75\text{tf}\cdot\text{m}$

11. 그림의 트러스에서 a부재의 부재력은?

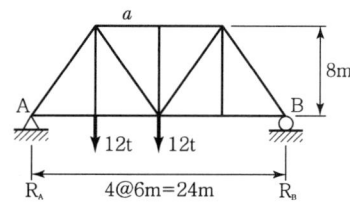

① 13.5t(인장)   ② 17.5t(인장)
③ 13.5t(압축)   ④ 17.5r(압축)

■해설

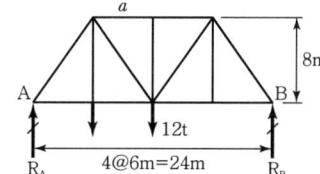

$\Sigma M_{\text{\tiny B}}=0\,(\curvearrowright\oplus)$
$R_A\times 24-12\times 18$
$\quad-12\times 12=0$
$R_A=15\text{t}(\uparrow)$

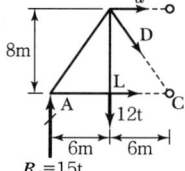

$\Sigma M_{\text{\tiny C}}=0\,(\curvearrowright\oplus)$
$15\times 12-12\times 6+a\times 8=0$
$a=-13.5\text{t}\,(압축)$

12. 다음의 그림에 있는 연속보의 B점에서의 반력을 구하면?($E=2.1\times 10^6\text{kg/cm}^2$, $I=1.6\times 10^4\text{cm}^4$)

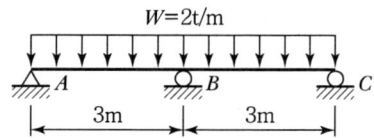

① 6.3t   ② 7.5t
③ 9.7t   ④ 10.1t

■해설 $R_{By}=\dfrac{5wl}{4}=\dfrac{5\times 2\times 3}{4}=7.5\text{t}(\uparrow)$

13. 다음 단순보의 지점 B에 모멘트 M가 작용할 때 지점 A에서의 처짐각(θ_A)은?

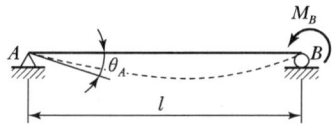

① $\dfrac{M_B l}{2EI}$ ② $\dfrac{M_B l}{3EI}$
③ $\dfrac{M_B l}{6EI}$ ④ $\dfrac{M_B l}{8EI}$

■해설 $\theta_A = \dfrac{l}{6EI}(2M_A + M_B) = \dfrac{l}{6EI}(0 + M_B) = \dfrac{M_B l}{6EI}$

14. 다음 중에서 정(+)과 부(−)의 값을 모두 갖는 것은?
① 단면계수
② 단면 2차 모멘트
③ 단면 상승 모멘트
④ 단면 회전반지름

■해설 $I_{xy} = \int_A xy\, dA = I_{XY} + Ax_0 y_0$
단면 상승 모멘트는 주어진 단면에 대한 설정 축의 위치에 따라 정(+)의 값과 부(−)의 값이 모두 존재할 수 있다.

15. 그림과 같이 두 개의 나무판이 못으로 조립된 T형보에서 단면에 작용하는 전단력(V)이 155 kg이고 한 개의 못이 전단력 70kg을 전달할 경우 못의 허용 최대 간격은 약 얼마인가?(단, 11,354.0cm)

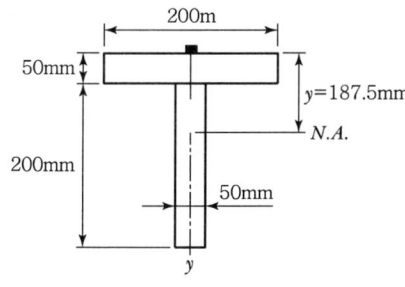

① 7.5cm   ② 8.2cm
③ 8.9cm   ④ 9.7cm

■해설
- 중립축에 대한 플랜지의 단면 1차 모멘트(G)
  $G = (20 \times 5) \times \left(8.75 - \dfrac{5}{2}\right) = 625\text{cm}^3$
- 플랜지와 웨브의 경계면에서 발생되는 전단흐름(f)
  $f = \dfrac{VG}{I} = \dfrac{155 \times 625}{11,354} = 8.53\text{kg/cm}$
- 못의 허용간격(S)
  $V_a \geq f \cdot s$
  $s \leq \dfrac{V_a}{f} = \dfrac{70}{8.53} = 8.2\text{cm}$

16. 다음 그림과 같은 단순보에 이동하중이 작용하는 경우 절대 최대 휨모멘트는 얼마인가?

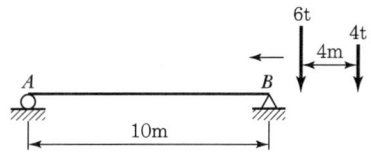

① 17.64t·m   ② 16.72t·m
③ 16.20t·m   ④ 12.51t·m

■해설 ㉠ 절대 최대 휨모멘트가 발생하는 위치와 하중 배치

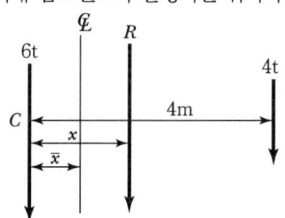

- 이동 하중군의 합력 크기(R)
  $\sum F_y (\downarrow \oplus) = 6 + 4 = R$
  $R = 10\text{t}$
- 이동 하중군의 합력 위치(x)
  $\sum M_{\text{C}}(\curvearrowright \oplus) = 4 \times 4 = R \times x$
  $x = \dfrac{16}{R} = \dfrac{1.6}{2} = 1.6\text{m}$
- 절대 최대 휨모멘트가 발생하는 위치($\bar{x}$)
  $\bar{x} = \dfrac{x}{2} = \dfrac{1.6}{2} = 0.8\text{m}$

따라서, 절대 최대 휨모멘트는 6t의 재하위치가 보 중앙으로부터 좌측으로 0.8m 떨어진 곳(A점으로부터 4.2m 떨어진 곳)일 때, 6t의 재하위치에서 발생한다.

|해답| 13.③ 14.③ 15.② 16.①

ⓒ 절대 최대 휨모멘트

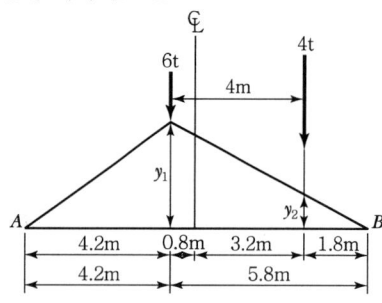

- 영향선 종거(y_1, y_2)

$$y_1 = \frac{4.2 \times 5.8}{10} = 2.436$$

$$y_2 = \frac{y_1 \times 1.8}{5.8} = \frac{2.436 \times 1.8}{5.8} = 0.756$$

- 절대 최대 휨모멘트($M_{abs\,max}$)

$$M_{abs\,max} = 6 \times 2.436 + 4 \times 0.756$$
$$= 17.64 t \cdot m$$

17. 바닥은 고정, 상단은 자유로운 기둥의 좌굴 형상이 그림과 같을 때 임계하중은 얼마인가?

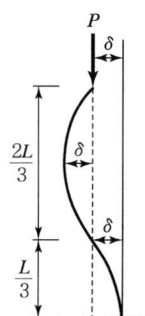

① $\dfrac{\pi^2 EI}{4L}$ ② $\dfrac{9\pi^2 EI}{4L^2}$

③ $\dfrac{13\pi^2 EI}{4L^2}$ ④ $\dfrac{25\pi^2 EI}{4L^2}$

■해설 $P_{cr} = \dfrac{\pi^2 EI}{(kl)^2} = \dfrac{\pi^2 EI}{\left(1 \times \dfrac{2L}{3}\right)^2} = \dfrac{\pi^2 EI}{\left(\dfrac{4L^2}{9}\right)} = \dfrac{9\pi^2 EI}{4L^2}$

18. 아래의 표에서 설명하는 것은?

> 탄성체에 저장된 변형에너지 U를 변위의 함수로 나타내는 경우에, 임의의 변위 Δ_i에 관한 변형에너지 U의 1차 편도함수는 대응되는 하중 P_i와 같다. 즉 $P_i = \dfrac{\partial U}{\partial \Delta_i}$ 이다.

① Castigliano의 제1정리
② Castigliano의 제2정리
③ 가상일의 원리
④ 공액보법

19. 다음 그림과 같은 $r = 4m$인 3힌지 원호아치에서 지점 A에서 2m 떨어진 E점의 휨모멘트의 크기는 약 얼마인가?

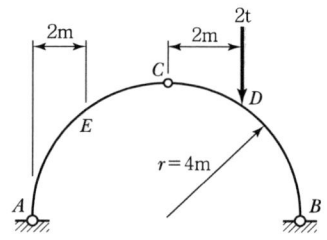

① $0.613 t \cdot m$ ② $0.732 t \cdot m$
③ $0.827 t \cdot m$ ④ $0.916 t \cdot m$

■해설 $\sum M_\text{Ⓑ} = 0 (\curvearrowleft \oplus)$
$V_A \times 8 - 2 \times 2 = 0$
$V_A = 0.5 t (\uparrow)$

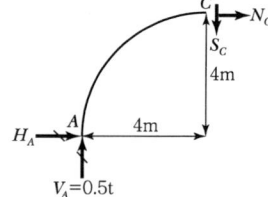

$\sum M_\text{Ⓒ} = 0 (\curvearrowleft \oplus)$
$0.5 \times 4 - H_A \times 4 = 0$
$H_A = 0.5 t (\rightarrow)$

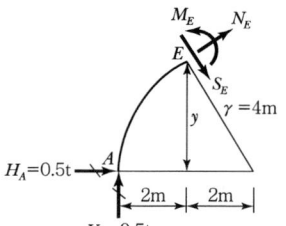

$y = \sqrt{4^2 - 2^2} = 2\sqrt{3}$ m

$\sum M_\text{Ⓔ} = 0 (\curvearrowleft \oplus)$
$0.5 \times 2 - 0.5 \times 2\sqrt{3} - M_E = 0$
$M_E = -0.732 t \cdot m$

20. 그림의 AC, BC에 작용하는 힘 F_C, F_{BC}의 크기는?

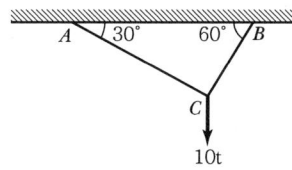

① F_{AC}=10t, F_{BC}=8.66t
② F_{AC}=8.66t, F_{BC}=5t
③ F_{AC}=5t, F_{BC}=8.66t
④ F_{AC}=5t, F_{BC}=17.32t

■해설

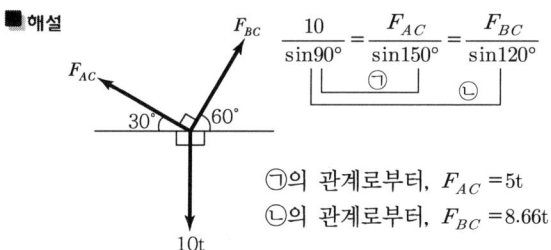

$$\frac{10}{\sin 90°} = \underbrace{\frac{F_{AC}}{\sin 150°}}_{\text{㉠}} = \underbrace{\frac{F_{BC}}{\sin 120°}}_{\text{㉡}}$$

㉠의 관계로부터, F_{AC} =5t
㉡의 관계로부터, F_{BC} =8.66t

제2과목 **측량학**

---

21. 삼각측량을 위한 기준점성과표에 기록되는 내용이 아닌 것은?

① 점번호
② 천문경위도
③ 평면직각좌표 및 표고
④ 도엽명칭

■해설 기준점 성과표 기재사항
　① 점번호
　② 도엽 명칭 및 번호
　③ 수준원점
　④ 소재지
　⑤ 토지소유자 주소 및 성명
　⑥ 경로
　⑦ 관측 연월일
　⑧ 경위도
　⑨ 평면직각좌표
　⑩ 표고
　⑪ 진북방향각 등

22. 어느 각을 관측한 결과가 다음과 같을 때, 최확값은?(단, 괄호 안의 숫자는 경중률)

73°40′12″(2), 73°40′10″(1)
73°40′15″(3), 73°40′18″(1)
73°40′09″(1), 73°40′16″(2)
73°40′14″(4), 73°40′13″(3)

① 73°40′10.2″
② 73°40′11.6″
③ 73°40′13.7″
④ 73°40′15.1″

■해설 최확값(L_0)

$$= \frac{P_1\theta_1 + P_2\theta_2 + P_3\theta_3}{P_1 + P_2 + P_3 \cdots}$$

$$= \frac{\begin{array}{l}2\times 73°40′12″ + 3\times 73°40′15″ + 1\\ \times 73°40′9″ + 4\times 73°40′14″ + 1\\ \times 73°40′10″ + 1\times 73°40′18″ + 2\\ \times 73°40′16″ + 3\times 73°40′13″\end{array}}{2+3+1+4+1+1+2+3}$$

$$= 73°40′13.7″$$

23. 표준길이보다 5mm가 늘어나 있는 50m 강철줄자로 250×250m인 정사각형 토지를 측량하였다면 이 토지의 실제면적은?

① 62,487.50m²
② 62,493.75m²
③ 62,506.25m²
④ 62,512.50m²

■해설 ① 축척과 거리, 면적의 관계

$$\frac{1}{m} = \frac{\text{도상거리}}{\text{실제 거리}}, \left(\frac{1}{m}\right)^2 = \frac{\text{도상면적}}{\text{실제 면적}}$$

② 실제 면적(A_0) $= \left(\frac{L+\Delta L}{L}\right)^2 \times A$

$$= \left(\frac{50.005}{50}\right)^2 \times 250^2$$

$$= 62,512.50\text{m}^2$$

24. 지형을 표시하는 방법 중에서 짧은 선으로 지표의 기복을 나타내는 방법은?

① 점고법
② 영선법
③ 단채법
④ 등고선법

■해설 영선(우모)법 단상의 선으로 기복을 표시하는 방법

25. 완화곡선에 대한 설명으로 틀린 것은?
① 단위 클로소이드란 매개 변수 A가 1인, 즉 $R \times L = 1$의 관계에 있는 클로소이드다.
② 완화곡선의 접선은 시점에서 직선에, 종점에서 원호에 접한다.
③ 클로소이드의 형식 중 S형은 복심곡선 사이에 클로소이드를 삽입한 것이다.
④ 캔트(Cant)는 원심력 때문에 발생하는 불리한 점을 제거하기 위해 두는 편경사이다.

■해설 S형은 반향곡선 사이에 클로소이드를 삽입한 것이다.

26. 초점거리 20cm인 카메라로 경사 30°로 촬영된 사진 상에서 연직점 m과 등각점 j와의 거리는?
① 33.6mm ② 43.6mm
③ 53.6mm ④ 63.6mm

■해설 nj(연직~등각)
$= f \tan \dfrac{I}{2} = 200 \times \tan \dfrac{30°}{2}$
$= 53.58\text{mm} ≒ 53.6\text{mm}$

27. A와 B의 좌표가 다음과 같을 때 측선 AB의 방위각은?

- A점의 좌표 = (179,847.1m, 76,614.3m)
- B점의 좌표 = (179,964.5m, 76,625.1m)

① 5°23′15″ ② 185°15′23″
③ 185°23′15″ ④ 5°15′22″

■해설 ① 위거(L_{AB}) = $X_B - X_A$
$= 179,964.5 - 179,847.1$
$= 117.4$
② 경거(D_{AB}) = $Y_B - Y_A = 76,625.1 - 76,614.3$
$= 10.8$
③ $\theta = \tan^{-1}\left(\dfrac{D_{AB}}{L_{AB}}\right) = 5°15′22″$
④ $X(+값), Y(+값)$이므로 1상한

28. 단곡선 설치에 있어서 교각 $I = 60°$, 반지름 $R = 200$m, 곡선의 시점 $BC =$ No.8 + 15m일 때 종단현에 대한 편각은?(단, 중심말뚝의 간격은 20m이다.)
① 0°38′10″ ② 0°42′58″
③ 1°16′20″ ④ 2°51′53″

■해설 ① $CL = R \cdot I \cdot \dfrac{\pi}{180}$
$= 200 \times 60° \times \dfrac{\pi}{180}$
$= 209.44$m
② $EC = BC + CL = (20 \times 8 + 15) + 209.44$
$= 384.44$m
③ l_2(종단현) $= 384.44 - 380 = 4.44$m
④ $\delta_2 = \dfrac{l_2}{R} \times \dfrac{90°}{\pi} = \dfrac{4.44}{200} \times \dfrac{90°}{\pi} = 0°38′10″$

29. 수준측량에서 발생할 수 있는 정오차에 해당하는 것은?
① 표척을 잘못 뽑아 발생되는 읽음오차
② 광선의 굴절에 의한 오차
③ 관측자의 시력 불완전에 의한 오차
④ 태양의 광선, 바람, 습도 및 온도의 순간 변화에 의해 발생되는 오차

■해설 ① 정오차는 기차, 구차, 양차이다.
② 양차(Δh) = 기차 + 구차 = $\dfrac{D^2}{2R}(1-k)$

30. 그림과 같은 도로 횡단면도의 단면적은?(단, O을 원점으로 하는 좌표(x, y)의 단위 : [m])

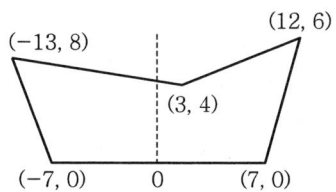

① 94m² ② 98m²
③ 102m² ④ 106m²

■해설
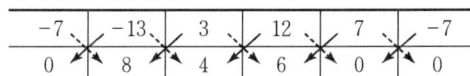

① 배면적 $= (\Sigma \diagup \otimes) - (\Sigma \diagdown \otimes)$
  $= (0+24+48+42+0) - (-56-52+18+0+0)$
  $= 114+90 = 204$

② 면적 $= \dfrac{배면적}{2} = \dfrac{204}{2} = 102m^2$

31. 수심이 H인 하천의 유속을 3점법에 의해 관측할 때, 관측 위치로 옳은 것은?

① 수면에서 0.1H, 0.5H, 0.9H가 되는 지점
② 수면에서 0.2H, 0.6H, 0.8H가 되는 지점
③ 수면에서 0.3H, 0.5H, 0.7H가 되는 지점
④ 수면에서 0.4H, 0.5H, 0.6H가 되는 지점

■해설 3점법
$$V_m = \dfrac{V_{0.2} + 2V_{0.6} + V_{0.8}}{4}$$

32. 하천측량에 대한 설명 중 옳지 않은 것은?

① 하천측량 시 처음에 할 일은 도상조사로서 유로상황, 지역면적, 지형지물, 토지이용 상황 등을 조사하여야 한다.
② 심천측량은 하천의 수심 및 유수부분의 하저사항을 조사하고 횡단면도를 제작하는 측량을 말한다.
③ 하천측량에서 수준측량을 할 때의 거리표는 하천의 중심에 직각방향으로 설치한다.
④ 수위관측소의 위치는 지천의 합류점 및 분류점으로서 수위의 변화가 뚜렷한 곳이 적당하다.

■해설 지천의 합류, 분류점에서 수위 변화가 없는 곳에 설치

33. 수준측량에 관한 설명으로 옳은 것은?

① 수준측량에서는 빛의 굴절에 의하여 물체가 실제로 위치하고 있는 곳보다 더욱 낮게 보인다.
② 삼각수준측량은 토털스테이션을 사용하여 연직각과 거리를 동시에 관측하므로 레벨측량보다 정확도가 높다.
③ 수평한 시준선을 얻기 위해서는 시준선과 기포관 축은 서로 나란하여야 한다.
④ 수준측량의 시준 오차를 줄이기 위하여 기준점과의 구심 작업에 신중을 기울여야 한다.

■해설 ① 전·후시 거리를 같게 하면 제거되는 오차 시준축오차, 양차(기차, 구차)
② 기차는 낮게, 구차는 높게 보정한다.

34. 지리정보시스템(GIS) 데이터의 형식 중에서 벡터형식의 객체자료 유형이 아닌 것은?

① 격자(Call)   ② 점(Point)
③ 선(Line)   ④ 면(Polygon)

■해설 벡터는 점, 선, 면의 3대 구성요소를 통하여 좌표로 표현 가능하다.

35. 정확도 1/5,000을 요구하는 50m 거리 측량에서 경사거리를 측정하여도 허용되는 두 점 간의 최대 높이차는?

① 1.0m   ② 1.5m
③ 2.0m   ④ 2.5m

■해설 ① 보정량 $= 50 \times \dfrac{1}{5,000} = 0.01m$
경사보정 $(C) = -\dfrac{h^2}{2L}$
② $h = \sqrt{C \times 2L} = \sqrt{0.01 \times 2 \times 50} = 1m$

36. GNSS 측량에 대한 설명으로 옳지 않은 것은?

① 3차원 공간 계측이 가능하다.
② 기상의 영향을 거의 받지 않으며 야간에도 측량이 가능하다.
③ Bessel 타원체를 기준으로 경위도 좌표를 수집하기 때문에 좌표정밀도가 높다.

|해답| 31.② 32.④ 33.③ 34.① 35.① 36.③

④ 기선 결정의 경우 두 측점 간의 시통에 관계가 없다.

■해설 GNSS(범지구위성항법 시스템)는 미국의 GPS, 러시아의 GLONASS, 유럽의 Galileo 프로젝트, 중국의 Beidou, 일본의 QZSS 등이 속한다.
사용좌표계는 세계 다수의 국가가 사용하는 ITRF계 미국의 GPS운영측지계인 WGS계 러시아의 GNONASS 운영측지계인 PZ계로 나눌 수 있다.

37. 대단위 신도시를 건설하기 위한 넓은 지형의 정지공사에서 토량을 계산하고자 할 때 가장 적당한 방법은?

① 점고법
② 비례중앙법
③ 양단면 평균법
④ 각주공식에 의한 방법

■해설 점고법은 넓고 비교적 평탄한 지형의 체적계산에 사용하고 지표 상에 있는 점의 표고를 숫자로 표시해 높이를 나타내는 방법

38. 평탄지를 1 : 25,000으로 촬영한 수직사진이 있다. 이때의 초점거리 10cm, 사진의 크기 23×23cm, 종중복도 60%, 횡중복도 30%일 때 기선고도비는?

① 0.92   ② 1.09
③ 1.21   ④ 1.43

■해설 ① 기선고도비 $\left(\dfrac{B}{H}\right)$

② $\dfrac{B}{H} = \dfrac{m \cdot a \cdot \left(1 - \dfrac{P}{100}\right)}{mf}$

$= \dfrac{25{,}000 \times 23 \times \left(1 - \dfrac{60}{100}\right)}{25{,}000 \times 10} = 0.92$

39. 완화곡선 중 클로소이드에 대한 설명으로 틀린 것은?

① 클로소이드는 나선의 일종이다.
② 매개변수를 바꾸면 다른 무수한 클로소이드를 만들 수 있다.
③ 모든 클로소이드는 닮은꼴이다.
④ 클로소이드 요소는 모두 길이의 단위를 갖는다.

■해설 클로소이드는 닮은꼴이며 요소에는 길이의 단위를 가진 것과 단위가 없는 것이 있다.

40. 등고선의 성질에 대한 설명으로 옳지 않은 것은?

① 동일 등고선 상의 모든 점은 기준면으로부터 같은 높이에 있다.
② 지표면의 경사가 같을 때는 등고선의 간격은 같고 평행하다.
③ 등고선은 도면 내 또는 밖에서 반드시 폐합한다.
④ 높이가 다른 두 등고선은 절대로 교차하지 않는다.

■해설 절벽, 동굴에서는 교차한다.

제3과목 **수리수문학**

41. 직경 10cm인 연직관 속에 높이 1m만큼 모래가 들어 있다. 모래면 위의 수위를 10cm로 일정하게 유지시켰더니 투수량 $Q = 4$L/hr이었다. 이때 모래의 투수계수 k는?

① 0.4m/hr   ② 0.5m/hr
③ 3.8m/hr   ④ 5.1m/hr

■해설 Darcy의 법칙
㉠ Darcy의 법칙

$V = K \cdot I = K \cdot \dfrac{h_L}{L}$

$Q = A \cdot V = A \cdot K \cdot I = A \cdot K \cdot \dfrac{h_L}{L}$

㉡ 투수계수의 산정

$K = \dfrac{Q}{AI} = \dfrac{Q}{A\dfrac{h}{l}} = \dfrac{4 \times 10^{-3}}{\dfrac{\pi \times 0.1^2}{4} \times \dfrac{0.1}{1}} = 5.1$m/hr

|해답| 37.① 38.① 39.④ 40.④ 41.④

42. 개수로의 흐름에 대한 설명으로 옳지 않은 것은?

① 사류(supercritical flow)에서는 수면변동이 일어날 때 상류(上流)로 전파될 수 없다.
② 상류(subcritical flow)일 때는 Froude 수가 1보다 크다.
③ 수로경사가 한계경사보다 클 때 사류(supercritical flow)가 된다.
④ Reynolds 수가 500보다 커지면 난류(turbulentflow)가 된다.

■해설 개수로 흐름 일반
 ㉠ 하류(下流)의 흐름이 상류(上流)에 영향을 주는 흐름을 상류(常流), 주지 못하는 흐름을 사류(射流)라고 한다.
 ㉡ 상류와 사류의 구분

구분	상류(常流)	사류(射流)
F_r	$F_r < 1$	$F_r > 1$
I_c	$I < I_c$	$I > I_c$
y_c	$y > y_c$	$y < y_c$
V_c	$V < V_c$	$V > V_c$

 ∴ Froude 수가 1보다 적어야 상류이다.
 ㉢ 수로경사(I)가 한계경사(I_c)보다 클 때 사류가 된다.
 ㉣ Reynolds 수가 500보다 크면 난류가 된다.

43. 반지름(P)이 6m이고, $\theta' = 30°$인 수문이 그림과 같이 설치되었을 때, 수문에 작용하는 전수압(저항력)은?

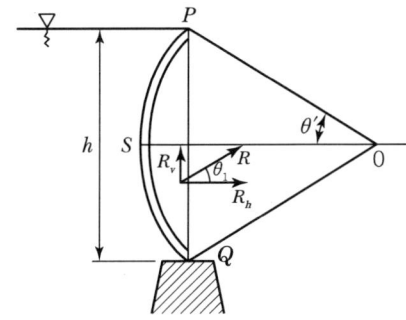

① 185.5kN/m   ② 179.5kN/m
③ 169.5kN/m   ④ 159.5kN/m

■해설 곡면이 받는 전수압
 ㉠ 수평분력의 산정
 $$P_H = wh_G A = 1 \times \frac{6\sin30 \times 2}{2} \times (6\sin30 \times 2 \times 1)$$
 $$= 18t$$
 ㉡ 연직분력의 산정
 $$P_V = W = wV = 1 \times [(\pi \times 6^2 \times \frac{60}{360})$$
 $$- (\frac{1}{2} \times 6\sin30 \times 6\cos30 \times 2)] \times 1 = 3.25t$$
 ㉢ 합력의 산정
 $$P = \sqrt{P_H^2 + P_V^2} = \sqrt{18^2 + 3.25^2} = 18.291t$$
 ㉣ 단위폭당 전수압
 $18.291 t/m \times 9.8 = 179.3 kN/m$

44. 유효강수량과 가장 관계가 깊은 유출량은?

① 지표하 유출량   ② 직접 유출량
③ 지표면 유출량   ④ 기저 유출량

■해설 유효강우량(effective pricipitation)
 직접 유출량의 근원이 되는 강수의 부분으로 초과강수량과 단시간 내에 하천으로 유입하는 지표하 유출수의 합을 의미한다.

45. 강우강도 공식에 관한 설명으로 틀린 것은?

① 강우강도(I)와 강우지속시간(D)의 관계로서 Talbot, Shermam, Japanese형의 경험공식에 의해 표현될 수 있다.
② 강우강도공식은 자기우량계의 유량자료로부터 결정되며, 지역에 무관하게 적용 가능하다.
③ 도시지역의 우수거, 고속도로 암거 등의 설계시에 기본자료로서 널리 이용된다.
④ 강우강도가 커질수록 강우가 계속되는 시간은 일반적으로 작아지는 반비례관계이다.

■해설 강우강도와 지속시간의 관계
 ㉠ 강우강도와 지속시간의 관계는 Talbot, Sherman, Japanese형의 경험공식에 의해 표현된다.
 ㉡ 강우강도공식은 자기우량계의 우량자료로부터 결정되며, 지역공식이며, 경험공식이다.

|해답| 42.② 43.② 44.② 45.②

ⓒ 강우강도와 지속시간의 관계를 결정해 놓으면 도시지역 우수거, 고속도로 암거 등의 설계에 기본 자료로 이용한다.
ⓔ 강우강도와 지속시간의 관계는 반비례로 강우강도가 커지면 지속시간은 작아진다.

46. 하천의 임의 단면에 교량을 설치하고자 한다. 원통형 교각 상류(전면)에 2m/s의 유속으로 물이 흘러간다면 교각에 가해지는 항력은?(단, 수심은 4m, 교각의 직경은 2m, 항력계수는 1.5이다.)

① 16kN ② 24kN
③ 43kN ④ 62kN

■해설 항력(drag force)
ⓐ 흐르는 유체 속에 물체가 잠겨 있을 때 유체에 의해 물체가 받는 힘을 항력(drag force)이라 한다.
$$D = C_D \cdot A \cdot \frac{\rho V^2}{2}$$
여기서, C_D : 항력계수 $\left(C_D = \frac{24}{R_e}\right)$
A : 투영면적
$\frac{\rho V^2}{2}$: 동압력

ⓑ 항력의 계산
$$D = C_D \cdot A \cdot \frac{\rho V^2}{2} = 1.5 \times (2 \times 4) \times \frac{\frac{1}{9.8} \times 2^2}{2}$$
$$= 2.45t = 24kN$$

47. 원형단면의 수맥이 그림과 같이 곡면을 따라 유량 0.018m³/s가 흐를 때 x방향의 분력은? (단, 관내의 유석은 9.8m/s, 마찰은 무시한다.)

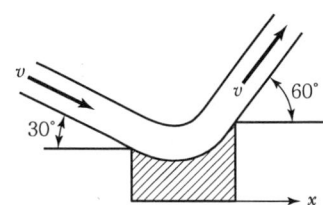

① -18.25N ② -37.83N
③ -64.56N ④ 17.64N

■해설 운동량방정식
ⓐ 운동량방정식
• $F = \rho Q (V_2 - V_1)$: 운동량방정식
• $F = \rho Q (V_1 - V_2)$: 판이 받는 힘(반력)

ⓑ x방향 분력의 산정
$$F = \frac{wQ}{g}(V_2 - V_1)$$
$$= \frac{1 \times 0.018}{9.8}(9.8\cos 60° - 9.8\cos 30°)$$
$$= -6.59 \times 10^{-3}t = -64.56N$$

48. 강수량 자료를 분석하는 방법 중 이중누가해석 (double mass analysis)에 대한 설명으로 옳은 것은?

① 강수량 자료의 일관성을 검증하기 위하여 이용한다.
② 강수의 지속기간을 알기 위하여 이용한다.
③ 평균 강수량을 계산하기 위하여 이용한다.
④ 결측자료를 보완하기 위하여 이용한다.

■해설 이중누가우량분석(double mass analysis)
수십 년에 걸친 장기간의 강수자료의 일관성(con-sistency) 검증을 위해 이중누가우량분석을 실시한다.

49. 지름 D인 원관에 물이 반만 차서 흐를 때 경심은?

① D/4 ② D/3
③ D/2 ④ D/5

■해설 경심(동수반경)
ⓐ 경심
$$R = \frac{A}{P}$$

ⓑ 원형관의 경심
$$R = \frac{A}{P} = \frac{\frac{\pi D^2}{4} \times \frac{1}{2}}{\pi D \times \frac{1}{2}} = \frac{D}{4}$$

50. SCS방법(NRCS 유출곡선 번호방법)으로 초과강우량을 산정하여 유출량을 계산할 때에 대한 설명으로 옳지 않은 것은?

① 유역의 토지이용형태는 유효우량의 크기에 영향을 미친다.
② 유출곡선지수(runoff curve number)는 총 우량으로부터 유효우량의 잠재력을 표시하는 지수이다.
③ 투수성 지역의 유출곡선지수는 불투수성 지역의 유출곡선지수보다 큰 값을 갖는다.
④ 선행토양함수조건(antecedent soil moisture condition)은 1년을 성수기와 비성수기로 나누어 각 경우에 대하여 3가지 조건으로 구분하고 있다.

■해설 SCS 초과우량 산정방법
㉠ 유출량 자료가 없는 경우 유역의 토양특성과 식생피복상태 및 선행강수조건 등에 대한 상세한 자료만으로 총우량으로부터 유효우량을 산정할 수 있는 방법을 SCS 유출곡선지수방법이라 한다.
㉡ SCS 유효우량 산정방법에서는 유효우량의 크기에 직접적으로 영향을 미치는 인자로서 강우가 있기 이전의 유역의 선행토양함수조건과 유역을 형성하고 있는 토양의 종류와 토지이용상태 및 식생피복의 처리상태, 그리고 토양의 수문학적 조건 등을 고려하였다.
㉢ 유출곡선지수(CN)는 총우량으로부터 유효우량의 잠재력을 표시하는 지수이다.
㉣ 투수성 지역의 유출곡선지수는 불투수성 지역의 유출곡선지수보다 적은 값을 갖는다.
㉤ 선행토양함수조건은 1년을 성수기와 비성수기로 나누어 각 경우에 대하여 3가지 조건(AMC-Ⅰ, AMC-Ⅱ, AMC-Ⅲ)으로 구분하고 있다.

51. 그림에서 A와 B의 압력차는?(단, 수은의 비중 =13.50)

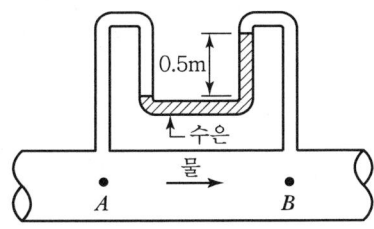

① $32.85kN/m^2$
② $57.50kN/m^2$
③ $61.25kN/m^2$
④ $78.94kN/m^2$

■해설 시차액주계
㉠ 물과 수은이 만나는 곳의 수평선을 그어 임의의 두 점 C와 D점을 잡는다.
$P_C = P_D$
㉡ 압력차의 산정
• $P_C = P_A + wh$
• $P_D = P_B + w_s h$
∴ $P_A + wh = P_B + w_s h$
∴ $P_A - P_B = 13.5 \times 0.5 - 1 \times 0.5 = 6.25t$
    $= 61.25kN/m^2$

52. xy평면이 수면에 나란하고, 질량력의 x, y, z축 방향성분을 X, Y, Z라 할 때, 정지평형상태에 있는 액체 내부에 미소 육면체의 부피를 dx, dy, dz라 하면 등압면(等壓面)의 방정식은?

① $Xdx + Ydy + Zdz = 0$
② $\dfrac{X}{dx} + \dfrac{Y}{dy} + \dfrac{Z}{dz} = 0$
③ $\dfrac{dx}{X} + \dfrac{dy}{Y} + \dfrac{dz}{Z} = 0$
④ $\dfrac{X}{x}dx + \dfrac{Y}{y}dy + \dfrac{Z}{z}dz = 0$

■해설 상대적 정지문제의 응용
단위유체질량의 x, y, z축 방향에 대한 가속도 성분을 X, Y, Z라 할 때 외력 F가 작용한 경우 유체 내부의 압력 변화와 수면의 이동 상태를 다루는 문제
㉠ 평형방정식 : 유체 내부의 압력 변화를 해석
$dp = \rho(X \cdot dx + Y \cdot dy + Z \cdot dz)$
㉡ 등압면방정식 : 수면의 이동 상태를 해석
$X \cdot dx + Y \cdot dy + Z \cdot dz = 0$

53. 오리피스에서 C_c를 수축계수, C_v를 유속계수라 할 때 실제유량과 이론유량의 비(C)는?

① $C = C_c$
② $C = C_v$
③ $C = C_c / C_v$
④ $C = C_c \cdot C_v$

■ 해설 오리피스의 계수
㉠ 유속계수(C_v) : 실제유속과 이론유속의 차를 보정해주는 계수로, 실제유속과 이론유속의 비로 나타낸다.
C_v = 실제유속/이론유속 ≒ 0.97~0.99
㉡ 수축계수(C_a) : 수축단면적과 오리피스단면적의 차를 보정해주는 계수로 수축단면적과 오리피스단면적의 비로 나타낸다.
C_a = 수축 단면의 단면적/오리피스의 단면적 ≒ 0.64
∴ $C_a = \dfrac{A_0}{A}$
㉢ 유량계수(C) : 실제유량과 이론유량의 차를 보정해주는 계수로 실제유량과 이론유량의 비로 나타낸다.
C = 실제유량/이론유량 = $C_a \times C_v$ ≒ 0.62

54. 유역 내의 DAD 해석과 관련된 항목으로 옳게 짝지어진 것은?

① 우량, 유역면적, 강우지속시간
② 우량, 유출계수, 유역면적
③ 우량, 유역면적, 강우강도
④ 우량, 수위, 유량

■ 해설 DAD 해석
㉠ DAD(Rainfall Depth-Area-Duration) 해석은 최대평균우량깊이(강우량), 유역면적, 강우지속시간 간 관계의 해석을 말한다.

구성	특징
용도	암거의 설계나 지하수 흐름에 대한 하천수위의 시간적 변화의 영향 등에 사용
구성	최대평균우량깊이(rainfall depth), 유역면적(area), 지속시간(duration)으로 구성
방법	면적을 대수축에, 최대우량을 산술축에, 지속시간을 제3의 변수로 표시

㉡ DAD 곡선 작성순서
㉮ 누가우량곡선으로부터 지속시간별 최대우량을 결정한다.
㉯ 소구역에 대한 평균누가우량을 결정한다.
㉰ 누가면적에 대한 평균누가우량을 산정한다.
㉱ 지속시간에 대한 최대우량깊이를 누가면적별로 결정한다.

55. 사각형 개수로 단면에서 한계수심(h_c)과 비에너지(h_e)의 관계로 옳은 것은?

① $h_c = \dfrac{2}{3}h_e$ ② $h_c = h_e$
③ $h_c = \dfrac{3}{2}h_e$ ④ $h_c = 2h_e$

■ 해설 비에너지
㉠ 단위무게당의 물이 수로바닥면을 기준으로 갖는 흐름의 에너지 또는 수두를 비에너지라 한다.
$h_e = h + \dfrac{\alpha v^2}{2g}$
여기서, h : 수심, α : 에너지보정계수, v : 유속
㉡ 비에너지와 한계수심의 관계
직사각형 단면의 비에너지와 한계수심의 관계는 다음과 같다.
$h_c = \dfrac{2}{3}h_e$

56. 매끈한 원관 속으로 완전발달 상태의 물이 흐를 때 단면의 전단응력은?

① 관의 중심에서 0이고 관 벽에서 가장 크다.
② 관 벽에서 변화가 없고 관의 중심에서 가장 큰 직선 변화를 한다.
③ 단면의 어디서나 일정하다.
④ 유속분포와 동일하게 포물선형으로 변화한다.

■ 해설 관수로 흐름의 특성
㉠ 관수로에서 유속분포는 중앙에서 최대이고 관 벽에서 0인 포물선 분포를 하고 있다.
㉡ 관수로에서 전단응력 분포는 관 벽에서 최대이고 중앙에서 0인 직선 비례한다.

57. 폭 9m의 직사각형수로에 16.2m³/s의 유량이 92cm의 수심으로 흐르고 있다. 장파의 전파속도 C와 비에너지 E는?(단, 에너지보정계수 α =1.0)

① C =2.0m/s, E =1.015m
② C =2.0m/s, E =1.115m
③ C =3.0m/s, E =1.015m
④ C =3.0m/s, E =1.115m

■해설 장파의 전파속도와 비에너지
  ㉠ 장파의 전파속도
  $C = \sqrt{gh} = \sqrt{9.8 \times 0.92} = 3.0 \text{m/s}$
  ㉡ 비에너지의 산정
  • $h_e = h + \dfrac{\alpha v^2}{2g} = 0.92 + \dfrac{1 \times 1.96^2}{2 \times 9.8} = 1.115\text{m}$
  • $v = \dfrac{Q}{A} = \dfrac{16.2}{9 \times 0.92} = 1.96\text{m/s}$

58. 폭 35cm인 직사각형 위어(weir)의 유량을 측정하였더니 0.03m³/s이었다. 월류수심의 측정에 1mm의 오차가 생겼다면, 유량에 발생하는 오차(%)는?(단, 유량계산은 프란시스(Francis) 공식을 사용하되 월류 시 단면수축은 없는 것으로 가정한다.)

① 1.84% ② 1.67%
③ 1.50% ④ 1.16%

■해설 수두측정오차와 유량오차의 관계
  ㉠ 직사각형 위어의 수두측정오차와 유량오차의 관계
  $\dfrac{dQ}{Q} = \dfrac{3}{2}\dfrac{dH}{H}$
  ㉡ 수심의 계산
  $Q = 1.84 b_0 h^{\frac{3}{2}}$ $0.03 = 1.84 \times 0.35 \times h^{\frac{3}{2}}$
  ∴ $h = 0.13\text{m}$
  ㉢ 오차의 산정
  $\dfrac{dQ}{Q} = \dfrac{3}{2}\dfrac{dH}{H} = \dfrac{3}{2} \times \dfrac{0.001}{0.13} = 0.0115 = 1.15\%$

59. 관수로에서의 미소손실(Minor Loss)은?

① 위치수두에 비례한다.
② 압력수두에 비례한다.
③ 속도수두에 비례한다.
④ 레이놀드수의 제곱에 반비례한다.

■해설 미소손실수두
미소손실수두는 속도수두에 비례한다.
$h_x = f_x \dfrac{V^2}{2g}$
여기서, h_x : 미소손실수두, f_x : 미소손실계수

$\dfrac{V^2}{2g}$: 속도수두

∴ 모든 미소손실수두는 계수에 속도수두를 곱하여 산정한다.

60. 동해의 일본 측으로부터 300km 파장의 지진해일이 발생하여 수심 3,000m의 동해를 가로질러 2,000km 떨어진 우리나라 동해안에 도달한다고 할 때, 걸리는 시간은?(단, 파속 $c = \sqrt{gh}$, 중력가속도는 9.8m/s²이고 수심은 일정한 것으로 가정)

① 약 150분 ② 약 194분
③ 약 274분 ④ 약 332분

■해설 지진해일 도달시간
  ㉠ 장파의 전파속도
  $C = \sqrt{gh} = \sqrt{9.8 \times 3,000} = 171.46\text{m/s}$
  $= 10287.86\text{m/min}$
  ㉡ 지진해일 도달시간의 산정
  $t = \dfrac{2,000 \times 1,000}{10,287.86} = 194.4\text{min}$

제4과목 철근콘크리트 및 강구조

61. 그림과 같이 복철근 직사각형 단면에서 응력 사각형의 깊이 a의 값은 얼마인가?(단, f_{ck} =24MPa, f_y =350MPa, A_s =5,730mm², A_s' =1,980mm²)

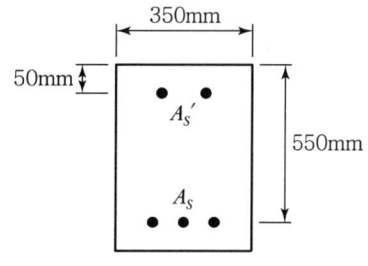

① 227.2mm ② 199.6mm
③ 217.4mm ④ 183.8mm

■해설 $\rho = \dfrac{A_s}{bd} = \dfrac{5,730}{350 \times 550} = 0.0298$

$$\rho' = \frac{A_s'}{bd} = \frac{1,980}{350 \times 550} = 0.0103$$

$\beta_1 = 0.85 (f_{ck} \leq 28\text{MPa}$인 경우$)$

$$\overline{\rho_{\min}} = 0.85\beta_1 \frac{f_{ck}}{f_y} \frac{600}{600-f_y} \frac{d'}{d} + \rho'$$
$$= 0.85 \times 0.85 \times \frac{24}{350} \times \frac{600}{600-350} \times \frac{50}{550}$$
$$+ 0.0103$$
$$= 0.0108 + 0.0103 = 0.0211$$

$\overline{\rho_{\min}} < \rho$이므로 인장철근과 압축철근이 모두 항복한다.

$$a = \frac{(A_s - A_s')f_y}{0.85f_{ck}b} = \frac{(5,730 - 1,980) \times 350}{0.85 \times 24 \times 350}$$
$$= 183.8\text{mm}$$

62. 연속보 또는 1방향 슬래브의 철근콘크리트 구조를 해석하고자 할 때 근사해법을 적용할 수 있는 조건에 대한 설명으로 틀린 것은?

① 부재의 단면 크기가 일정한 경우
② 인접 2경간의 차이가 짧은 경간의 50% 이하인 경우
③ 등분포 하중이 작용하는 경우
④ 활하중이 고정하중의 3배를 초과하지 않는 경우

■해설 연속보 또는 1방향 슬래브에서 근사해법을 적용할 경우 인접 2경간의 차이는 짧은 경간의 20%이하라야 한다.

63. 압축 이형철근의 겹침이음길이에 대한 다음 설명으로 틀린 것은?(단, d_b는 철근의 공칭지름)

① 겹침이음길이는 300mm 이상이어야 한다.
② 철근의 항복강도(f_y)가 400MPa 이하인 경우 겹침이음길이는 $0.072f_yd_b$보다 길 필요가 없다.
③ 서로 다른 크기의 철근을 압축부에서 겹침이음하는 경우, 이음길이는 크기가 큰 철근의 정착길이와 크기가 작은 철근의 겹침이음길이 중 큰 값 이상이어야 한다.
④ 압축철근의 겹침이음길이는 인장철근의 겹침이음길이보다 길어야 한다.

■해설 압축철근의 겹침이음길이는 인장철근의 겹침이음길이보다 길 필요가 없다.

64. 옹벽의 구조해석에 대한 설명으로 잘못된 것은?

① 부벽식 옹벽 저판은 정밀한 해석이 사용되지 않는 한, 부벽 간의 거리를 경간으로 가정한 고정보 또는 연속보로 설계할 수 있다.
② 저판의 뒷굽판은 정확한 방법이 사용되지 않는 한, 뒷굽판 상부에 재하되는 모든 하중을 지지하도록 설계하여야 한다.
③ 캔틸레버식 옹벽의 전면벽은 저판에 지지된 캔틸레버로 설계할 수 있다.
④ 뒷부벽식 옹벽의 뒷부벽은 직사각형보로 설계하여야 한다.

■해설 부벽식 옹벽에서 부벽의 설계
• 앞부벽 : 직사각형보로 설계
• 뒷부벽 : T형보로 설계

65. 그림과 같은 캔틸레버보에 활하중 $w = 25\text{kN/m}$이 작용할 때 위험단면에서 전단철근이 부담해야 할 전단력은?(단, 콘크리트의 단위무게 25kN/m^3, $f_{ck} = 24\text{MPa}$, $f_y = 300\text{MPa}$이고, 하중계수와 하중조합을 고려하시오.)

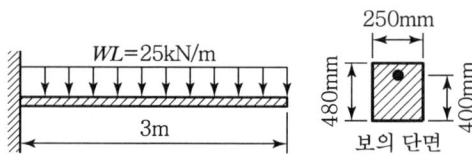

① 69.5kN
② 73.7kN
③ 84.8kN
④ 92.7kN

■해설 $w_D = ($콘크리트의 단위무게$) \times (bh)$
$= 25 \times (0.25 \times 0.48) = 3\text{kN/m}$
$w_u = 1.2W_D + 1.6w_L$
$= 1.2 \times 3 + 1.6 \times 25 = 43.6\text{kN/m}$
$V_u = w_u(l-d) = 43.6 \times (3 - 0.4) = 113.36\text{kN}$
$V_c = \frac{1}{6}\lambda\sqrt{f_{ck}}b_wd = \frac{1}{6} \times 1 \times \sqrt{24} \times 250 \times 400$
$= 81.65 \times 10^3\text{N} = 81.65\text{kN}$
$V_s = \frac{V_u - \phi V_c}{\phi} = \frac{113.36 - 0.75 \times 81.65}{0.75} = 69.50\text{kN}$

|해답| 62.② 63.④ 64.④ 65.①

66. 그림과 같은 용접 이음에서 이음부의 응력은 얼마인가?

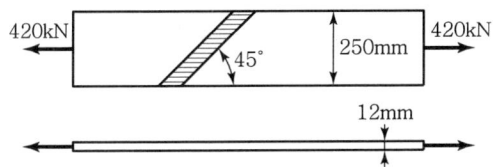

① 140MPa ② 152MPa
③ 168MPa ④ 180MPa

■해설 $f = \dfrac{P}{A} = \dfrac{(420 \times 10^3)}{250 \times 12} = 140 \text{N/mm}^2 = 140 \text{MPa}$

67. $b=300\text{mm}$, $d=450\text{mm}$, $A_s = 3-\text{D}25 = 1,520\text{mm}^2$가 1열로 배치된 단철근 직사각형 보의 설계휨강도(M_n)은 약 얼마인가?(단, $f_{ck}=28\text{MPa}$, $f_y=400\text{MPa}$이고 과소철근보이다.)

① 192.4kN·m ② 198.2kN·m
③ 204.7kN·m ④ 210.5kN·m

■해설 $a = \dfrac{f_y A_s}{0.85 f_{ck} b} = \dfrac{400 \times 1,520}{0.85 \times 28 \times 300} = 85.2\text{mm}$

$\beta_1 = 0.85 \, (f_{ck} \leq 28\text{MPa}$인 경우)

$\varepsilon_t = \dfrac{d_t \beta_1 - a}{a} \varepsilon_c$

$= \dfrac{450 \times 0.85 - 85.2}{85.2} \times 0.003 = 0.0105$

$\varepsilon_{t,l} = 0.005 \, (f_y \leq 400\text{MPa}$인 경우)

$\varepsilon_t (=0.0105) > \varepsilon_{t,l} (=0.0050)$이므로
인장지배단면 → $\phi 0.85$

$\phi M_n = \phi f_y A_s \left(d - \dfrac{a}{2}\right)$

$= 0.85 \times 400 \times 1,520 \times \left(450 - \dfrac{85.2}{2}\right)$

$= 210.5 \times 10^6 \text{N} \cdot \text{mm} = 210.5\text{kN} \cdot \text{m}$

68. 강도설계법에 의해서 전단 철근을 사용하지 않고 계수 하중에 의한 전단력 $V_u=50\text{kN}$을 지지하려면 직사각형 단면보의 최소면적($b_w d$)은 약 얼마인가?(단, $f_{ck}=28\text{MPa}$, 최소 전단철근도 사용하지 않은 경우)

① 151,190mm² ② 123,530mm²
③ 97,840mm² ④ 49,320mm²

■해설 $\dfrac{1}{2}\phi V_c \geq V_u$

$\dfrac{1}{2}\phi \left(\dfrac{1}{6}\sqrt{f_{ck}} \, b_w \, d\right) \geq V_u$

$b_w d \geq \dfrac{12 V_u}{\phi \sqrt{f_{ck}}} = \dfrac{12 \times (50 \times 10^3)}{0.75 \times \sqrt{28}} = 151,186\text{mm}^2$

69. 프리스트레스트 콘크리트에 대한 설명 중 잘못된 것은?

① 프리스트레스트 콘크리트는 외력에 의하여 일어나는 응력을 소정의 한도까지 상쇄할 수 있도록 미리 인공적으로 내력을 가한 콘크리트를 말한다.
② 프리스트레스트 콘크리트 부재는 설계하중 이상으로 약간의 균열이 발생하더라도 하중을 제거하면 균열이 폐합되는 복원성이 우수하다.
③ 프리스트레스트를 가하는 방법으로 프리텐션 방식과 포스트텐션 방식이 있다.
④ 프리스트레스트 콘크리트 부재는 균열이 발생하지 않도록 설계되기 때문에 내구성(耐久性) 및 수밀성(水密性)이 좋으며 내화성(耐火性)도 우수하다.

■해설 프리스트레스트 콘크리트 부재는 내화성이 떨어진다.

70. 지름 450mm인 원형 단면을 갖는 중심축하중을 받는 나선 철근 기둥에서 강도 설계법에 의한 축방향 설계강도(ϕP_n)는 얼마인가?(단, 이 기둥은 단주이고, $f_{ck}=27\text{MPa}$, $f_y=300\text{MPa}$, $A_{st}=8-\text{D}22=3096\text{mm}^2$, 압축지배단면이다.)

① 1,166kN ② 1,299kN
③ 2,425kN ④ 2,774kN

■해설 $\phi P_n = \phi \alpha [0.85 f_{ck}(A_g - A_{st}) + f_y A_{st}]$

$= 0.70 \times 0.85 \times \left[0.85 \times 27 \times \left(\dfrac{\pi \times 450^2}{4} - 3,096\right) + 350 \times 3,096\right]$

$= 2,774,239\text{N} = 2,774\text{kN}$

|해답| 66.① 67.④ 68.① 69.④ 70.④

71. 처짐을 계산하지 않은 경우 단순지지된 보의 최소 두께(h)로 옳은 것은?(단, 보통콘크리트(m_c =2,300kg/m³) 및 f_y=300MPa인 철근을 사용한 부재의 길이가 10m인 보)

① 429mm ② 500mm
③ 537mm ④ 625mm

■해설 단순지지 보의 처짐을 계산하지 않아도 되는 최소 두께(h)

㉠ $f_y = 400\text{MPa} : h = \dfrac{l}{16}$

㉡ $f_y \neq 400\text{MPa} : h = \dfrac{l}{16}\left(0.43 + \dfrac{f_y}{700}\right)$

$f_y = 300\text{MPa}$이므로 최소 두께(h)는 다음과 같다.

$h = \dfrac{l}{16}\left(0.43 + \dfrac{f_y}{700}\right)$

$= \dfrac{10 \times 10^3}{16}\left(0.43 + \dfrac{300}{700}\right) = 536.6\text{mm}$

72. 전단철근이 부담하는 전단력 V_s=150kN일 때, 수직스터럽으로 전단보강을 하는 경우 최대 배치 간격은 얼마 이하인가?(단, f_{ck}=280MPa, 전단철근 1개 단면적=125mm², 횡방향 철근의 설계기준항복강도(f_{yt})=400MPa, b_w=300mm, d=500mm)

① 600mm ② 333mm
③ 250mm ④ 197mm

■해설 $V_s = 150\text{kN}$

$\dfrac{1}{3}\sqrt{f_{ck}}\,b_w\,d = \dfrac{1}{3}\times\sqrt{28}\times 300\times 500$

$= 264.6 \times 10^3\text{N} = 264.6\text{kN}$

$V_s \leq \dfrac{1}{3}\sqrt{f_{ck}}\,b_w\,d$이므로 전단철근 간격 s는 다음 값 이하라야 한다.

㉠ $s \leq \dfrac{d}{2} = \dfrac{500}{2} = 250\text{mm}$

㉡ $s \leq 600\text{mm}$

㉢ $s \leq \dfrac{A_v f_{yt} d}{V_s} = \dfrac{(2\times 125)\times 400\times 500}{(150\times 10^3)}$

$= 333.3\text{mm}$

따라서, 전단철근 간격 S는 최소값인 250mm 이하라야 한다.

73. 그림과 같은 단면의 균열모멘트 M_{cr}은?(단, f_{ck}=24MPa, f_y=400MPa)

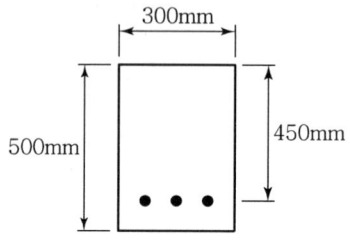

① 30.8kN·m ② 38.6kN·m
③ 28.2kN·m ④ 22.4kN·m

■해설 · $\lambda = 1$(보통중량의 콘크리트인 경우)
· $f_r = 0.63\lambda\sqrt{f_{ck}} = 0.63\times 1\times\sqrt{24} = 3.086\text{MPa}$
· $Z = \dfrac{bh^2}{6} = \dfrac{300\times 500^2}{6} = 12.5\times 10^6\text{mm}^3$
· $M_{cr} = f_r \cdot Z$
$= 3.086\times(12.5\times 10^6)$
$= 38.6\times 10^6\text{N}\cdot\text{mm} = 38.6\text{kN}\cdot\text{m}$

74. 주어진 T형 단면에서 전단에 대해 위험단면에서 $V_u d/M_u = 0.28$이었다. 휨철근 인장강도의 40% 이상의 유효 프리스트레스 힘이 작용할 때 콘크리트의 공칭전단강도(V_c)는 얼마인가? (단, f_{ck}=45MPa, V_u : 계수전단력, M_u : 계수 휨모멘트, d : 압축 측 표면에서 긴장재도심까지의 거리)

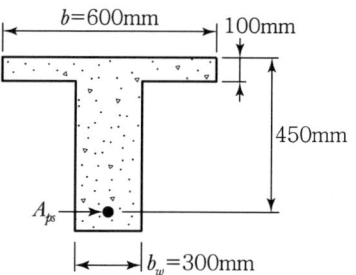

① 185.7kN ② 230.5kN
③ 321.7kN ④ 462.7kN

■해설 $V_c = \left(0.05\sqrt{f_{ck}} + 4.9\dfrac{V_u d}{M_u}\right)b_w\,d$

$= (0.05\times\sqrt{45} + 4.9\times 0.28)\times 300\times 450$

$= 230.5\times 10^3\text{N} = 230.5\text{kN}$

75. 설계기준 항복강도가 400MPa인 이형철근을 사용한 철근콘크리트 구조물에서 피로에 대한 안전성을 검토하지 않아도 되는 철근 응력범위로 옳은 것은?(단, 충격을 포함한 사용 활하중에 의한 철근의 응력범위)

① 150MPa ② 170MPa
③ 180MPa ④ 200MPa

■해설 충격을 포함한 사용활하중에 의한 철근 응력이 다음 값 이내이면 피로를 검토하지 않아도 좋다.

피로를 고려하지 않아도 되는 철근의 응력범위

철근의 종류	인장응력 및 압축응력의 범위
SD300(f_y=300MPa)	130MPa
SD350(f_y=350MPa)	140MPa
SD400(f_y=400MPa)	150MPa

76. 다음 그림과 같이 직경 25mm의 구멍이 있는 판(Plate)에서 인장응력 검토를 위한 순폭은 약 얼마인가?

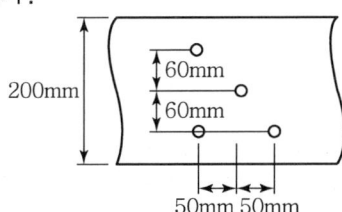

① 160.4mm ② 150mm
③ 145.8mm ④ 130mm

■해설 $d_h = \phi + 3 = 25\text{mm}$
$b_{n2} = b_g - 2d_h = 200 - 2 \times 25 = 150\text{mm}$
$b_{n3} = b_g - 3d_h + 2 \times \dfrac{S^2}{4g}$
$\quad = 200 - 3 \times 25 + 2 \times \dfrac{50^2}{4 \times 60} = 145.83\text{mm}$
$b_n = [b_{n2}, b_{n3}]_{\min} = 145.83\text{mm}$

77. 아래 그림과 같은 PSC보에 활하중(W_L) 18kN/m이 작용하고 있을 때 보의 중앙단면 상연에서 콘크리트 응력은?(단, 프리스트레스 힘(P)은 3,375kN이고, 콘크리트의 단위중량은 25kN/m³을 적용하여 자중을 산정하며, 하중계수와 하중조합은 고려하지 않는다.)

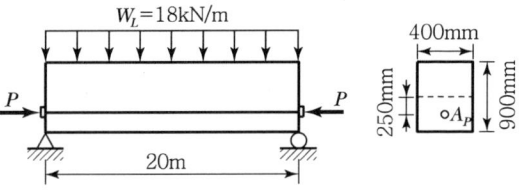

① 18.75MPa ② 23.63MPa
③ 27.25MPa ④ 32.42MPa

■해설 $W_D = (\text{콘크리트의 단위 중량}) \times (bh)$
$\quad = 25 \times (0.4 \times 0.9) = 9\text{kN/m}$
$W = W_D + W_L = 9 + 18 = 27\text{kN/m} = 27\text{N/mm}$
$f_t = \dfrac{P}{A} - \dfrac{P \cdot e}{I} y_t + \dfrac{M}{I} y_t = \dfrac{P}{bh}\left(1 - \dfrac{6e}{h}\right) + \dfrac{3W\ell^2}{4bh^2}$
$\quad = \dfrac{3,375 \times 10^3}{400 \times 900}\left(1 - \dfrac{6 \times 250}{900}\right)$
$\quad\quad + \dfrac{3 \times 27 \times (20 \times 10^3)^2}{4 \times 400 \times 900^2}$
$\quad = 18.75\text{N/mm}^2 = 18.75\text{MPa}$

78. 그림의 단면을 갖는 저보강 PSC보의 설계휨강도(ϕ_n)는 얼마인가?(단, 긴장재 단면적 A_p=600mm², 긴장재 인장응력 f_{ps}=1,500MPa, 콘크리트 설계기준강도 f_{ck}=35MPa)

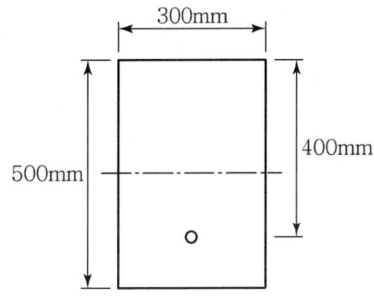

① 187.5kN·m ② 225.3kN·m
③ 267.4kN·m ④ 293.1kN·m

■해설 $a = \dfrac{A_p f_{ps}}{0.85 f_{ck} b} = \dfrac{600 \times 1,500}{0.85 \times 35 \times 300} = 100.84\text{mm}$

$f_{ck} > 28\text{MPa}$인 경우 β_1의 값
$\beta_1 = 0.85 - 0.007(f_{ck} - 28)$
$= 0.85 - 0.007(35 - 28) = 0.801 (\beta_1 \geq 0.65)$

$\varepsilon_t = \dfrac{d_t \cdot \beta_1 - a}{a} \times 0.003$
$= \dfrac{400 \times 0.801 - 100.84}{100.84} \times 0.003 = 0.00653$

$\varepsilon_{t_1} l$ (인장지배단면의 한계 변형률)
$= 0.005$ (프리스트레스트 강재의 경우)
$\varepsilon_{t \cdot 1} \leq \varepsilon_t$ 이므로 인장지배단면 $-\phi = 0.85$

$M_d = \phi M_n = \phi \left[A_p f_{ps} \left(d_p - \dfrac{a}{2} \right) \right]$
$= 0.85 \times \left[600 \times 1,500 \left(400 - \dfrac{100.84}{2} \right) \right]$
$= 267,428.700\text{N} \cdot \text{mm} = 267.4\text{kN} \cdot \text{m}$

79. 철근콘크리트보에 배치하는 복부철근에 대한 설명으로 틀린 것은?

① 복부철근은 사인장응력에 대하여 배치하는 철근이다.
② 복부철근은 휨 모멘트가 가장 크게 작용하는 곳에 배치하는 철근이다.
③ 굽힘철근은 복부철근의 한 종류이다.
④ 스트럽은 복부철근의 한 종류이다.

■해설 복부철근은 전단력이 가장 크게 작용하는 곳에 배치하는 철근이다.

80. 강도설계법에서 휨부재의 등가직사각형 압축응력분포의 깊이 $a = \beta_1 c$ 로서 구할 수 있다. 이 때 f_{ck}가 60MPa인 고강도 콘크리트에서 β_1의 값은?

① 0.85   ② 0.734
③ 0.65   ④ 0.626

■해설 $f_{ck} > 28\text{MPa}$인 경우 β_1 값
$\beta_1 = 0.85 - 0.007(f_{ck} - 28)$
$= 0.85 - 0.007(60 - 28) = 0.626$
그러나 $\beta_1 \geq 0.65$ 이어야 하므로 $\beta_1 = 0.65$ 를 사용한다.

제5과목 토질 및 기초

81. 다음은 정규압밀점토의 삼축압축 시험결과를 나타낸 것이다. 파괴 시의 전단응력 τ와 σ를 구하면?

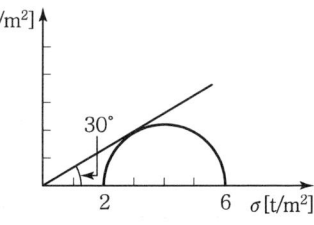

① $\tau = 1.73\text{t/m}^2$, $\sigma = 2.50\text{t/m}^2$
② $\tau = 1.41\text{t/m}^2$, $\sigma = 3.00\text{t/m}^2$
③ $\tau = 1.41\text{t/m}^2$, $\sigma = 2.50\text{t/m}^2$
④ $\tau = 1.73\text{t/m}^2$, $\sigma = 3.00\text{t/m}^2$

■해설 • $\theta = 45° + \dfrac{\phi}{2} = 45° + \dfrac{30°}{2} = 60°$

• 수직응력(σ) $= \dfrac{\sigma_1 + \sigma_3}{2} + \dfrac{\sigma_1 - \sigma_3}{2} \cos 2\theta$
$= \dfrac{6+2}{2} + \dfrac{6-2}{2} \cos(2 \times 60) = 3\text{t/m}^2$

• 전단응력(τ) $= \dfrac{\sigma_1 - \sigma_3}{2} \sin 2\theta$
$= \dfrac{6-2}{2} \sin(2 \times 60) = 1.73\text{t/m}^2$

82. 그림과 같은 조건에서 분사현상에 대한 안전율을 구하면?(단, 모래의 $\gamma_{sat} = 2.0\text{t/m}^3$이다.)

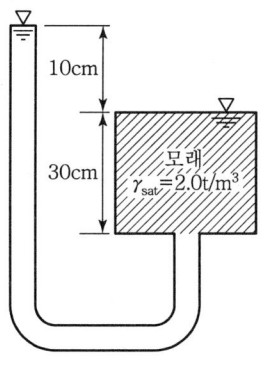

① 1.0   ② 2.0
③ 2.5   ④ 3.0

|해답| 79.② 80.③ 81.④ 82.④

■해설 안전율$(F_s) = \dfrac{i_{cr}}{i} = \dfrac{i_{cr}}{h/L} = \dfrac{1}{10/30} = 3.0$

$\left(i_{cr} = \dfrac{\gamma_{sub}}{\gamma_w} = \dfrac{2-1}{1} = 1.0\right)$

83. 3층 구조로 구조결합 사이에 치환성 양이온이 있어 활성이 크고 시트 사이에 물이 들어가 팽창 수축이 크고 공학적 안정성은 약한 점토 광물은?

① Kaolinite ② Illite
③ Momtmorillonite ④ Sand

■해설 몬모릴로 나이트(Montmorillonite)
㉠ 활성도(A) : $A > 1.25$
㉡ 공학적 안정성 : 불안정
㉢ 팽창·수축성 : 크다.

84. 다음 중 일시적인 지반 개량 공법에 속하는 것은?

① 다짐 모래말뚝 공법 ② 약액주입 공법
③ 프리로딩 공법 ④ 동결공법

■해설 일시적인 지반개량공법
㉠ Well Point 공법
㉡ 동결공법
㉢ 대기압공법(진공압밀공법)

85. 강도정수가 $c = 0$, $\phi = 40°$인 사질토 지반에서 Rankine 이론에 의한 수동토압계수는 주동토압계수의 몇 배인가?

① 4.6 ② 9.0
③ 12.3 ④ 21.1

■해설 ㉠ K_p(수동토압계수)
$= \tan^2\left(45° + \dfrac{\phi}{2}\right) = \tan^2\left(45 + \dfrac{40°}{2}\right)$
$= 4.599$
㉡ K_a(주동토압계수)
$= \tan^2\left(45° - \dfrac{\phi}{2}\right) = \tan^2\left(45° - \dfrac{40°}{2}\right)$
$= 0.217$
∴ $\dfrac{K_p}{K_a} = \dfrac{4.599}{0.217} = 21.1$

86. 그림과 같이 6m 두께의 모래층 밑에 2m 두께의 점토층이 존재한다. 지하수면은 지표 아래 2m 지점에 존재한다. 이때, 지표면에 $\Delta P = 5.0t/m^2$의 등분포하중이 작용하여 상당한 시간이 경과한 후, 점토층의 중간높이 A점에 피에조미터를 세워 수두를 측정한 결과, $h = 4.0m$로 나타났다면 A점의 압밀도는?

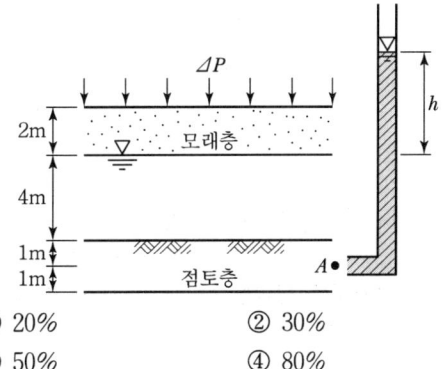

① 20% ② 30%
③ 50% ④ 80%

■해설 압밀도$= \dfrac{u_i - u_t}{u_i} \times 100 = \dfrac{5-4}{5} \times 100 = 20\%$
$(u_t = \gamma_w \cdot H = 1 \times 4 = 4.0t/m^2)$

87. 다짐에 대한 다음 설명 중 옳지 않은 것은?

① 세립토의 비율이 클수록 최적함수비는 증가한다.
② 세립토의 비율이 클수록 최대건조 단위중량은 증가한다.
③ 다짐에너지가 클수록 최적함수비는 감소한다.
④ 최대건조 단위중량은 사질토에서 크고 점성토에서 작다.

■해설 세립토 비율이 크면 최대건조밀도는 감소하고 최적함수비(OMC)는 증가한다.

88. 어느 지반 30cm×30cm 재하판을 이용하여 평판재하시험을 한 결과, 항복하중이 5t, 극한하중이 9t이었다. 이 지반의 허용지지력은?

① 55.6t/m² ② 27.8t/m²
③ 100t/m² ④ 33.3t/m²

|해답| 83.③ 84.④ 85.④ 86.① 87.② 88.②

■해설 ㉠ 항복지지력$(q_y) = \dfrac{Q_y}{A_p} = \dfrac{5}{0.3 \times 0.3} = 55.56 \text{t/m}^2$

㉡ 극한 지지력$(q_u) = \dfrac{Q_u}{A_p} = \dfrac{9}{0.3 \times 0.3} = 100 \text{t/m}^2$

㉢ 허용지지력(q_a)
- $q_a = \dfrac{q_y}{2} = \dfrac{55.56}{2} = 27.8 \text{t/m}^2$
- $q_a = \dfrac{q_u}{3} = \dfrac{100}{3} = 33.3 \text{t/m}^2$

둘 중 작은 값인 27.8t/m^2가 허용지지력이 된다.

89. 암반층 위에 5m 두께의 토층이 경사 15°의 자연사면으로 되어 있다. 이 토층은 $c = 1.5\text{t/m}^2$, $\phi = 30°$, $\gamma_{sat} = 1.8\text{t/m}^3$이고, 지하수면은 토층의 지표면과 일치하고 침투는 경사면과 대략 평행이다. 이때의 안전율은?

① 0.8 ② 1.1
③ 1.6 ④ 2.0

■해설 점착력 $c \neq 0$, 침투류가 있는 경우(지표면과 지하수위가 일치)

$F = \dfrac{c}{\gamma_{sat} Z \sin i \cos i} + \dfrac{\gamma_{sub}}{\gamma_{sat}} \times \dfrac{\tan\phi}{\tan i}$

$= \dfrac{1.5}{1.8 \times 5 \times \sin 15° \times \cos 15°} + \dfrac{1.8-1}{1.8} \times \dfrac{\tan 30°}{\tan 15°}$

$= 1.6$

90. 연약 점토층을 관통하여 철근콘크리트 파일을 박았을 때 부마찰력(Negative friction)은?(단, 지반의 일축압축강도 $q_u = 2\text{t/m}^2$, 파일직경 $D = 50\text{cm}$, 관입깊이 $l = 10\text{m}$이다.)

① 15.71t ② 18.53t
③ 20.82t ④ 24.2t

■해설 부주면 마찰력$(R_{nf}) = f_n \cdot A_s$

㉠ 연약점토 시 $f_n = \dfrac{q_u}{2} = \dfrac{2}{2} = 1\text{t/m}^2$

㉡ $A_s = \pi D l = \pi \times 0.5 \times 10 = 15.71\text{m}^2$

∴ $R_{nf} = f_n \cdot A_s = 1 \times 15.71 = 15.71\text{t}$

91. 4m×4m 크기인 정사각형 기초를 내부 마찰각 $\phi = 20°$, 점착력 $c = 3\text{t/m}^2$인 지반에 설치하였다. 흙의 단위중량$(\gamma) = 1.9\text{t/m}^3$이고 안전율을 3으로 할 때 기초의 허용하중을 Terzaghi 지지력 공식으로 구하면?(단, 기초의 깊이는 1m이고, 전반전단파괴가 발생한다고 가정하며, $N_c = 17.69$, $N_q = 7.44$, $N_\gamma = 4.97$이다.)

① 478t ② 524t
③ 567t ④ 621t

■해설 허용하중$(Q_a) = q_a \times A$

㉠ q_a(허용지지력) $= \dfrac{q_u}{F_s} = \dfrac{98.24}{3} = 32.75\text{t/m}^2$

$(q_u = \alpha c N_c + \beta B \gamma_1 N_r + \gamma_2 D_f N_q$
$= 1.3 \times 3 \times 17.69 + 0.4 \times 4 \times 1.9 \times 4.97 + 1.9 \times 1 \times 7.44$
$= 98.24\text{t/m}^2)$

㉡ $A = B \times L = 4 \times 4 = 16\text{m}^2$

∴ $Q_a = q_a \times A = 32.75 \times 16 = 524\text{t}$

92. 어떤 퇴적층에서 수평방향의 투수계수는 4.0×10^{-4} cm/sec이고, 수직방향의 투수계수는 4.0×10^{-4} cm/sec이다. 이 흙을 등방성으로 생각할 때, 등가의 평균투수계수는 얼마인가?

① 3.46×10^{-4} cm/sec
② 5.0×10^{-4} cm/sec
③ 6.0×10^{-4} cm/sec
④ 6.93×10^{-4} cm/sec

■해설 $k = \sqrt{k_h \cdot k_v} = \sqrt{(4 \times 10^{-4}) \times (3 \times 10^{-4})}$
$= 3.46 \times 10^{-4}$ cm/sec

93. 직접전단시험을 한 결과 수직응력이 12kg/cm^2일 때 전단저항이 5kg/cm^2, 또 수직응력이 24kg/cm^2일 때 전단저항이 7kg/cm^2이었다. 수직응력이 30kg/cm^2일 때의 전단저항은 약 얼마인가?

① 6kg/cm^2 ② 8kg/cm^2
③ 10kg/cm^2 ④ 12kg/cm^2

■해설 $S(\tau_f) = c + \sigma' \tan\phi = c + (\sigma - u)\tan\phi$
먼저 c와 ϕ를 구하면
$$\begin{array}{r} 5 = c + 12\tan\phi \\ -\underline{7 = c + 24\tan\phi} \\ -2 = -12\tan\phi \end{array}$$
$$\therefore \tan\phi = \frac{1}{6}, \ c = 3\text{kg/cm}^2$$
$$\therefore S(\tau_f) = c + (\sigma - u)\tan\phi$$
$$= 3 + (30-0) \times \frac{1}{6} = 8\text{kg/cm}^2$$

94. 크기가 1m×2m인 기초에 10t/m²의 등분포하중이 작용할 때 기초 아래 4m인 점의 압력 증가는 얼마인가?(단, 2 : 1 분포법을 이용한다.)

① 0.67t/m² ② 0.33t/m²
③ 0.22t/m² ④ 0.11t/m²

■해설 $\Delta\sigma_Z = \frac{qBL}{(B+Z)(L+Z)}$
$$= \frac{10 \times 1 \times 2}{(1+4)(2+4)}$$
$$= 0.67\text{kg/cm}^2$$

95. 두께 5m의 점토층을 90% 압밀하는 데 50일이 걸렸다. 같은 조건하에서 10m의 점토층을 90% 압밀하는 데 걸리는 시간은?

① 100일 ② 160일
③ 200일 ④ 240일

■해설 압밀시간과 압밀층 두께의 관계
$t_1 : t_2 = H_1^2 : H_2^2$
$$\therefore t_2 = \left(\frac{H_2}{H_1}\right)^2 \times t_1 = \left(\frac{10}{5}\right)^2 \times 50 = 200\text{일}$$

96. 흙의 내부 마찰각(ϕ)은 20°, 점착력(c)이 2.4t/m²이고, 단위중량(γ_t)은 1.93t/m³인 사면의 경사각이 45°일 때 임계높이는 약 얼마인가?(단, 안정수 $m = 0.06$)

① 15m ② 18m
③ 21m ④ 24m

■해설 한계고, 임계높이(H_c) = $\frac{N_s c}{\gamma_t} = \frac{16.67 \times 2.4}{1.93} ≒ 21\text{m}$
$\left(\text{안정계수}(N_s) = \frac{1}{\text{안정수}} = \frac{1}{0.06} = 16.67\right)$

97. 다음 현장시험 중 Sounding의 종류가 아닌 것은?

① Vane 시험 ② 표준관입 시험
③ 동적 원추관입 시험 ④ 평판재하 시험

■해설 사운딩(Sounding)
㉠ 정적 사운딩
• 콘 관입시험
• 이스키 메타
• 베인 전단시험
㉡ 동적 사운딩
• 동적 원추관입시험
• 표준관입시험(SPT)

98. Paper drain 설계 시 Drain paper의 폭이 10cm, 두께가 0.3cm일 때 Drain paper의 등치환산원의 직경이 얼마이면 Sand Drain과 동등한 값으로 볼 수 있는가?(단, 형상계수 : 0.75)

① 5cm ② 8cm
③ 10cm ④ 15cm

■해설 $D = \alpha \frac{2(A+B)}{\pi} = 0.75 \times \frac{2(10+0.3)}{\pi} ≒ 5\text{cm}$

99. 흙의 연경도(Consistency)에 관한 설명으로 틀린 것은?

① 소성지수는 점성이 클수록 크다.
② 터프니스 지수는 Colloid가 많은 흙일수록 값이 작다.
③ 액성한계시험에서 얻어지는 유동곡선의 기울기를 유동지수라 한다.
④ 액성지수와 컨시스턴시 지수는 흙지반의 무르고 단단한 상태를 판정하는 데 이용된다.

■해설 터프니스 지수가 클수록 점토 함유율, 활성도가 크고 콜로이드가 많은 흙이다.

|해답| 94.① 95.③ 96.③ 97.④ 98.① 99.②

100. 암질을 나타내는 항목과 직접 관계가 없는 것은?
    ① N치   ② RQD값
    ③ 탄성파속도   ④ 균열의 간격

    ■해설 암질의 평가 항목
        ㉠ 암질지수(RQD)
        ㉡ 균열 간격
        ㉢ 탄성파 속도
        ㉣ 암석의 일축 압축강도
        ㉤ 불연속면의 상태

제6과목 **상하수도공학**

---

101. 다음 하수량 산정에 관한 설명 중 틀린 것은?
    ① 계획오수량은 생활오수량, 공장폐수량 및 지하수량으로 구분된다.
    ② 계획오수량 중 지하수량은 1인 1일 최대오수량의 10~20% 정도로 한다.
    ③ 우수량의 산정공식 중 합리식($Q=CIA$)에서는 I는 동수경사이다.
    ④ 계획 1일 최대오수량은 처리시설의 용량을 결정하는 데 기초가 된다.

    ■해설 계획하수량의 결정
        ㉠ 계획오수량의 결정

종류	내용
계획오수량	계획오수량은 생활오수량, 공장폐수량, 지하수량으로 구분할 수 있다.
지하수량	지하수량은 1인 1일 최대오수량의 10~20%를 기준으로 한다.
계획 1일 최대오수량	• 1인 1일 최대오수량×계획급수인구+(공장폐수량, 지하수량, 기타 배수량) • 하수처리시설의 용량 결정의 기준이 되는 수량
계획 1일 평균오수량	• 계획 1일 최대오수량의 70(중·소도시)~80%(대·공업도시) • 하수처리장 유입하수의 수질을 추정하는 데 사용되는 수량
계획시간 최대오수량	• 계획 1일 최대오수량의 1시간당 수량에 1.3~1.8배를 표준으로 한다. • 오수관거 및 펌프설비 등의 크기를 결정하는 데 사용되는 수량

        ㉡ 계획 우수량의 결정
        $$Q=\frac{1}{3.6}CIA$$

여기서, Q : 우수량(m^3/sec)
C : 유출계수(무차원)
I : 강우강도(mm/hr)
A : 유역면적(km^2)

102. 정수시설 중 급속여과지에서 여과모래의 유효경이 0.45~0.7mm의 범위에 있는 경우에 대한 모래층의 표준 두께는?
    ① 60~70cm   ② 70~90cm
    ③ 150~200cm   ④ 300~450cm

    ■해설 완속여과지와 급속여과지의 비교

항목	완속여과 모래	급속여과 모래
여과 속도	4~5m/day	120~150m/day
유효경	0.3~0.45mm	0.45~1.0mm
균등 계수	2.0 이하	1.7 이하
모래층 두께	70~90cm	60~120cm
최대경	2mm 이하	2mm 이내
최소경	0.18mm 이상	0.3mm 이상
세균 제거율	98~99.5%	95~98%
비중	2.55~2.65	

    ∴ 급속여과지의 모래층 두께의 범위에 속하는 것은 60~70cm이다.

103. 합류식 하수도에 대한 설명으로 옳은 것은?
    ① 관거 내의 퇴적이 적다.
    ② 강우 시 오수의 일부가 우수와 희석되어 공공용수의 수질보전에 유리하다.
    ③ 합류식 방류부하량 대책은 폐쇄성 수역에서 특히 요구된다.
    ④ 관거오접의 철저한 감시가 요구된다.

    ■해설 하수의 배제방식

분류식	합류식
• 수질오염 방지 면에서 유리 • 청천 시에도 퇴적의 우려가 없다. • 강우 초기 노면 배수 효과 없다. • 시공이 복잡하고 오접합의 우려가 있다. • 우천 시 수세효과를 기대할 수 없다. • 공사비가 많이 든다.	• 구배 완만, 매설깊이 적으며 시공성이 좋다. • 초기 우수에 의한 노면배수처리 가능 • 관경이 크므로 검사가 편리하고, 환기가 잘 된다. • 건설비가 적게 든다. • 우천 시 수세효과가 있다. • 청천 시 관내 침전, 효율 저하

104. 정수처리 시 생성되는 발암물질인 트리할로메탄(THM)에 대한 대책으로 적합하지 않은 것은?

① 오존, 이산화염소 등의 대체 소독제 사용
② 염소소독의 강화
③ 중간염소처리
④ 활성탄흡착

■해설 트리할로메탄(THM)
염소소독을 실시하면 THM의 생성 가능성이 존재한다. THM은 응집침전과 활성탄 흡착으로 어느 정도 제거가 가능하며 현재 THM은 수도법상 발암물질로 규정되어 있다.
∴ 염소소독의 강화는 THM에 대한 대책이 되지 못한다.

105. 다음 중 일반적으로 적용하는 펌프의 특성곡선에 포함되지 않는 것은?

① 토출량 – 양정 곡선
② 토출량 – 효율 곡선
③ 토출량 – 축동력 곡선
④ 토출량 – 회전도 곡선

■해설 펌프특성곡선
펌프의 회전속도를 일정하게 고정하고 토출관의 밸브를 조절하여 토출량을 변화시킬 때 토출량(Q)의 변화에 따른 양정(H), 효율(η), 축동력(P)의 변화를 최대효율점에 대한 비율로 나타낸 곡선을 펌프특성곡선이라 한다.
∴ 펌프특성곡선에 포함되지 않는 것은 토출량 – 회전도 곡선이다.

106. 반송슬러지의 SS농도가 6,000mg/L이다. MLSS 농도를 2,500mg/L로 유지하기 위한 슬러지 반송비는?

① 25% ② 55%
③ 71% ④ 100%

■해설 슬러지 반송률
㉠ 슬러지 반송률
$$R = \frac{Q_r}{Q} = \frac{X}{X_w - X}$$
여기서, X : 포기조 내의 MLSS 농도
X_w : 반송슬러지 농도
㉡ 반송비의 산정
$$R = \frac{X}{X_w - X} = \frac{2,500}{6,000 - 2,500}$$
$$= 0.71 \times 100 = 71\%$$

107. 상수도 취수시설 중 침사지에 관한 시설기준으로 틀린 것은?

① 침사지의 체류시간은 계획취수량의 10~20분을 표준으로 한다.
② 침사지의 유효수심은 3~4m를 표준으로 한다.
③ 길이는 폭의 3~8배를 표준으로 한다.
④ 침사지 내의 평균유속은 20~30cm/s로 유지한다.

■해설 침사지
㉠ 원수와 함께 유입한 모래를 침강, 제거하기 위하여 취수구에 근접한 제내지에 설치하는 시설을 침사지라고 한다.
㉡ 형상은 직사각형이나 정사각형 등으로 하고 침사지의 지수는 2지 이상으로 하며 수밀성 있는 철근콘크리트 구조로 한다.
㉢ 유입부는 편류를 방지하도록 점차 확대, 축소를 고려하며, 길이가 폭의 3~8배를 표준으로 한다.
㉣ 체류시간은 계획취수량의 10~20분
㉤ 침사지의 유효수심은 3~4m
㉥ 침사지 내의 평균유속은 2~7cm/sec

108. 활성슬러지 공법의 설계인자가 아닌 것은?

① 먹이/미생물 비   ② 고형물체류시간
③ 비회전도   ④ 유기물질 부하

■해설 활성슬러지법의 설계인자
활성슬러지법의 설계인자에는 BOD용적부하, BOD 슬러지부하(먹이/미생물 비), 수리학적 체류시간(HRT), 고형물 체류시간(SRT), 슬러지 용적지수(SVI), 슬러지 반송률 등이 있다.
∴ 설계인자와 거리가 먼 것은 비회전도이다.

|해답| 104.② 105.④ 106.③ 107.④ 108.③

109. 하수량 1,000m³/day, BOD 200mg/L인 하수를 250m³ 유효용량의 포기조로 처리할 경우 BOD용 적부하는?

① 0.8kgBOD/m³·day
② 1.25kgBOD/m³·day
③ 8kgBOD/m³·day
④ 12.5kgBOD/m³·day

■해설 BOD 용적부하
　㉠ 포기조 단위체적당 1일 가해주는 BOD량을 BOD 용적부하라고 한다.
$$\text{BOD 용적부하} = \frac{\text{하수량} \times \text{하수의 BOD농도}}{\text{포기조 부피}}$$
　㉡ BOD 용적부하의 계산
$$\text{BOD 용적부하} = \frac{1{,}000 \times 200 \times 10^{-3}}{250}$$
$$= 0.8\text{kg/m}^3 \cdot \text{day}$$

110. 배수 및 급수시설에 관한 설명으로 틀린 것은?

① 배수지의 건설에는 토압, 벽체의 균열, 지하수의 부상, 환기 등을 고려한다.
② 배수본관은 시설의 신뢰성을 높이기 위해 2개열 이상으로 한다.
③ 급수관 분기지점에서 배수관의 최대정수압은 100kPa 이상으로 한다.
④ 관로공사가 끝나면 시공의 적합 여부를 확인하기 위하여 수압 시험 후 통수한다.

■해설 배수 및 급수시설
　㉠ 배수지의 건설에는 토압, 벽체의 균열, 지하수의 부상, 환기 등을 고려한다.
　㉡ 배수본관은 유지관리 및 시설의 신뢰성을 높이기 위해 2개열 이상으로 한다.
　㉢ 급수관 분기지점에서 배수관의 최대정수압은 700kPa 이하로 한다.
　㉣ 관로 공사가 끝나면 시공의 적합 여부를 확인하기 위하여 수압 시험 후 통수한다.

111. 취수탑(intake tower)의 설명으로 옳지 않은 것은?

① 일반적으로 다단수문형식의 취수구를 적당히 배치한 철근콘크리트 구조이다.
② 갈수 시에도 일정 이상의 수심을 확보할 수 있으면, 연간의 수위변호가 크더라도 하천, 호소, 댐에서의 취수시설로 적합하다.
③ 제내지에의 도수는 자연유하식으로 제한되기 때문에 제내지의 지형에 제약을 받는 단점이 있다.
④ 특히 수심이 깊은 경우에는 철골구조의 부자(float)식의 취수탑이 사용되기도 한다.

■해설 취수탑
　㉠ 일반적으로 다단수문형식의 취수구를 적당히 배치한 철근콘크리트 구조이다.
　㉡ 갈수 시에도 일정 이상의 수심을 확보할 수 있으면, 연간의 수위변화가 크더라도 하천, 호소, 댐에서의 취수시설로 적합하다.
　㉢ 제내지에서의 도수는 자연유하를 원칙으로 하지만 갈수 시 수위가 낮아지면 펌프를 병행하기도 한다.
　㉣ 수심이 깊은 곳에서는 철골구조의 부자식의 취수탑이 사용되기도 한다.

112. 하수처리 재이용 기본계획에 대한 설명으로 틀린 것은?

① 하수처리 재이용수는 용도별 요구되는 수질기준을 만족하여야 한다.
② 하수처리수 재이용지역은 가급적 해당 지역 내의 소규모 지역 범위로 한정하여 계획한다.
③ 하수처리수 재이용량은 해당 지역 하수도정비 기본계획의 물순환이용계획에서 제시된 재이용량 이상으로 계획하여야 한다.
④ 하수처리 재이용수의 용도는 생활용수, 공업용수, 농업용수, 유지용수를 기본으로 계획한다.

■해설 하수처리 재이용계획
　㉠ 하수처리 재이용수는 용도별 요구되는 수질기준을 만족하여야 한다.
　㉡ 하수처리수 재이용 계획에서 재이용 지역은 해당 지역의 규모를 고려하여 결정한다.
　㉢ 하수처리수 재이용량은 해당 지역의 하수도정비 기본계획의 물순환이용계획에서 제시된 재이용량 이상으로 계획한다.
　㉣ 하수처리 재이용수의 용도는 생활용수, 공업용수, 농업용수, 유지용수를 기본으로 계획한다.

113. 착수정의 체류시간 및 수심에 대한 표준으로 옳은 것은?

① 체류시간 : 1분 이상, 수심 : 3~5m
② 체류시간 : 1분 이상, 수심 : 10~12m
③ 체류시간 : 1.5분 이상, 수심 : 3~5m
④ 체류시간 : 1.5분 이상, 수심 : 10~12m

■해설 착수정
  ㉠ 도수시설에서 정수장으로 유입되는 원수를 안정시키고, 원수량을 조절하여 다음 시스템이 정수작업을 정확하고 쉽게 처리할 수 있도록 만든 시설을 착수정이라 한다.
  ㉡ 구조
    • 착수정은 2지 이상으로 설치한다.
    • 먼지와 수조류 등을 제거할 필요가 있는 장소에는 스크린을 설치한다.
    • 고수위와 주변 벽체 상단 간에는 60cm 이상의 여유를 두어야 한다.
    • 착수정의 수위가 고수위가 되지 않도록 월류관이나 월류 위어를 설치하여야 한다.
    • 용량은 체류시간을 1분 30초 이상을 체류할 수 있도록 하고, 유효수심은 3~5m 정도로 하는 것이 좋다.

114. 상수도의 배수관 직경을 2배로 증가시키면 유량은 몇 배로 증가되는가?(단, 관은 가득 차서 흐른다고 가정한다.)

① 1.4배
② 1.7배
③ 2배
④ 4배

■해설 배수관의 유량
  ㉠ 유량의 산정
  $$Q = AV = \frac{\pi \times D^2}{4} \times V$$
  ㉡ 배수관의 직경을 2배로 증가시키면 유량을 산정할 때 직경의 제곱으로 유량은 4배가 된다.

115. 부영양화로 인한 수질 변화에 대한 설명으로 옳지 않은 것은?

① COD가 증가한다.
② 탁도가 증가한다.
③ 투명도가 증가한다.
④ 물에 맛과 냄새를 발생시킨다.

■해설 부영양화
  ㉠ 가정하수, 공장폐수 등이 하천이나 호수에 유입되었을 때 질소(N)나 인(P)과 같은 영양염류농도가 증가된다. 이로 인해 조류 및 식물성 플랑크톤이 과도하게 성장하고, 물에 맛과 냄새가 유발되고 저수지의 수질이 악화되는 현상을 부영양화라 한다. 이때 성장한 조류는 바닥에 퇴적하여 죽게 되고 유입하천에서 부하된 유기물도 바닥에 퇴적하게 되는데 이 퇴적물이 분해하여 생기는 영양염류가 다시 조류의 영양소로 섭취되어 부영양화가 일어날 수 있다.
  ㉡ 부영양화는 수심이 낮은 곳에서 나타나며 한 번 발생되면 회복이 어렵다.
  ㉢ 물의 투명도가 낮아지며, COD 농도가 높게 나타난다.

116. 다음 중 하수도 시설의 목적과 가장 거리가 먼 것은?

① 하수의 배제와 이에 따른 생활환경의 개선
② 슬러지 처리 및 자원화
③ 침수방지
④ 지속발전 가능한 도시구축에 기여

■해설 하수도 시설의 설치 목적
  ㉠ 도시의 오수를 배제, 처리하여 쾌적한 생활환경의 개선을 도모한다.
  ㉡ 오수의 방류에 따른 생태계 변화 및 공공수역의 수질오염을 방지한다.
  ㉢ 우수의 신속한 배제로 침수로 인한 재해를 방지한다.
  ∴ 하수도 설치 목적과 거리가 먼 것은 슬러지 처리 및 자원화이다.

117. 펌프의 분류 중 원심펌프의 특징에 대한 설명으로 옳은 것은?

① 일반적으로 효율이 높고, 적용 범위가 넓으며, 적은 유량을 가감하는 경우 소요동력이 적어도 운전에 지장이 없다.
② 양정변화에 대하여 수량의 변동이 적고 또 수량변동에 대해 동력의 변화도 적으므로 우수용 펌프 등 수위변동이 큰 곳에 적합하다.
③ 회전수를 높게 할 수 있으므로, 소형으로 되며 전양정이 4m 이하인 경우에 경제적으로 유리하다.
④ 펌프와 전동기를 일체로 펌프흡입실 내에 설치하며, 유입수량이 적은 경우 및 펌프장의 크기에 제한을 받는 경우 등에 사용한다.

■해설 펌프의 종류

종류	특징
원심력펌프	• 양정 20m 이상의 고양정 펌프이다. • 임펠러 회전에 의해 발생된 원심력을 수압력으로 전환하여 사용한다. • 안내날개의 유무에 따라 터빈펌프와 볼류트펌프로 나누어진다. • 상하수도용으로 가장 많이 이용된다. • 효율이 높고, 적용범위가 넓다.
사류펌프	• 양정 3~12m의 중양정 펌프이다. • 원심작용과 양력작용 모두를 사용하는 펌프이다. • 양정(수위) 변화에 대처가 용이하다.
축류펌프	• 양정 4m 이하의 저양정 펌프이다. • 양력작용을 사용한다.

∴ 원심력 펌프의 특징은 효율이 높고, 적용범위가 넓으며, 적은 유량을 가감하는 경우 소요동력이 적어도 운전에 지장이 없다.

118. 급수량에 관한 설명으로 옳은 것은?

① 계획 1일 최대급수량은 계획 1일 평균급수량에 계획첨두율을 곱해 산정한다.
② 계획 1일 평균수량은 시간 최대급수량에 부하율을 곱해 산정한다.
③ 시간최대급수량은 일최대급수량보다 작게 나타난다.
④ 소화용수는 일최대급수량에 포함되므로 별도로 산정하지 않는다.

■해설 급수량의 종류

종류	내용
계획 1일 최대급수량	수도시설 규모 결정의 기준이 되는 수량 = 계획 1일 평균급수량×1.5(중·소도시), 1.3(대도시, 공업도시)
계획 1일 평균급수량	재정계획수립에 기준이 되는 수량 = 계획 1일 최대급수량×0.7(중·소도시), 0.8(대도시, 공업도시)
계획시간 최대급수량	배수 본관의 구경 결정에 사용 = 계획 1일 최대급수량/24×1.3(대도시, 공업도시), 1.5(중소도시), 2.0(농촌, 주택단지)

∴ 계획 1일 최대급수량은 계획 1일 평균급수량에 계획첨두율을 곱하여 산정한다.

119. 유수유출량이 크고 하류시설의 유하능력이 부족한 경우에 필요한 우수저류형 시설은?

① 우수받이
② 우수조정지
③ 우수침투트랜치
④ 합류식 하수관거월류수 처리장치

■해설 우수조정지
㉠ 우수조정지
도시화나 도시지역의 확대로 기존 관로의 용량이 부족하거나 관로의 능력 저하에도 불구하고 하류의 시설 및 관로 등의 능력을 높이기 곤란한 경우에 우수조정지를 설치하며, 우수조정지의 크기는 합리식에 의하여 산정한다.
㉡ 설치장소
• 하수관거의 용량이 부족한 곳
• 방류수로의 유하능력이 부족한 곳
• 하류지역의 펌프장 능력이 부족한 곳
㉢ 구조형식
• 댐식
• 지하식
• 굴착식

120. 인구 15만의 도시에 급수계획을 하려고 한다. 계획 1인 1일 최대급수량이 400L/인·day이고, 보급률이 95%라면 계획 1일 최대급수량은?

① 57,000m³/day
② 59,000m³/day
③ 61,000m³/day
④ 63,000m³/day

■해설 급수량의 산정

㉠ 급수량의 종류

종류	내용
계획 1일 최대급수량	수도시설 규모 결정의 기준이 되는 수량 = 계획 1인 1일 최대급수량×인구×급수보급률 = 계획 1일 평균급수량×1.5(중·소도시), 1.3(대도시, 공업도시)
계획 1일 평균급수량	재정계획수립에 기준이 되는 수량 = 계획 1인 1일 평균급수량×인구×급수보급률 = 계획 1일 최대급수량×0.7(중·소도시), 0.8(대도시, 공업도시)
계획시간 최대급수량	배수 본관의 구경 결정에 사용 = 계획 1일 최대급수량/24×1.3(대도시, 공업도시), 1.5(중소도시), 2.0(농촌, 주택단지)

㉡ 급수량의 산정

계획 1일 최대급수량
= 계획 1인 1일 최대급수량×인구×급수보급률
= $400 \times 10^{-3} \times 150,000 \times 0.95 = 57,000 \text{m}^3/\text{day}$

|해답| 120.①

contents

3월 5일 시행
5월 7일 시행
9월 23일 시행

토목기사 필기
과년도 기출문제

2017

과년도 기출문제 (2017년 3월 5일 시행)

제1과목 **응용역학**

01. 그림과 같은 사다리꼴 단면에서 x축에 대한 단면 2차 모멘트 값은?

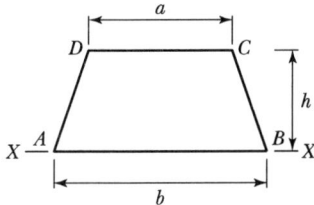

① $\dfrac{h^3}{12}(b+2a)$ ② $\dfrac{h^3}{12}(3b+a)$

③ $\dfrac{h^3}{12}(2b+a)$ ④ $\dfrac{h^3}{12}(b+3a)$

■해설 $I_x = \dfrac{ah^3}{3} + \dfrac{(b-a)h^3}{12} = \dfrac{h^3}{12}(3a+b)$

02. 다음 그림과 같이 강선 A와 B가 서로 평형상태를 이루고 있다. 이때 각도 θ의 값은?

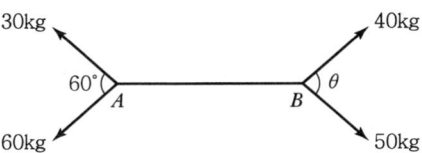

① 67.84°   ② 56.63°
③ 42.26°   ④ 28.35°

■해설   강선 AB가 평형상태를 이루기 위해서는 강선의 A점에서 작용하는 두 힘의 합력(R_1)과 강선의 B점에서 작용하는 두 힘의 합력(R_2)은 그 크기가 서로 같고 동일선상에서 반대방향으로 작용해야 한다.

$R_1 = R_2$
$\sqrt{30^2 + 60^2 + 2\times30\times60\times\cos60°}$
$= \sqrt{40^2 + 50^2 + 2\times40\times50\times\cos\theta}$
$\theta = 56.63°$

03. 아래 그림과 같은 단순보에 등분포하중 w가 작용하고 있을 때 이 보에서 휨모멘트에 의한 변형에너지는?(단, 보의 EI는 일정하다.)

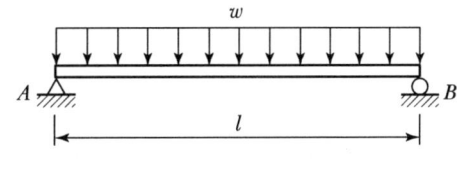

① $\dfrac{w^2l^5}{384EI}$ ② $\dfrac{w^2l^5}{240EI}$

③ $\dfrac{7w^2l^5}{384EI}$ ④ $\dfrac{w^2l^5}{48EI}$

■해설

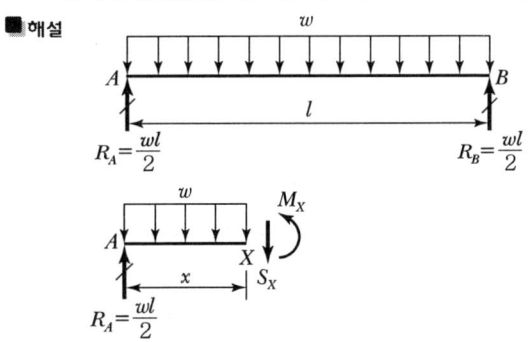

$\sum M_{\otimes} = 0 (\curvearrowright \oplus)$
$\dfrac{wl}{2}\cdot x - (w\cdot x)\cdot\dfrac{x}{2} - M_x = 0$
$M_x = \dfrac{wl}{2}x - \dfrac{w}{2}x^2$

$U = \int_0^l \dfrac{M_x^2}{2EI}dx$
$= \dfrac{1}{2EI}\int_0^l \left(\dfrac{wl}{2}x - \dfrac{w}{2}x^2\right)^2 dx$
$= \dfrac{w^2}{8EI}\int_0^l (l^2x^2 - 2lx^3 + x^4)dx$
$= \dfrac{w^2}{8EI}\left[\dfrac{l^2}{3}x^3 - \dfrac{2l}{4}x^4 + \dfrac{1}{5}x^5\right]_0^l$
$= \dfrac{w^2l^5}{240EI}$

|해답| 1.④ 2.② 3.②

04. 단면 2차 모멘트의 특성에 대한 설명으로 옳지 않은 것은?

① 도심축에 대한 단면 2차 모멘트는 0이다.
② 단면 2차 모멘트는 항상 정(+)의 값을 갖는다.
③ 단면 2차 모멘트가 큰 단면은 휨에 대한 강성이 크다.
④ 정다각형의 도심축에 대한 단면 2차 모멘트는 축이 회전해도 일정하다.

■해설 도심축에 대한 단면 2차 모멘트는 항상 0보다 크다.

05. 그림 (a)와 (b)의 중앙점의 처짐이 같아지도록 그림 (b)의 등분포하중 w를 그림 (a)의 하중 P의 함수로 나타내면?

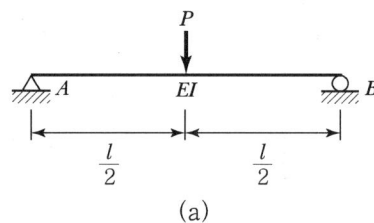

(a)

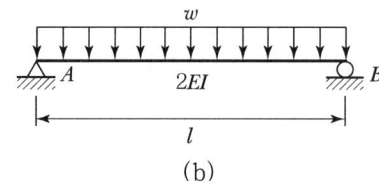

(b)

① $1.6\dfrac{P}{l}$ ② $2.4\dfrac{P}{l}$

③ $3.2\dfrac{P}{l}$ ④ $4.0\dfrac{P}{l}$

■해설 $\delta_{(a)} = \delta_{(b)}$

$$\dfrac{Pl^3}{48EI} = \dfrac{5wl^4}{384(2EI)}$$

$$w = \dfrac{Pl^3}{48EI} \cdot \dfrac{384(2EI)}{5l^4} = 3.2\dfrac{P}{l}$$

06. 그림과 같이 길이가 2L인 보에 w의 등분포하중이 작용할 때 중앙지점을 δ만큼 낮추면 중간지점의 반력(R_B)값은 얼마인가?

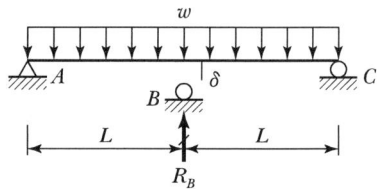

① $R_B = \dfrac{wL}{4} - \dfrac{6\delta EI}{L^3}$

② $R_B = \dfrac{3wL}{4} - \dfrac{6\delta EI}{L^3}$

③ $R_B = \dfrac{5wL}{4} - \dfrac{6\delta EI}{L^3}$

④ $R_B = \dfrac{7wL}{4} - \dfrac{6\delta EI}{L^3}$

■해설 $\delta = \dfrac{5w(2L)^4}{384EI} - \dfrac{R_B(2L)^3}{48EI} = \dfrac{5wL^4}{24EI} - \dfrac{R_B L^3}{6EI}$

$\dfrac{R_B L^3}{6EI} = \dfrac{5wL^4}{24EI} - \delta$

$R_B = \dfrac{6EI}{L^3}\left(\dfrac{5wL^4}{24EI} - \delta\right) = \dfrac{5wL}{4} - \dfrac{6\delta EI}{L^3}$

07. 다음 그림의 단순보에서 최대 휨모멘트가 발생되는 위치는 지점 A로부터 얼마나 떨어진 곳인가?

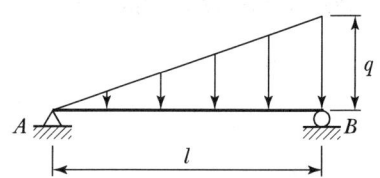

① $\dfrac{4}{5}l$ ② $\dfrac{2}{3}l$

③ $\dfrac{1}{\sqrt{3}}l$ ④ $\dfrac{1}{\sqrt{2}}l$

■해설
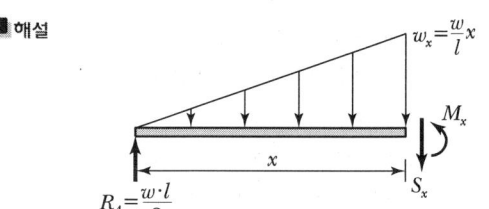

$R_A = \dfrac{wl}{6}$ (↑)

$R_B = \dfrac{wl}{3}$ (↑)

$\Sigma F_y = 0 (↑ \oplus)$

$\dfrac{wl}{6} - \left(\dfrac{1}{2} \cdot \dfrac{w}{l} x \cdot x\right) - S_x = 0$

$S_x = \dfrac{wl}{6} - \dfrac{w}{2l} x^2$

최대 휨모멘트($M_{\max}$)는 $S_x = 0$인 곳에서 발생

$S_x = \dfrac{wl}{6} - \dfrac{w}{2l} x^2 = 0, \qquad x = \dfrac{l}{\sqrt{3}}$

08. 지름 2cm, 길이 2m인 강봉에 3,000kg의 인장하중을 작용시킬 때 길이가 1cm가 늘어났고, 지름이 0.002cm 줄어들었다. 이때 전단 탄성계수는 약 얼마인가?

① $6.24 \times 10^4 \text{kg/cm}^2$
② $7.96 \times 10^4 \text{kg/cm}^2$
③ $8.71 \times 10^4 \text{kg/cm}^2$
④ $9.67 \times 10^4 \text{kg/cm}^2$

■해설

$\nu = -\dfrac{\left(\dfrac{\Delta D}{D}\right)}{\left(\dfrac{\Delta l}{l}\right)} = -\dfrac{l \cdot \Delta D}{D \cdot \Delta l}$

$= -\dfrac{200 \times (-0.002)}{2 \times 1} = 0.2$

$E = \dfrac{P \cdot l}{\Delta l \cdot A} = \dfrac{Pl}{\Delta l \left(\dfrac{\pi D^2}{4}\right)} = \dfrac{4Pl}{\pi \cdot \Delta l \cdot D^2}$

$= \dfrac{4 \times 3,000 \times 200}{\pi \times 1 \times 2^2} = 190,986 \text{kg/cm}^2$

$G = \dfrac{E}{2(1+\nu)} = \dfrac{190,986}{2(1+0.2)} = 7.96 \times 10^4 \text{kg/cm}^2$

09. 그림과 같은 2부재 트러스의 B에 수평하중 P가 작용한다. B절점의 수평변위 δ_B는 몇 m인가?(단, EA는 두 부재가 모두 같다.)

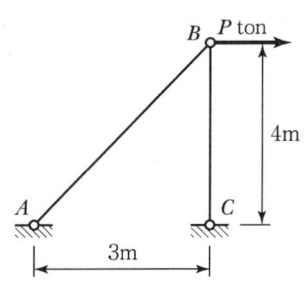

① $\delta_B = \dfrac{0.45P}{EA}$
② $\delta_B = \dfrac{2.1P}{EA}$
③ $\delta_B = \dfrac{4.5P}{EA}$
④ $\delta_B = \dfrac{21P}{EA}$

■해설 단위하중법 사용

$\begin{cases} F_{BA} = \dfrac{5}{3} P \\ F_{BC} = -\dfrac{4}{3} P \end{cases}$

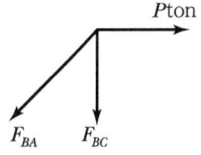

$\begin{cases} f_{BA} = \dfrac{5}{3} \\ f_{BC} = -\dfrac{4}{3} \end{cases}$

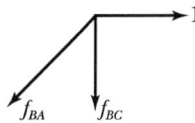

$\delta_B = \Sigma \dfrac{Ffl}{AE}$

$= \dfrac{1}{AE}\left\{\left(\dfrac{5}{3}P\right)\left(\dfrac{5}{3}\right)(5) + \left(-\dfrac{4}{3}P\right)\left(-\dfrac{4}{3}\right)(4)\right\}$

$= \dfrac{21P}{AE}$ (m)

10. 외반경 R_1, 내반경 R_2인 중공(中空)원형단면의 핵은?(단, 핵의 반경을 e로 표시한다.)

① $e = \dfrac{(R_1^2 + R_2^2)}{4R_1}$

② $e = \dfrac{(R_1^2 + R_2^2)}{4R_1^2}$

③ $e = \dfrac{(R_1^2 - R_2^2)}{4R_1}$

④ $e = \dfrac{(R_1^2 - R_2^2)}{4R_1^2}$

■해설 $A = \pi(R_1^2 - R_2^2)$

$Z = \dfrac{I}{y_{\max}} = \dfrac{\pi(R_1^4 - R_2^4)}{4} \cdot \dfrac{1}{R_1}$

$e = \dfrac{Z}{A} = \dfrac{\pi(R_1^4 - R_2^4)}{4R_1} \cdot \dfrac{1}{\pi(R_1^2 - R_2^2)}$

$= \dfrac{R_1^2 + R_2^2}{4R_1}$

11. 그림과 같은 속이 찬 직경 6cm의 원형축이 비틀림 $T=400\text{kg}\cdot\text{m}$를 받을 때 단면에서 발생하는 최대 전단응력은?

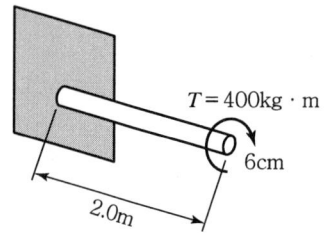

① 926.5kg/cm² ② 932.6kg/cm²
③ 943.1kg/cm² ④ 950.2kg/cm²

■해설
$$\tau_{max} = \frac{Tr}{I_P} = \frac{T\left(\frac{D}{2}\right)}{\left(\frac{\pi D^4}{32}\right)} = \frac{16T}{\pi D^3}$$
$$= \frac{16 \times (400 \times 10^2)}{\pi \times 6^3} = 943.1\text{kg/cm}^2$$

12. 그림과 같은 3힌지 라멘의 휨모멘트 선도(BMD)는?

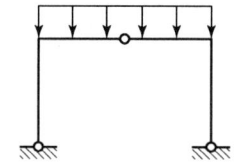

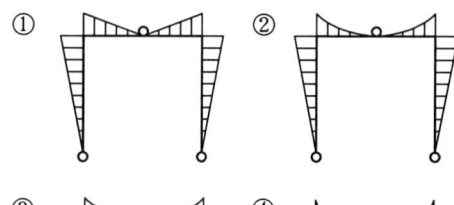

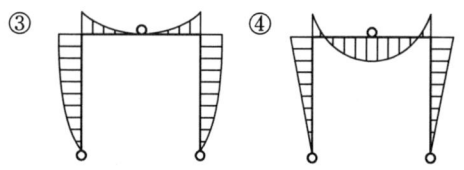

■해설
- 수평부재의 내부힌지 위치 → $M=0$
- 수평부재의 등분포하중 작용 → 수평부재의 BMD는 2차 곡선
- 수직부재의 지점에서 수평반력(집중하중) 발생 → 수직부재의 BMD는 1차 직선

13. 그림과 같은 트러스에서 AC부재의 부재력은?

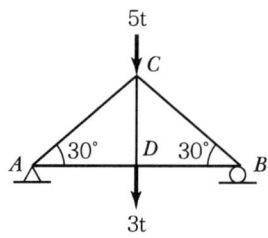

① 인장 4t
② 압축 4t
③ 인장 8t
④ 압축 8t

■해설 △ABC는 이등변 삼각형이므로 $L_{AD} = L_{DB} = L$이라 두면
$\Sigma M_{\circledB} = 0 (\curvearrowright \oplus)$
$V_A \times (2L) - (5+3) \times (L) = 0$
$V_A = 4t (\uparrow)$

$\Sigma F_y = 0 (\uparrow \oplus)$
$4 + AC \cdot \sin 30° = 0$
$AC = -8t$ (압축)

14. 그림과 같은 양단 고정보에 등분포하중이 작용할 경우 지점 A의 휨모멘트 절댓값과 보 중앙에서의 휨모멘트 절댓값의 합은?

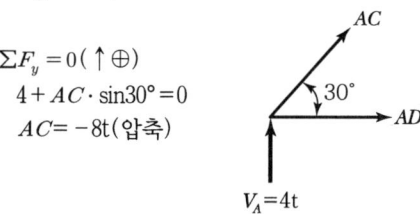

① $\dfrac{wl^2}{8}$ ② $\dfrac{wl^2}{12}$
③ $\dfrac{wl^2}{24}$ ④ $\dfrac{wl^2}{36}$

■해설
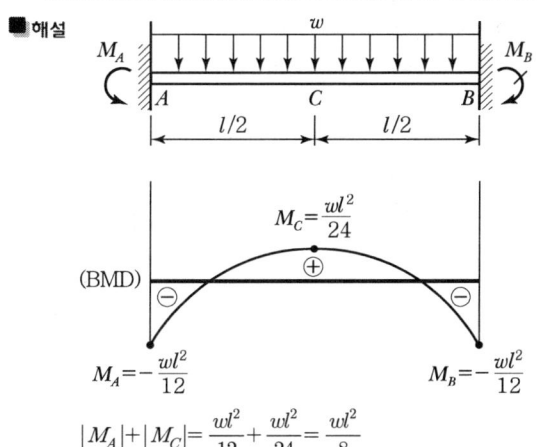

$|M_A|+|M_C| = \dfrac{wl^2}{12} + \dfrac{wl^2}{24} = \dfrac{wl^2}{8}$

15. 그림과 같은 내민보에서 D점에 집중하중 $P=5t$이 작용할 경우 C점의 휨모멘트는 얼마인가?

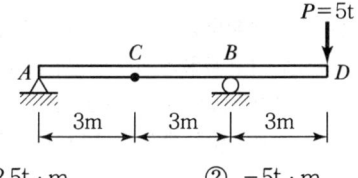

① $-2.5t \cdot m$ ② $-5t \cdot m$
③ $-7.5t \cdot m$ ④ $-10t \cdot m$

■해설 $\sum M_{\circledB} = 0(\curvearrowright \oplus)$
$-R_A \times 6 + 5 \times 3 = 0$
$R_A = 2.5t(\downarrow)$

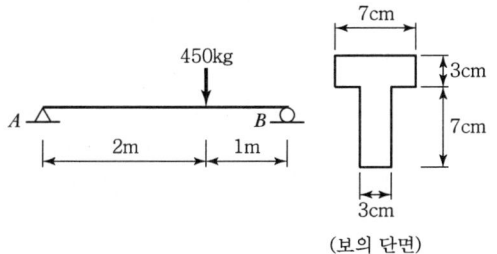

$\sum M_{\circledC} = 0(\curvearrowright \oplus)$
$-2.5 \times 3 - M_c = 0$
$M_c = -7.5 t \cdot m$

16. 아래 그림과 같은 하중을 받는 단순보에 발생하는 최대 전단응력은?

① $44.8 kg/cm^2$ ② $34.8 kg/cm^2$
③ $24.8 kg/cm^2$ ④ $14.8 kg/cm^2$

■해설
$R_{Ay} = \dfrac{1}{3} \times 450 = 150kg$
$R_{By} = \dfrac{2}{3} \times 450 = 300kg$
$S_{max} = R_{By} = 300kg$
$y_o = \dfrac{G}{A} = \dfrac{(3 \times 7 \times 3.5)+(7 \times 3 \times 8.5)}{(3 \times 7)+(7 \times 3)}$
$= 6cm$ (단면 하단으로부터)
$I_0 = \left(\dfrac{7 \times 3^3}{12} + 7 \times 3 \times 2.5^2\right)$
$\quad + \left(\dfrac{3 \times 7^3}{12} + 3 \times 7 \times 2.5^2\right)$
$= 364 cm^4$
$G_0 = 3 \times 6 \times 3 = 54 cm^3$
$\tau_{max} = \dfrac{S_{max} G_0}{I_0 b_0} = \dfrac{300 \times 54}{364 \times 3} = 14.8 kg/cm^2$

17. 15cm×25cm의 직사각형 단면을 가진 길이 5m인 양단힌지 기둥이 있다. 세장비는?

① 139.2 ② 115.5
③ 93.6   ④ 69.3

■해설 • $h \geq b$

• $r_{min} = \sqrt{\dfrac{I_{min}}{A}} = \sqrt{\dfrac{\left(\dfrac{hb^3}{12}\right)}{(bh)}}$
$= \dfrac{b}{2\sqrt{3}} = \dfrac{15}{2\sqrt{3}} = 4.33 cm$

• $\lambda = \dfrac{l}{r_{min}} = \dfrac{5 \times 10^2}{4.33} = 115.5$

18. 다음 보의 C점의 수직처짐량은?

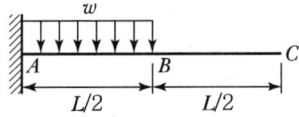

① $\dfrac{7wL^4}{384EI}$ ② $\dfrac{5wL^4}{384EI}$
③ $\dfrac{7wL^4}{192EI}$ ④ $\dfrac{5wL^4}{192EI}$

|해답| 15.③ 16.④ 17.② 18.①

■해설

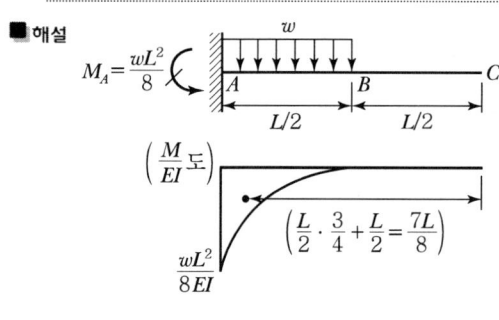

$$y_C = \left(\frac{1}{3} \times \frac{wL^2}{8EI} \times \frac{L}{2}\right) \times \left(\frac{7L}{8}\right) = \frac{7wL^4}{384EI}$$

19. 캔틸레버 보에서 보의 끝 B점에 집중하중 P와 우력모멘트 M_0가 적용하고 있다. B점에서의 연직변위는 얼마인가?(단, 보의 EI는 일정하다.)

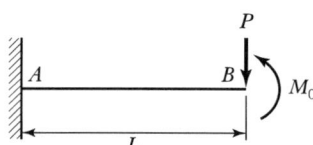

① $\delta_b = \dfrac{PL^3}{4EI} - \dfrac{M_0L^2}{2EI}$ ② $\delta_b = \dfrac{PL^3}{3EI} + \dfrac{M_0L^2}{2EI}$

③ $\delta_b = \dfrac{PL^3}{3EI} - \dfrac{M_0L^2}{2EI}$ ④ $\delta_b = \dfrac{PL^3}{4EI} + \dfrac{M_0L^2}{2EI}$

■해설 $\delta_b = \dfrac{PL^3}{3EI} - \dfrac{M_0L^2}{2EI}$

20. 그림과 같은 3활절 아치에서 D점에 연직하중 20t이 작용할 때 A점에 작용하는 수평반력 H_A는?

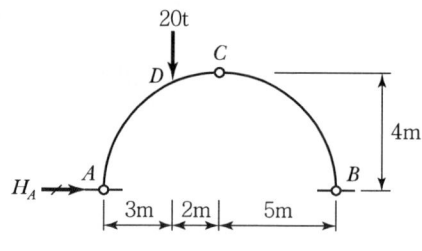

① 5.5t ② 6.5t
③ 7.5t ④ 8.5t

■해설 $\sum M_Ⓐ = 0(\curvearrowright \oplus)$
$20 \times 3 - V_B \times 10 = 0$
$M_B = 6\text{tonf}(\uparrow)$

$\sum M_Ⓒ = 0(\curvearrowright \oplus)$
$H_B \times 4 - 6 \times 5 = 0$
$H_B = 7.5\text{tonf}(\leftarrow)$

$\sum F_x = 0(\rightarrow \oplus)$
$H_A - 7.5 = 0$
$H_A = 7.5\text{tonf}(\rightarrow)$

제2과목 **측량학**

21. 삼각수준측량에서 정밀도 10^{-5}의 수준차를 허용할 경우 지구곡률을 고려하지 않아도 되는 최대 시준거리는?(단, 지구곡률반지름 $R = 6{,}370\text{km}$이고, 빛의 굴절계수는 무시)

① 35m ② 64m
③ 70m ④ 127m

■해설
㉠ $\dfrac{1}{100{,}000} = \dfrac{\dfrac{(1-k)D^2}{2R}}{D}$

㉡ $D = \dfrac{2 \times 6{,}370}{1 \times 100{,}000} = 0.1274\text{km} = 127\text{m}$

22. 측점 M의 표고를 구하기 위하여 수준점 A, B, C로부터 수준측량을 실시하여 표와 같은 결과를 얻었다면 M의 표고는?

측점	표고(m)	관측방향	고저차(m)	노선길이
A	11.03	A→M	+2.10	2km
B	13.60	B→M	-0.30	4km
C	11.64	C→M	+1.45	1km

① 13.09m ② 13.13m
③ 13.17m ④ 13.22m

■해설 ㉠ 경중률은 노선길이에 반비례

$$P_A : P_B : P_C = \frac{1}{2} : \frac{1}{4} : \frac{1}{1} = 2 : 1 : 4$$

㉡ 최확치(h_0)

$$= \frac{P_A \times h_A + P_B \times h_B + P_C \times h_C}{P_A + P_B + P_C}$$

$$= \frac{2 \times 13.13 + 1 \times 13.3 + 4 \times 13.09}{2 + 1 + 4}$$

$$= 13.13\text{m}$$

23. 답사나 홍수 등 급하게 유속관측을 필요로 하는 경우에 편리하여 주로 이용하는 방법은?

① 이중부자
② 표면부자
③ 스크루(Screw)형 유속계
④ 프라이스(Price)식 유속계

■해설 표면부자
홍수 시 표면유속을 관측할 때 사용한다.

24. 토적곡선(Mass Curve)을 작성하는 목적으로 가장 거리가 먼 것은?

① 토량의 운반거리 산출
② 토공기계의 선정
③ 토량의 배분
④ 교통량 산정

■해설 토적곡선은 토공에 필요하며 토량의 배분, 토공기계 선정, 토량운반거리 산출에 쓰인다.

25. 다음 중 다각측량의 순서로 가장 적합한 것은?

① 계획 → 답사 → 선점 → 조표 → 관측
② 계획 → 선점 → 답사 → 조표 → 관측
③ 계획 → 선점 → 답사 → 관측 → 조표
④ 계획 → 답사 → 선점 → 관측 → 조표

■해설 트래버스 측량순서
계획 → 답사 → 선점 → 조표 → 거리관측 → 각관측 → 거리와 각관측 정도의 평균 → 계산

26. 국토지리정보원에서 발급하는 기준점 성과표의 내용으로 틀린 것은?

① 삼각점이 위치한 평면좌표계의 원점을 알 수 있다.
② 삼각점 위치를 결정한 관측방법을 알 수 있다.
③ 삼각점의 경도, 위도, 직각좌표를 알 수 있다.
④ 삼각점의 표고를 알 수 있다.

■해설 기준점 성과표는 기준점의 수평위치, 표고, 인접지점 간의 방향각 및 거리 등을 기록한 표이다.

27. 노선측량에서 교각이 32°15′00″, 곡선 반지름이 600m일 때의 곡선장(C.L.)은?

① 355.52m
② 337.72m
③ 328.75m
④ 315.35m

■해설 곡선장(CL) = $RI\dfrac{\pi}{180°}$

$$= 600 \times 32°15' \times \frac{\pi}{180°}$$

$$= 337.72\text{m}$$

28. 한 변의 길이가 10m인 정사각형 토지를 축척 1:600 도상에서 관측한 결과, 도상의 변 관측 오차가 0.2mm씩 발생하였다면 실제 면적에 대한 오차 비율(%)은?

① 1.2%
② 2.4%
③ 4.8%
④ 6.0%

■해설 ㉠ $\dfrac{\Delta A}{A} = 2\dfrac{\Delta L}{L}$

㉡ $\Delta L = 0.2 \times 600 = 120\text{mm} = 0.12\text{m}$

㉢ $\dfrac{\Delta A}{A} = 2 \times \dfrac{0.12}{10} = 0.024 = 2.4\%$

29. 그림과 같은 수준망에 대해 각각의 환(I~IV)에 따라 폐합 오차를 구한 결과가 표와 같다. 폐합 오차의 한계가 $\pm 1.0\sqrt{S}$ cm일 때 우선적으로 재관측할 필요가 있는 노선은?(단, S : 거리 [km])

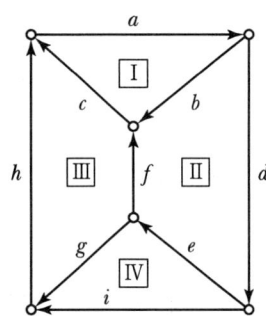

노선	a	b	c	d	e	f	g	h	i
거리(m)	4.1	2.2	2.4	6.0	3.6	4.0	2.2	2.3	3.5

환	I	II	III	IV	외주
폐합오차(m)	−0.017	0.048	−0.026	−0.083	−0.031

① e노선 ② f노선
③ g노선 ④ h노선

■해설 오차가 많이 발생한 노선은 II, IV이므로 이 중 중복되는 e노선에서 오차가 가장 많이 발생하였으므로 우선적으로 재측한다.

30. 지성선에 해당하지 않는 것은?
① 구조선 ② 능선
③ 계곡선 ④ 경사변환선

■해설 지성선은 지표면이 다수의 평면으로 이루어졌다고 가정할 때 그 면과 면이 만나는 선이며 능선, 계곡선, 경사변환선 등이 있다.

31. 토털스테이션으로 각을 측정할 때 기계의 중심과 측점이 일치하지 않아 0.5mm의 오차가 발생하였다면 각 관측 오차를 2″이하로 하기 위한 변의 최소 길이는?
① 82.501m ② 51.566m
③ 8.250m ④ 5.157m

■해설 ㉠ $\dfrac{\Delta L}{L} = \dfrac{\theta''}{\rho''}$

㉡ $L = \dfrac{\rho''}{\theta''}\Delta L = \dfrac{206265}{2} \times 0.5$
$= 51566.25\text{mm} = 51.566\text{m}$

32. 삼각형 A, B, C의 내각을 측정하여 다음과 같은 결과를 얻었다. 오차를 보정한 각 B의 최확값은?

- $\angle A = 59°59'27''$ (1회 관측)
- $\angle B = 60°00'11''$ (2회 관측)
- $\angle C = 59°59'49''$ (3회 관측)

① 60°00′20″ ② 60°00′22″
③ 60°00′33″ ④ 60°00′44″

■해설 ㉠ 경중률이 다른 경우 오차를 경중률에 반비례하여 배분한다.
㉡ 경중률(P)은 관측횟수(N)에 비례한다.
$P_A : P_B : P_C = 1 : 2 : 3$
㉢ 폐합오차(E) = −33″
㉣ $\angle B$의 조정량 = $33 \times \dfrac{3}{11} = +9''$
㉤ $\angle B$의 최확값 = $60°00'11'' + 9'' = 60°00'20''$

33. 지구의 형상에 대한 설명으로 틀린 것은?
① 회전타원체는 지구의 형상을 수학적으로 정의한 것이고, 어느 하나의 국가에서 기준으로 채택한 타원체를 기준타원체라 한다.
② 지오이드는 물리적 형상을 고려하여 만든 불규칙한 곡면이며, 높이 측정의 기준이 된다.
③ 지오이드 상에서 중력 포텐셜의 크기는 중력 이상에 의하여 달라진다.
④ 임의 지점에서 회전타원체에 내린 법선이 적도면과 만나는 각도를 측지위도라 한다.

■해설 지오이드는 중력의 등포텐셜면이다.

|해답| 29.① 30.① 31.② 32.① 33.③

34. 완화곡선에 대한 설명으로 옳지 않은 것은?

① 완화곡선의 곡선 반지름은 시점에서 무한대, 종점에서 원곡선의 반지름 R로 된다.
② 클로소이드의 형식에는 S형, 복합형, 기본형 등이 있다.
③ 완화곡선의 접선은 시점에서 원호에, 종점에서 직선에 접한다.
④ 모든 클로소이드는 닮은꼴이며 클로소이드 요소에는 길이의 단위를 가진 것과 단위가 없는 것이 있다.

■해설 완화곡선의 접선은 시점에서 직선에, 종점에서 원호에 접한다.

35. 25cm×25cm인 항공사진에서 주점기선의 길이가 10cm일 때 이 항공사진의 중복도는?

① 40%   ② 50%
③ 60%   ④ 70%

■해설 ㉠ $b_0 = a\left(1 - \dfrac{P}{100}\right)$
㉡ $P = \left(1 - \dfrac{b_0}{a}\right) \times 100 = \left(1 - \dfrac{10}{25}\right) \times 100 = 60\%$

36. 노선 설치방법 중 좌표법에 의한 설치방법에 대한 설명으로 틀린 것은?

① 토털스테이션, GPS 등과 같은 장비를 이용하여 측점을 위치시킬 수 있다.
② 좌표법에 의한 노선의 설치는 다른 방법보다 지형의 굴곡이나 시통 등의 문제가 적다.
③ 좌표법은 평면곡선 및 종단곡선의 설치 요소를 동시에 위치시킬 수 있다.
④ 평면적인 위치의 측설을 수행하고 지형표고를 관측하여 종단면도를 작성할 수 있다.

■해설 좌표법은 노선의 시점이나 종점 및 교점 등과 같은 곡선의 요소를 입력하여야 한다.

37. 촬영고도 800m의 연직사진에서 높이 20m에 대한 시차차의 크기는?(단, 초점거리는 21cm, 사진크기는 23×23cm, 종중복도는 60%이다.)

① 0.8mm   ② 1.3mm
③ 1.8mm   ④ 2.3mm

■해설 ㉠ 시차차(ΔP) $= \dfrac{h}{H} \cdot P_r = \dfrac{h}{H} b_0$
$= \dfrac{20}{800} \times 0.092$
$= 0.0023m = 2.3mm$
㉡ $b_0 = a\left(1 - \dfrac{p}{100}\right) = 0.23 \times \left(1 - \dfrac{60}{100}\right)$
$= 0.092m$

38. 다음 설명 중 옳지 않은 것은?

① 측지학적 3차원 위치결정이란 경도, 위도 및 높이를 산정하는 것이다.
② 측지학에서 면적이란 일반적으로 지표면의 경계선을 어떤 기준면에 투영하였을 때의 면적을 말한다.
③ 해양측지는 해양상의 위치 및 수심의 결정, 해저지질조사 등을 목적으로 한다.
④ 원격탐사는 피사체와의 직접 접촉에 의해 획득한 정보를 이용하여 정량적 해석을 하는 기법이다.

■해설 원격탐사는 센서를 이용하여 지표대상물에서 방사, 반사하는 전자파를 측정하여 정량적·정성적 해석을 하는 탐사다.

39. 등고선의 성질에 대한 설명으로 옳지 않은 것은?

① 등고선은 분수선(능선)과 평행하다.
② 등고선은 도면 내·외에서 폐합하는 폐곡선이다.
③ 지도의 도면 내에서 폐합하는 경우 등고선의 내부에는 산꼭대기 또는 분지가 있다.
④ 절벽에서 등고선이 서로 만날 수 있다.

■해설 등고선은 능선(분수선), 계곡선(합수선)과 직교한다.

40. 하천의 유속측정 결과, 수면으로부터 깊이의 2/10, 4/10, 6/10, 8/10 되는 곳의 유속(m/s)이 각각 0.662, 0.552, 0.442, 0.332였다면 3점법에 의한 평균유속은?

① 0.4603m/s ② 0.4695m/s
③ 0.5245m/s ④ 0.5337m/s

■해설 3점법(V_n) = $\dfrac{V_{0.2} + 2V_{0.6} + V_{0.8}}{4}$

$= \dfrac{0.662 + 2 \times 0.442 + 0.332}{4}$

$= 0.4695\text{m/s}$

제3과목 **수리수문학**

41. 수심 h, 단면적 A, 유량 Q로 흐르고 있는 개수로에서 에너지 보정계수를 α라고 할 때 비에너지 H_e를 구하는 식은?(단, h = 수심, g = 중력가속도)

① $H_e = h + \alpha\left(\dfrac{Q}{A}\right)$

② $H_e = h + \alpha\left(\dfrac{Q}{A}\right)^2$

③ $H_e = h + \alpha\left(\dfrac{Q^2}{A}\right)$

④ $H_e = h + \dfrac{\alpha}{2g}\left(\dfrac{Q}{A}\right)^2$

■해설 비에너지
단위무게당 물이 수로바닥면을 기준으로 갖는 흐름의 에너지 또는 수두를 말한다.
$H_e = h + \dfrac{\alpha v^2}{2g} = h + \dfrac{\alpha}{2g}\left(\dfrac{Q}{A}\right)^2$

여기서, h : 수심
α : 에너지보정계수
v : 유속

42. 두 수조가 관길이 L = 50m, 지름 D = 0.8m, Manning의 조도계수 n = 0.013인 원형관으로 연결되어 있다. 이 관을 통하여 유량 Q = 1.2m³/s의 난류가 흐를 때, 두 수조의 수위차(H)는?(단, 마찰, 단면 급확대 및 급축소 손실만을 고려한다.)

① 0.98m ② 0.85m
③ 0.54m ④ 0.36m

■해설 단일관수로의 유량
㉠ 단일관수로에서 급확대, 급축소는 유입과 유출 손실로 보아야 하므로 유입, 유출, 마찰손실을 고려한 유량공식을 사용한다.

$Q = AV = \dfrac{\pi D^2}{4} \times \sqrt{\dfrac{2gH}{f_i + f_o + f\dfrac{l}{D}}}$

$= \dfrac{\pi D^2}{4} \times \sqrt{\dfrac{2gH}{1.5 + f\dfrac{l}{D}}}$

㉡ 마찰손실계수의 산정

$f = \dfrac{124.6n^2}{D^{\frac{1}{3}}} = \dfrac{124.6 \times 0.013^2}{0.8^{\frac{1}{3}}} = 0.0227$

㉢ 수위차의 산정

$Q = \dfrac{\pi D^2}{4} \times \sqrt{\dfrac{2gH}{1.5 + f\dfrac{l}{D}}}$

$\therefore 1.2 = \dfrac{\pi \times 0.8^2}{4} \times \sqrt{\dfrac{2 \times 9.8 \times H}{1.5 + 0.0227 \times \dfrac{50}{0.8}}}$

$\therefore H = 0.85\text{m}$

43. 어떤 유역에 내린 호우사상의 시간적 분포가 표와 같고 유역의 출구에서 측정한 지표유출량이 15mm일 때 ϕ - 지표는?

시간(hr)	0~1	1~2	2~3	3~4	4~5	5~6
강우강도 (mm/hr)	2	10	6	8	2	1

① 2mm/hr
② 3mm/hr
③ 5mm/hr
④ 7mm/hr

|해답| 40.② 41.④ 42.② 43.②

■해설 ϕ-index법
  ㉠ ϕ-index법
   우량주상도에서 총 강우량과 손실량을 구분하는 수평선에 대응하는 강우강도가 ϕ-index이며, 이것이 평균침투능의 크기이다.
   • 침투량=총 강우량-유효우량(유출량)
   • ϕ-index=침투량/침투시간
  ㉡ ϕ-index의 산정
   • 총 강우량=2+10+6+8+2+1=29mm
   • 침투량=29-15=14mm
   • ϕ-index=$\frac{14}{6}$=2.33mm
   • 2.33mm 이하의 강우 2mm, 1mm를 제외하고 다시 계산하면
   ∴ ϕ-index=$\frac{9}{3}$=3mm/hr

44. DAD(Depth-Area-Duration) 해석에 관한 설명으로 옳은 것은?
① 최대 평균 우량깊이, 유역면적, 강우강도와의 관계를 수립하는 작업이다.
② 유역면적을 대수축(Logarithmic Scale)에, 최대평균강우량을 산술축(Arithmetic Scale)에 표시한다.
③ DAD 해석 시 상대습도 자료가 필요하다.
④ 유역면적과 증발산량과의 관계를 알 수 있다.

■해설 DAD 해석
 ㉠ DAD(Rainfall Depth-Area-Duration) 해석은 최대평균우량깊이(강우량), 유역면적, 강우지속시간 간 관계의 해석을 말한다.

구분	특징
용도	암거의 설계나 지하수 흐름에 대한 하천수위의 시간적 변화의 영향 등에 사용
구성	최대평균우량깊이(rainfall depth), 유역면적(area), 지속시간(duration)으로 구성
방법	면적을 대수축에, 최대우량을 산술축에, 지속시간을 제3의 변수로 표시

 ㉡ DAD 곡선 작성순서
  1) 누가우량곡선으로부터 지속시간별 최대우량을 결정한다.
  2) 소구역에 대한 평균누가우량을 결정한다.
  3) 누가면적에 대한 평균누가우량을 산정한다.
  4) 지속시간에 대한 최대우량깊이를 누가면적별로 결정한다.

∴ 면적을 대수축에, 최대평균강우량을 산술축에, 지속시간을 제3의 변수로 표기하는 방법을 DAD 해석이라고 한다.

45. 정상류(Steady Flow)의 정의로 가장 적합한 것은?
① 수리학적 특성이 시간에 따라 변하지 않는 흐름
② 수리학적 특성이 공간에 따라 변하지 않는 흐름
③ 수리학적 특성이 시간에 따라 변하는 흐름
④ 수리학적 특성이 공간에 따라 변하는 흐름

■해설 흐름의 분류
 ㉠ 정류와 부정류 : 시간에 따른 흐름의 특성이 변하지 않는 경우를 정류, 변하는 경우를 부정류라 한다.
  • 정류 : $\frac{\partial v}{\partial t}=0$, $\frac{\partial p}{\partial t}=0$, $\frac{\partial \rho}{\partial t}=0$
  • 부정류 : $\frac{\partial v}{\partial t}\neq 0$, $\frac{\partial p}{\partial t}\neq 0$, $\frac{\partial \rho}{\partial t}\neq 0$
 ㉡ 등류와 부등류 : 공간에 따른 흐름의 특성이 변하지 않는 경우를 등류, 변하는 경우를 부등류라 한다.
  • 등류 : $\frac{\partial Q}{\partial l}=0$, $\frac{\partial v}{\partial l}=0$, $\frac{\partial h}{\partial l}=0$
  • 부등류 : $\frac{\partial Q}{\partial l}\neq 0$, $\frac{\partial v}{\partial l}\neq 0$, $\frac{\partial h}{\partial l}\neq 0$
 ∴ 정상류는 흐름의 특성이 시간에 따라 변하지 않는 흐름을 말한다.

46. 개수로 내 흐름에 있어서 한계수심에 대한 설명으로 옳은 것은?
① 상류 쪽의 저항이 하류 쪽의 조건에 따라 변한다.
② 유량이 일정할 때 비력이 최대가 된다.
③ 유량이 일정할 때 비에너지가 최소가 된다.
④ 비에너지가 일정할 때 유량이 최소가 된다.

■해설 한계수심
 ㉠ 한계수심의 정의
  • 유량이 일정하고 비에너지가 최소일 때의 수심을 한계수심이라 한다.
  • 에너지가 일정하고 유량이 최대로 흐를 때의 수심을 한계수심이라 한다.
  • 유량이 일정하고 비력이 최소일 때의 수심을 한계수심이라 한다.

ⓒ 한계수심과 수심의 관계
- $h > h_c$: 상류(常流)
- $h < h_c$: 사류(射流)

47. 단위유량도 작성 시 필요 없는 사항은?
① 유효우량의 지속시간 ② 직접유출량
③ 유역면적 ④ 투수계수

■해설 단위유량도
ⓐ 단위도의 정의 : 특정 단위시간 동안 균등한 강우강도로 유역 전반에 걸쳐 균등한 분포로 내리는 단위유효우량으로 인하여 발생하는 직접유출 수문곡선
ⓑ 단위도의 구성요소
- 직접유출량
- 유효우량 지속시간
- 유역면적
ⓒ 단위도의 3가정
- 일정기저시간 가정
- 비례가정
- 중첩가정
∴ 단위유량도 작성 시 필요 없는 사항은 투수계수이다.

48. 컨테이너 부두 안벽에 입사하는 파랑의 입사파고가 0.8m이고, 안벽에서 반사된 파랑의 반사파고가 0.3m일 때 반사율은?
① 0.325 ② 0.375
③ 0.425 ④ 0.475

■해설 파랑의 반사율
ⓐ 파랑의 반사율 : 반사율은 구조물의 특성(형태, 재질, 입도, 공극률)과 파랑 특성(파형경사, 상대수심)에 따라 변하며, 일반적으로 파형경사와 반사율은 반비례의 관계가 있다.
$$K_R = \frac{H_R}{H_I}$$
여기서, K_R : 반사율
H_R : 반사파고
H_I : 입사파고
ⓑ 반사율의 계산
$$K_R = \frac{H_R}{H_I} = \frac{0.3}{0.8} = 0.375$$

49. 댐의 여수로에서 도수를 발생시키는 목적 중 가장 중요한 것은?
① 유수의 에너지 감쇄
② 취수를 위한 수위 상승
③ 댐 하류부에서의 유속의 증가
④ 댐 하류부에서의 유량의 증가

■해설 도수
ⓐ 흐름이 사류(射流)에서 상류(常流)로 바뀔 때 수면이 뛰는 현상을 도수(hydraulic jump)라고 한다.
ⓑ 도수는 큰 에너지 손실을 동반한다.
∴ 댐 여수로에서 도수를 발생시키는 것은 유수의 에너지 감쇄에 목적이 있다.

50. 강우계의 관측분포가 균일한 평야지역의 작은 유역에 발생한 강우에 적합한 유역 평균강우량 산정법은?
① Thiessen의 가중법 ② Talbot의 강도법
③ 산술평균법 ④ 등우선법

■해설 유역의 평균우량 산정법

종류	적용
산술평균법	우량계가 균등분포된 유역면적 500km² 이내에 적용 $P_m = \frac{1}{N}\sum_{i=1}^{N} P_i$
Thiessen법	우량계가 불균등분포된 유역면적 500~5,000 km² 이내에 적용 $P_m = \dfrac{\sum_{i=1}^{N} A_i P_i}{\sum_{i=1}^{N} A_i}$
등우선법	산악의 영향이 고려되고, 유역면적 5,000km² 이상인 곳에 적용 $P_m = \dfrac{\sum_{i=1}^{N} A_i P_i}{\sum_{i=1}^{N} A_i}$

∴ 강우계의 관측분포가 균일한 평야지역에는 산술평균법을 적용한다.

51. 흐름에 대한 설명 중 틀린 것은?
① 흐름이 층류일 때는 뉴턴의 점성법칙을 적용할 수 있다.
② 등류란 모든 점에서의 흐름의 특성이 공간에 따라 변하지 않는 흐름이다.
③ 유관이란 개개의 유체입자가 흐르는 경로를 말한다.
④ 유선이란 각 점에서 속도벡터에 접하는 곡선을 연결한 선이다.

■해설 흐름의 특성
㉠ 흐름이 층류일 경우에는 뉴턴의 점성법칙을 적용할 수 있다.
㉡ 등류란 흐름의 특성이 공간(거리)에 따라 변하지 않는 흐름을 말한다.
㉢ 유관이란 여러 개의 유선이 모여 만든 하나의 가상 폐합관을 말한다.
㉣ 유선이란 유체입자의 속도벡터에 공통으로 접하는 접선을 말한다.

52. 우량관측소에서 측정된 5분 단위 강우량 자료가 표와 같을 때 10분 지속 최대 강우강도는?

시각(분)	0	5	10	15	20
누가우량(mm)	0	2	8	18	25

① 17mm/hr
② 48mm/hr
③ 102mm/hr
④ 120mm/hr

■해설 강우강도
㉠ 강우강도는 단위시간당 내린 비의 양을 말하며 단위는 mm/hr이다.
㉡ 지속시간 10분 강우량의 구성
• 0~10분 : 2+6=8mm
• 5~15분 : 6+10=16mm
• 10~20분 : 10+7=17mm
㉢ 지속시간 10분 최대강우강도의 산정
$\frac{17mm}{10min} \times 60 = 102mm/hr$

53. 흐르는 유체 속에 잠겨 있는 물체에 작용하는 항력과 관계가 없는 것은?
① 유체의 밀도
② 물체의 크기
③ 물체의 형상
④ 물체의 밀도

■해설 항력(Drag Force)
흐르는 유체 속에 물체가 잠겨 있을 때 유체에 의해 물체가 받는 힘을 말한다.
$D = C_D \cdot A \cdot \frac{\rho V^2}{2}$
여기서, C_D : 항력계수 $\left(C_D = \frac{24}{R_e}\right)$
A : 투영면적
$\frac{\rho V^2}{2}$: 동압력
∴ 항력과 관련이 없는 인자는 물체의 밀도이다.

54. 그림과 같이 반지름 R인 원형관에서 물이 층류로 흐를 때 중심부에서의 최대속도를 V라 할 경우 평균속도 V_m은?

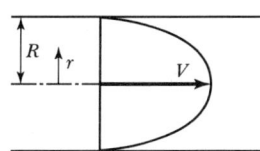

① $V_m = \frac{V}{2}$
② $V_m = \frac{V}{3}$
③ $V_m = \frac{V}{4}$
④ $V_m = \frac{V}{5}$

■해설 관수로 흐름의 특징
㉠ 관수로의 유속분포는 중앙에서 최대이고 관 벽에서 0인 포물선 분포를 한다.
㉡ 관수로의 전단응력분포는 관 벽에서 최대이고 중앙에서 0인 직선비례를 한다.
㉢ 관수로에서 최대유속은 평균유속의 2배이다.
$V_{max} = 2V_m$
∴ $V_m = \frac{V}{2}$

55. 관수로의 흐름이 층류인 경우 마찰손실계수(f)에 대한 설명으로 옳은 것은?
① 조도에만 영향을 받는다.
② 레이놀즈수에만 영향을 받는다.
③ 항상 0.2778로 일정한 값을 갖는다.
④ 조도와 레이놀즈수에 영향을 받는다.

■ 해설 마찰손실계수
  ㉠ 원관 내 층류($R_e < 2,000$)
  $$f = \frac{64}{R_e}$$
  ㉡ 불완전 층류 및 난류($R_e > 2,000$)
  - $f = \phi\left(\dfrac{1}{R_e}, \dfrac{e}{D}\right)$
  - 거친 관 : f는 상대조도 $\left(\dfrac{e}{D}\right)$만의 함수
  - 매끈한 관 : f는 레이놀즈수(R_e)만의 함수
    $\left(f = 0.3164 R_e^{-\frac{1}{4}}\right)$
  ∴ 층류영역에서의 마찰손실계수는 레이놀즈수에만 영향을 받는다. $\left(f = \dfrac{64}{R_e}\right)$

56. 중량이 600N, 비중이 3.0인 물체를 물(담수)속에 넣었을 때 물속에서의 중량은?
① 100N   ② 200N
③ 300N   ④ 400N

■ 해설 부체의 평형조건
  ㉠ 부체의 평형조건
  - $W(무게) = B(부력)$
  - $w \cdot V = w_w \cdot V'$
  여기서, w : 물체의 단위중량
  V : 부체의 체적
  w_w : 물의 단위중량
  V' : 물에 잠긴 만큼의 체적
  ㉡ 수중에서 물체의 무게(W')
  - $W' = W(공기 중 무게) - B(부력)$
     $= W - w_w \cdot V' = 600 - 200 = 400N$
  - $V = \dfrac{W}{w} = 200\text{m}^3$

57. 물속에 존재하는 임의의 면에 작용하는 정수압의 작용방향은?
① 수면에 대하여 수평방향으로 작용한다.
② 수면에 대하여 수직방향으로 작용한다.
③ 정수압의 수직압은 존재하지 않는다.
④ 임의의 면에 직각으로 작용한다.

■ 해설 정수압
  ㉠ 정수압의 정의 : 유체입자가 정지해 있거나 상대적 움직임이 없는 경우 받는 압력
  ㉡ 정수압의 작용방향 : 정수압의 작용방향은 모든 면에 직각으로 작용

58. 저수지의 측벽에 폭 20cm, 높이 5cm의 직사각형 오리피스를 설치하여 유량 200L/s를 유출시키려고 할 때 수면으로부터의 오리피스 설치 위치는?(단, 유량계수 $C = 0.62$)
① 33m   ② 43m
③ 53m   ④ 63m

■ 해설 오리피스의 설치 위치
  ㉠ 작은 오리피스
  $Q = Ca\sqrt{2gh}$
  여기서, Q : 오리피스 유량, C : 유량계수
  a : 오리피스 단면적, h : 수위차
  ㉡ 오리피스의 설치 위치 계산
  $h = \dfrac{Q^2}{C^2 a^2 2g} = \dfrac{0.2^2}{0.62^2 \times (0.2 \times 0.05)^2 \times 2 \times 9.8}$
  $= 53\text{m}$

59. 대수층에서 지하수가 2.4m의 투과거리를 통과하면서 0.4m의 수두손실이 발생할 때 지하수의 유속은?(단, 투수계수 = 0.3m/s)
① 0.01m/s   ② 0.05m/s
③ 0.1m/s   ④ 0.5m/s

■ 해설 Darcy의 법칙
  ㉠ Darcy의 법칙
  - $V = K \cdot I = K \cdot \dfrac{h_L}{L}$
  - $Q = A \cdot V = A \cdot K \cdot I = A \cdot K \cdot \dfrac{h_L}{L}$
  ∴ Darcy의 법칙은 지하수 유속은 동수경사에 비례한다는 것이다.
  ㉡ 지하수 유속의 계산
  $V = K \cdot \dfrac{h_L}{L} = 0.3 \times \dfrac{0.4}{2.4} = 0.05\text{m/s}$

60. 삼각위어에 있어서 유량계수가 일정하다고 할 때 유량변화율(dQ/Q)이 1% 이하가 되기 위한 월류수심의 변화율(dH/H)은?

① 0.4% 이하   ② 0.5% 이하
③ 0.6% 이하   ④ 0.7% 이하

■해설 수두측정오차와 유량오차의 관계
 ㉠ 수두측정오차와 유량오차의 관계

  • 직사각형 위어 : $\dfrac{dQ}{Q} = \dfrac{\frac{3}{2}KH^{\frac{1}{2}}dH}{KH^{\frac{3}{2}}} = \dfrac{3}{2}\dfrac{dH}{H}$

  • 삼각형 위어 : $\dfrac{dQ}{Q} = \dfrac{\frac{5}{2}KH^{\frac{3}{2}}dH}{KH^{\frac{5}{2}}} = \dfrac{5}{2}\dfrac{dH}{H}$

  • 작은 오리피스 : $\dfrac{dQ}{Q} = \dfrac{\frac{1}{2}KH^{-\frac{1}{2}}dH}{KH^{\frac{1}{2}}} = \dfrac{1}{2}\dfrac{dH}{H}$

 ㉡ 삼각위어의 유량오차가 1% 이하가 되기 위한 수심오차의 계산

  • $\dfrac{dQ}{Q} = \dfrac{5}{2}\dfrac{dH}{H}$

  ∴ $1 = \dfrac{5}{2}\dfrac{dH}{H}$

  ∴ $\dfrac{dH}{H} = \dfrac{2}{5}\% = 0.4\%$ 이하

제4과목 **철근콘크리트 및 강구조**

61. 나선철근으로 둘러싸인 압축부재의 축방향 주철근의 최소 개수는?

① 3개   ② 4개
③ 5개   ④ 6개

■해설 철근콘크리트 기둥에서 축방향철근의 최소 개수

기둥 종류	단면 모양	축방향철근의 최소 개수
띠철근 기둥	삼각형	3개
	사각형, 원형	4개
나선철근 기둥	원형	6개

62. 아래 그림에서 빗금 친 대칭 T형보의 공칭모멘트 강도(M_n)는?(단, 경간의 3,200mm, A_s=7,094 mm², f_{ck}=28MPa, f_y=400MPa)

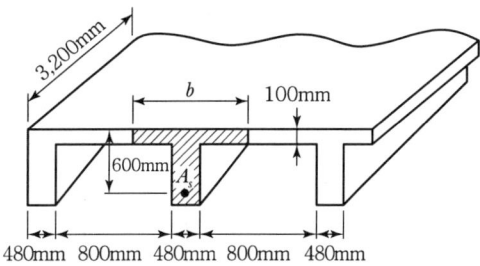

① 1,475.9kN·m   ② 1,583.2kN·m
③ 1,648.4kN·m   ④ 1,721.6kN·m

■해설 1. T형보(대칭 T형보)에서 플랜지의 유효폭(b_e)
 ㉠ $16t_f + b_w = (16 \times 100) + 480 = 2,080$mm
 ㉡ 양쪽 슬래브의 중심 간 거리 = 800 + 480 = 1,280mm
 ㉢ 보 경간의 $\dfrac{1}{4} = 3,200 \times \dfrac{1}{4} = 800$mm
 위 값 중에서 최소값을 취하면 $b_e = 800$mm이다.

2. T형보의 판별
 폭이 $b = 800$mm인 직사각형 단면보에 대한 등가사각형 깊이
 $a = \dfrac{f_y A_s}{0.85 f_{ck} b} = \dfrac{400 \times 7,094}{0.85 \times 28 \times 800} = 149$mm
 $t_f = 100$mm
 $a(=149\text{mm}) > t_f(=100\text{mm})$이므로 T형보로 해석한다.

3. T형보의 등가사각형 깊이(a)

 • $A_{sf} = \dfrac{0.85 f_{ck}(b - b_w)t_f}{f_y}$
  $= \dfrac{0.85 \times 28 \times (800 - 480) \times 100}{400}$
  $= 1,904$mm²

 • $a = \dfrac{(A_s - A_{sf})f_y}{0.85 f_{ck} b_w} = \dfrac{(7,094 - 1,904) \times 400}{0.85 \times 28 \times 480}$
  $= 181.7$mm

4. T형보의 공칭 휨강도(M_n)
 $M_n = A_{sf} f_y \left(d - \dfrac{t_f}{2}\right) + (A_s - A_{sf}) f_y \left(d - \dfrac{a}{2}\right)$
  $= 1,904 \times 400 \times \left(600 - \dfrac{100}{2}\right)$
  $\quad + (7,094 - 1,904) \times 400 \times \left(600 - \dfrac{181.7}{2}\right)$
  $= 1,475.9 \times 10^6$ N·mm $= 1,475.9$ kN·m

63. 아래 그림과 같은 보의 단면에서 표피철근의 간격 s는 약 얼마인가?(단, 습윤환경에 노출되는 경우로서, 표피철근의 표면에서 부재 측면까지 최단거리(c_c)는 50mm, f_{ck} = 28MPa, f_y = 400MPa이다.)

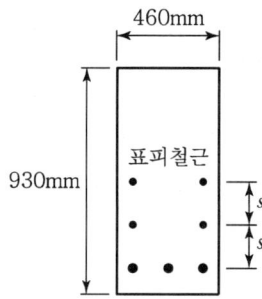

① 170mm ② 190mm
③ 220mm ④ 240mm

■해설 k_{cr} = 210(건조환경 : 280, 그 외의 환경 : 210)

$f_s = \frac{2}{3}f_y = \frac{2}{3} \times 400 = 266.7\text{MPa}$

$S_1 = 375\left(\frac{k_{cr}}{f_s}\right) - 2.5C_c$

$= 375 \times \left(\frac{210}{266.7}\right) - 2.5 \times 50 = 170.3\text{mm}$

$S_2 = 300\left(\frac{k_{cr}}{f_s}\right)$

$= 300 \times \left(\frac{210}{266.7}\right) = 236.2\text{mm}$

$S = [S_1, S_2]_{\min} = 170.3\text{mm}$

64. 프리스트레스의 손실을 초래하는 요인 중 포스트텐션 방식에서만 두드러지게 나타나는 것은?

① 마찰
② 콘크리트의 탄성수축
③ 콘크리트의 크리프
④ 정착장치의 활동

■해설 PS강재와 쉬스의 마찰에 의한 손실은 포스트텐션 방식에서만 발생한다.

65. 다음 중 최소 전단철근을 배치하지 않아도 되는 경우가 아닌 것은?(단, $\frac{1}{2}\phi V_c < V_u$인 경우)

① 슬래브나 확대기초의 경우
② 전단철근이 없어도 계수휨모멘트와 계수전단력에 저항할 수 있다는 것을 실험에 의해 확인할 수 있는 경우
③ T형보에서 그 깊이가 플랜지 두께의 2.5배 또는 복부폭의 1/2 중 큰 값 이하인 보
④ 전체 깊이가 450mm 이하인 보

■해설 최소 전단철근량 규정이 적용되지 않는 경우
- $h \leq 250\text{mm}$인 경우
- $h \leq \left[2.5t_f, \frac{1}{2}b_w\right]_{\max}$인 I형보 또는 T형보
- 슬래브와 확대기초
- 교대벽체 및 날개벽, 옹벽의 벽체, 암거 등과 같이 휨이 주거동인 판부재
- 콘크리트 장선구조

66. 철근 콘크리트 휨부재에서 최소철근비를 규정한 이유로 가장 적당한 것은?

① 부재의 경제적인 단면 설계를 위해서
② 부재의 사용성을 증진시키기 위해서
③ 부재의 시공 편의를 위해서
④ 부재의 급작스런 파괴를 방지하기 위해서

■해설 철근 콘크리트 휨부재에서 최소철근비를 규정한 이유는 휨부재의 급작스런 파괴를 방지하기 위함이다.

67. 순단면이 볼트의 구멍 하나를 제외한 단면(즉, $A - B - C$ 단면)과 같도록 피치(s)를 결정하면?(단, 구멍의 직경은 18mm이다.)

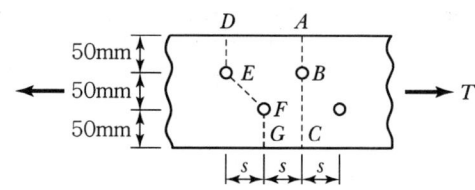

① 50mm ② 55mm
③ 60mm ④ 65mm

■해설 $d_h = \phi + 3 = 18\text{mm}$
$b_{n1} = b_g - d_h$
$b_{n2} = b_g - 2d_h + \dfrac{s^2}{4g}$
$b_{n1} = b_{n2}$
$b_g - d_h = b_g - 2d_h + \dfrac{s^2}{4g}$
$s = \sqrt{4gd_h} = \sqrt{4 \times 50 \times 18} = 60\text{mm}$

68. 다음 그림과 같은 맞대기 용접 이음에서 이음의 응력을 구하면?

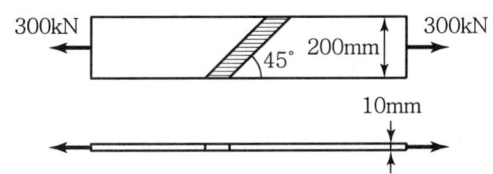

① 150.0MPa ② 106.1MPa
③ 200.0MPa ④ 212.1MPa

■해설 $f = \dfrac{P}{A} = \dfrac{300 \times 10^3}{10 \times 200}$
$\quad = 150\text{N/mm}^2 = 150\text{MPa}$

69. 정착구와 커플러의 위치에서 프리스트레스 도입 직후 포스트텐션 긴장재의 응력은 얼마 이하로 하여야 하는가?(단 f_{pu}는 긴장재의 설계기준 인장강도)

① $0.6f_{pu}$ ② $0.74f_{pu}$
③ $0.70f_{pu}$ ④ $0.85f_{pu}$

■해설 긴장재(PS강재)의 허용응력

적용범위	허용응력
긴장할 때 긴장재의 인장응력	$0.8f_{pu}$와 $0.94f_{py}$ 중 작은 값 이하
프리스트레스 도입 직후 긴장재의 인장응력	$0.74f_{pu}$와 $0.82f_{py}$ 중 작은 값 이하
정착구와 커플러(Coupler)의 위치에서 프리스트레스 도입 직후 포스트텐션 긴장재의 인장응력	$0.7f_{pu}$ 이하

70. 지간이 4m이고 단순지지된 1방향 슬래브에서 처짐을 계산하지 않는 경우 슬래브의 최소두께로 옳은 것은?(단, 보통중량 콘크리트를 사용하고, $f_{ck}=28\text{MPa}$, $f_y=400\text{MPa}$인 경우)

① 100mm ② 150mm
③ 200mm ④ 250mm

■해설 단순지지된 1방향 슬래브에서 처짐을 계산하지 않아도 되는 최소두께(h)
㉠ $f_y = 400\text{MPa}$인 경우 : $h = \dfrac{l}{20}$
㉡ $f_y \neq 400\text{MPa}$인 경우 : $h = \dfrac{l}{20}\left(0.43 + \dfrac{f_y}{700}\right)$

$f_y = 400\text{MPa}$이므로 최소두께(h)는 다음과 같다.
$h = \dfrac{l}{20} = \dfrac{4 \times 10^3}{20} = 200\text{mm}$

71. 설계기준 압축강도(f_{ck})가 35MPa인 보통 중량 콘크리트로 제작된 구조물에서 압축이형 철근으로 D29(공칭지름 28.6mm)를 사용한다면 기본정착길이는?(단, $f_y = 400\text{MPa}$)

① 483mm ② 492mm
③ 503mm ④ 512mm

■해설 $\lambda = 1$(보통 중량의 콘크리트인 경우)
$l_{db} = \dfrac{0.25d_b f_y}{\lambda \sqrt{f_{ck}}} = \dfrac{0.25 \times 28.6 \times 400}{1 \times \sqrt{35}} = 483.43\text{mm}$
$0.043d_b f_y = 0.043 \times 28.6 \times 400 = 491.92\text{mm}$
$l_{db} < 0.043d_b f_y$이므로
$l_{db} = 0.043d_b f_y = 491.92\text{mm}$

72. $b_w = 250\text{mm}$, $d = 500\text{mm}$, $f_{ck} = 21\text{MPa}$, $f_y = 400\text{MPa}$인 직사각형 보에서 콘크리트가 부담하는 설계전단강도(ϕV_c)는?

① 71.6kN ② 76.4kN
③ 82.2kN ④ 91.5kN

■해설
$$\phi V_c = \phi\left(\frac{1}{6}\sqrt{f_{ck}}\,b_w d\right)$$
$$= 0.75 \times \left(\frac{1}{6} \times \sqrt{21} \times 250 \times 500\right)$$
$$= 71.6 \times 10^3 \text{N} = 71.6\text{kN}$$

73. 옹벽의 구조해석에 대한 설명으로 틀린 것은?

① 뒷부벽은 직사각형보로 설계하여야 하며, 앞부벽은 T형보로 설계하여야 한다.
② 저판의 뒷굽판은 정확한 방법이 사용되지 않는 한, 뒷굽판 상부에 재하되는 모든 하중을 지지하도록 설계하여야 한다.
③ 캔틸레버식 옹벽의 저판은 전면벽과의 접합부를 고정단으로 간주한 캔틸레버로 가정하여 단면을 설계할 수 있다.
④ 부벽식 옹벽의 전면벽은 3변 지지된 2방향 슬래브로 설계할 수 있다.

■해설 부벽식 옹벽에서 부벽의 설계
• 앞부벽 : 직사각형 보로 설계
• 뒷부벽 : T형 보로 설계

74. 처짐과 균열에 대한 다음 설명 중 틀린 것은?

① 처짐에 영향을 미치는 인자로는 하중, 온도, 습도, 재령, 함수량, 압축철근의 단면적 등이다.
② 크리프, 건조수축 등으로 인하여 시간의 경과와 더불어 진행되는 처짐이 탄성처짐이다.
③ 균열폭을 최소화하기 위해서는 적은 수의 굵은 철근보다는 많은 수의 가는 철근을 인장 측에 잘 분포시켜야 한다.
④ 콘크리트 표면의 균열폭은 피복두께의 영향을 받는다.

■해설 • 탄성처짐 : 하중이 실리자마자 발생하는 처짐
• 장기처짐 : 콘크리트의 건조수축과 크리프로 인하여 시간의 경과와 더불어 발생하는 처짐

75. 그림과 같은 단면을 갖는 지간 10m의 PSC보에 PS 강재가 100mm의 편심거리를 가지고 직선 배치되어 있다. 자중을 포함한 계수등분포하중 16kN/m가 보에 작용할 때, 보 중앙단면 콘크리트 상연응력은 얼마인가?(단, 유효 프리스트레스 힘 $P_e = 2,400$kN)

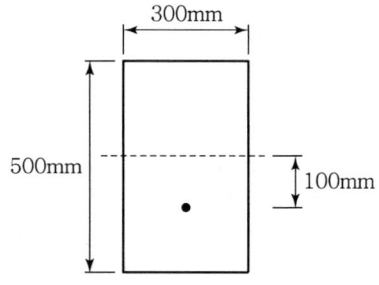

① 11.2MPa　② 12.8MPa
③ 13.6MPa　④ 14.9MPa

■해설
$$f_t = \frac{P_e}{A} - \frac{P_e \cdot e}{I}y + \frac{M}{I}y$$
$$= \frac{P_e}{bh}\left(1 - \frac{6e}{h}\right) + \frac{3wl^2}{4bh^2}$$
$$= \frac{(2400 \times 10^3)}{300 \times 500}\left(1 - \frac{6 \times 100}{500}\right) + \frac{3 \times 16 \times (10 \times 10^3)^2}{4 \times 300 \times 500^2}$$
$$= 12.8 \text{N/mm}^2 = 12.8\text{MPa}$$

76. $M_u = 170$kN·m의 계수 모멘트 하중을 지지하기 위한 단철근 직사각형 보의 필요한 철근량(A_s)을 구하면?(단, $b_w = 300$mm, $d = 450$mm, $f_{ck} = 28$MPa, $f_y = 350$MPa, $\phi = 0.85$이다.)

① 1,070mm²　② 1,175mm²
③ 1,280mm²　④ 1,375mm²

■해설
㉠ $M_u \leq M_d = \phi\rho f_y bd^2\left(1 - 0.59\rho\frac{f_y}{f_{ck}}\right)$

$$0.59\phi\frac{f_y^2}{f_{ck}}bd^2\rho^2 - \phi f_y bd^2\rho + M_u \leq 0$$

$$\left(0.59 \times 0.85 \times \frac{350^2}{28} \times 300 \times 450^2\right)\rho^2$$
$$- (0.85 \times 350 \times 300 \times 450^2)\rho + (170 \times 10^6) \leq 0$$
$$\rho^2 - 0.135559\rho + 0.001275 \leq 0$$
$$0.010169 \leq \rho \leq 0.125391$$

ⓒ 또한, $\phi=0.85$를 사용하기 위해서는 $\varepsilon_t \geq \varepsilon_{t,l}$이어야 한다.
따라서, $\varepsilon_t \geq \varepsilon_{t,l}$일 경우의 철근비를 $\rho_{t,l}$이라 두면 다음 조건식을 만족해야 한다.
$\rho \leq \rho_{t,l}$ (즉, $\varepsilon_t \geq \varepsilon_{t,l}$을 만족하기 위한 조건식)
$\beta_1 = 0.85$ ($f_{ck} \leq 28$MPa인 경우)
$\varepsilon_{t,l} = 0.005$ ($f_y \leq 400$MPa인 경우)
$\rho_{t,l} = 0.85\beta_1 \dfrac{f_{ck}}{f_y} \dfrac{0.003}{0.003+\varepsilon_{t,l}}$
$= 0.85 \times 0.85 \times \dfrac{28}{350} \times \dfrac{0.003}{0.003+0.005}$
$= 0.021675$
$\rho \leq 0.021675$

ⓒ ⓐ과 ⓑ의 결과로부터
$0.010169 \leq \rho \left(= \dfrac{A_s}{bd}\right) \leq 0.021675$
$1{,}373\text{mm}^2 \leq A_s \leq 2{,}926\text{mm}^2$

77. 플레이트 보(Plate Girder)의 경제적인 높이는 다음 중 어느 것에 의해 구해지는가?
① 전단력
② 지압력
③ 휨모멘트
④ 비틀림모멘트

■해설 강판형(Plate Girder)의 경제적인 높이는 휨모멘트에 의하여 결정된다.

78. 폭(b_w)이 400mm, 유효깊이(d)가 500mm인 단철근 직사각형보 단면에서, 강도설계법에 의한 균형철근량은 약 얼마인가?(단, $f_{ck}=35$MPa, $f_y=400$MPa)
① 6,135mm²
② 6,623mm²
③ 7,149mm²
④ 7,841mm²

■해설 $f_{ck} > 28$MPa인 경우 β_1의 값
$\beta_1 = 0.85 - 0.007(f_{ck}-28)$
$= 0.85 - 0.007(35-28) = 0.801$ ($\beta_1 \geq 0.65$ - o.k)
$\rho_b = 0.85\beta_1 \dfrac{f_{ck}}{f_y} \dfrac{600}{600+f_y}$
$= 0.85 \times 0.801 \times \dfrac{35}{400} \times \dfrac{600}{600+400} = 0.035745$
$A_{s,b} = \rho_b bd = 0.035745 \times 400 \times 500 = 7{,}149\text{mm}^2$

79. 아래 그림과 같은 단면을 가지는 단철근 직사각형보에서 최외단 인장철근의 순인장변형률(ε_t)이 0.0045일 때 설계휨강도를 구할 때 적용하는 강도감소계수(ϕ)는?(단, $f_{ck}=28$MPa, $f_y=400$MPa)

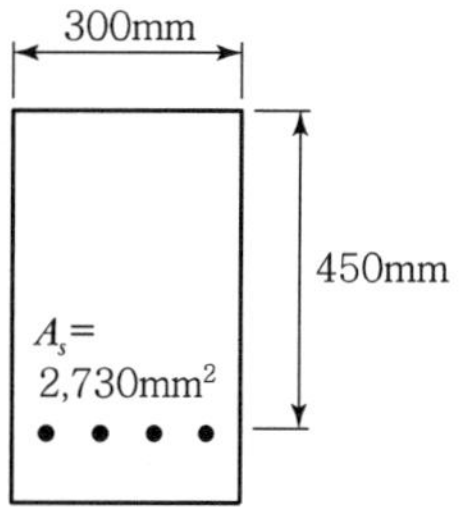

① 0.804
② 0.817
③ 0.826
④ 0.839

300mm, 450mm, $A_s = 2{,}730\text{mm}^2$

■해설
• $f_y = 400$MPa인 경우, $\varepsilon_{t,l}$(인장지배 한계 변형률)과 ε_y(압축지배 한계 변형률)의 값
$\varepsilon_{t,l} = 0.05$ ($f_y \leq 400$MPa인 경우)
$\varepsilon_y = \dfrac{f_y}{E_s} = \dfrac{400}{2 \times 10^5} = 0.002$

• ϕ_c(압축지배 단면의 강도감소계수)의 값
나선철근으로 보강된 부재, $\phi_C = 0.70$
그 외의 기타 부재, $\phi_c = 0.65$

• $\varepsilon_y(=0.002) \leq \varepsilon_t(=0.0045) \leq \varepsilon_{t,0}(=0.005)$이므로 변화구간 단면 부재이다.

• 변화구간 단면 부재의 ϕ(강도감소계수)값 결정
$\phi = 0.85 - \dfrac{\varepsilon_{t,l}-\varepsilon_t}{\varepsilon_{t,l}-\varepsilon_y}(0.85-\phi_c)$
$= 0.85 - \dfrac{0.005-0.0045}{0.005-0.002}(0.85-0.65)$
$= 0.817$

80. 폭(b_w) 300mm, 유효 깊이(d) 450mm, 전체 높이(h) 550mm, 철근량(A_s) 4,800mm²인 보의 균열 모멘트 M_{cr}의 값은?(단, f_{ck}가 21MPa인 보통 중량 콘크리트 사용)
① 24.5kN·m
② 28.9kN·m
③ 35.6kN·m
④ 43.7kN·m

■해설 $\lambda = 1$(보통 중량의 콘크리트인 경우)
$f_r = 0.63\lambda\sqrt{f_{ck}} = 0.63 \times 1 \times \sqrt{21} = 2.89$MPa
$Z = \dfrac{bh^2}{6} = \dfrac{300 \times 550^2}{6} = 15.125 \times 10^6 \text{mm}^3$
$M_{cr} = f_r \cdot Z = 2.89 \times (15.125 \times 10^6)$
$= 43.7 \times 10^6 \text{N} \cdot \text{mm} = 43.7 \text{kN} \cdot \text{m}$

제5과목 토질 및 기초

81. 어떤 흙의 습윤 단위중량이 2.0t/m³, 함수비 20%, 비중 $G_s = 2.7$인 경우 포화도는 얼마인가?

① 84.1% ② 87.1%
③ 95.6% ④ 98.5%

■해설
$$S = \frac{G_s \cdot \omega}{e} \quad (G_s \cdot \omega = S \cdot e)$$
$$\gamma_d = \frac{G_s \cdot \gamma_w}{1+e}$$
$$\therefore e = \frac{G_s \cdot \gamma_w}{\gamma_d} - 1 = \frac{2.7 \times 1}{1.67} - 1 = 0.62 \text{t/m}^2$$
$$\left(\gamma_d = \frac{\gamma_t}{1+\omega} = \frac{2.0}{1+0.2} = 1.67 \text{t/m}^3\right)$$
$$\therefore S = \frac{G_s \cdot \omega}{e} = \frac{2.7 \times 0.2}{0.62} = 0.871 = 87.1\%$$

82. 말뚝기초의 지반거동에 관한 설명으로 틀린 것은?

① 연약지반 상에 타입되어 지반이 먼저 변형하고 그 결과 말뚝이 저항하는 말뚝을 주동말뚝이라 한다.
② 말뚝에 작용한 하중은 말뚝 주변의 마찰력과 말뚝선단의 지지력에 의하여 주변 지반에 전달된다.
③ 기성말뚝을 타입하면 전단파괴를 일으키며 말뚝 주위의 지반은 교란된다.
④ 말뚝 타입 후 지지력의 증가 또는 감소 현상을 시간효과(time effect)라 한다.

■해설
• 주동말뚝 : 말뚝이 변형함에 따라 지반이 저항
• 수동말뚝 : 지반이 먼저 변형하고 그 결과 말뚝이 저항

83. 아래 그림과 같은 무한사면이 있다. 흙과 암반의 경계면에서 흙의 강도정수 $c=1.8\text{t/m}^2$, $\phi=25°$이고, 흙의 단위중량 $\gamma=1.9\text{t/m}^3$인 경우 경계면에서 활동에 대한 안전율을 구하면?

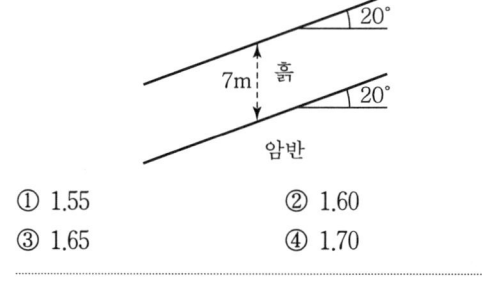

① 1.55 ② 1.60
③ 1.65 ④ 1.70

■해설
$$F_s = \frac{c}{\gamma z \sin i \cos i} + \frac{\tan\phi}{\tan i}$$
$$= \frac{1.8}{1.9 \times 7 \times \sin 20° \times \cos 20°} + \frac{\tan 25°}{\tan 20°} = 1.7$$

84. 흙의 다짐에 관한 설명 중 옳지 않은 것은?

① 조립토는 세립토보다 최적함수비가 작다.
② 최대 건조단위중량이 큰 흙일수록 최적 함수비는 작은 것이 보통이다.
③ 점성토 지반을 다질 때는 진동 롤러로 다지는 것이 유리하다.
④ 일반적으로 다짐 에너지를 크게 할수록 최대 건조단위중량은 커지고 최적함수비는 줄어든다.

■해설 사질토 지반을 다질 때는 진동 롤러로 다지는 것이 유리하다.

85. 유선망은 이론상 정사각형으로 이루어진다. 동수경사가 가장 큰 곳은?

① 어느 곳이나 동일함
② 땅속 제일 깊은 곳
③ 정사각형이 가장 큰 곳
④ 정사각형이 가장 작은 곳

■해설
동수경사$(i) = \frac{\Delta h}{L}$, $i \propto \frac{1}{L(\text{폭})}$
∴ 동수경사(i)는 $L(\text{폭})$에 반비례

86. 다음의 연약지반 개량공법에서 일시적인 개량공법은?

① Well Point 공법
② 치환공법
③ Paper Drain 공법
④ Sand Compaction Pile 공법

■해설 일시적 개량공법
㉠ 동결공법
㉡ 대기압공법(진공압밀공법)
㉢ Well Point 공법

87. 흐트러지지 않은 시료를 이용하여 액성한계 40%, 소성한계 22.3%를 얻었다. 정규압밀점토의 압축지수(C_c) 값을 Terzaghi와 Peck가 발표한 경험식에 의해 구하면?

① 0.25   ② 0.27
③ 0.30   ④ 0.35

■해설 불교란 시료(C_c)
$C_c = 0.009(W_L - 10) = 0.009(40 - 10) = 0.27$

88. 아래 그림과 같은 점성토 지반의 토질시험결과 내부마찰각(ϕ)은 30°, 점착력(c)은 1.5t/m²일 때 A점의 전단강도는?

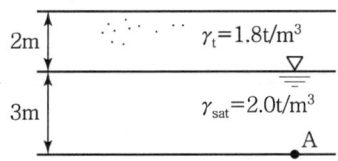

① 3.84t/m²
② 4.27t/m²
③ 4.83t/m²
④ 5.31t/m²

■해설 $S(\tau_f) = c + \sigma' \tan\phi = 1.5 + 6.6\tan 30° = 5.31\text{t/m}^2$
[$\sigma' = (1.8 \times 2) + (1 \times 3) = 6.6$]

89. 표준관입시험에 관한 설명 중 옳지 않은 것은?

① 표준관입시험의 N값으로 모래지반의 상대밀도를 추정할 수 있다.
② N값으로 점토지반의 연경도에 관한 추정이 가능하다.
③ 지층의 변화를 판단할 수 있는 시료를 얻을 수 있다.
④ 모래지반에 대해서도 흐트러지지 않은 시료를 얻을 수 있다.

■해설 모래지반에 대해서는 흐트러진 시료를 얻을 수 있다.

90. 흐트러지지 않은 연약한 점토시료를 재취하여 일축압축시험을 실시하였다. 공시체의 직경이 35mm, 높이가 100mm이고 파괴 시의 하중계의 읽음값이 2kg, 축방향의 변형량이 12mm일 때 이 시료의 전단강도는?

① 0.04kg/cm²   ② 0.06kg/cm²
③ 0.09kg/cm²   ④ 0.12kg/cm²

■해설 전단강도$(S) = c + \sigma'\tan\phi(\phi = 0) = c = \dfrac{q_u}{2}$
· 파괴 시 압축강도(σ) = 일축압축강도(q_u)

91. 연속 기초에 대한 Terzaghi의 극한 지지력 공식은 $q_u = c \cdot N_c + 0.5 \cdot \gamma_1 \cdot B \cdot N_\gamma + \gamma_2 \cdot D_f \cdot N_q$로 나타낼 수 있다. 아래 그림과 같은 경우 극한 지지력 공식의 두 번째 항의 단위중량 γ_t의 값은?

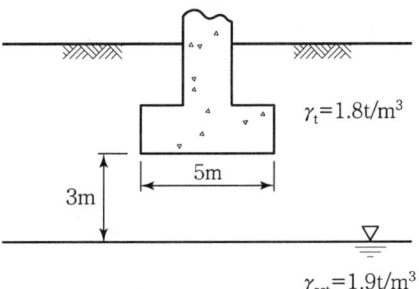

① 1.44t/m³   ② 1.60t/m³
③ 1.74t/m³   ④ 1.82t/m³

■해설 $\gamma_1 \cdot B = \gamma_t \cdot d + \gamma_{sub}(B-d)$

$\gamma_1 = \dfrac{\gamma+d+\gamma_{sub}(B-d)}{B}$

$= \dfrac{1.8 \times 3 + (1.9-1)(5-3)}{5}$

$= 1.44 \text{t/m}^3$

92. 베인전단시험(Vane Shear Test)에 대한 설명으로 옳지 않은 것은?

① 베인전단시험으로부터 흙의 내부마찰각을 측정할 수 있다.
② 현장 원위치 시험의 일종으로 점토의 비배수전단강도를 구할 수 있다.
③ 십자형의 베인(Vane)을 땅속에 압입한 후, 회전모멘트를 가해서 흙이 원통형으로 전단파괴될 때 저항모멘트를 구함으로써 비배수 전단강도를 측정하게 된다.
④ 연약점토지반에 적용된다.

■해설 베인시험

㉠ $c_u = \dfrac{M_{\max}}{\pi D^2 \left(\dfrac{H}{2}+\dfrac{D}{6}\right)}$

㉡ 점착력(c), 비배수 전단강도(c_u)를 측정할 수 있다.

93. 중심 간격이 2.0m, 지름 40cm인 말뚝을 가로 4개, 세로 5개씩 전체 20개의 말뚝을 박았다. 말뚝 한 개의 허용지지력이 15ton이라면 이 군항의 허용지지력은 약 얼마인가?(단, 군말뚝의 효율은 Converse-Labarre 공식을 사용)

① 450.0t ② 300.0t
③ 241.5t ④ 114.5t

■해설 군항의 허용 지지력(R_{ag}) $= E \cdot R_a \cdot N$

㉠ $\theta° = \tan^{-1}\dfrac{d}{S} = \tan^{-1}\dfrac{40}{200} = 11.3°$

㉡ 효율(E) $= 1 - \theta°\left[\dfrac{(m-1)n+(n-1)m}{90mn}\right]$

$= 1 - 11.3°\left[\dfrac{(5-1)4+(4-1)5}{90 \times 5 \times 4}\right] = 0.805$

∴ $R_{ag} = E \cdot R_a \cdot N = 0.805 \times 15 \times (4 \times 5) = 241.5\text{t}$

94. 간극비 $e_1 = 0.80$인 어떤 모래의 투수계수 $k_1 = 8.5 \times 10^{-2}$cm/sec일 때 이 모래를 다져서 간극비를 $e_2 = 0.57$로 하면 투수계수 k_2는?

① 8.5×10^{-3}cm/sec
② 3.5×10^{-2}cm/sec
③ 8.1×10^{-2}cm/sec
④ 4.1×10^{-1}cm/sec

■해설 $k_1 : k_2 = \dfrac{e_1^3}{1+e_1} : \dfrac{e_2^3}{1+e_2}$

$8.5 \times 10^{-2} : k_2 = \dfrac{0.80^3}{1+0.80} : \dfrac{0.57^3}{1+0.57}$

∴ $k_2 = 3.5 \times 10^{-2}$cm/sec

95. 침투유량(q) 및 B점에서의 간극수압(u_B)을 구한 값으로 옳은 것은?(단, 투수층의 투수계수는 3×10^{-1}cm/sec이다.)

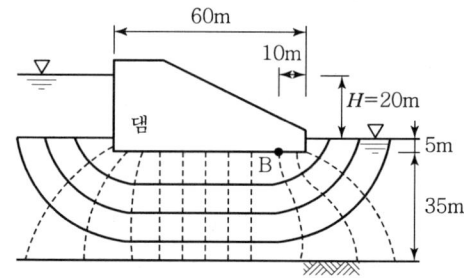

① $q = 100\text{cm}^3/\text{sec/cm}$, $u_B = 0.5\text{kg/cm}^2$
② $q = 100\text{cm}^3/\text{sec/cm}$, $u_B = 1.0\text{kg/cm}^2$
③ $q = 200\text{cm}^3/\text{sec/cm}$, $u_B = 0.5\text{kg/cm}^2$
④ $q = 200\text{cm}^3/\text{sec/cm}$, $u_B = 1.0\text{kg/cm}^2$

■해설 ㉠ 침투유량(q)

$q = K \cdot H \cdot \dfrac{N_f}{N_d} = (3 \times 10^{-1})(20 \times 100)\left(\dfrac{4}{12}\right)$

$= 200\text{cm}^3/\text{sec/cm}$

㉡ 간극수압(u_B)

$u_B = \gamma_w z_B + \left(\dfrac{\Delta h}{L}\gamma_w z\right) = (1 \times 5) + \left(\dfrac{20}{12} \times 1 \times 3\right)$

$= 10\text{t/m}^2 = 1\text{kg/cm}^2$

96. 아래의 표와 같은 조건에서 군지수는?

- 흙의 액성한계 : 49%
- 흙의 소성지수 : 25%
- 10번 체 통과율 : 96%
- 40번 체 통과율 : 89%
- 200번 체 통과율 : 70%

① 9　　　　　　② 12
③ 15　　　　　　④ 18

■ 해설　군지수(GI) $= 0.2a + 0.005ac + 0.01bd$
　㉠ $a = P_{\#200} - 35 = 70 - 35 = 35 (0 \leq a \leq 40)$
　㉡ $b = P_{\#200} - 15 = 70 - 15 = 55 = 40 (0 \leq b \leq 40)$
　㉢ $c = W_L - 40 = 49 - 40 = 9 (0 \leq c \leq 20)$
　㉣ $d = I_p - 10 = 25 - 10 = 15 (0 \leq d \leq 20)$
　∴ $GI = (0.2 \times 35) + (0.005 \times 35 \times 9) + (0.01 \times 40 \times 15)$
　　　$= 14.575 = 15$

97. 정규압밀점토에 대하여 구속응력 1kg/cm²로 압밀배수 시험한 결과 파괴 시 축차응력이 2kg/cm² 이었다. 이 흙의 내부마찰각은?

① 20°　　　　　　② 25°
③ 30°　　　　　　④ 40°

■ 해설
$$\sin\phi = \frac{\sigma_1 - \sigma_3}{\sigma_1 + \sigma_3}$$
$$\phi = \sin^{-1}\left(\frac{\sigma_1 - \sigma_3}{\sigma_1 + \sigma_3}\right) = \sin^{-1}\left(\frac{3-1}{3+1}\right)$$
$$= \sin^{-1}\left(\frac{2}{4}\right) = 30°$$
($\sigma_3 = 1$이고 $\sigma_1 - \sigma_3 = 2$이면 $\sigma_1 = 3$)

98. 사질토 지반에서 직경 30cm의 평판재하시험결과 30t/m²의 압력이 작용할 때 침하량이 10mm라면, 직경 1.5m의 실제 기초에 30t/m²의 하중이 작용할 때 침하량의 크기는?

① 14mm　　　　　② 25mm
③ 28mm　　　　　④ 35mm

■ 해설
$$S_{(기초)} = S_{(재하판)} \cdot \left(\frac{2B_{기초}}{B_{기초} + B_{재하판}}\right)^2$$
$$= 0.01 \times \left(\frac{2 \times 1.5}{1.5 + 0.3}\right)^2$$
$$= 0.028\text{m}$$
$$= 28\text{mm}$$

99. 지반 내 응력에 대한 다음 설명 중 틀린 것은?

① 전응력이 커지는 크기만큼 간극수압이 커지면 유효응력은 변화가 없다.
② 정지토압계수 K_0는 1보다 클 수 없다.
③ 지표면에 가해진 하중에 의해 지중에 발생하는 연직응력의 증가량은 깊이가 깊어지면서 감소한다.
④ 유효응력이 전응력보다 클 수도 있다.

■ 해설
- $\sigma' = \sigma(\uparrow) - u(\uparrow)$
- K_0(사질토) < 1, K_0(과압밀 점토) > 1
  ∴ K_0는 과압밀 점토에서는 1보다 크다.
- $\Delta\sigma_Z = \frac{Q}{Z^2}I_\sigma$　$\left(\Delta\sigma_Z \propto \frac{1}{Z^2}\right)$
- 모세관 현상 시
  $\sigma' > \sigma$

100. 흙막이 벽체의 지지 없이 굴착 가능한 한계굴착깊이에 대한 설명으로 옳지 않은 것은?

① 흙의 내부마찰각이 증가할수록 한계굴착깊이는 증가한다.
② 흙의 단위중량이 증가할수록 한계굴착깊이는 증가한다.
③ 흙의 점착력이 증가할수록 한계굴착깊이는 증가한다.
④ 인장응력이 발생되는 깊이를 인장균열깊이라고 하며, 보통 한계굴착깊이는 인장균열깊이의 2배 정도이다.

■ 해설
- 한계굴착깊이(H_c) $= 2 Z_c = \frac{4c}{\gamma}\tan\left(45 + \frac{\phi}{2}\right)$
- $H_c \propto \frac{1}{\gamma}$

|해답| 96.③　97.③　98.③　99.②　100.②

101. 하수도시설에서 펌프장시설의 계획하수량과 설치대수에 대한 설명으로 옳지 않은 것은?

① 오수펌프의 용량은 분류식의 경우, 계획시간 최대오수량으로 계획한다.
② 펌프의 설치대수는 계획오수량과 계획우수량에 대하여 각 2대 이하를 표준으로 한다.
③ 합류식의 경우, 오수펌프의 용량은 우천 시 계획오수량으로 계획한다.
④ 빗물펌프는 예비기를 설치하지 않는 것을 원칙으로 하지만, 필요에 따라 설치를 검토한다.

■해설 하수도 펌프의 계획수량
㉠ 계획하수량
- 우수펌프는 계획우수량을 기준으로 한다.
- 분류식의 경우 오수펌프는 계획시간최대오수량을 기준으로 한다.
- 합류식의 경우 오수펌프는 우천 시 계획오수량을 기준으로 한다.
- 빗물펌프는 예비기를 설치하지 않는 것을 원칙으로 하나, 필요에 따라 설치를 검토한다.

㉡ 펌프 설치대수

오수펌프		우수펌프	
계획오수량 (m³/sec)	설치 대수(대)	계획우수량 (m³/sec)	설치 대수(대)
0.5 이하	2~4(1)	3 이하	2~3
0.5~1.5	3~5(1)	3~5	3~4
1.5 이상	4~5(1)	5~10	4~6

∴ 펌프의 설치 대수는 표에서 제시한 오수량과 우수량에 따라 결정한다.

102. 지하수를 취수하기 위한 시설이 아닌 것은?

① 취수틀
② 집수매거
③ 얕은 우물
④ 깊은 우물

■해설 지하수 취수시설
지하수의 종류별 취수시설은 다음과 같다.
- 복류수 취수 : 집수매거
- 피압지하수 취수 : 굴착정
- 심층수 취수 : 깊은 우물
- 천층수 취수 : 얕은 우물
∴ 취수틀은 지표수의 취수시설이다.

103. 상수 취수시설인 집수매거에 관한 설명으로 틀린 것은?

① 철근콘크리트조의 유공관 또는 권선형 스크린관을 표준으로 한다.
② 집수매거의 경사는 수평 또는 흐름방향으로 향하여 완경사로 설치한다.
③ 집수매거의 유출단에서 매거 내의 평균유속은 3m/s 이상으로 한다.
④ 집수매거는 가능한 한 직접 지표수의 영향을 받지 않도록 매설깊이는 5m 이상으로 하는 것이 바람직하다.

■해설 집수매거
㉠ 복류수를 취수하기 위해 매설하는 다공질 유공관을 집수매거라 한다.
㉡ 집수매거는 복류수의 흐름방향에 대하여 수직으로 설치하는 것이 취수상 유리하지만, 수량이 풍부한 곳에서는 흐름방향에 대해 수평으로 설치하는 경우도 있다.
㉢ 집수매거의 경사는 1/500 이하의 완구배가 되도록 하며, 매거 내의 유속은 유출단에서 유속이 1m/sec 이하가 되도록 함이 좋다.
㉣ 집수공에서 유입속도는 토사의 침입을 방지하기 위해 3cm/sec 이하로 한다.
㉤ 집수매거는 가능한 한 직접 지표수의 영향을 받지 않도록 매설깊이는 5m 이상으로 하는 것이 바람직하다.

104. BOD가 200mg/L인 하수를 1,000m³의 유효용량을 가진 포기조로 처리할 경우 유량이 20,000 m³/day이면 BOD용적부하량은?

① 2.0kg/m³·day
② 4.0kg/m³·day
③ 5.0kg/m³·day
④ 8.0kg/m³·day

■해설 BOD 용적부하
㉠ 폭기조 단위체적당 1일 가해주는 BOD량을 BOD 용적부하라고 한다.
$$BOD\ 용적부하 = \frac{하수량 \times 하수의 BOD농도}{폭기조부피}$$
㉡ BOD 용적부하의 계산
$$BOD\ 용적부하 = \frac{하수량 \times 하수의 BOD농도}{폭기조부피}$$
$$= \frac{20,000 \times 200 \times 10^{-3}}{1,000}$$
$$= 4.0 kg/m^3 \cdot day$$

105. 급수관의 배관에 대한 설비기준으로 옳지 않은 것은?

① 급수관을 부설하고 되메우기를 할 때에는 양질토 또는 모래를 사용하여 적절하게 다짐한다.
② 동결이나 결로의 우려가 있는 급수장치의 노출부에 대해서는 적절한 방한장치가 필요하다.
③ 급수관의 부설은 가능한 한 배수관에서 분기하여 수도미터 보호통까지 직선으로 배관한다.
④ 급수관을 지하층에 배관할 경우에는 가급적 지수밸브와 역류방지장치를 설치하지 않는다.

■해설 급수관의 배관
  ㉠ 급수관을 공공도로에 부설할 경우에는 도로관리자가 정한 점용위치와 깊이에 따라 배관해야 하며 다른 매설물과의 간격을 30cm 이상 확보한다.
  ㉡ 급수관을 부설하고 되메우기를 할 때에는 양질토 또는 모래를 사용하여 적절하게 다짐하여 관을 보호한다.
  ㉢ 급수관 부설은 가능한 한 배수관에서 분기하여 수도미터 보호통까지 직선으로 배관해야 하나, 하수나 오수조 등에 의하여 수돗물이 오염될 우려가 있는 장소는 가능한 한 멀리 우회한다. 또 건물이나 콘크리트의 기초 아래를 횡단하는 배관은 피해야 한다.
  ㉣ 급수관을 지하층 또는 2층 이상에 배관할 경우에는 각 층마다 지수밸브와 함께 진공파괴기 등의 역류방지밸브를 설치하고, 배관이 노출되는 부분에는 적당한 간격으로 건물에 고정시킨다.
  ㉤ 동결이나 결로의 우려가 있는 급수설비의 노출부분에 대해서는 적절한 방한조치나 결로방지조치를 강구한다.

106. 상수도의 펌프설비에서 캐비테이션(공동현상)의 대책에 대한 설명으로 옳은 것은?

① 펌프의 설치위치를 높게 한다.
② 펌프의 회전속도를 낮게 선정한다.
③ 펌프를 운전할 때 흡입 측 밸브를 완전히 개방하지 않도록 한다.
④ 동일한 토출량과 회전속도이면 한쪽 흡입펌프가 양쪽 흡입펌프보다 유리하다.

■해설 공동현상(cavitation)
  ㉠ 펌프의 관 내 압력이 포화증기압 이하가 되면 기화현상이 발생되어 유체 중에 공동이 생기는데, 이를 공동현상이라 한다. 공동현상이 발생되지 않으려면 이용할 수 있는 유효흡입수두가 펌프가 필요로 하는 유효흡입수두보다 커야 하며, 그 차이 값이 1m보다 크게 하는 것이 좋다.
  ㉡ 악현상
    • 소음, 진동 발생
    • 펌프의 성능 저하
    • 관 내부의 침식
  ㉢ 방지책
    • 펌프의 설치 위치를 낮춘다.
    • 펌프의 회전수를 줄인다(임펠러 속도를 적게 한다).
    • 흡입관의 손실을 줄인다(직경 D를 크게 한다).
    • 흡입양정의 표준을 -5m까지 제한한다.
  ∴ 공동현상을 방지하려면 펌프의 회전속도를 낮게 한다.

107. 고도정수처리 단위 공정 중 하나인 오존처리에 관한 설명으로 옳지 않은 것은?

① 오존은 철·망간의 산화능력이 크다.
② 오존의 산화력은 염소보다 훨씬 강하다.
③ 유기물의 생분해성을 증가시킨다.
④ 오존의 잔류성이 우수하므로 염소의 대체 소독제로 쓰인다.

■해설 염소살균 및 오존살균의 특징
  ㉠ 염소살균의 특징
    • 가격이 저렴하고, 조작이 간단하다.
    • 산화제로도 이용이 가능하며, 살균력이 매우 강하다.
    • 지속성이 있다.
    • THM 생성 가능성이 있다.
  ㉡ 오존살균의 특징

장점	단점
• 살균효과가 염소보다 뛰어나다. • 유기물질의 생분해성을 증가시킨다. • 맛, 냄새물질과 색도 제거의 효과가 우수하다. • 철, 망간의 제거능력이 크다.	• 고가이다. • 잔류효과가 없다. • 자극성이 강해 취급에 주의를 요한다.

  ∴ 오존살균은 염소살균에 비하여 잔류성이 약하다.

108. 하수도시설기준에 의한 관거별 계획하수량에 대한 설명으로 틀린 것은?

① 오수관거에서는 계획 1일 최대오수량으로 한다.
② 오수관거에서는 계획우수량으로 한다.
③ 합류식 관거에서는 계획시간 최대오수량에 계획우수량을 합한 것으로 한다.
④ 차집관거에서는 우천 시 계획오수량으로 한다.

■해설 계획하수량의 결정
 ㉠ 오수 및 우수관거

종류		계획하수량
합류식		계획시간 최대오수량에 계획우수량을 합한 수량
분류식	오수관거	계획시간 최대오수량
	우수관거	계획우수량

 ㉡ 차집관거
  우천 시 계획오수량 또는 계획시간 최대오수량의 3배를 기준으로 설계한다.
  ∴ 오수관거는 계획시간 최대오수량을 기준으로 설계한다.

109. 강우강도 $I = \dfrac{3,500}{t(분)+10}$ mm/hr, 유입시간 7분, 유출계수 C=0.7, 유역면적 2.0km², 관 내 유속이 1m/s인 경우 관의 길이 500m인 하수관에서 흘러나오는 우수량은?

① 35.8m³/s   ② 45.7m³/s
③ 48.9m³/s   ④ 53.7m³/s

■해설 우수유출량의 산정
 ㉠ 합리식의 적용 확률연수는 10~30년을 원칙으로 한다.
  $Q = \dfrac{1}{3.6} CIA$

  여기서, Q : 우수량(m³/sec)
       C : 유출계수(무차원)
       I : 강우강도(mm/hr)
       A : 유역면적(km²)

 ㉡ 유달시간의 계산
  $t = t_1 + \dfrac{l}{v} = 7\min + \dfrac{500}{1 \times 60} = 15.33\min$

 ㉢ 강우강도의 산정
  $I = \dfrac{3,500}{t+10} = \dfrac{3,500}{15.33+10} = 138.18$mm/hr

 ㉣ 우수유출량의 산정
  $Q = \dfrac{1}{3.6} CIA = \dfrac{1}{3.6} \times 0.7 \times 138.18 \times 2$
    $= 53.74$m³/s

110. 하수의 처리방법 중 생물막법에 해당되는 것은?

① 산화구법
② 심층포기법
③ 회전원판법
④ 순산소활성슬러지법

■해설 하수처리방법의 분류
 ㉠ 표준활성슬러지법
 ㉡ 산화지법
 ㉢ 막미생물 공정
  • 살수여상법
  • 회전원판법
  • 충진상반응조
 ∴ 생물막법에 해당하는 것은 회전원판법이다.

111. 저수지를 수원으로 하는 원수에서 맛과 냄새를 유발할 경우 기존 정수장에서 취할 수 있는 가장 바람직한 조치는?

① 적정위치에 활성탄 투여
② 취수탑 부근에 펜스 설치
③ 침사지의 모래 제거
④ 응집제의 다량 주입

■해설 활성탄
 활성탄은 생물학적으로 처리가 어려운 저농도의 유해물질, 즉 취기를 야기하는 유기물, ABS, phenol, 중금속, 각종 농약성분 등을 처리하는 데 매우 유리한 경우가 많다.

112. 우수조정지에 대한 설명으로 틀린 것은?

① 하류관거의 유하능력이 부족한 곳에 설치한다.
② 하류지역의 펌프장 능력이 부족한 곳에 설치한다.
③ 우수의 방류방식은 펌프가압식을 원칙으로 한다.
④ 구조형식은 댐식, 굴착식 및 지하식으로 한다.

|해답| 108.① 109.④ 110.③ 111.① 112.③

■해설 우수조정지
  ㉠ 우수조정지
    도시화나 도시지역의 확대로 기존 관로의 용량이 부족하거나 관로의 능력 저하에도 불구하고 하류의 시설 및 관로 등의 능력을 높이기 곤란한 경우에 우수조정지를 설치하며, 우수조정지의 크기는 합리식에 의하여 산정한다.
  ㉡ 방류방식
    기본적으로 우수조정지의 방류방식은 자연유하식을 원칙으로 하며, 적당한 구배를 확보하기 곤란한 곳에는 펌프가압식을 사용하거나 이를 병용하기도 한다.
  ㉢ 설치장소
    • 하수관거의 용량이 부족한 곳
    • 방류수로의 유하능력이 부족한 곳
    • 하류지역의 펌프장 능력이 부족한 곳
  ㉣ 구조형식
    • 댐식   • 지하식
    • 굴착식

113. 오수 및 우수의 배제방식인 분류식과 합류식에 대한 설명으로 틀린 것은?

① 합류식은 관의 단면적이 크기 때문에 폐쇄의 염려가 적다.
② 합류식은 일정량 이상이 되면 우천 시 오수가 월류할 수 있다.
③ 분류식은 2계통을 건설하는 경우, 합류식에 비하여 일반적으로 관거의 부설비가 많이 든다.
④ 분류식은 별도의 시설 없이 오염도가 높은 초기우수를 처리장으로 유입시켜 처리한다.

■해설 하수의 배제방식

분류식	합류식
• 수질오염 방지 면에서 유리하다.	• 구배 완만, 매설깊이가 적으며 시공성이 좋다.
• 청천 시에도 퇴적의 우려가 없다.	• 초기 우수에 의한 노면배수처리가 가능하다.
• 강우 초기 노면 배수 효과가 없다.	• 관경이 크므로 검사가 편리하고, 환기가 잘 된다.
• 시공이 복잡하고 오접합의 우려가 있다.	• 건설비가 적게 든다.
• 우천 시 수세효과를 기대할 수 없다.	• 우천 시 수세효과가 있다.
• 공사비가 많이 든다.	• 청천 시 관 내 침전, 효율 저하가 발생한다.

∴ 분류식은 초기 우수의 처리가 어렵다.

114. 하천수의 5일간 BOD(BOD₅)에서 주로 측정되는 것은?

① 탄소성 BOD
② 질소성 BOD
③ 산소성 BOD 및 질소성 BOD
④ 탄소성 BOD 및 산소성 BOD

■해설 BOD
  ㉠ BOD란 유기물이 호기성 미생물에 의해 생화학적으로 산화될 때 소비되는 용존산소의 양을 의미한다.
  ㉡ BOD는 보통 20℃에서 5일 정도 배양했을 때 소비되는 산소의 양(BOD_5)으로 나타내며, 간혹 7일, 18일 최종BOD 등이 사용된다.
  ㉢ 유기물은 탄소계유기물과 질소계유기물로 나뉘며, BOD_5는 탄소계유기물이 산화될 때 소비되는 산소의 양이다.

115. 계획우수량 산정에 있어서 하수관거의 확률연수는 원칙적으로 몇 년으로 하는가?

① 2~3년
② 3~5년
③ 10~30년
④ 30~50년

■해설 우수유출량의 산정
  합리식의 적용 확률연수는 10~30년을 원칙으로 한다.

  $$Q = \frac{1}{3.6} CIA$$

  여기서, Q : 우수량 (m³/sec)
  C : 유출계수(무차원)
  I : 강우강도(mm/hr)
  A : 유역면적(km²)

116. 하수처리·재이용계획의 계획오수량에 대한 설명으로 틀린 것은?

① 계획시간 최대오수량은 계획 1일 최대오수량의 1시간당 수량의 1.3~1.8배를 표준으로 한다.
② 계획오수량은 생활오수량, 공장폐수량 및 지하수량으로 구분할 수 있다.
③ 지하수량은 1인 1일 평균오수량의 5% 이하로 한다.
④ 계획 1일 평균오수량은 계획 1일 최대오수량의 70~80%를 표준으로 한다.

■해설 오수량의 산정

종류	내용
계획오수량	계획오수량은 생활오수량, 공장폐수량, 지하수량으로 구분할 수 있다.
지하수량	지하수량은 1인 1일 최대오수량의 10~20%를 기준으로 한다.
계획 1일 최대오수량	• 1인 1일 최대오수량×계획급수인구+(공장폐수량, 지하수량, 기타 배수량) • 하수처리 시설의 용량 결정의 기준이 되는 수량
계획 1일 평균오수량	• 계획 1일 최대오수량의 70(중·소도시)~80%(대·공업도시) • 하수처리장 유입하수의 수질을 추정하는 데 사용되는 수량
계획시간 최대오수량	• 계획 1일 최대오수량의 1시간당 수량에 1.3~1.8배를 표준으로 한다. • 오수관거 및 펌프설비 등의 크기를 결정하는 데 사용되는 수량

∴ 지하수량은 1인 1일 최대오수량의 10~20%를 기준으로 한다.

117. 접합정(接合井, Junction Well)에 대한 설명으로 옳은 것은?

① 수로에 유입한 토사류를 침전시켜서 이를 제거하기 위한 시설
② 종류가 다른 도수관 또는 도수거의 연결 시, 도수관 또는 도수거의 수압을 조정하기 위하여 그 도중에 설치하는 시설
③ 양수장이나 배수지에서 유입수의 수위조절과 양수를 위하여 설치한 작은 우물
④ 배수지의 유입지점과 유출지점의 부근에 수질을 감시하기 위하여 설치하는 시설

■해설 접합정
관로의 수압을 경감하는 목적으로 종류가 다른 관 또는 도랑의 연결부, 관 또는 도랑의 굴곡부 등에 설치하며 실제로 작용하는 정수압이 관종의 최대 사용 정수두 이하가 되고 배수가 용이한 수로가 있는 부근에 설치한다.

118. 1인 1일 평균급수량에 대한 일반적인 특징으로 옳지 않은 것은?

① 소도시는 대도시에 비해서 수량이 크다.
② 공업이 번성한 도시는 소도시보다 수량이 크다.
③ 기온이 높은 지방이 추운 지방보다 수량이 크다.
④ 정액급수의 수도는 계량급수의 수도보다 소비수량이 크다.

■해설 1인 1일 평균급수량
㉠ 용도
약품, 전력사용량의 산정, 유지관리비, 수도요금의 산정 등 수도재정계획 수립에 활용된다.
㉡ 특징
• 소도시보다 대도시의 수량이 크다.
• 공업이 번성한 도시가 소도시보다 수량이 크다.
• 기온이 높은 지방이 추운 지방보다 수량이 크다.
• 정액급수의 수도가 계량급수의 수도보다 소비수량이 크다.

119. 깊이 3m, 폭(너비) 10m, 깊이 50m인 어느 수평류 침전지에 1,000m³/hr의 유량이 유입된다. 이상적인 침전지임을 가정할 때, 표면부하율은?

① 0.5m/hr ② 1.0m/hr
③ 2.0m/hr ④ 2.5m/hr

■해설 수면적부하
㉠ 입자가 100% 제거되기 위한 침강속도를 수면적부하(표면부하율)라 한다.
$$V_o = \frac{Q}{A} = \frac{h}{t}$$
㉡ 표면부하율의 산정
$$V_o = \frac{Q}{A} = \frac{1,000}{10 \times 50} = 2.0 \text{m/hr}$$

120. 하수슬러지 소화공정에서 혐기성 소화법에 비하여 호기성 소화법의 장점이 아닌 것은?

① 유효 부산물 생성
② 상징수 수질 양호
③ 악취 발생 감소
④ 운전 용이

■해설 혐기성 소화와 호기성 소화의 비교

호기성 소화	혐기성 소화
• 시설비가 적게 든다. • 운전이 용이하다. • 비료가치가 크다. • 동력이 소요된다. • 소규모 활성슬러지 처리에 적합하다. • 처리수 수질이 양호하다.	• 시설비가 많이 든다. • 온도, 부하량 변화에 적응시간이 길다. • 병원균을 죽이거나 통제할 수 있다. • 영양소 소비가 적다. • 슬러지 생산이 적다. • CH_4과 같은 유용한 가스를 얻는다.

∴ 호기성 소화를 한다고 해서 가치 있는 부산물이 생성되는 것은 아니다.

과년도 기출문제 (2017년 5월 7일 시행)

제1과목 응용역학

01. 그림과 같은 2경간 연속보에 등분포하중 $w = 400\text{kg/m}$가 작용할 때 전단력이 "0"이 되는 위치는 지점 A로부터 얼마의 거리(x)에 있는가?

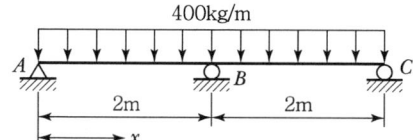

① 0.75m ② 0.85m
③ 0.95m ④ 1.05m

■해설 $R_{Ay} = R_{cy} = 0.375wl = 0.375 \times 400 \times 2$
         $= 300\text{kg}(\uparrow)$
$R_{By} = 1.25wl = 1.25 \times 400 \times 2 = 1,000\text{kg}(\uparrow)$

$S_x = 0$인 곳이 AB 구간에 존재할 경우

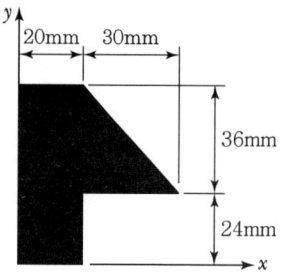

$\Sigma F_y = 0(\uparrow \oplus)$
$300 - 400x = 0$
$x = \dfrac{3}{4} = 0.75\text{m}$

02. 주어진 단면의 도심을 구하면?

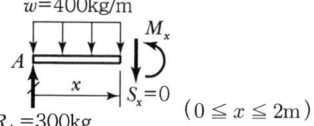

① $\bar{x} = 16.2\text{mm}$, $\bar{y} = 31.9\text{mm}$
② $\bar{x} = 31.9\text{mm}$, $\bar{y} = 16.2\text{mm}$
③ $\bar{x} = 14.2\text{mm}$, $\bar{y} = 29.9\text{mm}$
④ $\bar{x} = 29.9\text{mm}$, $\bar{y} = 14.2\text{mm}$

■해설 $\bar{x} = \dfrac{G_y}{A} = \dfrac{A_1 x_1 + A_2 x_2}{A}$

$= \dfrac{\left\{(20 \times 60) \times \dfrac{20}{2}\right\} + \left\{(\dfrac{1}{2} \times 30 \times 36) \times (20 + \dfrac{30}{3})\right\}}{(20 \times 60) + (\dfrac{1}{2} \times 30 \times 36)}$

$= 16.2\text{mm}$

$\bar{y} = \dfrac{G_x}{A} = \dfrac{A_1 y_1 + A_2 y_2}{A}$

$= \dfrac{\left\{(20 \times 60) \times \dfrac{60}{2}\right\} + \left\{(\dfrac{1}{2} \times 30 \times 36) \times (24 + \dfrac{36}{3})\right\}}{(20 \times 60) + (\dfrac{1}{2} \times 30 \times 36)}$

$= 31.9\text{mm}$

03. 그림과 같은 단순보에서 B단에 모멘트 하중 M이 작용할 때 경간 AB 중에서 수직 처짐이 최대가 되는 곳의 거리 x는?(단, EI는 일정하다.)

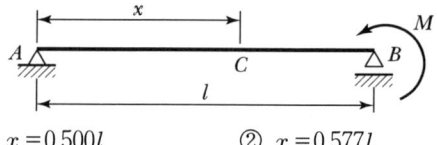

① $x = 0.500l$ ② $x = 0.577l$
③ $x = 0.667l$ ④ $x = 0.750l$

■해설 탄성하중법을 적용하면

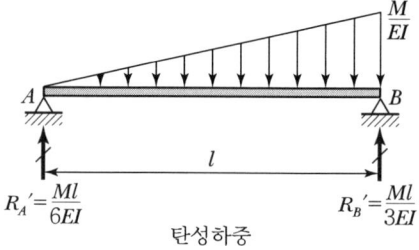

탄성하중

|해답| 1.① 2.① 3.②

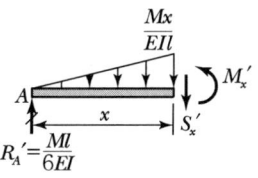

$\Sigma F_y = 0 (\uparrow \oplus)$

$\dfrac{Ml}{6EI} - \dfrac{1}{2} \cdot \dfrac{Mx^2}{EIl} - S_x' = 0$

$S_x' = \theta_x = \dfrac{Ml}{6EI} - \dfrac{Mx^2}{2EIl}$

$S_x' = \theta_x = 0$인 곳에서 최대처짐($y_{\max}$) 발생

$S_x' = \theta_x = \dfrac{Ml}{6EI} - \dfrac{Mx^2}{2EIl} = 0$

$x = \dfrac{l}{\sqrt{3}} = 0.577l$

04. 그림과 같은 강재(steel) 구조물이 있다. AC, BC 부재의 단면적은 각각 10cm², 20cm²이고 연직하중 $P = 9t$이 작용할 때 C점의 연직처짐을 구한 값은?(단, 강재의 종탄성계수는 2.0×10^6kg/cm²이다.)

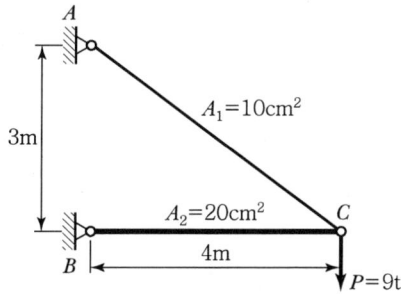

① 0.624cm ② 0.785cm
③ 0.834cm ④ 0.945cm

■해설 AC부재 : $A_1 = 10$cm², $l_1 = 5$m
BC부재 : $A_2 = 20$cm², $l_2 = 4$m

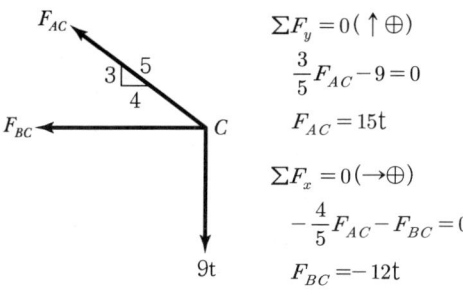

$\Sigma F_y = 0(\uparrow \oplus)$
$\dfrac{3}{5} F_{AC} - 9 = 0$
$F_{AC} = 15t$

$\Sigma F_x = 0(\rightarrow \oplus)$
$-\dfrac{4}{5} F_{AC} - F_{BC} = 0$
$F_{BC} = -12t$

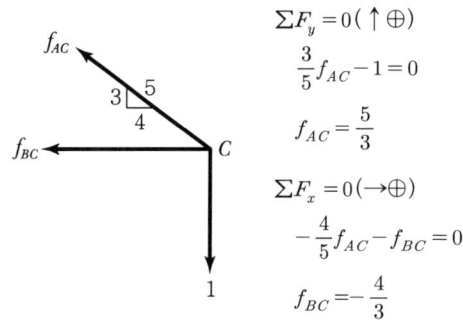

$\Sigma F_y = 0 (\uparrow \oplus)$
$\dfrac{3}{5} f_{AC} - 1 = 0$
$f_{AC} = \dfrac{5}{3}$

$\Sigma F_x = 0 (\rightarrow \oplus)$
$-\dfrac{4}{5} f_{AC} - f_{BC} = 0$
$f_{BC} = -\dfrac{4}{3}$

$y_C = \Sigma \dfrac{Ffl}{AE} = \dfrac{(15 \times 10^3) \times \dfrac{5}{3} \times (5 \times 10^2)}{10 \times (2.0 \times 10^6)}$
$+ \dfrac{(-12 \times 10^3) \times \left(-\dfrac{4}{3}\right) \times (4 \times 10^2)}{20 \times (2.0 \times 10^6)}$
$= 0.785$cm

05. 그림과 같은 직육면체의 윗면에 전단력 $V = 540$kg이 작용하여 그림 (b)와 같이 상면이 옆으로 0.6cm만큼의 변형이 발생되었다. 이 재료의 전단탄성계수(G)는 얼마인가?

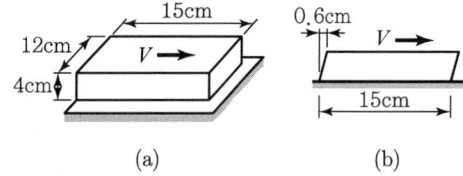

① 10kg/cm²
② 15kg/cm²
③ 20kg/cm²
④ 25kg/cm²

■해설 $\tau = \dfrac{V}{A} = \dfrac{540}{12 \times 15} = 3$kg/cm²

$\gamma = \dfrac{\lambda}{l} = \dfrac{0.6}{4} = 0.15$

$G = \dfrac{\tau}{\gamma} = \dfrac{3}{0.15} = 20$kg/cm²

06. 그림과 같이 C점이 내부힌지로 구성된 게르버 보에서 B지점에 발생하는 모멘트의 크기는?

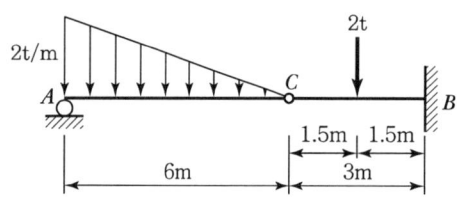

① 9t·m ② 6t·m
③ 3t·m ④ 1t·m

■해설

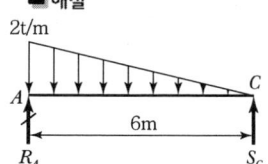

$\sum M_{\text{Ⓐ}} = 0 (\curvearrowright \oplus)$

$\left(\dfrac{1}{2} \times 2 \times 6\right) \times \left(6 \times \dfrac{1}{3}\right)$
$\qquad - S_C \times 6 = 0$
$S_C = 2\text{t}$

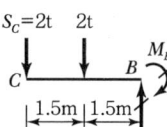

$\sum M_{\text{Ⓑ}} = 0 (\curvearrowright \oplus)$
$M_B - 2 \times 3$
$\qquad - 2 \times 1.5 = 0$
$M_B = 9\text{t·m}$

07. 그림과 같은 2개의 캔틸레버보에 저장되는 변형에너지를 각각 $U_{(1)}$, $U_{(2)}$라고 할 때 $U_{(1)} : U_{(2)}$의 비는?

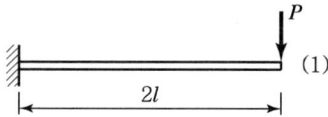

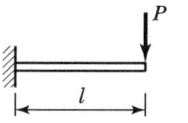

① 2 : 1 ② 4 : 1
③ 8 : 1 ④ 16 : 1

■해설
$U_{(1)} = \dfrac{1}{2} P\delta_{(1)} = \dfrac{1}{2} P\left(\dfrac{P(2l)^3}{3EI}\right) = 8\left(\dfrac{P^2 l^3}{6EI}\right)$

$U_{(2)} = \dfrac{1}{2} P\delta_{(2)} = \dfrac{1}{2} P\left(\dfrac{Pl^3}{3EI}\right) = \dfrac{P^2 l^3}{6EI}$

$U_{(1)} : U_{(2)} = 8 : 1$

08. 지간 10m인 단순보 위를 1개의 집중하중 $P = 20\text{t}$이 통과할 때 이 보에 생기는 최대 전단력 S와 최대 휨모멘트 M이 옳게 된 것은?

① $S = 10\text{t}$, $M = 50\text{t·m}$
② $S = 10\text{t}$, $M = 100\text{t·m}$
③ $S = 20\text{t}$, $M = 50\text{t·m}$
④ $S = 20\text{t}$, $M = 100\text{t·m}$

■해설 한 개의 집중하중이 단순보 위를 이동하는 경우
㉠ 최대 휨모멘트 : 집중하중이 보의 중앙에 작용할 때 하중 재하점의 휨모멘트
$M_{\max} = \dfrac{PL}{4} = \dfrac{20 \times 10}{4} = 50\text{t·m}$
㉡ 최대 전단력 : 집중하중이 보의 지점에 작용할 때 하중 재하점의 전단력
$S_{\max} = P = 20\text{t}$

09. 아래 그림과 같은 부정정보에서 B점의 연직반력(R_B)은?

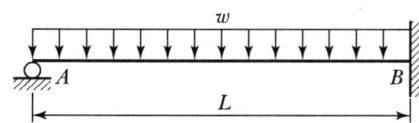

① $\dfrac{3}{8}wL$ ② $\dfrac{1}{2}wL$
③ $\dfrac{5}{8}wL$ ④ $\dfrac{6}{8}wL$

■해설 $R_{By} = \dfrac{5wL}{8} (\uparrow)$

10. 장주의 탄성좌굴하중(Elastic buckling Load) P_{cr}은 아래 식과 같다. 기둥의 각 지지조건에 따른 n의 값으로 틀린 것은?(단, E : 탄성계수, I : 단면 2차 모멘트, l : 기둥의 높이)

$$\dfrac{n\pi^2 EI}{l^2}$$

① 양단힌지 : $n = 1$
② 양단고정 : $n = 4$
③ 일단고정 타단자유 : $n = 1/4$
④ 일단고정 타단힌지 : $n = 1/2$

■ 해설 $P_{cr} = \dfrac{\pi^2 EI}{(kl)^2} = \dfrac{n\pi^2 EI}{l^2}$

경계조건	k(해석)	$n = \dfrac{1}{k^2}$
고정-자유	2.0	$\dfrac{1}{4}$
힌지-힌지	1.0	1
고정-힌지	0.7	2
고정-고정	0.5	4

11. 다음 중 정(+)의 값뿐만 아니라 부(−)의 값도 갖는 것은?

① 단면 계수
② 단면 2차 모멘트
③ 단면 2차 반경
④ 단면 상승 모멘트

■ 해설 $I_{xy} = \int_A xy\, dA = I_{XY} + Ax_0 y_0$

단면 상승 모멘트는 주어진 단면에 대한 설정축의 위치에 따라 정(+)의 값과 부(−)의 값이 모두 존재할 수 있다.

12. 단면이 20cm×30cm인 압축부재가 있다. 그 길이가 2.9m일 때 이 압축부재의 세장비는 약 얼마인가?

① 33
② 50
③ 60
④ 100

■ 해설
- $h \geq b$
- $r_{\min} = \dfrac{b}{2\sqrt{3}} = \dfrac{20}{2\sqrt{3}} = 5.77\text{cm}$
- $\lambda = \dfrac{l}{r_{\min}} = \dfrac{2.9 \times 10^2}{5.77} = 50.26$

13. 그림과 같은 단면에 전단력 $V = 60t$이 작용할 때 최대 전단응력은 약 얼마인가?

① 127kg/cm²
② 160kg/cm²
③ 198kg/cm²
④ 213kg/cm²

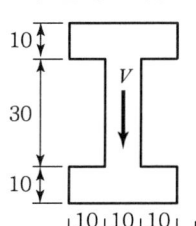
[단위:cm]

■ 해설

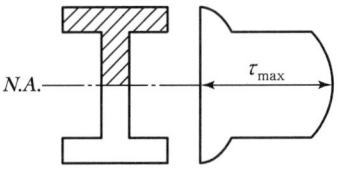

I형 단면에서 최대 전단응력($\tau_{\max}$)은 단면의 중립축에서 발생한다.

$b_o = 10\text{cm}$(단면의 중립축에서 폭)

$G_o = \left\{(30 \times 10) \times \left(15 + \dfrac{10}{2}\right)\right\} + \left\{(10 \times 15) \times \left(\dfrac{15}{2}\right)\right\}$

$= 7,125\text{cm}^4$

$I_o = \dfrac{30 \times 50^3}{12} - \dfrac{20 \times 30^3}{12} = 267,500\text{cm}^4$

$\tau_{\max} = \dfrac{VG_o}{I_o b_o} = \dfrac{(60 \times 10^3) \times 7,125}{267,500 \times 10} = 159.8\text{kg/cm}^2$

14. 그림과 같이 케이블(cable)에 500kg의 추가 매달려 있다. 이 추의 중심을 수평으로 3m 이동시키기 위해 케이블 길이 5m 지점인 A점에 수평력 P를 가하고자 한다. 이때 힘 P의 크기는?

① 375kg
② 400kg
③ 425kg
④ 450kg

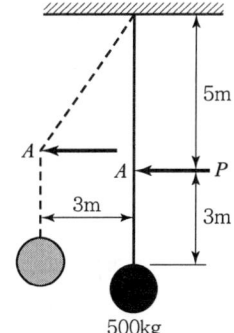

■ 해설

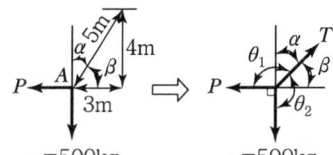

$\sin\theta_1 = \sin\beta = \dfrac{4}{5}$, $\sin\theta_2 = \sin\alpha = \dfrac{3}{5}$

$\dfrac{P}{\sin\theta_2} = \dfrac{500}{\sin\theta_1}$

$P = 500 \times \dfrac{\sin\theta_2}{\sin\theta_1} = 500 \times \dfrac{\dfrac{3}{5}}{\dfrac{4}{5}} = 375\text{kgf}$

|해답| 11.④ 12.② 13.② 14.①

$\Sigma F_y = 0(\uparrow \oplus)$

$T\sin\beta - 500 = 0, \ T = 500 \times \dfrac{5}{4} = 625\text{kgf}$

$\Sigma F_y = 0(\rightarrow \oplus)$

$T\cos\beta - P = 0, \ P = 625 \times \dfrac{3}{5} = 375\text{kgf}$

15. 아래 그림과 같은 양단고정보에 3t/m의 등분포 하중과 10t의 집중하중이 작용할 때 A점의 휨 모멘트는?

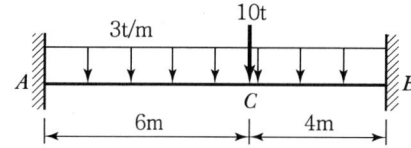

① $-31.6\text{t}\cdot\text{m}$
② $-32.8\text{t}\cdot\text{m}$
③ $-34.6\text{t}\cdot\text{m}$
④ $-36.8\text{t}\cdot\text{m}$

■ 해설 $M_A = -\dfrac{Pab^2}{l^2} - \dfrac{wl^2}{12} = -\left(\dfrac{10\times 6 \times 4^2}{10^2} + \dfrac{3\times 10^2}{12}\right)$

$= -34.6\text{t}\cdot\text{m}$

16. 다음 그림과 같은 3힌지 아치에 집중하중 P가 가해질 때 지점 B에서의 수평반력은?

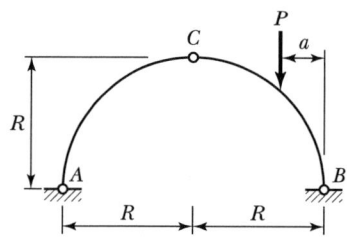

① $\dfrac{Pa}{4R}$
② $\dfrac{P(R-a)}{2R}$
③ $\dfrac{P(R-a)}{4R}$
④ $\dfrac{Pa}{2R}$

■ 해설 $\Sigma M_{\text{Ⓐ}} = 0(\curvearrowright \oplus)$

$P\times(2R-a) - V_B \times 2R = 0$

$V_B = \dfrac{P(2R-a)}{2R}(\uparrow)$

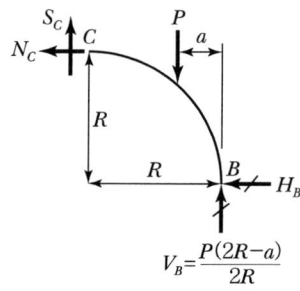

$\Sigma M_{\text{Ⓒ}} = 0(\curvearrowright \oplus)$

$P\times(R-a) - \dfrac{P(2R-a)}{2R}\times R + H_B \times R = 0$

$H_B = \dfrac{Pa}{2R}(\leftarrow)$

17. 아래 그림과 같은 트러스에서 부재 AB의 부재력은?

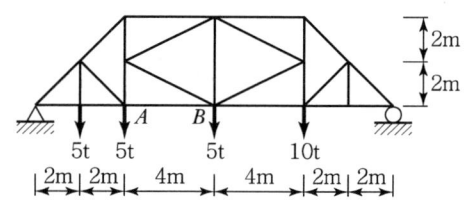

① 10.625t(인장)
② 15.05t(인장)
③ 15.05t(압축)
④ 10.625t(압축)

■ 해설 $\Sigma M_{\text{Ⓓ}} = 0(\curvearrowright \oplus)$

$R_c \times 16 - 5\times 14 - 5\times 12 - 5\times 8 - 10\times 4 = 0$

$R_c = 13.125\text{t}(\uparrow)$

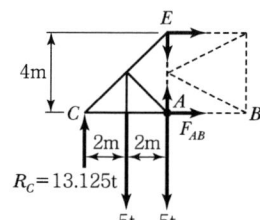

$\Sigma M_{\text{Ⓔ}} = 0(\curvearrowright \oplus)$

$13.125\times 4 - 5\times 2 - F_{AB}\times 4 = 0$

$F_{AB} = 10.625\text{t}$(인장)

18. 아래 그림과 같은 내민보에 발생하는 최대 휨모멘트를 구하면?

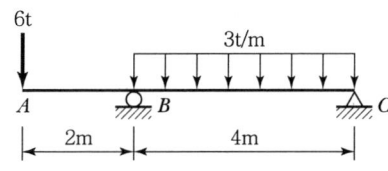

① $-8t \cdot m$ ② $-12t \cdot m$
③ $-16t \cdot m$ ④ $-20t \cdot m$

■해설 $\sum M_{\copyright} = 0 (\curvearrowright \oplus)$
$-6 \times 6 + R_B \times 4 - (3 \times 4) \times 2 = 0$
$R_B = 15t(\uparrow)$

$\sum F_y = 0 (\uparrow \oplus)$
$-6 + 15 - (3 \times 4) + R_C = 0$
$R_C = 3t(\uparrow)$

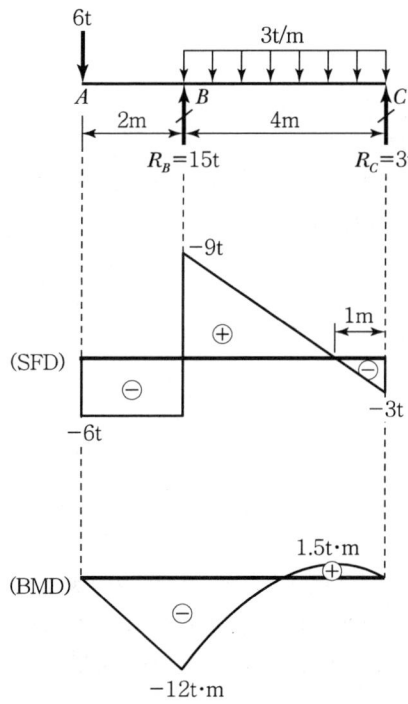

$M_{max} = -12t \cdot m$

19. 아래 그림에서 블록 A를 뽑아내는 데 필요한 힘 P는 최소 얼마 이상이어야 하는가?(단, 블록과 접촉면과의 마찰계수 $\mu = 0.3$)

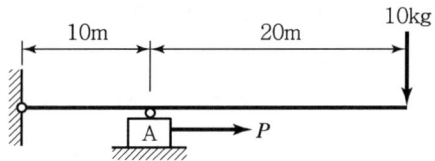

① 3kg 이상   ② 6kg 이상
③ 9kg 이상   ④ 12kg 이상

■해설

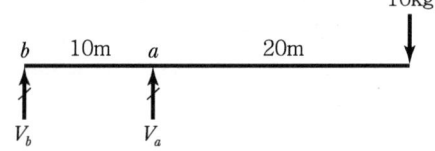

$\sum M_{\textcircled{b}} = 0 (\curvearrowleft \oplus)$
$-V_a \times 10 - 10 \times 30 = 0,\quad V_a = 30 kgf(\uparrow)$

$\sum F_x = 0 (\rightarrow \oplus)$
$P - f = 0$
$P - \mu \cdot V_a = 0$
$P = \mu \cdot V_a$
$\quad = 0.3 \times 30 = 9 kg$

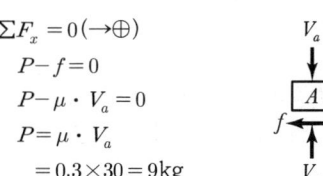

20. 탄성계수가 E, 프와송비가 ν인 재료의 체적 탄성계수 K는?

① $K = \dfrac{E}{2(1-\nu)}$

② $K = \dfrac{E}{2(1-2\nu)}$

③ $K = \dfrac{E}{3(1-\nu)}$

④ $K = \dfrac{E}{3(1-2\nu)}$

■해설 $K = \dfrac{E}{3(1-2\nu)}$

제2과목 측량학

21. 측량의 분류에 대한 설명으로 옳은 것은?

① 측량구역이 상대적으로 협소하여 지구의 곡률을 고려하지 않아도 되는 측량을 측지측량이라 한다.
② 측량정확도에 따라 평면기준점측량과 고저기준점측량으로 구분한다.
③ 구면 삼각법을 적용하는 측량과 평면삼각법을 적용하는 측량과의 근본적인 차이는 삼각형 내각의 합이다.
④ 측량법에는 기본측량과 공공측량의 두 가지로만 측량을 분류한다.

■해설 ㉠ 곡률을 무시한 평면측량, 곡률을 고려한 측지측량
㉡ 법에 따른 분류는 기본, 공공, 일반측량

22. 수준측량에서 시준거리를 같게 함으로써 소거할 수 있는 오차에 대한 설명으로 틀린 것은?

① 기포관축과 시준선이 평행하지 않을 때 생기는 시준선 오차를 소거할 수 있다.
② 시준거리를 같게 함으로써 지구곡률오차를 소거할 수 있다.
③ 표척 시준 시 초점나사를 조정할 필요가 없으므로 이로 인한 오차인 시준오차를 줄일 수 있다.
④ 표척의 눈금 부정확으로 인한 오차를 소거할 수 있다.

■해설 표척눈금 영점오차의 경우 기계를 짝수로 설치함으로써 소거한다.

23. UTM 좌표에 대한 설명으로 옳지 않은 것은?

① 중앙 자오선의 축척계수는 0.9996이다.
② 좌표계는 경도 6°, 위도 8° 간격으로 나눈다.
③ 우리나라는 40구역(ZONE)과 43구역(ZONE)에 위치하고 있다.
④ 경도의 원점은 중앙자오선에 있으며 위도의 원점은 적도 상에 있다.

■해설 우리나라는 51구역(Zone)과 52구역(Zone)에 위치하고 있다.

24. 1,600m²의 정사각형 토지 면적을 0.5m²까지 정확하게 구하기 위해서 필요한 변길이의 최대 허용오차는?

① 2.25mm ② 6.25mm
③ 10.25mm ④ 12.25mm

■해설 ㉠ 면적과 거리 정밀도의 관계
$$\frac{\Delta A}{A} = 2\frac{\Delta L}{L}$$
㉡ $L = \sqrt{A} = \sqrt{1,600} = 40m$
㉢ $\Delta L = \frac{\Delta A \cdot L}{2 \cdot A} = \frac{0.5 \times 40}{2 \times 1,600} = 0.00625m = 6.25mm$

25. 도로공사에서 거리 20m인 성토구간에 대하여 시작 단면 $A_1 = 72m^2$, 끝 단면 $A_2 = 182m^2$, 중앙단면 $A_m = 132m^2$라고 할 때 각주공식에 의한 성토량은?

① 2,540.0m³ ② 2,573.3m³
③ 2,600.0m³ ④ 2,606.7m³

■해설 $V = \frac{L}{6}(A_1 + 4A_m + A_2)$
$= \frac{20}{6}(72 + 4 \times 132 + 182) = 2606.7m^3$

26. 도로 기점으로부터 교점(I.P)까지의 추가거리가 400m, 곡선 반지름 $R = 200m$, 교각 $I = 90°$인 원곡선을 설치할 경우, 곡선시점(B.C)은? (단, 중심 말뚝거리 = 20m)

① No.9   ② No.9+10m
③ No.10   ④ No.10+10m

■해설 ㉠ $TL = R\tan\frac{I}{2} = 200 \times \left(\tan\frac{90°}{2}\right) = 200m$
㉡ BC 거리 = IP − TL = 400 − 200 = 200m
㉢ 200m = No.10

|해답| 21.③ 22.④ 23.③ 24.② 25.④ 26.③

27. 곡선 설치에서 교각 $I=60°$, 반지름 $R=150m$ 일 때 접선장(T.L)은?

① 100.0m   ② 86.6m
③ 76.8m   ④ 38.6m

■해설 $TL(접선장) = R\tan\dfrac{I}{2} = 150 \times \tan\dfrac{60°}{2}$
$= 86.6m$

28. 수평각 관측방법에서 그림과 같이 각을 관측하는 방법은?

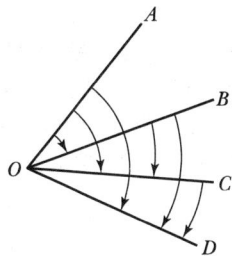

① 방향각 관측법   ② 반복 관측법
③ 배각 관측법   ④ 조합각 관측법

■해설 각 관측법은 관측할 여러 개의 방향선 사이의 각을 차례로 방향각 법으로 관측

29. 수치지형도(Digital Map)에 대한 설명으로 틀린 것은?

① 우리나라는 축척 1:5,000 수치지형도를 국토기본도로 한다.
② 주로 필지정보와 표고자료, 수계정보 등을 얻을 수 있다.
③ 일반적으로 항공사진측량에 의해 구축된다.
④ 축척별 포함사항이 다르다.

■해설 수치지형도는 측량결과에 따라 지표면 상에 위치와 지형 및 지명 등 여러 공간 정보를 일정한 축척에 따라 기호나 문자, 속성 등으로 표시하여 정보시스템에서 분석, 편집 및 입력, 출력할 수 있도록 제작된 것이다.
1:5,000 지형도를 기본으로 1:10,000 지형도, 1:25,000 및 1:50,000 지형도가 있으며 각각에 지형도에 따라 포함된 내용이 다르다.

30. 수준측량의 야장 기입방법 중 가장 간단한 방법으로 전시(B.S.)와 후시(F.S.)만 있으면 되는 방법은?

① 고차식   ② 교호식
③ 기고식   ④ 승강식

■해설 ㉠ 고차식 야장기입법 : 두 점 간의 고저차를 구할 때 주로 사용, 전시와 후시만 있는 경우
㉡ 중간점이 많을 때는 기고식 야장기입법을 사용한다.
㉢ 승강식은 정밀한 측정을 요할 때

31. 수면으로부터 수심의 $\dfrac{2}{10}, \dfrac{4}{10}, \dfrac{6}{10}, \dfrac{8}{10}$ 인 곳에서 유속을 측정한 결과가 각각 1.2m/s, 1.0m/s, 0.7m/s, 0.3m/s이었다면 평균 유속은?(단, 4점법 이용)

① 1.095m/s   ② 1.005m/s
③ 0.895m/s   ④ 0.775m/s

■해설 4점법(V_m)
$= \dfrac{1}{5}\left\{V_{0.2}+V_{0.4}+V_{0.6}+V_{0.8}+\dfrac{1}{2}\left(V_{0.2}+\dfrac{V_{0.8}}{2}\right)\right\}$
$= \dfrac{1}{5}\left\{1.2+1.0+0.7+0.3+\dfrac{1}{2}\left(1.2+\dfrac{0.3}{2}\right)\right\}$
$= 0.775m/s$

32. 삼각망 조정에 관한 설명으로 옳지 않은 것은?

① 임의의 한 변의 길이는 계산경로에 따라 달라질 수 있다.
② 검기선은 측정한 길이와 계산된 길이가 동일하다.
③ 1점 주위에 있는 각의 합은 360°이다.
④ 삼각형의 내각의 합은 180°이다.

■해설 ㉠ 측점조건 : 한 측점 둘레의 각의 합 360°(점방정식)
㉡ 도형조건
• 다각형의 내각의 합 180°(n-2) ┐(각 방정식)
• 삼각형 내각의 합 180°   ┘
• 삼각망 임의의 한 변의 길이는 순서에 관계없이 같은 값(변방정식)

33. 비고 65m의 구릉지에 의한 최대 기복변위는?(단, 사진기의 초점거리 15cm, 사진의 크기 23cm×23cm, 축척 1 : 20,000이다.)

① 0.14cm   ② 0.35cm
③ 0.64cm   ④ 0.82cm

■해설 기복변위
㉠ $\dfrac{\Delta r}{r} = \dfrac{h}{H}$, $\Delta r = \dfrac{h}{H} r$
㉡ $H = f \cdot M = 0.15 \times 20{,}000 = 3{,}000\text{m}$
㉢ $\Delta r_{max} = \dfrac{h}{H} r_{max} = \dfrac{65}{3000} \times 0.23 \times \dfrac{\sqrt{2}}{2}$
$\quad = 0.00352\text{m} = 0.35\text{cm}$

34. 클로소이드 곡선(Clothoid curve)에 대한 설명으로 옳지 않은 것은?

① 고속도로에 널리 이용된다.
② 곡률이 곡선의 길이에 비례한다.
③ 완화곡선(緩和曲線)의 일종이다.
④ 클로소이드 요소는 모두 단위를 갖지 않는다.

■해설 클로소이드는 닮은 꼴이며 클로소이드 요소는 길이의 단위를 가진 것과 단위가 없는 것이 있다.

35. 항공사진측량의 입체시에 대한 설명으로 옳은 것은?

① 다른 조건이 동일할 때 초점거리가 긴 사진기에 의한 입체상이 짧은 사진기의 입체상보다 높게 보인다.
② 한 쌍의 입체사진은 촬영코스 방향과 중복도만 유지하면 두 사진의 축척이 30% 정도 달라도 무관하다.
③ 다른 조건이 동일할 때 기선의 길이를 길게 하는 것이 짧은 경우보다 과고감이 크게 된다.
④ 입체상의 변화는 기선고도비에 영향을 받지 않는다.

■해설 동일 조건 시 기선의 길이가 길면 과고감이 크다.

36. 측점 A에 각관측 장비를 세우고 50m 떨어져 있는 측점 B를 시준하여 각을 관측할 때, 측선 AB에 직각방향으로 3cm의 오차가 있었다면 이로 인한 각관측 오차는?

① 0°1′13″   ② 0°1′22″
③ 0°2′04″   ④ 0°2′45″

■해설 ㉠ $\dfrac{\Delta L}{L} = \dfrac{\theta''}{\rho''}$
㉡ $\theta'' = \dfrac{\Delta L}{L} \rho'' = \dfrac{0.03}{50} \times 206265'' = 2'04''$

37. 직접법으로 등고선을 측정하기 위하여 A점에 레벨을 세우고 기계고 1.5m를 얻었다. 70m 등고선 상의 P점을 구하기 위한 표척(Staff)의 관측값은?(단, A점 표고는 71.6m이다.)

① 1.0m   ② 2.3m
③ 3.1m   ④ 3.8m

■해설 ㉠ $H_P = H_A + I - h$
㉡ $h = H_A + I - H_P = 71.6 + 1.5 - 70 = 3.1\text{m}$

38. 하천에서 수애선 결정에 관계되는 수위는?

① 갈수위(DWL)
② 최저수위(HWL)
③ 평균최저수위(NLWL)
④ 평수위(OWL)

■해설 수애선은 하천경계의 기준이며 평균 평수위를 기준으로 한다.

39. 20m 줄자로 두 지점의 거리를 측정한 결과가 320m이었다. 1회 측정마다 ±3mm의 우연오차가 발생한다면 두 지점 간의 우연오차는?

① ±12mm   ② ±14mm
③ ±24mm   ④ ±48mm

■해설 ㉠ 우연오차(M)
$$= \pm \delta\sqrt{n} = 3 \pm \sqrt{\frac{320}{20}} = \pm 12\text{mm}$$
$$= \pm 0.012\text{m}$$
㉡ $L_0 = 320 \pm 0.012\text{m}$

40. 시가지에서 5개의 측점으로 폐합 트래버스를 구성하여 내각을 측정한 결과, 각관측 오차가 30″이었다. 각관측의 경중률이 동일할 때 각오차의 처리방법은?(단, 시가지의 허용오차 범위 $= 20″\sqrt{n} \sim 30″\sqrt{n}$)

① 재측량한다.
② 각의 크기에 관계없이 등배분한다.
③ 각의 크기에 비례하여 배분한다.
④ 각의 크기에 반비례하여 배분한다.

■해설 ㉠ 시가지의 허용범위
$= 20″\sqrt{5} \sim 30″\sqrt{5} = 44.72″ \sim 1′7″$
㉡ 측각오차(30″) < 허용범위(44.72″~1′7″)이므로 관측 정도가 같다고 보고 관측오차를 등배분한다.

제3과목 수리수문학

41. 삼각위어에서 수두를 H라 할 때 위어를 통해 흐르는 유량 Q와 비례하는 것은?

① $H^{-1/2}$
② $H^{1/2}$
③ $H^{3/2}$
④ $H^{5/2}$

■해설 삼각위어의 유량
㉠ 삼각형 위어 : 삼각위어는 소규모 유량의 정확한 측정이 필요할 때 사용하는 위어이다.
$$Q = \frac{8}{15}C\tan\frac{\theta}{2}\sqrt{2g}H^{\frac{5}{2}}$$
㉡ 삼각형 위어의 유량과 수두의 관계
$$Q \propto H^{\frac{5}{2}}$$

42. 도수(hydraulic jump)에 대한 설명으로 옳은 것은?

① 수문을 급히 개방할 경우 하류로 전파되는 흐름
② 유속이 파의 전파속도보다 작은 흐름
③ 상류에서 사류로 변할 때 발생하는 현상
④ Froude 수가 1보다 큰 흐름에서 1보다 작아질 때 발생하는 현상

■해설 도수
㉠ 흐름이 사류(射流)에서 상류(常流)로 바뀔 때 수면이 뛰는 현상을 도수(hydraulic jump)라고 한다.
㉡ Froude 수가 1보다 큰 경우를 사류라고 하고 Froude 수가 1보다 작은 경우를 상류라고 한다.
∴ 도수는 Froude 수가 1보다 큰 사류에서 Froude 수가 1보다 작은 상류로 바뀔 때 발생하는 현상이다.

43. 어떤 계속된 호우에 있어서 총 유효우량 $\sum R_e$ (mm), 직접유출의 총량 $\sum Q_e$ (m³), 유역면적 A (km²) 사이에 성립하는 식은?

① $\sum R_e = A \times \sum Q_e$
② $\sum R_e = \dfrac{10^3 \times A}{\sum Q_e}$
③ $\sum R_e = 10^3 \times A \times \sum Q_e$
④ $\sum R_e = \dfrac{\sum Q_e}{10^3 \times A}$

■해설 총 유효우량
어떤 호우의 총 유효우량 $\sum R_e$(mm)은 직접유출의 총량 $\sum Q_e$(m³)을 유역면적 A(km²)로 나누어서 구할 수 있다.
∴ $\sum R_e = \dfrac{\sum Q_e}{A \times 10^3}$

44. DAD 해석에 관계되는 요소로 짝지어진 것은?

① 강우깊이, 면적, 지속기간
② 적설량, 분포면적, 적설일수
③ 수심, 하천 단면적, 홍수기간
④ 강우량, 유수단면적, 최대수심

|해답| 40.② 41.④ 42.④ 43.④ 44.①

■해설 DAD 해석
  ㉠ DAD(Rainfall Depth-Area-Duration) 해석은 최대평균우량깊이(강우량), 유역면적, 강우지속시간 간 관계의 해석을 말한다.

구성	특징
용도	암거의 설계나 지하수 흐름에 대한 하천수위의 시간적 변화의 영향 등에 사용
구성	최대평균우량깊이(rainfall depth), 유역면적(area), 지속시간(duration)으로 구성
방법	면적을 대수축에, 최대우량을 산술축에, 지속시간을 제3의 변수로 표시

  ㉡ DAD 곡선 작성순서
    1) 누가우량곡선으로부터 지속시간별 최대우량을 결정한다.
    2) 소구역에 대한 평균누가우량을 결정한다.
    3) 누가면적에 대한 평균누가우량을 산정한다.
    4) 지속시간에 대한 최대우량깊이를 누가면적별로 결정한다.
  ∴ DAD 해석의 구성요소는 강우량(강우깊이), 유역면적, 강우지속시간이다.

45. 그림과 같이 원형관 중심에서 V의 유속으로 물이 흐르는 경우에 대한 설명으로 틀린 것은? (단, 흐름은 층류로 가정한다.)

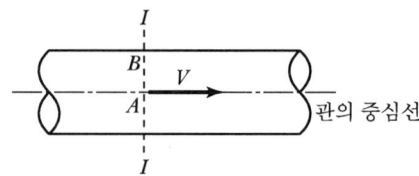

① A점에서의 유속은 단면 평균유속의 2배다.
② A점에서의 마찰력은 V^2에 비례한다.
③ A점에서 B점으로 갈수록 마찰력은 커진다.
④ 유속은 A점에서 최대인 포물선 분포를 한다.

■해설 관수로 흐름의 특징
  ㉠ 관수로의 유속분포는 중앙에서 최대이고 관벽에서 0인 포물선 분포를 한다.
    ∴ 유속은 A점에서 최대인 포물선 분포를 한다.
  ㉡ 관수로의 전단응력분포는 관 벽에서 최대이고 중앙에서 0인 직선비례를 한다.
    ∴ A점에서의 마찰 저항력은 0이다.
    ∴ A점에서 B점으로 갈수록 마찰 저항력은 커진다.

  ㉢ 관수로에서 최대유속은 평균유속의 2배이다.
    $V_{\max} = 2V_m$

46. 두 개의 수평한 판이 5mm 간격으로 놓여 있고, 점성계수 0.01N·s/cm²인 유체로 채워져 있다. 하나의 판을 고정시키고 다른 하나의 판을 2m/s로 움직일 때 유체 내에서 발생되는 전단응력은?
① 1N/cm²   ② 2N/cm²
③ 3N/cm²   ④ 4N/cm²

■해설 Newton의 점성법칙
  ㉠ Newton의 점성법칙
    $\tau = \mu \dfrac{dv}{dy}$
    여기서, τ : 전단응력
           μ : 점성계수
           dv : 속도
           dy : 거리
  ㉡ 전단응력의 산정
    $\tau = \mu \dfrac{dv}{dy} = 0.01 \times \dfrac{200}{0.5} = 4\text{N/cm}^2$

47. 관 내의 손실수두(h_L)와 유량(Q)의 관계로 옳은 것은?(단, Darcy-Weisbach 공식을 사용)
① $h_L \propto Q$
② $h_L \propto Q^{1.85}$
③ $h_L \propto Q^2$
④ $h_L \propto Q^{2.5}$

■해설 관수로 마찰손실수두
  ㉠ Darcy-Weisbach 마찰손실수두
    $h_L = f \dfrac{l}{D} \dfrac{V^2}{2g}$
  ㉡ 손실수두(h_L)와 유량(Q)의 관계
    $h_L = f \dfrac{l}{D} \dfrac{V^2}{2g} = f \dfrac{l}{D} \dfrac{1}{2g} \left(\dfrac{Q}{A}\right)^2 = \dfrac{flQ^2}{2gDA^2}$
    ∴ $h_L \propto Q^2$

48. 유역의 평균 폭 B, 유역면적 A, 본류의 유로연장 L인 유역의 형상을 양적으로 표시하기 위한 유역형상계수는?

① $\dfrac{A}{L}$ ② $\dfrac{A}{L^2}$

③ $\dfrac{B}{L}$ ④ $\dfrac{B}{L^2}$

■해설 유역형상계수
유역의 형상이나 성질을 나타내는 계수로 유역의 면적을 그 유역 내의 주하천 길이의 제곱 값으로 나눈 값으로 나타낸다.

$$\therefore F = \dfrac{A}{L^2} = \dfrac{BL}{L^2} = \dfrac{B}{L}$$

여기서, F : 형상계수
A : 유역면적
L : 유역 주하천의 길이

49. 지하수 흐름과 관련된 Dupuit의 공식으로 옳은 것은?(단, q = 단위폭당의 유량, ℓ = 침윤선 길이, k = 투수계수)

① $q = \dfrac{k}{2\ell}(h_1^2 - h_2^2)$

② $q = \dfrac{k}{2\ell}(h_1^2 + h_2^2)$

③ $q = \dfrac{k}{\ell}\left(h_1^{\frac{3}{2}} - h_2^{\frac{3}{2}}\right)$

④ $q = \dfrac{k}{\ell}\left(h_1^{\frac{3}{2}} + h_2^{\frac{3}{2}}\right)$

■해설 제방의 침투유량
제방의 침투유량의 산정에는 Dupuit의 침윤선 공식을 이용한다.

$$q = \dfrac{k}{2l}(h_1^2 - h_2^2)$$

여기서, q : 제방의 침투유량
k : 투수계수
ℓ : 제방의 길이
h_1 : 제외지 수심
h_2 : 제내지 수심

50. 강우자료의 변화요소가 발생한 과거의 기록치를 보정하기 위하여 전반적인 자료의 일관성을 조사하려고 할 때, 사용할 수 있는 가장 적절한 방법은?

① 정상연강수량비율법
② Thiessen의 가중법
③ 이중누가우량분석
④ DAD분석

■해설 이중누가우량분석(Double Mass Analysis)
수십 년에 걸친 장기간의 강수자료의 일관성(Consistency) 검증을 위해 실시하는 방법이다.

51. 수면폭이 1.2m인 V형 삼각 수로에서 2.8m³/s의 유량이 0.9m 수심으로 흐른다면 이때의 비에너지는?(단, 에너지보정계수 α =1로 가정한다.)

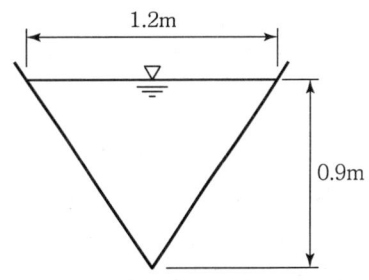

① 0.9m ② 1.14m
③ 1.84m ④ 2.27m

■해설 비에너지
㉠ 단위무게당 물이 수로바닥면을 기준으로 갖는 흐름의 에너지 또는 수두를 말한다.

$$h_e = h + \dfrac{\alpha V^2}{2g}$$

여기서, h : 수심
α : 에너지보정계수
V : 유속

㉡ 비에너지의 산정
• $A = \dfrac{1}{2}bh = \dfrac{1}{2} \times 1.2 \times 0.9 = 0.54\text{m}^2$

• $V = \dfrac{Q}{A} = \dfrac{2.8}{0.54} = 5.19\text{m/s}$

• $h_e = h + \dfrac{\alpha V^2}{2g} = 0.9 + \dfrac{1 \times 5.19^2}{2 \times 9.8} = 2.27\text{m}$

|해답| 48.②, ③ 49.① 50.③ 51.④

52. 층류영역에서 사용 가능한 마찰손실계수의 산정식은?(단, R_e : Reynolds 수)

① $\dfrac{1}{R_e}$ ② $\dfrac{4}{R_e}$

③ $\dfrac{24}{R_e}$ ④ $\dfrac{64}{R_e}$

■해설 마찰손실계수
㉠ 원관 내 층류($R_e < 2{,}000$)

$$f = \dfrac{64}{R_e}$$

㉡ 불완전 층류 및 난류($R_e > 2{,}000$)
- $f = \phi\left(\dfrac{1}{R_e}, \dfrac{e}{D}\right)$
- 거친 관 : f는 상대조도 $\left(\dfrac{e}{D}\right)$만의 함수
- 매끈한 관 : f는 레이놀즈수(R_e)만의 함수
  $\left(f = 0.3164 R_e^{-\frac{1}{4}}\right)$

∴ 층류영역에서의 마찰손실계수는 $f = \dfrac{64}{R_e}$이다.

53. 수심 10.0m에서 파속(C_1)이 50.0m/s인 파랑이 입사각(β_1) 30°로 들어올 때, 수심 8.0m에서 굴절된 파랑의 입사각(β_2)은?(단, 수심 8.0m에서 파랑의 파속(C_2)=40.0m/s)

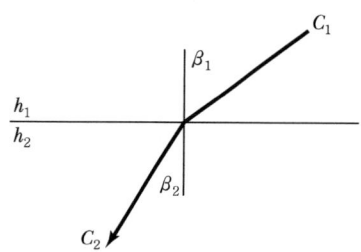

① 20.58° ② 23.58°
③ 38.68° ④ 46.15°

■해설 규칙파의 굴절계산
㉠ 굴절계수는 파향선의 각을 구해서 도표로부터 계산한다.
Snell 법칙

$$\dfrac{\sin\alpha_1}{\sin\alpha_2} = \dfrac{C_1}{C_2} = \dfrac{L_1}{L_2}$$

여기서, α_1, α_2 : 입사각
C_1, C_2 : 파랑의 파속
L_1, L_2 : 수심

㉡ 입사각 β_2의 산정

$$\dfrac{\sin\beta_1}{\sin\beta_2} = \dfrac{L_1}{L_2}$$

∴ $\beta_2 = \sin^{-1}\left(\dfrac{L_2}{L_1}\right)\sin\beta_1 = \sin^{-1}\left(\dfrac{8}{10}\right)\times\sin 30$
$= 23.58°$

54. 벤투리미터(Venturi Meter)의 일반적인 용도로 옳은 것은?

① 수심 측정 ② 압력 측정
③ 유속 측정 ④ 단면 측정

■해설 벤투리미터
관 내에 축소부를 두어 축소 전과 축소 후의 압력차를 측정하여 관수로의 유속 및 유량을 측정하는 기구를 말한다.

55. 단면적 20cm²인 원형 오리피스(Orifice)가 수면에서 3m의 깊이에 있을 때, 유출수의 유량은?(단, 유량계수는 0.6이라 한다.)

① 0.0014m³/s ② 0.0092m³/s
③ 0.0119m³/s ④ 0.1524m³/s

■해설 오리피스
㉠ 작은 오리피스
$Q = Ca\sqrt{2gh}$

여기서, Q : 오리피스 유량
C : 유량계수
a : 오리피스 단면적
h : 수위차

㉡ 오리피스의 유량 계산
$Q = Ca\sqrt{2gh}$
$= 0.6 \times (20 \times 10^{-4}) \times \sqrt{2 \times 9.8 \times 3}$
$= 0.0092 \text{m}^3/\text{sec}$

56. 그림과 같은 관로의 흐름에 대한 설명으로 옳지 않은 것은?(단, h_1, h_2는 위치 1, 2에서의 수두, h_{LA}, h_{LB}는 각각 관로 A 및 B에서의 손실수두이다.)

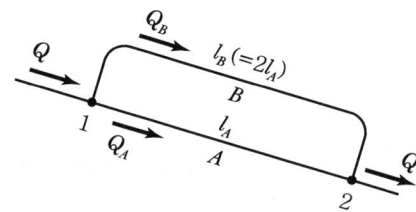

① $h_{LA} = h_{LB}$ ② $Q = Q_A + Q_B$
③ $Q_A = Q_B$ ④ $h_2 = h_1 - h_{LA}$

■해설 병렬관수로
  ㉠ 병렬관수로의 해석에 있어서 각 관수로의 손실수두의 크기는 같다고 본다.
    ∴ $h_{LA} = h_{LB}$
  ㉡ 병렬관수로의 연속방정식
    $Q = Q_A + Q_B$

57. 1시간 간격의 강우량이 15.2mm, 25.4mm, 20.3mm, 7.6mm이고, 지표 유출량이 47.9mm일 때 ϕ-index는?

① 5.15mm/hr   ② 2.58mm/hr
③ 6.25mm/hr   ④ 4.25mm/hr

■해설 ϕ-index법
  ㉠ ϕ-index법 : 우량주상도에서 총 강우량과 손실량을 구분하는 수평선에 대응하는 강우강도가 ϕ-index이며, 이것이 평균침투능의 크기이다.
    • 침투량=총 강우량-유효우량(유출량)
    • ϕ-index=침투량/침투시간
  ㉡ ϕ-index의 산정
    • 총 강우량=15.2+25.4+20.3+7.6=68.5mm
    • 침투량=68.5-47.9=20.6mm
    • ϕ-index=$\dfrac{20.6}{4}$ = 5.15mm/hr

58. 비중 γ_1의 물체가 비중 $\gamma_2(\gamma_2 > \gamma_1)$의 액체에 떠 있다. 액면 위의 부피($V_1$)와 액면 아래의 부피($V_2$) 비$\left(\dfrac{V_1}{V_2}\right)$는?

① $\dfrac{V_1}{V_2} = \dfrac{\gamma_2}{\gamma_1} + 1$ ② $\dfrac{V_1}{V_2} = \dfrac{\gamma_2}{\gamma_1} - 1$
③ $\dfrac{V_1}{V_2} = \dfrac{\gamma_1}{\gamma_2}$ ④ $\dfrac{V_1}{V_2} = \dfrac{\gamma_2}{\gamma_1}$

■해설 부체의 평형조건
  ㉠ 부체의 평형조건
    W(무게) = B(부력)
    → $\gamma_1 V$(총 체적) = $\gamma_2 V_2$(물에 잠긴 만큼의 체적)
  ㉡ V_1/V_2의 산정
    $\gamma_1 V$(총 체적) = $\gamma_2 V_2$(물에 잠긴 만큼의 체적)
    → $\gamma_1 (V_1 + V_2) = \gamma_2 V_2$
    → $\gamma_1 V_1 = V_2(\gamma_2 - \gamma_1)$
    ∴ $\dfrac{V_1}{V_2} = \dfrac{\gamma_2 - \gamma_1}{\gamma_1} = \dfrac{\gamma_2}{\gamma_1} - 1$

59. 기계적 에너지와 마찰손실을 고려하는 베르누이 정리에 관한 표현식은?(단, E_P 및 E_T는 각각 펌프 및 터빈에 의한 수두를 의미하며, 유체는 점 1에서 점 2로 흐른다.)

① $\dfrac{v_1^2}{2g} + \dfrac{p_1}{\gamma} + z_1 = \dfrac{v_2^2}{2g} + \dfrac{p_2}{\gamma} + z_2 + E_P + E_T + h_L$

② $\dfrac{v_1^2}{2g} + \dfrac{p_1}{\gamma} + z_1 = \dfrac{v_2^2}{2g} + \dfrac{p_2}{\gamma} + z_2 - E_P - E_T - h_L$

③ $\dfrac{v_1^2}{2g} + \dfrac{p_1}{\gamma} + z_1 = \dfrac{v_2^2}{2g} + \dfrac{p_2}{\gamma} + z_2 - E_P + E_T + h_L$

④ $\dfrac{v_1^2}{2g} + \dfrac{p_1}{\gamma} + z_1 = \dfrac{v_2^2}{2g} + \dfrac{p_2}{\gamma} + z_2 + E_P - E_T + h_L$

■해설 Bernoulli 정리의 응용
㉠ 하나의 유선상에 펌프 혹은 손실수두가 포함되어 있을 경우 펌프는 흐름에 에너지를 가해주며 손실수두는 흐름이 가지는 에너지의 일부를 빼앗게 된다.

㉡ Bernoulli 정리
$$z_1 + \frac{p_1}{\gamma} + \frac{v_1^2}{2g} = z_2 + \frac{p_2}{\gamma} + \frac{v_2^2}{2g}$$

㉢ 손실수두를 고려한 Bernoulli 정리
$$z_1 + \frac{p_1}{\gamma} + \frac{v_1^2}{2g} = z_2 + \frac{p_2}{\gamma} + \frac{v_2^2}{2g} + h_L$$

㉣ 두 단면 사이에 수차를 설치할 경우
$$z_1 + \frac{p_1}{\gamma} + \frac{v_1^2}{2g} = z_2 + \frac{p_2}{\gamma} + \frac{v_2^2}{2g} + E_T + h_L$$

㉤ 두 단면 사이에 펌프를 설치할 경우
$$z_1 + \frac{p_1}{\gamma} + \frac{v_1^2}{2g} + E_P = z_2 + \frac{p_2}{\gamma} + \frac{v_2^2}{2g} + h_L$$

㉥ 1, 2점에 펌프와 터빈을 모두 설치한 경우
$$z_1 + \frac{p_1}{\gamma} + \frac{v_1^2}{2g} = z_2 + \frac{p_2}{\gamma} + \frac{v_2^2}{2g} - E_P + E_T + h_L$$

60. 수심 2m, 폭 4m, 경사 0.0004인 직사각형 단면 수로에서 유량 14.56m³/s가 흐르고 있다. 이 흐름에서 수로표면 조도계수(n)는?(단, Manning 공식 사용)

① 0.0096 ② 0.01099
③ 0.02096 ④ 0.03099

■해설 Manning 공식
㉠ Manning 공식
$$V = \frac{1}{n} R^{\frac{2}{3}} I^{\frac{1}{2}}$$

여기서, V : 속도
R : 경심
I : 동수경사

㉡ 경심의 산정
$$R = \frac{BH}{B+2H} = \frac{4 \times 2}{4 + 2 \times 2} = 1\text{m}$$

㉢ 조도계수 n의 산정
$$Q = AV = A \frac{1}{n} R^{\frac{2}{3}} I^{\frac{1}{2}}$$

$$\therefore n = \frac{A R^{\frac{2}{3}} I^{\frac{1}{2}}}{Q}$$
$$= \frac{(4 \times 2) \times 1^{\frac{2}{3}} \times 0.0004^{\frac{1}{2}}}{14.56}$$
$$= 0.01099$$

제4과목 철근콘크리트 및 강구조

61. 인장 이형철근의 정착길이 산정 시 필요한 보정계수(α, β)에 대한 설명으로 틀린 것은?

① 피복두께가 $3d_b$ 미만 또는 순간격이 $6d_b$ 미만인 에폭시 도막철근일 때 철근도막계수(β)는 1.5를 적용한다.
② 상부철근(정착길이 또는 겹침이음부 아래 300mm를 초과되게 굳지 않은 콘크리트를 친 수평철근)인 경우 철근배치 위치계수(α)는 1.3을 사용한다.
③ 아연도금 철근은 철근 도막계수(β)를 1.0으로 적용한다.
④ 에폭시 도막철근이 상부철근인 경우 상부철근의 위치계수(α)와 철근도막계수(β)의 곱, $\alpha\beta$가 1.6보다 크지 않아야 한다.

■해설 에폭시 도막철근이 상부철근인 경우 상부철근의 위치계수(α)와 철근도막계수(β)의 곱, $\alpha\beta$가 1.7보다 크지 않아야 한다.

62. 그림과 같은 용접부에 작용하는 응력은?

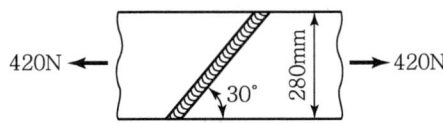

① 112.7MPa ② 118.0MPa
③ 120.3MPa ④ 125.0MPa

■해설 $f = \dfrac{P}{A} = \dfrac{(420 \times 10^3)}{12 \times 280} = 125\text{N/mm}^2 = 125\text{MPa}$

63. T형 PSC보에 설계하중을 작용시킨 결과 보의 처짐은 0이었으며, 프리스트레스 도입단계부터 부착된 계측장치로부터 상부 탄성변형률 $\varepsilon = 3.5 \times 10^{-4}$을 얻었다. 콘크리트 탄성계수 $E_c = 26,000$MPa, T형보의 단면적 $A_g = 150,000$ mm², 유효율 $R = 0.85$일 때, 강재의 초기 긴장력 P_i를 구하면?

① 1,606kN ② 1,365kN
③ 1,160kN ④ 2,269kN

■해설 $P_e = E_c \varepsilon A = 26,000 \times (3.5 \times 10^{-4}) \times 150,000$
$= 1,365,000\text{N} = 1,365\text{kN}$
$P_e = RP_i$
$P_i = \dfrac{P_e}{R} = \dfrac{1,365}{0.85} = 1,605.9\text{kN} \fallingdotseq 1,606\text{kN}$

64. 아래 그림과 같은 보에서 계수전단력 $V_u = 225$ kN에 대한 가장 적당한 스터럽 간격은?(단, 사용된 스터럽은 철근 D13이며, 철근 D13의 단면적은 127mm², $f_{ck} = 24$MPa, $f_y = 350$MPa이다.)

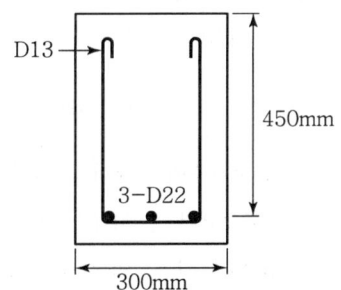

① 110mm ② 150mm
③ 210mm ④ 225mm

■해설 $V_u = 225\text{kN}$
$V_c = \dfrac{1}{6}\sqrt{f_{ck}}\,b_w d = \dfrac{1}{6} \times \sqrt{24} \times 300 \times 450$
$= 110,227\text{N} = 110.23\text{kN}$
$\phi V_c = 0.75 \times 110.23 = 82.67\text{kN}$
$V_u > \phi V_c$이므로 전단보강이 필요
$V_s = \dfrac{V_u}{\phi} - V_c = \dfrac{225}{0.75} - 110.23 = 190\text{kN}$
$\dfrac{1}{3}\sqrt{f_{ck}}\,b_w d = 2V_c = 2 \times 110.23 = 220.46\text{kN}$

$V_s < \dfrac{1}{3}\sqrt{f_{ck}}\,b_w d$이므로 전단철근 간격 s는 다음 값 이하라야 한다.
㉠ $s \leq \dfrac{d}{2} = \dfrac{450}{2} = 225\text{mm}$
㉡ $s \leq 600\text{mm}$
㉢ $s \leq \dfrac{A_v f_y d}{V_s} = \dfrac{(2 \times 127) \times 350 \times 450}{190 \times 10^3}$
$= 210.6\text{mm}$
따라서 전단철근 간격 s는 위 값 중에서 최소값인 210.6mm 이하라야 한다.

65. 강도설계에서 $f_{ck} = 29$MPa, $f_y = 300$MPa일 때 단철근 직사각형보의 균형철근비(ρ_b)는?

① 0.034 ② 0.046
③ 0.051 ④ 0.067

■해설 • $f_{ck} > 28$MPa인 경우 β_1의 값
$\beta_1 = 0.85 - 0.007(f_{ck} - 28)$
$= 0.85 - 0.007(29 - 28) = 0.843$
• $\rho_b = 0.85\beta_1 \dfrac{f_{ck}}{f_y} \dfrac{600}{600 + f_y}$
$= 0.85 \times 0.843 \times \dfrac{29}{300} \times \dfrac{600}{600 + 300} = 0.046$

66. 철근콘크리트의 강도설계법을 적용하기 위한 기본 가정으로 틀린 것은?

① 철근의 변형률은 중립축으로부터의 거리에 비례한다.
② 콘크리트의 변형률은 중립축으로부터의 거리에 비례한다.
③ 인장 측 연단에서 철근의 극한변형률은 0.003으로 가정한다.
④ 항복강도 f_y 이하에서 철근의 응력은 그 변형률의 E_s배로 본다.

■해설 압축 측 연단에서 콘크리트의 극한변형률은 0.003으로 가정한다.

|해답| 63.① 64.③ 65.② 66.③

67. 보의 활하중은 1.7t/m, 자중은 1.1t/m인 등분포하중을 받는 경간 12m인 단순 지지보의 계수 휨모멘트(M_u)는?

① 68.4t·m ② 72.7t·m
③ 74.9t·m ④ 75.4t·m

■해설 $\omega_u = 1.2\omega_D + 1.6\omega_L$
$= 1.2 \times 1.1 + 1.6 \times 1.7 = 4.04$t·m

$M_u = \dfrac{\omega_u \cdot l^2}{8} = \dfrac{4.04 \times 12^2}{8} = 72.72$t·m

68. $b_w = 300$mm, $d = 500$mm인 단철근직사각형 보가 있다. 강도설계법으로 해석할 때 최소철근량은 얼마인가?(단, $f_{ck} = 35$MPa, $f_y = 400$MPa 이다.)

① 555mm² ② 525mm²
③ 505mm² ④ 485mm²

■해설 $\rho_1 = \dfrac{0.25\sqrt{f_{ck}}}{f_y} = \dfrac{0.25 \times \sqrt{35}}{400} = 0.0037$

$\rho_2 = \dfrac{1.4}{f_y} = \dfrac{1.4}{400} = 0.0035$

$\rho_{\min} = [\rho_1, \rho_2]_{\max} = 0.0037$

$A_{s,\min} = \rho_{\min} \cdot b_w d$
$= 0.0037 \times 300 \times 500 = 555$mm²

69. 아래의 그림과 같은 복철근 보의 탄성처짐이 15mm라면 5년 후 지속하중에 의해 유발되는 전체 처짐은?(단, $A_s = 3,000$mm², $A_s' = 1,000$ mm², $\xi = 2.0$)

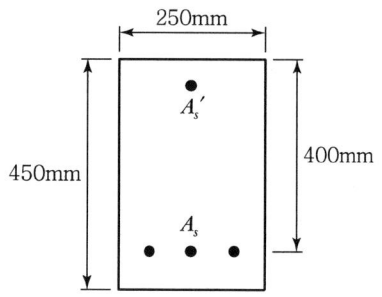

① 35mm ② 38mm
③ 40mm ④ 45mm

■해설 $\xi = 2.0$(하중 재하기간이 5년 이상인 경우)

$\rho' = \dfrac{A_s'}{bd} = \dfrac{1,000}{250 \times 400} = 0.01$

$\lambda = \dfrac{\xi}{1+50\rho'} = \dfrac{2.0}{1+(50 \times 0.01)} = 1.33$

$\delta_L = \lambda \delta_i = 1.33 \times 15 = 20$mm
$\delta_T = \delta_i + \delta_L = 15 + 20 = 35$mm

70. 철근콘크리트 부재의 철근 이음에 관한 설명 중 옳지 않은 것은?

① D35를 초과하는 철근은 겹침이음을 하지 않아야 한다.
② 인장 이형철근의 겹침이음에서 A급 이음은 1.3l_d 이상, B급 이음은 1.0l_d 이상 겹쳐야 한다.(단, l_d는 규정에 의해 계산된 인장이형철근의 정착 길이이다.)
③ 압축 이형철근의 이음에서 콘크리트의 설계기준압축강도가 21MPa 미만인 경우에는 겹침이음 길이를 1/3 증가시켜야 한다.
④ 용접이음과 기계적 이음은 철근의 항복강도의 125% 이상을 발휘할 수 있어야 한다.

■해설 이형철근의 최소 겹침이음 길이
  • A급 이음 : 1.0l_d 이상(배근된 철근량이 소요 철근량의 2배 이상이고, 겹침이음된 철근량이 총 철근량의 $\dfrac{1}{2}$ 이하인 경우)
  • B급 이음 : 1.3l_d 이상(A급 이외의 이음)

71. 프리스트레스의 손실을 초래하는 원인 중 프리텐션 방식보다 포스트텐션 방식에서 크게 나타나는 것은?

① 콘크리트의 탄성수축
② 강재와 쉬스의 마찰
③ 콘크리트의 크리프
④ 콘크리트의 건조수축

■해설 PS강재와 쉬스의 마찰에 의한 손실은 포스트텐션 방식에서만 발생한다.

72. 철근콘크리트 구조물의 전단철근에 대한 설명으로 틀린 것은?

① 이형철근을 전단철근으로 사용하는 경우 설계기준 항복강도 f_y는 550MPa을 초과하여 취할 수 없다.
② 전단철근으로서 스터럽과 굽힘철근을 조합하여 사용할 수 있다.
③ 주인장철근에 45° 이상의 각도로 설치되는 스터럽은 전단철근으로 사용할 수 있다.
④ 경사스터럽과 굽힘철근은 부재 중간높이인 0.5d에서 반력점 방향으로 주인장철근까지 연장된 45°선과 한 번 이상 교차되도록 배치하여야 한다.

■해설 이형철근을 전단철근으로 사용하는 경우 설계기준 항복강도 f_y는 500MPa을 초과하여 취할 수 없다.

73. 다음은 L형강에서 인장응력 검토를 위한 순폭 계산에 대한 설명이다. 틀린 것은?

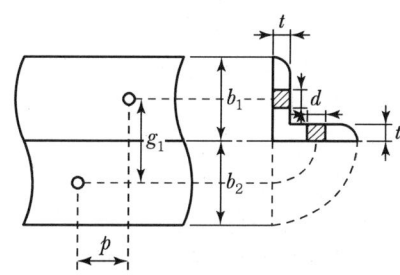

① 전개 총폭(b) = $b_1 + b_2 - t$이다.
② $\dfrac{P^2}{4g} \geq d$인 경우 순폭(b_n) = $b - d$이다.
③ 리벳선간거리(g) = $g_1 - t$이다.
④ $\dfrac{P^2}{4g} < d$인 경우 순폭(b_n) = $b - d - \dfrac{P^2}{4g}$이다.

■해설 ㉠ $\dfrac{p^2}{4g} \geq d$인 경우 : $b_n = b - d$
㉡ $\dfrac{p^2}{4g} < d$인 경우 : $b_n = b - d - \left(d - \dfrac{p^2}{4g}\right)$

74. 직사각형 단순보에서 계수 전단력 $V_u = 70$kN을 전단철근 없이 지지하고자 할 경우 필요한 최소 유효깊이 d는?(단, $b = 400$mm, $f_{ck} = 24$MPa, $f_y = 350$MPa)

① 426mm ② 572mm
③ 611mm ④ 751mm

■해설 $\dfrac{1}{2}\phi V_c \geq V_u$

$\dfrac{1}{2}\phi\left(\dfrac{1}{6}\lambda\sqrt{f_{ck}}\,b_w d\right) \geq V_u$

$d \geq \dfrac{12 V_u}{\phi\lambda\sqrt{f_{ck}}\,b_w} = \dfrac{12 \times (70 \times 10^3)}{0.75 \times 1 \times \sqrt{24} \times 400}$

$= 571.5$mm

75. 경간이 8m인 직사각형 PSC보($b = 300$mm, $h = 500$mm)에 계수하중 $w = 40$kN/m가 작용할 때 인장 측의 콘크리트 응력이 0이 되려면 얼마의 긴장력으로 PS강재를 긴장해야 하는가?(단, PS강재는 콘크리트 단면도심에 배치되어 있음)

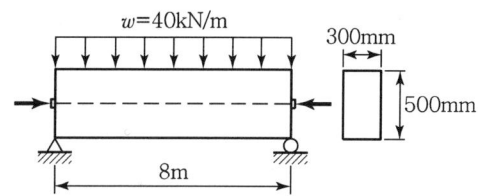

① $P = 1,250$kN ② $P = 1,880$kN
③ $P = 2,650$kN ④ $P = 3,840$kN

■해설 $M = \dfrac{wl^2}{8} = \dfrac{40 \times 8^2}{8} = 320$kN·m

$f_b = \dfrac{P}{A} - \dfrac{M}{I}y_b = \dfrac{P}{bh} - \dfrac{6M}{bh^2} = 0$

$P = \dfrac{6M}{h} = \dfrac{6 \times 320}{0.5} = 3,840$kN

76. $b = 300$mm, $d = 500$mm, $As = 3$-D25 = 1,520mm²가 1열로 배치된 단철근 직사각형 보의 설계휨강도 ϕM_n은 얼마인가?(단, $f_{ck} = 28$MPa, $f_y = 400$MPa이고, 과소철근보이다.)

① 132.5kN·m ② 183.3kN·m
③ 236.4kN·m ④ 307.7kN·m

■해설
$$a = \frac{A_s f_y}{0.85 f_{ck} b} = \frac{1,520 \times 400}{0.85 \times 28 \times 300} = 85.15\text{mm}$$
$\beta_1 = 0.85 (f_{ck} \leq 28\text{MPa}$인 경우$)$
$$\varepsilon_t = \frac{d_t \beta_1 - a}{a} \varepsilon_c = \frac{500 \times 0.85 - 85.15}{85.15} \times 0.003$$
$$= 0.01197$$
$\varepsilon_{t.l} = 0.005 (f_y \leq 400\text{MPa}$인 경우$)$
$\varepsilon_{t.l} < \varepsilon_t$이므로 인장지배단면 $-\phi = 0.85$
$$\phi M_n = \phi A_s f_y \left(d - \frac{a}{2}\right)$$
$$= 0.85 \times 1,520 \times 400 \times \left(500 - \frac{85.15}{2}\right)$$
$$= 236.4 \times 10^6 \text{N} \cdot \text{mm} = 236.4 \text{kN} \cdot \text{m}$$

77. 슬래브와 보가 일체로 타설된 비대칭 T형 보(반 T형보)의 유효폭은 얼마인가?(단, 플랜지 두께 =100mm, 복부폭=300mm, 인접보와의 내측 거리=1,600mm, 보의 경간=6.0m)

① 800mm ② 900mm
③ 1,000mm ④ 1,100mm

■해설 반 T형 보(비대칭 T형 보)의 플랜지 유효폭(b_e)
㉠ $6t_f + b_w = (6 \times 100) + 300 = 900\text{mm}$
㉡ $\left(\text{보 지간의} \frac{1}{2}\right) + b_w = \frac{6,000}{12} + 300 = 800\text{mm}$
㉢ $\left(\text{인접보와 내측거리의} \frac{1}{2}\right) + b_w$
$= \frac{1,600}{2} + 300 = 1,100\text{mm}$
위 값 중에서 최소값을 취하면 $b_e = 800\text{mm}$이다.

78. 강도설계법에서 그림과 같은 T형 보의 응력사각형블록의 깊이(a)는 얼마인가?(단, $A_s = 14 - D25 = 7,094\text{mm}^2$, $f_{ck} = 21\text{MPa}$, $f_y = 300\text{MPa}$)

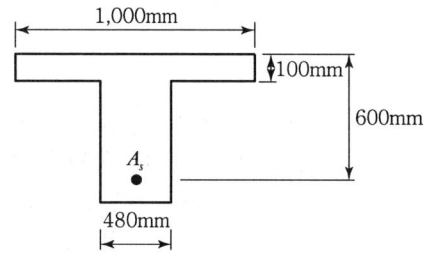

① 120mm ② 130mm
③ 140mm ④ 150mm

■해설 ㉠ T형 보의 판별
폭이 $b = 1,000\text{mm}$인 직사각형 단면보에 대한 등가사각형 깊이
$$a = \frac{A_s f_y}{0.85 f_{ck} b} = \frac{7,094 \times 300}{0.85 \times 21 \times 1,000} = 119.2\text{mm}$$
$t_f = 100\text{mm}$
$a(=119.2\text{mm}) > t_f (=100\text{mm})$이므로 T형 보로 해석

㉡ T형 보의 등가사각형 깊이(a)
$$A_{sf} = \frac{0.85 f_{ck} (b - b_w) t_f}{f_y}$$
$$= \frac{0.85 \times 21 \times (1,000 - 480) \times 100}{300}$$
$$= 3,094\text{mm}^2$$
$$a = \frac{(A_s - A_{sf}) f_y}{0.85 f_{ck} b_w} = \frac{(7,094 - 3,094) \times 300}{0.85 \times 21 \times 480}$$
$$= 140\text{mm}$$

79. 프리스트레스트 콘크리트 중 포스트텐션 방식의 특징에 대한 설명으로 틀린 것은?

① 부착시키지 않은 PSC 부재는 부착시킨 PSC 부재에 비하여 파괴강도가 높고, 균열 폭이 작아지는 등 역학적 성능이 우수하다.
② PS 강재를 곡선상으로 배치할 수 있어서 대형 구조물에 적합하다.
③ 프리캐스트 PSC 부재의 결합과 조립에 편리하게 이용된다.
④ 부착시키지 않은 PSC 부재는 그라우팅이 필요하지 않으며, PS 강재의 재긴장도 가능하다.

■해설 부착시킨 PSC 부재는 부착시키지 않은 PSC 부재에 비하여 파괴강도가 높고, 균열 폭이 작아지는 등 역학적 성질이 우수하다.

80. $A_g = 180,000\text{mm}^2$, $f_{ck} = 24\text{MPa}$, $f_y = 350\text{MPa}$이고, 종방향 철근의 전체 단면적(A_{st}) = 4,500 mm^2인 나선철근기둥(단주)의 공칭축강도(P_n)는?

① 2,987.7kN ② 3,067.4kN
③ 3,873.2kN ④ 4,381.9kN

■해설 $P_n = \alpha\{0.85 f_{ck}(A_g - A_{st}) + f_y \cdot A_{st}\}$
$= 0.85\{0.85 \times 24 \times (180,000 - 4,500) + 350 \times 4,500\}$
$= 4,381,920N = 4,381.9kN$

제5과목 **토질 및 기초**

81. Vane Test에서 Vane의 지름 5cm, 높이 10cm, 파괴 시 토크가 590kg·cm일 때 점착력은?

① 1.29kg/cm² ② 1.57kg/cm²
③ 2.13kg/cm² ④ 2.76kg/cm²

■해설 $c_u = \dfrac{M_{max}}{\pi D^2\left(\dfrac{H}{2} + \dfrac{D}{6}\right)} = \dfrac{590}{\pi \times 5^2\left(\dfrac{10}{2} + \dfrac{5}{6}\right)} = 1.29 kg/cm^2$

82. 단면적 20cm², 길이 10cm의 시료를 15cm의 수두차로 정수위 투수시험을 한 결과 2분 동안에 150cm³의 물이 유출되었다. 이 흙의 비중은 2.67이고, 건조중량이 420g이었다. 공극을 통하여 침투하는 실제 침투유속 V_s는 약 얼마인가?

① 0.018cm/sec ② 0.296cm/sec
③ 0.437cm/sec ④ 0.628cm/sec

■해설 실제침투유속$(V_s) = \dfrac{1}{n} \cdot V$

㉠ n
- $\gamma_d = \dfrac{W}{V_{(A \cdot l)}} = \dfrac{420}{20 \times 10} = 2.1 g/cm^3$
- $\gamma_d = \dfrac{G_s \gamma_w}{1+e} \rightarrow e = \dfrac{G_s \cdot \gamma_w}{\gamma_d} - 1 = \dfrac{2.67 \times 1}{2.1} - 1$
$= 0.271$
- $n = \dfrac{e}{1+e} = \dfrac{0.271}{1+0.271} = 0.213$

㉡ $V = k \cdot i = k \cdot \dfrac{h}{L}$
- $k = \dfrac{QL}{hAt} = \dfrac{150 \times 10}{15 \times 20 \times (2 \times 60)} = 0.042 cm/sec$
- $V = k \cdot \dfrac{h}{L} = 0.042 \times \dfrac{15}{10} = 0.063 cm/sec$

∴ $V_s = \dfrac{1}{n} \cdot V = \dfrac{1}{0.213} \times 0.063 = 0.296 cm/sec$

83. 단위중량이 1.8t/m³인 점토지반의 지표면에서 5m 되는 곳의 시료를 채취하여 압밀시험을 실시한 결과 과압밀비(Over Consolidation ratio)가 2임을 알았다. 선행압밀압력은?

① 9t/m² ② 12t/m²
③ 15t/m² ④ 18t/m²

■해설 과압밀비$(OCR) = \dfrac{P_c}{P(\sigma')}$

∴ 선행압밀압력(P_c)
$= OCR \times P = 2 \times (1.8 \times 5) = 18t/m^2$

84. 연약지반에 구조물을 축조할 때 피조미터를 설치하여 과잉간극수압의 변화를 측정했더니 어떤 점에서 구조물 축조 직후 10t/m²이었지만 4년 후는 2t/m²이었다. 이때의 압밀도는?

① 20% ② 40%
③ 60% ④ 80%

■해설 압밀도$= \dfrac{u_i - u_t}{u_i} = \dfrac{10-2}{10} = 0.8 = 80\%$

85. 다음 그림과 같은 $p-q$ 다이어그램에서 K_f 선이 파괴선을 나타낼 때 이 흙의 내부마찰각은?

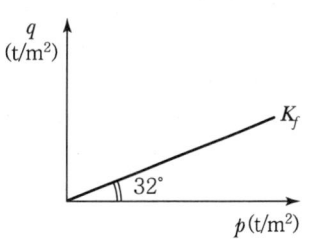

① 32° ② 36.5°
③ 38.7° ④ 40.8°

■해설 $\sin\phi = \tan\alpha$
∴ $\phi = \sin^{-1}(\tan\alpha) = \sin^{-1}(\tan 32°) = 38.7°$

|해답| 81.① 82.② 83.④ 84.④ 85.③

86. 다음 그림에서 A점의 간극수압은?

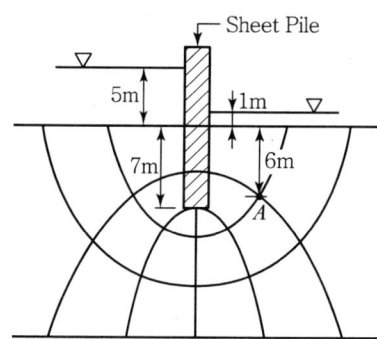

① 4.87t/m²   ② 6.67t/m²
③ 12.31t/m²   ④ 4.65t/m²

■해설 A점의 간극수압

$$u_A = \gamma_w \cdot z_A + \left(\frac{\Delta h}{L} \cdot \gamma_w \cdot z\right)$$
$$= 9.8 \times 7 + \left(\frac{4}{6} \times 9.8 \times 1\right) = 75.13 \text{kN/m}^2$$

87. 연약지반 위에 성토를 실시한 다음, 말뚝을 시공하였다. 시공 후 발생될 수 있는 현상에 대한 설명으로 옳은 것은?

① 성토를 실시하였으므로 말뚝의 지지력은 점차 증가한다.
② 말뚝을 암반층 상단에 위치하도록 시공하였다면 말뚝의 지지력에는 변함이 없다.
③ 압밀이 진행됨에 따라 지반의 전단강도가 증가되므로 말뚝의 지지력은 점차 증가된다.
④ 압밀로 인해 부의 주면마찰이 발생되므로 말뚝의 지지력은 감소된다.

■해설 부마찰력이 일어나면 말뚝의 지지력은 감소한다.

88. 얕은 기초에 대한 Terzaghi의 수정지지력 공식은 아래의 표와 같다. 4m×5m의 직사각형 기초를 사용할 경우 형상계수 α와 β의 값으로 옳은 것은?

$$q_u = \alpha c N_c + \beta \gamma_1 B N_\gamma + \gamma_2 D_f N_q$$

① $\alpha = 1.2$, $\beta = 0.4$ ② $\alpha = 1.28$, $\beta = 0.42$
③ $\alpha = 1.24$, $\beta = 0.42$ ④ $\alpha = 1.32$, $\beta = 0.38$

■해설 직사각형 기초(B는 단변)
- $\alpha = 1.0 + 0.3 \dfrac{B}{L} = 1.0 + 0.3 \times \dfrac{4}{5} = 1.24$
- $\beta = 0.5 - 0.1 \dfrac{B}{L} = 0.5 - 0.1 \times \dfrac{4}{5} = 0.42$

89. 다짐되지 않은 두께 2m, 상대 밀도 40%의 느슨한 사질토 지반이 있다. 실내시험결과 최대 및 최소 간극비가 0.80, 0.40으로 각각 산출되었다. 이 사질토를 상대 밀도 70%까지 다짐할 때 두께의 감소는 약 얼마나 되겠는가?

① 12.4cm   ② 14.6cm
③ 22.7cm   ④ 25.8cm

■해설 압밀침하량(ΔH) = $\dfrac{e_1 - e_2}{1 + e_1} \cdot H$

㉠ $D_r = \dfrac{e_{max} - e_1}{e_{max} - e_{min}}$
$e_1 = e_{max} - D_r(e_{max} - e_{min})$
∴ $e_1 = 0.8 - 0.4(0.8 - 0.4) = 0.64$

㉡ $D_r = \dfrac{e_{max} - e_2}{e_{max} - e_{min}}$
$e_2 = e_{max} - D_r(e_{max} - e_{min})$
∴ $e_2 = 0.8 - 0.7(0.8 - 0.4) = 0.52$

∴ $\Delta H = \dfrac{e_1 - e_2}{1 + e_1} H = \dfrac{0.64 - 0.52}{1 + 0.64} \times 200$
$= 14.6 \text{cm}$

90. $\phi = 33°$인 사질토에 25° 경사의 사면을 조성하려고 한다. 이 비탈면의 지표까지 포화되었을 때 안전율을 계산하면?(단, 사면 흙의 $\gamma_{sat} = 1.8 \text{t/m}^3$)

① 0.62   ② 0.70
③ 1.12   ④ 1.41

■해설 지표면과 지하수위가 일치(사질토)

$$F_s = \dfrac{\gamma_{sub}}{\gamma_{sat}} \times \dfrac{\tan\phi}{\tan i} = \dfrac{0.8}{1.8} \times \dfrac{\tan 33°}{\tan 25°} = 0.62$$

|해답| 86.② 87.④ 88.③ 89.② 90.①

91. 사질토 지반에 축조되는 강성기초의 접지압 분포에 대한 설명 중 맞는 것은?

① 기초 모서리 부분에서 최대 응력이 발생한다.
② 기초에 작용하는 접지압 분포는 토질에 관계없이 일정하다.
③ 기초의 중앙 부분에서 최대 응력이 발생한다.
④ 기초 밑면의 응력은 어느 부분이나 동일하다.

■해설 강성 기초의 접지압

점토지반	모래지반
강성기초, 접지압	강성기초, 접지압
기초 모서리에서 최대응력 발생	기초 중앙부에서 최대응력 발생

92. 말뚝 지지력에 관한 여러 가지 공식 중 정역학적 지지력 공식이 아닌 것은?

① Dörr의 공식
② Terzaghi의 공식
③ Meyerhof의 공식
④ Engineering-News 공식

■해설 말뚝의 지지력 산정 방법

정역학적 공식	동역학적 공식
㉠ Terzaghi 공식	㉠ Sander 공식
㉡ Meyerhof 공식	㉡ Engineering News 공식
㉢ Dörr 공식	㉢ Hiley 공식
㉣ Dunham 공식	㉣ Weisbach 공식

93. 평판재하실험 결과로부터 지반의 허용지지력 값은 어떻게 결정하는가?

① 항복강도의 $\frac{1}{2}$, 극한강도의 $\frac{1}{3}$ 중 작은 값
② 항복강도의 $\frac{1}{2}$, 극한강도의 $\frac{1}{3}$ 중 큰 값
③ 항복강도의 $\frac{1}{3}$, 극한강도의 $\frac{1}{2}$ 중 작은 값
④ 항복강도의 $\frac{1}{3}$, 극한강도의 $\frac{1}{2}$ 중 큰 값

■해설 허용지지력(q_t)은
$\frac{q_y(항복강도)}{2}$ 또는 $\frac{q_u(극한강도)}{2}$ 중 작은 값

94. 흙의 다짐에 관한 설명으로 틀린 것은?

① 다짐에너지가 클수록 최대건조단위중량(γ_{dmax})은 커진다.
② 다짐에너지가 클수록 최적함수비(w_{opt})는 커진다.
③ 점토를 최적함수비(w_{opt})보다 작은 함수비로 다지면 면모구조를 갖는다.
④ 투수계수는 최적함수비(w_{opt}) 근처에서 거의 최소값을 나타낸다.

■해설 다짐에너지가 클수록 γ_{dmax}는 증가, 최적함수비 (OMC)는 감소

95. 아래 그림에서 A점 흙의 강도정수가 $c=3t/m^2$, $\phi=30°$일 때 A점의 전단강도는?

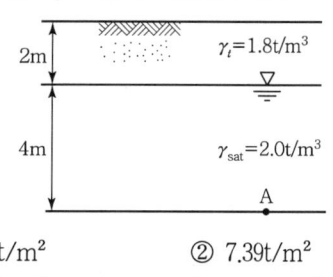

① 6.93t/m²
② 7.39t/m²
③ 9.93t/m²
④ 10.39t/m²

■해설 $S(\tau_f) = c + \sigma' \tan\phi$
$= 3 + (1.8 \times 2 + 1 \times 4)\tan 30°$
$= 7.39 t/m^2$

96. 점토지반으로부터 불교란 시료를 채취하였다. 이 시료의 직경 5cm, 길이 10cm이고, 습윤무게는 350g이고, 함수비가 40%일 때 건조단위 무게는?

① 1.78g/cm³
② 1.43g/cm³
③ 1.27g/cm³
④ 1.14g/cm³

■해설 $\gamma_d = \dfrac{\gamma_t}{1+\omega} = \dfrac{1.78}{1+0.4} = 1.27 \text{g/cm}^3$

$\left[\gamma_t = \dfrac{W}{V} = \dfrac{350}{\left(\dfrac{\pi \times 5^2}{4}\right) \times 10} = 1.78 \text{g/cm}^3 \right]$

97. $\gamma_t = 1.9\text{t/m}^3$, $\phi = 30°$인 뒤채움 모래를 이용하여 8m 높이의 보강토 옹벽을 설치하고자 한다. 폭 75mm, 두께 3.69mm의 보강띠를 연직방향 설치간격 $S_v = 0.5\text{m}$, 수평방향 설치간격 $S_h = 1.0\text{m}$로 시공하고자 할 때, 보강띠에 작용하는 최대힘 $T_{\max}$의 크기를 계산하면?

① 1.53t
② 2.53t
③ 3.53t
④ 4.53t

■해설 $T_{\max} = \sigma_h \times S_h \times S_v$
$= (\gamma \cdot H \cdot K_a) \times S_h \times S_v$
$= \left[1.9 \times 8 \times \tan^2\left(45° - \dfrac{30°}{2}\right) \times 1.0\text{m} \times 0.5\text{m}\right]$
$= 2.53\text{t}$

98. 아래 표의 설명과 같은 경우 강도정수 결정에 적합한 삼축압축시험의 종류는?

> 최근에 매립된 포화 점성토 지반 위에 구조물을 시공한 직후의 초기 안정 검토에 필요한 지반 강도정수 결정

① 압밀배수 시험(CD)
② 압밀비배수 시험(CU)
③ 비압밀비배수 시험(UU)
④ 비압밀배수 시험(UD)

■해설 비압밀비배수시험(UU)
• 포화된 점토지반 위에 급속하게 성토하는 제방의 안전성을 검토
• 점토의 단기간 안정 검토 시

99. 두 개의 규소판 사이에 한 개의 알루미늄판이 결합된 3층 구조가 무수히 많이 연결되어 형성된 점토광물로서 각 3층 구조 사이에는 칼륨이온(K^+)으로 결합되어 있는 것은?

① 몬모릴로나이트(Montmorillonite)
② 할로이사이트(Halloysite)
③ 고령토(Kaolinite)
④ 일라이트(Illite)

■해설 일라이트(Illite)
• 보통 점토로서 3층 구조(칼륨이온(K^+)으로 결합)
• $0.75 \leq$ 활성도(A) ≤ 1.25

100. 두께 2m인 투수성 모래층에서 동수경사가 $\dfrac{1}{10}$이고, 모래의 투수계수가 $5 \times 10^{-2}\text{cm/sec}$라면 이 모래층의 폭 1m에 대하여 흐르는 수량은 매 분당 얼마나 되는가?

① 6,000cm³/min   ② 600cm³/min
② 60cm³/min   ④ 6cm³/min

■해설 $Q = k \cdot i \cdot A$
$= 5 \times 10^{-2} \times \dfrac{1}{10} \times (200 \times 100) \times 60 = 6,000\text{cm}^3/\text{min}$

제6과목 상하수도공학

101. 그림은 급속여과지에서 시간경과에 따른 여과유량(여과속도)의 변화를 나타낸 것이다. 정압여과를 나타내고 있는 것은?

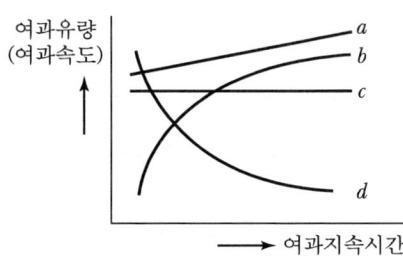

① a ② b
③ c ④ d

■해설 여과의 유량조절방식
유량조절방식으로는 정압여과, 정속여과, 감쇄여과가 있으며, 이들 각각의 특징은 다음과 같다.
㉠ 정압여과
여층 상류 측 수위와 하류 측 수위와의 수위차, 즉 여층에 걸리는 압력차가 일정하면 탁질의 여층 억류에 의한 여층폐색에 따라 여과유량(또는 여속)은 서서히 감소하는 여과방식
㉡ 정속여과
여층폐색에 따른 여과유량(여속)의 감소를 막기 위하여 상류 측 수위를 높이거나, 하류 측 밸브를 개방하여 손실수두를 감소시킴으로써 여층에 걸리는 압력차를 증가시켜 일정여과유량을 유지하는 여과방식
㉢ 감쇄여과
정압여과의 변법으로 초기 일정상한 여속으로 여과를 시작하여 그 후 여층이 폐색됨에 따라 점차 여속이 감쇄되더라도 다른 조치를 취하지 않고 그대로 여과하는 방식
∴ 그림에서 정압여과를 나타내는 것은 여과유량이 서서히 감소하는 d이다.

102. 유입하수의 유량과 수질변동을 흡수하여 균등화함으로써 처리시설의 효율화를 위한 유량조정조에 대한 설명으로 옳지 않은 것은?

① 조의 유효수심은 3~5m를 표준으로 한다.
② 조의 형상은 직사각형 또는 정사각형을 표준으로 한다.
③ 조 내에는 오염물질의 효율적 침전을 위하여 난류를 일으킬 수 있는 교반시설을 하지 않도록 한다.
④ 조의 용량은 유입하수량 및 유입부하량의 시간변동을 고려하여 설정수량을 초과하는 수량을 일시 저류하도록 정한다.

■해설 유량조정조
㉠ 유량조정조는 유입하수의 유량과 수질의 변동을 균등화함으로써 처리시설의 처리효율을 높이고 처리수질의 향상을 도모할 목적으로 설치하는 시설이다.
㉡ 특징
• 조의 용량은 유입하수량 및 유입부하량의 시간변동을 고려하여 설정수량을 초과하는 수량을 일시 저류하도록 정한다.
• 조의 형상은 직사각형 또는 정사각형을 표준으로 한다.
• 조는 수밀한 철근콘크리트구조로 하고 부력에 대해서 안전한 구조로 한다.
• 유효수심은 3~5m를 표준으로 한다.
• 조 내 침전물 발생 및 부패를 방지하기 위해 교반장치 및 산기장치를 설치한다.

103. 관망에서 등치관에 대한 설명으로 옳은 것은?

① 관의 직경이 같은 관을 말한다.
② 유속이 서로 같으면서 관의 직경이 다른 관을 말한다.
③ 수두손실이 같으면서 관의 직경이 다른 관을 말한다.
④ 수원과 수질이 같은 주관과 지관을 말한다.

■해설 등치관법
㉠ 개요 : 등치관이란 관로나 회로에서 같은 종류의 관에서, 동일한 유량에 대하여 동일한 손실수두를 가지는 관이며, 등치관법이란 실제관 1개 또는 여러 개를 마찰손실이 같은 등치관으로 가정하고 관망을 해석하는 방법이다.
㉡ 해석
$$L_2 = L_1 \left(\frac{D_2}{D_1}\right)^{4.87}$$

104. 하수도계획의 원칙적인 목표연도로 옳은 것은?

① 10년　② 20년
③ 50년　④ 100년

■해설 하수도 목표연도
하수도 계획의 목표연도는 시설의 내용연수, 건설기간 등을 고려하여 20년을 원칙으로 한다.

105. 용존산소 부족곡선(DO Sag Curve)에서 산소의 복귀율(회복속도)이 최대로 되었다가 감소하기 시작하는 점은?

① 임계점　② 변곡점
③ 오염 직후 점　④ 포화 직전 점

■해설 용존산소 부족곡선
  ㉠ 생활하수의 유입으로 용존산소 부족곡선의 DO 농도가 감소하다가 재폭기에 의해서 DO의 농도가 다시 증가된 것으로 해석할 수 있다.
  ㉡ 해석
    • 임계점(Critical Point) : 용존산소량이 최소가 되는 점
    • 변곡점(Point Of Inflection) : 용존산소 복귀율(회복속도)이 최대로 되었다가 감소하기 시작하는 점

106. 도수 및 송수관로 중 일부분이 동수경사선보다 높은 경우 조치할 수 있는 방법으로 옳은 것은?

① 상류 측에 대해서는 관경을 작게 하고, 하류 측에 대해서는 관경을 크게 한다.
② 상류 측에 대해서는 관경을 작게 하고, 하류 측에 대해서는 접합정을 설치한다.
③ 상류 측에 대해서는 관경을 크게 하고, 하류 측에 대해서는 관경을 작게 한다.
④ 상류 측에 대해서는 접합정을 설치하고, 하류 측에 대해서는 관경을 크게 한다.

■해설 도수 및 송수관의 경사
  ㉠ 도·송수관의 노선은 동수구배선 이하로 하는 것이 원칙이다.
  ㉡ 동수경사는 최소동수구배선을 기준으로 하며, 최소동수구배선은 시점의 최저 수위와 종점의 최고 수위를 기준으로 한다.
  ㉢ 관로가 최소동수구배선 위에 있을 경우에는 상류 측 관경을 크게 하거나 하류 측 관경을 작게 하면 동수구배선 상승의 효과가 있다.
  ㉣ 동수구배선을 인위적으로 상승시킬 경우 관내 압력 경감을 목적으로 접합정을 설치한다.

107. 슬러지지표(SVI)에 대한 설명으로 옳지 않은 것은?

① SVI는 침전슬러지량 100mL 중에 포함되는 MLSS를 그램(g) 수로 나타낸 것이다.
② SVI는 활성슬러지의 침강성을 보여주는 지표로 광범위하게 사용된다.
③ SVI가 50~150일 때 침전성이 양호하다.
④ SVI가 200 이상이면 슬러지 팽화가 의심된다.

■해설 슬러지 용적지표(SVI)
  ㉠ 정의 : 폭기조 내 혼합액 1L를 30분간 침전시킨 후 1g의 MLSS가 차지하는 침전 슬러지의 부피(mL)를 슬러지 용적지표(sludge volume index)라 한다.
    • $SVI = \dfrac{SV(mL/L) \times 10^3}{MLSS(mg/L)}$
  ㉡ 특징
    • 슬러지 침강성을 나타내는 지표로, 슬러지 팽화(bulking)의 발생 여부를 확인하는 지표로 사용한다.
    • SVI가 높아지면 MLSS 농도가 낮아진다.
    • SVI=50~150 : 슬러지 침전성 양호
    • SVI=200 이상 : 슬러지 팽화 발생
    • SVI는 폭기시간, BOD농도, 수온 등에 영향을 받는다.

108. 유량이 100,000m³/d이고 BOD가 2mg/L인 하천으로 유량 1,000m³/d, BOD 100mg/L인 하수가 유입된다. 하수가 유입된 후 혼합된 BOD의 농도는?

① 1.97mg/L ② 2.97mg/L
③ 3.97mg/L ④ 4.97mg/L

■해설 BOD 혼합농도 계산
$$C_m = \dfrac{Q_1 \cdot C_1 + Q_2 \cdot C_2}{Q_1 + Q_2}$$
$$= \dfrac{100,000 \times 2 + 1,000 \times 100}{100,000 + 1,000} = 2.97 mg/L$$

109. 계획급수인구를 추정하는 이론곡선식이 $y = \dfrac{K}{1+e^{(a-bx)}}$로 표현될 때, 식 중의 K가 의미하는 것은?(단, y : x년 후의 인구, x : 기준년부터의 경과연수, e : 자연대수의 밑, a, b : 상수)

① 현재 인구
② 포화 인구
③ 증가 인구
④ 상주 인구

■해설 이론곡선법

$$y = \frac{K}{1+e^{(a-bx)}}$$

여기서, y : x년 후의 인구
a, b : 상수
x : 기준년으로부터의 경과연수
K : 포화인구

110. 80%의 전달효율을 가진 전동기에 의해서 가동되는 85% 효율의 펌프가 300L/s의 물을 25.0m 양수할 때 요구되는 전동기의 출력(kW)은?(단, 여유율 $\alpha = 0$으로 가정)

① 60.0kW ② 73.3kW
③ 86.3kW ④ 107.9kW

■해설 동력의 산정
 ㉠ 수차에 필요한 출력(이론 출력)($H_e = h - \sum h_L$)
  • $P = 9.8QH_e\eta$ (kW)
  • $P = 13.3QH_e\eta$ (HP)
 ㉡ 양수에 필요한 동력($H_e = h + \sum h_L$)
  • $P = \dfrac{9.8QH_e}{\eta}$ (kW)
  • $P = \dfrac{13.3QH_e}{\eta}$ (HP)
 ㉢ 주어진 조건의 양수동력의 산정
  $P = \dfrac{9.8QH_e}{\eta} = \dfrac{9.8 \times 0.3 \times 25}{0.85} = 86.47$kW
 ㉣ 원동기의 출력
  $P_m = \dfrac{P(1+\alpha)}{\eta} = \dfrac{86.47(1+0)}{0.8} = 108$kW

111. 호수나 저수지에서 발생되는 성층현상의 원인과 가장 관계가 깊은 요소는?

① 적조현상   ② 미생물
③ 질소(N), 인(P) ④ 수온

■해설 성층현상
 ㉠ 호소수 및 저수지에서 성층현상은 표수층과 저층의 온도차가 심한 겨울과 여름에 발생한다.
 ㉡ 특히 여름철에 현저하게 나타난다.
 ∴ 성층현상 발생과 밀접한 요소는 수온이다.

112. 하수관거 직선부에서 맨홀(Man Hole)의 관경에 대한 최대 간격의 표준으로 옳은 것은?

① 관경 600mm 이하의 경우 최대간격 50m
② 관경 600mm 초과 1,000mm 이하의 경우 최대 간격 100m
③ 관경 1,000mm 초과 1,500mm 이하의 경우 최대간격 125m
④ 관경 1,650mm 이상의 경우 최대간격 150m

■해설 맨홀
 ㉠ 맨홀의 설치 목적
  하수관거의 청소, 점검, 장애물의 제거, 보수를 위한 기계 및 사람의 출입을 가능하게 하고, 통풍 및 환기, 접합을 위해 설치한 시설을 말한다.
 ㉡ 맨홀의 설치 간격

관경(mm)	300 이하	600 이하	1,000 이하	1,500 이하	1,650 이상
최대간격(m)	50	75	100	150	200

 ㉢ 맨홀의 설치 장소
  • 관거의 기점, 방향, 경사, 관경이 변하는 곳
  • 단차가 발생하고, 관거가 합류하는 곳
  • 관거의 유지관리상 필요한 곳
 ∴ 관경 600mm 초과 1,000mm 이하의 경우 최대 간격은 100m이다.

113. 정수장에서 1일 50,000m³의 물을 정수하는데 침전지의 크기가 폭 10m, 길이 40m, 수심 4m인 침전지 2개를 가지고 있다. 2지의 침전지가 이론상 100% 제거할 수 있는 입자의 최소 침전속도는?(단, 병렬연결 기준)

① 31.25m/d   ② 62.5m/d
③ 125m/d   ④ 625m/d

■해설 수면적 부하
 ㉠ 입자가 100% 제거되기 위한 입자의 침강속도를 수면적 부하(표면부하율)라 한다.
  $V_0 = \dfrac{Q}{A} = \dfrac{h}{t}$
 ㉡ 표면부하율의 산정
  $V_0 = \dfrac{Q}{A} = \dfrac{50,000}{10 \times 40} = 125$m³/m²day
  → 2지 병렬연결이므로
  • $\dfrac{125}{2} = 62.5$m/day

|해답| 110.④ 111.④ 112.② 113.②

114. 급수방법에는 고가수조식과 압력수조식이 있다. 압력수조식을 고가수조식과 비교한 설명으로 옳지 않은 것은?

① 조작상에 최고·최저의 압력차가 적고, 급수압의 변동 폭이 적다.
② 큰 설비에는 공기 압축기를 설치해서 때때로 공기를 보급하는 것이 필요하다.
③ 취급이 비교적 어렵고 고장이 많다.
④ 저수량이 비교적 적다.

■해설 급수방법
ⓐ 고가수조식은 저수조에 물을 받은 다음 펌프로 양수하여 고가수조에 저류하였다가 자연유하로 급수하는 방식이다.
ⓑ 압력수조식은 저수조에 물을 받은 다음 펌프로 압력수조에 넣고 그 내부압력에 의하여 급수하는 방식으로, 조작상에 최고·최저 압력차가 크고, 급수압의 변동 폭이 크다.

115. 하수의 배제방식 중 분류식 하수도에 대한 설명으로 틀린 것은?

① 우수관 및 오수관의 구별이 명확하지 않은 곳에서는 오접의 가능성이 있다.
② 강우 초기의 오염된 우수가 직접 하천 등으로 유입될 수 있다.
③ 우천 시에 수세효과가 있다.
④ 우천 시 월류의 우려가 없다.

■해설 하수의 배제방식

분류식	합류식
• 수질오염 방지 면에서 유리하다.	• 구배 완만, 매설깊이 적으며 시공성이 좋다.
• 청천 시에도 퇴적의 우려가 없다.	• 초기 우수에 의한 노면배수처리가 가능하다.
• 강우 초기 노면 배수 효과가 없다.	• 관경이 크므로 검사가 편리하고, 환기가 잘 된다.
• 시공이 복잡하고 오접합의 우려가 있다.	• 건설비가 적게 든다.
• 우천 시 수세효과를 기대할 수 없다.	• 우천 시 수세효과가 있다.
• 공사비가 많이 든다.	• 청천 시 관내 침전, 효율저하가 발생한다.

∴ 우천 시 수세효과를 볼 수 있는 방식은 합류식이다.

116. 수질시험 항목에 관한 설명으로 옳지 않은 것은?

① DO(용존산소)는 물속에 용해되어 있는 분자상의 산소를 말하며 온도가 높을수록 DO농도는 감소한다.
② COD(화학적 산소요구량)는 수중의 산화 가능한 유기물이 일정 조건에서 산화제에 의해 산화되는 데 요구되는 산소량을 말한다.
③ 잔류염소는 처리수를 염소소독하고 남은 염소로 차아염소산이온과 같은 유리잔류염소와 클로라민 같은 결합잔류염소를 말한다.
④ BOD(생물화학적 산소요구량)는 수중 유기물이 혐기성 미생물에 의해 3일간 분해될 때 소비되는 산소량을 ppm으로 표시한 것이다.

■해설 BOD
ⓐ BOD란 유기물이 호기성 미생물에 의해 생화학적으로 산화될 때 소비되는 용존산소의 양을 의미한다.
ⓑ BOD는 보통 20℃에서 5일 정도 배양했을 때 소비되는 산소의 양(BOD_5)으로 나타내며, 간혹 7일, 18일 최종BOD 등이 사용된다.

117. 어떤 지역의 강우지속시간(t)과 강우강도 역수($1/I$)와의 관계를 구해보니 그림과 같이 기울기가 1/3,000, 절편이 1/150이 되었다. 이 지역의 강우강도를 Talbot형 $\left(I=\dfrac{a}{t+b}\right)$으로 표시한 것으로 옳은 것은?

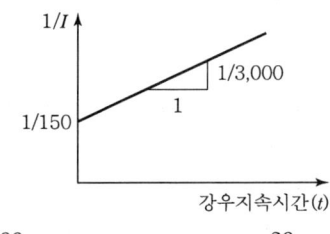

① $\dfrac{3,000}{t+20}$ ② $\dfrac{20}{t+3,000}$
③ $\dfrac{10}{t+1,500}$ ④ $\dfrac{1,500}{t+10}$

■ 해설 강우강도의 산정
㉠ 직선의 방정식
$$y = mx + b$$
여기서, y : y축 값, x : x축 값
m : 기울기, b : 절편

㉡ 주어진 조건
y축 : $\frac{1}{I}$, x축 : t, $m : \frac{1}{3,000}$, $b : \frac{1}{150}$

㉢ 강우강도의 산정
주어진 조건을 직선의 방정식에 대입한다.
$$y = mx + b$$
$$\therefore \frac{1}{I} = \frac{1}{3,000}t + \frac{1}{150}$$
→ 분모를 3,000으로 통분하면
$$\therefore \frac{1}{I} = \frac{t+20}{3,000}$$
$$\therefore I = \frac{3,000}{t+20}$$

118. 우수조정지의 설치장소로 적당하지 않은 곳은?
① 토사의 이동이 부족한 장소
② 하수관거의 유하능력이 부족한 장소
③ 방류수로의 유하능력이 부족한 장소
④ 하류지역 펌프장 능력이 부족한 장소

■ 해설 우수조정지
㉠ 우수조정지
도시화나 도시지역의 확대로 기존 관로의 용량이 부족하거나 관로의 능력 저하에도 불구하고 하류의 시설 및 관로 등의 능력을 높이기 곤란한 경우에 우수조정지를 설치하며, 우수조정지의 크기는 합리식에 의하여 산정한다.

㉡ 방류방식
기본적으로 우수조정지의 방류방식은 자연유하식을 원칙으로 하며, 적당한 구배를 확보하기 곤란한 곳에는 펌프가압식을 사용하거나 이를 병용하기도 한다.

㉢ 설치장소
• 하수관거의 용량이 부족한 곳
• 방류수로의 유하능력이 부족한 곳
• 하류지역의 펌프장 능력이 부족한 곳

㉣ 구조형식
• 댐식
• 지하식
• 굴착식

119. 특정오염물의 제거가 필요하여 활성탄 흡착으로 제거하고자 한다. 연구결과 수량 대비 5%의 활성탄을 사용할 때 오염물질의 75%가 제거되며, 10%의 활성탄을 사용한 때는 96.5%가 제거되었다. 이 특정오염물의 잔류농도를 처음 농도의 0.5% 이하로 처리하기 위해서는 활성탄을 수량 대비 몇 %로 처리하여야 하는가?(단, 흡착과정은 Freundlich 방정식 $\frac{X}{M} = K \cdot C^{1/n}$을 만족한다.)

① 약 10% ② 약 12%
③ 약 14% ④ 약 16%

■ 해설 Freundlich 등온흡착식
㉠ Freundlich 등온흡착식
$$\frac{X}{M} = kC^{\frac{1}{n}}$$
여기서, X : 평형흡착량
M : 활성탄중량
C : 평형농도

㉡ Freundlich 등온흡착식의 해석
• Ⅰ번 case
$$\frac{75}{5} = k \times 25^{\frac{1}{n}} \quad \cdots\cdots ⓐ$$
• Ⅱ번 case
$$\frac{96.5}{10} = k \times 3.5^{\frac{1}{n}} \quad \cdots\cdots ⓑ$$
• ⓐ ÷ ⓑ을 하면
$$\frac{15}{9.65} = \left(\frac{25}{3.5}\right)^{\frac{1}{n}}$$
$$\therefore n = \frac{\log 7.14}{\log 1.55} = 4.49$$
• $n = 4.29$를 ⓐ식 또는 ⓑ식에 대입하면
$$\frac{75}{5} = k \times 25^{\frac{1}{4.49}}$$
$$\therefore k = 7.32$$

㉢ Freundlich 등온흡착식의 계산
$$M = \frac{X}{kC^{\frac{1}{n}}} = \frac{99.5}{7.32 \times 0.5^{\frac{1}{4.49}}} = 15.86\%$$
∴ 약 16%로 처리한다.

120. 계획오수량 산정 시 고려사항에 대한 설명으로 옳지 않은 것은?

① 지하수량은 1인 1일 최대오수량의 10~20%로 한다.
② 계획 1일 평균오수량은 계획 1일 최대오수량의 70~80%를 표준으로 한다.
③ 계획시간 최대오수량은 계획 1일 평균오수량의 1시간당 수량의 0.9~1.2배를 표준으로 한다.
④ 계획 1일 최대오수량은 1인 1일 최대오수량에 계획인구를 곱한 후 공장폐수량, 지하수량 및 기타 배수량을 더한 값으로 한다.

■해설 오수량의 산정

종류	내용
계획오수량	계획오수량은 생활오수량, 공장폐수량, 지하수량으로 구분할 수 있다.
지하수량	지하수량은 1인 1일 최대오수량의 10~20%를 기준으로 한다.
계획 1일 최대오수량	• 1인 1일 최대오수량×계획급수인구+(공장폐수량, 지하수량, 기타 배수량) • 하수처리 시설의 용량 결정의 기준이 되는 수량
계획 1일 평균오수량	• 계획 1일 최대오수량의 70(중·소도시)~80(대·공업도시)% • 하수처리장 유입하수의 수질을 추정하는 데 사용되는 수량
계획시간 최대오수량	• 계획 1일 최대오수량의 1시간당 수량에 1.3~1.8배를 표준으로 한다. • 오수관거 및 펌프설비 등의 크기를 결정하는 데 사용되는 수량

∴ 계획시간 최대오수량은 계획 1일 최대오수량의 1시간당 수량에 1.3~1.8배를 표준으로 한다.

과년도 기출문제 (2017년 9월 23일 시행)

제1과목 **응용역학**

01. 그림과 같이 강선과 동선으로 조립되어 있는 구조물에 200kg의 하중이 작용하면 강선에 발생하는 힘은?(단, 강선과 동선의 단면적은 같고, 강선의 탄성계수는 $2.0 \times 10^6 \text{kg/cm}^2$, 동선의 탄성계수는 $1.0 \times 10^6 \text{kg/cm}^2$임)

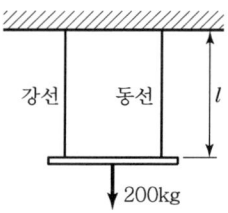

① 66.7kg ② 133.3kg
③ 166.7kg ④ 233.3kg

■해설 $A = A_c = A_s$
$n = \dfrac{E_s}{E_c} = \dfrac{2.0 \times 10^6}{1.0 \times 10^6} = 2$
$\sigma_s = \dfrac{nP}{A_c + nA_s} = \dfrac{2 \times 200}{A + 2A} = \dfrac{400}{3A}$
$P_s = \sigma_s \cdot A_s = \dfrac{400}{3A} \times A = \dfrac{400}{3} = 133.3 \text{kg}$

02. 그림과 같이 밀도가 균일하고 무게가 W인 구(球)가 마찰이 없는 두 벽면 사이에 놓여 있을 때 반력 R_B의 크기는?

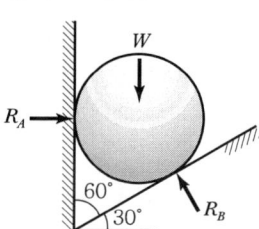

① 0.5W ② 0.577W
③ 0.866W ④ 1.155W

■해설 $\Sigma F_y = 0\,(\uparrow \oplus)$
$-W + R_B \cdot \cos 30° = 0$
$R_B = \dfrac{W}{\cos 30°} = 1.155W$

03. 지름 D인 원형 단면보에 휨모멘트 M이 작용할 때 최대 휨응력은?

① $\dfrac{64M}{\pi D^3}$ ② $\dfrac{32M}{\pi D^3}$
③ $\dfrac{16M}{\pi D^3}$ ④ $\dfrac{8M}{\pi D^3}$

■해설 $Z = \dfrac{I}{y_1} = \dfrac{\left(\dfrac{\pi D^4}{64}\right)}{\left(\dfrac{D}{2}\right)} = \dfrac{\pi D^3}{32}$
$\sigma_{\max} = \dfrac{M}{Z} = \dfrac{M}{\left(\dfrac{\pi D^3}{32}\right)} = \dfrac{32M}{\pi D^3}$

04. 그림과 같은 트러스에서 부재력이 0인 부재는 몇 개인가?

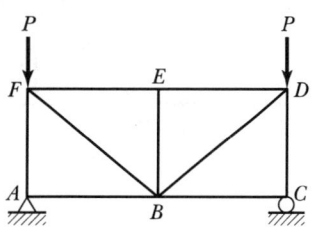

① 3개 ② 4개
③ 5개 ④ 7개

■해설 $R_A = P(\uparrow)$, $R_C = P(\uparrow)$, 즉 지점 A와 C의 수직재에만 수직하중이 작용하고 있으므로 총 9개 부재 중에서 지점 A와 C의 수직재인 부재 AF와 CD만 압축력 P를 받고 나머지 7개의 부재는 부재력이 존재하지 않는다.

|해답| 1.② 2.④ 3.② 4.④

05.
주어진 T형 단면의 캔틸레버보에서 최대 전단응력을 구하면?(단, T형 보 단면의 $I_{N.A}$ = 86.8cm⁴이다.)

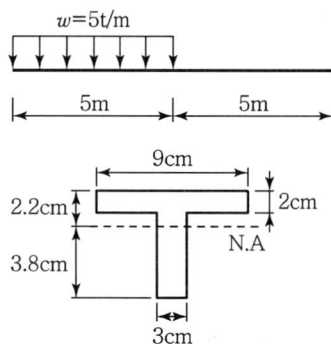

① 1,256.8kg/cm² ② 1,797.2kg/cm²
③ 2,079.5kg/cm² ④ 2,433.2kg/cm²

■해설 T형 단면에서 최대 전단응력(τ_{max})은 최대 전단력(S_{max})이 발생하는 단면의 중립축에서 발생한다.
$I_{NA} = 86.8cm^4$, $b = 3cm$
$S_{max} = \dfrac{wl}{2} = \dfrac{5 \times 10}{2} = 25t$
$G_{NA} = 3 \times 3.8 \times \dfrac{3.8}{2} = 21.66cm^3$
$\tau_{max} = \dfrac{S_{max} G_{NA}}{I_{NA}b} = \dfrac{(25 \times 10^3) \times 21.66}{86.8 \times 3}$
$= 2,079.5kg/cm^2$

06.
아래 그림과 같은 연속보가 있다. B점과 C점 중간에 10t의 하중이 작용할 때 B점에서의 휨모멘트는?(단, EI는 전 구간에 걸쳐 일정하다.)

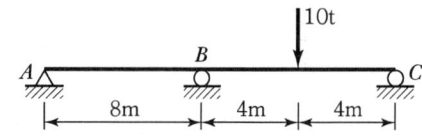

① $-5t \cdot m$ ② $-7.5t \cdot m$
③ $-10t \cdot m$ ④ $-12.5t \cdot m$

■해설 $M_{FBC} = -\dfrac{3PL}{16} = -\dfrac{3 \times 10 \times 8}{16} = -15t \cdot m$
$M_B = DF_{BA} \times M_{FBC} = \dfrac{1}{2} \times (-15) = -7.5t \cdot m$

07.
보의 탄성 변형에서 내력이 한 일을 그 지점의 반력으로 1차 편미분한 것은 "0"이 된다는 정리는 다음 중 어느 것인가?
① 중첩의 원리
② 맥스웰베티의 상반원리
③ 최소일의 원리
④ 카스틸리아노의 제1정리

08.
그림과 같은 구조물에서 부재 AB가 받는 힘의 크기는?

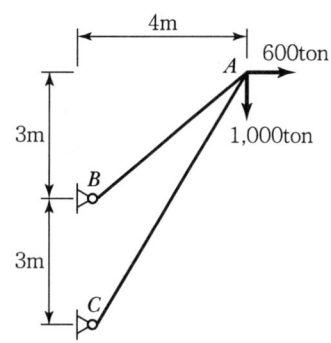

① 3,166.7ton ② 3,274.2ton
③ 3,368.5ton ④ 3,485.4ton

■해설
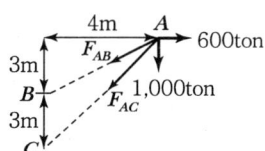

$\sum F_x = 0 (\rightarrow \oplus)$
$-\dfrac{4}{5}F_{AB} - \dfrac{4}{\sqrt{52}}F_{AC} + 600 = 0$ ················ ㉠
$\sum F_y = 0 (\uparrow \oplus)$
$-\dfrac{3}{5}F_{AB} - \dfrac{6}{\sqrt{52}}F_{AC} - 1,000 = 0$ ············ ㉡

식 ㉠과 ㉡을 연립하여 풀면
$F_{AB} = 3,166.7ton (인장)$
$F_{AC} = -3,485.4ton (압축)$

09. 아래와 같은 라멘에서 휨모멘트도(B.M.D)를 옳게 나타낸 것은?

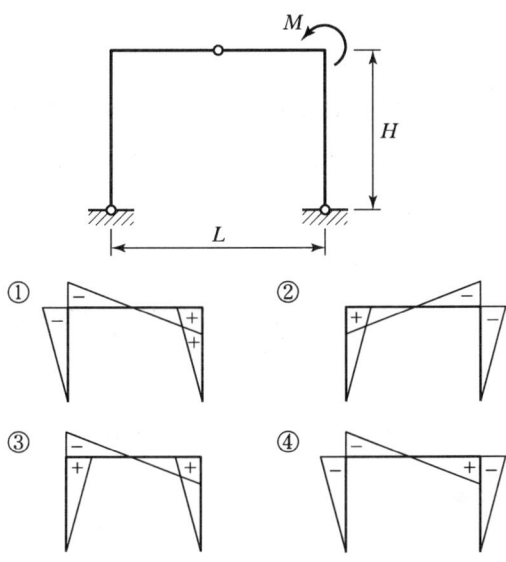

10. 중앙에 집중하중 P를 받는 그림과 같은 단순보에서 지점 A로부터 $l/4$인 지점(점 D)의 처짐각(θ_D)과 수직처짐량(δ_D)은? (단, EI는 일정)

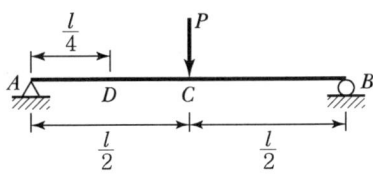

① $\theta_D = \dfrac{5Pl^2}{64EI}$, $\delta_D = \dfrac{3Pl^3}{768EI}$

② $\theta_D = \dfrac{3Pl^2}{128EI}$, $\delta_D = \dfrac{5Pl^3}{384EI}$

③ $\theta_D = \dfrac{3Pl^2}{64EI}$, $\delta_D = \dfrac{11Pl^3}{768EI}$

④ $\theta_D = \dfrac{3Pl^2}{128EI}$, $\delta_D = \dfrac{11Pl^3}{384EI}$

■해설 $\sum M_{\text{Ⓑ}} = 0 (\curvearrowright \oplus)$

$V_A \times l - M = 0$

$V_A = \dfrac{M}{l} (\uparrow)$

$\sum F_y = 0 (\uparrow \oplus)$

$V_A - V_B = 0$

$V_B = \dfrac{M}{l} (\downarrow)$

$\sum M_{\text{Ⓖ}} = 0 (\curvearrowright \oplus)$

$\dfrac{M}{l} \times \dfrac{l}{2} - H_A \times h = 0$

$H_A = \dfrac{M}{2h} (\rightarrow)$

$\sum F_x = 0 (\rightarrow \oplus)$

$\dfrac{M}{2h} - H_B = 0$

$H_B = \dfrac{M}{2h} (\leftarrow)$

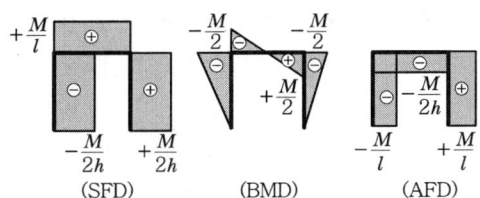

■해설 탄성하중법

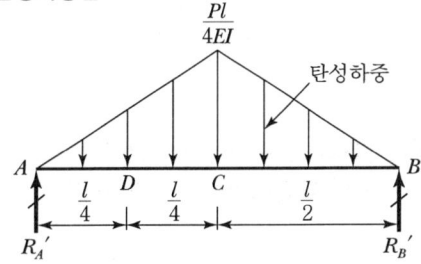

$\sum M_{\text{Ⓑ}} = 0 (\curvearrowright \oplus)$

$R_A' \times l - \left(\dfrac{1}{2} \times \dfrac{Pl}{4EI} \times l\right) \times \dfrac{l}{2} = 0$

$R_A' = \dfrac{Pl^2}{16EI}$

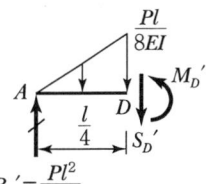

$R_A' = \dfrac{Pl^2}{16EI}$

$\sum F_y = 0 (\uparrow \oplus)$

$\dfrac{Pl^2}{16EI} - \left(\dfrac{1}{2} \times \dfrac{Pl}{8EI} \times \dfrac{l}{4}\right) - S_D' = 0$

$S_D' = \dfrac{3Pl^2}{64EI}$

$\theta_D = S_D' = \dfrac{3Pl^3}{64EI}$

$\Sigma M_\text{D} = 0 (\curvearrowleft \oplus)$

$\dfrac{Pl^2}{16EI} \times \dfrac{l}{4} - \left(\dfrac{1}{2} \times \dfrac{Pl}{8EI} \times \dfrac{l}{4}\right) \times \left(\dfrac{1}{3} \times \dfrac{l}{4}\right) - M_D' = 0$

$M_D' = \dfrac{11Pl^3}{768EI}$

$\delta_D = M_D' = \dfrac{11Pl^3}{768EI}$

11. 양단이 고정된 기둥에서 축방향력에 의한 좌굴하중 P_{cr}를 구하면?(단, E : 탄성계수, I : 단면 2차 모멘트, L : 기둥의 길이)

① $P_{cr} = \dfrac{\pi^2 EI}{L^2}$ ② $P_{cr} = \dfrac{\pi^2 EI}{2L^2}$

③ $P_{cr} = \dfrac{\pi^2 EI}{4L^2}$ ④ $P_{cr} = \dfrac{4\pi^2 EI}{L^2}$

■해설 $K = 0.5$ (고정 - 고정)

$P_{cr} = \dfrac{\pi^2 EI}{(KL)^2} = \dfrac{\pi^2 EI}{(0.5L)^2} = \dfrac{4\pi^2 EI}{L^2}$

12. 그림과 같은 부정정보에 집중하중이 작용할 때 A점의 휨모멘트 M_A를 구한 값은?

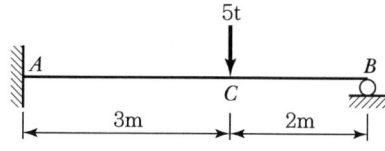

① $-5.7\text{t} \cdot \text{m}$ ② $-3.6\text{t} \cdot \text{m}$
③ $-4.2\text{t} \cdot \text{m}$ ④ $-2.6\text{t} \cdot \text{m}$

■해설 $M_A = -\dfrac{Pab(l+b)}{2l^2}$

$= -\dfrac{5 \times 3 \times 2 \times (5+2)}{2 \times 5^2} = -4.2\text{t} \cdot \text{m}$

13. 탄성계수 $E = 2.1 \times 10^6 \text{kg/cm}^2$, 프와송비 $\nu = 0.25$일 때 전단 탄성계수는?

① $8.4 \times 10^5 \text{kg/cm}^2$ ② $1.1 \times 10^6 \text{kg/cm}^2$
③ $1.7 \times 10^6 \text{kg/cm}^2$ ④ $2.1 \times 10^6 \text{kg/cm}^2$

■해설 $G = \dfrac{E}{2(1+\nu)} = \dfrac{(2.1 \times 10^6)}{2(1+0.25)} = 8.4 \times 10^5 \text{kg/cm}^2$

14. 아래와 같은 단순보의 지점 A에 모멘트 M_a가 작용할 경우 A점과 B점의 처짐각 비 $\left(\dfrac{\theta_a}{\theta_b}\right)$의 크기는?

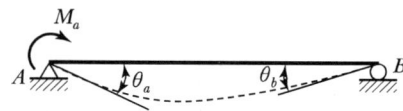

① 1.5   ② 2.0
③ 2.5   ④ 3.0

■해설 $\theta_a = \dfrac{l}{6EI}(2M_A + M_B) = \dfrac{l}{6EI}(2M_a + 0) = \dfrac{2M_a l}{6EI}$

$\theta_b = \dfrac{l}{6EI}(2M_B + M_A) = \dfrac{l}{6EI}(0 + M_a) = \dfrac{M_a l}{6EI}$

$\dfrac{\theta_a}{\theta_b} = 2$

15. 그림과 같은 단주에 편심하중이 작용할 때 최대 압축응력은?

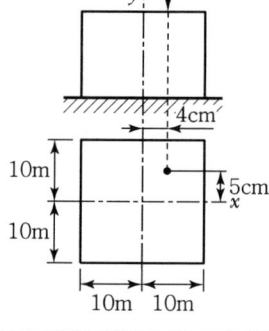

① 138.75kg/cm^2
② 172.65kg/cm^2
③ 245.75kg/cm^2
④ 317.65kg/cm^2

■해설 최대 압축응력은 단면의 우측 상단에서 발생한다.

$\sigma_{\max} = -\dfrac{P}{A}\left(1 + \dfrac{6e_x}{h} + \dfrac{6e_y}{b}\right)$

$= -\dfrac{(15 \times 10^3)}{(20 \times 20)}\left(1 + \dfrac{6 \times 4}{20} + \dfrac{6 \times 5}{20}\right)$

$= -138.75 \text{kg/cm}^2$

16. 아래 그림과 같은 보에서 A지점의 반력은?

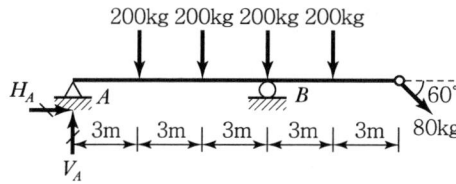

① $H_A = 87.1\text{kg}(\leftarrow)$,　$V_A = 40\text{kg}(\uparrow)$
② $H_A = 40\text{kg}(\leftarrow)$,　$V_A = 87.1\text{kg}(\uparrow)$
③ $H_A = 69.3\text{kg}(\rightarrow)$,　$V_A = 87.1\text{kg}(\uparrow)$
④ $H_A = 40\text{kg}(\rightarrow)$,　$V_A = 69.3\text{kg}(\uparrow)$

■해설

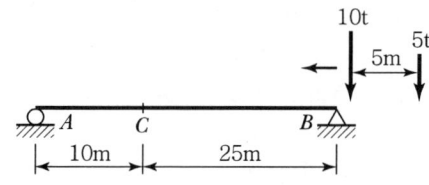

$\Sigma F_x = 0 (\rightarrow \oplus)$
$H_A + 80 \times \cos 60° = 0$
$H_A = -40\text{kg}(\leftarrow)$

$\Sigma M_{\text{Ⓑ}} = 0 (\curvearrowright \oplus)$
$V_A \times 9 - 200 \times 6 - 200 \times 3 + 200 \times 3 + 80$
　$\sin 60° \times 6 = 0$
$V_A = 87.1\text{kg}(\uparrow)$

17. 단순보 AB 위에 그림과 같은 이동하중이 지날 때 A점으로부터 10m 떨어진 C점의 최대 휨모멘트?

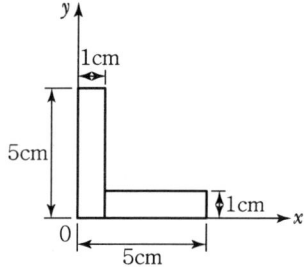

① $85 \text{t} \cdot \text{m}$　　② $95 \text{t} \cdot \text{m}$
③ $100 \text{t} \cdot \text{m}$　　④ $115 \text{t} \cdot \text{m}$

■해설

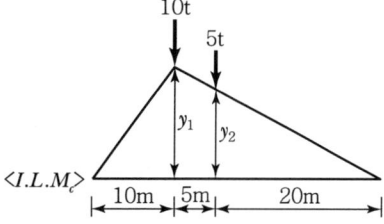

$y_1 = \dfrac{10 \times 25}{35} = \dfrac{50}{7}$

$25 : y_1 = 20 : y_2$

$y_2 = y_1 \cdot \dfrac{20}{25} = \dfrac{50}{7} \times \dfrac{20}{25} = \dfrac{40}{7}$

$M_{c,\max} = 10 \times \dfrac{50}{7} + 5 \times \dfrac{40}{7} = \dfrac{700}{7} = 100 \text{t} \cdot \text{m}$

18. 그림과 같은 단면의 단면 상승모멘트(I_{xy})는?

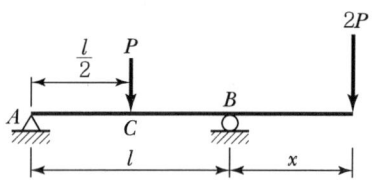

① 7.75cm^4　　② 9.25cm^4
③ 12.25cm^4　　④ 15.75cm^4

■해설　$I_{xy} = I_{xy1} - I_{xy2}$
　　　$= (5 \times 5 \times 2.5 \times 2.5) - (4 \times 4 \times 3 \times 3)$
　　　$= 12.25\text{cm}^4$

19. 그림과 같은 내민보에서 C점의 휨모멘트가 영(零)이 되게 하기 위해서는 x가 얼마가 되어야 하는가?

① $x = \dfrac{l}{4}$　　② $x = \dfrac{l}{3}$
③ $x = \dfrac{l}{2}$　　④ $x = \dfrac{2l}{3}$

■해설 $\sum M_B = 0 (\curvearrowright \oplus)$

$2P \times x - P \times \dfrac{l}{2} = 0$

$x = \dfrac{l}{4}$

20. 단면적이 A이고, 단면 2차 모멘트가 I인 단면의 단면 2차 반경(r)은?

① $r = \dfrac{A}{I}$ ② $r = \dfrac{I}{A}$

③ $r = \dfrac{\sqrt{I}}{A}$ ④ $r = \sqrt{\dfrac{I}{A}}$

■해설 $r = \sqrt{\dfrac{I}{A}}$

제2과목 **측량학**

21. 측점 A에 토털스테이션을 정치하고 B점에 설치한 프리즘을 관측하였다. 이때 기계고 1.7m, 고저각 +15°, 시준고 3.5m, 경사거리가 2,000m이었다면, 두 측점의 고저차는?

① 495.838m ② 515.838m
③ 535.838m ④ 555.838m

■해설 $\Delta h = I + S\sin\alpha - P_h$
 $= 1.7 + 2,000 \times \sin 15° - 3.5$
 $= 515.838\text{m}$

22. 100m²의 정사각형 토지면적을 0.2m²까지 정확하게 계산하기 위한 한 변의 최대허용오차는?

① 2mm ② 4mm
③ 5mm ④ 10mm

■해설 ㉠ 면적과 거리 정밀도 관계
 $\dfrac{\Delta A}{A} = 2\dfrac{\Delta L}{L}$
 ㉡ $A = L^2$, $L = \sqrt{A} = \sqrt{100} = 10$
 ㉢ $\Delta L = \dfrac{\Delta A}{A} \cdot \dfrac{L}{2} = \dfrac{0.2}{100} \times \dfrac{10}{2} = 0.01\text{m}$
 $= 10\text{mm}$

23. 트래버스 측량의 각 관측방법 중 방위각법에 대한 설명으로 틀린 것은?

① 진북을 기준으로 어느 측선까지 시계방향으로 측정하는 방법이다.
② 험준하고 복잡한 지역에서는 적합하지 않다.
③ 각이 독립적으로 관측되므로 오차 발생 시, 개별 각의 오차는 이후의 측량에 영향이 없다.
④ 각 관측값의 계산과 제도가 편리하고 신속히 관측할 수 있다.

■해설 ㉠ 폐합오차$(E) = \sqrt{E_L^2 + E_D^2}$
 $= \sqrt{0.4^2 + 0.3^2} = 0.5$
 ㉡ 폐합비 $= \dfrac{E}{\text{전거리}} = \dfrac{0.5}{1,500} = \dfrac{1}{3,000}$

24. 측량에 있어 미지값을 관측할 경우에 나타나는 오차와 관련된 설명으로 틀린 것은?

① 경중률은 분산에 반비례한다.
② 경중률은 반복 관측일 경우 각 관측값 간의 편차를 의미한다.
③ 일반적으로 큰 오차가 생길 확률은 작은 오차가 생길 확률보다 매우 적다.
④ 표준편차는 각과 거리 같은 1차원의 경우에 대한 정밀도의 척도이다.

■해설 경중률은 특정 측정값과 이와 연관된 다른 측정값에 대한 상대적인 신뢰성을 표현하는 척도이다.

25. 도면에서 곡선에 둘러싸여 있는 부분의 면적을 구하기에 가장 적합한 방법은?

① 좌표법에 의한 방법
② 배횡거법에 의한 방법
③ 삼사법에 의한 방법
④ 구적기에 의한 방법

■해설 곡선으로 둘러싸인 면적계산
㉠ 심프슨 제1법칙
㉡ 구적기 이용
㉢ 방안지 이용

26. 하천측량에 대한 설명으로 옳지 않은 것은?

① 수위관측소의 위치는 지천의 합류점 및 분류점으로서 수위의 변화가 일어나기 쉬운 곳이 적당하다.
② 하천측량에서 수준측량을 할 때의 거리표는 하천의 중심에 직각방향으로 설치한다.
③ 심천측량은 하천의 수심 및 유수 부분의 하저 상황을 조사하고 횡단면도를 제작하는 측량을 말한다.
④ 하천측량 시 처음에 할 일은 도상 조사로서 유로 상황, 지역면적, 지형, 토지 이용 상황 등을 조사하여야 한다.

■해설 지천의 합류, 분류점에서 수위 변화가 없는 곳에 설치

27. 캔트가 C인 노선에서 설계속도와 반지름을 모두 2배로 할 경우, 새로운 캔트 C'는?

① $\dfrac{C}{2}$
② $\dfrac{C}{4}$
③ $2C$
④ $4C$

■해설 ㉠ 캔트(C) $= \dfrac{SV^2}{Rg}$
㉡ 속도와 반경을 2배로 하면 C는 2배로 늘어난다.

28. 그림과 같은 수준환에서 직접수준측량에 의하여 표와 같은 결과를 얻었다. D점의 표고는? (단, A점의 표고는 20m, 경중률은 동일)

구분	거리 (km)	표고 (m)
$A \to B$	3	$B = 12.401$
$B \to C$	2	$C = 11.275$
$C \to D$	1	$D = 9.780$
$D \to A$	2.5	$A = 20.044$

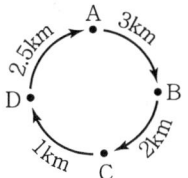

① 6.877m
② 8.327m
③ 9.749m
④ 10.586m

■해설 ㉠ 폐합오차(E) = +0.044
㉡ 조정량 = $\dfrac{\text{조정할 측점까지의 거리}}{\text{총거리}} \times$ 폐합오차
㉢ D점의 조정량 = $\dfrac{6}{8.5} \times 0.044 = 0.031\text{m}$
㉣ D점의 표고 = 9.780 − 0.031 = 9.749m

29. 지형측량에서 등고선의 성질에 대한 설명으로 옳지 않은 것은?

① 등고선은 절대 교차하지 않는다.
② 등고선은 지표의 최대 경사선 방향과 직교한다.
③ 동일 등고선 상에 있는 모든 점은 같은 높이이다.
④ 등고선 간의 최단거리의 방향은 그 지표면의 최대경사의 방향을 가리킨다.

■해설 동굴이나 절벽에서 교차한다.

30. 지오이드(Geoid)에 대한 설명 중 옳지 않은 것은?

① 평균해수면을 육지까지 연장한 가상적인 곡면을 지오이드라 하며 이것은 지구타원체와 일치한다.
② 지오이드는 중력장의 등퍼텐셜면으로 볼 수 있다.
③ 실제로 지오이드면은 굴곡이 심하므로 측지측량의 기준으로 채택하기 어렵다.
④ 지구타원체의 법선과 지오이드의 법선 간의 차이를 연직선 편차라 한다.

■해설 지오이드면은 불규칙한 곡면으로 준거타원체와 거의 일치한다.

31. 노선측량으로 곡선을 설치할 때에 교각(I) 60°, 외선 길이(E) 30m로 단곡선을 설치할 경우 곡선반지름(R)은?

① 103.7m   ② 120.7m
③ 150.9m   ④ 193.9m

■해설
㉠ 외선길이(E) = $R\left(\sec\dfrac{I}{2} - 1\right)$

㉡ $R = \dfrac{E}{\sec\dfrac{I}{2} - 1} = \dfrac{30}{\sec\dfrac{60°}{2} - 1} = 193.9\text{m}$

32. 홍수 때 급히 유속을 측정하기에 가장 알맞은 것은?

① 봉부자   ② 이중부자
③ 수중부자   ④ 표면부자

■해설 표면부자
홍수 시 표면유속을 관측할 때 사용한다.

33. 트래버스 측량의 각 관측방법 중 방위각법에 대한 설명으로 틀린 것은?

① 진북을 기준으로 어느 측선까지 시계방향으로 측정하는 방법이다.
② 험준하고 복잡한 지역에서는 적합하지 않다.
③ 각이 독립적으로 관측되므로 오차 발생 시, 개별 각의 오차는 이후의 측량에 영향이 없다.
④ 각 관측값의 계산과 제도가 편리하고 신속히 관측할 수 있다.

■해설 방위각법은 직접방위각이 관측되어 편리하나 오차 발생 시 이후 측량에도 영향을 끼친다.

34. 삼각측량과 삼변측량에 대한 설명으로 틀린 것은?

① 삼변측량은 변 길이를 관측하여 삼각점의 위치를 구하는 측량이다.
② 삼각측량의 삼각망 중 가장 정확도가 높은 망은 사변형삼각망이다.
③ 삼각점의 선점 시 기계나 측표가 동요할 수 있는 습지나 하상은 피한다.
④ 삼각점의 등급을 정하는 주된 목적은 표석 설치를 편리하게 하기 위함이다.

■해설 삼각점은 각종 측량의 골격이 되는 기준점이다.

35. 수준측량의 부정오차에 해당되는 것은?

① 기포의 순간 이동에 의한 오차
② 기계의 불완전 조정에 의한 오차
③ 지구곡률에 의한 오차
④ 빛의 굴절에 의한 오차

■해설 부정오차
㉠ 시차에 의한 오차는 시차로 인해 정확한 표척값을 읽지 못할 때 발생
㉡ 레벨의 조정 불안정
㉢ 기상변화에 의한 오차는 바람이나 온도가 불규칙하게 변화하여 발생
㉣ 기포관의 둔감
㉤ 기포관 곡률의 부등에 의한 오차
㉥ 진동, 지진에 의한 오차
㉦ 대물렌즈의 출입에 의한 오차

36. 촬영고도 3,000m에서 초점거리 153mm의 카메라를 사용하여 고도 600m의 평지를 촬영할 경우의 사진축척은?

① $\dfrac{1}{14,865}$ ② $\dfrac{1}{15,686}$
③ $\dfrac{1}{16,766}$ ④ $\dfrac{1}{17,568}$

■해설 축척$\left(\dfrac{1}{m}\right) = \dfrac{f}{H \pm \Delta h} = \dfrac{0.153}{3,000 - 600}$
$\fallingdotseq \dfrac{1}{15,686}$

37. 표고 300m의 지역(800km²)을 촬영고도 3,300m에서 초점거리 152mm의 카메라로 촬영했을 때 필요한 사진매수는?(단, 사진크기 23cm×23cm, 종중복도 60%, 횡중복도 30%, 안전율 30%임)

① 139매   ② 140매
③ 181매   ④ 281매

|해답| 31.④ 32.④ 33.③ 34.④ 35.① 36.② 37.③

■해설 ① $\frac{1}{m} = \frac{f}{H}$, $\frac{1}{m} = \frac{0.152}{3,000} ≒ \frac{1}{19,737}$

② $A_0 = (ma)^2 \left(1 - \frac{P}{100}\right)\left(1 - \frac{q}{100}\right)$
$= (19,737 × 0.23)^2 \left(1 - \frac{60}{100}\right)\left(1 - \frac{30}{100}\right)$
$= 5,770,002 m^2$

③ $N = \frac{F}{A_0}(1 + 안전율)$
$= \frac{800,000,000}{5,770,002}(1 + 0.3)$
$= 180.24 ≒ 181$ 매

38. GNSS 측량에 대한 설명으로 틀린 것은?

① 다양한 항법위성을 이용한 3차원 측위방법으로 GPS, GLONASS, Galileo 등이 있다.
② VRS 측위는 수신기 1대를 이용한 절대 측위방법이다.
③ 지구질량 중심을 원점으로 하는 3차원 직교좌표체계를 사용한다.
④ 정지측량, 신속정지측량, 이동측량 등으로 측위방법을 구분할 수 있다.

■해설 VRS 측위는 가상기준점 방식의 새로운 실시간 GPS 측량법으로 기지국 GPS를 설치하지 않고 이동국 GPS만을 이용하여 VRS 센터에서 제공하는 위치보정 데이터를 수신함으로써 RTK 또는 DGPS 측량을 수행하는 첨단기법이다.

39. 노선측량에 관한 설명으로 옳은 것은?

① 일반적으로 단곡선 설치 시 가장 많이 이용하는 방법은 지거법이다.
② 곡률이 곡선길이에 비례하는 곡선을 클로소이드곡선이라 한다.
③ 완화곡선의 접선은 시점에서 원호에, 종점에서 직선에 접한다.
④ 완화곡선의 반지름은 종점에서 무한대이고 시점에서는 원곡선의 반지름이 된다.

■해설 ㉠ 클로소이드 곡선의 곡률($\frac{1}{R}$)은 곡선장에 비례
㉡ 매개변수 $A^2 = RL$
㉢ 곡선길이가 일정할 때 곡선 반지름이 크면 접선각은 작아진다.

40. 지형측량의 순서로 옳은 것은?

① 측량계획 - 골조측량 - 측량원도 작성 - 세부측량
② 측량계획 - 세부측량 - 측량원도 작성 - 골조측량
③ 측량계획 - 측량원도 작성 - 골조측량 - 세부측량
④ 측량계획 - 골조측량 - 세부측량 - 측량원도 작성

제3과목 **수리수문학**

41. 개수로 흐름에 대한 설명으로 틀린 것은?

① 한계류 상태에서는 수심의 크기가 속도수두의 2배가 된다.
② 유량이 일정할 때 상류에서는 수심이 작아질수록 유속은 커진다.
③ 비에너지는 수평기준면을 기준으로 한 단위무게의 유수가 가진 에너지를 말한다.
④ 흐름이 사류에서 상류로 바뀔 때에는 도수와 함께 큰 에너지 손실을 동반한다.

■해설 개수로 흐름의 특성
㉠ 한계류 상태에서는 수심의 크기가 속도수두의 2배가 된다.
㉡ 유량이 일정할 때 상류에서는 수심이 작아질수록 유속은 커진다.
㉢ 비에너지는 수로 바닥면을 기준으로 한 단위무게의 유수가 가진 에너지를 말한다.
㉣ 흐름이 사류에서 상류로 바뀔 때 수면이 뛰는 현상을 도수라고 하며, 도수는 큰 에너지 손실을 동반한다.

|해답| 38.② 39.② 40.④ 41.③

42. 밀도가 ρ인 유체가 일정한 유속 V_O로 수평방향으로 흐르고 있다. 이 유체 속에 지름 d, 길이 l인 원주가 그림과 같이 놓였을 때 원주에 작용되는 항력(抗力)을 구하는 공식은?(단, C_D는 항력계수)

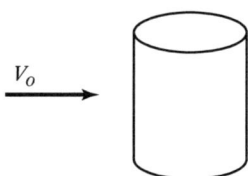

① $C_D \cdot \dfrac{\pi d^2}{4} \cdot \dfrac{\rho V_O}{2}$

② $C_D \cdot d \cdot l \cdot \dfrac{\rho V_O^2}{2}$

③ $C_D \cdot \dfrac{\pi d^2}{4} \cdot l \cdot \dfrac{\rho V_O}{2}$

④ $C_D \cdot \pi d \cdot l \cdot \dfrac{\rho V_O}{2}$

■해설 항력(drag force)
㉠ 흐르는 유체 속에 물체가 잠겨 있을 때 유체에 의해 물체가 받는 힘을 항력(drag force)이라 한다.
$$D = C_D \cdot A \cdot \dfrac{\rho V^2}{2}$$
여기서, C_D : 항력계수 $\left(C_D = \dfrac{24}{R_e}\right)$
A : 투영면적
$\dfrac{\rho V^2}{2}$: 동압력

㉡ 항력 공식 : 그림에서 면적 A는 투영면적으로 지름 d와 길이 l을 곱한 면적을 적용한다.
$$D = C_D \cdot A \cdot \dfrac{\rho V^2}{2} = C_D \cdot d \cdot l \cdot \dfrac{\rho V_O^2}{2}$$

43. 폭 3.5m, 수심 0.4m인 직사각형 수로의 Francis 공식에 의한 유량은?(단, 접근유속은 무시하고 양단수축이다.)

① 1.59m³/s ② 2.04m³/s
③ 2.19m³/s ④ 2.34m³/s

■해설 Francis 공식
㉠ Francis 공식
$$Q = 1.84\, b_0\, h^{\frac{3}{2}}$$
여기서, $b_0 = b - 0.1nh$ (n=2 : 양단수축, n=1 : 일단수축, n=0 : 수축이 없는 경우)

㉡ 월류량의 산정
$$Q = 1.84(b - 0.1nh)h^{\frac{3}{2}}$$
$$= 1.84(3.5 - 0.1 \times 2 \times 0.4) \times 0.4^{\frac{3}{2}}$$
$$= 1.59 \text{m}^3/\text{sec}$$

44. 개수로에서 단면적이 일정할 때 수리학적으로 유리한 단면에 해당되지 않는 것은?(단, H : 수심, R_h : 동수반경, l : 측면의 길이, B : 수면폭, P : 윤변, θ : 측면의 경사)

① H를 반지름으로 하는 반원에 외접하는 직사각형 단면
② R_h가 최대 또는 P가 최소인 단면
③ $H = B/2$이고 $R_h = B/2$인 직사각형 단면
④ $l = B/2$, $R_h = H/2$, $\theta = 60°$인 사다리꼴 단면

■해설 수리학적으로 유리한 단면
㉠ 수로의 경사, 조도계수, 단면이 일정할 때 유량이 최대로 흐를 수 있는 단면을 수리학적으로 유리한 단면 또는 최량수리단면이라 한다.
㉡ 수리학적으로 유리한 단면은 경심(R)이 최대이거나, 윤변(P)이 최소일 때 성립된다.
R_{max} 또는 P_{min}
㉢ 직사각형 단면에서 수리학적으로 유리한 단면이 되기 위한 조건은 $B = 2H$, $R = \dfrac{H}{2}$이다.
• 이 조건을 적용하면 수심 H를 반지름으로 하는 반원에 외접하는 단면이 된다.
㉣ 사다리꼴 단면에서는 정삼각형 3개가 모인 단면이 가장 유리한 단면이 된다.
$$\therefore b = l,\ \theta = 60°,\ R = \dfrac{H}{2}$$

|해답| 42.② 43.① 44.③

45. Thiessen 다각형에서 각각의 면적이 20km², 30km², 50km²이고, 이에 대응하는 강우량이 각각 40mm, 30mm, 20mm일 때, 이 지역의 면적평균 강우량은?

① 25mm ② 27mm
③ 30mm ④ 32mm

■해설 유역의 평균우량 산정법
㉠ 유역의 평균우량 산정공식

종류	적용
산술평균법	우량계가 균등분포된 유역면적 500km² 이내에 적용 $P_m = \dfrac{1}{N}\sum_{i=1}^{N} P_i$
Thiessen법	유역면적 500~5,000km² 이내에 적용 $P_m = \dfrac{\sum_{i=1}^{N} A_i P_i}{\sum_{i=1}^{N} A_i}$
등우선법	산악의 영향이 고려되고, 유역면적 5,000km² 이상인 곳에 적용 $P_m = \dfrac{\sum_{i=1}^{N} A_i P_i}{\sum_{i=1}^{N} A_i}$

㉡ Thiessen법을 이용한 면적평균 강우량의 산정

$$P_m = \dfrac{\sum_{i=1}^{N} A_i P_i}{\sum_{i=1}^{N} A_i}$$

$$= \dfrac{(20 \times 40) + (30 \times 30) + (50 \times 20)}{20 + 30 + 50}$$

$$= 27\text{mm}$$

46. 미소진폭파(small-amplitude wave)이론을 가정할 때 일정 수심 h의 해역을 전파하는 파장 L, 파고 H, 주기 T의 파랑에 대한 설명 중 틀린 것은?

① h/L이 0.05보다 작을 때, 천해파로 정의한다.
② h/L이 1.0보다 클 때, 심해파로 정의한다.
③ 분산관계식은 L, h 및 T 사이의 관계를 나타낸다.
④ 파랑의 에너지는 H^2에 비례한다.

■해설 미소진폭파 이론
㉠ 파랑을 파장(L)과 수심(H)의 비에 따라 분류하면, 수심이 파장의 1/2보다 깊은 중력파를 심해파라 하며, 수심이 파장의 1/20보다 얕은 중력파를 천해파라고 한다.
㉡ 미소진폭파의 기본방정식은 파의 주기(T)와 수심(H), 파장(L)의 관계식으로 나타내며, 이를 분산관계식이라고 한다.
㉢ 파랑의 평균에너지(E)는 파고(H^2)에 비례한다.

$$E = E_k + E_P = \dfrac{1}{8}wH^2$$

여기서, E_k : 운동에너지
E_P : 위치에너지

47. 면적 10km²인 저수지의 수면으로부터 2m 위에서 측정된 대기의 평균온도가 25℃, 상대습도가 65%, 풍속이 4m/s일 때 증발률이 1.44mm/day이었다면 저수지 수면에서 일증발량은?

① 9,360m³/day ② 3,600m³/day
③ 7,200m³/day ④ 14,400m³/day

■해설 일증발량의 산정
저수지의 일증발량(m³)은 저수지 수표면적(m²)에 증발률(m/day)을 곱해서 구할 수 있다.
• 일증발량 = 수표면적 × 증발률
$= (10 \times 10^6) \times (1.44 \times 10^{-3})$
$= 14,400\text{m}^3/\text{day}$

48. 정상류의 흐름에 대한 설명으로 옳은 것은?

① 흐름 특성이 시간에 따라 변하지 않는 흐름이다.
② 흐름 특성이 공간에 따라 변하지 않는 흐름이다.
③ 흐름 특성이 단면에 관계없이 동일한 흐름이다.
④ 흐름 특성이 시간에 따라 일정한 비율로 변하는 흐름이다.

■해설 흐름의 분류
㉠ 정류와 부정류 : 시간에 따른 흐름의 특성이 변하지 않는 경우를 정류, 변하는 경우를 부정류라 한다.

• 정류 : $\dfrac{\partial v}{\partial t} = 0$, $\dfrac{\partial p}{\partial t} = 0$, $\dfrac{\partial \rho}{\partial t} = 0$

• 부정류 : $\dfrac{\partial v}{\partial t} \neq 0$, $\dfrac{\partial p}{\partial t} \neq 0$, $\dfrac{\partial \rho}{\partial t} \neq 0$

|해답| 45.② 46.② 47.④ 48.①

ⓒ 등류와 부등류 : 공간에 따른 흐름의 특성이 변하지 않는 경우를 등류, 변하는 경우를 부등류라 한다.
- 등류 : $\frac{\partial Q}{\partial l}=0,\ \frac{\partial v}{\partial l}=0,\ \frac{\partial h}{\partial l}=0$
- 부등류 : $\frac{\partial Q}{\partial l}\neq 0,\ \frac{\partial v}{\partial l}\neq 0,\ \frac{\partial h}{\partial l}\neq 0$

∴ 정상류는 흐름의 특성이 시간에 따라 변하지 않는 흐름을 말한다.

49. 지하수의 투수계수에 영향을 주는 인자로 거리가 먼 것은?
① 토양의 평균입경   ② 지하수의 단위중량
③ 지하수의 점성계수 ④ 토양의 단위중량

■해설 Darcy의 법칙
ⓐ Darcy의 법칙
- $V=K\cdot I=K\cdot\frac{h_L}{L}$
- $Q=A\cdot V=A\cdot K\cdot I=A\cdot K\cdot\frac{h_L}{L}$

ⓑ 투수계수 K
$K=D_s^2\frac{\rho g}{\mu}\frac{e^3}{1+e}C$
여기서, D_s : 토사의 입경, $\rho g=w$: 지하수의 단위중량
μ : 점성계수, e : 간극비, C : 형상계수

∴ 투수계수와 관련이 없는 인자는 토양의 단위중량이다.

50. 차원계를 [MLT]에서 [FLT]로 변환할 때 사용하는 식으로 옳은 것은?
① $[M]=[LFT]$
② $[M]=[L^{-1}FT^2]$
③ $[M]=[LFT^2]$
④ $[M]=[L^2FT]$

■해설 차원
ⓐ 물리량의 크기를 힘[F], 질량[M], 시간[T], 길이[L]의 지수형태로 표기한 것
ⓑ 힘과 질량의 차원

물리량	FLT계	MLT계
힘	F	MLT^{-2}
질량	FT^2L^{-1}	M

51. 수면 높이차가 항상 20m인 두 수조가 지름 30cm, 길이 500m, 마찰손실계수가 0.03인 수평관으로 연결되었다면 관 내의 유속은?(단, 마찰, 단면 급확대 및 급축소에 따른 손실을 고려한다.)
① 2.76m/s   ② 4.72m/s
③ 5.76m/s   ④ 6.72m/s

■해설 단일관수로의 유속
ⓐ 단일관수로에서 급확대, 급축소는 유입과 유출 손실로 보아야 하므로 유입, 유출, 마찰손실을 고려한 유속공식을 적용한다.
$V=\sqrt{\dfrac{2gH}{f_i+f_o+f\dfrac{l}{D}}}=\sqrt{\dfrac{2gH}{1.5+f\dfrac{l}{D}}}$

ⓑ 유속의 산정
$V=\sqrt{\dfrac{2gH}{1.5+f\dfrac{l}{D}}}=\sqrt{\dfrac{2\times 9.8\times 20}{1.5+0.03\times\dfrac{500}{0.3}}}$
$=2.76\text{m/s}$

52. 그림에서 배수구의 면적이 5cm²일 때 물통에 작용하는 힘은?(단, 물의 높이는 유지되고, 손실은 무시한다.)

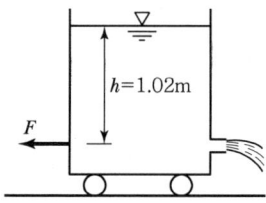

① 1N   ② 10N
③ 100N ④ 102N

■해설 운동량방정식
ⓐ 운동량방정식
- $F=\rho Q(V_2-V_1)$: 운동량방정식
- $F=\rho Q(V_1-V_2)$: 판이 받는 힘(반력)

ⓑ 유속의 산정
$V=\sqrt{2gh}=\sqrt{2\times 980\times 102}=447\text{cm/sec}$

ⓒ 물통에 작용하는 힘의 계산(x방향 힘의 계산)
$F_x=\dfrac{wQ}{g}(V_1-V_2)=\dfrac{1\times 5\times 447}{980}\times(447-0)$
$=1019\text{g}=1.019\text{kg}\times 9.8$
$=10\text{N}$

53. 수심 H에 위치한 작은 오리피스(orifice)에서 물이 분출할 때 일어나는 손실수두(Δh)의 계산식으로 틀린 것은?(단, V_a는 오리피스에서 측정된 유속이며 C_v는 유속계수이다.)

① $\Delta h = H - \dfrac{V_a^2}{2g}$

② $\Delta h = H(1 - C_v^2)$

③ $\Delta h = \dfrac{V_a^2}{2g}\left(\dfrac{1}{C_v^2} - 1\right)$

④ $\Delta h = \dfrac{V_a^2}{2g}\left(\dfrac{1}{C_v^2 + 1}\right)$

■해설 오리피스의 손실수두
오리피스에서 물이 분출할 때 일어나는 손실수두는 다음 식에 의해 계산한다.

㉠ $\Delta h = H - \dfrac{V_a^2}{2g}$

㉡ $\Delta h = H(1 - C_v^2)$

㉢ $\Delta h = \dfrac{V_a^2}{2g}\left(\dfrac{1}{C_v^2} - 1\right)$

54. 그림과 같이 정수 중에 있는 판에 작용하는 전수압을 계산하는 식은?

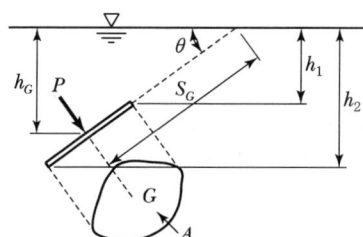

① $P = \gamma S_G A$

② $P = \gamma \dfrac{h_1 + h_2}{2} A$

③ $P = \gamma h_G A$

④ $P = \gamma h_G A \sin\theta$

■해설 경사평면이 받는 전수압
수면과 경사인 면이 받는 전수압
- $P = \gamma h_G A$
- $h_G = S_G \sin\theta$

여기서, h_G : 수면과 연직 중심점까지의 거리
A : 면적
S_G : 경사중심점까지의 거리

55. 다음 중에서 차원이 다른 것은?
① 증발량 ② 침투율
③ 강우강도 ④ 유출량

■해설 차원
㉠ 물리량의 크기를 힘[F], 질량[M], 시간[T], 길이[L]의 지수형태로 표기한 것
㉡ 차원

물리량	단위	차원
증발량	mm/day	LT^{-1}
침투율	mm/hr	LT^{-1}
강우강도	mm/hr	LT^{-1}
유출량	m³/sec	L^3T^{-1}

∴ 차원이 다른 것은 유출량이다.

56. 두께가 10m인 피압대수층에서 우물을 통해 양수한 결과, 50m 및 100m 떨어진 두 지점에서 수면강하가 각각 20m 및 10m로 관측되었다. 정상상태를 가정할 때 우물의 양수량은?(단, 투수계수는 0.3m/hr)

① 7.6×10^{-2}m³/s ② 6.0×10^{-3}m³/s
③ 9.4m³/s ④ 21.6m³/s

■해설 우물의 양수량
㉠ 우물의 양수량

종류	내용
깊은 우물 (심정호)	우물의 바닥이 불투수층까지 도달한 우물을 말한다. $Q = \dfrac{\pi K(H^2 - h_o^2)}{\ln(R/r_o)} = \dfrac{\pi K(H^2 - h_o^2)}{2.3\log(R/r_o)}$
얕은 우물 (천정호)	우물의 바닥이 불투수층까지 도달하지 못한 우물을 말한다. $Q = 4Kr_o(H - h_o)$
굴착정	피압대수층의 물을 양수하는 우물을 말한다. $Q = \dfrac{2\pi aK(H - h_o)}{\ln(R/r_o)}$ $= \dfrac{2\pi aK(H - h_o)}{2.3\log(R/r_o)}$
집수 암거	복류수를 취수하는 우물을 말한다. $Q = \dfrac{Kl}{R}(H^2 - h^2)$

ⓒ 굴착정의 양수량 계산

$$Q = \frac{2\pi aK(H-h_o)}{2.3\log(R/r_o)}$$

$$= \frac{2\times\pi\times 10\times(0.3/3,600)\times(20-10)}{2.3\log(100/50)}$$

$$= \frac{2\times\pi\times 10\times(0.3/3,600)\times(20-10)}{2.3\log(100/50)}$$

$$= 7.6\times 10^{-2} \text{m}^3/\text{s}$$

57. 폭이 넓은 하천에서 수심이 2m이고 경사가 $\frac{1}{200}$ 인 흐름의 소류력(Tractive Force)은?

① 98N/m²
② 49N/m²
③ 196N/m²
④ 294N/m²

■해설 소류력

ⓐ 유수의 소류력

$\tau = wRI ≒ whI$

∵ 광폭개수로 : $R ≒ h$

ⓑ 소류력의 산정

$\tau = whI = 1\times 2\times \frac{1}{200} = 0.01\text{t/m}^2$

$= 10\text{kg/m}^2 = 98\text{N/m}^2$

∵ 1kg = 9.8N

58. 강우량자료를 분석하는 방법 중 이중누가곡선법에 대한 설명으로 옳은 것은?

① 평균강수량을 산정하기 위하여 사용한다.
② 강수의 지속기간을 구하기 위하여 사용한다.
③ 결측자료를 보완하기 위하여 사용한다.
④ 강수량자료의 일관성을 검증하기 위하여 사용한다.

■해설 이중누가우량분석(Double Mass Analysis)
수십 년에 걸친 장기간의 강수자료의 일관성(Consistency) 검증을 위해 실시하는 방법이다.

59. 지름이 4cm인 원형관 속에 물이 흐르고 있다. 관로 길이 1.0m 구간에서 압력강하가 0.1N/m² 이었다면 관벽의 마찰응력은?

① 0.001N/m²
② 0.002N/m²
③ 0.01N/m²
④ 0.02N/m²

■해설 전단응력

ⓐ 관수로의 전단응력

$\tau = \frac{\Delta P r}{2l}$

여기서, ΔP : 압력강하량
r : 반지름
l : 관의 길이

ⓑ 전단응력의 산정

$\tau = \frac{\Delta P r}{2l} = \frac{0.1\times 0.02}{2\times 1} = 0.001\text{N/m}^2$

60. 관수로 흐름에서 난류에 대한 설명으로 옳은 것은?

① 마찰손실계수는 레이놀즈수만 알면 구할 수 있다.
② 관벽 조도가 유속에 주는 영향은 층류일 때보다 작다.
③ 관성력의 점성력에 대한 비율이 층류의 경우보다 크다.
④ 에너지 손실은 주로 난류효과보다 유체의 점성 때문에 발생한다.

■해설 관수로 흐름 일반

ⓐ 난류에서의 마찰손실계수는 레이놀즈수(R_e)와 상대조도$\left(\frac{e}{D}\right)$의 함수이다.

ⓑ 난류에서는 관 벽의 조도가 유속에 주는 영향이 층류일 때보다 크다.

ⓒ 난류에서는 관성력이 점성력에 비하여 크므로 관성력과 점성력의 비율이 층류의 경우보다 크다.

ⓓ 점성에 의한 에너지손실은 난류보다 층류의 경우에 발생된다.

|해답| 57.① 58.④ 59.① 60.③

제4과목 철근콘크리트 및 강구조

61. 활하중 20kN/m, 고정하중 30kN/m를 지지하는 지간 8m의 단순보에서 계수모멘트(M_u)는? (단, 하중계수와 하중조합을 고려할 것)

① 512kN·m ② 544kN·m
③ 576kN·m ④ 605kN·m

■해설
$W_u = 1.2 W_D + 1.6 W_L$
$= (1.2 \times 30) + (1.6 \times 20) = 68\text{kN/m}$
$M_u = \dfrac{W_u l^2}{8} = \dfrac{68 \times 8^2}{8} = 544\text{kN·m}$

62. $A_s = 3,600\text{mm}^2$, $A_s' = 1,200\text{mm}^2$로 배근된 그림과 같은 복철근 보의 탄성처짐이 12mm라 할 때 5년 후 지속하중에 의해 유발되는 추가 장기 처짐은 얼마인가?

① 36mm
② 18mm
③ 12mm
④ 6mm

■해설 $\xi = 2.0$(하중 재하기간이 5년 이상인 경우)
$\rho' = \dfrac{A_s'}{bd} = \dfrac{1,200}{200 \times 300} = 0.02$
$\lambda = \dfrac{\xi}{1 + 50\rho'} = \dfrac{2.0}{1 + (50 \times 0.02)} = 1.0$
$\delta_L = \lambda \cdot \delta_i = 1.0 \times 12 = 12\text{mm}$

63. 순단면이 볼트의 구멍 하나를 제외한 단면(즉, $A-B-C$ 단면)과 같도록 피치(s)를 결정하면?(단, 구멍의 직경은 22mm이다.)

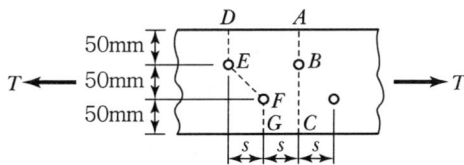

① 114.9mm ② 90.6mm
③ 66.3mm   ④ 50mm

■해설
$d_h = \phi + 3 = 22\text{mm}$
$b_{n1} = b_g - d_h$
$b_{n2} = b_g - 2d_h + \dfrac{s^2}{4g}$
$b_{n1} = b_{n2}$
$b_g - d_h = b_g - 2d_h + \dfrac{s^2}{4g}$
$s = \sqrt{4gd_h} = \sqrt{4 \times 50 \times 22} = 66.3\text{mm}$

64. 프리스트레스의 손실 원인 중 프리스트레스 도입 후 시간이 경과함에 따라서 생기는 것은 어느 것인가?

① 콘크리트의 탄성수축
② 콘크리트의 크리프
③ PS 강재와 쉬스의 마찰
④ 정착단의 활동

■해설 프리스트레스의 손실 원인
1. 프리스트레스 도입 시 손실(즉시 손실)
 • 정착 장치의 활동에 의한 손실
 • PS 강재와 쉬스 사이의 마찰에 의한 손실
 • 콘크리트의 탄성 변형에 의한 손실
2. 프리스트레스 도입 후 손실(시간 손실)
 • 콘크리트의 크리프에 의한 손실
 • 콘크리트의 건조수축에 의한 손실
 • PS 강재의 릴랙세이션에 의한 손실

65. 아래의 표와 같은 조건의 경량콘크리트를 사용할 경우 경량 콘크리트계수(λ)로 옳은 것은?

• 콘크리트 설계기준 압축강도(f_{ck}) : 24MPa
• 콘크리트 인장강도(f_{sp}) : 2.17MPa

① 0.72 ② 0.75
③ 0.79 ④ 0.85

■해설 $f_{sp} = 0.56\lambda\sqrt{f_{ck}}$
$\lambda = \dfrac{f_{sp}}{0.56\sqrt{f_{ck}}} = \dfrac{2.17}{0.56\sqrt{24}} = 0.79$

66. 옹벽의 설계 및 해석에 대한 설명으로 틀린 것은?

① 옹벽 저판의 설계는 슬래브의 설계방법규정에 따라 수행하여야 한다.
② 앞 부벽식 옹벽에서 앞 부벽은 직사각형 보로 설계한다.
③ 부벽식 옹벽의 전면벽은 3변 지지된 2방향 슬래브로 설계할 수 있다.
④ 옹벽은 상재하중, 뒷채움 흙의 중량, 옹벽의 자중 및 옹벽에 작용하는 토압, 필요에 따라서 수압에도 견디도록 설계하여야 한다.

■해설 옹벽 저판의 설계는 정확한 방법이 사용되지 않는 한 뒷부벽 또는 앞부벽 간의 거리를 경간으로 가정하여 고정보 또는 연속보로 설계할 수 있다.

67. 유효깊이(d)가 910mm인 아래 그림과 같은 단철근 T형 보의 설계휨강도(ϕM_n)를 구하면?(단, 인장철근량(A_s)은 7,652mm², f_{ck} = 21MPa, f_y = 350MPa, 인장지배단면으로 ϕ = 0.85, 경간은 3,040mm이다.)

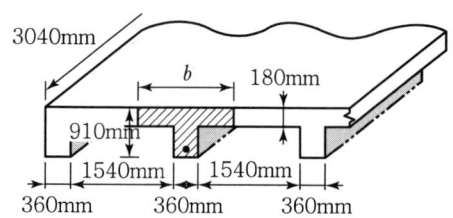

① 1,803kN·m
② 1,845kN·m
③ 1,883kN·m
④ 1,981kN·m

■해설 1. T형 보(대칭 T형 보)에서 플랜지의 유효폭(b_e)
　㉠ $16t_f + b_w = (16 \times 180) + 360 = 3,240$mm
　㉡ 양쪽 슬래브의 중심 간 거리 = 1,540 + 360
　　　　　　　　　　　　　　= 1,900mm
　㉢ 보 경간의 $\frac{1}{4}$ = 3,040 × $\frac{1}{4}$ = 760mm
　위 값 중에서 최소값을 취하면 b_e = 760mm이다.

2. T형 보의 판별
　b = 760mm인 직사각형 단면보에 대한 등가사각형 깊이
　$a = \frac{f_y A_s}{0.85 f_{ck} b} = \frac{350 \times 7,652}{0.85 \times 21 \times 760} = 197.4$mm
　$t_f = 180$mm

　$a(=197.4\text{mm}) > t_f(=180\text{mm})$이므로 T형 보로 해석한다.

3. T형 보의 등가사각형 깊이(a)
$$A_{sf} = \frac{0.85 f_{ck}(b-b_w)t_f}{f_y}$$
$$= \frac{0.85 \times 21 \times (760-360) \times 180}{350}$$
$$= 3,672\text{mm}^2$$
$$a = \frac{(A_s - A_{sf})f_y}{0.85 f_{ck} b_w}$$
$$= \frac{(7,652 - 3,672) \times 350}{0.85 \times 21 \times 360} = 216.8\text{mm}$$

4. T형보의 설계휨강도(ϕM_n)
$\phi = 0.85$(인장지배 단면인 경우)
$$M_d = \phi M_n$$
$$= \phi \left\{ A_{sf} f_y \left(d - \frac{t_f}{2}\right) + (A_s - A_{sf})f_y \left(d - \frac{a}{2}\right)\right\}$$
$$= 0.85 \left\{ 3,672 \times 350 \times \left(910 - \frac{180}{2}\right) \right.$$
$$\left. + (7,652 - 3,672) \times 350 \times \left(910 - \frac{216.8}{2}\right)\right\}$$
$$= 1,845 \times 10^6 \text{N·mm} = 1,845\text{kN·m}$$

68. 아래 그림과 같은 단철근 직사각형 보에서 최외단 인장철근의 순인장변형률(ε_t)은?(단, A_s = 2,028mm², f_{ck} = 35MPa, f_y = 400MPa)

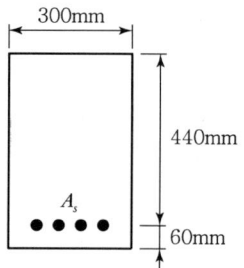

① 0.00432
② 0.00648
③ 0.00863
④ 0.00934

■해설 • $f_{ck} > 28$MPa인 경우 β_1의 값
　$\beta_1 = 0.85 - 0.007(f_{ck} - 28)$
　　 $= 0.85 - 0.007(35 - 28) = 0.801$ ($\beta_1 \geq 0.65$ - o.k)

• $c = \frac{f_y A_s}{0.85 f_{ck} b \beta_1}$
　$= \frac{400 \times 2028}{0.85 \times 35 \times 300 \times 0.801} = 113.5$mm

• $\varepsilon_t = \frac{d_t - c}{c} \varepsilon_c = \frac{440 - 113.5}{113.5} \times 0.003 = 0.00863$

|해답| 66.① 67.② 68.③

69. 폭(b)이 250mm이고, 전체 높이(h)가 500mm인 직사각형 철근콘크리트 보의 단면에 균열을 일으키는 비틀림모멘트 T_{cr}는 약 얼마인가?(단, $f_{ck}=$ 28MPa이다.)

① 9.8kN·m ② 11.3kN·m
③ 12.5kN·m ④ 18.4kN·m

■해설 $A_{cp} = b_\omega \cdot h = 250 \times 500 = 125,000\text{mm}^2$
$p_{cp} = 2(b_\omega + h) = 2 \times (250 + 500) = 1,500\text{mm}$
$T_{cr} = \frac{1}{3}\sqrt{f_{ck}}\frac{A_{cp}^2}{p_{cp}} = \frac{1}{3} \times \sqrt{28} \times \frac{125,000^2}{1,500}$
$= 18.4 \times 10^6 \text{N} \cdot \text{mm} = 18.4\text{kN} \cdot \text{m}$

70. 그림과 같은 복철근 보의 유효깊이(d)는?(단, 철근 1개의 단면적은 250mm²이다.)

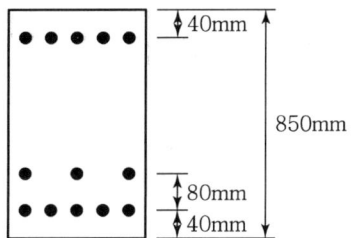

① 730mm ② 740mm
③ 760mm ④ 780mm

■해설 $8d = 3(850 - 40 - 80) + 5(850 - 40)$
$d = 780\text{mm}$

71. 계수전단력(V_u)이 콘크리트에 의한 설계전단강도(ϕV_c)의 1/2을 초과하는 철근콘크리트 휨부재에는 최소 전단철근을 배치하도록 규정하고 있다. 다음 중 이 규정에서 제외되는 경우에 대한 설명으로 틀린 것은?

① 슬래브와 기초판
② 전체 깊이가 400mm 이하인 보
③ I형 보, T형 보에서 그 깊이가 플랜지 두께의 2.5배 또는 복부폭의 1/2 중 큰 값 이하인 보
④ 교대 벽체 및 날개벽, 옹벽의 벽체, 암거 등과 같이 휨이 주거동인 판 부재

■해설 최소 전단철근량 규정이 적용되지 않는 경우
㉠ $h \le 250\text{mm}$인 경우
㉡ $h \le \left[2.5t_f, \frac{1}{2}b_w\right]_{max}$인 I형 보 또는 T형 보
㉢ 슬래브와 확대기초
㉣ 교대벽체 및 날개벽, 옹벽의 벽체, 암거 등과 같이 휨이 주거동인 판 부재
㉤ 콘크리트 장선구조

72. 그림과 같은 맞대기 용접의 용접부에 발생하는 인장응력은?

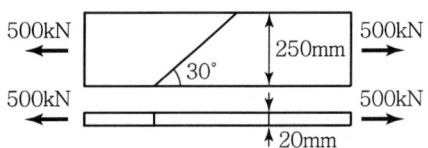

① 100MPa ② 150MPa
③ 200MPa ④ 220MPa

■해설 $f = \frac{P}{A} = \frac{500 \times 10^3}{20 \times 250} = 100\text{N/mm}^2 = 100\text{MPa}$

맞대기 용접부(홈용접부)의 인장응력은 용접부의 경사각도와 관계없고, 다만 하중과 하중이 재하된 수직단면과 관계있다.

73. 그림과 같은 포스트텐션 보에서 마찰에 의한 B점의 프리스트레스 감소량(ΔP)의 크기는?(단, 긴장단에서 긴장재의 긴장력(P_{pj})=1,000kN, 근사식을 사용하며, 곡률마찰계수(μ_p)=0.3/rad, 파상마찰계수(K)=0.004/m)

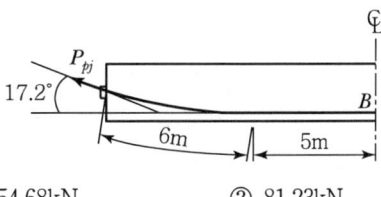

① 54.68kN ② 81.23kN
③ 118.17kN ④ 141.74kN

■해설 $180° : \pi(\text{rad}) = 17.2° : \alpha_{px}$

$$\alpha_{px} = \frac{\pi \times 17.2}{180} = 0.3(\text{rad})$$

$$(kl_{px} + \mu_p \alpha_{px}) = 0.004 \times 11 + 0.3 \times 0.3$$
$$= 0.134 \leq 0.3 (근사식\ 적용)$$

$$\Delta P = P_{pj} \left[\frac{(kl_{px} + \mu_p \alpha_{px})}{1 + (kl_{px} + \mu_p \alpha_{px})} \right]$$
$$= 1,000 \left[\frac{0.134}{1 + 0.134} \right] = 118.17 \text{kN}$$

74. 이형 철근의 정착길이에 대한 설명으로 틀린 것은?(단, d_b = 철근의 공칭지름)

① 표준 갈고리가 있는 인장 이형철근 : $10d_b$ 이상, 또한 200mm 이상
② 인장 이형철근 : 300mm 이상
③ 압축 이형철근 : 200mm 이상
④ 확대머리 인장 이형철근 : $8d_b$ 이상, 또한 150mm 이상

■해설 이형철근의 정착길이
㉠ 인장 이형철근 : 300mm 이상
㉡ 압축 이형철근 : 200mm 이상
㉢ 표준 갈고리가 있는 인장 이형철근 : $8d_b$ 이상, 또한 150mm 이상
㉣ 확대머리 인장 이형철근 : $8d_b$ 이상, 또한 150mm 이상

75. 1방향 슬래브에 대한 설명으로 틀린 것은?

① 1방향 슬래브의 두께는 최소 80mm 이상으로 하여야 한다.
② 4변에 의해 지지되는 2방향 슬래브 중에서 단변에 대한 장변의 비가 2배를 넘으면 1방향 슬래브로서 해석한다.
③ 슬래브의 정모멘트 철근 및 부모멘트 철근의 중심간격은 위험단면에서는 슬래브 두께의 2배 이하이어야 하고, 또한 300mm 이하로 하여야 한다.
④ 슬래브의 정모멘트 철근 및 부모멘트 철근의 중심간격은 위험단면을 제외한 단면에서는 슬래브 두께의 3배 이하이어야 하고, 또한 450mm 이하로 하여야 한다.

■해설 1방향 슬래브의 두께는 최소 100mm 이상으로 하여야 한다.

76. 그림과 같이 단면의 중심에 PS 강선이 배치된 부재에 자중을 포함한 계수하중(w) 30kN/m가 작용한다. 부재의 연단에 인장응력이 발생하지 않으려면 PS 강선에 도입되어야 할 긴장력(P)은 최소 얼마 이상인가?

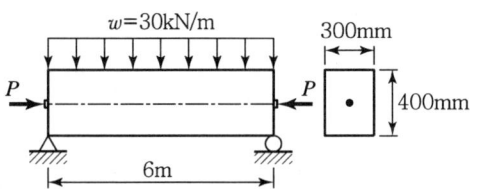

① 2,005kN ② 2,025kN
③ 2,045kN ④ 2,065kN

■해설 $f_b = \frac{P}{A} - \frac{M}{Z} = \frac{P}{bh} - \frac{3wl^2}{4bh^2} = 0$

$$P = \frac{3wl^2}{4h} = \frac{3 \times 30 \times 6^2}{4 \times 0.4} = 2,025 \text{kN}$$

77. 철근콘크리트 구조물에서 연속 휨부재의 모멘트 재분배를 하는 방법에 대한 다음 설명 중 틀린 것은?

① 근사해법에 의하여 휨모멘트를 계산한 경우에는 연속 휨부재의 모멘트 재분배를 할 수 없다.
② 휨모멘트를 감소시킬 단면에서 최외단 인장 철근의 순인장변형률 ε_t가 0.0075 이상인 경우에만 가능하다.
③ 경간 내의 단면에 대한 휨모멘트의 계산은 수정된 부모멘트를 사용하여야 한다.
④ 재분배량은 산정된 부모멘트의 $20\left[1 - \frac{\rho - \rho'}{\rho_b}\right]$% 이다.

■해설 연속 휨부재의 부모멘트 재분배에 있어서, 근사해법에 의해 휨모멘트를 계산할 경우를 제외하고 어떠한 가정의 하중을 적용하여 탄성이론에 의하여 산정한 연속 휨부재 받침부의 부모멘트는 20% 이내에서 $1,000\varepsilon_t$%만큼 증가 또는 감소시킬 수 있다.

|해답| 74.① 75.① 76.② 77.④

78. 다음과 같은 띠철근 단주 단면의 공칭 축하중 강도(P_n)는?(단, 종방향 철근(A_{st}) = 4 − D29 = 2,570mm², f_{ck} = 21MPa, f_y = 400MPa)

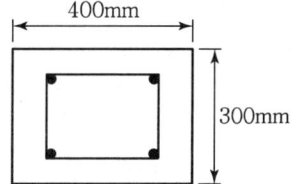

① 3,331.7kN   ② 3,070.5kN
③ 2,499.3kN   ④ 2,187.2kN

■해설 $P_n = \alpha\{0.85f_{ck}(A_g - A_{st}) + f_y A_{st}\}$
$= 0.80\{0.85 \times 21 \times (400 \times 300 - 2,570)$
$\quad + 400 \times 2,570\}$
$= 2,499.3 \times 10^3 \text{N} = 2,499.3 \text{kN}$

79. 리벳으로 연결된 부재에서 리벳이 상하 두 부분으로 절단되었다면 그 원인은?

① 연결부의 인장파괴
② 리벳의 압축파괴
③ 연결부의 지압파괴
④ 리벳의 전단파괴

80. 강도설계법에 대한 기본가정 중 옳지 않은 것은?

① 철근 및 콘크리트의 변형률은 중립축으로부터의 거리에 비례한다.
② 콘크리트의 인장강도는 휨계산에서 무시한다.
③ 압축 측 연단에서 콘크리트의 극한 변형률은 0.003으로 가정한다.
④ 항복강도 f_y 이하에서 철근의 응력은 그 변형률에 관계없이 f_y와 같다고 가정한다.

■해설 항복강도 f_y 이하의 철근응력은 그 변형률의 E_s배로 취한다. f_y에 해당하는 변형률보다 더 큰 변형률에 대한 철근의 응력은 변형률에 관계없이 f_y와 같다고 가정한다.

제5과목 **토질 및 기초**

81. 기초폭 4m인 연속기초에서 기초면에 작용하는 합력의 연직성분은 10t이고 편심거리가 0.4m일 때, 기초지반에 작용하는 최대 압력은?

① 2t/m²
② 4t/m²
③ 6t/m²
④ 8t/m²

■해설 연속기초의 편심하중
$q_{max} = \dfrac{Q}{B}\left(1 + \dfrac{6e}{B}\right) = \dfrac{10}{4}\left(1 + \dfrac{6 \times 0.4}{4}\right) = 4\text{t/m}^2$

82. 분사현상에 대한 안전율이 2.5 이상이 되기 위해서는 Δh를 최대 얼마 이하로 하여야 하는가?(단, 간극률(n) = 50%)

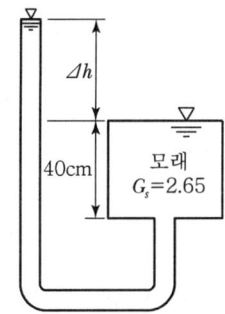

① 7.5cm   ② 8.9cm
③ 13.2cm   ④ 16.5cm

■해설 ㉠ $F_s = \dfrac{i_{cr}}{i} = 2.5$

㉡ $F_s = \dfrac{\dfrac{G_s - 1}{1 + e}}{\dfrac{h}{L}} = \dfrac{\dfrac{2.65 - 1}{1 + 1}}{\dfrac{h}{40}} = 2.5$

∴ $h = 13.2$cm

$\left(e = \dfrac{n}{1-n} = \dfrac{0.5}{1-0.5} = 1\right)$

83. 10m 두께의 점토층이 10년 만에 90% 압밀이 된다면, 40m 두께의 동일한 점토층이 90% 압밀에 도달하는 데 소요되는 기간은?

① 16년　② 80년
③ 160년　④ 240년

■해설
- $t = \dfrac{T_v \cdot H^2}{C_v}$, $t \propto H^2$
- $t_1 : H_1^2 = t_2 : H_2^2$
  $10 : 10^2 = t_2 : 40^2$
  $\therefore t_2 = \dfrac{10 \times 40^2}{10^2} = 160$년

84. 테르쟈기(Terzaghi)의 얕은 기초에 대한 지지력 공식 $q_u = \alpha c N_c + \beta \gamma_1 B N_\gamma + \gamma_2 D_f N_q$에 대한 설명으로 틀린 것은?

① 계수 α, β를 형상계수라 하며 기초의 모양에 따라 결정된다.
② 기초의 깊이가 D_f가 클수록 극한 지지력도 이와 더불어 커진다고 볼 수 있다.
③ N_c, N_γ, N_q는 지지력계수라 하는데 내부마찰각과 점착력에 의해서 정해진다.
④ γ_1, γ_2는 흙의 단위 중량이며 지하수위 아래에서는 수중단위 중량을 써야 한다.

■해설 지지력계수(N_c, N_r, N_q)는 내부마찰각(ϕ)에 의해 결정된다.

85. 아래 그림과 같은 지표면에 2개의 집중하중이 작용하고 있다. 3t의 집중하중 작용점 하부 2m 지점 A에서의 연직하중의 증가량은 약 얼마인가?(단, 영향계수는 소수점 이하 넷째 자리까지 구하여 계산하시오.)

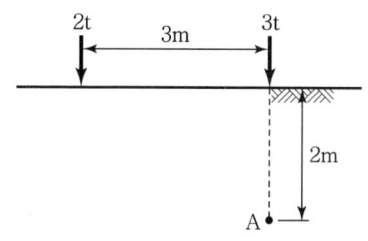

① $0.37t/m^2$　② $0.89t/m^2$
③ $1.42t/m^2$　④ $1.94t/m^2$

■해설 연직응력의 증가량 $(\Delta \sigma_Z) = \dfrac{Q}{Z^2} I_\sigma$

- $\Delta \sigma_Z(3t) + \Delta \sigma_Z(2t)$
  $= \left(\dfrac{Q}{Z^2} \times \dfrac{3}{2\pi}\right) + \left(\dfrac{Q}{Z^2} \times \dfrac{3}{2\pi} \cdot \dfrac{Z^5}{R^5}\right)$
  $= \left(\dfrac{3}{2^2} \times \dfrac{3}{2\pi}\right) + \left(\dfrac{2}{2^2} \times \dfrac{3}{2\pi} \cdot \dfrac{2^5}{3.6^5}\right) = 0.37t/m^2$
  (여기서, $R = \sqrt{r^2 + Z^2} = \sqrt{3^2 + 2^2} = 3.6$)

86. 다음 중 연약점토지반 개량공법이 아닌 것은?

① Preloading 공법
② Sand drain 공법
③ Paper drain 공법
④ Vibro floatation 공법

■해설 바이브로 플로테이션 공법은 사질토 지반 개량공법이다.

87. 간극비(e)와 간극률(n, %)의 관계를 옳게 나타낸 것은?

① $e = \dfrac{1 - n/100}{n/100}$　② $e = \dfrac{n/100}{1 - n/100}$
③ $e = \dfrac{1 + n/100}{n/100}$　④ $e = \dfrac{1 + n/100}{1 - n/100}$

■해설 $n = \dfrac{e}{1+e}$, $\therefore e = \dfrac{n}{1-n} = \dfrac{n/100}{1-n/100}$

88. 옹벽배면의 지표면 경사가 수평이고, 옹벽배면 벽체의 기울기가 연직인 벽체에서 옹벽과 뒤채움 흙 사이의 벽면마찰각(δ)을 무시할 경우, Rankine 토압과 Coulomb 토압의 크기를 비교하면?

① Rankine 토압이 Coulomb 토압보다 크다.
② Coulomb 토압이 Rankine 토압보다 크다.
③ Rankine 토압과 Coulomb 토압의 크기는 항상 같다.
④ 주동 토압은 Rankine 토압이 더 크고, 수동토압은 Coulomb 토압이 더 크다.

|해답| 83.③ 84.③ 85.① 86.④ 87.② 88.③

■해설 벽 마찰각(δ)을 무시하면 Rankine 토압과 Coulomb 토압의 크기는 항상 같다.

89. 샘플러(Sampler)의 외경이 6cm, 내경이 5.5cm 일 때, 면적비(A_r)는?

① 8.3% ② 9.0%
③ 16%   ④ 19%

■해설
$$A_r = \frac{D_w^2 - D_e^2}{D_e^2} \times 100$$
$$= \frac{6^2 - 5.5^2}{5.5^2} \times 100 = 19\%$$

90. 아래 그림에서 투수계수 $K=4.8 \times 10^{-3}$cm/sec 일 때 Darcy 유출속도(v)와 실제 물의 속도(침투 속도, v_s)는?

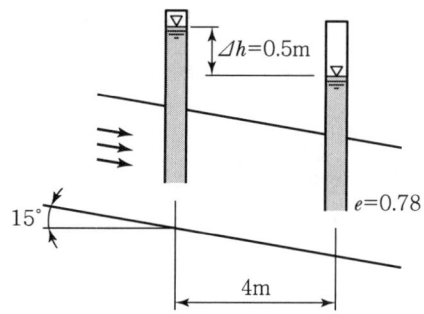

① $v = 3.4 \times 10^{-4}$cm/sec, $v_s = 5.6 \times 10^{-4}$cm/sec
② $v = 3.4 \times 10^{-4}$cm/sec, $v_s = 9.4 \times 10^{-4}$cm/sec
③ $v = 5.8 \times 10^{-4}$cm/sec, $v_s = 10.8 \times 10^{-4}$cm/sec
④ $v = 5.8 \times 10^{-4}$cm/sec, $v_s = 13.2 \times 10^{-4}$cm/sec

■해설 ㉠ 유출속도(v)
$$= k \cdot i = k \cdot \frac{h}{L} = (4.8 \times 10^{-3}) \times \frac{0.5}{4.14}$$
$$= 5.8 \times 10^{-4} \text{cm/sec}$$
$$\left(\text{여기서, } \cos 15° = \frac{4}{L}, \therefore L = \frac{4}{\cos 15°} = 4.14\right)$$

㉡ 침투속도(v_s)
$$= \frac{1}{n} \times V = \frac{1}{0.438} \times (5.8 \times 10^{-4})$$
$$= 1.32 \times 10^{-3} = 13.2 \times 10^{-4} \text{cm/sec}$$
$$\left(\text{여기서, } n = \frac{e}{1-e} = \frac{0.78}{1-0.78} = 0.438\right)$$

91. 수직방향의 투수계수가 4.5×10^{-8}m/sec이고, 수평방향의 투수계수가 1.6×10^{-8}m/sec인 균질하고 비등방(非等方)인 흙댐의 유선망을 그린 결과 유로(流路) 수가 4개이고 등수두선의 간격 수가 18개이었다. 단위길이(m)당 침투수량은?(단, 댐 상하류의 수면의 차는 18m이다.)

① 1.1×10^{-7}m³/sec   ② 2.3×10^{-7}m³/sec
③ 2.3×10^{-8}m³/sec   ④ 1.5×10^{-8}m³/sec

■해설 침투수량(Q) $= k \cdot H \cdot \frac{N_f}{N_d}$
$$= (\sqrt{k_H \cdot k_V}) \times H \times \frac{N_f}{N_d}$$
$$= \sqrt{(4.5 \times 10^{-8}) \times (1.6 \times 10^{-8})} \times 18 \times \frac{4}{18}$$
$$= 1.1 \times 10^{-7} \text{m}^3/\text{sec}$$

92. 사면안정 해석방법에 대한 설명으로 틀린 것은?

① 일체법은 활동면 위에 있는 흙덩어리를 하나의 물체로 보고 해석하는 방법이다.
② 절편법은 활동면 위에 있는 흙을 몇 개의 절편으로 분할하여 해석하는 방법이다.
③ 마찰원방법은 점착력과 마찰각을 동시에 갖고 있는 균질한 지반에 적용된다.
④ 절편법은 흙이 균질하지 않아도 적용이 가능하지만, 흙속에 간극수압이 있을 경우 적용이 불가능하다.

■해설 절편법
㉠ 이질토층 및 지하수위가 있는 경우 적용 가능
㉡ 절편법
• Fellenius 방법 : 간극수압을 고려하지 않음
• Bishop 방법 : 간극수압 고려

93. 흙의 다짐에 대한 설명으로 틀린 것은?

① 조립토는 세립토보다 최대 건조단위중량이 커진다.
② 습윤 측 다짐을 하면 흙 구조가 면모구조가 된다.
③ 최적 함수비로 다질 때 최대 건조단위중량이 된다.
④ 동일한 다짐 에너지에 대해서는 건조 측이 습윤 측보다 더 큰 강도를 보인다.

|해답| 89.④ 90.④ 91.① 92.④ 93.②

■해설 건조 측에서 다지면 면모구조, 습윤 측에서 다지면 이산구조가 된다.

94. 다음 중 시료채취에 대한 설명으로 틀린 것은?

① 오거보링(Auger Boring)은 흐트러지지 않은 시료를 채취하는 데 적합하다.
② 교란된 흙은 자연상태의 흙보다 전단강도가 작다.
③ 액성한계 및 소성한계 시험에서는 교란시료를 사용하여도 괜찮다.
④ 입도분석시험에서는 교란시료를 사용하여도 괜찮다.

■해설 오거보링은 교란(흐트러진) 시료를 채취하는 데 적합하다.

95. 성토나 기초지반에 있어 특히 점성토의 압밀 완료 후 추가 성토 시 단기 안정문제를 검토하고자 하는 경우 적용되는 시험법은?

① 비압밀 비배수시험
② 압밀 비배수시험
③ 압밀 배수시험
④ 일축압축시험

■해설
- 비압밀 및 비배수시험(UU) : 점토지반의 단기간 안정검토
- 압밀 배수시험(CD) : 점토지반의 장기간 안정검토
- 압밀 비배수시험(CU) : 압밀 완료 후 단기간 안정검토

96. 어떤 굳은 점토층을 깊이 7m까지 연직 절토하였다. 이 점토층의 일축압축강도가 1.4kg/cm², 흙의 단위중량이 2t/m³라 하면 파괴에 대한 안전율은?(단, 내부마찰각은 30°)

① 0.5   ② 1.0
③ 1.5   ④ 2.0

■해설
- 안전율$(F_s) = \dfrac{H_c}{H}$
- 한계고$(H_c) = 2Z_c = 2\dfrac{2c}{\gamma}\tan\left(45° + \dfrac{\phi}{2}\right)$

$= \dfrac{2q_u}{\gamma_t} = \dfrac{2 \times 14}{2}$

$= 14\text{m}$

(여기서 $q_u = 1.4\text{kg/cm}^2 = 14\text{t/m}^2$)

∴ 안전율$(F_s) = \dfrac{14}{7} = 2$

97. 도로 연장 3km 건설 구간에서 7개 지점의 시료를 채취하여 다음과 같은 CBR을 구하였다. 이 때의 설계 CBR은 얼마인가?

- 7개의 CBR : 5.3, 5.7, 7.6, 8.7, 7.4, 8.6, 7.2

[설계 CBR 계산용 계수]

개수 (n)	2	3	4	5	6	7	8	9	10 이상
d_2	1.41	1.91	2.24	2.48	2.67	2.83	2.96	3.08	3.18

① 4   ② 5
③ 6   ④ 7

■해설 설계 CBR = 평균 CBR $- \dfrac{\text{최대 CBR} - \text{최소 CBR}}{d_2}$

$= 7.21 - \left(\dfrac{8.7 - 5.3}{2.83}\right) = 6$

98. 자연상태의 모래지반을 다져 $e_{\min}$에 이르도록 했다면 이 지반의 상대밀도는?

① 0%   ② 50%
③ 75%   ④ 100%

■해설
상대밀도$(D_r) = \dfrac{e_{\max} - e}{e_{\max} - e_{\min}} \times 100$

(여기서, $e \to e_{\min}$)

$= \left(\dfrac{e_{\max} - e_{\min}}{e_{\max} - e_{\min}}\right) \times 100 = 100\%$

99. 어떤 지반의 미소한 흙요소에 최대 및 최소 주응력이 각각 1kg/cm² 및 0.6kg/cm²일 때, 최소 주응력면과 60°를 이루는 면 상의 전단응력은?

① 0.10kg/cm²
② 0.17kg/cm²
③ 0.20kg/cm²
④ 0.27kg/cm²

■해설 전단응력$(\tau) = \dfrac{\sigma_1 - \sigma_3}{2}\sin 2\theta$
$= \dfrac{1-0.6}{2}\sin(2 \times 30°)$
$= 0.17 \text{kg/cm}^2$
(θ : 최대 주응력면과 파괴면이 이루는 각으로, $\theta + \theta' = 90°$, $\theta = 90° - \theta' = 90° - 60° = 30°$)

100. Sand drain 공법의 지배 영역에 관한 Barron의 정사각형 배치에서 사주(Sand pile)의 간격을 d, 유효원의 지름을 d_e라 할 때 d_e를 구하는 식으로 옳은 것은?

① $d_e = 1.13d$
② $d_e = 1.05d$
③ $d_e = 1.03d$
④ $d_e = 1.50d$

■해설 유효직경(d_e)

정삼각형 배치	정사각형 배치
유효직경$(d_e) = 1.05s$	유효직경$(d_e) = 1.13s$

제6과목 상하수도공학

101. Ripple's Method에 의하여 저수지 용량을 결정하려고 할 때 그림에서 최대 갈수량을 대비한 저수개시 시점은?(단, $\overline{AB}$, $\overline{CD}$, $\overline{EF}$, $\overline{GH}$는 $\overline{OX}$와 평행)

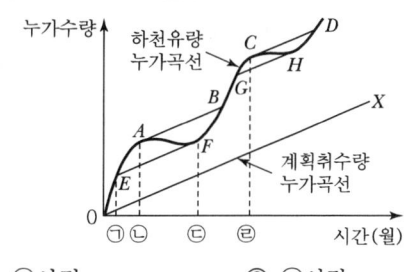

① ㉠시점
② ㉡시점
③ ㉢시점
④ ㉣시점

■해설 유량누가곡선법
• 해당 지역의 유입량누가곡선과 유출량누가곡선을 이용하여 저수지용량과 저수시작점 등을 결정할 수 있는 방법으로 이론법 또는 Ripple's method이라고도 한다.
• 그림에서 저수시작점은 ㉠시점이다.

102. 상수도 계획에서 계획연차 결정에 있어서 일반적으로 고려해야 할 사항으로 틀린 것은?

① 장비 및 시설물의 내구연한
② 시설확장 시 난이도와 위치
③ 도시발전 상황과 물사용량
④ 도시급수지역의 전염병 발생 상황

■해설 상수도 계획연차
㉠ 상수도 시설의 계획연도는 각 시설의 규모 및 경제성을 고려하여 15~20년으로 결정한다.
㉡ 계획연차 결정 시 고려사항
• 장비 및 시설물의 내구연한
• 시설확장의 난이도와 위치
• 도시의 발전 정도와 인구 증가에 대한 전망
• 금융사정, 자금 취득의 난이, 건설비

103. 취수보의 취수구에서의 표준 유입속도는?

① 0.3~0.6m/s
② 0.4~0.8m/s
③ 0.5~1.0m/s
④ 0.6~1.2m/s

■해설 취수시설별 주요 특징 비교

항목	취수량	취수량의 안정성	취수구 유입속도	비고
취수관	중량·소량	비교적 가능	0.15~0.3m/s 관내 (0.6~1.0m/s)	취수언과 병용 시 취수량 대량, 안정
취수탑	대량	안정	하천 (0.15~0.3m/s) 호소수 (1~2m/s)	
취수문	소량	불안정	1m/s 이하	취수언과 병용 시 취수량 대량, 안정
취수틀	소량	안정	하천 (0.15~0.3m/s) 호소수 (1~2m/s)	
취수언	대량	안정	0.4~0.8m/s	

∴ 취수보(취수언)의 취수구 유입속도는 0.4~0.8m/s이다.

104. 다음 중 하수 고도처리의 주요 처리대상 물질에 해당되는 것은?

① 질소, 인   ② 유기물
③ 소독부산물   ④ 미생물

■해설 하수의 고도처리방법
㉠ 하수의 고도처리방법에는 물리적 방법, 화학적 방법, 생물학적 방법이 있으며, 질소와 인의 처리는 주로 생물학적 방법을 적용한다.
㉡ 고도처리방법의 분류
  • 질소 제거 : 암모니아 탈기법, 이온교환법, 불연속적 염소주입법, 생물학적 질화 탈질화법
  • 인 제거 : 응집침전법, 정석탈인법, A/O(Anoxic Oxic)법
  • 질소, 인 동시 제거 : A^2/O법, SBR, UCT법, VIP법, 수정 Phostrip법 등
∴ 고도처리의 주요 처리대상 물질은 질소와 인이다.

105. 합류식과 분류식에 대한 설명으로 옳지 않은 것은?

① 합류식의 경우 관경이 커지기 때문에 2계통인 분류식보다 건설비용이 많이 든다.
② 분류식의 경우 오수와 우수를 별개의 관로로 배제하기 때문에 오수의 배제계획이 합리적이 된다.
③ 분류식의 경우 관거 내 퇴적은 적으나 수세효과는 기대할 수 없다.
④ 합류식의 경우 일정량 이상이 되면 우천 시 오수가 월류한다.

■해설 하수의 배제방식

분류식	합류식
• 수질오염 방지 면에서 유리하다.	• 구배 완만, 매설깊이 적으며 시공성이 좋다.
• 청천 시에도 퇴적의 우려가 없다.	• 초기 우수에 의한 노면배수처리가 가능하다.
• 강우 초기 노면 배수 효과가 없다.	• 관경이 크므로 검사가 편리하고, 환기가 잘 된다.
• 시공이 복잡하고 오접합의 우려가 있다.	• 건설비가 적게 든다.
• 우천 시 수세효과를 기대할 수 없다.	• 우천 시 수세효과가 있다.
• 공사비가 많이 든다.	• 청천 시 관내 침전, 효율 저하가 발생한다.

∴ 오수와 우수 별개의 관거 계통으로 건설하는 분류식이 건설비는 더 많이 소요된다.

106. 완속여과지와 비교할 때, 급속여과지에 대한 설명으로 옳지 않은 것은?

① 유입수가 고탁도인 경우에 적합하다.
② 세균처리에 있어 확실성이 적다.
③ 유지관리비가 적게 들고 특별한 관리기술이 필요하지 않다.
④ 대규모처리에 적합하다.

■해설 급속여과지
급속여과지는 완속여과지에 비하여 다음의 특징을 갖고 있다.
• 비교적 수질이 양호한 경우에는 완속여과지를 사용하며, 고탁도의 경우에는 급속여과지를 사용한다.
• 세균제거율은 완속여과지가 98~99.5%이고, 급속여과지가 95~98%로 완속여과지가 효과가 크다.
• 여과속도는 30~40배 빠르므로 단기간에 많은 수량을 처리할 수 있으며, 폐색 등의 관리에 주의를 기울여야 한다.

|해답| 103.② 104.① 105.① 106.③

- 부지면적을 작게 차지한다.
- 원수의 수질 변화에 대처가 용이하며, 처리수의 수질이 양호하다.

107. 물의 맛·냄새의 제거 방법으로 식물성 냄새, 생선 비린내, 황화수소냄새, 부패한 냄새의 제거에 효과가 있지만, 곰팡이 냄새 제거에는 효과가 없으며 페놀류는 분해할 수 있지만, 약품 냄새 중에는 아민류와 같이 냄새를 강하게 할 수도 있으므로 주의가 필요한 처리 방법은?

① 폭기방법　　② 염소처리법
③ 오존처리법　④ 활성탄처리법

■해설　활성탄 흡착
통상의 정수방법으로 잘 제거되지 않는 이취미, 페놀류, 합성세제, 유기물, THM 등의 제거를 목적으로 한다.

108. 펌프의 토출량이 0.94m³/min이고, 흡입구의 유속이 2m/s라 가정할 때 펌프의 흡입구경은?

① 100mm　　② 200mm
③ 250mm　　④ 300mm

■해설　펌프의 흡입구경
㉠ 펌프의 흡입구경
$$D = 146\sqrt{\frac{Q}{V}}$$
여기서, D : 펌프의 구경(mm)
Q : 펌프의 양수량(m³/sec)
V : 흡입구 유속(m/sec)
㉡ 흡입구경의 산정
$$D = 146\sqrt{\frac{Q}{V}} = 146\sqrt{\frac{0.94}{2}} = 100\text{mm}$$

109. 인구 30만의 도시에 급수계획을 하고자 한다. 계획 1인 1일 최대 급수량을 350L로 하고 계획 급수 보급률을 80%라 할 때 계획 1일 평균급수량은?(단, 이 도시는 중소도시로 계획첨두율은 1.5로 가정한다.)

① 126,000m³/day　② 84,000m³/day
③ 73,500m³/day　　④ 56,000m³/day

■해설　급수량의 산정
㉠ 급수량의 종류

종류	내용
계획1일 최대급수량	수도시설 규모 결정의 기준이 되는 수량 = 계획 1일 평균급수량 ×1.5(중·소도시), 1.3(대도시, 공업도시)
계획1일 평균급수량	재정계획 수립에 기준이 되는 수량 = 계획 1일 최대급수량 ×0.7(중·소도시), 0.85(대도시, 공업도시)
계획시간 최대급수량	배수 본관의 구경 결정에 사용 = 계획 1일 최대급수량/24 × 1.3(대도시, 공업도시), 1.5(중소도시), 2.0(농촌, 주택단지)

㉡ 최대급수량의 산정
계획 1일 최대급수량
= 계획 1인1일 최대급수량×인구×급수보급률
= $350 \times 10^{-3} \times 300,000 \times 0.8 = 84,000\text{m}^3/\text{day}$

㉢ 급수량 산출계수
= 1/첨두율 = 1/1.5 = 0.67

㉣ 평균급수량의 산정
= 최대급수량×급수량 산출계수
= $84,000 \times 0.67 = 56,280\text{m}^3/\text{day} ≒ 56,000\text{m}^3/\text{day}$

110. 하수도계획의 목표연도는 원칙적으로 몇 년으로 설정하는가?

① 5년　　② 10년
③ 15년　④ 20년

■해설　하수도 목표연도
하수도 계획의 목표연도는 시설의 내용연수, 건설기간 등을 고려하여 20년을 원칙으로 한다.

111. 하수관거의 설계기준에 대한 설명으로 틀린 것은?

① 경사는 상류에서 크게 하고 하류로 갈수록 감소시켜야 한다.
② 유속은 하류로 갈수록 작게 하여야 한다.
③ 오수관거의 최소관경은 200mm를 표준으로 한다.
④ 관거의 최소 흙두께는 원칙적으로 1m로 한다.

■해설　하수관의 설계기준
㉠ 하수관로 내의 유속은 하류로 갈수록 빠르게 하며, 경사는 하류로 갈수록 완만하게 한다.

ⓒ 하수관거의 최소관경

구분	최소관경
오수관거	200mm
우수 및 합류관거	250mm

ⓒ 하수관거의 최소 흙두께는 원칙적으로 1m로 한다.

112. 펌프대수 결정을 위한 일반적인 고려사항에 대한 설명으로 옳지 않은 것은?

① 건설비를 절약하기 위해 예비는 가능한 한 대수를 적게 하고 소용량으로 한다.
② 펌프의 설치대수는 유지관리상 가능한 한 적게 하고 동일용량의 것으로 한다.
③ 펌프는 가능한 한 최고효율점 부근에서 운전하도록 대수 및 용량을 정한다.
④ 펌프는 용량이 작을수록 효율이 높으므로 가능한 한 소용량의 것으로 한다.

■해설 펌프대수 결정 시 고려사항
㉠ 펌프는 가능한 한 최고효율점에서 운전하도록 대수 및 용량을 결정한다.
㉡ 펌프는 대용량 고효율 펌프를 사용한다.
㉢ 펌프의 대수는 유지관리상 가능한 한 적게 하고 동일 용량의 것을 사용한다.
㉣ 예비대수는 가능한 한 대수를 적게 하고 소용량의 것으로 한다.
∴ 펌프는 용량이 클수록 고효율 펌프이므로 가능한 한 대용량의 것으로 선정한다.

113. 양수량이 8m³/min, 전양정이 4m, 회전수가 1,160 rpm인 펌프의 비교회전도는?

① 316
② 985
③ 1,160
④ 1,436

■해설 비교회전도
㉠ 비교회전도란 펌프나 송풍기 등의 형식을 나타내는 지표로 펌프의 경우 1m³/min의 유량을 1m 양수하는 데 필요한 회전수(N_s)를 말한다.

$$N_s = N\frac{Q^{\frac{1}{2}}}{H^{\frac{3}{4}}}$$

여기서, N(rpm) : 표준회전수
Q(m³/min) : 토출량
H(m) : 양정

ⓒ 비교회전도의 산정

$$N_s = N\frac{Q^{\frac{1}{2}}}{H^{\frac{3}{4}}} = 1,160 \times \frac{8^{\frac{1}{2}}}{4^{\frac{3}{4}}} = 1,160$$

114. 활성탄 흡착공정에 대한 설명으로 옳지 않은 것은?

① 활성탄은 비표면적이 높은 다공성의 탄소질 입자로, 형상에 따라 입상활성탄과 분말활성탄으로 구분된다.
② 분말활성탄의 흡착능력이 떨어지면 재생공정을 통해 재활용한다.
③ 활성탄 흡착을 통해 소수성의 유기물질을 제거할 수 있다.
④ 모래여과공정 전단에 활성탄 흡착공정을 두게 되면, 탁도 부하가 높아져서 활성탄 흡착효율이 떨어지거나 역세척을 자주 해야 할 필요가 있다.

■해설 활성탄처리
㉠ 활성탄처리
활성탄은 No.200체를 기준으로 하여 분말활성탄과 입상활성탄으로 분류하며 제거효과, 유지관리, 경제성 등을 비교, 검토하여 선정한다.
㉡ 적용
일반적으로 응급적이며 단기간 사용할 경우에는 분말활성탄처리가 적합하고 연간 연속하거나 비교적 장기간 사용할 경우에는 입상활성탄 처리가 유리하다.
㉢ 특징
• 물에 맛과 냄새를 유발하는 조류 제거에 효과적이다.
• 장기간 처리 시 탄층을 두껍게 할 수 있으며 재생할 수 있어 입상활성탄 처리가 경제적이다.
• 분말활성탄은 재생 후 사용이 어려우므로 비경제적이다.
• 입상활성탄처리는 장기간 사용으로 원생동물이 번식할 우려가 있다.
• 입상활성탄처리를 적용할 때는 여과지를 만들 필요가 있다.
• 입상활성탄은 누출에 의한 흑수현상 우려가 적다.

115. 하수처리·재이용계획의 계획오수량에 대한 설명 중 옳지 않은 것은?
   ① 계획 1일 최대오수량은 1인 1일 최대오수량에 계획인구를 곱한 후, 공장폐수량, 지하수량 및 기타 배수량을 더한 것으로 한다.
   ② 계획오수량은 생활오수량, 공장폐수량, 지하수량으로 구분한다.
   ③ 지하수량은 1인 1일 최대오수량의 10~20%로 한다.
   ④ 계획시간 최대오수량은 계획 1일 평균오수량의 1시간당 수량의 2~3배를 표준으로 한다.

■해설 오수량의 산정

종류	내용
계획오수량	계획오수량은 생활오수량, 공장폐수량, 지하수량으로 구분할 수 있다.
지하수량	지하수량은 1인 1일 최대오수량의 10~20%를 기준으로 한다.
계획 1일 최대오수량	• 1인 1일 최대오수량×계획급수인구+(공장폐수량, 지하수량, 기타 배수량) • 하수처리 시설의 용량 결정의 기준이 되는 수량
계획 1일 평균오수량	• 계획 1일 최대오수량의 70(중·소도시)~80(대·공업도시)% • 하수처리장 유입하수의 수질을 추정하는 데 사용되는 수량
계획시간 최대오수량	• 계획 1일 최대오수량의 1시간당 수량의 1.3~1.8배를 표준으로 한다. • 오수관거 및 펌프설비 등의 크기를 결정하는 데 사용되는 수량

∴ 계획시간 최대오수량은 계획1일 최대오수량의 1시간당 수량에 1.3~1.8배를 표준으로 한다.

116. 배수면적 2km²인 유역 내 강우의 하수관거 유입시간이 6분, 유출계수가 0.70일 때 하수관거 내 유속이 2m/s인 1km 길이의 하수관에서 유출되는 우수량은?(단, 강우강도 $I=\dfrac{3,500}{t+25}$ mm/h, t의 단위 : [분])

① 0.3m³/s
② 2.6m³/s
③ 34.6m³/s
④ 43.9m³/s

■해설 우수유출량의 산정
   ㉠ 합리식의 적용 확률연수는 10~30년을 원칙으로 한다.
   $$Q=\dfrac{1}{3.6}CIA$$
   여기서, Q : 우수량 (m³/sec)
   C : 유출계수(무차원)
   I : 강우강도(mm/hr)
   A : 유역면적(km²)
   ㉡ 유달시간의 계산
   $$t=t_1+\dfrac{l}{v}=6\min+\dfrac{1,000}{2\times 60}=14.33\min$$
   ㉢ 강우강도의 산정
   $$I=\dfrac{3,500}{t+10}=\dfrac{3,500}{14.33+25}=89\text{mm/hr}$$
   ㉣ 우수유출량의 산정
   $$Q=\dfrac{1}{3.6}CIA=\dfrac{1}{3.6}\times 0.7\times 89\times 2=34.61\text{m}^3/s$$

117. 도수거에 대한 설명으로 틀린 것은?
   ① 개거나 암거인 경우에는 대개 30~50m 간격으로 시공조인트를 겸한 신축조인트를 설치한다.
   ② 개수로의 평균유속 공식은 Manning 공식을 주로 사용한다.
   ③ 도수거에서 평균유속의 최대한도는 5m/s로 한다.
   ④ 도수거의 최소유속은 0.3m/s로 한다.

■해설 도수거 설계기준
   ㉠ 개거나 암거의 경우 대개 30~50m 간격으로 시공조인트를 겸한 신축조인트를 설치한다.
   ㉡ 개수로의 평균유속 공식은 Manning 공식을 주로 사용한다.
   ㉢ 도수거의 평균유속의 최대한도는 3m/s를 기준으로 한다.
   ㉣ 도수거의 최소유속은 0.3m/s로 한다.

118. 하수처리장 유입수의 SS농도는 200mg/L이다. 1차 침전지에서 30% 정도가 제거되고 2차 침전지에서 85%의 제거효율을 갖고 있다. 하루 처리용량이 3,000m³/day일 때 방류되는 총 SS량은?

① 6,300kg/day
② 6,300mg/day
③ 63kg/day
④ 2,800g/day

■해설 SS 총량
 ㉠ SS 제거율
  1) 1차 침전지(제거율 30%)
   • 유입 SS : 200mg/L
   • 제거된 SS : 200×30%=60mg/L
   • 유출 SS : 200−60=140mg/L
  2) 2차 침전지(제거율 85%)
   • 유입 BOD : 140mg/L
   • 제거된 BOD : 140×0.85=119mg/L
   • 유출 BOD : 140−119=21mg/L
 ㉡ SS량의 산정
  SS량=SS농도×유량
   $=21\times10^{-3}\times3,000$
   $=63kg/day$

119. 상수도 배수관에 사용하는 관 종류와 특징으로 옳지 않은 것은?

① 경질폴리염화비닐(PVC)관은 내식성이 크고 유기용제, 열 및 자외선에 강하다.
② 덕타일주철관은 강도가 커서 충격에 강하나 비교적 무겁다.
③ 강관은 내압 및 충격에 강하나 부식에 약하며 처짐이 크다.
④ 스테인리스강관은 강도가 크지만 다른 금속과의 절연처리가 필요하다.

■해설 배수관의 특징
 ㉠ 경질폴리염화비닐(PVC)관은 산, 알칼리 등에 대한 내식성이 강하지만, 열에 약한 단점이 있다.
 ㉡ 덕타일주철관은 강도가 커서 충격에 강하나, 비교적 무겁고 시공성이 떨어진다.
 ㉢ 강관은 인장강도가 크며 내압 및 충격에 강하나, 전식과 부식에 약하며 처짐이 발생한다.
 ㉣ 스테인리스강관은 강도가 크지만 다른 금속과의 절연처리가 필요하다.

120. 활성슬러지법과 비교하여 생물막법의 특징으로 옳지 않은 것은?

① 운전조작이 간단하다.
② 다량의 슬러지 유출에 따른 처리수 수질 악화가 발생하지 않는다.
③ 반응조를 다단화하여 반응효율과 처리안정성 향상이 도모된다.
④ 생물종 분포가 단순하여 처리효율을 높일 수 있다.

■해설 생물막법의 특징
 ㉠ 운전조작이 간단하다.
 ㉡ 하수량 증가에 대응하기 쉽다.
 ㉢ 반응조를 다단화하여 반응효율과 처리안정성 향상이 도모된다.
 ㉣ 생물종 분포가 단순하여 처리효율이 떨어진다.

contents

3월 4일 시행
4월 28일 시행
8월 19일 시행

토목기사 필기
과년도 기출문제

2018

과년도 기출문제 (2018년 3월 4일 시행)

제1과목 **응용역학**

01. 탄성변형에너지는 외력을 받는 구조물에서 변형에 의해 구조물에 축적되는 에너지를 말한다. 탄성체이며 선형거동을 하는 길이 L인 캔틸레버 보의 끝단에 집중하중 P가 작용할 때 굽힘모멘트에 의한 탄성변형에너지는?(단, EI는 일정)

① $\dfrac{P^2L^2}{6EI}$ ② $\dfrac{P^2L^2}{2EI}$

③ $\dfrac{P^2L^3}{6EI}$ ④ $\dfrac{P^2L^3}{2EI}$

■ 해설

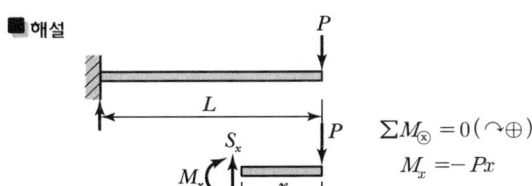

$\sum M_{\circledR} = 0\,(\curvearrowright \oplus)$
$M_x = -Px$

$$U = \dfrac{1}{2}\int_0^L \dfrac{M_x^{\,2}}{EI}dx$$
$$= \dfrac{1}{2}\int_0^L \dfrac{(-Px)^2}{EI}dx$$
$$= \dfrac{P^2}{2EI}\left[\dfrac{1}{3}\cdot x^3\right]_0^L$$
$$= \dfrac{P^2L^3}{6EI}$$

02. 다음 그림과 같은 구조물의 BD 부재에 작용하는 힘의 크기는?

① 10t
② 12.5t
③ 15t
④ 20t

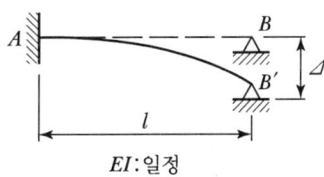

■ 해설

$\sum M_{\circledcirc} = 0\,(\curvearrowright \oplus)$
$(F_{BD}\cdot \sin 30°)\times 2 - 5\times 4 = 0$
$F_{BD} = 20\text{t}$

03. 다음 그림과 같이 A지점이 고정이고 B지점이 힌지(hinge)인 부정정보가 어떤 요인에 의하여 B지점이 B'로 Δ만큼 침하하게 되었다. 이때 B'의 지점반력은?

EI : 일정

① $\dfrac{3EI\Delta}{l^3}$ ② $\dfrac{4EI\Delta}{l^3}$

③ $\dfrac{5EI\Delta}{l^3}$ ④ $\dfrac{6EI\Delta}{l^3}$

■ 해설
- $\theta_A = 0,\ M_{BA} = 0$
- $M_{BA} = M_{FBA} + \dfrac{2EI}{l}(2\theta_B + \theta_A - 3R)$
  $= 0 + \dfrac{2EI}{l}(2\theta_B + 0 - 3\dfrac{\Delta}{l}) = 0,$
  $\theta_B = \dfrac{3}{2}\dfrac{\Delta}{l}$
- $M_{AB} = M_{FAB} + \dfrac{2EI}{l}(2\theta_A + \theta_B - 3R)$
  $= 0 + \dfrac{2EI}{l}(0 + \dfrac{3}{2}\dfrac{\Delta}{l} - 3\dfrac{\Delta}{l}) = -\dfrac{3EI\Delta}{l^3}$
- $\sum M_{\circledA} = 0\,(\curvearrowright \oplus)$
  $M_{AB} - R_B\cdot l = 0$
  $-\dfrac{3EI\Delta}{l^2} - R_B\cdot l = 0,\ R_B = -\dfrac{3EI\Delta}{l^3}(\downarrow)$

|해답| 1.③ 2.④ 3.①

04. 그림과 같은 구조물에서 C점의 수직처짐을 구하면?(단, $EI=2\times10^9\mathrm{kg\cdot cm^2}$이며 자중은 무시한다.)

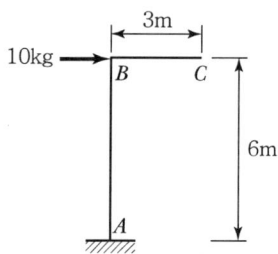

① 2.7mm
② 3.6mm
③ 5.4mm
④ 7.2mm

■해설 AB부재는 캔틸레버 보와 동일한 거동을 하고, BC부재는 강체거동을 한다.

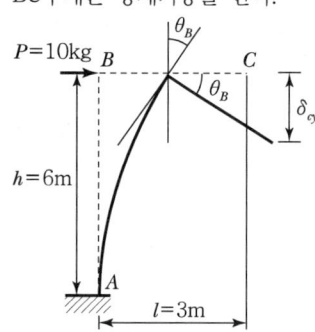

$$\delta_{cy}=l\times\theta_B=l\times\frac{Ph^2}{2EI}=\frac{Ph^2l}{2EI}$$
$$=\frac{10\times(6\times10^2)^2\times(3\times10^2)}{2\times(2\times10^9)}=0.27\mathrm{cm}$$
$$=2.7\mathrm{mm}$$

05. 단면이 원형(반지름 r)인 보에 휨모멘트 M이 작용할 때 이 보에 작용하는 최대 휨응력은?

① $\dfrac{2M}{\pi r^3}$
② $\dfrac{4M}{\pi r^3}$
③ $\dfrac{8M}{\pi r^3}$
④ $\dfrac{16M}{\pi r^3}$

■해설
$$Z=\frac{I_x}{y_1}=\frac{\left(\frac{\pi r^4}{4}\right)}{(r)}=\frac{\pi r^3}{4}$$
$$\sigma_{\max}=\frac{M}{Z}=\frac{M}{\left(\frac{\pi r^3}{4}\right)}=\frac{4M}{\pi r^3}$$

06. 다음 그림과 같은 보에서 두 지점의 반력이 같게 되는 하중의 위치(x)를 구하면?

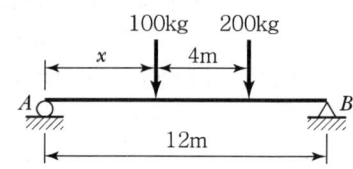

① 0.33m ② 1.33m
③ 2.33m ④ 3.33m

■해설 $\sum F_y=0(\uparrow\oplus)$
$R_A+R_B-100-200=0$
$R_A+(R_A)=300$
$R_A=150\mathrm{kg}(\uparrow)$
$R_B=R_A=150\mathrm{kg}(\uparrow)$

$\sum M_{\circledA}=0(\curvearrowright\oplus)$
$100\times x+200\times(x+4)-150\times12=0$
$x=3.33\mathrm{m}$

07. 반지름이 25cm인 원형 단면을 가지는 단주에서 핵의 면적은 약 얼마인가?

① 122.7cm² ② 168.4cm²
③ 254.4cm² ④ 336.8cm²

■해설
$$r_{core}=\frac{D}{8}=\frac{(2r)}{8}=\frac{r}{4}$$
$$A_{core}=\pi r_{core}^2=\pi\left(\frac{r}{4}\right)^2=\frac{\pi r^2}{16}$$
$$=\frac{\pi\times25^2}{16}$$
$$=122.7\mathrm{cm^2}$$

08. 같은 재료로 만들어진 반경 r인 속이 찬 축과 외반경 r이고 내반경 $0.6r$인 속이 빈 축이 동일 크기의 비틀림 모멘트를 받고 있다. 최대 비틀림 응력의 비는?

① 1 : 1 ② 1 : 1.15
③ 1 : 2 ④ 1 : 2.15

■해설
$$\tau_{\max 1} = \frac{Tr}{I_{P1}} = \frac{Tr}{\frac{\pi r^4}{2}} = \frac{2T}{\pi r^3}$$

$$\tau_{\max 2} = \frac{Tr}{I_{P2}} = \frac{Tr}{\frac{\pi(1-0.6^4)r^4}{2}}$$
$$= \frac{1}{(1-0.6^4)} \frac{2T}{\pi r^3} = 1.15 \frac{2T}{\pi r^3}$$

$\tau_{\max 1} : \tau_{\max 2} = 1 : 1.15$

09. 그림과 같은 단순보에서 최대 휨모멘트가 발생하는 위치 x(A점으로부터의 거리)와 최대 휨모멘트 M_x는?

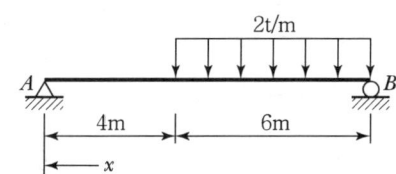

① $x=4.0$m, $M_x=18.02$t·m
② $x=4.8$m, $M_x=9.6$t·m
③ $x=5.2$m, $M_x=23.04$t·m
④ $x=5.8$m, $M_x=17.64$t·m

■해설 $\sum M_{\textcircled{A}} = 0 (\curvearrowright \oplus)$
$(2\times 6)\times\left(4+\frac{6}{2}\right) - R_B \times 10 = 0$
$R_B = 8.4$t($\uparrow$)

$M_{\max}$는 $S_x=0$인 곳에서 발생
$S_x=0$인 곳 x' (x'은 B지점으로부터의 거리)
$x' = \frac{R_B}{w} = \frac{8.4}{2} = 4.2$m (B지점으로부터의 거리)
따라서 $M_{\max}$는 A지점으로부터 $x=5.8$m 떨어진 곳에서 발생한다.
$M_{\max} = \frac{1}{2} R_B x = \frac{1}{2} \times 8.4 \times 4.2 = 17.64$t·m

10. 그림과 같은 트러스의 상현재 U의 부재력은?

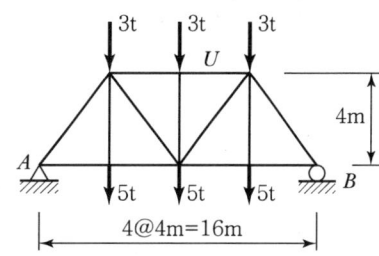

① 인장을 받으며 그 크기는 16t이다.
② 압축을 받으며 그 크기는 16t이다.
③ 인장을 받으며 그 크기는 12t이다.
④ 압축을 받으며 그 크기는 12t이다.

■해설 $\sum M_{\textcircled{A}} = 0 (\curvearrowright \oplus)$
$8\times 4 + 8\times 8 + 8\times 12 - R_B \times 16 = 0$
$R_B = 12$t($\uparrow$)

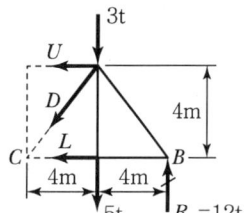

$\sum M_{\textcircled{C}} = 0 (\curvearrowright \oplus)$
$8\times 4 - 12\times 8 - U\times 4 = 0$
$U = -16$t(압축)

11. 다음 단면에서 y축에 대한 회전반지름은?

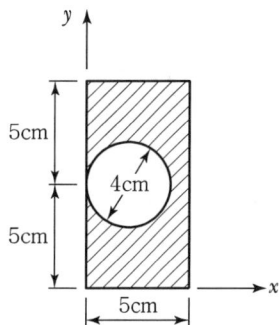

① 3.07cm ② 3.20cm
③ 3.81cm ④ 4.24cm

■해설
$I_y = \frac{10\times 5^3}{3} - \frac{5\times \pi\times 4^4}{64} = 353.8$cm^4
$A = 10\times 5 - \frac{\pi\times 4^2}{4} = 37.4$cm^2
$r_y = \sqrt{\frac{I_y}{A}} = \sqrt{\frac{353.8}{37.4}} = 3.07$cm

12. 그림과 같은 단면적 A, 탄성계수 E인 기둥에서 줄음량을 구한 값은?

① $\dfrac{2Pl}{AE}$

② $\dfrac{3Pl}{AE}$

③ $\dfrac{4Pl}{AE}$

④ $\dfrac{5Pl}{AE}$

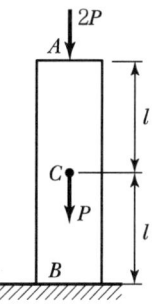

■ 해설

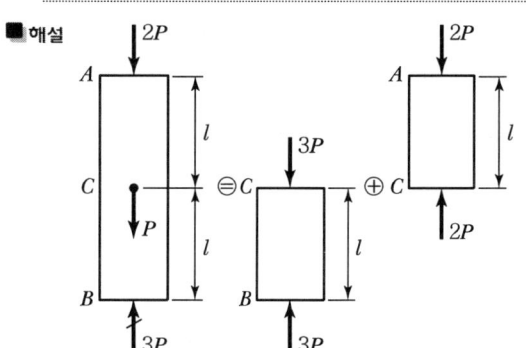

$$\delta = \delta_{CB} + \delta_{CA}$$
$$= -\dfrac{3P \cdot l}{EA} - \dfrac{2P \cdot l}{EA} = -\dfrac{5Pl}{EA}$$

13. 다음과 같은 3활절 아치에서 C점의 휨모멘트는?

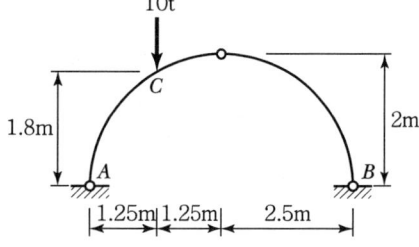

① 3.25t·m
② 3.50t·m
③ 3.75t·m
④ 4.00t·m

■ 해설 $\sum M_{\text{Ⓑ}} = 0 (\curvearrowright \oplus)$
$$V_A \times 5 - 10 \times 3.75 = 0$$
$$V_A = 7.5\text{t}(\uparrow)$$

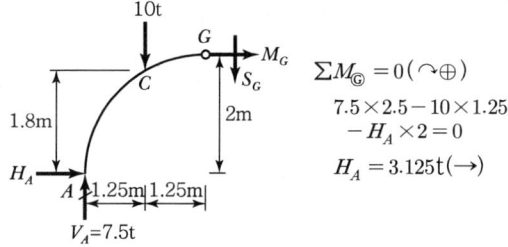

$\sum M_{\text{Ⓖ}} = 0(\curvearrowright \oplus)$
$7.5 \times 2.5 - 10 \times 1.25$
$\quad - H_A \times 2 = 0$
$H_A = 3.125\text{t}(\rightarrow)$

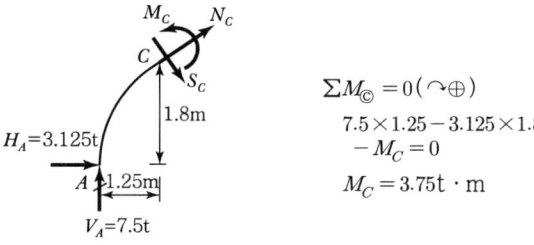

$\sum M_{\text{Ⓒ}} = 0(\curvearrowright \oplus)$
$7.5 \times 1.25 - 3.125 \times 1.8$
$\quad - M_C = 0$
$M_C = 3.75\text{t} \cdot \text{m}$

14. 그림과 같은 보에서 다음 중 휨모멘트의 절댓값이 가장 큰 곳은?

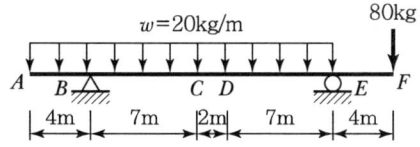

① B점
② C점
③ D점
④ E점

■ 해설 $\sum M_{\text{Ⓔ}} = 0(\curvearrowright \oplus)$

$$R_{By} \times 16 - (20 \times 20) \times \dfrac{20}{2} + 80 \times 4 = 0$$
$$R_{By} = 230\text{kg}(\uparrow)$$

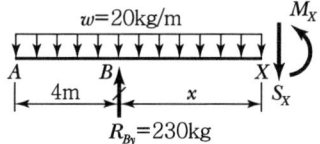

$\sum M_{\text{Ⓧ}} = 0(\curvearrowright \oplus)$
$$230 \times x - \{20 \times (4+x)\} \times \dfrac{(4+x)}{2} - M_x = 0$$
$$M_x = -10(x^2 - 15x + 16)$$
$M_B = M_{(x=0)}$
$\quad = -10\{(0)^2 - 15(0) + 16\} = -160\text{kg} \cdot \text{m}$
$M_C = M_{(x=7)}$
$\quad = -10\{(7)^2 - 15(7) + 16\} = 400\text{kg} \cdot \text{m}$

|해답| 12.④ 13.③ 14.②

$M_D = M_{(x=9)}$
$= -10\{(9)^2 - 15(9) + 16\} = 380 \text{kg} \cdot \text{m}$

$M_E = M_{(x=16)}$
$= -10\{(16)^2 - 15(16) + 16\} = -320 \text{kg} \cdot \text{m}$

따라서, B점, C점, D점, 그리고 E점 4곳 중에서 휨모멘트의 절대값이 가장 큰 곳은 C점이다.

15. 그림과 같은 뼈대 구조물에서 C점의 수직반력(↑)을 구한 값은?(단, 탄성계수 및 단면은 전 부재가 동일)

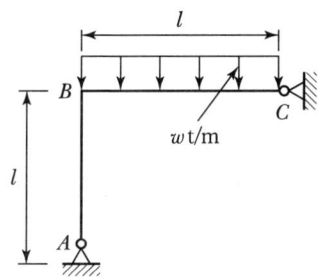

① $\dfrac{9wl}{16}$ ② $\dfrac{7wl}{16}$

③ $\dfrac{wl}{8}$ ④ $\dfrac{wl}{16}$

■해설

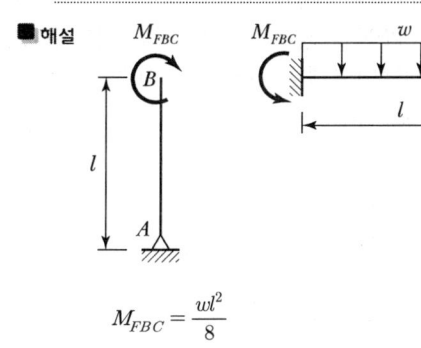

$M_{FBC} = \dfrac{wl^2}{8}$

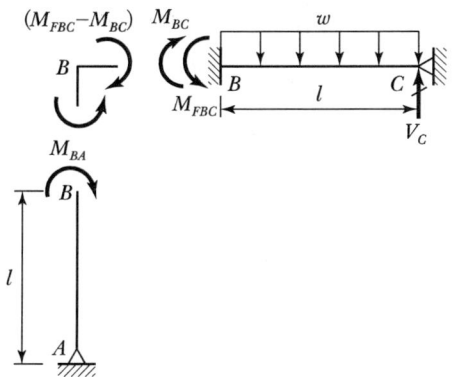

$k_{BA} : k_{BC} = 1 : 1$

$DF_{BA} : DF_{BC} = \dfrac{1}{2} : \dfrac{1}{2}$

$M_{BA} : M_{BC} = M_{FBC} \cdot DF_{BA} : M_{FBC} \cdot DF_{BC} = \dfrac{wl^2}{16} : \dfrac{wl^2}{16}$

BC 부재의 FBD에서

$\Sigma M_{\text{Ⓑ}} = 0 (\curvearrowright \oplus)$

$M_{BC} - M_{FBC} + (wl) \times \dfrac{l}{2} - V_C \times l = 0$

$V_C = \dfrac{wl}{2} + \dfrac{1}{l}(M_{BC} - M_{FBC})$

$= \dfrac{wl}{2} + \dfrac{1}{l}\left(\dfrac{wl^2}{16} - \dfrac{wl^2}{8}\right) = \dfrac{7wl}{16}$

16. 정6각형 틀의 각 절점에 그림과 같이 하중 P가 작용할 때 각 부재에 생기는 인장응력의 크기는?

① P
② $2P$
③ $\dfrac{P}{2}$
④ $\dfrac{P}{\sqrt{2}}$

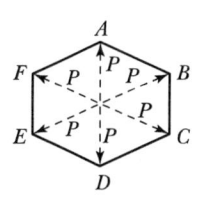

■해설 $\Sigma F_x = 0 (\rightarrow \oplus)$

$F_{AB} \cdot \sin 60° - F_{AF} \cdot \sin 60° = 0$

$F_{AB} = F_{AF}$

$\Sigma F_y = 0 (\uparrow \oplus)$

$P - 2F_{AB} \cdot \cos 60° = 0$

$F_{AB} = F_{AF} = P (\text{인장})$

17. 그림과 같은 단면에 1,000kg의 전단력이 작용할 때 최대 전단응력의 크기는?

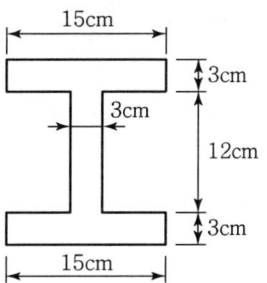

① 23.5kg/cm² ② 28.4kg/cm²
③ 35.2kg/cm² ④ 43.3kg/cm²

■해설
$$G_{NA} = (15 \times 9) \times \frac{9}{2} - (12 \times 6) \times \frac{6}{2} = 391.5 \text{cm}^3$$
$$I_{NA} = \frac{1}{12}(15 \times 18^3 - 12 \times 12^3) = 5,562 \text{cm}^4$$
$$b_{NA} = 3 \text{cm}$$
$$\tau_{\max} = \frac{V \cdot G_{NA}}{I_{NA} \cdot b_{NA}} = \frac{1,000 \times 391.5}{5,562 \times 3} = 23.46 \text{kg/cm}^2$$

18. 다음 그림과 같은 T형 단면에서 도심축 $C-C$ 축의 위치 x는?

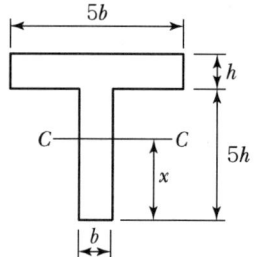

① $2.5h$
② $3.0h$
③ $3.5h$
④ $4.0h$

■해설
$A = (5b \times 6h) - (4b \times 5h) = 10bh$
$G_B = (5b \times 6h) \times 3h - (4b \times 5h) \times \frac{5h}{2} = 40bh^2$
$X = \frac{G_B}{A} = \frac{40bh^2}{10bh} = 4h$

19. 그림과 같은 게르버보에서 하중 P만에 의한 C점의 처짐은?(단, EI는 일정하고 $EI = 2.7 \times 10^{11} \text{kg} \cdot \text{cm}^2$이다.)

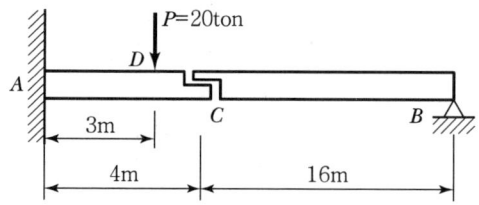

① 2.7cm
② 2.0cm
③ 1.0cm
④ 0.7cm

■해설 AC부재는 캔틸레버 보와 동일한 거동을 하고, CB부재는 강체 거동을 한다.

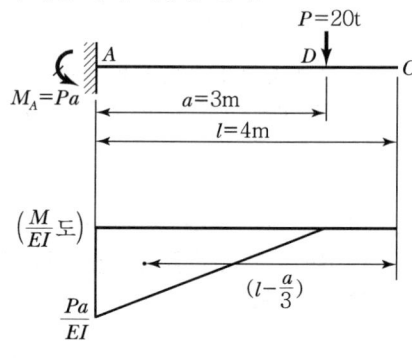

$$y_c = \left(\frac{1}{2} \times \frac{Pa}{EI} \times a\right) \times \left(l - \frac{a}{3}\right)$$
$$= \frac{Pa^2(3l-a)}{6EI}$$
$$= \frac{(20 \times 10^3) \times (3 \times 10^2)^2 \times \{3 \times (4 \times 10^2) - (3 \times 10^2)\}}{6 \times (2.7 \times 10^{11})}$$
$$= 1 \text{cm}$$

20. 중공 원형 강봉에 비틀림력 T가 작용할 때 최대 전단 변형률 $\gamma_{\max} = 750 \times 10^{-6} \text{rad}$으로 측정되었다. 봉의 내경은 60mm이고 외경은 75mm일 때 봉에 작용하는 비틀림력 T를 구하면? (단, 전단탄성계수 $G = 8.15 \times 10^5 \text{kg/cm}^2$)

① $29.9 \text{t} \cdot \text{cm}$
② $32.7 \text{t} \cdot \text{cm}$
③ $35.3 \text{t} \cdot \text{cm}$
④ $39.2 \text{t} \cdot \text{cm}$

■해설
$$r = \frac{7.5}{2} = 3.75 \text{cm}$$
$$I_p = \frac{\pi}{32}(7.5^4 - 6^4) = 183.4 \text{cm}^4$$
$$\tau_{\max} = G\gamma_{\max} = \frac{Tr}{I_p}$$
$$T = \frac{G\gamma_{\max} I_p}{r}$$
$$= \frac{(8.15 \times 10^5) \times (750 \times 10^{-6}) \times (183.4)}{(3.75)}$$
$$= 29,894 \text{kg} \cdot \text{cm}$$
$$= 29.89 \text{t} \cdot \text{cm}$$

|해답| 18.④ 19.③ 20.①

제2과목 **측량학**

21. 직사각형의 가로, 세로의 거리가 그림과 같다. 면적 A의 표현으로 가장 적절한 것은?

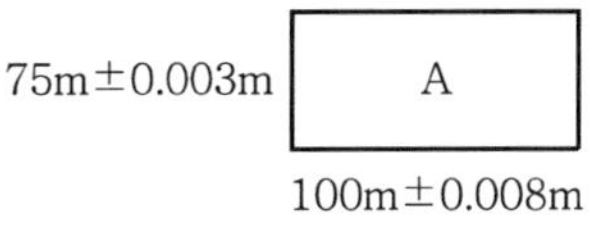

$75m \pm 0.003m$ | A | $100m \pm 0.008m$

① $7,500m^2 \pm 0.67m^2$
② $7,500m^2 \pm 0.41m^2$
③ $7,500.9m^2 \pm 0.67m^2$
④ $7,500.9m^2 \pm 0.41m^2$

■해설
- 면적오차(M)$= \pm \sqrt{(a \times m_b)^2 + (b \times m_a)^2}$
  $= \pm \sqrt{(75 \times 0.008)^2 + (100 \times 0.003)^2}$
  $= \pm 0.67m^2$
- $A = A \pm M = (75 \times 100) \pm 0.67$
  $= 7,500 \pm 0.67m^2$

22. 하천측량을 실시하는 주목적에 대한 설명으로 가장 적합한 것은?

① 하천 개수공사나 공작물의 설계, 시공에 필요한 자료를 얻기 위하여
② 유속 등을 관측하여 하천의 성질을 알기 위하여
③ 하천의 수위, 기울기, 단면을 알기 위하여
④ 평면도, 종단면도를 작성하기 위하여

■해설 주변시설, 공작물 설치 시 필요한 계획설계, 시공에 필요한 자료를 얻기 위해 하천측량을 실시한다.

23. 30m당 0.03m가 짧은 줄자를 사용하여 정사각형 토지의 한 변을 측정한 결과 150m이었다면 면적에 대한 오차는?

① $41m^2$
② $43m^2$
③ $45m^2$
④ $47m^2$

■해설
- $A = 150 \times 150 = 22,500m^2$
- $A_0 = A\left(1 \pm \frac{\Delta L}{L}\right)^2 = 22,500\left(1 \pm \frac{0.03}{30}\right)^2$
  $= 22,455m^2$
- 면적오차(dA) $= 22,500 - 22,455 = 45m^2$

24. 지반의 높이를 비교할 때 사용하는 기준면은?

① 표고(elevation)
② 수준면(level surface)
③ 수평면(horizontal plane)
④ 평균해수면(mean sea level)

■해설 평균해수면은 표고의 기준이 되는 수준면이다.

25. 클로소이드 곡선에서 곡선 반지름(R)=450m, 매개변수(A)=300m일 때 곡선길이(L)는?

① 100m
② 150m
③ 200m
④ 250m

■해설
- $A^2 = RL$
- $L = \frac{A^2}{R} = \frac{300^2}{450} = 200m$

26. 등고선의 성질에 대한 설명으로 옳지 않은 것은?

① 등고선은 도면 내외에서 폐합하는 폐곡선이다.
② 등고선은 분수선과 직각으로 만난다.
③ 동굴 지형에서 등고선은 서로 만날 수 있다.
④ 등고선의 간격은 경사가 급할수록 넓어진다.

■해설 등고선의 간격은 경사가 급할수록 좁아진다.

27. 축척 1 : 25,000 지형도에서 거리가 6.73cm인 두 점 사이의 거리를 다른 축척의 지형도에서 측정한 결과 11.21cm이었다면 이 지형도의 축척은 약 얼마인가?

① 1 : 20,000
② 1 : 18,000
③ 1 : 15,000
④ 1 : 13,000

■해설
- $\frac{1}{M} = \frac{도상거리}{실제거리}$
  실제거리 $= 6.73 \times 25,000 = 168,250cm = 1,682.5m$
- 축척$\left(\frac{1}{M}\right) = \frac{도상거리}{실제거리} = \frac{0.1121}{1,682.5} ≒ \frac{1}{15,000}$

|해답| 21.① 22.① 23.③ 24.④ 25.③ 26.④ 27.③

28. 트래버스측량(다각측량)에 관한 설명으로 옳지 않은 것은?

① 트래버스 중 가장 정밀도가 높은 것은 결합 트래버스로서 오차점검이 가능하다.
② 폐합 오차 조정에서 각과 거리측량의 정확도가 비슷한 경우 트랜싯 법칙으로 조정하는 것이 좋다.
③ 오차의 배분은 각 관측의 정확도가 같을 경우 각의 대소에 관계없이 등분하여 배분한다.
④ 폐합 트래버스에서 편각을 관측하면 편각의 총합은 언제나 360°가 되어야 한다.

■해설 트랜싯 법칙은 각 관측의 정밀도가 거리관측의 정밀도보다 높은 경우 실시한다.

29. 수심 H인 하천의 유속측정에서 수면으로부터 깊이 0.2H, 0.6H, 0.8H인 점의 유속이 각각 0.663m/s, 0.532m/s, 0.467m/s이었다면 3점법에 의한 평균유속은?

① 0.565m/s　② 0.554m/s
③ 0.549m/s　④ 0.543m/s

■해설 3점법의 평균유속(V_m)
$= \dfrac{V_{0.2} + 2V_{0.6} + V_{0.8}}{4}$
$= \dfrac{0.663 + 2 \times 0.532 + 0.467}{4} = 0.549 \text{m/s}$

30. 교점(I.P)은 도로 기점에서 500m의 위치에 있고 교각 $I = 36°$일 때 외선길이(외할)=5.00m 라면 시단현의 길이는?(단, 중심말뚝거리는 20m이다.)

① 10.43m　② 11.57m
③ 12.36m　④ 13.25m

■해설
- $E(외할) = R\left(\sec\dfrac{I}{2} - 1\right)$
- $R = \dfrac{E}{\sec\dfrac{I}{2} - 1} = \dfrac{5}{\sec\dfrac{36°}{2} - 1} = 97.16\text{m}$
- $TL = R\tan\dfrac{I}{2} = 97.16 \times \tan\dfrac{36°}{2} = 31.57\text{m}$
- 곡선의 시점(BC) = IP - TL = 500 - 31.57 = 468.43m
- 시단현길이(l_1) = 480 - 468.43 = 11.57m

31. 사진측량의 특징에 대한 설명으로 옳지 않은 것은?

① 기상조건에 상관없이 측량이 가능하다.
② 정량적 관측이 가능하다.
③ 측량의 정확도가 균일하다.
④ 정성적 관측이 가능하다.

■해설 사진측량은 기상조건 및 태양고도 등에 영향을 받는다.

32. 단일삼각형에 대해 삼각측량을 수행한 결과 내각이 $\alpha = 54°25'32''$, $\beta = 68°43'23''$, $\gamma = 56°51'14''$이었다면 β의 각 조건에 의한 조정량은?

① $-4''$　② $-3''$
③ $+4''$　④ $+3''$

■해설
- 내각의 합은 180°이다.
- $\alpha + \beta + \gamma = 180°0'9''$
- 조정량 = $\dfrac{-9''}{3} = -3''$

33. 그림과 같이 4개의 수준점 A, B, C, D에서 각각 1km, 2km, 3km, 4km 떨어진 P점의 표고를 직접 수준 측량한 결과가 다음과 같을 때 P점의 최확값은?

- A→P = 125.762m
- B→P = 125.750m
- C→P = 125.755m
- D→P = 125.771m

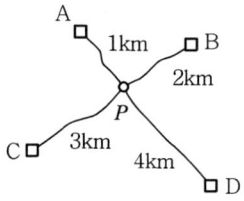

① 125.755m　　　　② 125.759m
③ 125.762m　　　　④ 125.765m

■해설
- 경중률(P)은 노선거리에 반비례

$$P_A : P_B : P_C : P_D = \frac{1}{L_A} : \frac{1}{L_B} : \frac{1}{L_C} : \frac{1}{L_D}$$

$$= 12 : 6 : 4 : 3$$

- $h_0 = 125 + \dfrac{12 \times 0.762 + 6 \times 0.750 + 4 \times 0.755 + 3 \times 0.771}{12 + 6 + 4 + 3}$

$$= 125.759m$$

34. GNSS 관측성과로 틀린 것은?

① 지오이드 모델　　② 경도와 위도
③ 지구중심좌표　　④ 타원체고

■해설 지오이드 모델은 지구상에서 높이를 측정하는 기준이 되는 평균해수면과 GPS 높이의 기준이 되는 타원체고의 차이를 연속적으로 구축한 것

35. 삼각망의 종류 중 유심삼각망에 대한 설명으로 옳은 것은?

① 삼각망 가운데 가장 간단한 형태이며 측량의 정확도를 얻기 위한 조건이 부족하므로 특수한 경우 외에는 사용하지 않는다.
② 가장 높은 정확도를 얻을 수 있으나 조정이 복잡하고, 포함된 면적이 작으며 특히 기선을 확대할 때 주로 사용한다.
③ 거리에 비하여 측점수가 가장 적으므로 측량이 간단하며 조건식의 수가 적어 정확도가 낮다.
④ 광대한 지역의 측량에 적합하며 정확도가 비교적 높은 편이다.

■해설 유심삼각망
- 넓은 지역의 측량에 적합하다.
- 동일 측점수에 비해 포함 면적이 넓다.
- 정밀도는 단열보다 높고 사변형보다 낮다.

36. 다음은 폐합 트래버스 측량성과이다. 측선 CD 의 배횡거는?

측선	위거(m)	경거(m)
AB	65.39	83.57
BC	-34.57	19.68
CD	-65.43	-40.60
DA	34.61	-62.65

① 60.25m　　　　② 115.90m
③ 135.45m　　　④ 165.90m

■해설
㉠ 첫측선의 배횡거는 첫측선의 경거와 같다.
㉡ 임의 측선의 배횡거는 전측선의 배횡거+전측선의 경거+그 측선의 경거이다.
㉢ 마지막 측선의 배횡거는 마지막 측선의 경거와 같다.(부호반대)

- AB측선의 배횡거 = 83.57m
- BC측선의 배횡거 = 83.57 + 83.57 + 19.68
  = 186.82m
- CD측선의 배횡거 = 186.82 + 19.68 - 40.60
  = 165.90m

37. 어떤 횡단면의 도상면적이 40.5cm²이었다. 가로 축척이 1:20, 세로 축척이 1:60이었다면 실제면적은?

① 48.6m²　　　　② 33.75m²
③ 4.86m²　　　　④ 3.375m²

■해설
- $\left(\dfrac{1}{M}\right)^2 = \dfrac{도상면적}{실제면적}$
- 실제면적 = 도상면적 × M^2 = 40.5 × (20×60)
  = 48,600cm² = 4.860m²

38. 동일한 지역을 같은 조건에서 촬영할 때, 비행고도만을 2배로 높게 하여 촬영할 경우 전체 사진 매수는?

① 사진 매수는 1/2만큼 늘어난다.
② 사진 매수는 1/2만큼 줄어든다.
③ 사진 매수는 1/4만큼 늘어난다.
④ 사진 매수는 1/4만큼 줄어든다.

■해설 $\dfrac{1}{m} = \dfrac{f}{H}$ 이므로 H가 2배가 되면 m이 2배가 되므로 $\left(\dfrac{1}{m}\right)^2$이 되어 사진매수는 $\dfrac{1}{4}$만큼 줄어든다.

|해답| 34.① 35.④ 36.④ 37.③ 38.④

39. 중심말뚝의 간격이 20m인 도로구간에서 각 지점에 대한 횡단면적을 표시한 결과가 그림과 같을 때, 각주공식에 의한 전체 토공량은?

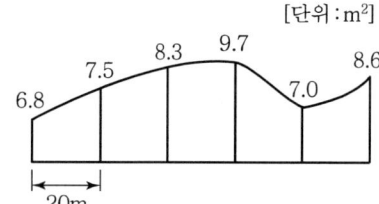

① 156m³
② 672m³
③ 817m³
④ 920m³

■ 해설
- $V = \dfrac{40}{6}((6.8+4\times7.5+8.3)$
  $+(8.3+4\times9.7+7.0))+\left(\dfrac{7.0+8.6}{2}\right)\times20$
  $= 817.3\text{m}^3$
- 각주$(V) = \dfrac{L}{6}(A_1+4A_m+A_2)$,
  양단평균$(V) = \left(\dfrac{A_1+A_2}{2}\right)L$

40. 노선측량에 대한 용어 설명 중 옳지 않은 것은?
① 교점 – 방향이 변하는 두 직선이 교차하는 점
② 중심말뚝 – 노선의 시점, 종점 및 교점에 설치하는 말뚝
③ 복심곡선 – 반지름이 서로 다른 두 개 또는 그 이상의 원호가 연결된 곡선으로 공통접선의 같은 쪽에 원호의 중심이 있는 곡선
④ 완화곡선 – 고속으로 이동하는 차량이 직선부에서 곡선부로 진입할 때 차량의 원심력을 완화하기 위해 설치하는 곡선

■ 해설 중심말뚝은 노선을 측량할 때 번호 0을 기점으로 하여 노선의 중심선을 따라 20m마다 박는 말뚝

제3과목 **수리수문학**

41. 수리학에서 취급되는 여러 가지 양에 대한 차원이 옳은 것은?
① 유량 = $[L^3T^{-1}]$
② 힘 = $[MLT^{-3}]$
③ 동점성계수 = $[L^3T^{-1}]$
④ 운동량 = $[MLT^{-2}]$

■ 해설 차원
㉠ 물리량의 크기를 힘[F], 질량[M], 시간[T], 길이[L]의 지수형태로 표기한 것
㉡ 물리량의 차원

물리량	FLT	MLT
유량	L^3T^{-1}	L^3T^{-1}
힘	F	MLT^{-2}
동점성계수	L^2T^{-1}	L^2T^{-1}
운동량	FT	MLT^{-1}

42. 폭이 b인 직사각형 위어에서 접근유속이 작은 경우 월류수심이 h일 때 양단수축 조건에서 월류수맥에 대한 단수축 폭(b_0)은?(단, Francis 공식을 적용)

① $b_0 = b - \dfrac{h}{5}$
② $b_0 = 2b - \dfrac{h}{5}$
③ $b_0 = b - \dfrac{h}{10}$
④ $b_0 = 2b - \dfrac{h}{10}$

■ 해설 Francis 공식
㉠ Francis 공식
$$Q = 1.84\, b_0\, h^{\frac{3}{2}}$$
여기서, $b_0 = b - 0.1nh$ (n=2 : 양단수축, n=1 : 일단수축, n=0 : 수축이 없는 경우)

㉡ 유효폭의 산정
$b_o = b - 0.1\times2\times h = b - \dfrac{2h}{10} = b - \dfrac{h}{5}$

43. 누가우량곡선(Rainfall mass curve)의 특성으로 옳은 것은?

① 누가우량곡선의 경사가 클수록 강우강도가 크다.
② 누가우량곡선의 경사는 지역에 관계없이 일정하다.
③ 누가우량곡선으로 일정기간 내의 강우량을 산출할 수는 없다.
④ 누가우량곡선은 자기우량 기록에 의하여 작성하는 것보다 보통우량계의 기록에 의하여 작성하는 것이 더 정확하다.

■해설 누가우량곡선
  ㉠ 정의 : 자기우량계의 관측으로 시간에 대한 누가 강우량 기록으로 누가우량곡선을 제공한다.
  ㉡ 특징
    • 곡선의 경사가 클수록 강우강도 크다.
    • 곡선의 경사가 없으면 무강우 처리한다.
    • 곡선만으로 일정기간 강우량의 산정이 가능하다.
    • 누가우량곡선은 지역에 따른 강우의 기록으로 지역에 따라 그 값이 다르다.

44. 폭 4.8m, 높이 2.7m의 연직 직사각형 수문이 한쪽 면에서 수압을 받고 있다. 수문의 밑면은 힌지로 연결되어 있고 상단은 수평체인(Chain)으로 고정되어 있을 때 이 체인에 작용하는 장력(張力)은? (단, 수문의 정상과 수면은 일치한다.)

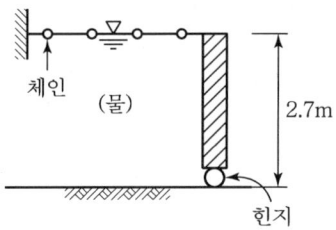

① 29.23kN   ② 57.15kN
③ 7.87kN   ④ 0.88kN

■해설 수면과 연직인 면이 받는 압력
  ㉠ 면이 받는 압력
    $P = wh_G A = 1 \times \dfrac{2.7}{2} \times (4.8 \times 2.7) = 17.5t$
  ㉡ 체인에 작용하는 장력 : 힌지를 기점으로 잡아 모멘트를 취하면 체인에 작용하는 장력을 구할 수 있다.
    $17.5 \times \dfrac{1}{3} \times 2.7 = P_c \times 2.7$

    $\therefore P_c = 5.85t = 5.85 \times 9.8 = 57.16 \text{kN}$

45. 어느 소유역의 면적이 20ha, 유수의 도달시간이 5분이다. 강수자료의 해석으로부터 얻어진 이 지역의 강우강도식이 아래와 같을 때 합리식에 의한 홍수량은?(단, 유역의 평균 유출계수는 0.6이다.)

> 강우강도식 : $I = \dfrac{6,000}{(t+35)}$ [mm/hr]
> 여기서, t : 강우지속시간[분]

① 18.0m³/s   ② 5.0m³/s
③ 1.8m³/s   ④ 0.5m³/s

■해설 합리식
  ㉠ 합리식
    $Q = \dfrac{1}{360} CIA$
    여기서, Q : 우수량 (m³/sec)
           C : 유출계수(무차원)
           I : 강우강도(mm/hr)
           A : 유역면적(ha)
  ㉡ 강우강도의 산정
    $I = \dfrac{6,000}{(t+35)} = \dfrac{6,000}{(5+35)} = 150 \text{mm/hr}$
  ㉢ 우수유출량의 산정
    $Q = \dfrac{1}{360} CIA = \dfrac{1}{360} \times 0.6 \times 150 \times 20 = 5 \text{m}^3/\text{s}$

46. 비력(special force)에 대한 설명으로 옳은 것은?
① 물의 충격에 의해 생기는 힘의 크기
② 비에너지가 최대가 되는 수심에서의 에너지
③ 한계수심으로 흐를 때 한 단면에서의 총에너지 크기
④ 개수로의 어떤 단면에서 단위중량당 운동량과 정수압의 합계

■해설 충력치(비력)
  충력치(비력)는 개수로 어떤 단면에서 수로바닥을 기준으로 한 물의 단위시간, 단위중량당의 운동량(동수압과 정수압의 합)을 말한다.
  $M = \eta \dfrac{Q}{g} V + h_G A$

47. 지름이 20cm인 관수로에 평균유속 5m/s로 물이 흐른다. 관의 길이가 50m일 때 5m의 손실수두가 나타났다면, 마찰속도(U_*)는?

① $U_* = 0.022$m/s
② $U_* = 0.22$m/s
③ $U_* = 2.21$m/s
④ $U_* = 22.1$m/s

■해설 마찰속도
㉠ 마찰속도는 다음 식으로 나타낸다.
$$U_* = \sqrt{\frac{\tau_0}{\rho}} = \sqrt{\frac{wRI}{\rho}} = \sqrt{gRI} \quad (\because w = \rho \cdot g)$$
㉡ 마찰속도의 계산
$$U_* = \sqrt{gRI} = \sqrt{9.8 \times \frac{0.2}{4} \times \frac{5}{50}} = 0.22 \text{m/s}$$

48. 항만을 설계하기 위해 관측한 불규칙 파랑의 주기 및 파고가 다음 표와 같을 때, 유의파고 ($H_{1/3}$)는?

연번	파고(m)	주기(s)
1	9.5	9.8
2	8.9	9.0
3	7.4	8.0
4	7.3	7.4
5	6.5	7.5
6	5.8	6.5
7	4.2	6.2
8	3.3	4.3
9	3.2	5.6

① 9.0m
② 8.6m
③ 8.2m
④ 7.4m

■해설 유의파고
㉠ 유의파고란 파고가 큰 쪽부터 1/3 이내에 있는 파의 파고를 산술평균한 값을 말한다.
㉡ 유의파고의 계산 : 9개의 파랑에서 큰 쪽부터 1/3이므로 연번 1~3까지의 파고를 산술평균하면 된다.
$$H_{1/3} = \frac{9.5 + 8.9 + 7.4}{3} = 8.6\text{m}$$

49. 비에너지와 한계수심에 관한 설명으로 옳지 않은 것은?

① 비에너지가 일정할 때 한계수심으로 흐르면 유량이 최소가 된다.
② 유량이 일정할 때 비에너지가 최소가 되는 수심이 한계수심이다.
③ 비에너지는 수로바닥을 기준으로 하는 단위 무게당 흐름에너지이다.
④ 유량이 일정할 때 직사각형 단면 수로 내 한계수심은 최소 비에너지의 $\frac{2}{3}$이다.

■해설 한계수심
• 유량이 일정하고 비에너지가 최소일 때의 수심을 한계수심이라 한다.
• 비에너지가 일정하고 유량이 최대로 흐를 때의 수심을 한계수심이라 한다.
• 유량이 일정하고 비력이 최소일 때의 수심을 한계수심이라 한다.
• 흐름이 상류(常流)에서 사류(射流)로 바뀔 때의 수심을 한계수심이라 한다.

50. 토양면을 통해 스며든 물이 중력의 영향 때문에 지하로 이동하여 지하수면까지 도달하는 현상은?

① 침투(infiltration)
② 침투능(infiltration capacity)
③ 침투율(infiltration rate)
④ 침루(percolation)

■해설 침루(percolation)
토양면을 통해 물이 스며드는 현상을 '침투'(infiltration)라 하고, 스며든 물이 중력에 의해 지하수위까지 도달하는 현상을 '침루'라 한다.

51. 오리피스(orifice)의 이론유속 $V = \sqrt{2gh}$ 이 유도되는 이론으로 옳은 것은?(단, V : 유속, g : 중력가속도, h : 수두차)

① 베르누이(Bernoulli)의 정리
② 레이놀즈(Reynolds)의 정리
③ 벤투리(Venturi)의 이론식
④ 운동량방정식 이론

■해설 Torricelli 정리
베르누이 정리를 이용하여 오리피스의 유출구의 이론유속을 구하는 공식을 유도한다.
$V = \sqrt{2gh}$

52. 3차원 흐름의 연속방정식을 아래와 같은 형태로 나타낼 때 이에 알맞은 흐름의 상태는?

$$\frac{\partial u}{\partial x}+\frac{\partial v}{\partial y}+\frac{\partial w}{\partial z}=0$$

① 비압축성 정상류 ② 비압축성 부정류
③ 압축성 정상류   ④ 압축성 부정류

■해설 3차원 연속방정식
㉠ 3차원 부정류 압축성 유체의 연속방정식
$$\frac{\partial(\rho u)}{\partial x}+\frac{\partial(\rho v)}{\partial y}+\frac{\partial(\rho w)}{\partial z}=-\frac{\partial \rho}{\partial t}$$
㉡ 연속방정식의 해석
• 정류 : $\frac{\partial \rho}{\partial t}=0$
• 비압축성 : ρ=일정(생략 가능)
∴ $\frac{\partial u}{\partial x}+\frac{\partial v}{\partial y}+\frac{\partial w}{\partial z}=0$의 형태는 3차원 비압축성 정상류 흐름이다.

53. 동력 20,000kW, 효율 88%인 펌프를 이용하여 150m 위의 저수지로 물을 양수하려고 한다. 손실수두가 10m일 때 양수량은?

① 15.5m³/s   ② 14.5m³/s
③ 11.2m³/s   ④ 12.0m³/s

■해설 동력의 산정
㉠ 양수에 필요한 동력($H_e=h+\Sigma\, h_L$)
• $P=\frac{9.8QH_e}{\eta}$ (kW)
• $P=\frac{13.3QH_e}{\eta}$ (HP)
㉡ 양수량의 산정
$20,000=\frac{9.8\times Q\times(150+10)}{0.88}$
∴ $Q=11.22$m³/s

54. 측정된 강우량 자료가 기상학적 원인 이외에 다른 영향을 받았는지의 여부를 판단하는, 즉 일관성(consistency)에 대한 검사방법은?

① 순간단위유량도법
② 합성단위유량도법
③ 이중누가우량분석법
④ 선행강수지수법

■해설 이중누가우량분석(double mass analysis)
수십 년에 걸친 장기간의 강수자료의 일관성(consistency) 검증을 위해 이중누가우량분석을 실시한다.

55. 레이놀즈(Reynolds) 수에 대한 설명으로 옳은 것은?

① 중력에 대한 점성력의 상대적인 크기
② 관성력에 대한 점성력의 상대적인 크기
③ 관성력에 대한 중력의 상대적인 크기
④ 압력에 대한 탄성력의 상대적인 크기

■해설 레이놀즈 수
㉠ 레이놀즈 수
$$R_e=\frac{VD}{\nu}$$
여기서, V : 유속
D : 관의 직경
ν : 동점성계수
㉡ 해석 : 레이놀즈 수는 식에서 나타낸 것처럼 관성에 대한 점성력의 상대적 크기를 말한다.

56. 하천의 모형실험에 주로 사용되는 상사법칙은?

① Reynolds의 상사법칙
② Weber의 상사법칙
③ Cauchy의 상사법칙
④ Froude의 상사법칙

■해설 수리모형의 상사법칙

종류	특징
Reynolds의 상사법칙	점성력이 흐름을 주로 지배하고, 관수로 흐름의 경우에 적용
Froude의 상사법칙	중력이 흐름을 주로 지배하고, 개수로 흐름의 경우에 적용
Weber의 상사법칙	표면장력이 흐름을 주로 지배하고, 수두가 아주 적은 위어 흐름의 경우에 적용
Cauchy의 상사법칙	탄성력이 흐름을 주로 지배하고, 수격작용의 경우에 적용

∴ 하천의 흐름을 지배하는 힘은 중력으로 Froude의 상사법칙을 적용한다.

57. Darcy의 법칙에 대한 설명으로 옳지 않은 것은?

① Darcy의 법칙은 지하수의 흐름에 대한 공식이다.
② 투수계수는 물의 점성계수에 따라서도 변화한다.
③ Reynolds 수가 클수록 안심하고 적용할 수 있다.
④ 평균유속이 동수경사와 비례관계를 가지고 있는 흐름에 적용될 수 있다.

■해설 Darcy의 법칙
㉠ Darcy의 법칙

$$V = K \cdot I = K \cdot \frac{h_L}{L},$$

$$Q = A \cdot V = A \cdot K \cdot I = A \cdot K \cdot \frac{h_L}{L}$$

㉡ 특징
- Darcy의 법칙은 지하수의 층류흐름에 대한 마찰저항공식이다.
- 투수계수는 물의 점성계수에 따라서도 변화한다.

$$K = D_s^2 \frac{\rho g}{\mu} \frac{e^3}{1+e} C$$

여기서, μ : 점성계수

- Darcy의 법칙은 정상류흐름에 층류에만 적용된다.(특히, $R_e < 4$일 때 잘 적용된다.)
- Darcy의 법칙은 지하수 유속은 동수경사에 비례한다는 법칙이다.($V = KI$)

58. A저수지에서 200m 떨어진 B저수지로 지름 20cm, 마찰손실계수 0.035인 원형 관으로 0.0628m³/s의 물을 송수하려고 한다. A저수지와 B저수지 사이의 수위차는?(단, 마찰손실, 단면 급확대 및 급축소 손실을 고려한다.)

① 5.75m ② 6.94m
③ 7.14m ④ 7.45m

■해설 단일관수로의 유량
㉠ 단일관수로에서 급확대, 급축소는 유입과 유출 손실로 보아야 하므로 유입, 유출, 마찰손실을 고려한 유량공식은 다음과 같다.

$$Q = AV = \frac{\pi D^2}{4} \times \sqrt{\frac{2gH}{f_i + f_o + f\frac{l}{D}}}$$

$$= \frac{\pi D^2}{4} \times \sqrt{\frac{2gH}{1.5 + f\frac{l}{D}}}$$

여기서, 유입손실계수 $f_i = 0.5$
유출손실계수 $f_o = 1.0$

㉡ 수위차의 산정

$$Q = \frac{\pi D^2}{4} \times \sqrt{\frac{2gH}{1.5 + f\frac{l}{D}}}$$

$$\therefore 0.0628 = \frac{\pi \times 0.2^2}{4} \times \sqrt{\frac{2 \times 9.8 \times H}{1.5 + 0.035 \times \frac{200}{0.2}}}$$

$\therefore H = 7.45$m

59. 다음 중 단위유량도 이론에서 사용하고 있는 기본가정이 아닌 것은?

① 일정 기저시간 가정 ② 비례가정
③ 푸아송 분포 가정   ④ 중첩가정

■해설 단위유량도
㉠ 단위도의 정의 : 특정 단위시간 동안 균등한 강우강도로 유역 전반에 걸쳐 균등한 분포로 내리는 단위유효우량으로 인하여 발생하는 직접유출 수문곡선
㉡ 단위도의 구성요소
- 직접유출량
- 유효우량 지속시간
- 유역면적

㉢ 단위도의 3가정
- 일정 기저시간 가정
- 비례가정
- 중첩가정

∴ 단위유량도 기본가정이 아닌 것은 푸아송 분포 가정이다.

60. 배수곡선(backwater curve)에 해당하는 수면곡선은?

① 댐을 월류할 때의 수면곡선
② 홍수 시의 하천의 수면곡선
③ 하천 단락부(段落部) 상류의 수면곡선
④ 상류 상태로 흐르는 하천에 댐을 구축했을 때 저수지의 수면곡선

■해설 **부등류의 수면형**
㉠ $dx/dy > 0$이면 흐름방향으로 수심이 증가함을 뜻하며 이 유형의 곡선을 배수곡선(backwater curve)이라 하고, 댐 상류부에서 볼 수 있는 곡선이다.
㉡ $dx/dy < 0$이면 수심이 흐름방향으로 감소함을 뜻하며 이를 저하곡선(dropdown curve)이라 하고, 위어 등에서 볼 수 있는 곡선이다.
∴ 배수곡선은 상류상태로 흐르는 하천에 댐을 구축했을 때 저수지의 수면곡선에 해당된다.

제4과목 **철근콘크리트 및 강구조**

61. 강도설계법에서 사용하는 강도감소계수(ϕ)의 값으로 틀린 것은?

① 무근콘크리트의 휨모멘트 : $\phi=0.55$
② 전단력과 비틀림모멘트 : $\phi=0.75$
③ 콘크리트의 지압력 : $\phi=0.70$
④ 인장지배단면 : $\phi=0.85$

■해설 콘크리트의 지압력에 대한 강도감소계수(ϕ)는 0.65이다.

62. 철근 콘크리트보에 배치되는 철근의 순간격에 대한 설명으로 틀린 것은?

① 동일 평면에서 평행한 철근 사이의 수평 순간격은 25mm 이상이어야 한다.
② 상단과 하단에 2단 이상으로 배치된 경우 상하 철근의 순간격은 25mm이상으로 하여야 한다.
③ 철근의 순간격에 대한 규정은 서로 접촉된 겹침이음 철근과 인접된 이음철근 또는 연속철근 사이의 순간격에도 적용하여야 한다.
④ 벽체 또는 슬래브에서 휨 주철근의 간격은 벽체나 슬래브 두께의 2배 이하로 하여야 한다.

■해설 벽체 또는 슬래브에서 휨 주철근의 중심간격은 위험단면을 제외한 단면에서는 벽체 또는 슬래브 두께의 3배 이하이어야 하고, 또한 450mm 이하로 하여야 한다.

63. 다음 그림과 같은 단철근 직사각형보가 공칭휨강도(M_n)에 도달할 때 인장철근의 변형률은 얼마인가?(단, 철근 D22 4개의 단면적 1,548mm², f_{ck}=35MPa, f_y=400MPa)

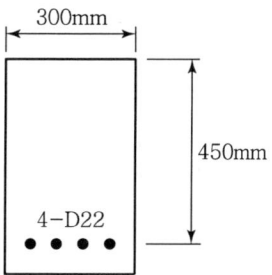

① 0.0102
② 0.0126
③ 0.0186
④ 0.0198

■해설 1. β_1의 값($f_{ck} > 28$MPa인 경우)
$\beta_1 = 0.85 - 0.007(f_{ck} - 28)$
$= 0.85 - 0.007(35 - 28) = 0.801$

2. 중립축의 위치(c)
$c = \dfrac{f_y A_s}{0.85 f_{ck} b \beta_1}$
$= \dfrac{400 \times 1548}{0.85 \times 35 \times 300 \times 0.801} = 86.6\text{mm}$

3. 최외단 인장철근의 순인장변형률(ε_t)
$\varepsilon_t = \dfrac{d_t - c}{c} \cdot \varepsilon_c$
$= \dfrac{450 - 86.6}{86.6} \times 0.003 = 0.0126$

64. 그림의 PSC 콘크리트보에서 PS강재를 포물선으로 배치하여 프리스트레스 $P=1,000$kN이 작용할 때 프리스트레스의 상향력은?(단, 보 단면은 $b=300$mm, $h=600$mm이고, $s=250$mm이다.)

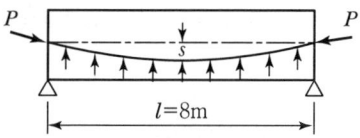

① 51.65kN/m
② 41.76kN/m
③ 31.25kN/m
④ 21.38kN/m

■해설 $U = \dfrac{8Ps}{l^2} = \dfrac{8 \times 1000 \times 0.25}{8^2} = 31.25$kN/m

65. 그림의 T형보에서 $f_{ck}=28\text{MPa}$, $f_y=400\text{MPa}$ 일때 공칭모멘트강도(M_n)를 구하면?(단, $A_s=5,000\text{mm}^2$)

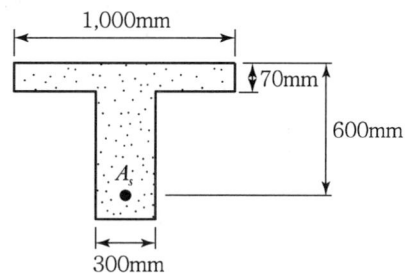

① 1110.5kN·m ② 1251.0kN·m
③ 1372.5kN·m ④ 1434.0kN·m

■해설 1. T형 단면보의 판별
폭이 $b=1000\text{mm}$인 직사각형 단면보에 대한 등가사각형 깊이
$$a=\frac{f_y A_s}{0.85 f_{ck} b}=\frac{400\times 5000}{0.85\times 28\times 1000}=84\text{mm}$$
$a(=84\text{mm}) > t_f(=70\text{mm})$ 이므로
T형 단면보로 해석

2. T형 단면보의 공칭휨강도(M_n)
$$A_{sf}=\frac{0.85 f_{ck}(b-b_w)t_f}{f_y}$$
$$=\frac{0.85\times 28\times (1000-300)\times 70}{400}$$
$$=2915.5\text{mm}^2$$
$$a=\frac{(A_s-A_{sf})f_y}{0.85 f_{ck} b_w}$$
$$=\frac{(5000-2915.5)\times 400}{0.85\times 28\times 300}=116.8\text{mm}$$
$$M_n=A_{sf}f_y\left(d-\frac{t_f}{2}\right)+(A_s-A_{sf})f_y\left(d-\frac{a}{2}\right)$$
$$=2915.5\times 400\times\left(600-\frac{70}{2}\right)$$
$$+(5000-2915.5)\times 400\times\left(600-\frac{116.8}{2}\right)$$
$$=1110.5\times 10^6\text{N}\cdot\text{mm}=1110.5\text{kN}\cdot\text{m}$$

66. 다음 중 적합비틀림에 대한 설명으로 옳은 것은?

① 균열의 발생 후 비틀림모멘트의 재분배가 일어날 수 없는 비틀림
② 균열의 발생 후 비틀림모멘트의 재분배가 일어날 수 있는 비틀림
③ 균열의 발생 전 비틀림모멘트의 재분배가 일어날 수 없는 비틀림
④ 균열의 발생 전 비틀림모멘트의 재분배가 일어날 수 있는 비틀림

■해설 적합비틀림(Comparibility Torsion)
1. 정의
적합비틀림이란 평형방정식과 더불어 변형에 대한 적합조건식을 만족시켜야 구조물의 해석이 가능한 비틀림을 의미한다.
즉, 정정구조물에 비틀림하중이 작용하는 경우 평형방정식만으로 구조물의 해석이 가능한 평형비틀림(Equilibrium Torsion)과는 달리 부정정구조물에 비틀림이 작용하는 경우 평형방정식과 적합조건식을 고려해야 구조물의 해석이 가능한 비틀림을 적합비틀림이라 한다.
2. 특성
① 부재에 균열이 발생하면 균열 후 힘의 재분배로 비틀림모멘트가 줄어든다.
② 주변부재의 강성이 클 경우 부재의 비틀림모멘트가 줄어든다.

67. 용접 시의 주의 사항에 관한 설명 중 틀린 것은?

① 용접의 열을 될 수 있는 대로 균등하게 분포시킨다.
② 용접부의 구속을 될 수 있는 대로 적게 하여 수축변형을 일으키더라도 해로운 변형이 남지 않도록 한다.
③ 평행한 용접은 같은 방향으로 동시에 용접하는 것이 좋다.
④ 주변에서 중심으로 향하여 대칭으로 용접해 나간다.

■해설 용접은 중심에서 주변을 향해 대칭으로 해나가는 것이 변형을 적게 한다.

68. 콘크리트의 강도설계에서 등가 직사각형 응력블록의 깊이 $a=\beta_1 c$로 표현할 수 있다. f_{ck}가 60MPa인 경우 β_1의 값은 얼마인가?

① 0.85 ② 0.732
③ 0.65 ④ 0.626

■해설 $f_{ck} > 28\text{MPa}$인 경우 β_1의 값
$$\beta_1 = 0.85 - 0.007(f_{ck} - 28)$$
$$= 0.85 - 0.007(60 - 28) = 0.626$$
그러나 $\beta_1 \geq 0.65$이어야 하므로 $\beta_1 = 0.65$이다.

69. $A_s = 4,000\text{mm}^2$, $A_s' = 1,500\text{mm}^2$로 배근된 그림과 같은 복철근 보의 탄성처짐이 15mm이다. 5년 이상의 지속하중에 의해 유발되는 장기처짐은 얼마인가?

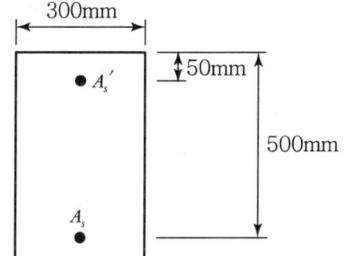

① 15mm   ② 20mm
③ 25mm   ④ 30mm

■해설 $\xi = 2.0$(하중 재하기간이 5년 이상인 경우)
$$\rho' = \frac{A_s'}{bd} = \frac{1,500}{300 \times 500} = 0.01$$
$$\lambda = \frac{\xi}{1 + 50\rho'} = \frac{2}{1 + (50 \times 0.01)} = 1.33$$
$$\delta_L = \lambda \cdot \delta_i = 1.33 \times 15 = 20\text{mm}$$

70. $M_u = 200\text{kN} \cdot \text{m}$의 계수모멘트가 작용하는 단철근 직사각형보에서 필요한 철근량(A_s)은 약 얼마인가?(단, $b = 300\text{mm}$, $d = 500\text{mm}$, $f_{ck} = 28\text{MPa}$, $f_y = 400\text{MPa}$, $\phi = 0.85$이다.)

① 1,072.7mm²   ② 1,266.3mm²
③ 1,524.6mm²   ④ 1,785.4mm²

■해설 (1) $M_u \leq M_d = \phi \rho f_y bd^2 \left(1 - 0.59\rho \frac{f_y}{f_{ck}}\right)$
$$\left(0.59\phi \frac{f_y^2}{f_{ck}} bd^2\right)\rho^2 - (\phi f_y bd^2)\rho + M_u \leq 0$$
$$\left(0.59 \times 0.85 \times \frac{400^2}{28} \times 300 \times 500^2\right)\rho^2$$
$$- (0.85 \times 400 \times 300 \times 500^2)\rho + (200 \times 10^6) \leq 0$$

$\rho^2 - 0.1186441\rho + 0.0009305 \leq 0$
$0.0084437 \leq \rho \leq 0.1102004$

(2) 또한, 강도감소계수(ϕ)가 $\phi = 0.85$이기 위해서는 인장지배단면이 되어야 하므로 $\varepsilon_t \geq \varepsilon_{t,l}$, 즉 $\rho \leq \rho_{t,l}$이어야 한다.
$\beta_1 = 0.85(f_{ck} \leq 28\text{MPa}$인 경우)
$\varepsilon_{t,l} = 0.005(f_y \leq 400\text{MPa}$인 경우)
$$\rho_{t,l} = 0.85\beta_1 \frac{f_{ck}}{f_y} \frac{0.003}{0.003 + \varepsilon_{t,l}}$$
$$= 0.85 \times 0.85 \times \frac{28}{400} \times \frac{0.003}{0.003 + 0.005}$$
$$= 0.0189656$$
$\rho \leq 0.0189656$

(3) (1)과 (2)의 결과로부터
$$0.0084437 \leq \rho\left(= \frac{A_s}{bd}\right) \leq 0.0189656$$
$$1,266\text{mm}^2 \leq A_s \leq 2,845\text{mm}^2$$

71. 다음 그림과 같은 보통중량콘크리트 직사각형 단면의 보에서 균열모멘트(M_{cr})는?(단, $f_{ck} = 24\text{MPa}$이다.)

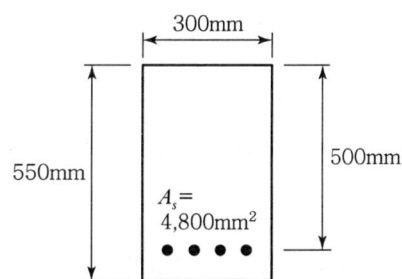

① 46.7kN · m   ② 52.3kN · m
③ 56.4kN · m   ④ 62.1kN · m

■해설 $\lambda = 1$(보통중량의 콘크리트인 경우)
$f_r = 0.63\lambda\sqrt{f_{ck}} = 0.63 \times 1 \times \sqrt{24} = 3.086\text{MPa}$
$$Z = \frac{bh^2}{6} = \frac{300 \times 550^2}{6} = 15.125 \times 10^6 \text{mm}^3$$
$M_{cr} = f_r \cdot Z$
$= 3.086 \times (15.125 \times 10^6)$
$= 46.7 \times 10^6 \text{N} \cdot \text{mm} = 46.7\text{kN} \cdot \text{m}$

72. 프리스트레스 감소 원인 중 프리스트레스 도입 후 시간의 경과에 따라 생기는 것이 아닌 것은?

① PC강재의 릴랙세이션
② 콘크리트의 건조수축
③ 콘크리트의 크리프
④ 정착 장치의 활동

■해설 프리스트레스의 손실 원인
1) 프리스트레스 도입 시 손실(즉시 손실)
   ① 정착 장치의 활동에 의한 손실
   ② PS강재와 쉬스 사이의 마찰에 의한 손실
   ③ 콘크리트의 탄성변형에 의한 손실
2) 프리스트레스 도입 후 손실(시간 손실)
   ① 콘크리트의 크리프에 의한 손실
   ② 콘크리트의 건조수축에 의한 손실
   ③ PS강재의 릴랙세이션에 의한 손실

73. 서로 다른 크기의 철근을 압축부에서 겹침이음 하는 경우 이음길이에 대한 설명으로 옳은 것은?

① 이음길이는 크기가 큰 철근의 정착길이와 크기가 작은 철근의 겹침이음길이 중 큰 값 이상이어야 한다.
② 이음길이는 크기가 작은 철근의 정착길이와 크기가 큰 철근의 겹침이음길이 중 작은 값 이상이어야 한다.
③ 이음길이는 크기가 작은 철근의 정착길이와 크기가 큰 철근의 겹침이음길이의 평균값 이상이어야 한다.
④ 이음길이는 크기가 큰 철근의 정착길이와 크기가 작은 철근의 겹침이음길이를 합한 값 이상이어야 한다.

■해설 서로 다른 크기의 철근을 압축부재에서 겹침이음을 하는 경우 이음길이는 크기가 큰 철근의 정착길이와 크기가 작은 철근의 겹침이음 길이 중 큰 값 이상이어야 한다.

74. 주어진 T형 단면에서 부착된 프리스트레스트 보강재의 인장응력(f_{ps})은 얼마인가?(단, 긴장재의 단면적 $A_{ps}=1,290mm^2$이고, 프리스트레싱 긴장재의 종류에 따른 계수 $\gamma_p=0.4$, 긴장재의 설계기준 인장강도 $f_{pu}=1,900MPa$, $f_{ck}=35MPa$)

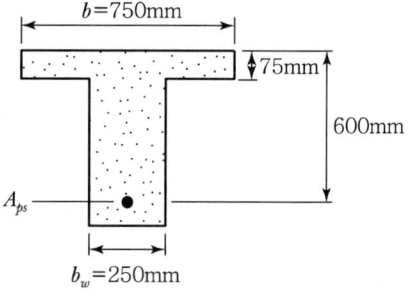

① 1,900MPa ② 1,861MPa
③ 1,804MPa ④ 1,752MPa

■해설
$\beta_1 = 0.85 - 0.007(f_{ck}-28)$
$= 0.85 - 0.007(35-28) = 0.801 \, (\beta_1 \geq 0.65)$

$\rho_p = \dfrac{A_{ps}}{bd_p} = \dfrac{1,290}{750 \times 600} = 0.00287$

$f_{ps} = f_{pu}\left(1 - \dfrac{\gamma_p}{\beta_1}\rho_p\dfrac{f_{pu}}{f_{ck}}\right)$

$= 1,900\left(1 - \dfrac{0.4}{0.801} \times 0.00287 \times \dfrac{1,900}{35}\right)$

$= 1,752MPa$

75. 그림과 같은 복철근 보의 유효깊이(d)는?(단, 철근 1개의 단면적은 $250mm^2$이다.)

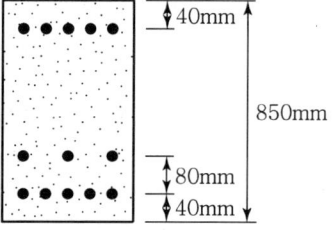

① 810mm ② 780mm
③ 770mm ④ 730mm

■해설
$d_1 = 850 - 80 - 40 = 730mm$
$d_2 = 850 - 40 = 810mm$
$8d = 3d_1 + 5d_2$
$d = \dfrac{1}{8}(3 \times 730 + 5 \times 810) = 780mm$

76. 철근의 부착응력에 영향을 주는 요소에 대한 설명으로 틀린 것은?

① 경사인장균열이 발생하게 되면 철근이 균열에 저항하게 되고, 따라서 균열면 양쪽의 부착응력을 증가시키기 때문에 결국 인장철근의 응력을 감소시킨다.
② 거푸집 내에 타설된 콘크리트의 상부로 상승하는 물과 공기는 수평으로 놓인 철근에 의해 가로막히게 되며, 이로 인해 철근과 철근 하단에 형성될 수 있는 수막 등에 의해 부착력이 감소될 수 있다.
③ 전단에 의한 인장철근의 장부력(dowel force)은 부착에 의한 쪼갬 응력을 증가시킨다.
④ 인장부 철근이 필요에 의해 절단되는 불연속 지점에서는 철근의 인장력 변화정도가 매우 크며 부착응력 역시 증가한다.

■해설 경사인장균열이 발생하게 되면 철근이 균열에 저항하게 되고, 따라서 균열면 양쪽의 부착응력을 증가시키기 때문에 결국 인장철근의 응력을 증가시킨다.

77. 그림과 같은 용접부의 응력은?

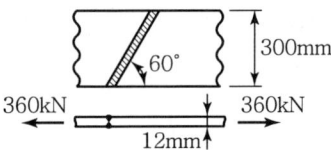

① 115MPa ② 110MPa
③ 100MPa ④ 94MPa

■해설 $f = \dfrac{P}{bt} = \dfrac{360 \times 10^3}{300 \times 12} = 100\text{N/mm}^2 = 100\text{MPa}$

78. 계수전단력(V_u)이 262.5kN일 때 그림과 같은 보에서 가장 적당한 수직스터럽의 간격은?(단, 사용된 스터럽은 D13을 사용하였으며, D13철근의 단면적은 127mm², f_{ck} =28MPa, f_y = 400MPa이다.)

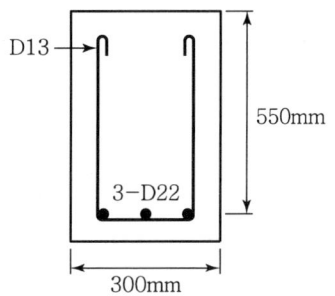

① 195mm ② 201mm
③ 233mm ④ 265mm

■해설 $V_u = 262.5\text{kN}$
$V_c = \dfrac{1}{6}\lambda\sqrt{f_{ck}}\,bd$
$= \dfrac{1}{6} \times 1 \times \sqrt{28} \times 300 \times 500$
$= 132.3 \times 10^3\text{N} = 132.3\text{kN}$
$\phi V_c = 0.75 \times 132.3 = 99.2\text{kN}$
$V_u(=262.5\text{kN}) > \phi V_c(=99.2\text{kN})$ 이므로 전단보강 필요
$V_s = \dfrac{V_u - \phi V_c}{\phi} = \dfrac{262.5 - 99.2}{0.75} = 217.8\text{kN}$
$\dfrac{1}{3}\lambda\sqrt{f_{ck}}\,bd = 2V_c = 2 \times 132.3 = 264.6\text{kN}$
$V_s(=217.8\text{kN}) < \dfrac{1}{3}\lambda\sqrt{f_{ck}}\,bd(=264.6\text{kN})$ 이므로 전단철근간격 S는 다음 값 이하라야 한다.
① $S \leq \dfrac{d}{2} = \dfrac{500}{2} = 250\text{mm}$
② $S \leq 600\text{mm}$
③ $S \leq \dfrac{A_v F_y d}{V_s} = \dfrac{(2 \times 127) \times 400 \times 500}{(217.8 \times 10^3)} = 233\text{mm}$
따라서 전단철근간격 S는 최소값인 233mm 이하라야 한다.

79. 다음 그림의 지그재그로 구멍이 있는 판에서 순폭을 구하면?(단, 구멍직경은 25mm)

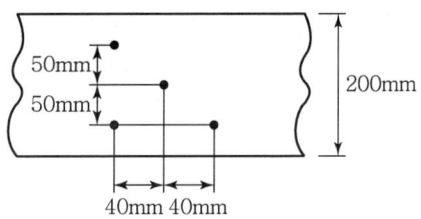

① 187mm ② 141mm
③ 137mm ④ 125mm

■해설 $d_h = \phi + 3 = 25\text{mm}$

$b_{n2} = b_g - 2d_h = 200 - (2 \times 25) = 150\text{mm}$

$b_{n3} = b_g - 3d_h + 2 \times \dfrac{S^2}{4g}$

$= 200 - (3 \times 25) + \left(2 \times \dfrac{40^2}{4 \times 50}\right) = 141\text{mm}$

$b_n = [b_{n2},\ b_{n3}]_{\min} = 141\text{mm}$

80. 아래의 표와 같은 조건의 경량콘크리트를 사용하고, 설계기준항복강도가 400MPa인 D25(공칭직경 : 25.4mm)철근을 인장철근으로 사용하는 경우 기본정착길이(l_{db})는?

- 콘크리트 설계기준 압축강도(f_{ck}) : 24MPa
- 콘크리트 인장강도(f_{sp}) : 2.17MPa

① 1,430mm
② 1,515mm
③ 1,535mm
④ 1,575mm

■해설 1. f_{sp}가 주어진 경우 경량골재콘크리트 계수(λ)

$\lambda = \dfrac{f_{sp}}{0.56\sqrt{f_{ck}}} = \dfrac{2.17}{0.56\sqrt{24}} = 0.79$

2. 인장철근의 기본정착길이(l_{db})

$l_{db} = \dfrac{0.6 d_b f_y}{\lambda \sqrt{f_{ck}}} = \dfrac{0.6 \times 25.4 \times 400}{0.79 \times \sqrt{24}} = 1575\text{mm}$

제5과목 토질 및 기초

81. 어떤 흙에 대해서 일축압축시험을 한 결과 일축압축 강도가 1.0kg/cm²이고 이 시료의 파괴면과 수평면이 이루는 각이 50°일 때 이 흙의 점착력(c_u)과 내부 마찰각(ϕ)은?

① $c_u = 0.60\text{kg/cm}^2$, $\phi = 10°$
② $c_u = 0.42\text{kg/cm}^2$, $\phi = 50°$
③ $c_u = 0.60\text{kg/cm}^2$, $\phi = 50°$
④ $c_u = 0.42\text{kg/cm}^2$, $\phi = 10°$

■해설
- $\theta = 45° + \dfrac{\phi}{2}$, $50° = 45° + \dfrac{\phi}{2}$

  $\therefore \phi = 10°$

- $q_u = 2c\tan\left(45° + \dfrac{\phi}{2}\right)$, $1 = 2c\tan\left(45° + \dfrac{10°}{2}\right)$

  $\therefore c = 0.42\text{kg/cm}^2$

82. 피조콘(piezocone) 시험의 목적이 아닌 것은?

① 지층의 연속적인 조사를 통하여 지층 분류 및 지층 변화 분석
② 연속적인 원지반 전단강도의 추이 분석
③ 중간 점토 내 분포한 sand seam 유무 및 발달 정도 확인
④ 불교란 시료 채취

■해설
- 콘 관입시험은 지반의 공학적 성질을 추정하는 원위치시험이다.
- 피조콘 관입시험은 종래에는 할 수 없었던 흙의 투수성이나 압밀특성 등의 추정과 관입 저항치의 유효응력까지도 추정할 수 있다.

83. 포화된 지반의 간극비를 e, 함수비를 w, 간극률을 n, 비중을 G_s라 할 때 다음 중 한계 동수경사를 나타내는 식으로 적절한 것은?

① $\dfrac{G_s + 1}{1 + e}$

② $\dfrac{e - w}{w(1 + e)}$

③ $(1 + n)(G_s - 1)$

④ $\dfrac{G_s(1 - w + e)}{(1 + G_s)(1 + e)}$

■해설 i_c(한계동수경사) $= \dfrac{\gamma_{sub}}{\gamma_w} = \dfrac{G_s - 1}{1 + e}$

$= \dfrac{\dfrac{Se}{\omega} - 1}{1 + e} = \dfrac{Se - \omega}{(1 + e)\omega}$

($G_s \omega = Se$, $G_s = \dfrac{Se}{\omega}$)

$\therefore S = 1$, $i_c = \dfrac{e - \omega}{(1 + e)\omega}$

84. 다음 중 투수계수를 좌우하는 요인이 아닌 것은?

① 토립자의 비중
② 토립자의 크기
③ 포화도
④ 간극의 형상과 배열

■해설 $K \propto$ 직경 $\propto \gamma_w \propto$ 간극비 $\propto \dfrac{1}{\mu(\text{점성계수})}$

85. 어떤 점토의 압밀계수는 $1.92 \times 10^{-3} \text{cm}^2/\text{sec}$, 압축계수는 $2.86 \times 10^{-2} \text{cm}^2/\text{g}$이었다. 이 점토의 투수계수는?(단, 이 점토의 초기간극비는 0.8이다.)

① $1.05 \times 10^{-5} \text{cm/sec}$
② $2.05 \times 10^{-5} \text{cm/sec}$
③ $3.05 \times 10^{-5} \text{cm/sec}$
④ $4.05 \times 10^{-5} \text{cm/sec}$

■해설 $K = C_v \cdot m_v \cdot \gamma_w$
$= C_v \cdot \dfrac{a_v}{1+e_1} \cdot \gamma_w$
$= 1.92 \times 10^{-3} \times \left(\dfrac{2.86 \times 10^{-2}}{1+0.8}\right) \times 1$
$= 3.05 \times 10^{-5} \text{cm/sec}$

86. 반무한 지반의 지표상에 무한길이의 선하중 q_1, q_2가 다음의 그림과 같이 작용할 때 A점에서의 연직응력 증가는?

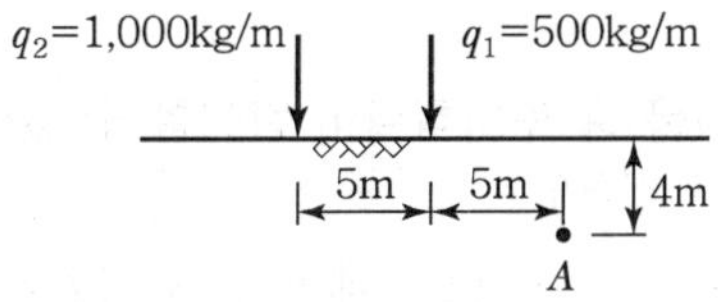

① 3.03kg/m^2
② 12.12kg/m^2
③ 15.15kg/m^2
④ 18.18kg/m^2

■해설 반무한지반에서 선하중 작용 시 응력 증가량

$\Delta \sigma_z = \dfrac{2gz^3}{\pi(x^2+z^2)^2}$

・ $q_1 = 500 \text{kg/m} = 0.5 \text{t/m}$
$\Delta \sigma_{z_1} = \dfrac{2 \times 0.5 \times 4^3}{\pi(5^2+4^2)^2} = 0.012 \text{t/m}^2$

・ $q_2 = 1,000 \text{kg/m} = 1 \text{t/m}$
$\Delta \sigma_{z_2} = \dfrac{2 \times 1 \times 4^3}{\pi(10^2+4^2)^2} = 0.003 \text{t/m}^2$

∴ $\Delta \sigma_z = \Delta \sigma_{z_1} + \Delta \sigma_{z_2} = 0.012 + 0.003 = 0.015 \text{t/m}^2$
$= 15 \text{kg/m}^2$

87. 크기가 30cm×30cm의 평판을 이용하여 사질토 위에서 평판재하시험을 실시하고 극한 지지력 20t/m²를 얻었다. 크기가 1.8m×1.8m인 정사각형기초의 총허용하중은 약 얼마인가?(단, 안전율 3을 사용)

① 22ton
② 66ton
③ 130ton
④ 150ton

■해설 $F_s = \dfrac{Q_u}{Q_a}$, $Q_a(\text{허용하중}) = \dfrac{Q_u}{F_s}$

・ $Q_u(t) = q_u(\text{t/m}^2) \times A$
・ q_u
 $0.3 : 20 = 1.8 \times q_u$, $q_u = 120 \text{t/m}^2$
∴ $Q_u = q_u(120) \times A(1.8 \times 1.8) = 388.8 \text{t}$

허용하중 $Q_a = \dfrac{Q_u}{F_s} = \dfrac{388.8}{3} = 129.6 \text{t}$

88. $\gamma_{sat} = 2.0 \text{t/m}^3$인 사질토가 20°로 경사진 무한사면이 있다. 지하수위가 지표면과 일치하는 경우 이 사면의 안전율이 1 이상이 되기 위해서는 흙의 내부마찰각이 최소 몇 도 이상이어야 하는가?

① 18.21°
② 20.52°
③ 36.06°
④ 45.47°

■해설 무한사면($C=0$)

$F_s = \dfrac{\gamma_{sub}}{\gamma_{sat}} \cdot \dfrac{\tan\phi}{\tan i} \geq 1$

∴ $\dfrac{1}{2} \cdot \dfrac{\tan\phi}{\tan 20°} = 1$

내부마찰각 $\phi = 36.05°$

89. 깊은 기초의 지지력 평가에 관한 설명으로 틀린 것은?

① 현장 타설 콘크리트 말뚝 기초는 동역학적 방법으로 지지력을 추정한다.
② 말뚝 항타분석기(PDA)는 말뚝의 응력분포, 경시 효과 및 해머 효율을 파악할 수 있다.
③ 정역학적 지지력 추정방법은 논리적으로 타당하나 강도정수를 추정하는 데 한계성을 내포하고 있다.
④ 동역학적 방법은 항타장비, 말뚝과 지반조건이 고려된 방법으로 해머 효율의 측정이 필요하다.

■해설 지지력 평가
 • 정역학적 방법 : 점성토지반(현장 타설 콘크리트 말뚝 지지력 산정)
 • 동역학적 방법 : 사질토지반

90. Terzaghi의 극한지지력 공식에 대한 설명으로 틀린 것은?

① 기초의 형상에 따라 형상계수를 고려하고 있다.
② 지지력계수 N_c, N_q, N_γ는 내부마찰각에 의해 결정된다.
③ 점성토에서의 극한지지력은 기초의 근입깊이가 깊어지면 증가된다.
④ 극한지지력은 기초의 폭에 관계없이 기초 하부의 흙에 의해 결정된다.

■해설
 • $q_{ult} = \alpha N_c C + \beta \gamma_1 N_\gamma B + \gamma_2 N_q D_f$
 • 극한지지력(q_{ult})은 기초의 폭(B)과 관계가 있다.

91. 흙의 다짐시험에서 다짐에너지를 증가시킬 때 일어나는 결과는?

① 최적함수비는 증가하고, 최대건조 단위중량은 감소한다.
② 최적함수비는 감소하고, 최대건조 단위중량은 증가한다.
③ 최적함수비와 최대건조 단위중량이 모두 감소한다.
④ 최적함수비와 최대건조 단위중량이 모두 증가한다.

■해설 다짐에너지를 증가시키면 OMC(최적함수비)는 감소하고 $\gamma_{d\max}$(최대 건조단위중량)는 증가한다.

92. 유선망(Flow Net)의 성질에 대한 설명으로 틀린 것은?

① 유선과 등수두선은 직교한다.
② 동수경사(i)는 등수두선의 폭에 비례한다.
③ 유선망으로 되는 사각형은 이론상 정사각형이다.
④ 인접한 두 유선 사이, 즉 유로를 흐르는 침투수량은 동일하다.

■해설 $V = Ki = K \cdot \dfrac{\Delta L}{L}$ ∴ $i(동수경사) \propto \dfrac{1}{L(폭)}$

93. 다음 그림에서 토압계수 $K=0.5$일 때의 응력경로는 어느 것인가?

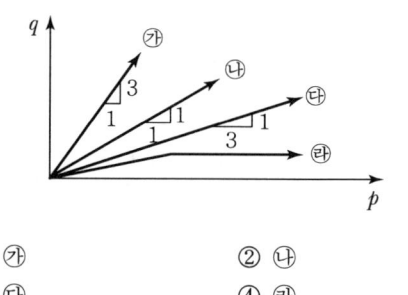

① ㉮   ② ㉯
③ ㉰   ④ ㉱

■해설 응력경로(응력비) $= \dfrac{1-K}{1+K} = \dfrac{1-0.5}{1+0.5} = \dfrac{1}{3}$

94. 다음 중 부마찰력이 발생할 수 있는 경우가 아닌 것은?

① 매립된 생활쓰레기 중에 시공된 관측정
② 붕적토에 시공된 말뚝 기초
③ 성토한 연약점토지반에 시공된 말뚝 기초
④ 다짐된 사질지반에 시공된 말뚝 기초

■해설 부마찰력
연약지반에 말뚝을 박으면 아래로 작용하는 말뚝의 주면 마찰력

95. 흙 시료의 전단파괴면을 미리 정해놓고 흙의 강도를 구하는 시험은?

① 직접전단시험
② 평판재하시험
③ 일축압축시험
④ 삼축압축시험

■해설 · 직접전단시험(전단파괴면을 미리 정함)
· 수직응력(σ)= $\frac{P}{A}$, 전단응력(τ)= $\frac{S}{A}$

96. 4.75mm체(4번 체) 통과율이 90%이고, 0.075mm 체(200번 체) 통과율이 4%, $D_{10}=0.25$ mm, $D_{30}=0.6$ mm, $D_{60}=2$ mm인 흙을 통일분류법으로 분류하면?

① GW ② GP
③ SW ④ SP

■해설 · 0.075mm(No.200체) 통과율 4% → 조립토
· 4.75mm(No.4체) 통과율 90% → S
· $C_u = \frac{D_{60}}{D_{10}} = \frac{2}{0.25} = 8$
· $C_g = \frac{{D_{30}}^2}{D_{10} \cdot D_{60}} = \frac{0.6^2}{0.25 \times 2} = 0.72$
· W(양입도) 조건
모래 : $C_u > 6$ and $1 < C_g < 3$
따라서, 통일분류법으로 분류하면 SP이다.

97. 표준관입 시험에서 N치가 20으로 측정되는 모래 지반에 대한 설명으로 옳은 것은?

① 내부마찰각이 약 30°~40° 정도인 모래이다.
② 유효상재 하중이 20t/m²인 모래이다.
③ 간극비가 1.2인 모래이다.
④ 매우 느슨한 상태이다.

■해설 · 사질토에서 N치 중간 : 10~30
· $\phi = \sqrt{12N}+25 = 40.5°$, $\phi = \sqrt{12N}+15 = 30.5°$
∴ 내부마찰각이 약 30°~40° 정도인 모래이다.

98. 그림과 같은 지반에서 하중으로 인하여 수직응력($\Delta\sigma_1$)이 1.0kg/cm² 증가되고 수평응력($\Delta\sigma_3$)이 0.5kg/cm² 증가되었다면 간극수압은 얼마나 증가되었는가?(단, 간극수압계수 $A=0.5$이고 $B=1$이다.

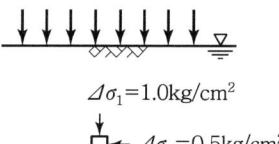

① 0.50kg/cm²
② 0.75kg/cm²
③ 1.00kg/cm²
④ 1.25kg/cm²

■해설 3축 압축 시 과잉간극수압(포화)
$\Delta u = B[\Delta\sigma_3 + A(\Delta\sigma_1 - \Delta\sigma_3)]$
$= 1[0.5 + 0.5(1-0.5)] = 0.75$kg/cm²

99. 다음 그림과 같은 폭(B) 1.2m, 길이(L) 1.5m인 사각형 얕은 기초에 폭(B) 방향에 대한 편심이 작용하는 경우 지반에 작용하는 최대압축응력은?

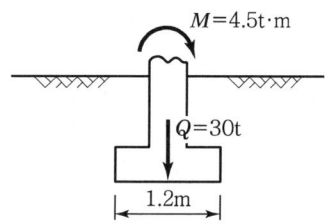

① 29.2t/m² ② 38.5t/m²
③ 39.7t/m² ④ 41.5t/m²

■해설 $\sigma_{\max} = \frac{Q}{A}\left(1+\frac{6e}{B}\right) = \frac{30}{1.2\times 1.5}\left(1+\frac{6\times 0.15}{1.2}\right)$
$= 29.2$t/m²
($M = Q \cdot e$, $e = \frac{M}{Q} = \frac{4.5}{30} = 0.15$m)

100. 그림과 같이 옹벽 배면의 지표면에 등분포하중이 작용할 때, 옹벽에 작용하는 전체 주동토압의 합력(P_a)과 옹벽 저면으로부터 합력의 작용점까지의 높이(h)는?

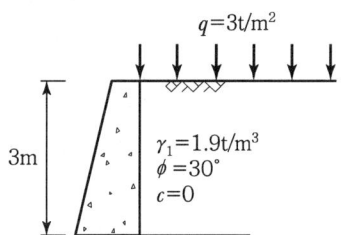

① $P_a = 2.85\text{t/m}, \ h = 1.26\text{m}$
② $P_a = 2.85\text{t/m}, \ h = 1.38\text{m}$
③ $P_a = 5.85\text{t/m}, \ h = 1.26\text{m}$
④ $P_a = 5.85\text{t/m}, \ h = 1.38\text{m}$

■해설 옹벽 저면으로부터 합력의 작용점까지의 높이(h)

$$h = \frac{P_{a_1} \times \frac{H}{2} + P_{a_2} \times \frac{H}{3}}{P_a}$$

• $P_{a_1} = qK_a H = 3 \times 0.333 \times 3 = 2.997$

• $P_{a_2} = \frac{1}{2}\gamma_t H^2 K_a = \frac{1}{2} \times 1.9 \times 3^2 \times 0.333 = 2.84715$

$\left[K_a = \tan^2\left(45° - \frac{\phi}{2}\right) = \tan^2\left(45° - \frac{30°}{2}\right) = 0.333\right]$

∴ 전 주동토압의 합력(P_a)
$P_a = P_{a_1} + P_{a_2} = 2.997 + 2.84715 = 5.85\text{t/m}$

따라서 합력의 작용점까지 높이(h)

$h = \dfrac{P_{a_1} \times \frac{H}{2} + P_{a_2} \times \frac{H}{3}}{P_a}$

$= \dfrac{\left(2.997 \times \frac{3}{2}\right) + \left(2.84715 \times \frac{3}{3}\right)}{5.85}$

$= 1.26\text{m}$

제6과목 **상하수도공학**

101. 펌프의 회전수 $N = 3,000$rpm, 양수량 $Q = 1.7\text{m}^3/\text{min}$, 전양정 $H = 300$m인 6단 원심펌프의 비교회전도 N_s는?

① 약 100회
② 약 150회
③ 약 170회
④ 약 210회

■해설 비교회전도
㉠ 비교회전도란 펌프나 송풍기 등의 형식을 나타내는 지표로 펌프의 경우 $1\text{m}^3/\text{min}$의 유량을 1m 양수하는 데 필요한 회전수(N_s)를 말한다.

$$N_s = N \frac{Q^{\frac{1}{2}}}{H^{\frac{3}{4}}}$$

여기서, N(rpm) : 표준회전수
$Q(\text{m}^3/\text{min})$: 토출량
$H(\text{m})$: 양정

㉡ 비교회전도의 산정

$$N_s = N\frac{Q^{\frac{1}{2}}}{H^{\frac{3}{4}}} = 3,000 \times \frac{1.7^{\frac{1}{2}}}{\left(\frac{300}{6}\right)^{\frac{3}{4}}} = 208.02$$

∴ 약 210회 정도

102. 정수지에 대한 설명으로 틀린 것은?

① 정수지란 정수를 저류하는 탱크로 정수시설로는 최종단계의 시설이다.
② 정수지 상부는 반드시 복개해야 한다.
③ 정수지의 유효수심은 3~6m를 표준으로 한다.
④ 정수지의 바닥은 저수위보다 1m 이상 낮게 해야 한다.

■해설 정수지
㉠ 정수지는 여과수량과 송수량 간의 불균형을 조절하고 동시에 사고나 고장에 대응하기 위하여 정수를 저류하는 탱크로 정수시설의 최종단계 시설이다.
㉡ 정수지 구조
• 구조적으로 위생적이고 안전하고 충분한 내

구성과 내진성 및 수밀성을 가져야 한다.
• 지하수위가 높은 장소에 축조할 경우 부력에 의한 부상방지 대책을 강구해야 한다.
• 2지 이상으로 하는 것이 원칙이다.
• 유효수심은 3~6m를 표준으로 한다.
• 고수위부터 정수지 상부 슬래브까지는 30cm 이상의 여유고를 가져야 한다.
• 바닥은 저수위보다 15cm 이상 낮게 해야 한다.

103. 계획시간최대 배수량 $q = K \times \dfrac{Q}{24}$에 대한 설명으로 틀린 것은?

① 계획시간최대배수량은 배수구역 내의 계획급수인구가 그 시간대에 최대량의 물을 사용한다고 가정하여 결정한다.
② Q는 계획1일평균급수량으로 단위는 [m³/day]이다.
③ K는 시간계수로 주·야간의 인구변동, 공장, 사업소 등에 의한 사용형태, 관광지 등의 계절적 인구이동에 의하여 변한다.
④ 시간계수 K는 1일최대급수량이 클수록 작아지는 경향이 있다.

■해설 계획시간최대급수량
㉠ 계획시간최대배수량은 계획시간최대급수량을 기준으로 한다.
㉡ 계획시간최대급수량 산정
= 계획1일최대급수량/24×1.3(대도시, 공업도시)
×1.5(중·소도시)
×2.0(주택, 농촌단지)
∴ Q는 계획1일최대급수량을 의미한다.

104. Jar-Test는 적정 응집제의 주입량과 적정 pH를 결정하기 위한 시험이다. Jar-Test 시 응집제를 주입한 후 급속교반 후 완속교반을 하는 이유는?

① 응집제를 용해시키기 위해서
② 응집제를 고르게 섞기 위해서
③ 플록이 고르게 퍼지게 하기 위해서
④ 플록을 깨뜨리지 않고 성장시키기 위해서

■해설 응집지
㉠ 응집지는 약품혼화지와 플록형성지로 나뉜다.
㉡ 응집지가 둘로 나누어진 이유는 교반속도 차이 때문이다.
㉢ 약품혼화지는 응집제가 잘 섞이도록 급속교반을 실시한다.
㉣ 플록형성지는 플록의 크기를 증가시키기 위해 완속교반을 실시한다.

105. 계획하수량을 수용하기 위한 관로의 단면과 경사를 결정함에 있어 고려할 사항으로 틀린 것은?

① 우수관로는 계획우수량에 대하여 유속을 최소 0.8m/s, 최대 3.0m/s로 한다.
② 오수관로의 최소관경은 200mm를 표준으로 한다.
③ 관로의 단면은 수리적 특성을 고려하여 선정하되 원형 또는 직사각형을 표준으로 한다.
④ 관로경사는 하류로 갈수록 점차 급해지도록 한다.

■해설 관로의 단면과 경사
㉠ 우수관로는 침전과 마모의 방지를 위하여 유속을 최소 0.8m/s, 최대 3.0m/s로 한다.
㉡ 관로의 최소관경 기준은 오수관은 200mm, 우수 및 합류관로는 250mm를 표준으로 한다.
㉢ 관로의 단면형상은 수리학적 특성을 고려하여 유리한 단면으로 선정하되, 일반적으로는 원형 또는 직사각형을 표준으로 한다.
㉣ 관로의 경사는 하류로 갈수록 유속은 빠르게, 구배는 완만하도록 선정한다.

106. 합류식 하수도에 대한 설명으로 옳지 않은 것은?

① 청천 시에는 수위가 낮고 유속이 적어 오물이 침전하기 쉽다.
② 우천 시에 처리장으로 다량의 토사가 유입되어 침전지에 퇴적된다.
③ 소규모 강우 시 강우 초기에 도로나 관로 내에 퇴적된 오염물이 그대로 강으로 합류할 수 있다.
④ 단일관로로 오수와 우수를 배제하기 때문에 침수 피해의 다발지역이나 우수배제시설이 정비되지 않은 지역에서는 유리한 방식이다.

|해답| 103.② 104.④ 105.④ 106.③

■해설 하수의 배제방식

분류식	합류식
• 수질오염 방지 면에서 유리 • 청천 시에도 퇴적의 우려가 없다. • 강우 초기 노면배수효과가 없다. • 시공이 복잡하고 오접합의 우려가 있다. • 우천 시 수세효과를 기대할 수 없다. • 공사비가 많이 든다.	• 구배 완만, 매설깊이 적으며 시공성이 좋다. • 초기 우수에 의한 노면배수처리가 가능하다. • 관경이 크므로 검사가 편리하고, 환기가 잘 된다. • 건설비가 적게 든다. • 우천 시 수세효과가 있다. • 청천 시 관내 침전, 효율 저하

∴ 소규모 강우 시 초기 노면배수가 월류하는 방식은 분류식이다.

107. 하수처리계획 및 재이용계획을 위한 계획오수량에 대한 설명으로 옳은 것은?

① 계획1일최대오수량은 계획시간최대오수량을 1일의 수량으로 환산하여 1.3~1.8배를 표준으로 한다.
② 합류식에서 우천 시 계획오수량은 원칙적으로 계획1일평균오수량의 3배 이상으로 한다.
③ 계획1일평균오수량은 계획1일최대오수량의 70~80%를 표준으로 한다.
④ 지하수량은 계획1일평균오수량의 10~20%로 한다.

■해설 오수량의 산정

종류	내용
계획오수량	계획오수량은 생활오수량, 공장폐수량, 지하수량으로 구분할 수 있다.
지하수량	지하수량은 1인1일 최대오수량의 10~20%를 기준으로 한다.
계획1일 최대오수량	• 1인 1일 최대오수량×계획급수인구+(공장폐수량, 지하수량, 기타 배수량) • 하수처리시설의 용량 결정의 기준이 되는 수량
계획1일 평균오수량	• 계획1일 최대오수량의 70(중·소도시)~80%(대·공업도시) • 하수처리장 유입하수의 수질을 추정하는 데 사용되는 수량
계획시간 최대오수량	• 계획1일 최대오수량의 1시간당 수량에 1.3~1.8배를 표준으로 한다. • 오수관거 및 펌프설비 등의 크기를 결정하는 데 사용되는 수량

∴ 계획1일평균오수량은 계획1일최대오수량의 70~80%를 표준으로 한다.

108. 주요 관로별 계획하수량으로서 틀린 것은?

① 우수관로 : 계획우수량+계획오수량
② 합류식 관로 : 계획시간최대오수량+계획우수량
③ 차집관로 : 우천 시 계획오수량
④ 오수관로 : 계획시간최대오수량

■해설 계획하수량
㉠ 오수 및 우수 관거

종류		계획하수량
합류식		계획시간최대오수량에 계획우수량을 합한 수량
분류식	오수관거	계획시간최대오수량
	우수관거	계획우수량

㉡ 차집관거 : 우천 시 계획오수량 또는 계획시간최대오수량의 3배를 기준으로 설계한다.

∴ 우수관거는 계획우수량을 기준으로 설계한다.

109. 하수처리시설의 펌프장시설의 중력식 침사지에 관한 설명으로 틀린 것은?

① 체류시간은 30~60초를 표준으로 하여야 한다.
② 모래퇴적부의 깊이는 최소 50cm 이상이어야 한다.
③ 침사지의 평균유속은 0.3m/s를 표준으로 한다.
④ 침사지 형상은 정방형 또는 장방형 등으로 하고 지수는 2지 이상을 원칙으로 한다.

■해설 펌프장 침사지
중력식 펌프장 침사지 모래퇴적부의 깊이는 일시에 이를 수용할 수 있도록 예상되는 침사량, 청소방법 및 빈도 등을 고려하여 일반적으로 수심의 10~30%로 보며, 적어도 30cm 이상으로 할 필요가 있다.

110. 일반적인 상수도 계통도를 바르게 나열한 것은?

① 수원 및 저수시설→취수→배수→송수→정수→도수→급수
② 수원 및 저수시설→취수→도수→정수→급수→배수→송수
③ 수원 및 저수시설→취수→도수→정수→송수→배수→급수

|해답| 107.③ 108.① 109.② 110.③

④ 수원 및 저수시설 → 취수 → 배수 → 정수 → 급수 → 도수 → 송수

■해설 상수도 구성요소
  ㉠ 수원 → 취수 → 도수(침사지) → 정수(착수정 → 약품혼화지 → 침전지 → 여과지 → 소독지 → 정수지) → 송수 → 배수(배수지, 배수탑, 고가탱크, 배수관) → 급수
  ㉡ 수원, 취수, 도수, 정수, 송수 등의 설계에는 계획1일최대급수량을 기준으로 한다.
  ㉢ 계획취수량은 계획1일최대급수량을 기준으로 5~10% 정도 여유 있게 취수한다.
  ㉣ 배수관의 직경 결정, 펌프의 직경 결정 등은 계획시간최대급수량을 기준으로 한다.

111. 하수도시설의 1차침전지에 대한 설명으로 옳지 않은 것은?
  ① 침전지의 형상은 원형, 직사각형 또는 정사각형으로 한다.
  ② 직사각형 침전지의 폭과 길이의 비는 1 : 3 이상으로 한다.
  ③ 유효수심은 2.5~4m를 표준으로 한다.
  ④ 침전시간은 계획1일최대오수량에 대하여 일반적으로 12시간 정도로 한다.

■해설 1차침전지
  ㉠ 침사지의 형상은 원형, 직사각형 또는 정사각형으로 한다.
  ㉡ 직사각형 침진지의 폭과 길이의 비는 1 : 3~1 : 8 정도로 한다.
  ㉢ 유효수심은 2.5~4m를 표준으로 한다.
  ㉣ 침전시간은 계획1일최대오수량에 대하여 2~4시간 정도로 한다.

112. 하수도의 목적에 관한 설명으로 가장 거리가 먼 것은?
  ① 하수도는 도시의 건전한 발전을 도모하기 위한 필수시설이다.
  ② 하수도는 공중위생의 향상에 기여한다.
  ③ 하수도는 공공용 수역의 수질을 보전함으로써 국민의 건강보호에 기여한다.
  ④ 하수도는 경제발전과 산업기반의 정비를 위하여 건설된 시설이다.

■해설 하수도시설의 목적
  • 하수의 배제와 이에 따른 생활환경의 개선
  • 침수방지
  • 공공수역의 수질보전과 건전한 물순환의 회복
  • 지속발전 가능한 도시구축에 기여
  ∴ 하수도는 경제발전과 산업기반의 정비를 위하여 설치하는 시설은 아니다.

113. 배수관망의 구성방식 중 격자식과 비교한 수지상식의 설명으로 틀린 것은?
  ① 수리계산이 간단하다.
  ② 사고 시 단수구간이 크다.
  ③ 제수밸브를 많이 설치해야 한다.
  ④ 관의 말단부에 물이 정체되기 쉽다.

■해설 배수관망의 배치방식

격자식	수지상식
• 단수 시 대상지역이 좁다.	• 수리계산이 간단하다.
• 수압 유지가 용이하다.	• 건설비가 적게 든다.
• 화재 시 사용량 대처가 용이하다.	• 물의 정체가 발생된다.
• 수리계산이 복잡하다.	• 단수지역이 발생된다.
• 건설비가 많이 든다.	• 수량의 상호 보완이 어렵다.

∴ 제수밸브가 많이 설치되는 방식은 관로를 격자형태로 묶은 격자식이다.

114. 정수장으로부터 배수지까지 정수를 수송하는 시설은?
  ① 도수시설
  ② 송수시설
  ③ 정수시설
  ④ 배수시설

■해설 상수도의 구성요소
  ㉠ 수원 → 취수 → 도수(침사지) → 정수(착수정 → 약품혼화지 → 침전지 → 여과지 → 소독지 → 정수지) → 송수 → 배수(배수지, 배수탑, 고가탱크, 배수관) → 급수
  ㉡ 수원, 취수, 도수, 정수, 송수 등의 설계에는 계획1일최대급수량을 기준으로 한다.
  ㉢ 계획취수량은 계획1일최대급수량을 기준으로 5~10% 정도 여유 있게 취수한다.
  ㉣ 배수관의 직경 결정, 펌프의 직경 결정 등은 계획시간최대급수량을 기준으로 한다.
  ∴ 정수장에서 배수지까지 정수를 수송하는 시설은 송수시설이다.

115. 호기성 소화의 특징을 설명한 것으로 옳지 않은 것은?

① 처리된 소화 슬러지에서 악취가 나지 않는다.
② 상징수의 BOD 농도가 높다.
③ 폭기를 위한 동력 때문에 유지관리비가 많이 든다.
④ 수온이 낮을 때에는 처리효율이 떨어진다.

■해설 호기성 소화
㉠ 호기성 미생물의 내생호흡단계를 이용하여 슬러지의 감량화 및 안정화를 도모하는 방법이다.
㉡ 특징

장점	단점
• 악취가 없다.	• 소화 슬러지의 탈수성이 악화된다.
• 최초공사비가 저렴하다.	• 포기 동력비가 많이 든다.
• 운전이 간단하다.	• 유효가스가 없다.
• 양호한 상징수의 수질을 얻는다.	

∴ 상징수의 BOD 농도가 높은 경우는 혐기성 소화이다.

116. 지름 15cm, 길이 500m인 주철관으로 유량 0.03m³/s의 물을 50m 양수하려고 한다. 양수시 발생되는 총손실수두가 5m이었다면 이 펌프의 소요축동력(kW)은?(단, 여유율은 0이며 펌프의 효율은 80%이다.)

① 20.2kW
② 30.5kW
③ 33.5kW
④ 37.2kW

■해설 동력의 산정
㉠ 양수에 필요한 동력($H_e = h + \Sigma h_L$)
• $P = \dfrac{9.8 Q H_e}{\eta}$ (kW)
• $P = \dfrac{13.3 Q H_e}{\eta}$ (HP)
㉡ 주어진 조건의 양수동력 산정
$P = \dfrac{9.8 Q H_e}{\eta} = \dfrac{9.8 \times 0.03 \times (50+5)}{0.8} = 20.2$ kW

117. 어느 도시의 인구가 200,000명, 상수보급률이 80%일 때 1인1일평균급수량이 380L/인·일이라면 연간 상수 수요량은?

① $11.096 \times 10^6 m^3$/년
② $13.874 \times 10^6 m^3$/년
③ $22.192 \times 10^6 m^3$/년
④ $27.742 \times 10^6 m^3$/년

■해설 연간 상수 수요량 Q
Q = 한 명당 하루에 쓰는 양 × 인구 × 365일
급수보급률을 고려할 경우에는 급수보급률을 곱한다.
$Q = 300 \times 10^{-3} \times 200,000 \times 365 \times 0.8$
$= 22.192 \times 10^6 m^3$/년

118. 계획급수인구가 5,000명, 1인1일최대급수량을 150L/(인·day), 여과속도는 150m/day로 하면 필요한 급속여과지의 면적은?

① 5.0m²
② 10.0m²
③ 15.0m²
④ 20.0m²

■해설 여과지의 면적
㉠ 여과지의 면적
$Q = AV$
∴ $A = \dfrac{Q}{V}$
㉡ 면적의 산정
• $Q = 150 \times 10^{-3} \times 5,000 = 750 m^3$/day
• $A = \dfrac{Q}{V} = \dfrac{750}{150} = 5 m^2$

119. 고도처리를 도입하는 이유와 거리가 먼 것은?

① 잔류 용존유기물의 제거
② 잔류염소의 제거
③ 질소의 제거
④ 인의 제거

■해설 고도처리
고도처리의 궁극적 목적은 질소(N)와 인(P)의 제거이며, 잔류 용존유기물 등의 제거도 가능하다.
∴ 고도처리를 도입하여 잔류염소를 제거하는 것은 아니다.

|해답| 115.② 116.① 117.③ 118.① 119.②

120. 상수시설 중 가장 일반적인 장방형 침사지의 표면부하율의 표준으로 옳은 것은?

① 50~150mm/min

② 200~500mm/min

③ 700~1,000mm/min

④ 1,000~1,250mm/min

■해설 침사지
  ㉠ 침사지는 원수와 동시에 유입된 모래를 침강, 제거하기 위한 시설이다.
  ㉡ 구조
   • 표면부하율은 200~500mm/min을 표준으로 한다.
   • 지내 평균유속은 2~7cm/s를 표준으로 한다.
   • 지의 길이는 폭의 3~8배를 표준으로 한다.
   • 지의 상단높이는 고수위보다 0.6~1m의 여유고를 둔다.
   • 지의 유효수심은 3~4m를 표준으로 하고, 퇴사심도를 0.5~1m로 한다.

|해답| 120.②

과년도 기출문제

(2018년 4월 28일 시행)

제1과목 **응용역학**

01. 지름이 d인 원형 단면의 단주에서 핵(core)의 지름은?

① $\dfrac{d}{2}$ ② $\dfrac{d}{3}$

③ $\dfrac{d}{4}$ ④ $\dfrac{d}{8}$

■해설 $D_{core} = 2 \cdot k = 2 \times \dfrac{d}{8} = \dfrac{d}{4}$

02. 다음과 같은 보의 A점의 수직반력 V_A는?

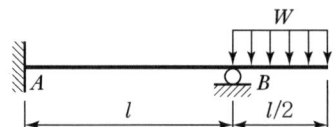

① $\dfrac{3}{8}wl(\downarrow)$ ② $\dfrac{1}{4}wl(\downarrow)$

③ $\dfrac{3}{16}wl(\downarrow)$ ④ $\dfrac{3}{32}wl(\downarrow)$

■해설

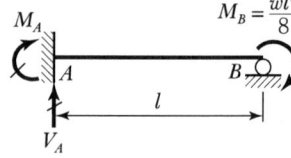 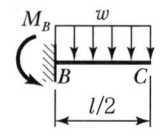

$M_A = \dfrac{M_B}{2} = \dfrac{1}{2}\left(\dfrac{wl^2}{8}\right) = \dfrac{wl^2}{16}$ $M_B = \left(w \times \dfrac{l}{2}\right) \times \dfrac{l}{4} = \dfrac{wl^2}{8}$

$\sum M_{\text{B}} = 0 (\curvearrowleft \oplus)$

$M_A + M_B + V_A l = 0$

$V_A = -\dfrac{1}{l}(M_A + M_B)$

$= -\dfrac{1}{l}\left(\dfrac{wl^2}{16} + \dfrac{wl^2}{8}\right)$

$= -\dfrac{3wl}{16}(\downarrow)$

03. 다음과 같은 부재에서 길이의 변화량(δ)은 얼마인가?(단, 보는 균일하며 단면적 A와 탄성계수 E는 일정하다.)

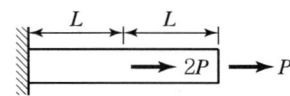

① $\dfrac{4PL}{EA}$ ② $\dfrac{3PL}{EA}$

③ $\dfrac{1.5PL}{EA}$ ④ $\dfrac{PL}{EA}$

■해설

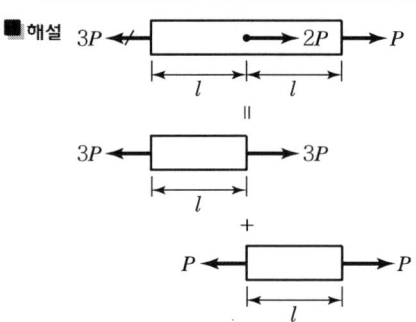

$\delta = \dfrac{l}{EA}(3P + P) = \dfrac{4Pl}{EA}$

|해답| 1.③ 2.③ 3.①

04. 무게 1kg의 물체를 두 끈으로 늘어뜨렸을 때 한 끈이 받는 힘의 크기 순서가 옳은 것은?

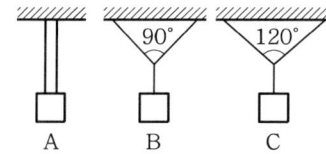

① $B > A > C$
② $C > A > B$
③ $A > B > C$
④ $C > B > A$

■해설

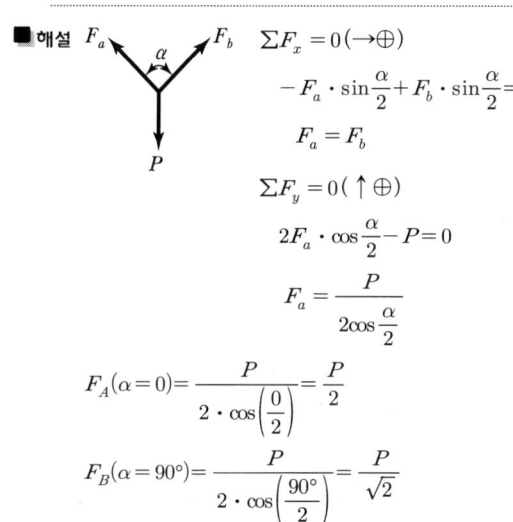

$\sum F_x = 0 (\rightarrow \oplus)$

$-F_a \cdot \sin\frac{\alpha}{2} + F_b \cdot \sin\frac{\alpha}{2} = 0$

$F_a = F_b$

$\sum F_y = 0 (\uparrow \oplus)$

$2F_a \cdot \cos\frac{\alpha}{2} - P = 0$

$F_a = \frac{P}{2\cos\frac{\alpha}{2}}$

$F_A(\alpha = 0) = \frac{P}{2 \cdot \cos\left(\frac{0}{2}\right)} = \frac{P}{2}$

$F_B(\alpha = 90°) = \frac{P}{2 \cdot \cos\left(\frac{90°}{2}\right)} = \frac{P}{\sqrt{2}}$

$F_C(\alpha = 120°) = \frac{P}{2 \cdot \cos\left(\frac{120°}{2}\right)} = P$

$F_C > F_B > F_A$

05. 정삼각형의 도심(G)을 지나는 여러 축에 대한 단면 2차 모멘트의 값에 대한 다음 설명 중 옳은 것은?

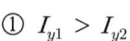

① $I_{y1} > I_{y2}$
② $I_{y2} > I_{y1}$
③ $I_{y3} > I_{y2}$
④ $I_{y1} = I_{y2} = I_{y3}$

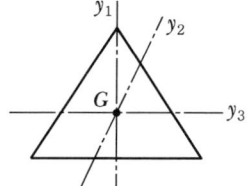

■해설 정삼각형 단면의 도심을 지나는 임의의 축에 대한 단면 2차 모멘트는 일정하다.

$I_{y1} = I_{y2} = I_{y3}$

06. 그림과 같은 직사각형 단면의 단주에 편심 축 하중 P가 작용할 때 모서리 A점의 응력은?

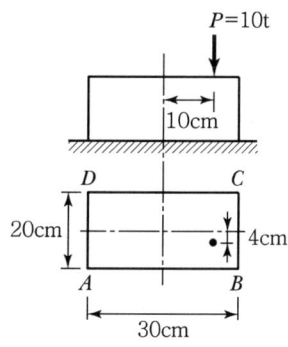

① 3.4kg/cm^2
② 30kg/cm^2
③ 38.6kg/cm^2
④ 70kg/cm^2

■해설 $\sigma_A = -\frac{P}{A}\left(1 - \frac{e_x}{k_x} + \frac{e_y}{k_y}\right)$

$= -\frac{P}{bh}\left(1 - \frac{6e_x}{h} + \frac{6e_y}{b}\right)$

$= -\frac{10 \times 10^3}{20 \times 30}\left(1 - \frac{6 \times 10}{30} + \frac{6 \times 4}{20}\right)$

$= -16.67(1 - 2 + 1.2) = -3.3\text{kg/cm}^2$

07. 다음 그림과 같은 단순보의 단면에서 발생하는 최대 전단응력의 크기는?

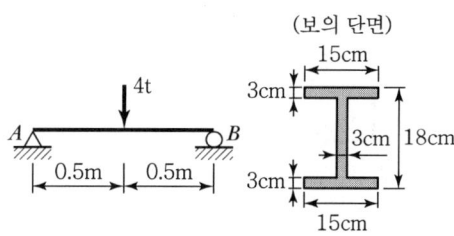

① 27.3kg/cm^2
② 35.2kg/cm^2
③ 46.9kg/cm^2
④ 54.2kg/cm^2

■해설 $S_{\max} = R_A = R_B = \frac{P}{2} = \frac{4}{2} = 2\text{t}$

$G_{NA} = (15 \times 3) \times 7.5 + (3 \times 6) \times 3 = 391.5\text{cm}^3$

$I_{NA} = \frac{1}{12}(15 \times 18^3 - 12 \times 12^3) = 5,562\text{cm}^4$

$b_{NA} = 3\text{cm}$

$\tau_{\max} = \frac{S_{\max} \cdot G_{NA}}{I_{NA} \cdot b_{NA}} = \frac{(2 \times 10^3) \times 391.5}{5,562 \times 3}$

$= 46.9\text{kg/cm}^2$

|해답| 4.④ 5.④ 6.① 7.③

08. 구조해석의 기본 원리인 겹침의 원리(Principle of Superposition)를 설명한 것으로 틀린 것은?

① 탄성한도 이하의 외력이 작용할 때 성립한다.
② 외력과 변형이 비선형관계가 있을 때 성립한다.
③ 여러 종류의 하중이 실린 경우 이 원리를 이용하면 편리하다.
④ 부정정 구조물에서도 성립한다.

■해설 구조해석의 기본원리인 겹침의 원리(Principle of Superposition)는 외력과 변형이 선형관계에 있을 때 성립한다.

09. 그림과 같은 트러스의 부재 EF의 부재력은?

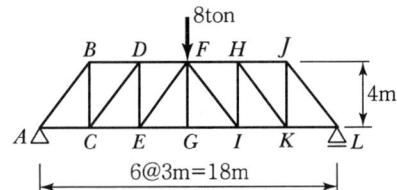

① 3ton(인장)   ② 3ton(압축)
③ 4ton(압축)   ④ 5ton(압축)

■해설 $R_A = \dfrac{P}{2} = \dfrac{8}{2} = 4\text{t}(\uparrow)$

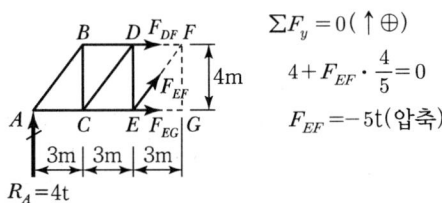

$\Sigma F_y = 0 (\uparrow \oplus)$
$4 + F_{EF} \cdot \dfrac{4}{5} = 0$
$F_{EF} = -5\text{t}(압축)$

10. 다음 그림과 같은 캔틸레버보에서 휨모멘트에 의한 탄성변형에너지는? (단, EI는 일정)

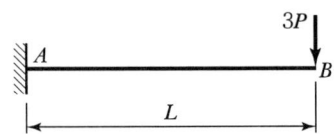

① $\dfrac{2P^2L^3}{3EI}$ ② $\dfrac{3P^2L^3}{2EI}$
③ $\dfrac{2P^2L^3}{9EI}$ ④ $\dfrac{9P^2L^3}{2EI}$

■해설 $U = \dfrac{(3P)^2 l^3}{6EI} = \dfrac{3P^2 l^3}{2EI}$

11. 체적탄성계수 K를 탄성계수 E와 프와송비 ν로 옳게 표시한 것은?

① $K = \dfrac{E}{3(1-2\nu)}$
② $K = \dfrac{E}{2(1-3\nu)}$
③ $K = \dfrac{2E}{3(1-2\nu)}$
④ $K = \dfrac{3E}{2(1-3\nu)}$

■해설 $K = \dfrac{E}{3(1-2\nu)}$

12. 다음과 같은 부정정보에서 A의 처짐각 θ_A는? (단, 보의 휨강성은 EI이다.)

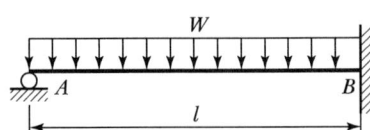

① $\dfrac{1}{12}\dfrac{wl^3}{EI}$
② $\dfrac{1}{24}\dfrac{wl^3}{EI}$
③ $\dfrac{1}{36}\dfrac{wl^3}{EI}$
④ $\dfrac{1}{48}\dfrac{wl^3}{EI}$

■해설 $M_{BA} = \dfrac{wl^2}{8}$, $M_{FBA} = \dfrac{wl^2}{12}$, $\theta_B = 0$

$M_{BA} = M_{FBA} + \dfrac{2EI}{l}(2\theta_B - \theta_A)$

$\dfrac{wl^2}{8} = \dfrac{wl^2}{12} + \dfrac{2EI}{l}(2 \times 0 - \theta_A)$

$\theta_A = \dfrac{wl^3}{48EI}$

13. 그림과 같은 3힌지 아치의 중간 힌지에 수평하중 P가 작용할 때 A지점의 수직반력과 수평반력은?(단, A지점의 반력은 그림과 같은 방향을 정(+)으로 한다.)

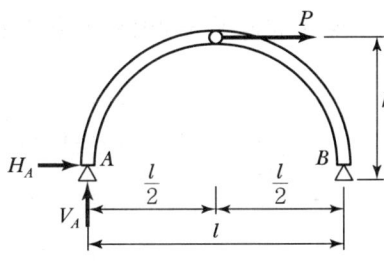

① $V_A = \dfrac{Ph}{l}$, $H_A = \dfrac{P}{2}$

② $V_A = \dfrac{Ph}{l}$, $H_A = -\dfrac{P}{2h}$

③ $V_A = -\dfrac{Ph}{l}$, $H_A = \dfrac{P}{2h}$

④ $V_A = -\dfrac{Ph}{l}$, $H_A = -\dfrac{P}{2}$

■해설 $\sum M_{\circledB} = 0 (\curvearrowright \oplus)$

$V_A \times l + P \times h = 0$, $V_A = -\dfrac{Ph}{l}(\downarrow)$

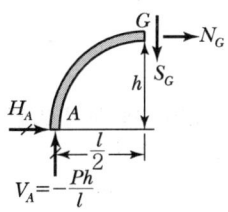

$\sum M_{\circledG} = 0 (\curvearrowright \oplus)$

$-\dfrac{Ph}{l} \times \dfrac{l}{2} - H_A \times h = 0$

$H_A = -\dfrac{P}{2}(\leftarrow)$

14. 단면이 원형(반지름 R)인 보에 휨모멘트 M이 작용할 때 이 보에 작용하는 최대 휨응력은?

① $\dfrac{4M}{\pi R^3}$

② $\dfrac{12M}{\pi R^3}$

③ $\dfrac{16M}{\pi R^3}$

④ $\dfrac{32M}{\pi R^3}$

■해설

$Z = \dfrac{I_x}{y_1} = \dfrac{\left(\dfrac{\pi R^4}{4}\right)}{(R)} = \dfrac{\pi R^3}{4}$

$\sigma_{\max} = \dfrac{M}{Z} = \dfrac{M}{\left(\dfrac{\pi R^3}{4}\right)} = \dfrac{4M}{\pi R^3}$

15. 다음 그림과 같이 게르버보에 연행하중이 이동할 때 지점 B에서 최대 휨모멘트는?

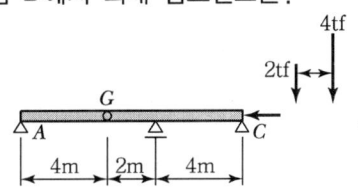

① $-9\text{t}\cdot\text{m}$ ② $-11\text{t}\cdot\text{m}$
③ $-13\text{t}\cdot\text{m}$ ④ $-15\text{t}\cdot\text{m}$

■해설

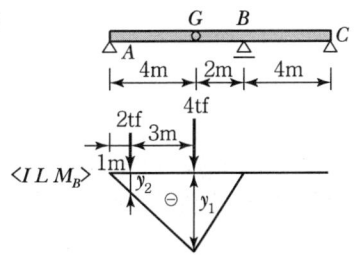

$y_1 = 2$

$4 : y_1 = 1 : y_2$

$y_2 = \dfrac{2 \times 1}{4} = 0.5$

$M_{B\max} = -4 \times 2 - 2 \times 0.5$
$= -9\text{tf}\cdot\text{m}$

16. 다음 구조물에서 최대처짐이 일어나는 위치까지의 거리 X_m을 구하면?

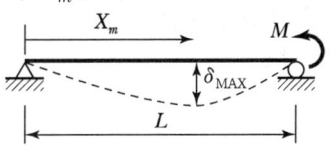

① $\dfrac{L}{2}$

② $\dfrac{2L}{3}$

③ $\dfrac{L}{\sqrt{3}}$

④ $\dfrac{2L}{\sqrt{3}}$

■해설 탄성하중법을 적용하면

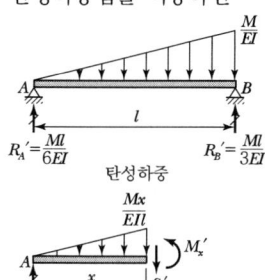

$\sum F_y = 0 (\uparrow \oplus)$

$\dfrac{Ml}{6EI} - \dfrac{1}{2} \cdot \dfrac{Mx^2}{EIl} - S_x' = 0$

$S_x' = \theta_x = \dfrac{Ml}{6EI} - \dfrac{Mx^2}{2EIl}$

$S_x' = \theta_x = 0$인 곳에서 최대처짐($y_{\max}$) 발생

$S_x' = \theta_x = \dfrac{Ml}{6EI} - \dfrac{Mx^2}{2EIl} = 0$

$x = \dfrac{l}{\sqrt{3}}$

17. 그림 (b)는 그림 (a)와 같은 게르버보에 대한 영향선이다. 다음 설명 중 옳은 것은?

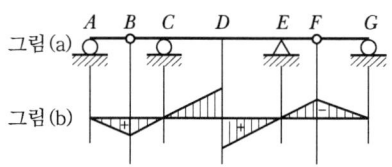

① 힌지점 B의 전단력에 대한 영향선이다.
② D점의 전단력에 대한 영향선이다.
③ D점의 휨모멘트에 대한 영향선이다.
④ C지점의 반력에 대한 영향선이다.

18. 다음 T형 단면에서 X축에 관한 단면 2차 모멘트 값은?

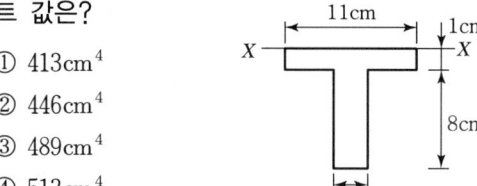

① 413cm^4
② 446cm^4
③ 489cm^4
④ 513cm^4

■해설 $I_x = \dfrac{2 \times 9^3}{3} + \dfrac{9 \times 1^3}{3} = 489\text{cm}^4$

19. 그림과 같은 단순보에서 C점의 휨모멘트는?

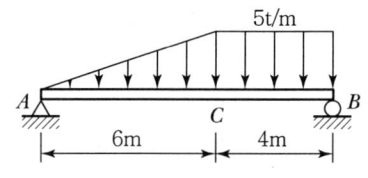

① $32\text{t} \cdot \text{m}$
② $42\text{t} \cdot \text{m}$
③ $48\text{t} \cdot \text{m}$
④ $54\text{t} \cdot \text{m}$

■해설 $\sum M_\text{Ⓐ} = 0 (\curvearrowright \oplus)$

$\left(\dfrac{1}{2} \times 5 \times 6\right) \times \left(6 \times \dfrac{2}{3}\right) + (5 \times 4) \times \left(6 + 4 \times \dfrac{1}{2}\right)$
$\quad - R_B \times 10 = 0$

$R_B = 22\text{t}(\uparrow)$

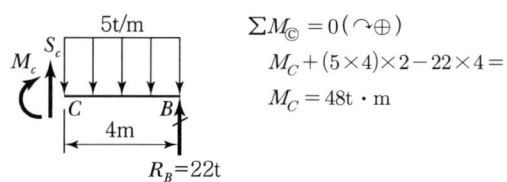

$\sum M_\text{Ⓒ} = 0 (\curvearrowright \oplus)$
$M_C + (5 \times 4) \times 2 - 22 \times 4 = 0$
$M_C = 48\text{t} \cdot \text{m}$

20. 그림과 같이 세 개의 평행력이 작용할 때 합력 R의 위치 x는?

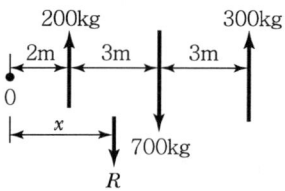

① 3.0m
② 3.5m
③ 4.0m
④ 4.5m

■해설 $\sum F_y (\downarrow \oplus),\ -200 + 700 - 300 = R$
$R = 200\text{kg}(\downarrow)$

$\sum M_\text{Ⓞ} (\curvearrowright \oplus),\ -200 \times 2 + 700 \times 5 - 300 \times 8 = R \times x$

$x = \dfrac{700}{R} = \dfrac{700}{200} = 3.5\text{m}(\rightarrow)$

제2과목 측량학

21. 지형의 토공량 산정 방법이 아닌 것은?
① 각주공식   ② 양단면 평균법
③ 중앙단면법   ④ 삼변법

■해설 삼변법은 면적을 구하는 방법

22. 그림에서 $\overline{AB}$=500m, $\angle a$=71°33′54″, $\angle b_1$=36°52′12″, $\angle b_2$=39°05′38″, $\angle c$=85°36′05″를 관측하였을 때 $\overline{BC}$의 거리는?

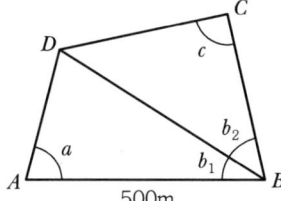

① 391mm   ② 412mm
③ 422mm   ④ 427mm

■해설
- $\dfrac{\overline{BD}}{\sin a} = \dfrac{500}{\sin(180-(\angle a+\angle b_1))}$

  $\overline{BD} = \dfrac{500\sin a}{\sin(180-(\angle a+\angle b_1))} = 500\text{m}$

- $\dfrac{\overline{BD}}{\sin c} = \dfrac{\overline{BC}}{\sin(180-(\angle b_2+\angle c))}$

  $\therefore \overline{BC} = \dfrac{\overline{BD}\sin(180-(\angle b_2+\angle c))}{\sin c} = 412.31\text{m}$

23. 비행고도 6,000m에서 초점거리 15cm인 사진기로 수직항공사진을 획득하였다. 길이가 50m인 교량의 사진상의 길이는?
① 0.55mm   ② 1.25mm
③ 3.60mm   ④ 4.20mm

■해설
- 축척 $\left(\dfrac{1}{m}\right) = \dfrac{f}{H} = \dfrac{0.15}{6,000} = \dfrac{1}{40,000}$
- $\dfrac{1}{M} = \dfrac{도상길이}{실제길이}$

  $\therefore$ 도상길이 $= \dfrac{실제길이}{M} = \dfrac{50}{40,000} = 0.00125\text{m} = 1.25\text{mm}$

24. 구하고자 하는 미지점에 평판을 세우고 3개의 기지점을 이용하여 도상에서 그 위치를 결정하는 방법은?
① 방사법   ② 계선법
③ 전방교회법   ④ 후방교회법

■해설 후방교회법은 미지점에 평판을 세워 기지점을 시준하여 도상의 위치를 결정한다.

25. 클로소이드(clothoid)의 매개변수(A)가 60m, 곡선길이(L)가 30m일 때 반지름(R)은?
① 60m   ② 90m
③ 120m   ④ 150m

■해설
- 매개변수(A^2) = $R \cdot L$
- $R = \dfrac{A^2}{L} = \dfrac{60^2}{30} = 120\text{m}$

26. 하천측량에 대한 설명으로 틀린 것은?
① 제방중심선 및 종단측량은 레벨을 사용하여 직접수준측량 방식으로 실시한다.
② 심천측량은 하천의 수심 및 유수부분의 하저상황을 조사하고 횡단면도를 제작하는 측량이다.
③ 하천의 수위경계선인 수애선은 평균수위를 기준으로 한다.
④ 수위 관측은 지천의 합류점이나 분류점 등 수위 변화가 생기지 않는 곳을 선택한다.

■해설 수애선은 하천경계의 기준이며 평균 평수위를 기준으로 한다.

27. 지형의 표시법에서 자연적 도법에 해당하는 것은?
① 점고법   ② 등고선법
③ 영선법   ④ 채색법

■해설 • 자연적 도법 : 영선(우모)법, 음영(명암)법
　　　• 부호적 도법 : 점고법, 등고선법, 채색법

28. 도로 설계 시에 단곡선의 외할(E)은 10m, 교각은 60°일 때, 접선장($T.L$)은?

① 42.4m　　② 37.3m
③ 32.4m　　④ 27.3m

■해설 • 외할(E) = $R\left(\sec\frac{I}{2} - 1\right)$

$$R = \frac{E}{\sec\frac{I}{2} - 1} = \frac{5}{\sec\frac{60°}{2} - 1} = 64.64$$

• 접선장(T. L) = $R\tan\frac{I}{2}$

$$= 64.64 \times \tan\frac{60°}{2} = 37.3\text{m}$$

29. 레벨을 이용하여 표고가 53.85m인 A점에 세운 표척을 시준하여 1.34m를 얻었다. 표고 50m의 등고선을 측정하려면 시준하여야 할 표척의 높이는?

① 3.51m　　② 4.11m
③ 5.19m　　④ 6.25m

■해설 $H_P = H_A + I - h$
$h = H_A + I - H_P = 53.85 + 1.34 - 50 = 5.19\text{m}$

30. 다각측량에 관한 설명 중 옳지 않은 것은?

① 각과 거리를 측정하여 점의 위치를 결정한다.
② 근거리이고 조건식이 많아 삼각측량에서 구한 위치보다 정확도가 높다.
③ 선로와 같이 좁고 긴 지역의 측량에 편리하다.
④ 삼각측량에 비해 시가지 또는 복잡한 장애물이 있는 곳의 측량에 적합하다.

■해설 높은 정확도를 요하지 않는 골조측량에 사용하며 삼각측량보다 정확도가 낮다.

31. 기지의 삼각점을 이용하여 새로운 도근점들을 매설하고자 할 때 결합 트래버스 측량(다각측량)의 순서는?

① 도상계획 → 답사 및 선점 → 조표 → 거리관측 → 각관측 → 거리 및 각의 오차 분배 → 좌표 계산 및 측점전개
② 도상계획 → 조표 → 답사 및 선점 → 각관측 → 거리관측 → 거리 및 각의 오차 분배 → 좌표 계산 및 측점전개
③ 답사 및 선점 → 도상계획 → 조표 → 각관측 → 거리관측 → 거리 및 각의 오차 분배 → 좌표 계산 및 측점전개
④ 답사 및 선점 → 조표 → 도상계획 → 거리관측 → 각관측 → 좌표계산 및 측점전개 → 거리 및 각의 오차 분배

■해설 트래버스 측량순서
계획 → 답사 → 선점 → 조표 → 거리관측 → 각관측 → 거리와 각관측 정도의 평균 → 계산

32. 완화곡선에 대한 설명으로 옳지 않은 것은?

① 완화곡선은 모든 부분에서 곡률이 동일하지 않다.
② 완화곡선의 반지름은 무한대에서 시작한 후 점차 감소되어 원곡선의 반지름과 같게 된다.
③ 완화곡선의 접선은 시점에서 원호에 접한다.
④ 완화곡선에 연한 곡선 반지름의 감소율은 캔트의 증가율과 같다.

■해설 완화곡선의 접선은 시점에서 직선에, 종점에서 원호에 접한다.

33. 축척 1 : 600인 지도상의 면적을 축척 1 : 500으로 계산하여 38.675m²을 얻었다면 실제면적은?

① 26.858m²　　② 32.229m²
③ 46.410m²　　④ 55.692m²

■해설 $A_0 = \left(\frac{m_2}{m_1}\right)^2 \times A = \left(\frac{600}{500}\right)^2 \times 38.675 = 55.692\text{m}^2$

|해답| 28.② 29.③ 30.② 31.① 32.③ 33.④

34. A, B 두 점 간의 거리를 관측하기 위하여 그림과 같이 세 구간으로 나누어 측량하였다. 측선 $\overline{AB}$의 거리는?(단, Ⅰ: 10m±0.01m, Ⅱ: 20m±0.03m, Ⅲ: 30m±0.05m이다.)

① 60m±0.09m ② 30m±0.06m
③ 60m±0.06m ④ 30m±0.09m

■해설 $\overline{AB}_0 = L_1 + L_2 + L_3 \pm \sqrt{m_1^2 + m_2^2 + m_3^2}$
$= 10 + 20 + 30 \pm \sqrt{0.01^2 + 0.03^2 + 0.05^2}$
$= 60 \pm 0.059 ≒ 60 \pm 0.06\text{m}$

35. 그림과 같은 터널 내 수준측량의 관측결과에서 A점의 지반고가 20.32m일 때 C점의 지반고는?(단, 관측값의 단위는 m이다.)

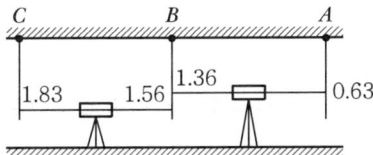

① 21.32m ② 21.49m
③ 16.32m ④ 16.49m

■해설 $H_c = 20.32 - 0.63 + 1.36 - 1.56 + 1.83 = 21.32\text{m}$

36. 그림의 다각측량 성과를 이용한 C점의 좌표는?(단, $\overline{AB} = \overline{BC} = 100\text{m}$이고, 좌표 단위는 m이다.)

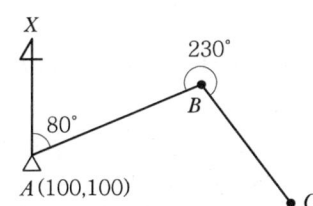

① $X=48.27\text{m}$, $Y=256.28\text{m}$
② $X=53.08\text{m}$, $Y=275.08\text{m}$
③ $X=62.31\text{m}$, $Y=281.31\text{m}$
④ $X=69.49\text{m}$, $Y=287.49\text{m}$

■해설 임의 측선의 방위각=전측선의 방위각+180°±교각(우측⊖, 좌측⊕)
㉠ $\overline{AB}$방위각=80°
㉡ $\overline{BC}$방위각=80°+180°+230°=130°
㉢ 좌표
• $X_B = X_A + \overline{AB}\cos 80°$
$= 100 + 100\cos 80° = 117.36\text{m}$
• $Y_B = Y_A + \overline{AB}\sin 80°$
$= 100 + 100\sin 80° = 198.48\text{m}$
• $X_C = X_B + \overline{AB}\cos 130°$
$= 117.36 + 100\cos 130° = 53.08\text{m}$
• $Y_C = Y_B + \overline{AB}\sin 130°$
$= 198.48 + 100\sin 130° = 275.08\text{m}$

37. A, B, C, D 네 사람이 각각 거리 8km, 12.5km, 18km, 24.5km의 구간을 왕복 수준측량하여 폐합차를 7mm, 8mm, 10mm, 12mm 얻었다면 4명 중에서 가장 정밀한 측량을 실시한 사람은?

① A ② B
③ C ④ D

■해설 ㉠ 오차(m)는 노선거리(L) 제곱근에 비례한다.
㉡ $E = \pm m\sqrt{n}$, $m = \dfrac{E}{\sqrt{n}}$
• $m_A = \dfrac{7}{\sqrt{16}} = 1.75$
• $m_B = \dfrac{8}{\sqrt{25}} = 1.6$
• $m_C = \dfrac{10}{\sqrt{36}} = 1.67$
• $m_D = \dfrac{12}{\sqrt{49}} = 1.71$
㉢ B가 가장 정확하다.

38. 항공사진의 특수3점에 해당되지 않는 것은?

① 주점 ② 연직점
③ 등각점 ④ 표정점

■해설 특수3점(주점, 연직점, 등각점)

39. 수준점 A, B, C에서 수준측량을 하여 P점의 표고를 얻었다. 관측거리를 경중률로 사용한 P점 표고의 최확값은?

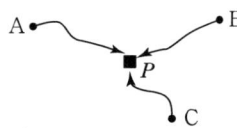

노 선	P점 표고값	노선거리
$A \to P$	57.583m	2 km
$B \to P$	57.700m	3 km
$C \to P$	57.680m	4 km

① 57.641m ② 57.649m
③ 57.654m ④ 57.706m

■해설 • 경중률(P)은 노선거리(L)에 반비례

$P_1 : P_2 : P_3 = \dfrac{1}{2} : \dfrac{1}{3} : \dfrac{1}{4} = 6 : 4 : 3$

• $h_0 = \dfrac{P_1 h_1 + P_2 h_2 + P_3 h_3}{P_1 + P_2 + P_3}$

$= \dfrac{6 \times 57.583 + 4 \times 57.7 + 3 \times 57.68}{6 + 4 + 3}$

$= 57.641\mathrm{m}$

40. 지구상에서 50km 떨어진 두 점의 거리를 지구곡률을 고려하지 않은 평면측량으로 수행한 경우의 거리오차는?(단, 지구의 반지름은 6,370km이다.)

① 0.257m ② 0.138m
③ 0.069m ④ 0.005m

■해설 $\dfrac{\Delta l}{l} = \dfrac{l^2}{12R^2}$

$\Delta l = \dfrac{l^3}{12R^2} = \dfrac{50^3}{12 \times 6,370^2}$

$= 0.0002567 \mathrm{km} = 0.257\mathrm{m}$

제3과목 **수리수문학**

41. 다음 중 유효강우량과 가장 관계가 깊은 것은?

① 직접유출량 ② 기저유출량
③ 지표면유출량 ④ 지표하유출량

■해설 유효강우량
㉠ 유출을 생기원천에 따라서 분류하면 지표면유출, 지표하 유출, 지하수유출로 구분한다. 또한 지표하유출은 비교적 단시간에 발생되는 조기지표하유출과 강수 후 한참 지연되어서 발생되는 지연지표하유출로 구분된다.
㉡ 유출을 다시 유출해석을 위해서 분류하면 직접유출과 기저유출로 나누어진다.
㉢ 직접유출은 비교적 단시간에 발생된 유출을 말하며, 지표면유출과 조기지표하유출로 구성된다.
㉣ 유효강우량의 근원은 직접유출이 해당된다.

42. 지하수의 투수계수에 관한 설명으로 틀린 것은?

① 같은 종류의 토사라 할지라도 그 간극률에 따라 변한다.
② 흙입자의 구성, 지하수의 점성계수에 따라 변한다.
③ 지하수의 유량을 결정하는 데 사용된다.
④ 지역 특성에 따른 무차원 상수이다.

■해설 Darcy의 법칙
㉠ Darcy의 법칙

$V = K \cdot I = K \cdot \dfrac{h_L}{L}$,

$Q = A \cdot V = A \cdot K \cdot I = A \cdot K \cdot \dfrac{h_L}{L}$

㉡ 특징
• Darcy의 법칙은 지하수의 층류흐름에 대한 마찰저항공식이다.
• 투수계수는 흙입자의 직경, 점성계수, 간극률, 형상계수 등에 따라서 변화한다.

$K = D_s^2 \dfrac{\rho g}{\mu} \dfrac{e^3}{1+e} C$

여기서, D_s : 흙입자의 직경
μ : 점성계수
ρg : 지하수의 단위중량

$\dfrac{e^3}{1+e}$: 간극비

C : 형상계수

- Darcy의 법칙은 정상류흐름에 층류에만 적용된다.(특히, $R_e < 4$일 때 잘 적용된다.)
- Darcy의 법칙은 지하수 유속은 동수경사에 비례한다는 법칙이다.($V = KI$)
- 투수계수는 지하수 유량을 결정하는 데 사용되며, 속도의 차원을 갖는다.

43. 그림과 같은 노즐에서 유량을 구하기 위한 식으로 옳은 것은?(단, 유량계수는 1.0으로 가정한다.)

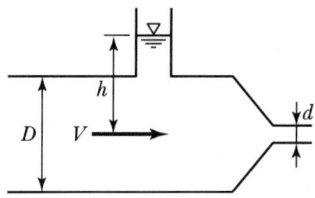

① $\dfrac{\pi d^2}{4}\sqrt{\dfrac{2gh}{1-(d/D)^2}}$

② $\dfrac{\pi d^2}{4}\sqrt{\dfrac{2gh}{1-(d/D)^4}}$

③ $\dfrac{\pi d^2}{4}\sqrt{\dfrac{2gh}{1+(d/D)^2}}$

④ $\dfrac{\pi d^2}{4}\sqrt{2gh}$

■해설 노즐
 ㉠ 노즐 : 호스 선단에 붙여서 물을 사출할 수 있도록 한 점근 축소관을 노즐이라 한다.
 ㉡ 노즐의 유량

유량 : $Q = Ca\sqrt{\dfrac{2gh}{1-\left(\dfrac{Ca}{A}\right)^2}}$

$= \dfrac{\pi \times d^2}{4}\sqrt{\dfrac{2gh}{1-\left(\dfrac{d}{D}\right)^4}}$

44. 물의 점성계수를 μ, 동점성계수를 ν, 밀도를 ρ라 할 때 관계식으로 옳은 것은?

① $\nu = \rho\mu$ ② $\nu = \dfrac{\rho}{\mu}$

③ $\nu = \dfrac{\mu}{\rho}$ ④ $\nu = \dfrac{1}{\rho\mu}$

■해설 동점성계수
 ㉠ 밀도(ρ)

$\rho = \dfrac{w}{g} = \dfrac{\text{g/cm}^3}{\text{cm/sec}^2} = \text{g}\cdot\text{sec}^2/\text{cm}^4$

 ㉡ 동점성계수(ν)

$\nu = \dfrac{\mu}{\rho}$

여기서, μ : 점성계수

45. 폭 2.5m, 월류수심 0.4m인 사각형 위어(weir)의 유량은?(단, Francis 공식 : $Q = 1.84B_o h^{3/2}$에 의하며, B_o : 유효폭, h : 월류수심, 접근유속은 무시하며 양단수축이다.)

① $1.117\text{m}^3/\text{s}$ ② $1.126\text{m}^3/\text{s}$
③ $1.145\text{m}^3/\text{s}$ ④ $1.164\text{m}^3/\text{s}$

■해설 Francis 공식
 ㉠ Francis 공식

$Q = 1.84 b_0 h^{\frac{3}{2}}$

여기서, $b_0 = b - 0.1nh$ (n=2 : 양단수축,
    n=1 : 일단수축, n=0 : 수축이 없는 경우)

 ㉡ 월류량의 산정

$Q = 1.84(b-0.1nh)h^{\frac{3}{2}}$

$= 1.84 \times (2.5 - 0.1 \times 2 \times 0.4) \times 0.4^{\frac{3}{2}}$

$= 1.126\text{m}^3/\text{s}$

46. 흐름의 단면적과 수로경사가 일정할 때 최대유량이 흐르는 조건으로 옳은 것은?

① 윤변이 최소이거나 동수반경이 최대일 때
② 윤변이 최대이거나 동수반경이 최소일 때
③ 수심이 최소이거나 동수반경이 최대일 때
④ 수심이 최대이거나 수로 폭이 최소일 때

■해설 수리학적으로 유리한 단면
 ㉠ 수로의 경사, 조도계수, 단면이 일정할 때 유량이 최대로 흐를 수 있는 단면을 수리학적 유리한 단면 또는 최량수리단면이라 한다.

ⓒ 수리학적으로 유리한 단면이 되기 위해서는 경심(R)이 최대이거나, 윤변(P)이 최소일 때 성립된다.
R_{max} 또는 P_{min}

∴ 윤변이 최소이거나 동수반경이 최대일 때가 최대유량이 흐르는 조건이 된다.

47. 그림과 같이 단위폭당 자중이 3.5×10^6 N/m인 직립식 방파제에 1.5×10^6 N/m의 수평 파력이 작용할 때, 방파제의 활동 안전율은?(단, 중력가속도=10.0m/s^2, 방파제와 바닥의 마찰계수=0.7, 해수의 비중=1로 가정하며, 파랑에 의한 양압력은 무시하고, 부력은 고려한다.)

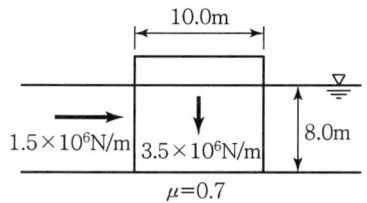

① 1.20　　② 1.22
③ 1.24　　④ 1.26

■해설 방파제의 활동 안전율
ⓐ 활동 안전율
$F_s = \dfrac{fW_V}{P_H}$

여기서, f : 마찰계수
W_V : 연직력
P_H : 수평력

ⓑ 연직력의 계산 : 연직력은 방파제의 자중에서 부력을 빼주면 구할 수 있다.
$W_V = W - B = 3.5 \times 10^6 \times 10^{-3} - 10 \times 10 \times 8$
$= 2,700 \text{kN/m}$

ⓒ 안전율 계산
$F_s = \dfrac{fW_V}{P_H} = \dfrac{0.7 \times 2,700}{1.5 \times 10^6 \times 10^{-3}} = 1.26$

48. 유역면적이 4km^2이고 유출계수가 0.8인 산지하천의 강우강도가 80mm/hr이다. 합리식을 사용한 유역출구에서의 첨두홍수량은?

① $35.5 \text{m}^3/\text{s}$　　② $71.1 \text{m}^3/\text{s}$
③ $128 \text{m}^3/\text{s}$　　④ $256 \text{m}^3/\text{s}$

■해설 합리식
ⓐ 합리식
$Q = \dfrac{1}{3.6} CIA$

여기서, Q : 우수량 (m^3/sec)
C : 유출계수(무차원)
I : 강우강도(mm/hr)
A : 유역면적(km^2)

ⓑ 우수유출량 산정
$Q = \dfrac{1}{3.6} CIA = \dfrac{1}{3.6} \times 0.8 \times 80 \times 4$
$= 71.11 \text{m}^3/\text{s}$

49. Manning의 조도계수 $n = 0.012$인 원관을 사용하여 $1\text{m}^3/\text{s}$의 물을 동수경사 1/100로 송수하려 할 때 적당한 관의 지름은?

① 70cm　　② 80cm
③ 90cm　　④ 100cm

■해설 Manning 공식
ⓐ Manning 공식
$V = \dfrac{1}{n} R^{\frac{2}{3}} I^{\frac{1}{2}}$

여기서, V : 속도
R : 경심
I : 동수경사

ⓑ 유량
$Q = AV = \dfrac{\pi D^2}{4} \times \dfrac{1}{n} R^{\frac{2}{3}} I^{\frac{1}{2}}$

ⓒ 직경의 산정
$1 = \dfrac{\pi D^2}{4} \times \dfrac{1}{0.012} \times \left(\dfrac{D}{4}\right)^{\frac{2}{3}} \times \left(\dfrac{1}{100}\right)^{\frac{1}{2}}$
∴ $D = 0.7\text{m} = 70\text{cm}$

50. 관수로 흐름에서 레이놀즈 수가 500보다 작은 경우의 흐름 상태는?

① 상류　　② 난류
③ 사류　　④ 층류

■해설 흐름의 상태
층류와 난류의 구분
• $R_e = \dfrac{VD}{\nu}$

여기서, V : 유속, D : 관의 직경, ν : 동점성계수
- $R_e < 2{,}000$: 층류
- $2{,}000 < R_e < 4{,}000$: 천이영역
- $R_e > 4{,}000$: 난류

∴ 레이놀즈 수가 500보다 작으면 흐름의 상태는 층류이다.

51. 광폭 직사각형 단면 수로의 단위폭당 유량이 16 m³/s일 때, 한계경사는?(단, 수로의 조도계수 $n = 0.02$이다.)

① 3.27×10^{-3}
② 2.73×10^{-3}
③ 2.81×10^{-2}
④ 2.90×10^{-2}

■해설 한계경사

㉠ 흐름이 상류(상류)에서 사류(사류)로 바뀔 때의 경사를 한계경사라 한다.

$$I_c = \frac{g}{\alpha C^2}$$

여기서, g : 중력가속도
α : 에너지보정계수
C : Chezy 유속계수

㉡ 한계수심의 계산

$$h_c = \left(\frac{\alpha Q^2}{gB^2}\right)^{\frac{1}{3}} = \left(\frac{1 \times 16^2}{9.8 \times 1^2}\right)^{\frac{1}{3}} = 2.97\text{m}$$

㉢ 유속계수의 산정

- $C = \frac{1}{n}R^{\frac{1}{6}} = \frac{1}{0.02} \times 2.97^{\frac{1}{6}} = 59.95$
- 광폭개수로에서는 경심과 수심을 동일하게 본다.($R = h$)

㉣ 한계경사의 산정

$$I_c = \frac{g}{\alpha C^2} = \frac{9.8}{1 \times 59.95^2} = 2.73 \times 10^{-3}$$

52. 개수로 흐름에 관한 설명으로 틀린 것은?

① 사류에서 상류로 변하는 곳에 도수현상이 생긴다.
② 개수로 흐름은 중력이 원동력이 된다.
③ 비에너지는 수로 바닥을 기준으로 한 에너지이다.
④ 배수곡선은 수로가 단락(段落)이 되는 곳에 생기는 수면곡선이다.

■해설 개수로 흐름해석

㉠ 흐름이 사류(射流)에서 상류(常流)로 바뀔 때 수면이 뛰는 현상을 도수라 한다.
㉡ 개수로 흐름의 원동력은 중력이다.
㉢ 수로바닥면을 기준으로 한 단위중량당 물이 갖는 에너지를 비에너지라고 한다.
㉣ 수로가 단락이 되는 곳에서 발생하는 수면곡선은 저하곡선이다.

53. 정지유체에 침강하는 물체가 받는 항력(drag force)의 크기와 관계가 없는 것은?

① 유체의 밀도
② Froude 수
③ 물체의 형상
④ Reynolds 수

■해설 항력(drag force)

흐르는 유체 속에 물체가 잠겨 있을 때 유체에 의해 물체가 받는 힘을 항력(drag force)이라 한다.

$$D = C_D \cdot A \cdot \frac{\rho V^2}{2}$$

여기서, C_D : 항력계수$\left(C_D = \frac{24}{R_e}\right)$
A : 투영면적
$\frac{\rho V^2}{2}$: 동압력

∴ 항력과 관련이 없는 인자는 Froude number이다.

54. $\triangle t$시간 동안 질량 m인 물체에 속도변화 $\triangle v$가 발생할 때, 이 물체에 작용하는 외력 F는?

① $\dfrac{m \cdot \triangle t}{\triangle v}$
② $m \cdot \triangle v \cdot \triangle t$
③ $\dfrac{m \cdot \triangle v}{\triangle t}$
④ $m \cdot \triangle t$

■해설 운동량방정식

㉠ 운동량방정식은 관수로 및 개수로 흐름의 다양한 경우에 적용할 수가 있으며, 일반적인 경우가 유량과 압력이 주어진 상태에서 관의 만곡부, 터빈 및 수리구조물에 작용하는 힘을 구하는 것이다. 운동량방정식은 흐름이 정상류이며, 유속은 단면 내에서 균일한 경우 입구부와 출구부 유속만으로 흐름을 해석할 수 있는 방정식이다.

㉡ 운동량방정식

$$F = ma = m\frac{(v_2 - v_1)}{\triangle t} = m\frac{\triangle v}{\triangle t}$$

55. 다음 중 평균강우량 산정방법이 아닌 것은?
① 각 관측점의 강우량을 산술평균하여 얻는다.
② 각 관측점의 지배면적을 가중인자로 잡아서 각 강우량에 곱하여 합산한 후 전유역면적으로 나누어서 얻는다.
③ 각 등우선 간의 면적을 측정하고 전유역면적에 대한 등우선 간의 면적을 등우선 간의 평균 강우량에 곱하여 이들을 합산하여 얻는다.
④ 각 관측점의 강우량을 크기순으로 나열하여 중앙에 위치한 값을 얻는다.

■해설 유역의 평균우량 산정법

종류	적용
산술평균법	각 관측점의 강우량을 산술평균하여 구하며, 유역면적 500km² 이내에 적용한다. $P_m = \dfrac{1}{N}\sum_{i=1}^{N} P_i$
Thiessen법	각 관측점의 지배면적을 가중인자로 잡아서 각 강우량에 곱하여 합산한 후 전유역면적으로 나누어서 구하며, 유역면적 500~5,000 km² 이내에 적용한다. $P_m = \dfrac{\sum_{i=1}^{N} A_i P_i}{\sum_{i=1}^{N} A_i}$
등우선법	각 등우선 간의 면적을 측정하고 전유역면적에 대한 등우선 간의 면적을 등우산 간의 평균강우량에 곱하고 이들을 합산하여 구하며, 유역면적 5,000km² 이상인 곳에 적용한다. $P_m = \dfrac{\sum_{i=1}^{N} A_i P_i}{\sum_{i=1}^{N} A_i}$

56. 강우자료의 일관성을 분석하기 위해 사용하는 방법은?
① 합리식
② DAD 해석법
③ 누가우량곡선법
④ SCS(Soil Conservation Service) 방법

■해설 이중누가우량분석(double mass analysis)
수십 년에 걸친 장기간의 강수자료의 일관성(consistency) 검증을 위해 이중누가우량 분석을 실시한다.

57. 부체의 안정에 관한 설명으로 옳지 않은 것은?
① 경심(M)이 무게중심(G)보다 낮을 경우 안정하다.
② 무게중심(G)이 부심(B)보다 아래쪽에 있으면 안정하다.
③ 부심(B)과 무게중심(G)이 동일 연직선상에 위치할 때 안정을 유지한다.
④ 경심(M)이 무게중심(G)보다 높을 경우 복원모멘트가 작용한다.

■해설 부체의 안정조건
㉠ 경심(M)을 이용하는 방법
 • 경심(M)이 중심(G)보다 위에 존재 : 안정
 • 경심(M)이 중심(G)보다 아래에 존재 : 불안정
㉡ 경심고($\overline{MG}$)를 이용하는 방법
 • $\overline{MG} = \overline{MC} - \overline{GC}$
 • $\overline{MG} > 0$: 안정
 • $\overline{MG} < 0$: 불안정
㉢ 경심고 일반식을 이용하는 방법
 • $\overline{MG} = \dfrac{I}{V} - \overline{GC}$
 • $\dfrac{I}{V} > \overline{GC}$: 안정
 • $\dfrac{I}{V} < \overline{GC}$: 불안정
∴ 부체가 안정되기 위해서는 경심(M)이 중심(G)보다 위에 있어야 한다.

58. 다음 중 물의 순환에 관한 설명으로서 틀린 것은?
① 지구상에 존재하는 수자원이 대기권을 통해 지표면에 공급되고, 지하로 침투하여 지하수를 형성하는 등 복잡한 반복과정이다.
② 지표면 또는 바다로부터 증발된 물이 강수, 침투 및 침루, 유출 등의 과정을 거치는 물의 이동현상이다.
③ 물의 순환과정에서 강수량은 지하수 흐름과 지표면 흐름의 합과 동일하다.
④ 물의 순환과정 중 강수, 증발 및 증산은 수문기상학 분야이다.

■해설 물의 순환
  ㉠ 지구상에 존재하는 수자원이 대기권을 통해 지표면에 공급되고, 지하로 침투하여 지하수를 형성하는 복잡한 반복과정을 물의 순환이라고 한다.
  ㉡ 지표면 또는 바다로부터 증발된 물이 강수, 침투 및 침류, 유출 등의 과정을 거치는 물의 이동현상이다.
  ㉢ 입력자료인 강수량과 출력자료인 지하수 흐름, 지표면 흐름은 일정률로 진행되는 것이 아니므로 이들의 합이 동일하지는 않다.

59. 압력수두 P, 속도수두 V, 위치수두 Z라고 할 때 정체압력수두 P_s는?

① $P_s = P - V - Z$
② $P_s = P + V + Z$
③ $P_s = P - V$
④ $P_s = P + V$

■해설 정체압력수두
  ㉠ Bernoulli 정리
    $z + \dfrac{p}{w} + \dfrac{v^2}{2g} = H$(일정)
  ㉡ Bernoulli 정리를 압력의 항으로 표시 : 각 항에 ρg를 곱한다.
    $\rho g z + p + \dfrac{\rho v^2}{2} = H$(일정)
    여기서, $\rho g z$: 위치압력
           p : 정압력
           $\dfrac{\rho v^2}{2}$: 동압력
  ㉢ 정체압은 정압과 동압의 합으로 표현할 수 있다.
    정체압 $= P + \dfrac{\rho V^2}{2}$
  ㉣ 정체압력수두 : 정체압력수두는 정압력과 동압력을 수두로 바꾸면 된다.
    ∴ 정체압력수두 $P_s = P + V$

60. 관수로에서 관의 마찰손실계수가 0.02, 관의 지름이 40cm일 때, 관내 물의 흐름이 100m를 흐르는 동안 2m의 마찰손실수두가 발생하였다면 관내의 유속은?

① 0.3m/s
② 1.3m/s
③ 2.8m/s
④ 3.8m/s

■해설 관수로 마찰손실수두
  ㉠ Darcy-Weisbach 마찰손실수두
    $h_L = f \dfrac{l}{D} \dfrac{V^2}{2g}$
  ㉡ 유속의 산정
    $V = \sqrt{\dfrac{2gDh_L}{fl}} = \sqrt{\dfrac{2 \times 9.8 \times 0.4 \times 2}{0.02 \times 100}} = 2.8 \text{m/s}$

제4과목 철근콘크리트 및 강구조

61. 아래 T형보에서 공칭모멘트강도(M_n)는?(단, f_{ck}=24MPa, f_y=400MPa, A_s=4764mm²)

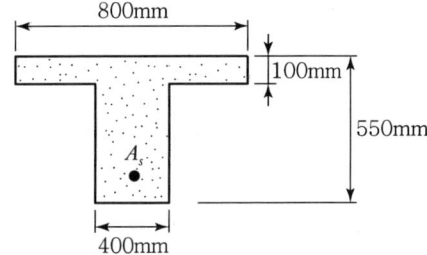

① 812.7kN·m
② 871.6kN·m
③ 912.4kN·m
④ 934.5kN·m

■해설 1. T형 단면보의 판별
    폭이 $b = 800$mm인 직사각 단면보에 대한 등가 직사각형 깊이
    $a = \dfrac{f_y A_s}{0.85 f_{ck} b} = \dfrac{400 \times 4764}{0.85 \times 24 \times 800} = 116.76$mm
    $a (= 116.76\text{mm}) > t_f (= 100\text{mm})$이므로
    T형 단면보로 해석

  2. T형 단면보의 공칭휨강도(M_n)
    $A_{sf} = \dfrac{0.85 f_{ck}(b - b_w) t_f}{f_y}$
    $= \dfrac{0.85 \times 24 \times (800 - 400) \times 100}{400} = 2040\text{mm}^2$
    $a = \dfrac{(A_s - A_{sf}) f_y}{0.85 f_{ck} b_w}$
    $= \dfrac{(4764 - 2040) \times 400}{0.85 \times 24 \times 400} = 133.5$mm

$$M_n = A_{sf}f_y\left(d - \frac{t_f}{2}\right) + (A_s - A_{sf})f_y\left(d - \frac{a}{2}\right)$$

$$= 2040 \times 400 \times \left(550 - \frac{100}{2}\right)$$

$$+ (4764 - 2040) \times 400 \times \left(550 - \frac{133.5}{2}\right)$$

$$= 934.5 \times 10^6 \text{N} \cdot \text{mm} = 934.5 \text{kN} \cdot \text{m}$$

62. PSC보의 휨 강도 계산 시 긴장재의 응력 f_{ps}의 계산은 강재 및 콘크리트의 응력-변형률 관계로부터 정확히 계산할 수도 있으나 콘크리트구조기준에서는 f_{ps}를 계산하기 위한 근사적 방법을 제시하고 있다. 그 이유는 무엇인가?

① PSC 구조물은 강재가 항복한 이후 파괴까지 도달함에 있어 강도의 증가량이 거의 없기 때문이다.
② PS강재의 응력은 항복응력 도달 이후에도 파괴시까지 점진적으로 증가하기 때문이다.
③ PSC보를 과보강 PSC보로부터 저보강 PSC보의 파괴상태로 유도하기 위함이다.
④ PSC 구조물은 균열에 취약하므로 균열을 방지하기 위함이다.

■해설 콘크리트 구조설계 기준에서 PSC보의 휨강도 계산시 긴장재의 응력 f_{ps}를 계산하기 위한 근사적 방법을 제시해 준 이유는 PS강재의 응력이 항복응력도달 이후에도 파괴시까지 점진적으로 증가하기 때문이다.

63. 직사각형 보에서 계수 전단력 V_u =70kN을 전단철근 없이 지지하고자 할 경우 필요한 최소 유효깊이 d는 약 얼마인가?(단, b=400mm, f_{ck}=21MPa, f_y=350MPa)

① d=426mm ② d=556mm
③ d=611mm ④ d=751mm

■해설 $V_u \le \frac{1}{2}\phi V_c = \frac{1}{2}\phi\left(\frac{1}{6}\lambda\sqrt{f_{ck}}bd\right)$

$d \ge \frac{12V_u}{\phi\lambda\sqrt{f_{ck}}b} = \frac{12 \times (70 \times 10^3)}{0.75 \times 1 \times \sqrt{21} \times 400} = 611 \text{mm}$

64. 철근의 겹침이음 등급에서 A급 이음의 조건은 다음 중 어느 것인가?

① 배치된 철근량이 이음부 전체 구간에서 해석결과 요구되는 소요 철근량의 3배 이상이고 소요 겹침이음길이 내 겹침이음된 철근량이 전체 철근량의 1/3 이상인 경우
② 배치된 철근량이 이음부 전체 구간에서 해석결과 요구되는 소요 철근량의 3배 이상이고 소요 겹침이음길이 내 겹침이음된 철근량이 전체 철근량의 1/2 이하인 경우
③ 배치된 철근량이 이음부 전체 구간에서 해석결과 요구되는 소요 철근량의 2배 이상이고 소요 겹침이음길이 내 겹침이음된 철근량이 전체 철근량의 1/3 이상인 경우
④ 배치된 철근량이 이음부 전체 구간에서 해석결과 요구되는 소요 철근량의 2배 이상이고 소요 겹침이음길이 내 겹침이음된 철근량이 전체 철근량의 1/2 이하인 경우

■해설 이형철근의 겹침이음
1. A급이음 : 배근된 철근량이 소요철근량의 2배 이상이고, 겹침이음된 철근량이 총철근량의 $\frac{1}{2}$ 이하인 경우
2. B급이음 : A급이음 이외의 경우

65. 철근콘크리트 부재의 전단철근에 관한 다음 설명 중 옳지 않은 것은?

① 주인장철근에 30° 이상의 각도로 구부린 굽힘철근도 전단철근으로 사용할 수 있다.
② 부재축에 직각으로 배치된 전단철근의 간격은 $d/2$ 이하, 600mm 이하로 하여야 한다.
③ 최소 전단철근량은 $0.35\frac{b_w \cdot s}{f_{yt}}$ 보다 작지 않아야 한다.
④ 전단철근의 설계기준항복강도는 300MPa을 초과할 수 없다.

■해설 전단철근의 설계기준항복강도(f_y)는 400MPa을 초과하여 취할 수 없다. 다만, 용접이형철망을 사용할 경우는 550MPa을 초과하여 취할 수 없다.

66. 다음 중 반 T형보의 유효폭(b)을 구할 때 고려하여야 할 사항이 아닌 것은?(단, b_w는 플랜지가 있는 부재의 복부폭)

① 양쪽 슬래브의 중심 간 거리
② (한쪽으로 내민 플랜지 두께의 6배) $+b_w$
③ (보의 경간의 1/12) $+b_w$
④ (인접 보와의 내측 거리의 1/2) $+b_w$

■해설 반T형보(비대칭T형보)의 플랜지 유효폭은 다음 값 중에서 최소값으로 한다.
① (플랜지 두께의 6배) $+b_w$
② (인접 보와의 내측간 거리의 1/2) $+b_w$
③ (보의 경간의 1/12) $+b_w$

67. 다음 그림과 같은 필렛용접의 형상에서 $S=$ 9mm일 때 목두께 a의 값으로 적당한 것은?

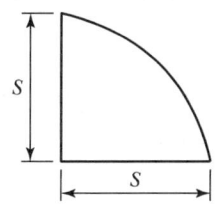

① 5.46mm   ② 6.36mm
③ 7.26mm   ④ 8.16mm

■해설 $a = 0.707S = 0.707 \times 9 = 6.36\text{mm}$

68. 옹벽에서 T형보로 설계하여야 하는 부분은?

① 뒷부벽식 옹벽의 뒷부벽
② 뒷부벽식 옹벽의 전면벽
③ 앞부벽식 옹벽의 저판
④ 앞부벽식 옹벽의 앞부벽

■해설 부벽식 옹벽에서 부벽의 설계
 • 앞부벽 : 직사각형보로 설계
 • 뒷부벽 : T형보로 설계

69. 복철근 보에서 압축철근에 대한 효과를 설명한 것으로 적절하지 못한 것은?

① 단면 저항 모멘트를 크게 증대시킨다.
② 지속하중에 의한 처짐을 감소시킨다.
③ 파괴시 압축 응력의 깊이를 감소시켜 연성을 증대시킨다.
④ 철근의 조립을 쉽게 한다.

■해설 압축철근의 사용 효과
① 지속하중에 의한 처짐을 감소시킨다.
② 연성을 증가시킨다.
③ 철근의 조립을 쉽게 한다.

70. PSC 부재에서 프리스트레스의 감소 원인 중 도입후에 발생하는 시간적 손실의 원인에 해당하는 것은?

① 콘크리트의 크리프
② 정착장치의 활동
③ 콘크리트의 탄성수축
④ PS 강재와 쉬스의 마찰

■해설 프리스트레스의 손실 원인
1) 프리스트레스 도입 시 손실(즉시 손실)
① 정착 장치의 활동에 의한 손실
② PS강재와 쉬스 사이의 마찰에 의한 손실
③ 콘크리트의 탄성변형에 의한 손실
2) 프리스트레스 도입 후 손실(시간 손실)
① 콘크리트의 크리프에 의한 손실
② 콘크리트의 건조수축에 의한 손실
③ PS강재의 릴랙세이션에 의한 손실

71. 휨부재 설계시 처짐계산을 하지 않아도 되는 보의 최소 두께를 콘크리트구조기준에 따라 설명한 것으로 틀린 것은?(단, 보통중량콘크리트($m_c = 2300\text{kg/m}^3$)와 f_y는 400MPa인 철근을 사용한 부재이며, l은 부재의 길이이다.)

① 단순지지된 보 : $l/16$
② 1단 연속 보 : $l/18.5$
③ 양단 연속 보 : $l/21$
④ 캔틸레버 보 : $l/12$

■해설 처짐을 계산하지 않아도 되는 휨부재의 최소두께

부재	최소 두께 또는 높이			
	캔틸레버	단순지지	일단 연속	양단 연속
보	$\dfrac{l}{8}$	$\dfrac{l}{16}$	$\dfrac{l}{18.5}$	$\dfrac{l}{21}$
1방향 슬래브	$\dfrac{l}{10}$	$\dfrac{l}{20}$	$\dfrac{l}{24}$	$\dfrac{l}{28}$

이 표에서 l은 지간으로서 단위는 mm이다. 또한 표의 값은 설계기준항복강도 $f_y=400\text{MPa}$인 철근을 사용한 부재에 대한 값이며 $f_y \neq 400\text{MPa}$이면 표의 값에 $\left(0.43+\dfrac{f_y}{700}\right)$을 곱해준다.

72. 다음 중 콘크리트구조물을 설계할 때 사용하는 하중인 "활하중(live load)"에 속하지 않는 것은?

① 건물이나 다른 구조물의 사용 및 점용에 의해 발생되는 하중으로서 사람, 가구, 이동칸막이 등의 하중
② 적설하중
③ 교량 등에서 차량에 의한 하중
④ 풍하중

■해설 활하중이란 풍하중, 지진하중과 같은 환경하중이나 고정하중을 포함하지 않고 건물이나 다른 구조물의 사용 및 점용에 의해 발생되는 하중으로서 사람, 가구, 이동칸막이, 창고의 저장물, 설비기계 등의 하중과 적설하중 또는 교량 등에서 차량에 의한 하중을 의미한다.

73. 그림과 같은 두께 13mm의 플레이트에 4개의 볼트구멍이 배치되어 있을 때 부재의 순단면적은?(단, 구멍의 직경은 24mm이다.)

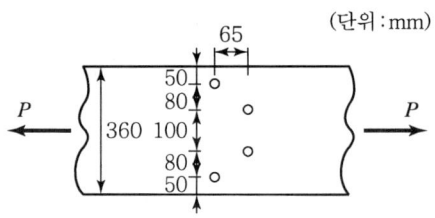

① 4,056mm² ② 3,916mm²
③ 3,775mm² ④ 3,524mm²

■해설 $d_h = \phi + 3 = 24\text{mm}$
$b_{n2} = b_g - 2d_h = 360 - (2 \times 24) = 312\text{mm}$
$b_{n3} = b_g - 3d_h + \dfrac{s^2}{4g}$
$= 360 - (3 \times 24) + \left(\dfrac{65^2}{4 \times 80}\right) = 301.2\text{mm}$
$b_{n4} = b_g - 4d_h + 2 \times \dfrac{s^2}{4g}$
$= 360 - (4 \times 24) + \left(2 \times \dfrac{65^2}{4 \times 80}\right) = 290.4\text{mm}$
$b_n = [b_{n2}, b_{n3}, b_{n4}]_{\min} = 290.4\text{mm}$
$A_n = b_n t = 290.4 \times 13 = 3,775.2\text{mm}^2$

74. 다음 중 용접부의 결함이 아닌 것은?

① 오버랩(overlap) ② 언더컷(undercut)
③ 스터드(stud)   ④ 균열(crack)

■해설 스터드(Stud)는 강재와 콘크리트가 일체가 될 수 있도록 강재보의 상부 플랜지에 용접한 볼트 모양의 전단연결재이다.

75. 철근콘크리트 보를 설계할 때 변화구간에서 강도감소계수(ϕ)를 구하는 식으로 옳은 것은? (단, 나선철근으로 보강되지 않은 부재이며, ε_t는 최외단 인장철근의 순인장변형률이다.)

① $\phi = 0.65 + (\varepsilon_t - 0.002)\dfrac{200}{3}$
② $\phi = 0.7 + (\varepsilon_t - 0.002)\dfrac{200}{3}$
③ $\phi = 0.65 + (\varepsilon_t - 0.002) \times 50$
④ $\phi = 0.7 + (\varepsilon_t - 0.002) \times 50$

■해설 나선철근으로 보강되지 않은 경우 강도감소계수(ϕ)를 구하는 식

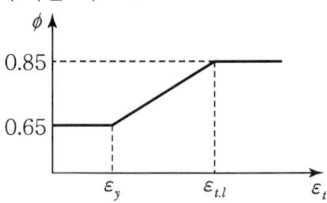

$$\phi = 0.65 + (\varepsilon_t - \varepsilon_y)\frac{0.2}{(\varepsilon_{t.l} - \varepsilon_y)}$$

위 식에서 항복변형률(ε_y)과 인장지배 변형률 한계($\varepsilon_{t.l}$)는 철근의 항복응력(f_y)에 의해서 그 값이 결정된다.
따라서, 본 문제의 경우 철근의 항복응력(f_y)이 주어지지 않았으므로 문제가 성립되지 않는다.
만약 $f_y = 400\text{MPa}$일 경우, 강도감소계수(ϕ)를 구하는 식을 표현하면 다음과 같다.

$$\varepsilon_y = \frac{f_y}{E_s} = \frac{400}{2 \times 10^5} = 0.002$$

$$\varepsilon_{t.l} = 0.005 \ (f_y \leq 400\text{MPa}인 경우)$$

$$\phi = 0.65 + (\varepsilon_t - \varepsilon_y)\frac{0.2}{(\varepsilon_{t.l} - \varepsilon_y)}$$

$$= 0.65 + (\varepsilon_t - 0.002)\frac{0.2}{(0.005 - 0.002)}$$

$$= 0.65 + (\varepsilon_t - 0.002)\frac{200}{3}$$

76. 그림과 같은 복철근 직사각형보에서 압축연단에서 중립축까지의 거리(c)는?(단, $A_s = 4,764\text{mm}^2$, $A_s' = 1,284\text{mm}^2$, $f_{ck} = 38\text{MPa}$, $f_y = 400\text{MPa}$)

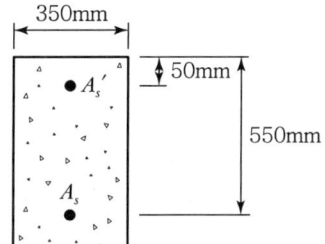

① 143.74mm ② 157.86mm
③ 168.62mm ④ 178.41mm

■해설 $f_{ck} > 28\text{MPa}$인 경우 β_1의 값
$$\beta_1 = 0.85 - 0.007(f_{ck} - 28)$$
$$= 0.85 - 0.007(38 - 28) = 0.78$$
$$c = \frac{(A_s - A_s')f_y}{0.85 f_{ck} b \beta_1}$$
$$= \frac{(4764 - 1284) \times 400}{0.85 \times 38 \times 350 \times 0.78} = 157.86\text{mm}$$

77. 그림과 같은 띠철근 기둥에서 띠철근의 최대 간격은?(단, $D10$의 공칭직경은 9.5mm, $D32$의 공칭직경은 31.8mm)

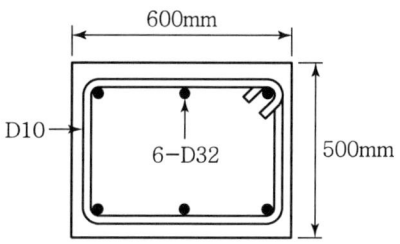

① 400mm ② 456mm
③ 500mm ④ 509mm

■해설 띠철근 기둥에서 띠철근의 간격
- 축방향 철근 지름의 16배 이하
  = 31.8×16 = 508.8mm 이하
- 띠철근 지름의 48배 이하
  = 9.5×48 = 456mm 이하
- 부재 최소치수 이하 = 500mm 이하
따라서 띠철근의 간격은 최소값인 456mm 이하라야 한다.

78. 단순 지지된 2방향 슬래브의 중앙점에 집중하중 P가 작용할 때 경간비가 1 : 2라면 단변과 장변이 부담하는 하중비($P_S : P_L$)는?(단, P_S : 단변이 부담하는 하중, P_L : 장변이 부담하는 하중)

① 1 : 8   ② 8 : 1
③ 1 : 16 ④ 16 : 1

■해설
$$P_S = \frac{L^3}{S^3 + L^3}P = \frac{2^3}{1^3 + 2^3}P = \frac{8}{9}P$$
$$P_L = \frac{S^3}{S^3 + L^3}P = \frac{1^3}{1^3 + 2^3}P = \frac{1}{9}P$$
$$P_S : P_L = \frac{8}{9}P : \frac{1}{9}P = 8 : 1$$

79. 경간 6m인 단순 직사각형 단면($b = 300\text{mm}$, $h = 400\text{mm}$)보에 계수하중 30kN/m가 작용할 때 PS강재가 단면도심에서 긴장되며 경간 중앙에서 콘크리트 단면의 하연 응력이 0이 되려면 PS강재에 얼마의 긴장력이 작용되어야 하는가?

① 1805kN ② 2025kN
③ 3054kN ④ 3557kN

■해설
$$f_b = \frac{P}{A} - \frac{M}{Z} = \frac{P}{bh} - \frac{6}{bh^2} \cdot \frac{wl^2}{8}$$
$$= \frac{1}{bh}\left(P - \frac{3wl^2}{4h}\right) = 0$$
$$P = \frac{3wl^2}{4h} = \frac{3 \times 30 \times 6^2}{4 \times 0.4} = 2025\,kN$$

80. 철근콘크리트가 성립하는 이유에 대한 설명으로 잘못된 것은?

① 철근과 콘크리트와의 부착력이 크다.
② 콘크리트 속에 묻힌 철근은 녹슬지 않고 내구성을 갖는다.
③ 철근과 콘크리트의 무게가 거의 같고 내구성이 같다.
④ 철근과 콘크리트는 열에 대한 팽창계수가 거의 같다.

■해설 철근콘크리트의 성립 요건
① 철근과 콘크리트의 부착력이 크다.
② 콘크리트 속의 철근은 부식되지 않는다.
③ 철근과 콘크리트의 열팽창계수가 거의 같다.

제5과목 **토질 및 기초**

81. 어떤 시료에 대해 액압 1.0kg/cm²를 가해 각 수직변위에 대응하는 수직하중을 측정한 결과가 아래 표와 같다. 파괴시의 축차응력은?(단, 피스톤의 지름과 시료의 지름은 같다고 보며, 시료의 단면적 $A_O = 18\,cm^2$, 길이 $L = 14\,cm$이다.)

ΔL (1/100mm)	0	...	1000	1100	1200	1300	1400
P(kg)	0	...	54.0	58.0	60.0	59.0	58.0

① 3.05kg/cm²
② 2.55kg/cm²
③ 2.05kg/cm²
④ 1.55kg/cm²

■해설 • 최대 수직하중 : 60kg
• $\sigma = \sigma_1 - \sigma_3 = \dfrac{P}{A_0} = \dfrac{P}{\dfrac{A}{1-\varepsilon}} = \dfrac{P}{\dfrac{A}{1-\dfrac{\Delta L}{L}}}$

$$= \frac{60}{\dfrac{18}{1-\dfrac{1.2}{14}}} = 3.05\,kg/cm^2$$

82. 전단마찰각이 25°인 점토의 현장에 작용하는 수직응력이 5t/m²이다. 과거 작용했던 최대하중이 10t/m²이라고 할 때 대상지반의 정지토압계수를 추정하면?

① 0.40 ② 0.57
③ 0.82 ④ 1.14

■해설 K_o(과압밀)
$= K_o$(정규압밀) $\sqrt{OCR}$
$= (1-\sin\phi)\sqrt{\dfrac{P_c}{P_o}} = (1-\sin25°) \times \sqrt{\dfrac{10}{5}} = 0.82$

83. 무게 3ton인 단동식 증기 hammer를 사용하여 낙하 1.2m에서 pile을 타입할 때 1회 타격당 최종 침하량이 2cm이었다. Engineering News 공식을 사용하여 허용 지지력을 구하면 얼마인가?

① 13.3t
② 26.7t
③ 80.8t
④ 160t

■해설 $Q_a = \dfrac{Q_u}{F_s} = \dfrac{WH}{F_s(S+0.25)}$
$= \dfrac{3 \times 120}{6(2+0.25)} = 26.7\,t$

84. 점토 지반의 강성 기초의 접지압 분포에 대한 설명으로 옳은 것은?

① 기초 모서리 부분에서 최대응력이 발생한다.
② 기초 중앙 부분에서 최대응력이 발생한다.
③ 기초 밑면의 응력은 어느 부분이나 동일하다.
④ 기초 밑면에서의 응력은 토질에 관계없이 일정하다.

■해설 강성기초의 접지압

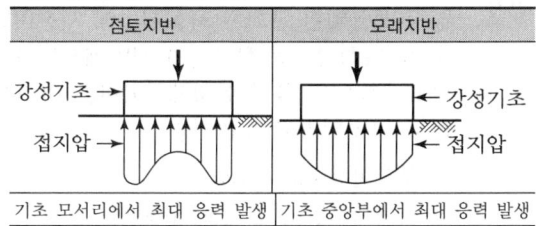

점토지반	모래지반
기초 모서리에서 최대 응력 발생	기초 중앙부에서 최대 응력 발생

85. 다음 그림과 같이 피압수압을 받고 있는 2m 두께의 모래층이 있다. 그 위의 포화된 점토층을 5m 깊이로 굴착하는 경우 분사현상이 발생하지 않기 위한 수심(h)은 최소 얼마를 초과하도록 하여야 하는가?

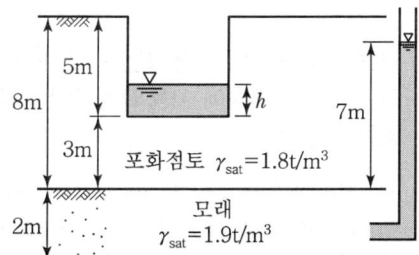

① 1.3m ② 1.6m
③ 1.9m ④ 2.4m

■해설 분사현상은 유효응력이 0일 때 발생
- $\sigma = 1 \times h + 1.8 \times 3 = h + 5.4$
- $u = 1 \times 7 = 7$
- $\sigma' = \sigma - u = h + 5.4 - 7 = 0$
- $\therefore h = 1.6m$

86. 내부마찰각 $\phi_u = 0$, 점착력 $c_u = 4.5t/m^2$, 단위중량이 $1.9t/m^3$되는 포화된 점토층에 경사각 45°로 높이 8m인 사면을 만들었다. 그림과 같은 하나의 파괴면을 가정했을 때 안전율은?(단, $ABCD$의 면적은 $70m^2$이고, $ABCD$의 무게중심은 O점에서 4.5m거리에 위치하며, 호 AC의 길이는 20.0m이다.)

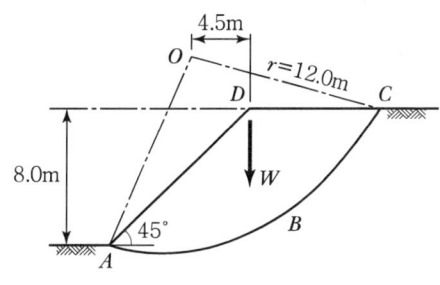

① 1.2 ② 1.8
③ 2.5 ④ 3.2

■해설 $F_s = \dfrac{cRL}{We} = \dfrac{4.5 \times 12 \times 20}{(70 \times 1.9) \times 4.5} = 1.8$

87. 다음 중 임의 형태 기초에 작용하는 등분포하중으로 인하여 발생하는 지중응력계산에 사용하는 가장 적합한 계산법은?

① Boussinesq 법
② Osterberg 법
③ Newmark 영향원법
④ 2 : 1 간편법

■해설 Newmark 영향원법
- 등분포하중으로 인해 발생하는 지중응력 계산에 사용
- $\sigma_z = 0.005nq$
  여기서, n : 면적요소 수, q : 등분포하중

88. 노건조한 흙 시료의 부피가 $1,000cm^3$, 무게가 1,700g, 비중이 2.65이라면 간극비는?

① 0.71 ② 0.43
③ 0.65 ④ 0.56

■해설
$$\gamma_d = \frac{W_s}{V} = \frac{G_s}{1+e}\gamma_w$$
$$\frac{1,700}{1,000} = \frac{2.65}{1+e} \times 1$$
∴ 간극비(e) = 0.56

89. 흙의 공학적 분류방법 중 통일분류법과 관계없는 것은?

① 소성도 ② 액성한계
③ No.200체 통과율 ④ 군지수

■해설 군지수는 AASHTO 분류법과 관계있다.

90. 수조에 상방향의 침투에 의한 수두를 측정한 결과, 그림과 같이 나타났다. 이때, 수조 속에 있는 흙에 발생하는 침투력을 나타낸 식은?(단, 시료의 단면적은 A, 시료의 길이는 L, 시료의 포화단위중량은 γ_{sat}, 물의 단위중량은 γ_w이다.)

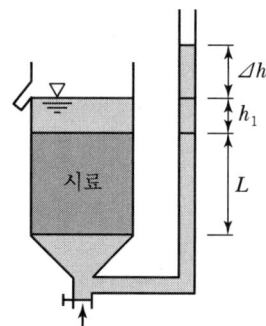

① $\Delta h \cdot \gamma_w \cdot \dfrac{A}{L}$ ② $\Delta h \cdot \gamma_w \cdot A$

③ $\Delta h \cdot \gamma_{sat} \cdot A$ ④ $\dfrac{\gamma_{sat}}{\gamma_w} \cdot A$

■해설
• 단위면적당 침투수압
$$F = i\gamma_w z = \frac{\Delta h}{L} \times \gamma_w \times L = \Delta h \cdot \gamma_w$$
• 시료면에 작용하는 침투수압
$$F = \Delta h \cdot \gamma_w \cdot A$$

91. 포화단위중량이 1.8t/m³인 흙에서의 한계동수경사는 얼마인가?

① 0.8 ② 1.0
③ 1.8 ④ 2.0

■해설
$$i_c = \frac{\gamma_{sub}}{\gamma_w} = \frac{G_s - 1}{1+e} = \frac{0.8}{1} = 0.8$$

92. 입경이 균일한 포화된 사질지반에 지진이나 진동 등 동적하중이 작용하면 지반에서는 일시적으로 전단강도를 상실하게 되는데, 이러한 현상을 무엇이라고 하는가?

① 분사현상(quick sand)
② 틱소트로피 현상(Thixotropy)
③ 히빙현상(heaving)
④ 액상화현상(liquefaction)

■해설 액상화현상
간극수압의 상승으로 유효응력이 감소되고 그 결과 사질토가 외력에 대한 전단저항을 잃게 되는 현상

93. 다음 시료채취에 사용되는 시료기(sampler) 중 불교란시료 채취에 사용되는 것만 고른 것으로 옳은 것은?

(1) 분리형 원통 시료기(split spoon sampler)
(2) 피스톤 튜브 시료기(piston tube sampler)
(3) 얇은 관 시료기(thin wall tube sampler)
(4) Laval 시료기(Laval sampler)

① (1), (2), (3)
② (1), (2), (4)
③ (1), (3), (4)
④ (2), (3), (4)

■해설 교란시료 채취 : 분리형 원통 시료기(split spoon sampler)

94. 점토의 다짐에서 최적함수비보다 함수비가 적은 건조측 및 함수비가 많은 습윤측에 대한 설명으로 옳지 않은 것은?

① 다짐의 목적에 따라 습윤 및 건조측으로 구분하여 다짐계획을 세우는 것이 효과적이다.
② 흙의 강도 증가가 목적인 경우, 건조측에서 다지는 것이 유리하다.
③ 습윤측에서 다지는 경우, 투수계수 증가 효과가 크다.
④ 다짐의 목적이 차수를 목적으로 하는 경우, 습윤측에서 다지는 것이 유리하다.

■해설 습윤 측에서 다지면 투수계수 감소효과가 크다.

95. 어떤 지반에 대한 토질시험결과 점착력 $c=0.50$ kg/cm^2, 흙의 단위중량 $\gamma=2.0t/m^3$이었다. 그 지반에 연직으로 7m를 굴착했다면 안전율은 얼마인가?(단, $\phi=0$이다.)

① 1.43 ② 1.51
③ 2.11 ④ 2.61

■해설 안전율$(F_s) = \dfrac{H_c}{H}$

- 한계고(H_c)
$= \dfrac{4c}{\gamma_t}\tan\left(45° + \dfrac{\phi}{2}\right)$
$= \dfrac{4\times 5}{2.0}\tan\left(45° + \dfrac{0°}{2}\right) = 10m$
($c=0.5kg/cm^2=5t/m^2$이다.)
- $H=7m$
∴ 연직사면의 안전율$(F_s) = \dfrac{H_c}{H} = \dfrac{10}{7} = 1.43$

96. 다음 그림과 같이 점토질 지반에 연속기초가 설치되어 있다. Terzaghi 공식에 의한 이 기초의 허용 지지력은?(단, $\phi=0$이며, 폭$(B)=2m$, $N_c=5.14$, $N_q=1.0$, $N_\gamma=0$, 안전율 $F_s=3$이다.)

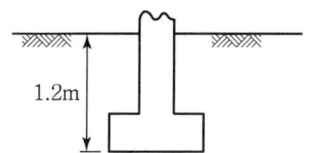

점토질 지반 $\gamma=1.92t/m^3$
일축압축강도 $q_u=14.86t/m^2$

① $6.4t/m^2$ ② $13.5t/m^2$
③ $18.5t/m^2$ ④ $40.49t/m^2$

■해설

형상계수	원형기초	정사각형기초	연속기초
α	1.3	1.3	1.0
β	0.3	0.4	0.5

- $q_{ult} = \alpha c N_c + \beta \gamma_1 B N_\gamma + \gamma_2 D_f N_q$
$= 1 \times \left(\dfrac{14.86}{2}\right) \times 5.14 + 0.5 \times 1.92 \times 2 \times 0$
$+ 1.92 \times 1.2 \times 1 = 40.49 t/m^2$
- $q_a = \dfrac{q_u}{F_s} = \dfrac{40.49}{3} = 13.5 t/m^2$

97. Meyerhof의 극한지지력 공식에서 사용하지 않는 계수는?

① 형상계수
② 깊이계수
③ 시간계수
④ 하중경사계수

■해설 Meyerhof의 극한지지력 공식에 포함되는 계수
- 형상계수
- 근입깊이계수
- 하중경사계수

98. 토질조사에 대한 설명 중 옳지 않은 것은?

① 사운딩(Sounding)이란 지중에 저항체를 삽입하여 토층의 성상을 파악하는 현장 시험이다.
② 불교란시료를 얻기 위해서 Foil Sampler, Thin wall tube sampler 등이 사용된다.
③ 표준관입시험은 로드(Rod)의 길이가 길어질수록 N치가 작게 나온다.
④ 베인 시험은 정적인 사운딩이다.

■해설 표준관입시험은 로드(Rod) 길이가 길어지면 타격에너지가 손실되어 N치가 커진다.

99. 2.0kg/cm²의 구속응력을 가하여 시료를 완전히 압밀시킨 다음, 축차응력을 가하여 비배수 상태로 전단시켜 파괴시 축변형률 ε_f=10%, 축차응력 $\Delta\sigma_f$=2.8kg/cm², 간극수압 Δu_f=2.1kg/cm²를 얻었다. 파괴시 간극수압계수 A는?(단, 간극수압계수 B는 1.0으로 가정한다.)

① 0.44　　② 0.75
③ 1.33　　④ 2.27

■해설　A계수 $=\dfrac{D계수}{B계수}=\dfrac{0.75}{1}=0.75$

　　　　(D계수 $=\dfrac{\Delta u}{\Delta\sigma_1-\Delta\sigma_3}=\dfrac{2.1}{2.8}=0.75$)

100. 다음 그림과 같이 3개의 지층으로 이루어진 지반에서 수직방향 등가투수계수는?

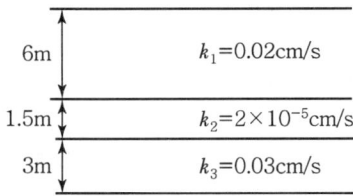

① 2.516×10^{-6}cm/s　　② 1.274×10^{-5}cm/s
③ 1.393×10^{-4}cm/s　　④ 2.0×10^{-2}cm/s

■해설　$K_v=\dfrac{H_1+H_2+H_3}{\dfrac{H_1}{K_1}+\dfrac{H_2}{K_2}+\dfrac{H_3}{K_3}}=\dfrac{600+150+300}{\dfrac{600}{0.02}+\dfrac{150}{2\times10^{-5}}+\dfrac{300}{0.03}}$

　　　　$=1.393\times10^{-4}$cm/s

제6과목　상하수도공학

101. 도수(conveyance of water)시설에 대한 설명으로 옳은 것은?

① 상수원으로부터 원수를 취수하는 시설이다.
② 원수를 음용 가능하게 처리하는 시설이다.
③ 배수지로부터 급수관까지 수송하는 시설이다.
④ 취수원으로부터 정수시설까지 보내는 시설이다.

■해설　상수도 구성요소
㉠ 수원 → 취수 → 도수(침사지) → 정수(착수정 → 약품혼화지 → 침전지 → 여과지 → 소독지 → 정수지) → 송수 → 배수(배수지, 배수탑, 고가탱크, 배수관) → 급수
㉡ 수원, 취수, 도수, 정수, 송수 등의 설계에는 계획 1일 최대급수량을 기준으로 한다.
㉢ 계획취수량은 계획 1일 최대급수량을 기준으로 5~10% 정도 여유 있게 취수한다.
㉣ 배수관의 직경 결정, 펌프의 직경 결정 등은 계획시간최대급수량을 기준으로 한다.
∴ 도수시설은 취수원에서 정수시설까지 보내는 시설이다.

102. 양수량이 50m³/min이고 전양정이 8m일 때 펌프의 축동력은?(단, 펌프의 효율(η)=0.8)

① 65.2kW　　② 73.6kW
③ 81.5kW　　④ 92.4kW

■해설　동력의 산정
㉠ 양수에 필요한 동력($H_e=h+\Sigma h_L$)
　・$P=\dfrac{9.8QH_e}{\eta}$(kW)
　・$P=\dfrac{13.3QH_e}{\eta}$(HP)
㉡ 주어진 조건의 양수동력 산정
　$P=\dfrac{9.8QH_e}{\eta}=\dfrac{9.8\times(50/60)\times8}{0.8}=81.67$kW

103. 계획오수량 중 계획시간최대오수량에 대한 설명으로 옳은 것은?

① 계획1일최대오수량의 1시간당 수량의 1.3~1.8배를 표준으로 한다.
② 계획1일최대오수량의 70~80%를 표준으로 한다.
③ 1인1일최대오수량의 10~20%로 한다.
④ 계획1일평균오수량의 3배 이상으로 한다.

■해설　급수량의 산정
㉠ 급수량의 종류

종류	내용
계획1일 최대급수량	수도시설 규모 결정의 기준이 되는 수량 =계획1일 평균급수량×1.5(중·소도시), 1.3(대도시, 공업도시)
계획1일 평균급수량	재정계획 수립에 기준이 되는 수량 =계획1일최대급수량×0.7(중·소도시), 0.85(대도시, 공업도시)
계획시간 최대급수량	배수 본관의 구경결정에 사용 =계획1일최대급수량/24×1.3(대도시, 공업도시), 1.5(중소도시), 2.0(농촌, 주택단지)

∴ 계획시간최대오수량은 계획1일 최대오수량의 1시간당 수량에 1.3~1.8배를 표준으로 한다.

104. 완속여과와 급속여과의 비교 설명으로 틀린 것은?

① 원수가 고농도의 현탁물일 때는 급속여과가 유리하다.
② 여과속도가 다르므로 용지 면적의 차이가 크다.
③ 여과의 손실수두는 급속여과보다 완속여과가 크다.
④ 완속여과는 약품처리 등이 필요하지 않으나 급속여과는 필요하다.

■해설 완속여과와 급속여과의 비교
㉠ 원수가 저농도 현탁물일 경우 완속여과, 고농도 현탁물일 경우 급속여과가 유리하다.
㉡ 여과속도는 완속여과보다 급속여과가 약 30~40배 빠르다. 따라서 여과속도가 다르므로 용지면적의 차이가 크다.
㉢ 여과의 손실수두는 완속여과보다는 급속여과가 크다.
㉣ 완속여과는 약품처리 등이 필요하지 않으나 급속여과는 응집제라는 약품처리를 필요로 한다.

105. 수질오염 지표항목 중 COD에 대한 설명으로 옳지 않은 것은?

① COD는 해양오염이나 공장폐수의 오염지표로 사용된다.
② 생물분해 가능한 유기물도 COD로 측정할 수 있다.
③ $NaNO_2$, SO_2^-는 COD 값에 영향을 미친다.
④ 유기물 농도값은 일반적으로 COD > TOD > TOC > BOD이다.

■해설 COD
㉠ COD는 수중의 유기물을 과망간산칼륨($KMnO_4$)이나 중크롬산칼륨($K_2Cr_2O_7$)을 이용하여 화학적으로 산화시킬 때 소모되는 산화제의 양을 산소량으로 환산한 값이다.
㉡ 특징
• COD는 해양오염이나 공장폐수의 오염지표로 사용된다.
• 생물분해 가능한 유기물도 COD로 측정할 수 있다.
• $NaNO_2$, SO_2^-는 COD 값에 영향을 미친다.
• 유기물 농도값은 일반적으로 TOD > COD > BOD > TOC의 순이다.

106. 고형물 농도가 30mg/L인 원수를 Alum 25mg/L를 주입하여 응집 처리하고자 한다. 1,000m³/day 원수를 처리할 때 발생 가능한 이론적 최종 슬러지($Al(OH)_3$)의 부피는?(단, Alum = $Al_2(SO_4)_3 \cdot 18H_2O$, 최종 슬러지 고형물 농도 = 2%, 고형물 비중 = 1.2)

[반응식]
$Al_2(SO_4)_3 \cdot 18H_2O + 3Ca(HCO_3)_2 \rightarrow$
$2Al(OH)_3 + 3CaSO_4 + 18H_2O + 6CO_2$

[분자량]
$Al_2(SO_4)_3 \cdot 18H_2O = 666$, $Ca(HCO_3)_2 = 162$,
$Al(OH)_3 = 78$, $CaSO_4 = 136$

① 0.20m³/day
② 0.24m³/day
③ 0.30m³/day
④ 0.34m³/day

■해설 최종 슬러지의 부피
㉠ Alum량
$1,000m^3/d \times 25mg/l \times 10^{-3} = 25kg/d$
㉡ 슬러지의 부피
$Al_2(SO_4)_3 18H_2O : 2Al(OH)_3 = 666 : 2 \times 78$
$= 25kg/d : x$
$x = 25kg/d \times \frac{2 \times 78}{666} = 5.86kg/d$
∴ 최종 슬러지 부피 = $\frac{5.86kg/d}{0.02 \times 10^3} \div 1.2$
$= 0.244m^3/d$

|해답| 104.③ 105.④ 106.②

107. 다음 중 하수슬러지 개량방법에 속하지 않는 것은?

① 세정 ② 열처리
③ 동결 ④ 농축

■해설 슬러지 개량
슬러지 개량은 탈수효율을 높이기 위한 전처리과정으로 약품, 열처리, 세정, 동결-융해의 방법 등이 있다.

108. 합리식을 사용하여 우수량을 산정할 때 필요한 자료가 아닌 것은?

① 강우강도 ② 유출계수
③ 지하수의 유입 ④ 유달시간

■해설 우수유출량의 산정
합리식의 적용 확률연수는 10~30년을 원칙으로 한다.

$$Q = \frac{1}{3.6} CIA$$

여기서, Q : 우수량 (m³/sec)
C : 유출계수(무차원)
I : 강우강도(mm/hr)
A : 유역면적(km²)

∴ 합리식 사용에 필요한 자료가 아닌 것은 지하수의 유입이다.

109. 일반적인 하수처리장의 2차침전지에 대한 설명으로 옳지 않은 것은?

① 표면부하율은 표준활성슬러지의 경우, 계획1일 최대오수량에 대하여 20~30m³/m²·d로 한다.
② 유효수심은 2.5~4m를 표준으로 한다.
③ 침전시간은 계획1일평균오수량에 따라 정하며 5~10시간으로 한다.
④ 수면의 여유고는 40~60cm 정도로 한다.

■해설 2차 침전지
㉠ 표면부하율은 표준활성슬러지법의 경우, 계획 1일최대오수량의 20~30m³/m²·d로 한다.
㉡ 유효수심은 2.5~4m를 표준으로 한다.
㉢ 침전시간은 계획1일 최대오수량의 3~5시간으로 한다.
㉣ 수면의 여유고는 40~60cm 정도로 한다.

110. 어느 도시의 인구가 10년 전 10만 명에서 현재는 20만 명이 되었다. 등비급수법에 의한 인구증가를 보였다고 하면 연평균 인구증가율은?

① 0.08947 ② 0.07177
③ 0.06251 ④ 0.03589

■해설 등비급수법
㉠ 등비급수법
  • 연평균 인구증가율이 일정하다고 보는 방법
  • 성장단계에 있는 도시에 적용하며, 과대평가될 우려가 있는 방법
  • 인구 추정 : $P_n = P_0(1+r)^n$
  • 인구증가율 : $r = \left(\dfrac{P_0}{P_t}\right)^{\frac{1}{t}} - 1$

㉡ 인구증가율의 산정
$$r = \left(\frac{P_0}{P_t}\right)^{\frac{1}{t}} - 1 = \left(\frac{200,000}{100,000}\right)^{\frac{1}{10}} - 1 = 0.07177$$

111. 하수도용 펌프 흡입구의 유속에 대한 설명으로 옳은 것은?

① 0.3~0.5m/s를 표준으로 한다.
② 1.0~1.5m/s를 표준으로 한다.
③ 1.5~3.0m/s를 표준으로 한다.
④ 5.0~10.0m/s를 표준으로 한다.

■해설 펌프의 흡입구 유속
펌프의 흡입구경
$$D = 146\sqrt{\frac{Q}{V}}$$

여기서, Q : 펌프의 양수량(m³/sec)
V : 흡입구 유속(m/sec)

∴ 흡입구의 유속은 1.5~3m/s를 표준으로 한다.

112. 상수도 배수관망 중 격자식 배수관망에 대한 설명으로 틀린 것은?

① 물이 정체하지 않는다.
② 사고 시 단수구역이 작아진다.
③ 수리계산이 복잡하다.
④ 제수밸브가 적게 소요되며 시공이 용이하다.

■해설 배수관망의 배치방식

격자식	수지상식
• 단수 시 대상지역이 좁다. • 수압 유지가 용이하다. • 화재 시 사용량 대처가 용이하다. • 수리계산이 복잡하다. • 건설비가 많이 든다.	• 수리계산이 간단하다. • 건설비가 적게 든다. • 물의 정체가 발생된다. • 단수지역이 발생된다. • 수량의 상호 보완이 어렵다.

∴ 제수밸브가 많이 설치되는 방식은 관로를 격자형태로 묶은 격자식이다.

113. 정수처리 시 트리할로메탄 및 곰팡이 냄새의 생성을 최소화하기 위해 침전지와 여과지 사이에 염소제를 주입하는 방법은?

① 전염소처리
② 중간염소처리
③ 후염소처리
④ 이중염소처리

■해설 염소처리

염소는 통상 소독목적으로 여과 후에 주입하지만, 소독이나 살조작용과 함께 강력한 산화력을 가지고 있기 때문에 오염된 원수에 대한 정수처리대책의 일환으로 응집·침전 이전의 처리과정에서 주입하는 경우와 침전지와 여과지 사이에서 주입하는 경우가 있다. 전자를 전염소처리, 후자를 중간염소처리라고 한다.

114. 호수의 부영양화에 대한 설명으로 틀린 것은?

① 부영양화는 정체성 수역의 상층에서 발생하기 쉽다.
② 부영양화된 수원의 상수는 냄새로 인하여 음료수로 부적당하다.
③ 부영양화로 식물성 플랑크톤의 번식이 증가되어 투명도가 저하된다.
④ 부영양화로 생물활동이 활발하여 깊은 곳의 용존산소가 풍부하다.

■해설 부영양화

㉠ 가정하수, 공장폐수 등이 하천이나 호수에 유입되었을 때 질소(N)나 인(P)과 같은 영양염류농도가 증가된다. 이로 인해 조류 및 식물성 플랑크톤이 과도하게 성장하여, 물에 맛과 냄새가 유발되고 저수지의 수질이 악화되는 현상을 부영양화라 한다. 이때 성장한 조류는 바닥에 퇴적하여 죽게 되고 유입하천에서 부하된 유기물도 바닥에 퇴적하게 되는데, 이 퇴적물이 분해하여 생기는 영양염류가 다시 조류의 영양소로 섭취되어 부영양화가 일어날 수 있다.
㉡ 부영양화는 수심이 낮은 곳에서 발생되며 한 번 발생되면 회복이 어렵다.
㉢ 물의 투명도가 낮아지며, COD 농도가 높게 나타난다.
㉣ 사멸된 조류의 분해작용으로 인해 심층수부터 용존산소가 줄어든다.

115. 콘크리트 하수관의 내부 천정이 부식되는 현상에 대한 대응책으로 틀린 것은?

① 방식재료를 사용하여 관을 방호한다.
② 하수 중의 유황 함유량을 낮춘다.
③ 관 내의 유속을 감소시킨다.
④ 하수에 염소를 주입하여 박테리아 번식을 억제한다.

■해설 관정부식

㉠ 정의 : 콘크리트관의 경우 하수 내에 존재하거나 유기물 분해 시 존재하는 산에 의해 관 정상부에 부식이 발생되는 것을 말한다.
㉡ 부식 진행 : 단백질, 유기물, 황화합물 등이 혐기성 상태에서 분해되어 황화수소(H_2S) 발생 → 황화수소가 호기성 미생물에 의해 아황산가스(SO_2, SO_3) 발생 → 아황산가스가 관정부의 물방울에 녹아 황산(H_2SO_4)이 된다. → 황산이 콘크리트관의 성분인 철, 칼슘, 알루미늄과 반응하여 황산염으로 변하면서 관을 부식시킨다.
㉢ 방지대책 : 유속 증가로 퇴적방지, 용존산소 농도 증가로 혐기성 상태 예방, 살균제 주입, 라이닝, 역청제 도포로 황산염의 발생 방지

∴ 관정부식 방지대책으로 틀린 것은 관 내의 유속을 감소시키는 것이다.

116. 하수 배제방식의 특징에 관한 설명으로 틀린 것은?

① 분류식은 합류식에 비해 우천 시 월류의 위험이 크다.
② 합류식은 분류식(2계통 건설)에 비해 건설비가 저렴하고 시공이 용이하다.
③ 합류식은 단면적이 크기 때문에 검사, 수리 등에 유리하다.
④ 분류식은 강우 초기에 노면의 오염물질이 포함된 세정수가 직접 하천 등으로 유입된다.

■해설 하수의 배제방식

분류식	합류식
• 수질오염 방지 면에서 유리	• 구배 완만, 매설깊이가 적으며 시공성이 좋다.
• 청천 시에도 퇴적의 우려가 없다.	• 초기 우수에 의한 노면배수처리가 가능하다.
• 강우 초기 노면배수효과가 없다.	• 관경이 크므로 검사가 편리하고, 환기가 잘 된다.
• 시공이 복잡하고 오접합의 우려가 있다.	• 건설비가 적게 든다.
• 우천 시 수세효과를 기대할 수 없다.	• 우천 시 수세효과가 있다.
• 공사비가 많이 든다.	• 청천 시 관내 침전, 효율 저하

∴ 우천 시 월류위험이 있는 방식은 합류식이다.

117. 1인 1일 평균 급수량의 일반적인 증가 감소에 대한 설명으로 틀린 것은?

① 기온이 낮은 지방일수록 증가한다.
② 인구가 많은 도시일수록 증가한다.
③ 문명도가 낮은 도시일수록 감소한다.
④ 누수량이 증가하면 비례하여 증가한다.

■해설 1인 1일 평균급수량
㉠ 약품, 전력사용량의 산정, 유지관리비, 수도요금의 산정 등 수도재정계획에 활용된다.
㉡ 특징
• 기온이 낮은 지방일수록 감소한다.
• 인구가 많은 도시일수록 증가한다.
• 문명도가 낮은 도시일수록 감소한다.
• 누수량이 증가하면 비례하여 증가한다.

118. 하수고도처리에서 인을 제거하기 위한 방법이 아닌 것은?

① 응집제 첨가 활성슬러지법
② 활성탄흡착법
③ 정석탈인법
④ 혐기호기조합법

■해설 인의 제거
㉠ 물리화학적 방법
• 응집침전법(응집제 첨가 활성슬러지법)
• 정석탈인법
㉡ 생물학적 방법
무산소/산소 조합법(혐기호기조합법 : A/O공법)
∴ 인의 제거방법이 아닌 것은 활성탄 흡착법이다.

119. 상수도 계통에서 상수의 공급과정으로 옳은 것은?

① 취수 - 정수 - 도수 - 배수 - 송수 - 급수
② 취수 - 도수 - 정수 - 송수 - 배수 - 급수
③ 취수 - 배수 - 정수 - 도수 - 급수 - 송수
④ 취수 - 정수 - 송수 - 배수 - 도수 - 급수

■해설 상수도 구성요소
㉠ 수원 → 취수 → 도수(침사지) → 정수(착수정 → 약품혼화지 → 침전지 → 여과지 → 소독지 → 정수지) → 송수 → 배수(배수지, 배수탑, 고가탱크, 배수관) → 급수
㉡ 수원, 취수, 도수, 정수, 송수 등의 설계에는 계획1일최대급수량을 기준으로 한다.
㉢ 계획취수량은 계획1일최대급수량을 기준으로 5~10% 정도 여유 있게 취수한다.
㉣ 배수관의 직경 결정, 펌프의 직경 결정 등은 계획시간최대급수량을 기준으로 한다.

120. 우수관거 및 합류관거 내에서의 부유물 침전을 막기 위하여 계획우수량에 대하여 요구되는 최소 유속은?

① 0.3m/s ② 0.6m/s
③ 0.8m/s ④ 1.2m/s

■해설 하수관의 유속 및 경사
㉠ 하수관로 내의 유속은 하류로 갈수록 빠르게 하며, 경사는 하류로 갈수록 완만하게 한다.
㉡ 관로의 유속기준 : 관로의 유속은 침전과 마모 방지를 위해 최소유속과 최대유속을 한정하고 있다.
• 오수 및 차집관 : 0.6~3.0m/sec
• 우수 및 합류관 : 0.8~3.0m/sec
• 이상적 유속 : 1.0~1.8m/sec

과년도 기출문제 (2018년 8월 19일 시행)

제1과목 응용역학

01. 상·하단이 고정인 기둥에 그림과 같이 힘 P가 작용한다면 반력 R_A, R_B 값은?

① $R_A = \dfrac{P}{2}$, $R_B = \dfrac{P}{2}$

② $R_A = \dfrac{P}{3}$, $R_B = \dfrac{2P}{3}$

③ $R_A = \dfrac{2P}{3}$, $R_B = \dfrac{P}{3}$

④ $R_A = P$, $R_B = 0$

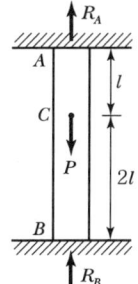

■해설

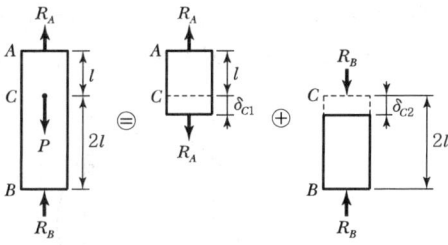

$\delta_{c1} = \dfrac{R_A l}{EA}$ (신장) ……………①

$\delta_{c2} = -\dfrac{R_B(2l)}{EA}$ (수축) ……②

- 적합조건식
  $\delta_{c_1} + \delta_{c_2} = 0 \rightarrow R_A = 2R_B$
- 평형방정식
  $R_A + R_B = P$, $2R_B + R_B = P$, $R_B = \dfrac{P}{3}$
  $R_A = 2R_B = \dfrac{2P}{3}$

02. 그림과 같이 2개의 집중하중이 단순보 위를 통과할 때 절대 최대 휨모멘트의 크기($M_{\max}$)와 발생위치(x)는?

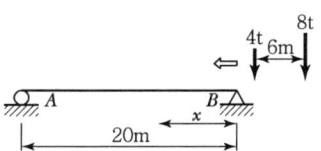

① $M_{\max} = 36.2\text{t} \cdot \text{m}$, $x = 8\text{m}$

② $M_{\max} = 38.2\text{t} \cdot \text{m}$, $x = 8\text{m}$

③ $M_{\max} = 48.6\text{t} \cdot \text{m}$, $x = 9\text{m}$

④ $M_{\max} = 50.6\text{t} \cdot \text{m}$, $x = 9\text{m}$

■해설 1. 절대 최대 휨모멘트가 발생하는 위치와 하중 배치

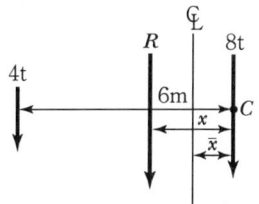

① 이동 하중군의 합력 크기(R)
   $\Sigma F_y(\downarrow \oplus) = 4 + 8 = R$
   $R = 12\text{t}$

② 이동 하중군의 합력 위치(x)
   $\Sigma M_{\text{C}}(\curvearrowright \oplus) = 4 \times 6 = R \times x$
   $x = \dfrac{24}{R} = \dfrac{24}{12} = 2\text{m}$

③ 절대 최대 휨모멘트가 발생하는 위치($\bar{x}$)
   $\bar{x} = \dfrac{x}{2} = \dfrac{2}{2} = 1\text{m}$

따라서 절대 최대 휨모멘트는 8t의 재하위치가 보 중앙으로부터 우측으로 1m 떨어진 곳(B점으로부터 9m 떨어진 곳)일 때, 8t의 재하위치에서 발생한다.

2. 절대 최대 휨모멘트

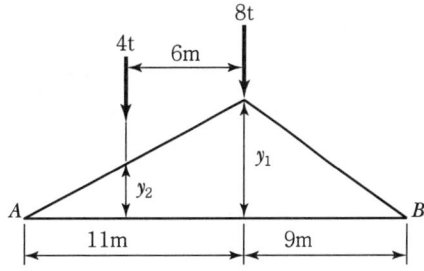

|해답| 1.③ 2.③

① 영향선 종거 (y_1, y_2)

$$y_1 = \frac{11 \times 9}{20} = 4.95$$

$$y_2 = \frac{y_1 \times 5}{11} = \frac{4.95 \times 5}{11} = 2.25$$

② 절대 최대 휨모멘트

$$M_{abs\,max} = 8 \times 4.95 + 4 \times 2.25 = 48.6 t \cdot m$$

03.
단면 2차 모멘트가 I이고 길이가 l인 균일한 단면의 직선상(直線狀)의 기둥이 있다. 지지상태가 1단 고정, 1단 자유인 경우 오일러(Euler) 좌굴하중(P_{cr})은?(단, 이 기둥의 영(Young) 계수는 E이다.)

① $\dfrac{\pi^2 EI}{4l^2}$

② $\dfrac{\pi^2 EI}{l^2}$

③ $\dfrac{2\pi^2 EI}{l^2}$

④ $\dfrac{4\pi^2 EI}{l^2}$

■해설 $k = 2$ (고정-자유)

$$P_{cr} = \frac{\pi^2 EI}{(kl)^2} = \frac{\pi^2 EI}{(2l)^2} = \frac{\pi^2 EI}{4l^2}$$

04.
부양력 200kg인 기구가 수평선과 60°의 각으로 정지상태에 있을 때 기구의 끈에 작용하는 인장력(T)과 풍압(w)을 구하면?

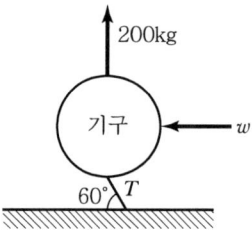

① $T = 220.94$ kg, $w = 105.47$ kg
② $T = 230.94$ kg, $w = 115.47$ kg
③ $T = 220.94$ kg, $w = 125.47$ kg
④ $T = 230.94$ kg, $w = 135.47$ kg

■해설

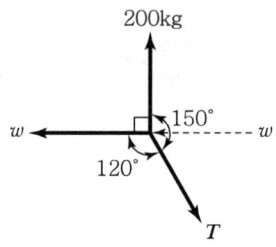

$$\frac{200}{\sin 120°} = \underbrace{\frac{T}{\sin 90°}}_{①} = \underbrace{\frac{w}{\sin 150°}}_{②}$$

①의 관계로부터

$$T = \frac{200}{\sin 120°} \times \sin 90° = 230.94 \text{kg}$$

②의 관계로부터

$$w = \frac{200}{\sin 120°} \times \sin 150° = 115.47 \text{kg}$$

05.
그림과 같이 지름 d인 원형단면에서 최대 단면계수를 갖는 직사각형 단면을 얻으려면 b/h는?

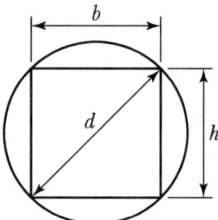

① 1 ② $\dfrac{1}{2}$

③ $\dfrac{1}{\sqrt{2}}$ ④ $\dfrac{1}{\sqrt{3}}$

■해설 $d^2 = b^2 + h^2 \rightarrow h^2 = d^2 - b^2$

$$Z = \frac{bh^2}{6} = \frac{1}{6}b(d^2 - b^2) = \frac{1}{6}(d^2 b - b^3)$$

$$\frac{dZ}{db} = \frac{1}{6}(d^2 - 3b^2) = 0$$

$$b = \sqrt{\frac{1}{3}}d, \quad h = \sqrt{\frac{2}{3}}d$$

$$\frac{b}{h} = \frac{1}{\sqrt{2}}$$

06. 그림과 같은 구조물에서 C점의 수직처짐을 구하면?(단, $EI=2\times10^9 kg\cdot cm^2$이며 자중은 무시한다.)

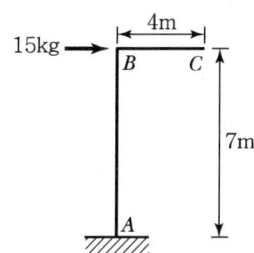

① 2.70mm
② 3.57mm
③ 6.24mm
④ 7.35mm

■해설 AB부재는 캔틸레버 보와 동일한 거동을 하고, BC부재는 강체 거동을 한다.

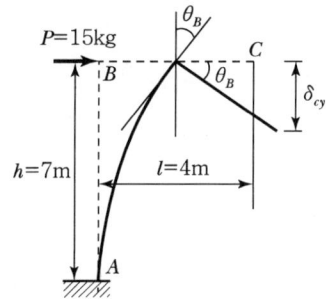

$$\delta_{cy} = l \times \theta_B = l \times \frac{Ph^2}{2EI} = \frac{Ph^2 l}{2EI}$$
$$= \frac{15\times(7\times10^2)^2\times(4\times10^2)}{2\times(2\times10^9)} = 0.735\text{cm}$$
$$= 7.35\text{mm}$$

07. 다음 인장부재의 수직변위를 구하는 식으로 옳은 것은?(단, 탄성계수는 E)

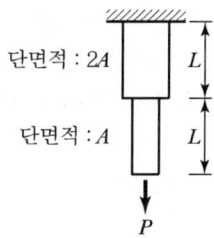

① $\dfrac{PL}{EA}$
② $\dfrac{3PL}{2EA}$
③ $\dfrac{2PL}{EA}$
④ $\dfrac{5PL}{2EA}$

■해설

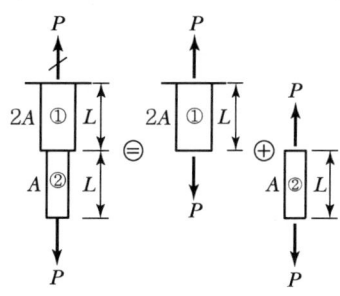

$$\Delta_① = \frac{PL}{E(2A)} \quad \Delta_② = \frac{PL}{EA}$$
$$\Delta = \Delta_① + \Delta_② = \frac{PL}{2EA} + \frac{PL}{EA} = \frac{3PL}{2EA} \text{ (신장량)}$$

08. 그림과 같이 속이 빈 직사각형 단면의 최대 전단응력은?(단, 전단력은 2t)

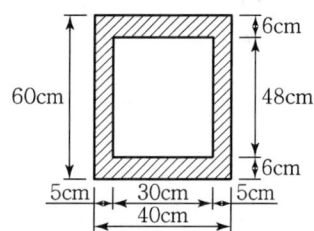

① 2.125kg/cm²
② 3.22kg/cm²
③ 4.125kg/cm²
④ 4.22kg/cm²

■해설

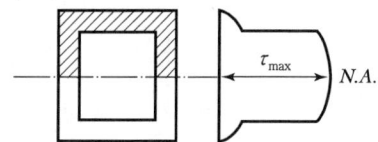

Box 형 단면에서 최대 전단응력 (τ_{max})은 단면의 중립축에서 발생한다.

$b_o = 10\text{cm}$(단면의 중립축에서 폭)
$$I_o = \frac{40\times60^3}{12} - \frac{30\times48^3}{12}$$
$$= 443,520\text{cm}^4$$
$$G_o = (40\times30)\times\frac{30}{2} - (30\times24)\times\frac{24}{2}$$
$$= 9,360\text{cm}^3$$
$S = 2t$
$$\tau_{max} = \frac{SG_o}{I_o b_o}$$
$$= \frac{(2\times10^3)\times9,360}{443,520\times10} = 4.22\text{kg/cm}^2$$

|해답| 6.④ 7.② 8.④

09. 다음 그림과 같은 캔틸레버보에 굽힘으로 인하여 저장된 변형 에너지는?(단, EI는 일정하다.)

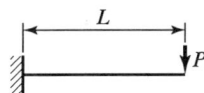

① $\dfrac{P^2L^3}{6EI}$ ② $\dfrac{P^2L^3}{48EI}$

③ $\dfrac{P^2L^3}{12EI}$ ④ $\dfrac{P^2L^3}{38EI}$

■해설 $\sum M_{\bar{x}} = 0(\curvearrowright\oplus)$

$M_x = -Px$

$U = \int_0^L \dfrac{(M_x)^2}{2EI}dx$

$= \dfrac{1}{2EI}\int_0^L (-Px)^2 dx$

$= \dfrac{P^2}{2EI}\left[\dfrac{1}{3}x^3\right]_0^L = \dfrac{P^2L^3}{6EI}$

■별해 $U = \dfrac{1}{2}P\delta = \dfrac{1}{2}P \times \dfrac{PL^3}{3EI} = \dfrac{P^2L^3}{6EI}$

10. 다음 그림과 같은 T형 단면에서 $x-x$축에 대한 회전반지름(r)은?

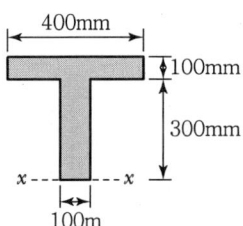

① 227mm   ② 289mm
③ 334mm   ④ 376mm

■해설 $A = (400 \times 400) - (300 \times 300) = 7 \times 10^4 \text{mm}^2$

$I_x = \dfrac{1}{3}\{(400 \times 400^3) - (300 \times 300^3)\}$

$= 58.33 \times 10^8 \text{mm}^4$

$r_x = \sqrt{\dfrac{I_x}{A}} = \sqrt{\dfrac{58.33 \times 10^8}{7 \times 10^4}} = 289\text{mm}$

11. 다음 내민보에서 B점의 모멘트와 C점의 모멘트의 절댓값의 크기를 같게 하기 위한 $\dfrac{L}{a}$의 값을 구하면?

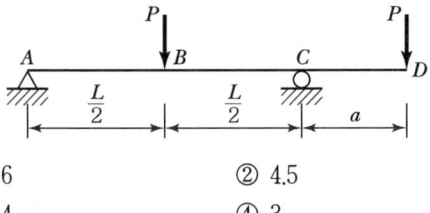

① 6   ② 4.5
③ 4   ④ 3

■해설 $\sum M_{\textcircled{C}} = 0(\curvearrowright\oplus)$

$R_A \times L - P \times \dfrac{L}{2} + P \times a = 0$

$R_A = \left(\dfrac{P}{2} - \dfrac{Pa}{L}\right)(\uparrow)$

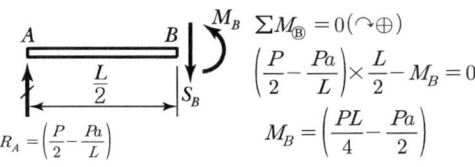

$\sum M_{\textcircled{B}} = 0(\curvearrowright\oplus)$

$\left(\dfrac{P}{2} - \dfrac{Pa}{L}\right) \times \dfrac{L}{2} - M_B = 0$

$M_B = \left(\dfrac{PL}{4} - \dfrac{Pa}{2}\right)$

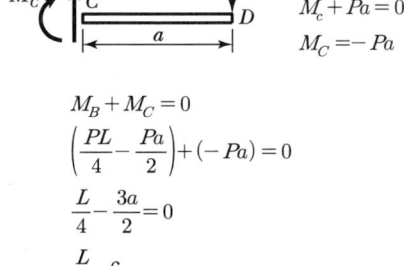

$\sum M_{\textcircled{C}} = 0(\curvearrowright\oplus)$

$M_C + Pa = 0$

$M_C = -Pa$

$M_B + M_C = 0$

$\left(\dfrac{PL}{4} - \dfrac{Pa}{2}\right) + (-Pa) = 0$

$\dfrac{L}{4} - \dfrac{3a}{2} = 0$

$\dfrac{L}{a} = 6$

12. 어떤 재료의 탄성계수를 E, 전단 탄성계수를 G라 할 때 G와 E의 관계식으로 옳은 것은?(단, 이 재료의 프와송비는 ν이다.)

① $G = \dfrac{E}{2(1-\nu)}$ ② $G = \dfrac{E}{2(1+\nu)}$

③ $G = \dfrac{E}{2(1-2\nu)}$ ④ $G = \dfrac{E}{2(1+2\nu)}$

■해설 $G = \dfrac{E}{2(1+\nu)}$

13. 다음 트러스의 부재력이 0인 부재는?

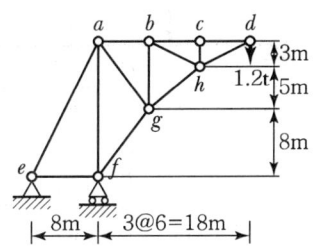

① 부재 $a-e$ ② 부재 $a-f$
③ 부재 $b-g$ ④ 부재 $c-h$

■해설 절점 C에서 절점법 사용

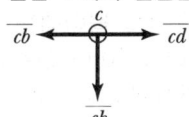

$\sum F_y = 0 (\uparrow \oplus)$
$\overline{ch} = 0$

14. 다음 구조물은 몇 부정정 차수인가?

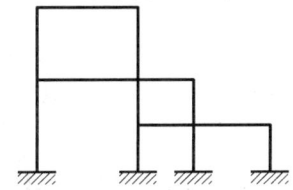

① 12차 부정정   ② 15차 부정정
③ 18차 부정정   ④ 21차 부정정

■해설 (라멘의 경우)
$N = B \times 3 - j = 5 \times 3 - 0 = 15$차 부정정

15. 그림과 같은 라멘 구조물의 E점에서의 불균형 모멘트에 대한 부재 EA의 모멘트 분배율은?

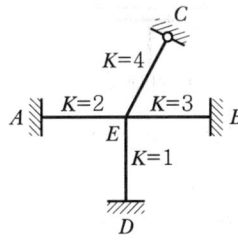

① 0.222   ② 0.1667
③ 0.2857   ④ 0.40

■해설
$k_{EA} : k_{EB} : k_{EC} : k_{ED} = 2 : 3 : 4 \times \frac{3}{4} : 1$
$\qquad\qquad\qquad\qquad\quad = 2 : 3 : 3 : 1$

$DF_{EA} = \dfrac{k_{EA}}{\sum k_i} = \dfrac{2}{9} = 0.222$

16. 그림과 같은 내민보에서 정(+)의 최대 휨모멘트가 발생하는 위치 x(지점 A로부터의 거리)와 정(+)의 최대 휨모멘트(M_x)는?

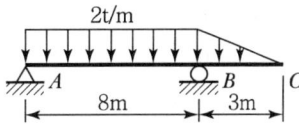

① $x = 2.821\text{m}$, $M_x = 11.438\text{t}\cdot\text{m}$
② $x = 3.256\text{m}$, $M_x = 17.547\text{t}\cdot\text{m}$
③ $x = 3.813\text{m}$, $M_x = 14.535\text{t}\cdot\text{m}$
④ $x = 4.527\text{m}$, $M_x = 19.063\text{t}\cdot\text{m}$

■해설 $\sum M_{Ⓑ} = 0 (\curvearrowright \oplus)$

$R_A \times 8 - (2 \times 8) \times \left(8 \times \dfrac{1}{2}\right) + \left(\dfrac{1}{2} \times 2 \times 3\right)$
$\qquad \times \left(3 \times \dfrac{1}{3}\right) = 0$

$R_A = 7.625\text{t}(\uparrow)$

- 정(+)의 $M_{\max}$ 발생위치, x(A지점으로부터의 거리)
$x = \dfrac{R_A}{w} = \dfrac{7.625}{2} = 3.8125\text{m}$

- 정(+)의 $M_{\max}$
$(+)M_{\max} = \dfrac{1}{2} \times R_A \times x$
$\qquad\qquad = \dfrac{1}{2} \times 7.625 \times 3.8125 = 14.535\text{t}\cdot\text{m}$

17. 다음 그림과 같은 반원형 3힌지 아치에서 A점의 수평반력은?

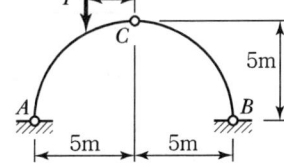

① P
② $P/2$
③ $P/4$
④ $P/5$

|해답| 13.④ 14.② 15.① 16.③ 17.④

■해설 $\sum M_{\text{Ⓐ}} = 0 (\curvearrowright \oplus)$

$P \times 2 - V_B \times 10 = 0$

$V_B = \dfrac{P}{5}(\uparrow)$

$\sum M_{\text{Ⓒ}} = 0 (\curvearrowright \oplus)$

$H_B \times 5 - \dfrac{P}{5} \times 5 = 0$

$H_B = \dfrac{P}{5}(\leftarrow)$

$\sum F_x = 0 (\rightarrow \oplus)$

$H_A - H_B = 0$

$H_A = H_B = \dfrac{P}{5}(\rightarrow)$

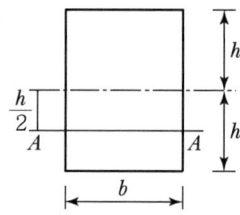

18. 휨모멘트가 M인 다음과 같은 직사각형 단면에서 $A-A$에서의 휨응력은?

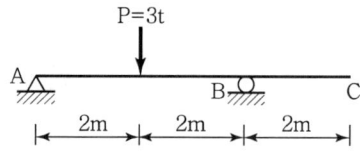

① $\dfrac{3M}{bh^2}$ ② $\dfrac{3M}{4bh^2}$

③ $\dfrac{3M}{2bh^2}$ ④ $\dfrac{M}{4b^2h^2}$

■해설 $\sigma_{A-A} = \dfrac{M}{I}y = \dfrac{M}{\dfrac{b(2h)^3}{12}} \cdot \dfrac{h}{2} = \dfrac{3M}{4bh^2}$

19. 다음 그림과 같은 내민보에서 C점의 처짐은? (단, 전 구간의 $EI = 3.0 \times 10^9 \text{kg} \cdot \text{cm}^2$으로 일정하다.)

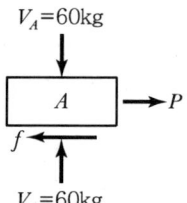

① 0.1cm   ② 0.2cm
③ 1cm   ④ 2cm

■해설

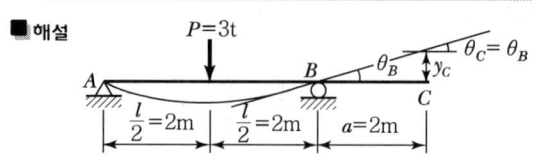

$y_c = \theta_B \times a = \left(-\dfrac{Pl^2}{16EI}\right) \times a = -\dfrac{Pl^2 a}{16EI}$

$= -\dfrac{(3 \times 10^3) \times (4 \times 10^2)^2 \times (2 \times 10^2)}{16 \times (3 \times 10^9)}$

$= -2\text{cm}(\text{상향})$

20. 다음 그림에서 블록 A를 뽑아내는 데 필요한 힘 P는 최소 얼마 이상이어야 하는가?(단, 블록과 접촉면과의 마찰계수 $\mu = 3$)

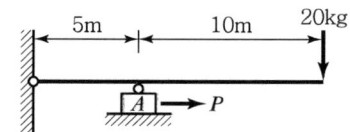

① 6kg   ② 9kg
③ 15kg ④ 18kg

■해설

$\sum M_{\text{Ⓑ}} = 0 (\curvearrowright \oplus)$

$20 \times 15 - V_A \times 5 = 0$

$V_A = 60\text{kg}(\uparrow)$

$\sum F_x = 0 (\rightarrow \oplus)$

$P - f = 0$

$P = f = V_A \cdot \mu = 60 \times 0.3 = 18\text{kg}$

제2과목 측량학

21. 트래버스 ABCD에서 각 측선에 대한 위거와 경거 값이 아래 표와 같을 때, 측선 BC의 배횡거는?

측선	위거(m)	경거(m)
AB	+75.39	+81.57
BC	−33.57	+18.78
CD	−61.43	−45.60
DA	+44.61	−52.65

① 81.57m ② 155.10m
③ 163.14m ④ 181.92m

■해설
㉠ 첫 측선의 배횡거는 첫 측선의 경거와 같다.
㉡ 임의 측선의 배횡거는 전 측선의 배횡거 + 전 측선의 경거 + 그 측선의 경거이다.
㉢ 마지막 측선의 배횡거는 마지막 측선의 경거와 같다.(부호반대)
- AB 측선의 배횡거 = 81.57
- BC 측선의 배횡거 = 81.57 + 81.57 + 18.78 = 181.92m

22. DGPS를 적용할 경우 기지점과 미지점에서 측정한 결과로부터 공통오차를 상쇄시킬 수 있기 때문에 측량의 정확도를 높일 수 있다. 이때 상쇄되는 오차요인이 아닌 것은?

① 위성의 궤도정보오차
② 다중경로오차
③ 전리층 신호지연
④ 대류권 신호지연

■해설 다중경로오차는 바다표면이나 빌딩 같은 곳으로부터 반사신호에 의한 직접신호의 간섭으로 발생한다. 특별 제작한 안테나와 적절한 위치선정으로 줄일 수 있다.

23. 사진축척이 1:5,000이고 종중복도가 60%일 때 촬영기선 길이는?(단, 사진크기는 23cm×23cm이다.)

① 360m ② 375m
③ 435m ④ 460m

■해설
$$B_0 = ma\left(1 - \frac{P}{100}\right)$$
$$= 5,000 \times 0.23\left(1 - \frac{60}{100}\right) = 460\text{m}$$

24. 완화곡선에 대한 설명으로 옳지 않은 것은?

① 모든 클로소이드(clothoid)는 닮음꼴이며 클로소이드 요소는 길이의 단위를 가진 것과 단위가 없는 것이 있다.
② 완화곡선의 접선은 시점에서 원호에, 종점에서 직선에 접한다.
③ 완화곡선의 반지름은 그 시점에서 무한대, 종점에서는 원곡선의 반지름과 같다.
④ 완화곡선에 연한 곡선반지름의 감소율은 캔트(cant)의 증가율과 같다.

■해설 완화곡선의 접선은 시점에서 직선에, 종점에서 원곡선에 접한다.

25. 삼변측량에 관한 설명 중 틀린 것은?

① 관측요소는 변의 길이뿐이다.
② 관측값에 비하여 조건식이 적은 단점이 있다.
③ 삼각형의 내각을 구하기 위해 cosine 제2법칙을 이용한다.
④ 반각공식을 이용하여 각으로부터 변을 구하여 수직위치를 구한다.

■해설 반각공식은 변을 이용하여 각을 구하는 공식

26. 교호수준측량에서 A점의 표고가 55.00m이고 $a_1 = 1.34$m, $b_1 = 1.14$m, $a_2 = 0.84$m, $b_2 = 0.56$m 일 때 B점의 표고는?

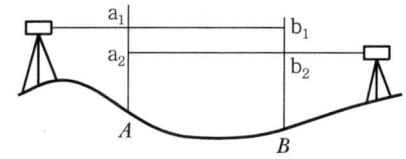

① 55.24m ② 56.48m
③ 55.22m ④ 56.42m

■해설
- $\Delta H = \dfrac{(a_1+a_2)-(b_1+b_2)}{2}$
  $= \dfrac{(1.34+0.84)-(1.14+0.56)}{2}$
  $= 0.24$
- $H_B = H_A + \Delta H = 55 + 0.24 = 55.24\text{m}$

27. 하천측량 시 무제부에서의 평면측량 범위는?

① 홍수가 영향을 주는 구역보다 약간 넓게
② 계획하고자 하는 지역의 전체
③ 홍수가 영향을 주는 구역까지
④ 홍수영향 구역보다 약간 좁게

■해설 무제부에서 측량범위는 홍수의 흔적이 있는 곳보다 약간 넓게 한다.(100m 정도)

28. 어떤 거리를 10회 관측하여 평균 2,403.557m의 값을 얻고 잔차의 제곱의 합 8,208mm²을 얻었다면 1회 관측의 평균제곱근오차는?

① ±23.7mm   ② ±25.5mm
③ ±28.3mm   ④ ±30.2mm

■해설 평균제곱근오차
1회 관측 시 $(M_0) = \pm\sqrt{\dfrac{[VV]}{n-1}} = \pm\sqrt{\dfrac{8,208}{10-1}}$
$= 30.199 = 30.2\text{mm}$

29. 지반고(h_A)가 123.6m인 A점에 토털스테이션을 설치하여 B점의 프리즘을 관측하여, 기계고 1.5m, 관측사거리(S) 150m, 수평선으로부터의 고저각(α) 30°, 프리즘고(P_h) 1.5m를 얻었다면 B점의 지반고는?

① 198.0m   ② 198.3m
③ 198.6m   ④ 198.9m

■해설 $H_B = H_A + I + S\sin\alpha - P_h$
$= 123.6 + 1.5 + 150 \times \sin 30° - 1.5$
$= 198.6\text{m}$

30. 측량성과표에 측점 A의 진북방향각은 0°06′17″이고, 측점 A에서 측점 B에 대한 평균방향각은 263°38′26″로 되어 있을 때에 측점 A에서 측점 B에 대한 역방위각은?

① 83°32′09″   ② 83°44′43″
③ 263°32′09″   ④ 263°44′43″

■해설 역방위각 = 263°38′26″ − 0°06′17″ + 180°
$= 83°32′09″$

31. 수심이 h인 하천의 평균 유속을 구하기 위하여 수면으로부터 0.2h, 0.6h, 0.8h가 되는 깊이에서 유속을 측량한 결과 0.8m/s, 1.5m/s, 1.0m/s이었다. 3점법에 의한 평균 유속은?

① 0.9m/s   ② 1.0m/s
③ 1.1m/s   ④ 1.2m/s

■해설 3점법$(V_m) = \dfrac{V_{0.2} + 2V_{0.6} + V_{0.8}}{4}$
$= \dfrac{0.8 + 2 \times 1.5 + 1.0}{4}$
$= 1.2\text{m/s}$

32. 위성에 의한 원격탐사(Remote Sensing)의 특징으로 옳지 않은 것은?

① 항공사진측량이나 지상측량에 비해 넓은 지역의 동시측량이 가능하다.
② 동일 대상물에 대해 반복측량이 가능하다.
③ 항공사진측량을 통해 지도를 제작하는 경우보다 대축척 지도의 제작에 적합하다.
④ 여러 가지 분광 파장대에 대한 측량자료 수집이 가능하므로 다양한 주제도 작성이 용이하다.

■해설 항공사진측량을 통해 지도를 제작하는 경우보다 소축척지도의 제작이 적합하다.

33. 교각이 60°이고 반지름이 300m인 원곡선을 설치할 때 접선의 길이(T.L.)는?

① 81.603m   ② 173.205m
③ 346.412m   ④ 519.615m

|해답| 27.① 28.④ 29.③ 30.① 31.④ 32.③ 33.②

■해설 접선장(T.L.) $= R\tan\dfrac{I}{2} = 300 \times \tan\dfrac{60°}{2}$
　　　　　　　　　$= 173.205\text{m}$

34. 지상 1km²의 면적을 지도상에서 4cm²으로 표시하기 위한 축척으로 옳은 것은?

① 1 : 5,000　　② 1 : 50,000
③ 1 : 25,000　　④ 1 : 250,000

■해설
- 면적비 = 축척비의 자승 $\left(\dfrac{1}{M}\right)^2$
- $\left(\dfrac{1}{M}\right)^2 = \dfrac{도상면적}{실제면적} = \dfrac{2 \times 2\text{cm}}{100,000 \times 100,000\text{cm}}$
- $\dfrac{1}{m} = \dfrac{2}{100,000} = \dfrac{1}{50,000}$

35. 수준측량에서 레벨의 조정이 불완전하여 시준선이 기포관 축과 평행하지 않을 때 생기는 오차의 소거 방법으로 옳은 것은?

① 정위, 반위로 측정하여 평균한다.
② 지반이 견고한 곳에 표척을 세운다.
③ 전시와 후시의 시준거리를 같게 한다.
④ 시작점과 종점에서의 표척을 같은 것을 사용한다.

■해설 시준축 오차는 기포관 축과 시준선이 평행하지 않아 생기는 오차로 전·후시 거리를 같게 하여 소거한다.

36. △ABC의 꼭짓점에 대한 좌푯값이 (30, 50), (20, 90), (60, 100)일 때 삼각형 토지의 면적은?(단, 좌표의 단위 : m)

① 500m²　　② 750m²
③ 850m²　　④ 960m²

■해설
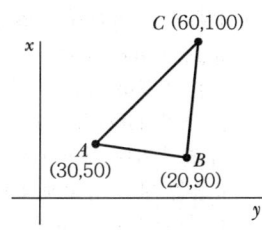

- $\overline{AB} = \sqrt{(30-20)^2 + (90-50)^2} = 41.23\text{m}$
- $\overline{BC} = \sqrt{(60-20)^2 + (100-90)^2} = 41.23\text{m}$
- $\overline{AC} = \sqrt{(60-30)^2 + (100-50)^2} = 58.31\text{m}$
- 삼변법
  $S = \dfrac{1}{2}(a+b+c) = \dfrac{1}{2}(41.23+41.23+58.31)$
  　$= 70.385\text{m}$
  $A = \sqrt{s(s-a)(s-b)(s-c)}$
  　$= \sqrt{70.385(70.385-41.23)(70.385-41.23)(70.385-58.31)}$
  　$= 849.96\text{m}^2 ≒ 850\text{m}^2$

37. GNSS 상대측위 방법에 대한 설명으로 옳은 것은?

① 수신기 1대만을 사용하여 측위를 실시한다.
② 위성과 수신기 간의 거리는 전파의 파장 개수를 이용하여 계산할 수 있다.
③ 위상차의 계산은 단순차, 2중차, 3중차와 같은 차분기법으로는 해결하기 어렵다.
④ 전파의 위상차를 관측하는 방식이나 절대측위 방법보다 정확도가 낮다.

■해설 상대관측
- 정지관측 : 수신기 2대, 관측점 고정, 정확도 높음, 지적삼각측량, 4대 이상의 위성으로부터 동시에 30분 이상 전파신호 수신
- 이동관측 : 고정국 수신기 1대, 이동국 수신기 1대, 지적도근측량

38. 노선 측량의 일반적인 작업 순서로 옳은 것은?

| A : 종·횡단측량 | B : 중심선측량 |
| C : 공사측량 | D : 답사 |

① A → B → D → C
② D → B → A → C
③ D → C → A → B
④ A → C → D → B

■해설 답사 → 중심측량 → 종·횡단측량 → 공사측량

|해답| 34.② 35.③ 36.③ 37.② 38.②

39. 삼각형의 토지면적을 구하기 위해 밑변 a와 높이 h를 구하였다. 토지의 면적과 표준오차는? (단, $a=15±0.015m$, $h=25±0.025m$)

① $187.5±0.04m^2$ ② $187.5±0.27m^2$
③ $375.0±0.27m^2$ ④ $375.0±0.53m^2$

■해설
• 오차(M)
$$=±\frac{1}{2}\sqrt{(a×m_h)^2+(h×m_a)^2}$$
$$=±\frac{1}{2}\sqrt{(15×0.025)^2+(25×0.015)^2}$$
$$=±0.265$$
• 면적(A_o)
$$=A±M$$
$$=\frac{1}{2}×15×25±0.265=187.5±0.27m^2$$

40. 축척 1 : 5,000 수치지형도의 주곡선 간격으로 옳은 것은?

① 5m ② 10m
③ 15m ④ 20m

■해설 등고선 간격

구분	1 : 5,000	1 : 10,000	1 : 25,000	1 : 50,000
주곡선	5m	5m	10m	20m
계곡선	25m	25m	50m	100m
간곡선	2.5m	2.5m	5m	10m
조곡선	1.25m	1.25m	2.5m	5m

제3과목 수리수문학

41. 유속이 3m/s인 유수 중에 유선형 물체가 흐름 방향으로 향하여 $h=3m$ 깊이에 놓여 있을 때 정체압력(stagnation pressure)은?

① $0.46kN/m^2$ ② $12.21kN/m^2$
③ $33.90kN/m^2$ ④ $102.35kN/m^2$

■해설 정체압력수두
㉠ Bernoulli 정리
$$z+\frac{p}{w}+\frac{v^2}{2g}=H(일정)$$

㉡ Bernoulli 정리를 압력의 항으로 표시 : 각 항에 ρg를 곱한다.
$$\rho gz+p+\frac{\rho v^2}{2}=H(일정)$$

여기서, ρgz : 위치압력
p : 정압력
$\frac{\rho v^2}{2}$: 동압력

㉢ 정체압은 정압과 동압의 합으로 표현할 수 있다.
$$정체압=P+\frac{\rho V^2}{2}$$

㉣ 정체압력의 계산
$$정체압=P+\frac{\rho V^2}{2}=1×3+\frac{\frac{1}{9.8}×3^2}{2}$$
$$=3.459t/m^2×9.8$$
$$=33.9kN/m^2$$

42. 다음 중 직접 유출량에 포함되는 것은?

① 지체지표하 유출량 ② 지하수 유출량
③ 기저 유출량 ④ 조기지표하 유출량

■해설 유출의 구성
㉠ 유출을 생기원천에 따라서 분류하면 지표면 유출, 지표하 유출, 지하수 유출로 구분한다. 또한 지표하 유출은 비교적 단시간에 발생되는 조기지표하 유출과 강수 후 한참 지연되어서 발생되는 지연지표하 유출로 구분된다.
㉡ 유출을 다시 유출해석을 위해서 분류하면 직접 유출과 기저 유출로 나누어진다.

ⓒ 직접 유출은 비교적 단시간에 발생된 유출을 말하며, 지표면 유출과 조기지표하 유출로 구성된다.
ⓔ 기저 유출은 시간적 지연이 일어난 후에 발생된 유출을 말하며, 지연지표하 유출과 지하수 유출로 구성된다.

43. 직사각형 단면수로의 폭이 5m이고 한계수심이 1m일 때의 유량은?(단, 에너지 보정계수 α = 1.0)

① 15.65m³/s　　② 10.75m³/s
③ 9.80m³/s　　④ 3.13m³/s

■해설 한계수심
ⓐ 직사각형 단면의 한계수심
$$h_c = \left(\frac{\alpha Q^2}{gb^2}\right)^{\frac{1}{3}}$$
ⓑ 유량의 산정
$$1 = \left(\frac{1 \times Q^2}{9.8 \times 5^2}\right)^{\frac{1}{3}}$$
∴ $Q = 15.65 \text{m}^3/\text{s}$

44. 표와 같은 집중호우가 자기기록지에 기록되었다. 지속기간 20분 동안의 최대강우강도는?

시간(분)	5	10	15	20	25	30	35	40
누가우량(mm)	2	5	10	20	35	40	43	45

① 95mm/hr　　② 105mm/hr
③ 115mm/hr　　④ 135mm/hr

■해설 ⓐ 강우강도는 단위시간당 내린 비의 양을 말하며 단위는 mm/hr이다.
ⓑ 지속시간 20분 강우량의 구성
• 0~20분 : 2+3+5+10=20mm
• 5~25분 : 3+5+10+15=33mm
• 10~30분 : 5+10+15+5=35mm
• 15~35분 : 10+15+5+3=33mm
• 20~40분 : 15+5+3+2=25mm
ⓒ 지속시간 20분 최대강우강도의 산정
$\frac{35\text{mm}}{20\text{min}} \times 60 = 105\text{mm/hr}$

45. 단위유량도 이론의 가정에 대한 설명으로 옳지 않은 것은?

① 초과강우는 유효지속기간 동안에 일정한 강도를 가진다.
② 초과강우는 전 유역에 걸쳐서 균등하게 분포된다.
③ 주어진 지속기간의 초과 강우로부터 발생된 직접유출수문곡선의 기저시간은 일정하다.
④ 동일한 기저시간을 가진 모든 직접유출 수문곡선의 종거들은 각 수문곡선에 의하여 주어진 총 직접유출 수문곡선에 반비례한다.

■해설 단위유량도
ⓐ 단위도의 정의 : 특정 단위시간 동안 균등한 강우강도로 유역 전반에 걸쳐 균등한 분포로 내리는 단위유효우량으로 인하여 발생하는 직접유출 수문곡선
ⓑ 단위도의 구성요소
• 직접유출량
• 유효우량 지속시간
• 유역면적
ⓒ 단위도의 3가정
• 일정기저시간 가정
• 비례가정
• 중첩가정
ⓓ 해석 : 단위도의 기본가정으로 유효지속기간 동안의 일정 강우강도, 유역 전반에 걸쳐 균등 분포로 내리는 조건을 만족 시켜야 하고, 동일 기저시간을 가진 모든 직접유출 수문곡선의 종거들은 각 수문곡선에 의하여 주어진 총 직접유출 수문곡선에 비례하여야 한다.

46. 사각 위어에서 유량산출에 쓰이는 Francis 공식에 대하여 양단 수축이 있는 경우에 유량으로 옳은 것은?(단, B : 위어 폭, h : 월류수심)

① $Q = 1.84(B - 0.4h)h^{\frac{3}{2}}$
② $Q = 1.84(B - 0.3h)h^{\frac{3}{2}}$
③ $Q = 1.84(B - 0.2h)h^{\frac{3}{2}}$
④ $Q = 1.84(B - 0.1h)h^{\frac{3}{2}}$

■해설 Francis 공식
　㉠ Francis 공식
$$Q = 1.84\, b_0\, h^{\frac{3}{2}}$$
　　여기서, $b_0 = b - 0.1nh$ (n=2 : 양단수축, n=1 : 일단 수축, n=0 : 수축이 없는 경우)
　㉡ 월류량의 산정
$$Q = 1.84(B - 0.1nh)h^{\frac{3}{2}} = 1.84(B - 0.2h)h^{\frac{3}{2}}$$

47. 비에너지(specific energy)와 한계수심에 대한 설명으로 옳지 않은 것은?

① 비에너지는 수로의 바닥을 기준으로 한 단위무게의 유수가 가진 에너지이다.
② 유량이 일정할 때 비에너지가 최소가 되는 수심이 한계수심이다.
③ 비에너지가 일정할 때 한계수심으로 흐르면 유량이 최소가 된다.
④ 직사각형 단면에서 한계수심은 비에너지의 2/3가 된다.

■해설 비에너지
　㉠ 단위무게당의 물이 수로바닥면을 기준으로 갖는 흐름의 에너지 또는 수두를 비에너지라 한다.
　㉡ 유량이 일정할 때 비에너지가 최소일 때의 수심을 한계수심이라 한다.
　㉢ 비에너지가 일정할 때 유량이 최대로 흐를 때의 수심을 한계수심이라 한다.
　㉣ 직사각형 단면의 한계수심은 비에너지의 2/3가 된다.
$$h_c = \frac{2}{3} h_e$$

48. 관수로의 마찰손실공식 중 난류에서의 마찰손실계수 f는?

① 상대조도만의 함수이다.
② 레이놀즈 수와 상대조도의 함수이다.
③ 프루드 수와 상대조도의 함수이다.
④ 레이놀즈 수만의 함수이다.

■해설 마찰손실계수
　㉠ 원관 내 층류($R_e < 2{,}000$)
$$f = \frac{64}{R_e}$$
　㉡ 불완전 층류 및 난류($R_e > 2{,}000$)
$$f = \varnothing\left(\frac{1}{R_e}, \frac{e}{D}\right)$$
　　• 거친 관 : f는 상대조도($\frac{e}{D}$)만의 함수
　　• 매끈한 관 : f는 레이놀즈수(R_e)만의 함수
　　　($f = 0.3164 R_e^{-\frac{1}{4}}$)
　∴ 난류에서의 마찰손실계수는 레이놀즈 수와 상대조도의 함수이다.

49. 우물에서 장기간 양수를 한 후에도 수면강하가 일어나지 않는 지점까지의 우물로부터 거리(범위)를 무엇이라 하는가?

① 용수효율권　　② 대수층권
③ 수류영역권　　④ 영향권

■해설 영향권
우물로부터 지하수를 양수할 경우 지하수면으로부터 그 우물에 물이 모여드는 범위를 영향권(영향원)이라 한다.

50. 빙산(氷山)의 부피가 V, 비중이 0.92이고, 바닷물의 비중은 1.025라 할 때 바닷물 속에 잠겨있는 빙산의 부피는?

① $1.1\,V$　　② $0.9\,V$
③ $0.8\,V$　　④ $0.7\,V$

■해설 부체의 평형조건
　㉠ 부체의 평형조건
　　• W(무게) = B(부력)
　　• $w \cdot V = w_w \cdot V'$
　　여기서, w : 물체의 단위중량
　　　　　　V : 부체의 체적
　　　　　　w_w : 물의 단위중량
　　　　　　V' : 물에 잠긴 만큼의 체적
　㉡ 물속에 잠긴 빙산의 부피
　　$0.92\,V = 1.025\,V'$
　　∴ $V' = \dfrac{0.92\,V}{1.025} = 0.9\,V$

51. 지름 d인 구(球)가 밀도 ρ의 유체 속을 유속 V로 침강할 때 구의 항력 D는?(단, 항력계수는 C_D라 한다.)

① $\dfrac{1}{8}C_D\pi d^2\rho V^2$ ② $\dfrac{1}{2}C_D\pi d^2\rho V^2$

③ $\dfrac{1}{4}C_D\pi d^2\rho V^2$ ④ $C_D\pi d^2\rho V^2$

■해설 항력(drag force)
㉠ 항력: 흐르는 유체 속에 물체가 잠겨 있을 때 유체에 의해 물체가 받는 힘을 항력(drag force)이라 한다.

$$D = C_D \cdot A \cdot \dfrac{\rho V^2}{2}$$

여기서, C_D: 항력계수 $\left(C_D = \dfrac{24}{R_e}\right)$
A: 투영면적
$\dfrac{\rho V^2}{2}$: 동압력

㉡ 항력계산

$$D = C_D \times \dfrac{\pi d^2}{4} \times \dfrac{\rho V^2}{2} = \dfrac{1}{8}C_D\pi d^2\rho V^2$$

52. 수리실험에서 점성력이 지배적인 힘이 될 때 사용할 수 있는 모형법칙은?

① Reynolds 모형법칙   ② Froude 모형법칙
③ Weber 모형법칙   ④ Cauchy 모형법칙

■해설 수리모형의 상사법칙

종류	특징
Reynolds의 상사법칙	점성력이 흐름을 주로 지배하고, 관수로 흐름의 경우에 적용
Froude의 상사법칙	중력이 흐름을 주로 지배하고, 개수로 흐름의 경우에 적용
Weber의 상사법칙	표면장력이 흐름을 주로 지배하고, 수두가 아주 적은 위어 흐름의 경우에 적용
Cauchy의 상사법칙	탄성력이 흐름을 주로 지배하고, 수격작용의 경우에 적용

∴ 점성력이 지배적인 힘이 될 때는 Reynolds의 모형법칙을 이용한다.

53. 개수로의 상류(subcritical flow)에 대한 설명으로 옳은 것은?

① 유속과 수심이 일정한 흐름
② 수심이 한계수심보다 작은 흐름
③ 유속이 한계유속보다 작은 흐름
④ Froude 수가 1보다 큰 흐름

■해설 흐름의 상태 구분
여러 가지 조건으로 흐름의 상태 구분

구분	상류(常流)	사류(射流)
F_r	$F_r < 1$	$F_r > 1$
I_c	$I < I_c$	$I > I_c$
y_c	$y > y_c$	$y < y_c$
V_c	$V < V_c$	$V > V_c$

∴ 상류 조건에서는 유속이 한계유속보다 작은 흐름을 말한다.

54. 그림과 같은 높이 2m인 물통에 물이 1.5m만큼 담겨 있다. 물통이 수평으로 4.9m/s²의 일정한 가속도를 받고 있을 때, 물통의 물이 넘쳐흐르지 않기 위한 물통의 길이(L)는?

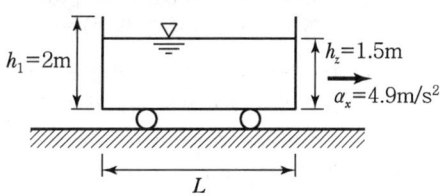

① 2.0m   ② 2.4m
③ 2.8m   ④ 3.0m

■해설 수평가속도를 받는 경우
㉠ 수면상승고

$$z = -\dfrac{\alpha}{g}x$$

㉡ 수평길이의 계산
• 상승최대높이는 2m − 1.5m = 0.5m (z값)
• z값으로부터 x의 계산

$$0.5 = -\dfrac{4.9}{9.8} \times x$$

∴ $x = -1$m (중앙을 중심으로 좌표개념)

• x값은 중앙을 중심으로 $\dfrac{1}{2}L$이므로 전체길이 L은 2m이다.

55. 미소진폭파(small-amplitude wave) 이론에 포함된 가정이 아닌 것은?

① 파장이 수심에 비해 매우 크다.
② 유체는 비압축성이다.
③ 바닥은 평평한 불투수층이다.
④ 파고는 수심에 비해 매우 작다.

■해설 미소진폭파
　㉠ 규칙파를 이론적으로 취급할 때 진폭이 파장에 비해서 극히 작다고 가정하고, 물입자의 연직가속도를 작다고 하여 이것을 생략한다면 파동에 대한 운동방정식은 선형이 되고 이와 같은 파동을 미소진폭파(Small amplitude waves)라고 한다.
　㉡ 미소진폭파 기본가정
　　• 유체밀도는 불변
　　• 수면인장은 무시
　　• Coriolis 영향은 무시
　　• 자유표면의 압력은 균등
　　• 비점성 유체
　　• 비회전류
　　• 해저는 수평, 고정, 불투수성이어서 물입자의 연직속도가 해저에서 영(0)이다.
　　• 진폭이 작고 파형은 시간과 공간적으로 불변
　　• 연직 2차원 장봉파(평면)
　∴ 파고가 아주 작아서 파형경사가 무시할만하고 또한 수심에 비하여 파고가 아주 작아서 파고수심비가 무시할만하다는 가정, 즉, 미소진폭의 가정을 하고 있기 때문에 미소진폭파라고 이름이 붙여졌다.

56. 관수로에 대한 설명 중 틀린 것은?

① 단면 점확대로 인한 수두손실은 단면 급확대로 인한 수두손실보다 클 수 있다.
② 관수로 내의 마찰손실수두는 유속수두에 비례한다.
③ 아주 긴 관수로에서는 마찰 이외의 손실수두를 무시할 수 있다.
④ 마찰손실수두는 모든 손실수두 가운데 가장 큰 것으로 마찰손실계수에 유속수두를 곱한 것과 같다.

■해설 관수로 일반사항
　㉠ 단면 점확대로 인한 수두손실은 점성의 영향으로 단면 급확대로 인한 수두손실보다 클 수 있다.
　㉡ 관수로 내의 마찰손실수두는 유속수두에 비례한다.
$$h_L = f\frac{l}{D}\frac{V^2}{2g}$$
　㉢ 아주 긴 관수로에서는 마찰 이외의 손실수두를 무시할 수 있다.
　　• $\frac{l}{D}>3,000$: 장관
　　　→ 마찰손실만 고려
　　• $\frac{l}{D}<3,000$: 단관
　　　→ 모든 손실 고려
　㉣ 마찰손실수두는 모든 손실수두 가운데 가장 큰 것으로 마찰손실계수에 속도수두, 직경과 길이의 비를 곱한 것과 같다.

57. 수문자료의 해석에 사용되는 확률분포형의 매개변수를 추정하는 방법이 아닌 것은?

① 모멘트법(method of moments)
② 회선적분법(convolution integral method)
③ 확률가중모멘트법(method of probability weighted moments)
④ 최우도법(method of maximum likelihood)

■해설 확률분포형의 매개변수 추정방법
　㉠ 확률론적 수문학에서는 확률분포형의 적합성을 검정하기 위해서 매개변수를 추정한다.
　㉡ 매개변수의 추정법
　　• 모멘트법
　　• 최우도법
　　• 확률가중모멘트법
　　• L-모멘트법
　∴ 매개변수 추정법이 아닌 것은 회선적분법이다.

58. 에너지선에 대한 설명으로 옳은 것은?

① 언제나 수평선이 된다.
② 동수경사선보다 아래에 있다.
③ 속도수두와 위치수두의 합을 의미한다.
④ 동수경사선보다 속도수두만큼 위에 위치하게 된다.

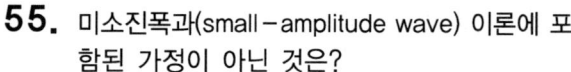

■해설 동수경사선 및 에너지선
㉠ 위치수두와 압력수두의 합을 연결한 선을 동수경사선이라 하며, 일명 동수구배선, 수두경사선, 압력선이라고도 부른다.
∴ 동수경사선은 $\frac{P}{w_o}+Z$를 연결한 값이다.
㉡ 총수두(위치수두＋압력수두＋속도수두)를 연결한 선을 에너지선이라 한다.
에너지선은 동수경사선보다 속도수두만큼 위에 위치하게 된다.

59. 대기의 온도 t_1, 상대습도 70%인 상태에서 증발이 진행되었다. 온도가 t_2로 상승하고 대기 중의 증기압이 20% 증가하였다면 온도 t_1 및 t_2에서의 포화 증기압이 각각 10.0mmHg 및 14.0mmHg라 할 때 온도 t_2에서의 상대습도는?

① 50%   ② 60%
③ 70%   ④ 80%

■해설 ㉠ 임의의 온도에서 포화증기압(e_s)에 대한 실제 증기압(e)의 비
$h = \frac{e}{e_s} \times 100(\%)$
㉡ t_1℃일 때 상대습도 70%
$70 = \frac{e}{10} \times 100$ ∴ $e = 7\text{mmHg}$
㉢ t_2℃일 때 증기압이 20% 증가하였으므로 상대습도
• 실제증기압 : $e = 7.0 \times 1.2 = 8.4\text{mmHg}$
• 상대습도 : $h = \frac{e}{e_s} \times 100(\%)$
$= \frac{8.4}{14} \times 100(\%)$
$= 60\%$

60. 다음 물리량 중에서 차원이 잘못 표시된 것은?

① 동점계수 : $[FL^2T]$
② 밀도 : $[FL^{-4}T^2]$
③ 전단응력 : $[FL^{-2}]$
④ 표면장력 : $[FL^{-1}]$

■해설 차원
㉠ 물리량의 크기를 힘[F], 질량[M], 시간[T],

길이[L]의 지수형태로 표기한 것
㉡ 물리량의 차원

물리량	FLT	MLT
동점성계수	L^2T^{-1}	L^2T^{-1}
밀도	FT^2L^{-4}	ML^{-3}
전단응력	FL^{-2}	$ML^{-1}T^{-2}$
표면장력	FL^{-1}	MT^{-2}

제4과목 철근콘크리트 및 강구조

61. 그림과 같은 나선철근단주의 설계축강도(P_n)을 구하면?(단, D32 1개의 단면적=794mm², f_{ck}=24MPa, f_y=420MPa)

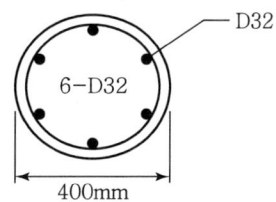

① 2648kN   ② 3254kN
③ 3797kN   ④ 3972kN

■해설 $P_n = \alpha[0.85f_{ck}(A_g - A_{st}) + f_y A_{st}]$
$= 0.85\left[0.85 \times 24 \times \left(\frac{\pi \times 400^2}{4} - 6 \times 794\right)\right.$
$\left. + 420 \times 6 \times 794\right]$
$= 3797 \times 10^3 \text{N} = 3797\text{kN}$

62. 그림에 나타난 직사각형 단철근 보의 설계휨강도(ϕM_n)를 구하기 위한 강도감소계수(ϕ)는 얼마인가?(단, f_{ck}=28MPa, f_y=400MPa)

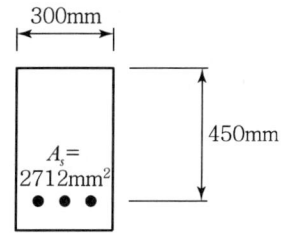

|해답| 59.② 60.① 61.③ 62.②

① 0.85　　② 0.82
③ 0.79　　④ 0.76

■해설 1. ε_t 결정
- $a = \dfrac{f_y A_s}{0.85 f_{ck} b} = \dfrac{400 \times 2712}{0.85 \times 28 \times 300} = 151.93\text{mm}$
- $\beta_1 = 0.85$ ($f_{ck} \leq 28\text{MPa}$인 경우)
- $\varepsilon_t = \dfrac{d_t \beta_1 - a}{a} \varepsilon_c$
  $= \dfrac{450 \times 0.85 - 151.93}{151.93} \times 0.003 = 0.00455$

2. 단면구분
- $f_y = 400\text{MPa}$인 경우, ε_y와 $\varepsilon_{t.l}$ 값
  $\varepsilon_y = \dfrac{f_y}{E_s} = \dfrac{400}{2 \times 10^5} = 0.002$
  $\varepsilon_{t.l} = 0.005$
- $\varepsilon_y < \varepsilon_t < \varepsilon_{t.l}$ - 변화구간단면

3. ϕ 결정
  $\phi_c = 0.65$ (나선철근으로 보강되지 않은 경우)
  $\phi = 0.85 - \dfrac{\varepsilon_{t.l} - \varepsilon_t}{\varepsilon_{t.l} - \varepsilon_y}(0.85 - \phi_c)$
  $= 0.85 - \dfrac{0.005 - 0.00455}{0.005 - 0.002}(0.85 - 0.65)$
  $= 0.82$

63. 옹벽의 구조해석에 대한 설명으로 틀린 것은?
① 저판의 뒷굽판은 정확한 방법이 사용되지 않는 한, 뒷굽판 상부에 재하되는 모든 하중을 지지하도록 설계하여야 한다.
② 부벽식 옹벽의 전면벽은 저판에 지지된 캔틸레버로 설계하여야 한다.
③ 부벽식 옹벽의 저판은 정밀한 해석이 사용되지 않는 한, 부벽 사이의 거리를 경간으로 가정한 고정보 또는 연속보로 설계할 수 있다.
④ 뒷부벽은 T형보로 설계하여야 하며, 앞부벽은 직사각형보로 설계하여야 한다.

■해설 부벽식 옹벽의 전면벽은 3변 지지된 2방향 슬래브로 설계하여야 한다.

64. 강도설계법의 기본 가정을 설명한 것으로 틀린 것은?

① 철근과 콘크리트의 변형률은 중립축에서의 거리에 비례한다고 가정한다.
② 콘크리트 압축연단의 극한변형률은 0.003으로 가정한다.
③ 철근의 응력이 설계기준항복강도(f_y) 이상일 때 철근의 응력은 그 변형률에 E_s를 곱한 값으로 한다.
④ 콘크리트의 인장강도는 철근콘크리트의 휨계산에서 무시한다.

■해설 강도설계법에서 철근의 응력이 설계기준항복강도(f_y) 이하일 때 철근의 응력은 그 변형률에 E_s를 곱한 값으로 한다.

65. 길이가 7m인 양단 연속보에서 처짐을 계산하지 않는 경우 보의 최소두께로 옳은 것은?(단, $f_{ck} = 28\text{MPa}$, $f_y = 400\text{MPa}$)
① 275mm　　② 334mm
③ 379mm　　④ 438mm

■해설 양단 연속보에서 처짐을 계산하지 않아도 되는 최소두께($h_{\min}$)
- $f_y = 400\text{MPa}$인 경우
  $h_{\min} = \dfrac{l}{21} = \dfrac{7 \times 10^3}{21} = 333.3\text{mm}$

66. 계수 전단강도 $V_u = 60\text{kN}$을 받을 수 있는 직사각형 단면이 최소전단철근 없이 견딜 수 있는 콘크리트의 유효깊이 d는 최소 얼마 이상이어야 하는가?($f_{ck} = 24\text{MPa}$, 단면의 폭(b) = 350mm)
① 560mm　　② 525mm
③ 434mm　　④ 328mm

■해설 $\lambda = 1$ (보통 중량의 콘크리트인 경우)
$V_u \leq \dfrac{1}{2}\phi V_c = \dfrac{1}{2}\phi\left(\dfrac{1}{6}\lambda\sqrt{f_{ck}}\,bd\right)$
$d \geq \dfrac{12 V_u}{\phi \lambda \sqrt{f_{ck}}\,b} = \dfrac{12 \times (60 \times 10^3)}{0.75 \times 1 \times \sqrt{24} \times 350}$
$= 560\text{mm}$

67. 전단철근에 대한 설명으로 틀린 것은?

① 철근콘크리트 부재의 경우 주인장 철근에 45° 이상의 각도로 설치되는 스터럽을 전단철근으로 사용할 수 있다.
② 철근콘크리트 부재의 경우 주인장 철근에 30° 이상의 각도로 구부린 굽힘철근을 전단철근으로 사용할 수 있다.
③ 전단철근으로 사용하는 스터럽과 기타 철근 또는 철선은 콘크리트 압축연단부터 거리 d만큼 연장하여야 한다.
④ 용접 이형철망을 사용할 경우 전단철근의 설계기준항복강도는 500MPa을 초과할 수 없다.

■해설 용접 이형철망을 사용할 경우 전단철근의 설계기준항복강도는 600MPa을 초과할 수 없다.

68. 비틀림철근에 대한 설명으로 틀린 것은?(단, A_{oh}는 가장 바깥의 비틀림 보강철근의 중심으로 닫혀진 단면적이고, P_h는 가장 바깥의 횡방향 폐쇄스터럽 중심선의 둘레이다.)

① 횡방향 비틀림철근은 종방향 철근 주위로 135° 표준갈고리에 의해 정착하여야 한다.
② 비틀림모멘트를 받는 속 빈 단면에서 횡방향 비틀림철근의 중심선으로부터 내부 벽면까지의 거리는 $0.5A_{oh}/P_h$ 이상이 되도록 설계하여야 한다.
③ 횡방향 비틀림철근의 간격은 $P_h/6$ 및 400mm 보다 작아야 한다.
④ 종방향 비틀림철근은 양단에 정착하여야 한다.

■해설 횡방향 비틀림철근의 간격은 $P_h/8$ 및 300mm보다 작아야 한다.

69. 휨부재에서 철근의 정착에 대한 안전을 검토하여야 하는 곳으로 거리가 먼 것은?

① 최대 응력점
② 경간 내에서 인장철근이 끝나는 곳
③ 경간 내에서 인장철근이 굽혀진 곳
④ 집중하중이 재하되는 점

■해설 휨부재에서 철근 정착의 위험단면
① 인장철근이 절단 또는 절곡된 점
② 최대 응력점

70. 다음 필렛용접의 전단응력은 얼마인가?

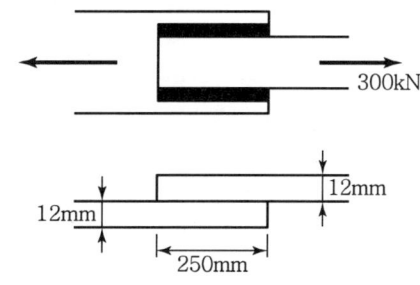

① 67.72MPa ② 70.72MPa
③ 72.72MPa ④ 75.72MPa

■해설
$$v = \frac{P}{\Sigma al} = \frac{(300 \times 10^3)}{(0.707 \times 12) \times (2 \times 250)}$$
$$= 70.72 \text{N/mm}^2 = 70.72 \text{MPa}$$

71. 단면이 400×500mm이고 150mm²의 PSC강선 4개를 단면 도심축에 배치한 프리텐션 PSC 부재가 있다. 초기 프리스트레스가 10,000 MPa일 때 콘크리트의 탄성변형에 의한 프리스트레스 감소량의 값은?(단, $n=6$)

① 22MPa ② 20MPa
③ 18MPa ④ 16MPa

■해설
$$\Delta f_{pe} = nf_{cs} = n\frac{P_i}{A_g} = n\frac{A_p f_{pi}}{bh}$$
$$= 6 \times \frac{(4 \times 150) \times 10,000}{400 \times 500} = 180 \text{MPa}$$

72. 다음 그림과 같이 $W=40$kN/m일 때 PS강재가 단면 중심에서 긴장되며 인장측의 콘크리트 응력이 "0"이 되려면 PS강재에 얼마의 긴장력이 작용하여야 하는가?

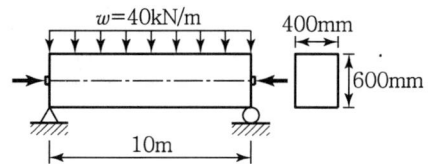

① 4605kN ② 5000kN
③ 5200kN ④ 5625kN

■해설 $f_b = \dfrac{P}{A} - \dfrac{M}{Z} = \dfrac{P}{bh} - \dfrac{6}{bh^2} \cdot \dfrac{wl^2}{8}$

$= \dfrac{1}{bh}\left(P - \dfrac{3wl^2}{4h}\right) = 0$

$P = \dfrac{3wl^2}{4h} = \dfrac{3 \times 40 \times 10^2}{4 \times 0.6} = 5000\text{kN}$

73. 그림과 같은 직사각형 단면의 보에서 인장철근은 D22철근 3개가 윗부분에 D29 철근 3개가 아랫부분에 2열로 배치되었다. 이 보의 공칭 휨강도(M_n)는?(단, 철근 D22 3본의 단면적은 1161 mm², 철근 D29 3본의 단면적은 1927mm², f_{ck}=24MPa, f_y=350MPa)

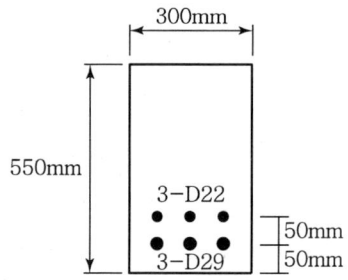

① 396.2kN·m ② 424.6kN·m
③ 467.3kN·m ④ 512.4kN·m

■해설 $A_{s1} = 1161\text{mm}^2$, $A_{s2} = 1927\text{mm}^2$
$A_s = A_{s1} + A_{s2} = 1161 + 1927 = 3088\text{mm}^2$
$d_1 = 550 - 50 - 50 = 450\text{mm}$
$d_2 = 550 - 50 = 500\text{mm}$
$d = \dfrac{1}{A_s}(A_{s1} \times d_1 + A_{s2} \times d_2)$
$= \dfrac{1}{3088}(1161 \times 450 + 1927 \times 500) = 481.2\text{mm}$
$a = \dfrac{f_y A_s}{0.85 f_{ck} b} = \dfrac{350 \times 3088}{0.85 \times 24 \times 300} = 176.6\text{mm}$
$M_n = f_y A_s \left(d - \dfrac{a}{2}\right)$
$= 350 \times 3088 \times \left(481.2 - \dfrac{176.6}{2}\right)$
$= 424.6 \times 10^6 \text{N} \cdot \text{mm} = 424.6\text{kN} \cdot \text{m}$

74. 프리스트레스트콘크리트의 원리를 설명할 수 있는 기본 개념으로 옳지 않은 것은?

① 균등질 보의 개념
② 내력 모멘트의 개념
③ 하중평형의 개념
④ 변형도 개념

■해설 프리스트레스트 콘크리트의 기본 개념
① 균등질보의 개념(응력개념)
② 내력모멘트의 개념(강도개념)
③ 하중평형의 개념

75. 콘크리트의 강도설계법에서 f_{ck}=38MPa일 때 직사각형 응력분포의 깊이를 나타내는 β_1의 값은 얼마인가?

① 0.78 ② 0.92
③ 0.80 ④ 0.75

■해설 $f_{ck} > 28$MPa인 경우 β_1의 값
$\beta_1 = 0.85 - 0.007(f_{ck} - 28)$
$= 0.85 - 0.007(38 - 28) = 0.78\,(\beta_1 \geq 0.65 - \text{o.k})$

76. 4변에 의해 지지되는 2방향 슬래브 중에서 1방향 슬래브로 보고 해석할 수 있는 경우에 대한 기준으로 옳은 것은?(단, L : 2방향 슬래브의 장경간, S : 2방향 슬래브의 단경간)

① $\dfrac{L}{S}$가 2보다 클 때 ② $\dfrac{L}{S}$가 1일 때
③ $\dfrac{L}{S}$가 $\dfrac{3}{2}$ 이상일 때 ④ $\dfrac{L}{S}$가 3보다 작을 때

■해설 · 1방향 슬래브 : $\dfrac{L}{S} \geq 2$
· 2방향 슬래브 : $\dfrac{L}{S} < 2$

|해답| 73.② 74.④ 75.① 76.①

77. 폭 400mm, 유효깊이 600mm인 단철근 직사각형 보의 단면에서 콘크리트구조기준에 의한 최대 인장철근량은?(단, f_{ck} = 28MPa, f_y = 400MPa)

① 4552mm² ② 4877mm²
③ 5202mm² ④ 5526mm²

■해설 $\beta_1 = 0.85$ ($f_{ck} \leq 28$MPa인 경우)
$\varepsilon_{t,min} = 0.004$ ($f_y \leq 400$MPa인 경우)
$\rho_{max} = 0.85\beta_1 \dfrac{f_{ck}}{f_y} \dfrac{\varepsilon_c}{\varepsilon_c + \varepsilon_{t,min}}$
$= 0.85 \times 0.85 \times \dfrac{28}{400} \times \dfrac{0.003}{0.003+0.004}$
$= 0.021675$
$A_{s,max} = \rho_{max} bd$
$= 0.021675 \times 400 \times 600 = 5202\text{mm}^2$

78. 강판형(Plate girder) 복부(web) 두께의 제한이 규정되어 있는 가장 큰 이유는?

① 시공상의 난이 ② 공비의 절약
③ 자중의 경감 ④ 좌굴의 방지

■해설 강판형 복부 두께의 제한이 규정되어 있는 가장 큰 이유는 좌굴에 대비하기 위한 것이다.

79. 인장응력 검토를 위한 L-150×90×12인 형강 (angle)의 전개 총폭(b_g)은 얼마인가?

① 228mm ② 232mm
③ 240mm ④ 252mm

■해설 $b_g = b_1 + b_2 - t$
$= 150 + 90 - 12 = 228$mm

80. 깊은 보(deep beam)의 강도는 다음 중 무엇에 의해 지배되는가?

① 압축 ② 인장
③ 휨 ④ 전단

■해설 깊은 보의 강도는 전단에 의하여 지배된다.

제5과목 토질 및 기초

81. 점성토를 다지면 함수비의 증가에 따라 입자의 배열이 달라진다. 최적함수비의 습윤측에서 다짐을 실시하면 흙은 어떤 구조로 되는가?

① 단립구조 ② 봉소구조
③ 이산구조 ④ 면모구조

■해설 습윤 측(차수목적) : 이산구조(분산구조), 면모구조보다 투수계수가 작다.

82. 토질실험 결과 내부마찰각(ϕ) = 30°, 점착력 c = 0.5kg/cm², 간극수압이 8kg/cm²이고 파괴면에 작용하는 수직응력이 30kg/cm²일 때 이 흙의 전단응력은?

① 12.7kg/cm² ② 13.2kg/cm²
③ 15.8kg/cm² ④ 19.5kg/cm²

■해설 $S(\tau_f) = c + \sigma' \tan\phi = 0.5 + (30-8)\tan 30°$
$= 13.2\text{kg/cm}^2$

83. 다음 그림과 같은 점성토 지반의 굴착 저면에서 바닥융기에 대한 안전율을 Terzaghi의 식에 의해 구하면?(단, $\gamma = 1.731$t/m³, $c = 2.4$t/m²이다.)

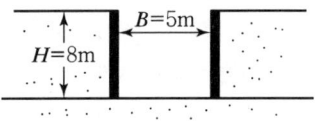

① 3.21 ② 2.32
③ 1.64 ④ 1.17

■해설 히빙에 대한 안전율
$F_s = \dfrac{5.7c}{\gamma \cdot H - \left(\dfrac{c \cdot H}{0.7B}\right)}$
$= \dfrac{5.7 \times 2.4}{(1.731 \times 8) - \left(\dfrac{2.4 \times 8}{0.7 \times 5}\right)} = 1.64$

84. 흙의 투수계수에 영향을 미치는 요소들로만 구성된 것은?

> ㉮ 흙입자의 크기 ㉯ 간극비
> ㉰ 간극의 모양과 배열 ㉱ 활성도
> ㉲ 물의 점성계수 ㉳ 포화도
> ㉴ 흙의 비중

① ㉮, ㉯, ㉱, ㉳
② ㉮, ㉯, ㉰, ㉲, ㉳
③ ㉮, ㉯, ㉱, ㉲, ㉴
④ ㉯, ㉰, ㉲, ㉴

■해설
- $K = D^2 \cdot \dfrac{\gamma_w}{\mu} \cdot \dfrac{e^3}{1+e} \cdot C$
- 투수계수(K)는 비중과 무관하다.

85. 흙의 다짐에 대한 일반적인 설명으로 틀린 것은?

① 다진 흙의 최대건조밀도와 최적함수비는 어떻게 다짐하더라도 일정한 값이다.
② 사질토의 최대건조밀도는 점성토의 최대건조밀도보다 크다.
③ 점성토의 최적함수비는 사질토보다 크다.
④ 다짐에너지가 크면 일반적으로 밀도는 높아진다.

■해설 다짐에너지가 증가하면 최대 건조밀도는 증가하고 최적함수비는 감소한다.

86. 고성토의 제방에서 전단파괴가 발생되기 전에 제방의 외측에 흙을 돋우어 활동에 대한 저항모멘트를 증대시켜 전단파괴를 방지하는 공법은?

① 프리로딩공법
② 압성토공법
③ 치환공법
④ 대기압공법

■해설 압성토공법은 저항모멘트를 증대시켜 전단파괴를 방지한다.

87. 말뚝의 부마찰력(Negative Skin Friction)에 대한 설명 중 틀린 것은?

① 말뚝의 허용지지력을 결정할 때 세심하게 고려해야 한다.
② 연약지반에 말뚝을 박은 후 그 위에 성토를 한 경우 일어나기 쉽다.
③ 연약한 점토에 있어서는 상대변위의 속도가 느릴수록 부마찰력은 크다.
④ 연약지반을 관통하여 견고한 지반까지 말뚝을 박은 경우 일어나기 쉽다.

■해설 부마찰력 ∝ 상대변위속도

88. 다음 그림의 파괴포락선 중에서 완전포화된 점토를 UU(비압밀 비배수)시험했을 때 생기는 파괴포락선은?

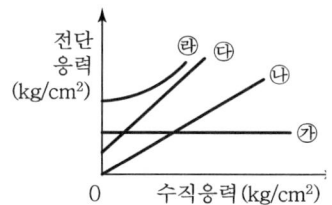

① ㉮
② ㉯
③ ㉰
④ ㉱

■해설
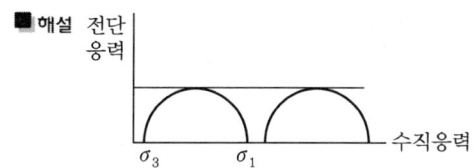

89. 그림과 같은 지반에 대해 수직방향 등가투수계수를 구하면?

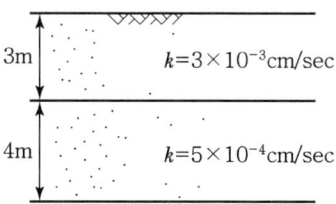

|해답| 84.② 85.① 86.② 87.③ 88.① 89.②

① 3.89×10^{-4} cm/sec
② 7.78×10^{-4} cm/sec
③ 1.57×10^{-3} cm/sec
④ 3.14×10^{-3} cm/sec

■해설
$$K_v = \frac{H_1 + H_2}{\frac{H_1}{K_1} + \frac{H_2}{K_2}} = \frac{300 + 400}{\left(\frac{300}{3 \times 10^{-3}}\right) + \left(\frac{400}{5 \times 10^{-4}}\right)}$$
$= 7.78 \times 10^{-4}$ cm/sec cm/sec

90. 얕은 기초 아래의 접지압력 분포 및 침하량에 대한 설명으로 틀린 것은?

① 접지압력의 분포는 기초의 강성, 흙의 종류, 형태 및 깊이 등에 따라 다르다.
② 점성토 지반에 강성기초 아래의 접지압 분포는 기초의 모서리 부분이 중앙부분보다 작다.
③ 사질토 지반에서 강성기초인 경우 중앙부분이 모서리 부분보다 큰 접지압을 나타낸다.
④ 사질토 지반에서 유연성 기초인 경우 침하량은 중심부보다 모서리 부분이 더 크다.

■해설

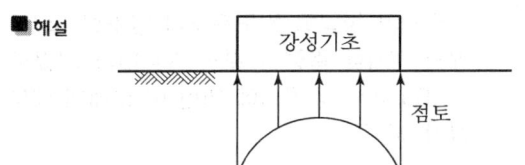

점토지반에서 강성기초의 접지압분포 : 기초 모서리에서 최대 응력 발생

91. 다음 그림에서 활동에 대한 안전율은?

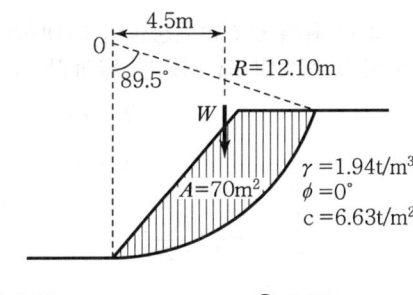

① 1.30
② 2.05
③ 2.15
④ 2.48

■해설 유한사면($\phi = 0$, 질량법)
$$F_s = \frac{cRL}{We} = \frac{cRL}{(A \cdot l \cdot \gamma)e}$$
$$= \frac{6.63 \times 12.1 \times 18.9}{(70 \times 1 \times 1.94) \times 4.5} = 2.48$$
$\left(\frac{89.5°}{360°} = \frac{L}{2\pi R}, \ L = 18.9\right)$

92. 연약점토지반에 압밀촉진공법을 적용한 후, 전체 평균압밀도가 90%로 계산되었다. 압밀촉진공법을 적용하기 전, 수직방향의 평균압밀도가 20%였다고 하면 수평방향의 평균압밀도는?

① 70%
② 77.5%
③ 82.5%
④ 87.5%

■해설 평균압밀도$(u) = 1 - (1-u_h)(1-u_v)$
$0.9 = 1 - (1-u_h)(1-0.2)$
∴ $u_h = 87.5\%$

93. 아래 표와 같은 흙을 통일분류법에 따라 분류한 것으로 옳은 것은?

- No.4번체(4.75mm체) 통과율이 37.5%
- No.200번체(0.075mm체) 통과율이 2.3%
- 균등계수는 7.9
- 곡률계수는 1.4

① GW
② GP
③ SW
④ SP

■해설 흙의 분류
㉠ 조립토[#200체(0.075mm) 통과량≤50%]
   세립토[#200체(0.075mm) 통과량≥50%]
㉡ 자갈[#4체(4.75mm) 통과량≤50%]
   모래[#4체(4.75mm) 통과량≥50%]
㉢ 양입도
   • 일반흙 $C_u > 10$ 그리고 $1 < C_g < 3$
   • 모래 $C_u > 6$ 그리고 $1 < C_g < 3$
   • 자갈 $C_u > 4$ 그리고 $1 < C_g < 3$
∴ • #200체 통과율 2.3% → 조립토
   • #4체 통과율 37.5% → 자갈
   • 균등계수(C_u) 7.9 → 양입도 자갈
   • 곡률계수(C_g) 1.4 → 양입도 자갈
따라서 입도가 양호한 자갈(GW)

94. 실내시험에 의한 점토의 강도 증가율(C_u/P) 산정 방법이 아닌 것은?

① 소성지수에 의한 방법
② 비배수 전단강도에 의한 방법
③ 압밀비배수 삼축압축시험에 의한 방법
④ 직접전단시험에 의한 방법

■해설 ㉠ 강도증가율 = $\dfrac{C_u(\text{비배수 점착력})}{\sigma_v'(\text{유효응력})}$

㉡ 강도 증가율 산정방법
- 소성지수에 의한 방법
- 비배수 전단강도에 의한 방법
- 압밀비배수 삼축압축시험에 의한 방법

95. 간극률이 50%, 함수비가 40%인 포화토에 있어서 지반의 분사현상에 대한 안전율이 3.5라고 할 때 이 지반에 허용되는 최대 동수경사는?

① 0.21   ② 0.51
③ 0.61   ④ 1.00

■해설 $F_s = \dfrac{i_c}{i} = \dfrac{\dfrac{G_s - 1}{1+e}}{\dfrac{h}{L}}$

- G_s
  $G_s = \dfrac{Se}{\omega} = \dfrac{1 \times 1}{0.4} = 2.5$
- e
  $e = \dfrac{n}{1-n} = \dfrac{0.5}{1-0.5} = 1$

∴ $F_s(3.5) = \dfrac{\dfrac{2.5-1}{1+1}}{i}$ 따라서 $i = 0.21$

96. 그림과 같이 2m×3m 크기의 기초에 10t/m²의 등분포하중이 작용할 때, A점 아래 4m 깊이에서의 연직응력 증가량은?(단, 아래 표의 영향계수 값을 활용하여 구하며, $m = \dfrac{B}{z}$, $n = \dfrac{L}{z}$이고, B는 직사각형 단면의 폭, L은 직사각형 단면의 길이, z는 토층의 깊이이다.)

[영향계수(I)의 값]

m	0.25	0.5	0.5	0.5
n	0.5	0.25	0.75	1.0
I	0.048	0.048	0.115	0.122

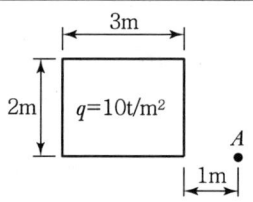

① 0.67t/m²   ② 0.74t/m²
③ 1.22t/m²   ④ 1.70t/m²

■해설 연직응력의 증가량(σ_z) = $I \cdot q$
- $m = \dfrac{4}{4} = 1$, $n = \dfrac{2}{4} = 0.5$
  ∴ $I = 0.1222$, $\sigma_z = 0.1222 \times 10 = 1.222$ t/m²
- $m = \dfrac{1}{4} = 0.25$, $n = \dfrac{2}{4} = 0.5$
  ∴ $I = 0.048$, $\sigma_z = 0.048 \times 10 = 0.48$ t/m²

따라서 $\sigma_z = 1.222 - 0.48 = 0.74$ t/m²

97. 토립자가 둥글고 입도분포가 양호한 모래지반에서 N치를 측정한 결과 $N = 19$가 되었을 경우, Dunham의 공식에 의한 이 모래의 내부 마찰각 ϕ는?

① 20°   ② 25°
③ 30°   ④ 35°

■해설 $\phi = \sqrt{12 \times 19} + 20 = 35°$

98. 포화된 흙의 건조단위중량이 1.70t/m³이고, 함수비가 20%일 때 비중은 얼마인가?

① 2.58   ② 2.68
③ 2.78   ④ 2.88

■해설 $\gamma_d = \dfrac{G_s}{1+e}\gamma_w = \dfrac{G_s}{1+0.2G_s}\gamma_w$

∴ $G_s = 2.58$
($G_s\omega = Se$, $e = 0.2G_s$)

99. 표준관입시험에 대한 설명으로 틀린 것은?

① 질량 (63.5±0.5)kg인 해머를 사용한다.
② 해머의 낙하높이는 (760±10)mm이다.
③ 고정 piston 샘플러를 사용한다.
④ 샘플러를 지반에 300mm 박아 넣는 데 필요한 타격 횟수를 N값이라고 한다.

■해설 표준관입시험은 교란시료를 채취하기 위해 스플릿스푼 샘플러를 사용한다.

100. 얕은기초의 지지력 계산에 적용하는 Terzaghi의 극한지지력 공식에 대한 설명으로 틀린 것은?

① 기초의 근입깊이가 증가하면 지지력도 증가한다.
② 기초의 폭이 증가하면 지지력도 증가한다.
③ 기초지반이 지하수에 의해 포화되면 지지력은 감소한다.
④ 국부전단 파괴가 일어나는 지반에서 내부마찰각(ϕ)은 $\frac{2}{3}\phi$를 적용한다.

■해설 국부전단 파괴가 일어나는 지반에서 점착력(c')은 $\frac{2}{3}c$이다.

제6과목 **상하수도공학**

101. $Q = \frac{1}{360}CIA$는 합리식으로서 첨두유량을 산정할 때 사용된다. 이 식에 대한 설명으로 옳지 않은 것은?

① C는 유출계수로 무차원이다.
② I는 도달시간 내의 강우강도로 단위는 mm/hr이다.
③ A는 유역면적으로 단위는 km²이다.
④ Q는 첨두유출량으로 단위는 m³/sec이다.

■해설 우수유출량의 산정
합리식의 적용 확률연수는 10~30년을 원칙으로 한다.

$Q = \frac{1}{360}CIA$

여기서, Q : 우수량(m³/sec)
C : 유출계수(무차원)
I : 강우강도(mm/hr)
A : 유역면적(ha)

∴ 유역면적의 단위는 ha이다.

102. 정수시설로부터 배수시설의 시점까지 정화된 물, 즉 상수를 보내는 것을 무엇이라 하는가?

① 도수   ② 송수
③ 정수   ④ 배수

■해설 상수도 구성요소
㉠ 수원 → 취수 → 도수(침사지) → 정수(착수정 → 약품혼화지 → 침전지 → 여과지 → 소독지 → 정수지) → 송수 → 배수(배수지, 배수탑, 고가탱크, 배수관) → 급수
㉡ 수원, 취수, 도수, 정수, 송수 등의 설계에는 계획1일최대급수량을 기준으로 한다.
㉢ 계획취수량은 계획1일최대급수량을 기준으로 5~10% 정도 여유 있게 취수한다.
㉣ 배수관의 직경 결정, 펌프의 직경 결정 등의 계획배수량은 계획시간최대급수량을 기준으로 한다.

∴ 정수시설에서 배수시설까지 물을 보내는 시설은 송수시설이다.

103. 펌프의 특성곡선(characteristic curve)은 펌프의 양수량(토출량)과 무엇들과의 관계를 나타낸 것인가?

① 비속도, 공동지수, 총양정
② 총양정, 효율, 축동력
③ 비속도, 축동력, 총양정
④ 공동지수, 총양정, 효율

■해설 펌프의 특성곡선
펌프의 회전속도를 일정하게 고정하고 토출관의 밸브를 조절하여 토출량을 변화시킬 때 토출량(Q)의 변화에 따른 양정(H), 효율(η), 축동력(P)의 변화를 최대효율점에 대한 비율로 나타낸 곡선을 펌프특성곡선이라 한다.
∴ 펌프특성곡선은 유량과 양정, 효율, 축동력의 관계를 나타낸 곡선이다.

104. 혐기성 소화공정에서 소화가스 발생량이 저하될 때 그 원인으로 적합하지 않은 것은?

① 소화슬러지의 과잉배출
② 조내 퇴적 토사의 배출
③ 소화조 내 온도의 저하
④ 소화가스의 누출

■해설 소화가스 발생량의 저하 원인
혐기성 소화공정에서 소화가스 발생량 저하 원인은 다음과 같다.
㉠ 저농도 슬러지 유입
㉡ 소화슬러지 과잉배출
㉢ 조내 온도저하
㉣ 소화가스 누출
㉤ 과다한 산 생성
∴ 소화가스 발생량 저하의 원인이 아닌 것은 조내 퇴적 토사의 배출이다.

105. 다음 중 일반적으로 정수장의 응집처리 시 사용되지 않는 것은?

① 황산칼륨
② 황산알루미늄
③ 황산 제1철
④ 폴리염화알루미늄(PAC)

■해설 응집제
㉠ 정의 : 응집제는 응집 대상 물질인 콜로이드의 하전을 중화시키거나 상호 결합시키는 역할을 한다.
㉡ 응집제의 종류
  • 황산알루미늄(황산반토)
  • 폴리염화알루미늄
  • 알루민산나트륨
  • 염화제1철, 염화제2철
  • 황산제1철, 황산제2철
∴ 응집제가 아닌 것은 황산칼륨이다.

106. 수원 선정 시의 고려사항으로 가장 거리가 먼 것은?

① 갈수기의 수량
② 갈수기의 수질
③ 장래 예측되는 수질의 변화
④ 홍수 시의 수량

■해설 수원의 구비요건
㉠ 수량이 풍부한 곳
㉡ 수질이 양호한 곳
㉢ 계절적으로 수량 및 수질의 변동이 적은 곳
㉣ 가능한 한 자연유하식을 이용할 수 있는 곳
㉤ 주위에 오염원이 없는 곳
㉥ 소비지로부터 가까운 곳
∴ 수원 선정 시의 고려사항과 거리가 먼 것은 홍수 시의 수량이다.

107. 부유물 농도 200mg/L, 유량 3,000m³/day인 하수가 침전지에서 70% 제거된다. 슬러지의 함수율이 95%, 비중 1.1일 때 슬러지의 양은?

① 5.9m³/day
② 6.1m³/day
③ 7.6m³/day
④ 8.5m³/day

■해설 슬러지 양의 산정
㉠ 건조무게
$200 \times 10^{-6} \times 3,000 \times 0.7 = 0.42 \text{t/day}$

㉡ 슬러지의 양
$0.42 \times \dfrac{100}{100-95} \div 1.1 = 7.63 \text{m}^3/\text{day}$

108. 하수관로의 접합 중에서 굴착 깊이를 얕게 하여 공사비용을 줄일 수 있으며, 수위 상승을 방지하고 양정고를 줄일 수 있어 펌프로 배수하는 지역에 적합한 방법은?

① 관정접합
② 관저접합
③ 수면접합
④ 관중심접합

■해설 관거의 접합방법
㉠ 접합방법

종류	특징
수면접합	수리학적으로 가장 좋은 방법으로 관내 수면을 일치시키는 방법
관정접합	관거의 내면 상부를 일치시키는 방법으로 굴착깊이가 증대되고, 공사비가 증가된다.
관중심접합	관 중심을 일치시키는 방법으로 별도의 수위계산이 필요 없는 방법이다.
관저접합	관거의 내면 바닥을 일치시키는 방법으로 수리학적으로 불리한 방법이다.
단차접합	지세가 아주 급한 경우 토공량을 줄이기 위해 사용하는 방법이다.
계단접합	지세가 매우 급한 경우 관거의 기울기와 토공량을 줄이기 위해 사용하는 방법이다.

|해답| 104.② 105.① 106.④ 107.③ 108.②

ⓒ 접합 시 고려사항
- 2개의 관이 합류하는 경우 두 관의 중심교각은 가급적 60° 이하로 한다.
- 지표의 경사가 급한 경우에는 원칙적으로 단차접합 또는 계단접합으로 한다.
- 2개의 관거가 합류하는 경우의 접합방법은 수면접합 또는 관정접합으로 한다.
- 관거의 계획수위를 일치시켜 접합하는 방법을 수면접합이라고 한다.

∴ 굴착 깊이를 얕게 하여 공사비용을 줄일 수 있으며, 수위 상승을 방지하고 양정고를 줄일 수 있어 펌프로 배수하는 지역에 적합한 방법은 관저접합이다.

109. 하수도의 관로계획에 대한 설명으로 옳은 것은?

① 오수관로는 계획1일평균오수량을 기준으로 계획한다.
② 관로의 역사이펀을 많이 설치하여 유지관리 측면에서 유리하도록 계획한다.
③ 합류식에서 하수의 차집관로는 우천 시 계획오수량을 기준으로 계획한다.
④ 오수관로와 우수관로가 교차하여 역사이펀을 피할 수 없는 경우는 우수관로를 역사이펀으로 하는 것이 바람직하다.

■해설 하수도 관로계획
㉠ 오수 및 우수관거

종류		계획하수량
합류식		계획시간 최대오수량에 계획우수량을 합한 수량
분류식	오수관거	계획시간 최대오수량
	우수관거	계획우수량

㉡ 차집관거 : 우천 시 계획오수량 또는 계획시간 최대오수량의 3배를 기준으로 설계한다.
㉢ 관로의 역사이펀은 장애물 횡단 시에 설치하는 것으로 되도록 적게 설치한다.
㉣ 오수관로와 우수관로가 교차하여 역사이펀을 피할 수 없는 경우에는 오수관로를 역사이펀으로 하는 것이 바람직하다.

110. 펌프의 비교회전도(specific speed)에 대한 설명으로 옳은 것은?

① 임펠러(impeller)가 배출량 $1m^3/min$을 전양정 $1m$로 운전 시 회전수
② 임펠러(impeller)가 배출량 $1m^3/sec$을 전양정 $1m$로 운전 시 회전수
③ 작은 비회전도 값에 대한 대유량, 저양정의 정도
④ 큰 비회전도 값에 대한 소유량, 대양정의 정도

■해설 비교회전도
㉠ 비교회전도란 펌프나 송풍기 등의 형식을 나타내는 지표로 펌프의 경우 $1m^3/min$의 유량을 $1m$ 양수하는 데 필요한 회전수(N_s)를 말한다.

- $N_s = N \dfrac{Q^{\frac{1}{2}}}{H^{\frac{3}{4}}}$

여기서, N : 표준회전수
Q : 토출량
H : 양정

㉡ 비교회전도의 특징
- N_s가 작아지면 양정은 크고 유량은 적은 고양정, 고효율펌프로서 가격이 비싸다.
- 유량과 양정이 동일하다면 표준회전수(N)가 클수록 N_s가 커진다.
- N_s가 클수록 유량은 많고 양정은 적은 저양정, 저효율 펌프가 된다.
- 유량과 양정이 동일하면 회전수가 클수록 N_s가 커진다.
- N_s는 펌프형식을 나타내는 지표로 N_s가 동일하면 펌프의 크고 작음에 관계없이 동일 형식의 펌프로 본다.

111. 집수매거(infiltration galleries)에 관한 설명 중 옳지 않은 것은?

① 집수매거는 하천부지의 하상 밑이나 구하천부지 등의 땅속에 매설하여 복류수나 자유수면을 갖는 지하수를 취수하는 시설이다.
② 철근콘크리트조의 유공관 또는 권선형 스크린관을 표준으로 한다.
③ 집수매거 내의 평균유속은 유출단에서 $1m/s$ 이하가 되도록 한다.
④ 집수매거의 집수개구부(공) 직경은 3~5cm를 표준으로 하고, 그 수는 관거표면적 $1m^2$당 5~10개로 한다.

■해설 집수매거
  ㉠ 복류수를 취수하기 위해 매설하는 다공질 유공관을 집수매거라 한다.
  ㉡ 집수매거는 복류수의 흐름방향에 대하여 수직으로 설치하는 것이 취수상 유리하지만, 수량이 풍부한 곳에서는 흐름방향에 대해 수평으로 설치하는 경우도 있다.
  ㉢ 집수매거의 경사는 1/500 이하의 완구배가 되도록 하며, 매거 내의 유속은 유출단에서 유속이 1m/sec 이하가 되도록 함이 좋다.
  ㉣ 집수공의 크기는 유입유속과 폐색을 고려하여 직경을 10~20mm로 하고, 그 수는 1㎡당 20~30개 정도로 한다.
  ㉤ 집수공에서 유입속도는 토사의 침입을 방지하기 위해 3cm/sec 이하로 한다.
  ㉥ 집수매거는 가능한 직접 지표수의 영향을 받지 않도록 매설깊이는 5m 이상으로 하는 것이 바람직하다.

112. 정수방법 선정 시의 고려사항(선정조건)으로 가장 거리가 먼 것은?

① 원수의 수질
② 도시발전상황과 물 사용량
③ 정수수질의 관리목표
④ 정수시설의 규모

■해설 정수방법 선정 시 고려사항
  정수처리 방법에는 소독만 하는 방식, 완속여과방식, 급속여과방식, 막여과방식, 고도처리방식 또는 기타의 처리방식을 추가하는 방식이 있다. 처리방법의 선정은 어떠한 원수수질에 대해서도 정수수질의 관리목표를 만족시킬 수 있는 적절한 정수처리방법이어야 함은 물론이고 정수시설의 규모나 운전제어 및 유지관리기술의 수준 등을 고려하는 것이 바람직하다.
  ∴ 정수방법 선정 시 고려사항으로 가장 거리가 먼 것은 도시발전상황과 물 사용량이다.

113. 하수관로에 대한 설명으로 옳지 않은 것은?

① 관로의 최소 흙두께는 원칙적으로 1m로 하나, 노반두께, 동결심도 등을 고려하여 적절한 흙두께로 한다.
② 관로의 단면은 단면형상에 따른 수리적 특성을 고려하여 선정하되 원형 또는 직사각형을 표준으로 한다.
③ 우수관로의 최소관경은 200mm를 표준으로 한다.
④ 합류관로의 최소관경은 250mm를 표준으로 한다.

■해설 하수관로 일반사항
  ㉠ 관로의 최소 흙두께는 원칙적으로 1m로 하나, 노반두께, 동결심도 등을 고려하여 적절한 흙두께로 한다.
  ㉡ 관로의 단면은 단면형상에 따른 수리적 특성을 고려하여 선정하되 원형 또는 직사각형을 표준으로 한다.
  ㉢ 오수관로의 최소관경은 200mm, 우수 및 합류관로의 최소관경은 250mm를 표준으로 한다.

114. 계획급수인구 50,000인, 1인1일 최대급수량 300L, 여과속도 100m/day로 설계하고자 할 때, 급속여과지의 면적은?

① 150m²   ② 300m²
③ 1,500m²   ④ 3,000m²

■해설 여과지 면적
  ㉠ 여과지 면적
  $$A = \frac{Q}{V}$$
  ㉡ 유량의 산정
  $Q = $ 1인 1일 최대급수량×인구
  $= 300 \times 10^{-3} \times 50,000 = 15,000 \text{m}^3/\text{day}$
  ㉢ 여과지 면적의 산정
  $$A = \frac{Q}{V} = \frac{15,000}{100} = 150 \text{m}^2$$

115. 그림은 Hardy-cross 방법에 의한 배수관망의 도해법이다. 그림에 대한 설명으로 틀린 것은? (단, Q는 유량, H는 손실수두를 의미한다.)

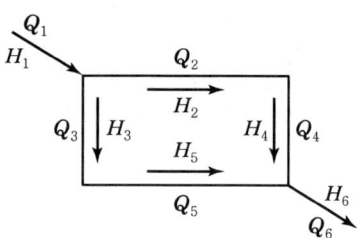

|해답| 112.② 113.③ 114.① 115.④

① Q_1과 Q_6은 같다.
② Q_2의 방향은 +이고, Q_3의 방향은 -이다.
③ $H_2 + H_4 + H_3 + H_5$는 0이다.
④ H_1은 H_6과 같다.

■해설 **상수도 관망설계**
㉠ 상수도 관망설계에 가장 많이 이용되는 것은 Hazen-William 공식이며, Hardy-Cross의 시행착오법을 적용한다.
㉡ Hardy-Cross의 시행착오법
• 각 폐합 관로 내에서의 손실수두의 합은 0이다.
• 각 관에 유입된 유량은 그 관에 정지하지 않고 모두 유출한다.
• 마찰 이외의 손실은 고려하지 않는다.
㉢ 해석
• 각 관에 유입된 유량은 그 관에 정지하지 않고 모두 유출되므로 Q_1과 Q_6의 양은 같다.
• 관망의 해석에는 방향체계를 부여하므로 시계방향으로 도는 Q_2의 방향이 +이면, Q_3의 방향은 -이다.
• 각 관로의 손실수두의 합은 0으로 $H_2 + H_4$의 크기와 $H_3 + H_5$의 크기는 같다. 여기에 $H_2 + H_4$의 크기는 +, $H_3 + H_5$의 크기는 -이므로 $H_2 + H_4 + H_3 + H_5 = 0$이다.
• H_1과 H_6의 크기는 같다고 볼 수 없다.

116. 대장균군의 수를 나타내는 MPN(최확수)에 대한 설명으로 옳은 것은?
① 검수 1mL 중 이론상 있을 수 있는 대장균군의 수
② 검수 10mL 중 이론상 있을 수 있는 대장균군의 수
③ 검수 50mL 중 이론상 있을 수 있는 대장균군의 수
④ 검수 100mL 중 이론상 있을 수 있는 대장균군의 수

■해설 MPN(most probable numbers) : 시료 100ml당 이론상으로 존재 가능한 대장균의 수를 나타내는 것으로, 우리나라 대장균군 검출법으로 사용된다.

117. 침전지 내에서 비중이 0.7인 입자의 부상속도를 V라 할 때, 비중이 0.4인 입자의 부상속도는?(단, 기타의 모든 조건은 같다.)
① $0.5\,V$ ② $1.25\,V$
③ $1.75\,V$ ④ $2\,V$

■해설 **부상속도**
㉠ 부상속도
$$V_s = \frac{(w_w - w_s)d^2}{18\mu}$$
여기서, w_w : 물의 단위중량
w_s : 흙의 단위중량
d : 입자의 직경
μ : 점성계수

㉡ 부상속도의 계산
• 비중 0.7 : $V_s = \frac{(1.0-0.7)d^2}{18\mu} = \frac{0.3d^2}{18\mu}$
• 비중 0.4 : $V_s = \frac{(1.0-0.4)d^2}{18\mu} = \frac{0.6d^2}{18\mu}$

∴ 다른 모든 조건이 동일하고, 비중 0.7인 입자의 속도를 V라고 한다면 비중 0.4인 입자의 부상속도는 $2V$이다.

118. 하수 중의 질소와 인을 동시에 제거할 때 이용될 수 있는 고도처리시스템은?
① 혐기호기조합법
② 3단 활성슬러지법
③ Phostrip법
④ 혐기무산소호기조합법

■해설 **하수의 고도처리방법**
㉠ 하수의 고도처리방법에는 물리적 방법, 화학적 방법, 생물학적 방법이 있으며, 질소와 인의 처리는 주로 생물학적 방법을 적용한다.
㉡ 고도처리방법의 분류
• 질소 제거 : 암모니아 탈기법, 이온교환법, 불연속적 염소주입법, 생물학적 질화 탈질화법
• 인 제거 : 응집침전법, 정석탈인법, A/O (Anoxic Oxic)법
• 질소, 인 동시 제거 : A^2/O(Anaerobic-Anoxic/Oxic process)법, SBR, UCT법, VIP법, 수정 Phostrip법 등

∴ 질소와 인을 동시에 제거하는 방법은 A^2/O(Anaerobic-Anoxic/Oxic process)법으로 혐기무산소호기조합법이다.

∴ 분류식 오수관은 매일 일정량의 오수가 흐르므로 청천 시에 퇴적량이 합류식에 비하여 많지 않다.

119. 상수도의 구성이나 계통에서 상수원의 부영양화가 가장 큰 영향을 미칠 수 있는 시설은?

① 취수시설 ② 정수시설
③ 송수시설 ④ 배·급수시설

■해설 **부영양화**
㉠ 가정하수, 공장폐수 등이 하천이나 호수에 유입되었을 때 질소(N)나 인(P)과 같은 영양염류농도가 증가된다. 이로 인해 조류 및 식물성 플랑크톤이 과도하게 성장하여, 물에 맛과 냄새가 유발되고 저수지의 수질이 악화되는 현상을 부영양화라 한다.
㉡ 부영양화로 인해서 발생한 조류가 정수장의 여과지를 폐색시킬 우려가 크므로 부영양화가 상수도 계통에서 가장 큰 영향을 미치는 시설은 정수시설이다.

120. 하수배제방식에 대한 설명 중 틀린 것은?

① 분류식 하수관거는 청천 시 관로 내 퇴적량이 합류식 하수관거에 비하여 많다.
② 합류식 하수배제방식은 폐쇄의 염려가 없고 검사 및 수리가 비교적 용이하다.
③ 합류식 하수관거에서는 우천 시 일정 유량 이상이 되면 하수가 직접 수역으로 방류될 수 있다.
④ 분류식 하수배제방식은 강우 초기에 도로 위의 오염물질이 직접 하천으로 유입되는 단점이 있다.

■해설 **하수의 배제방식**

분류식	합류식
• 수질오염 방지 면에서 유리	• 구배 완만, 매설깊이가 적으며 시공성이 좋다.
• 청천 시에도 퇴적의 우려가 없다.	• 초기 우수에 의한 노면배수처리가 가능하다.
• 강우 초기 노면배수효과가 없다.	• 관경이 크므로 검사가 편리하고, 환기가 잘 된다.
• 시공이 복잡하고 오접합의 우려가 있다.	• 건설비가 적게 든다.
• 우천 시 수세효과를 기대할 수 없다.	• 우천 시 수세효과가 있다.
• 공사비가 많이 든다.	• 청천 시 관내 침전, 효율 저하

|해답| 119.② 120.①

contents

3월 3일 시행
4월 27일 시행
8월 4일 시행

토목기사 필기
과년도 기출문제

2019

과년도 기출문제 (2019년 3월 3일 시행)

제1과목 **응용역학**

01. 다음 정정보에서의 전단력도(SFD)로 옳은 것은?

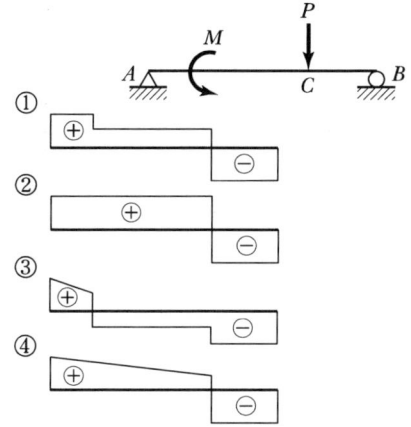

■해설 보의 전단력도는 휨모멘트가 작용하는 위치에서 변화하지 않는다. 따라서, 주어진 보의 전단력도는 수직 집중하중 P가 작용하는 C점을 기준으로 AC 구간과 CB 구간에서 서로 다른 상수 함수로 표현되어야 한다. 또한 AC 구간과 CB 구간의 전단력의 차는 P이다.

02. 각 변의 길이가 a로 동일한 그림 (A), (B)단면의 성질에 관한 내용으로 옳은 것은?

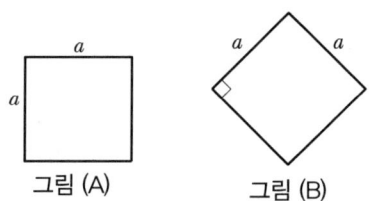

① 그림 (A)는 그림 (B)보다 단면계수는 작고, 단면2차모멘트는 크다.
② 그림 (A)는 그림 (B)보다 단면계수는 크고, 단면2차모멘트는 작다.
③ 그림 (A)는 그림 (B)보다 단면계수는 크고, 단면2차모멘트는 같다.
④ 그림 (A)는 그림 (B)보다 단면계수는 작고, 단면2차모멘트는 같다.

■해설 • 정사각형 단면의 도심을 지나는 축에 대한 단면2차모멘트는 일정하다. $I_A = I_B$

• $Z_A = \dfrac{I_A}{\left(\dfrac{a}{2}\right)} = \dfrac{2I_A}{a}$

• $Z_B = \dfrac{I_B}{\left(\dfrac{a\sqrt{2}}{2}\right)} = \dfrac{\sqrt{2}\,I_B}{a}$

• $Z_A > Z_B$

03. 그림과 같이 단순보에 이동하중이 재하될 때 절대 최대 모멘트는 약 얼마인가?

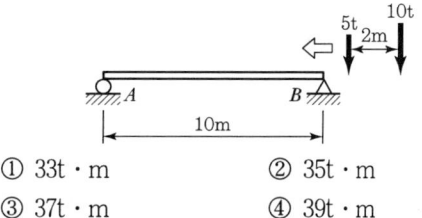

① 33t · m   ② 35t · m
③ 37t · m   ④ 39t · m

■해설 (1) 절대 최대 휨모멘트가 발생하는 위치와 하중배치

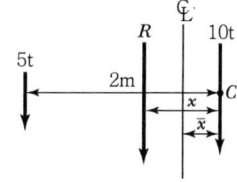

① 이동 하중군의 합력 크기(R)
  $\sum F_y (\downarrow \oplus) = 5 + 10 = R$, $R = 15\text{t}$
② 이동 하중군의 합력 위치(x)
  $\sum M_{\copyright}(\curvearrowright \oplus) = 5 \times 2 = R \times x$
  $x = \dfrac{10}{R} = \dfrac{10}{15} = 0.67\text{m}$
③ 절대 최대 휨모멘트가 발생하는 위치($\bar{x}$)
  $\bar{x} = \dfrac{x}{2} = \dfrac{0.67}{2} = 0.33\text{m}$

따라서 절대 최대 휨모멘트는 10t의 재하위치가 보 중앙으로부터 우측으로 0.33m 떨어진 곳(지점 A로부터 5.33m 떨어진 곳)일 때, 10t의 재하 위치에서 발생한다.

|해답| 1.② 2.③ 3.①

(2) 절대 최대 휨모멘트

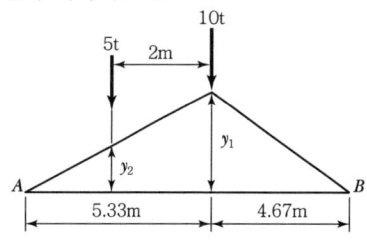

① 영향선 종거(y_1, y_2)

$$y_1 = \frac{5.33 \times 4.67}{10} = 2.49$$

$$y_2 = \frac{y_1 \times 3.33}{5.33} = \frac{2.49 \times 3.33}{5.33} = 1.56$$

② 절대 최대 휨모멘트

$$M_{abs\,max} = 10 \times 2.49 + 5 \times 1.56 = 32.7 \text{t} \cdot \text{m}$$

04. 양단 고정보에 등분포하중이 작용할 때 A점에 발생하는 휨모멘트는?

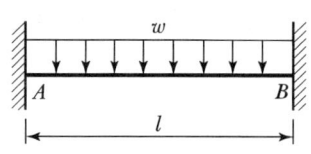

① $-\dfrac{wl^2}{4}$
② $-\dfrac{wl^4}{6}$
③ $-\dfrac{wl^2}{8}$
④ $-\dfrac{wl^2}{12}$

■해설 $M_A = -\dfrac{wl^2}{12}$

05. 다음 라멘의 수직반력 R_B는?

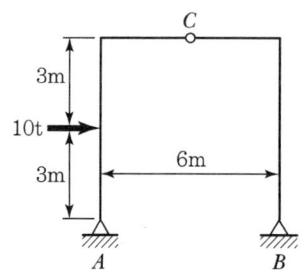

① 2t
② 3t
③ 4t
④ 5t

■해설 $\sum M_{\text{Ⓐ}} = 0 (\curvearrowright \oplus)$
$10 \times 3 - R_B \times 6 = 0$
$R_B = 5\text{t}(\uparrow)$

06. 다음 그림과 같은 기둥에서 좌굴하중의 비 $(a) : (b) : (c) : (d)$는? (단, EI와 기둥의 길이(l)는 모두 같다.)

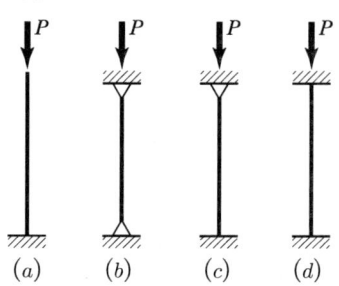

① $1 : 2 : 3 : 4$
② $1 : 4 : 8 : 12$
③ $\dfrac{1}{4} : 2 : 4 : 8$
④ $1 : 4 : 8 : 16$

■해설 $P_{cr} = \dfrac{\pi^2 EI}{(kl)^2} = \dfrac{c}{k^2}$ ($c = \dfrac{\pi^2 EI}{l^2}$라 두면)

$P_{cr(a)} : P_{cr(b)} : P_{cr(c)} : P_{cr(d)}$

$= \dfrac{c}{2^2} : \dfrac{c}{1^2} : \dfrac{c}{0.7^2} : \dfrac{c}{0.5^2}$

$= 1 : 4 : 8 : 16$

07. 단주에서 단면의 핵이란 기둥에서 인장응력이 발생되지 않도록 재하되는 편심거리로 정의된다. 지름 40cm인 원형 단면의 핵의 지름은?

① 2.5cm
② 5.0cm
③ 7.5cm
④ 10.0cm

■해설 $D_{(core)} = 2k = 2 \times \dfrac{D}{8} = \dfrac{D}{4} = \dfrac{40}{4} = 10\text{cm}$

08. 지름이 d인 원형 단면의 회전반경은?

① $\dfrac{d}{2}$
② $\dfrac{d}{3}$
③ $\dfrac{d}{4}$
④ $\dfrac{d}{8}$

|해답| 4.④ 5.④ 6.④ 7.④ 8.③

■해설
$$r = \sqrt{\dfrac{I}{A}} = \sqrt{\dfrac{\left(\dfrac{\pi d^4}{64}\right)}{\left(\dfrac{\pi d^4}{4}\right)}} = \dfrac{d}{4}$$

09. 직사각형 단면 보의 단면적을 A, 전단력을 V라고 할 때 최대 전단응력 $\tau_{\max}$은?

① $\dfrac{2}{3}\dfrac{V}{A}$ ② $1.5\dfrac{V}{A}$

③ $3\dfrac{V}{A}$ ④ $2\dfrac{V}{A}$

■해설 $Z_{\max} = \alpha \dfrac{V}{A} 1.5 \dfrac{V}{A}$

10. 분포하중(W), 전단력(S) 및 굽힘모멘트(M) 사이의 관계가 옳은 것은?

① $W = \dfrac{dM}{dx} = \dfrac{d^2 S}{dx^2}$ ② $W = \dfrac{dM}{dx} = \dfrac{d^2 M}{dx^2}$

③ $-W = \dfrac{dS}{dx} = \dfrac{d^2 M}{dx^2}$ ④ $-W = \dfrac{dM}{dx} = \dfrac{d^2 S}{dx^2}$

■해설 $\dfrac{d^2 M}{dx^2} = \dfrac{dS}{dx} = -W$

또는 $M = \int S dx = -\iint W dx dx$

11. 다음 그림과 같은 구조물에서 C점의 수직처짐은?(단, AC 및 BC 부재의 길이는 L, 단면적은 A, 탄성계수는 E이다.)

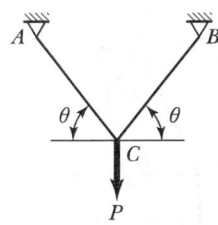

① $\dfrac{PL}{2AE\sin^2\theta}$ ② $\dfrac{PL}{2AE\cos^2\theta}$

③ $\dfrac{PL}{2AE\sin\theta\cos\theta}$ ④ $\dfrac{PL}{2AE\sin\theta}$

■해설 1. 실하중에 대한 부재력(F_{AC}, F_{BC})

$\sum F_x = 0 (\to \oplus)$
$-F_{AC} \cdot \cos\theta + F_{BC} \cdot \cos\theta = 0$
$F_{AC} = F_{BC}$
$\sum F_y = 0 (\uparrow \oplus)$
$\sum F_{AC} \cdot \sin\theta - P = 0$
$F_{AC} = F_{BC} = \dfrac{P}{2\sin\theta}$

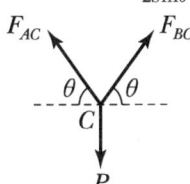

2. 단위하중에 대한 부재력(f_{AC}, f_{BC})

$f_{AC} = f_{BC} = \dfrac{1}{2\sin\theta}$

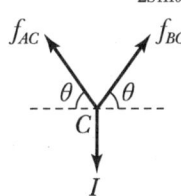

3. C점의 수직처짐(δ_c)

$\delta_c = \sum \dfrac{Ffl}{EA}$
$= \dfrac{L}{EA}\left\{2 \cdot \left(\dfrac{P}{2\sin\theta}\right) \cdot \left(\dfrac{1}{2\sin\theta}\right)\right\}$
$= \dfrac{PL}{2EA\sin^2\theta}$

12. 다음에서 설명하는 정리는?

> 동일 평면상의 한 점에 여러 개의 힘이 작용하고 있는 경우에 이 평면상의 임의점에 관한 이들 힘의 모멘트의 대수합은 동일점에 관한 이들 힘의 합력의 모멘트와 같다.

① Lami의 정리
② Green의 정리
③ Pappus의 정리
④ Varignon의 정리

|해답| 9.② 10.③ 11.① 12.④

13. 다음 그림과 같은 보에서 C점의 휨모멘트는?

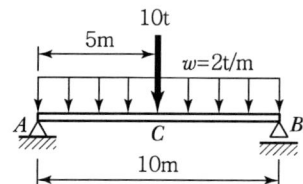

① 0t·m   ② 40t·m
③ 45t·m   ④ 50t·m

■해설 $M_c = \dfrac{Pl}{4} + \dfrac{wl^2}{8}$

$= \dfrac{10 \times 10}{4} + \dfrac{2 \times 10^2}{8}$

$= 50\text{t·m}$

14. 탄성계수가 $2.0 \times 10^6 \text{kg/cm}^2$인 재료로 된 경간 10m의 캔틸레버 보에 $w=120\text{kg/m}$의 등분포하중이 작용할 때, 자유단의 처짐각은?(단, IN: 중립축에 관한 단면2차모멘트이다.)

① $\theta = \dfrac{10^2}{IN}$ ② $\theta = \dfrac{10^3}{IN}$

③ $\theta = 1.5 \times \dfrac{10^3}{IN}$ ④ $\theta = \dfrac{10^4}{IN}$

■해설 $\theta = \dfrac{wl^3}{6EI}$

$= \dfrac{(120 \times 10^{-2}) \times (10 \times 10^2)^3}{6 \times (2 \times 10^6)IN}$

$= \dfrac{10^2}{IN}$

15. 그림과 같은 내민보에서 자유단의 처짐은?(단, $EI = 3.2 \times 10^{11} \text{kg/cm}^2$)

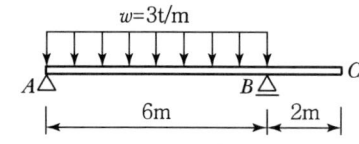

① 0.169cm   ② 16.9cm
③ 0.338cm   ④ 33.8cm

■해설
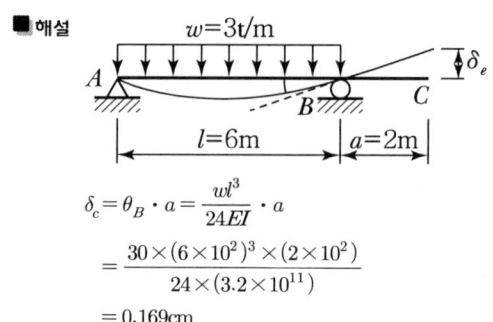

$\delta_c = \theta_B \cdot a = \dfrac{wl^3}{24EI} \cdot a$

$= \dfrac{30 \times (6 \times 10^2)^3 \times (2 \times 10^2)}{24 \times (3.2 \times 10^{11})}$

$= 0.169\text{cm}$

16. 다음 중 단위 변형을 일으키는 데 필요한 힘은?

① 강성도   ② 유연도
③ 축강도   ④ 푸아송 비

■해설 강성(k) : 단위 변위를 일으키는 데 필요한 힘
연성(f) : 단위 힘당 발생 변위

17. 그림과 같은 트러스에서 부재 U의 부재력은?

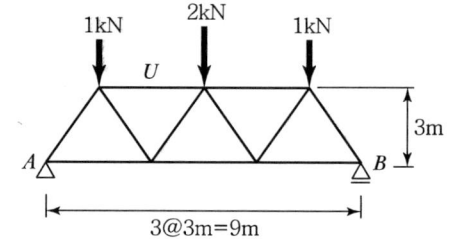

① 1.0kN(압축)   ② 1.2kN(압축)
③ 1.3kN(압축)   ④ 1.5kN(압축)

■해설 $R_A = \dfrac{1+2+1}{2} = 2\text{kN}(\uparrow)$

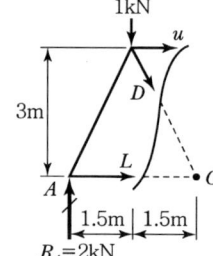

$\sum M_C = 0 (\curvearrowright \oplus)$
$2 \times 3 - 1 \times 1.5 + u \times 3 = 0$
$u = -1.5\text{kN}(압축)$

18. 20cm×30cm인 단면의 저항모멘트는?(단, 재료의 허용 휨응력은 70kg/cm²이다.)

① 2.1t · m   ② 3.0t · m
③ 4.5t · m   ④ 6.0t · m

■ 해설 $\sigma_a = \dfrac{M_a}{Z}$

$M_a = \sigma_a \cdot Z = \sigma_a \left(\dfrac{bh^2}{6}\right)$

$= 70 \times \dfrac{20 \times 30^2}{6}$

$= 201 \times 10^5 \text{kg} \cdot \text{cm} = 2.1 \text{t} \cdot \text{m}$

19. 주어진 보에서 지점 A의 휨모멘트(M_A) 및 반력(R_A)의 크기로 옳은 것은?

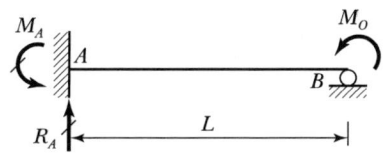

① $M_A = \dfrac{M_o}{2}$, $R_A = \dfrac{3M_o}{2L}$

② $M_A = M_o$, $R_A = \dfrac{M_o}{L}$

③ $M_A = \dfrac{M_o}{2}$, $R_A = \dfrac{5M_o}{2L}$

④ $M_A = M_o$, $R_A = \dfrac{2M_o}{L}$

■ 해설 $M_A = \dfrac{M_o}{2}$

$\Sigma M_\text{Ⓑ} = 0 (\curvearrowright \oplus)$

$R_A \times L - \dfrac{M_o}{2} - M_o = 0$

$R_A = \dfrac{3M_o}{2L} (\uparrow)$

20. 다음에서 부재 BC에 걸리는 응력의 크기는?

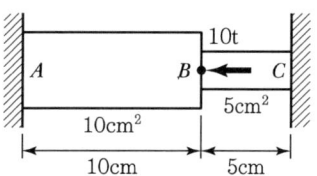

① $\dfrac{2}{3}$ t/cm²   ② 1t/cm²
③ $\dfrac{3}{2}$ t/cm²   ④ 2t/cm²

■ 해설 $k_{AB} : k_{BC} = \dfrac{A_{AB}}{l_{AB}} : \dfrac{A_{BC}}{l_{BC}} = \dfrac{10}{10} : \dfrac{5}{5} = 1 : 1$

$DF_{AB} : DF_{BC} = \dfrac{k_{AB}}{\Sigma k} : \dfrac{k_{BC}}{\Sigma k}$

$= \dfrac{1}{(1+1)} : \dfrac{1}{(1+1)} = \dfrac{1}{2} : \dfrac{1}{2}$

$P_{AB} : P_{BC} = DF_{AB} \cdot P : DF_{BC} \cdot P = \dfrac{P}{2} : \dfrac{P}{2}$

$= \dfrac{10}{2} : \dfrac{10}{2} = 5\text{t} : 5\text{t}$

$\sigma_{AB} : \sigma_{BC} = \dfrac{P_{AB}}{A_{AB}} : \dfrac{P_{BC}}{A_{BC}} = \dfrac{5}{10} : \dfrac{5}{5}$

$= 0.5\text{t/cm}^2 : 1\text{t/cm}^2$

제2과목 측량학

21. 항공사진의 주점에 대한 설명으로 옳지 않은 것은?

① 주점에서는 경사사진의 경우에도 경사각에 관계없이 수직사진의 축척과 같은 축척이 된다.
② 인접사진과의 주점길이가 과고감에 영향을 미친다.
③ 주점은 사진의 중심으로 경사사진에서는 연직점과 일치하지 않는다.
④ 주점은 연직점, 등각점과 함께 항공사진의 특수3점이다.

■ 해설
• 주점은 고정된 점이며 등각점과 연직점을 결정짓는 기준이다.
• 경사가 작을 때는 주점을 연직점, 등각점 대용으로 사용한다.
• 경사가 없을 때는 주점, 연직점, 등각점이 동일하다.

|해답| 18.① 19.① 20.② 21.①

22. 철도의 궤도간격 $b=1.067$m, 곡선반지름 $R=600$m인 원곡선상을 열차가 100km/h로 주행하려고 할 때 캔트는?

① 100mm ② 140mm
③ 180mm ④ 220mm

■해설
$$캔트(C) = \frac{SV^2}{gR} = \frac{1.067 \times \left(100 \times 1,000 \times \frac{1}{3,600}\right)^2}{9.8 \times 600}$$
$$= 0.14\text{m} = 140\text{mm}$$

23. 교각(I) 60°, 외선 길이(E) 15m인 단곡선을 설치할 때 곡선길이는?

① 85.2m ② 91.3m
③ 97.0m ④ 101.5m

■해설
- 외할$(E) = R\left(\sec\frac{I}{2} - 1\right)$

$$R = \frac{E}{\sec\frac{I}{2} - 1} = \frac{15}{\sec\frac{60°}{2} - 1} = 96.96\text{m}$$

- 곡선길이$(C.L) = RI\frac{\pi}{180°} = 96.96 \times 60° \times \frac{\pi}{180°}$
$$= 101.53\text{m}$$

24. 수준측량에서 발생하는 오차에 대한 설명으로 틀린 것은?

① 기계의 조정에 의해 발생하는 오차는 전시와 후시의 거리를 같게 하여 소거할 수 있다.
② 표척의 영눈금 오차는 출발점의 표척을 도착점에서 사용하여 소거할 수 있다.
③ 측지삼각수준측량에서 곡률오차와 굴절오차는 그 양이 미소하므로 무시할 수 있다.
④ 기포의 수평조정이나 표척면의 읽기는 육안으로 한계가 있으나 이로 인한 오차는 일반적으로 허용오차 범위 안에 들 수 있다.

■해설 측지(대지)측량에서는 구차와 기차, 즉 양차를 보정해야 한다.
$$\Delta h = \frac{D^2}{2R}(1-K)$$

25. 일반적으로 단열삼각망으로 구성하기에 가장 적합한 것은?

① 시가지와 같이 정밀을 요하는 골조측량
② 복잡한 지형의 골조측량
③ 광대한 지역의 지형측량
④ 하천조사를 위한 골조측량

■해설 단열삼각망은 폭이 좁고 긴 지역(도로, 하천)에 이용한다.

26. 삼각측량의 각 삼각점에 있어 모든 각의 관측 시 만족되어야 하는 조건이 아닌 것은?

① 하나의 측점을 둘러싸고 있는 각의 합은 360°가 되어야 한다.
② 삼각망 중에서 임의의 한 변의 길이는 계산의 순서에 관계없이 같아야 한다.
③ 삼각망 중 각각 삼각형 내각의 합은 180°가 되어야 한다.
④ 모든 삼각점의 포함면적은 각각 일정하여야 한다.

■해설 ① 점조건
② 변조건
③ 각조건

27. 초점거리 20cm의 카메라로 평지로부터 6,000m의 촬영고도로 찍은 연직 사진이 있다. 이 사진에 찍혀 있는 평균 표고 500m인 지형의 사진 축척은?

① 1 : 5,000
② 1 : 27,500
③ 1 : 29,750
④ 1 : 30,000

■해설 $축척\left(\frac{1}{M}\right) = \frac{f}{H \pm \Delta h} = \frac{0.2}{6,000 - 500} = \frac{1}{27,500}$

28. 수준측량의 야장 기입법에 관한 설명으로 옳지 않은 것은?

① 야장 기입법에는 고차식, 기고식, 승강식이 있다.
② 고차식은 단순히 출발점과 끝점의 표고차만 알고자 할 때 사용하는 방법이다.
③ 기고식은 계산과정에서 완전한 검산이 가능하여 정밀한 측량에 적합한 방법이다.
④ 승강식은 앞 측점의 지반고에 해당 측점의 승강을 합하여 지반고를 계산하는 방법이다.

■해설 기고식 야장 기입법은 중간점이 많은 경우에 사용하며, 완전한 검산을 할 수 없다.

29. 위성측량의 DOP(Dilution Of Precision)에 관한 설명 중 옳지 않은 것은?

① 기하학적 DOP(GDOP), 3차원위치 DOP(PDOP), 수직위치 DOP(VDOP), 평면위치 DOP(HDOP), 시간 DOP(TDOP) 등이 있다.
② DOP는 측량할 때 수신 가능한 위성의 궤도정보를 항법메시지에서 받아 계산할 수 있다.
③ 위성측량에서 DOP가 작으면 클 때보다 위성의 배치상태가 좋은 것이다.
④ 3차원위치 DOP(PDOP)는 평면 DOP(HDOP)와 수직 위치 DOP(VDOP)의 합으로 나타난다.

■해설
• GPS 관측지역의 상공을 지나는 위성의 기하학적 배치상태에 따라 측위의 정확도가 달라지며 이를 DOP라 한다.
• 3차원위치의 정확도는 PDOP에 따라 달라지며 PDOP는 4개의 관측위성이 이루는 사면체의 체적이 최대일 때 정확도가 좋으며, 이때는 관측자의 머리 위에 다른 세 개의 위성이 각각 120°를 이룰 때이다.
• DOP의 값이 작을수록 정확하며 1이 가장 정확하고 5까지는 실용상 지장이 없다.
• GDOP : 기하학적 정밀도 저하율
 PDOP : 위치 정밀도 저하율(3차원위치)
 HDOP : 수평 정밀도 저하율(수평위치)
 VDOP : 수직 정밀도 저하율(높이)
 RDOP : 상대 정밀도 저하율
 TDOP : 시간 정밀도 저하율

30. 완화곡선에 대한 설명으로 옳지 않은 것은?

① 곡선반지름은 완화곡선의 시점에서 무한대, 종점에서 원곡선의 반지름으로 된다.
② 완화곡선의 접선은 시점에서 직선에, 종점에서 원호에 접한다.
③ 완화곡선에 연한 곡선반지름의 감소율은 캔트의 증가율의 2배가 된다.
④ 완화곡선 종점의 캔트는 원곡선의 캔트와 같다.

■해설 완화곡선에 연한 곡률반경의 감소율은 캔트의 증가율과 같다.(부호는 반대이다.)

31. 축척 1:500 지형도를 기초로 하여 축척 1:5,000의 지형도를 같은 크기로 편찬하려 한다. 축척 1:5,000 지형도 1장을 만들기 위한 축척 1:500 지형도의 매수는?

① 50매 ② 100매
③ 150매 ④ 250매

■해설
• 면적은 축척 $\left(\dfrac{1}{M}\right)^2$에 비례
• 매수 $=\left(\dfrac{5{,}000}{500}\right)^2=100$매

32. 거리와 각을 동일한 정밀도로 관측하여 다각측량을 하려고 한다. 이때 각 측량기의 정밀도가 10″라면 거리측량기의 정밀도는 약 얼마 정도이어야 하는가?

① 1/15,000
② 1/18,000
③ 1/21,000
④ 1/25,000

■해설 $\dfrac{\Delta L}{L}=\dfrac{\theta''}{\rho''}=\dfrac{10''}{206{,}265''}\fallingdotseq\dfrac{1}{21{,}000}$

33. 지오이드(Geoid)에 대한 설명으로 옳은 것은?
① 육지와 해양의 지형면을 말한다.
② 육지 및 해저의 요철(凹凸)을 평균한 매끈한 곡면이다.
③ 회전타원체와 같은 것으로서 지구의 형상이 되는 곡면이다.
④ 평균해수면을 육지내부까지 연장했을 때의 가상적인 곡면이다.

■해설 평균 해수면을 육지까지 연장한 가상 곡면으로 불규칙한 곡면이다.

34. 평야지대에서 어느 한 측점에서 중간 장애물이 없는 26km 떨어진 측점을 시준할 때 측점에 세울 표척의 최소 높이는?(단, 굴절계수는 0.14이고 지구곡률반지름은 6,370km이다.)
① 16m ② 26m
③ 36m ④ 46m

■해설 $\Delta h = \dfrac{D^2}{2R}(1-K) = \dfrac{26^2}{2\times 6,370}(1-0.14)$
$= 0.0456\text{km} = 45.6\text{m}$

35. 다각측량 결과 측점 A, B, C의 합위거, 합경거가 표와 같다면 삼각형 A, B, C의 면적은?

측점	합위거(m)	합경거(m)
A	100.0	100.0
B	400.0	100.0
C	100.0	500.0

① 40,000m² ② 60,000m²
③ 80,000m² ④ 120,000m²

■해설

측점	합위거(m)	합경거(m)	$(x_{n-1}-x_{n+1})y$
A	100	100	$(100-400)\cdot 100 = -30,000$
B	400	100	$(100-100)\cdot 100 = 0$
C	100	500	$(400-100)\cdot 500 = 150,000$

• 배면적 $2A = 120,000$
• 면적 $A = \dfrac{120,000}{2} = 60,000\text{m}^2$

36. A, B, C 세 점에서 P점의 높이를 구하기 위해 직접수준측량을 실시하였다. A, B, C점에서 구한 P점의 높이는 각각 325.13m, 325.19m, 325.02m이고 $AP=BP=$1km, $CP=$3km일 때 P점의 표고는?
① 325.08m ② 325.11m
③ 325.14m ④ 325.21m

■해설 • 경중률은 거리에 비례한다.
$P_A : P_B : P_C = \dfrac{1}{S_A} : \dfrac{1}{S_B} : \dfrac{1}{S_C}$
$= \dfrac{1}{1} : \dfrac{1}{1} : \dfrac{1}{3} = 3 : 3 : 1$

• $H_P = 325 + \dfrac{3\times 0.13 + 3\times 0.19 + 1\times 0.02}{3+3+1}$
$= 325.14\text{m}$

37. 비행장이나 운동장과 같이 넓은 지형의 정지공사 시에 토량을 계산하고자 할 때 적당한 방법은?
① 점고법 ② 등고선법
③ 중앙단면법 ④ 양단면 평균법

■해설 점고법은 넓고 비교적 평탄한 지형의 체적계산에 사용하고 지표상에 있는 점의 표고를 숫자로 표시해 높이를 나타내는 방법

38. 방위각 265°에 대한 측선의 방위는?
① S85°W ② E85°W
③ N85°E ④ E85°N

■해설
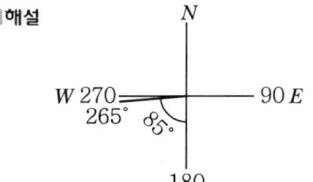

• 방위 = 방위각 − 180°
• 부호 SW
• 265° − 180° = S85°W

39. 100m²인 정사각형 토지의 면적을 0.1m²까지 정확하게 구현하고자 한다면 이에 필요한 거리관측의 정확도는?

① 1/2,000
② 1/1,000
③ 1/500
④ 1/300

■해설 면적과 거리의 정도관계

$$\frac{\Delta A}{A} = 2\frac{\Delta L}{L}$$

$$\frac{0.1}{100} = 2 \times \frac{\Delta L}{L}$$

$$\frac{\Delta L}{L} = \frac{1}{2} \times \frac{0.1}{100} = \frac{1}{2,000}$$

40. 지형측량에서 지성선(地性線)에 대한 설명으로 옳은 것은?

① 등고선이 수목에 가려져 불명확할 때 이어주는 선을 의미한다.
② 지모(地貌)의 골격이 되는 선을 의미한다.
③ 등고선에 직각방향으로 내려 그은 선을 의미한다.
④ 곡선(谷線)이 합류되는 점들을 서로 연결한 선을 의미한다.

■해설 지성선은 지표면이 다수의 평면으로 이루어졌다고 가정할 때 그 면과 면이 만나는 선이며 능선, 계곡선, 경사변환선 등이 있다.

제3과목 **수리수문학**

41. 개수로의 흐름에서 비에너지의 정의로 옳은 것은?

① 단위 중량의 물이 가지고 있는 에너지로 수심과 속도수두의 합
② 수로의 한 단면에서 물이 가지고 있는 에너지를 단면적으로 나눈 값
③ 수로의 두 단면에서 물이 가지고 있는 에너지를 수심으로 나눈 값
④ 압력 에너지와 속도 에너지의 비

■해설 비에너지
단위무게당의 물이 수로 바닥면을 기준으로 갖는 흐름의 에너지 또는 수두를 비에너지라 한다.

$$h_e = h + \frac{\alpha v^2}{2g} = h + \frac{\alpha}{2g}\left(\frac{Q}{A}\right)^2$$

여기서, h : 수심
α : 에너지 보정계수
v : 유속

∴ 비에너지는 수심과 속도수두의 합으로 나타난다.

42. 지름 200mm인 관로에 축소부 지름이 120mm인 벤투리미터(venturimeter)가 부착되어 있다. 두 단면의 수두차가 1.0m, C=0.98일 때의 유량은?

① 0.00525m³/s
② 0.0525m³/s
③ 0.525m³/s
④ 5.250m³/s

■해설 벤투리미터
㉠ 정의
관 내 축소부를 두어 축소 전과 축소 후의 압력차를 측정하여 유량을 구하는 관수로 유량 측정장치

$$Q = \frac{CA_1 A_2}{\sqrt{A_1^2 - A_2^2}}\sqrt{2gH}$$

여기서, C : 유량계수
A_1 : 축소 전의 단면적
A_2 : 축소 후의 단면적
H : 압력차(수두)

㉡ 유량의 산정

• $A_1 = \frac{\pi \times 0.2^2}{4} = 0.0314\text{m}^2$

• $A_2 = \frac{\pi \times 0.12^2}{4} = 0.0113\text{m}^2$

∴ $Q = \frac{CA_1 A_2}{\sqrt{A_1^2 - A_2^2}}\sqrt{2gH}$

$= \frac{0.98 \times 0.0314 \times 0.0113}{\sqrt{0.0314^2 - 0.0113^2}}\sqrt{2 \times 9.8 \times 1}$

$= 0.053\text{m}^3/\text{s}$

43. 대규모 수공구조물의 설계우량으로 가장 적합한 것은?

① 평균 면적우량
② 발생 가능 최대 강수량(PMP)
③ 기록상의 최대 우량
④ 재현기간 100년에 해당하는 강우량

■해설 가능 최대 강수량
가능 최대 강수량(Probable Maximum Precipitation) 이란 어떤 지역에서 생성될 수 있는 가장 극심한 기상 조건하에서 발생 가능한 호우로 인한 최대 강수량을 의미한다. 대규모 수공구조물을 설계하고자 할 때 기준으로 삼는 우량이며, 통계학적으로는 10,000년 빈도에 해당하는 홍수량을 말한다.

44. 그림과 같은 굴착정(artesian well)의 유량을 구하는 공식은?(단, R : 영향원의 반지름, K : 투수계수, m : 피압대수층의 두께)

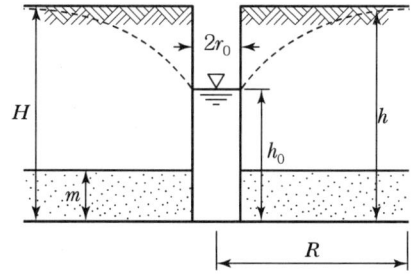

① $Q = \dfrac{2\pi mK(H+h_o)}{\ln(R/r_o)}$

② $Q = \dfrac{2\pi mK(H+h_o)}{\ln(r_o/R)}$

③ $Q = \dfrac{2\pi mK(H-h_o)}{\ln(R/r_o)}$

④ $Q = \dfrac{2\pi mK(H-h_o)}{\ln(r_o/R)}$

■해설 우물의 양수량

종류	내용
깊은 우물 (심정호)	우물의 바닥이 불투수층까지 도달한 우물을 말한다. $Q = \dfrac{\pi K(H^2 - h_o^2)}{\ln(R/r_o)} = \dfrac{\pi K(H^2 - h_o^2)}{2.3\log(R/r_o)}$
얕은 우물 (천정호)	우물의 바닥이 불투수층까지 도달하지 못한 우물을 말한다. $Q = 4Kr_o(H - h_o)$
굴착정	피압대수층의 물을 양수하는 우물을 굴착정이라 한다. $Q = \dfrac{2\pi aK(H - h_o)}{\ln(R/r_o)} = \dfrac{2\pi aK(H - h_o)}{2.3\log(R/r_o)}$
집수암거	복류수를 취수하는 우물을 집수암거라 한다. $Q = \dfrac{Kl}{R}(H^2 - h^2)$

∴ 굴착정의 양수량 공식은 $Q = \dfrac{2\pi mK(H - h_o)}{\ln(R/r_o)}$

45. 개수로에서 한계수심에 대한 설명으로 옳은 것은?

① 사류 흐름의 수심
② 상류 흐름의 수심
③ 비에너지가 최대일 때의 수심
④ 비에너지가 최소일 때의 수심

■해설 한계수심
㉠ 유량이 일정하고 비에너지가 최소일 때의 수심을 한계수심이라 한다.
㉡ 비에너지가 일정하고 유량이 최대로 흐를 때의 수심을 한계수심이라 한다.
㉢ 유량이 일정하고 비력이 최소일 때의 수심을 한계수심이라 한다.
㉣ 흐름이 상류(常流)에서 사류(射流)로 바뀌는 지점의 수심을 한계수심이라 한다.

46. 단위도(단위유량도)에 대한 설명으로 옳지 않은 것은?

① 단위도의 3가지 가정은 일정기저시간 가정, 비례 가정, 중첩 가정이다.
② 단위도는 기저유량과 직접유출량을 포함하는 수문곡선이다.
③ S-Curve를 이용하여 단위도의 단위시간을 변경할 수 있다.

④ Snyder는 합성단위도법을 연구 발표하였다.

■해설 단위유량도
  ㉠ 단위도의 정의
    특정 단위시간 동안 균등한 강우강도로 유역 전반에 걸쳐 균등한 분포로 내리는 단위유효우량으로 인하여 발생하는 직접유출 수문곡선
  ㉡ 단위도의 구성요소
    • 직접유출량
    • 유효우량 지속시간
    • 유역면적
  ㉢ 단위도의 3가정
    • 일정기저시간 가정
    • 비례 가정
    • 중첩 가정
  ∴ 단위유량도는 단위유효우량으로 인한 직접유출 수문곡선으로 기저유출은 포함하지 않는다.

47. 관 속에 흐르는 물의 속도수두를 10m로 유지하기 위한 평균 유속은?

① 4.9m/s ② 9.8m/s
③ 12.6m/s ④ 14.0m/s

■해설 속도수두
  ㉠ 속도수두
    $h = \dfrac{v^2}{2g}$
  ㉡ 유속의 산정
    $v = \sqrt{2gh} = \sqrt{2 \times 9.8 \times 10} = 14\text{m/s}$

48. 물체의 공기 중 무게가 750N이고 물속에서의 무게는 250N일 때 이 물체의 체적은?(단, 무게 1kg중 = 10N)

① 0.05m³ ② 0.06m³
③ 0.50m³ ④ 0.60m³

■해설 부체의 평형조건
  ㉠ 부체의 평형조건
    • W(무게) $= B$(부력)
    • $w \cdot V = w_w \cdot V'$
    여기서, w : 물체의 단위중량
           V : 부체의 체적
           w_w : 물의 단위중량
           V' : 물에 잠긴 만큼의 체적

  ㉡ 수중에서의 물체의 무게(W')
    • $W' = W$(공기중무게) $- B$(부력)
    • $250\text{N} = 750\text{N} - w_w V$
    • $V = \dfrac{W}{w_w} = \dfrac{500}{10,000} = 0.05\text{m}^3$
    • $w_w = 1\text{t/m}^3 = 10,000\text{N/m}^3$

49. 직사각형 단면의 위어에서 수두(h) 측정에 2%의 오차가 발생했을 때, 유량(Q)에 발생되는 오차는?

① 1% ② 2%
③ 3% ④ 4%

■해설 수두측정오차와 유량오차의 관계
  ㉠ 수두측정오차와 유량오차의 관계
    • 직사각형 위어 : $\dfrac{dQ}{Q} = \dfrac{\frac{3}{2}KH^{\frac{1}{2}}dH}{KH^{\frac{3}{2}}} = \dfrac{3}{2}\dfrac{dH}{H}$

    • 삼각형 위어 : $\dfrac{dQ}{Q} = \dfrac{\frac{5}{2}KH^{\frac{3}{2}}dH}{KH^{\frac{5}{2}}} = \dfrac{5}{2}\dfrac{dH}{H}$

    • 작은 오리피스 :
      $\dfrac{dQ}{Q} = \dfrac{\frac{1}{2}KH^{-\frac{1}{2}}dH}{KH^{\frac{1}{2}}} = \dfrac{1}{2}\dfrac{dH}{H}$

  ㉡ 직사각형 위어의 유량오차
    $\dfrac{dQ}{Q} = \dfrac{3}{2}\dfrac{dH}{H} = \dfrac{3}{2} \times 2 = 3\%$

50. 상류(subcritical flow)에 관한 설명으로 틀린 것은?

① 하천의 유속이 장파의 전파속도보다 느린 경우이다.
② 관성력이 중력의 영향보다 더 큰 흐름이다.
③ 수심은 한계수심보다 크다.
④ 유속은 한계유속보다 작다.

■해설 흐름의 상태
  ㉠ 상류와 사류의 정의
    • 상류 : 하류의 흐름이 상류에 영향을 줄 수 있는 흐름
    • 사류 : 하류의 흐름이 상류에 영향을 줄 수 없는 흐름

|해답| 47.④ 48.① 49.③ 50.②

ⓒ 상류와 사류의 구분

$$F_r = \frac{V}{C} = \frac{V}{\sqrt{gh}}$$

여기서, V : 유속
C : 파의 전달속도

- $F_r < 1$: 상류(常流)
- $F_r > 1$: 사류(射流)
- $F_r = 1$: 한계류

∴ 상류는 $F_r < 1$ 경우로, 관성력이 중력의 영향보다 더 작은 흐름이다.

51. 지하수에서 Darcy 법칙의 유속에 대한 설명으로 옳은 것은?

① 영향권의 반지름에 비례한다.
② 동수경사에 비례한다.
③ 동수반지름(hydraulic radius)에 비례한다.
④ 수심에 비례한다.

■해설 Darcy의 법칙

$$V = K \cdot I = K \cdot \frac{h_L}{L}$$

$$Q = A \cdot V = A \cdot K \cdot I = A \cdot K \cdot \frac{h_L}{L}$$

∴ Darcy의 법칙은 지하수 유속이 동수경사에 비례하는 것을 나타내는 법칙이다.

52. 그림과 같은 병렬관수로 ㉠, ㉡, ㉢에서 각 관의 지름과 관의 길이를 각각 D_1, D_2, D_3, L_1, L_2, L_3라 할 때 $D_1 > D_2 > D_3$이고 $L_1 > L_2 > L_3$이면 A점과 B점 사이의 손실수두는?

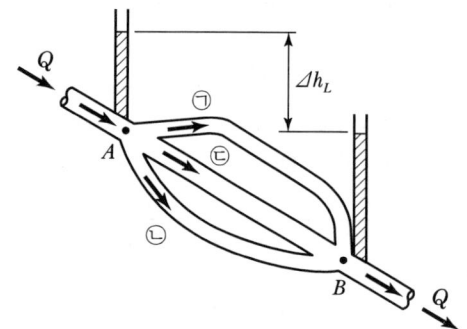

① ㉠의 손실수두가 가장 크다.
② ㉡의 손실수두가 가장 크다.
③ ㉢에서만 손실수두가 발생한다.
④ 모든 관의 손실수두가 같다.

■해설 병렬관수로
병렬관수로의 해석에 있어서 각 관수로의 손실수두의 크기는 같다고 본다.
∴ $h_㉠ = h_㉡ = h_㉢$

53. 흐르지 않는 물에 잠긴 평판에 작용하는 전수압(全水壓)의 계산 방법으로 옳은 것은?(단, 여기서 수압이란 단위 면적당 압력을 의미한다.)

① 평판도심의 수압에 평판면적을 곱한다.
② 단면의 상단과 하단 수압의 평균값에 평판면적을 곱한다.
③ 작용하는 수압의 최댓값에 평판면적을 곱한다.
④ 평판의 상단에 작용하는 수압에 평판면적을 곱한다.

■해설 전수압의 산정
수면과 연직인 면이 받는 전수압의 크기
$P = w h_G A$
여기서, P : 전수압
w : 물의 단위중량
h_G : 평면의 도심
A : 면적
∴ 전수압은 평판도심의 수압에 면적을 곱한 것과 같다.

54. 물리량의 차원이 옳지 않은 것은?

① 에너지 : $[ML^{-2}T^{-2}]$
② 동점성계수 : $[L^2 T^{-1}]$
③ 점성계수 : $[ML^{-1}T^{-1}]$
④ 밀도 : $[FL^{-4}T^2]$

■해설 차원
㉠ 물리량의 크기를 힘$[F]$, 질량$[M]$, 시간$[T]$, 길이$[L]$의 지수형태로 표기한 것
㉡ 물리량의 차원

물리량	LFT	LMT
에너지	FL	$ML^2 T^{-2}$
동점성계수	$L^2 T^{-1}$	$L^2 T^{-1}$
점성계수	FTL^{-2}	$ML^{-1}T^{-1}$
밀도	$FT^2 L^{-4}$	ML^{-3}

55. 유출(runoff)에 대한 설명으로 옳지 않은 것은?
① 비가 오기 전의 유출을 기저유출이라 한다.
② 우량은 별도의 손실 없이 그 전량이 하천으로 유출된다.
③ 일정기간에 하천으로 유출되는 수량의 합을 유출량이라 한다.
④ 유출량과 그 기간의 강수량과의 비(比)를 유출계수 또는 유출률이라 한다.

■해설 유출
  ㉠ 강수가 지표와 지하를 지나 하천을 통해 흘러가는 현상을 유출이라고 한다.
  ㉡ 비가 오기 전 건천후시에 발생하는 유출을 기저유출이라 하며, 비가 내렸을 때 발생하는 유출을 직접유출이라고 한다.
  ㉢ 초기 강우는 침투, 차단, 저류 등을 통해서 손실이 발생하고 나머지 양이 하천으로 유출된다.
  ㉣ 일정기간 하천으로 유출되는 수량의 합을 유출량이라 한다.
  ㉤ 유출량과 그 기간의 강수량과의 비를 유출계수 또는 유출률이라 한다.

56. 유량 147.6L/s를 송수하기 위하여 안지름 0.4m의 관을 700m의 길이로 설치하였을 때 흐름의 에너지 경사는?(단, 조도계수 $n=0.012$, Manning 공식을 적용한다.)

① $\dfrac{1}{700}$
② $\dfrac{2}{700}$
③ $\dfrac{3}{700}$
④ $\dfrac{4}{700}$

■해설 Manning 공식
  ㉠ Manning 공식
  $$v = \dfrac{1}{n}R^{\frac{2}{3}}I^{\frac{1}{2}}$$
  여기서, n : 조도계수
  R : 경심
  I : 동수경사 $\left(=\dfrac{h}{l}\right)$

  ㉡ 유량
  $$Q = AV = \dfrac{\pi d^2}{4} \times \dfrac{1}{n} R^{\frac{2}{3}} \left(\dfrac{h}{l}\right)^{\frac{1}{2}}$$
  $$0.1476 = \dfrac{\pi \times 0.4^2}{4} \times \dfrac{1}{0.012} \times \left(\dfrac{0.4}{4}\right)^{\frac{2}{3}} \times \left(\dfrac{h}{700}\right)^{\frac{1}{2}}$$
  $\therefore h = 3$
  $\therefore I = \dfrac{3}{700}$

57. 수문에 관련한 용어에 대한 설명 중 옳지 않은 것은?
① 침투란 토양면을 통해 스며든 물이 중력에 의해 계속 지하로 이동하여 불투수층까지 도달하는 것이다.
② 증산(transpiration)이란 식물의 엽면(葉面)을 통해 물이 수증기의 형태로 대기 중에 방출되는 현상이다.
③ 강수(precipitation)란 구름이 응축되어 지상으로 떨어지는 모든 형태의 수분을 총칭한다.
④ 증발이란 액체상태의 물이 기체상태의 수증기로 바뀌는 현상이다.

■해설 수문학 일반
  ㉠ 비가 내려 토양면을 통하여 스며드는 현상을 침투라고 하고, 침투된 물이 중력에 의해 지하수위까지 도달하는 현상을 침루라고 한다.
  ㉡ 수표면으로부터 대기 중으로 방출되는 현상을 증발이라 하고, 식물의 입면을 통해 대기 중으로 방출되는 현상을 증산이라고 한다.
  ㉢ 구름이 응축되어 지상으로 떨어지는 모든 형태의 수분을 강수라고 한다.

58. 수조의 수면에서 2m 아래 지점에 지름 10cm의 오리피스를 통하여 유출되는 유량은?(단, 유량계수 $C=0.6$)

① 0.0152m³/s
② 0.0068m³/s
③ 0.0295m³/s
④ 0.0094m³/s

■해설 오리피스
  ㉠ 작은 오리피스
  $$Q = Ca\sqrt{2gh}$$
  여기서, Q : 오리피스 유량
  C : 유량계수
  a : 오리피스 단면적
  h : 수위차

ⓒ 오리피스 유량 계산
$$Q = Ca\sqrt{2gh}$$
$$= 0.6 \times \frac{\pi \times 0.1^2}{4} \times \sqrt{2 \times 9.8 \times 2}$$
$$= 0.0295 \text{m}^3/\text{s}$$

59. 층류와 난류(亂流)에 관한 설명으로 옳지 않은 것은?

① 층류란 유수(流水) 중에서 유선이 평행한 층을 이루는 흐름이다.
② 층류와 난류를 레이놀즈 수에 의하여 구별할 수 있다.
③ 원관 내 흐름의 한계 레이놀즈 수는 약 2,000 정도이다.
④ 층류에서 난류로 변할 때의 유속과 난류에서 층류로 변할 때의 유속은 같다.

■해설 흐름의 상태
ⓐ 층류와 난류
- 점성에 의해 흐름이 층상을 이루며 정연하게 흐르는 흐름을 층류라고 한다.
- 유체입자가 상하좌우운동을 하면서 흐르는 흐름을 난류라고 한다.

ⓑ 층류와 난류의 구분
$$R_e = \frac{VD}{\nu}$$
여기서, V : 유속
D : 관의 직경
ν : 동점성계수
- $R_e < 2,000$: 층류
- $2,000 < R_e < 4,000$: 천이영역
- $R_e > 4,000$: 난류
- 원관 내 흐름의 한계 레이놀즈 수는 2,000을 기준으로 한다.
- 층류에서 난류로 변할 때의 유속과 난류에서 층류로 변할 때의 유속은 다르다. 이때의 흐름을 층류와 난류가 공존하는 흐름으로 천이영역이라고 한다.

60. 댐의 상류부에서 발생되는 수면 곡선으로 흐름 방향으로 수심이 증가함을 뜻하는 곡선은?

① 배수곡선
② 저하곡선
③ 수리특성곡선
④ 유사량곡선

■해설 부등류의 수면형
ⓐ $dx/dy > 0$ 이면 수심이 흐름방향으로 증가함을 뜻하며 이 유형의 곡선을 배수곡선(backwater curve)이라 하고, 댐 상류부에서 볼 수 있는 곡선이다.
ⓑ $dx/dy < 0$ 이면 수심이 흐름방향으로 감소함을 뜻하며 이 유형의 곡선을 저하곡선(dropdown curve)이라 하고, 위어 등에서 볼 수 있는 곡선이다.
∴ 댐 상류부 등에서 볼 수 있고 흐름방향으로 수심이 증가하는 형태의 곡선을 배수곡선이라고 한다.

제4과목 **철근콘크리트 및 강구조**

61. 다음 중 철근콘크리트 보에서 사인장철근이 부담하는 주된 응력은?

① 부착응력
② 전단응력
③ 지압응력
④ 휨인장응력

■해설 철근콘크리트 보에서 사인장철근이 부담하는 주된 응력은 전단응력이다.

62. 단철근 직사각형 보에서 폭 300mm, 유효깊이 500mm, 인장철근 단면적 1,700mm²일 때 강도해석에 의한 직사각형 압축응력 분포도의 깊이(a)는?(단, f_{ck} = 20MPa, f_y = 300MPa이다.)

① 50mm
② 100mm
③ 200mm
④ 400mm

■해설
$$a = \frac{f_y A_s}{0.85 f_{ck} b} = \frac{300 \times 1,700}{0.85 \times 20 \times 300} = 100\text{mm}$$

63. 강도설계법에 의한 휨 부재의 등가사각형 압축응력 분포에서 $f_{ck}=40$MPa일 때 β_1의 값은?

① 0.766 ② 0.801
③ 0.833 ④ 0.850

■해설 $f_{ck} > 28$MPa인 경우 β_1의 값
$\beta_1 = 0.85 - 0.007(f_{ck} - 28)$
$= 0.85 - 0.007(40 - 28) = 0.766$
$= 0.766 \, (\beta_1 \geq 0.65 - O.K)$

64. 표준갈고리를 갖는 인장 이형철근의 정착에 대한 설명으로 옳지 않은 것은?(단, d_b는 철근의 공칭지름이다.)

① 갈고리는 압축을 받는 경우 철근정착에 유효하지 않은 것으로 본다.
② 정착길이는 위험단면부터 갈고리의 외측단까지 길이로 나타낸다.
③ f_{sp}값이 규정되어 있지 않은 경우 모래경량콘크리트의 경량콘크리트계수 λ는 0.7이다.
④ 기본정착길이에 보정계수를 곱하여 정착길이를 계산하는데 이렇게 구한 정착길이는 항상 $8d_b$ 이상, 또한 150mm 이상이어야 한다.

■해설 f_{sp}값이 규정되어 있지 않은 경우 모래경량콘크리트의 경량콘크리트계수 λ는 0.85이다.

65. 길이 6m의 단순지지 보통중량 철근콘크리트 보의 처짐을 계산하지 않아도 되는 보의 최소두께는?(단, $f_{ck}=21$MPa, $f_y=350$MPa이다.)

① 349mm ② 356mm
③ 375mm ④ 403mm

■해설 $h_{min} = \dfrac{l}{16}\left(0.43 + \dfrac{f_y}{700}\right)$
$= \dfrac{6 \times 10^3}{16}\left(0.43 + \dfrac{350}{700}\right)$
$= 348.75$mm

66. 강도설계법에서 강도감소계수(ϕ)를 규정하는 목적이 아닌 것은?

① 부정확한 설계 방정식에 대비한 여유를 반영하기 위해
② 구조물에서 차지하는 부재의 중요도 등을 반영하기 위해
③ 재료 강도와 치수가 변동할 수 있으므로 부재의 강도 저하 확률에 대비한 여유를 반영하기 위해
④ 하중의 변경, 구조해석할 때의 가정 및 계산의 단순화로 인해 야기될지 모르는 초과하중에 대비한 여유를 반영하기 위해

■해설 하중의 변경, 구속해석할 때의 가정 및 계산의 단순화로 인해 야기될지 모르는 초과하중에 대비한 여유를 반영하기 위해 고려되는 것은 하중계수이다.

67. 그림과 같은 캔틸레버 옹벽의 최대 지반반력은?

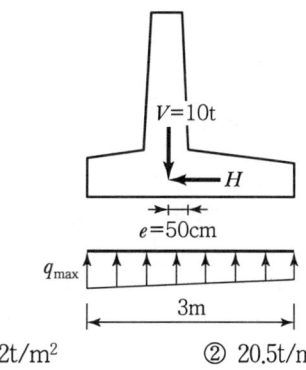

① 10.2t/m² ② 20.5t/m²
③ 6.67t/m² ④ 3.33t/m²

■해설 $q_{max} = \dfrac{P}{B}\left(1 + \dfrac{6e}{B}\right)$
$= \dfrac{10}{3}\left(1 + \dfrac{6 \times 0.5}{3}\right) = 6.67$t/m²

68. 철근콘크리트에서 콘크리트의 탄성계수로 쓰이며, 철근콘크리트 단면의 결정이나 응력을 계산할 때 쓰이는 것은?

① 전단 탄성계수 ② 할선 탄성계수
③ 접선 탄성계수 ④ 초기접선 탄성계수

|해답| 63.① 64.③ 65.① 66.④ 67.③ 68.②

■해설 철근콘크리트에서 콘크리트의 탄성계수로 쓰이며, 철근콘크리트 단면의 결정이나 응력을 계산할 때 쓰이는 것은 할선 탄성계수이다.

69. 다음 그림과 같은 직사각형 단면의 단순보에 PS강재가 포물선으로 배치되어 있다. 보의 중앙단면에서 일어나는 상연응력(㉠) 및 하연응력(㉡)은?(단, PS강재의 긴장력은 3,300kN이고, 자중을 포함한 작용하중은 27kN/m이다.)

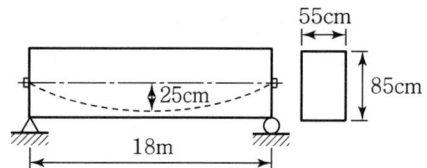

① ㉠ : 21.21MPa, ㉡ : 1.8MPa
② ㉠ : 12.07MPa, ㉡ : 0MPa
③ ㉠ : 8.6MPa, ㉡ : 2.45MPa
④ ㉠ : 11.11MPa, ㉡ : 3.00MPa

■해설
$$f_{\binom{t}{b}} = \frac{P}{A}(\mp) \frac{P \cdot e}{Z}(\pm) \frac{M}{Z}$$
$$= \frac{1}{bh}\left[P\left\{1(\mp)\frac{6e}{h}\right\}(\pm)\frac{3wl^2}{4h}\right]$$
$$= \frac{1}{0.55 \times 0.85}\left[3300\left\{1(\mp)\frac{6 \times 0.25}{0.85}\right\}\right.$$
$$\left.(\pm)\frac{3 \times 27 \times 18^2}{4 \times 0.85}\right]$$

f_t(상연응력) = 11.11×10^3 kPa = 11.11MPa
f_b(하연응력) = 3.00×10^3 kPa = 3.00MPa

70. 철근콘크리트 구조물의 균열에 관한 설명으로 옳지 않은 것은?

① 하중으로 인한 균열의 최대폭은 철근응력에 비례한다.
② 인장 측에 철근을 잘 분배하면 균열폭을 최소로 할 수 있다.
③ 콘크리트 표면의 균열폭은 철근에 대한 피복두께에 반비례한다.
④ 많은 수의 미세한 균열보다는 폭이 큰 몇 개의 균열이 내구성에 불리하다.

■해설 콘크리트 균열에 대한 특징
• 균열폭은 철근의 응력, 철근의 지름에 비례하고 철근비에 반비례한다.
• 콘크리트 표면의 균열폭은 피복두께에 비례한다.
• 이형철근을 콘크리트 인장 측에 잘 분배하면 균열폭을 최소화할 수 있다.

71. 옹벽의 구조해석에 대한 내용으로 틀린 것은?

① 부벽식 옹벽의 전면벽은 3변 지지된 2방향 슬래브로 설계할 수 있다.
② 캔틸레버식 옹벽의 전면벽은 저판에 지지된 캔틸레버로 설계할 수 있다.
③ 뒷부벽은 T형 보로 설계하여야 하며, 앞부벽은 직사각형 보로 설계하여야 한다.
④ 부벽식 옹벽의 저판은 정밀한 해석이 사용되지 않는 한, 부벽의 높이를 경간으로 가정한 고정보 또는 연속보로 설계할 수 있다.

■해설 부벽식 옹벽의 저판은 정밀한 해석이 사용되지 않는 한, 부벽 간의 거리를 경간으로 가정하여 고정보 또는 연속보로 설계할 수 있다.

72. 캔틸레버식 옹벽(역 T형 옹벽)에서 뒷굽판의 길이를 결정할 때 가장 주가 되는 것은?

① 전도에 대한 안정
② 침하에 대한 안정
③ 활동에 대한 안정
④ 지반 지지력에 대한 안정

■해설 캔틸레버식 옹벽(역 T형 옹벽)에서 뒷굽판의 길이를 결정할 때 가장 주가 되는 것은 활동에 대한 안정이다.

73. 단철근 직사각형 보의 설계휨강도를 구하는 식으로 옳은 것은?(단, $q = \dfrac{\rho f_y}{f_{ck}}$ 이다.)

① $\phi Mn = \phi[f_{ck}bd^2q(1-0.59q)]$
② $\phi Mn = \phi[f_{ck}bd^2(1-0.59q)]$
③ $\phi Mn = \phi[f_{ck}bd^2(1+0.59q)]$
④ $\phi Mn = \phi[f_{ck}bd^2q(1+0.59q)]$

■해설
$$\phi M_n = \phi f_y A_s \left(d - \dfrac{a}{2}\right)$$
$$= \phi f_y A_s \left(d - \dfrac{1}{2}\dfrac{f_y A_s}{0.85 f_{ck} b}\right)$$
$$= \phi f_y A_s d\left(1 - 0.59 \dfrac{f_y}{f_{ck}} \dfrac{A_s}{bd}\right)$$
$$= \phi f_y (\rho bd) d\left(1 - 0.59\rho \dfrac{f_y}{f_{ck}}\right)$$
$$= \phi \left(\dfrac{qf_{ck}}{\rho}\right) \rho bd^2 (1 - 0.59q)$$
$$= \phi[f_{ck}bd^2q(1-0.59q)]$$

74. 그림과 같은 인장철근을 갖는 보의 유효깊이는? (단, D19철근의 공칭단면적은 287mm²이다.)

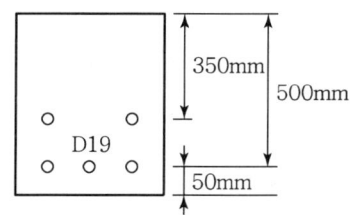

① 350mm
② 410mm
③ 440mm
④ 500mm

■해설 $d = \dfrac{2 \times 350 + 3 \times 500}{5} = 440\text{mm}$

75. 그림과 같은 필렛 용접에서 일어나는 응력으로 옳은 것은?

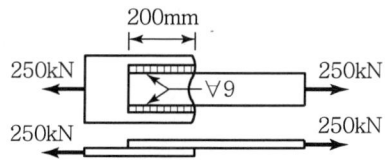

① 97.3MPa
② 98.2MPa
③ 99.2MPa
④ 100.0MPa

■해설 $v = \dfrac{P}{\sum al} = \dfrac{250 \times 10^3}{(0.707 \times 9) \times (2 \times 200)}$
$= 98.2\text{N/mm}^2 = 98.2\text{MPa}$

76. 철근콘크리트 부재의 비틀림철근 상세에 대한 설명으로 틀린 것은?(단, P_h : 가장 바깥의 횡방향 폐쇄스터럽 중심선의 둘레(mm)이다.)

① 종방향 비틀림철근은 양단에 정착하여야 한다.
② 횡방향 비틀림철근의 간격은 $P_h/4$보다 작아야 하고, 또한 200mm보다 작아야 한다.
③ 종방향 철근의 지름은 스터럽 간격의 1/24 이상이어야 하며, 또한 D10 이상의 철근이어야 한다.
④ 비틀림에 요구되는 종방향 철근은 폐쇄스터럽의 둘레를 따라 300mm 이하의 간격으로 분포시켜야 한다.

■해설 횡방향 비틀림철근의 간격은 $P_h/8$보다 작아야 하고, 또한 300mm보다 작아야 한다.

77. 콘크리트 슬래브 설계 시 직접설계법을 적용할 수 있는 제한사항에 대한 설명 중 틀린 것은?

① 각 방향으로 3경간 이상 연속되어야 한다.
② 각 방향으로 연속한 받침부 중심 간 경간 차이는 긴 경간의 1/3 이하이어야 한다.
③ 슬래브 판들은 단변 경간에 대한 장변 경간의 비가 2 이하인 직사각형이어야 한다.
④ 연속한 기둥 중심선을 기준으로 기둥의 어긋남은 그 방향 경간의 15% 이하이어야 한다.

■해설 콘크리트 슬래브 설계 시 직접설계법을 적용할 경우, 연속한 기둥 중심선을 기준으로 기둥의 어긋남은 그 방향 경간의 10% 이하이어야 한다.

78. 아래와 같은 맞대기 이음부에 발생하는 응력의 크기는?(단, $P=360\text{kN}$, 강판두께$=12\text{mm}$)

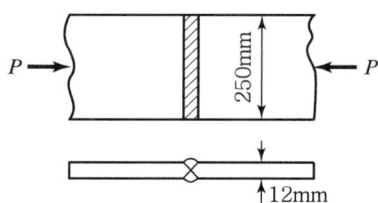

① 압축응력 $f_c=14.4\text{MPa}$
② 인장응력 $f_t=3,000\text{MPa}$
③ 전단응력 $\tau=150\text{MPa}$
④ 압축응력 $f_c=120\text{MPa}$

■해설 $f=\dfrac{P}{bt}=\dfrac{360\times10^3}{250\times12}=120\text{MPa}$(압축응력)

79. 용접작업 중 일반적인 주의사항에 대한 내용으로 옳지 않은 것은?

① 구조상 중요한 부분을 지정하여 집중 용접한다.
② 용접은 수축이 큰 이음을 먼저 용접하고, 수축이 작은 이음은 나중에 한다.
③ 앞의 용접에서 생긴 변형을 다음 용접에서 제거할 수 있도록 진행시킨다.
④ 특히 비틀어지지 않게 평행한 용접은 같은 방향으로 할 수 있으며 동시에 용접을 한다.

■해설 항상 용접열의 분포가 균등하도록 조치하고 일시에 다량의 열이 한 곳에 집중되지 않도록 해야 한다.

80. 그림과 같은 직사각형 단면의 프리텐션 부재에 편심배치한 직선 PS강재를 760kN 긴장했을 때 탄성수축으로 인한 프리스트레스의 감소량은?(단, $I=2.5\times10^9\text{mm}^4$, $n=6$이다.)

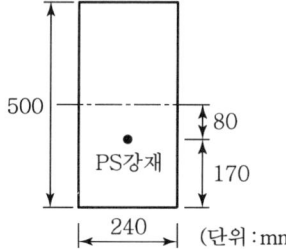

① 43.67MPa   ② 45.67MPa
③ 47.67MPa   ④ 49.67MPa

■해설
$$\Delta f_{pe}=nf_{cs}=n\left(\dfrac{P_i}{A_g}+\dfrac{P_ie_p}{I_e}\cdot e_p\right)$$
$$=6\left(\dfrac{(760\times10^3)}{(240\times500)}+\dfrac{(760\times10^3)\times80}{(2.5\times10^9)}\times80\right)$$
$$=49.67\text{MPa}$$

제5과목 **토질 및 기초**

81. 다음 중 Rankine 토압이론의 기본가정에 속하지 않는 것은?

① 흙은 비압축성이고 균질의 입자이다.
② 지표면은 무한히 넓게 존재한다.
③ 옹벽과 흙과의 마찰을 고려한다.
④ 토압은 지표면에 평행하게 작용한다.

■해설

Rankine의 토압론	Coulomb의 토압론
벽 마찰각 무시($\delta=0$) (소성론에 의한 토압산출)	벽 마찰각 고려($\delta\neq0$) (강체역학에 기초를 둔 흙쐐기이론)
작은 입자에 작용하는 응력이 전체를 대표한다는 원리(소성론)	흙쐐기이론에 의한 이론
옹벽 저판의 길이가 긴 경우	옹벽의 저판 돌출부가 없거나 작은 경우

82. 다음의 투수계수에 대한 설명 중 옳지 않은 것은?

① 투수계수는 간극비가 클수록 크다.
② 투수계수는 흙의 입자가 클수록 크다.
③ 투수계수는 물의 온도가 높을수록 크다.
④ 투수계수는 물의 단위중량에 반비례한다.

■해설 투수계수(k)와 관계
- 간극비(e)가 클수록 k는 증가
- 물의 밀도가 클수록 k는 증가
- 물의 점성이 클수록 k는 감소
- 투수계수(k)는 모래가 점토보다 크다.
- k는 토립자 비중과 무관하다.
- 포화도가 클수록 k는 증가(공기가 있으면 물의 흐름을 방해)

83. 보링(boring)에 관한 설명으로 틀린 것은?

① 보링(boring)에는 회전식(rotary boring)과 충격식(percussion boring)이 있다.
② 충격식은 굴진속도가 빠르고 비용도 싸지만 분말상의 교란된 시료만 얻을 수 있다.
③ 회전식은 시간과 공사비가 많이 들 뿐만 아니라 확실한 코어(core)도 얻을 수 없다.
④ 보링은 지반의 상황을 판단하기 위해 실시한다.

■해설 회전식 보링은 확실한 코어(시료) 채취가 가능하며 충격식 보링은 교란된 시료만 얻을 수 있다.

84. 다음 그림과 같은 모래지반에서 깊이 4m 지점에서의 전단강도는?(단, 모래의 내부마찰각 ϕ=30°, 점착력 C=0이다.)

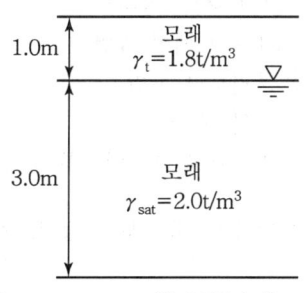

① 4.50t/m² ② 2.77t/m²
③ 2.32t/m² ④ 1.86t/m²

■해설 $\tau_f(S) = C + \sigma'\tan\phi$
$= 0 + [(1.8 \times 1) + (1 \times 3)]\tan 30°$
$= 2.77 \text{t/m}^2$

85. 시료가 점토인지 아닌지 알아보고자 할 때 가장 거리가 먼 사항은?

① 소성지수 ② 소성도표 A선
③ 포화도   ④ 200번체 통과량

■해설 포화도는 공극 중에 물이 차 있는 비율로서 점토 판단기준과는 거리가 멀다.

86. 비중이 2.67, 함수비가 35%이며, 두께 10m인 포화점토층이 압밀 후에 함수비가 25%로 되었다면, 이 토층 높이의 변화량은 얼마인가?

① 113cm ② 128cm
③ 135cm ④ 155cm

■해설 $\Delta H = \dfrac{e_1 - e_2}{1 + e_1} \cdot H = \dfrac{0.93 - 0.67}{1 + 0.93} \times 1,000 = 135\text{cm}$
- e_1(초기 간극비)
  $G_w = S_{e_1}$, $2.67 \times 0.35 = 1.0 \times e_1$
  ∴ $e_1 = 0.93$
- e_2(압밀 후 간극비)
  $G_w = S_{e_2}$, $2.67 \times 0.25 = 1.0 \times e_2$
  ∴ $e_2 = 0.67$

87. 100% 포화된 흐트러지지 않은 시료의 부피가 20.5cm³이고 무게는 34.2g이었다. 이 시료를 오븐(Oven)건조시킨 후의 무게는 22.6g이었다. 간극비는?

① 1.3 ② 1.5
③ 2.1 ④ 2.6

■해설 $e = \dfrac{V_v}{V_s} = \dfrac{V_v}{V - V_v} = \dfrac{34.2 - 22.6}{20.5 - (34.2 - 22.6)} = 1.3$
($S=1$일 때 $V_v = V_w = W_w$)

|해답| 82.④ 83.③ 84.② 85.③ 86.③ 87.①

88. 흙의 강도에 대한 설명으로 틀린 것은?

① 점성토에서는 내부마찰각이 작고 사질토에서는 점착력이 작다.
② 일축압축 시험은 주로 점성토에 많이 사용한다.
③ 이론상 모래의 내부마찰각은 0이다.
④ 흙의 전단응력은 내부마찰각과 점착력의 두 성분으로 이루어진다.

■해설 점토의 내부마찰각은 0이다.

89. 흙댐에서 상류면 사면의 활동에 대한 안전율이 가장 저하되는 경우는?

① 만수된 물의 수위가 갑자기 저하할 때이다.
② 흙댐에 물을 담는 도중이다.
③ 흙댐이 만수되었을 때이다.
④ 만수된 물이 천천히 빠져나갈 때이다.

■해설

상류 측(댐) 사면이 가장 위험할 때	하류 측 사면이 가장 위험할 때
• 시공 직후 • 만수된 수위가 급강하 시	• 만수위일 때 • 체제 내의 흐름이 정상 침투 시

90. 어떤 사질 기초지반의 평판재하 시험결과 항복강도가 60t/m², 극한강도가 100t/m²이었다. 그리고 그 기초는 지표에서 1.5m 깊이에 설치될 것이고 그 기초 지반의 단위중량이 1.8t/m³일 때 지지력계수 N_q=5이었다. 이 기초의 장기 허용지지력은?

① 24.7t/m²   ② 26.9t/m²
③ 30t/m²   ④ 34.5t/m²

■해설 장기 허용지지력$(q_a) = q_t + \dfrac{\gamma_t \cdot D_f \cdot N_q}{3}$

• q_t
  $\dfrac{q_r}{2}$ or $\dfrac{q_u}{3}$ 중 작은 값

  ∴ $\dfrac{60}{2}$ or $\dfrac{100}{3}$ 중 작은 값 = 30t/m²(q_t)

  ∴ $q_a = 30 + \dfrac{1.8 \times 1.5 \times 5}{3} = 34.5$t/m²

91. Meyerhof의 일반 지지력 공식에 포함되는 계수가 아닌 것은?

① 국부전단계수   ② 근입깊이계수
③ 경사하중계수   ④ 형상계수

■해설 Meyerhof의 일반 지지력 공식에 포함되는 계수
• 형상계수
• 근입깊이계수
• 하중경사계수
• 지지력계수

92. 세립토를 비중계법으로 입도분석을 할 때 반드시 분산제를 쓴다. 다음 설명 중 옳지 않은 것은?

① 입자의 면모화를 방지하기 위하여 사용한다.
② 분산제의 종류는 소성지수에 따라 달라진다.
③ 현탁액이 산성이면 알칼리성의 분산제를 쓴다.
④ 시험 도중 물의 변질을 방지하기 위하여 분산제를 사용한다.

■해설 비중계(침강) 분석
• 수중에서 흙입자가 침강하는 원리인 스톡스의 법칙 이용
• 0.075mm 체를 통과하는 세립자의 양을 침강속도를 통해 분석하는 방법
• 흙 입자는 모두 구로 간주(실제와는 오차가 생김)
• #200 이하의 부분에 대한 입도분석을 위해 #10 체 통과분 시료에 대하여 비중계 시험법 실시
• 시료의 면모화를 방지하기 위해 분산제를 사용

93. 다음 지반 개량공법 중 연약한 점토지반에 적당하지 않은 것은?

① 샌드 드레인 공법
② 프리로딩 공법
③ 치환 공법
④ 바이브로 플로테이션 공법

■해설 바이브로 플로테이션 공법은 사질토 개량 공법이다.

|해답| 88.③ 89.① 90.④ 91.① 92.④ 93.④

94. 흙의 다짐시험을 실시한 결과 다음과 같았다. 이 흙의 건조단위중량은 얼마인가?

- 몰드+젖은 시료 무게 : 3,612g
- 몰드 무게 : 2,143g
- 젖은 흙의 함수비 : 15.4%
- 몰드의 체적 : 944cm³

① 1.35g/cm³ ② 1.56g/cm³
③ 1.31g/cm³ ④ 1.42g/cm³

해설
- $W = 3,612 - 2,143 = 1,469g$
- $\gamma_t = \dfrac{W}{V} = \dfrac{1,469}{944} = 1.556 g/cm^3$

$\therefore \gamma_d = \dfrac{\gamma_t}{1+w} = \dfrac{1.556}{1+0.154} = 1.35 g/cm^3$

95. 연약점토지반에 성토제방을 시공하고자 한다. 성토로 인한 재하속도가 과잉간극수압이 소산되는 속도보다 빠를 경우, 지반의 강도정수를 구하는 가장 적합한 시험방법은?

① 압밀 배수시험
② 압밀 비배수시험
③ 비압밀 비배수시험
④ 직접전단시험

해설 UU(비압밀 비배수)시험
- 포화점토가 성토 직후 급속한 파괴가 예상될 때(포화된 점토 지반 위에 급속하게 성토하는 제방의 안전성을 검토)
- 점토지반의 단기간 안정검토 시(시공 직후 초기 안정성 검토)
- 시공 중 압밀, 함수비와 체적의 변화가 없다고 예상
- 내부마찰각(ϕ)=0(불안전 영역에서 강도정수 결정)
- 성토로 인한 재하속도가 과잉간극수압이 소산되는 속도보다 빠를 때

96. 기초가 갖추어야 할 조건이 아닌 것은?

① 동결, 세굴 등에 안전하도록 최소의 근입깊이를 가져야 한다.
② 기초의 시공이 가능하고 침하량이 허용치를 넘지 않아야 한다.
③ 상부로부터 오는 하중을 안전하게 지지하고 기초지반에 전달하여야 한다.
④ 미관상 아름답고 주변에서 쉽게 구득할 수 있는 재료로 설계되어야 한다.

해설 기초의 구비조건
- 최소한의 근입 깊이(D_f)를 가질 것(최소동결 깊이보다 깊은 곳에 설치)
- 지지력에 대해 안정할 것
- 침하에 대해 안정할 것(침하량이 허용 침하량 이내일 것)
- 기초공 시공이 가능할 것(내구적, 경제적)

97. 유선망의 특징을 설명한 것 중 옳지 않은 것은?

① 각 유로의 투수량은 같다.
② 인접한 두 등수두선 사이의 수두손실은 같다.
③ 유선망을 이루는 사변형은 이론상 정사각형이다.
④ 동수경사는 유선망의 폭에 비례한다.

해설 유선망의 특징
- 각 유량의 침투 유량은 같다.
- 인접한 등수두선 사이에서 수두차(손실수두, 수두감소량)는 모두 같다.
- 유선과 등수두선은 서로 직교한다(유선과 다른 유선은 교차하지 않는다).
- 유선망을 이루는 사각형은 이론상 정사각형이다(폭=길이).
- 침투속도 및 동수구배는 유선망의 폭(L)에 반비례한다.

침투속도$(v) = ki = k\dfrac{\Delta h}{L}$

98. 유효응력에 관한 설명 중 옳지 않은 것은?

① 포화된 흙인 경우 전응력에서 공극수압을 뺀 값이다.
② 항상 전응력보다는 작은 값이다.
③ 점토지반의 압밀에 관계되는 응력이다.
④ 건조한 지반에서는 전응력과 같은 값으로 본다.

■해설 $\sigma = \sigma' + u$ ∴ $\sigma \geq \sigma'$

99. 말뚝에서 부마찰력에 관한 설명 중 옳지 않은 것은?

① 아래쪽으로 작용하는 마찰력이다.
② 부마찰력이 작용하면 말뚝의 지지력은 증가한다.
③ 압밀층을 관통하여 견고한 지반에 말뚝을 박으면 일어나기 쉽다.
④ 연약지반에 말뚝을 박은 후 그 위에 성토를 하면 일어나기 쉽다.

■해설 부마찰력이 작용하면 말뚝의 지지력은 감소한다.

100. 흙이 동상을 일으키기 위한 조건으로 가장 거리가 먼 것은?

① 아이스 렌즈를 형성하기 위한 충분한 물의 공급이 있을 것
② 양(+)이온을 다량 함유할 것
③ 0℃ 이하의 온도가 오랫동안 지속될 것
④ 동상이 일어나기 쉬운 토질일 것

■해설 동상의 조건
• 0℃ 이하의 온도가 지속될 때
• 동상의 받기 쉬운 흙(silt)이 존재할 때
• 지하수 공급이 충분(아이스렌즈가 형성)될 때
• 모관상승고(h_c), 투수성(k)이 클 때
• 동결심도 하단에서 지하수면까지의 거리가 모관상승고보다 작을 때

제6과목 **상하수도공학**

101. 수격작용(water hammer)의 방지 또는 감소대책에 대한 설명으로 틀린 것은?

① 펌프의 토출구에 완만히 닫을 수 있는 역지밸브를 설치하여 압력상승을 적게 한다.
② 펌프 설치 위치를 높게 하고 흡입양정을 크게 한다.
③ 펌프에 플라이휠(fly wheel)을 붙여 펌프의 관성을 증가시켜 급격한 압력강하를 완화한다.
④ 토출 측 관로에 압력조절수조를 설치한다.

■해설 수격작용
㉠ 펌프를 급정지, 급가동 또는 밸브를 급폐쇄하면 관로 내 유속의 급격한 변화가 발생하여 이상 압력이 발생하는 현상을 수격작용이라 한다. 수격작용은 관로 내 물의 관성에 의해 발생한다.
㉡ 방지책
 • 펌프의 급정지, 급가동을 피한다.
 • 부압 발생 방지를 위해 조압수조(surge tank), 공기밸브(air valve)를 설치한다.
 • 압력 상승 방지를 위해 역지밸브(check valve), 안전밸브(safety valve), 압력수조(air chamber)를 설치한다.
 • 펌프에 플라이휠(fly wheel)을 설치한다.
 • 펌프의 토출 측 관로에 급폐식 혹은 완폐식 역지밸브를 설치한다.
 • 펌프 설치위치를 낮게 하고 흡입양정을 작게 한다.

102. 펌프의 비속도(비교회전도, N_s)에 대한 설명으로 틀린 것은?

① N_s가 작으면 유량이 많은 저양정의 펌프가 된다.
② 수량 및 전양정이 같다면 회전수가 클수록 N_s가 크게 된다.
③ 1m³/min의 유량을 1m 양수하는 데 필요한 회전수를 의미한다.
④ N_s가 크게 되면 사류형으로 되고 계속 커지면 축류형으로 된다.

■해설 비교회전도
㉠ 비교회전도란 펌프나 송풍기 등의 형식을 나타내는 지표로 펌프의 경우 1m³/min의 유량을 1m 양수하는 데 필요한 회전수(N_s)를 말한다.

$$N_s = N\frac{Q^{\frac{1}{2}}}{H^{\frac{3}{4}}}$$

여기서, N : 표준회전수
Q : 토출량
H : 양정

㉡ 비교회전도의 특징
- N_s가 작아지면 양정은 크고 유량은 적은 고양정, 고효율펌프로 가격은 비싸다.
- 유량과 양정이 동일하다면 표준회전수(N)가 클수록 N_s가 커진다.
- N_s가 클수록 유량은 많고 양정은 적은 저양정, 저효율 펌프가 된다.
- N_s는 펌프 형식을 나타내는 지표로 N_s가 동일하면 펌프의 크고 작음에 관계없이 동일 형식의 펌프로 본다.

103. 침전지의 유효수심이 4m, 1일 최대 사용수량이 450m³, 침전시간이 12시간일 경우 침전지의 수면적은?

① 56.3m² ② 42.7m²
③ 30.1m² ④ 21.3m²

■해설 수면적부하
㉠ 입자가 100% 제거되기 위한 입자의 침강속도를 수면적부하(표면부하율)라 한다.

$$V_o = \frac{Q}{A} = \frac{h}{t}$$

㉡ 수면적 산정

$$A = \frac{Qt}{h} = \frac{\frac{450}{24} \times 12}{4} = 56.25 m^2$$

104. 정수과정에서 전염소처리의 목적과 거리가 먼 것은?

① 철과 망간의 제거
② 맛과 냄새의 제거
③ 트리할로메탄의 제거
④ 암모니아성 질소와 유기물의 처리

■해설 전염소처리
㉠ 전염소처리는 원수의 수질이 기준치 이상으로 오염되어 있을 때 침전공정 이전에 염소를 주입하는 공정을 말한다.
㉡ 염소소독을 실시하면 THM의 생성가능성이 존재한다. THM은 응집침전과 활성탄 흡착으로 어느 정도 제거가 가능하며 현재 THM은 수도법상 발암물질로 규정되어 있다.
㉢ 전염소처리는 철과 망간의 제거, 맛과 냄새의 제거, 암모니아성 질소와 유기물의 처리 등을 목적으로 침전 이전의 공정에 염소를 주입하는 공정으로 THM의 발생가능성이 더욱 높아진다.

105. 수원의 구비요건에 대한 설명으로 옳지 않은 것은?

① 수량이 풍부해야 한다.
② 수질이 좋아야 한다.
③ 가능하면 낮은 곳에 위치해야 한다.
④ 상수 소비지에서 가까운 곳에 위치해야 한다.

■해설 수원의 구비요건
㉠ 수량이 풍부한 곳
㉡ 수질이 양호한 곳
㉢ 계절적으로 수량 및 수질의 변동이 적은 곳
㉣ 가능한 한 자연유하식을 이용할 수 있는 곳
㉤ 주위에 오염원이 없는 곳
㉥ 소비지로부터 가까운 곳
∴ 자연유하식이 되려면 정수장보다 가능한 한 높은 곳에 위치하여야 한다.

106. 정수장으로 유입되는 원수의 수역이 부영양화되어 녹색을 띠고 있다. 정수방법에서 고려할 수 있는 가장 우선적인 방법으로 적합한 것은?

① 침전지의 깊이를 깊게 한다
② 여과사의 입경을 작게 한다.
③ 침전지의 표면적을 크게 한다.
④ 마이크로 스트레이너로 전처리 한다.

■해설 마이크로 스트레이너
원수 중의 조류를 제거하는 데 설치하는 매우 가는 쇠줄로 짠 천모양의 철망을 원통형으로 감은 것을 마이크로 스트레이너라고 한다.

|해답| 103.① 104.③ 105.③ 106.④

107. 반송찌꺼기(슬러지)의 SS농도가 6,000mg/L이다. MLSS 농도를 2,500mg/L로 유지하기 위한 찌꺼기(슬러지) 반송비는?.

① 25%   ② 55%
③ 71%   ④ 100%

■해설 슬러지 반송률
㉠ 슬러지 반송률
$$R = \frac{Q_r}{Q} = \frac{X}{X_w - X}$$
여기서, X : 포기조 내의 MLSS 농도
X_w : 반송슬러지 농도
㉡ 반송비의 산정
$$R = \frac{X}{X_w - X} = \frac{2,500}{6,000 - 2,500}$$
$$= 0.71 \times 100\% = 71\%$$

108. 하수의 배제방식에 대한 설명 중 옳지 않은 것은?

① 합류식은 2계통의 분류식에 비해 일반적으로 건설비가 많이 소요된다.
② 합류식은 분류식보다 유량 및 유속의 변화폭이 크다.
③ 분류식은 관로 내의 퇴적이 적고 수세효과를 기대할 수 없다.
④ 분류식은 관로오접의 철저한 감시가 필요하다.

■해설 하수의 배제방식

분류식	합류식
• 수질오염 방지 면에서 유리하다.	• 구배 완만, 매설깊이 적으며 시공성이 좋다.
• 청천 시에도 퇴적의 우려가 없다.	• 초기 우수에 의한 노면배수처리가 가능하다.
• 강우 초기 노면 배수 효과가 없다.	• 관경이 크므로 검사가 편리하고, 환기가 잘 된다.
• 시공이 복잡하고 오접합의 우려가 있다.	• 청천 시 관 내 침전이 발생하고 효율이 저하된다.
• 우천 시 수세효과가 없다.	• 우천 시 수세효과가 있다.
• 공사비가 많이 든다.	• 건설비가 적게 든다.

∴ 2계통으로 건설하는 분류식이 합류식에 비해 건설비가 많이 소요된다.

109. 하수도 계획의 원칙적인 목표년도로 옳은 것은?

① 10년   ② 20년
③ 30년   ④ 40년

■해설 하수도 목표년도
하수도 계획의 목표년도는 시설의 내용년수, 건설기간 등을 고려하여 20년을 원칙으로 한다.

110. 어느 지역에 비가 내려 배수구역 내 가장 먼 지점에서 하수거의 입구까지 빗물이 유하하는 데 5분이 소요되었다. 하수거의 길이가 1,200m, 관 내 유속이 2m/s일 때 유달시간은?

① 5분   ② 10분
③ 15분   ④ 20분

■해설 유달시간
㉠ 유달시간
유달시간은 유입시간에 유하시간을 더한 것을 말한다.
$$t = t_1 + t_2 = t_1 + \frac{l}{V}$$
여기서, t : 유달시간(min)
t_1 : 유입시간(min)
t_2 : 유하시간(min)
l : 하수관의 길이
V : 하수관의 유속
㉡ 유달시간의 산정
$$t = t_1 + \frac{l}{V} = 5 + \frac{1,200}{2 \times 60} = 15\text{min}$$

111. 계획수량에 대한 설명으로 옳지 않은 것은?

① 송수시설의 계획송수량은 원칙적으로 계획 1일 최대급수량을 기준으로 한다.
② 계획취수량은 계획 1일 최대급수량을 기준으로 하며, 기타 필요한 작업용수를 포함한 손실수량 등을 고려한다.
③ 계획배수량은 원칙적으로 해당 배수구역의 계획 1일 최대급수량으로 한다.
④ 계획정수량은 계획 1일 최대급수량을 기준으로 하고, 여기에 정수장 내 사용되는 작업용수와 기타용수를 합산 고려하여 결정한다.

■해설 계획수량
㉠ 수원 → 취수 → 도수(침사지) → 정수(착수정 → 약품혼화지 → 침전지 → 여과지 → 소독지 → 정수지) → 송수 → 배수(배수지, 배수탑, 고가탱크, 배수관) → 급수
㉡ 수원, 취수, 도수, 정수, 송수 등의 설계에는 계획 1일 최대급수량을 기준으로 한다.
㉢ 계획취수량은 계획 1일 최대급수량을 기준으로 5~10% 정도 여유 있게 취수한다.
㉣ 배수관의 직경 결정, 펌프의 직경 결정 등은 계획 시간 최대급수량을 기준으로 한다.
∴ 계획배수량은 계획 시간 최대급수량을 기준으로 한다.

112. 도수 및 송수관로 계획에 대한 설명으로 옳지 않은 것은?

① 비정상적 수압을 받지 않도록 한다.
② 수평 및 수직의 급격한 굴곡을 많이 이용하여 자연유하식이 되도록 한다.
③ 가능한 한 단거리가 되도록 한다.
④ 가능한 한 적은 공사비가 소요되는 곳을 택한다.

■해설 도수 및 송수관로의 계획
㉠ 가급적 최단거리로 결정한다.
㉡ 수평 및 수직의 급격한 굴곡은 피한다.
㉢ 이상수압을 받지 않도록 한다.
㉣ 마찰손실수두가 최소이어야 한다.
㉤ 노선은 가급적 공공도로를 이용한다.

113. 1개의 반응조에 반응조와 이차침전지의 기능을 갖게 하여 활성슬러지에 의한 반응과 혼합액의 침전, 상징수의 배수, 침전찌꺼기(슬러지)의 배출공정 등을 반복해 처리하는 하수처리공법은?

① 수정식폭기조법
② 장시간폭기법
③ 접촉안정법
④ 연속회분식 활성슬러지법

■해설 연속회분식 활성슬러지법
연속회분식 활성슬러지법(Sequencing Batch Reactor Activated Sludge Process ; SBR)은 연속운전이 가능한 회분식 처리법으로 기본적인 운전조작 공정의 1주기는 유입 - 반응 - 침전 - 방류 및 대기의 4가지 공정으로 이루어진다. 이들 각 공정은 포기와 교반장치를 갖춘 하나의 반응조에서 순차적으로 이루어지며, 다수의 반응조를 교차운전함으로써 연속흐름형 반응기와 같이 연속처리가 가능한 방법이다.

114. 호기성 처리방법과 비교하여 혐기성 처리방법의 특징에 대한 설명으로 틀린 것은?

① 유용한 자원인 메탄이 생성된다.
② 동력비 및 유지관리비가 적게 든다.
③ 하수찌꺼기(슬러지) 발생량이 적다.
④ 운전조건의 변화에 적응하는 시간이 짧다.

■해설 호기성 소화와 혐기성 소화의 비교

호기성 소화	혐기성 소화
• 시설비가 적게 든다.	• 시설비가 많이 든다.
• 운전이 용이하다.	• 온도, 부하량 변화에 적응시간이 길다.
• 비료가치가 크다.	• 병원균을 죽이거나 통제할 수 있다.
• 동력이 소요된다.	
• 소규모 활성슬러지 처리에 적합하다.	• 영양소 소비가 적다.
• 처리수 수질이 양호하다.	• 슬러지 생산이 적다.
	• CH_4과 같은 유용한 가스를 얻는다.

∴ 혐기성 소화는 운전조건이 변화하면 적응시간이 길다는 단점이 있다.

115. 하수도의 계획오수량에서 계획 1일 최대오수량 산정식으로 옳은 것은?

① 계획배수인구+공장폐수량+지하수량
② 계획인구×1인 1일 최대오수량+공장폐수량+지하수량+기타 배수량
③ 계획인구×(공장폐수량+지하수량)
④ 1인 1일 최대오수량+공장폐수량+지하수량

|해답| 112.② 113.④ 114.④ 115.②

■해설 오수량의 산정

종류	내용
계획오수량	계획오수량은 생활오수량, 공장폐수량, 지하수량으로 구분할 수 있다.
지하수량	지하수량은 1인 1일 최대오수량의 10~20%를 기준으로 한다.
계획 1일 최대오수량	• 1인 1일 최대오수량×계획급수인구 +(공장폐수량, 지하수량, 기타 배수량) • 하수처리 시설의 용량 결정의 기준이 되는 수량
계획 1일 평균오수량	• 계획 1일 최대오수량의 70(중·소도시)~80%(대·공업도시) • 하수처리장 유입하수의 수질을 추정하는 데 사용되는 수량
계획 시간 최대오수량	• 계획 1일 최대오수량의 1시간당 수량의 1.3~1.8배를 표준으로 한다. • 오수관거 및 펌프설비 등의 크기를 결정하는 데 사용되는 수량

116. 양수량이 15.5m³/min이고 전양정이 24m일 때, 펌프의 축동력은?(단, 펌프의 효율은 80%로 가정한다.)

① 75.95kW ② 7.58kW
③ 4.65kW   ④ 46.57kW

■해설 동력의 산정
㉠ 양수에 필요한 동력($H_e = h + \sum h_L$)
- $P = \dfrac{9.8 Q H_e}{\eta}$ (kW)
- $P = \dfrac{13.3 Q H_e}{\eta}$ (HP)

㉡ 주어진 조건의 양수동력의 산정
- $Q = \dfrac{15.5}{60} = 0.2583 \text{m}^3/\text{s}$
- $P = \dfrac{9.8 Q H_e}{\eta} = \dfrac{9.8 \times 0.2583 \times 24}{0.8}$
  $= 75.95 \text{kW}$

117. 도수 및 송수관로 내의 최소유속을 정하는 주요 이유는?

① 관로 내면의 마모를 방지하기 위하여
② 관로 내 침전물의 퇴적을 방지하기 위하여
③ 양정에 소모되는 전력비를 절감하기 위하여
④ 수격작용이 발생할 가능성을 낮추기 위하여

■해설 평균유속의 한도
㉠ 도·송수관의 평균유속의 한도는 침전 및 마모방지를 위해 최소유속과 최대유속의 한도를 두고 있다.
㉡ 적정유속의 범위
  0.3~3m/sec
∴ 최소유속을 정하는 이유는 관로 내 침전물의 퇴적을 방지하기 위해서이다.

118. 그림은 유효저수량을 결정하기 위한 유량누가곡선도이다. 이 곡선의 유효저수용량을 의미하는 것은?

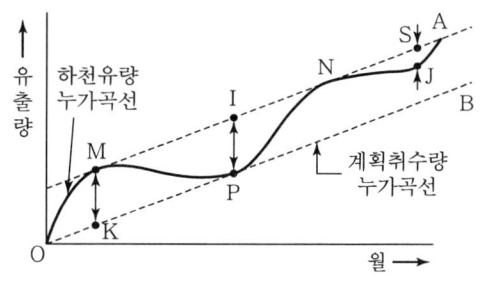

① MK
② IP
③ SJ
④ OP

■해설 유량누가곡선도
㉠ 유량누가곡선도는 유입량누가곡선과 유출량누가곡선을 이용하여 저수지 용량 및 저수시작점 등을 결정할 수 있는 방법이다.
㉡ 유입량누가곡선의 골에 수직의 발을 내린 종거가 가장 큰 IP가 저수지용량이 된다.

119. 관로별 계획하수량에 대한 설명으로 옳지 않은 것은?

① 오수관로에서는 계획 시간 최대오수량으로 한다.
② 우수관로에서는 계획우수량으로 한다.
③ 합류식 관로는 계획 시간 최대오수량에 계획우수량을 합한 것으로 한다.
④ 차집관로는 계획 1일 최대오수량에 우천 시 계획우수량을 합한 것으로 한다.

■해설 계획하수량의 결정
㉠ 오수 및 우수관거

종류		계획하수량
합류식		계획 시간 최대오수량에 계획우수량을 합한 수량
분류식	오수관거	계획 시간 최대오수량
	우수관거	계획우수량

㉡ 차집관거
우천 시 계획오수량 또는 계획 시간 최대오수량의 3배를 기준으로 설계한다.

120. 취수보에 설치된 취수구의 구조에서 유입속도의 표준으로 옳은 것은?

① 0.5~1.0cm/s   ② 3.0~5.0cm/s
③ 0.4~0.8m/s   ④ 2.0~3.0m/s

■해설 취수시설별 주요 특징 비교

항목	취수량	취수량의 안정성	취수구 유입속도	비고
취수관	중·소량	비교적 가능	0.15~0.3m/s 관 내 (0.6~1.0m/s)	취수언과 병용 시 취수량 대량, 안정
취수탑	대량	안정	하천 (0.15~0.3m/s) 호소수 (1~2m/s)	
취수문	소량	불안정	1m/s 이하	취수언과 병용 시 취수량 대량, 안정
취수틀	소량	안정	하천 (0.15~0.3m/s) 호소수 (1~2m/s)	
취수언	대량	안정	0.4~0.8m/s	

∴ 취수보(취수언)의 취수구 유입속도는 0.4~0.8m/s를 표준으로 한다.

과년도 기출문제 (2019년 4월 27일 시행)

제1과목 **응용역학**

01. 길이가 4m인 원형 단면 기둥의 세장비가 100이 되기 위한 기둥의 지름은?(단, 지지상태는 양단 힌지로 가정한다.)

① 12cm　　② 16cm
③ 18cm　　④ 20cm

■해설 $\lambda = \dfrac{kl}{\gamma} = \dfrac{kl}{\left(\dfrac{d}{4}\right)} = \dfrac{4kl}{d}$

$d = \dfrac{4kl}{\lambda} = \dfrac{4 \times 1 \times (4 \times 10^2)}{100} = 16\text{cm}$

02. 연속보를 삼연모멘트 방정식을 이용하여 B점의 모멘트 $M_B = -92.8\text{t}\cdot\text{m}$을 구하였다. B점의 수직반력은?

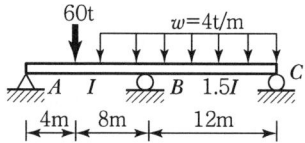

① 28.4t　　② 36.3t
③ 51.7t　　④ 59.5t

■해설 $M_B = 92.8\text{t}\cdot\text{m}$

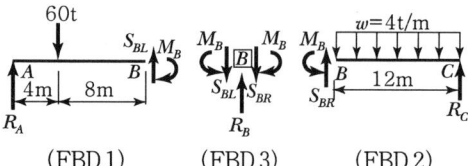

(FBD 1)　(FBD 3)　(FBD 2)

(FBD 1)에서
$\sum M_{\text{Ⓐ}} = 0(\curvearrowright \oplus)$
$60 \times 4 - S_{BL} \times 12 + 92.8 = 0$
$S_{BL} = 27.73\text{t}$

(FBD 2)에서
$\sum M_{\text{Ⓒ}} = 0(\curvearrowright \oplus)$
$S_{BR} \times 12 - (4 \times 12) \times 6 - 92.8 = 0$

$S_{BR} = 31.73\text{t}$

(FBD 3)에서
$\sum F_y = 0(\uparrow \oplus)$
$R_B - S_{BL} - S_{BR} = 0$
$R_B = S_{BL} + S_{BR}$
　　$= 27.73 + 31.73$
　　$= 59.46\text{t}$

03. 내민보에 그림과 같이 지점 A에 모멘트가 작용하고, 집중하중이 보의 양 끝에 작용한다. 이 보에 발생하는 최대 휨모멘트의 절댓값은?

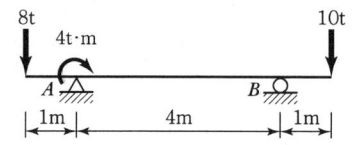

① 6t·m　　② 8t·m
③ 10t·m　　④ 12t·m

■해설 $\sum M_{\text{Ⓑ}} = 0(\curvearrowright \oplus)$
$R_A \times 4 - 8 \times 5 + 4 + 10 \times 1 = 0$
$R_A = 6.5\text{t}(\uparrow)$
$\sum F_y = 0(\uparrow \oplus)$
$-8 + R_A + R_B - 10 = 0$
$R_B = 18 - R_A = 18 - 6.5 = 11.5\text{t}(\uparrow)$

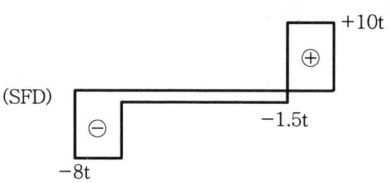

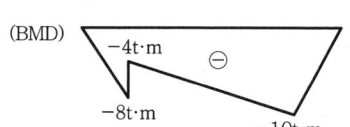

$|M|_{\max} = 10\text{t}\cdot\text{m}$

|해답| 1.② 2.④ 3.③

04. 그림과 같은 단주에서 800kg의 연직하중(P)이 편심거리 e에 작용할 때 단면에 인장력이 생기지 않기 위한 e의 한계는?

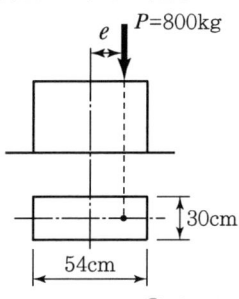

① 5cm ② 8cm
③ 9cm ④ 10cm

■해설 $e \leq k_X = \dfrac{h}{6} = \dfrac{54}{6} = 9\text{cm}$

05. 그림과 같은 비대칭 3힌지 아치에서 힌지 C에 연직하중(P) 15t이 작용한다. A지점의 수평반력 H_A는?

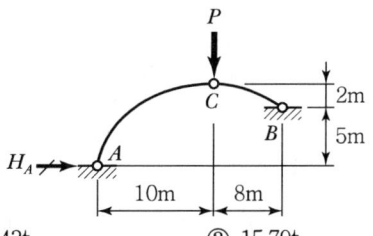

① 12.43t ② 15.79t
③ 18.42t ④ 21.05t

■해설 $\sum M_{\text{Ⓑ}} = 0(\curvearrowright \oplus)$
$V_A \times 18 - H_A \times 5 - 15 \times 8 = 0$
$18V_A - 5H_A - 120 = 0$ ·················· ①

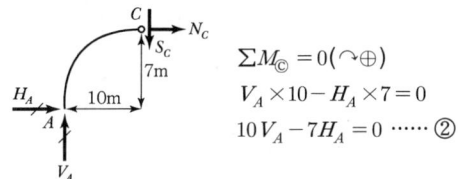

$\sum M_{\text{Ⓒ}} = 0(\curvearrowright \oplus)$
$V_A \times 10 - H_A \times 7 = 0$
$10V_A - 7H_A = 0$ ······ ②

식 ①과 ②를 연립해서 풀면
$H_A = 15.79\text{t}(\rightarrow),\ V_A = 11.05\text{t}(\uparrow)$

06. 그림과 같은 캔틸레버 보에서 A점의 처짐은? (단, AC구간의 단면2차모멘트는 I이고, CB구간은 $2I$이며, 탄성계수 E는 전 구간이 동일하다.)

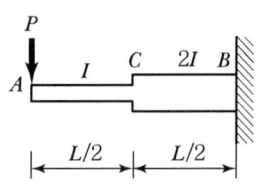

① $\dfrac{2PL^3}{15EI}$ ② $\dfrac{3PL^3}{16EI}$

③ $\dfrac{5PL^3}{18EI}$ ④ $\dfrac{7PL^3}{24EI}$

■해설
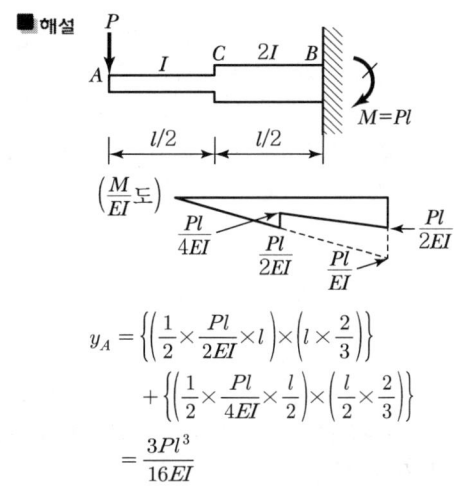

$y_A = \left\{\left(\dfrac{1}{2} \times \dfrac{Pl}{2EI} \times l\right) \times \left(l \times \dfrac{2}{3}\right)\right\}$
$\qquad + \left\{\left(\dfrac{1}{2} \times \dfrac{Pl}{4EI} \times \dfrac{l}{2}\right) \times \left(\dfrac{l}{2} \times \dfrac{2}{3}\right)\right\}$
$= \dfrac{3Pl^3}{16EI}$

07. 다음 그림과 같은 불규칙한 단면의 $A-A$축에 대한 단면2차모멘트는 $35 \times 10^6 \text{mm}^4$이다. 단면의 총면적이 $1.2 \times 10^4 \text{mm}^2$라면, $B-B$축에 대한 단면2차모멘트는?(단, $D-D$축은 단면의 도심을 통과한다.)

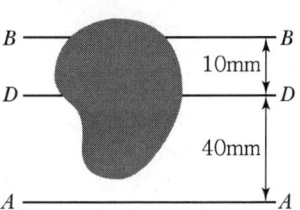

① $17 \times 10^6 \text{mm}^4$ ② $15.8 \times 10^6 \text{mm}^4$
③ $17 \times 10^5 \text{mm}^4$ ④ $15.8 \times 10^5 \text{mm}^4$

|해답| 4.③ 5.② 6.② 7.①

■해설 $I_{DD} = I_{AA} - A \times (40)^2$
$= (35 \times 10^6) - (1.2 \times 10^4) \times (40)^2$
$= 15.8 \times 10^6 \text{mm}^4$
$I_{BB} = I_{DD} + A \times (10)^2$
$= (15.8 \times 10^6) + (1.2 \times 10^4) \times (10)^2$
$= 17 \times 10^6 \text{mm}^4$

08. 평면응력상태에서 모어(Mohr)의 응력원에 대한 설명으로 옳지 않은 것은?

① 최대 전단응력의 크기는 두 주응력의 차와 같다.
② 모어 원으로부터 주응력의 크기와 방향을 구할 수 있다.
③ 모어 원이 그려지는 두 축 중 연직(y)축은 전단응력의 크기를 나타낸다.
④ 모어 원 중심의 x 좌푯값은 직교하는 두 축의 수직응력의 평균값과 같고, y 좌푯값은 0이다.

■해설 최대 전단응력(τ_{max})의 크기는 두 주응력 차이의 절반이다.
$\tau_{max} = \dfrac{\sigma_{max} - \sigma_{min}}{2}$

09. 다음 그림과 같은 트러스에서 U부재에 일어나는 부재내력은?

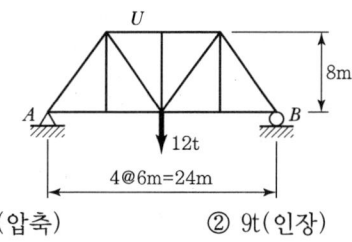

① 9t(압축) ② 9t(인장)
③ 15t(압축) ④ 15t(인장)

■해설 $\Sigma M_{\text{Ⓑ}} = 0(\curvearrowright \oplus)$
$R_A \times 24 - 12 \times 12 = 0$, $R_A = 6\text{t}(\uparrow)$

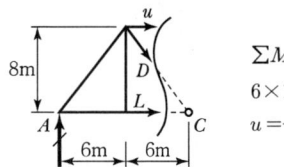

$\Sigma M_{\text{Ⓒ}} = 0(\curvearrowright \oplus)$
$6 \times 12 + u \times 8 = 0$
$u = -9\text{t}(압축)$

10. 탄성계수 E, 전단탄성계수 G, 푸아송 수 m 사이의 관계가 옳은 것은?

① $G = \dfrac{m}{2(m+1)}$ ② $G = \dfrac{E}{2(m-1)}$
③ $G = \dfrac{mE}{2(m+1)}$ ④ $G = \dfrac{E}{2(m+1)}$

■해설 $G = \dfrac{E}{2(1+\nu)} = \dfrac{E}{2\left(1+\dfrac{1}{m}\right)} = \dfrac{mE}{2(m+1)}$

11. 다음 그림과 같은 캔틸레버 보에서 휨에 의한 탄성변형에너지는?(단, EI는 일정하다.)

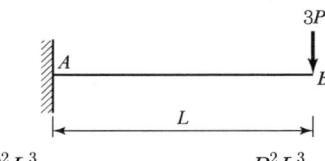

① $\dfrac{P^2 L^3}{3EI}$ ② $\dfrac{P^2 L^3}{2EI}$
③ $\dfrac{2P^2 L^3}{3EI}$ ④ $\dfrac{3P^2 L^3}{2EI}$

■해설 $\delta_B = \dfrac{(3P)L^3}{3EI} = \dfrac{PL^3}{EI}$
$u = \dfrac{1}{2}(3P)\left(\dfrac{PL^3}{EI}\right) = \dfrac{3P^2L^3}{3EI}$

12. 그림과 같이 이축응력을 받고 있는 요소의 체적변형률은?(단, 탄성계수 $E = 2 \times 10^6 \text{kg/cm}^2$, 푸아송 비 $\nu = 0.3$)

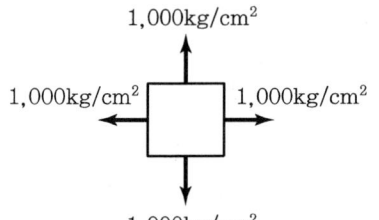

① 2.7×10^{-4} ② 3.0×10^{-4}
③ 3.7×10^{-4} ④ 4.0×10^{-4}

■해설 $\varepsilon_V = \dfrac{1-2\nu}{E}(\sigma_x + \sigma_y)$
$= \dfrac{1 - 2 \times 0.3}{(2 \times 10^6)}(1,000 + 1,000)$
$= 4.0 \times 10^{-4}$

13. 다음 그림과 같은 단순보의 중앙점 C에 집중하중 P가 작용하여 중앙점의 처짐 δ가 발생했다. δ가 0이 되도록 양쪽 지점에 모멘트 M을 작용시키려고 할 때, 이 모멘트의 크기 M을 하중 P와 지간 L로 나타낸 것으로 옳은 것은?(단, EI는 일정하다.)

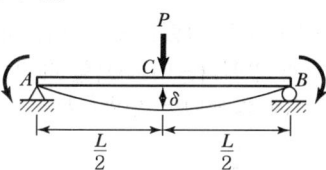

① $M = \dfrac{PL}{2}$ ② $M = \dfrac{PL}{4}$

③ $M = \dfrac{PL}{6}$ ④ $M = \dfrac{PL}{8}$

■해설 $\delta_C = \delta_P + \delta_M$

$0 = \dfrac{PL^3}{48EI} - \dfrac{L^2}{16EI}(M+M)$

$M = \dfrac{PL}{6}$

14. 그림과 같은 단순보에 이동하중이 작용할 때 절대 최대 휨모멘트는?

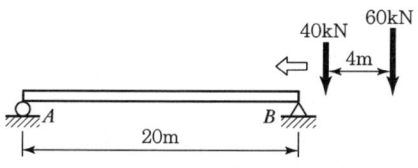

① 387.2kN·m ② 423.2kN·m
③ 478.4kN·m ④ 531.7kN·m

■해설
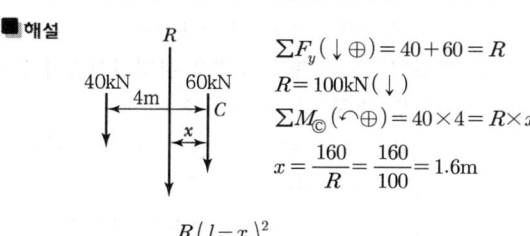

$\Sigma F_y(\downarrow \oplus) = 40 + 60 = R$
$R = 100\text{kN}(\downarrow)$
$\Sigma M_C(\curvearrowleft \oplus) = 40 \times 4 = R \times x$
$x = \dfrac{160}{R} = \dfrac{160}{100} = 1.6\text{m}$

$M_{abs\,max} = \dfrac{R}{l}\left(\dfrac{l-x}{2}\right)^2$
$= \dfrac{100}{20}\left(\dfrac{20-1.6}{2}\right)^2 = 423.2\text{kN}\cdot\text{m}$

15. 다음의 부정정 구조물을 모멘트 분배법으로 해석하고자 한다. C점이 롤러지점임을 고려한 수정강도계수에 의하여 B점에서 C점으로 분배되는 분배율 f_{BC}를 구하면?

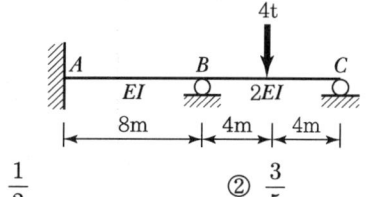

① $\dfrac{1}{2}$ ② $\dfrac{3}{5}$

③ $\dfrac{4}{7}$ ④ $\dfrac{5}{7}$

■해설 $k_{AB} : k_{BC} = \dfrac{(EI)}{8} : \dfrac{(2EI)}{8} \cdot \dfrac{3}{4} = 2 : 3$

$f_{BC} = \dfrac{k_{BC}}{\Sigma k} = \dfrac{3}{2+3} = \dfrac{3}{5}$

16. 그림과 같은 구조물에서 부재 AB가 6t의 힘을 받을 때 하중 P의 값은?

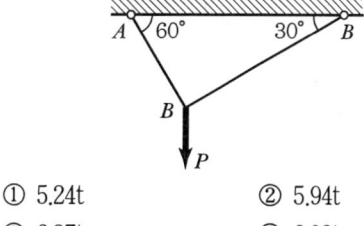

① 5.24t ② 5.94t
③ 6.27t ④ 6.93t

■해설
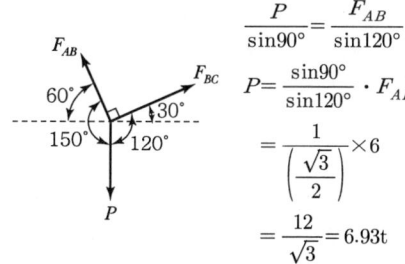

$\dfrac{P}{\sin 90°} = \dfrac{F_{AB}}{\sin 120°}$

$P = \dfrac{\sin 90°}{\sin 120°} \cdot F_{AB}$

$= \dfrac{1}{\left(\dfrac{\sqrt{3}}{2}\right)} \times 6$

$= \dfrac{12}{\sqrt{3}} = 6.93\text{t}$

17. 어떤 보 단면의 전단응력도를 그렸더니 다음 그림과 같았다. 이 단면에 가해진 전단력의 크기는? (단, 최대 전단응력(τ_{max})은 6kg/cm²이다.)

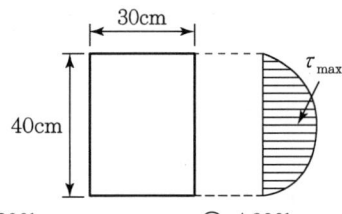

① 4,200kg　　② 4,800kg
③ 5,400kg　　④ 6,000kg

■해설　$\tau_{max} = \alpha \dfrac{S}{A} = \dfrac{3}{2} \cdot \dfrac{S}{bh}$

$S = \dfrac{2bh\tau_{max}}{3} = \dfrac{2 \times 30 \times 40 \times 6}{3} = 4,800\text{kg}$

18. 다음 그림과 같은 보에서 A점의 반력이 B점의 반력의 두 배가 되는 거리 x는?

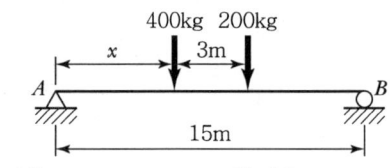

① 2.5m　　② 3.0m
③ 3.5m　　④ 4.0m

■해설　$\Sigma F_y = 0(\uparrow \oplus)$
$(2R_B) - 400 - 200 + R_B = 0$
$R_B = 200\text{kg}(\uparrow)$
$\Sigma M_{\text{Ⓐ}} = 0(\curvearrowright \oplus)$
$400 \cdot x + 200(x+3) - 200 \times 15 = 0$
$x = 4\text{m}$

19. 그림과 같이 폭(b)과 높이(h)가 모두 12cm인 이등변삼각형의 x, y축에 대한 단면상승모멘트 I_{xy}는?

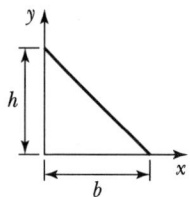

① 576cm⁴　　② 642cm⁴
③ 768cm⁴　　④ 864cm⁴

■해설　$I_{xy} = \dfrac{b^2 h^2}{24} = \dfrac{12^2 \times 12^2}{24} = 864\text{cm}^4$

20. L이 10m인 그림과 같은 내민보의 자유단에 $P = 2\text{t}$의 연직하중이 작용할 때 지점 B와 중앙부 C점에 발생되는 모멘트는?

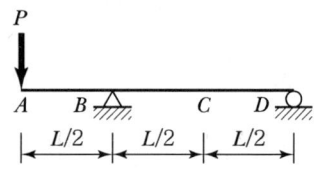

① $M_B = -8\text{t}\cdot\text{m}$, $M_C = -5\text{t}\cdot\text{m}$
② $M_B = -10\text{t}\cdot\text{m}$, $M_C = -4\text{t}\cdot\text{m}$
③ $M_B = -10\text{t}\cdot\text{m}$, $M_C = -5\text{t}\cdot\text{m}$
④ $M_B = -8\text{t}\cdot\text{m}$, $M_C = -4\text{t}\cdot\text{m}$

■해설　$M_B = -(P)\left(\dfrac{L}{2}\right) = -\dfrac{PL}{2} = -\dfrac{2 \times 10}{2} = -10\text{t}\cdot\text{m}$

$M_C = \dfrac{1}{2}M_B = \dfrac{1}{2}(-10) = -5\text{t}\cdot\text{m}$

제2과목 측량학

21. 사진측량에 대한 설명 중 틀린 것은?
① 항공사진의 축척은 카메라의 초점거리에 비례하고, 비행고도에 반비례한다.
② 촬영고도가 동일한 경우 촬영기선길이가 증가하면 중복도는 낮아진다.
③ 입체시된 영상의 과고감은 기선고도비가 클수록 커지게 된다.
④ 과고감은 지도축척과 사진축척의 불일치에 의해 나타난다.

■해설　과고감은 지표면의 기복을 과장하여 나타낸 것으로 사면의 경사는 실제보다 급하게 보인다.

22. 캔트(cant)의 크기가 C인 노선의 곡선반지름을 2배로 증가시키면 새로운 캔트 C'의 크기는?

① $0.5C$ ② C
③ $2C$ ④ $4C$

■해설
- 캔트$(C) = \dfrac{SV^2}{Rg}$
- 반경을 2배로 하면 C는 $\dfrac{1}{2}$로 줄어든다.

23. 대상구역을 삼각형으로 분할하여 각 교점의 표고를 측량한 결과가 그림과 같을 때 토공량은? (단위 : m)

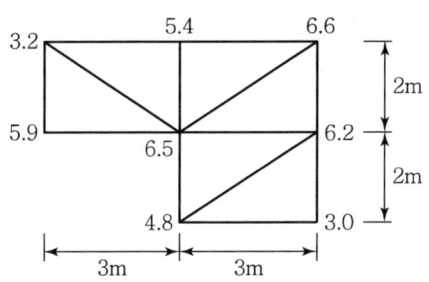

① $98m^3$ ② $100m^3$
③ $102m^3$ ④ $104m^3$

■해설 삼각형 분할

$V = \dfrac{A}{3}(\Sigma h_1 + 2\Sigma h_2 + 3\Sigma h_3 + \cdots)$

- $\Sigma h_1 = 5.9 + 3.0 = 8.9$
- $\Sigma h_2 = 3.2 + 5.4 + 6.6 + 4.8 = 20$
- $\Sigma h_3 = 6.2$
- $\Sigma h_5 = 6.5$
- $V = \dfrac{\frac{1}{2} \times 2 \times 3}{3}(8.9 + 2 \times 20 + 3 \times 6.2 + 5 \times 6.5)$
  $= 100m^3$

24. 수심 h인 하천의 수면으로부터 $0.2h$, $0.6h$, $0.8h$인 곳에서 각각의 유속을 측정한 결과, 0.562m/s, 0.497m/s, 0.364m/s이었다. 3점법을 이용한 평균유속은?

① 0.45m/s ② 0.48m/s
③ 0.51m/s ④ 0.54m/s

■해설

3점법$(V_m) = \dfrac{V_{0.2} + 2V_{0.6} + V_{0.8}}{4}$

$= \dfrac{0.562 + 2 \times 0.497 + 0.364}{4}$

$= 0.48m/s$

25. 그림과 같은 단면의 면적은?(단, 좌표의 단위는 m이다.)

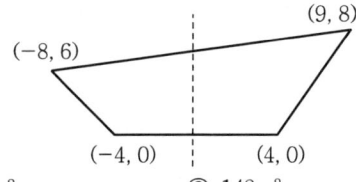

① $174m^2$ ② $148m^2$
③ $104m^2$ ④ $87m^2$

■해설
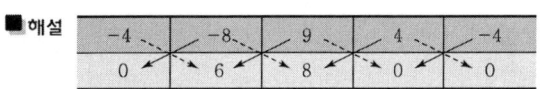

- 배면적 $= (\Sigma \nearrow \otimes) - (\searrow \otimes)$
  $= (0 + 54 + 32 + 0) - (-24 - 64 - 0 - 0)$
  $= 174m^2$
- 면적 $= \dfrac{배면적}{2} = \dfrac{174}{2} = 87m^2$

26. 각의 정밀도가 ±20″인 각측량기로 각을 관측할 경우, 각오차와 거리오차가 균형을 이루기 위한 줄자의 정밀도는?

① 약 1/10,000 ② 약 1/50,000
③ 약 1/100,000 ④ 약 1/500,000

■해설 $\dfrac{\Delta L}{L} = \dfrac{\theta''}{\rho''} = \dfrac{10''}{206,265''} = \dfrac{1}{10,313} \fallingdotseq \dfrac{1}{10,000}$

27. 노선의 곡선반지름이 100m, 곡선길이가 20m일 경우 클로소이드(Clothoid)의 매개변수(A)는?

① 22m ② 40m
③ 45m ④ 60m

■해설
- $A^2 = RL$
- $A = \sqrt{R \cdot L} = \sqrt{100 \times 20} = 44.72 \fallingdotseq 45m$

|해답| 22.① 23.② 24.② 25.④ 26.① 27.③

28. 수준점 A, B, C에서 P점까지 수준측량을 한 결과가 표와 같다. 관측거리에 대한 경중률을 고려한 P점의 표고는?

측량경로	거리	P점의 표고
$A \to P$	1km	135.487m
$B \to P$	2km	135.563m
$C \to P$	3km	135.603m

① 135.529m ② 135.551m
③ 135.563m ④ 135.570m

■해설
- 경중률은 거리에 반비례한다.
$$P_A : P_B : P_C = \frac{1}{S_1} : \frac{1}{S_2} : \frac{1}{S_3}$$
$$= \frac{1}{1} : \frac{1}{2} : \frac{1}{3} = 6 : 3 : 2$$
- $H_P = \dfrac{P_A H_A + P_B H_B + P_C H_C}{P_A + P_B + P_C}$
$$= \frac{6 \times 135.487 + 3 \times 135.563 + 2 \times 135.603}{6 + 3 + 2}$$
$$= 135.529m$$

29. 그림과 같이 교호수준측량을 실시한 결과, $a_1 = 3.835m$, $b_1 = 4.264m$, $a_2 = 2.375m$, $b_2 = 2.812m$이었다. 이때 양안의 두 점 A와 B의 높이 차는? (단, 양안에서 시준점과 표척까지의 거리 $CA = DB$이다.)

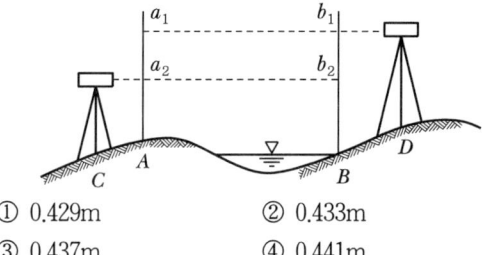

① 0.429m ② 0.433m
③ 0.437m ④ 0.441m

■해설
$$\Delta H = \frac{(a_1 - b_1) + (a_2 - b_2)}{2}$$
$$= \frac{(3.835 - 4.264) + (2.375 - 2.812)}{2}$$
$$= -0.433m$$

30. GNSS가 다중주파수(Multi Frequency)를 채택하고 있는 가장 큰 이유는?

① 데이터 취득 속도의 향상을 위해
② 대류권 지연 효과를 제거하기 위해
③ 다중경로오차를 제거하기 위해
④ 전리층 지연 효과를 제거하기 위해

■해설 전리층 지연 효과 제거를 위하여 다중 주파수를 채택한다.

31. 트래버스측량(다각측량)의 폐합오차 조정방법 중 컴퍼스법칙에 대한 설명으로 옳은 것은?

① 각과 거리의 정밀도가 비슷할 때 실시하는 방법이다.
② 위거와 경거의 크기에 비례하여 폐합오차를 배분한다.
③ 각 측선의 길이에 반비례하여 폐합오차를 배분한다.
④ 거리보다는 각의 정밀도가 높을 때 활용하는 방법이다.

■해설 컴퍼스법칙은 각과 거리의 정밀도가 동일한 경우 사용하며 오차배분은 각 변 측선길이에 비례하여 배분한다.

32. 트래버스측량(다각측량)의 종류와 그 특징으로 옳지 않은 것은?

① 결합트래버스는 삼각점과 삼각점을 연결시킨 것으로 조정계산 정확도가 가장 높다.
② 폐합트래버스는 한 측점에서 시작하여 다시 그 측점에 돌아오는 관측 형태이다.
③ 폐합트래버스는 오차의 계산 및 조정이 가능하나, 정확도는 개방트래버스보다 낮다.
④ 개방트래버스는 임의의 한 측점에서 시작하여 다른 임의의 한 점에서 끝나는 관측 형태이다.

■해설 폐합트래버스는 측량 결과가 검토되며 정확도는 결합트래버스보다 낮고 개방트래버스보다 높다.

33. 삼각망 조정계산의 경우에 하나의 삼각형에 발생한 각오차의 처리 방법은?(단, 각관측 정밀도는 동일하다.)

① 각의 크기에 관계없이 동일하게 배분한다.
② 대변의 크기에 비례하여 배분한다.
③ 각의 크기에 반비례하여 배분한다.
④ 각의 크기에 비례하여 배분한다.

■해설 각의 크기에 관계없이 등배분한다.

34. 종단수준측량에서 중간점을 많이 사용하는 이유로 옳은 것은?

① 중심말뚝의 간격이 20m 내외로 좁기 때문에 중심말뚝을 모두 전환점으로 사용할 수 있기 때문이다.
② 중간점을 많이 사용하고 기고식 야장을 작성할 경우 완전한 검산이 가능하여 종단수준측량의 정확도를 높일 수 있기 때문이다.
③ B.M.점 좌우의 많은 점을 동시에 측량하여 세밀한 종단면도를 작성하기 위해서이다.
④ 핸드레벨을 이용한 작업에 적합한 측량방법이기 때문이다.

■해설 종단수준측량에서는 말뚝간격이 20m 이내이기 때문에 모두 전환점으로 사용할 경우 중간점으로 사용한다.

35. 표고 또는 수심을 숫자로 기입하는 방법으로 하천이나 항만 등에서 수심을 표시하는 데 주로 사용되는 방법은?

① 영선법
② 채색법
③ 음영법
④ 점고법

■해설 점고법
• 표고를 숫자에 의해 표시
• 해양, 항만, 하천 등의 지형도에 사용한다.

36. 그림과 같은 유심 삼각망에서 점조건 조정식에 해당하는 것은?

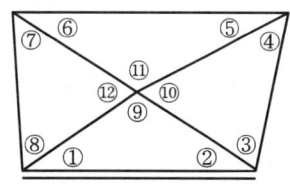

① (①+②+⑨) = 180°
② (①+②) = (⑤+⑥)
③ (⑨+⑩+⑪+⑫) = 360°
④ (①+②+③+④+⑤+⑥+⑦+⑧) = 360°

■해설 ① 각조건
③ 점조건
④ 각조건

37. 120m의 측선을 30m 줄자로 관측하였다. 1회 관측에 따른 우연오차가 ±3mm이었다면, 전체 거리에 대한 오차는?

① ±3mm
② ±6mm
③ ±9mm
④ ±12mm

■해설 우연오차=$\pm\delta\sqrt{n}=\pm3\sqrt{4}=\pm6$mm

38. 완화곡선에 대한 설명으로 틀린 것은?

① 곡선반지름은 완화곡선의 시점에서 무한대, 종점에서 원곡선의 반지름이 된다.
② 완화곡선에 연한 곡선반지름의 감소율은 캔트의 증가율과 같다.
③ 완화곡선의 접선은 시점에서 원호에, 종점에서 직선에 접한다.
④ 종점에 있는 캔트는 원곡선의 캔트와 같게 된다.

■해설 완화곡선의 접선은 시점에서 직선에, 종점에서 원호에 접한다.

39. 축척 1:500 지형도를 기초로 하여 축척 1:3,000 지형도를 제작하고자 한다. 축척 1:3,000 도면 한 장에 포함되는 축척 1:500 도면의 매수는?(단, 1:500 지형도와 1:3,000 지형도의 크기는 동일하다.)

① 16매   ② 25매
③ 36매   ④ 49매

■해설
- 면적은 축척 $\left(\dfrac{1}{M}\right)^2$에 비례
- 매수 $=\left(\dfrac{3,000}{500}\right)^2=36$매

40. 지오이드(Geoid)에 관한 설명으로 틀린 것은?

① 중력장 이론에 의한 물리적 가상면이다.
② 지오이드면과 기준타원체면은 일치한다.
③ 지오이드는 어느 곳에서나 중력 방향과 수직을 이룬다.
④ 평균해수면과 일치하는 등포텐셜면이다.

■해설 지오이드는 불규칙 면으로 회전타원체와 일치하지 않는다.

제3과목 **수리수문학**

41. 다음 중 증발에 영향을 미치는 인자가 아닌 것은?

① 온도   ② 대기압
③ 통수능   ④ 상대습도

■해설 증발
㉠ 증발
자유수면으로부터 물이 대기 중으로 방출되는 현상을 증발이라 하고, 지중의 물을 식물의 뿌리가 끌어올려서 식물의 엽면으로부터 대기 중으로 방출되는 현상을 증산이라고 한다.
㉡ 증발의 영향인자
- 물과 공기의 습도
- 바람
- 상대습도
- 대기압
- 수질 및 수표면의 성질과 형상

42. 유역면적이 15km²이고 1시간에 내린 강우량이 150mm일 때 하천의 유출량이 350m³/s이면 유출률은?

① 0.56   ② 0.65
③ 0.72   ④ 0.78

■해설 유출률
㉠ 총강우량에 대한 유출량의 비를 유출률이라고 한다.
㉡ 강우량
$150 \times 10^{-3} \times 15 \times 10^6 = 2,250,000 \text{m}^3/\text{hr}$
$= 625 \text{m}^3/\text{s}$
㉢ 유출률의 산정
유출률 $= \dfrac{\text{유출량}}{\text{강우량}} = \dfrac{350}{625} = 0.56$

43. 비압축성 유체의 연속방정식을 표현한 것으로 가장 올바른 것은?

① $Q = \rho A V$ ② $\rho_1 A_1 = \rho_2 A_2$
③ $Q_1 A_1 V_1 = Q_2 A_2 V_2$ ④ $A_1 V_1 = A_2 V_2$

■해설 연속방정식
㉠ 질량보존의 법칙에 의해 만들어진 방정식이다.
㉡ 검사구간에서의 도중에 질량의 유입이나 유출이 없다고 하면 구간 내 어느 곳에서나 질량유량은 같다.
$Q = \rho_1 A_1 V_1 = \rho_2 A_2 V_2$ (질량유량)
㉢ 비압축성 유체로 가정하면 밀도(ρ)가 일정해져서 생략이 가능하다.
$Q = A_1 V_1 = A_2 V_2$ (체적유량)

44. 다음 물의 흐름에 대한 설명 중 옳은 것은?

① 수심은 깊으나 유속이 느린 흐름을 사류라 한다.
② 물의 분자가 흩어지지 않고 질서 정연히 흐르는 흐름을 난류라 한다.
③ 모든 단면에 있어 유적과 유속이 시간에 따라 변하는 것을 정류라 한다.
④ 에너지선과 동수 경사선의 높이의 차는 일반적으로 $\dfrac{V^2}{2g}$이다.

■해설 유체 흐름의 일반적 사항
  ㉠ 하류(下流)의 흐름이 상류(上流)에 영향을 줄 수 없는 흐름을 사류라고 한다. 일반적으로 사류는 경사가 급하고 유속이 빨라서 영향을 줄 수가 없다.
  ㉡ 유체입자가 점성에 의해 층상을 이루며 흐트러지지 않고 정연하게 흐르는 흐름을 층류라고 한다.
  ㉢ 시간에 따라서 흐름의 특성이 변하지 않는 흐름을 정류라고 하고, 단면에 따라서 흐름의 특성이 변하지 않는 흐름을 등류라고 한다.
  ㉣ 에너지선과 동수경사선의 높이의 차는 속도수두($\frac{V^2}{2g}$)이다.

45. 미계측 유역에 대한 단위유량도의 합성방법이 아닌 것은?
  ① SCS 방법 ② Clark 방법
  ③ Horton 방법 ④ Snyder 방법

■해설 합성단위도
  ㉠ 유량기록이 없는 미계측 유역에서 수자원 개발 목적을 위하여 다른 유역의 과거의 경험을 토대로 단위도를 합성하여 근사치로 사용하는 단위유량도를 합성단위유량도라 한다.
  ㉡ 합성단위 유량도법
    • Snyder 방법
    • SCS 무차원단위도법
    • 中安(나까야스)방법
    • Clark의 유역추적법
  ㉢ 구성인자
    • 강우 지속시간(t_r)
    • 지체시간(t_p)
    • 첨두홍수량(Q_p)
    • 기저시간(T)

46. 표고 20m인 저수지에서 물을 표고 50m인 지점까지 1.0m³/sec의 물을 양수하는 데 소요되는 펌프동력은?(단, 모든 손실수두의 합은 3.0m이고 모든 관은 동일한 직경과 수리학적 특성을 지니며, 펌프의 효율은 80%이다.)
  ① 248kW ② 330kW
  ③ 404kW ④ 650kW

■해설 동력의 산정
  ㉠ 양수에 필요한 동력($H_e = h + \sum h_L$)
    • $P = \frac{9.8QH_e}{\eta}$ (kW)
    • $P = \frac{13.3QH_e}{\eta}$ (HP)
  ㉡ 소요동력의 산정
    $P = \frac{9.8QH_e}{\eta} = \frac{9.8 \times 1.0 \times (30+3)}{0.8}$
    $= 404.25\text{kW}$

47. 폭 35cm인 직사각형 위어(weir)의 유량을 측정하였더니 0.03m³/s이었다. 월류수심의 측정에 1mm의 오차가 생겼다면, 유량에 발생하는 오차는?(단, 유량계산은 프란시스(Francis) 공식을 사용하되 월류 시 단면수축은 없는 것으로 가정한다.)
  ① 1.16% ② 1.50%
  ③ 1.67% ④ 1.84%

■해설 수두측정오차와 유량오차와의 관계
  ㉠ 수두측정오차와 유량오차의 관계
    • 직사각형 위어 : $\frac{dQ}{Q} = \frac{\frac{3}{2}KH^{\frac{1}{2}}dH}{KH^{\frac{3}{2}}} = \frac{3}{2}\frac{dH}{H}$

    • 삼각형 위어 : $\frac{dQ}{Q} = \frac{\frac{5}{2}KH^{\frac{3}{2}}dH}{KH^{\frac{5}{2}}} = \frac{5}{2}\frac{dH}{H}$

    • 작은 오리피스 :
    $\frac{dQ}{Q} = \frac{\frac{1}{2}KH^{-\frac{1}{2}}dH}{KH^{\frac{1}{2}}} = \frac{1}{2}\frac{dH}{H}$

  ㉡ 프란시스 공식을 이용한 수심의 산정
    $Q = 1.84bh^{\frac{3}{2}}$
    $h = \left(\frac{Q}{1.84b}\right)^{\frac{2}{3}} = \left(\frac{0.03}{1.84 \times 0.35}\right)^{\frac{2}{3}} = 0.129\text{m}$
  ㉢ 오차 계산
    $\frac{dQ}{Q} = \frac{3}{2}\frac{dH}{H} = \frac{3}{2} \times \frac{0.001}{0.129} \times 100\% = 1.16\%$

|해답| 45.③ 46.③ 47.①

48. 여과량이 2m³/s, 동수경사가 0.2, 투수계수가 1cm/s일 때 필요한 여과지 면적은?

① 1,000m²　② 1,500m²
③ 2,000m²　④ 2,500m²

■해설　Darcy의 법칙
　㉠ Darcy의 법칙
$$V = K \cdot I = K \cdot \frac{h_L}{L}$$
$$Q = A \cdot V = A \cdot K \cdot I = A \cdot K \cdot \frac{h_L}{L}$$
　㉡ 면적의 산정
$$A = \frac{Q}{V} = \frac{Q}{KI} = \frac{2}{1 \times 10^{-2} \times 0.2} = 1,000 \text{m}^2$$

49. 다음 표는 어느 지역의 40분간 집중 호우를 매 5분마다 관측한 것이다. 지속기간이 20분인 최대 강우강도는?

시간(분)	우량(mm)
0~5	1
5~10	4
10~15	2
15~20	5
20~25	8
25~30	7
30~35	3
35~40	2

① I = 49mm/hr　② I = 59mm/hr
③ I = 69mm/hr　④ I = 72mm/hr

■해설　강우강도
　㉠ 단위시간당 내린 비의 크기를 강우강도라고 한다.
　㉡ 지속시간 20분 강우사상의 산정
　　• 1번 사상 : 1+4+2+5=12mm
　　• 2번 사상 : 4+2+5+8=19mm
　　• 3번 사상 : 2+5+8+7=22mm
　　• 4번 사상 : 5+8+7+3=23mm
　　• 5번 사상 : 8+7+3+2=20mm
　㉢ 지속시간 20분 최대강우강도의 산정
$$\frac{23}{20} \times 60 = 69 \text{mm/hr}$$

50. 길이 13m, 높이 2m, 폭 3m, 무게 20ton인 바지선의 흘수는?

① 0.51m　② 0.56m
③ 0.58m　④ 0.46m

■해설　부체의 평형조건
　㉠ 부체의 평형조건
　　• W(무게) = B(부력)
　　• $wV = w_w V'$
　　여기서, w : 부체의 단위중량
　　　　　　w_w : 물의 단위중량
　　　　　　V : 부체의 총체적
　　　　　　V' : 물에 잠긴 만큼의 체적
　㉡ 흘수의 산정
$$W = w_w V'$$
$$20 = 1 \times (13 \times 3 \times D)$$
$$\therefore D = 0.51 \text{m}$$

51. 개수로 내의 흐름에 대한 설명으로 옳은 것은?

① 에너지선은 자유표면과 일치한다.
② 동수경사선은 자유표면과 일치한다.
③ 에너지선과 동수경사선은 일치한다.
④ 동수경사선은 에너지선과 언제나 평행하다.

■해설　개수로 일반사항
　㉠ 에너지선은 자유표면에서 속도수두만큼 위에 있다.
　㉡ 동수경사선은 자유표면과 일치한다.
　㉢ 등류일 경우에만 동수경사선과 에너지선이 평행하다.

52. 상대조도에 관한 사항 중 옳은 것은?

① Chezy의 유속계수와 같다.
② Manning의 조도계수를 나타낸다.
③ 절대조도를 관지름으로 곱한 것이다.
④ 절대조도를 관지름으로 나눈 것이다.

■해설　상대조도
　상대조도는 절대조도(e)를 관의 지름(D)으로 나눈 것($\frac{e}{D}$)을 말한다.

53. 그림과 같이 물속에 수직으로 설치된 넓이 2m×3m의 수문을 올리는 데 필요한 힘은?(단, 수문의 물속 무게는 1,960N이고 수문과 벽면 사이의 마찰계수는 0.25이다.)

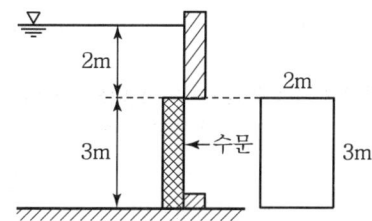

① 5.45kN ② 53.4kN
③ 126.7kN ④ 271.2kN

■해설 수문을 끌어올리는 힘
㉠ 마찰을 고려한 수문을 끌어올리는 힘
$F = fP + W - B$
여기서, f : 수문 홈통의 마찰계수
P : 수문에 작용하는 전수압
W : 수문의 무게
B : 수문에 작용하는 부력(일반적으로는 무시)
㉡ 수문에 작용하는 전수압의 산정
$P = wh_G A = 1 \times 3.5 \times (2 \times 3) = 21t$
㉢ 수문을 끌어올리는 힘의 산정
$F = fP + W - B$
$= 0.25 \times 21 + 0.2 = 5.45t = 53.41kN$
∵ 1,960N = 1.96kN ≒ 0.2t

54. 단위중량 w, 밀도 ρ인 유체가 유속 V로서 수평방향으로 흐르고 있다. 지름 d, 길이 l인 원주가 유체의 흐름방향에 직각으로 중심축을 가지고 놓였을 때 원주에 작용하는 항력(D)은?(단, C는 항력계수이다.)

① $D = C \cdot \dfrac{\pi d^2}{4} \cdot \dfrac{wV^2}{2}$

② $D = C \cdot d \cdot l \cdot \dfrac{\rho V^2}{2}$

③ $D = C \cdot \dfrac{\pi d^2}{4} \cdot \dfrac{\rho V^2}{2}$

④ $D = C \cdot d \cdot l \cdot \dfrac{wV^2}{2}$

■해설 항력(drag force)
㉠ 흐르는 유체 속에 물체가 잠겨 있을 때 유체에 의해 물체가 받는 힘을 항력(drag force)이라 한다.
$D = C_D \cdot A \cdot \dfrac{\rho V^2}{2}$
여기서, C_D : 항력계수($C_D = \dfrac{24}{R_e}$)
A : 투영면적
$\dfrac{\rho V^2}{2}$: 동압력
㉡ 항력 공식
$D = C_D \cdot A \cdot \dfrac{\rho V^2}{2} = C_D \cdot d \cdot l \cdot \dfrac{\rho V^2}{2}$

55. 도수 전후의 수심이 각각 2m, 4m일 때 도수로 인한 에너지 손실(수두)은?

① 0.1m ② 0.2m
③ 0.25m ④ 0.5m

■해설 도수
㉠ 흐름이 사류(射流)에서 상류(常流)로 바뀔 때 수면이 뛰는 현상을 도수(hydraulic jump)라고 한다.
㉡ 도수로 인한 에너지 손실
$\Delta E = \dfrac{(h_2 - h_1)^3}{4h_1 h_2} = \dfrac{(4-2)^3}{4 \times 2 \times 4} = 0.25m$

56. 다음 중 부정류 흐름의 지하수를 해석하는 방법은?

① Theis 방법 ② Dupuit 방법
③ Thiem 방법 ④ Laplace 방법

■해설 지하수의 해석
정상류 지하수를 해석하는 방법에는 Darcy의 법칙이 적용되며, 부정류 지하수를 해석하는 방법은 Theis 방법, Jacob 방법, Chow 방법이 있다.

57. 부피 50m³인 해수의 무게(W)와 밀도(ρ)를 구한 값으로 옳은 것은?(단, 해수의 단위중량은 1.025t/m³)

① $W = 5t$, $\rho = 0.1046$kg·sec²/m⁴
② $W = 5t$, $\rho = 104.6$kg·sec²/m⁴
③ $W = 5.125t$, $\rho = 104.6$kg·sec²/m⁴

|해답| 53.② 54.② 55.③ 56.① 57.④

④ $W=51.25t$, $\rho=104.6kg \cdot sec^2/m^4$

■해설 해수의 무게와 밀도
  ㉠ 단위중량
    $w=\dfrac{W}{V}$
    여기서, W : 무게
           V : 체적
  ㉡ 단위중량과 밀도의 관계
    $w=\rho g$
    여기서, ρ : 밀도
           g : 중력가속도
  ㉢ 해수의 무게
    $W=wV=1.025\times 50=51.25t$
  ㉣ 해수의 밀도
    $\rho=\dfrac{w}{g}=\dfrac{1.025}{9.8}=0.1046t\cdot sec^2/m^4$
    $=104.6kg\cdot sec^2/m^4$

58. 수리학상 유리한 단면에 관한 설명 중 옳지 않은 것은?
  ① 주어진 단면에서 윤변이 최소가 되는 단면이다.
  ② 직사각형 단면일 경우 수심의 폭이 1/2인 단면이다.
  ③ 최대유량의 소통을 가능하게 하는 가장 경제적인 단면이다.
  ④ 수심을 반지름으로 하는 반원을 외접원으로 하는 제형단면이다.

■해설 수리학상 유리한 단면
  ㉠ 수로의 경사, 조도계수, 단면이 일정할 때 유량이 최대로 흐를 수 있는 단면을 수리학상 유리한 단면 또는 최량수리단면이라고 한다.
  ㉡ 수리학상 유리한 단면이 되기 위해서는 경심(R)이 최대이거나, 윤변(P)이 최소일 때 성립된다.
    R_{max} 또는 P_{min}
  ㉢ 직사각형 단면에서 수리학상 유리한 단면이 되기 위한 조건은 $B=2H$, $R=\dfrac{H}{2}$ 이다.
  ㉣ 사다리꼴 단면에서는 정삼각형 3개가 모인 단면이 가장 유리한 단면이 된다. 이럴 경우 수심을 반지름으로 하는 반원에 외접하는 단면, 반원을 내접하는 단면이 된다.

59. 오리피스(orifice)에서의 유량 Q를 계산할 때 수두 H의 측정에 1%의 오차가 있으면 유량계산의 결과에는 얼마의 오차가 생기는가?
  ① 0.1% ② 0.5%
  ③ 1%   ④ 2%

■해설 수두측정오차와 유량오차와의 관계
  ㉠ 수두측정오차와 유량오차의 관계
  • 직사각형위어 : $\dfrac{dQ}{Q}=\dfrac{\frac{3}{2}KH^{\frac{1}{2}}dH}{KH^{\frac{3}{2}}}=\dfrac{3}{2}\dfrac{dH}{H}$
  • 삼각형 위어 : $\dfrac{dQ}{Q}=\dfrac{\frac{5}{2}KH^{\frac{3}{2}}dH}{KH^{\frac{5}{2}}}=\dfrac{5}{2}\dfrac{dH}{H}$
  • 작은 오리피스 :
    $\dfrac{dQ}{Q}=\dfrac{\frac{1}{2}KH^{-\frac{1}{2}}dH}{KH^{\frac{1}{2}}}=\dfrac{1}{2}\dfrac{dH}{H}$
  ㉡ 오리피스의 오차계산
    $\dfrac{dQ}{Q}=\dfrac{1}{2}\dfrac{dH}{H}=\dfrac{1}{2}\times 1\%=0.5\%$

60. 폭 8m의 구형단면 수로에 40m³/s의 물을 수심 5m로 흐르게 할 때, 비에너지는?(단, 에너지 보정계수 $\alpha=1.11$로 가정한다.)
  ① 5.06m ② 5.87m
  ③ 6.19m ④ 6.73m

■해설 비에너지
  ㉠ 단위무게당 물이 수로바닥면을 기준으로 갖는 흐름의 에너지 또는 수두를 비에너지라 한다.
    $h_e=h+\dfrac{\alpha v^2}{2g}$
    여기서, h : 수심
           α : 에너지 보정계수
           v : 유속
  ㉡ 유속의 산정
    $v=\dfrac{Q}{A}=\dfrac{40}{8\times 5}=1m/s$
  ㉢ 비에너지의 산정
    $h_e=h+\dfrac{\alpha v^2}{2g}=5+\dfrac{1.11\times 1^2}{2\times 9.8}=5.06m$

|해답| 58.④ 59.② 60.①

제4과목 철근콘크리트 및 강구조

61. 경간 l=10m인 대칭 T형 보에서 양쪽 슬래브의 중심 간 거리 2,100mm, 슬래브의 두께(t) 100mm, 복부의 폭(b_w) 400mm일 때 플랜지의 유효폭은 얼마인가?

① 2,000mm
② 2,100mm
③ 2,300mm
④ 2,500mm

■해설 T형 보(대칭 T형 보)에서 플랜지의 유효폭(b_e)
- $16t_f + b_w = 16 \times 100 + 400 = 2,000$mm
- 양쪽 슬래브의 중심 간 거리 = 2,100mm
- 보 경간의 $\frac{1}{4} = \frac{10 \times 10^3}{4} = 2,500$mm

위 값 중에서 최솟값을 취하면 b_e=2,000mm이다.

62. 다음 그림의 고장력 볼트 마찰이음에서 필요한 볼트 수는 최소 몇 개인가?(단, 볼트는 M22(ϕ=22mm), F10T를 사용하며, 마찰이음의 허용력은 48kN이다.)

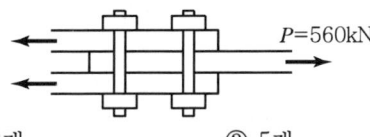

① 3개
② 5개
③ 6개
④ 8개

■해설 $P_s = 2 \times P_{sa} = 2 \times 48 = 96$kN

$n = \frac{P}{P_s} = \frac{560}{96} = 5.8 ≒ 6$개(올림에 의하여)

63. 철근콘크리트 보에 스터럽을 배근하는 가장 중요한 이유로 옳은 것은?

① 주철근 상호 간의 위치를 바르게 하기 위하여
② 보에 작용하는 사인장 응력에 의한 균열을 제어하기 위하여
③ 콘크리트와 철근과의 부착강도를 높이기 위하여
④ 압축 측 콘크리트의 좌굴을 방지하기 위하여

■해설 철근콘크리트 보에서 스터럽을 배근하는 가장 중요한 이유는 보에 작용하는 사인장 응력에 의한 균열을 제어하기 위함이다.

64. 아래 그림과 같은 두께 12mm 평판의 순단면적은?(단, 구멍의 지름은 23mm이다.)

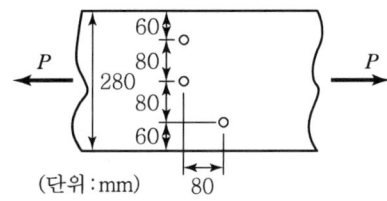

(단위 : mm)

① 2,310mm²
② 2,440mm²
③ 2,772mm²
④ 2,928mm²

■해설 $d_h = \phi + 3 = 23$mm

$b_{n2} = b - 2d_h = 280 - (2 \times 23) = 234$mm

$b_{n3} = b - 3d_h + \frac{s^2}{4g}$

$= 280 - (3 \times 23) + \frac{80^2}{4 \times 80} = 231$mm

$b_n = [b_{n2}, b_{n3}]_{min} = 231$mm

$A_n = b_n \cdot t = 231 \times 12 = 2,772$mm²

65. 그림과 같은 필렛용접의 유효목두께로 옳게 표시된 것은?(단, 강구조 연결 설계기준에 따름)

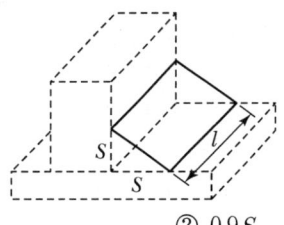

① S
② $0.9S$
③ $0.7S$
④ $0.5l$

■해설 $a = \frac{\sqrt{2}}{2} S = 0.707 S$

|해답| 61.① 62.③ 63.② 64.③ 65.③

66. $b=300mm$, $d=600mm$, $A_s=3-D35=2,870mm^2$ 인 직사각형 단면보의 파괴양상은?(단, 강도설계법에 의한 $f_y=300MPa$, $f_{ck}=21MPa$이다.)

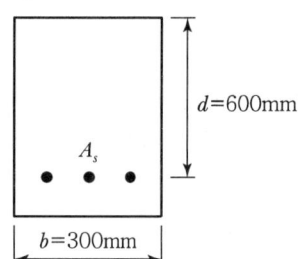

① 취성파괴
② 연성파괴
③ 균형파괴
④ 파괴되지 않는다.

■해설 $\beta_1 = 0.85\,(f_{ck} \leq 28MPa$인 경우$)$
$\varepsilon_{t,min} = 0.004\,(f_y \leq 400MPa$인 경우$)$
$\rho_{max} = 0.85\beta_1 \dfrac{f_{ck}}{f_y} \dfrac{0.003}{0.003+\varepsilon_{t,min}}$
$\quad = 0.85 \times 0.85 \times \dfrac{21}{300} \times \dfrac{0.003}{0.003+0.004} = 0.0217$
$\rho_{min} = \left[\dfrac{0.25\sqrt{f_{ck}}}{f_y},\ \dfrac{1.4}{f_y}\right]_{max}$
$\quad = \left[\dfrac{0.25\times\sqrt{21}}{300},\ \dfrac{1.4}{300}\right]_{max}$
$\quad = [0.0038,\ 0.0047]_{max} = 0.0047$
$\rho = \dfrac{A_s}{bd} = \dfrac{2,870}{300\times600} = 0.0159$
$\rho_{min}(=0.0047) < \rho(=0.0159) < \rho_{max}(=0.0217)$
이므로 철근콘크리트 직사각형 단면보는 연성파괴된다.

67. 철근콘크리트 부재에서 처짐을 방지하기 위해서는 부재의 두께를 크게 하는 것이 효과적인데, 구조상 가장 두꺼워야 될 순서대로 나열된 것은?(단, 동일한 부재 길이(l)를 갖는다고 가정)

① 캔틸레버 > 단순지지 > 일단연속 > 양단연속
② 단순지지 > 캔틸레버 > 일단연속 > 양단연속
③ 일단연속 > 양단연속 > 단순지지 > 캔틸레버
④ 양단연속 > 일단연속 > 단순지지 > 캔틸레버

■해설 처짐을 계산하지 않아도 되는 휨부재의 최소 두께

부재	최소 두께 또는 높이			
	캔틸레버	단순지지	일단연속	양단연속
보	$\dfrac{l}{8}$	$\dfrac{l}{16}$	$\dfrac{l}{18.5}$	$\dfrac{l}{21}$
1방향 슬래브	$\dfrac{l}{10}$	$\dfrac{l}{20}$	$\dfrac{l}{24}$	$\dfrac{l}{28}$

이 표에서 l은 지간으로서 단위는 mm이다. 또한 표의 값은 설계기준항복강도 $f_y=400MPa$인 철근을 사용한 부재에 대한 값이며 $f_y \neq 400MPa$이면 표의 값에 $\left(0.43+\dfrac{f_y}{700}\right)$를 곱해준다.

68. 1방향 철근콘크리트 슬래브에서 설계기준 항복강도(f_y)가 450MPa인 이형철근을 사용한 경우 수축·온도 철근 비는?

① 0.0016
② 0.0018
③ 0.0020
④ 0.0022

■해설 $f_y > 400MPa$인 경우 수축·온도 철근 비(ρ_s)
$\rho_s \geq 0.002 \times \dfrac{400}{f_y} = 0.002 \times \dfrac{400}{450}$
$\quad = 0.0018\,(\rho_s \geq 0.0014 - O.K)$

69. 프리스트레스의 도입 후에 일어나는 손실의 원인이 아닌 것은?

① 콘크리트의 크리프
② PS강재와 쉬스 사이의 마찰
③ 콘크리트의 건조수축
④ PS강재의 릴랙세이션

■해설 프리스트레스의 손실 원인
㉠ 프리스트레스 도입 시 손실(즉시 손실)
• 정착 장치의 활동에 의한 손실
• PS강재와 쉬스 사이의 마찰에 의한 손실
• 콘크리트의 탄성변형에 의한 손실
㉡ 프리스트레스 도입 후 손실(시간 손실)
• 콘크리트의 크리프에 의한 손실
• 콘크리트의 건조수축에 의한 손실
• PS강재의 릴랙세이션에 의한 손실

|해답| 66.② 67.① 68.② 69.②

70. 폭이 400mm, 유효깊이가 500mm인 단철근 직사각형보 단면에서, 강도설계법에 의한 균형철근량은 약 얼마인가?(단, $f_{ck}=35$MPa, $f_y=400$MPa)

① 6,135mm² ② 6,623mm²
③ 7,149mm² ④ 7,841mm²

■해설 · $f_{ck} > 28$MPa인 경우 β_1의 값
$\beta_1 = 0.85 - 0.007(f_{ck} - 28)$
$= 0.85 - 0.007(35 - 28)$
$= 0.801 \, (\beta_1 \geq 0.65 - O.K)$

· $\rho_b = 0.85\beta_1 \dfrac{f_{ck}}{f_y} \dfrac{600}{600+f_y}$
$= 0.85 \times 0.801 \times \dfrac{35}{400} \times \dfrac{600}{600+400}$
$= 0.0357446$

· $A_{s,b} = \rho_b \cdot b \cdot d = 0.0357446 \times 400 \times 500 = 7,149$mm²

71. 복철근 콘크리트 단면에 인장철근비는 0.02, 압축철근비는 0.01이 배근된 경우 순간처짐이 20mm일 때 6개월이 지난 후 총 처짐량은?(단, 작용하는 하중은 지속하중이며 6개월 재하기간에 따르는 계수 ξ는 1.2이다.)

① 56mm ② 46mm
③ 36mm ④ 26mm

■해설 $\lambda = \dfrac{\xi}{1+50\rho'} = \dfrac{1.2}{1+50\times 0.01} = 0.8$
$\delta_L = \lambda \cdot \delta_i = 0.8 \times 20 = 16$mm
$\delta_T = \delta_i + \delta_L = 16 + 20 = 36$mm

72. 그림과 같은 철근콘크리트 보 단면이 파괴 시 인장철근의 변형률은?(단, $f_{ck}=28$MPa, $f_y=350$MPa, $A_s=1,520$mm²)

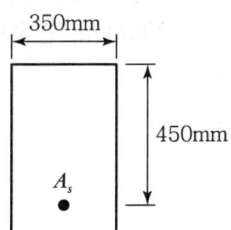

① 0.004 ② 0.008
③ 0.011 ④ 0.015

■해설 · $\beta_1 = 0.85$ ($f_{ck} \leq 28$MPa인 경우)
· $c = \dfrac{f_y A_s}{0.85 f_{ck} b \beta_1} = \dfrac{350 \times 1,520}{0.85 \times 28 \times 350 \times 0.85}$
$= 75.1$mm
· $\varepsilon_t = \dfrac{d_t - c}{c} \varepsilon_c = \dfrac{450 - 75.1}{75.1} \times 0.003 = 0.015$

73. 다음은 프리스트레스트 콘크리트에 관한 설명이다. 옳지 않은 것은?

① 프리캐스트를 사용할 경우 거푸집 및 동바리공이 불필요하다.
② 콘크리트 전 단면을 유효하게 이용하여 RC부재보다 경간을 길게 할 수 있다.
③ RC에 비해 단면이 작아서 변형이 크고 진동하기 쉽다.
④ RC보다 내화성에 있어서 유리하다.

■해설 프리스트레스트 콘크리트는 RC보다 내화성이 떨어진다.

74. 그림과 같은 단면의 중간 높이에 초기 프리스트레스 900kN을 작용시켰다. 20%의 손실을 가정하여 하단 또는 상단의 응력이 영(零)이 되도록 이 단면에 가할 수 있는 모멘트의 크기는?

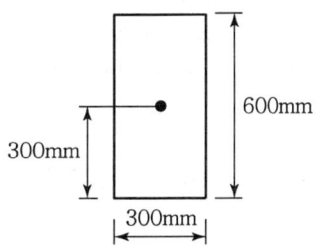

① 90kN·m ② 84kN·m
③ 72kN·m ④ 65kN·m

■해설 $f_b = \dfrac{P_e}{A} - \dfrac{M}{Z} = \dfrac{0.8P_i}{bh} - \dfrac{6M}{bh^2} = 0$
$M = \dfrac{0.8P_i h}{6} = \dfrac{0.8 \times 900 \times 0.6}{6} = 72$kN·m

75. 철근콘크리트 부재의 피복두께에 관한 설명으로 틀린 것은?

① 최소 피복두께를 제한하는 이유는 철근의 부식 방지, 부착력의 증대, 내화성을 갖도록 하기 위해서이다.
② 현장치기 콘크리트로서, 흙에 접하거나 옥외의 공기에 직접 노출되는 콘크리트의 최소 피복두께는 D25 이하의 철근의 경우 40mm이다.
③ 현장치기 콘크리트로서, 흙에 접하여 콘크리트를 친 후 영구히 흙에 묻혀 있는 콘크리트의 최소 피복두께는 80mm이다.
④ 콘크리트 표면과 그와 가장 가까이 배치된 철근 표면 사이의 콘크리트 두께를 피복두께라 한다.

■ 해설 현장치기 콘크리트로서 흙에 접하거나 옥외의 공기에 직접 노출되는 콘크리트의 최소 피복두께는 D25 이하의 철근의 경우 50mm이다.

76. 옹벽의 토압 및 설계일반에 대한 설명 중 옳지 않은 것은?

① 활동에 대한 저항력은 옹벽에 작용하는 수평력의 1.5배 이상이어야 한다.
② 뒷부벽식 옹벽의 저판은 정밀한 해석이 사용되지 않는 한, 3변 지지된 2방향 슬래브로 설계하여야 한다.
③ 뒷부벽은 T형보로 설계하여야 하며, 앞부벽은 직사각형 보로 설계하여야 한다.
④ 지반에 유발되는 최대 지반반력이 지반의 허용지지력을 초과하지 않아야 한다

■ 해설 뒷부벽식 옹벽의 저판은 정밀한 해석이 사용되지 않는 한, 부벽 간의 거리를 경간으로 가정하여 고정보 또는 연속보로 설계할 수 있다.

77. 폭 350mm, 유효깊이 500mm인 보에 설계기준항복강도가 400MPa인 D13 철근을 인장 주철근에 대한 경사각(α)이 60°인 U형 경사 스터럽으로 설치했을 때 전단보강철근의 공칭강도 (V_s)는?(단, 스터럽 간격 $s=250$mm, D13 철근 1본의 단면적은 127mm²이다.)

① 201.4kN
② 212.7kN
③ 243.2kN
④ 277.6kN

■ 해설
$$V_s = \frac{A_v f_y d(\sin\alpha + \cos\alpha)}{s}$$
$$= \frac{(2 \times 127) \times 400 \times 500 \times (\sin 60° + \cos 60°)}{250}$$
$$= 277.6 \times 10^3 \text{N} = 277.6 \text{kN}$$

78. 보통중량 콘크리트의 설계기준강도가 35MPa, 철근의 항복강도가 400MPa로 설계된 부재에서 공칭지름이 25mm인 압축 이형철근의 기본정착길이는?

① 425mm   ② 430mm
③ 1,010mm   ④ 1,015mm

■ 해설 $\lambda = 1$ (보통중량의 콘크리트인 경우)
$$l_{db} = \frac{0.25 d_b f_y}{\lambda \sqrt{f_{ck}}} = \frac{0.25 \times 25 \times 400}{1 \times \sqrt{35}} = 422.6\text{mm}$$
$0.043 d_b f_y = 0.043 \times 25 \times 400 = 430$mm
$l_{db} < 0.043 d_b f_y$ 이므로
$l_{db} = 0.043 d_b f_y = 430$mm

79. 계수 하중에 의한 단면의 계수휨모멘트(M_u)가 350kN·m인 단철근 직사각형 보의 유효깊이(d)의 최솟값은?(단, $\rho=0.0135$, $b=300$mm, $f_{ck}=24$MPa, $f_y=300$MPa, 인장지배 단면이다.)

① 245mm
② 368mm
③ 490mm
④ 613mm

■해설 $\phi = 0.85$ (인장지배 단면인 경우)

$$M_u \leq \phi M_n = \phi \rho f_y bd^2 \left(1 - 0.59\rho \frac{f_y}{f_{ck}}\right)$$

$$d \geq \sqrt{\frac{M_u}{\phi \rho f_y b\left(1 - 0.59\rho \frac{f_y}{f_{ck}}\right)}}$$

$$= \sqrt{\frac{350 \times 10^6}{0.85 \times 0.0135 \times 300 \times 300 \times \left(1 - 0.59 \times 0.0135 \times \frac{300}{24}\right)}}$$

$$= 613.5 mm$$

80. 그림과 같은 나선철근 기둥에서 나선철근의 간격(pitch)으로 적당한 것은?(단, 소요나선철근비(ρ_s)는 0.018, 나선철근의 지름은 12mm, D_c는 나선철근의 바깥지름

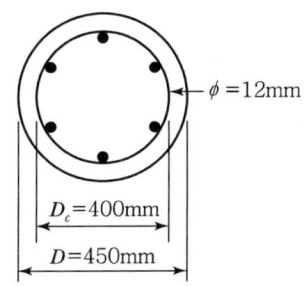

① 61mm   ② 85mm
③ 93mm   ④ 105mm

■해설
$$\rho_s = \frac{\text{나선철근의 체적}}{\text{심부의 체적}} = \frac{\left[\left(\frac{\pi\phi^2}{4}\right) \cdot \pi D_c\right]}{\left[\left(\frac{\pi D_c^2}{4}\right) \cdot s\right]}$$

$$s = \frac{\phi^2 \cdot \pi}{D_c \cdot \rho_s} = \frac{12^2 \times \pi}{400 \times 0.018} = 62.8mm$$

제5과목 토질 및 기초

81. 다음 그림과 같은 3m×3m 크기의 정사각형 기초의 극한지지력을 Terzaghi 공식으로 구하면? (단, 내부마찰각(ϕ)은 20°, 점착력(c)은 5t/m², 지지력계수 N_c=18, N_γ=5, N_q=7.5이다.)

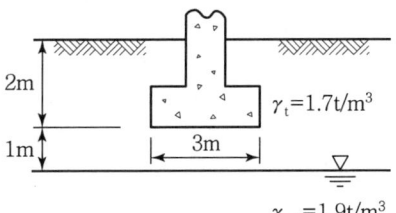

① 135.71t/m²
② 149.52t/m²
③ 157.26t/m²
④ 174.38t/m²

■해설
• $\gamma_1 = \frac{\gamma_t \cdot d + \gamma_{sub}(B-d)}{B}$

$= \frac{1.7 \times 1 + 0.9(3-1)}{3} = 1.167$

∴ $q_{ult} = \alpha N_c C + \beta \gamma_1 N_\gamma B + \gamma_2 N_q D_f$
$= (1.3 \times 18 \times 5) + (0.4 \times 1.167 \times 5 \times 3) + (1.7 \times 7.5 \times 2)$
$\fallingdotseq 149.52 t/m^2$

82. 흙 입자의 비중은 2.56, 함수비는 35%, 습윤단위중량은 1.75g/cm³일 때 간극률은 약 얼마인가?
① 32%   ② 37%
③ 43%   ④ 49%

■해설
$\gamma_t = \frac{G_s + S_e}{1+e} \cdot \gamma_w$

• $S_e = G_s w = 2.56 \times 0.35 = 0.896$

• $e = \frac{G_s + S_e}{\gamma_t} - 1$

$= \frac{2.56 + 0.896}{1.75} - 1 = 0.97$

∴ $n = \frac{e}{1+e} = \frac{0.97}{1+0.97} \times 100 = 49\%$

|해답| 80.① 81.② 82.④

83. 예민비가 큰 점토란 어느 것인가?

① 입자의 모양이 날카로운 점토
② 입자가 가늘고 긴 형태의 점토
③ 다시 반죽했을 때 강도가 감소하는 점토
④ 다시 반죽했을 때 강도가 증가하는 점토

■해설 예민비
- 예민성은 일축압축시험을 실시하면 강도가 감소되는 성질이다.
- 예민비는 교란에 의해 감소되는 강도의 예민성을 나타내는 지표이다.(일축압축시험 결과 얻는 일축압축강도를 이용하여 예민비를 구한다.)
- 예민비가 크면 진동이나 교란 등에 민감하여 강도가 크게 저하되므로 공학적 성질이 불량하다.(안전율을 크게 한다.)

$$S_t = \frac{q_u}{q_{ur}} = \frac{\text{불교란시료의 일축압축강도(자연상태)}}{\text{교란시료의 일축압축강도(흐트러진 상태)}}$$

84. 토압에 대한 다음 설명 중 옳은 것은?

① 일반적으로 정지토압 계수는 주동토압 계수보다 작다.
② Rankine 이론에 의한 주동토압의 크기는 Coulomb 이론에 의한 값보다 작다.
③ 옹벽, 흙막이벽체, 널말뚝 중 토압분포가 삼각형 분포에 가장 가까운 것은 옹벽이다.
④ 극한 주동상태는 수동상태보다 훨씬 더 큰 변위에서 발생한다.

■해설

구분	토압분포도	내용
		• 연직한 옹벽 • 연직옹벽의 토압분포 모양은 삼각형이다.

85. 다음 그림과 같이 지표면에 집중하중이 작용할 때 A점에서 발생하는 연직응력의 증가량은?

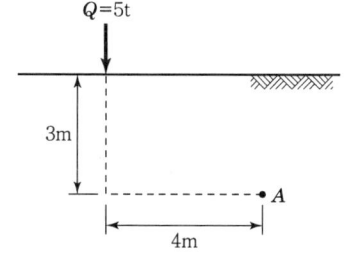

① 20.6kg/m²
② 24.4kg/m²
③ 27.2kg/m²
④ 30.3kg/m²

■해설
$$I = \frac{3}{2\pi}\left(\frac{Z}{R}\right)^5$$
$$= \frac{3}{2\pi} \cdot \left(\frac{3}{\sqrt{3^2+4^2}}\right)^5$$
$$= 0.0371$$
$$\therefore \Delta\sigma_z = \frac{IQ}{Z^2} = \frac{0.0371 \times 5}{3^2}$$
$$= 0.0206 \text{t/m}^2 = 20.6 \text{kg/m}^2$$

86. 표준압밀실험을 하였더니 하중 강도가 2.4kg/cm²에서 3.6kg/cm²로 증가할 때 간극비는 1.8에서 1.2로 감소하였다. 이 흙의 최종침하량은 약 얼마인가?(단, 압밀층의 두께는 20m이다.)

① 428.64cm
② 214.29cm
③ 642.86cm
④ 285.71cm

■해설
$$\Delta H = \frac{e_1 - e_2}{1+e_1} \cdot H = \frac{1.8-1.2}{1+1.8} \times 2,000 = 428.6 \text{cm}$$

87. Rod에 붙인 어떤 저항체를 지중에 넣어 관입, 인발 및 회전에 의해 흙의 전단강도를 측정하는 원위치시험은?

① 보링(Boring)
② 사운딩(Sounding)
③ 시료채취(Sampling)
④ 비파괴 시험(NDT)

■해설 사운딩(Sounding)
로드(Rod) 끝에 설치한 저항체를 지중에 삽입하여 관입, 회전, 인발 등의 저항으로 토층의 물리적 성질과 상태를 탐사하는 시험이다.

88. 모래의 밀도에 따라 일어나는 전단특성에 대한 다음 설명 중 옳지 않은 것은?

① 다시 성형한 시료의 강도는 작아지지만 조밀한 모래에서는 시간이 경과됨에 따라 강도가 회복된다.
② 내부마찰각(ϕ)은 조밀한 모래일수록 크다.
③ 직접 전단시험에 있어서 전단응력과 수평변위 곡선은 조밀한 모래에서는 peak가 생긴다.
④ 조밀한 모래에서는 전단변형이 계속 진행되면 부피가 팽창한다.

■해설

thixotropy(틱소트로피) 현상	dilatancy(다이러턴시) 현상
점토는 되이김(remolding)하면 전단강도가 현저히 감소하는데, 시간이 경과함에 따라 그 강도의 일부를 다시 찾게 되는 현상	조밀한 사질토에서 전단이 진행됨에 따라 부피가 증가되는 현상

89. 다음과 같이 널말뚝을 박은 지반의 유선망을 작도하는 데 있어서 경계조건에 대한 설명으로 틀린 것은?

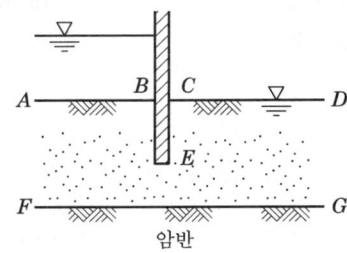

① $\overline{AB}$는 등수두선이다.
② $\overline{CD}$는 등수두선이다.
③ $\overline{EG}$는 유선이다.
④ $\overline{BEC}$는 등수두선이다.

■해설 $\overline{BEC}$는 등수두선이 아니고 유선이다.

90. 말뚝의 부마찰력에 대한 설명 중 틀린 것은?
① 부마찰력이 작용하면 지지력이 감소한다.
② 연약지반에 말뚝을 박은 후 그 위에 성토를 한 경우 일어나기 쉽다.
③ 부마찰력은 말뚝 주변 침하량이 말뚝의 침하량보다 클 때 아래로 끌어내리려는 마찰력을 말한다.
④ 연약한 점토에 있어서는 상대변위의 속도가 느릴수록 부마찰력은 크다.

■해설 부마찰력의 특징
• 아래쪽으로 작용하는 말뚝의 주면 마찰력이다.
• 말뚝에 부마찰력이 발생하면 말뚝의 지지력은 부주면 마찰력만큼 감소한다.
• 연약지반을 관통하여 견고한 지반까지 말뚝을 박은 경우 일어나기 쉽다.
• 연약한 점토에서 부마찰력은 상대변위의 속도가 느릴수록 적게 발생한다.

91. 토립자가 둥글고 입도분포가 나쁜 모래 지반에서 표준관입시험을 한 결과 N치는 10이었다. 이 모래의 내부 마찰각을 Dunham의 공식으로 구하면?
① 21°
② 26°
③ 31°
④ 36°

■해설 $\phi = \sqrt{12N} + 15 = \sqrt{12 \times 10} + 15 = 26°$

92. 단동식 증기 해머로 말뚝을 박았다. 해머의 무게 2.5t, 낙하고 3m, 타격당 말뚝의 평균관입량 1cm, 안전율 6일 때 Engineering News 공식으로 허용지지력을 구하면?
① 250t
② 200t
③ 100t
④ 50t

■해설 $Q_a = \dfrac{Q_u}{F_s} = \dfrac{WH/S + 0.25}{F_s}$
$= \dfrac{2.5 \times 300/1 + 0.25}{6} = 100t$
※ 낙하고와 관입량은 cm 단위로 나타낸다.

93. 어떤 종류의 흙에 대해 직접전단(일면전단) 시험을 한 결과 다음 표와 같은 결과를 얻었다. 이 값으로부터 점착력(c)을 구하면?(단, 시료의 단면적은 10cm²이다.)

수직하중(kg)	10.0	20.0	30.0
전단력(kg)	24.785	25.570	26.355

① 3.0kg/cm²
② 2.7kg/cm²
③ 2.4kg/cm²
④ 1.9kg/cm²

■해설
• 수직응력(δ) = $\dfrac{P}{A}$, 전단응력(τ) = $\dfrac{S}{A}$
• $A = 10\text{cm}^2$ 일 때

δ	1	2	3
τ	2.4785	2.5570	2.6355

• $\tau = C + \sigma\tan\phi$에서
 $2.4785 = C + 1 \times \tan\phi$ ····················①
 $2.5570 = C + 2 \times \tan\phi$ ····················②
 ①, ②식을 연립방정식으로 풀면, $C = 2.4$

|해답| 89.④ 90.④ 91.② 92.③ 93.③

94. 사면의 안전에 관한 다음 설명 중 옳지 않은 것은?

① 임계 활동면이란 안전율이 가장 크게 나타나는 활동면을 말한다.
② 안전율이 최소로 되는 활동면을 이루는 원을 임계원이라 한다.
③ 활동면에 발생하는 전단응력이 흙의 전단강도를 초과할 경우 활동이 일어난다.
④ 활동면은 일반적으로 원형활동면으로 가정한다.

■해설

임계원 모식도	임계원 및 임계 활동면
	• 임계원은 안전율이 최소인 활동원이다. • 임계활동면은 안전율이 최소인 활동면으로 가장 불안전한 활동면을 말한다.

95. 모래지반에 30cm×30cm의 재하판으로 재하 실험을 한 결과 10t/m²의 극한지지력을 얻었다. 4m×4m의 기초를 설치할 때 기대되는 극한 지지력은?

① 10t/m² ② 100t/m²
③ 133t/m² ④ 154t/m²

■해설 (극한)지지력은 모래에서 재하판 폭에 비례한다.
$0.3 : 10 = 4 : x$
$\therefore x = 133\text{t/m}^2$

96. 유선망의 특징을 설명한 것으로 옳지 않은 것은?

① 각 유로의 침투유량은 같다.
② 유선과 등수두선은 서로 직교한다.
③ 유선망으로 이루어지는 사각형은 이론상 정사각형이다.
④ 침투속도 및 동수경사는 유선망의 폭에 비례한다.

■해설 침투속도(V) 및 동수경사(i)는 유선망폭(L)에 반비례한다.
$V = Ki = K \cdot \dfrac{\Delta h}{L}$
$\therefore i \cdot V \propto \dfrac{1}{L}$

97. 그림과 같이 모래층에 널말뚝을 설치하여 물막이공 내의 물을 배수하였을 때, 분사현상이 일어나지 않게 하려면 얼마의 압력을 가하여야 하는가?(단, 모래의 비중은 2.65, 간극비는 0.65, 안전율은 3이다.)

① 6.5t/m² ② 16.5t/m²
③ 23t/m² ④ 33t/m²

■해설 $F_s = \dfrac{\sigma' + P}{F}$

• $\sigma' = \gamma_{sub} \cdot h_2 = 1 \times 1.5 = 1.5\text{t/m}^2$
$\left(\gamma_{sub} = \dfrac{G_s - 1}{1+e} \times \gamma_w = \dfrac{2.65-1}{1+0.65} \times 1 = 1\text{t/m}^3\right)$

• $F = i\gamma_w z$
$= \dfrac{h_1}{h_2} \cdot \gamma_w \cdot h_2 = h_1 \cdot \gamma_w$
$= 6 \times 1 = 6\text{t/m}^2$

$\therefore F_s = \dfrac{\sigma' + P}{F} = \dfrac{1.5 + P}{6} = 3$
따라서 분사현상이 일어나지 않을 압력
$P = 16.5\text{t/m}^2$

98. 다음은 전단시험을 한 응력경로이다. 어느 경우인가?

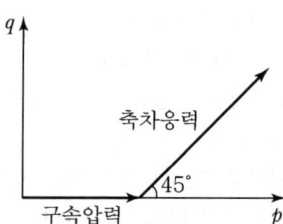

① 초기 단계의 최대 주응력과 최소 주응력이 같은 상태에서 시행한 삼축압축시험의 전응력 경로이다.
② 초기 단계의 최대 주응력과 최소 주응력이 같은 상태에서 시행한 일축압축시험의 전응력 경로이다.

|해답| 94.① 95.③ 96.④ 97.② 98.①

③ 초기 단계의 최대 주응력과 최소 주응력이 같은 상태에서 $K_o=0.5$인 조건에서 시행한 삼축압축시험의 전응력 경로이다.

④ 초기 단계의 최대 주응력과 최소 주응력이 같은 상태에서 $K_o=0.7$인 조건에서 시행한 일축압축시험의 전응력 경로이다.

■해설 초기 단계의 최대 주응력과 최소 주응력이 같은 상태에서 시행한 삼축압축시험의 전응력 경로이다.($p=\sigma_v$, $q=0$)

99. 흙의 다짐 효과에 대한 설명 중 틀린 것은?

① 흙의 단위중량 증가 ② 투수계수 감소
③ 전단강도 저하 ④ 지반의 지지력 증가

■해설 흙의 다짐효과
- 투수성의 감소
- 압축성의 감소
- 흡수성 감소
- 전단강도의 증가 및 지지력의 증가
- 부착력 및 밀도 증가

100. 다음 중 점성토 지반의 개량공법으로 거리가 먼 것은?

① Paper drain 공법
② Vibro-flotation 공법
③ Chemico pile 공법
④ Sand compaction pile 공법

■해설 점성토 개량공법

탈수공법 (압밀 촉진)	• 샌드 드레인 공법(Sand drain) • 페이퍼 드레인 공법(Paper drain) • 팩 드레인 공법(Pack drain) • 프리로딩 공법(Preloading) • 생석회 말뚝 공법
치환공법 (공기단축, 공사비 저렴)	• 굴착 치환공법 • 자중에 의한 치환공법 • 폭파에 의한 치환공법

제6과목 상하수도공학

101. 슬러지 용량지표(SVI ; Sludge Volume Index)에 관한 설명으로 옳지 않은 것은?

① 정상적으로 운전되는 반응조의 SVI는 50~150 범위이다.
② SVI는 포기시간, BOD 농도, 수온 등에 영향을 받는다.
③ SVI는 슬러지 밀도지수(SDI)에 100을 곱한 값을 의미한다.
④ 반응조 내 혼합액을 30분간 정체한 경우 1g의 활성슬러지 부유물질이 포함하는 용적을 mL로 표시한 것이다.

■해설 슬러지 용적지표(SVI)
㉠ 정의 : 폭기조 내 혼합액 1L를 30분간 침전시킨 후 1g의 MLSS가 차지하는 침전 슬러지의 부피(mL)를 슬러지 용적지표(Sludge Volume Index)라 한다.
$$SVI = \frac{SV(mL/L) \times 10^3}{MLSS(mg/L)}$$
㉡ 특징
- 슬러지 침강성을 나타내는 지표로, 슬러지 팽화(bulking)의 발생 여부를 확인하는 지표로 사용한다.
- SVI가 높아지면 MLSS 농도가 적어진다.
- SVI=50~150 : 슬러지 침전성 양호
- SVI=200 이상 : 슬러지 팽화 발생
- SVI는 폭기시간, BOD농도, 수온 등에 영향을 받는다.
㉢ 슬러지 밀도지수(SDI)
$$SDI = \frac{1}{SVI} \times 100\%$$

102. 완속여과지에 관한 설명으로 옳지 않은 것은?

① 응집제를 필수적으로 투입해야 한다.
② 여과속도는 4~5m/d를 표준으로 한다.
③ 비교적 양호한 원수에 알맞은 방법이다.
④ 급속여과지에 비해 넓은 부지면적을 필요로 한다.

■해설 완속여과지와 급속여과지의 비교
㉠ 완속여과는 원수의 수질상태가 비교적 양호한 경우에 사용하며 응집제를 사용하지 않는 보통침전 후 수행하는 여과 방법으로 비교적 넓은 부지면적을 필요로 한다.

ⓛ 완속여과지와 급속여과지의 비교

항목	완속여과 모래	급속여과 모래
여과속도	4~5m/day	120~150m/day
유효경	0.3~0.45mm	0.45~1.0mm
균등계수	2.0 이하	1.7 이하
모래층 두께	70~90cm	60~120cm
최대경	2mm 이하	2mm 이내
최소경		0.3mm 이상
세균 제거율	98~99.5%	95~98%
비중	2.55~2.65	

∴ 완속여과지는 응집제를 투입하지 않는다.

103. 수원지에서부터 각 가정까지의 상수도 계통도를 나타낸 것으로 옳은 것은?

① 수원-취수-도수-배수-정수-송수-급수
② 수원-취수-배수-정수-도수-송수-급수
③ 수원-취수-도수-정수-송수-배수-급수
④ 수원-취수-도수-송수-정수-배수-급수

■해설 상수도 구성요소
　ⓘ 수원 → 취수 → 도수(침사지) → 정수(착수정 → 약품혼화지 → 침전지 → 여과지 → 소독지 → 정수지) → 송수 → 배수(배수지, 배수탑, 고가탱크, 배수관) → 급수
　ⓛ 수원, 취수, 도수, 정수, 송수 등의 설계에는 계획 1일 최대급수량을 기준으로 한다.
　ⓒ 계획취수량은 계획 1일 최대급수량을 기준으로 5~10% 정도 여유 있게 취수한다.
　ⓔ 배수관의 직경 결정, 펌프의 직경 결정 등은 계획 시간 최대급수량을 기준으로 한다.

104. 하수처리장에서 480,000L/day의 하수량을 처리한다. 펌프장의 습정(wet well)을 하수로 채우기 위하여 40분이 소요된다면 습정의 부피는?

① 13.3m³　② 14.3m³
③ 15.3m³　④ 16.3m³

■해설 수리학적 체류시간
　ⓘ 수리학적 체류시간(HRT)
$$HRT = \frac{V}{Q}$$
　　여기서, V : 폭기조체적
　　　　　 Q : 하수량

ⓛ 습정 부피의 산정
$$V = Q \times HRT = \frac{480,000 \times 10^{-3}}{24 \times 60} \times 40$$
$$= 13.33 m^3$$

105. 혐기성 상태에서 탈질산화(denitrification) 과정으로 옳은 것은?

① 아질산성 질소 → 질산성 질소 → 질소가스(N_2)
② 암모니아성 질소 → 질산성 질소 → 아질산성 질소
③ 질산성 질소 → 아질산성 질소 → 질소가스(N_2)
④ 암모니아성 질소 → 아질산성 질소 → 질산성 질소

■해설 질소처리방법
　ⓘ 질소의 생물학적 처리방법은 호기조건에서의 질산화에 이은 무산소 조건에서의 탈질산화 반응에 의해 대기 중 질소가스로 방출한다.
　ⓛ 질산화
　　유기성 질소 → NH_3-N(암모니아성 질소) → NO_2-N(아질산성 질소) → NO_3-N(질산성 질소)
　ⓒ 탈질산화
　　NO_3-N(질산성 질소) → NO_2-N(아질산성 질소) → 대기 중 질소가스(N_2)

106. 합류식에서 하수 차집관로의 계획하수량 기준으로 옳은 것은?

① 계획 시간 최대오수량 이상
② 계획 시간 최대오수량의 3배 이상
③ 계획 시간 최대오수량과 계획 시간 최대우수량의 합 이상
④ 계획우수량과 계획 시간 최대오수량의 합의 2배 이상

■해설 계획하수량의 결정
　ⓘ 오수 및 우수관거

종류		계획하수량
합류식		계획 시간 최대오수량에 계획우수량을 합한 수량
분류식	오수관거	계획 시간 최대오수량
	우수관거	계획우수량

　ⓛ 차집관거
　　우천 시 계획오수량 또는 계획 시간 최대오수량의 3배를 기준으로 설계한다.

107. 양수량 15.5m³/min, 양정 24m, 펌프효율 80%, 여유율(α) 15%일 때 펌프의 진동기 출력은?

① 57.8kW ② 75.8kW
③ 78.2kW ④ 87.2kW

■해설 동력의 산정
  ㉠ 양수에 필요한 동력($H_e = h + \Sigma h_L$)
    • $P = \dfrac{9.8QH_e}{\eta}$ (kW)
    • $P = \dfrac{13.3QH_e}{\eta}$ (HP)
  ㉡ 주어진 조건의 양수동력의 산정
    • $Q = \dfrac{15.5}{60} = 0.2583 \text{m}^3/\text{s}$
    • $P = \dfrac{9.8QH_e}{\eta} = \dfrac{9.8 \times 0.2583 \times 24}{0.8}$
      $= 75.95 \text{kW}$
  ㉢ 여유율 15%를 고려
    $75.95 \times 1.15 = 87.3 \text{kW}$

108. 하수관로 매설 시 관로의 최소 흙 두께는 원칙적으로 얼마로 하여야 하는가?

① 0.5m ② 1.0m
③ 1.5m ④ 2.0m

■해설 하수관거의 최소관경과 매설위치

구분	최소관경	최소 매설위치
오수관거	200mm	1.0m
우수 및 합류관거	250mm	차도 : 1.2m 보도 : 1.0m

∴ 최소 흙 두께는 원칙적으로 1.0m로 하여야 한다.

109. 활성탄처리를 적용하여 제거하기 위한 주요 항목으로 거리가 먼 것은?

① 질산성 질소 ② 냄새유발물질
③ THM 전구물질 ④ 음이온 계면활성제

■해설 활성탄처리
  ㉠ 활성탄처리
    활성탄은 No.200체를 기준으로 하여 분말활성탄과 입상활성탄으로 분류하며 제거효과, 유지관리, 경제성 등을 비교, 검토하여 선정한다.
  ㉡ 적용
    일반적으로 응급적이며 단기간 사용할 경우에는 분말활성탄처리가 적합하고 연간 연속하거나 비교적 장기간 사용할 경우에는 입상활성탄처리가 유리하다.
  ㉢ 특징
    • 물에 맛과 냄새를 유발하는 조류 제거에 효과적이며, THM 전구물질, 음이온 계면활성제 등의 제거에도 효과적이다.
    • 장기간 처리 시 탄층을 두껍게 할 수 있으며 재생할 수 있어 입상활성탄 처리가 경제적이다.
    • 분말활성탄은 재생 후 사용이 어려우므로 비경제적이다.
    • 입상활성탄처리는 장기간 사용으로 원생동물이 번식할 우려가 있다.
    • 입상활성탄처리를 적용할 때는 여과지를 만들 필요가 있다.
    • 입상활성탄은 누출에 의한 흑수현상 우려가 적다.

110. 정수처리의 단위 조작으로 사용되는 오존처리에 관한 설명으로 틀린 것은?

① 유기물질의 생분해성을 증가시킨다.
② 염소주입에 앞서 오존을 주입하면 염소의 소비량을 감소시킨다.
③ 오존은 자체의 높은 산화력으로 염소에 비하여 높은 살균력을 가지고 있다.
④ 인의 제거능력이 뛰어나고 수온이 높아져도 오존 소비량은 일정하게 유지된다.

■해설 염소살균 및 오존살균의 특징
  ㉠ 염소살균의 특징
    • 가격이 저렴하고, 조작이 간단하다.
    • 산화제로도 이용이 가능하며, 살균력이 매우 강하다.
    • 지속성이 있다.
    • THM 생성 가능성이 있다.
  ㉡ 오존살균의 특징

장점	단점
• 살균효과가 염소보다 뛰어나다. • 유기물질의 생분해성을 증가시킨다. • 맛, 냄새물질과 색도 제거의 효과가 우수하다. • 철, 망간의 제거능력이 크다.	• 고가이다. • 잔류효과가 없다. • 자극성이 강해 취급에 주의를 요한다.

∴ 오존처리로 인을 제거하지는 않는다.

111. 호수나 저수지에 대한 설명으로 틀린 것은?

① 여름에는 성층을 이룬다.
② 가을에는 순환(turn over)을 한다.
③ 성층은 연직방향의 밀도차에 의해 구분된다.
④ 성층현상이 지속되면 하층부의 용존산소량이 증가한다.

■해설 호소수 및 저수지수
㉠ 여름, 겨울은 성층현상이 일어난다.(특히 여름이 심하다.)
㉡ 봄, 가을은 전도현상이 발생된다.(특히 가을이 심하다.)
㉢ 성층현상이 지속되면 바닥에 퇴적된 침전물질이 분해하면서 용존산소가 소모된다.

112. 전양정 4m, 회전속도 100rpm, 펌프의 비교회전도가 920일 때 양수량은?

① 677m³/min
② 834m³/min
③ 975m³/min
④ 1,134m³/min

■해설 비교회전도
㉠ 비교회전도란 펌프나 송풍기 등의 형식을 나타내는 지표로 펌프의 경우 1m³/min의 유량을 1m 양수하는 데 필요한 회전수(N_s)를 말한다.

$$N_s = N \frac{Q^{\frac{1}{2}}}{H^{\frac{3}{4}}}$$

여기서, N : 표준회전수(rpm)
Q : 토출량(m³/min)
H : 양정(m)

㉡ 양수량의 계산

$$Q = \left(\frac{N_s H^{\frac{3}{4}}}{N}\right)^2 = \left(\frac{920 \times 4^{\frac{3}{4}}}{100}\right)^2$$
$$= 677.12 \text{m}^3/\text{min}$$

113. 어느 도시의 급수 인구 자료가 표와 같을 때 등비증가법에 의한 2020년도의 예상 급수 인구는?

연도	인구(명)
2005	7,200
2010	8,800
2015	10,200

① 약 12,000명   ② 약 15,000명
③ 약 18,000명   ④ 약 21,000명

■해설 등비급수법
㉠ 연평균 인구증가율이 일정하다고 보고 계산하며 성장단계에 있는 도시에 적용하는 방법이다.

$$P_n = P_o(1+r)^n$$

여기서, P_n : 추정인구
P_o : 기준년인구

$$r = \left(\frac{P_o}{P_t}\right)^{\frac{1}{t}} - 1 : \text{연평균 인구증가율}$$

㉡ 인구추정
인구증가율의 산정

$$r = \left(\frac{P_0}{P_t}\right)^{\frac{1}{t}} - 1 = \left(\frac{10,200}{7,200}\right)^{\frac{1}{10}} - 1 = 0.0354$$

$$P_n = P_o(1+r)^n = 10,200(1+0.0354)^5$$
$$= 12,138 ≒ 12,000 \text{명}$$

114. 수원(水源)에 관한 설명 중 틀린 것은?

① 심층수는 대지의 정화작용으로 인해 무균 또는 거의 이에 가까운 것이 보통이다.
② 용천수는 지하수가 자연적으로 지표로 솟아나온 것으로 그 성질은 대개 지표수와 비슷하다.
③ 복류수는 어느 정도 여과된 것이므로 지표수에 비해 수질이 양호하며, 대개의 경우 침전지를 생략할 수 있다.
④ 천층수는 지표면에서 깊지 않은 곳에 위치하여 공기의 투과가 양호하므로 산화작용이 활발하게 진행된다.

■해설 용천수
용천수는 피압대수층에 존재하는 지하수가 지반의 약한 곳을 뚫고 지표로 솟아나온 물로 성질은 심층지하수와 유사하다.

|해답| 111.④ 112.① 113.① 114.②

115. 수격현상(water hammer)의 방지 대책으로 틀린 것은?

① 펌프의 급정지를 피한다.
② 가능한 관 내 유속을 크게 한다.
③ 토출 측 관로에 에어 챔버(air chamber)를 설치한다.
④ 토출관 측에 압력 조정용 수조(surge tank)를 설치한다.

■해설 수격작용
  ㉠ 펌프의 급정지, 급가동 또는 밸브를 급폐쇄하면 관로 내 유속의 급격한 변화가 발생하여 이상 압력이 발생하는 현상을 수격작용이라 한다. 수격작용은 관로 내 물의 관성에 의해 발생한다.
  ㉡ 방지책
    • 펌프의 급정지, 급가동을 피한다.
    • 부압 발생 방지를 위해 조압수조(surge tank), 공기밸브(air valve)를 설치한다.
    • 압력 상승 방지를 위해 역지밸브(check valve), 안전밸브(safety valve), 압력수조(air chamber)를 설치한다.
    • 펌프에 플라이휠(fly wheel)을 설치한다.
    • 펌프의 토출 측 관로에 급폐식 혹은 완폐식 역지밸브를 설치한다.
    • 펌프 설치위치를 낮추고 흡입양정을 적게 한다.
  ∴ 수격작용을 방지하기 위해서는 관 내 유속을 줄여야 한다.

116. BOD 200mg/L, 유량 600m³/day인 어느 식료품 공장폐수가 BOD 10mg/L, 유량 2m³/s인 하천에 유입한다. 폐수가 유입되는 지점으로부터 하류 15km 지점의 BOD는?(단, 다른 유입원은 없고, 하천의 유속은 0.05m/s, 20℃ 탈산소계수(K_1) =0.1/day이고, 상용대수, 20℃ 기준이며 기타 조건은 고려하지 않는다.)

① 4.79mg/L
② 5.39mg/L
③ 7.21mg/L
④ 8.16mg/L

■해설 BOD 혼합농도 계산
  ㉠ BOD 혼합농도
  $$C_m = \frac{Q_1 \cdot C_1 + Q_2 \cdot C_2}{Q_1 + Q_2}$$
  $$= \frac{172,800 \times 10 + 600 \times 200}{172,800 + 600}$$
  $$= 10.66 \text{mg/L}$$
  $Q_1 = 2\text{m}^3/\text{s} = 172,800\text{m}^3/\text{day}$
  ㉡ 유하시간
  유속 0.05m/s로 하류 15km까지 유하하는 데 걸리는 시간
  $$t = \frac{15,000}{0.05} = 300,000 \sec = 3.472 \text{day}$$
  ㉢ t일 후의 BOD
  $$Y = L_a \times 10^{-kt} = 10.66 \times 10^{-0.1 \times 3.472}$$
  $$= 4.79 \text{mg/L}$$

117. 하수 슬러지처리 과정과 목적이 옳지 않은 것은?

① 소각 - 고형물의 감소, 슬러지 용적의 감소
② 소화 - 유기물과 분해하여 고형물 감소, 질적 안정화
③ 탈수 - 수분제거를 통해 함수율 85% 이하로 양의 감소
④ 농축 - 중간 슬러지 처리공정으로 고형물 농도의 감소

■해설 농축
  하수 슬러지처리 공정의 처음 공정으로 침전된 슬러지를 다시 장시간 침전시켜 고형물의 농도를 증가시키고 부피를 더욱 감소시키기 위한 물리적 공정이다.

118. 다음 설명 중 옳지 않은 것은?

① BOD가 과도하게 높으면 DO는 감소하며 악취가 발생된다.
② BOD, COD는 오염의 지표로서 하수 중의 용존 산소량을 나타낸다.
③ BOD는 유기물이 호기성 상태에서 분해·안정화되는 데 요구되는 산소량이다.
④ BOD는 보통 20℃에서 5일간 시료를 배양했을 때 소비된 용존산소량으로 표시된다.

■해설 BOD, COD
  ㉠ 유기물이 호기성 미생물에 의해 생화학적으로 산화할 때 소비되는 산소의 양을 생화학적 산소요구량(BOD)이라고 한다.
  ㉡ 유기물을 화학적으로 CO_2, H_2O로 산화시키는 데 소비되는 산소의 양을 화학적 산소요구량(COD)이라고 한다.

|해답| 115.② 116.① 117.④ 118.②

ⓒ BOD, COD는 모두 물속의 유기물 함유량 측정 수단으로 활용한다.

119. 상수도 시설 중 접합정에 관한 설명으로 옳은 것은?

① 상부를 개방하지 않은 수로시설
② 복류수를 취수하기 위해 매설한 유공관로 시설
③ 배수지 등의 유입수의 수위조절과 양수를 위한 시설
④ 관로의 도중에 설치하여 주로 관로의 수압을 조절할 목적으로 설치하는 시설

■해설 접합정
접합정은 관로의 분지, 합류, 개수로에서 관수로로 변하는 지점에 수로의 수압이나 유속을 감소시킬 목적으로 설치하는 시설이다.

120. 도수 및 송수관을 자연유하식으로 설계할 때 평균유속의 허용최대한도는?

① 0.3m/s   ② 3.0m/s
③ 13.0m/s   ④ 30.0m/s

■해설 평균유속의 한도
㉠ 도·송수관의 평균유속의 한도는 침전 및 마모방지를 위해 최소유속과 최대유속의 한도를 두고 있다.
㉡ 적정유속의 범위는 최소 0.3m/s 이상, 최대 3m/s 이하로 규정하고 있다.

과년도 기출문제 (2019년 8월 4일 시행)

제1과목 **응용역학**

01. 단면의 성질에 대한 설명으로 틀린 것은?

① 단면2차모멘트의 값은 항상 0보다 크다.
② 도심축에 관한 단면1차모멘트의 값은 항상 0이다.
③ 단면상승모멘트의 값은 항상 0보다 크거나 같다.
④ 단면2차극모멘트의 값은 항상 극을 원점으로 하는 두 직교좌표축에 대한 단면2차모멘트의 합과 같다.

■해설
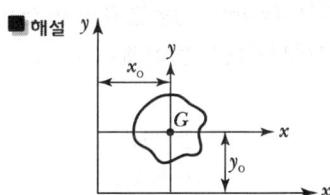

$$I_{xy} = \int_A xy\, dA = I_{xy} + Ax_o y_o$$

단면상승모멘트(I_{xy})는 주어진 단면에 대한 설정 축의 위치에 따라서 영(0) 그리고 정(+)의 값과 부(−)의 값이 모두 존재한다.

02. 그림과 같은 라멘에서 A점의 수직반력(R_A)은?

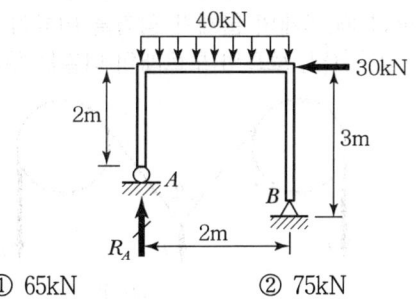

① 65kN   ② 75kN
③ 85kN   ④ 95kN

■해설 $\sum M_{\textcircled{B}} = 0(\curvearrowright \oplus)$
$R_A \times 2 - (40 \times 2) \times 1 - 30 \times 3 = 0$
$R_A = 85\text{kN}(\uparrow)$

03. 그림과 같은 단면의 단면상승모멘트 I_{xy}는?

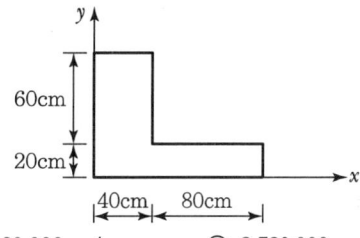

① 3,360,000cm⁴   ② 3,520,000cm⁴
③ 3,840,000cm⁴   ④ 4,000,000cm⁴

■해설 $I_{xy} = I_{xy1} - I_{xy2}$
$= (120 \times 80) \times 60 \times 40 - (80 \times 60) \times 80 \times 50$
$= 384 \times 10^4 \text{cm}^4$

04. 어떤 금속의 탄성계수(E)가 21×10^4MPa이고, 전단탄성계수(G)가 8×10^4MPa일 때, 금속의 푸아송 비는?

① 0.3075   ② 0.3125
③ 0.3275   ④ 0.3325

■해설 $G = \dfrac{E}{2(1+\nu)}$

$\nu = \dfrac{E}{2G} - 1 = \dfrac{(21 \times 10^4)}{2 \times (8 \times 10^4)} - 1 = 0.3125$

05. 다음 그림에 있는 연속보의 B점에서의 반력은? (단, $E = 2.1 \times 10^5$MPa, $I = 1.6 \times 10^4$cm⁴이다.)

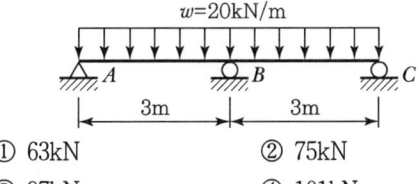

① 63kN   ② 75kN
③ 97kN   ④ 101kN

■해설 $R_B = \dfrac{5wl}{4} = \dfrac{5 \times 20 \times 3}{4} = 75\text{kN}$

|해답| 1.③ 2.③ 3.③ 4.② 5.②

06. 그림과 같은 양단 내민보에서 C점(중앙점)에서 휨모멘트가 0이 되기 위한 $\dfrac{a}{L}$는?(단, $P=wL$이다.)

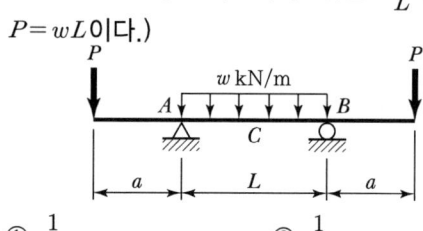

① $\dfrac{1}{2}$ ② $\dfrac{1}{4}$

③ $\dfrac{1}{7}$ ④ $\dfrac{1}{8}$

■해설 $M_C = \dfrac{wl^2}{8} - P_a = \dfrac{wl^2}{8} - (wl)a = 0$

$\dfrac{a}{l} = \dfrac{1}{8}$

07. 다음 3힌지 아치에서 수평반력 H_B는?

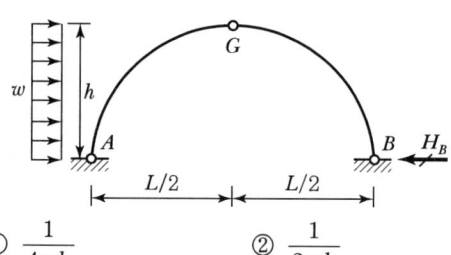

① $\dfrac{1}{4wh}$ ② $\dfrac{1}{2wh}$

③ $\dfrac{wh}{4}$ ④ $2wh$

■해설 $\Sigma M_Ⓐ = 0(\curvearrowright \oplus)$

$(wh) \times \dfrac{h}{2} - V_B \times L = 0$

$V_B = \dfrac{wh^2}{2L}(\uparrow)$

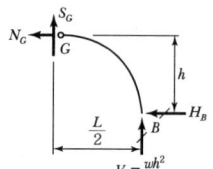

$\Sigma M_Ⓖ = 0(\curvearrowright \oplus)$

$H_B \times h - \dfrac{wh^2}{2L} \times \dfrac{L}{2} = 0$

$H_B = \dfrac{wh}{4}(\leftarrow)$

08. 동일한 재료 및 단면을 사용한 다음 기둥 중 좌굴하중이 가장 큰 기둥은?

① 양단 힌지의 길이가 L인 기둥
② 양단 고정의 길이가 $2L$인 기둥
③ 일단 자유 타단 고정의 길이가 $0.5L$인 기둥
④ 일단 힌지 타단 고정의 길이가 $1.2L$인 기둥

■해설 $P_{cr} = \dfrac{C}{(kl)^2}$ ($c=\pi^2 EI$라 두면)

$P_{cr①} : P_{cr②} : P_{cr③} : P_{cr④}$
$= \dfrac{C}{(1 \times L)^2} : \dfrac{C}{(0.5 \times 2L)^2} : \dfrac{C}{(2 \times 0.5L)^2} :$
$\dfrac{C}{(0.7 \times 1.2L)^2}$
$= 1 : 1 : 1 : 1.417$

09. 길이 5m, 단면적 10cm²인 강봉을 0.5mm 늘이는데 필요한 인장력은?(단, 탄성계수 $E = 2 \times 10^5$ MPa이다.)

① 20kN   ② 30kN
③ 40kN   ④ 50kN

■해설 $\delta = \dfrac{Pl}{EA}$

$P = \dfrac{\delta EA}{l} = \dfrac{0.5 \times (2 \times 10^5) \times (10 \times 10^2)}{(5 \times 10^3)}$
$= 2 \times 10^4 \text{N} = 20\text{kN}$

10. 그림과 같이 두 개의 도르래를 사용하여 물체를 매달 때, 3개의 물체가 평형을 이루기 위한 각 θ값은?(단, 로프와 도르래의 마찰은 무시한다.)

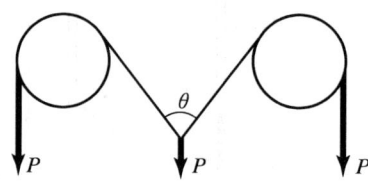

① 30°   ② 45°
③ 60°   ④ 120°

■ 해설

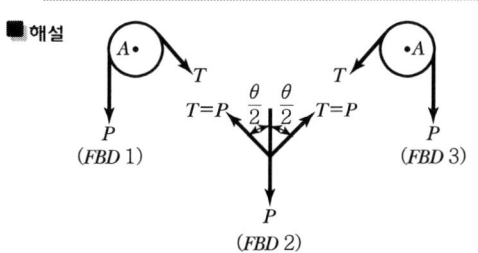

(FBD 1)과 (FBD 3)에서
$\sum M_{\text{A}} = 0 (\curvearrowright \oplus)$
$T = P$

(FBD 2)에서
$\sum F_y = 0 (\uparrow \oplus)$
$2P \cdot \cos\dfrac{\theta}{2} - P = 0$
$\cos\dfrac{\theta}{2} = \dfrac{1}{2}$
$\theta = 120°$

11. 다음 그림에서 P_1과 R 사이의 각 θ를 나타낸 것은?

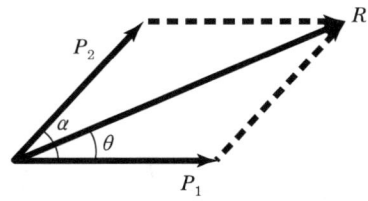

① $\theta = \tan^{-1}\left(\dfrac{P_2 \cos\alpha}{P_2 + P_1 \cos\alpha}\right)$

② $\theta = \tan^{-1}\left(\dfrac{P_2 \cos\alpha}{P_1 + P_2 \sin\alpha}\right)$

③ $\theta = \tan^{-1}\left(\dfrac{P_2 \sin\alpha}{P_1 + P_2 \cos\alpha}\right)$

④ $\theta = \tan^{-1}\left(\dfrac{P_2 \sin\alpha}{P_1 + P_2 \sin\alpha}\right)$

■ 해설 $R_x = P_1 + P_2 \cdot \cos\alpha$
$R_y = P_2 \sin\alpha$
$\tan\theta = \dfrac{R_y}{R_x} = \dfrac{P_2 \sin\alpha}{P_1 + P_2 \cos\alpha}$
$\theta = \tan^{-1}\left(\dfrac{P_2 \sin\alpha}{P_1 + P_2 \cos\alpha}\right)$

12. 외반경 R_1, 내반경 R_2인 중공(中空) 원형 단면의 핵은?(단, 핵의 반경을 e로 표시한다.)

① $e = \dfrac{(R_1^2 + R_2^2)}{4R_1}$ ② $e = \dfrac{(R_1^2 + R_2^2)}{4R_1^2}$

③ $e = \dfrac{(R_1^2 - R_2^2)}{4R_1}$ ④ $e = \dfrac{(R_1^2 - R_2^2)}{4R_1^2}$

■ 해설 $A = \pi(R_1^2 - R_2^2)$
$Z = \dfrac{I}{y_{\max}} = \dfrac{\pi(R_1^4 - R_2^4)}{4} \cdot \dfrac{1}{R_1}$
$e = \dfrac{Z}{A} = \dfrac{\pi(R_1^4 - R_1^4)}{4R_1} \cdot \dfrac{1}{\pi(R_1^2 - R_1^2)}$
$= \dfrac{R_1^2 + R_2^2}{4R_1}$

13. 그림과 같이 단순지지된 보에 등분포하중 q가 작용하고 있다. 지점 C의 부모멘트와 보의 중앙에 발생하는 정모멘트의 크기를 같게 하여 등분포하중 q의 크기를 제한하려고 한다. 지점 C와 D는 보의 대칭거동을 유지하기 위하여 각각 A와 B로부터 같은 거리에 배치하고자 한다. 이때 보의 A점으로부터 지점 C의 거리 x는?

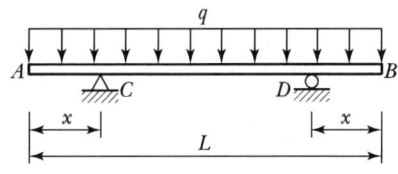

① $0.207L$ ② $0.250L$
③ $0.333L$ ④ $0.444L$

■ 해설 $M_c = -\dfrac{qx^2}{2}$

$M_{\text{중앙}} = -\dfrac{qx^2}{2} + \dfrac{q(L-2x)^2}{8}$

$M_c + M_{\text{중앙}} = -\dfrac{qx^2}{2} - \dfrac{qx^2}{2} + \dfrac{q(L-2x)^2}{8} = 0$

$x = \dfrac{\sqrt{2}-1}{2}L = 0.207L$

14. 다음 그림과 같은 캔틸레버 보에서 B점의 연직변위(δ_B)는?(단, $M_o = 4\text{kN}\cdot\text{m}$, $P = 16\text{kN}$, $L = 2.4$ m, $EI = 6,000\text{kN}\cdot\text{m}^2$이다.)

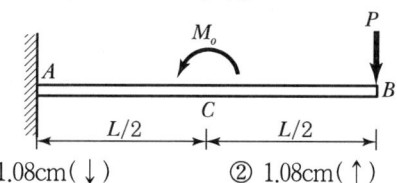

① 1.08cm(↓)　　② 1.08cm(↑)
③ 1.37cm(↓)　　④ 1.37cm(↑)

■ 해설

$$y_{B1} = \frac{PL^3}{3EI}$$

$$y_{B2} = y_C' + y_B' = y_C' + \theta_C' \times \frac{L}{2}$$

$$= \frac{M_o\left(\frac{L}{2}\right)^2}{2EI} + \frac{M_o\left(\frac{L}{2}\right)}{EI} \times \frac{L}{2} = \frac{3M_o L^2}{8EI}$$

$$y_B = y_{B1} - y_{B2} = \frac{PL^3}{3EI} - \frac{3M_o L^2}{8EI}$$

$$= \frac{L^2}{EI}\left(\frac{PL}{3} - \frac{3M_o}{8}\right)$$

$$= \frac{2.4^2}{600}\left(\frac{1.6 \times 2.4}{3} - \frac{3 \times 0.4}{3}\right)$$

$$= 0.0108\text{m} = 1.08\text{cm}(\downarrow)$$

15. 자중이 4kN/m인 그림 (a)와 같은 단순보에 그림 (b)와 같은 차륜하중이 통과할 때 이 보에 일어나는 최대 전단력의 절댓값은?

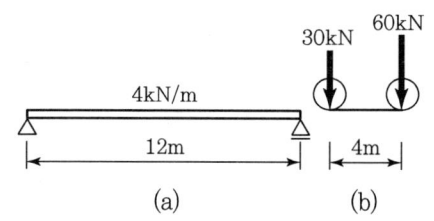

① 74kN　　② 80kN
③ 94kN　　④ 104kN

■ 해설

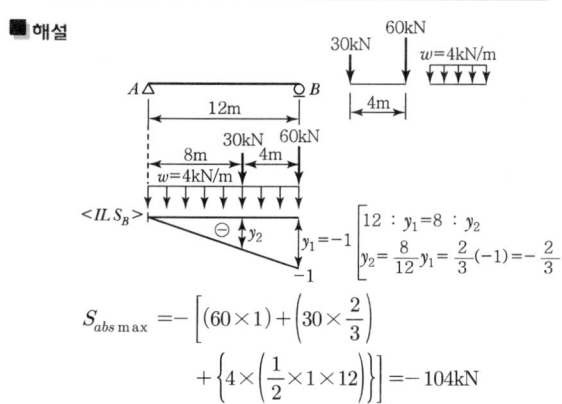

$$S_{abs\,max} = -\left[(60 \times 1) + \left(30 \times \frac{2}{3}\right) + \left\{4 \times \left(\frac{1}{2} \times 1 \times 12\right)\right\}\right] = -104\text{kN}$$

16. 재질과 단면이 같은 다음 2개의 외팔보에서 자유단의 처짐을 같게 하는 $\dfrac{P_1}{P_2}$의 값은?

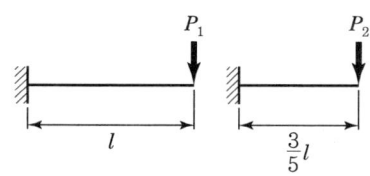

① 0.216　　② 0.325
③ 0.437　　④ 0.546

■ 해설

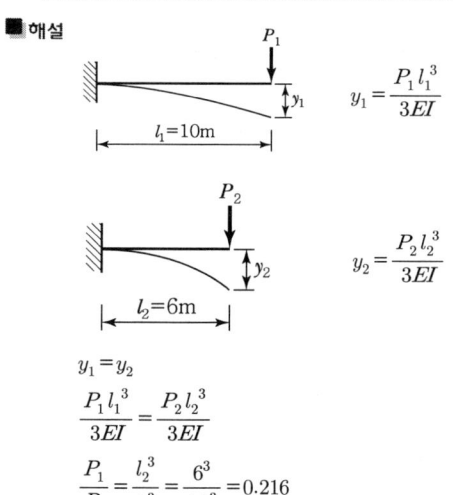

$$y_1 = \frac{P_1 l_1^3}{3EI}$$

$$y_2 = \frac{P_2 l_2^3}{3EI}$$

$y_1 = y_2$

$$\frac{P_1 l_1^3}{3EI} = \frac{P_2 l_2^3}{3EI}$$

$$\frac{P_1}{P_2} = \frac{l_2^3}{l_1^3} = \frac{6^3}{10^3} = 0.216$$

17. 그림과 같은 부정정보에서 지점 A의 휨모멘트 값을 옳게 나타낸 것은?(단, EI는 일정하다.)

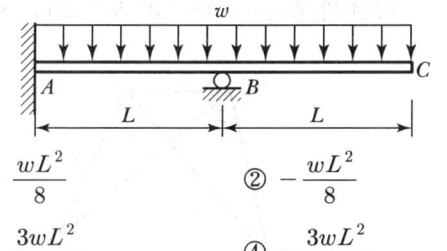

① $\dfrac{wL^2}{8}$ ② $-\dfrac{wL^2}{8}$

③ $\dfrac{3wL^2}{8}$ ④ $-\dfrac{3wL^2}{8}$

■해설

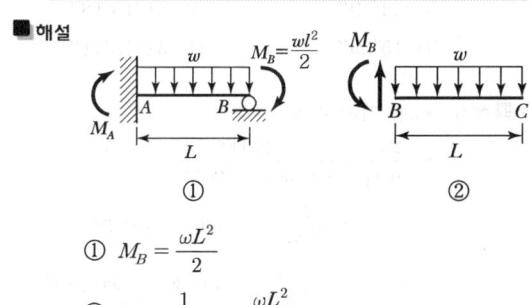

① $M_B = \dfrac{\omega L^2}{2}$

② $M_A = \dfrac{1}{2} M_B - \dfrac{\omega L^2}{8}$

$= \dfrac{1}{2}\left(\dfrac{\omega L^2}{2}\right) - \dfrac{\omega L^2}{8} = \dfrac{\omega L^2}{8}$

18. 그림과 같은 보에서 A점의 반력은?

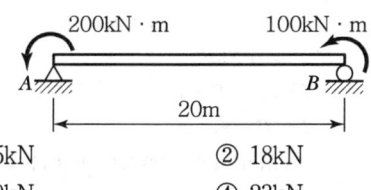

① 15kN ② 18kN
③ 20kN ④ 23kN

■해설 $\sum M_{\text{®}} = 0(\curvearrowright \oplus)$
$R_A \times 20 - 200 - 100 = 0$
$R_A = 15\text{kN}(\uparrow)$

19. 그림과 같은 단면에 15kN의 전단력이 작용할 때 최대전단응력의 크기는?

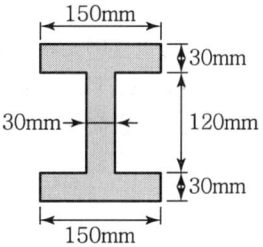

① 2.86MPa ② 3.52MPa
③ 4.74MPa ④ 5.95MPa

■해설 I형 단면의 최대전단응력은 단면의 중립축에서 발생한다.
$b_o = 30\text{mm}$
$I_o = \dfrac{150 \times 180^3}{12} - \dfrac{120 \times 120^3}{12}$
$= 5,562 \times 10^4 \text{mm}^4$
$G_o = (150 \times 30) \times 75 + (30 \times 60) \times 30$
$= 39.15 \times 10^4 \text{mm}^3$
$Z_{\max} = \dfrac{SG_o}{I_o b_o}$
$= \dfrac{(15 \times 10^3) \times (39.15 \times 10^4)}{(5,562 \times 10^4) \times (30)}$
$= 3.52 \text{N/mm}^2 = 3.52\text{MPa}$

20. 다음에서 설명하고 있는 것은?

> 탄성체에 저장된 변형에너지 U를 변위의 함수로 나타내는 경우에, 임의의 변위 Δ_i에 관한 변형에너지 U의 1차 편도함수는 대응되는 하중 P_i와 같다. 즉, $P_i = \dfrac{\partial U}{\partial \Delta_i}$로 나타낼 수 있다.

① 중첩의 원리
② Castigliano의 제1정리
③ Betti의 정리
④ Maxwell의 정리

|해답| 17.① 18.① 19.② 20.②

제2과목 **측량학**

21. 축척 1 : 2,000의 도면에서 관측한 면적이 2,500m² 이었다. 이때, 도면의 가로와 세로가 각각 1% 줄었다면 실제 면적은?

① 2,451m² ② 2,475m²
③ 2,525m² ④ 2,550m²

■ 해설 $A_0 = A(1+\epsilon)^2$
$= 2,500(1+0.01)^2 = 2,550.25 ≒ 2,551\text{m}^2$

22. 삼각수준측량에 의해 높이를 측정할 때 기지점과 미지점의 쌍방에서 연직각을 측정하여 평균하는 이유는?

① 연직축오차를 최소화하기 위하여
② 수평분도원의 편심오차를 제거하기 위하여
③ 연직분도원의 눈금오차를 제거하기 위하여
④ 공기의 밀도변화에 의한 굴절오차의 영향을 소거하기 위하여

■ 해설 삼각수준측량에서 양차를 무시하려면 A, B 양 지점에서 관측하여 평균하면 서로 상쇄되어 없어진다.

23. 시가지에서 25변형 트래버스 측량을 실시하여 2′50″의 각관측 오차가 발생하였다면 오차의 처리 방법으로 옳은 것은?(단, 시가지의 측각 허용범위=± 20″√n ~ 30″√n, 여기서 n은 트래버스의 측점 수이다.)

① 오차가 허용오차 이상이므로 다시 관측하여야 한다.
② 변의 길이의 역수에 비례하여 배분한다.
③ 변의 길이에 비례하여 배분한다.
④ 각의 크기에 따라 배분한다.

■ 해설 • 시가지 허용 범위
$= 20″\sqrt{25} \sim 30″\sqrt{25} = 1′40″ \sim 2′30″$
• 측각오차(2′50″) > 허용범위(1′40″~2′30″)이므로 재측한다.

24. 삼각점 C에 기계를 세울 수 없어서 2.5m를 편심하여 B에 기계를 설치하고 $T' = 31°15′40″$를 얻었다면 T는?(단 $\phi = 300°20′$, $S_1 = 2\text{km}$, $S_2 = 3\text{km}$)

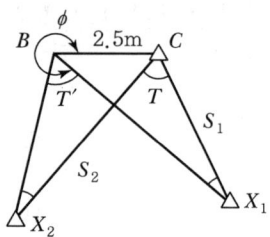

① 31°14′49″ ② 31°15′18″
③ 31°15′29″ ④ 31°15′41″

■ 해설 • sin 정리 이용

• $\dfrac{2.5}{\sin x_1} = \dfrac{2,000}{\sin(360° - 300°20′)}$

$\sin x_1 = \dfrac{2.5}{2,000} \cdot \sin(360° - 300°20′)$

$x_1 = \sin^{-1}\left\{\dfrac{2.5}{2,000} \cdot \sin(360° - 300°20′)\right\}$
$= 0°3′43″$

• $\dfrac{2.5}{\sin x_2} = \dfrac{3,000}{\sin(360° - 300°20′ + 31°15′40″)}$

$\sin x_2 = \dfrac{2.5}{3,000}\sin(360° - 300°20′ + 31°15′40″)$

$x_2 = \sin^{-1}\left\{\dfrac{2.5}{3,000}\sin(360° - 300°20′ + 31°15′40″)\right\}$
$= 0°2′52″$

• $T + x_1 = T' + x_2$
$T = T' + x_2 - x_1$
$= 31°15′40″ + 0°2′52″ - 0°3′43″ = 31°14′49″$

25. 승강식 야장이 표와 같이 작성되었다고 가정할 때, 성과를 검산하는 방법으로 옳은 것은?(단, ⓐ-ⓑ는 두 값의 차를 의미한다.)

측점	후시	전시		승 (+)	강 (−)	지반고
		T.P.	I.P.			
BM	0.175					ⓗ
No.1			0.154	…		…
No.2	1.098	1.237			…	…
No.3			0.948	…		…
No.4		1.175			…	ⓢ
합계	㉠	㉡	㉢	㉣	㉤	

|해답| 21.④ 22.④ 23.① 24.① 25.①

① ㉠-㉥=㉠-㉡=㉣-㉤
② ㉠-㉥=㉠-㉢=㉣-㉤
③ ㉠-㉥=㉠-㉣=㉡-㉤
④ ㉠-㉥=㉡-㉣=㉢-㉤

■해설 승강식 야장 기입법(ΔH)
$= \Sigma B.S - \Sigma F.S = \Sigma(승) - \Sigma(감)$

26. 완화곡선 중 클로소이드에 대한 설명으로 옳지 않은 것은?(단, R : 곡선반지름, L : 곡선길이)

① 클로소이드는 곡률이 곡선길이에 비례하여 증가하는 곡선이다.
② 클로소이드는 나선의 일종이며 모든 클로소이드는 닮은꼴이다.
③ 클로소이드의 종점 좌표 x, y는 그 점의 접선각의 함수로 표시된다.
④ 클로소이드에서 접선각 τ를 라디안으로 표시하면 $\tau = \dfrac{R}{2L}$이 된다.

■해설 $\tau = \dfrac{L}{2R}$ 이다.

27. 1 : 50,000 지형도의 주곡선 간격은 20m이다. 지형도에서 4% 경사의 노선을 선정하고자 할 때 주곡선 사이의 도상수평거리는?

① 5mm   ② 10mm
③ 15mm   ④ 20mm

■해설
• 경사$(i) = \dfrac{H}{D} = 4\%$이므로, 수평거리는 500m
• 도상수평거리 $= \dfrac{D}{M} = \dfrac{500}{50,000} = 0.01\text{m} = 10\text{mm}$

28. 곡선반지름이 400m인 원곡선을 설계속도 70km/h로 하려고 할 때 캔트(Cant)는?(단, 궤간 $b = 1.065$m)

① 73mm   ② 83mm
③ 93mm   ④ 103mm

■해설 캔트$(C) = \dfrac{SV^2}{Rg}$

$= \dfrac{1.065 \times \left(70 \times 1,000 \times \dfrac{1}{3,600}\right)^2}{400 \times 9.8}$

$= 0.103\text{m} = 103\text{mm}$

29. 수애선의 기준이 되는 수위는?

① 평수위
② 평균수위
③ 최고수위
④ 최저수위

■해설 수애선은 하천경계의 기준이며 평균 평수위를 기준으로 한다.

30. 측점 M의 표고를 구하기 위하여 수준점 A, B, C로부터 수준측량을 실시하여 표와 같은 결과를 얻었다면 M의 표고는?

구분	표고 (m)	관측 방향	고저차 (m)	노선 길이
A	13.03	$A \to M$	+1.10	2km
B	15.60	$B \to M$	−1.30	4km
C	13.64	$C \to M$	+0.45	1km

① 14.13m   ② 14.17m
③ 14.22m   ④ 14.30m

■해설 • 경중률은 거리에 반비례한다.
$P_A : P_B : P_C = \dfrac{1}{S_A} : \dfrac{1}{S_B} : \dfrac{1}{S_C} = \dfrac{1}{2} : \dfrac{1}{4} : \dfrac{1}{1}$
$= 4 : 2 : 8$

• $H_P = \dfrac{P_A H_A + P_B H_B + P_C H_C}{P_A + P_B + P_C}$

$= \dfrac{4 \times 14.13 + 2 \times 14.3 + 8 \times 14.09}{4 + 2 + 8}$

$= 14.13\text{m}$

|해답| 26.④ 27.② 28.④ 29.① 30.①

31. 다각측량에서 어떤 폐합다각망을 측량하여 위거 및 경거의 오차를 구하였다. 거리와 각을 유사한 정밀도로 관측하였다면 위거 및 경거의 폐합오차를 배분하는 방법으로 가장 적합한 것은?

① 측선의 길이에 비례하여 분배한다.
② 각각의 위거 및 경거에 등분배한다.
③ 위거 및 경거의 크기에 비례하여 배분한다.
④ 위거 및 경거 절대값의 총합에 대한 위거 및 경거 크기에 비례하여 배분한다.

■해설 각관측과 거리관측의 정밀도가 동일한 경우 컴퍼스법칙을 이용하며 오차배분은 각 변 측선길이에 비례하여 배분한다.

32. 방위각 153°20′25″에 대한 방위는?

① E63°20′25″S ② E26°39′35″S
③ S26°39′35″E ④ S63°20′25″E

■해설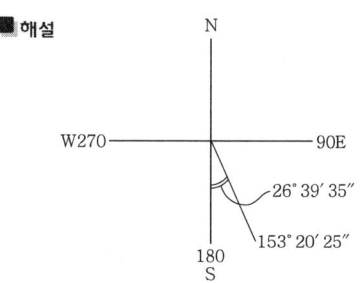
- 방위 = 180° − 방위각
- 부호 SE
- 180° − 153°20′25″ = S26°39′35″E

33. 고속도로 공사에서 각 측점의 단면적이 표와 같을 때, 측점 10에서 측점 12까지의 토량은? (단, 양단면평균법에 의해 계산한다.)

측점	단면적(m²)	비고
No.10	318	
No.11	512	측점 간의 거리 = 20m
No.12	682	

① 15,120m³ ② 20,160m³
③ 20,240m³ ④ 30,240m³

■해설 $$V = \left(\frac{A_1 + A_2}{2}\right)L$$
$$= \left\{\left(\frac{318+512}{2}\right) + \left(\frac{512+682}{2}\right)\right\} \times 20$$
$$= 20,240\,m^2$$

34. 어느 각을 10번 관측하여 52°12′을 2번, 52°13′을 4번, 52°14′을 4번 얻었다면 관측한 각의 최확값은?

① 52°12′45″ ② 52°13′00″
③ 52°13′12″ ④ 52°13′45″

■해설
- 경중률(P)은 측정횟수(n)에 비례
  $P_1 : P_2 : P_3 = 2 : 4 : 4 = 1 : 2 : 2$
- $L_0 = \dfrac{P_1 \angle_1 + P_2 \angle_2 + P_3 \angle_3}{P_1 + P_2 + P_3}$
  $= \dfrac{(1 \times 52°12′) + (2 \times 52°13′) + (2 \times 52°14′)}{1+2+2}$
  $= 52°13′12″$

35. 100m의 측선을 20m 줄자로 관측하였다. 1회의 관측에 +4mm의 정오차와 ±3mm의 부정오차가 있었다면 측선의 거리는?

① 100.010±0.007m ② 100.010±0.015m
③ 100.020±0.007m ④ 100.020±0.015m

■해설
- 정오차 = $+\delta n = +4 \times 5 = 20\,mm = 0.02\,m$
- 우연오차 = $\pm \delta \sqrt{n} = \pm 3\sqrt{5} = \pm 6.7\,mm = 0.0067\,m$
- $L_0 = L + 정오차 \pm 우연오차$
  $= 100 + 0.02 \pm 0.0067$
  $= 100.02 \pm 0.007\,m$

36. 삼각측량을 위한 기준점 성과표에 기록되는 내용이 아닌 것은?

① 점번호 ② 도엽명칭
③ 천문경위도 ④ 평면직각좌표

■해설 천문경위도는 지오이드에 준거하여 천문측량으로 구한 경위도

37. 기준면으로부터 어느 측점까지의 연직거리를 의미하는 용어는?

① 수준선(Level Line)
② 표고(Elevation)
③ 연직선(Plumb Line)
④ 수평면(Horizontal Plane)

■해설 표고는 기준면에서 어떤 점까지의 연직높이를 말한다.

38. 곡률이 급변하는 평면 곡선부에서의 탈선 및 심한 흔들림 등의 불안정한 주행을 막기 위해 고려하여야 하는 사항과 가장 거리가 먼 것은?

① 완화곡선   ② 종단곡선
③ 캔트   ④ 슬랙

■해설 종단곡선은 종단경사가 급격히 변화하는 노선상의 위치에서는 차가 충격을 받으므로 이것을 제거하고 시거를 확보하기 위해 설치하는 곡선이다.

39. 지성선에 관한 설명으로 옳지 않은 것은?

① 철(凸)선을 능선 또는 분수선이라 한다.
② 경사변환선이란 동일 방향의 경사면에서 경사의 크기가 다른 두 면의 접합선이다.
③ 요(凹)선은 지표의 경사가 최대로 되는 방향을 표시한 선으로 유하선이라고 한다.
④ 지성선은 지표면이 다수의 평면으로 구성되었다고 할 때 평면 간 접합부, 즉 접선을 말하며 지세선이라고도 한다.

■해설 최대경사선을 유하선이라 하며 지표의 경사가 최대인 방향으로 표시한 선. 요(凹)선은 계곡선 합수선이라 한다.

40. 하천의 평균유속(V_m)을 구하는 방법 중 3점법으로 옳은 것은?(단, V_2, V_4, V_6, V_8은 각각 수면으로부터 수심(h)의 $0.2h$, $0.4h$, $0.6h$, $0.8h$인 곳의 유속이다.)

① $V_m = \dfrac{V_2 + V_4 + V_8}{3}$

② $V_m = \dfrac{V_2 + V_6 + V_8}{3}$

③ $V_m = \dfrac{V_2 + 2V_4 + V_8}{4}$

④ $V_m = \dfrac{V_2 + 2V_6 + V_8}{4}$

■해설
- 1점법 $V_m = V_{0.6}$
- 2점법 $V_m = \dfrac{1}{2}(V_{0.2} + V_{0.8})$
- 3점법 $V_m = \dfrac{1}{4}(V_{0.2} + 2V_{0.6} + V_{0.8})$

제3과목 수리수문학

41. 도수가 15m 폭의 수문 하류 측에서 발생되었다. 도수가 일어나기 전의 깊이가 1.5m이고 그 때의 유속은 18m/s였다. 도수로 인한 에너지 손실 수두는?(단, 에너지 보정계수 $\alpha = 1$이다.)

① 3.24m   ② 5.40m
③ 7.62m   ④ 8.34m

■해설 도수
㉠ 흐름이 사류(射流)에서 상류(常流)로 바뀔 때 수면이 뛰는 현상을 도수(hydraulic jump)라고 한다.
㉡ 도수 후의 수심
$$h_2 = -\dfrac{h_1}{2} + \dfrac{h_1}{2}\sqrt{1+8F_{r1}^2}$$
$$= -\dfrac{1.5}{2} + \dfrac{1.5}{2}\sqrt{1+8\times 4.69^2} = 9.23\text{m}$$
$$\therefore F_{r1} = \dfrac{V_1}{\sqrt{gh_1}} = \dfrac{18}{\sqrt{9.8\times 1.5}} = 4.69$$
㉢ 도수로 인한 에너지 손실
$$\Delta E = \dfrac{(h_2-h_1)^3}{4h_1 h_2} = \dfrac{(9.23-1.5)^3}{4\times 1.5\times 9.23} = 8.34\text{m}$$

|해답| 37.② 38.② 39.③ 40.④ 41.④

42. 직사각형의 위어로 유량을 측정할 경우 수두 H를 측정할 때 1%의 측정오차가 있었다면 유량 Q에서 예상되는 오차는?

① 0.5% ② 1.0%
③ 1.5% ④ 2.5%

■해설 수두측정오차와 유량오차와의 관계
  ㉠ 수두측정오차와 유량오차의 관계
  • 직사각형 위어 : $\dfrac{dQ}{Q} = \dfrac{\dfrac{3}{2}KH^{\dfrac{1}{2}}dH}{KH^{\dfrac{3}{2}}} = \dfrac{3}{2}\dfrac{dH}{H}$

  • 삼각형 위어 : $\dfrac{dQ}{Q} = \dfrac{\dfrac{5}{2}KH^{\dfrac{3}{2}}dH}{KH^{\dfrac{5}{2}}} = \dfrac{5}{2}\dfrac{dH}{H}$

  • 작은 오리피스 :
  $\dfrac{dQ}{Q} = \dfrac{\dfrac{1}{2}KH^{-\dfrac{1}{2}}dH}{KH^{\dfrac{1}{2}}} = \dfrac{1}{2}\dfrac{dH}{H}$

  ㉡ 직사각형 위어의 오차계산
  $\dfrac{dQ}{Q} = \dfrac{3}{2}\dfrac{dH}{H} = \dfrac{3}{2}\times 1\% = 1.5\%$

43. 강우강도를 I, 침투능을 f, 총 침투량을 F, 토양수분 미흡량을 D라 할 때, 지표유출은 발생하나 지하수위는 상승하지 않는 경우에 대한 조건식은?

① $I<f,\ F<D$
② $I<f,\ F>D$
③ $I>f,\ F<D$
④ $I>f,\ F>D$

■해설 수문곡선의 구성양상
  호우조건과 토양수분 미흡량에 따른 수문곡선의 구성양상은 다음과 같다.
  • $I<f,\ F<D$: 지표면, 중간, 지하수 유출이 발생하지 않는다.
  • $I<f,\ F>D$: 지표면 유출은 없고, 중간, 지하수 유출은 발생한다.
  • $I>f,\ F<D$: 지표면 유출, 수로상 강수로 인해 하천유량은 증가하나 지하수위 상승은 없다.
  • $I>f,\ F>D$: 지표면, 중간, 지하수 유출이 모두 발생하며, 하천유량이 증가하고 지하수위도 증가한다.

44. 그림에서 손실수두가 $\dfrac{3V^2}{2g}$ 일 때 지름 0.1m의 관을 통과하는 유량은?(단, 수면은 일정하게 유지된다.)

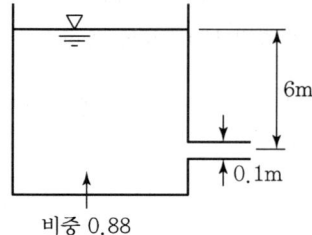

비중 0.88

① 0.0399m³/s   ② 0.0426m³/s
③ 0.0798m³/s   ④ 0.085m³/s

■해설 Bernoulli 정리를 이용한 유량의 산정
  ㉠ Bernoulli 정리
  $z_1 + \dfrac{p_1}{w} + \dfrac{v_1^2}{2g} = z_2 + \dfrac{p_2}{w} + \dfrac{v_2^2}{2g} + h_L$

  ㉡ 수조에 Bernoulli 정리를 적용
  변화가 일어나지 않는 단면(수조단면)을 1번 단면, 변화가 일어나는 단면(관 끝)을 2번 단면으로 하고 Bernoulli 정리를 적용한다.
  $z_1 + \dfrac{p_1}{w} + \dfrac{v_1^2}{2g} = z_2 + \dfrac{p_2}{w} + \dfrac{v_2^2}{2g} + h_L$
  여기서, • 수평기준면을 잡으면 위치수두 z_1, z_2는 소거된다.
  • 1번 단면의 압력수두는 6m, 2번 단면의 압력수두는 대기와 접해 있으므로 0이다.
  • 1번 단면의 속도수두는 무시할 정도로 적으므로 0으로 잡는다.
  $\therefore\ 6 = \dfrac{v^2}{2g} + \dfrac{3v^2}{2g}$
  v에 관해서 정리하면
  $\therefore\ v = 5.422\text{m/sec}$

  ㉢ 유량의 산정
  $Q = AV = \dfrac{\pi \times 0.1^2}{4}\times 5.422 = 0.0426\text{m}^3/\text{sec}$

45. 그림과 같이 뚜껑이 없는 원통 속에 물을 가득 넣고 중심 축 주위로 회전시켰을 때 흘러넘친 양이 전체의 20%였다. 이때, 원통 바닥면이 받는 전수압(全水壓)은?

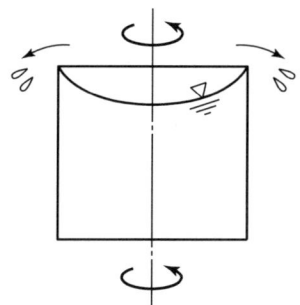

① 정지상태와 비교할 수 없다.
② 정지상태에 비해 변함이 없다.
③ 정지상태에 비해 20%만큼 증가한다.
④ 정지상태에 비해 20%만큼 감소한다.

■해설 수면과 평형인 면이 받는 전수압
  ㉠ 수면과 평형인 면이 받는 전수압
    $P = whA$
    여기서, w : 물의 단위중량
           h : 수심
           A : 면적
  ㉡ 다른 조건은 변함이 없고 20%의 물이 넘쳐 수심만 20% 감소했으므로 정지상태에 비해 전수압은 20% 감소하게 된다.

46. 유선 위 한 점의 x, y, z축에 대한 좌표를 (x, y, z), x, y, z축 방향 속도성분을 각각 u, v, w라 할 때 서로의 관계가 $\frac{dx}{u} = \frac{dy}{v} = \frac{dz}{w}$, $u = -ky$, $v = kx$, $w = 0$인 흐름에서 유선의 형태는?(단, k는 상수이다.)

① 원   ② 직선
③ 타원   ④ 쌍곡선

■해설 유선방정식
  ㉠ 유선방정식
    $\frac{dx}{u} = \frac{dy}{v} = \frac{dz}{w}$
  ㉡ 2차원 유선방정식에 $u = -ky$, $v = kx$를 대입하면

$\frac{dx}{-ky} = \frac{dy}{kx}$

$xdx + ydy = C$

$\frac{1}{2}x^2 + \frac{1}{2}y^2 = C$

$x^2 + y^2 = C$

∴ 원의 방정식이다.

47. 수로 폭이 3m인 직사각형 개수로에서 비에너지가 1.5m일 경우의 최대유량은?(단, 에너지 보정계수는 1.0이다.)

① 9.39m³/s   ② 11.50m³/s
③ 14.09m³/s   ④ 17.25m³/s

■해설 비에너지와 한계수심
  ㉠ 비에너지와 한계수심의 관계
    직사각형 단면의 비에너지와 한계수심의 관계는 다음과 같다.
    $h_c = \frac{2}{3}h_e$
    ∴ $h_c = \frac{2}{3} \times 1.5 = 1\text{m}$
  ㉡ 직사각형 단면의 한계수심
    한계수심일 때의 유량이 최대가 된다.
    $h_c = \left(\frac{\alpha Q^2}{gb^2}\right)^{\frac{1}{3}}$
    ∴ $Q = \sqrt{\left(\frac{gb^2}{\alpha}\right)} = \sqrt{\left(\frac{9.8 \times 3^2}{1}\right)} = 9.39\text{m}^3/\text{s}$

48. 폭이 넓은 개수로($R ≒ h_c$)에서 Chezy의 평균유속계수 $C = 29$, 수로경사 $I = \frac{1}{80}$인 하천의 흐름 상태는?(단, $\alpha = 1.11$)

① $I_c = \frac{1}{105}$로 사류
② $I_c = \frac{1}{95}$로 사류
③ $I_c = \frac{1}{70}$로 상류
④ $I_c = \frac{1}{50}$로 상류

|해답| 45.④ 46.① 47.① 48.②

■ 해설 한계경사
ⓐ 흐름이 상류(常流)에서 사류(射流)로 바뀌는 지점의 경사를 한계경사라고 한다.

$$I_c = \frac{g}{\alpha C^2}$$

여기서, I_c : 한계경사
g : 중력가속도
α : 에너지 보정계수
C : Chezy의 유속계수

- $I < I_c$: 상류
- $I > I_c$: 사류

ⓑ 한계경사의 산정

$$I_c = \frac{g}{\alpha C^2} = \frac{9.8}{1.11 \times 29^2} = \frac{1}{95}$$

$$\therefore \frac{1}{80} > \frac{1}{95}$$

∴ 사류이다.

49. 오리피스에서 수축계수의 정의와 그 크기로 옳은 것은?(단, a_0 : 수축단면적, a : 오리피스 단면적, V_0 : 수축단면의 유속, V : 이론유속)

① $C_a = \frac{a_0}{a}$, 1.0~1.1
② $C_a = \frac{V_0}{V}$, 1.0~1.1
③ $C_a = \frac{a_0}{a}$, 0.6~0.7
④ $C_a = \frac{V_0}{V}$, 0.6~0.7

■ 해설 오리피스의 계수
ⓐ 유속계수(C_v) : 실제유속과 이론유속의 차를 보정해주는 계수로, 실제유속과 이론유속의 비로 나타낸다.
C_v = 실제유속/이론유속 ≒ 0.97~0.99

ⓑ 수축계수(C_a) : 수축 단면과 오리피스 단면적의 차를 보정해주는 계수로 수축 단면적과 오리피스 단면적의 비로 나타낸다.
C_a = 수축 단면의 단면적/오리피스의 단면적 ≒ 0.64

$$\therefore C_a = \frac{a_0}{a} = 0.64$$

ⓒ 유량계수(C) : 실제유량과 이론유량의 차를 보정해주는 계수로 실제유량과 이론유량의 비로 나타낸다.
C = 실제유량/이론유량 = $C_a \times C_v$ ≒ 0.62

50. DAD 해석에 관련된 것으로 옳은 것은?
① 수심 – 단면적 – 홍수기간
② 적설량 – 분포면적 – 적설일수
③ 강우깊이 – 유역면적 – 강우기간
④ 강우깊이 – 유수단면적 – 최대 수심

■ 해설 DAD 해석
ⓐ DAD(Rainfall Depth – Area – Duration) 해석은 최대평균우량깊이(강우량), 유역면적, 강우지속시간 간 관계의 해석을 말한다.

구분	특징
용도	암거의 설계나 지하수 흐름에 대한 하천수위의 시간적 변화의 영향 등에 사용
구성	최대평균우량깊이(rainfall depth), 유역면적(area), 지속시간(duration)으로 구성
방법	면적을 대수축에, 최대우량을 산술축에, 지속시간을 제3의 변수로 표시

ⓑ DAD 곡선 작성순서
- 누가우량곡선으로부터 지속시간별 최대우량을 결정한다.
- 소구역에 대한 평균누가우량을 결정한다.
- 누가면적에 대한 평균누가우량을 산정한다.
- 지속시간에 대한 최대우량깊이를 누가면적별로 결정한다.

∴ DAD 해석의 구성요소는 강우깊이 – 유역면적 – 강우지속기간이다.

51. 동수반지름(R)이 10m, 동수경사(I)가 1/200, 관로의 마찰손실계수(f)가 0.04일 때 유속은?
① 8.9m/s
② 9.9m/s
③ 11.3m/s
④ 12.3m/s

■ 해설 Chezy 유속공식
ⓐ Chezy 유속공식
$V = C\sqrt{RI}$
여기서, C : Chezy 유속계수
R : 경심
I : 동수경사

ⓑ Chezy 유속계수와 마찰손실계수의 관계

$$C = \sqrt{\frac{8g}{f}} = \sqrt{\frac{8 \times 9.8}{0.04}} = 44.27$$

ⓒ 유속의 산정
$V = C\sqrt{RI} = 44.27 \times \sqrt{10 \times 1/200}$
$= 9.9$m/s

52. 단위유량도(Unit hydrograph)를 작성함에 있어서 기본 가정에 해당되지 않는 것은?

① 비례가정
② 중첩가정
③ 직접유출의 가정
④ 일정기저시간의 가정

■해설 단위유량도
㉠ 단위도의 정의
특정단위 시간 동안 균등한 강우강도로 유역 전반에 걸쳐 균등한 분포로 내리는 단위유효 우량으로 인하여 발생하는 직접유출 수문곡선
㉡ 단위도의 구성요소
• 직접유출량
• 유효우량 지속시간
• 유역면적
㉢ 단위도의 3가정
• 일정기저시간 가정
• 비례가정
• 중첩가정
∴ 단위유량도 작성 시 기본가정이 아닌 것은 직접 유출의 가정이다.

53. 밀도가 ρ인 액체에 지름 d인 모세관을 연직으로 세웠을 경우 이 모세관 내에 상승한 액체의 높이는?(단, T : 표면장력, θ : 접촉각)

① $h = \dfrac{4T\cos\theta}{\rho g d^2}$
② $h = \dfrac{2T\cos\theta}{\rho g d}$
③ $h = \dfrac{2T\cos\theta}{\rho g d^2}$
④ $h = \dfrac{4T\cos\theta}{\rho g d}$

■해설 모세관현상
유체입자 간의 응집력과 유체입자와 관벽 사이의 부착력으로 인해 수면이 상승하는 현상을 모세관현상이라 한다.
$h = \dfrac{4T\cos\theta}{wD}$
$w = \rho g$
∴ $h = \dfrac{4T\cos\theta}{\rho g d}$

54. 관수로에 물이 흐를 때 층류가 되는 레이놀즈 수(R_e, Reynolds Number)의 범위는?

① $R_e < 2,000$
② $2,000 < R_e < 3,000$
③ $3,000 < R_e < 4,000$
④ $R_e > 4,000$

■해설 흐름의 상태
층류와 난류의 구분
$R_e = \dfrac{VD}{\nu}$
여기서, V : 유속
D : 관의 직경
ν : 동점성계수
• $R_e < 2,000$: 층류
• $2,000 < R_e < 4,000$: 천이영역
• $R_e > 4,000$: 난류

55. 정수 중의 평면에 작용하는 압력프리즘에 관한 성질 중 틀린 것은?

① 전수압의 크기는 압력프리즘의 면적과 같다.
② 전수압의 작용선은 압력프리즘의 도심을 통과한다.
③ 수면에 수평한 평면의 경우 압력프리즘은 직사각형이다.
④ 한쪽 끝이 수면에 닿는 평면의 경우에는 삼각형이다.

■해설 전수압
㉠ 전수압의 크기는 압력프리즘의 체적과 같다.
㉡ 전수압의 작용선은 압력프리즘의 도심을 통과한다.
㉢ 수면에 수평한 평면의 경우 압력프리즘은 직사각형이다.
㉣ 한쪽 끝이 수면에 닿는 평면의 경우에 압력프리즘은 삼각형이다.

56. 수로의 경사 및 단면의 형상이 주어질 때 최대유량이 흐르는 조건은?

① 수심이 최소이거나 경심이 최대일 때
② 윤변이 최대이거나 경심이 최소일 때
③ 윤변이 최소이거나 경심이 최대일 때
④ 수로폭이 최소이거나 수심이 최대일 때

|해답| 52.③ 53.④ 54.① 55.① 56.③

■해설 수리학적으로 유리한 단면
㉠ 수로의 경사, 조도계수, 단면이 일정할 때 유량이 최대로 흐를 수 있는 단면을 수리학적으로 유리한 단면 또는 최량수리단면이라고 한다.
㉡ 수리학적으로 유리한 단면이 되기 위해서는 경심(R)이 최대이거나, 윤변(P)이 최소일 때 성립된다.
R_{max} 또는 P_{min}
㉢ 직사각형 단면에서 수리학적으로 유리한 단면이 되기 위한 조건은 $B=2H$, $R=\dfrac{H}{2}$이다.
㉣ 사다리꼴 단면에서는 정삼각형 3개가 모인 단면이 가장 유리한 단면이 된다. 이럴 경우 수심을 반지름으로 하는 반원에 외접하는 단면, 반원을 내접하는 단면이 된다.

57. 단순 수문곡선의 분리방법이 아닌 것은?
① N-day법
② S-curve법
③ 수평직선 분리법
④ 지하수 감수곡선법

■해설 수문곡선의 분리
수문곡선에서 직접유출과 기저유출의 분리 방법은 다음과 같다.
㉠ 주지하수 감수곡선법
㉡ 수평직선 분리법
㉢ N-day법
㉣ 수정 N-day법
㉤ 경사급변점법
∴ S-curve는 단위도의 지속시간을 변경하는 방법이다.

58. 지하수의 투수계수와 관계가 없는 것은?
① 토사의 형상
② 토사의 입도
③ 물의 단위중량
④ 토사의 단위중량

■해설 Darcy의 법칙
㉠ Darcy의 법칙
지하수 유속은 동수경사에 비례한다는 법칙이다.
$$V = K \cdot I = K \cdot \dfrac{h_L}{L}$$
$$Q = A \cdot V = A \cdot K \cdot I = A \cdot K \cdot \dfrac{h_L}{L}$$
㉡ 특징
• Darcy의 법칙은 지하수의 층류흐름에 대한 마찰저항공식이다.
• 투수계수는 물의 점성계수에 따라서도 변화한다.
$$K = D_s^2 \dfrac{\rho g}{\mu} \dfrac{e^3}{1+e} C$$
여기서, D_s : 흙입자의 직경
μ : 점성계수
ρg : 지하수의 단위중량
e : 간극비
C : 형상계수
• Darcy의 법칙은 정상류흐름의 층류에만 적용된다.(특히, $R_e < 4$일 때 잘 적용된다.)
∴ 투수계수와 관련이 없는 것은 토사의 단위중량이다.

59. 0.3m³/s의 물을 실양정 45m의 높이로 양수하는 데 필요한 펌프의 동력은?(단, 마찰손실수두는 18.6m이다.)
① 186.98kW
② 196.98kW
③ 214.4kW
④ 224.4kW

■해설 동력의 산정
㉠ 양수에 필요한 동력($H_e = h + \sum h_L$)
• $P = \dfrac{9.8QH_e}{\eta}$ (kW)
• $P = \dfrac{13.3QH_e}{\eta}$ (HP)
㉡ 소요동력의 산정
$P = \dfrac{9.8QH_e}{\eta} = \dfrac{9.8 \times 0.3 \times (45+18.6)}{1}$
$= 186.98$kW

60. 지하수의 흐름에 대한 Darcy의 법칙은?(단, V : 유속, Δh : 길이 ΔL에 대한 손실수두, k : 투수계수)

① $V = k\left(\dfrac{\Delta h}{\Delta L}\right)^2$ ② $V = k\left(\dfrac{\Delta h}{\Delta L}\right)$

③ $V = k\left(\dfrac{\Delta h}{\Delta L}\right)^{-1}$ ④ $V = k\left(\dfrac{\Delta h}{\Delta L}\right)^{-2}$

■해설 Darcy의 법칙

$$V = K \cdot I = K \cdot \dfrac{h_L}{L}$$

$$Q = A \cdot V = A \cdot K \cdot I = A \cdot K \cdot \dfrac{h_L}{L}$$

$$\therefore V = K \cdot \dfrac{\Delta h}{\Delta L}$$

제4과목 철근콘크리트 및 강구조

61. 그림과 같은 임의 단면에서 등가 직사각형 응력분포가 빗금 친 부분으로 나타났다면 철근량 (A_s)은?(단, f_{ck}=21MPa, f_y=400MPa)

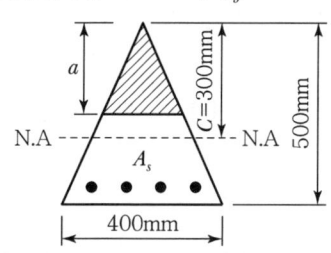

① 874mm² ② 1,161mm²
③ 1,543mm² ④ 2,109mm²

■해설

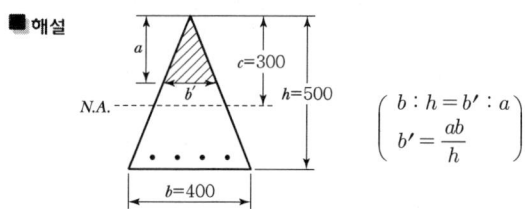

$\begin{pmatrix} b : h = b' : a \\ b' = \dfrac{ab}{h} \end{pmatrix}$

$\beta_1 = 0.85\,(f_{ck} \leq 28\text{MPa}$인 경우$)$
$a = \beta_1 c = 0.85 \times 300 = 255\text{mm}$
$b' = \dfrac{ab}{h} = \dfrac{255 \times 400}{500} = 204\text{mm}$

$A_c = \dfrac{1}{2}ab' = \dfrac{1}{2} \times 255 \times 204 = 26{,}010\text{mm}^2$
$C = T$
$0.85 f_{ck} A_c = f_y A_s$
$A_s = \dfrac{0.85 f_{ck} A_c}{f_y} = \dfrac{0.85 \times 21 \times 26{,}010}{400}$
$\quad = 1{,}160.7\text{mm}^2$

62. 다음 설명 중 옳지 않은 것은?

① 과소철근 단면에서는 파괴 시 중립축은 위로 조금 올라간다.
② 과다철근 단면인 경우 강도설계에서 철근의 응력은 철근의 변형률에 비례한다.
③ 과소 철근 단면인 보는 철근량이 적어 변형이 갑자기 증가하면서 취성파괴를 일으킨다.
④ 과소철근 단면에서는 계수하중에 의해 철근의 인장응력이 먼저 항복강도에 도달된 후 파괴된다.

■해설 과소 철근 단면인 보는 철근량이 적어 변형이 서서히 증가하면서 연성파괴를 일으킨다.

63. T형 보에서 주철근의 보의 방향과 같은 방향일 때 하중의 직접적으로 플랜지에 작용하게 되면 플랜지가 아래로 휘면서 파괴될 수 있다. 이 휨파괴를 방지하기 위해서 배치하는 철근은?

① 연결철근 ② 표피철근
③ 종방향 철근 ④ 횡방향 철근

■해설 T형 보에서 주철근이 보의 방향과 같은 방향일 때 하중이 직접적으로 플랜지에 작용하게 되면 플랜지가 아래로 휘면서 파괴될 수 있다. 이 휨파괴를 방지하기 위해서 배치하는 철근은 횡방향 철근이다.

64. 그림과 같이 P=300kN의 인장응력이 작용하는 판 두께 10mm인 철판에 ϕ19mm인 리벳을 사용하여 접합할 때 소요 리벳 수는?(단, 허용전단응력=110MPa, 허용지압응력=220MPa이다.)

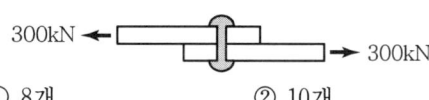

① 8개 ② 10개
③ 12개 ④ 14개

■해설 ㉠ 리벳의 허용전단력
$$P_{Rs} = v_a \cdot \frac{\pi\phi^2}{4} = 110 \times \frac{\pi \times 19^2}{4}$$
$$= 31.2 \times 10^3 \text{N} = 31.2 \text{kN}$$
㉡ 리벳의 허용지압력
$$P_{Rb} = f_{ba} \cdot (\phi t) = 220 \times (19 \times 10)$$
$$= 41.8 \times 10^3 \text{N} = 41.8 \text{kN}$$
㉢ 리벳의 강도
$$P_R = [P_{Rs}, \ P_{Rb}]_{\min}$$
$$= [31.2\text{kN}, \ 41.8\text{kN}]_{\min} = 31.2\text{kN}$$
㉣ 소요 리벳 수
$$n = \frac{300}{31.2} = 9.6 ≒ 10개 (올림에 의하여)$$

65. PS 강재응력 f_{ps} =1,200MPa, PS 강재 도심 위치에서 콘크리트의 압축응력 f_c =7MPa일 때, 크리프에 의한 PS 강재의 인장응력 감소율은? (단, 크리프계수는 2이고, 탄성계수비는 6이다.)

① 7% ② 8%
③ 9% ④ 10%

■해설 $\Delta f_{pc} = C_u \cdot n \cdot f_{cs}$ =2×6×7=84MPa
감소율= $\frac{\Delta f_{pc}}{f_{pi}} \times 100(\%) = \frac{84}{1,200} \times 100(\%) = 7\%$

66. 다음 중 최소 전단철근을 배치하지 않아도 되는 경우가 아닌 것은?(단, $\frac{1}{2}\phi V_c < V_u$인 경우이며, 콘크리트구조 전단 및 비틀림 설계기준에 따른다.)

① 슬래브와 기초판
② 전체 깊이가 450mm 이하인 보
③ 교대 벽체 및 날개벽, 옹벽의 벽체, 암거 등과 같이 휨이 주거동인 판부재
④ 전단철근이 없어도 계수휨모멘트와 계수전단력에 저항할 수 있다는 것을 실험에 의해 확인할 수 있는 경우

■해설 최소 전단철근량 규정이 적용되지 않는 경우
• 보의 높이가 250mm 이하인 경우
• I형 또는 T형 보에서 그 높이(h)가 플랜지 두께(t_f)의 2.5배와 복부 폭(b_w)의 $\frac{1}{2}$ 중, 큰 값보다 크지 않을 경우
• 슬래브와 확대기초
• 교대 벽체 및 날개벽, 옹벽의 벽체, 암거 등과 같이 휨이 주거동인 판부재
• 콘크리트 장선구조

67. 옹벽의 구조해석에 대한 설명으로 틀린 것은? (단, 기타 콘크리트구조 설계기준에 따른다.)

① 부벽식 옹벽의 전면벽은 2변 지지된 1방향 슬래브로 설계하여야 한다.
② 뒷부벽은 T형 보로 설계하여야 하며, 앞부벽은 직사각형 보로 설계하여야 한다.
③ 저판의 뒷굽판은 정확한 방법이 사용되지 않는 한, 뒷굽판 상부에 재하되는 모든 하중을 지지하도록 설계하여야 한다.
④ 캔틸레버식 옹벽의 저판은 전면벽과의 접합부를 고정단으로 간주한 캔틸레버로 가정하여 단면을 설계할 수 있다.

■해설 부벽식 옹벽의 전면벽은 3변 지지된 2방향 슬래브로 설계하여야 한다.

68. 부분 프리스트레싱(partial prestressing)에 대한 설명으로 옳은 것은?

① 부재단면의 일부에만 프리스트레스를 도입하는 방법
② 구조물에 부분적으로 프리스트레스트 콘크리트 부재를 사용하는 방법
③ 사용하중 작용 시 프리스트레스트 콘크리트 부재 단면의 일부에 인장응력이 생기는 것을 허용하는 방법
④ 프리스트레스트 콘크리트 부재 설계 시 부재 하단에만 프리스트레스를 주고 부재 상단에는 프리스트레스 하지 않는 방법

|해답| 65.① 66.② 67.① 68.③

■해설
- 완전 프리스트레싱(Full Prestressing) : 부재 단면에 인장응력이 발생하지 않는다.
- 부분 프리스트레싱(Partial Prestressing) : 부재 단면의 일부에 인장응력이 발생한다.

69. 그림과 같은 T형 단면을 강도설계법으로 해석할 경우, 플랜지 내민 부분의 압축력과 균형을 이루기 위한 철근 단면적(A_{sf})은?(단, f_{ck} = 21MPa, f_y = 400MPa이다.)

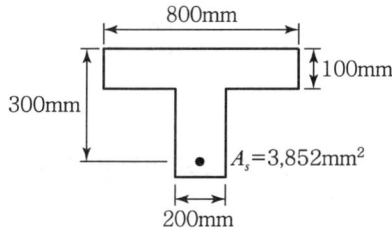

① 1,175.2mm² ② 1,275.0mm²
③ 1,375.8mm² ④ 2,677.5mm²

■해설
$$A_{sf} = \frac{0.85 f_{ck}(b - b_w) t_f}{f_y}$$
$$= \frac{0.85 \times 21 \times (800 - 200) \times 100}{400}$$
$$= 2,677.5 \text{mm}^2$$

70. 설계기준압축강도(f_{ck})가 24MPa이고, 쪼갬인장강도(f_{sp})가 2.4MPa인 경량골재 콘크리트에 적용하는 경량콘크리트계수(λ)는?

① 0.75 ② 0.81
③ 0.87 ④ 0.93

■해설
$$\lambda = \frac{f_{sp}}{0.56\sqrt{f_{ck}}} = \frac{2.4}{0.56 \times \sqrt{24}} = 0.87 \, (\lambda \le 1.0 - \text{O.K})$$

71. 단면이 300mm×300mm인 철근콘크리트 보의 인장부에 균열이 발생할 때의 모멘트(M_{cr})가 13.9kN·m이다. 이 콘크리트의 설계기준압축강도(f_{ck})는?(단, 보통중량콘크리트이다.)

① 18MPa ② 21MPa
③ 24MPa ④ 27MPa

■해설 $\lambda = 1$(보통중량의 콘크리트인 경우)
$$M_{cr} = f_r \cdot Z = (0.63\lambda\sqrt{f_{ck}})\left(\frac{bh^2}{6}\right)$$
$$f_{ck} = \left(\frac{6M_{cr}}{0.63\lambda bh^2}\right)^2 = \left(\frac{6 \times (13.9 \times 10^6)}{0.63 \times 1 \times 300 \times 300^2}\right)^2$$
$$= 24 \text{N/mm}^2 = 24 \text{MPa}$$

72. 휨을 받는 인장 이형철근으로 4-D25 철근이 배치되어 있을 경우 그림과 같은 직사각형 단면 보의 기본정착길이(l_{ab})는?(단, 철근의 공칭지름 = 25.4mm, D25 철근 1개의 단면적 = 507mm², f_{ck} = 24MPa, f_y = 400MPa, 보통중량콘크리트이다.)

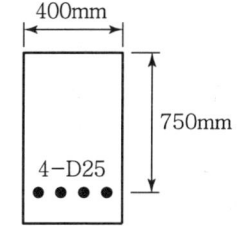

① 519mm ② 1,150mm
③ 1,245mm ④ 1,400mm

■해설 $\lambda = 1$(보통중량의 콘크리트인 경우)
$$l_{db} = \frac{0.6 d_b f_y}{\lambda\sqrt{f_{ck}}} = \frac{0.6 \times 25.4 \times 400}{1 \times \sqrt{24}} = 1,244.3 \text{mm}$$

73. 2방향 슬래브 설계에 사용되는 직접설계법의 제한 사항으로 틀린 것은?

① 각 방향으로 2경간 이상 연속되어야 한다.
② 각 방향으로 연속한 받침부 중심 간 경간 차이는 긴 경간의 1/3 이하이어야 한다.
③ 연속한 기둥 중심선을 기준으로 기둥의 어긋남은 그 방향 경간의 10% 이하이어야 한다.
④ 모든 하중은 슬래브 판 전체에 걸쳐 등분포된 연직하중이어야 하며, 활하중은 고정하중의 2배 이하이어야 한다.

■해설 2방향 슬래브의 설계에서 직접설계법을 적용할 경우, 각 방향으로 3경간 이상이 연속되어야 한다.

74. 철근콘크리트 보에서 스터럽을 배근하는 주목적으로 옳은 것은?

① 철근의 인장강도가 부족하기 때문에
② 콘크리트의 탄성이 부족하기 때문에
③ 콘크리트의 사인장강도가 부족하기 때문에
④ 철근과 콘크리트의 부착강도가 부족하기 때문에

■해설 철근콘크리트 보에서 스터럽을 배근하는 주목적은 사인장응력에 저항하기 위해서이다.

75. 그림과 같이 긴장재를 포물선으로 배치하고, $P=2,500$kN으로 긴장했을 때 발생하는 등분포 상향력을 등가하중의 개념으로 구한 값은?

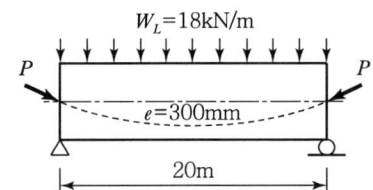

① 10kN/m ② 15kN/m
③ 20kN/m ④ 25kN/m

■해설 $u = \dfrac{8Pe}{l^2} = \dfrac{8 \times 2,500 \times 0.3}{20^2} = 15$kN/m

76. 순단면이 볼트의 구멍 하나를 제외한 단면(즉, $A-B-C$ 단면)과 같도록 피치(s)를 결정하면? (단, 구멍의 지름은 18mm이다.)

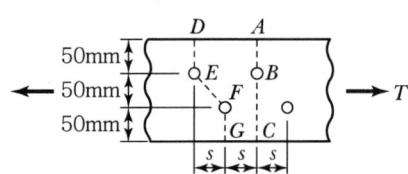

① 50mm ② 55mm
③ 60mm ④ 65mm

■해설 $d_h = \phi + 3 = 18$mm
$b_{n1} = b_g - d_h$
$b_{n2} = b_g - 2d_h + \dfrac{s^2}{4g}$
$b_{n1} = b_{n2}$

$b_g - d_h = b_g - 2d_h + \dfrac{s^2}{4g}$
$s = \sqrt{4gd_h} = \sqrt{4 \times 50 \times 18} = 60$mm

77. 단철근 직사각형 보가 균형단면이 되기 위한 압축연단에서 중립축까지 거리는?(단, $f_y=300$MPa, $d=600$mm이며 강도설계법에 의한다.)

① 494mm ② 400mm
③ 390mm ④ 293mm

■해설 $c_b = \dfrac{600}{600+f_y}d = \dfrac{600}{600+300} \times 600 = 400$mm

78. 철골 압축재의 좌굴 안정성에 대한 설명 중 틀린 것은?

① 좌굴길이가 길수록 유리하다.
② 단면2차반지름이 클수록 유리하다.
③ 힌지지지보다 고정지지가 유리하다.
④ 단면2차모멘트 값이 클수록 유리하다.

■해설 $P_{cr} = \dfrac{\pi^2 EI_{\min}}{(kl)^2}$
철골 압축재의 좌굴강도(P_{cr})는 $(kl)^2$에 반비례하므로 철골 압축재는 좌굴길이가 길수록 좌굴에 불리하다.

79. 다음 중 공칭축강도에서 최외단 인장철근의 순인장변형률(ε_t)을 계산하는 경우에 제외되는 것은?(단, 콘크리트구조 해석과 설계 원칙에 따른다.)

① 활하중에 의한 변형률
② 고정하중에 의한 변형률
③ 지붕활하중에 의한 변형률
④ 유효프리스트레스 힘에 의한 변형률

■해설 최외단 인장철근의 순인장변형률(ε_t)은 최외단 인장철근의 인장변형률에서 크리프, 건조수축, 온도변화 그리고 프리스트레스 등에 의한 변형률을 제외한 변형률을 의미한다.

|해답| 74.③ 75.② 76.③ 77.② 78.① 79.④

80. 단철근 직사각형 보에서 f_{ck}=32MPa이라면 등가직사각형 응력블록과 관계된 계수 β_1은?

① 0.850　　② 0.836
③ 0.822　　④ 0.815

■해설　$f_{ck} > 28$MPa인 경우 β_1의 값
$$\beta_1 = 0.85 - 0.007(f_{ck} - 28)$$
$$= 0.85 - 0.007(32 - 28)$$
$$= 0.822\,(\beta_1 \geq 0.65 - O.K)$$

제5과목 토질 및 기초

81. 지표면에 집중하중이 작용할 때, 지중연직 응력증가량($\Delta\sigma_z$)에 관한 설명 중 옳은 것은?(단, Boussinesq 이론을 사용한다.)

① 탄성계수 E와 무관하다.
② 탄성계수 E에 정비례한다.
③ 탄성계수 E의 제곱에 정비례한다.
④ 탄성계수 E의 제곱에 반비례한다.

■해설　지중응력(연직응력 증가량)
$$\Delta\sigma_z = \frac{Q}{z^2}I$$
∴ E(Young 계수, 탄성계수)와는 무관하다.

82. 통일분류법에 의해 흙이 MH로 분류되었다면, 이 흙의 공학적 성질로 가장 옳은 것은?

① 액성한계가 50% 이하인 점토이다.
② 액성한계가 50% 이상인 실트이다.
③ 소성한계가 50% 이하인 실트이다.
④ 소성한계가 50% 이상인 점토이다.

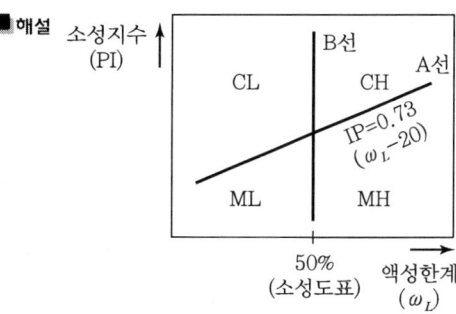

■해설

- 압축성이 높음(H) : $\omega_L \geq 50\%$
- 압축성이 낮음(L) : $\omega_L \leq 50\%$
- 점토(C) : A선 위쪽
- 실트(M) : A선 아래쪽

83. 흙 시료의 일축압축시험 결과 일축압축강도가 0.3MPa이었다. 이 흙의 점착력은?(단, $\phi = 0$인 점토이다.)

① 0.1MPa　　② 0.15MPa
③ 0.3MPa　　④ 0.6MPa

■해설　$C = \dfrac{q_u}{2} = \dfrac{0.3}{2} = 0.15$MPa

84. 흙의 다짐에 대한 설명으로 틀린 것은?

① 최적함수비는 흙의 종류와 다짐 에너지에 따라 다르다.
② 일반적으로 조립토일수록 다짐곡선의 기울기가 급하다.
③ 흙이 조립토에 가까울수록 최적함수비가 커지며 최대 건조단위중량은 작아진다.
④ 함수비의 변화에 따라 건조단위중량이 변하는데, 건조단위중량이 가장 클 때의 함수비를 최적함수비라 한다.

■해설　세립토의 비율이 클수록 최대 건조단위중량($\gamma_{d\max}$)은 감소한다.

85. 어떤 흙에 대해서 직접 전단시험을 한 결과 수직응력이 1.0MPa일 때 전단저항이 0.5MPa이었고, 수직응력이 2.0MPa일 때에는 전단저항이 0.8MPa이었다. 이 흙의 점착력은?

① 0.2MPa
② 0.3MPa
③ 0.8MPa
④ 1.0MPa

■해설 전단저항(전단강도)
$\tau = c + \sigma' \tan\phi$
$5 = c + 10\tan\phi$ ········· ①
$8 = c + 20\tan\phi$ ········· ②
①, ②식을 연립방정식으로 정리
$\quad \begin{aligned} 10 &= 2c + 20\tan\phi \\ \ominus\ 8 &= c + 20\tan\phi \end{aligned}$
$\quad\quad 2 = c$
∴ 점착력$(c) = 2\text{kg/cm}^2$

86. 널말뚝을 모래지반에 5m 깊이로 박았을 때 상류와 하류의 수두차가 4m이었다. 이때 모래지반의 포화단위중량이 19.62kN/m³이다. 현재 이 지반의 분사현상에 대한 안전율은?(단, 물의 단위중량은 9.81kN/m³이다.)

① 0.85 ② 1.25
③ 1.85 ④ 2.25

■해설
• $i_c = \dfrac{\gamma_{sub}}{\gamma_w} = \dfrac{2-1}{9.81\text{kN/m}^3 \div 9.8} = \dfrac{1\text{t/m}^3}{1\text{t/m}^3} = 1$
  ($\gamma_{sat} = 19.62\text{kN/m}^3 \div 9.8 = 2\text{t/m}^3$)
∴ $F_s = \dfrac{i_c}{i} = \dfrac{i_c}{h/L} = \dfrac{1}{4/5} = 1.25$

87. Terzaghi는 포화점토에 대한 1차 압밀이론에서 수학적 해를 구하기 위하여 다음과 같은 가정을 하였다. 이 중 옳지 않은 것은?

① 흙은 균질하다.
② 흙은 완전히 포화되어 있다.
③ 흙 입자와 물의 압축성을 고려한다.
④ 흙 속에서의 물의 이동은 Darcy 법칙을 따른다.

■해설 Terzaghi 압밀이론 기본가정
• 흙은 균질하다.
• 흙 속의 간극은 물로 완전 포화된다.
• 토립자와 물은 비압축성이다.
• 압력과 간극비의 관계는 이상적으로 직선 변화된다.

88. 모래치환법에 의한 밀도 시험을 수행한 결과 퍼낸 흙의 체적과 질량이 각각 365.0cm³, 745g이었으며, 함수비는 12.5%였다. 흙의 비중이 2.65이며, 실내표준다짐 시 최대 건조밀도가 1.90t/m³일 때 상대다짐도는?

① 88.7% ② 93.1%
③ 95.3% ④ 97.8%

■해설
• $\gamma_d = \dfrac{\gamma_t}{1+\omega} = \dfrac{745/365}{1+0.125} = 1.813$
• $\gamma_{d\max} = 1.9$
∴ $RC = \dfrac{\gamma_d}{\gamma_{d\max}} = \dfrac{1.813}{1.9} \times 100 = 95.3\%$

89. 토질조사에 대한 설명 중 옳지 않은 것은?

① 표준관입시험은 정적인 사운딩이다.
② 보링의 깊이는 설계의 형태 및 크기에 따라 변한다.
③ 보링의 위치와 수는 지형조건 및 설계형태에 따라 변한다.
④ 보링 구멍은 사용 후에 흙이나 시멘트 그라우트로 메워야 한다.

■해설 표준관입시험(S.P.T)
표준관입시험은 동적인 사운딩이다.

90. 연약지반 처리공법 중 sand drain 공법에서 연직 및 수평 방향을 고려한 평균 압밀도 U는? (단, $U_v = 0.20$, $U_h = 0.71$이다.)

① 0.573 ② 0.697
③ 0.712 ④ 0.768

■해설 $U = 1-(1-U_h)(1-U_v)$
$= 1-(1-0.71)(1-0.20)$
$= 0.768$

91. $\Delta h_1 = 5$이고, $k_{v2} = 10k_{v1}$일 때, k_{v3}의 크기는?

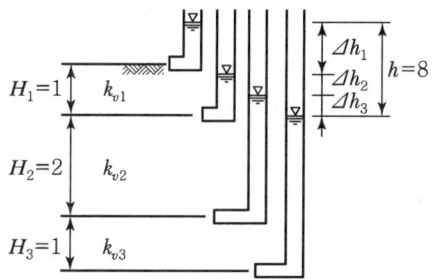

① $1.0k_{v1}$ ② $1.5k_{v1}$
③ $2.0k_{v1}$ ④ $2.5k_{v1}$

■해설 수직방향 평균투수계수(동수경사 다름, 유량 일정)
$v = K_{v1}i_1 = K_{v2}i_2 = K_{v3}i_3$
$= K_{v1}\dfrac{\Delta h_1}{1} = K_{v2}\dfrac{\Delta h_2}{2} = K_{v3}\dfrac{\Delta h_3}{1}$
$= 5K_{v1} = \dfrac{10K_{v1}\Delta h_2}{2} = K_{v3}\Delta h_3$
$= 5K_{v1} = 5K_{v1}\Delta h_2$
∴ $\Delta h_2 = 1$
전체 손실수두 $h = 8$, $\Delta h_1 = 5$이므로, $\Delta h_3 = 2$
$v = K_{v3} \times \dfrac{\Delta h_3}{H_3} = K_{v3} \times \dfrac{2}{1} = 2K_{v3} = 5K_{v1}$
∴ $K_{v3} = 2.5K_{v1}$

92. 그림과 같은 사면에서 활동에 대한 안전율은?

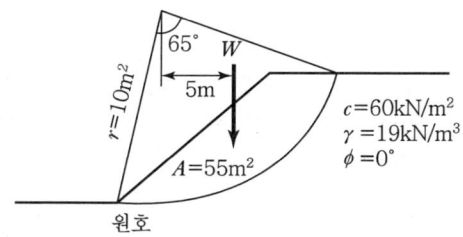

① 1.30 ② 1.50
③ 1.70 ④ 1.90

■해설 $F_s = \dfrac{\text{저항}M}{\text{활동}M} = \dfrac{c \cdot r \cdot L}{W \cdot e}$
$(W = A \times l \times \gamma = 55 \times 1 \times 1.9 = 104.5)$
$= \dfrac{6 \times 10 \times \left(2 \times \pi \times 10 \times \dfrac{65°}{360°}\right)}{104.5 \times 5}$
$= 1.30$

93. 흙의 투수계수(k)에 관한 설명으로 옳은 것은?
① 투수계수(k)는 물의 단위중량에 반비례한다.
② 투수계수(k)는 입경의 제곱에 반비례한다.
③ 투수계수(k)는 형상계수에 반비례한다.
④ 투수계수(k)는 점성계수에 반비례한다.

■해설 투수계수에 영향을 주는 인자
$k = D_s^2 \cdot \dfrac{\gamma_w}{\eta} \cdot \dfrac{e^3}{1+e} \cdot C$
∴ 투수계수 k는 점성계수(η)에 반비례한다.

94. 점성토 지반굴착 시 발생할 수 있는 Heaving 방지대책으로 틀린 것은?
① 지반개량을 한다.
② 지하수위를 저하시킨다.
③ 널말뚝의 근입 깊이를 줄인다.
④ 표토를 제거하여 하중을 작게 한다.

■해설 히빙 방지대책
• 흙막이의 근입장을 깊게 한다.
• 표토를 제거하여 하중을 줄인다.
• 부분 굴착한다.

95. 접지압(또는 지반반력)이 그림과 같이 되는 경우는?

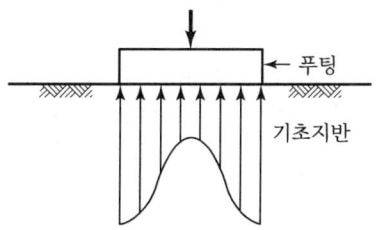

① 푸팅 : 강성, 기초지반 : 점토
② 푸팅 : 강성, 기초지반 : 모래
③ 푸팅 : 연성, 기초지반 : 점토
④ 푸팅 : 연성, 기초지반 : 모래

■해설

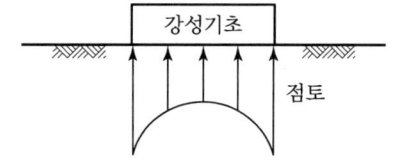

점토지반에서 강성기초의 접지압 분포 : 기초 모서리에서 최대응력 발생

96. 예민비가 매우 큰 연약 점토지반에 대해서 현장의 비배수 전단강도를 측정하기 위한 시험방법으로 가장 적합한 것은?

① 압밀비배수시험 ② 표준관입시험
③ 직접전단시험 ④ 현장베인시험

■해설 Vane test의 특징
- 연약한 점토층에 실시하는 시험
- 점착력 산정 가능
- 지반의 비배수 전단강도(c_u)를 측정
- 비배수조건($\phi=0$)에서 사면의 안정해석

97. 직경 30cm 콘크리트 말뚝을 단동식 증기 해머로 타입하였을 때 엔지니어링 뉴스 공식을 적용한 말뚝의 허용지지력은?(단, 타격에너지=36kN·m, 해머효율=0.8, 손실상수=0.25cm, 마지막 25mm 관입에 필요한 타격횟수=5이다.)

① 640kN ② 1,280kN
③ 1,920kN ④ 3,840kN

■해설
$Q_a = \dfrac{Q_u}{F_s} = \dfrac{H_e \cdot 100 \cdot E}{6(S+0.25)}$

- $H_e = 36$ kN·m
- $E = 0.8$
- S(말뚝의 평균 관입량) $= \dfrac{25}{5} = 5$mm $= 0.5$cm

$\therefore Q_a = \dfrac{36 \times 100 \times 0.8}{6(0.5+0.25)} = 640$kN

98. Mohr 응력원에 대한 설명 중 옳지 않은 것은?

① 임의 평면의 응력상태를 나타내는 데 매우 편리하다.
② σ_1과 σ_3의 차의 벡터를 반지름으로 해서 그린 원이다.
③ 한 면에 응력이 작용하는 경우 전단력이 0이면, 그 연직응력을 주응력으로 가정한다.
④ 평면기점(O_p)은 최소 주응력이 표시되는 좌표에서 최소 주응력면과 평행하게 그은 Mohr 원과 만나는 점이다.

■해설 Mohr 응력원
σ_1과 σ_3의 차를 지름으로 해서 그린 원이다.

99. 연약점토 지반에 말뚝을 시공하는 경우, 말뚝을 타입 후 어느 정도 기간이 경과한 후에 재하시험을 하게 된다. 그 이유로 가장 적합한 것은?

① 말뚝에 부마찰력이 발생하기 때문이다.
② 말뚝에 주면마찰력이 발생하기 때문이다.
③ 말뚝 타입 시 교란된 점토의 강도가 원래대로 회복하는 데 시간이 걸리기 때문이다.
④ 말뚝 타입 시 말뚝 자체가 받는 충격에 의해 두부의 손상이 발생할 수 있어 안정화에 시간이 걸리기 때문이다.

■해설 흐트러진 점토 지반이 함수비의 변화 없이 시간이 경과할수록 원상태로 강도가 회복되는 현상을 틱소트로피라 하며 강도회복시간은 약 3주 정도 걸린다. 그래서 말뚝을 타입 후 어느 정도 기간이 경과한 후에 재하시험을 한다.

100. 함수비 15%인 흙 2,300g이 있다. 이 흙의 함수비를 25%가 되도록 증가시키려면 얼마의 물을 가해야 하는가?

① 200g
② 230g
③ 345g
④ 575g

■해설 • 함수비 15%일 때의 물의 무게

$$\omega = \frac{W_w}{W_s} \times 100 = \frac{W_w}{W - W_w} \times 100$$

$$0.15 = \frac{W_w}{2,300 - W_w} \quad \therefore \quad W_w = 300g$$

• 함수비 25%로 증가시킬 때 물의 무게
$15 : 300 = 25 : W_w \quad \therefore \quad W_w = 500g$
∴ 추가해야 할 물의 무게
$500 - 300 = 200g$

제6과목 상하수도공학

101. 지표수를 수원으로 하는 경우의 상수시설 배치 순서로 가장 적합한 것은?

① 취수탑 → 침사지 → 응집침전지 → 여과지 → 배수지
② 취수구 → 약품침전지 → 혼화지 → 여과지 → 배수지
③ 집수매거 → 응집침전지 → 침사지 → 여과지 → 배수지
④ 취수문 → 여과지 → 보통침전지 → 배수탑 → 배수관망

■해설 상수도 구성요소
㉠ 수원 → 취수 → 도수(침사지) → 정수(착수정 → 약품혼화지 → 침전지 → 여과지 → 소독지 → 정수지) → 송수 → 배수(배수지, 배수탑, 고가탱크, 배수관) → 급수
㉡ 수원, 취수, 도수, 정수, 송수 등의 설계에는 계획 1일 최대급수량을 기준으로 한다.
㉢ 계획취수량은 계획 1일 최대급수량을 기준으로 5~10% 정도 여유 있게 취수한다.
㉣ 배수관의 직경 결정, 펌프의 직경 결정 등은 계획 시간 최대급수량을 기준으로 한다.

102. 정수장 배출수 처리의 일반적인 순서로 옳은 것은?

① 농축 → 조정 → 탈수 → 처분
② 농축 → 탈수 → 조정 → 처분
③ 조정 → 농축 → 탈수 → 처분
④ 조정 → 탈수 → 농축 → 처분

■해설 배출수 처리시설
정수장에서 배출수 처리시설의 계통은 다음과 같다.
조정 → 농축 → 탈수 → 건조 → 처분

103. 활성슬러지법에서 MLSS가 의미하는 것은?

① 폐수 중의 부유물질
② 방류수 중의 부유물질
③ 포기조 내의 부유물질
④ 반송슬러지의 부유물질

■해설 MLSS
활성슬러지법에서 MLSS(Mixed Liquor Suspended Solid)는 폭기조 내 혼합액의 부유물질을 말한다.

104. 다음과 같은 조건으로 입자가 복합되어 있는 플록의 침강속도를 Stokes의 법칙으로 구하면 전체가 흙 입자로 된 플록의 침강속도에 비해 침강속도는 몇 % 정도인가?(단, 비중이 2.5인 흙 입자의 전체부피 중 차지하는 부피는 50%이고, 플록의 나머지 50%부분의 비중은 0.90이며, 입자의 지름은 10mm이다.)

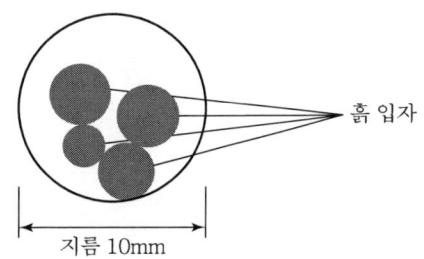

① 38%   ② 48%
③ 58%   ④ 68%

■해설 Stoke's의 침강속도를 이용한 침전지 설계
㉠ 침강속도
$$V_s = \frac{(w_s - w_w) \cdot d^2}{18\mu} = \frac{g \cdot (\rho_s - \rho_w) \cdot d^2}{18\mu}$$
㉡ 평균 비중의 산정
$$S_m = \frac{2.5 \times 50 + 0.9 \times 50}{100} = 1.7$$
㉢ 침강속도비의 계산
$$V_s = \frac{V_{s1.7}}{V_{s2.5}} = \frac{\frac{(1.7-1.0) \cdot d^2}{18\mu}}{\frac{(2.5-1.0) \cdot d^2}{18\mu}} = \frac{0.7}{1.5} = 0.47$$

∴ 비중이 1.7인 플록의 침강속도는 비중이 2.5인 플록의 침강속도의 약 48% 정도이다.

105. 관로를 개수로와 관수로로 구분하는 기준은?

① 자유수면 유무
② 지하매설 유무
③ 하수관과 상수관
④ 콘크리트관과 주철관

■해설 수로의 수리
㉠ 자유수면이 존재하지 않으면서 흐름의 원동력이 압력인 수로를 관수로라고 한다.
㉡ 자유수면이 존재하면서 흐름의 원동력이 중력인 수로를 개수로라고 한다.
∴ 관수로와 개수로를 구분하는 기준은 자유수면의 유무이다.

106. 상수도의 계통을 올바르게 나타낸 것은?

① 취수 → 송수 → 도수 → 정수 → 급수 → 배수
② 취수 → 도수 → 정수 → 송수 → 배수 → 급수
③ 취수 → 정수 → 도수 → 급수 → 배수 → 송수
④ 도수 → 취수 → 정수 → 송수 → 배수 → 급수

■해설 상수도 구성요소
㉠ 수원 → 취수 → 도수(침사지) → 정수(착수정 → 약품혼화지 → 침전지 → 여과지 → 소독지 → 정수지) → 송수 → 배수(배수지, 배수탑, 고가탱크, 배수관) → 급수
㉡ 수원, 취수, 도수, 정수, 송수 등의 설계에는 계획 1일 최대급수량을 기준으로 한다.
㉢ 계획취수량은 계획 1일 최대급수량을 기준으로 5~10% 정도 여유 있게 취수한다.
㉣ 배수관의 직경 결정, 펌프의 직경 결정 등은 계획 시간 최대급수량을 기준으로 한다.

107. 활성슬러지법의 여러 가지 변법 중에서 잉여슬러지량을 현저하게 감소시키고 슬러지 처리를 용이하게 하기 위해 개발된 방법으로서 포기시간이 16~24시간, F/M비가 0.03~0.05kgBOD/kgSS·day 정도의 낮은 BOD-SS부하로 운전하는 방식은?

① 장기포기법
② 순산소포기법
③ 계단식 포기법
④ 표준활성슬러지법

■해설 장시간 포기법
㉠ 표준활성슬러지법의 유입부 과부하, 유출부 저부하의 문제점을 해결하기 위해 변법들이 있다.
㉡ 장시간 포기법
• 체류시간을 18~24시간으로 길게 체류시킨다.
• F/M비가 0.03~0.05kgBOD/kgSS·day 정도의 낮은 부하로 운전하는 방식이다.
• 장시간 포기로 내생호흡단계를 유지시킨다.
• 미생물의 자기분해로 잉여슬러지 생산이 감소된다.
• 산소소모량이 크며, 포기조의 용적이 크다.
• 운전비가 많이 들며, 소규모 처리장에 적합한 방법이다.

108. 하수관로 설계 기준에 대한 설명으로 옳지 않은 것은?

① 관경은 하류로 갈수록 크게 한다.
② 유속은 하류로 갈수록 작게 한다.
③ 경사는 하류로 갈수록 완만하게 한다.
④ 오수관로의 유속은 0.6~3m/s가 적당하다.

■해설 하수관의 유속 및 경사
㉠ 하수관로 내의 유속은 하류로 갈수록 빠르게, 경사는 하류로 갈수록 완만하게 해야 한다.
㉡ 관로의 유속기준
관로의 유속은 침전과 마모방지를 위해 최소유속과 최대유속을 한정하고 있다.
• 오수 및 차집관 : 0.6~3.0m/sec
• 우수 및 합류관 : 0.8~3.0m/sec
• 이상적 유속 : 1.0~1.8m/sec

109. 호수의 부영양화에 대한 설명으로 옳지 않은 것은?

① 부영양화의 주된 원인물질은 질소와 인이다.
② 조류의 이상증식으로 인하여 물의 투명도가 저하된다.
③ 조류의 발생이 과다하면 정수공정에서 여과지를 폐색시킨다.
④ 조류제거 약품으로는 일반적으로 황산알루미늄을 사용한다.

|해답| 105.① 106.② 107.① 108.② 109.④

■해설 부영양화
ⓐ 가정하수, 공장폐수 등이 하천이나 호수에 유입되면 질소(N)나 인(P)과 같은 영양염류농도가 증가한다. 이로 인해 조류 및 식물성 플랑크톤의 과도한 성장을 일으켜 물에 맛과 냄새가 유발되고 저수지의 수질이 악화되는 현상을 부영양화 현상이라 한다. 이때 성장한 조류는 바닥에 퇴적하여 죽게 되고 유입하천에서 부하된 유기물도 바닥에 퇴적하는데, 이 퇴적물의 분해로 인해 생기는 영양염류가 다시 조류의 영양소로 섭취되어 부영양화가 일어날 수 있다.
ⓑ 부영양화는 수심이 낮은 곳에서 발생하며 한번 발생되면 회복이 어렵다.
ⓒ 물의 투명도가 낮아지며, COD 농도가 높게 나타난다.
ⓓ 조류제거 약품으로는 일반적으로 황산동($CuSO_4$)을 사용한다.

110. 상수도 관로 시설에 대한 설명 중 옳지 않은 것은?
① 배수관 내의 최소 동수압은 150kPa이다.
② 상수도의 송수방식에는 자연유하식과 펌프가압식이 있다.
③ 도수거가 하천이나 깊은 계곡을 횡단할 때는 수로교를 가설한다.
④ 급수관을 공공도로에 부설할 경우 다른 매설물과의 간격을 15cm 이상 확보한다.

■해설 상수도 관로 시설
ⓐ 배수관 내의 최소 동수압은 150kPa, 최대 동수압은 700kPa이다.
ⓑ 상수도의 송수방식에는 자연유하식과 펌프가압식이 있다.
ⓒ 도수거가 하천이나 깊은 계곡을 횡단할 때는 수로교를 가설한다.
ⓓ 급수관을 공공도로에 설치하는 것을 원칙으로 하고 지하매설물과는 최소 30cm 이상 간격을 두어야 한다.

111. 하수도시설기준에 의한 우수관로 및 합류관로거의 표준 최소 관경은?
① 200mm
② 250mm
③ 300mm
④ 350mm

■해설 하수관거의 최소관경과 매설위치

구분	최소관경	최소 매설위치
오수관거	200mm	1.0m
우수 및 합류관거	250mm	차도 : 1.2m 보도 : 1.0m

∴ 우수 및 합류관거의 최소기준은 250mm이다.

112. 계획오수량을 생활오수량, 공장폐수량 및 지하수량으로 구분할 때, 이것에 대한 설명으로 옳지 않은 것은?
① 지하수량은 1인 1일 최대오수량의 10~20%로 한다.
② 계획 1일 평균오수량은 계획 1일 최대오수량의 70~80%를 표준으로 한다.
③ 합류식에서 우천 시 계획오수량은 원칙적으로 계획 시간 최대오수량의 2배 이상으로 한다.
④ 계획 1일 최대오수량은 1인 1일 최대오수량에 계획인구를 곱한 후, 여기에 공장폐수량, 지하수량 및 기타 배수량을 더한 것으로 한다.

■해설 계획하수량의 결정
ⓐ 오수량의 산정

종류	내용
계획오수량	계획오수량은 생활오수량, 공장폐수량, 지하수량으로 구분할 수 있다.
지하수량	지하수량은 1인 1일 최대오수량의 10~20%를 기준으로 한다.
계획 1일 최대오수량	• 1인 1일 최대오수량×계획급수인구+ (공장폐수량, 지하수량, 기타 배수량) • 하수처리 시설의 용량 결정의 기준이 되는 수량
계획 1일 평균오수량	• 계획 1일 최대오수량의 70(중·소도시)~80%(대·공업도시) • 하수처리장 유입하수의 수질을 추정하는 데 사용되는 수량
계획 시간 최대오수량	• 계획 1일 최대오수량의 1시간당 수량의 1.3~1.8배를 표준으로 한다. • 오수관거 및 펌프설비 등의 크기를 결정하는 데 사용되는 수량

ⓑ 오수 및 우수관거의 계획하수량

종류		계획하수량
합류식		계획 시간 최대오수량에 계획우수량을 합한 수량
분류식	오수관거	계획 시간 최대오수량
	우수관거	계획우수량

ⓒ 차집관거
우천 시 계획오수량 또는 계획 시간 최대오수량의 3배를 기준으로 설계한다.
∴ 우천 시 계획오수량은 계획 시간 최대오수량의 3배를 기준으로 한다.

113. 관로별 계획하수량에 대한 설명으로 옳지 않은 것은?

① 우수관로는 계획우수량으로 한다.
② 차집관로는 우천 시 계획오수량으로 한다.
③ 오수관로의 계획오수량은 계획 1일 최대오수량으로 한다.
④ 합류식 관로에서는 계획 시간 최대오수량에 계획우수량을 합한 것으로 한다.

■해설 계획하수량의 결정
ⓐ 오수 및 우수관거

종류		계획하수량
합류식		계획 시간 최대오수량에 계획우수량을 합한 수량
분류식	오수관거	계획 시간 최대오수량
	우수관거	계획우수량

ⓑ 차집관거
우천 시 계획오수량 또는 계획 시간 최대오수량의 3배를 기준으로 설계한다.

114. 막여과시설의 약품세척에서 무기물질 제거에 사용되는 약품이 아닌 것은?

① 염산
② 황산
③ 구연산
④ 차아염소산나트륨

■해설 막여과시설
ⓐ 막여과 : 막(Membrane)을 여재로 하여 물을 통과시켜 수중에 존재하는 오염물질이나 불순물을 여과하는 기술
ⓑ 막여과시설의 유지관리 : 여재를 폐색시킨 유기물질과 무기물질을 제거하기 위하여 약품세척을 한다. 유기물질을 제거하기 위하여 알칼리를 이용하여 세정하고, 무기물질을 제거하기 위하여 산 세정을 한다. 산 세정에서 가장 많이 사용되는 약품은 구연산이며 이외에도 염산이나 황산을 사용한다.

115. 어느 하천의 자정작용을 나타낸 아래 용존산소 곡선을 보고 어떤 물질이 하천으로 유입되었다고 보는 것이 가장 타당한가?

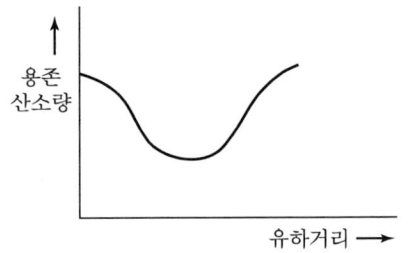

① 생활하수
② 질산성 질소
③ 농도가 매우 낮은 폐알칼리
④ 농도가 매우 낮은 폐산(廢散)

■해설 용존산소 부족곡선
생활하수의 유입으로 용존산소 부족곡선의 DO 농도가 감소하다가 재폭기에 의해서 DO 농도가 다시 증가된 것으로 해석할 수 있다.

116. 지름 300mm의 주철관을 설치할 때, 40kgf/cm²의 수압을 받는 부분에서는 주철관의 두께는 최소한 얼마로 하여야 하는가?(단, 허용인장응력 σ_{ta} =1,400kgf/cm²이다.)

① 3.1mm
② 3.6mm
③ 4.3mm
④ 4.8mm

■해설 강관의 두께
ⓐ 강관의 두께
$$t = \frac{PD}{2\sigma_{ta}}$$
여기서, P : 강관에 작용하는 압력
D : 강관의 내경
σ_{ta} : 허용인장응력

ⓑ 두께의 산정
$$t = \frac{PD}{2\sigma_{ta}} = \frac{40 \times 30}{2 \times 1,400} = 0.43\text{cm} = 4.3\text{mm}$$

117. 원수의 알칼리도가 50ppm, 탁도가 500ppm일 때 황산알루미늄의 소비량은 60ppm이다. 이러한 원수가 48,000m³/day로 흐를 때 6% 용액의 황산알루미늄의 1일 필요량은?(단, 액체의 비중을 1로 가정한다.)

① 48.0m³/day
② 50.6m³/day
③ 53.0m³/day
④ 57.6m³/day

■해설 황산알루미늄의 필요량 결정
㉠ 황산알루미늄의 소비량
황산알루미늄 소비량=황산알루미늄 농도×유량
$60\text{mg/L} \times \dfrac{10^{-6}(\text{kg})}{10^{-3}(\text{m}^3)} \times 48,000\text{m}^3/\text{day}$
$= 2,880\text{kg/day}$
㉡ 순도를 고려한 황산알루미늄의 1일 필요량(순도 6%)
황산알루미늄 소비량×(1/순도)
$= 2,880 \times \dfrac{1}{0.06} = 48,000\text{kg/day} = 48\text{t/day}$
$= 48.0\text{m}^3/\text{day}$

118. 일반적인 정수과정으로서 옳은 것은?

① 스크린 → 소독 → 여과 → 응집침전
② 스크린 → 응집침전 → 여과 → 소독
③ 여과 → 응집침전 → 스크린 → 소독
④ 응집침전 → 여과 → 소독 → 스크린

■해설 정수과정
일반적으로 정수장 시설의 구성은 다음과 같다.
스크린 → 착수정 → 응집지 → floc 형성지 → 약품침전지 → 여과지 → 소독지 → 정수지

119. 먹는 물의 수질기준 항목인 화학물질과 분류 항목의 조합이 옳지 않은 것은?

① 황산이온 – 심미적
② 염소이온 – 심미적
③ 질산성 질소 – 심미적
④ 트리클로로에틸렌 – 건강

■해설 음용수 수질기준
㉠ 음용수 수질기준은 크게 미생물, 무기물질, 유기물질, 심미적 영향물질의 기준으로 나누어진다.
㉡ 황산이온, 염소이온은 심미적 영향물질에 속하고, 트리클로로에틸렌은 건강상 유해영향 유기물질이다. 또한 질산성 질소는 무기물질에 해당한다.

120. 일반적으로 적용하는 펌프의 특성곡선에 포함되지 않는 것은?

① 토출량 – 양정 곡선
② 토출량 – 효율 곡선
③ 토출량 – 축동력 곡선
④ 토출량 – 회전도 곡선

■해설 펌프특성곡선
펌프의 회전속도를 일정하게 고정하고 토출관의 밸브를 조절하여 토출량을 변화시킬 때 토출량(Q)의 변화에 따른 양정(H), 효율(η), 축동력(P)의 변화를 최대효율점에 대한 비율로 나타낸 곡선을 펌프특성곡선이라 한다.
∴ 펌프특성곡선에 해당하지 않는 것은 토출량 – 회전도 곡선이다.

contents

6월 7일 시행
8월 23일 시행
9월 27일 시행

토목기사 필기
과년도 기출문제

2020

과년도 기출문제 (2020년 6월 7일 시행)

제1과목 **응용역학**

01. 다음 그림과 같은 보에서 B지점의 반력이 $2P$가 되기 위한 $\dfrac{b}{a}$는?

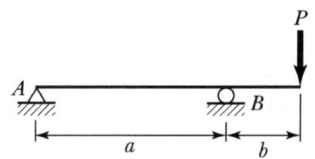

① 0.75 ② 1.00
③ 1.25 ④ 1.50

■해설

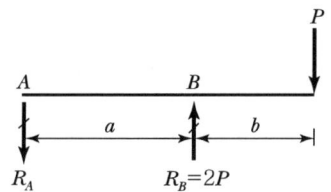

① $\Sigma F_y = 0(\uparrow \oplus)$
   $-R_A + 2P - P = 0, \ R_A = P(\downarrow)$
② $\Sigma M_{\textcircled{B}} = 0(\curvearrowright \oplus)$
   $-P \times a + P \times b = 0, \ \dfrac{b}{a} = 1$

02. 그림의 트러스에서 수직 부재 V의 부재력은?

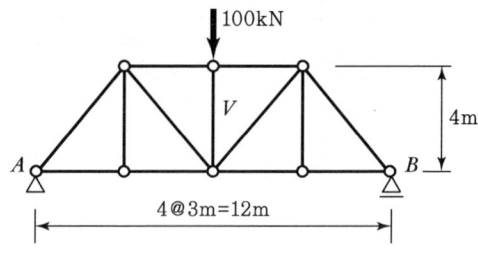

① 100kN(인장) ② 100kN(압축)
③ 50kN(인장)   ④ 50kN(압축)

■해설 하중을 받고 있는 절점에서 절점법 사용

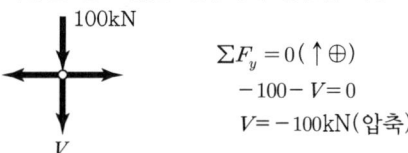

$\Sigma F_y = 0(\uparrow \oplus)$
$-100 - V = 0$
$V = -100\text{kN}(압축)$

03. 그림과 같은 구조물에 하중 W가 작용할 때 P의 크기는?(단, $0° < \alpha < 180°$이다.)

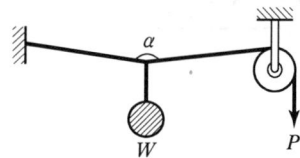

① $P = \dfrac{W}{2\cos\dfrac{\alpha}{2}}$ ② $P = \dfrac{W}{2\cos\alpha}$

③ $P = \dfrac{W}{\cos\dfrac{\alpha}{2}}$ ④ $P = \dfrac{2W}{\cos\dfrac{\alpha}{2}}$

■해설

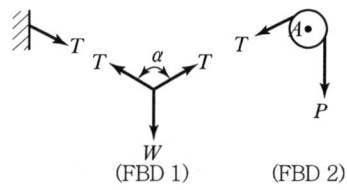

(FBD 1) (FBD 2)

(FBD 2)에서
$\Sigma M_{\textcircled{A}} = 0(\curvearrowright \oplus), \quad P = T$

(FBD1)에서
$\Sigma F_y = 0(\uparrow \oplus)$
$2P\cos\dfrac{\alpha}{2} - W = 0$
$P = \dfrac{W}{2\cos\dfrac{\alpha}{2}}$

|해답| 1.② 2.② 3.①

04. 탄성계수(E)가 2.1×10^5MPa, 푸아송비(ν)가 0.25일 때 전단탄성계수(G)의 값은?

① 8.4×10^4MPa
② 9.8×10^4MPa
③ 1.7×10^6MPa
④ 2.1×10^6MPa

■해설 $G = \dfrac{E}{2(1+\nu)} = \dfrac{(2.1 \times 10^5)}{2(1+0.25)} = 8.4 \times 10^4$MPa

05. 그림과 같은 단순보의 단면에서 최대 전단응력은?

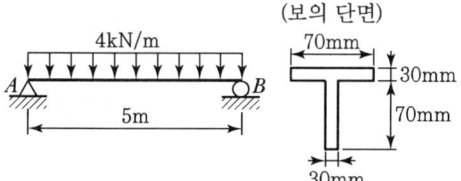

① 2.47MPa
② 2.96MPa
③ 3.64MPa
④ 4.95MPa

■해설 $S_{\max} = \dfrac{wl}{2} = \dfrac{4 \times 5}{2} = 10$kN

y_0(단면 하단으로부터)

$= \dfrac{G}{A}$

$= \dfrac{\left\{(30 \times 70) \times \dfrac{70}{2}\right\} + \left\{(70 \times 30) \times \left(70 + \dfrac{30}{2}\right)\right\}}{(30 \times 70) + (70 \times 30)}$

$= 60$mm

$G_0 = (30 \times 60) \times \dfrac{60}{2} = (54 \times 10^3)$mm³

$I_0 = \left\{\dfrac{70 \times 30^3}{12} + (70 \times 30) \times 25^2\right\}$
$\quad + \left\{\dfrac{30 \times 70^3}{12} + (30 \times 70) \times 25^2\right\}$
$= (364 \times 10^4)$mm⁴

$b_0 = 30$mm (단면의 중립축에서 폭)

$\tau_{\max} = \dfrac{S_{\max} G_0}{I_0 b_0}$

$= \dfrac{(10 \times 10^3) \times (54 \times 10^3)}{(364 \times 10^4) \times 30}$

$= 4.95$MPa

06. 길이 5m의 철근을 200MPa의 인장응력으로 인장하였더니 그 길이가 5mm만큼 늘어났다고 한다. 이 철근의 탄성계수는?(단, 철근의 지름은 20mm이다.)

① 2×10^4MPa
② 2×10^5MPa
③ 6.37×10^4MPa
④ 6.37×10^5MPa

■해설 $\sigma = E \cdot \varepsilon = E\left(\dfrac{\Delta l}{l}\right)$

$E = \dfrac{\sigma l}{\Delta l} = \dfrac{200 \times (5 \times 10^3)}{5} = 2 \times 10^5$MPa

07. 그림과 같은 부정정보에 집중하중 50kN이 작용할 때 A점의 휨모멘트(M_A)는?

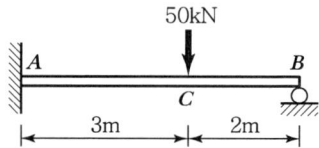

① -26kN·m
② -36kN·m
③ -42kN·m
④ -57kN·m

■해설 $M_A = -\dfrac{Pab(l+b)}{2l^2}$

$= -\dfrac{50 \times 3 \times 2 \times (5+2)}{2 \times 5^2} = -42$kN·m

08. 단순보에서 그림과 같이 하중 P가 작용할 때 보의 중앙점의 단면 하단에 생기는 수직응력의 값은?(단, 보의 단면에서 높이는 h, 폭은 b이다.)

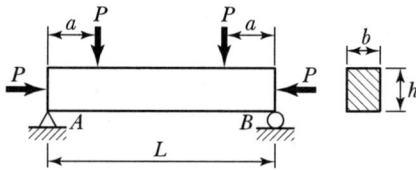

① $\dfrac{P}{bh^2}\left(1 + \dfrac{6a}{h}\right)$
② $\dfrac{P}{bh}\left(1 - \dfrac{6a}{h}\right)$
③ $\dfrac{P}{b^2h^2}\left(1 - \dfrac{6a}{h}\right)$
④ $\dfrac{P}{b^2h}\left(1 - \dfrac{a}{h}\right)$

■해설 $\sigma_b = -\dfrac{P}{A} + \dfrac{M}{Z} = -\dfrac{P}{bh} + \dfrac{6Pa}{bh^2} = -\dfrac{P}{bh}\left(1 - \dfrac{6a}{h}\right)$

09. 아래 그림과 같은 게르버보에서 E점의 휨모멘트 값은?

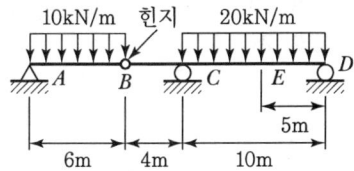

① 190kN·m
② 240kN·m
③ 310kN·m
④ 710kN·m

해설

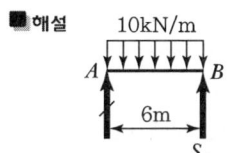

$\Sigma M_{\text{Ⓐ}} = 0 (\curvearrowright \oplus)$
$(10 \times 6) \times 3 - S_B \times 6 = 0$
$S_B = 30\text{kN}$

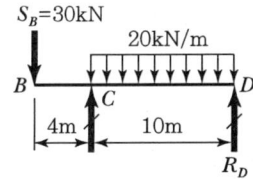

$\Sigma M_{\text{Ⓒ}} = 0 (\curvearrowright \oplus)$
$-30 \times 4 + (20 \times 10) \times 5 - R_D \times 10 = 0$
$R_D = 88\text{kN} (\uparrow)$

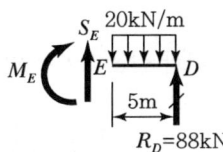

$\Sigma M_{\text{Ⓔ}} = 0 (\curvearrowright \oplus)$
$M_E + (20 \times 5) \times 2.5 - 88 \times 5 = 0$
$M_E = 190\text{kN} \cdot \text{m}$

10. 양단 고정의 장주에 중심축하중이 작용할 때 이 기둥의 좌굴응력은?(단, $E = 2.1 \times 10^5$MPa 이고, 기둥은 지름이 4cm인 원형 기둥이다.)

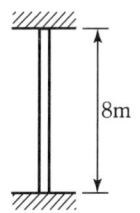

① 3.35MPa
② 6.72MPa
③ 12.95MPa
④ 25.91MPa

해설
$r_{\min} = \dfrac{d}{4} = \dfrac{4}{4} = 1\text{cm}$

$\lambda = \dfrac{l}{r_{\min}} = \dfrac{(8 \times 10^2)}{1} = 800$

$k = 0.5$ (양단 고정인 경우)

$\sigma_{cr} = \dfrac{\pi^2 E}{(k\lambda)^2} = \dfrac{\pi^2 \times (2.1 \times 10^5)}{(0.5 \times 800)^2} = 12.95\text{MPa}$

11. 휨모멘트를 받는 보의 탄성에너지를 나타내는 식으로 옳은 것은?

① $U = \int_O^L \dfrac{M^2}{2EI} dx$

② $U = \int_O^L \dfrac{2EI}{M^2} dx$

③ $U = \int_O^L \dfrac{EI}{2M^2} dx$

④ $U = \int_O^L \dfrac{M^2}{EI} dx$

해설 휨모멘트를 받는 보의 탄성에너지(Strain Energy)
$U = \int_O^L \dfrac{M^2}{2EI} dx$

12. 그림과 같은 단순보에서 B단에 모멘트하중 M이 작용할 때 경간 AB 중에서 수직 처짐이 최대가 되는 곳의 거리 x는?(단, EI는 일정하다.)

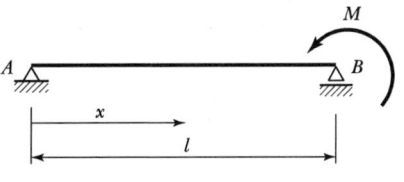

① $0.500l$
② $0.577l$
③ $0.667l$
④ $0.750l$

|해답| 9.① 10.③ 11.① 12.②

■해설 탄성하중법을 적용하면

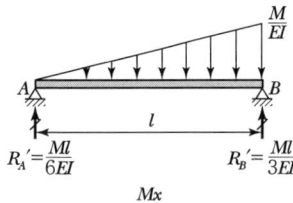

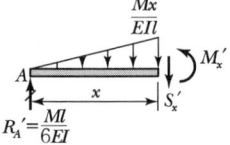

$\sum F_y = 0(\uparrow \oplus)$

$\dfrac{Ml}{6EI} - \dfrac{1}{2} \cdot \dfrac{Mx^2}{EIl} - S_x' = 0$

$S_x' = \theta_x = \dfrac{Ml}{6EI} - \dfrac{Mx^2}{2EIl}$

$S_x' = \theta_x = 0$인 곳에서 최대 처짐($y_{\max}$) 발생

$S_x' = \theta_x = \dfrac{Ml}{6EI} - \dfrac{Mx^2}{2EIl} = 0$

$x = \dfrac{l}{\sqrt{3}} = 0.577l$

13. 아래 그림의 캔틸레버보에서 C점, B점의 처짐비($\delta_C : \delta_B$)는?(단, EI는 일정하다.)

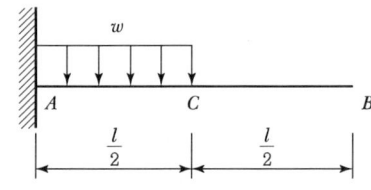

① 3 : 8
② 3 : 7
③ 2 : 5
④ 1 : 2

■해설 $\delta_C = \dfrac{w}{8EI}\left(\dfrac{l}{2}\right)^4 = \dfrac{wl^4}{128EI} = \dfrac{3wl^4}{384EI}$

$\delta_B = \delta_C + \theta_C \cdot \dfrac{l}{2}$

$= \dfrac{wl^4}{128EI} + \left\{\dfrac{w}{6EI}\left(\dfrac{l}{2}\right)^3\right\} \cdot \dfrac{l}{2} = \dfrac{7wl^4}{384EI}$

$\delta_C : \delta_B = \dfrac{3wl^4}{384EI} : \dfrac{7wl^4}{384EI} = 3 : 7$

14. 그림과 같은 단면을 갖는 부재 (A)와 부재 (B)가 있다. 동일 조건의 보에 사용하고 재료의 강도도 같다면, 휨에 대한 강성을 비교한 설명으로 옳은 것은?

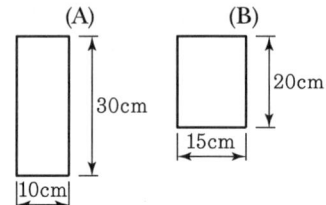

① 보 (A)는 보 (B)보다 휨에 대한 강성이 2.0배 크다.
② 보 (B)는 보 (A)보다 휨에 대한 강성이 2.0배 크다.
③ 보 (A)는 보 (B)보다 휨에 대한 강성이 1.5배 크다.
④ 보 (B)는 보 (A)보다 휨에 대한 강성이 1.5배 크다.

■해설 $M_{(A)} = \sigma_y \cdot Z_{(A)} = \sigma_y \cdot \dfrac{10 \times 30^2}{6} = 1{,}500\sigma_y$

$M_{(B)} = \sigma_y \cdot Z_{(B)} = \sigma_y \cdot \dfrac{15 \times 20^2}{6} = 1{,}000\sigma_y$

$\dfrac{M_{(A)}}{M_{(B)}} = \dfrac{1{,}500\sigma_y}{1{,}000\sigma_y} = 1.5$

15. 그림과 같은 3힌지 아치에서 A지점의 반력은?

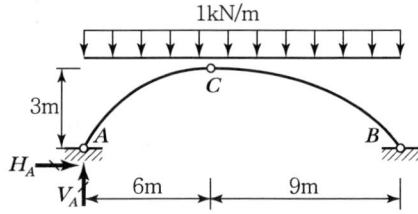

① $V_A = 6.0\text{kN}(\uparrow)$, $H_A = 9.0\text{kN}(\rightarrow)$
② $V_A = 6.0\text{kN}(\uparrow)$, $H_A = 12.0\text{kN}(\rightarrow)$
③ $V_A = 7.5\text{kN}(\uparrow)$, $H_A = 9.0\text{kN}(\rightarrow)$
④ $V_A = 7.5\text{kN}(\uparrow)$, $H_A = 12.0\text{kN}(\rightarrow)$

■해설 $\sum M_{\text{Ⓑ}} = 0 (\curvearrowleft \oplus)$

$V_A \times 15 - (1 \times 15) \times \dfrac{15}{2} = 0$

$V_A = 7.5 \text{kN} (\uparrow)$

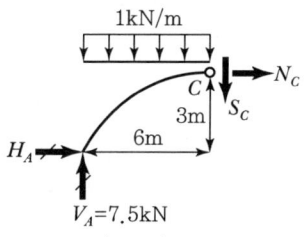

$\sum M_{\text{Ⓒ}} = 0 (\curvearrowleft \oplus)$

$7.5 \times 6 - (1 \times 6) \times 3 - H_A \times 3 = 0$

$H_A = 9 \text{kN} (\rightarrow)$

16. 길이가 L인 양단 고정보 AB의 왼쪽 지점이 그림과 같이 작은 각 θ만큼 회전할 때 생기는 반력(R_A, M_A)은?(단, EI는 일정하다.)

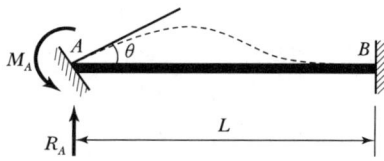

① $R_A = \dfrac{6EI\theta}{L^2}$, $M_A = \dfrac{4EI\theta}{L}$

② $R_A = \dfrac{12EI\theta}{L^3}$, $M_A = \dfrac{6EI\theta}{L^2}$

③ $R_A = \dfrac{4EI\theta}{L^2}$, $M_A = \dfrac{6EI\theta}{L}$

④ $R_A = \dfrac{2EI\theta}{L}$, $M_A = \dfrac{4EI\theta}{L^2}$

■해설 재단 모멘트와 처짐각에 대한 ⊕ 회전방향을 동일한 방향으로 고려하면

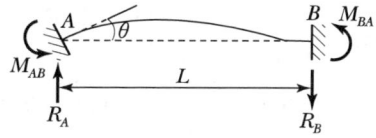

〈경계조건〉
$\theta_A = \theta$, $\theta_B = 0$

$M_{AB} = M_{FAB} + \dfrac{2EI}{L}(2\theta_A + \theta_B)$

$= 0 + \dfrac{2EI}{L}(2\theta + 0) = \dfrac{4EI}{L}\theta$

$M_{BA} = M_{FBA} + \dfrac{2EI}{L}(2\theta_B + \theta_A)$

$= 0 + \dfrac{2EI}{L}(0 + \theta) = \dfrac{2EI}{L}\theta$

$\sum M_{\text{Ⓑ}} = 0 (\curvearrowleft \oplus)$

$R_A \times L - \dfrac{4EI}{L}\theta - \dfrac{2EI}{L}\theta = 0$

$R_A = \dfrac{6EI}{L^2}\theta$

17. 반지름이 30cm인 원형 단면을 가지는 단주에서 핵의 면적은 약 얼마인가?

① 44.2cm²   ② 132.5cm²
③ 176.7cm² ④ 228.2cm²

■해설 $A_{core} = \pi k_x^2$

$= \pi \left(\dfrac{D}{8}\right)^2$

$= \dfrac{\pi D^2}{64}$

$= \dfrac{\pi (2R)^2}{64}$

$= \dfrac{\pi R^2}{16} = 176.7 \text{cm}^2$

18. 다음 중 정(+)의 값뿐만 아니라 부(-)의 값도 갖는 것은?

① 단면계수
② 단면2차반지름
③ 단면2차모멘트
④ 단면상승모멘트

■해설 $I_{xy} = \displaystyle\int_A xy\, dA = I_{XY} + Ax_0 y_0$

단면상승모멘트는 주어진 단면에 대한 설정 축의 위치에 따라 정(+)의 값과 부(-)의 값이 모두 존재할 수 있다.

|해답| 16.① 17.③ 18.④

19. 그림과 같은 삼각형 물체에 작용하는 힘 P_1, P_2를 AC면에 수직한 방향의 성분으로 변환할 경우 힘 P의 크기는?

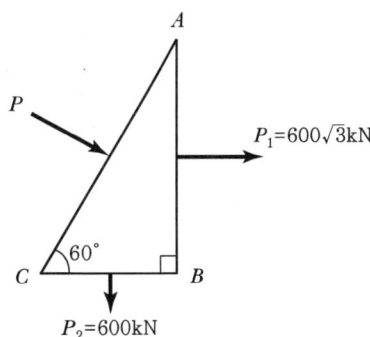

① 1,000kN ② 1,200kN
③ 1,400kN ④ 1,600kN

■해설

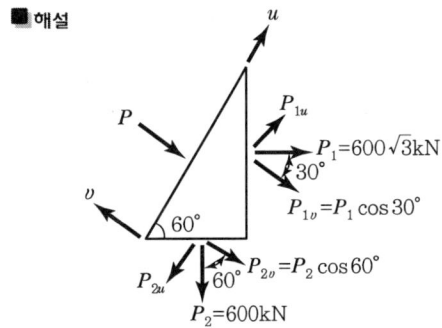

$\sum F_v (\searrow \oplus)$
$P = P_1 \cos 30° + P_2 \cos 60°$
$= 600\sqrt{3} \left(\dfrac{\sqrt{3}}{2}\right) + 600 \left(\dfrac{1}{2}\right) = 1,200\text{kN}$

20. 지간 10m인 단순보 위를 1개의 집중하중 $P=200$kN이 통과할 때 이 보에 생기는 최대 전단력(S)과 최대 휨모멘트(M)는?

① $S=100$kN, $M=500$kN·m
② $S=100$kN, $M=1,000$kN·m
③ $S=200$kN, $M=500$kN·m
④ $S=200$kN, $M=1,000$kN·m

■해설 한 개의 집중하중이 단순보 위를 이동할 경우 이 보에 발생하는 최대 전단력($S_{\max}$)과 최대 휨모멘트($M_{\max}$)는 다음과 같다.
1. 최대 전단력($S_{\max}$)
   집중하중이 보의 지점에 작용할 경우 하중 재하점의 전단력이 최대 전단력($S_{\max}$)이다.
   $S_{\max} = P = 200\text{kN}$
2. 최대 휨모멘트($M_{\max}$)
   집중하중이 보의 중앙에 작용할 경우 하중 재하점의 휨모멘트가 최대 휨모멘트($M_{\max}$)이다.
   $M_{\max} = \dfrac{Pl}{4} = \dfrac{200 \times 10}{4} = 500\text{kN}\cdot\text{m}$

제2과목 **측량학**

21. 지형도의 이용법에 해당되지 않는 것은?

① 저수량 및 토공량 산정
② 유역면적의 도상 측정
③ 직접적인 지적도 작성
④ 등경사선 관측

■해설 지형도는 지적도와 무관하다.

22. 초점거리 210mm의 카메라로 지면의 비고가 15m인 구릉지에서 촬영한 연직사진의 축척이 1:5,000이었다. 이 사진에서 비고에 의한 최대 변위량은?(단, 사진의 크기는 24cm×24cm이다.)

① ±1.2mm ② ±2.4mm
③ ±3.8mm ④ ±4.6mm

■해설
- $\Delta r = \dfrac{h}{H} r$
- $H = f \cdot M = 0.21 \times 5,000 = 1,050\text{m}$

$\therefore \Delta r_{\max} = \dfrac{h}{H} r_{\max}$
$= \dfrac{15}{1,050} \times 0.24 \times \dfrac{\sqrt{2}}{2}$
$= 0.0024\text{m} = 2.4\text{mm}$

|해답| 19.② 20.③ 21.③ 22.②

23. 지표상 P점에서 9km 떨어진 Q점을 관측할 때 Q점에 세워야 할 측표의 최소 높이는?(단, 지구 반지름 R=6,370km이고, P, Q점은 수평면 상에 존재한다.)

① 10.2m ② 6.4m
③ 2.5m   ④ 0.6m

■해설 양차(Δh) = $\frac{D^2}{2R}(1-k)$

$\Delta h = \frac{9^2}{2 \times 6,370} = 0.00635 \text{km} ≒ 6.4\text{m}$

24. 한 측선의 자오선(종축)과 이루는 각이 60°00′이고 계산된 측선의 위거가 −60m, 경거가 −103.92m 일 때 이 측선의 방위와 거리는?

① 방위=S60°00′ E, 거리=130m
② 방위=N60°00′ E, 거리=130m
③ 방위=N60°00′ W, 거리=120m
④ 방위=S60°00′ W, 거리=120m

■해설 • 방위가 위거(−), 경거(−)이므로 3상한 S60°00′W(방위각 240°)
• 측선길이 = $\sqrt{(-60)^2 + (-103.92)^2}$ = 120m

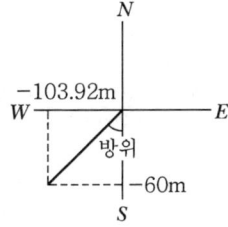

25. 그림과 같은 토지의 $\overline{BC}$에 평행한 $\overline{XY}$로 $m : n = 1 : 2.5$의 비율로 면적을 분할하고자 한다. $\overline{AB}$=35m일 때 $\overline{AX}$는?

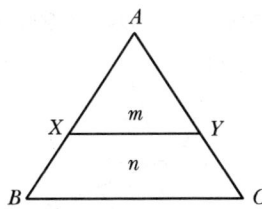

① 17.7m ② 18.1m
③ 18.7m ④ 19.1m

■해설 • $\Delta AXY : m = \Delta ABC : m+n$
• $\frac{m}{m+n} = \left(\frac{\overline{AX}}{\overline{AB}}\right)^2$

$\overline{AX} = \overline{AB}\sqrt{\frac{m}{m+n}} = 35\sqrt{\frac{1}{1+2.5}} = 18.7\text{m}$

26. 종중복도 60%, 횡중복도 20%일 때 촬영종기선의 길이와 촬영횡기선 길이의 비는?

① 1 : 2 ② 1 : 3
③ 2 : 3 ④ 3 : 1

■해설 • $B = ma\left(1 - \frac{p}{100}\right)$
• $C = ma\left(1 - \frac{q}{100}\right)$
• $B : C = 0.4 : 0.8 = 1 : 2$

27. 종단곡선에 대한 설명으로 옳지 않은 것은?

① 철도에서는 원곡선을, 도로에서는 2차 포물선을 주로 사용한다.
② 종단경사는 환경적, 경제적 측면에서 허용할 수 있는 범위 내에서 최대한 완만하게 한다.
③ 설계속도와 지형 조건에 따라 종단경사의 기준 값이 제시되어 있다.
④ 지형의 상황, 주변 지장물 등의 한계가 있는 경우 10% 정도 증감이 가능하다.

■해설 종단곡선
• 종단곡선은 종단구배가 변하는 곳에 충격을 완화하고 시야를 확보하는 목적으로 설치하는 곡선이다.
• 2차 포물선은 도로에, 원곡선은 철도에 사용한다.
• 종단경사도의 최댓값은 설계속도에 대해 도로 2~9%, 철도 10~35‰로 한다.

28. 삼각측량을 위한 삼각망 중에서 유심다각망에 대한 설명으로 틀린 것은?

① 농지측량에 많이 사용된다.
② 방대한 지역의 측량에 적합하다.
③ 삼각망 중에서 정확도가 가장 높다.
④ 동일 측점 수에 비하여 포함면적이 가장 넓다.

■해설 삼각망의 정밀도는 '사변형>유심>단열' 순이다.

29. 토량 계산공식 중 양단면의 면적차가 클 때 산출된 토량의 일반적인 대소 관계로 옳은 것은? (단, 중앙단면법 : A, 양단면평균법 : B, 각주공식 : C)

① $A = C < B$
② $A < C = B$
③ $A < C < B$
④ $A > C > B$

■해설 각주공식이 가장 정확하며, 계산값의 크기는 '양단평균법>각주공식>중앙단면법' 순이다.

30. 트래버스 측량에서 거리관측의 오차가 관측거리 100m에 대하여 ±1.0mm인 경우 이에 상응하는 각관측 오차는?

① ±1.1″
② ±2.1″
③ ±3.1″
④ ±4.1″

■해설 $\dfrac{\Delta l}{l} = \dfrac{\theta''}{\rho''}$

$\theta'' = \dfrac{\Delta l}{l} \rho'' = \pm \dfrac{0.001}{100} \times 206,265'' ≒ 2.1''$

31. 위성측량의 DOP(Dilution Of Precision)에 관한 설명으로 옳지 않은 것은?

① DOP는 위성의 기하학적 분포에 따른 오차이다.
② 일반적으로 위성들 간의 공간이 더 크면 위치 정밀도가 낮아진다.
③ DOP를 이용하여 실제 측량 전에 위성측량의 정확도를 예측할 수 있다.
④ DOP 값이 클수록 정확도가 좋지 않은 상태이다.

■해설 DOP(Dilution Of Precision)
위성의 기하학적 배치상태에 따라 측위의 정확도가 달라지는데 이를 DOP라 한다.
DOP(정밀도 저하율)는 값이 작을수록 정확하며 1이 가장 정확하고 5까지는 실용상 지장이 없다.

32. 종단점법에 의한 등고선 관측방법을 사용하는 가장 적당한 경우는?

① 정확한 토량을 산출할 때
② 지형이 복잡할 때
③ 비교적 소축척으로 산지 등의 지형측량을 행할 때
④ 정밀한 등고선을 구하려 할 때

■해설 종단점법은 정밀을 요하지 않는 소축척 산지 등의 등고선 측정에 사용한다.

33. 삼변측량에서 $\triangle ABC$에서 세 변의 길이가 $a = 1,200.00$m, $b = 1,600.00$m, $c = 1,442.22$m라면 변 c의 대각인 $\angle C$는?

① 45°
② 60°
③ 75°
④ 90°

■해설 $\cos C = \dfrac{a^2 + b^2 - c^2}{2ab}$

$= \dfrac{1,200^2 + 1,600^2 - 1,442.22^2}{2 \times 1,200 \times 1,600}$

$= 0.5$

$C = \cos^{-1} 0.5 = 60°$

34. 그림과 같이 수준측량을 실시하였다. A점의 표고는 300m이고, B와 C구간은 교호수준측량을 실시하였다면, D점의 표고는?(단, 표고차 : $A \to B = +1.233$m, $B \to C = +0.726$m, $C \to B = -0.720$m, $C \to D = -0.926$m)

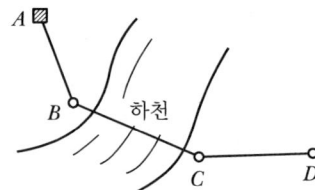

① 300.310m
② 301.030m
③ 302.153m
④ 302.882m

■해설 $H_D = H_A + 1.233 + \left(\dfrac{0.726 + 0.720}{2}\right) - 0.926$
   $= 301.03m$

35. 트래버스 측량에서 선점 시 주의하여야 할 사항이 아닌 것은?

① 트래버스의 노선은 가능한 한 폐합 또는 결합이 되게 한다.
② 결합 트래버스의 출발점과 결합점 간의 거리는 가능한 한 단거리로 한다.
③ 거리측량과 각측량의 정확도가 균형을 이루게 한다.
④ 측점 간 거리는 다양하게 선점하여 부정오차를 소거한다.

■해설 선점 시 측점 간의 거리는 가능한 한 길게 하고 측점수는 적게 한다.

36. 중력이상에 대한 설명으로 옳지 않은 것은?

① 중력이상에 의해 지표면 밑의 상태를 추정할 수 있다.
② 중력이상에 대한 취급은 물리학적 측지학에 속한다.
③ 중력이상이 양(+)이면 그 지점 부근에 무거운 물질이 있는 것으로 추정할 수 있다.
④ 중력식에 의한 계산값에서 실측값을 뺀 것이 중력이상이다.

■해설 중력이상＝실측 중력값－표준중력식에 의한 값

37. 아래 종단수준측량의 야장에서 ㉠, ㉡, ㉢에 들어갈 값으로 옳은 것은?

(단위 : m)

측점	후시	기계고	전시 전환점	전시 이기점	지반고
BM	0.175	㉠			37.133
No. 1				0.154	
No. 2				1.569	
No. 3				1.143	
No. 4	1.098	㉡	1.237		㉢
No. 5				0.948	
No. 6				1.175	

① ㉠ : 37.308, ㉡ : 37.169 ㉢ : 36.071
② ㉠ : 37.308, ㉡ : 36.071 ㉢ : 37.169
③ ㉠ : 36.958, ㉡ : 35.860 ㉢ : 37.097
④ ㉠ : 36.958, ㉡ : 37.097 ㉢ : 35.860

■해설 ㉠ : 37.133+0.175＝37.308
   ㉡ : 36.071+1.098＝37.169
   ㉢ : 37.308-1.237＝36.071

38. 캔트(Cant)의 계산에서 속도 및 반지름을 2배로 하면 캔트는 몇 배가 되는가?

① 2배   ② 4배
③ 8배   ④ 16배

■해설 • 캔트$(C) = \dfrac{SV^2}{Rg}$
• 속도 2배, 반지름 2배이면 C는 2배가 된다.

39. 종단측량과 횡단측량에 관한 설명으로 틀린 것은?

① 종단도를 보면 노선의 형태를 알 수 있으나 횡단도를 보면 알 수 없다.
② 종단측량은 횡단측량보다 높은 정확도가 요구된다.
③ 종단도의 횡축척과 종축척은 서로 다르게 잡는 것이 일반적이다.
④ 횡단측량은 노선의 종단측량에 앞서 실시한다.

■해설 종단측량 후에 횡단측량을 실시한다.

40. 노선측량에서 단곡선의 설치방법에 대한 설명으로 옳지 않은 것은?

① 중앙종거를 이용한 설치방법은 터널 속이나 삼림지대에서 벌목량이 많을 때 사용하면 편리하다.
② 편각설치법은 비교적 높은 정확도로 인해 고속도로나 철도에 사용할 수 있다.
③ 접선편거와 현편거에 의하여 설치하는 방법은 줄자만을 사용하여 원곡선을 설치할 수 있다.
④ 장현에 대한 종거와 횡거에 의하는 방법은 곡률반지름이 짧은 곡선일 때 편리하다.

■해설 중앙종거법은 곡선 반경, 길이가 작은 시가지의 곡선 설치나 철도, 도로 등 기설 곡선의 검사 또는 개정에 편리하다. 근사적으로 1/4이 되기 때문에 1/4법이라고도 한다.

제3과목 수리수문학

41. 다음 그림과 같은 사다리꼴 수로에서 수리상 유리한 단면으로 설계된 경우의 조건은?

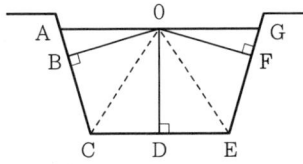

① OB = OD = OF
② OA = OD = OG
③ OC = OG + OA = OE
④ OA = OC = OE = OG

■해설 수리학적 유리한 단면
  ㉠ 일정한 단면적에 최대유량이 흐르는 조건의 단면을 수리학적으로 유리한 단면이라 한다.
  ㉡ 사다리꼴 단면의 수리학적으로 유리한 단면이 되기 위한 조건은 반지름이 h인 반원에 외접하는 단면을 말한다.
  ∴ 반지름이 h인 조건을 찾으면 OB=OD=OF이다.

42. 토리첼리(Torricelli) 정리는 다음 중 어느 것을 이용하여 유도할 수 있는가?

① 파스칼 원리
② 아르키메데스 원리
③ 레이놀즈 원리
④ 베르누이 정리

■해설 토리첼리 정리
토리첼리 정리는 베르누이 정리를 이용하여 오리피스를 통과하는 유속을 구하는 식을 유도하였다.
$V = \sqrt{2gh}$

43. 강우강도 공식에 관한 설명으로 틀린 것은?

① 자기우량계의 우량자료로부터 결정되며, 지역에 무관하게 적용 가능하다.
② 도시지역의 우수관로, 고속도로 암거 등의 설계 시 기본 자료로서 널리 이용된다.
③ 강우강도가 커질수록 강우가 계속되는 시간은 일반적으로 작아지는 반비례 관계이다.
④ 강우강도(I)와 강우지속시간(D)과의 관계로서 Talbot, Sherman, Japanese형의 경험공식에 의해 표현될 수 있다.

■해설 강우강도
  ㉠ 정의 : 시간당 내린 비의 양을 강우강도라 한다(mm/hr).
  ㉡ 대표공식 : 강우강도와 지속시간의 관계를 나타내는 대표적 공식은 다음과 같다.
  • 지역공식이며, 경험공식이다.
  • 강우지속시간이 길면 강우강도는 적어진다.

종류	내용
Talbot형	광주지역에 적합 $I = \dfrac{a}{t+b}$
Sherman형	서울, 목포, 부산에 적합 $I = \dfrac{c}{t^n}$
Japanese형	대구, 인천, 강릉에 적합 $I = \dfrac{d}{\sqrt{t}+e}$

44. 밑변 2m, 높이 3m인 삼각형 형상의 판이 밑변을 수면과 맞대고 연직으로 수중에 있다. 이 삼각형 판의 작용점 위치는?(단, 수면을 기준으로 한다.)

① 1m   ② 1.33m
③ 1.5m ④ 2m

해설 수면과 연직인 면이 받는 압력
㉠ 수면과 연직인 면이 받는 압력
- 전수압 : $P = wh_G A$
- 작용점의 위치 : $h_c = h_G + \dfrac{I}{h_G A}$

㉡ 작용점의 위치 계산
$$h_c = h_G + \dfrac{I}{h_G A} = 1 + \dfrac{\dfrac{2 \times 3^3}{36}}{1 \times \dfrac{1}{2} \times 2 \times 3} = 1.5\text{m}$$

45. 지하의 사질 여과층에서 수두차가 0.5m이며 투과거리가 2.5m일 때 이곳을 통과하는 지하수의 유속은?(단, 투수계수는 0.3cm/s이다.)

① 0.03cm/s   ② 0.04cm/s
③ 0.05cm/s   ④ 0.06cm/s

해설 Darcy의 법칙
Darcy의 법칙은 지하수 유속이 동수경사에 비례하는 것을 나타내는 법칙이다.
$V = K \cdot I = K \cdot \dfrac{h_L}{L}$
$\therefore V = K \cdot \dfrac{h_L}{L} = 0.3 \times \dfrac{0.5}{2.5} = 0.06\text{cm/sec}$

46. 평면상 x, y방향의 속도성분이 각각 $u = ky$, $v = kx$인 유선의 형태는?

① 원   ② 타원
③ 쌍곡선 ④ 포물선

해설 유선방정식
㉠ 유선방정식
$\dfrac{dx}{u} = \dfrac{dy}{v} = \dfrac{dz}{w}$

㉡ 2차원 유선방정식에 $u = ky$, $v = kx$를 대입하면
$\dfrac{dx}{ky} = \dfrac{dy}{kx}$
$xdx - ydy = 0$
$x^2 - y^2 = 0$
∴ 쌍곡선이다.

47. 유역면적 20km² 지역에서 수공구조물의 축조를 위해 다음 아래의 수문곡선을 얻었을 때, 총 유출량은?

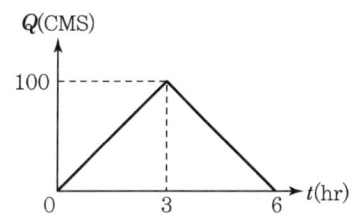

① 108m³   ② 108×10⁴m³
③ 300m³   ④ 300×10⁴m³

해설 총유출량
㉠ 시간당 수문량(유량)의 변화를 나타낸 곡선을 수문곡선이라고 한다.
㉡ 총유출량의 산정
총유출량 = 유량 × 시간
$= 100 \times 6(\text{hr}) \times 3,600(\text{sec}) \times \dfrac{1}{2}$
$= 1,080,000\text{m}^3 = 108 \times 10^4 \text{m}^3$

48. 주어진 유량에 대한 비에너지(Specific Energy)가 3m일 때, 한계수심은?

① 1m   ② 1.5m
③ 2m   ④ 2.5m

해설 비에너지와 한계수심
직사각형 단면의 비에너지와 한계수심의 관계는 다음과 같다.
$h_c = \dfrac{2}{3} h_e$
$\therefore h_c = \dfrac{2}{3} \times 3 = 2\text{m}$

|해답| 44.③ 45.④ 46.③ 47.② 48.③

49. 그림과 같이 지름 3m, 길이 8m인 수로의 드럼 게이트에 작용하는 전수압이 수문 $\widehat{ABC}$에 작용하는 지점의 수심은?

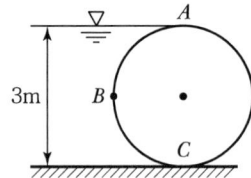

① 2.00m
② 2.25m
③ 2.43m
④ 2.68m

■해설 전수압의 작용점
㉠ 수평분력
$$P_H = w \cdot h_G \cdot A = 1 \times \frac{3}{2} \times (8 \times 3) = 36\text{ton}$$
㉡ 연직분력
$$P_V = W_w = w_w \cdot V(\text{반원의 체적})$$
$$= 1 \times \frac{\pi \times 3^2}{4} \times \frac{1}{2} \times 8 = 28.26\text{ton}$$
㉢ 작용점 위치의 도해법

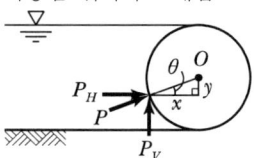

- $x = 1.5\cos\theta$, $y = 1.5\sin\theta$
- 중심(O)에 대해 모멘트를 취하면
$P_H \cdot y = P_V \cdot x$
$36 \times 1.5\sin\theta = 28.26 \times 1.5\cos\theta$
$\therefore \dfrac{\sin\theta}{\cos\theta} = \tan\theta = 0.785$
$\therefore \theta = 38.13°$
㉣ 작용점 위치 산정
$h_c = 1.5 + y = 1.5 + 1.5\sin\theta$
$= 1.5 + 1.5\sin 38.13° = 2.43\text{m}$

50. 유체의 흐름에 대한 설명으로 옳지 않은 것은?
① 이상유체에서 점성은 무시된다.
② 유관(Stream Tube)은 유선으로 구성된 가상적인 관이다.
③ 점성이 있는 유체가 계속해서 흐르기 위해서는 가속도가 필요하다.
④ 정상류의 흐름상태는 위치변화에 따라 변화하지 않는 흐름을 의미한다.

■해설 유체흐름 해석
㉠ 이상유체는 비점성, 비압축성유체를 말한다.
㉡ 유관(Stream Tube)이란 여러 개의 유선이 모여 만든 하나의 가상 관을 말한다.
㉢ 점성은 흐름을 저해하는 요소로 점성이 있는 유체가 계속해서 흐르기 위해서는 가속도가 필요하다.
㉣ 정상류흐름은 시간에 따라 흐름의 특성이 변하지 않는 흐름을 말한다.

51. 광정 위어(Weir)의 유량공식 $Q = 1.704 CbH^{\frac{3}{2}}$에 사용되는 수두($H$)는?

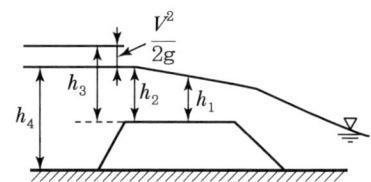

① h_1
② h_2
③ h_3
④ h_4

■해설 광정위어의 유량
㉠ 광정위어의 유량
$$Q = 1.7 CBH^{\frac{3}{2}}, \quad H = h + ha$$
여기서, C : 유량계수
B : 위어의 폭 또는 위어의 길이
h : 월류수심
h_a : 접근유속수두($= \dfrac{V^2}{2g}$)
㉡ 수두(H)의 산정
$$H = h_2 + \frac{V^2}{2g} = h_3$$

|해답| 49.③ 50.④ 51.③

52. 오리피스(Orifice)로부터의 유량을 측정한 경우 수두 H를 추정함에 1%의 오차가 있었다면 유량 Q에는 몇 %의 오차가 생기는가?

① 1% ② 0.5%
③ 1.5% ④ 2%

■해설 수두측정오차와 유량오차와의 관계
  ㉠ 수두측정오차와 유량오차의 관계
  - 직사각형 위어 : $\dfrac{dQ}{Q} = \dfrac{\frac{3}{2}KH^{\frac{1}{2}}dH}{KH^{\frac{3}{2}}} = \dfrac{3}{2}\dfrac{dH}{H}$
  - 삼각형 위어 : $\dfrac{dQ}{Q} = \dfrac{\frac{5}{2}KH^{\frac{3}{2}}dH}{KH^{\frac{5}{2}}} = \dfrac{5}{2}\dfrac{dH}{H}$
  - 작은 오리피스 : $\dfrac{dQ}{Q} = \dfrac{\frac{1}{2}KH^{-\frac{1}{2}}dH}{KH^{\frac{1}{2}}}$
    $= \dfrac{1}{2}\dfrac{dH}{H}$
  ㉡ 오차 계산
    $\dfrac{dQ}{Q} = \dfrac{1}{2}\dfrac{dH}{H} = \dfrac{1}{2}\times 1 = 0.5\%$

53. 강우강도 $I = \dfrac{5,000}{t+40}$ mm/hr로 표시되는 어느 도시에 있어서 20분간의 강우량 R_{20}은?(단, t의 단위는 분이다.)

① 17.8mm ② 27.8mm
③ 37.8mm ④ 47.8mm

■해설 강우강도
  ㉠ 단위시간당 내린 비의 크기를 강우강도라고 한다.
  ㉡ 지속시간 20분 강우강도의 산정
    $I = \dfrac{5,000}{t+40} = \dfrac{5,000}{20+40} = 83.33$mm/hr
  ㉢ 20분간 강우량의 산정
    $R_{20} = \dfrac{83.33}{60}\times 20 = 27.78$mm

54. 관망계산에 대한 설명으로 틀린 것은?

① 관망은 Hardy-Cross 방법으로 근사계산할 수 있다.
② 관망계산 시 각 관에서의 유량을 임의로 가정해도 결과는 같아진다.
③ 관망계산에서 반시계방향과 시계방향으로 흐를 때의 마찰 손실수두의 합은 0이라고 가정한다.
④ 관망계산 시 극히 작은 손실의 무시로도 결과에 큰 차를 가져올 수 있으므로 무시하여서는 안 된다.

■해설 관망의 해석
  ㉠ 관수로 관망을 해석하는 방법에는 Hardy-Cross의 시행착오법과 등치관법이 있다.
  ㉡ Hardy-Cross의 시행착오법을 적용하기 위해서 다음의 가정을 따른다.
    - 각 관에 유입된 유량은 그 관에 정지하지 않고 모두 유출된다.
    - 각 폐합관의 손실수두의 합은 0이다.
    - 마찰 이외의 손실은 무시한다.

55. 지하수 흐름에서 Darcy 법칙에 관한 설명으로 옳은 것은?

① 정상 상태이면 난류영역에서도 적용된다.
② 투수계수(수리전도계수)는 지하수의 특성과 관계가 있다.
③ 대수층의 모세관 작용은 이 공식에 간접적으로 반영되었다.
④ Darcy 공식에 의한 유속은 공극 내 실제유속의 평균치를 나타낸다.

■해설 Darcy의 법칙
  ㉠ Darcy의 법칙
    - $V = K \cdot I = K \cdot \dfrac{h_L}{L}$
    - $Q = A \cdot V = A \cdot K \cdot I = A \cdot K \cdot \dfrac{h_L}{L}$
    로 구할 수 있다.
  ㉡ 특징
    - 지하수의 유속은 동수경사(I)에 비례한다.
    - 동수경사(I)는 무차원이므로 투수계수는 유속과 동일 차원을 갖는다.
    - Darcy의 법칙은 정상류흐름에 층류에만 적용된다.
    - 다공층의 매질은 균일하며 동질이다.
    - 대수층 내에는 모관수대가 존재하지 않는다.
    - 투수계수는 흙입자의 직경, 지하수의 단위중량, 점성, 간극비, 형상계수 등에 관련이 있다.

|해답| 52.② 53.② 54.④ 55.②

56. 일반적인 수로단면에서 단면계수 Z_c와 수심 h의 상관식은 $Z_c^2 = Ch^M$으로 표시할 수 있는데 이 식에서 M은?

① 단면지수   ② 수리지수
③ 윤변지수   ④ 흐름지수

■해설 단면계수
한계류 계산을 위한 단면계수를 구하는 일반식은 다음과 같다.
$Z = Ch^M$
여기서, Z : 단면계수, C : 형상계수
h : 수심, M : 수리지수

57. 시간을 t, 유속을 v, 두 단면 간의 거리를 l이라 할 때, 다음 조건 중 부등류인 경우는?

① $\dfrac{v}{t} = 0$

② $\dfrac{v}{t} \neq 0$

③ $\dfrac{v}{t} = 0$, $\dfrac{v}{l} = 0$

④ $\dfrac{v}{t} = 0$, $\dfrac{v}{l} \neq 0$

■해설 흐름의 분류
㉠ 정류와 부정류 : 시간에 따른 흐름의 특성이 변하지 않는 경우를 정류, 변하는 경우를 부정류라 한다.
• 정류 : $\dfrac{\partial v}{\partial t} = 0$, $\dfrac{\partial p}{\partial t} = 0$, $\dfrac{\partial \rho}{\partial t} = 0$
• 부정류 : $\dfrac{\partial v}{\partial t} \neq 0$, $\dfrac{\partial p}{\partial t} \neq 0$, $\dfrac{\partial \rho}{\partial t} \neq 0$

㉡ 등류와 부등류 : 공간에 따른 흐름의 특성이 변하지 않는 경우를 등류, 변하는 경우를 부등류라 한다.
• 등류 : $\dfrac{\partial Q}{\partial l} = 0$, $\dfrac{\partial v}{\partial l} = 0$, $\dfrac{\partial h}{\partial l} = 0$
• 부등류 : $\dfrac{\partial Q}{\partial l} \neq 0$, $\dfrac{\partial v}{\partial l} \neq 0$, $\dfrac{\partial h}{\partial l} \neq 0$
∴ 부등류는 $\dfrac{\partial v}{\partial t} = 0$, $\dfrac{\partial v}{\partial l} \neq 0$이다.

58. 그림과 같이 A에서 분기했다가 B에서 다시 합류하는 관수로에 물이 흐를 때 관Ⅰ과 Ⅱ의 손실수두에 대한 설명으로 옳은 것은?(단, 관Ⅰ의 지름< 관Ⅱ의 지름이며, 관의 성질은 같다.)

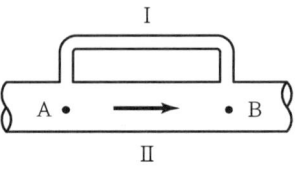

① 관 Ⅰ의 손실수두가 크다.
② 관 Ⅱ의 손실수두가 크다.
③ 관 Ⅰ과 관 Ⅱ의 손실수두는 같다.
④ 관 Ⅰ과 관 Ⅱ의 손실수두의 합은 0이다.

■해설 병렬관수로
㉠ 병렬관수로의 정의
하나의 관수로가 도중에서 수 개의 관으로 분기되었다가 하류에서 다시 하나의 관으로 합류하는 관로를 말한다.
㉡ 직렬관수로와의 차이점
• 직렬 : 유량은 일정하나 수두손실은 관의 연장에 걸쳐 누가된다.
• 병렬 : 수두손실은 일정하나 유량은 각 관로의 유량을 누가한 것과 동일하다.
∴ 각 관의 손실수두는 동일하다.

59. 강우로 인한 유수가 그 유역 내의 가장 먼 지점으로부터 유역출구까지 도달하는 데 소요되는 시간을 의미하는 것은?

① 기저시간   ② 도달시간
③ 지체시간   ④ 강우지속시간

■해설 도달시간
강우로 인한 유수가 그 유역 내의 가장 먼 지점으로부터 유역출구까지 도달하는 데 소요되는 시간을 도달시간이라고 한다.

60. 다음 중 밀도를 나타내는 차원은?

① $[FL^{-1}T^2]$ ② $[FL^4T^{-2}]$
③ $[FL^{-2}T^4]$ ④ $[FL^{-2}T^4]$

■해설 차원
  ㉠ 물리량의 크기를 힘[F], 질량[M], 시간[T], 길이[L]의 지수형태로 표기한 것
  ㉡ 밀도의 차원
    • FLT계 차원 : FT^2L^{-4}
    • MLT계 차원 : ML^{-3}
    ∴ $M = FT^2L^{-1}$

제4과목 철근콘크리트 및 강구조

61. 콘크리트의 설계기준압축강도(f_{ck})가 50MPa인 경우 콘크리트 탄성계수 및 크리프 계산에 적용되는 콘크리트의 평균압축강도(f_{cu})는?

① 54MPa ② 55MPa
③ 56MPa ④ 57MPa

■해설 1. Δf 값
  • $f_{ck} \leq 40$MPa, $\Delta f = 4$MPa
  • $f_{ck} \geq 60$MPa, $\Delta f = 6$MPa
  • 40MPa $< f_{ck} <$ 60MPa,
    $\Delta f = 4 + 0.1(f_{ck} - 40)$ (MPa)

2. f_{cu} 값
  $f_{cu} = f_{ck} + \Delta f$

따라서, $f_{ck} = 50$MPa인 경우 f_{cu}값은 다음과 같다.
$\Delta f = 4 + 0.1(f_{ck} - 40) = 4 + 0.1(50 - 40) = 5$MPa
$f_{cu} = f_{ck} + \Delta f = 50 + 5 = 55$MPa

62. 프리스트레스트 콘크리트의 경우 흙에 접하여 콘크리트를 친 후 영구히 흙에 묻혀 있는 콘크리트의 최소 피복두께는?

① 40mm ② 60mm
③ 80mm ④ 100mm

■해설 프리스트레스트 콘크리트의 경우 흙에 접하여 콘크리트를 친 후 영구히 흙에 묻혀 있는 콘크리트의 최소 피복두께는 80mm이다.

63. 2방향 슬래브의 직접설계법을 적용하기 위한 제한사항으로 틀린 것은?

① 각 방향으로 3경간 이상이 연속되어야 한다.
② 슬래브 판들은 단변 경간에 대한 장변 경간의 비가 2 이하인 직사각형이어야 한다.
③ 모든 하중은 슬래브 판 전체에 걸쳐 등분포된 연직하중이어야 한다.
④ 연속한 기둥 중심선을 기준으로 기둥의 어긋남은 그 방향 경간의 최대 20%까지 허용할 수 있다.

■해설 2방향 슬래브의 설계에서 직접설계법을 적용할 경우, 연속한 기둥 중심선으로부터 기둥의 이탈은 이탈방향 경간의 최대 10%까지 허용한다.

64. 경간이 8m인 PSC 보에 계수등분포하중(w)이 20kN/m가 작용할 때 중앙 단면 콘크리트 하연에서의 응력이 0이 되려면 강재에 줄 프리스트레스힘(P)을 얼마인가?(단, PS강재는 콘크리트 도심에 배치되어 있음)

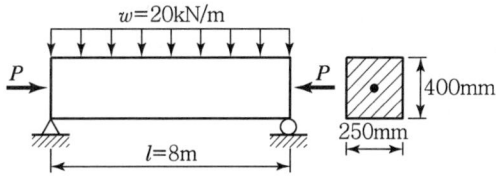

① $P = 2,000$kN ② $P = 2,200$kN
③ $P = 2,400$kN ④ $P = 2,600$kN

■해설 $f_b = \dfrac{P}{A} - \dfrac{M}{Z} = \dfrac{P}{bh} - \dfrac{3wl^2}{4bh^2} = 0$

$P = \dfrac{3wl^2}{4h} = \dfrac{3 \times 20 \times 8^2}{4 \times 0.4} = 2,400$kN

65. 철근콘크리트 구조물에서 연속 휨부재의 모멘트 재분배를 하는 방법에 대한 설명으로 틀린 것은?

① 근사해법에 의하여 휨모멘트를 계산한 경우에는 연속 휨부재의 모멘트 재분배를 할 수 없다.
② 어떠한 가정의 하중을 적용하여 탄성이론에 의하여 산정한 연속 휨부재 받침부의 부모멘트는 10% 이내에서 $800\varepsilon_t\%$만큼 증가 또는 감소시킬 수 있다.
③ 경간 내의 단면에 대한 휨모멘트의 계산은 수정된 부모멘트를 사용하여야 한다.
④ 휨모멘트를 감소시킬 단면에서 최외단 인장철근의 순인장변형률 ε_t가 0.0075 이상인 경우에만 가능하다.

■해설 연속 휨부재의 부모멘트 재분배에 있어서, 근사해법에 의해 휨모멘트를 계산할 경우를 제외하고 어떠한 가정의 하중을 적용하여 탄성이론에 의하여 산정한 연속 휨부재 받침부의 부모멘트는 20% 이내에서 $1,000\varepsilon_t\%$만큼 증가 또는 감소시킬 수 있다.

66. 복전단 고장력 볼트(Bolt)의 마찰이음에서 강판에 $P=350kN$이 작용할 때 볼트의 수는 최소 몇 개가 필요한가?(단, 볼트의 지름(d)은 20mm이고, 허용전단응력(τ_a)은 120MPa이다.)

① 3개 ② 5개
③ 8개 ④ 10개

■해설
$$P_{Rs} = v_a \times \left(\frac{\pi d^2}{4} \times 2\right)$$
$$= 120 \times \left(\frac{\pi \times 20^2}{4} \times 2\right) = 75,398N$$
$$n = \frac{P}{P_{Rs}} = \frac{350 \times 10^3}{75,398} = 4.64 ≒ 5개$$
(올림에 의하여)

67. 부재의 순단면적을 계산할 경우 지름 22mm의 리벳을 사용하였을 때 리벳 구멍의 지름은 얼마인가?(단, 강구조 연결 설계기준(허용응력설계법)을 적용한다.)

① 21.5mm ② 22.5mm
③ 23.5mm ④ 24.5mm

■해설 강구조 연결 설계기준(허용응력설계법, 1980)

리벳의 공칭직경 ϕ(mm)	리벳 구멍의 직경 d_h(mm)
$\phi \leq 16$	$d_h = \phi + 1.0$
$19 \leq \phi \leq 25$	$d_h = \phi + 1.5$

따라서, 리벳의 공칭직경, $\phi=22mm$인 경우 리벳 구멍의 직경 d_h는 다음과 같다.
$d_h = \phi + 1.5 = 22 + 1.5 = 23.5mm$

68. 단철근 직사각형 보에서 설계기준압축강도 $f_{ck}=58MPa$일 때 계수 β_1은?(단, 등가 직사각 응력블록의 깊이 $a=\beta_1 c$이다.)

① 0.78 ② 0.72
③ 0.65 ④ 0.64

■해설 $f_{ck} > 28MPa$인 경우 β_1의 값
$\beta_1 = 0.85 - 0.007(f_{ck} - 28)$
$= 0.85 - 0.007(58-28) = 0.64$
그러나, $\beta_1 \geq 0.65$이어야 하므로 $\beta_1 = 0.65$이다.

69. 인장철근의 겹침이음에 대한 설명으로 틀린 것은?

① 다발철근의 겹침이음은 다발 내의 개개 철근에 대한 겹침이음 길이를 기본으로 결정되어야 한다.
② 어떤 경우이든 300mm 이상 겹침이음 한다.
③ 겹침이음에는 A급, B급 이음이 있다.
④ 겹침이음된 철근량이 전체 철근량의 1/2 이하인 경우는 B급 이음이다.

■해설 이형 인장철근의 최소 겹침이음 길이
① A급 이음 : $1.0l_d$
$\left(\frac{배근 A_s}{소요 A_s} \geq 2$이고, $\frac{겹침이음 A_s}{전체 A_s} \leq \frac{1}{2}$인 경우$\right)$
② B급 이음 : $1.3l_d$ (A급 이음 이외의 경우)
③ 최소 겹침이음 길이는 300mm 이상이어야 하며, l_d는 정착길이로서 $\frac{소요 A_s}{배근 A_s}$의 보정계수는 적용되지 않는다.
따라서, 겹침이음된 철근량이 전체 철근량의 1/2 이하인 경우는 A급 이음이다.

70. 아래 그림과 같은 보의 단면에서 표피철근의 간격 S는 약 얼마인가?(단, 습윤환경에 노출되는 경우로서, 표피철근의 표면에서 부재 측면까지 최단거리(c_c)는 50mm, $f_{ck}=28$MPa, $f_y=400$MPa이다.)

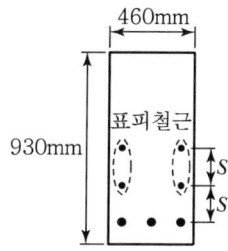

① 170mm   ② 200mm
③ 230mm   ④ 260mm

■해설 $k_{cr}=210$ (건조환경 : 280, 그 외의 환경 : 210)

$f_s = \dfrac{2}{3}f_y = \dfrac{2}{3} \times 400 = 266.7$MPa

$S_1 = 375\left(\dfrac{k_{cr}}{f_s}\right) - 2.5\,C_c$

$= 375 \times \left(\dfrac{210}{266.7}\right) - 2.5 \times 50 = 170.3$mm

$S_2 = 300\left(\dfrac{k_{cr}}{f_s}\right)$

$= 300 \times \left(\dfrac{210}{266.7}\right) = 236.2$mm

$S = [S_1,\ S_2]_{\min} = 170.3$mm

71. 강판을 그림과 같이 용접 이음할 때 용접부의 응력은?

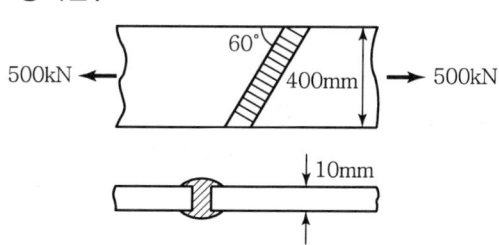

① 110MPa   ② 125MPa
③ 250MPa   ④ 722MPa

■해설 $f = \dfrac{P}{A} = \dfrac{P}{bt} = \dfrac{500 \times 10^3}{400 \times 10} = 125$MPa

72. 아래에서 설명하는 부재 형태의 최대 허용처짐은?(단, l은 부재 길이이다.)

> 과도한 처짐에 의해 손상되기 쉬운 비구조 요소를 지지 또는 부착한 지붕 또는 바닥구조

① $\dfrac{l}{180}$ ② $\dfrac{l}{240}$
③ $\dfrac{l}{360}$ ④ $\dfrac{l}{480}$

■해설 과도한 처짐에 의해 손상되기 쉬운 비구조 요소를 지지하거나 이들에 부착된 부재에 대한 허용처짐량(δ_a)

부재의 종류	고려해야 할 처짐	처짐한계
과도한 처짐에 의해 손상되기 쉬운 비구조요소(Nonstructural Elements)를 지지하지 않거나 또는 이들에 부착되지 않은 평지붕(Flat Roof) 구조	활하중이 재하되는 즉시 생기는 탄성처짐	$\dfrac{l}{180}$
과도한 처짐에 의해 손상되기 쉬운 비구조요소를 지지하거나 또는 이들에 부착된 지붕 또는 바닥구조	모든 지속하중(Sustained Loads)에 의한 장기처짐과 추가적인 활하중에 의한 순간탄성처짐의 합으로, 전체 처짐 중에 비구조요소가 부착된 다음에 발생하는 처짐부분	$\dfrac{l}{480}$
과도한 처짐에 의해 손상될 염려가 없는 비구조요소를 지지하거나 이들에 부착된 지붕 또는 바닥구조		$\dfrac{l}{240}$
과도한 처짐에 의해 손상되기 쉬운 비구조요소를 지지하지 않거나 또는 이들에 부착되지 않은 바닥구조	활하중이 재하되는 즉시 생기는 탄성처짐	$\dfrac{l}{360}$

※ 이 표에서 l은 보 또는 슬래브의 지간이다.

73. 아래 그림과 같은 직사각형 보를 강도설계이론으로 해석할 때 콘크리트의 등가 사각형 깊이 a는?(단, f_{ck}=21MPa, f_y=300MPa이다.)

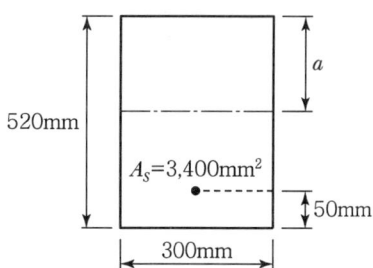

① 109.9mm ② 121.6mm
③ 129.9mm ④ 190.5mm

■해설 $a = \dfrac{f_y A_s}{0.85 f_{ck} b} = \dfrac{360 \times 3,400}{0.85 \times 21 \times 300} = 190.5 \text{mm}$

74. 유효깊이(d)가 910mm인 아래 그림과 같은 단철근 T형 보의 설계휨강도(ϕM_n)를 구하면?(단, 인장철근량(A_s)은 7,652mm², f_{ck}=21MPa, f_y=350MPa, 인장지배단면으로 ϕ=0.85, 경간은 3,040mm이다.)

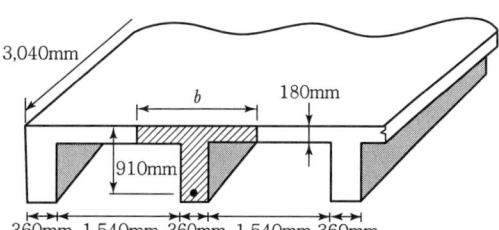

① 1,845kN·m ② 1,863kN·m
③ 1,883kN·m ④ 1,901kN·m

■해설
1. 대칭 T형 보의 플랜지 유효폭(b_e)
   ① $16t_f + b_w = 16 \times 180 + 360 = 3,240$mm
   ② 양쪽 슬래브의 중심 간 거리
      $= 1,540 + 360 = 1,900$mm
   ③ 보 경간의 $\dfrac{1}{4} = 3,040 \times \dfrac{1}{4} = 760$mm
   위 값 중에서 최솟값을 취하면 $b_e = 760$mm이다.
2. T형 보의 판별
   폭이 $b = 760$mm인 직사각형 단면 보에 대한 등가 사각형 깊이

$a = \dfrac{f_y A_s}{0.85 f_{ck} b} = \dfrac{350 \times 7,652}{0.85 \times 21 \times 760} = 197.4$mm

$a(=197.4$mm$) > t_f(=180$mm$)$이므로 T형 보로 해석

3. 플랜지의 내민부분에 상응하는 철근량(A_{sf})
$A_{sf} = \dfrac{0.85 f_{ck}(b - b_w) t_f}{f_y}$
$= \dfrac{0.85 \times 21 \times (760-360) \times 180}{350} = 3,672$mm²

4. T형 보의 등가 사각형 깊이(a)
$a = \dfrac{f_y(A_s - A_{sf})}{0.85 f_{ck} b_w}$
$= \dfrac{350 \times (7,652 - 3,672)}{0.85 \times 21 \times 360} = 216.8$mm

5. T형 보의 설계 휨강도(ϕM_n)
$\phi M_n = \phi \left[f_y A_{sf}\left(d - \dfrac{t_f}{2}\right) + f_y(A_s - A_{sf})\left(d - \dfrac{a}{2}\right) \right]$
$= 0.85 \left[350 \times 3,672 \times \left(910 - \dfrac{180}{2}\right) \right.$
$\left. + 350 \times (7,652 - 3,672) \times \left(910 - \dfrac{216.8}{2}\right) \right]$
$= 1,845 \times 10^6 \text{N} \cdot \text{mm} = 1,845 \text{kN} \cdot \text{m}$

75. 옹벽의 안정조건 중 전도에 대한 저항휨모멘트는 횡토압에 의한 전도모멘트의 최소 몇 배 이상이어야 하는가?

① 1.5배 ② 2.0배
③ 2.5배 ④ 3.0배

■해설 옹벽의 전도에 대한 안정조건
$\dfrac{\sum M_r (\text{저항 모멘트})}{\sum M_o (\text{전도 모멘트})} \geq 2.0$

76. 콘크리트구조물에서 비틀림에 대한 설계를 하려고 할 때 계수비틀림모멘트(T_u)를 계산하는 방법에 대한 다음 설명 중 틀린 것은?

① 균열에 의하여 내력의 재분배가 발생하여 비틀림모멘트가 감소할 수 있는 부정정 구조물의 경우, 최대 계수비틀림모멘트를 감소시킬 수 있다.
② 철근콘크리트 부재에서, 받침으로부터 d 이내에 위치한 단면은 d에서 계산된 T_u보다 작지 않은 비틀림모멘트에 대하여 설계하여야 한다.

|해답| 73.④ 74.① 75.② 76.③

③ 프리스트레스트 콘크리트 부재에서 받침부로부터 d 이내에 위치한 단면을 설계할 때 d에서 계산된 T_u보다 작지 않은 비틀림모멘트에 대하여 설계하여야 한다.
④ 정밀한 해석을 수행하지 않은 경우, 슬래브에 의해 전달되는 비틀림하중은 전체 부재에 걸쳐 균등하게 분포하는 것으로 가정할 수 있다.

■해설 프리스트레스 부재에서 받침부로부터 $\frac{h}{2}$ 이내에 위치한 단면은 $\frac{h}{2}$에서 계산된 T_u보다 작지 않은 비틀림 모멘트에 대하여 설계하여야 한다. 만약 $\frac{h}{2}$ 이내에서 집중된 비틀림 모멘트가 작용하면 위험 단면은 받침부의 내부 면으로 하여야 한다.

77. 그림과 같은 띠철근 기둥에서 띠철근의 최대 수직간격으로 적당한 것은?(단, D10의 공칭직경은 9.5mm, D32의 공칭직경은 31.8mm이다.)

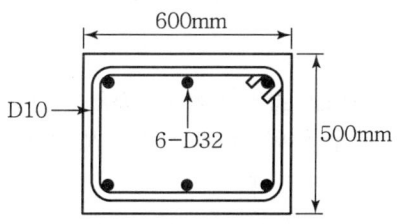

① 456mm
② 472mm
③ 500mm
④ 509mm

■해설 띠철근 기둥에서 띠철근의 간격
• 축방향 철근 지름의 16배 이하
 $=31.8\times16=508.8$mm 이하
• 띠철근 지름의 48배 이하
 $=9.5\times48=456$mm 이하
• 기둥단면의 최소 치수 이하$=500$mm 이하
따라서, 띠철근의 간격은 최솟값인 456mm 이하라야 한다.

78. $b_w=350$mm, $d=600$mm인 단철근 직사각형 보에서 보통중량 콘크리트가 부담할 수 있는 공칭 전단강도(V_c)를 정밀식으로 구하면 약 얼마인가?(단, 전단력과 휨모멘트를 받는 부재이며, $V_u=100$kN, $M_u=300$kN·m, $\rho_w=0.016$, $f_{ck}=24$MPa이다.)

① 164.2kN
② 171.5kN
③ 176.4kN
④ 182.7kN

■해설 $\dfrac{V_u d}{M_u}=\dfrac{100\times(600\times10^{-3})}{300}=0.2<1-\text{O.K.}$

$V_c=\left(0.16\sqrt{f_{ck}}+17.6\,\rho_w\dfrac{V_u d}{M_u}\right)b_w d$
$=(0.16\times\sqrt{24}+17.6\times0.016\times0.2)\times350\times600$
$=176.4\times10^3 N=176.4$kN

79. $A_s=3,600$mm², $A_s'=1,200$mm²로 배근된 그림과 같은 복철근 보의 탄성처짐이 12mm라 할 때 5년 후 지속하중에 의해 유발되는 추가 장기 처짐은 얼마인가?

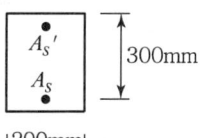

① 6mm
② 12mm
③ 18mm
④ 36mm

■해설 $\rho'=\dfrac{A_s'}{bd}=\dfrac{1,200}{200\times300}=0.02$
$\xi=2.0$ (하중재하기간이 5년 이상인 경우)
$\lambda=\dfrac{\xi}{1+50\rho'}=\dfrac{2.0}{1+(50\times0.02)}=1.0$
δ_L(장기 처짐량)$=\lambda\cdot\delta_i$(탄성 처짐량)
$=1.0\times12=12$mm

80. 그림과 같은 2경간 연속 보의 양단에서 PS강재를 긴장할 때 단 A에서 중간 B까지의 근사법으로 구한 마찰에 의한 프리스트레스의 감소율은?(단, 각은 radian이며, 곡률마찰계수(μ)는 0.4, 파상마찰계수(K)는 0.00270이다.)

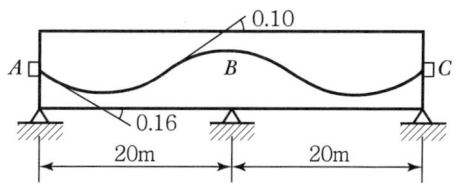

① 12.6% ② 18.2%
③ 10.4% ④ 15.8%

■해설 $l_{px} = 20m$
$\alpha_{px} = \theta_1 + \theta_2 = 0.16 + 0.10 = 0.26$
$(kl_{px} + \mu_p \alpha_{px}) = 0.0027 \times 20 + 0.4 \times 0.26$
$\qquad = 0.158 \leq 0.3$ (근사식 적용)
$\Delta P_f = P_{pj} \left[\dfrac{(kl_{px} + \mu_p \alpha_{px})}{1 + (kl_{px} + \mu_p \alpha_{px})} \right]$
$\qquad = P_{pj} \left[\dfrac{0.158}{1 + 0.158} \right] = 0.136 P_{pj}$
감소율 $= \dfrac{\Delta P_f}{P_{pj}} \times 100 = \dfrac{0.136 P_{pj}}{P_{pj}} \times 100 = 13.6\%$

■해설 말뚝의 지지력 산정

정역학적 지지력 공식	동역학적 지지력 공식
Meyerhof	Sander
Terzaghi	Hiley
	Engineering news

83. 압밀시험결과 시간-침하량 곡선에서 구할 수 없는 값은?

① 초기 압축비
② 압밀계수
③ 1차 압밀비
④ 선행압밀 압력

■해설

시간침하곡선	e-log P 곡선
C_v	
a_v	C_c (압축지수)
m_v	P_o (선행압밀 하중)
K	

제5과목 **토질 및 기초**

81. 어떤 흙의 입경가적곡선에서 $D_{10}=0.05mm$, $D_{30}=0.09mm$, $D_{60}=0.15mm$이었다. 균등계수(C_u)와 곡률계수(C_g)의 값은?

① 균등계수=1.7, 곡률계수=2.45
② 균등계수=2.4, 곡률계수=1.82
③ 균등계수=3.0, 곡률계수=1.08
④ 균등계수=3.5, 곡률계수=2.08

■해설 $C_u = \dfrac{D_{60}}{D_{10}} = \dfrac{0.15}{0.05} = 3$
$C_g = \dfrac{D_{30}^2}{D_{10} \cdot D_{60}} = \dfrac{0.09^2}{0.05 \times 0.15} = 1.08$

82. 말뚝 지지력에 관한 여러 가지 공식 중 정역학적 지지력 공식이 아닌 것은?

① Dörr의 공식
② Terzaghi의 공식
③ Meyerhof의 공식
④ Engineering News 공식

84. 그림과 같은 점토지반에서 안전수(m)가 0.1인 경우 높이 5m의 사면에 있어서 안전율은?

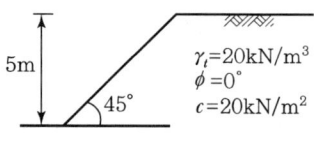

① 1.0 ② 1.25
③ 1.50 ④ 2.0

■해설 $F_s = \dfrac{H_c}{H}$

$H_c = \dfrac{N_c \cdot C}{\gamma} = \dfrac{\dfrac{1}{0.1} \times 20}{20} = 10$

$\therefore F_s = \dfrac{H_c}{H} = \dfrac{10}{5} = 2$

85. 얕은 기초에 대한 Terzaghi의 수정지지력 공식은 아래의 표와 같다. 4m×5m의 직사각형 기초를 사용할 경우 형상계수 α와 β의 값으로 옳은 것은?

$$q_u = \alpha c N_c + \beta \gamma_1 B N_\gamma + \gamma_2 D_f N_q$$

① $\alpha = 1.18$, $\beta = 0.32$
② $\alpha = 1.24$, $\beta = 0.42$
③ $\alpha = 1.28$, $\beta = 0.42$
④ $\alpha = 1.32$, $\beta = 0.38$

■해설 직사각형 기초
- $\alpha = 1 + 0.3 \dfrac{B}{L} = 1 + 0.3 \dfrac{4}{5} = 1.24$
- $\beta = 0.5 - 0.1 \dfrac{B}{L} = 0.5 - 0.1 \dfrac{4}{5} = 0.42$

86. 다음 중 일시적인 지반개량공법에 속하는 것은?
① 동결공법
② 프리로딩공법
③ 약액주입공법
④ 모래다짐말뚝공법

■해설 일시적인 지반개량공법
- Well Point 공법
- 동결공법
- 대기압공법(진공압밀공법)

87. 성토나 기초지반에 있어 특히 점성토의 압밀완료 후 추가 성토 시 단기 안정문제를 검토하고자 하는 경우 적용되는 시험법은?
① 비압밀 비배수시험
② 압밀 비배수시험
③ 압밀 배수시험
④ 일축압축시험

■해설
- 압밀 완료 후 : 배수(C)
- 단기안정 : 비배수(U)

88. 외경이 50.8mm, 내경이 34.9mm인 스플릿 스푼 샘플러의 면적비는?
① 112%
② 106%
③ 53%
④ 46%

■해설 $A_r = \dfrac{50.8^2 - 34.9^2}{34.9^2} \times 100 = 112\%$

89. 사운딩(Sounding)의 종류에서 사질토에 가장 적합하고 점성토에서도 쓰이는 시험법은?
① 표준관입시험
② 베인전단시험
③ 더치 콘 관입시험
④ 이스키미터(Iskymeter)

■해설 동적 사운딩
- 동적 원추관 시험(자갈 이외 흙)
- SPT(사질토, 점토)

90. 흙의 투수성에서 사용되는 Darcy의 법칙 $\left(Q = k \cdot \dfrac{\Delta h}{L} \cdot A\right)$에 대한 설명으로 틀린 것은?
① Δh는 수두차이다.
② 투수계수(k)의 차원은 속도의 차원(cm/s)과 같다.
③ A는 실제로 물이 통하는 공극부분의 단면적이다.
④ 물의 흐름이 난류인 경우에는 Darcy의 법칙이 성립하지 않는다.

■해설 A는 흙 전체의 단면적이다.

91. 100% 포화된 흐트러지지 않은 시료의 부피가 20cm³이고 질량이 36g이었다. 이 시료를 건조로에서 건조시킨 후의 질량이 24g일 때 간극비는 얼마인가?
① 1.36
② 1.50
③ 1.62
④ 1.70

■해설 $e = \dfrac{V_v}{V_s} = \dfrac{V_v}{V - V_v}$

$V_v : S = \dfrac{V_w}{V_v} = 1$

$V_w = V_v = W_w = W - W_s = 36 - 24 = 12$

$\therefore e = \dfrac{12}{20 - 12} = 1.5$

92. 어느 모래층의 간극률이 35%, 비중이 2.66이다. 이 모래의 분사현상(Quick Sand)에 대한 한계동수경사는 얼마인가?

① 0.99
② 1.08
③ 1.16
④ 1.32

■해설 $i_c = \dfrac{\gamma_{sub}}{\gamma_w} = \dfrac{G_s - 1}{1 + e}$

- $G = 2.66$
- $e = \dfrac{n}{1-n} = \dfrac{0.35}{1-0.35} = 0.54$

$\therefore i_c = \dfrac{2.66 - 1}{1 + 0.54} = 1.08$

93. 흙의 다짐에 대한 설명으로 틀린 것은?

① 최적함수비로 다질 때 흙의 건조밀도는 최대가 된다.
② 최대건조밀도는 점성토에 비해 사질토일수록 크다.
③ 최적함수비는 점성토일수록 작다.
④ 점성토일수록 다짐곡 선은 완만하다.

■해설 최적함수비는 점성토일수록 크다.

94. 평판재하시험에서 재하판의 크기에 의한 영향(Scale Effect)에 관한 설명으로 틀린 것은?

① 사질토 지반의 지지력은 재하판의 폭에 비례한다.
② 점토지반의 지지력은 재하판의 폭에 무관하다.
③ 사질토 지반의 침하량은 재하판의 폭이 커지면 약간 커지기는 하지만 비례하는 정도는 아니다.
④ 점토지반의 침하량은 재하판의 폭에 무관하다.

■해설 점토지반의 침하량은 재하판 폭에 비례

95. 지표면에 설치된 2m×2m의 정사각형 기초에 100kN/m²의 등분포하중이 작용하고 있을 때 5m 깊이에 있어서의 연직응력 증가량을 2 : 1 분포법으로 계산한 값은?

① 0.83kN/m²
② 8.16kN/m²
③ 19.75kN/m²
④ 28.57kN/m²

■해설 $\Delta\sigma_Z = \dfrac{q \cdot B \cdot L}{(B+Z)(L+Z)} = \dfrac{100 \times 2 \times 2}{(2+5)(2+5)} = 8.16\text{kN/m}^2$

96. Paper Drain 설계 시 Drain Paper의 폭이 10cm, 두께가 0.3cm일 때 Drain Paper의 등치환산원의 직경이 약 얼마이면 Sand Drain과 동등한 값으로 볼 수 있는가?(단, 형상계수(a)는 0.75이다.)

① 5cm
② 8cm
③ 10cm
④ 15cm

■해설 $2(A+B) \cdot \alpha = \pi D$
$2(10 + 0.3) \times 0.75 = \pi \times D$
$\therefore D = 5\text{cm}$

97. 점착력이 8kN/m², 내부 마찰각이 30°, 단위중량이 16kN/m³인 흙이 있다. 이 흙에 인장균열은 약 몇 m 깊이까지 발생할 것인가?

① 6.92m
② 3.73m
③ 1.73m
④ 1.00m

■해설 $Z_c = \dfrac{q_u}{\gamma} = \dfrac{2}{\gamma} C \tan\left(45 + \dfrac{\phi}{2}\right)$
$= \dfrac{2}{16} \times 8 \times \tan\left(45 + \dfrac{30}{2}\right)$
$= 1.73$

98. 그림에서 A점 흙의 강도정수가 $c'=30\text{kN/m}^2$, $\phi'=30°$일 때, A점에서의 전단강도는?(단, 물의 단위중량은 9.81kN/m³이다.)

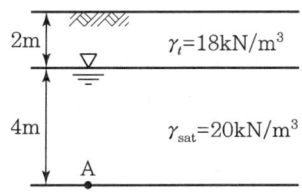

① 69.31kN/m²
② 74.32kN/m²
③ 96.97kN/m²
④ 103.92kN/m²

■해설 $S(\tau_f) = C + \sigma' \tan\phi$
$\sigma_A' = 18 \times 2 + (20 - 9.81) \times 4 = 76.76$
∴ $S = 30 + 76.76 \tan 30° = 74.32\text{kN/m}^2$

99. Terzaghi의 1차원 압밀이론에 대한 가정으로 틀린 것은?

① 흙은 균질하다.
② 흙은 완전 포화되어 있다.
③ 압축과 흐름은 1차원적이다.
④ 압밀이 진행되면 투수계수는 감소한다.

■해설 압밀이 진행되면 투수계수는 일정하다고 가정한다.

100. 아래 그림과 같은 지반의 A점에서 전응력(σ), 간극수압(u), 유효응력(σ')을 구하면?(단, 물의 단위중량은 9.81kN/m³이다.)

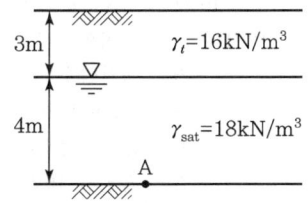

① $\sigma=100\text{kN/m}^2$, $u=9.8\text{kN/m}^2$, $\sigma'=90.2\text{kN/m}^2$
② $\sigma=100\text{kN/m}^2$, $u=29.4\text{kN/m}^2$, $\sigma'=70.6\text{kN/m}^2$
③ $\sigma=120\text{kN/m}^2$, $u=19.6\text{kN/m}^2$, $\sigma'=100.4\text{kN/m}^2$
④ $\sigma=120\text{kN/m}^2$, $u=39.2\text{kN/m}^2$, $\sigma'=80.8\text{kN/m}^2$

■해설
- $\sigma' = 16 \times 3 + (18 - 9.81) \times 4$
  $= 80.8\text{kN/m}^2$
- $u = 9.81 \times 4 = 39.2\text{kN/m}^2$
- $\sigma = \sigma' + u = 120\text{kN/m}^2$

제6과목 상하수도공학

101. 먹는 물에 대장균이 검출될 경우 오염수로 판정되는 이유로 옳은 것은?

① 대장균은 병원균이기 때문이다.
② 대장균은 반드시 병원균과 공존하기 때문이다.
③ 대장균은 번식 시 독소를 분비하여 인체에 해를 끼치기 때문이다.
④ 사람이나 동물의 체내에 서식하므로 병원성 세균의 존재 추정이 가능하기 때문이다.

■해설 대장균군
  ㉠ 대장균군은 Gram음성·무아포성·간균으로 유당을 분해해서 산과 가스를 생성하는 모든 호기성 또는 혐기성균을 말한다.
  ㉡ 대장균군의 특징
    • 인체에 무해한 균이다.
    • 수인성 전염병균과 같이 존재하므로 이의 존재 가능성을 추정한다.
    • 병원균보다 검출이 용이하고 검출속도가 빠르기 때문에 적합하다.
    • 추정시험 소요시간은 24시간, 확정시험 소요시간은 48시간으로 시험이 간편하고 정확성이 보장된다.

102. 하수도시설에 관한 설명으로 옳지 않은 것은?

① 하수 배제방식은 합류식과 분류식으로 대별할 수 있다.
② 하수도시설은 관로시설, 펌프장시설 및 처리장시설로 크게 구별할 수 있다.
③ 하수배제는 자연유하를 원칙으로 하고 있으며 펌프시설도 사용할 수 있다.
④ 하수처리장시설은 물리적 처리시설을 제외한 생물학적, 화학적 처리시설을 의미한다.

|해답| 98.② 99.④ 100.④ 101.④ 102.④

■해설 하수도시설 일반사항
ⓐ 하수도시설은 관거시설, 펌프장시설 및 처리장시설로 크게 구별할 수 있다.
ⓑ 하수배제는 자연유하를 원칙으로 하고 있으며 펌프시설도 사용할 수 있다.
ⓒ 하수처리장시설은 물리적 처리시설, 화학적 처리시설, 생물학적 처리시설로 구별할 수 있다.
ⓓ 하수배제 방식에는 분류식과 합류식으로 대별할 수 있다.

103. 하수관로의 매설방법에 대한 설명으로 틀린 것은?

① 실드공법은 연약한 지반에 터널을 시공할 목적으로 개발되었다.
② 추진공법은 실드공법에 비해 공사기간이 짧고 공사비용도 저렴하다.
③ 하수도 공사에 이용되는 터널공법에는 개착공법, 추진공법, 실드공법 등이 있다.
④ 추진공법은 중요한 지하매설물의 횡단공사 등으로 개착공법으로 시공하기 곤란할 때 가끔 채용된다.

■해설 하수관로의 매설방법
터널공법은 실드(Shield)를 사용하여 시행하는 실드공법을 말하며, 방법에는 전면개방형, 부분개방형, 밀폐형 등이 있다.

104. 배수 및 급수시설에 관한 설명으로 틀린 것은?

① 배수본관은 시설의 신뢰성을 높이기 위해 2개열 이상으로 한다.
② 배수지의 건설에는 토압, 벽체의 균열, 지하수의 부상, 환기 등을 고려한다.
③ 급수관 분기지점에서 배수관 내의 최대정수압은 1,000kPa 이상으로 한다.
④ 관로공사가 끝나면 시공의 적합 여부를 확인하기 위하여 수압 시험 후 통수한다.

■해설 배수관의 수압
급수관 분기지점에서 배수관 내의 최소동수압은 150kPa 이상, 최대동수압은 700kPa 이하이다.

105. 하수도 계획의 기본적 사항에 관한 설명으로 옳지 않은 것은?

① 계획구역은 계획 목표연도까지 시가화 예상구역을 포함하여 광역적으로 정하는 것이 좋다.
② 하수도 계획의 목표연도는 시설의 내용연수, 건설 기간 등을 고려하여 50년을 원칙으로 한다.
③ 신시가지 하수도 계획의 수립 시에는 기존시가지를 포함하여 종합적으로 고려해야 한다.
④ 공공수역의 수질보전 및 자연환경보전을 위하여 하수도정비를 필요로 하는 지역을 계획구역으로 한다.

■해설 하수도 목표연도
하수도 계획의 목표연도는 시설의 내용연수, 건설 기간 등을 고려하여 20년을 원칙으로 한다.

106. 대기압이 10.33m, 포화수증기압이 0.238m, 흡입관 내의 전 손실수두가 1.2m, 토출관의 전 손실수두가 5.6m, 펌프의 공동현상계수(σ)가 0.8이라 할 때, 공동 현상을 방지하기 위하여 펌프가 흡입수면으로부터 얼마의 높이까지 위치할 수 있겠는가?

① 약 0.8m까지   ② 약 2.4m까지
③ 약 3.4m까지   ④ 약 4.5m까지

■해설 유효흡입수두
ⓐ 펌프의 흡입구에서 전압력이 증기압력에 비하여 어느 정도 높은가를 나타내는 것을 유효흡입수두라고 한다.
ⓑ 이용할 수 있는 유효흡입수두
$$H_{sv} = H_a - H_p \pm H_s - H_L$$
$$= 10.33 - 0.238 - 1.2 - 5.6 = 3.292m$$
여기서, H_{sv} : 이용할 수 있는 유효흡입수두(m)
H_a : 대기압수두(m)
H_p : 수온에서의 포화증기압수두(m)
H_s : 흡입실양정(m)
H_L : 흡입관 내의 손실수두(m)
ⓒ 필요로 하는 유효흡입수두
펌프가 필요로 하는 유효흡입수두라 함은 펌프가 공동현상을 일으키지 않으면서 물을 회전차 입구의 최상위에 이르는 최소의 수두
$h_{sv} = \sigma \times H = 0.8 \times 3.292 ≒ 약 2.4m$
여기서, σ : 공동현상계수

107. 계획급수량을 산정하는 식으로 옳지 않은 것은?

① 계획 1인 1일 평균급수량＝계획 1인 1일 평균 사용수량/계획첨두율
② 계획 1일 최대급수량＝계획 1일 평균급수량× 계획첨두율
③ 계획 1일 평균급수량＝계획 1인 1일 평균급수량×계획급수인구
④ 계획 1일 최대급수량＝계획 1인 1일 최대급수량×계획급수인구

■해설 급수량의 산정

종류	내용
계획 1일 최대급수량	수도시설 규모 결정의 기준이 되는 수량 ＝계획 1일 평균급수량×1.5(중·소도시), 1.3(대도시, 공업도시)
계획 1일 평균급수량	재정계획수립에 기준이 되는 수량 ＝계획 1일 최대급수량×0.7(중·소도시), 0.85(대도시, 공업도시)
계획시간 최대급수량	배수 본관의 구경결정에 사용 ＝계획 1일 최대급수량/24×1.3(대도시, 공업도시), 1.5(중소도시), 2.0(농촌, 주택단지)

∴ 계획 1인 1일 평균급수량＝계획 1일 평균급수량/급수인구

108. 다음 생물학적 처리방법 중 생물막 공법은?

① 산화구법
② 살수여상법
③ 접촉안정법
④ 계단식 폭기법

■해설 막미생물 공정
㉠ 활성슬러지법의 가장 어려운 문제인 침전성의 문제는 없지만 활성슬러지법에 비해 처리효율은 떨어지는 방법이다.
㉡ 막미생물 공정의 종류
  • 살수여상법
  • 회전원판법
  • 충진상 반응조

109. 정수 처리에서 염소소독을 실시할 경우 물이 산성일수록 살균력이 커지는 이유는?

① 수중의 OCl 감소
② 수중의 OCl 증가
③ 수중의 HOCl 감소
④ 수중의 HOCl 증가

■해설 염소의 살균력
㉠ 염소의 살균력은 HOCl＞OCl⁻＞클로라민 순이다.
㉡ 염소와 암모니아성 질소가 결합하면 클로라민이 생성된다.
㉢ 낮은 pH에서는 HOCl 생성이 많고 높은 pH에서는 OCl⁻ 생성이 많으므로, 살균력은 온도가 높고 낮은 pH에서 강하다.
∴ 염소의 살균력은 HOCl이 가장 높으며, HOCl은 pH가 낮아야(산성일수록) 생성이 많이 된다.

110. 1/1,000의 경사로 묻힌 지름 2,400mm의 콘크리트 관내에 20℃의 물이 만관상태로 흐를 때의 유량은?(단, Manning 공식을 적용하며, 조도계수 $n=0.015$)

① $6.78 m^3/s$
② $8.53 m^3/s$
③ $12.71 m^3/s$
④ $20.57 m^3/s$

■해설 Manning 공식
㉠ Manning 공식
$$V=\frac{1}{n}R^{\frac{2}{3}}I^{\frac{1}{2}}$$
여기서, n : 조도계수 R : 경심($\frac{A}{P}$)
I : 동수경사
㉡ 유량의 산정
$$Q=A\frac{1}{n}R^{\frac{2}{3}}I^{\frac{1}{2}}$$
$$=\frac{3.14\times 2.4^2}{4}\times\frac{1}{0.015}\times\left(\frac{2.4}{4}\right)^{\frac{2}{3}}\times\left(\frac{1}{1,000}\right)^{\frac{1}{2}}$$
$$=6.78 m^3/s$$

111. 원형침전지의 처리유량이 10,200m³/day, 위어의 월류부하가 169.2m³/m-day라면 원형침전지의 지름은?

① 18.2m ② 18.5m
③ 19.2m ④ 20.5m

■해설 월류부하
㉠ 침전지 전폭의 표면부에서 유출시키기 위해서는 월류부하를 충분히 적게 하고, 정체부의 발생, 슬러지의 끌어올림 또는 지내수류에 영향을 줄 수 있는 흐름의 발생 등을 방지하도록 해야 한다.

㉡ 월류부하 = $\dfrac{\text{유출수량}}{\text{위어전장}}$

∴ 위어전장 = $\dfrac{\text{유출수량}}{\text{월류부하}}$
= $\dfrac{10,200}{169.2}$ = 60.28m

㉢ 원형침전지의 전장
원형침전지 둘레의 길이 = 위어전장
$\pi D = 60.28$
∴ $D = \dfrac{60.28}{\pi} = 19.2$m

112. 정수장의 약품침전을 위한 응집제로서 사용되지 않는 것은?

① PACl ② 황산철
③ 활성탄 ④ 황산알루미늄

■해설 응집제
㉠ 정의
응집제는 응집대상물질인 콜로이드의 하전을 중화시키거나 상호 결합시키는 역할을 한다.
㉡ 응집제의 종류에는 황산알루미늄, 폴리염화알루미늄, 알루민산나트륨, 황산제1철, 황산제2철 등이 있다.
㉢ 응집보조제는 대부분이 알칼리제로 알칼리가 부족한 원수에 알칼리성분을 보충해주는 역할을 한다. 종류에는 생석회, 소다회, 가성소다, 활성규산, 소석회 등이 있다.

113. 금속이온 및 염소이온(염화나트륨 제거율 93% 이상)을 제거할 수 있는 막여과공법은?

① 역삼투법 ② 나노여과법
③ 정밀여과법 ④ 한외여과법

■해설 막의 종류 및 특성
㉠ 정밀여과
- 정밀여과막모듈을 이용하여 부유물질이나 원충, 세균, 바이러스 등을 체거름원리에 따라 입자의 크기로 분리하는 여과법을 말한다.
- 부유물질, 클로이드, 세균, 조류, 바이러스, 크립토스포리디움 난포낭, 지아디아 난포낭 등을 제거한다.

㉡ 한외여과법
- 한외여과막모듈을 이용하여 부유물질이나 원충, 세균, 바이러스, 고분자량물질 등을 체거름원리에 따라 분자의 크기로 분리하는 여과법을 말한다.
- 부유물질, 클로이드, 세균, 조류, 바이러스, 크립토스포리디움 난포낭, 지아디아 난포낭, 부식산 등을 제거한다.

㉢ 나노여과법
- 한외여과법과 역삼투법의 중간에 위치하는 나노여과막모듈을 이용하여 이온이나 저분량 물질 등을 제거하는 여과법을 말한다.
- 유기물, 농약, 맛·냄새물질, 합성세제, 칼슘이온, 마그네슘이온, 황산이온, 질산성 질소 등을 제거한다.

㉣ 역삼투법
- 물은 통과하지만 이온은 통과하지 않는 역삼투막모듈을 이용하여 이온물질을 제거하는 여과법을 말한다.
- 금속이온, 염소이온 등을 제거한다.

114. 계획오수량에 대한 설명으로 옳지 않은 것은?

① 오수관로의 설계에는 계획시간최대오수량을 기준으로 한다.
② 계획오수량의 산정에서는 일반적으로 지하수의 유입량은 무시할 수 있다.
③ 계획 1일 평균오수량은 계획 1일 최대오수량의 70~80%를 표준으로 한다.
④ 계획시간최대오수량은 계획 1일 최대오수량의 1시간당 수량의 1.3~1.8배를 표준으로 한다.

■해설 오수량의 산정

종류	내용
계획오수량	계획오수량은 생활오수량, 공장폐수량, 지하수량으로 구분할 수 있다.
지하수량	지하수량은 1인 1일 최대오수량의 10~20%를 기준으로 한다.
계획 1일 최대오수량	• 1인 1일 최대오수량×계획급수인구 +(공장폐수량, 지하수량, 기타 배수량) • 하수처리시설의 용량 결정의 기준이 되는 수량
계획 1일 평균오수량	• 계획 1일 최대오수량의 70(중·소도시)~80%(대·공업도시) • 하수처리장 유입하수의 수질을 추정하는 데 사용되는 수량
계획시간 최대오수량	• 계획 1일 최대오수량의 1시간당 수량에 1.3~1.8배를 표준으로 한다. • 오수관거 및 펌프설비 등의 크기를 결정하는 데 사용되는 수량

∴ 계획오수량의 산정에는 지하수량이 포함된다.

115. 함수율 95%인 슬러지를 농축시켰더니 최초부피의 1/3이 되었다. 농축된 슬러지의 함수율은?(단, 농축 전후의 슬러지 비중은 1로 가정)

① 65% ② 70%
③ 85% ④ 90%

■해설 농축 후의 슬러지 부피
㉠ 슬러지 부피
$V_1(100-P_1) = V_2(100-P_2)$
여기서, V_1, P_1 : 농축 전의 함수율, 부피
V_2, P_2 : 농축 후의 함수율, 부피
㉡ 함수율 산출
$(100-P_2) = \frac{V_1}{V_2}(100-P_1) = \frac{1}{\frac{1}{3}}(100-95)$
$= 15$
∴ $P_2 = 85\%$

116. 우수가 하수관로로 유입하는 시간이 4분, 하수관로에서의 유하시간이 15분, 이 유역의 유역면적이 4km², 유출계수는 0.6, 강우강도식 $I=\frac{6,500}{t+40}$mm/h일 때 첨두유량은?(단, t의 단위 : [분])

① 73.4m³/s
② 78.8m³/s
③ 85.0m³/s
④ 98.5m³/s

■해설 우수유출량의 산정
㉠ 합리식의 적용 확률연수는 10~30년을 원칙으로 한다.
$Q = \frac{1}{3.6}CIA$
여기서, Q : 우수량(m³/sec)
C : 유출계수(무차원)
I : 강우강도(mm/hr)
A : 유역면적(km²)
㉡ 우수유출량의 산정
$I = \frac{6,500}{t+40} = \frac{6,500}{19+40} = 110.17$mm/hr
$Q = \frac{1}{3.6}CIA = \frac{1}{3.6} \times 0.6 \times 110.17 \times 4$
$= 73.4$m³/s

117. 저수시설의 유효저수량 결정방법이 아닌 것은?

① 합리식
② 물수지계산
③ 유량도표에 의한 방법
④ 유량누가곡선 도표에 의한 방법

■해설 유효저수량 결정방법
저수지의 유효저수량을 결정하는 방법에는 유량누가곡선법, 잔차누가곡선법, 조절도방법, 물수지방법, 거동해석법, 확률행렬법 등이 있다.

118. 상수도 취수시설 중 침사지에 관한 시설기준으로 틀린 것은?

① 길이는 폭의 3~8배를 표준으로 한다.
② 침사지의 체류시간은 계획취수량의 10~20분을 표준으로 한다.
③ 침사지의 유효수심은 3~4m를 표준으로 한다.
④ 침사지 내의 평균유속은 20~30cm/s를 표준으로 한다.

■해설 침사지
　㉠ 원수와 함께 유입한 모래를 침강, 제거하기 위하여 취수구에 근접한 제내지에 설치하는 시설을 침사지라고 한다.
　㉡ 형상은 직사각형이나 정사각형 등으로 하고 침사지의 지수는 2지 이상으로 하며 수밀성 있는 철근콘크리트 구조로 한다.
　㉢ 유입부는 편류를 방지하도록 점차 확대, 축소를 고려하며, 길이가 폭의 3~8배를 표준으로 한다.
　㉣ 체류시간은 계획취수량의 10~20분
　㉤ 침사지의 유효수심은 3~4m
　㉥ 침사지 내의 평균유속은 2~7cm/sec

119. 정수장 침전지의 침전효율에 영향을 주는 인자에 대한 설명으로 옳지 않은 것은?

① 수온이 낮을수록 좋다.
② 체류시간이 길수록 좋다.
③ 입자의 직경이 클수록 좋다.
④ 침전지의 수표면적이 클수록 좋다.

■해설 침전지 제거 효율
　㉠ 침전지 제거 효율
$$E = \frac{V_s}{V_o} = \frac{V_s}{\frac{Q}{A}} = \frac{V_s}{\frac{h}{t}}$$
　　여기서, V_s : 침강속도, V_o : 수면적 부하
　㉡ 침전지 제거 효율의 특징
　　• 표면부하율을 작게 하면 효율은 높아진다.
　　• 침전지 표면적을 크게 하면 효율은 높아진다.
　　• 유량을 작게 하면 효율은 높아진다.
　　• 지내 수평속도는 작게 하고, 연직속도를 크게 하면 효율은 높아진다.

120. 송수에 필요한 유량 $Q = 0.7 \text{m}^3/\text{s}$, 길이 $l = 100\text{m}$, 지름 $d = 40\text{cm}$, 마찰손실계수 $f = 0.03$인 관을 통하여 높이 30m에 양수할 경우 필요한 동력(HP)은?(단, 펌프의 합성효율은 80%이며, 마찰 이외의 손실은 무시한다.)

① 122HP　　② 244HP
③ 489HP　　④ 978HP

■해설 동력의 산정
　㉠ 양수에 필요한 동력($H_e = h + \Sigma h_L$)
　　• $P = \dfrac{9.8QH_e}{\eta}$ kW
　　• $P = \dfrac{13.3QH_e}{\eta}$ HP
　㉡ 손실수두의 산정
　　• $V = \dfrac{Q}{A} = \dfrac{0.7}{\dfrac{3.14 \times 0.4^2}{4}} = 5.57\text{m/s}$
　　• $h_L = f \dfrac{l}{D} \dfrac{V^2}{2g} = 0.03 \times \dfrac{100}{0.4} \times \dfrac{5.57^2}{19.6}$
　　　　$= 11.87\text{m}$
　㉢ 주어진 조건의 양수동력의 산정
　　$P = \dfrac{13.3QH_e}{\eta} = \dfrac{13.3 \times 0.7 \times 41.87}{0.8}$
　　　$= 487.26\text{HP}$

|해답| 118.④　119.①　120.③

과년도 기출문제 (2020년 8월 23일 시행)

제1과목 응용역학

01. 아래 그림과 같이 속이 빈 단면에 전단력 $V=150kN$이 작용하고 있다. 단면에 발생하는 최대 전단응력은?

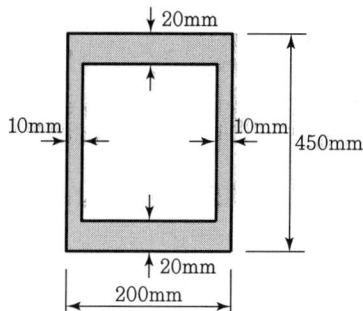

① 9.9MPa ② 19.8MPa
③ 99MPa   ④ 198MPa

해설 Box형 단면의 최대 전단응력(τ_{max})은 단면의 중립축에서 발생한다.

$b_{NA} = 20mm$

$I_{NA} = \frac{1}{12}(200 \times 450^3 - 180 \times 410^3)$

$= 484.94 \times 10^6 mm^4$

$G_{NA} = (200 \times 225) \times \frac{225}{2} - (180 \times 205) \times \frac{205}{2}$

$= 1,280.25 \times 10^3 mm^3$

$\tau_{max} = \frac{V \cdot G_{NA}}{I_{NA} \cdot b_{NA}}$

$= \frac{(150 \times 10^3) \times (1,280.25 \times 10^3)}{(484.94 \times 10^6) \times (20)} = 19.8MPa$

02. 그림과 같은 보의 허용휨응력이 80MPa일 때 보에 작용할 수 있는 등분포하중(w)은?

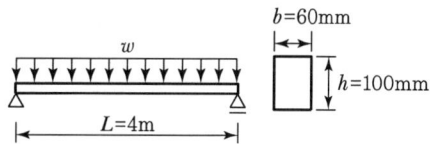

① 50kN/m   ② 40kN/m
③ 5kN/m   ④ 4kN/m

해설
$\sigma_a \geq \sigma_{max} = \frac{M_{max}}{Z} = \frac{6}{bh^2} \cdot \frac{wl^2}{8} = \frac{3wl^2}{4bh^2}$

$w \leq \frac{4bh^2\sigma_a}{3l^2} = \frac{4 \times 60 \times 100^2 \times 80}{3 \times (4 \times 10^3)^2}$

$= 4N/mm = 4kN/m$

03. 그림과 같은 캔틸레버보에서 자유단에 집중하중 $2P$를 받고 있을 때 휨모멘트에 의한 탄성변형에너지는?(단, EI는 일정하고, 보의 자중은 무시한다.)

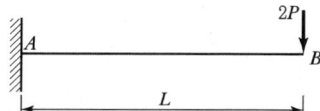

① $\dfrac{3P^3L^3}{2EI}$ ② $\dfrac{2P^2L^3}{3EI}$

③ $\dfrac{P^2L^3}{3EI}$ ④ $\dfrac{P^2L^3}{6EI}$

해설
$\delta_B = \frac{(2P)L^3}{3EI} = \frac{2PL^3}{3EI}$

$U = \frac{1}{2} \cdot (2P) \cdot \left(\frac{2PL^3}{3EI}\right) = \frac{2P^2L^3}{3EI}$

|해답| 1.② 2.④ 3.②

04. 지름 $d=120$cm, 벽두께 $t=0.6$cm인 긴 강관이 $q=2$MPa의 내압을 받고 있다. 이 관벽 속에 발생하는 원환응력(σ)의 크기는?

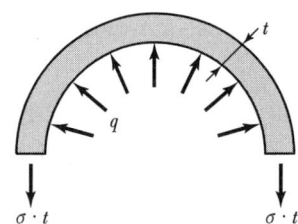

① 50MPa ② 100MPa
③ 150MPa ④ 200MPa

■해설
$$\sigma = \frac{qr}{t} = \frac{2 \times \left(\frac{120 \times 10}{2}\right)}{(0.6 \times 10)} = 200\text{MPa}$$

05. 그림과 같이 단순보의 A점에 휨모멘트가 작용하고 있을 경우 A점에서 전단력의 절댓값은?

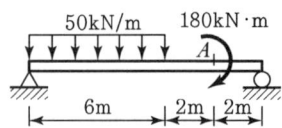

① 72kN ② 108kN
③ 126kN ④ 252kN

■해설

$\Sigma M_{\text{Ⓑ}} = 0 (\curvearrowright \oplus)$

$(50 \times 6) \times 3 + 180 - R_C \times 10 = 0$

$R_C = 108$kN ($\uparrow$)

$\Sigma F_y = 0 (\uparrow \oplus)$

$S_A + 108 = 0$

$S_A = -108$kN

06. 전단중심(Shear Center)에 대한 설명으로 틀린 것은?

① 1축이 대칭인 단면의 전단중심은 도심과 일치한다.
② 1축이 대칭인 단면의 전단중심은 그 대칭축선상에 있다.
③ 하중이 전단중심점을 통과하지 않으면 보는 비틀린다.
④ 전단중심이란 단면이 받아내는 전단력의 합력점의 위치를 말한다.

■해설 1축이 대칭인 단면의 전단중심은 그 대칭축선상에 있고 2축이 대칭인 단면의 전단중심은 도심과 일치한다.

07. 아래 그림과 같은 보에서 A점의 수직반력은?

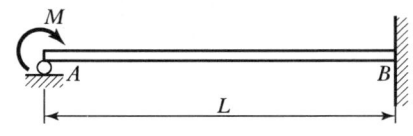

① $\frac{M}{L}(\uparrow)$ ② $\frac{M}{L}(\downarrow)$
③ $\frac{3M}{2L}(\uparrow)$ ④ $\frac{3M}{2L}(\downarrow)$

■해설

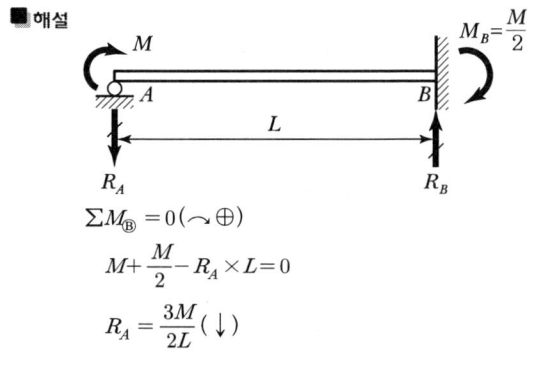

$\Sigma M_{\text{Ⓑ}} = 0 (\curvearrowright \oplus)$

$M + \frac{M}{2} - R_A \times L = 0$

$R_A = \frac{3M}{2L} (\downarrow)$

08. 등분포하중을 받는 단순보에서 중앙점의 처짐을 구하는 공식은?(단, 등분포하중은 w, 보의 길이는 L, 보의 휨강성은 EI이다.)

① $\dfrac{wL^3}{24EI}$ ② $\dfrac{wL^3}{48EI}$

③ $\dfrac{wL^4}{8EI}$ ④ $\dfrac{5wL^4}{384EI}$

■해설

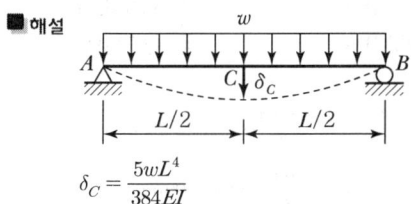

$$\delta_C = \dfrac{5wL^4}{384EI}$$

09. 그림과 같은 3힌지 라멘의 휨모멘트도(BMD)는?

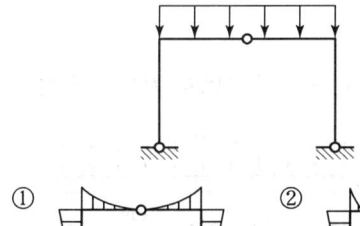

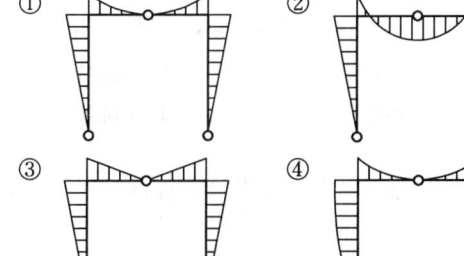

■해설
- 수평부재의 내부힌지 위치 → $M=0$
- 수평부재의 등분포하중 작용
  → 수평부재의 BMD는 2차 곡선
- 수직부재의 지점에서 수평반력(집중하중) 발생
  → 수직부재의 BMD는 1차 직선

10. 그림과 같은 캔틸레버보에서 최대 처짐각(θ_B)은?(단, EI는 일정하다.)

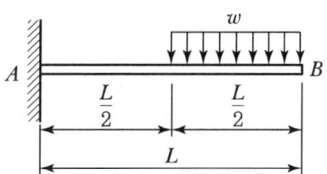

① $\dfrac{3wL^3}{48EI}$ ② $\dfrac{5wL^3}{48EI}$

③ $\dfrac{7wL^3}{48EI}$ ④ $\dfrac{9wL^3}{48EI}$

■해설

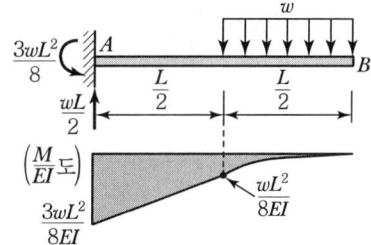

$$\theta_B = \dfrac{wL^2}{8EI} \times \dfrac{L}{2} + \dfrac{1}{2} \times \dfrac{2wL^2}{8EI} \times \dfrac{L}{2} + \dfrac{1}{3} \times \dfrac{wL^2}{8EI} \times \dfrac{L}{2}$$

$$= \dfrac{7wL^3}{48EI}$$

11. 그림은 정사각형 단면을 갖는 단주에서 단면의 핵을 나타낸 것이다. x의 거리는?

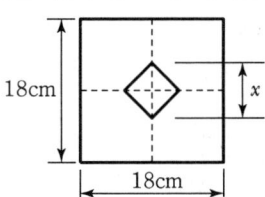

① 3cm   ② 4.5cm
③ 6cm   ④ 9cm

■해설

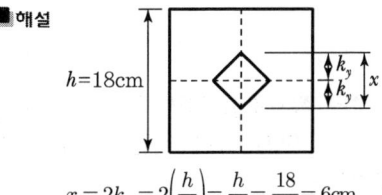

$$x = 2k_y = 2\left(\dfrac{h}{6}\right) = \dfrac{h}{3} = \dfrac{18}{3} = 6\text{cm}$$

|해답| 8.④ 9.① 10.③ 11.③

12. 그림과 같은 크레인의 D_1 부재의 부재력은?

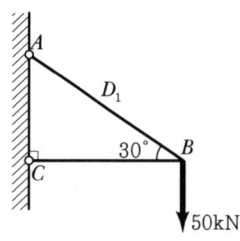

① 43kN ② 50kN
③ 75kN ④ 100kN

■해설

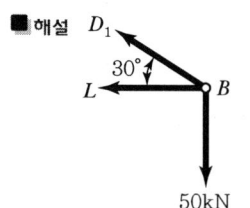

$\sum F_y = 0 (\uparrow \oplus)$

$D_1 \sin 30° - 50 = 0$

$D_1 = \dfrac{50}{\sin 30°} = \dfrac{50}{\left(\dfrac{1}{2}\right)} = 100\text{kN}$

13. 지름 50mm, 길이 2m의 봉을 길이방향으로 당겼더니 길이가 2mm 늘어났다면, 이때 봉의 지름은 얼마나 줄어드는가?(단, 이 봉의 푸아송비는 0.3이다.)

① 0.015mm ② 0.030mm
③ 0.045mm ④ 0.060mm

■해설

$\nu = -\dfrac{\left(\dfrac{\Delta D}{D}\right)}{\left(\dfrac{\Delta l}{l}\right)} = -\dfrac{l \cdot \Delta D}{D \cdot \Delta l}$

$\Delta D = -\dfrac{\nu \cdot D \cdot \Delta l}{l} = -\dfrac{0.3 \times 50 \times 2}{(2 \times 10^3)}$

$= -0.015\text{mm}(수축량)$

14. 그림과 같은 직사각형 단면의 보가 최대 휨모멘트 $M_{max} = 20\text{kN} \cdot \text{m}$를 받을 때 $a-a$ 단면의 휨응력은?

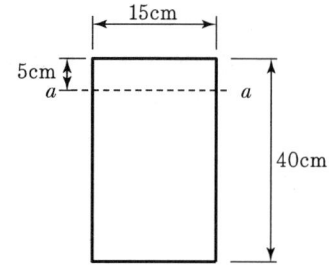

① 2.25MPa ② 3.75MPa
③ 4.25MPa ④ 4.65MPa

■해설 $I = \dfrac{bh^3}{12} = \dfrac{150 \times 400^3}{12} = 800 \times 10^6 \text{mm}^4$

$y = \dfrac{h}{2} - 50 = \dfrac{400}{2} - 50 = 150\text{mm}$

$\sigma_{a-a} = \dfrac{My}{I}$

$= \dfrac{(20 \times 10^6) \times 150}{(800 \times 10^6)} = 3.75\text{MPa}$

15. 그림과 같은 연속보에서 B점의 지점 반력은?

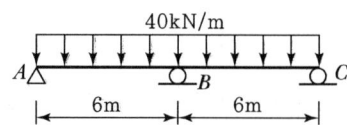

① 240kN ② 280kN
③ 300kN ④ 320kN

■해설 $R_B = \dfrac{5wl}{4} = \dfrac{5 \times 40 \times 6}{4} = 300\text{kN}$

16. 그림과 같은 도형에서 빗금 친 부분에 대한 x, y축의 단면상승모멘트(I_{xy})는?

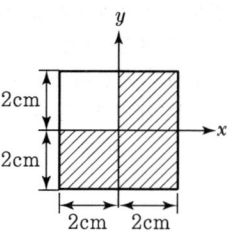

① 2cm⁴ ② 4cm⁴
③ 8cm⁴ ④ 16cm⁴

■해설

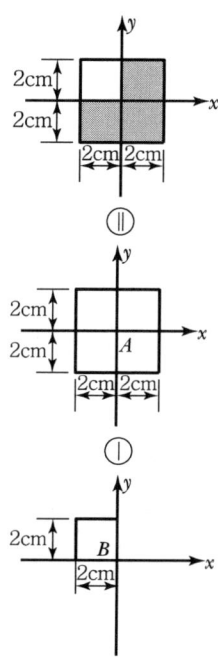

$I_{xy} = I_{xy(A)} - I_{xy(B)}$
$= 0 - \{(2 \times 2) \times (-1) \times (1)\} = 4 \text{cm}^4$

17. 길이가 3m이고, 가로 200mm, 세로 300mm인 직사각형 단면의 기둥이 있다. 지지상태가 양단 힌지인 경우 좌굴응력을 구하기 위한 이 기둥의 세장비는?

① 34.6　　② 43.3
③ 52.0　　④ 60.7

■해설
- $b \leq h$
- $r_{min} = \sqrt{\dfrac{I_{min}}{A}} = \sqrt{\dfrac{\left(\dfrac{hb^3}{12}\right)}{(bh)}} = \dfrac{b}{2\sqrt{3}} = \dfrac{200}{2\sqrt{3}}$
  $= 57.7 \text{mm}$
- $k = 1$ (양단 힌지인 경우)
- $\lambda = \dfrac{kl}{r_{min}} = \dfrac{1 \times (3 \times 10^3)}{57.7} = 52$

18. 그림과 같은 1/4 원 중에서 음영 부분의 도심까지 위치 y_O는?

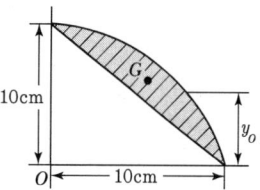

① 4.94cm　　② 5.20cm
③ 5.84cm　　④ 7.81cm

■해설　$G_x = G_x\left(\dfrac{1}{4}원\right) - G_x(삼각형)$

$\left(\dfrac{\pi r^2}{4} - \dfrac{r^2}{2}\right)y_O = \left(\dfrac{\pi r^2}{4}\right)\left(\dfrac{4r}{3\pi}\right) - \left(\dfrac{r^2}{2}\right)\left(\dfrac{r}{3}\right)$

$y_O = \dfrac{r}{3\left(\dfrac{\pi}{2}-1\right)} = \dfrac{10}{3\left(\dfrac{\pi}{2}-1\right)} = 5.84 \text{cm}$

19. 그림과 같은 3힌지 아치에서 B점의 수평반력(H_B)은?

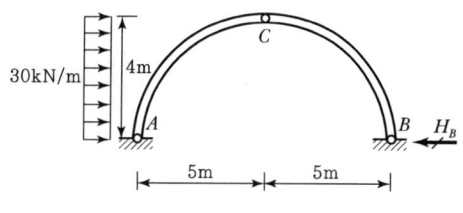

① 20kN　　② 30kN
③ 40kN　　④ 60kN

■해설　$\sum M_{\text{Ⓐ}} = 0(\curvearrowright \oplus)$
$(30 \times 4) \times 2 - V_B \times 10 = 0$
$V_B = 24 \text{kN}(\uparrow)$

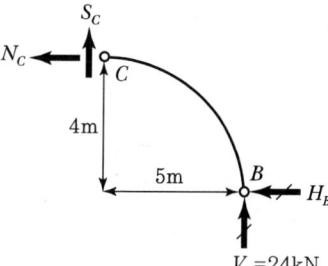

$\sum M_{\text{Ⓒ}} = 0(\curvearrowright \oplus)$
$H_B \times 4 - 24 \times 5 = 0$
$H_B = 30 \text{kN}(\leftarrow)$

20. 그림에서 합력 R과 P_1 사이의 각을 α라고 할 때 $\tan\alpha$를 나타낸 식으로 옳은 것은?

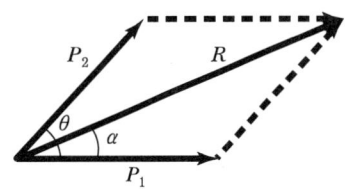

① $\tan\alpha = \dfrac{P_2\sin\theta}{P_1 + P_2\cos\theta}$

② $\tan\alpha = \dfrac{P_1\sin\theta}{P_1 + P_2\cos\theta}$

③ $\tan\alpha = \dfrac{P_2\cos\theta}{P_1 + P_2\sin\theta}$

④ $\tan\alpha = \dfrac{P_1\cos\theta}{P_1 + P_2\sin\theta}$

■해설

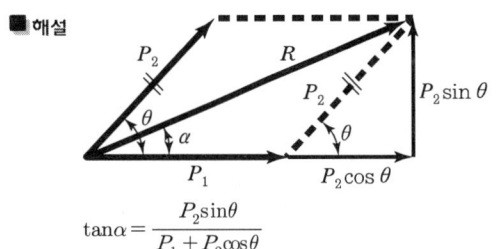

$\tan\alpha = \dfrac{P_2\sin\theta}{P_1 + P_2\cos\theta}$

제2과목 **측량학**

21. 그림과 같이 $\overparen{A_O B_O}$의 노선을 $e=10\text{m}$만큼 이동하여 내측으로 노선을 설치하고자 한다. 새로운 반지름 R_N은?(단, $R_O=200\text{m}$, $I=60°$)

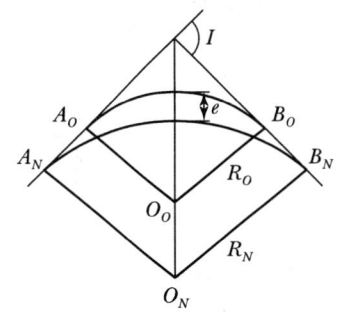

① 217.64m ② 238.26m
③ 250.50m ④ 264.64m

■해설
• 외활$(E_0) = R_0\left(\sec\dfrac{I}{2} - 1\right) = 200\left(\sec\dfrac{60°}{2} - 1\right)$
  $= 30.94\text{m}$
• $E_N = E_0 + 10\text{m} = 30.94 + 10 = 40.94\text{m}$
• $E_N = R_N\left(\sec\dfrac{I}{2} - 1\right)$
  $R_N = \dfrac{E_N}{\sec\dfrac{I}{2} - 1} = \dfrac{40.94}{\sec\dfrac{60°}{2} - 1} = 264.64\text{m}$

22. 하천측량에 대한 설명으로 옳지 않은 것은?

① 수위관측소 위치는 지천의 합류점 및 분류점으로서 수위의 변화가 일어나기 쉬운 곳이 적당하다.
② 하천측량에서 수준측량을 할 때의 거리표는 하천의 중심에 직각 방향으로 설치한다.
③ 심천측량은 하천의 수심 및 유수부분의 하저 상황을 조사하고 횡단면도를 제작하는 측량을 말한다.
④ 하천측량 시 처음에 할 일은 도상 조사로서 유로 상황, 지역면적, 지형, 토지이용 상황 등을 조사하여야 한다.

■해설 지천의 합류, 분류점에서 수위 변화가 없는 곳에 설치

23. 그림과 같이 곡선반지름 $R=500\text{m}$인 단곡선을 설치할 때 교점에 장애물이 있어 $\angle ACD=150°$, $\angle CDB=90°$, $CD=100\text{m}$를 관측하였다. 이때 C점으로부터 곡선의 시점까지의 거리는?

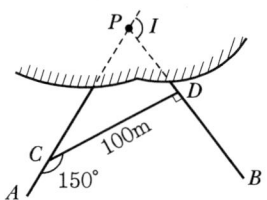

① 530.27m ② 657.04m
③ 750.56m ④ 796.09m

|해답| 20.① 21.④ 22.① 23.③

■해설
- 교각(I) = 90° + 30° = 120°

  $TL = R\tan\dfrac{I}{2} = 500 \times \tan\dfrac{120°}{2} = 866.03\text{m}$

- $\dfrac{100}{\sin 60°} = \dfrac{\overline{CP}}{\sin 90°}$

  $\overline{CP} = 115.47\text{m}$

- C점부터 곡선시점까지 거리
  $= TL - \overline{CP} = 866.03 - 115.47 = 750.56\text{m}$

24. 그림의 다각망에서 C점의 좌표는?(단, $\overline{AB}=\overline{BC}=100\text{m}$이다.)

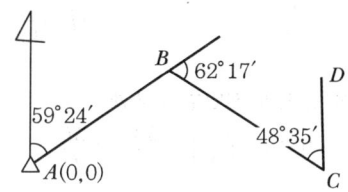

① $X_C = -5.31\text{m}$, $Y_C = 160.45\text{m}$
② $X_C = -1.62\text{m}$, $Y_C = 171.17\text{m}$
③ $X_C = -10.27\text{m}$, $Y_C = 89.25\text{m}$
④ $X_C = 50.90\text{m}$, $Y_C = 86.07\text{m}$

■해설
- 방위각 = 전측선의 방위각 ± 편각(우측 ⊕, 좌측 ⊖)
  $\overline{AB}$ 방위각 = 59°24′
  $\overline{BC}$ 방위각 = 59°24′ + 62°17′ = 121°41′

- 좌표
  B점의 위거(X_B)
  $= \overline{AB}\cos\alpha = 100 \times \cos 59°24′ = 50.90\text{m}$
  B점의 경거(Y_B)
  $= \overline{AB}\sin\alpha = 100 \times \sin 59°24′ = 86.07\text{m}$

- C점의 위거(X_C) $= X_B + \overline{BC}\cos\alpha$
  $= 50.90 + 100\cos 121°41′$
  $= -1.62\text{m}$

- C점의 경거(Y_C) $= Y_B + \overline{BC}\sin\alpha$
  $= 86.07 + 100\sin 121°41′$
  $= 171.17\text{m}$

25. 각관측 방법 중 배각법에 관한 설명으로 옳지 않은 것은?

① 방향각법에 비하여 읽기 오차의 영향을 적게 받는다.
② 수평각관측법 중 가장 정확한 방법으로 정밀한 삼각측량에 주로 이용된다.
③ 시준할 때의 오차를 줄일 수 있고 최소 눈금 미만의 정밀한 관측값을 얻을 수 있다.
④ 1개의 각을 2회 이상 반복 관측하여 관측한 각도의 평균을 구하는 방법이다.

■해설 수평각관측법 중 가장 정밀도가 높고 1등 삼각측량에 사용하는 방법은 각관측법이다.

26. 수준측량에서 시준거리를 같게 함으로써 소거할 수 있는 오차에 대한 설명으로 틀린 것은?

① 기포관축과 시준선이 평행하지 않을 때 생기는 시준선 오차를 소거할 수 있다.
② 지구곡률오차를 소거할 수 있다.
③ 표척 시준 시 초점나사를 조정할 필요가 없으므로 이로 인한 오차인 시준오차를 줄일 수 있다.
④ 표척의 눈금 부정확으로 인한 오차를 소거할 수 있다.

■해설 전·후시를 같게 하는 이유
- 레벨 조정 불완전으로 인한 시준축 오차 제거
- 구차의 소거 $\left(\dfrac{D^2}{2R}\right)$
- 기차의 소거 $\left(\dfrac{-kD^2}{2R}\right)$

27. 삼각측량을 위한 삼각점의 위치선정에 있어서 피해야 할 장소와 가장 거리가 먼 것은?

① 측표를 높게 설치해야 되는 곳
② 나무의 벌목면적이 큰 곳
③ 편심관측을 해야 되는 곳
④ 습지 또는 하상인 곳

|해답| 24.② 25.② 26.④ 27.③

■해설 삼각점의 위치
- 지반이 단단하고 견고한 곳
- 시통이 잘 되어야 하고 전망이 좋은 곳
  (후속측량)
- 평야, 산림지대는 시통을 위해 벌목이나 높은 측표작업이 필요하므로 작업이 곤란하다.

28. 폐합다각측량을 실시하여 위거오차 30cm, 경거오차 40cm를 얻었다. 다각측량의 전체 길이가 500m라면 다각형의 폐합비는?

① $\dfrac{1}{100}$ ② $\dfrac{1}{125}$
③ $\dfrac{1}{1,000}$ ④ $\dfrac{1}{1,250}$

■해설 폐합비 = $\dfrac{\text{폐합오차}}{\text{전측선의 길이}}$
$= \dfrac{E}{\sum L} = \dfrac{\sqrt{0.3^2 + 0.4^2}}{500} = \dfrac{1}{1,000}$

29. 직접고저측량을 실시한 결과가 그림과 같을 때, A점의 표고가 10m라면 C점의 표고는?(단, 그림은 개략도로 실제 치수와 다를 수 있음)

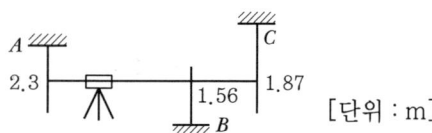

① 9.57m ② 9.66m
③ 10.57m ④ 10.66m

■해설 $H_C = H_A - 2.3 + 1.87 = 10 - 2.3 + 1.87 = 9.57\text{m}$

30. 하천측량에서 유속관측에 대한 설명으로 옳지 않은 것은?

① 유속계에 의한 평균유속 계산식은 1점법, 2점법, 3점법 등이 있다.
② 하천기울기(I)를 이용하여 유속을 구하는 식에는 Chezy식과 Manning식 등이 있다.
③ 유속관측을 위해 이용되는 부자는 표면부자, 2중부자, 봉부자 등이 있다.
④ 위어(Weir)는 유량관측을 위해 직접적으로 유속을 관측하는 장비이다.

■해설 위어에 의한 유량측정은 직접 유량측정법이다.

31. 직사각형의 두 변의 길이를 $\dfrac{1}{100}$ 정밀도로 관측하여 면적을 산출할 경우 산출된 면적의 정밀도는?

① $\dfrac{1}{50}$ ② $\dfrac{1}{100}$
③ $\dfrac{1}{200}$ ④ $\dfrac{1}{300}$

■해설 면적과 정밀도의 관계
정밀도 = $\left(\dfrac{1}{M}\right) = \dfrac{\Delta A}{A} = 2\dfrac{\Delta L}{L}$
$= 2 \times \dfrac{1}{100} = \dfrac{1}{50}$

32. 전자파 거리측량기로 거리를 측량할 때 발생되는 관측오차에 대한 설명으로 옳은 것은?

① 모든 관측오차는 거리에 비례한다.
② 모든 관측오차는 거리에 비례하지 않는다.
③ 거리에 비례하는 오차와 비례하지 않는 오차가 있다.
④ 거리가 어떤 길이 이상으로 커지면 관측오차가 상쇄되어 길이에 대한 영향이 없어진다.

■해설 EDM에 의한 거리관측오차
㉠ 거리 비례 오차
- 광속도 오차
- 광변조 주파수 오차
- 굴절률 오차
㉡ 거리에 비례하지 않는 오차
- 위상차 관측 오차
- 기계상수, 반사경상수 오차
- 편심으로 인한 오차

33. 토적곡선(Mass Curve)을 작성하는 목적으로 가장 거리가 먼 것은?

① 토량의 배분
② 교통량 산정
③ 토공기계의 선정
④ 토량의 운반거리 산출

■해설 토적곡선은 토공에 필요하며 토량의 배분, 토공기계 선정, 토량운반거리 산출에 쓰인다.

34. 지반의 높이를 비교할 때 사용하는 기준면은?

① 표고(Elevation)
② 수준면(Level Surface)
③ 수평면(Horizontal Plane)
④ 평균해수면(Mean Sea Level)

■해설 평균해수면은 표고의 기준이 되는 수준면이다.

35. 축척 1:50,000 지형도상에서 주곡선 간의 도상길이가 1cm이었다면 이 지형의 경사는?

① 4%   ② 5%
③ 6%   ④ 10%

■해설
- $\dfrac{1}{M} = \dfrac{도상거리}{실제거리}$
  실제거리(D) = 도상거리 × 50,000
  $= 0.01 \times 50,000 = 500\text{m}$
- 1/50,000 지도에서 주곡선 간격(H) : 20m
- 경사도(i) = $\dfrac{H}{D} \times 100 = \dfrac{20}{500} \times 100 = 4\%$

36. 노선설치에서 곡선반지름 R, 교각 I인 단곡선을 설치할 때 곡선의 중앙종거(M)를 구하는 식으로 옳은 것은?

① $M = R\left(\sec\dfrac{I}{2} - 1\right)$ ② $M = R\tan\dfrac{I}{2}$
③ $M = 2R\sin\dfrac{I}{2}$ ④ $M = R\left(1 - \cos\dfrac{I}{2}\right)$

■해설
- $M = R\left(1 - \cos\dfrac{I}{2}\right)$
- $E = R\left(\sec\dfrac{I}{2} - 1\right)$

37. 다음 우리나라에서 사용되고 있는 좌표계에 대한 설명 중 옳지 않은 것은?

우리나라의 평면직각좌표는 ㉠4개의 평면직각좌표계(서부, 중부, 동부, 동해)를 사용하고 있다. 각 좌표계의 ㉡원점은 위도 38° 선과 경도 125°, 127°, 129°, 131° 선의 교점에 위치하며, ㉢투영법은 TM(Transverse Mercator)을 사용한다. 좌표의 음수 표기를 방지하기 위해 ㉣횡좌표에 200,000m, 종좌표에 500,000m를 가산한 가좌표를 사용한다.

① ㉠   ② ㉡
③ ㉢   ④ ㉣

■해설 y방향 가상좌표(횡좌표)에 200,000m, x방향 가상좌표(종좌표)에 600,000m를 가산한다.

38. 그림과 같은 편심측량에서 $\angle ABC$는?(단, $\overline{AB} = 2.0\text{km}$, $\overline{BC} = 1.5\text{km}$, $e = 0.5\text{m}$, $t = 54°30'$, $\rho = 300°30'$)

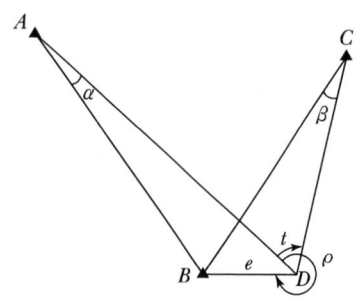

① 54°28′45″   ② 54°30′19″
③ 54°31′58″   ④ 54°33′14″

■해설 sine 정리 이용
- $\dfrac{2,000}{\sin(360° - 300°30')} = \dfrac{0.5}{\sin\alpha}$

  $\sin\alpha = \dfrac{0.5}{2,000} \times \sin(360° - 300°30')$

  $\alpha = \sin^{-1}\left[\left(\dfrac{0.5}{2,000}\right) \times \sin(360° - 300°30')\right]$

  $= 0°0'44.43''$

- $\dfrac{1{,}500}{\sin(360° - 300°30' + 54°30')} = \dfrac{0.5}{\sin\beta}$

  $\sin\beta = \dfrac{0.5}{1{,}500} \times \sin(360° - 300°30' + 54°30')$

  $\beta = \sin^{-1}\left[\left(\dfrac{0.5}{1{,}500}\right) \times \sin(360° - 300°30' + 54°30')\right]$
  $= 0°1'2.81''$

- $\angle ABC = t + \beta - \alpha$
  $= 54°31' + 0°1'2.81'' - 0°0'44.43''$
  $= 54°30'19''$

39. 지형의 표시방법 중 하천, 항만, 해안 측량 등에서 심천측량을 할 때 측점에 숫자로 기입하여 고저를 표시하는 방법은?

① 점고법 ② 음영법
③ 연선법 ④ 등고선법

■해설 점고법
- 표고를 숫자에 의해 표시한다.
- 해양, 항만, 하천 등의 지형도에 사용한다.

40. 다각측량에서 거리관측 및 각관측의 정밀도는 균형을 고려해야 한다. 거리관측의 허용오차가 ±1/10,000이라고 할 때, 각관측의 허용오차는?

① ±20″ ② ±10″
③ ±5″   ④ ±1′

■해설 $\dfrac{\Delta l}{l} = \dfrac{\theta''}{\rho''}$

$\theta'' = \dfrac{\Delta l}{l}\rho'' = \pm\dfrac{1}{10{,}000}206{,}265'' = \pm 20''$

제3과목 **수리수문학**

41. 그림과 같이 1m×1m×1m인 정육면체의 나무가 물에 떠 있을 때 부체(浮體)로서 상태로 옳은 것은?(단, 나무의 비중은 0.8이다.)

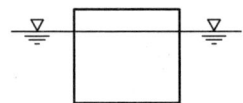

① 안정하다.   ② 불안정하다.
③ 중립상태다.   ④ 판단할 수 없다.

■해설 부체의 안정조건
㉠ 경심고 일반식을 이용하는 방법
- $\overline{MG} = \dfrac{I}{V} - \overline{GC}$
- $\dfrac{I}{V} > \overline{GC}$: 안정
- $\dfrac{I}{V} < \overline{GC}$: 불안정

㉡ 흘수의 산정
$W(무게) = B(부력)$
$\therefore\ 0.8 \times (1 \times 1 \times 1) = 1 \times (1 \times 1 \times h)$
$\therefore\ h = 0.8\text{m}$

㉢ 안정의 판별
$\dfrac{I}{V} - \overline{GC} = \dfrac{\frac{1 \times 1^3}{12}}{1 \times 1 \times 0.8} = 0.00417 > 0$
$\therefore\ 안정하다.$

42. 관의 마찰 및 기타 손실수두를 양정고의 10%로 가정할 경우 펌프의 동력을 마력으로 구하면? (단, 유량은 $Q = 0.07\text{m}^3/\text{s}$이며, 효율은 100%로 가정한다.)

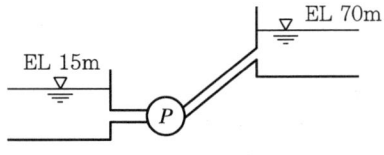

① 57.2HP   ② 48.0HP
③ 51.3HP   ④ 56.5HP

■해설 동력의 산정
㉠ 양수에 필요한 동력($H_e = h + \Sigma h_L$)
- $P = \dfrac{9.8QH_e}{\eta_1\eta_2}\ \text{kW}$
- $P = \dfrac{13.3QH_e}{\eta_1\eta_2}\ \text{HP}$

㉡ 양정고 및 손실의 산정
- 양정고 : 70 - 15 = 55m
- 손실의 산정 : 55 × 0.1 = 5.5m

㉢ 동력의 산정
$P = \dfrac{13.3QH_e}{\eta_1\eta_2} = \dfrac{13.3 \times 0.07 \times (55 + 5.5)}{1}$
$= 56.33\text{HP}$

43. 비피압대수층 내 지름 $D=2m$, 영향권의 반지름 $R=1,000m$, 원지하수의 수위 $H=9m$, 집수정의 수위 $h_o=5m$인 심정호의 양수량은?(단, 투수계수 $k=0.0038m/s$)

① $0.0415m^3/s$　② $0.0461m^3/s$
③ $0.0968m^3/s$　④ $1.8232m^3/s$

■해설 우물의 양수량
　㉠ 우물의 양수량

종류	내용
깊은 우물 (심정호)	우물의 바닥이 불투수층까지 도달한 우물을 말한다. $Q=\dfrac{\pi K(H^2-h_o^2)}{\ln(R/r_o)}=\dfrac{\pi K(H^2-h_o^2)}{2.3\log(R/r_o)}$
얕은 우물 (천정호)	우물의 바닥이 불투수층까지 도달하지 못한 우물을 말한다. $Q=4Kr_o(H-h_o)$
굴착정	피압대수층의 물을 양수하는 우물을 말한다. $Q=\dfrac{2\pi aK(H-h_o)}{\ln(R/r_o)}=\dfrac{2\pi aK(H-h_o)}{2.3\log(R/r_o)}$
집수 암거	복류수를 취수하는 우물을 말한다. $Q=\dfrac{Kl}{R}(H^2-h^2)$

　㉡ 심정호의 양수량 산정
　　$Q=\dfrac{\pi K(H^2-h_o^2)}{2.3\log(R/r_o)}=\dfrac{\pi \times 0.0038 \times (9^2-5^2)}{2.3\log(1,000/1)}$
　　$=0.0968m^3/s$

44. 지름 25cm, 길이 1m의 원주가 연직으로 물에 떠 있을 때, 물속에 가라앉은 부분의 길이가 90cm라면 원주의 무게는?(단, 무게 1kgf = 9.8N)

① 253N　② 344N
③ 433N　④ 503N

■해설 부체의 평형조건
　㉠ 부체의 평형조건
　　・W(무게) $= B$(부력)
　　・$w \cdot V = w_w \cdot V'$
　　여기서, w : 물체의 단위중량
　　　　　　V : 부체의 체적
　　　　　　w_w : 물의 단위중량
　　　　　　V' : 물에 잠긴 만큼의 체적

　㉡ 원주의 무게
　　$W = w_w \cdot V' = 1 \times \left(\dfrac{\pi \times 0.25^2}{4} \times 0.9\right)$
　　$= 0.04416t = 44.16kg \times 9.8 = 433N$

45. 폭이 50m인 직사각형 수로의 도수 전 수위 $h_1=3m$, 유량 $Q=2,000m^3/s$일 때 대응수심은?

① 1.6m
② 6.1m
③ 9.0m
④ 도수가 발생하지 않는다.

■해설 도수
　㉠ 흐름이 사류(射流)에서 상류(常流)로 바뀔 때 표면에 소용돌이가 발생하면서 수심이 급격하게 증가하는 현상을 도수라 한다.
　㉡ 도수 후의 수심
　　・$h_2 = -\dfrac{h_1}{2} + \dfrac{h_1}{2}\sqrt{1+8F_{r1}^2}$
　　　$= -\dfrac{3}{2} + \dfrac{3}{2}\sqrt{1+8\times 2.45^2} = 9.0m$
　　・$F_{r1} = \dfrac{V_1}{\sqrt{gh_1}} = \dfrac{13.3}{\sqrt{9.8\times 3}} = 2.45$
　　・$V = \dfrac{Q}{A} = \dfrac{2,000}{50\times 3} = 13.3m/sec$

46. 배수면적이 500ha, 유출계수가 0.70인 어느 유역에 연평균강우량이 1,300mm 내렸다. 이때 유역 내에서 발생한 최대유출량은?

① $0.1443m^3/s$　② $12.64m^3/s$
③ $14.43m^3/s$　④ $1,264m^3/s$

■해설 합리식을 이용한 우수유출량의 산정
　㉠ 합리식
　　$Q = \dfrac{1}{360}CIA$
　　여기서, Q : 우수량(m^3/sec)
　　　　　　C : 유출계수(무차원)
　　　　　　I : 강우강도(mm/hr)
　　　　　　A : 유역면적(ha)
　㉡ 우수유출량의 산정
　　강우강도의 산정
　　$I = \dfrac{1,300}{365\times 24} = 0.1484mm/hr$

|해답| 43.③　44.③　45.③　46.①

$$\therefore Q = \frac{1}{360}CIA = \frac{1}{360} \times 0.7 \times 0.1484 \times 500$$
$$= 0.1443 \text{m}^3/\text{sec}$$

47. 그림과 같은 개수로에서 수로경사 $S_0 = 0.001$, Manning의 조도계수 $n = 0.002$일 때 유량은?

① 약 150m³/s
② 약 320m³/s
③ 약 480m³/s
④ 약 540m³/s

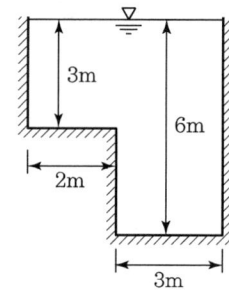

■해설 수리학적 유리한 단면
㉠ Manning 공식
$$V = \frac{1}{n} R^{\frac{2}{3}} I^{\frac{1}{2}}$$
여기서, n : 조도계수 R : 경심 $\left(\frac{A}{P}\right)$
I : 동수경사
㉡ 면적의 산정
$A_1 = 2 \times 3 = 6\text{m}^2$
$A_2 = 3 \times 6 = 18\text{m}^2$
$\therefore A = A_1 + A_2 = 6 + 18 = 24\text{m}^2$
㉢ 경심의 산정
$R = \frac{A}{P} = \frac{24}{3+2+3+3+6} = 1.412\text{m}$
㉣ 유량의 산정
$$Q = AV = A\frac{1}{n}R^{\frac{2}{3}}I^{\frac{1}{2}}$$
$$= 24 \times \frac{1}{0.002} \times 1.412^{\frac{2}{3}} \times 0.001^{\frac{1}{2}}$$
$$= 477.6\text{m}^3/\text{s}$$

48. 20℃에서 지름 0.3mm인 물방울이 공기와 접하고 있다. 물방울 내부의 압력이 대기압보다 10 gf/cm²만큼 크다고 할 때 표면장력의 크기를 dyne/cm로 나타내면?

① 0.075
② 0.75
③ 73.50
④ 75.0

■해설 표면장력
㉠ 유체입자 간의 응집력으로 인해 그 표면적을 최소화시키려는 힘을 표면장력이라 한다.
$$T = \frac{PD}{4}$$
여기서, T : 표면장력, P : 물방울 압력차
D : 물방울 지름
㉡ 표면장력의 산정
$$T = \frac{PD}{4} = \frac{10 \times 0.03}{4}$$
$$= 0.075\text{g/cm} \times 980 = 73.5\text{dyne/cm}$$
1g = 980dyne

49. 수조에서 수면으로부터 2m의 깊이에 있는 오리피스의 이론 유속은?

① 5.26m/s
② 6.26m/s
③ 7.26m/s
④ 8.26m/s

■해설 오리피스의 유속
㉠ 토리첼리 정리는 베르누이 정리를 이용하여 오리피스를 통과하는 유속을 구하는 식을 유도하였다.
$V = \sqrt{2gh}$
㉡ 유속의 산정
$V = \sqrt{2gh} = \sqrt{2 \times 9.8 \times 2} = 6.26\text{m/s}$

50. 수심이 10cm, 수로 폭이 20cm인 직사각형 개수로에서 유량 $Q = 80\text{cm}^3/\text{s}$가 흐를 때 동점성계수 $v = 1.0 \times 10^{-2}\text{cm}^2/\text{s}$이면 흐름은?

① 난류, 사류
② 층류, 사류
③ 난류, 상류
④ 층류, 상류

■해설 흐름의 상태
㉠ 층류와 난류
$$R_e = \frac{VD}{\nu}$$
여기서, V : 유속, D : 관의 직경
ν : 동점성계수
• $R_e < 2,000$: 층류
• $2,000 < R_e < 4,000$: 천이영역
• $R_e > 4,000$: 난류

|해답| 47.③ 48.③ 49.② 50.④

ⓒ 상류(常流)와 사류(射流)

$$F_r = \frac{V}{C} = \frac{V}{\sqrt{gh}}$$

여기서, V : 유속, C : 파의 전달속도
- $F_r < 1$: 상류
- $F_r > 1$: 사류
- $F_r = 1$: 한계류

ⓒ 층류와 난류의 계산
- 속도 : $V = \frac{Q}{A} = \frac{80}{20 \times 10} = 0.4 \text{cm/s}$
- 원형관의 경심 : $R = \frac{D}{4}$

  $\therefore D = 4R = 4 \times 5 = 20 \text{cm}$
- 직사각형 단면의 경심의 산정

  $R = \frac{A}{P} = \frac{20 \times 10}{20 + 2 \times 10} = 5 \text{cm}$
- 직사각형 단면의 Reynolds Number

  $R_e = \frac{V \times 4R}{\nu} = \frac{0.4 \times 20}{1.0 \times 10^{-2}} = 800$

  $\therefore$ 층류

ⓔ 상류와 사류의 계산

$$F_r = \frac{V}{\sqrt{gh}} = \frac{0.4}{\sqrt{980 \times 10}} = 4.04 \times 10^{-3}$$

$\therefore$ 상류

51. 방파제 건설을 위한 해안지역의 수심이 5.0m, 입사파랑의 주기가 14.5초인 장파(Long Wave)의 파장(Wave Length)은?(단, 중력가속도 $g = 9.8 \text{m/s}^2$)

① 49.5m   ② 70.5m
③ 101.5m ④ 190.5m

■해설 장파의 파장
ⓐ 파의 분류는 수심과 파장의 비에 따라 천해파(장파), 심해파, 중간수심파로 나눈다.
ⓑ 장파의 파장

$L = T\sqrt{gh}$

여기서, L : 파장(m), T : 주기(sec)
h : 수심(m)

ⓒ 파장의 산정

$L = T\sqrt{gh} = 14.5 \times \sqrt{9.8 \times 5} = 101.5 \text{m}$

52. 수중오리피스(Orifice)의 유속에 관한 설명으로 옳은 것은?

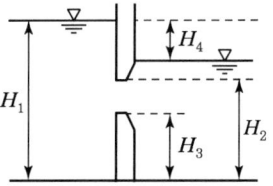

① H_1이 클수록 유속이 빠르다.
② H_2가 클수록 유속이 빠르다.
③ H_3이 클수록 유속이 빠르다.
④ H_4가 클수록 유속이 빠르다.

■해설 수중오리피스
수중오리피스의 유속
$V = \sqrt{2gH}$
$H = H_1 - H_2 = H_4$
여기서, H_1 : 상류수심, H_2 : 하류수심
$\therefore$ 수중오리피스의 유속은 H_4가 클수록 빠르다.

53. 누가우량곡선(Rainfall Mass Curve)의 특성으로 옳은 것은?

① 누가우량곡선의 경사가 클수록 강우강도가 크다.
② 누가우량곡선의 경사는 지역에 관계없이 일정하다.
③ 누가우량곡선으로부터 일정기간 내의 강우량을 산출하는 것은 불가능하다.
④ 누가우량곡선은 자기우량기록에 의하여 작성하는 것보다 보통우량계의 기록에 의하여 작성하는 것이 더 정확하다.

■해설 누가우량곡선
ⓐ 정의
자기우량계의 관측으로 시간에 대한 누가 강우량 기록으로 누가우량곡선을 제공한다.
ⓑ 특징
- 곡선의 경사가 클수록 강우강도가 크다.
- 곡선의 경사가 없으면 무강우 처리한다.
- 곡선만으로 일정기간 강우량의 산정이 가능하다.
- 누가우량곡선은 지역에 따른 강우의 기록으로 지역에 따라 그 값이 다르다.

54. 그림과 같은 유역(12km×8km)의 평균강우량을 Thiessen 방법으로 구한 값은?(단, 작은 삼각형은 2km×2km의 정사각형으로서 모두 크기가 동일하다.)

관측점	1	2	3	4
강우량(mm)	140	130	110	100

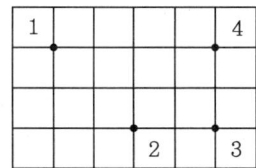

① 120mm ② 123mm
③ 125mm ④ 130mm

■해설 유역의 평균우량 산정법
  ㉠ 유역의 평균우량 산정공식

종류	적용
산술평균법	유역면적 500km² 이내에 적용 $P_m = \dfrac{1}{N}\sum_{i=1}^{N} P_i$
Thiessen법	유역면적 500~5,000km² 이내에 적용 $P_m = \dfrac{\sum_{i=1}^{N} A_i P_i}{\sum_{i=1}^{N} A_i}$
등우선법	산악의 영향이 고려되고, 유역면적 5,000km² 이상인 곳에 적용 $P_m = \dfrac{\sum_{i=1}^{N} A_i P_i}{\sum_{i=1}^{N} A_i}$

  ㉡ Thiessen법에 의한 각 관측소의 지배면적의 산정
   • 1번 관측소 : 작은 사각형 8개로 32m²
   • 2번 관측소 : 작은 사각형 6개로 24m²
   • 3번 관측소 : 작은 사각형 4개로 16m²
   • 4번 관측소 : 작은 사각형 6개로 24m²
  ㉢ Thiessen법에 의한 유역의 평균강우량 산정

$$P_m = \dfrac{\sum_{i=1}^{N} A_i P_i}{\sum_{i=1}^{N} A_i} = \dfrac{(32\times140)+(24\times130)+(16\times110)+(24\times100)}{32+24+16+24}$$

$$= 122.5\text{mm}$$

55. Hardy-Cross의 관망계산 시 가정조건에 대한 설명으로 옳은 것은?

① 합류점에 유입하는 유량은 그 점에서 1/2만 유출된다.
② 각 분기점에 유입하는 유량은 그 점에서 정지하지 않고 전부 유출한다.
③ 폐합관에서 시계방향 또는 반시계방향으로 흐르는 관로의 손실수두의 합은 0이 될 수 없다.
④ Hardy-Cross 방법은 관경에 관계없이 관수로의 분할 개수에 의해 유량 분배를 하면 된다.

■해설 관망의 해석
  ㉠ 관수로 관망을 해석하는 방법에는 Hardy-Cross의 시행착오법과 등치관법이 있다.
  ㉡ Hardy-Cross의 시행착오법을 적용하기 위해서 다음의 가정을 따른다.
   • 각 관에 유입된 유량은 그 관에 정지하지 않고 모두 유출된다.
   • 각 폐합관의 손실수두의 합은 0이다.
   • 마찰 이외의 손실은 무시한다.

56. 정상적인 흐름에서 1개 유선상의 유체입자에 대하여 그 속도수두를 $\dfrac{V^2}{2g}$, 위치수두를 Z, 압력수두를 $\dfrac{P}{\gamma_o}$라 할 때 동수경사는?

① $\dfrac{P}{\gamma_o}+Z$를 연결한 값이다.
② $\dfrac{V^2}{2g}+Z$를 연결한 값이다.
③ $\dfrac{V^2}{2g}+\dfrac{P}{\gamma_o}$를 연결한 값이다.
④ $\dfrac{V^2}{2g}+\dfrac{P}{\gamma_o}+Z$를 연결한 값이다.

■해설 동수경사선과 에너지선
  ㉠ 동수경사선
   위치수두(z)와 압력수두($\dfrac{p}{w}$)를 합한 점을 연결한 선을 동수경사선이라고 한다.
   ∴ $Z+\dfrac{p}{w}$

ⓛ 에너지선

위치수두(z), 압력수두($\frac{p}{w}$), 속도수두($\frac{v^2}{2g}$)를 합한 점을 연결한 선을 에너지선이라고 한다.

∴ $Z + \frac{p}{w} + \frac{V^2}{2g}$

57. 아래 그림과 같이 지름 10cm인 원 관이 지름 20cm로 급확대되었다. 관의 확대 전 유속이 4.9m/s라면 단면 급확대에 의한 손실수두는?

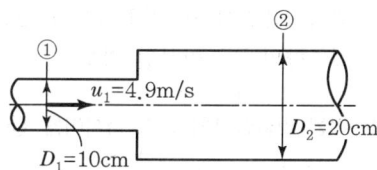

① 0.69m ② 0.96m
③ 1.14m ④ 2.45m

■해설 ⓐ 급확대 손실수두

$$h_{se} = f_{se}\frac{V_1^2}{2g}$$

$$f_{se} = \left(1 - \frac{A_1}{A_2}\right)^2$$

여기서, h_{se} : 급확대 손실수두
f_{se} : 급확대 손실계수
A_1, V_1 : 확대 전의 단면적 · 유속
A_2 : 확대 후의 단면적

ⓑ 손실수두의 산정

$$f_{se} = \left(1 - \frac{A_1}{A_2}\right)^2 = \left(1 - \frac{0.1^2}{0.2^2}\right)^2 = 0.5625$$

$$h_{se} = f_{se}\frac{V_1^2}{2g} = 0.5625 \times \frac{4.9^2}{2 \times 908} = 0.69\text{m}$$

58. 왜곡모형에서 Froude 상사법칙을 이용하여 물리량을 표시한 것으로 틀린 것은?(단, X_r은 수평축척비, Y_r은 연직축척비이다.)

① 시간비 : $T_r = \frac{X_r}{Y_r^{1/2}}$

② 경사비 : $S_r = \frac{Y_r}{X_r}$

③ 유속비 : $V_r = \sqrt{Y_r}$

④ 유량비 : $Q_r = X_r Y_r^{5/2}$

■해설 왜곡모형
ⓐ 자연하천의 폭은 수심에 비해 대단히 크므로 왜곡되지 않는 축척으로 모형을 제작하면 모형에서의 측정을 위해 수심을 적절히 유지해야 하기 때문에 모형이 너무 커지게 된다. 결과적으로 모형과 하천의 흐름특성이 다르게 되는 문제점이 발생하게 된다. 따라서 왜곡모형을 적용하여야 한다.

ⓑ 왜곡모형의 Froude 모형법칙

• 시간비 : $T_r = \frac{X_r}{Y_r^{\frac{1}{2}}}$

• 경사비 : $S_r = \frac{Y_r}{X_r}$

• 유속비 : $V_r = \sqrt{Y_r}$

• 유량비 : $Q_r = X_r Y_r^{\frac{3}{2}}$

59. 관의 지름이 각각 3m, 1.5m인 서로 다른 관이 연결되어 있을 때, 지름 3m 관내에 흐르는 유속이 0.03m/s라면 지름 1.5m 관내에 흐르는 유량은?

① 0.157m³/s ② 0.212m³/s
③ 0.378m³/s ④ 0.540m³/s

■해설 연속방정식
ⓐ 연속방정식
$Q = A_1 V_1 = A_2 V_2$ (체적유량)

ⓑ 유량의 산정

$$Q = A_1 V_1 = A_2 V_2 = \frac{3.14 \times 3^2}{4} \times 0.03$$
$$= 0.212\text{m}^3/s$$

60. 홍수유출에서 유역면적이 작으면 단시간의 강우에, 면적이 크면 장시간의 강우에 문제가 발생한다. 이와 같은 수문학적 인자 사이의 관계를 조사하는 DAD 해석에 필요 없는 인자는?

① 강우량 ② 유역면적
③ 증발산량 ④ 강우지속시간

■해설 DAD 해석
  ㉠ DAD(Rainfall Depth-Area-Duration) 해석은 최대평균우량깊이(강우량), 유역면적, 강우지속시간 간 관계의 해석을 말한다.

구성	특징
용도	암거의 설계나 지하수 흐름에 대한 하천 수위의 시간적 변화의 영향 등에 사용
구성	최대평균우량깊이(Rainfall Depth), 유역면적(Area), 지속시간(Duration)으로 구성
방법	면적을 대수 축에, 최대우량을 산술 축에, 지속시간을 제3의 변수로 표시

  ㉡ DAD곡선 작성순서
   • 누가우량곡선으로부터 지속시간별 최대우량을 결정한다.
   • 소구역에 대한 평균누가우량을 결정한다.
   • 누가면적에 대한 평균누가우량을 산정한다.
   • 지속시간에 대한 최대우량깊이를 누가면적별로 결정한다.
   ∴ DAD 해석의 구성요소는 강우깊이 - 유역면적 - 강우지속기간이다.

제4과목 철근콘크리트 및 강구조

61. 다음 중 용접부의 결함이 아닌 것은?
  ① 오버랩(Overlap)   ② 언더컷(Undercut)
  ③ 스터드(Stud)   ④ 균열(Crack)

■해설 스터드(Stud)는 강재와 콘크리트가 일체가 될 수 있도록 강재보의 상부 플랜지에 용접한 볼트 모양의 전단연결재이다.

62. 철근의 겹침이음에서 A급 이음의 조건에 대한 설명으로 옳은 것은?
  ① 배근된 철근량이 이음부 전체 구간에서 해석결과 요구되는 소요철근량의 2배 이상이고 소요 겹침이음길이 내 겹침이음된 철근량이 전체 철근량의 1/2 이하인 경우
  ② 배근된 철근량이 이음부 전체 구간에서 해석결과 요구되는 소요철근량의 1.5배 이상이고 소요 겹침이음길이 내 겹침이음된 철근량이 전체 철근량의 1/2 이상인 경우
  ③ 배근된 철근량이 이음부 전체 구간에서 해석결과 요구되는 소요철근량의 2배 이상이고 소요 겹침이음길이 내 겹침이음된 철근량이 전체 철근량의 1/3 이하인 경우
  ④ 배근된 철근량이 이음부 전체 구간에서 해석결과 요구되는 소요철근량의 1.5배 이상이고 소요 겹침이음길이 내 겹침이음된 철근량이 전체 철근량의 1/3 이상인 경우

■해설 이형 인장철근의 최소 겹침이음 길이
  ① A급 이음 : $1.0l_d \left(\dfrac{배근 A_s}{소요 A_s} \geq 2 \text{이고,} \right.$
      $\left. \dfrac{겹침이음 A_s}{전체 A_s} \leq \dfrac{1}{2} \text{인 경우} \right)$
  ② B급 이음 : $1.3l_d$ (A급 이음 이외의 경우)
  ③ 최소 겹침이음 길이는 300mm 이상이어야 하며, l_d는 정착길이로서 $\dfrac{소요 A_s}{배근 A_s}$의 보정계수는 적용되지 않는다.

63. 깊은 보의 전단 설계에 대한 구조세목의 설명으로 틀린 것은?
  ① 휨인장철근과 직각인 수직전단철근의 단면적 A_v로 $0.0025b_w s$ 이상으로 하여야 한다.
  ② 휨인장철근과 직각인 수직전단철근의 간격 s를 $d/5$ 이하, 또한 300mm 이하로 하여야 한다.
  ③ 휨인장철근과 평행한 수평전단철근의 단면적 A_{vh}를 $0.0015b_w s_h$ 이상으로 하여야 한다.
  ④ 휨인장철근과 평행한 수평전단철근의 간격 s_h를 $d/4$ 이하, 또한 350mm 이하로 하여야 한다.

■해설 깊은 보의 전단철근
  1. 최소 전단철근량
     ① 수직전단철근 : $A_v \geq 0.0025 b_w s$
     ② 수평전단철근 : $A_{vh} \geq 0.0015 b_w s_h$
  2. 전단철근의 간격
     ① 수직전단철근 : $s \leq \dfrac{d}{5}$ 또한 $s \leq 300\text{mm}$
     ② 수평전단철근 : $s_h \leq \dfrac{d}{5}$ 또한 $s_h \leq 300\text{mm}$

64. 아래 그림과 같은 단면을 가지는 직사각형 단철근 보의 설계휨강도를 구할 때 사용되는 강도감소계수(ϕ) 값은 약 얼마인가?(단, A_s=3,176mm², f_{ck}=38MPa, f_y=400MPa)

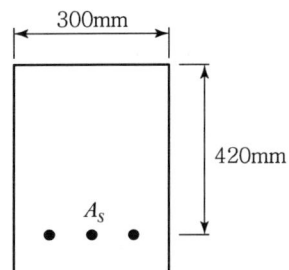

① 0.731　　　　② 0.764
③ 0.817　　　　④ 0.834

■해설 1. ε_t 결정
- $a = \dfrac{f_y A_s}{0.85 f_{ck} b} = \dfrac{400 \times 3{,}176}{0.85 \times 38 \times 300} = 131.1\text{mm}$
- $\beta_1 = 0.85 - 0.007(f_{ck}-28)$
  $= 0.85 - 0.007(38-28) = 0.78$
- $\varepsilon_t = \dfrac{d_t \beta_1 - a}{a}\varepsilon_c$
  $= \dfrac{420 \times 0.78 - 131.1}{131.1} \times 0.003 = 0.0045$

2. 단면구분
- f_y=400MPa인 경우, ε_y와 $\varepsilon_{t.l}$ 값
- $\varepsilon_y = \dfrac{f_y}{E_S} = \dfrac{400}{2 \times 10^5} = 0.002$
- $\varepsilon_{t.l} = 0.005$
- $\varepsilon_y < \varepsilon_t < \varepsilon_{t.l}$이므로 변화구간단면

3. 강도감소계수
- $\phi_c = 0.65$(나선철근으로 보강되지 않은 경우)
- $\phi = 0.85 - \dfrac{\varepsilon_{t.l} - \varepsilon_t}{\varepsilon_{t.l} - \varepsilon_y}(0.85 - \phi_c)$
  $= 0.85 - \dfrac{0.005 - 0.0045}{0.005 - 0.002}(0.85 - 0.65)$
  $= 0.817$

65. 프리스트레스트 콘크리트의 원리를 설명하는 개념 중 아래의 표에서 설명하는 개념은?

> PSC 보를 RC 보처럼 생각하여, 콘크리트는 압축력을 받고 긴장재는 인장력을 받게 하여 두 힘의 우력 모멘트로 외력에 의한 휨모멘트에 저항시킨다는 개념

① 균등질 보의 개념　② 하중평형의 개념
③ 내력 모멘트의 개념　④ 허용응력의 개념

■해설 PSC 보를 RC 보와 같이 생각하여, 콘크리트는 압축력을 받고 긴장재는 인장력을 받게 하여 두 힘의 우력이 외력에 의한 휨모멘트에 저항시킨다는 개념을 내력모멘트 개념 또는 강도 개념이라고 한다.

66. 그림의 보에서 계수전단력 V_u=262.5kN에 대한 가장 적당한 스터럽 간격은?(단, 사용된 스터럽은 D13 철근이다. 철근 D13의 단면적은 127mm², f_{ck}=24MPa, f_{yt}=350MPa이다.)

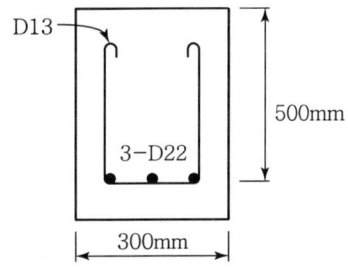

① 125mm　　　　② 195mm
③ 210mm　　　　④ 250mm

■해설
- $V_u = 262.5\text{kN}$
- $V_c = \dfrac{1}{6}\lambda\sqrt{f_{ck}}\,b_d = \dfrac{1}{6} \times 1 \times \sqrt{24} \times 300 \times 500$
  $= 122.5 \times 10^3 \text{N} = 122.5\text{kN}$
- $V_s = \dfrac{V_u - \phi V_c}{\phi}$
  $= \dfrac{262.5 - 0.75 \times 122.5}{0.75} = 227.5\text{kN}$
- $\dfrac{1}{3}\lambda\sqrt{f_{ck}}\,bd = 2V_c = 2 \times 122.5 = 245\text{kN}$
- $V_s(=227.5\text{kN}) < \dfrac{1}{3}\lambda\sqrt{f_{ck}}\,bd(=245\text{kN})$이므로 전단철근 간격 S는 다음 값 이하라야 한다.
  ① $S \leq \dfrac{d}{2} = \dfrac{500}{2} = 250\text{mm}$
  ② $S \leq 600\text{mm}$
  ③ $S \leq \dfrac{A_v f_y d}{V_s} = \dfrac{(2 \times 127) \times 350 \times 500}{227.5 \times 10^3}$
  $= 195.4\text{mm}$

따라서 전단철근 간격 S는 위 값 중에서 최솟값인 195.4mm 이하라야 한다.

67. $A_s' = 1,500mm^2$, $A_s = 1,800mm^2$로 배근된 그림과 같은 복철근 보의 순간처짐이 10mm일 때, 5년 후 지속하중에 의해 유발되는 장기처짐은?

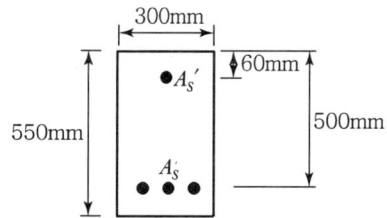

① 14.1mm ② 13.3mm
③ 12.7mm ④ 11.5mm

■해설 $\xi = 2.0$ (하중 재하기간이 5년 이상인 경우)

$$\rho' = \frac{A_s'}{bd} = \frac{1,500}{300 \times 500} = 0.01$$

$$\lambda = \frac{\xi}{1+50\rho'} = \frac{2.0}{1+(50\times 0.01)} = 1.33$$

$$\delta_L = \lambda \cdot \delta_i = 1.33 \times 10 = 13.3mm$$

68. 강도설계법의 설계가정으로 틀린 것은?

① 콘크리트의 인장강도는 철근콘크리트 부재 단면의 휨강도 계산에서 무시할 수 있다.
② 콘크리트의 변형률은 중립축부터 거리에 비례한다.
③ 콘크리트의 압축응력의 크기는 $0.80f_{ck}$로 균등하고, 이 응력은 최대 압축변형률이 발생하는 단면에서 $a = \beta_1 c$까지의 부분에 등분포한다.
④ 사용 철근의 응력이 설계기준항복도 f_y 이하일 때 철근의 응력은 그 변형률에 E_s를 곱한 값으로 취한다.

■해설 콘크리트의 압축응력의 크기는 $0.85f_{ck}$로 균등하고, 이 응력은 최대 압축변형률이 발생하는 단면에서 $a = \beta_1 c$까지의 부분에 등분포한다.

69. 2방향 슬래브 직접설계법의 제한사항으로 틀린 것은?

① 각 방향으로 3경간 이상 연속되어야 한다.
② 슬래브 판들은 단변 경간에 대한 장변 경간의 비가 2 이하인 직사각형이어야 한다.
③ 각 방향으로 연속한 받침부 중심 간 경간 차이는 긴 경간의 1/3 이하이어야 한다.
④ 연속한 기둥 중심선을 기준으로 기둥의 어긋남은 그 방향 경간의 20% 이하이어야 한다.

■해설 2방향 슬래브의 설계에서 직접설계법을 적용할 경우, 연속한 기둥 중심선으로부터 기둥의 이탈은 이탈 방향 경간의 최대 10%까지 허용한다.

70. 콘크리트 속에 묻혀 있는 철근이 콘크리트와 일체가 되어 외력에 저항할 수 있는 이유로 틀린 것은?

① 철근과 콘크리트 사이의 부착강도가 크다.
② 철근과 콘크리트의 탄성계수가 거의 같다.
③ 콘크리트 속에 묻힌 철근은 부식하지 않는다.
④ 철근과 콘크리트의 열팽창계수가 거의 같다.

■해설 철근콘크리트의 성립 요건
① 콘크리트리와 철근 사이의 부착강도가 크다.
② 콘크리트와 철근의 열팽창계수가 거의 같다.
$$\begin{cases} \alpha_c = (1.0 \sim 1.3) \times 10^{-5} (/℃) \\ \alpha_s = 1.2 \times 10^{-5} (/℃) \end{cases}$$
③ 콘크리트 속에 묻힌 철근은 부식되지 않는다.

71. 균형철근량보다 적고 최소철근량보다 많은 인장철근을 가진 과소철근 보가 휨에 의해 파괴될 때의 설명으로 옳은 것은?

① 인장측 철근이 먼저 항복한다.
② 압축측 콘크리트가 먼저 파괴된다.
③ 압축측 콘크리트와 인장측 철근이 동시에 항복한다.
④ 중립축이 인장측으로 내려오면서 철근이 먼저 파괴된다.

■해설 과소철근 보는 압축측 콘크리트의 변형률이 0.003에 도달하기 전에 인장측 철근이 먼저 항복한다.

72. 순단면이 볼트의 구멍 하나를 제외한 단면(즉, $A-B-C$ 단면)과 같도록 피치(s)를 결정하면?(단, 구멍의 직경은 22mm이다.)

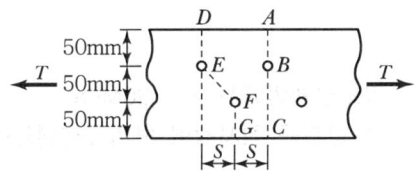

① 114.9mm ② 90.6mm
③ 66.3mm   ④ 50mm

■해설 $d_h = \phi + 3 = 22\text{mm}$
$b_{n1} = b_g - d_h$
$b_{n2} = b_g - 2d_h + \dfrac{s^2}{4g}$
$b_{n1} = b_{n2}$
$b_g - d_h = b_g - 2d_h + \dfrac{s^2}{4g}$
$s = \sqrt{4gd_h} = \sqrt{4 \times 50 \times 22} = 66.3\text{mm}$

73. 보의 경간이 10m이고, 양쪽 슬래브의 중심 간 거리가 2.0m인 대칭형 T형 보에 있어서 플랜지 유효폭은?(단, 부재의 복부폭(b_w)은 500mm, 플랜지의 두께(t_f)는 100mm이다.)

① 2,000mm ② 2,100mm
③ 2,500mm ④ 3,000mm

■해설 T형 보(대칭 T형 보)의 플랜지 유효폭(b_e)
① $16t_f + b_w = (16 \times 100) + 500 = 2,100\text{mm}$
② 양쪽 슬래브의 중심 간 거리
   $= 2 \times 10^3 = 2,000\text{mm}$
③ 보 경간의 $\dfrac{1}{4} = \dfrac{10 \times 10^3}{4} = 2,500\text{mm}$
위 값 중에서 최솟값을 취하면 $b_e = 2,000\text{mm}$ 이다.

74. PS강재를 포물선으로 배치한 PSC 보에서 상향의 등분포력(u)의 크기는 얼마인가?(단, P=2,600kN, 단면의 폭(b)은 50cm, 높이(h)는 80cm, 지간 중앙에서 PS강재의 편심(s)은 20cm이다.)

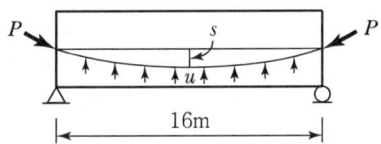

① 8.50kN/m   ② 16.25kN/m
③ 19.65kN/m ④ 35.60kN/m

■해설 $u = \dfrac{8PS}{l^2} = \dfrac{8 \times 2,600 \times 0.2}{16^2} = 16.25\text{kN/m}$

75. 아래 그림과 같은 독립확대기초에서 1방향 전단에 대해 고려할 경우 위험단면의 계수전단력(V_u)은?(단, 계수하중 $P_u = 1,500\text{kN}$이다.)

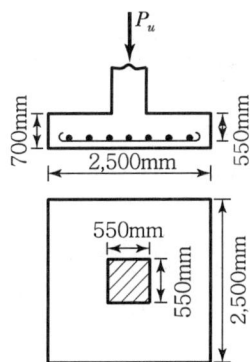

① 255kN   ② 387kN
③ 897kN   ④ 1,210kN

■해설 $q = \dfrac{P}{A} = \dfrac{1,500 \times 10^3}{2,500 \times 2,500} = 0.24\text{N/mm}^2$
$V_u = q\left(\dfrac{L-t}{2} - d\right)s$
$= 0.24\left(\dfrac{2,500-550}{2} - 550\right)2,500$
$= 255 \times 10^3\text{N} = 255\text{kN}$

|해답| 72.③ 73.① 74.② 75.①

76. 부분적 프리스트레싱(Partial Prestressing)에 대한 설명으로 옳은 것은?

① 구조물에 부분적으로 PSC 부재를 사용하는 것
② 부재 단면의 일부에만 프리스트레스를 도입하는 것
③ 설계하중의 일부만 프리스트레스에 부담시키고 나머지는 긴장재에 부담시키는 것
④ 설계하중이 작용할 때 PSC 부재 단면의 일부에 인장응력이 생기는 것

■해설
- 완전 프리스트레싱(Full Prestressing)
  부재 단면에 인장응력이 발생하지 않는다.
- 부분 프리스트레싱(Partial Prestressing)
  부재 단면의 일부에 인장응력이 발생한다.

77. 그림과 같은 맞대기 용접의 용접부에 발생하는 인장응력은?

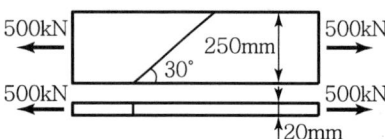

① 100MPa
② 150MPa
③ 200MPa
④ 220MPa

■해설 $f = \dfrac{P}{A} = \dfrac{500 \times 10^3}{20 \times 250} = 100 \text{N/mm}^2 = 100 \text{MPa}$

78. 그림과 같은 단면의 균열모멘트 M_{cr}은?(단, $f_{ck}=$ 24MPa, $f_y=$400MPa, 보통중량 콘크리트이다.)

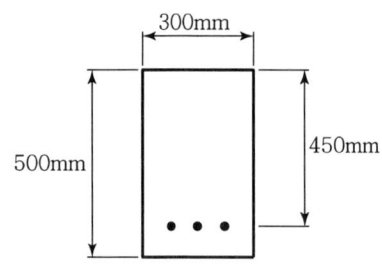

① 22.46kN·m
② 28.24kN·m
③ 30.81kN·m
④ 38.58kN·m

■해설 $f_r = 0.63\lambda\sqrt{f_{ck}} = 0.63 \times 1 \times \sqrt{24} = 3.086\text{MPa}$

$I_g = \dfrac{bh^3}{12} = \dfrac{300 \times 500^3}{12} = 3.125 \times 10^9 \text{mm}^4$

$y_b = \dfrac{h}{2} = \dfrac{500}{2} = 250\text{mm}$

$M_{cr} = \dfrac{f_r I_g}{y_b} = \dfrac{3.086 \times (3.125 \times 10^9)}{250}$

$= 38.575 \times 10^6 \text{N} \cdot \text{mm} = 38.575\text{kN} \cdot \text{m}$

79. 강도설계법에서 $f_{ck}=$30MPa, $f_y=$350MPa일 때 단철근 직사각형 보의 균형철근비(ρ_b)는?

① 0.0351
② 0.0369
③ 0.0385
④ 0.0391

■해설
- $f_{ck} > 28\text{MPa}$인 경우 β_1의 값
  $\beta_1 = 0.85 - 0.007(f_{ck} - 28)$
  $= 0.85 - 0.007(30 - 28) = 0.836 (\beta_1 \geq 0.65)$

- $\rho_b = 0.85\beta_1 \dfrac{f_{ck}}{f_y} \dfrac{600}{600 + f_y}$
  $= 0.85 \times 0.836 \times \dfrac{30}{350} \times \dfrac{600}{600 + 350} = 0.0385$

80. 옹벽의 구조해석에 대한 설명으로 틀린 것은?

① 뒷부벽은 직사각형 보로 설계하여야 하며, 앞부벽은 T형 보로 설계하여야 한다.
② 저판의 뒷굽판은 정확한 방법이 사용되지 않는 한, 뒷굽판 상부에 재하되는 모든 하중을 지지하도록 설계하여야 한다.
③ 캔틸레버식 옹벽의 저판은 전면벽과의 접합부를 고정단으로 간주한 캔틸레버로 가정하여 단면을 설계할 수 있다.
④ 부벽식 옹벽의 전면벽은 3변 지지된 2방향 슬래브로 설계할 수 있다.

■해설 부벽식 옹벽에서 부벽의 설계
① 앞부벽 : 직사각형 보로 설계
② 뒷부벽 : T형 보로 설계

제5과목 토질 및 기초

81. 흙의 활성도에 대한 설명으로 틀린 것은?

① 점토의 활성도가 클수록 물을 많이 흡수하여 팽창이 많이 일어난다.
② 활성도는 2μm 이하의 점토함유율에 대한 액성지수의 비로 정의된다.
③ 활성도는 점토광물의 종류에 따라 다르므로 활성도로부터 점토를 구성하는 점토광물을 추정할 수 있다.
④ 흙 입자의 크기가 작을수록 비표면적이 커져 물을 많이 흡수하므로, 흙의 활성은 점토에서 뚜렷이 나타난다.

■해설 활성도$(A) = \dfrac{I_p(\text{소성지수})}{2\mu m \text{ 이하의 점토 함유율}}$

82. 그림과 같은 지반에서 유효응력에 대한 점착력 및 마찰각이 각각 $c'=10kN/m^2$, $\phi'=20°$일 때, A점에서의 전단강도는?(단, 물의 단위중량은 9.81kN/m³이다.)

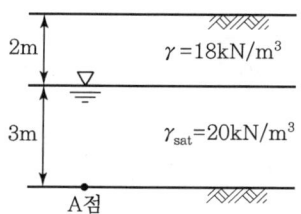

① 34.25kN/m²
② 44.94kN/m²
③ 54.25kN/m²
④ 66.17kN/m²

■해설 $S(I_p) = C + \sigma' \tan\phi$
$= 10 + (18 \times 2) + (20 - 9.81) \times 3$
$= 34.23 kN/m^2$

83. 흙의 다짐에 대한 설명 중 틀린 것은?

① 일반적으로 흙의 건조밀도는 가하는 다짐에너지가 클수록 크다.
② 모래질 흙은 진동 또는 진동을 동반하는 다짐방법이 유효하다.
③ 건조밀도-함수비 곡선에서 최적 함수비와 최대건조밀도를 구할 수 있다.
④ 모래질을 많이 포함한 흙의 건조밀도-함수비 곡선의 경사는 완만하다.

■해설 사질토(조립토)는 흙의 건조밀도-함수비 곡선의 경사가 급하다.

84. 표준관입시험(SPT)을 할 때 처음 150mm 관입에 요하는 N값은 제외하고, 그 후 300mm 관입에 요하는 타격수로 N값을 구한다. 그 이유로 옳은 것은?

① 흙은 보통 150mm 밑부터 그 흙의 성질을 가장 잘 나타낸다.
② 관입봉의 길이가 정확히 450mm이므로 이에 맞도록 관입시키기 위함이다.
③ 정확히 300mm를 관입시키기가 어려워서 150mm 관입에 요하는 N값을 제외한다.
④ 보링구멍 밑면 흙이 보링에 의하여 흐트러져 150mm 관입 후부터 N값을 측정한다.

■해설 보링 시 보링구멍 밑면의 흙이 흐트러지기 때문에 15cm 관입 후 N값을 추정한다.

85. 연약지반 개량공법에 대한 설명 중 틀린 것은?

① 샌드드레인 공법은 2차 압밀비가 높은 점토 및 이탄 같은 유기질 흙에 큰 효과가 있다.
② 화학적 변화에 의한 흙의 강화공법으로는 소결공법, 전기화학적 공법 등이 있다.
③ 동압밀공법 적용 시 과잉간극 수압의 소산에 의한 강도증가가 발생한다.
④ 장기간에 걸친 배수공법은 샌드드레인이 페이퍼 드레인보다 유리하다.

■해설 2차 압밀비가 높은 점토 및 이탄 같은 유기질 흙에 샌드드레인공법은 큰 효과가 없다.

86. 흐트러지지 않은 시료를 이용하여 액성한계 40%, 소성한계 22.3%를 얻었다. 정규압밀점토의 압축지수(C_c)값을 Terzaghi와 Peck의 경험식에 의해 구하면?

① 0.25
② 0.27
③ 0.30
④ 0.35

■해설 C_c(불교란시료) $= 0.009(w_L - 10)$
$= 0.009(40 - 10) = 0.27$

87. 다음 중 흙댐(Dam)의 사면안정 검토 시 가장 위험한 상태는?

① 상류사면의 경우 시공 중과 만수위일 때
② 상류사면의 경우 시공 직후와 수위 급강하일 때
③ 하류사면의 경우 시공 직후와 수위 급강하일 때
④ 하류사면의 경우 시공 중과 만수위일 때

■해설 • 상류 : 시공 직후, 수위 급강하 시
• 하류 : 만수위 시

88. 모래지층 사이에 두께 6m의 점토층이 있다. 이 점토의 토질시험 결과가 아래 표와 같을 때, 이 점토층의 90% 압밀을 요하는 시간은 약 얼마인가?(단, 1년은 365일로 하고, 물의 단위중량(γ_w)은 9.81kN/m³이다.)

- 간극비(e) $= 1.5$
- 압축계수(a_v) $= 4 \times 10^{-3}$ m²/kN
- 투수계수(k) $= 3 \times 10^{-7}$ cm/s

① 50.7년
② 12.7년
③ 5.07년
④ 1.27년

■해설 $t = \dfrac{T_v \cdot H^2}{C_v} = \dfrac{0.848 \times 3^2}{1.911 \times 10^{-7}} = 1.27$년
• $T_v = 0.848$

• $H = \dfrac{6}{2} = 3$
• $C_v = \dfrac{k}{m_v \cdot \gamma_w} = \dfrac{3 \times 10^{-7} \times 0.01\text{m}}{\left(\dfrac{4 \times 10^{-3}}{1 + 1.5}\right) \times 9.81}$
$= 1.911 \times 10^{-7}$ m²/sec

89. 5m×10m의 장방형 기초 위에 $q=60$kN/m²의 등분포하중이 작용할 때, 지표면 아래 10m에서의 연직응력증가량($\Delta \sigma_v$)은?(단, 2 : 1 응력분포법을 사용한다.)

① 10kN/m²
② 20kN/m²
③ 30kN/m²
④ 40kN/m²

■해설 $\Delta \sigma_v = \dfrac{qBL}{(B+Z)(L+Z)} = \dfrac{60 \times 5 \times 10}{(5+10)(10+10)} = 10$kN/m²

90. 도로의 평판재하시험방법(KS F 2310)에서 시험을 끝낼 수 있는 조건이 아닌 것은?

① 재하 응력이 현장에서 예상할 수 있는 가장 큰 접지압력의 크기를 넘으면 시험을 멈춘다.
② 재하 응력이 그 지반의 항복점을 넘을 때 시험을 멈춘다.
③ 침하가 더 이상 일어나지 않을 때 시험을 멈춘다.
④ 침하량이 15mm에 달 할 때 시험을 멈춘다.

■해설 평판재하시험 시 시험을 끝낼 수 있는 조건
• 침하량 15mm 도달
• 하중강도(재하응력) > 접지압력
• 하중강도(재하응력) > 항복점

91. 그림에서 흙의 단면적이 40cm²이고 투수계수가 0.1cm/s일 때 흙 속을 통과하는 유량은?

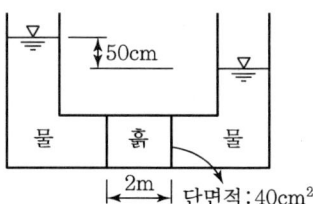

① 1m³/h
② 1cm³/s
③ 100m³/h
④ 100cm³/s

|해답| 86.② 87.② 88.④ 89.① 90.③ 91.②

■해설 $Q = A \cdot V = A \cdot k \cdot \dfrac{\Delta h}{L} = 40 \times 0.1 \times \dfrac{50}{200}$
$= 1 \text{cm}^3/\text{s}$

92. Terzaghi의 얕은 기초에 대한 수정지지력 공식에서 형상계수에 대한 설명 중 틀린 것은?(단, B는 단변의 길이, L은 장변의 길이이다.)

① 연속기초에서 $\alpha = 1.0$, $\beta = 0.5$이다.
② 원형기초에서 $\alpha = 1.3$, $\beta = 0.6$이다.
③ 정사각형기초에서 $\alpha = 1.3$, $\beta = 0.4$이다.
④ 직사각형기초에서 $\alpha = 1 + 0.3\dfrac{B}{L}$,
$\beta = 0.5 - 0.1\dfrac{B}{L}$이다.

■해설 원형기초에서 $\alpha = 1.3$, $\beta = 0.3$이다.

93. 포화된 점토에 대하여 비압밀비배수(UU) 삼축압축시험을 하였을 때의 결과에 대한 설명으로 옳은 것은?(단, ϕ는 마찰각이고 c는 점착력이다.)

① ϕ와 c가 나타나지 않는다.
② ϕ와 c가 모두 "0"이 아니다.
③ ϕ는 "0"이고, c는 "0"이 아니다.
④ ϕ는 "0"이 아니지만, c는 "0"이다.

■해설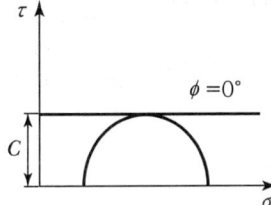

94. 흙의 동상에 영향을 미치는 요소가 아닌 것은?

① 모관 상승고
② 흙의 투수계수
③ 흙의 전단강도
④ 동결온도의 계속시간

■해설 흙의 동상에 가장 큰 영향을 미치는 요소는 물, 온도이다.

95. 아래 그림에서 각 층의 손실수두 Δh_1, Δh_2, Δh_3를 각각 구한 값으로 옳은 것은?(단, k는 cm/s, H와 Δh는 m단위이다.)

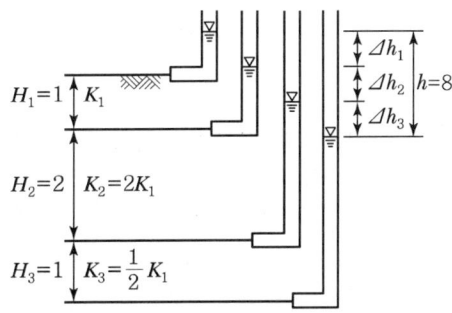

① $\Delta h_1 = 2$, $\Delta h_2 = 2$, $\Delta h_3 = 4$
② $\Delta h_1 = 2$, $\Delta h_2 = 3$, $\Delta h_3 = 3$
③ $\Delta h_1 = 2$, $\Delta h_2 = 4$, $\Delta h_3 = 2$
④ $\Delta h_1 = 2$, $\Delta h_2 = 5$, $\Delta h_3 = 1$

■해설 $V = k_1 i_1 = k_2 i_2 = k_3 i_3$
$= k_1 \left(\dfrac{\Delta h_1}{H_1}\right) = k_2 \left(\dfrac{\Delta h_2}{H_2}\right) = k_3 \left(\dfrac{\Delta h_3}{H_3}\right)$
$= k_1 \left(\dfrac{\Delta h_1}{1}\right) = 2k_1 \left(\dfrac{\Delta h_2}{2}\right) = \dfrac{1}{2} k_1 \left(\dfrac{\Delta h_3}{1}\right)$
$\therefore \Delta h_1 = \Delta h_2 = \dfrac{\Delta h_3}{2}$
따라서 $h_{(8)} = \Delta h_1 + \Delta h_2 + \Delta h_3$
$= \Delta h_1 + \Delta h_1 + 2\Delta h_1$
$\Delta h_1 = 2 = \Delta h_2$, $\Delta h_3 = 4$

96. 다짐되지 않은 두께 2m, 상대밀도 40%의 느슨한 사질토 지반이 있다. 실내시험 결과 최대 및 최소 간극비가 0.80, 0.40으로 각각 산출되었다. 이 사질토를 상대밀도 70%까지 다짐할 때 두께는 얼마나 감소되겠는가?

① 12.41cm
② 14.63cm
③ 22.71cm
④ 25.83cm

■해설 $\Delta H = \dfrac{e_1 - e_2}{1 + e_1} H$

- 상대밀도 40% → e_1
  $D_r = \dfrac{e_{max} - e_1}{e_{max} - e_{min}}$, $e_1 = 0.64$
- 상대밀도 70% → e_2
  $D_r = \dfrac{e_{max} - e_2}{e_{max} - e_{min}}$, $e_2 = 0.52$

∴ $\Delta H = \left(\dfrac{0.64 - 0.52}{1 + 0.64}\right) 200 = 14.63 \text{cm}$

97. 모래나 점토 같은 입상재료를 전단할 때 발생하는 다일러턴시(Dilatancy) 현상과 간극수압의 변화에 대한 설명으로 틀린 것은?

① 정규압밀 점토에서는 (−) 다일러턴시에 (+)의 간극수압이 발생한다.
② 과압밀 점토에서는 (+) 다일러턴시에 (−)의 간극수압이 발생한다.
③ 조밀한 모래에서는 (+) 다일러턴시가 일어난다.
④ 느슨한 모래에서는 (+) 다일러턴시가 일어난다.

■해설 느슨한 모래에서는 (−) 다일러턴시, (+) 간극수압이 발생한다.

98. 그림과 같이 수평지표면 위에 등분포하중 q가 작용할 때 연직옹벽에 작용하는 주동토압의 공식으로 옳은 것은?(단, 뒤채움 흙은 사질토이며, 이 사질토의 단위중량을 γ, 내부마찰각을 ϕ라 한다.)

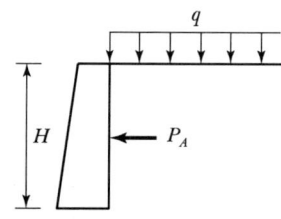

① $P_a = \left(\dfrac{1}{2}\gamma H^2 + qH\right) \tan^2\left(45° - \dfrac{\phi}{2}\right)$
② $P_a = \left(\dfrac{1}{2}\gamma H^2 + qH\right) \tan^2\left(45° + \dfrac{\phi}{2}\right)$
③ $P_a = \left(\dfrac{1}{2}\gamma H^2 + qH\right) \tan^2\phi$
④ $P_a = \left(\dfrac{1}{2}\gamma H^2 + q\right) \tan^2\phi$

■해설 등분포하중이 재하하는 경우 전 주동토압
$P_A = \dfrac{1}{2} \cdot K_A \cdot \gamma \cdot H^2 + K_A \cdot q \cdot H$
$= \left(\dfrac{1}{2} \cdot \gamma \cdot H^2 + q \cdot H\right) \cdot K_A$
$= \left(\dfrac{1}{2} \cdot \gamma \cdot H^2 + q \cdot H\right) \cdot \tan^2\left(45° - \dfrac{\phi}{2}\right)$

99. 기초의 구비조건에 대한 설명 중 틀린 것은?

① 상부하중을 안전하게 지지해야 한다.
② 기초 깊이는 동결 깊이 이하여야 한다.
③ 기초는 전체침하나 부등침하가 전혀 없어야 한다.
④ 기초는 기술적, 경제적으로 시공 가능하여야 한다.

■해설 기초는 허용침하 이내이어야 한다.

100. 중심 간격이 2m, 지름 40cm인 말뚝을 가로 4개, 세로 5개씩 전체 20개의 말뚝을 박았다. 말뚝 한 개의 허용지지력이 150kN이라면 이 군항의 허용지지력은 약 얼마인가?(단, 군말뚝의 효율은 Converse-Labarre 공식을 사용한다.)

① 4,500kN   ② 3,000kN
③ 2,415kN   ④ 1,215kN

■해설 $Q_{ag} = Q_a \cdot N \cdot E = 150 \times 20 \times 0.805 = 2,415 \text{kN}$
$\left(E = 1 - \theta\left[\dfrac{(m-1)n + m(n-1)}{90mn}\right]\right.$
$\left. = 1 - \tan^{-1}\left(\dfrac{40}{200}\right)\left[\dfrac{15 + 16}{90 \times 4 \times 5}\right] = 0.805\right)$

제6과목 상하수도공학

101. 배수지의 적정 배치와 용량에 대한 설명으로 옳지 않은 것은?

① 배수상 유리한 높은 장소를 선정하여 배치한다.
② 용량은 계획 1일 최대급수량의 18시간분 이상을 표준으로 한다.
③ 시설물의 배치에는 가능한 한 안정되고 견고한 지반의 장소를 선정한다.
④ 가능한 한 비상시에도 단수 없이 급수할 수 있도록 배수지 용량을 설정한다.

■해설 배수지
  ㉠ 배수지의 위치는 급수구역 중앙에 위치시키고 배수상 유리한 높은 장소를 선정하여 배치한다.
  ㉡ 배수지의 용량은 계획 1일 최대급수량의 8~12시간 분을 표준으로 하며, 최소 6시간분을 확보한다. 또한 인구 50,000명 이하의 경우에는 소화용수량을 가산하여 용량을 결정한다.

102. 구형수로가 수리학상 유리한 단면을 얻으려 할 경우 폭이 28m라면 경심(R)은?

① 3m ② 5m
③ 7m ④ 9m

■해설 수리학적 유리한 단면
  ㉠ 수로의 경사, 조도계수, 단면이 일정할 때 유량이 최대로 흐를 수 있는 단면을 수리학적 유리한 단면 또는 최량수리단면이라 한다.
  ㉡ 직사각형 단면에서 수리학적 유리한 단면이 되기 위한 조건은 $B=2H$, $R=\frac{H}{2}$이다.
  • $H=\frac{B}{2}=\frac{28}{2}=14\text{m}$
  • $R=\frac{H}{2}=\frac{14}{2}=7\text{m}$

103. 활성탄흡착 공정에 대한 설명으로 옳지 않은 것은?

① 활성탄흡착을 통해 소수성의 유기물질을 제거할 수 있다.
② 분말활성탄의 흡착능력이 떨어지면 재생공정을 통해 재활용한다.
③ 활성탄은 비표면적이 높은 다공성의 탄소질 입자로, 형상에 따라 입상활성탄과 분말활성탄으로 구분된다.
④ 모래여과 공정 전단에 활성탄흡착 공정을 두게 되면, 탁도 부하가 높아져서 활성탄 흡착효율이 떨어지나 역세척을 자주 해야 할 필요가 있다.

■해설 활성탄처리
  ㉠ 활성탄처리
    활성탄은 No.200체를 기준으로 하여 분말활성탄과 입상활성탄으로 분류하며 제거효과, 유지관리, 경제성 등을 비교, 검토하여 선정한다.
  ㉡ 적용
    일반적으로 응급적이며 단기간 사용할 경우에는 분말활성탄처리가 적합하고 연간 연속하거나 비교적 장기간 사용할 경우에는 입상활성탄 처리가 유리하다.
  ㉢ 특징
    • 물에 맛과 냄새를 유발하는 조류 제거에 효과적이며, THM전구물질, 음이온 계면활성제 등의 제거에도 효과적이다.
    • 장기간 처리 시 탄층을 두껍게 할 수 있으며 재생할 수 있어 입상활성탄 처리가 경제적이다.
    • 분말활성탄은 사용 후 재생 사용이 어려우므로 비경제적이다.
    • 입상활성탄처리는 장기간 사용으로 원생동물이 번식할 우려가 있다.
    • 입상활성탄처리를 적용할 때는 여과지를 만들 필요가 있다.
    • 입상활성탄은 누출에 의한 흑수현상 우려가 적다.
  ∴ 재생이 가능한 활성탄은 입상활성탄이며, 분말활성탄은 사용 후 재생이 어렵다.

104. 상수도의 수원으로서 요구되는 조건이 아닌 것은?

① 수질이 좋을 것
② 수량이 풍부할 것
③ 상수 소비자에서 가까울 것
④ 수원이 도시 가운데 위치할 것

■해설 수원의 구비조건
㉠ 수량이 풍부한 곳
㉡ 수질이 양호한 곳
㉢ 계절적으로 수량 및 수질의 변동이 적은 곳
㉣ 가능한 한 자연유하식을 이용할 수 있는 곳
㉤ 주위에 오염원이 없는 곳
㉥ 소비지로부터 가까운 곳
∴ 수원이 도시 중앙에 위치하면 오염의 염려가 있다.

105. 조류(Algae)가 많이 유입되면 여과지를 폐쇄시키거나 물에 맛과 냄새를 유발시키기 때문에 이를 제거해야 하는데, 조류 제거에 흔히 쓰이는 대표적인 약품은?

① $CaCO_3$
② $CuSO_4$
③ $KMnO_4$
④ $K_2Cr_2O_7$

■해설 조류(Algae)
㉠ 호소나 저수지수에 영양염류인 질소나 인의 유입은 조류나 식물성 플랑크톤의 증식을 유발한다.
㉡ 조류는 물에 맛과 냄새를 유발하며, 식물성 플랑크톤은 물의 투명도를 저하시킨다.
㉢ 조류를 제거하기 위해서는 황산동($CuSO_4$)이나 염소제 등을 투입한다.

106. 다음 중 오존처리법을 통해 제거할 수 있는 물질이 아닌 것은?

① 철
② 망간
③ 맛·냄새물질
④ 트리할로메탄(THM)

■해설 염소살균 및 오존살균의 특징
㉠ 염소살균의 특징
• 가격이 저렴하고, 조작이 간단하다.
• 산화제로도 이용이 가능하며, 살균력이 매우 강하다.
• 지속성이 있다.
• THM 생성 가능성이 있다.
㉡ 오존살균의 특징

장점	단점
• 살균효과가 염소보다 뛰어나다. • 유기물질의 생분해성을 증가시킨다. • 맛·냄새물질과 색도 제거의 효과가 우수하다. • 철, 망간의 제거능력이 크다.	• 고가이다. • 잔류효과가 없다. • 자극성이 강해 취급에 주의를 요한다.

∴ 오존처리법을 통해 THM을 제거할 수는 없다.

107. 상수도 계통의 도수시설에 관한 설명으로 옳은 것은?

① 수원에서 취한 물을 정수장까지 운반하는 시설을 말한다.
② 정수 처리된 물을 수용가에서 공급하는 시설을 말한다.
③ 적당한 수질의 물을 수원지에서 모아서 취하는 시설을 말한다.
④ 정수장에서 정수 처리된 물을 배수지까지 보내는 시설을 말한다.

■해설 상수도 구성요소
㉠ 수원 → 취수 → 도수(침사지) → 정수(착수정 → 약품혼화지 → 침전지 → 여과지 → 소독지 → 정수지) → 송수 → 배수(배수지, 배수탑, 고가탱크, 배수관) → 급수
㉡ 수원, 취수, 도수, 정수, 송수 등의 설계에는 계획 1일 최대급수량을 기준으로 한다.
㉢ 계획취수량은 계획 1일 최대급수량을 기준으로 5~10% 정도 여유 있게 취수한다.
㉣ 배수관의 직경결정, 펌프의 직경결정 등은 계획시간 최대급수량을 기준으로 한다.
∴ 도수는 수원에서 취수한 물을 정수장까지 운반하는 시설을 말한다.

|해답| 104.④ 105.② 106.④ 107.①

108. 하수 고도처리 중 하나인 생물학적 질소 제거 방법에서 질소의 제거 직전 최종형태(질소 제거의 최종산물)는?

① 질소가스(N_2)
② 질산염(NO_3^-)
③ 아질산염(NO_2^-)
④ 암모니아상 질소(NH_4^+)

■해설 **질소처리방법**
질소의 생물학적 처리방법은 호기조건에서의 질산화에 이은 무산소 조건에서의 탈질산화 반응에 의해 대기 중 질소가스로 방출한다.
• 질산화 : 유기성질소 → NH_3-N → NO_2-N → NO_3-N
• 탈질산화 : NO_3-N → NO_2-N → N_2(질소가스)
∴ 질소 제거의 최종산물은 질소가스(N_2)이다.

109. 하수처리에 관한 설명으로 틀린 것은?

① 하수처리방법은 크게 물리적, 화학적, 생물학적 처리공정으로 분류된다.
② 화학적 처리공정은 소독, 중화, 산화 및 환원, 이온교환 등이 있다.
③ 물리적 처리공정은 여과, 침사, 활성탄 흡착, 응집침전 등이 있다.
④ 생물학적 처리공정은 호기성 분해와 혐기성 분해로 크게 분류된다.

■해설 **하수처리의 단위공정**
㉠ 하수처리방법은 크게 물리적, 화학적, 생물학적 처리공정으로 분류된다.
㉡ 화학적 처리공정은 pH 조절, 산화, 환원, 중화 등이 있다.
㉢ 물리적 처리공정은 침전, 원심분리, 부상분리, 여과, 막분리 등이 있다.
㉣ 생물학적 처리공정은 호기성 처리와 혐기성 처리로 크게 분류된다.

110. 장기 포기법에 관한 설명으로 옳은 것은?

① F/M비가 크다.
② 슬러지 발생량이 적다.
③ 부지가 적게 소요된다.
④ 대규모 하수처리장에 많이 이용된다.

■해설 **장시간 포기법**
㉠ 표준활성슬러지법의 유입부 과부하, 유출부 저부하의 문제점을 해결하기 위해 변법들이 있다.
㉡ 장시간 포기법
• 체류시간을 18~24시간으로 길게 체류시킨다.
• F/M비가 0.03~0.05kg BOD/kgSS · day 정도의 낮은 부하로 운전하는 방식이다.
• 장시간 포기로 내생호흡단계를 유지시킨다.
• 미생물의 자기분해로 잉여슬러지 생산이 감소된다.
• 산소소모량이 크며, 포기조의 용적이 크다.
• 운전비가 많이 들며, 소규모 처리장에 적합한 방법이다.

111. 아래와 같이 구성된 지역의 총괄유출계수는?

• 주거지역 - 면적 : 4ha, 유출계수 : 0.6
• 상업지역 - 면적 : 2ha, 유출계수 : 0.8
• 녹지 - 면적 : 1ha, 유출계수 : 0.2

① 0.42　　② 0.53
③ 0.60　　④ 0.70

■해설 **유출계수**
㉠ 유역 내의 총우량에 대한 우수유출량의 비를 유출계수라고 한다.
㉡ 유역 내의 평균유출계수
$$C = \frac{\sum C_i \cdot A_i}{\sum A_i}$$
여기서, C_i : 각 지역의 유출계수
A_i : 각 지역의 면적
㉢ 평균 유출계수의 산정
$$C = \frac{\sum C_i \cdot A_i}{\sum A_i} = \frac{0.6 \times 4 + 0.8 \times 2 + 0.2 \times 1}{4+2+1} = 0.6$$

112. 다음 상수도관의 관종 중 내식성이 크고 중량이 가벼우며 손실수두가 적으나 저온에서 강도가 낮고 열이나 유기용제에 약한 것은?

① 흄관 ② 강관
③ PVC관 ④ 석면 시멘트관

■ 해설 PVC관
㉠ 염화비닐을 주성분으로 하는 플라스틱관으로 폴리염화비닐관이라고도 한다.
㉡ 산, 알칼리에 대한 침식이 전혀 없어 내식성이 크고, 가벼우며 시공성이 좋다.
㉢ 열에 약하고 온도에 따른 신축이 크다.

113. 급수량에 관한 설명으로 옳은 것은?

① 시간최대급수량은 일최대급수량보다 작게 나타난다.
② 계획 1일 평균급수량은 시간최대급수량에 부하율을 곱해 산정한다.
③ 소화용수는 일최대급수량에 포함되므로 별도로 산정하지 않는다.
④ 계획 1일 최대급수량은 계획 1일 평균급수량에 계획첨두율을 곱해 산정한다.

■ 해설 급수량의 산정
㉠ 급수량의 산정

종류	내용
계획 1일 최대급수량	수도시설 규모 결정의 기준이 되는 수량 = 계획 1일 평균급수량×1.5(중·소도시), 1.3(대도시, 공업도시)
계획 1일 평균급수량	재정계획수립에 기준이 되는 수량 = 계획 1일 최대급수량×0.7(중·소도시), 0.85(대도시, 공업도시)
계획시간 최대급수량	배수 본관의 구경결정에 사용 = 계획 1일 최대급수량/24×1.3(대도시, 공업도시), 1.5(중소도시), 2.0(농촌, 주택단지)

㉡ 첨두부하율은 일최대급수량을 결정하기 위한 요소로 일최대급수량을 일평균급수량으로 나눈 값이다.

- 첨두부하율 = $\dfrac{일최대급수량}{일평균급수량}$

∴ 계획 1일 최대급수량
 = 계획 1일 평균급수량×첨두율

114. 하수처리계획 및 재이용계획의 계획오수량에 대한 설명 중 옳지 않은 것은?

① 계획 1일 최대오수량은 1인 1일 최대오수량에 계획인구를 곱한 후 공장폐수량, 지하수량 및 기타 배수량을 더한 것으로 한다.
② 계획오수량은 생활오수량, 공장폐수량 및 지하수량으로 구분한다.
③ 지하수량은 1인 1일 최대오수량의 20% 이하로 한다.
④ 계획시간 최대오수량은 계획 1일 평균오수량의 1시간당 수량의 2~3배를 표준으로 한다.

■ 해설 계획오수량의 결정

종류	내용
계획오수량	계획오수량은 생활오수량, 공장폐수량, 지하수량으로 구분할 수 있다.
지하수량	지하수량은 1인 1일 최대오수량의 10~20%를 기준으로 한다.
계획 1일 최대오수량	• 1인 1일 최대오수량×계획급수인구 + (공장폐수량, 지하수량, 기타 배수량) • 하수처리시설의 용량 결정의 기준이 되는 수량
계획 1일 평균오수량	• 계획 1일 최대오수량의 70(중·소도시)~80%(대·공업도시) • 하수처리장 유입하수의 수질을 추정하는 데 사용되는 수량
계획시간 최대오수량	• 계획 1일 최대오수량의 1시간당 수량에 1.3~1.8배를 표준으로 한다. • 오수관거 및 펌프설비 등의 크기를 결정하는 데 사용되는 수량

∴ 계획시간 최대오수량은 계획 1일 최대오수량의 1시간당 수량에 1.3~1.8배를 표준으로 한다.

115. 알칼리도가 30mg/L의 물에 황산알루미늄을 첨가했더니 20mg/L의 알칼리도가 소비되었다. 여기에 $Ca(OH)_2$를 주입하여 알칼리도를 15mg/L로 유지하기 위해 필요한 $Ca(OH)_2$는? (단, $Ca(OH)_2$ 분자량 74, $CaCO_3$ 분자량 100)

① 1.2mg/L ② 3.7mg/L
③ 6.2mg/L ④ 7.4mg/L

|해답| 112.③ 113.④ 114.④ 115.②

■해설 알칼리도
　㉠ 알칼리도 주입량
　　$30 - 20 + x = 15$
　　$\therefore x = 5mg/L$
　㉡ 분자량을 고려한 필요 Ca(OH)$_2$양
　　필요 Ca(OH)$_2$양 $= 5mg/L \times \dfrac{74}{100} = 3.7mg/L$

116. 하수관로의 유속 및 경사에 대한 설명으로 옳은 것은?
　① 유속은 하류로 갈수록 점차 작아지도록 설계한다.
　② 관로의 경사는 하류로 갈수록 점차 커지도록 설계한다.
　③ 오수관로는 계획 1일 최대수량에 대하여 유속을 최소 1.2m/s로 한다.
　④ 우수관로 및 합류식 관로는 계획우수량에 대하여 유속을 최대 3.0m/s로 한다.

■해설 하수관의 유속 및 경사
　㉠ 하수관로 내의 유속은 하류로 갈수록 빠르게, 경사는 하류로 갈수록 완만하게 해야 한다.
　㉡ 관로의 유속기준
　　관로의 유속은 침전과 마모방지를 위해 최소 유속과 최대유속을 한정하고 있다.
　　• 오수 및 차집관 : 0.6~3.0m/sec
　　• 우수 및 합류관 : 0.8~3.0m/sec
　　• 이상적 유속 : 1.0~1.8m/sec

117. 하수처리수 재이용 기본계획에 대한 설명으로 틀린 것은?
　① 하수처리 재이용수는 용도별 요구되는 수질기준을 만족하여야 한다.
　② 하수처리수 재이용지역은 가급적 해당지역 내의 소규모 지역 범위로 한정하여 계획한다.
　③ 하수처리 재이용수의 용도는 생활용수, 공업용수, 농업용수, 유지용수를 기본으로 계획한다.
　④ 하수처리 재이용량은 해당지역 물 재이용 관리계획과에서 제시된 재이용량을 참고하여 계획하여야 한다.

■해설 하수처리 재이용계획
　㉠ 하수처리 재이용수는 용도별 요구되는 수질기준을 만족하여야 한다.
　㉡ 하수처리수 재이용계획에서 재이용 지역은 해당지역의 규모를 고려하여 결정한다.
　㉢ 하수처리수 재이용량은 해당지역의 하수도정비 기본계획의 물순환 이용계획에서 제시된 재이용량 이상으로 계획한다.
　㉣ 하수처리 재이용수의 용도는 생활용수, 공업용수, 농업용수, 유지용수를 기본으로 계획한다.

118. 다음 펌프 중 가장 큰 비교회전도(N_s)를 나타내는 것은?
　① 사류펌프　　② 원심펌프
　③ 축류펌프　　④ 터빈펌프

■해설 비교회전도
　㉠ 비교회전도란 펌프나 송풍기 등의 형식을 나타내는 지표로 펌프의 경우 1m³/min의 유량을 1m 양수하는 데 필요한 회전수(N_s)를 말한다.
　　$N_s = N \dfrac{Q^{\frac{1}{2}}}{H^{\frac{3}{4}}}$
　　여기서, N : 표준회전수, Q : 토출량
　　　　　H : 양정
　㉡ 비교회전도의 특징
　　• N_s가 작아지면 양정은 크고 유량은 적은 고양정, 고효율펌프로 가격은 비싸다.
　　• 유량과 양정이 동일하다면 표준회전수(N)가 클수록 N_s가 커진다.
　　• N_s가 클수록 유량은 많고 양정은 적은 저양정, 저효율 펌프가 된다.
　　• N_s는 펌프 형식을 나타내는 지표로 N_s가 동일하면 펌프의 크고 작음에 관계없이 동일 형식의 펌프로 본다.
　∴ 저양정, 저효율 펌프인 축류펌프의 비교회전도가 가장 크다.

119. 다음 중 계획 1일 최대급수량을 기준으로 하지 않는 시설은?
　① 배수시설　　② 송수시설
　③ 정수시설　　④ 취수시설

|해답| 116.④　117.②　118.③　119.①

■해설 상수도 구성요소
　㉠ 수원 → 취수 → 도수(침사지) → 정수(착수정 → 약품혼화지 → 침전지 → 여과지 → 소독지 → 정수지) → 송수 → 배수(배수지, 배수탑, 고가탱크, 배수관) → 급수
　㉡ 수원, 취수, 도수, 정수, 송수 등의 설계에는 계획 1일 최대급수량을 기준으로 한다.
　㉢ 계획취수량은 계획 1일 최대급수량을 기준으로 5~10% 정도 여유 있게 취수한다.
　㉣ 배수관의 직경결정, 펌프의 직경결정 등은 계획시간 최대급수량을 기준으로 한다.
　∴ 배수시설은 계획시간 최대급수량을 기준으로 설계한다.

120. 오수 및 우수의 배제방식인 분류식과 합류식에 대한 설명으로 틀린 것은?

① 합류식은 관의 단면적이 크기 때문에 폐쇄의 염려가 적다.
② 합류식은 일정량 이상이 되면 우천 시 오수가 월류할 수 있다.
③ 분류식은 별도의 시설 없이 오염도가 높은 초기우수를 처리장으로 유입시켜 처리한다.
④ 분류식은 2계통을 건설하는 경우, 합류식에 비하여 일반적으로 관거의 부설비가 많이 든다.

■해설 하수의 배제방식

분류식	합류식
• 수질오염 방지 면에서 유리하다. • 청천 시에도 퇴적의 우려가 없다. • 강우 초기 노면 배수 효과가 없다. • 시공이 복잡하고 오접합의 우려가 있다. • 우천 시 수세효과를 기대할 수 없다. • 공사비가 많이 든다.	• 구배 완만, 매설깊이가 적으며 시공성이 좋다. • 초기 우수에 의한 노면배수처리가 가능하다. • 관경이 크므로 검사가 편리하고, 환기가 잘 된다. • 건설비가 적게 든다. • 우천 시 수세효과가 있다. • 청천 시 관내 침전, 효율이 저하된다.

∴ 초기우수, 노면배수의 처리가 가능한 방식은 합류식이다.

과년도 기출문제 (2020년 9월 27일 시행)

제1과목 응용역학

01. 그림과 같은 구조물에서 단부 A, B는 고정, C 지점은 힌지일 때 OA, OB, OC 부재의 분배율로 옳은 것은?

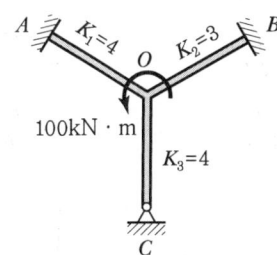

① $DF_{OA} = \dfrac{4}{10}$, $DF_{OB} = \dfrac{3}{10}$, $DF_{OC} = \dfrac{4}{10}$

② $DF_{OA} = \dfrac{4}{10}$, $DF_{OB} = \dfrac{3}{10}$, $DF_{OC} = \dfrac{3}{10}$

③ $DF_{OA} = \dfrac{4}{11}$, $DF_{OB} = \dfrac{3}{11}$, $DF_{OC} = \dfrac{4}{11}$

④ $DF_{OA} = \dfrac{4}{11}$, $DF_{OB} = \dfrac{3}{11}$, $DF_{OC} = \dfrac{3}{11}$

■해설
$K_{OA} : K_{OB} : K_{OC} = 4 : 3 : 4 \times \dfrac{3}{4}$
$= 4 : 3 : 3$

$DF_{OA} : DF_{OB} : DF_{OC} = \dfrac{K_{OA}}{\sum k_i} : \dfrac{K_{OB}}{\sum k_i} : \dfrac{K_{OC}}{\sum k_i}$
$= \dfrac{4}{10} : \dfrac{3}{10} : \dfrac{3}{10}$

02. 동일 평면상의 한 점에 여러 개의 힘이 작용하고 있을 때, 여러 개의 힘의 어떤 점에 대한 모멘트의 합은 그 합력의 동일점에 대한 모멘트와 같다는 것은 무슨 정리인가?

① Mohr의 정리
② Lami의 정리
③ Varignon의 정리
④ Castigliano의 정리

03. 그림과 같은 캔틸레버보에서 집중하중(P)이 작용할 경우 최대 처짐($\delta_{\max}$)은?(단, EI는 일정하다.)

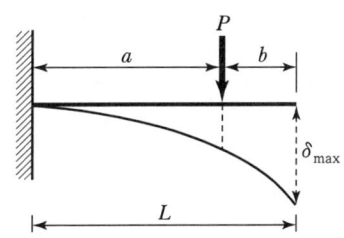

① $\delta_{\max} = \dfrac{Pa^2}{3EI}(3L+a)$

② $\delta_{\max} = \dfrac{P^2 a}{3EI}(3L-a)$

③ $\delta_{\max} = \dfrac{P^2 a}{6EI}(3L+a)$

④ $\delta_{\max} = \dfrac{Pa^2}{6EI}(3L-a)$

■해설 모멘트 면적법을 적용하면 다음과 같다.

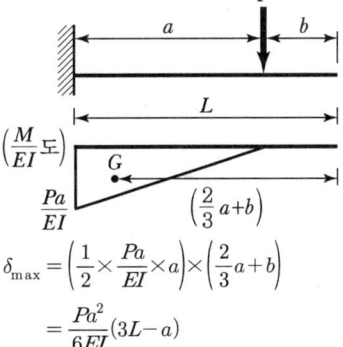

$\delta_{\max} = \left(\dfrac{1}{2} \times \dfrac{Pa}{EI} \times a\right) \times \left(\dfrac{2}{3}a+b\right)$
$= \dfrac{Pa^2}{6EI}(3L-a)$

|해답| 1.② 2.③ 3.④

04. 그림과 같이 A점과 B점에 모멘트하중(M_o)이 작용할 때 생기는 전단력도의 모양은 어떤 형태인가?

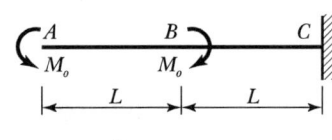

① A ▨▨▨ B ─── C
② A ── B ▨▨▨ C
③ A ▨▨▨ B ▨▨▨ C
④ A ─────── C

■해설 AB 구간은 휨모멘트 내력만 M_0로 일정하게 존재하는 순수휨(Pure Bending) 상태이고, BC 구간은 내력이 존재하지 않는 상태이다. 따라서, 부재의 전 구간에 걸쳐서 전단력은 존재하지 않는다.

05. 탄성계수(E), 전단탄성계수(G), 푸아송수(m) 간의 관계를 옳게 표시한 것은?

① $G = \dfrac{mE}{2(m+1)}$ ② $G = \dfrac{m}{2(m+1)}$
③ $G = \dfrac{E}{2(m+1)}$ ④ $G = \dfrac{E}{2(m-1)}$

■해설 $G = \dfrac{E}{2(1+\nu)} = \dfrac{E}{2\left(1+\dfrac{1}{m}\right)} = \dfrac{mE}{2(m+1)}$

06. 그림과 같은 연속보에서 B점의 반력(R_B)은? (단, EI는 일정하다.)

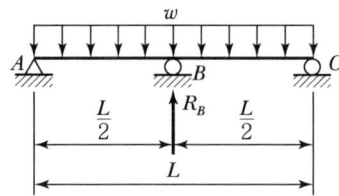

① $\dfrac{3}{10}wL$ ② $\dfrac{3}{8}wL$
③ $\dfrac{5}{8}wL$ ④ $\dfrac{5}{4}wL$

■해설 $R_B = \dfrac{5w\left(\dfrac{L}{2}\right)}{4} = \dfrac{5wL}{8}$

07. 탄성변형에너지는 외력을 받는 구조물에서 변형에 의해 구조물에 축적되는 에너지를 말한다. 탄성체이며 선형거동을 하는 길이 L인 캔틸레버보의 끝단에 집중하중 P가 작용할 때 굽힘모멘트에 의한 탄성변형에너지는?(단, EI는 일정하다.)

① $\dfrac{P^2L^2}{2EI}$ ② $\dfrac{P^2L^3}{2EI}$
③ $\dfrac{P^2L^2}{6EI}$ ④ $\dfrac{P^2L^3}{6EI}$

■해설
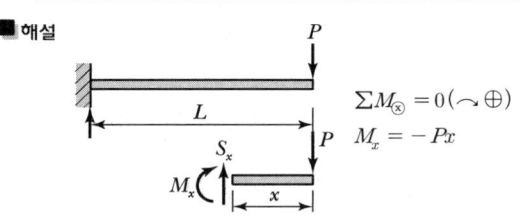

$\sum M_{\otimes} = 0 (\curvearrowleft \oplus)$
$M_x = -Px$

$U = \dfrac{1}{2}\int_0^L \dfrac{M_x^2}{EI}dx = \dfrac{1}{2}\int_0^L \dfrac{(-Px)^2}{EI}dx$
$= \dfrac{P^2}{2EI}\left[\dfrac{1}{3} \cdot x^3\right]_0^L = \dfrac{P^2L^3}{6EI}$

08. 지름 D인 원형 단면보에 휨모멘트 M이 작용할 때 최대 휨응력은?

① $\dfrac{64M}{\pi D^3}$ ② $\dfrac{32M}{\pi D^3}$
③ $\dfrac{16M}{\pi D^3}$ ④ $\dfrac{8M}{\pi D^3}$

■해설 $Z = \dfrac{I}{y_1} = \dfrac{\left(\dfrac{\pi D^4}{64}\right)}{\left(\dfrac{D}{2}\right)} = \dfrac{\pi D^3}{32}$

$\sigma_{\max} = \dfrac{M}{Z} = \dfrac{M}{\left(\dfrac{\pi D^3}{32}\right)} = \dfrac{32M}{\pi D^3}$

09. 그림과 같은 트러스의 사재 D의 부재력은?

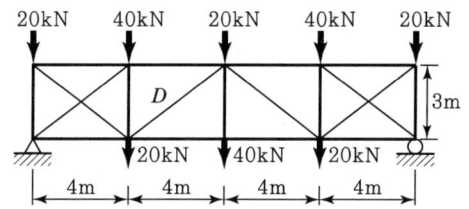

① 50kN(인장)
② 50kN(압축)
③ 37.5kN(인장)
④ 37.5kN(압축)

■해설 대칭구조물에 하중 또한 대칭으로 작용할 경우 두 지점의 수직반력(R)은 전체 하중의 $\frac{1}{2}$로 동일하다.

$$R = \frac{20 \times 5 + 40 \times 3}{2} = 110\text{kN}(\uparrow)$$

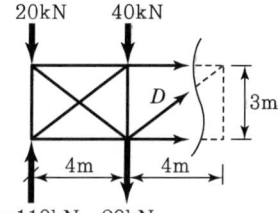

$\Sigma F_y = 0 (\uparrow \oplus)$

$110 - 20 - 20 - 40 + D \cdot \frac{3}{5} = 0$

$D = -50\text{kN}(압축)$

10. 다음 중 정(+)의 값뿐만 아니라 부(-)의 값도 갖는 것은?

① 단면계수
② 단면2차반지름
③ 단면상승모멘트
④ 단면2차모멘트

■해설 $I_{xy} = \int_A xy\,dA = I_{XY} + Ax_0 y_0$

단면상승모멘트는 주어진 단면에 대한 설정 축의 위치에 따라 정(+)의 값과 부(-)의 값이 모두 존재할 수 있다.

11. 그림과 같은 단면의 $A-A$ 축에 대한 단면2차모멘트는?

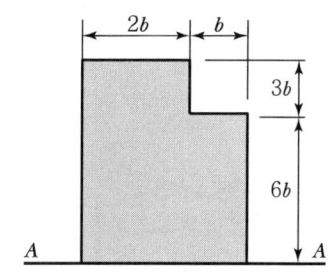

① $558b^4$
② $623b^4$
③ $685b^4$
④ $729b^4$

■해설 $I_{A-A} = \frac{(2b)(9b)^3}{3} + \frac{(b)(6b)^3}{3} = 558b^4$

12. 그림과 같은 단순보에 일어나는 최대 전단력은?

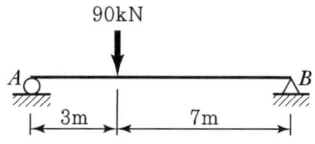

① 27kN
② 45kN
③ 54kN
④ 63kN

■해설 $S_{\max} = R_A = \frac{Pb}{l} = \frac{90 \times 7}{10} = 63\text{kN}$

13. 그림과 같이 단순보 위에 삼각형 분포 하중이 작용하고 있다. 이 단순보에 작용하는 최대 휨모멘트는?

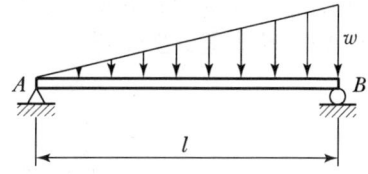

① $0.03214wl^2$
② $0.04816wl^2$
③ $0.05217wl^2$
④ $0.06415wl^2$

■해설 $\sum M_{\text{B}} = 0 (\curvearrowright \oplus)$

$$R_A \times l - \left(\frac{1}{2} \times w \times l\right) \times \frac{l}{3} = 0$$

$$R_A = \frac{wl}{6} (\uparrow)$$

$w_x = \frac{w}{l} x$ $\quad \begin{bmatrix} l : w = x : w_x \\ w_x = \frac{w}{l} x \end{bmatrix}$

$\sum F_y = 0 (\uparrow \oplus)$

$$\frac{wl}{6} - \left(\frac{1}{2} \times \frac{w}{l} x \times x\right) - S_x = 0$$

$$S_x = \frac{wl}{6} - \frac{w}{2l} x^2$$

$\sum M_{\text{X}} = 0 (\curvearrowright \oplus)$

$$\frac{wl}{6} \times x - \left(\frac{1}{2} \times \frac{w}{l} x \times x\right) \times \frac{x}{3} - M_x = 0$$

$$M_x = \frac{wl}{6} x - \frac{w}{6l} x^3$$

최대 휨모멘트($M_{\max}$)는 $S_x = 0$인 곳에서 발생한다.

$$S_x = \frac{wl}{6} - \frac{w}{2l} x^2 = 0$$

$$x = \frac{l}{\sqrt{3}}$$

$$M_{\max} = M_{(x = \frac{l}{\sqrt{3}})}$$
$$= \frac{wl}{6}\left(\frac{l}{\sqrt{3}}\right) - \frac{w}{6l}\left(\frac{l}{\sqrt{3}}\right)^3$$
$$= \frac{wl^2}{9\sqrt{3}} = 0.06415 wl^2$$

14. 그림과 같이 단순보에 이동하중이 작용하는 경우 절대 최대 휨모멘트는?

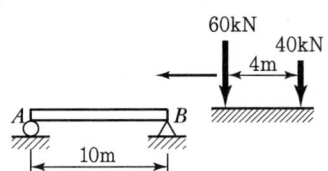

① 176.4kN·m ② 167.2kN·m
③ 162.0kN·m ④ 125.1kN·m

■해설 1. 이동하중군의 합력 크기(R)와 합력 위치(x)

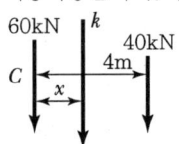

① 이동하중군의 합력 크기(R)
$\sum F_y (\downarrow \oplus)$
$60 + 40 = R,\quad R = 100\text{kN}$

② 이동하중군의 합력 위치(x)
$\sum M_{\text{C}} (\curvearrowright \oplus)$
$40 \times 4 = R \times x$
$x = \frac{160}{R} = \frac{160}{100} = 1.6\text{m}$

2. 절대 최대 휨모멘트($M_{abs,\max}$)

$$M_{abs,\max} = \frac{R}{l}\left(\frac{l-x}{2}\right)^2$$
$$= \frac{100}{10}\left(\frac{10-1.6}{2}\right)^2$$
$$= 176.4\text{kN} \cdot \text{m}$$

15. 그림과 같은 단순보에 등분포하중(q)이 작용할 때 보의 최대 처짐은?(단, EI는 일정하다.)

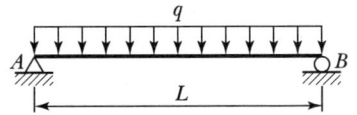

① $\dfrac{qL^4}{128EI}$ ② $\dfrac{qL^4}{64EI}$

③ $\dfrac{qL^4}{38EI}$ ④ $\dfrac{5qL^4}{384EI}$

■해설 $\delta_{\max} = \dfrac{5qL^4}{384EI}$

16. 15cm×30cm의 직사각형 단면을 가진 길이가 5m인 양단 힌지 기둥이 있다. 이 기둥의 세장비(λ)는?

① 57.7   ② 74.5
③ 115.5 ④ 149.0

■해설

$$r_{min} = \sqrt{\frac{I_{min}}{A}} = \sqrt{\frac{\left(\frac{hb^3}{12}\right)}{bh}} = \frac{b}{2\sqrt{3}} = \frac{15}{2\sqrt{3}}$$
$$= 4.33\text{cm}$$
$$\lambda = \frac{l}{r_{min}} = \frac{(5 \times 10^2)}{4.33} = 115.47$$

17. 반지름이 25cm인 원형 단면을 가지는 단주에서 핵의 면적은 약 얼마인가?

① 122.7cm^2 ② 168.4cm^2
③ 254.4cm^2 ④ 336.8cm^2

■해설
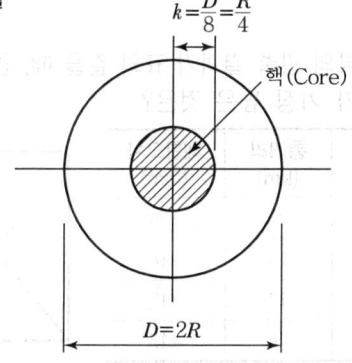
$$A_{(core)} = \pi k^2 = \pi \left(\frac{R}{4}\right)^2 = \frac{\pi R^2}{16} = \frac{\pi \times 25^2}{16}$$
$$= 122.7\text{cm}^2$$

18. 그림과 같은 3힌지 아치에서 C점의 휨모멘트는?

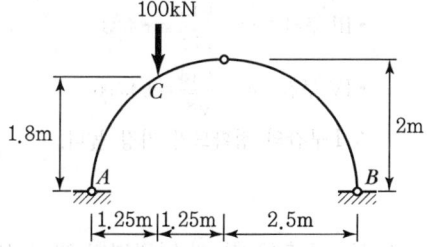

① $32.5\text{kN} \cdot \text{m}$ ② $35.0\text{kN} \cdot \text{m}$
③ $37.5\text{kN} \cdot \text{m}$ ④ $40.0\text{kN} \cdot \text{m}$

■해설 $\Sigma M_{\text{Ⓑ}} = 0 (\curvearrowleft \oplus)$
$V_A \times 5 - 100 \times 3.75 = 0$
$V_A = 75\text{kN}(\uparrow)$

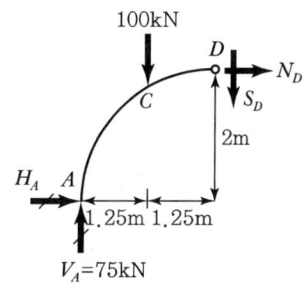

$\Sigma M_{\text{Ⓓ}} = 0 (\curvearrowleft \oplus)$
$75 \times 2.5 - 100 \times 1.25 - H_A \times 2 = 0$
$H_A = 31.25\text{kN}(\rightarrow)$

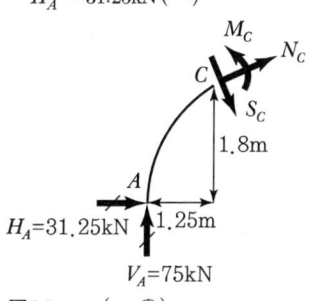

$\Sigma M_{\text{Ⓒ}} = 0 (\curvearrowleft \oplus)$
$75 \times 1.25 - 31.25 \times 1.8 - M_C = 0$
$M_C = 37.5\text{kN} \cdot \text{m}$

19. 그림과 같이 이축응력(二軸應力)을 받는 정사각형 요소의 체적변형률은?(단, 이 요소의 탄성계수 $E = 2.0 \times 10^5$MPa, 푸아송비 $\nu = 0.3$이다.)

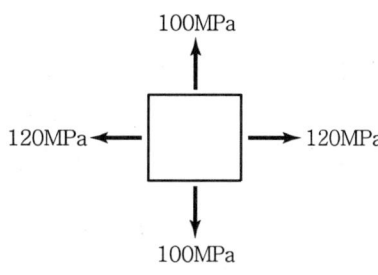

① 3.6×10^{-4} ② 4.4×10^{-4}
③ 5.2×10^{-4} ④ 6.4×10^{-4}

■해설 $\varepsilon_V = \frac{1-2\nu}{E}(\sigma_x + \sigma_y + \sigma_z)$
$= \frac{1-2 \times 0.3}{(2 \times 10^5)}(120 + 100 + 0) = 4.4 \times 10^{-4}$

|해답| 17.① 18.③ 19.②

20. 그림에 표시된 힘들의 x방향의 합력으로 옳은 것은?

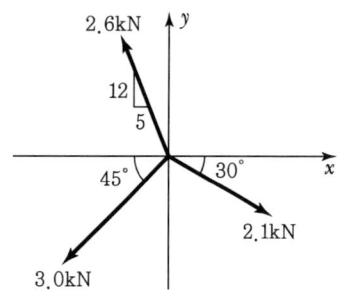

① 0.4kN(←) ② 0.7kN(→)
③ 1.0kN(→) ④ 1.3kN(←)

■해설 $\sum F_x(\rightarrow \oplus) = -2.6 \times \frac{5}{13} - 3 \times \cos 45° + 2.1 \times \cos 30°$
$= -1 - 2.12 + 1.82$
$= -1.3 \text{kN}(\leftarrow)$

제2과목 **측량학**

21. 지형측량의 순서로 옳은 것은?
① 측량계획-골조측량-측량원도 작성-세부측량
② 측량계획-세부측량-측량원도 작성-골조측량
③ 측량계획-측량원도 작성-골조측량-세부측량
④ 측량계획-골조측량-세부측량-측량원도 작성

22. 항공사진의 특수 3점이 아닌 것은?
① 주점   ② 보조점
③ 연직점 ④ 등각점

■해설 특수 3점(주점, 연직점, 등각점)

23. 수준측량에서 전시와 후시의 거리를 같게 하여 소거할 수 있는 오차가 아닌 것은?
① 지구의 곡률에 의해 생기는 오차
② 기포관축과 시준축이 평행되지 않기 때문에 생기는 오차
③ 시준선상에 생기는 빛의 굴절에 의한 오차
④ 표척의 조정 불완전으로 인해 생기는 오차

■해설 전·후거리를 같게 하면 제거되는 오차
• 시준축 오차
• 양차(기차, 구차)

24. 노선측량의 일반적인 작업 순서로 옳은 것은?

A : 종·횡단측량   B : 중심선측량
C : 공사측량   D : 답사

① A→B→D→C ② A→C→D→B
③ D→B→A→C ④ D→C→A→B

■해설 답사 → 중심측량 → 종·횡단측량 → 공사측량

25. 수준망의 관측 결과가 표와 같을 때, 관측의 정확도가 가장 높은 것은?

구분	총거리(km)	폐합오차(mm)
I	25	±20
II	16	±18
III	12	±15
IV	8	±13

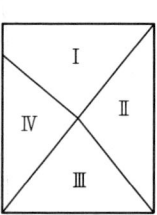

① I ② II
③ III ④ IV

■해설
• I 구간 : $\delta = \frac{\pm 20}{\sqrt{25}} = \pm 4$
• II 구간 : $\delta = \frac{\pm 18}{\sqrt{16}} = \pm 4.5$
• III 구간 : $\delta = \frac{\pm 15}{\sqrt{12}} = \pm 4.33$
• IV 구간 : $\delta = \frac{\pm 13}{\sqrt{8}} = \pm 4.596$
∴ I구간의 정확도가 가장 높다.

26. 수평각 관측을 할 때 망원경의 정위, 반위로 관측하여 평균하여도 소거되지 않는 오차는?
① 수평축 오차 ② 시준축 오차
③ 연직축 오차 ④ 편심오차

■해설 오차처리방법
- 정·반위 관측 : 시준축, 수평축, 시준축의 편심오차
- A, B 버니어의 읽음값의 평균 : 내심오차
- 분도원의 눈금 부정확 : 대회관측

27. 트래버스 측량의 일반적인 사항에 대한 설명으로 옳지 않은 것은?

① 트래버스 종류 중 결합 트래버스는 가장 높은 정확도를 얻을 수 있다.
② 각관측 방법 중 방위각법은 한번 오차가 발생하면 그 영향은 끝까지 미친다.
③ 폐합오차 조정방법 중 컴퍼스 법칙은 각관측의 정밀도가 거리관측의 정밀도보다 높을 때 실시한다.
④ 폐합트래버스에서 편각의 총합은 반드시 360°가 되어야 한다.

■해설
- 컴퍼스 법칙 : 각관측과 거리관측의 정밀도가 동일한 경우
- 트랜싯 법칙 : 각관측의 정밀도가 거리관측의 정밀도보다 높은 경우

28. 축척 1 : 1,500 지도상의 면적을 축척 1 : 1,000으로 잘못 관측한 결과가 10,000m²이었다면 실제면적은?

① 4,444m² ② 6,667m²
③ 15,000m² ④ 22,500m²

■해설 $A_0 = \left(\dfrac{m_2}{m_1}\right)^2 \times A = \left(\dfrac{1,500}{1,000}\right)^2 \times 10,000 = 22,500\text{m}^2$

29. 도로의 노선측량에서 반지름(R) 200m인 원곡선을 설치할 때, 도로의 기점으로부터 교점(IP)까지의 추가거리가 423.26m, 교각(I)이 42°20′일 때 시단현의 편각은?(단, 중심말뚝 간격은 20m이다.)

① 0°50′00″ ② 2°01′52″
③ 2°03′11″ ④ 2°51′47″

■해설
- 접선장(TL) $= R\tan\dfrac{I}{2} = 200 \times \tan\dfrac{42°20′}{2}$
  $= 77.44$m
- BC 거리 $= IP - TL = 423.26 - 77.44 = 345.82$m
- 시단현길이(l_1) $= 360 - 345.82 = 14.18$m
- 시단편각(δ_1) $= \dfrac{l_1}{R} \times \dfrac{90°}{\pi} = \dfrac{14.18}{200} \times \dfrac{90°}{\pi}$
  $= 2°01′55″$

30. 폐합트래버스 $ABCD$에서 각 측선의 경거, 위거가 표와 같을 때, $\overline{AD}$ 측선의 방위각은?

측선	위거		경거	
	+	−	+	−
AB	50		50	
BC		30	60	
CD		70		60
DA				

① 133° ② 135°
③ 137° ④ 145°

■해설 위거, 경거의 총합은 0이 되어야 한다.

측선	위거		경거	
	+	−	+	−
AB	50		50	
BC		30	60	
CD		70		60
DA	50			50

- $\overline{DA}$의 방위각($\tan\theta$) $= \dfrac{경거}{위거} = \dfrac{-50}{50}$

  $\theta = \tan^{-1}\left(\dfrac{-50}{50}\right) = 45°$

- $X(+$값$)$, $Y(-$값$)$이므로 4상한
- $\overline{DA}$ 방위각 $= 360° - 45° = 315°$
- $\overline{AD}$ 방위각 $= \overline{DA}$ 방위각 $+ 180°$
  $= 315° + 180° = 495°$

  360°보다 크므로
  $\overline{AD}$ 방위각 $= 495° - 360° = 135°$

31. 초점거리가 210mm인 사진기로 촬영한 항공사진의 기선고도비는?(단, 사진 크기는 23cm×23cm, 축척은 1:10,000, 종중복도 60%이다.)

① 0.32　　② 0.44
③ 0.52　　④ 0.61

■해설　기선고도비$\left(\dfrac{B}{H}\right) = \dfrac{m \cdot a \cdot \left(1 - \dfrac{P}{100}\right)}{mf}$

$= \dfrac{10,000 \times 0.23 \times \left(1 - \dfrac{60}{100}\right)}{10,000 \times 0.21}$

$= 0.438 ≒ 0.44$

32. GNSS 데이터의 교환 등에 필요한 공통적인 형식으로 원시 데이터에서 측량에 필요한 데이터를 추출하여 보기 쉽게 표현한 것은?

① Bernese　　② RINEX
③ Ambiguity　　④ Binary

■해설　RINEX[Receiver Independent Exchange Format]
GPS 측량에서 수신기의 기종이 다르고 기록형식, 데이터의 내용이 다르기 때문에 기선 해석이 되지 않는다. 이를 통일시킨 데이터 형식으로 다른 기종 간에 기선 해석이 가능하도록 한 것

33. 교호수준측량을 한 결과로 $a_1=0.472$m, $a_2=2.656$m, $b_1=2.106$m, $b_2=3.895$m를 얻었다. A점의 표고가 66.204m일 때 B점의 표고는?

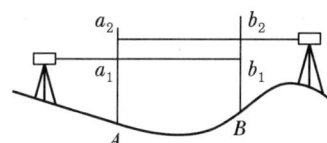

① 64.130m　　② 64.768m
③ 65.238m　　④ 67.641m

■해설　• $\Delta H = \dfrac{(a_1+a_2)-(b_1+b_2)}{2}$

$= \dfrac{(0.472+2.656)-(2.106+3.895)}{2}$

$= -1.4365$m

• $H_B = H_A \pm \Delta h = 66.204 - 1.4365 = 64.768$m

34. 2,000m의 거리를 50m씩 끊어서 40회 관측하였다. 관측 결과 총오차가 ±0.14m이었고, 40회 관측의 정밀도가 동일하다면, 50m 거리관측의 오차는?

① ±0.022m　　② ±0.019m
③ ±0.016m　　④ ±0.013m

■해설　• $M = \pm \delta_1 \sqrt{n}$, $\pm 0.14 = \delta_1 \sqrt{40}$, $\delta_1 = 0.022$
　　• 1회 측정 시 오차$(\delta_1) = 0.022$

35. 구면 삼각형의 성질에 대한 설명으로 틀린 것은?

① 구면 삼각형의 내각의 합은 180°보다 크다.
② 2점 간 거리가 구면상에서는 대원의 호 길이가 된다.
③ 구면 삼각형의 한 변은 다른 두 변의 합보다는 작고 차보다는 크다.
④ 구과량은 구 반지름의 제곱에 비례하고 구면 삼각형의 면적에 반비례한다.

■해설　• 구과량$(\varepsilon'') = \dfrac{E}{r^2}\rho''$
　　• 반경(r)의 제곱에 반비례, 면적(E)에 비례한다.

36. 그림과 같은 횡단면의 면적은?

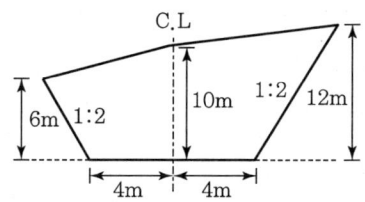

① 196m²　　② 204m²
③ 216m²　　④ 256m²

■해설　$A = \left[\dfrac{6+10}{2} \times (4+12) + \dfrac{10+12}{2} \times (4+24)\right]$

$-\left(\dfrac{6 \times 12}{2} + \dfrac{12 \times 24}{2}\right)$

$= 256$m²

37. 30m에 대하여 3mm 늘어나 있는 줄자로써 정사각형의 지역을 측정한 결과 80,000m²이었다면 실제의 면적은?

① 80,016m²　② 80,008m²
③ 79,984m²　④ 79,992m²

■해설
- $\dfrac{1}{m} = \dfrac{도상거리}{실제거리}$, $\left(\dfrac{1}{m}\right)^2 = \dfrac{도상면적}{실제면적}$
- 실제면적$(A_0) = \left(\dfrac{L+\Delta L}{L}\right)^2 \times A$
$= \left(\dfrac{30+0.003}{30}\right)^2 \times 80,000$
$= 80,016 m^2$

38. 삼변측량을 실시하여 길이가 각각 $a=1,200$m, $b=1,300$m, $c=1,500$m이었다면 $\angle ACB$는?

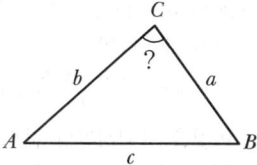

① 73°31′02″　② 73°33′02″
③ 73°35′02″　④ 73°37′02″

■해설 코사인 제2법칙에 의해
$\cos C = \dfrac{a^2+b^2-c^2}{2ab}$
$= \dfrac{1,200^2+1,300^2-1,500^2}{2\times1,200\times1,300} = 0.282$
$C = \cos^{-1} 0.282 = 73°37′02″$

39. GPS 위성측량에 대한 설명으로 옳은 것은?

① GPS를 이용하여 취득한 높이는 지반고이다.
② GPS에서 사용하고 있는 기준타원체는 GRS80 타원체이다.
③ 대기 내 수증기는 GPS 위성신호를 지연시킨다.
④ GPS 측량은 별도의 후처리 없이 관측값을 직접 사용할 수 있다.

■해설 대류권 지연
이 층은 지구 기후에 의해 구름과 같은 수증기가 있어 굴절오차의 원인이 된다.

40. 완화곡선에 대한 설명으로 옳지 않은 것은?

① 완화곡선의 접선은 시점에서 원호에, 종점에서 직선에 접한다.
② 완화곡선에 연한 곡선반지름의 감소율은 캔트(Cant)의 증가율과 같다.
③ 완화곡선의 반지름은 그 시점에서 무한대, 종점에서는 원곡선의 반지름과 같다.
④ 모든 클로소이드(Clothoid)는 닮은꼴이며 클로소이드 요소는 길이의 단위를 가진 것과 단위가 없는 것이 있다.

■해설 완화곡선의 접선은 시점에서 직선에, 종점에서 원호에 접한다.

제3과목 **수리수문학**

41. 유출(流出)에 대한 설명으로 옳지 않은 것은?

① 총유출은 통상 직접유출(Direct Run Off)과 기저유출(Base Flow)로 분류된다.
② 하천에 도달하기 전에 지표면 위로 흐르는 유수를 지표유하수(Overland Flow)라 한다.
③ 하천에 도달한 후 다른 성분의 유출수와 합친 유수량을 총유출수(Total Flow)라 한다.
④ 지하수유출은 토양을 침투한 물이 침투하여 지하수를 형성하나 총유출량에는 고려하지 않는다.

■해설 유출해석일반
㉠ 총유출은 직접유출과 기저유출로 구분된다.
㉡ 직접유출은 강수 후 비교적 단시간 내에 하천으로 흘러들어가는 부분을 말하며 지표면유출수와 조기지표하유출이 이에 해당된다.
㉢ 지표유하수와 조기지표하유출수, 수로상 강수 등이 합쳐진 유수를 총유출수라 한다.
㉣ 총유출은 직접유출과 기저유출로, 기저유출은 지하수유출과 지연지표하유출로 구성되어 있다.
∴ 지하수유출도 총유출에 포함된다.

|해답| 37.① 38.④ 39.③ 40.① 41.④

42. 수면 아래 30m 지점의 수압을 kN/m²로 표시하면?(단, 물의 단위중량은 9.81kN/m³이다.)

① 2.94kN/m²   ② 29.43kN/m²
③ 294.3kN/m²   ④ 2,943kN/m²

■해설 정수압의 산정
$P = wh$
여기서, w : 액체의 단위중량, h : 수심
$= 1 \times 30$
$= 30 \text{t/m}^2 \times 9.81$
$= 294.3 \text{kN/m}^2$

43. 두 개의 수평한 판이 5mm 간격으로 놓여 있고, 점성계수 0.01N·s/cm²인 유체로 채워져 있다. 하나의 판을 고정시키고 다른 하나의 판을 2m/s로 움직일 때 유체 내에서 발생되는 전단응력은?

① 1N/cm²   ② 2N/cm²
③ 3N/cm²   ④ 4N/cm²

■해설 점성
㉠ 유체입자의 상대적인 속도차로 인해 전단응력, 마찰응력을 일으키려는 물의 성질을 점성이라 한다.
㉡ 전단응력
$\tau = \mu \dfrac{dv}{dy} = 0.01 \times \dfrac{200}{0.5} = 4\text{N/cm}^2$

44. 유역면적이 2km²인 어느 유역에 다음과 같은 강우가 있었다. 직접유출용적이 140,000m³일 때, 이 유역에서의 ϕ-Index는?

시간(30min)	1	2	3	4
강우강도(mm/h)	102	51	152	127

① 36.5mm/h   ② 51.0mm/h
③ 73.0mm/h   ④ 80.3mm/h

■해설 ϕ-index법
㉠ ϕ-index법
우량주상도에서 총강우량과 손실량을 구분하는 수평선에 대응하는 강우강도가 ϕ-index이며, 이것이 평균침투능의 크기이다.

• 침투량 = 총강우량 – 유효우량(유출량)
• ϕ-index = 침투량/침투시간

㉡ 실제 강우분포
• 지속시간 30분 간격의 실제 강우량은 다음과 같다.

시간(30min)	1	2	3	4
강우량(mm)	51	25.5	76	63.5

∴ 실제 발생한 총강우량은 216mm이다.

㉢ 유효우량의 산정
직접유출용적(V) = 유효우량(I) × 면적(A)
∴ $I = \dfrac{V}{A} = \dfrac{140,000}{2 \times 10^6} = 0.07\text{m} = 70\text{mm}$

㉣ 침투량(손실량)의 산정
침투량 = 총강우량 – 유효우량
$= 216 - 70 = 146\text{mm}$

㉤ ϕ-index의 산정
• ϕ-index = $\dfrac{\text{침투량}}{\text{침투시간}} = \dfrac{146}{4} = 36.5\text{mm}$
• 36.5mm 이하의 강우 25.5mm를 제외하고 다시 계산하면
ϕ-index = $\dfrac{146 - 25.5}{3} = 40.17\text{mm}$
이것을 단위시간당 값으로 변환하면
$40.17 \times 2 = 80.33\text{mm/hr}$

45. 합성단위 유량도(Synthetic Unit Hydrograph)의 작성방법이 아닌 것은?

① Snyder 방법
② Nakayasu 방법
③ 순간 단위유량도법
④ SCS의 무차원 단위유량도 이용법

■해설 합성단위도
㉠ 유량기록이 없는 미계측 유역에서 수자원 개발 목적을 위하여 다른 유역의 과거의 경험을 토대로 단위도를 합성하여 근사치로 사용하는 단위유량도를 합성단위유량도라 한다.
㉡ 합성단위 유량도법
• Snyder 방법
• SCS 무차원단위도법
• 중안(中安, 나카야스)방법
• Clark의 유역추적법
∴ 합성단위유량도의 작성법이 아닌 것은 순간 단위유량도법이다.

46. 지름 0.3m, 수심 6m인 굴착정이 있다. 피압대수층의 두께가 3.0m라 할 때 5L/s의 물을 양수하면 우물의 수위는?(단, 영향원의 반지름은 500m, 투수계수는 4m/h이다.)

① 3.848m ② 4.063m
③ 5.920m ④ 5.999m

■해설 우물의 양수량
　㉠ 우물의 양수량

종류	내용
깊은 우물 (심정호)	우물의 바닥이 불투수층까지 도달한 우물을 말한다. $Q = \dfrac{\pi K(H^2 - h_o^2)}{\ln(R/r_o)} = \dfrac{\pi K(H^2 - h_o^2)}{2.3\log(R/r_o)}$
얕은 우물 (천정호)	우물의 바닥이 불투수층까지 도달하지 못한 우물을 말한다. $Q = 4Kr_o(H - h_o)$
굴착정	피압대수층의 물을 양수하는 우물을 말한다. $Q = \dfrac{2\pi aK(H - h_o)}{\ln(R/r_o)} = \dfrac{2\pi aK(H - h_o)}{2.3\log(R/r_o)}$
집수 암거	복류수를 취수하는 우물을 말한다. $Q = \dfrac{Kl}{R}(H^2 - h^2)$

　㉡ 굴착정의 양수량
　　• $Q = \dfrac{2\pi aK(H - h_o)}{2.3\log(R/r_o)}$
　　• $0.005 = \dfrac{2\pi \times 3 \times \dfrac{4}{3,600} \times (6 - h)}{2.3\log(500/0.15)}$
　　∴ $h = 4.08\text{m}$

47. 마찰손실계수(f)와 Reynolds 수(Re) 및 상대조도(ε/d)의 관계를 나타낸 Moody 도표에 대한 설명으로 옳지 않은 것은?

① 층류영역에서는 관의 조도에 관계없이 단일 직선이 적용된다.
② 완전 난류의 완전히 거친 영역에서 f는 Re^n과 반비례하는 관계를 보인다.
③ 층류와 난류의 물리적 상이점은 $f - Re$ 관계가 한계 Reynolds 수 부근에서 갑자기 변한다.
④ 난류영역에서는 $f - Re$ 곡선은 상대조도에 따라 변하며 Reynolds수보다는 관의 조도가 더 중요한 변수가 된다.

■해설 Moody 도표
　㉠ 원 관 내 층류
　　$f = \dfrac{64}{R_e}$
　㉡ 불완전층류 및 난류
　　$f = \phi\left(\dfrac{\varepsilon}{d}, \dfrac{1}{R_e}\right)$
　　• 거친 관 : R_e와 상관없고 상대조도($\dfrac{\varepsilon}{d}$)만의 함수
　　• 매끈한 관 : 상대조도와는 관계없고 R_e만의 함수($f = 0.3164R_e^{-\frac{1}{4}}$)
　㉢ 해석
　　• 층류와 난류의 물리적 상이점은 $f - R_e$의 관계가 한계 Reynolds 수 부근에서 갑자기 변한다.
　　• 층류영역에서는 단일직선이 관의 조도에 관계없이 R_e의 함수로 나타난다.
　　• 난류에서 $f - R_e$ 곡선은 상대조도($\dfrac{\varepsilon}{d}$)에 따라 변하며 Reynolds 수보다는 관의 조도가 더 중요한 변수가 된다.
　　• 완전 난류의 거친 영역에서는 상대조도($\dfrac{\varepsilon}{d}$)의 함수로 나타난다.

48. 오리피스(Orifice)의 압력수두가 2m이고 단면적이 4cm², 접근유속은 1m/s일 때 유출량은? (단, 유량계수 $C = 0.63$이다.)

① 1,558cm³/s ② 1,578cm³/s
③ 1,598cm³/s ④ 1,618cm³/s

■해설 오리피스의 유량
　㉠ 오리피스의 유량
　　$Q = Ca\sqrt{2gh}$
　　여기서, C : 유량계수
　　　　　　a : 오리피스의 단면적
　　　　　　g : 중력가속도
　　　　　　h : 오리피스 중심까지의 수심

|해답| 46.② 47.② 48.③

ⓛ 접근유속을 고려하는 경우

$$Q = Ca\sqrt{2gH}, \quad H = h + h_a$$

여기서, h_a : 접근유속수두 $\left(= \dfrac{V_a^2}{2g}\right)$

V_a : 접근유속

ⓒ 유량의 산정
- 접근유속수두의 산정

$$h_a = \dfrac{V_a^2}{2g} = \dfrac{1^2}{2 \times 9.8} = 0.051\text{m} = 5.1\text{cm}$$

- $Q = Ca\sqrt{2gH}$
  $= 0.63 \times 4 \times \sqrt{2 \times 980 \times (200 + 5.1)}$
  $= 1,598 \text{cm}^3/\text{s}$

49. 위어(Weir)에 물이 월류할 경우 위어의 정상을 기준으로 상류 측 전수두를 H, 하류수위를 h라 할 때, 수중위어(Submerged Weir)로 해석될 수 있는 조건은?

① $h < \dfrac{2}{3}H$ ② $h < \dfrac{1}{2}H$

③ $h > \dfrac{2}{3}H$ ④ $h > \dfrac{1}{3}H$

■해설 수중위어

하류수심이(h) 상류수심(H)의 $\dfrac{2}{3}$보다 높게 되면 위어 위의 수심보다 하류의 수위 쪽이 높게 되어 물의 단은 점점 상류 쪽으로 진행되고 결국 위어 위의 사류수심은 하류수심에 묻히게 된다. 그러므로 사류는 없어지고 상류의 흐름이 된다. 이를 완전한 수중위어라 한다.

∴ 수중위어가 되기 위한 조건 : $h > \dfrac{2}{3}H$

50. 수심이 50m로 일정하고 무한히 넓은 해역에서 주태양반일주조(S_2)의 파장은?(단, 주태양반일주조의 주기는 12시간, 중력가속도 $g = 9.81\text{m/s}^2$이다.)

① 9.56km   ② 95.6km
③ 956km   ④ 9,560km

■해설 주태양반일주조

ⓛ 조석(Tide)은 달과 태양의 만유인력이 원인력으로 1일 1회조와 2회조로 구분되며, 주기는 각각 12시간 25분~24시간 50분이다.
ⓒ 주태양반일주조는 주로 태양의 운동에 기인한 조석 성분으로 12.00시간의 주기를 가지며 S_2로 표기한다.
ⓒ 파장
$$L = T\sqrt{gh}$$
여기서, L : 파장(m), T : 주기(sec)
h : 수심(m)
ⓔ 파장의 산정
$L = T\sqrt{gh} = (12 \times 3,600) \times \sqrt{9.8 \times 50}$
$= 956,273\text{m} = 956\text{km}$

51. 폭 4m, 수심 2m인 직사각형 단면 개수로에서 Manning 공식의 조도계수 $n = 0.017\text{m}^{-1/3} \cdot \text{s}$, 유량 $Q = 15\text{m}^3/\text{s}$일 때 수로의 경사($I$)는?

① 1.016×10^{-3} ② 4.548×10^{-3}
③ 15.365×10^{-3} ④ 31.875×10^{-3}

■해설 Manning 공식

$$V = \dfrac{1}{n}R^{\frac{2}{3}}I^{\frac{1}{2}}$$

여기서, n : 조도계수 R : 경심$\left(\dfrac{A}{P}\right)$
I : 동수경사

ⓛ 경심의 산정
$$R = \dfrac{A}{P} = \dfrac{4 \times 2}{4 + 2 \times 2} = 1\text{m}$$

ⓒ 경사의 산정
$$I = \left(\dfrac{nQ}{AR^{\frac{2}{3}}}\right)^2 = \left(\dfrac{0.017 \times 15}{8 \times 1^{\frac{2}{3}}}\right)^2 = 1.016 \times 10^{-3}$$

52. 수리학적으로 유리한 단면에 관한 내용으로 옳지 않은 것은?

① 동수반경을 최대로 하는 단면이다.
② 구형에서는 수심이 폭의 반과 같다.
③ 사다리꼴에서는 동수반경이 수심의 반과 같다.
④ 수리학적으로 가장 유리한 단면의 형태는 이등변직각삼각형이다.

■해설 수리학적 유리한 단면
  ㉠ 수로의 경사, 조도계수, 단면이 일정할 때 유량이 최대로 흐를 수 있는 단면을 수리학적 유리한 단면 또는 최량수리단면이라 한다.
  ㉡ 직사각형 단면에서 수리학적 유리한 단면이 되기 위한 조건은 $B=2H$, $R=\dfrac{H}{2}$이다.
  ㉢ 사다리꼴 단면에서 수리학적 유리한 단면이 되기 위한 조건은 $R=\dfrac{H}{2}$이다.

53. 개수로 내의 흐름에서 비에너지(Specific Energy, H_e)가 일정할 때, 최대 유량이 생기는 수심 h로 옳은 것은?(단, 개수로의 단면은 직사각형이고 $\alpha=1$이다.)

① $h=H_e$
② $h=\dfrac{1}{2}H_e$
③ $h=\dfrac{2}{3}H_e$
④ $h=\dfrac{3}{4}H_e$

■해설 비에너지
  ㉠ 단위무게당의 물이 수로바닥면을 기준으로 갖는 흐름의 에너지 또는 수두를 비에너지라 한다.
  $$H_e = h + \dfrac{\alpha v^2}{2g}$$
  여기서, h : 수심, α : 에너지보정계수
  v : 유속
  ㉡ 비에너지와 한계수심의 관계
  직사각형 단면의 비에너지와 한계수심의 관계는 다음과 같다.
  $$H_e = \dfrac{2}{3}h_e$$

54. 관수로에서의 마찰손실수두에 대한 설명으로 옳은 것은?

① Froude 수에 반비례한다.
② 관수로의 길이에 비례한다.
③ 관의 조도계수에 반비례한다.
④ 관 내 유속의 1/4 제곱에 비례한다.

■해설 관수로 마찰손실수두
  ㉠ 관수로의 마찰손실수두는 다음 식에 의해 산정한다.

$$h_l = f\dfrac{l}{D}\dfrac{V^2}{2g}$$

  ㉡ 특징
  • 관수로의 길이에 비례한다.
  • 관의 조도계수에 비례한다. $\left(f=\dfrac{124.5n^2}{D^{\frac{1}{3}}}\right)$
  • 관경에 반비례한다.
  • 마찰손실수두는 물의 점성에 비례해서 커진다.

55. 도수(Hydraulic Jump) 전후의 수심 h_1, h_2의 관계를 도수 전의 Froude 수 Fr_1의 함수로 표시한 것으로 옳은 것은?

① $\dfrac{h_2}{h_1} = \dfrac{1}{2}\left(\sqrt{8Fr_1^2+1}-1\right)$
② $\dfrac{h_1}{h_2} = \dfrac{1}{2}\left(\sqrt{8Fr_1^2+1}+1\right)$
③ $\dfrac{h_2}{h_1} = \dfrac{1}{2}\left(\sqrt{8Fr_1^2+1}+1\right)$
④ $\dfrac{h_1}{h_2} = \dfrac{1}{2}\left(\sqrt{8Fr_1^2+1}-1\right)$

■해설 도수
  ㉠ 흐름이 사류(射流)에서 상류(常流)로 바뀔 때 표면에 소용돌이가 발생하면서 수심이 급격하게 증가하는 현상을 도수라 한다.
  ㉡ 도수 후의 수심
  $$h_2 = -\dfrac{h_1}{2} + \dfrac{h_1}{2}\sqrt{1+8F_{r1}^2}$$
  $$\therefore \dfrac{h_2}{h_1} = \dfrac{1}{2}(\sqrt{8F_{r1}^2+1}-1)$$

56. 다음 중 베르누이의 정리를 응용한 것이 아닌 것은?

① 오리피스
② 레이놀즈수
③ 벤투리미터
④ 토리첼리의 정리

■해설 베르누이정리의 응용
  토리첼리정리, 피토관방정식, 오리피스의 유속공식은 모두 베르누이정리를 응용하여 유도하였으며 레이놀즈수는 베르누이정리와 무관하다.

|해답| 53.③ 54.② 55.① 56.②

57. 흐르는 유체 속에 물체가 있을 때, 물체가 유체로부터 받는 힘은?

① 장력(張力)   ② 충력(衝力)
③ 항력(抗力)   ④ 소류력(掃流力)

■해설 항력(drag force)
흐르는 유체 속에 물체가 잠겨 있을 때 유체에 의해 물체가 받는 힘을 항력(Drag Force)이라 한다.

$$D = C_D \cdot A \cdot \frac{\rho V^2}{2}$$

여기서, C_D : 항력계수($C_D = \frac{24}{R_e}$)

A : 투영면적, $\frac{\rho V^2}{2}$: 동압력

58. 양정이 5m일 때 4.9kW의 펌프로 0.03m³/s를 양수했다면 이 펌프의 효율은?

① 약 0.3   ② 약 0.4
③ 약 0.5   ④ 약 0.6

■해설 동력의 산정
㉠ 양수에 필요한 동력($H_e = h + \sum h_L$)

- $P = \frac{9.8QH_e}{\eta}$ kW
- $P = \frac{13.3QH_e}{\eta}$ HP

㉡ 효율의 산정

$$\eta = \frac{9.8QH_e}{P} = \frac{9.8 \times 0.03 \times 5}{4.9} = 0.3$$

59. 부체의 안정에 관한 설명으로 옳지 않은 것은?

① 경심(M)이 무게중심(G)보다 낮을 경우 안정하다.
② 무게중심(G)이 부심(B)보다 아래쪽에 있으면 안정하다.
③ 경심(M)이 무게중심(G)보다 높을 경우 복원모멘트가 작용한다.
④ 부심(B)과 무게중심(G)이 동일 연직선상에 위치할 때 안정을 유지한다.

■해설 부체의 안정조건
㉠ 경심(M)을 이용하는 방법
- 경심(M)이 중심(G)보다 위에 존재 : 안정
- 경심(M)이 중심(G)보다 아래에 존재 : 불안정

㉡ 경심고($\overline{MG}$)를 이용하는 방법
- $\overline{MG} = \overline{MC} - \overline{GC}$
- $\overline{MG} > 0$: 안정
- $\overline{MG} < 0$: 불안정

㉢ 경심고 일반식을 이용하는 방법
- $\overline{MG} = \frac{I}{V} - \overline{GC}$
- $\frac{I}{V} > \overline{GC}$: 안정
- $\frac{I}{V} < \overline{GC}$: 불안정

∴ 경심(M)이 중심(G)보다 낮을 경우에는 불안정하다.

60. DAD 해석에 관한 내용으로 옳지 않은 것은?

① DAD의 값은 유역에 따라 다르다.
② DAD 해석에서 누가우량곡선이 필요하다.
③ DAD 곡선은 대부분 반대수지로 표시된다.
④ DAD 관계에서 최대평균우량은 지속시간 및 유역면적에 비례하여 증가한다.

■해설 DAD 해석
㉠ DAD(Rainfall Depth-Area-Duration) 해석은 최대평균우량깊이(강우량), 유역면적, 강우지속시간 간 관계의 해석을 말한다.

구성	특징
용도	암거의 설계나 지하수 흐름에 대한 하천수위의 시간적 변화의 영향 등에 사용
구성	최대평균우량깊이(Rainfall Depth), 유역면적(Area), 지속시간(Duration)으로 구성
방법	면적을 대수 축에, 최대우량을 산술 축에, 지속시간을 제3의 변수로 표시

㉡ DAD 곡선 작성순서
- 누가우량곡선으로부터 지속시간별 최대우량을 결정한다.
- 소구역에 대한 평균누가우량을 결정한다.
- 누가면적에 대한 평균누가우량을 산정한다.
- 지속시간에 대한 최대우량깊이를 누가면적별로 결정한다.

∴ DAD 관계에서 최대평균우량은 유역면적에는 반비례하고, 지속시간에는 비례하여 증가한다.

제4과목 철근콘크리트 및 강구조

61. 복철근 콘크리트 단면에 인장철근비는 0.02, 압축철근비는 0.01이 배근된 경우 순간처짐이 20mm일 때 6개월이 지난 후 총 처짐량은?(단, 작용하는 하중은 지속하중이다.)

① 26mm ② 36mm
③ 48mm ④ 68mm

■해설 $\xi = 1.2$ (하중재하기간이 6개월인 경우)
$$\lambda = \frac{\xi}{1+50\rho'} = \frac{1.2}{1+(50\times 0.01)} = 0.8$$
$$\delta_L = \lambda \cdot \delta_i = 0.8 \times 20 = 16\text{mm}$$
$$\delta_T = \delta_i + \delta_L = 20 + 16 = 36\text{mm}$$

62. PSC 보를 RC 보처럼 생각하여, 콘크리트는 압축력을 받고 긴장재는 인장력을 받게 하여 두 힘의 우력 모멘트로 외력에 의한 휨모멘트에 저항시킨다는 개념은?

① 응력개념 ② 강도개념
③ 하중평형개념 ④ 균등질 보의 개념

■해설 PSC 보를 RC 보와 같이 생각하여, 콘크리트는 압축력을 받고 긴장재는 인장력을 받게 하여 두 힘의 우력이 외력에 의한 휨모멘트에 저항시킨다는 개념을 내력모멘트 개념 또는 강도 개념이라고 한다.

63. 그림과 같이 단순지지된 2방향 슬래브에 등분포하중 w가 작용할 때, ab 방향에 분배되는 하중은 얼마인가?

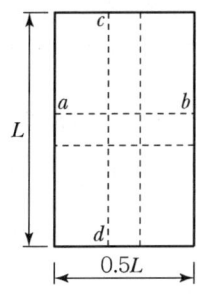

① $0.059w$ ② $0.111w$
③ $0.889w$ ④ $0.941w$

■해설 $w_{ab} = \frac{L^4}{L^4+S^4}w = \frac{L^4}{L^4+(0.5L)^4}w = 0.941w$

64. 그림과 같은 직사각형 단면을 가진 프리텐션 단순 보에 편심 배치한 긴장재를 820kN으로 긴장하였을 때 콘크리트 탄성변형으로 인한 프리스트레스의 감소량은?(단, 탄성계수비 $n=6$이고, 자중에 의한 영향은 무시한다.)

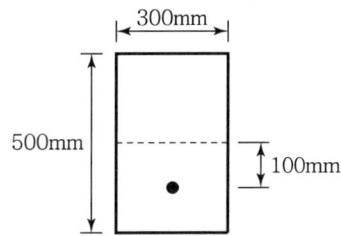

① 44.5MPa ② 46.5MPa
③ 48.5MPa ④ 50.5MPa

■해설 $A_c = 300 \times 500 = 1.5 \times 10^5 \text{mm}^2$
$$I_c = \frac{300\times 500^3}{12} = 3.125 \times 10^9 \text{mm}^4$$
$$\Delta f_{pe} = n\left(\frac{P_i}{A_c} + \frac{P_i e_p}{I_c}e_p\right)$$
$$= 6\left(\frac{(820\times 10^3)}{(1.5\times 10^5)} + \frac{(820\times 10^3)\times 100}{(3.125\times 10^9)}\times 100\right)$$
$$= 48.544\text{MPa}$$

65. 다음 중 전단철근으로 사용할 수 없는 것은?

① 스터럽과 굽힘철근의 조합
② 부재축에 직각으로 배치한 용접망
③ 나선철근, 원형띠철근 또는 후프철근
④ 주인장 철근에 30°의 각도로 설치되는 스터럽

■해설 전단철근의 종류
① 주인장철근에 수직으로 배치한 스터럽
② 주인장철근에 45° 이상의 경사로 배치한 스터럽
③ 주인장철근에 30° 이상의 경사로 구부린 굽힘철근
④ 스터럽과 굽힘철근의 병용(①과 ③ 또는 ②와 ③의 병용)
⑤ 나선철근 또는 용접철망

66. 그림과 같은 용접 이음에서 이음부의 응력은?

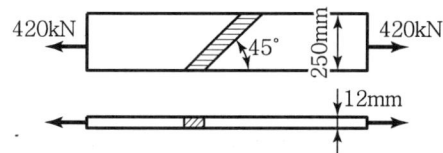

① 140MPa ② 152MPa
③ 168MPa ④ 180MPa

■해설 $f = \dfrac{P}{A} = \dfrac{420 \times 10^3}{12 \times 250} = 140\text{MPa}$

67. 슬래브의 구조 상세에 대한 설명으로 틀린 것은?

① 1방향 슬래브의 두께는 최소 100mm 이상으로 하여야 한다.
② 1방향 슬래브의 정모멘트 철근 및 부모멘트 철근의 중심 간격은 위험단면에서는 슬래브 두께의 2배 이하이어야 하고, 또한 300mm 이하로 하여야 한다.
③ 1방향 슬래브의 수축·온도 철근의 간격은 슬래브 두께의 3배 이하, 또는 400mm 이하로 하여야 한다.
④ 2방향 슬래브의 위험단면에서 철근 간격은 슬래브 두께의 2배 이하, 또한 300mm 이하로 하여야 한다.

■해설 1방향 슬래브의 수축·온도 철근의 간격은 슬래브 두께의 5배 이하, 또한 450mm 이하로 하여야 한다.

68. 강도설계법에서 보의 휨 파괴에 대한 설명으로 틀린 것은?

① 보는 취성파괴보다는 연성파괴가 일어나도록 설계되어야 한다.
② 과소철근 보는 인장철근이 항복하기 전에 압축연단 콘크리트의 변형률이 극한 변형률에 먼저 도달하는 보이다.
③ 균형철근 보는 인장철근이 설계기준 항복강도에 도달함과 동시에 압축연단 콘크리트의 변형률이 극한 변형률에 도달하는 보이다.
④ 과다철근 보는 인장철근량이 많아서 갑작스런 압축파괴가 발생하는 보이다.

■해설 과소철근 보는 압축연단 콘크리트의 변형률이 극한 변형률에 도달하기 전에 인장철근이 먼저 항복하는 보이다.

69. b=300mm, d=500mm, A_s=3−D25=1,520mm^{2}가 1열로 배치된 단철근 직사각형 보의 설계휨강도(ϕM_n)는?(단, f_{ck}=28MPa, f_y=400MPa이고, 과소철근 보이다.)

① 132.5kN·m ② 183.3kN·m
③ 236.4kN·m ④ 307.7kN·m

■해설
- $a = \dfrac{f_y A_s}{0.85 f_{ck} b} = \dfrac{400 \times 1{,}520}{0.85 \times 28 \times 300} = 85.15\text{mm}$
- $\beta_1 = 0.85$ ($f_{ck} \leq 28\text{MPa}$인 경우)
- $\varepsilon_t = \dfrac{d_t \beta_1 - a}{a} \varepsilon_c$
  $= \dfrac{500 \times 0.85 - 85.15}{85.15} \times 0.003 = 0.012$
- $\varepsilon_{t,l} = 0.005$ ($f_y \leq 400\text{MPa}$인 경우)
- $\varepsilon_{t,l} < \varepsilon_t$이므로 인장지배단면 − $\phi = 0.85$
- $\phi M_n = \phi f_y A_s \left(d - \dfrac{a}{2} \right)$
  $= 0.85 \times 4.00 \times 1{,}520 \times \left(500 - \dfrac{85.15}{2} \right)$
  $= 236.5 \times 10^6 \text{N·mm} = 236.5\text{kN·m}$

70. 다음 중 반T형 보의 유효폭을 구할 때 고려하여야 할 사항이 아닌 것은?(단, b_w는 플랜지가 있는 부재의 복부폭이다.)

① 양쪽 슬래브의 중심 간 거리
② (한쪽으로 내민 플랜지 두께의 6배) + b_w
③ $\left(\text{보의 경간의 } \dfrac{1}{12} \right) + b_w$
④ $\left(\text{인접 보와의 내측거리의 } \dfrac{1}{2} \right) + b_w$

|해답| 66.① 67.③ 68.② 69.③ 70.①

■해설 반T형 보(비대칭 T형 보)의 플랜지 유효폭(b_e)
- $6t_f + b_w$
- 인접 보와의 내측 간 거리의 $\frac{1}{2} + b_w$
- 보 경간의 $\frac{1}{12} + b_w$

위 값 중에서 최솟값이 b_e이다.

71. 압축 이형철근의 정착에 대한 설명으로 틀린 것은?
① 정착길이는 항상 200mm 이상이어야 한다.
② 정착길이는 기본정착길이에 적용 가능한 모든 보정계수를 곱하여 구하여야 한다.
③ 해석 결과 요구되는 철근량을 초과하여 배치한 경우의 보정계수는 $\left(\frac{\text{소요}A_s}{\text{배근}A_s}\right)$이다.
④ 지름이 6mm 이상이고 나선 간격이 100mm 이하인 나선철근으로 둘러싸인 압축 이형철근의 보정계수는 0.8이다.

■해설 지름이 6mm 이상이고 나선 간격이 100mm 이하인 나선철근으로 둘러싸인 압축이형철근의 보정계수는 0.75이다.

72. 처짐을 계산하지 않는 경우 단순지지된 보의 최소 두께(h)는?(단, 보통중량 콘크리트(m_c = 2,300kg/m³) 및 f_y = 300MPa인 철근을 사용한 부재이며, 길이가 10m인 보이다.)
① 429mm ② 500mm
③ 537mm ④ 625mm

■해설 단순지지 보의 처짐을 계산하지 않아도 되는 최소 두께(h)
① $f_y = 400\text{MPa}$: $h = \frac{l}{16}$
② $f_y \neq 400\text{MPa}$: $h = \frac{l}{16}\left(0.43 + \frac{f_y}{700}\right)$

$f_y = 300$MPa이므로 최소 두께(h)는 다음과 같다.

$h = \frac{l}{16}\left(0.43 + \frac{f_y}{700}\right)$
$= \frac{10 \times 10^3}{16}\left(0.43 + \frac{300}{700}\right) = 536.6\text{mm}$

73. 표피철근의 정의로서 옳은 것은?
① 전체 깊이가 900mm를 초과하는 휨부재 복부의 양 측면에 부재 축 방향으로 배치하는 철근
② 전체 깊이가 1,200mm를 초과하는 휨부재 복부의 양 측면에 부재 축 방향으로 배치하는 철근
③ 유효 깊이가 900mm를 초과하는 휨부재 복부의 양 측면에 부재 축 방향으로 배치하는 철근
④ 유효 깊이가 1,200mm를 초과하는 휨부재 복부의 양 측면에 부재 축 방향으로 배치하는 철근

■해설 보의 전체 깊이(h)가 900mm를 초과하는 경우에 보의 복부 양 측면에 부재 축 방향으로 배치하는 철근을 표피철근이라 한다.

74. 그림과 같은 두께 13mm의 플레이트에 4개의 볼트 구멍이 배치되어 있을 때 부재의 순단면적은?(단, 구멍의 지름은 24mm이다.)

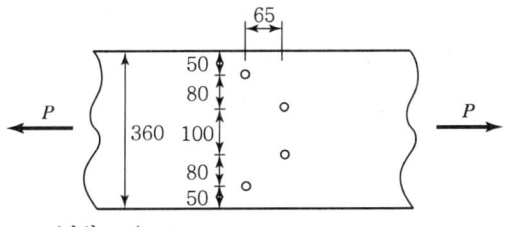

(단위:mm)

① 4,056mm² ② 3,916mm²
③ 3,775mm² ④ 3,524mm²

■해설 $d_h = \phi + 3 = 24\text{mm}$
$b_{n2} = b_g - 2d_h = 360 - (2 \times 24) = 312\text{mm}$
$b_{n3} = b_g - 3d_h + \frac{s^2}{4g}$
$= 360 - (3 \times 24) + \left(\frac{65^2}{4 \times 80}\right) = 301.2\text{mm}$
$b_{n4} = b_g - 4d_h + 2 \times \frac{s^2}{4g}$
$= 360 - (4 \times 24) + \left(2 \times \frac{65^2}{4 \times 80}\right) = 290.4\text{mm}$
$b_n = [b_{n2},\ b_{n3},\ b_{n4}]_{\min} = 290.4\text{mm}$
$A_n = b_n t = 290.4 \times 13 = 3,775.2\text{mm}^2$

75. 옹벽설계에서 안정조건에 대한 설명으로 틀린 것은?

① 전도에 대한 저항휨모멘트는 횡토압에 의한 전도모멘트의 1.5배 이상이어야 한다.
② 옹벽의 활동에 대한 저항력은 옹벽에 작용하는 수평력의 1.5배 이상이어야 한다.
③ 지반에 유발되는 최대 지반반력은 지반의 허용지지력을 초과하지 않아야 한다.
④ 전도 및 지반지지력에 대한 안정조건은 만족하지만, 활동에 대한 안정조건만을 만족하지 못할 경우 활동방지벽 혹은 횡방향 앵커 등을 설치하여 활동저항력을 증대시킬 수 있다.

■해설 옹벽설계에서 전도에 대한 저항휨모멘트는 횡토압에 의한 전도모멘트의 2.0배 이상이어야 한다.

76. 강도설계법에서 그림과 같은 단철근 T형 보의 공칭휨강도(M_n)는?(단, A_s=5,000mm², f_{ck}=21MPa, f_y=300MPa, 그림의 단위는 mm이다.)

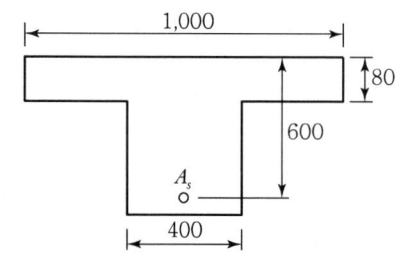

① 711.3kN·m ② 836.8kN·m
③ 947.5kN·m ④ 1,084.6kN·m

■해설
1. T형 보의 판별
 b=1,000mm인 직사각형 단면보에 대한 등가 사각형 깊이(a)
 $$a = \frac{A_s f_y}{0.85 f_{ck} b} = \frac{5,000 \times 300}{0.85 \times 21 \times 1,000} = 84\text{mm}$$
 $t_f = 80$mm
 $a > t_f$이므로 T형 보로 해석
2. T형 보의 공칭 휨강도(M_n)
 $$A_{sf} = \frac{0.85 f_{ck}(b-b_w)t_f}{f_y}$$
 $$= \frac{0.85 \times 21 \times (1,000-400) \times 80}{300} = 2,856\text{mm}^2$$

$$a = \frac{(A_s - A_{sf})f_y}{0.85 f_{ck} b_w}$$
$$= \frac{(5,000-2,856) \times 300}{0.85 \times 21 \times 400} = 90\text{mm}$$
$$M_n = A_{sf}f_y\left(d - \frac{t_f}{2}\right) + (A_s - A_{sf})f_y\left(d - \frac{a}{2}\right)$$
$$= 2,856 \times 300 \times \left(600 - \frac{80}{2}\right) + (5,000-2,856)$$
$$\times 300 \times \left(600 - \frac{90}{2}\right)$$
$$= 836.784 \times 10^6 \text{N}\cdot\text{mm} = 836.784\text{kN}\cdot\text{m}$$

77. 프리스트레스의 손실 원인은 그 시기에 따라 즉시손실과 도입 후에 시간적인 경과 후에 일어나는 손실로 나눌 수 있다. 다음 중 손실 원인의 시기가 나머지와 다른 하나는?

① 콘크리트의 크리프
② 콘크리트의 건조수축
③ 긴장재 응력의 릴랙세이션
④ 포스트텐션 긴장재와 덕트 사이의 마찰

■해설 프리스트레스의 손실 원인
1) 프리스트레스 도입 시 손실(즉시손실)
 ① 정착장치의 활동에 의한 손실
 ② PS강재와 쉬스 사이의 마찰에 의한 손실
 ③ 콘크리트의 탄성변형에 의한 손실
2) 프리스트레스 도입 후 손실(시간손실)
 ① 콘크리트의 크리프에 의한 손실
 ② 콘크리트의 건조수축에 의한 손실
 ③ PS강재의 릴랙세이션에 의한 손실

78. b_w=250mm, d=500mm인 직사각형 보에서 콘크리트가 부담하는 설계전단강도(ϕV_c)는?(단, f_{ck}=21MPa, f_y=400MPa, 보통중량 콘크리트이다.)

① 91.5kN ② 82.2kN
③ 76.4kN ④ 71.6kN

■해설 $\lambda = 1$(보통중량의 콘크리트인 경우)
$$\phi V_C = \phi\left(\frac{1}{6}\lambda\sqrt{f_{ck}}b_w d\right)$$
$$= 0.75 \times \left(\frac{1}{6} \times 1 \times \sqrt{21} \times 250 \times 500\right)$$
$$= 71.6 \times 10^3 \text{N} = 71.6\text{kN}$$

|해답| 75.① 76.② 77.④ 78.④

79. 강도설계법에서 그림과 같은 띠철근 기둥의 최대 설계축강도($\phi P_{n(\max)}$)는?(단, 축 방향 철근의 단면적 A_{st}=1,865mm², f_{ck}=28MPa, f_y=300 MPa이고, 기둥은 중심축하중을 받는 단주이다.)

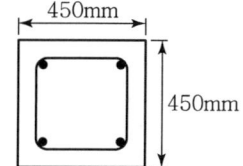

① 1,998kN ② 2,490kN
③ 2,774kN ④ 3,075kN

■해설 $\phi P_n = \phi\alpha\{0.85f_{ck}(A_g - A_{st}) + f_y A_{st}\}$
$= 0.65 \times 0.8 \times \{0.85 \times 28 \times (450^2 - 1,865)$
$+ 300 \times 1,865\}$
$= 2,774 \times 10^3 \text{N} = 2,774\text{kN}$

80. 그림과 같은 강재의 이음에서 P=600kN이 작용할 때 필요한 리벳의 수는?(단, 리벳의 지름은 19mm, 허용전단응력은 110MPa, 허용지압응력은 240MPa이다.)

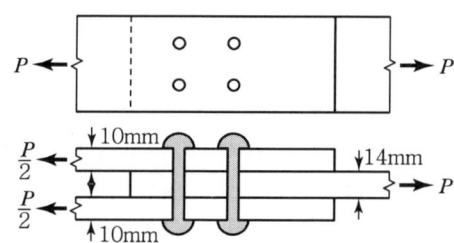

① 6개 ② 8개
③ 10개 ④ 12개

■해설 1) 허용전단력(P_{RS})
$P_{RS} = v_a\left(2 \times \dfrac{\pi\phi^2}{4}\right) = 110\left(2 \times \dfrac{\pi \times 19^2}{4}\right)$
$= 62.376 \times 10^3 \text{N} = 62.376\text{kN}$

2) 허용지압력(R_{Rb})
$P_{Rb} = f_{ba} \cdot (\phi \cdot t_{\min}) = 240(19 \times 14)$
$= 63.84 \times 10^3 \text{N} = 63.84\text{kN}$

3) 리벳강도(P_R)
$P_R = [P_{RS},\ P_{Rb}]_{\min}$
$= [62.376\text{kN},\ 63.84\text{kN}]_{\min}$
$= 62.376\text{kN}$

4) 리벳수(n)
$n = \dfrac{P}{R_R} = \dfrac{600}{62.376} = 9.6$개
$= 10$개(올림에 의하여)

제5과목 토질 및 기초

81. 현장 흙의 밀도시험 중 모래치환법에서 모래는 무엇을 구하기 위하여 사용하는가?

① 시험구멍에서 파낸 흙의 중량
② 시험구멍의 체적
③ 지반의 지지력
④ 흙의 함수비

■해설
• $\gamma_d = \dfrac{\gamma_t}{1+w}$
• $\gamma_t = \dfrac{W}{V}$

여기서, V : 시험구멍의 체적

82. 사질토에 대한 직접 전단시험을 실시하여 다음과 같은 결과를 얻었다 내부마찰각은 약 얼마인가?

수직응력(kN/m²)	30	60	90
최대전단응력(kN/m²)	17.3	34.6	51.9

① 25° ② 30°
③ 35° ④ 40°

■해설 $17.3 = 30\tan\phi$
$\therefore \phi = 30°$

83. Terzaghi의 극한지지력 공식에 대한 설명으로 틀린 것은?

① 기초의 형상에 따라 형상계수를 고려하고 있다.
② 지지력계수 N_c, N_q, N_γ는 내부마찰각에 의해 결정된다.
③ 점성토에서의 극한지지력은 기초의 근입 깊이가 깊어지면 증가된다.
④ 사질토에서의 극한지지력은 기초의 폭에 관계없이 기초 하부의 흙에 의해 결정된다.

■해설 사질토에서 극한지지력은 기초의 폭에 비례한다.

84. 그림과 같은 모래시료의 분사현상에 대한 안전율을 3.0 이상이 되도록 하려면 수두차 h를 최대 얼마 이하로 하여야 하는가?

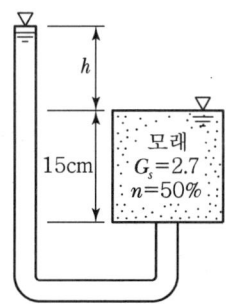

① 12.75cm ② 9.75cm
③ 4.25cm ④ 3.25cm

■해설
• $F_s = \dfrac{i_c}{i} = \dfrac{\dfrac{G_s - 1}{1+e}}{\dfrac{\Delta h}{L}} = 3$

• $\dfrac{\dfrac{2.7-1}{1+1}}{\dfrac{h}{15}} = 3$ ∴ $h = 4.25\text{cm}$

$\left(e = \dfrac{n}{1-n} = \dfrac{0.5}{1-0.5} = 1\right)$

85. 그림과 같이 $c=0$인 모래로 이루어진 무한사면이 안정을 유지(안전율≥1)하기 위한 경사각(β)의 크기로 옳은 것은?(단, 물의 단위중량은 9.81kN/m³이다.)

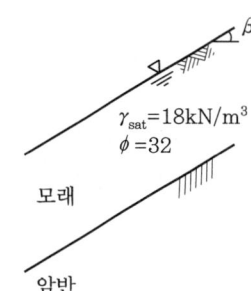

① $\beta \le 7.94°$ ② $\beta \le 15.87°$
③ $\beta \le 23.79°$ ④ $\beta \le 31.76°$

■해설 $F_s = \dfrac{\gamma_{sub}}{\gamma_{sat}} \cdot \dfrac{\tan\phi}{\tan\beta} \ge 1 = \dfrac{18-9.81}{18} \cdot \dfrac{\tan 32°}{\tan\beta} \ge 1$
∴ $\beta \le 15.87°$

86. 어떤 시료를 입도분석한 결과, 0.075mm 체 통과율이 65%이었고, 애터버그한계 시험결과 액성한계가 40%이었으며 소성도표(Plasticity Chart)에서 A선 위의 구역에 위치한다면 이 시료의 통일분류법(USCS)상 기호로서 옳은 것은?(단, 시료는 무기질이다.)

① CL ② ML
③ CH ④ MH

■해설
• 0.075mm(No.200) 체 통과량 65% → 세립토
• 액성한계(ω_L) = 40% → 압축성이 낮은(L)
• A선 위에 위치 → 점토(C)
∴ 세립토인 저압축성 점토(CL)

87. 유선망의 특징에 대한 설명으로 틀린 것은?

① 각 유로의 침투유량은 같다.
② 유선과 등수두선은 서로 직교한다.
③ 인접한 유선 사이의 수두 감소량(Head Loss)은 동일하다.
④ 침투속도 및 동수경사는 유선망의 폭에 반비례한다.

■해설 인접한 등수두선 사이의 수두 감소량은 동일하다.

88. 어떤 점토의 압밀계수는 1.92×10^{-7}m²/s, 압축계수는 2.86×10^{-1}m²/kN이었다. 이 점토의 투수계수는?(단, 이 점토의 초기간극비는 0.8이고, 물의 단위중량은 9.81kN/m³이다.)

① 0.99×10^{-5}cm/s
② 1.99×10^{-5}cm/s
③ 2.99×10^{-5}cm/s
④ 3.99×10^{-5}cm/s

■해설 $K = C_v m_v \gamma_w$
$= 1.92 \times 10^{-7} \times \dfrac{2.86 \times 10^{-1}}{1+0.8} \times 9.81$
$= 0.000000299 \text{m/s}$
$= 2.99 \times 10^{-5} \text{cm/s}$

89. 사운딩에 대한 설명으로 틀린 것은?

① 로드 선단에 지중저항체를 설치하고 지반 내 관입, 압입 또는 회전하거나 인발하여 그 저항치로부터 지반의 특성을 파악하는 지반조사방법이다.
② 정적 사운딩과 동적 사운딩이 있다.
③ 압입식 사운딩의 대표적인 방법은 Standard Penetration Test(SPT)이다.
④ 특수사운딩 중 측압사운딩의 공내횡방향 재하시험은 보링공을 기계적으로 수평으로 확장시키면서 측압과 수평변위를 측정한다.

■해설 SPT는 동적 사운딩이다.

90. 두께 H인 점토층에 압밀하중을 가하여 요구되는 압밀도에 달할 때까지 소요되는 기간이 단면배수일 경우 400일이었다면 양면배수일 때는 며칠이 걸리겠는가?

① 800일 ② 400일
③ 200일 ④ 100일

■해설 • $t \propto H^2$
• $t_{단면배수} : t_{양면배수} = H^2 : \left(\dfrac{H}{2}\right)^2$
$t_{양면배수} = t_{단면배수} \times \dfrac{1}{4} = 400 \times \dfrac{1}{4} = 100$일

91. 전체 시추코어 길이가 150cm이고 이중 회수된 코어 길이의 합이 80cm이었으며, 10m 이상인 코어 길이의 합이 70cm이었을 때 코어의 회수율(TCR)은?

① 55.67% ② 53.33%
③ 46.67% ④ 43.33%

■해설 $TCR = \dfrac{채취길이}{관입깊이} \times 100$
$= \dfrac{80}{150} \times 100 = 53.33\%$

92. 동상방지대책에 대한 설명으로 틀린 것은?

① 배수구 등을 설치하여 지하수위를 저하시킨다.
② 지표의 흙을 화학약품으로 처리하여 동결온도를 내린다.
③ 동결 깊이보다 깊은 흙을 동결하지 않는 흙으로 치환한다.
④ 모관수의 상승을 차단하기 위해 조립의 차단층을 지하수위보다 높은 위치에 설치한다.

■해설 동결 깊이보다 상단 흙을 동결하지 않는 흙으로 치환한다.

93. 다음 지반개량공법 중 연약한 점토지반에 적당하지 않은 것은?

① 프리로딩 공법
② 샌드 드레인 공법
③ 생석회 말뚝 공법
④ 바이브로 플로테이션 공법

■해설 사질토(충격공법) – 바이브로 플로테이션 공법

94. 두 개의 규소판 사이에 한 개의 알루미늄판이 결합된 3층 구조가 무수히 많이 연결되어 형성된 점토광물로서 각 3층 구조 사이에는 칼륨이온(K⁺)으로 결합되어 있는 것은?

① 일라이트(Illite)
② 카올리나이트(Kaolinite)
③ 할로이사이트(Halloysite)
④ 몬모릴로나이트(Montmorillonite)

■해설 일라이트(Illite)
• 보통 점토로서 3층 구조(칼륨이온(K⁺)으로 결합)
• $0.75 \leq$ 활성도$(A) \leq 1.25$

95. 단위중량(γ_t)=19kN/m³, 내부마찰각(ϕ)=30°, 정지토압계수(K_o)=0.5인 균질한 사질토 지반이 있다. 이 지반의 지표면 아래 2m 지점에 지하수위면이 있고 지하수위면 아래의 포화단위중량(γ_{sat})=20kN/m³이다. 이때 지표면 아래 4m 지점에서 지반 내 응력에 대한 설명으로 틀린 것은?(단, 물의 단위중량은 9.81kN/m³이다.)

① 연직응력(σ_v)은 80kN/m²이다.
② 간극수압(u)은 19.62kN/m²이다.
③ 유효연직응력(σ_v')은 58.38kN/m²이다.
④ 유효수평응력(σ_h')은 29.19kN/m²이다.

■해설
- $\sigma_v' = 19 \times 2 + (20-9.81) \times 2 = 53.38 \text{kN/m}^2$
- $u = \gamma_w \cdot h = (1\text{t/m}^3 \times 9.81) \times 2 = 19.62 \text{kN/m}^2$
- $\sigma_v = \sigma_v' - u = 53.38 - 19.62 = 38.76 \text{kN/m}^2$
- $\sigma_h' = k_o \cdot \sigma_v' = 0.5 \times 53.38 = 29.19 \text{kN/m}^2$

96. γ_t=19kN/m³, ϕ=30°인 뒤채움 모래를 이용하여 8m 높이의 보강토 옹벽을 설치하고자 한다. 폭 75mm, 두께 3.69mm의 보강띠를 연직방향 설치간격 S_v=0.5m, 수평방향 설치간격 S_h=1.0m로 시공하고자 할 때, 보강띠에 작용하는 최대 힘($T_{\max}$)의 크기는?

① 15.33kN
② 25.33kN
③ 35.33kN
④ 45.33kN

■해설 $T_{\max} = \sigma_h \cdot S_h \cdot S_v$
- $\sigma_{h\max} = k_a \cdot \sigma_h$
  $= \left(\dfrac{1-\sin\phi}{1+\sin\phi}\right) \times (19 \times 8)$
  $= 50.616$
- $T_{\max} = 50.616 \times 0.5 \times 1 = 25.33 \text{kN}$

97. 말뚝기초의 지반거동에 대한 설명으로 틀린 것은?

① 연약지반상에 타입되어 지반이 먼저 변형하고 그 결과 말뚝이 저항하는 말뚝을 주동말뚝이라 한다.
② 말뚝에 작용한 하중은 말뚝 주변의 마찰력과 말뚝 선단의 지지력에 의하여 주변 지반에 전달된다.
③ 기성말뚝을 타입하면 전단파괴를 일으키며 말뚝 주위의 지반은 교란된다.
④ 말뚝 타입 후 지지력의 증가 또는 감소현상을 시간효과(Time Effect)라 한다.

■해설 주동말뚝과 수동말뚝

주동말뚝	수동말뚝
• 말뚝이 변형함에 따라 지반이 저항 • 말뚝이 움직이는 주체가 됨	연약지반상에서 지반이 먼저 변형하고 그 결과 말뚝이 저항하는 말뚝

98. 사질토 지반에 축조되는 강성기초의 접지압 분포에 대한 설명으로 옳은 것은?

① 기초 모서리 부분에서 최대응력이 발생한다.
② 기초에 작용하는 접지압 분포는 토질에 관계없이 일정하다.
③ 기초의 중앙 부분에서 최대응력이 발생한다.
④ 기초 밑면의 응력은 어느 부분이나 동일하다.

■해설 강성기초의 접지압

점토지반	모래지반
기초 모서리에서 최대응력 발생	기초 중앙부에서 최대응력 발생

99. 습윤단위중량이 19kN/m³, 함수비 25%, 비중이 2.7인 경우 건조단위중량과 포화도는?(단, 물의 단위중량은 9.81kN/m³이다.)

① 17.3kN/m³, 97.8%
② 17.3kN/m³, 90.9%
③ 15.2kN/m³, 97.8%
④ 15.2kN/m³, 90.9%

|해답| 95.① 96.② 97.① 98.③ 99.④

■해설
- $\gamma_d = \dfrac{\gamma_t}{1+w} = \dfrac{19}{1+0.25} = 15.2 \text{kN/m}^2$
- $\gamma_d = \dfrac{G}{1+e}\gamma_w$

$$e = \dfrac{G}{\gamma_d}\gamma_w - 1 = \dfrac{2.7}{15.2} \times 9.81 - 1 = 0.74$$

- $Gw = Se,\ S = \dfrac{Gw}{e} = \dfrac{2.7 \times 0.25}{0.74} = 91\%$

100. 아래의 공식은 흙 시료에 삼축압력이 작용할 때 흙 시료 내부에 발생하는 간극수압을 구하는 공식이다. 이 식에 대한 설명으로 틀린 것은?

$$\Delta u = B[\Delta\sigma_3 + A(\Delta\sigma_1 - \Delta\sigma_3)]$$

① 포화된 흙의 경우 $B=1$이다.
② 간극수압계수 A값은 언제나 (+)의 값을 갖는다.
③ 간극수압계수 A값은 삼축압축시험에서 구할 수 있다.
④ 포화된 점토에서 구속응력을 일정하게 두고 간극수압을 측정했다면, 축차응력과 간극수압으로부터 A값을 계산할 수 있다.

■해설
- 완전건조토 $B=0$
- 과압밀점토 (-)

제6과목 **상하수도공학**

101. 수질오염 지표항목 중 COD에 대한 설명으로 옳지 않은 것은?

① $NaNO_2$, SO_2^-는 COD값에 영향을 미친다.
② 생물분해 가능한 유기물도 COD로 측정할 수 있다.
③ COD는 해양오염이나 공장폐수의 오염지표로 사용된다.
④ 유기물 농도값은 일반적으로 COD > TOD > TOC > BOD이다.

■해설 COD
- ㉠ COD는 화학적 산소요구량으로 해양오염이나 공장폐수의 오염지표로 사용된다.
- ㉡ COD는 생물학적으로 분해 가능한 것과 불가능한 것으로 구분할 수 있다.
  $COD = COD_{bio} + COD_{nb}$
- ㉢ COD는 BOD와 달리 채수 후 바로 측정하지 않아도 된다. 이때 시료수는 채수 후 바로 황산(SO_2)을 주입하여 시료수 내 미생물의 활동을 억제해야 한다.
- ㉣ 유기물질의 함량을 나타내는 지표를 같은 시료로 측정하여 크기가 큰 순서로 나열하면 TOD > COD > BOD > TOC의 순이다.

102. 지표수를 수원으로 하는 일반적인 상수도의 계통도로 옳은 것은?

① 취수탑 → 침사지 → 급속여과 → 보통침전지 → 소독 → 배수지 → 급수
② 침사지 → 취수탑 → 급속여과 → 응집침전지 → 소독 → 배수지 → 급수
③ 취수탑 → 침사지 → 보통침전지 → 급속여과 → 배수지 → 소독 → 급수
④ 취수탑 → 침사지 → 응집침전지 → 급속여과 → 소독 → 배수지 → 급수

■해설 상수도 구성요소
- ㉠ 수원 → 취수 → 도수(침사지) → 정수(착수정 → 약품혼화지 → 침전지 → 여과지 → 소독지 → 정수지) → 송수 → 배수(배수지, 배수탑, 고가탱크, 배수관) → 급수
- ㉡ 수원, 취수, 도수, 정수, 송수 등의 설계에는 계획 1일 최대급수량을 기준으로 한다.
- ㉢ 계획취수량은 계획 1일 최대급수량을 기준으로 5~10% 정도 여유 있게 취수한다.
- ㉣ 배수관의 직경결정, 펌프의 직경결정 등은 계획시간 최대급수량을 기준으로 한다.

103. 펌프대수 결정을 위한 일반적인 고려사항에 대한 설명으로 옳지 않은 것은?

① 펌프는 용량이 작을수록 효율이 높으므로 가능한 소용량의 것으로 한다.
② 펌프는 가능한 최고효율점 부근에서 운전하도록 대수 및 용량을 정한다.
③ 건설비를 절약하기 위해 예비는 가능한 대수를 적게 하고 소용량으로 한다.
④ 펌프의 설치대수는 유지관리상 가능한 적게 하고 동일용량의 것으로 한다.

■해설 펌프대수 결정 시 고려사항
㉠ 펌프는 가능한 최고효율점에서 운전하도록 대수 및 용량을 결정한다.
㉡ 펌프는 대용량 고효율 펌프를 사용한다.
㉢ 펌프의 대수는 유지관리상 가능한 적게 하고 동일 용량의 것을 사용한다.
㉣ 예비대수는 가능한 대수를 적게 하고 소용량의 것으로 한다.

104. 하수관로의 배제방식에 대한 설명으로 틀린 것은?

① 합류식은 청천 시 관내 오물이 침전하기 쉽다.
② 분류식은 합류식에 비해 부설비용이 많이 든다.
③ 분류식은 우천 시 오수가 월류하도록 설계한다.
④ 합류식 관로는 단면이 커서 환기가 잘되고 검사에 편리하다.

■해설 하수의 배제방식

분류식	합류식
• 수질오염 방지 면에서 유리하다. • 청천 시에도 퇴적의 우려가 없다. • 강우 초기 노면 배수 효과가 없다. • 시공이 복잡하고 오접합의 우려가 있다. • 우천 시 수세효과를 기대할 수 없다. • 공사비가 많이 든다.	• 구배 완만, 매설깊이가 적으며 시공성이 좋다. • 초기 우수에 의한 노면배수처리가 가능하다. • 관경이 크므로 검사가 편리하고, 환기가 잘 된다. • 건설비가 적게 든다. • 우천 시 수세효과가 있다. • 청천 시 관내 침전, 효율이 저하된다.

∴ 우천 시 오수가 월류하는 방식은 합류식이다.

105. 원형 하수관에서 유량이 최대가 되는 때는?

① 수심비가 72~78% 차서 흐를 때
② 수심비가 80~85% 차서 흐를 때
③ 수심비가 92~94% 차서 흐를 때
④ 가득 차서 흐를 때

■해설 원형관에서의 최대유속, 유량과 수심과의 관계
㉠ 유량 $Q_{max} = 0.94D$
㉡ 유속 $V_{max} = 0.813D$
∴ 원형관에서의 유량은 수심이 약 92~94% 정도 차서 흐를 때 최대가 된다.

106. 하수고도처리방법으로 질소, 인 동시 제거가 가능한 공법은?

① 정석탈인법
② 혐기호기활성슬러지법
③ 혐기무산소호기조합법
④ 연속 회분식 활성슬러지법

■해설 하수의 고도처리방법
㉠ 하수의 고도처리방법에는 물리적 방법, 화학적 방법, 생물학적 방법이 있으며, 질소와 인의 처리는 생물학적 방법을 적용한다.
㉡ 질소 제거 : Wuhmann법, Ludzack-Ettinger Process, 수정 Ludzack-Ettinger Process, 3단계 Bardenpho법
㉢ 인 제거 : A/O(Anaerobic Oxic)법, Phostrip Process
㉣ 질소, 인 동시 제거 : 수정 Bardenpho법, A²/O(Anaerobic Anoxic Oxic)법, SBR, UCT법, VIP법, 수정 Phostrip법
∴ 질소와 인을 동시에 처리하는 방법은 A²/O(Anaerobic Anoxic Oxic : 혐기무산소호기조합법)이다.

107. 취수보의 취수구에서의 표준 유입속도는?

① 0.3~0.6m/s ② 0.4~0.8m/s
③ 0.5~1.0m/s ④ 0.6~1.2m/s

■해설 취수시설별 주요 특징 비교

항목	취수량	취수량의 안정성	취수구 유입속도	비고
취수관	중·소량	비교적 가능	0.15~0.3m/s 관 내 (0.6~1.0m/s)	취수언과 병용 시 취수량 대량, 안정
취수탑	대량	안정	하천 (0.15~0.3m/s) 호소수 (1~2m/s)	
취수문	소량	불안정	1m/s 이하	취수언과 병용 시 취수량 대량, 안정
취수틀	소량	안정	하천 (0.15~0.3m/s) 호소수 (1~2m/s)	
취수언	대량	안정	0.4~0.8m/s	

∴ 취수보(취수언)의 취수구 유입속도는 0.4~0.8 m/s이다.

108. 도수관로에 관한 설명으로 틀린 것은?

① 도수거 동수경사의 통상적인 범위는 1/1,000~1/3,000이다.
② 도수관의 평균유속은 자연유하식인 경우에 허용최소한도를 0.3m/s로 한다.
③ 도수관의 평균유속은 자연유하식인 경우에 최대한도를 3.0m/s로 한다.
④ 관경의 산정에 있어서 시점의 고수위, 종점의 저수위를 기준으로 동수경사를 구한다.

■해설 도·송수 일반
㉠ 도·송수관의 노선은 동수구배선 이하로 하는 것이 원칙이다.
㉡ 동수경사는 최소동수구배선을 기준으로 하며, 최소동수구배선은 시점의 최저 수위와 종점의 최고 수위를 기준으로 한다.

109. 침전지와 침전효율을 크게 하기 위한 조건과 거리가 먼 것은?

① 유량을 작게 한다.
② 체류시간을 작게 한다.
③ 침전지 표면적을 크게 한다.
④ 플록의 침강속도를 크게 한다.

■해설 침전지 제거 효율
㉠ 침전지 제거 효율
$$E = \frac{V_s}{V_o} = \frac{V_s}{\frac{Q}{A}} = \frac{V_s}{\frac{h}{t}}$$
여기서, V_s: 침강속도, V_o: 수면적 부하

㉡ 침전지 제거 효율의 특징
• 표면부하율을 작게 하면 효율은 높아진다.
• 침전지 표면적을 크게 하면 효율은 높아진다.
• 유량을 작게 하면 효율은 높아진다.
• 체류시간을 크게 하면 효율은 높아진다.
• 침전지 내 수평속도는 작게 하고, 연직속도를 크게 하면 효율은 높아진다.

110. 하천 및 저수지의 수질해석을 위한 수학적 모형을 구성하고자 할 때 가장 기본이 되는 수학적 방정식은?

① 질량보존의 식
② 에너지보존의 식
③ 운동량보존의 식
④ 난류의 운동방정식

■해설 질량보존의 식
㉠ 유체 흐름 해석에 필요한 기본개념으로 유체의 연속성을 표시한 식이다.
㉡ 질량의 변화량=유입질량의 총량-유출질량의 총량
㉢ 하천 및 저수지의 수질해석을 위한 수학적 모형을 구성하고자 할 때 가장 기본이 되는 수학적 방정식이다.

|해답| 107.② 108.④ 109.② 110.①

111. 어떤 지역의 강우지속시간(t)과 강우강도 역수($1/I$)와의 관계를 구해보니 그림과 같이 기울기가 1/3,000, 절편이 1/150이 되었다. 이 지역의 강우강도(I)를 Talbot형($I = \dfrac{a}{t+b}$)으로 표시한 것으로 옳은 것은?

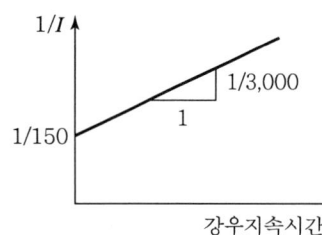

① $\dfrac{3,000}{t+20}$ ② $\dfrac{10}{t+1,500}$

③ $\dfrac{1,500}{t+10}$ ④ $\dfrac{20}{t+3,000}$

■해설 강우강도의 산정
㉠ 직선의 방정식
$y = mx + b$
여기서, y : y축 값, x : x축 값
m : 기울기, b : 절편
㉡ 주어진 조건
y축 : $\dfrac{1}{I}$, x축 : t, m : $\dfrac{1}{3,000}$, b : $\dfrac{1}{150}$
㉢ 강우강도의 산정
주어진 조건을 직선의 방정식에 대입한다.
$y = mx + b$
∴ $\dfrac{1}{I} = \dfrac{1}{3,000}t + \dfrac{1}{150}$
→ 분모를 3,000으로 통분하면
∴ $\dfrac{1}{I} = \dfrac{t+20}{3,000}$
∴ $I = \dfrac{3,000}{t+20}$

112. 잉여슬러지 양을 크게 감소시키기 위한 방법으로 BOD-SS부하를 아주 작게, 포기시간을 길게 하여 내생호흡상으로 유지되도록 하는 활성슬러지 변법은?

① 계단식 포기법(Step Aeration)
② 점감식 포기법(Tapered Aeration)
③ 장시간 포기법(Extended Aeration)
④ 완전혼합 포기법(Complete Mixing Aeration)

■해설 장시간 포기법
㉠ 표준활성슬러지법의 유입부 과부하, 유출부 저부하의 문제점을 해결하기 위해 변법들이 있다.
㉡ 장시간 포기법
• 체류시간을 18~24시간으로 길게 체류시킨다.
• F/M비가 0.03~0.05kg BOD/kg SS·day 정도의 낮은 부하로 운전하는 방식이다.
• 장시간 포기로 내생호흡단계를 유지시킨다.
• 미생물의 자기분해로 잉여슬러지 생산이 감소된다.
• 산소소모량이 크며, 포기조의 용적이 크다.
• 운전비가 많이 들며, 소규모 처리장에 적합한 방법이다.

113. 고속응집침전지를 선택할 때 고려하여야 할 사항으로 옳지 않은 것은?

① 처리수량의 변동이 적어야 한다.
② 탁도와 수온의 변동이 적어야 한다.
③ 원수 탁도는 10NTU 이상이어야 한다.
④ 최고 탁도는 10,000NTU 이하인 것이 바람직하다.

■해설 고속응집침전지
고속응집침전지를 선택할 때는 다음의 조건을 고려하여 결정한다.
• 원수 탁도는 10NTU 이상이어야 한다.
• 최고 탁도는 1,000NTU 이하인 것이 바람직하다.
• 탁도와 수온의 변동이 적어야 한다.
• 처리수량의 변동이 적어야 한다.

114. 여과면적이 1지당 120m²인 정수장에서 역세척과 표면세척을 6분/회씩 수행할 경우 1지당 배출되는 세척수량은?(단, 역세척 속도는 5m/분, 표면세척 속도는 4m/분이다.)

① 1,080m³/회
② 2,640m³/회
③ 4,920m³/회
④ 6,480m³/회

■해설 세척수량의 산정
㉠ 역세척수
$Q_1 = AV = 120 \times 5$
$= 600m^3/분 \times 6분/회 = 3,600m^3/회$

ⓒ 표면세척수
$Q_2 = AV = 120 \times 4$
$= 480\text{m}^3/\text{분} \times 6\text{분}/\text{회} = 2,880\text{m}^3/\text{회}$
ⓒ 총 세척수량
$Q = Q_1 + Q_2 = 3,600 + 2,880 = 6,480\text{m}^3/\text{회}$

115. 경도가 높은 물을 보일러 용수로 사용할 때 발생되는 주요 문제점은?
① Cavitation
② Scale 생성
③ Priming 생성
④ Foaming 생성

■해설 경도
ⓐ 물의 단단한 정도, 비누 소비량 정도를 나타내는 것을 경도라고 한다.
ⓑ 경도는 탄산경도(일시경도)와 비탄산경도(영구경도)로 나타낸다.
ⓒ 경도가 높은 물을 보일러 용수로 사용할 경우 Slime과 Scale(관석)을 발생시킬 수 있다.

116. 도수관에서 유량을 Hazen-Williams 공식으로 다음과 같이 나타내었을 때 a, b의 값은?(단, C : 유속계수, D : 관의 지름, I : 동수경사)

$$Q = 0.84935 \cdot C \cdot D^a \cdot I^b$$

① $a = 0.63$, $b = 0.54$
② $a = 0.63$, $b = 2.54$
③ $a = 2.63$, $b = 2.54$
④ $a = 2.63$, $b = 0.54$

■해설 Hazen-Williams 공식
ⓐ 상수도 관망설계에 가장 많이 이용되는 공식으로 Hazen-Williams 공식을 사용하며, Hardy-Cross의 시행착오법을 적용한다.
ⓑ Hazen-Williams 공식
• $V = 0.27853 CR^{0.63} I^{0.54}$
• $Q = 0.84935 CD^{2.63} I^{0.54}$
여기서, C : Hazen-Williams계수
R : 경심
I : 동수경사
D : 관의 직경
∴ $a = 2.63$, $b = 0.54$

117. 유출계수 0.6, 강우강도 2mm/min, 유역면적 2km²인 지역의 우수량을 합리식으로 구하면?
① 0.007m³/s
② 0.4m³/s
③ 0.667m³/s
④ 40m³/s

■해설 우수유출량의 산정
ⓐ 합리식의 적용 확률연수는 10~30년을 원칙으로 한다.
$$Q = \frac{1}{3.6} CIA$$
여기서, Q : 우수량(m³/sec)
C : 유출계수(무차원)
I : 강우강도(mm/hr)
A : 유역면적(km²)

ⓑ 우수유출량의 산정
$I = 2 \times 60 = 120$mm/hr
$Q = \frac{1}{3.6} CIA = \frac{1}{3.6} \times 0.6 \times 120 \times 2 = 40\text{m}^3/\text{s}$

118. 혐기성 소화공정을 적절하게 운전 및 관리하기 위하여 확인해야 할 사항으로 옳지 않은 것은?
① COD 농도 측정
② 가스발생량 측정
③ 상징수의 pH 측정
④ 소화슬러지의 성상 파악

■해설 혐기성 소화
ⓐ 혐기성 소화는 산소가 없는 상태에서 유기물이 산생성균, 메탄생성균에 의해 분해되는 공정이다.
ⓑ 운전상의 문제점
• 소화가스 발생량의 저하
• pH 저하
• 이상 발포
• 소화 온도의 변화
• 슬러지 가스 내의 CO_2 함유율

119. 오수 및 우수관로의 설계에 대한 설명으로 옳지 않은 것은?

① 우수관경의 결정을 위해서는 합리식을 적용한다.
② 오수관로의 최소관경은 200mm를 표준으로 한다.
③ 우수관로 내의 유속은 가능한 사류상태가 되도록 한다.
④ 오수관로의 계획하수량은 계획시간 최대오수량으로 한다.

■해설 오수 및 우수관로의 설계
㉠ 우수량 산정은 합리식을 이용하기 때문에 우수관경의 결정은 합리식이 적용된다.
㉡ 오수관로의 최소관경은 200mm, 우수 및 합류관로의 최소관경은 250mm를 기준으로 한다.
㉢ 우수관로 내의 유속은 0.8~3.0m/s를 표준으로 한다.
㉣ 오수관로의 계획하수량은 계획시간 최대오수량을 기준으로 한다.

120. 양수량이 500m³/h, 전양정이 10m, 회전수가 1,100rpm일 때 비교회전도(N_s)는?

① 362
② 565
③ 614
④ 809

■해설 비교회전도
㉠ 비교회전도란 펌프나 송풍기 등의 형식을 나타내는 지표로 펌프의 경우 1m³/min의 유량을 1m 양수하는 데 필요한 회전수(N_s)를 말한다.

$$N_s = N \frac{Q^{\frac{1}{2}}}{H^{\frac{3}{4}}}$$

여기서, N : 표준회전수(rpm)
Q : 토출량(m³/min)
H : 양정(m)

㉡ 비교회전도의 산정

$$N_s = N \frac{Q^{\frac{1}{2}}}{H^{\frac{3}{4}}} = 1,100 \times \frac{8.33^{\frac{1}{2}}}{10^{\frac{3}{4}}} = 565$$

$Q = 500 \text{m}^3/\text{hr} \times \frac{1}{60} = 8.33 \text{m}^3/\text{min}$

contents

3월 7일 시행
5월 15일 시행
8월 14일 시행

토목기사 필기
과년도 기출문제

2021

과년도 기출문제 (2021년 3월 7일 시행)

제1과목 응용역학

01. 그림과 같은 직사각형 단면의 단주에서 편심하중이 작용할 경우 발생하는 최대압축응력은? (단, 편심거리(e)는 100mm이다.)

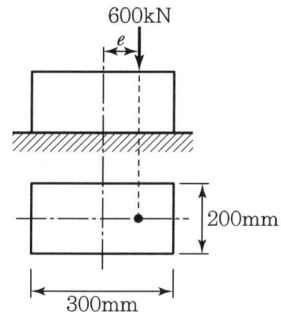

① 30MPa   ② 35MPa
③ 40MPa   ④ 60MPa

■해설
$$\sigma_{max} = -\frac{P}{A}\left(1+\frac{e_x}{k_x}\right)$$
$$= -\frac{P}{bh}\left(1+\frac{6e_x}{h}\right)$$
$$= -\frac{(600\times 10^3)}{200\times 300}\left(1+\frac{6\times 100}{300}\right)$$
$$= -30\text{MPa}(압축)$$

02. 단면과 길이가 같으나 지지조건이 다른 그림과 같은 2개의 장주가 있다. 장주 (a)가 30kN의 하중을 받을 수 있다면, 장주 (b)가 받을 수 있는 하중은?

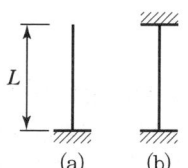

① 120kN   ② 240kN
③ 360kN   ④ 480kN

■해설
$$P_{cr} = \frac{\pi^2 EI}{(kL)^2} = \frac{c}{k^2} \ (c = \frac{\pi^2 EI}{L^2} \text{라고 가정})$$
$$P_{cr(a)} : P_{cr(b)} = \frac{c}{2^2} : \frac{c}{0.5^2} = 1:16$$
$$P_{cr(b)} = 16P_{cr(a)} = 16\times 30 = 480\text{kN}$$

03. 그림과 같은 단순보에서 A점의 처짐각(θ_A)은? (단, EI는 일정하다.)

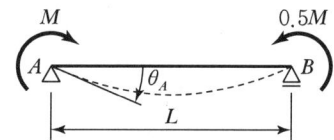

① $\dfrac{ML}{2EI}$ ② $\dfrac{5ML}{6EI}$
③ $\dfrac{5ML}{12EI}$ ④ $\dfrac{5ML}{24EI}$

■해설
$$\theta_A = \frac{l}{6EI}(2M_A + M_B)$$
$$= \frac{l}{6EI}\{2(M)+(0.5M)\}$$
$$= \frac{2.5Ml}{6EI} = \frac{5Ml}{12EI}$$

04. 그림과 같은 평면도형의 $x-x'$축에 대한 단면 2차 반경(r_x)과 단면 2차 모멘트(I_x)는?

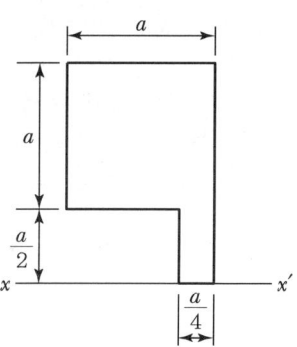

|해답| 1.① 2.④ 3.③ 4.①

① $r_x = \dfrac{\sqrt{35}}{6}a$, $I_x = \dfrac{35}{32}a^4$

② $r_x = \dfrac{\sqrt{139}}{12}a$, $I_x = \dfrac{139}{128}a^4$

③ $r_x = \dfrac{\sqrt{129}}{12}a$, $I_x = \dfrac{129}{128}a^4$

④ $r_x = \dfrac{\sqrt{11}}{12}a$, $I_x = \dfrac{11}{128}a^4$

■해설 $I_x = \dfrac{1}{3}\left\{a\cdot\left(\dfrac{3a}{2}\right)^3 - \dfrac{3a}{4}\left(\dfrac{a}{2}\right)^3\right\} = \dfrac{35}{32}a^4$

$A = a\cdot\dfrac{3a}{2} - \dfrac{3a}{4}\cdot\dfrac{a}{2} = \dfrac{9}{8}a^2$

$r_x = \sqrt{\dfrac{I_x}{A}} = \sqrt{\dfrac{\left(\dfrac{35}{32}a^4\right)}{\left(\dfrac{9}{8}a^2\right)}} = \dfrac{\sqrt{35}}{6}a$

05. 그림과 같은 보에서 지점 B의 휨모멘트 절댓값은?(단, EI는 일정하다.)

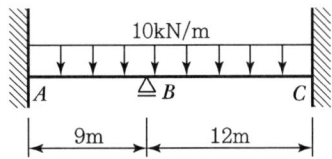

① 67.5kN·m ② 97.5kN·m
③ 120kN·m   ④ 165kN·m

■해설
• 처짐각법을 적용하면
• 문제에 주어진 값
 $w=10$kN/m, $l_1=9$m, $l_2=12$m, $EI=$상수
• 고정단 모멘트
 $M_{FBA} = \dfrac{wl_1^2}{12} = \dfrac{10\times 9^2}{12} = 67.5$kN·m
 $M_{FBC} = -\dfrac{wl_2^2}{12} = -\dfrac{10\times 12^2}{12} = -120$kN·m
• 조건식
 $\theta_A = 0$, $\theta_C = 0$, $\sum M_\circledB = M_{BA} + M_{BC} = 0$ ···· ①
• 처짐각 방정식
 $M_{BA} = M_{FBA} + \dfrac{2EI}{l_1}(2\theta_A + \theta_B)$
 $= 67.5 + \dfrac{4EI}{9}\theta_B$ ·········· ②

$M_{BC} = M_{FBC} + \dfrac{2EI}{l_2}(2\theta_B + \theta_C)$
$= -120 + \dfrac{EI}{3}\theta_B$ ·········· ③

• 식 ②와 ③을 식 ①에 대입
 $\sum M_\circledB = M_{BA} + M_{BC}$
 $= \left(67.5 + \dfrac{4EI}{9}\theta_B\right) + \left(-120 + \dfrac{EI}{3}\theta_B\right)$
 $= -52.5 + \dfrac{7EI}{9}\theta_B = 0$
 $\theta_B = \dfrac{67.5}{EI}$ ·········· ④

• 식 ④를 식 ②와 ③에 각각 대입
 $M_{BA} = 67.5 + \dfrac{4EI}{9}\left(\dfrac{67.5}{EI}\right) = 97.5$kN·m($\curvearrowright$)
 $M_{BC} = -120 + \dfrac{EI}{3}\left(\dfrac{67.5}{EI}\right) = -97.5$kN·m($\curvearrowleft$)

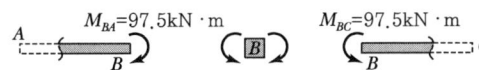

• $M_B = -97.5$kN·m

06. 그림에서 직사각형의 도심축에 대한 단면 상승 모멘트(I_{xy})의 크기는?

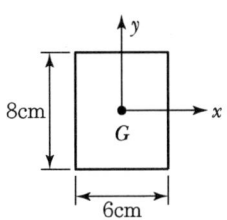

① 0cm⁴   ② 142cm⁴
③ 256cm⁴ ④ 576cm⁴

■해설 단면이 대칭이고, 설정된 x, y 두 축 중에서 적어도 한 개 축이 도심을 지날 경우 $I_{xy}=0$이다.

07. 폭 100mm, 높이 150mm인 직사각형 단면의 보가 $S=7$kN의 전단력을 받을 때 최대전단응력과 평균전단응력의 차이는?

① 0.13MPa ② 0.23MPa
③ 0.33MPa ④ 0.43MPa

■해설
$$\tau_{max} - \tau_{ave} = \left(\frac{3}{2}\tau_{ave} - \tau_{ave}\right)$$
$$= \frac{1}{2}\tau_{ave} = \frac{1}{2}\frac{S}{A} = \frac{S}{2bh}$$
$$= \frac{7\times 10^3}{2\times 100\times 150}$$
$$= 0.233 \text{MPa}$$

08. 그림과 같은 단순보에 등분포하중 w가 작용하고 있을 때 이 보에서 휨모멘트에 의한 탄성변형에너지는?(단, 보의 EI는 일정하다.)

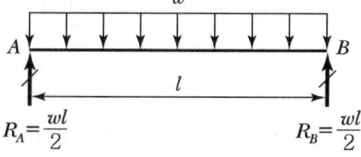

① $\dfrac{w^2 L^5}{384 EI}$ ② $\dfrac{w^2 L^5}{240 EI}$

③ $\dfrac{7w^2 L^5}{384 EI}$ ④ $\dfrac{w^2 L^5}{48 EI}$

■해설

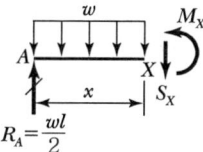

$R_A = \dfrac{wl}{2}$, $R_B = \dfrac{wl}{2}$

$\sum M_{\otimes} = 0(\curvearrowleft \oplus)$

$\dfrac{wl}{2}\cdot x - (w\cdot x)\cdot \dfrac{x}{2} - M_x = 0$

$M_x = \dfrac{wl}{2}x - \dfrac{w}{2}x^2$

$U = \int_0^l \dfrac{M_x^2}{2EI}dx$

$= \dfrac{1}{2EI}\int_0^l \left(\dfrac{wl}{2}x - \dfrac{w}{2}x^2\right)^2 dx$

$= \dfrac{w^2}{8EI}\int_0^l (l^2 x^2 - 2lx^3 + x^4)^2 dx$

$= \dfrac{w^2}{8EI}\left[\dfrac{l^2}{3}x^3 - \dfrac{2l}{4}x^4 + \dfrac{1}{5}x^5\right]_0^l$

$= \dfrac{w^2 l^5}{240 EI}$

09. 그림과 같이 하중을 받는 단순보에 발생하는 최대전단응력은?

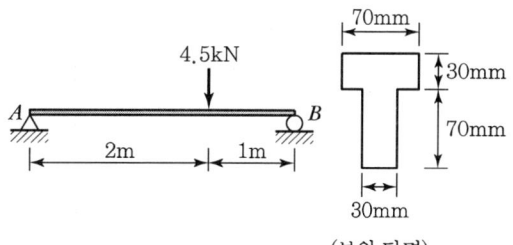

(보의 단면)

① 1.48MPa ② 2.48MPa
③ 3.48MPa ④ 4.48MPa

■해설 1. S_{max}
$R_{Ay} = \dfrac{P}{3} = \dfrac{4.5}{3} = 1.5\text{kN}$
$R_{By} = \dfrac{2P}{3} = \dfrac{2\times 4.5}{3} = 3\text{kN}$
$S_{max} = R_{By} = 3\text{kN}$

2. y_c (하연으로부터 도심까지 거리)
$y_c = \dfrac{G}{A}$
$= \dfrac{\{(30\times 70)\times \dfrac{70}{2}\} + \{(70\times 30)\times (70 + \dfrac{30}{2})\}}{(30\times 70) + (70\times 30)}$
$= 60\text{mm}$

3. I_c
$I_c = \left\{\dfrac{30\times 70^3}{12} + (30\times 70)\left(60 - \dfrac{70}{2}\right)^2\right\}$
$+ \left\{\dfrac{70\times 30^3}{12} + (70\times 30)(60 - 85)^2\right\}$
$= 3.64\times 10^6 \text{mm}^4$

4. G_c
$G_c = (30\times 60)\times \dfrac{60}{2}$
$= 5.4\times 10^4 \text{mm}^3$

5. τ_{max}
$\tau_{max} = \dfrac{S_{max}\cdot G_c}{I_c \cdot b_c}$
$= \dfrac{(3\times 10^3)\times (5.4\times 10^4)}{(3.64\times 10^6)\times 30}$
$= 1.48 \text{MPa}$

10. 재질과 단면이 동일한 캔틸레버 보 A와 B에서 자유단의 처짐을 같게 하는 $\dfrac{P_2}{P_1}$의 값은?

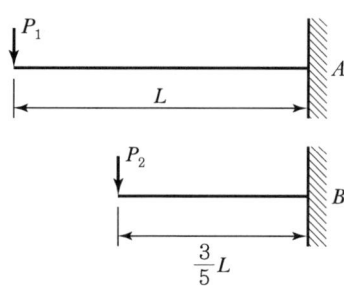

① 0.129
② 0.216
③ 4.63
④ 7.72

■ 해설

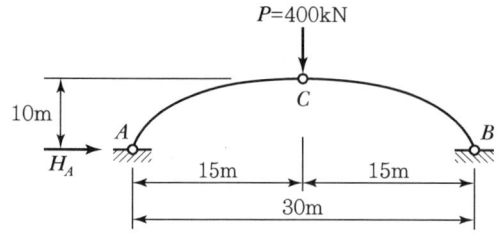

$\delta_1 = \dfrac{P_1 l^3}{3EI}$

$\delta_2 = \dfrac{P_2 \left(\dfrac{3}{5}l\right)^3}{3EI} = \dfrac{27}{125} \cdot \dfrac{P_2 l^3}{3EI}$

$\delta_1 = \delta_2$

$\dfrac{P_1 l^3}{3EI} = \dfrac{27}{125} \cdot \dfrac{P_2 l^3}{3EI}$

$\dfrac{P_2}{P_1} = \dfrac{125}{27} = 4.63$

11. 그림과 같은 3힌지 아치의 C점에 연직하중(P) 400kN이 작용한다면 A점에 작용하는 수평반력(H_A)은?

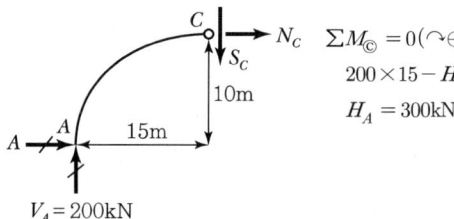

① 100kN
② 150kN
③ 200kN
④ 300kN

■ 해설 $\Sigma M_{\circledB} = 0(\curvearrowright \oplus)$
$V_A \times 30 - 400 \times 15 = 0$
$V_A = 200\text{kN}(\uparrow)$

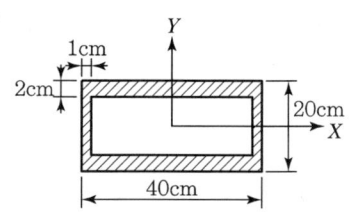

$\Sigma M_{\circledC} = 0(\curvearrowright \oplus)$
$200 \times 15 - H_A \times 10 = 0$
$H_A = 300\text{kN}(\rightarrow)$

12. 그림과 같이 X, Y축에 대칭인 빗금 친 단면에 비틀림 우력 50kN·m가 작용할 때 최대전단응력은?

① 15.63MPa
② 17.81MPa
③ 31.25MPa
④ 35.61MPa

■ 해설 $A_m = (400-10) \times (200-20)$
$= 70{,}200\text{mm}^2$

$\tau_{max} = \dfrac{T}{2A_m t_{min}}$

$= \dfrac{(50 \times 10^6)}{2 \times (70{,}200) \times 10}$

$= 35.61\text{MPa}$

13. 그림과 같이 균일 단면 봉이 축인장력(P)을 받을 때 단면 $a-b$에 생기는 전단응력(τ)은?(단, 여기서 $m-n$은 수직단면이고, $a-b$는 수직단면과 $\phi = 45°$의 각을 이루고, A는 봉의 단면적이다.)

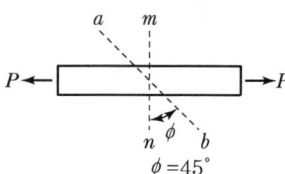

$\phi = 45°$

|해답| 10.③ 11.④ 12.④ 13.①

① $\tau = 0.5 \dfrac{P}{A}$ ② $\tau = 0.75 \dfrac{P}{A}$

③ $\tau = 1.0 \dfrac{P}{A}$ ④ $\tau = 1.5 \dfrac{P}{A}$

■해설 $\sigma_x = \dfrac{P}{A}$, $\sigma_y = 0$, $\tau_{xy} = 0$, $\phi = 45°$

$\tau'_{xy} = \dfrac{1}{2}(\sigma_x - \sigma_y)\sin 2\phi - \tau_{xy}\cos 2\phi$

$= \dfrac{1}{2}\left(\dfrac{P}{A} - 0\right)\sin 90° - 0 \cdot \cos 90°$

$= 0.5 \dfrac{P}{A}$

14. 그림과 같은 구조물에서 지점 A에서의 수직반력은?

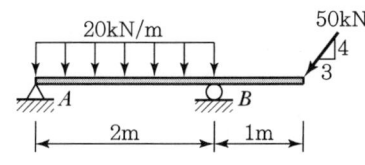

① 0kN ② 10kN
③ 20kN ④ 30kN

■해설 $\sum M_{\circledB} = 0 (\frown \oplus)$

$V_A \times 2 - (20 \times 2) \times 1 + \left(50 \times \dfrac{4}{5}\right) \times 1 = 0$

$V_A = 0$

15. 그림과 같이 단순보에 이동하중이 작용할 때 절대 최대 휨모멘트가 생기는 위치는?

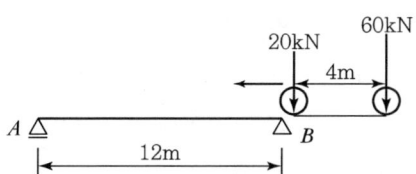

① A점으로부터 6m인 점에 20kN의 하중이 실릴 때 60kN의 하중이 실리는 점
② A점으로부터 7.5m인 점에 60kN의 하중이 실릴 때 20kN의 하중이 실리는 점
③ B점으로부터 5.5m인 점에 20kN의 하중이 실릴 때 60kN의 하중이 실리는 점
④ B점으로부터 9.5m인 점에 20kN의 하중이 실릴 때 60kN의 하중이 실리는 점

■해설

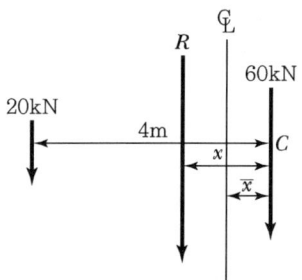

1. 이동하중군의 합력크기(R)
$\sum F_y (\downarrow \oplus)$, $20 + 60 = R$
$R = 80 \text{kN}$

2. 이동하중군의 합력위치(x)
$\sum M_{\copyright} (\frown \oplus)$, $20 \times 4 = R \cdot x$
$x = \dfrac{80}{R} = \dfrac{80}{80} = 1\text{m}$

3. 절대 최대 휨모멘트가 발생하는 위치($\bar{x}$)
$\bar{x} = \dfrac{x}{2} = \dfrac{1}{2} = 0.5\text{m}$

따라서, 절대 최대 휨모멘트는 60kN이 보 중앙의 우측 0.5m 떨어진 곳에 실릴 때 60kN의 위치에서 발생한다.

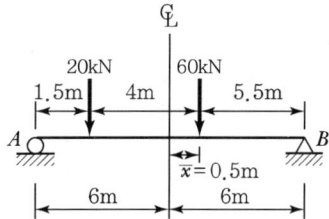

16. 그림과 같이 밀도가 균일하고 무게가 W인 구(球)가 마찰이 없는 두 벽면 사이에 놓여 있을 때 반력 R_B의 크기는?

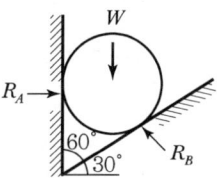

① $0.500\,W$
② $0.577\,W$
③ $0.866\,W$
④ $1.155\,W$

|해답| 14.① 15.④ 16.④

■해설 $\Sigma F_y = 0 (\uparrow \oplus)$
$R_B \cdot \sin 60° - w = 0$
$R_B \cdot \left(\dfrac{\sqrt{3}}{2}\right) = w$
$R_B = \dfrac{2}{\sqrt{3}} w = 1.155w$

17. 그림에서 두 힘 P_1, P_2에 대한 합력(R)의 크기는?

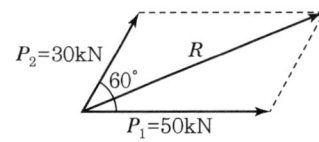

① 60kN ② 70kN
③ 80kN ④ 90kN

■해설 $R = \sqrt{P_1^2 + P_2^2 + 2P_1 P_2 \cos\theta}$
$= \sqrt{50^2 + 30^2 + 2 \times 50 \times 30 \times \cos 60°}$
$= 70\text{kN}$

18. 그림과 같은 라멘의 부정정 차수는?

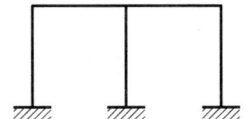

① 3차 ② 5차
③ 6차 ④ 7차

■해설 (라멘인 경우)
$N = B \times 3 = 2 \times 3 = 6$차 부정정

19. 그림과 같은 라멘 구조물에서 A점의 수직반력 (R_A)은?

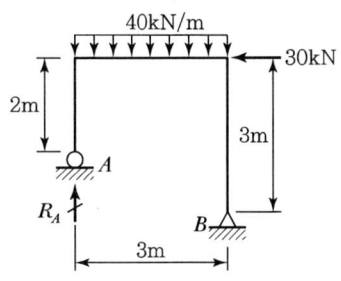

① 30kN ② 45kN
③ 60kN ④ 90kN

■해설 $\Sigma M_{\text{Ⓑ}} = 0 (\curvearrowright \oplus)$
$R_A \times 3 - (40 \times 3) \times \dfrac{3}{2} - 30 \times 3 = 0$
$R_A = 90\text{kN}$

20. 그림과 같은 단순보에서 최대휨모멘트가 발생하는 위치 x(A점으로부터의 거리)와 최대휨모멘트 M_x는?

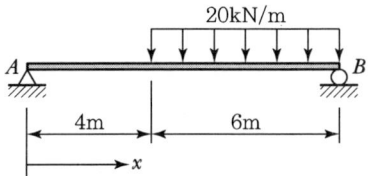

① $x = 5.2\text{m}$, $M_x = 230.4\text{kN} \cdot \text{m}$
② $x = 5.8\text{m}$, $M_x = 176.4\text{kN} \cdot \text{m}$
③ $x = 4.0\text{m}$, $M_x = 180.2\text{kN} \cdot \text{m}$
④ $x = 4.8\text{m}$, $M_x = 96\text{kN} \cdot \text{m}$

■해설

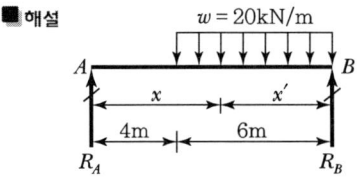

$\Sigma M_{\text{Ⓐ}} = 0 (\curvearrowright \oplus)$
$(20 \times 6) \times 7 - R_B \times 10 = 0$
$R_B = 84\text{kN}(\uparrow)$
$x' = \dfrac{R_B}{w} = \dfrac{84}{20} = 4.2\text{m}\,(B\text{점으로부터 거리})$
$x = 10 - x' = 10 - 4.2 = 5.8\text{m}\,(A\text{점으로부터 거리})$
$M_{\max} = \dfrac{1}{2} \cdot R_B \cdot x'$
$= \dfrac{1}{2} \times 84 \times 4.2 = 176.4\text{kN} \cdot \text{m}$

제2과목 측량학

21. 삼각망 조정에 관한 설명으로 옳지 않은 것은?

① 임의의 한 변의 길이는 계산경로에 따라 달라질 수 있다.
② 검기선은 측정한 길이와 계산된 길이가 동일하다.
③ 1점 주위에 있는 각의 합은 360°이다.
④ 삼각형의 내각의 합은 180°이다.

■해설 ① 측점조건 : 한 측점 둘레의 각의 합 360°(점방정식)
② 도형조건
- 다각형의 내각의 합 $180°(n-2)$
- 삼각형 내각의 합 180° _____(각 방정식)
- 삼각망 임의의 한 변의 길이는 순서에 관계없이 같은 값(변방정식)

22. 삼각측량과 삼변측량에 대한 설명으로 틀린 것은?

① 삼변측량은 변 길이를 관측하여 삼각점의 위치를 구하는 측량이다.
② 삼각측량의 삼각망 중 가장 정확도가 높은 망은 사변형삼각망이다.
③ 삼각점의 선점 시 기계나 측표가 동요할 수 있는 습지나 하상은 피한다.
④ 삼각점의 등급을 정하는 주된 목적은 표석설치를 편리하게 하기 위함이다.

■해설 삼각점은 각종 측량의 골격이 되는 기준점이다.

23. 그림과 같은 유토곡선(Mass Curve)에서 하향구간이 의미하는 것은?

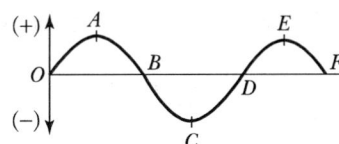

① 성토구간
② 절토구간
③ 운반토량
④ 운반거리

■해설 유토곡선에서 상향구간은 절토구간, 하향구간은 성토구간이다.

24. 조정계산이 완료된 조정각 및 기선으로부터 처음 신설하는 삼각점의 위치를 구하는 계산순서로 가장 적합한 것은?

① 편심조정 계산→삼각형 계산(변, 방향각)→경위도 결정→좌표조정 계산→표고 계산
② 편심조정 계산→삼각형 계산(변, 방향각)→좌표조정 계산→표고 계산→경위도 결정
③ 삼각형 계산(변, 방향각)→편심조정 계산→표고 계산→경위도 결정→좌표조정 계산
④ 삼각형 계산(변, 방향각)→편심조정 계산→표고 계산→좌표조정 계산→경위도 결정

■해설 계산순서
편심조정 계산 → 삼각형 계산(변, 방향각) → 좌표조정 계산 → 표고 계산 → 경위도 계산

25. 기지점의 지반고가 100m이고, 기지점에 대한 후시는 2.75m, 미지점에 대한 전시가 1.40m일 때 미지점의 지반고는?

① 98.65m
② 101.35m
③ 102.75m
④ 104.15m

■해설 $H_B = H_A + 2.75 - 1.40 = 100 + 2.75 - 1.40$
$= 101.35m$

26. 어느 두 지점 사이의 거리를 A, B, C, D 4명의 사람이 각각 10회 관측한 결과가 다음과 같다면 가장 신뢰성이 낮은 관측자는?

- A : 165.864±0.002m
- B : 165.867±0.006m
- C : 165.862±0.007m
- D : 165.864±0.004m

① A
② B
③ C
④ D

■해설 ① 경중률(P)은 오차 $\left(\dfrac{1}{m}\right)$의 제곱의 반비례한다.

$P_A : P_B : P_C : P_D = \dfrac{1}{m_A^2} : \dfrac{1}{m_B^2} : \dfrac{1}{m_C^2} : \dfrac{1}{m_D^2}$

$= \dfrac{1}{2^2} : \dfrac{1}{6^2} : \dfrac{1}{7^2} : \dfrac{1}{4^2}$

$= 12.25 : 1.36 : 1 : 3.06$

② 경중률이 낮은 C작업이 신뢰성이 가장 낮다.

|해답| 21.① 22.④ 23.① 24.② 25.② 26.③

27. 레벨의 불완전 조정에 의하여 발생한 오차를 최소화하는 가장 좋은 방법은?

① 왕복 2회 측정하여 그 평균을 취한다.
② 기포를 항상 중앙에 오게 한다.
③ 시준선의 거리를 짧게 한다.
④ 전시, 후시의 표척거리를 같게 한다.

■해설 전·후시 거리를 같게 하여 소거하는 것은 시준축 오차이며, 기포관축과 시준선이 평행하지 않아 생기는 오차이다.

28. 원곡선에 대한 설명으로 틀린 것은?

① 원곡선을 설치하기 위한 기본요소는 반지름(R)과 교각(I)이다.
② 접선길이는 곡선반지름에 비례한다.
③ 원곡선은 평면곡선과 수직곡선으로 모두 사용할 수 있다.
④ 고속도로와 같이 고속의 원활한 주행을 위해서는 복심곡선 또는 반향곡선을 주로 사용한다.

■해설 고속도로는 완화곡선 중 클로소이드 곡선을 이용한다.

29. 트래버스측량에서 1회 각관측의 오차가 ±10″라면 30개의 측점에서 1회씩 각관측하였을 때의 총 각관측 오차는?

① ±15″   ② ±17″
③ ±55″   ④ ±70″

■해설 $M = \pm \delta \sqrt{n}$
$= \pm 10'' \sqrt{30} = \pm 55''$

30. 노선측량에서 단곡선 설치 시 필요한 교각이 95°30′, 곡선반지름이 200m일 때 장현(L)의 길이는?

① 296.087m   ② 302.619m
③ 417.131m   ④ 597.238m

■해설 $L = 2R \sin \dfrac{I}{2}$
$= 2 \times 200 \times \sin \dfrac{95°30'}{2} = 296.087$m

31. 등고선에 관한 설명으로 옳지 않은 것은?

① 높이가 다른 등고선은 절대 교차하지 않는다.
② 등고선 간의 최단거리 방향은 최대경사 방향을 나타낸다.
③ 지도의 도면 내에서 폐합되는 경우에 등고선의 내부에는 산꼭대기 또는 분지가 있다.
④ 동일한 경사의 지표에서 등고선 간의 간격은 같다.

■해설 등고선은 절벽이나 동굴에서는 교차한다.

32. 설계속도 80km/h의 고속도로에서 클로소이드 곡선의 곡선반지름이 360m, 완화곡선길이가 40m일 때 클로소이드 매개변수 A는?

① 100m   ② 120m
③ 140m   ④ 150m

■해설 $A^2 = RL$
$A = \sqrt{R \cdot L} = \sqrt{360 \times 40} = 120$m

33. 교호수준측량의 결과가 아래와 같고, A점의 표고가 10m일 때 B점의 표고는?

- 레벨 P에서 $A \to B$ 관측 표고차 : −1.256m
- 레벨 Q에서 $B \to A$ 관측 표고차 : +1.238m

① 8.753m   ② 9.753m
③ 11.238m   ④ 11.247m

■해설 $H_B = H_A \pm \dfrac{H_1 + H_2}{2}$
$= 10 - \dfrac{1.256 + 1.238}{2} = 8.753$m

|해답| 27.④ 28.④ 29.③ 30.① 31.① 32.② 33.①

34. 직사각형 토지의 면적을 산출하기 위해 두 변 a, b의 거리를 관측한 결과가 $a = 48.25 \pm 0.04\text{m}$, $b = 23.42 \pm 0.02\text{m}$이었다면 면적의 정밀도($\triangle A / A$)는?

① $\dfrac{1}{420}$ ② $\dfrac{1}{630}$

③ $\dfrac{1}{840}$ ④ $\dfrac{1}{1,080}$

■해설
- $\triangle A = \sqrt{(a \cdot m_b)^2 + (b \cdot m_a)^2}$
  $= \sqrt{(48.25 \times 0.02)^2 + (23.42 \times 0.04)^2}$
  $= 1.3449\text{m}^2$
- $A = 48.25 \times 23.42 = 1,130\text{m}^2$
- $\dfrac{\triangle A}{A} = \dfrac{1}{840}$

35. 각관측 장비의 수평축이 연직축과 직교하지 않기 때문에 발생하는 측각오차를 최소화하는 방법으로 옳은 것은?

① 직교에 대한 편차를 구하여 더한다.
② 배각법을 사용한다.
③ 방향각법을 사용한다.
④ 망원경의 정·반위로 측정하여 평균한다.

■해설 오차처리방법
  ① 정·반위 관측=시준축, 수평축, 시준축의 편심오차
  ② A, B버니어 읽음값의 평균=내심오차
  ③ 분도원의 눈금 부정확 : 대회관측

36. 원격탐사(Remote Sensing)의 정의로 옳은 것은?

① 지상에서 대상 물체에 전파를 발생시켜 그 반사파를 이용하여 측정하는 방법
② 센서를 이용하여 지표의 대상물에서 반사 또는 방사된 전자 스펙트럼을 측정하고 이들의 자료를 이용하여 대상물이나 현상에 관한 정보를 얻는 기법
③ 우주에 산재해 있는 물체의 고유스펙트럼을 이용하여 각각의 구성 성분을 지상의 레이더망으로 수집하여 처리하는 방법
④ 우주선에서 찍은 중복된 사진을 이용하여 지상에서 항공사진의 처리와 같은 방법으로 판독하는 작업

■해설 원격탐사는 센서를 이용하여 지표대상물에서 방사, 반사하는 전자파를 측정하여 정량적·정성적 해석을 하는 탐사다.

37. 초점거리 153mm, 사진크기 23cm×23cm인 카메라를 사용하여 동서 14km, 남북 7km, 평균표고 250m인 거의 평탄한 지역을 축척 1:5,000으로 촬영하고자 할 때, 필요한 모델 수는?(단, 종중복도=60%, 횡중복도=30%)

① 81   ② 240
③ 279   ④ 961

■해설
① 종모델수 $= \dfrac{S_1}{B_0} = \dfrac{S_1}{ma\left(1 - \dfrac{P}{100}\right)}$

$= \dfrac{14,000}{5,000 \times 0.23 \times \left(1 - \dfrac{60}{100}\right)}$

$= 30.43 \approx 31$매

② 횡모델수 $= \dfrac{S_2}{C_0} = \dfrac{S_2}{ma\left(1 - \dfrac{q}{100}\right)}$

$= \dfrac{7,000}{5,000 \times 0.23 \times \left(1 - \dfrac{30}{100}\right)}$

$= 8.69 \approx 9$매

③ 총모델수=종모델수×횡모델수=279

38. 그림과 같이 한 점 O에서 A, B, C 방향의 각관측을 실시한 결과가 다음과 같을 때 $\angle BOC$의 최확값은?

• $\angle AOB$	2회 관측 결과	40°30′25″
	3회 관측 결과	40°30′20″
• $\angle AOC$	6회 관측 결과	85°30′20″
	4회 관측 결과	85°30′25″

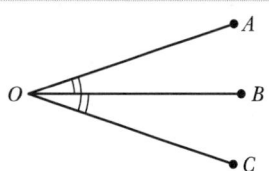

① 45°00′05″ ② 45°00′02″
③ 45°00′03″ ④ 45°00′00″

■해설
- 최확값(∠AOB)
  $= 40°30′ + \dfrac{2\times 25″ + 3\times 20″}{2+3} = 40°30′22″$
- 최확값(∠AOC)
  $= 85°30′ + \dfrac{6\times 20″ + 4\times 25″}{6+4} = 85°30′22″$
- ∠AOC = ∠AOB + ∠BOC
- ∠BOC = 85°30′22″ − 40°30′22″ = 45°00′00″

39. 측지학에 관한 설명 중 옳지 않은 것은?
① 측지학이란 지구 내부의 특성, 지구의 형상, 지구 표면의 상호 위치관계를 결정하는 학문이다.
② 물리학적 측지학은 중력측정, 지자기측정 등을 포함한다.
③ 기하학적 측지학에는 천문측량, 위성측량, 높이의 결정 등이 있다.
④ 측지측량이란 지구의 곡률을 고려하지 않는 측량으로 11km 이내를 평면으로 취급한다.

■해설 평면측량은 지구의 곡률을 고려하지 않는 측량으로 측량의 정밀도를 $\dfrac{1}{10^6}$ 이하로 할 때 반경 11km 이내의 지역을 평면으로 취급한다.

40. 해도와 같은 지도에 이용되며, 주로 하천이나 항만 등의 심천측량을 한 결과를 표시하는 방법으로 가장 적당한 것은?
① 채색법 ② 영선법
③ 점고법 ④ 음영법

■해설 점고법
① 표고를 숫자에 의해 표시한다.
② 해양, 항만, 하천 등의 지형도에 사용한다.

제3과목 수리수문학

41. 유속 3m/s로 매초 100L의 물이 흐르게 하는 데 필요한 관의 지름은?
① 153mm ② 206mm
③ 265mm ④ 312mm

■해설 관수로의 유량
㉠ 유량
 $Q = AV$
㉡ 직경의 산정
 $Q = AV = \dfrac{\pi D^2}{4} V$
 $\therefore D = \sqrt{\dfrac{4Q}{\pi V}} = \sqrt{\dfrac{4\times 0.1}{\pi \times 3}} = 0.206\text{m} = 206\text{mm}$

42. 부력의 원리를 이용하여 그림과 같이 바닷물 위에 떠 있는 빙산의 전체적을 구한 값은?

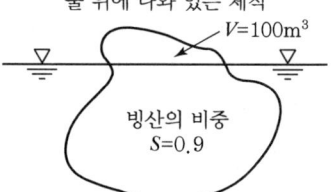

① 550m³ ② 890m³
③ 1,000m³ ④ 1,100m³

■해설 부체의 평형조건
㉠ 부체의 평형조건
- W(무게) = B(부력)
- $w \cdot V = w_w \cdot V'$
 여기서, w : 물체의 단위중량
 V : 부체의 체적
 w_w : 물의 단위중량
 V' : 물에 잠긴 만큼의 체적
㉡ 물속에 잠긴 빙산의 부피
 $0.9V = 1.1(V-100)$
 $\therefore 0.2V = 110$
 $\therefore$ 빙산 전체의 부피 $V = 550\text{m}^3$

43. 수로경사가 1/10,000인 직사각형 단면 수로에 유량 30m³/s를 흐르게 할 때 수리학적으로 유리한 단면은?(단, h : 수심, B : 폭이며, Manning 공식을 쓰고, $n=0.025\text{m}^{-1/3} \cdot \text{s}$)

① $h=1.95\text{m}, B=3.9\text{m}$
② $h=2.0\text{m}, B=4.0\text{m}$
③ $h=3.0\text{m}, B=6.0\text{m}$
④ $h=4.63\text{m}, B=9.26\text{m}$

■해설 수리학적으로 유리한 단면
㉠ 일정한 단면적에 유량이 최대로 흐를 수 있는 단면을 수리학적으로 유리한 단면이라 한다.
  • 경심(R)이 최대이든지 윤변(P)이 최소인 단면
  • 직사각형의 경우 $B=2H$, $R=\dfrac{H}{2}$이다.

㉡ 단면의 결정
$$Q=AV=(Bh)\dfrac{1}{n}R^{\frac{2}{3}}I^{\frac{1}{2}}$$
$$=2h^2 \times \dfrac{1}{n} \times \left(\dfrac{h}{2}\right)^{\frac{2}{3}} \times I^{\frac{1}{2}}$$
$$\therefore 30=2h^2 \times \dfrac{1}{0.025} \times \left(\dfrac{h}{2}\right)^{\frac{2}{3}} \times \dfrac{1}{10,000}^{\frac{1}{2}}$$
$$\therefore h=4.63\text{m}, B=9.26\text{m}$$

44. 축척이 1 : 50인 하천 수리모형에서 원형 유량 10,000m³/s에 대한 모형유량은?

① 0.401m³/s
② 0.566m³/s
③ 14.142m³/s
④ 28.284m³/s

■해설 수리모형 실험
㉠ 수리모형의 상사법칙

종류	특징
Reynolds의 상사법칙	점성력이 흐름을 주로 지배하고, 관수로 흐름의 경우에 적용
Froude의 상사법칙	중력이 흐름을 주로 지배하고, 개수로 흐름의 경우에 적용
Weber의 상사법칙	표면장력이 흐름을 주로 지배하고, 수두가 아주 적은 위어 흐름의 경우에 적용
Cauchy의 상사법칙	탄성력이 흐름을 주로 지배하고, 수격작용의 경우에 적용

∴ 개수로에서는 중력이 흐름을 지배하므로 Froude의 상사법칙을 적용한다.

㉡ Froude의 모형법칙
  • 유속비 : $V_r=\sqrt{L_r}$
  • 시간비 : $T_r=\dfrac{L_r}{V_r}=\sqrt{L_r}$
  • 가속도비 : $a_r=\dfrac{V_r}{T_r}=1$
  • 유량비 : $Q_r=\dfrac{L_r^3}{T_r}=L_r^{\frac{5}{2}}$

㉢ 유량비의 계산
  • $Q_r=\dfrac{L_r^3}{T_r}=L_r^{\frac{5}{2}}$
  • $\dfrac{Q_p}{Q_m}=L_r^{\frac{5}{2}}$
  $\therefore Q_m=\dfrac{Q_p}{L_r^{\frac{5}{2}}}=\dfrac{10,000}{50^{\frac{5}{2}}}=0.566\text{m}^3/\text{sec}$

45. 그림과 같은 노즐에서 유량을 구하기 위한 식으로 옳은 것은?(단, 유량계수는 1.0으로 가정한다.)

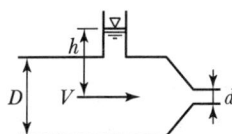

① $\dfrac{\pi d^2}{4}\sqrt{2gh}$
② $\dfrac{\pi d^2}{4}\sqrt{\dfrac{2gh}{1-\left(\dfrac{d}{D}\right)^4}}$
③ $\dfrac{\pi d^2}{4}\sqrt{\dfrac{2gh}{1-\left(\dfrac{d}{D}\right)^2}}$
④ $\dfrac{\pi d^2}{4}\sqrt{\dfrac{2gh}{1+\left(\dfrac{d}{D}\right)^2}}$

■해설 노즐
㉠ 노즐
호스 선단에 붙여서 물을 사출할 수 있도록 한 점근축소관을 노즐이라 한다.
㉡ 노즐의 유량
  • 실제유속 : $V=C_v\sqrt{\dfrac{2gh}{1-\left(\dfrac{C_a}{A}\right)^2}}$
  • 실제유량 : $Q=C_a\sqrt{\dfrac{2gh}{1-\left(\dfrac{C_a}{A}\right)^2}}$

|해답| 43.④ 44.② 45.②

∴ 그림의 조건을 대입하면

$$Q = C\frac{\pi d^2}{4}\sqrt{\frac{2gh}{1-C^2(d/D)^4}}$$

∴ $C=1$이므로 위의 식에 대입하면

$$Q = \frac{\pi d^2}{4}\sqrt{\frac{2gh}{1-\left(\frac{d}{D}\right)^4}}$$

46. 수로 바닥에서의 마찰력 τ_0, 물의 밀도 ρ, 중력가속도 g, 수리평균수심 R, 수면경사 I, 에너지선의 경사 I_e라고 할 때 등류(㉠)와 부등류(㉡)의 경우에 대한 마찰속도(u_*)는?

① ㉠: ρRI_e, ㉡: ρRI
② ㉠: $\dfrac{\rho RI}{\tau_0}$, ㉡: $\dfrac{\rho RI_e}{\tau_0}$
③ ㉠: $\sqrt{gRI}$, ㉡: $\sqrt{gRI_e}$
④ ㉠: $\sqrt{\dfrac{gRI_e}{\tau_0}}$, ㉡: $\sqrt{\dfrac{gRI}{\tau_0}}$

■해설 마찰속도
㉠ 등류의 마찰속도
$$u_* = \sqrt{\frac{\tau_0}{\rho}} = \sqrt{\frac{wRI}{\rho}} = \sqrt{gRI} \quad (\because w = \rho \cdot g)$$
㉡ 부등류의 마찰속도는 수면경사(I) 대신에 에너지선의 경사(I_e)를 사용한다.
$$u_* = \sqrt{gRI_e}$$

47. 유속을 V, 물의 단위중량을 γ_w, 물의 밀도를 ρ, 중력가속도를 g라 할 때 동수압(動水壓)을 바르게 표시한 것은?

① $\dfrac{V^2}{2g}$
② $\dfrac{\gamma_w V^2}{2g}$
③ $\dfrac{\gamma_w V}{2g}$
④ $\dfrac{\rho V^2}{2g}$

■해설 Bernoulli정리
㉠ 수두의 항
$$Z + \frac{P}{\gamma_w} + \frac{V^2}{2g} = H$$
여기서, Z : 위치수두
$\dfrac{P}{\gamma_w}$: 압력수두
$\dfrac{V^2}{2g}$: 속도수두
㉡ 압력의 항
수두의 항에서 각 수두에 단위중량(γ_w)을 곱하면 압력의 항이 된다.
$$Z\gamma_w + P + \frac{\gamma_w V^2}{2g} = H$$
여기서, $Z\gamma_w$: 위치압력
P : 정수압
$\dfrac{\gamma_w V^2}{2g}$: 동수압

48. 관수로의 흐름에서 마찰손실계수를 f, 동수반경을 R, 동수경사를 I, Chezy계수를 C라 할 때 평균유속 V는?

① $V = \sqrt{\dfrac{8g}{f}}\sqrt{RI}$
② $V = fC\sqrt{RI}$
③ $V = \dfrac{\pi d^2}{4}f\sqrt{RI}$
④ $V = f\dfrac{l}{4R} \cdot \dfrac{V^2}{2g}$

■해설 Chezy 평균유속
㉠ Chezy 평균유속 공식
$$V = C\sqrt{RI}$$
여기서, C : Chezy 유속계수
R : 경심
I : 동수경사
㉡ C와 f의 관계
$$C = \sqrt{\frac{8g}{f}}$$
∴ $V = \sqrt{\dfrac{8g}{f}}\sqrt{RI}$

|해답| 46.③ 47.② 48.①

49. 피압지하수를 설명한 것으로 옳은 것은?

① 하상 밑의 지하수
② 어떤 수원에서 다른 지역으로 보내지는 지하수
③ 지하수와 공기가 접해 있는 지하수면을 가지는 지하수
④ 두 개의 불투수층 사이에 끼어 있어 대기압보다 큰 압력을 받고 있는 대수층의 지하수

■해설 지하수
  ㉠ 지하수는 크게 자유면지하수와 피압면지하수로 나뉜다.
  ㉡ 자유면지하수는 대수층 위를 흐르면서 지하수와 공기가 접해 있는 지하수면을 가지는 지하수를 말한다.
  ㉢ 피압지하수는 두 개의 불투수층 사이에 끼어 있어 대기압보다 큰 압력을 받고 있는 대수층의 지하수를 말한다.

50. 물의 순환에 대한 설명으로 옳지 않은 것은?

① 지하수 일부는 지표면으로 용출해서 다시 지표수가 되어 하천으로 유입된다.
② 지표에 강하한 우수는 지표면에 도달 전에 그 일부가 식물의 나무와 가지에 의하여 차단된다.
③ 지표면에 도달한 우수는 토양 중에 수분을 공급하고 나머지가 아래로 침투해서 지하수가 된다.
④ 침투란 토양면을 통해 스며든 물이 중력에 의해 계속 지하로 이동하여 불투수층까지 도달하는 것이다.

■해설 침루
  토양면을 통해 스며든 물이 중력에 의해 계속 지하로 이동하여 불투수층까지 도달한 후 지하수위를 형성하는 과정을 침루(Percolation)라고 한다.

51. 중량이 600N, 비중이 3.0인 물체를 물(담수)속에 넣었을 때 물속에서의 중량은?

① 100N   ② 200N
③ 300N   ④ 400N

■해설 물체의 수중무게
  ㉠ 물체의 수중무게(W')
    물체의 수중무게(W')는 공기 중 무게(W)에서 부력(B)을 뺀 것과 같다.
    $W' = W - B = W - wV$
  ㉡ 체적의 산정
    단위중량 : $w = \dfrac{W}{V}$
    ∴ 체적 : $V = \dfrac{W}{w} = \dfrac{0.6\text{kN}}{3 \times 9.8\text{kN/m}^3} = 0.02\text{m}^3$
  ㉢ 물체의 수중무게(W')
    $W' = W - wV$
    $= 0.6 - 9.8 \times 0.02 = 0.4\text{kN} = 400\text{N}$

52. 단위유량도 이론에서 사용하고 있는 기본가정이 아닌 것은?

① 비례가정
② 중첩가정
③ 푸아송분포가정
④ 일정기저시간가정

■해설 단위유량도
  ㉠ 단위도의 정의
    특정단위시간 동안 균등한 강우강도로 유역 전반에 걸쳐 균등한 분포로 내리는 단위유효우량으로 인하여 발생하는 직접유출 수문곡선
  ㉡ 단위도의 구성요소
    • 직접유출량
    • 유효우량 지속시간
    • 유역면적
  ㉢ 단위도의 3가정
    • 일정기저시간가정
    • 비례가정
    • 중첩가정

53. 10m³/s의 유량이 흐르는 수로에 폭 10m의 단수축이 없는 위어를 설계할 때, 위어의 높이를 1m로 할 경우 예상되는 월류수심은?(단, Francis 공식을 사용하며, 접근유속은 무시한다.)

① 0.67m
② 0.71m
③ 0.75m
④ 0.79m

■해설 Francis공식
㉠ 직사각형 위어의 월류량 산정은 Francis공식을 이용한다.
$$Q = 1.84 b_0 h^{\frac{3}{2}}$$
여기서, $b_0 = b - 0.1nh$
($n = 2$: 양단수축, $n = 1$: 일단수축, $n = 0$: 수축이 없는 경우)
㉡ 월류수심의 산정
$$h = \left(\frac{Q}{1.84b}\right)^{\frac{2}{3}} = \left(\frac{10}{1.84 \times 10}\right)^{\frac{2}{3}} = 0.67\text{m}$$

54. 액체 속에 잠겨 있는 경사평면에 작용하는 힘에 대한 설명으로 옳은 것은?

① 경사각과 상관없다.
② 경사각에 직접 비례한다.
③ 경사각의 제곱에 비례한다.
④ 무게중심에서의 압력과 면적의 곱과 같다.

■해설 수면과 경사인 면이 받는 압력
• $P = wh_G A$
• $h_c = h_G + \dfrac{I}{h_G A}$

∴ 경사평면에 작용하는 힘은 무게중심에서의 압력(wh_G)과 면적(A)의 곱과 같다.

55. 수로 폭이 10m인 직사각형 수로의 도수 전 수심이 0.5m, 유량이 40m³/s이었다면 도수 후의 수심(h_2)은?

① 1.96m
② 2.18m
③ 2.31m
④ 2.85m

■해설 도수
㉠ 흐름이 사류(射流)에서 상류(常流)로 바뀔 때 표면에 소용돌이가 발생하면서 수심이 급격하게 증가하는 현상을 도수라 한다.
㉡ 도수 후의 수심
• $V = \dfrac{Q}{A} = \dfrac{40}{10 \times 0.5} = 8\text{m/sec}$
• $F_{r1} = \dfrac{V_1}{\sqrt{gh_1}} = \dfrac{8}{\sqrt{9.8 \times 0.5}} = 3.61$
• $h_2 = -\dfrac{h_1}{2} + \dfrac{h_1}{2}\sqrt{1 + 8F_{r1}^2}$
$= -\dfrac{0.5}{2} + \dfrac{0.5}{2}\sqrt{1 + 8 \times 3.61^2} = 2.31\text{m}$

56. 유역면적 10km², 강우강도 80mm/h, 유출계수 0.70일 때 합리식에 의한 첨두유량($Q_{\max}$)은?

① 155.6m³/s
② 560m³/s
③ 1.556m³/s
④ 5.6m³/s

■해설 우수유출량의 산정
㉠ 합리식
$$Q = \dfrac{1}{3.6} CIA$$
여기서, Q : 우수량(m³/sec)
C : 유출계수(무차원)
I : 강우강도(mm/hr)
A : 유역면적(km²)
㉡ 합리식에 의한 우수유출량의 산정
$Q = \dfrac{1}{3.6} CIA$
$= \dfrac{1}{3.6} \times 0.7 \times 80 \times 10 = 155.6\text{m}^3/\text{s}$

57. Darcy의 법칙에 대한 설명으로 옳지 않은 것은?

① 투수계수는 물의 점성계수에 따라서도 변화한다.
② Darcy의 법칙은 지하수의 흐름에 대한 공식이다.
③ Reynolds 수가 100 이상이면 안심하고 적용할 수 있다.
④ 평균유속이 동수경사와 비례관계를 가지고 있는 흐름에 적용될 수 있다.

■해설 Darcy의 법칙
ⓐ Darcy의 법칙

$$V = K \cdot I = K \cdot \frac{h_L}{L},$$

$$Q = A \cdot V = A \cdot K \cdot I = A \cdot K \cdot \frac{h_L}{L}$$로 구할 수 있다.

ⓑ 특징
- Darcy의 법칙은 지하수의 층류흐름에 대한 마찰저항공식이다.
- 투수계수는 물의 점성계수와 토사의 공극률에 따라서도 변화한다.

$$K = D_s^2 \frac{\rho g}{\mu} \frac{e^3}{1+e} C$$

여기서, μ : 점성계수
e : 공극률

ⓒ Darcy의 법칙은 정상류흐름의 층류에만 적용된다.(특히, $R_e < 4$일 때 잘 적용된다.)
ⓓ $V = K \cdot I$로 지하수의 유속은 동수경사와 비례관계를 가지고 있다.

58. 수두차가 10m인 두 저수지를 지름이 30cm, 길이가 300m, 조도계수가 $0.013m^{-1/3} \cdot s$인 주철관으로 연결하여 송수할 때, 관을 흐르는 유량(Q)은?(단, 관의 유입손실계수 $f_e = 0.5$, 유출손실계수 $f_c = 1.0$이다.)

① $0.02m^3/s$ ② $0.08m^3/s$
③ $0.17m^3/s$ ④ $0.19m^3/s$

■해설 단일관수로의 유량
ⓐ 마찰손실계수의 산정

$$f = \frac{124.6n^2}{D^{\frac{1}{3}}} = \frac{124.6 \times 0.013^2}{0.3^{\frac{1}{3}}} = 0.031$$

ⓑ 단일관수로의 유속

$$V = \sqrt{\frac{2gH}{f_i + f_o + f \cdot \frac{l}{d}}}$$

$$= \sqrt{\frac{2 \times 9.8 \times 10}{0.5 + 1.0 + 0.031 \times \frac{300}{0.3}}} = 2.46m/s$$

ⓒ 유량의 산정

$$Q = AV = \frac{\pi d^2}{4} \times V$$

$$= \frac{\pi \times 0.3^2}{4} \times 2.46 = 0.17m^3/s$$

59. 개수로 내의 흐름에서 평균유속을 구하는 방법 중 2점법의 유속 측정 위치로 옳은 것은?

① 수면과 전수심의 50% 위치
② 수면으로부터 수심의 10%와 90% 위치
③ 수면으로부터 수심의 20%와 80% 위치
④ 수면으로부터 수심의 40%와 60% 위치

■해설 개수로 평균유속의 산정
2점법에 의한 평균유속의 산정

$$V = \frac{1}{2}(V_{0.2} + V_{0.8})$$

여기서, $V_{0.2}$: 수면으로부터 수심 20%의 유속
$V_{0.8}$: 수면으로부터 수심 80%의 유속

60. 어떤 유역에 표와 같이 30분간 집중호우가 발생하였다면 지속시간이 15분인 최대강우강도는?

시간(분)	우량(mm)	시간(분)	우량(mm)
0~5	2	15~20	4
5~10	4	20~25	8
10~15	6	25~30	6

① 50mm/h ② 64mm/h
③ 72mm/h ④ 80mm/h

■해설 강우강도
ⓐ 강우강도는 단위시간당 내린 비의 양을 말하며 단위는 mm/hr이다.
ⓑ 지속시간 15분 강우량의 구성
- 0~15분 : 2+4+6=12mm
- 5~20분 : 4+6+4=14mm
- 10~25분 : 6+4+8=18mm
- 15~30분 : 4+8+6=18mm
∴ 지속시간 15분 최대강우량은 18mm이다.

ⓒ 지속시간 15분 최대강우강도의 산정

$$\frac{18mm}{15min} \times 60 = 72mm/hr$$

제4과목 철근콘크리트 및 강구조

61. 그림과 같은 맞대기 용접의 용접부에 생기는 인장응력은?

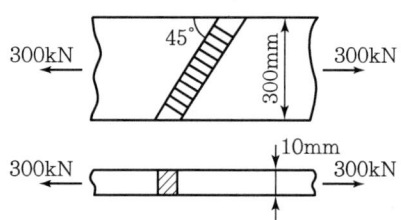

① 50MPa
② 70.7MPa
③ 100MPa
④ 141.4MPa

■해설 $f = \dfrac{P}{A} = \dfrac{300 \times 10^3}{10 \times 300} = 100\text{MPa}$

홈용접부의 인장응력은 용접부의 경사각도와 관계없고, 다만 하중과 하중이 재하된 수직단면과 관계있다.

62. 깊은 보는 한쪽 면이 하중을 받고 반대쪽 면이 지지되어 하중과 받침부 사이에 압축대가 형성되는 구조요소로서 아래의 (가) 또는 (나)에 해당하는 부재이다. 아래의 ( ) 안에 들어갈 ㉠, ㉡으로 옳은 것은?

> (가) 순경간 l_n이 부재깊이의 (㉠)배 이하인 부재
> (나) 받침부 내면에서 부재깊이의 (㉡)배 이하인 위치에 집중하중이 작용하는 경우는 집중하중과 받침부 사이의 구간

① ㉠ : 4, ㉡ : 2
② ㉠ : 3, ㉡ : 2
③ ㉠ : 2, ㉡ : 4
④ ㉠ : 2, ㉡ : 3

■해설 깊은 보(Deep Beam)
① 순경간 l_n이 부재깊이 h의 4배 이하인 부재
② 하중이 받침부로부터 부재깊이의 2배 거리 이내에 작용하고 하중의 작용점과 받침부가 서로 반대면에 있어서 하중 작용점과 받침부 사이에 압축대가 형성될 수 있는 부재

63. 아래 그림과 같은 인장재의 순단면적은 약 얼마인가?(단, 구멍의 지름은 25mm이고, 강판두께는 10mm이다.)

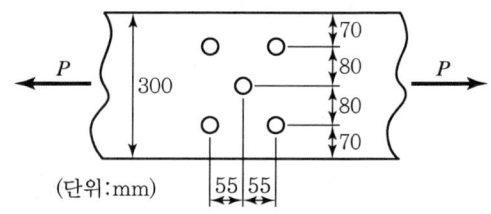

① 2,323mm²
② 2,439mm²
③ 2,500mm²
④ 2,595mm²

■해설
$b_{n2} = b_g - 2d_h$
$= 300 - 2 \times 25 = 250\text{mm}$
$b_{n3} = b_g - 3d_h + 2 \times \dfrac{s^2}{4g}$
$= 300 - 3 \times 25 + 2 \times \dfrac{55^2}{4 \times 80} = 243.9\text{mm}$
$b_n = [b_{n2},\ b_{n3}]_{\min} = 243.9\text{mm}$
$A_n = b_n \cdot t = 243.9 \times 10 = 2,439\text{mm}^2$

64. 계수하중에 의한 전단력 V_u=75kN을 받을 수 있는 직사각형 단면을 설계하려고 한다. 기준에 의한 최소 전단철근을 사용할 경우 필요한 보통중량콘크리트의 최소단면적($b_w d$)은?(단, f_{ck}=28MPa, f_y=300MPa이다.)

① 101,090mm²
② 103,073mm²
③ 106,303mm²
④ 113,390mm²

■해설 $\phi V_c \geq V_u$
$\phi \left(\dfrac{1}{6} \sqrt{f_{ck}} b_w d \right) \geq V_u$
$b_w d \geq \dfrac{6 V_u}{\phi \sqrt{f_{ck}}} = \dfrac{6 \times (75 \times 10^3)}{0.75 \times \sqrt{28}} = 113,389.3\text{mm}^2$

|해답| 61.③ 62.① 63.② 64.④

65. 단철근 직사각형 보의 폭이 300mm, 유효깊이가 500mm, 높이가 600mm일 때, 외력에 의해 단면에서 휨균열을 일으키는 휨모멘트(M_{cr})는?(단, $f_{ck}=28$MPa, 보통중량콘크리트이다.)

① 58kN·m ② 60kN·m
③ 62kN·m ④ 64kN·m

■해설 $\lambda=1$(보통중량콘크리트인 경우)
$f_r = 0.63\lambda\sqrt{f_{ck}}$
$= 0.63 \times 1 \times \sqrt{28} = 3.33$MPa
$z' = \dfrac{bh^2}{6} = \dfrac{300 \times 600^2}{6}$
$= 18 \times 10^6$mm^3
$M_{cr} = f_r \cdot z$
$= 3.33 \times (18 \times 10^6)$
$= 59.94 \times 10^6$N·mm $= 59.94$kN·m

66. 옹벽의 설계에 대한 일반적인 설명으로 틀린 것은?

① 뒷부벽은 캔틸레버로 설계하여야 하며, 앞부벽은 T형 보로 설계하여야 한다.
② 활동에 대한 저항력은 옹벽에 작용하는 수평력의 1.5배 이상이어야 한다.
③ 전도에 대한 저항휨모멘트는 횡토압에 의한 전도모멘트의 2.0배 이상이어야 한다.
④ 저판의 뒷굽판은 정확한 방법이 사용되지 않는 한, 뒷굽판 상부에 재하되는 모든 하중을 지지하도록 설계하여야 한다.

■해설 부벽식 옹벽에서 부벽의 설계
① 앞부벽 : 직사각형 보로 설계
② 뒷부벽 : T형 보로 설계

67. 아래는 슬래브의 직접설계법에서 모멘트 분배에 대한 내용이다. 아래의 ( ) 안에 들어갈 ㉠, ㉡으로 옳은 것은?

내부 경간에서는 전체 정적계수휨모멘트 M_o를 다음과 같은 비율로 분배하여야 한다.
• 부계수휨모멘트 ················ (㉠)
• 정계수휨모멘트 ················ (㉡)

① ㉠ : 0.65, ㉡ : 0.35 ② ㉠ : 0.55, ㉡ : 0.45
③ ㉠ : 0.45, ㉡ : 0.55 ④ ㉠ : 0.35, ㉡ : 0.65

■해설 정적계수휨모멘트(M_o)의 분배
① 부계수휨모멘트 : $0.65M_o$(65% 분배)
② 정계수휨모멘트 : $0.35M_o$(35% 분배)

68. 아래 그림과 같은 철근콘크리트 보-슬래브 구조에서 대칭 T형 보의 유효폭(b)은?

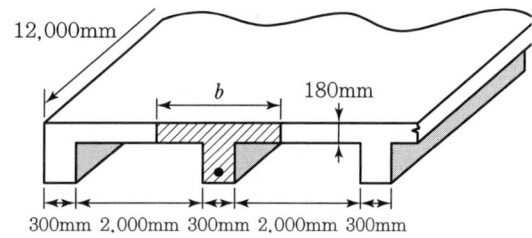

① 2,000mm ② 2,300mm
③ 3,000mm ④ 3,180mm

■해설 T형 보(대칭 T형 보)에서 플랜지의 유효폭(b_e)
① $16t_f + b_w = 16 \times 180 + 300 = 3,180$mm
② 슬래브의 중심 간 거리 $= 2,000 + 300 = 2,300$mm
③ 보 경간의 $\dfrac{1}{4} = 12,000 \times \dfrac{1}{4} = 3,000$mm

위 값 중에서 최솟값을 취하면 $b_e = 2,300$mm 이다.

69. 복철근 콘크리트보 단면에 압축철근비 $\rho' = 0.01$이 배근되어 있다. 이 보의 순간처짐이 20mm일 때 1년간 지속하중에 의해 유발되는 전체 처짐량은?

① 38.7mm
② 40.3mm
③ 42.4mm
④ 45.6mm

■해설 $\xi = 1.4$(하중 재하 기간이 1년인 경우)
$\lambda_\Delta = \dfrac{\xi}{1+50\rho'} = \dfrac{1.4}{1+50\times 0.01} = \dfrac{1.4}{1.5} = 0.933$
$\delta_T = (1+\lambda_\Delta)\delta_i = (1+0.933)\times 20 = 38.7$mm

70. 철근콘크리트 부재에서 V_s가 $\frac{1}{3}\lambda\sqrt{f_{ck}}b_w d$를 초과하는 경우 부재축에 직각으로 배치된 전단철근의 간격 제한으로 옳은 것은?(단, b_w : 복부의 폭, d : 유효깊이, λ : 경량콘크리트 계수, V_s : 전단철근에 의한 단면의 공칭전단강도)

① $\frac{d}{2}$ 이하, 또 어느 경우이든 600mm 이하
② $\frac{d}{2}$ 이하, 또 어느 경우이든 300mm 이하
③ $\frac{d}{4}$ 이하, 또 어느 경우이든 600mm 이하
④ $\frac{d}{4}$ 이하, 또 어느 경우이든 300mm 이하

■해설 전단철근의 간격(S)
① $V_s \leq \frac{1}{3}\lambda\sqrt{f_{ck}}b_w d$ 인 경우
$s \leq \frac{d}{2}$, $s \leq 600\text{mm}$
② $V_s \leq \frac{1}{3}\lambda\sqrt{f_{ck}}b_w d$ 인 경우
$s \leq \frac{d}{4}$, $s \leq 300\text{mm}$

71. 아래에서 ( ) 안에 들어갈 수치로 옳은 것은?

> 보나 장선의 깊이 h가 (　)mm를 초과하면 종방향 표피철근을 인장연단부터 $h/2$ 지점까지 부재 양쪽 측면을 따라 균일하게 배치하여야 한다.

① 700 ② 800
③ 900 ④ 1,000

■해설 보나 장선의 깊이 h가 900mm를 초과하면, 종방향 표피 철근을 인장연단으로부터 $h/2$지점까지 부재 양쪽 측면을 따라 균일하게 배치하여야 한다.

72. 용접이음에 관한 설명으로 틀린 것은?
① 내부 검사(X-선 검사)가 간단하지 않다.
② 작업의 소음이 적고 경비와 시간이 절약된다.
③ 리벳구멍으로 인한 단면 감소가 없어서 강도 저하가 없다.
④ 리벳이음에 비해 약하므로 응력집중 현상이 일어나지 않는다.

■해설 용접이음 시 장점과 단점
1) 장점
① 이음부에서 이음판이나 L형 강과 같은 강재가 필요 없고 부재를 직접 이을 수 있으므로 재료가 절약되는 동시에 단면이 간단해진다.
② 리벳구멍으로 인한 인장재 단면이 감소되지 않기 때문에 강도의 저하가 없다.
③ 작업의 소음이 적고 경비와 시간이 절약된다.
2) 단점
① 부분적으로 가열되므로 잔류응력 및 변형이 남게 된다.
② 용접부위의 내부 검사가 간단하지 않다 (X-선 검사)
③ 용접부에 응력집중 현상이 발생하기 쉽다.

73. 단면이 300×400mm이고, 150mm^{2}의 PS 강선 4개를 단면도심축에 배치한 프리텐션 PS 콘크리트 부재가 있다. 초기 프리스트레스 1,000MPa일 때 콘크리트의 탄성수축에 의한 프리스트레스의 손실량은?(단, 탄성계수비(n)는 6.0이다.)

① 30MPa ② 34MPa
③ 42MPa ④ 52MPa

■해설
$$\Delta f_{pe} = nf_{cs} = n\frac{P_i}{A_g} = n\frac{A_p f_{pi}}{bh}$$
$$= 6 \times \frac{(4\times 150)\times 1,000}{300\times 400} = 30\text{MPa}$$

74. 포스트텐션 긴장재의 마찰손실을 구하기 위해 아래와 같은 근사식을 사용하고자 할 때 근사식을 사용할 수 있는 조건으로 옳은 것은?

$$P_{px} = \frac{P_{pj}}{(1+Kl_{px}+\mu_p\alpha_{px})}$$

P_{px} : 임의점 x에서 긴장재의 긴장력(N)
P_{pj} : 긴장단에서 긴장재의 긴장력(N)
K : 긴장재의 단위 길이 1m당 파상마찰계수
l_{px} : 정착단부터 임의의 지점 x까지 긴장재의 길이(m)
μ_p : 곡선부의 곡률마찰계수
α_{px} : 긴장단부터 임의점 x까지 긴장재의 전체 회전각 변화량(라디안)

① P_{pj}의 값이 5,000kN 이하인 경우
② P_{pj}의 값이 5,000kN 초과하는 경우
③ $(Kl_{px} + \mu_p \alpha_{px})$ 값이 0.3 이하인 경우
④ $(Kl_{px} + \mu_p \alpha_{px})$ 값이 0.3 초과인 경우

■해설 포스트텐션 긴장재의 마찰손실을 구할 경우 $(Kl_{px} + \mu_p \alpha_{px}) \leq 0.3$인 경우는 근사식을 사용할 수 있다.

75. 2방향 슬래브의 설계에서 직접설계법을 적용할 수 있는 제한 사항으로 틀린 것은?

① 각 방향으로 3경간 이상 연속되어야 한다.
② 슬래브 판들은 단변 경간에 대한 장변 경간의 비가 2 이하인 직사각형이어야 한다.
③ 각 방향으로 연속한 받침부 중심 간 경간 차이는 긴 경간의 1/3 이하이어야 한다.
④ 연속한 기둥 중심선을 기준으로 기둥의 어긋남은 그 방향 경간의 20% 이하이어야 한다.

■해설 연속한 기둥 중심선을 기준으로 기둥의 어긋남은 2방향 경간의 10% 이하이어야 한다.

76. 철근의 정착에 대한 설명으로 틀린 것은?

① 인장이형철근 및 이형철선의 정착길이(l_d)는 항상 300mm 이상이어야 한다.
② 압축이형철근의 정착길이(l_d)는 항상 400mm 이상이어야 한다.
③ 갈고리는 압축을 받는 경우 철근정착에 유효하지 않은 것으로 보아야 한다.
④ 단부에 표준갈고리가 있는 인장이형철근의 정착길이(l_{dh})는 항상 철근의 공칭지름(d_b)의 8배 이상, 또한 150mm 이상이어야 한다.

■해설 압축이형철근의 정착길이(l_d)는 항상 200mm 이상이어야 한다.

77. 그림과 같은 단면의 도심에 PS강재가 배치되어 있다. 초기 프리스트레스 1,800kN을 작용시켰다. 30%의 손실을 가정하여 콘크리트의 하연 응력이 0이 되기 위한 휨모멘트 값은?(단, 자중은 무시한다.)

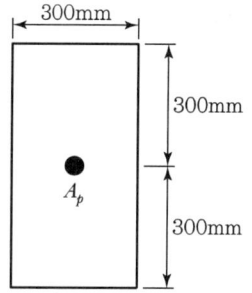

① 120kN · m
② 126kN · m
③ 130kN · m
④ 150kN · m

■해설 $f_b = \dfrac{P_e}{A} - \dfrac{M}{Z} = \dfrac{0.7P_i}{bh} - \dfrac{6M}{bh^2} = 0$

$M = \dfrac{0.7P_i h}{6} = \dfrac{0.7 \times 1,800 \times 0.6}{6} = 126$kN · m

78. 콘크리트 설계기준압축강도가 28MPa, 철근의 설계기준항복강도가 350MPa로 설계된 길이가 4m인 캔틸레버 보가 있다. 처짐을 계산하지 않는 경우의 최소 두께는?[단, 보통중량콘크리트 (m_c = 2,300kg/m³)이다.]

① 340mm
② 465mm
③ 512mm
④ 600mm

■해설 캔틸레버 보에서 처짐을 계산하지 않아도 되는 최소두께(h)

① $f_y = 400$MPa인 경우 : $h = \dfrac{l}{8}$

② $f_y \neq 400$MPa인 경우 : $h = \dfrac{l}{8}\left(0.43 + \dfrac{f_y}{700}\right)$

$f_y = 350$MPa이므로 최소두께(h)는 다음과 같다.

$h = \dfrac{l}{8}\left(0.43 + \dfrac{f_y}{700}\right)$
$= \dfrac{4 \times 10^3}{8}\left(0.43 + \dfrac{350}{700}\right)$
$= 465$mm

79. 나선철근 압축부재 단면의 심부 지름이 300mm, 기둥 단면의 지름이 400mm인 나선철근 기둥의 나선철근비는 최소 얼마 이상이어야 하는가?(단, 나선철근의 설계기준항복강도(f_{yt})는 400MPa, 콘크리트의 설계기준압축강도(f_{ck})는 28MPa이다.)

① 0.0184
② 0.0201
③ 0.0225
④ 0.0245

■해설
$$\rho_s \geq 0.45\left(\frac{A_g}{A_{ch}}-1\right)\frac{f_{ck}}{f_{yt}}$$
$$= 0.45 \times \left(\frac{\left(\frac{\pi \times 400^2}{4}\right)}{\left(\frac{\pi \times 300^2}{4}\right)}-1\right) \times \frac{28}{400} = 0.0245$$

80. 강도감소계수(ϕ)를 규정하는 목적으로 옳지 않은 것은?

① 부정확한 설계 방정식에 대비한 여유
② 구조물에서 차지하는 부재의 중요도를 반영
③ 재료 강도와 치수가 변동할 수 있으므로 부재의 강도 저하 확률에 대비한 여유
④ 하중의 공칭값과 실제 하중 간의 불가피한 차이 및 예기치 않은 초과하중에 대비한 여유

■해설 하중의 공칭값과 실제 하중 간의 불가피한 차이 및 예기치 않은 초과하중에 대비한 여유를 고려하여 사용하는 것은 하중계수이다.

제5과목 토질 및 기초

81. 포화단위중량(γ_{sat})이 19.62kN/m³인 사질토로 된 무한사면이 20°로 경사져 있다. 지하수위가 지표면과 일치하는 경우 이 사면의 안전율이 1 이상이 되기 위해서 흙의 내부마찰각이 최소 몇 도 이상이어야 하는가?(단, 물의 단위중량은 9.81kN/m³이다.)

① 18.21°
② 20.52°
③ 36.06°
④ 45.47°

■해설
$$F_s = \frac{c}{\gamma_{sat} z \sin i \cos i} + \frac{\tan\phi}{\tan i} \cdot \frac{\gamma_{sub}}{\gamma_{sat}}$$
$$1 = \frac{\tan\phi}{\tan 20°} \cdot \frac{19.62-9.81}{19.62}$$
$$\therefore \phi = 36.06°$$

82. 그림에서 지표면으로부터 깊이 6m에서의 연직응력(σ_v)과 수평응력(σ_h)의 크기를 구하면?(단, 토압계수는 0.6이다.)

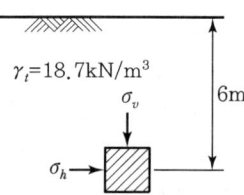

① $\sigma_v = 87.3$kN/m², $\sigma_h = 52.4$kN/m²
② $\sigma_v = 95.2$kN/m², $\sigma_h = 57.1$kN/m²
③ $\sigma_v = 112.2$kN/m², $\sigma_h = 67.3$kN/m²
④ $\sigma_v = 123.4$kN/m², $\sigma_h = 74.0$kN/m²

■해설
- $\sigma_v = \gamma \cdot h = 18.7 \times 6 = 112.2$kN/m²
- $\sigma_h = \sigma_v \cdot k = 112.2 \times 0.6 = 67.3$kN/m²

83. 흙의 분류법인 AASHTO분류법과 통일분류법을 비교·분석한 내용으로 틀린 것은?

① 통일분류법은 0.075mm체 통과율 35%를 기준으로 조립토와 세립토로 분류하는데 이것은 AASHTO분류법보다 적합하다.
② 통일분류법은 입도분포, 액성한계, 소성지수 등을 주요 분류인자로 한 분류법이다.
③ AASHTO분류법은 입도분포, 군지수 등을 주요 분류인자로 한 분류법이다.
④ 통일분류법은 유기질토 분류방법이 있으나 AASHTO분류법은 없다.

■해설

구분	조립토	세립토
통일 분류법	0.075mm (#200체) 통과량 50% 이하	0.075mm (#200체) 통과량 50% 이상
AASHTO 분류법	0.075mm (#200체) 통과량 35% 이하	0.075mm (#200체) 통과량 35% 이상

84. 흙 시료의 전단시험 중 일어나는 다일러턴시(Dilatancy) 현상에 대한 설명으로 틀린 것은?

① 흙이 전단될 때 전단면 부근의 흙입자가 재배열되면서 부피가 팽창하거나 수축하는 현상을 다일러턴시라 부른다.
② 사질토 시료는 전단 중 다일러턴시가 일어나지 않는 한계의 간극비가 존재한다.
③ 정규압밀 점토의 경우 정(+)의 다일러턴시가 일어난다.
④ 느슨한 모래는 보통 부(-)의 다일러턴시가 일어난다.

■해설 정규압밀점토(느슨한 모래)일 때 부(-)의 다일러턴시가 일어난다.

85. 도로의 평판재하시험에서 시험을 멈추는 조건으로 틀린 것은?

① 완전히 침하가 멈출 때
② 침하량이 15mm에 달할 때
③ 재하응력이 지반의 항복점을 넘을 때
④ 재하응력이 현장에서 예상할 수 있는 가장 큰 접지압력의 크기를 넘을 때

■해설 평판재하시험이 끝나는 조건
• 침하량이 15mm에 달할 때
• 하중강도(재하응력)가 예상되는 최대 접지압력을 초과할 때
• 하중강도(재하응력)가 그 지반의 항복점을 넘을 때

86. 압밀시험에서 얻은 $e-\log P$ 곡선으로 구할 수 있는 것이 아닌 것은?

① 선행압밀압력   ② 팽창지수
③ 압축지수   ④ 압밀계수

■해설 압밀계수는 시간침하곡선으로 구할 수 있다.

87. 상·하층이 모래로 되어 있는 두께 2m의 점토층이 어떤 하중을 받고 있다. 이 점토층의 투수계수가 5×10^{-7} cm/s, 체적변화계수(m_v)가 5.0cm²/kN일 때 90% 압밀에 요구되는 시간은?(단, 물의 단위중량은 9.81kN/m³이다.)

① 약 5.6일   ② 약 9.8일
③ 약 15.2일   ④ 약 47.2일

■해설
• $C_v = \dfrac{K}{m_v \cdot \gamma_w} = \dfrac{5 \times 10^{-7} \text{cm/s}}{5 \times 9.8 \times \dfrac{1}{100^3 (\text{cm}^3)}}$
  $= 0.0102$

• $t_{90} = \dfrac{T_v \cdot H^2}{C_v} = \dfrac{0.848 \times \left(\dfrac{200}{2}\right)^2}{0.0102}$
  $= 831,040$초 = 약 9.8일

88. 어떤 지반에 대한 흙의 입도분석결과 곡률계수(C_g)는 1.5, 균등계수(C_u)는 15이고 입자는 모난 형상이었다. 이때 Dunham의 공식에 의한 흙의 내부마찰각(ϕ)의 추정치는?(단, 표준관입시험 결과 N치는 10이었다.)

① 25°
② 30°
③ 36°
④ 40°

■해설 $\phi = \sqrt{12N} + 25 = \sqrt{12 \times 10} + 25 = 36°$

89. 흙의 내부마찰각이 20°, 점착력이 50kN/m², 습윤단위중량이 17kN/m³, 지하수위 아래 흙의 포화단중량이 19kN/m³일 때 3m×3m 크기의 정사각형 기초의 극한지지력을 Terzaghi의 공식으로 구하면?(단, 지하수위는 기초바닥 깊이와 같으며 물의 단위중량은 9.81kN/m³이고, 지지력계수 $N_c = 18$, $N_\gamma = 5$, $N_q = 7.5$이다.)

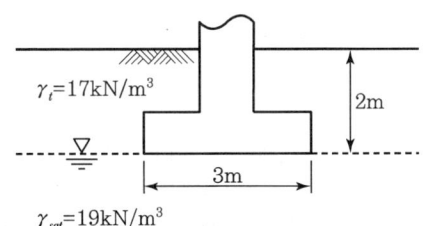

① 1,231.24kN/m²
② 1,337.31kN/m²
③ 1,480.14kN/m²
④ 1,540.42kN/m²

■해설 $q_u = \alpha N_c C + \beta \gamma_1 N_r B + \gamma_2 N_q D_f$
$= 1.3 \times 18 \times 50 + 0.4 \times (19 - 9.8) \times 5 \times 3 + 17 \times 7.5 \times 2$
$= 1,480.14 \text{kN/m}^2$
(정사각형 $\alpha = 1.3$, $\beta = 0.4$)

90. 그림에서 $a-a'$면 바로 아래의 유효응력은? [단, 흙의 간극비(e)는 0.4, 비중(G_s)은 2.65, 물의 단위중량은 9.81kN/m³이다.]

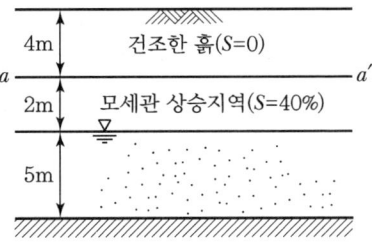

① 68.2kN/m²
② 82.1kN/m²
③ 97.4kN/m²
④ 102.1kN/m²

■해설 $\sigma_A' = \sigma_A - u_A$
$= \gamma_d \times 4 - (-\gamma_w \cdot h \cdot s)$
$= 18.57 \times 4 - (-9.81 \times 2 \times 0.4)$
$= 82.1 \text{kN/m}^2$
$\left(\gamma_d = \dfrac{G \cdot \gamma_w}{1+e} = \dfrac{2.65 \times 9.81}{1+0.4} = 18.57 \text{kN/m}^3 \right)$

91. 시료채취 시 샘플러(Sampler)의 외경이 6cm, 내경이 5.5cm일 때 면적비는?

① 8.3% ② 9.0%
③ 16%   ④ 19%

■해설 $A_r = \dfrac{6^2 - 5.5^2}{5.5^2} \times 100 = 19\%$

92. 다짐에 대한 설명으로 틀린 것은?

① 다짐에너지는 래머(Sampler)의 중량에 비례한다.
② 입도배합이 양호한 흙에서는 최대건조 단위중량이 높다.
③ 동일한 흙일지라도 다짐기계에 따라 다짐효과는 다르다.
④ 세립토가 많을수록 최적함수비가 감소한다.

■해설 세립토가 많을수록 최적함수비는 증가한다.

|해답| 88.③ 89.③ 90.② 91.④ 92.④

93. 20개의 무리말뚝에 있어서 효율이 0.75이고, 단항으로 계산된 말뚝 한 개의 허용지지력이 150kN일 때 무리말뚝의 허용지지력은?

① 1,125kN ② 2,250kN
③ 3,000kN ④ 4,000kN

■해설 $Q_{ag} = Q_a \times N \times E$
$= 150 \times 20 \times 0.75 = 2,250\text{kN}$

94. 연약지반 위에 성토를 실시한 다음, 말뚝을 시공하였다. 시공 후 발생될 수 있는 현상에 대한 설명으로 옳은 것은?

① 성토를 실시하였으므로 말뚝의 지지력은 점차 증가한다.
② 말뚝을 암반층 상단에 위치하도록 시공하였다면 말뚝의 지지력에는 변함이 없다.
③ 압밀이 진행됨에 따라 지반의 전단강도가 증가되므로 말뚝의 지지력은 점차 증가한다.
④ 압밀로 인해 부주면마찰력이 발생되므로 말뚝의 지지력은 감소된다.

■해설 연약지반에 부마찰력이 생기면 지지력은 감소한다.

95. 아래와 같은 상황에서 강도정수 결정에 적합한 삼축압축시험의 종류는?

> 최근에 매립된 포화 점성토 지반 위에 구조물을 시공한 직후의 초기 안정 검토에 필요한 지반 강도정수 결정

① 비압밀 비배수시험(UU)
② 비압밀 배수시험(UD)
③ 압밀 비배수시험(CU)
④ 압밀 배수시험(CD)

■해설 비압밀 비배수시험(UU-Test)
- 단기 안정 검토-성토 직후 파괴
- 초기재하 시, 전단 시 간극수 배출 없음
- 기초지반을 구성하는 점토층이 시공 중 압밀이나 함수비의 변화가 없는 조건

96. 베인전단시험(Vane Shear Test)에 대한 설명으로 틀린 것은?

① 베인전단시험으로부터 흙의 내부마찰각을 측정할 수 있다.
② 현장 원위치 시험의 일종으로 점토의 비배수 전단강도를 구할 수 있다.
③ 연약하거나 중간 정도의 점토성 지반에 적용된다.
④ 십자형의 베인(Vane)을 땅속에 압입한 후, 회전모멘트를 가해서 흙이 원통형으로 전단파괴될 때 저항모멘트를 구함으로써 비배수 전단강도를 측정하게 된다.

■해설 베인전단시험은 연약점토 지반에서 점착력(c)을 구하는 시험이다.

97. 연약지반 개량공법 중 점성토 지반에 이용되는 공법은?

① 전기충격 공법
② 폭파다짐 공법
③ 생석회말뚝 공법
④ 바이브로플로테이션 공법

■해설 생석회 말뚝공법 : 점성토 개량공법(탈수공법)

98. 어떤 모래층의 간극비(e)는 0.2, 비중(G_s)은 2.60이었다. 이 모래가 분사현상(Quick Sand)이 일어나는 한계동수경사(i_c)는?

① 0.56 ② 0.95
③ 1.33 ④ 1.80

■해설 $F_s = \dfrac{i_c}{i} = \dfrac{\dfrac{G-1}{1+e}}{\dfrac{h}{L}} = \dfrac{\dfrac{2.6-1}{1+0.2}}{i} \leq 1$

∴ $i = 1.33$

99. 주동토압을 P_A, 수동토압을 P_P, 정지토압을 P_O라 할 때 토압의 크기를 비교한 것으로 옳은 것은?

① $P_A > P_P > P_O$
② $P_P > P_O > P_A$
③ $P_P > P_A > P_O$
④ $P_O > P_A > P_P$

■해설 주동토압(P_A) < 정지토압(P_O) < 수동토압(P_P)

100. 그림과 같은 지반 내에 유선망이 주어졌을 때 폭 10m에 대한 침투유량은?[단, 투수계수(K)는 2.2×10⁻²cm/s이다.]

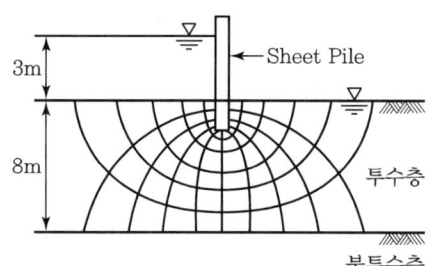

① 3.96cm³/s
② 39.6cm³/s
③ 396cm³/s
④ 3,960cm³/s

■해설 침투수량(Q) = $k \cdot H \cdot \dfrac{N_f}{N_d}$

$= 2.2 \times 10^{-2} \times 300 \times \dfrac{6}{10} \times 1,000$

$= 3,960 \text{cm}^3/\text{sec}$

제6과목 상하수도공학

101. 분류식 하수도의 장점이 아닌 것은?

① 오수관 내 유량이 일정하다.
② 방류장소 선정이 자유롭다.
③ 사설하수관에 연결하기 쉽다.
④ 모든 발생오수를 하수처리장으로 보낼 수 있다.

■해설 하수의 배제방식

분류식	합류식
• 수질오염 방지면에서 유리하다.	• 구배 완만, 매설깊이가 적으며 시공성이 좋다.
• 청천 시에도 퇴적의 우려가 없다.	• 초기 우수에 의해 노면 배수처리가 가능하다.
• 강우 초기 노면배수효과가 없다.	• 관경이 크므로 검사가 편리하고, 환기가 잘 된다.
• 시공이 복잡하고 오접합의 우려가 있다.	• 건설비가 적게 든다.
• 우천 시 수세효과를 기대할 수 없다.	• 우천 시 수세효과가 있다.
• 공사비가 많이 든다.	• 청천 시 관 내 침전으로 효율이 저하된다.

∴ 분류식 하수관은 오수전량을 처리장으로 유송하여 처리하는 방식으로 사설하수관에 연결하지 않는다.

102. 활성슬러지의 SVI가 현저하게 증가하여 응집성이 나빠져 최종침전지에서 처리수의 분리가 곤란하게 되었다. 이것은 활성슬러지의 어떤 이상현상에 해당하는가?

① 활성슬러지의 부패
② 활성슬러지의 상승
③ 활성슬러지의 팽화
④ 활성슬러지의 해체

■해설 슬러지용적지표(SVI)
  ㉠ 정의
      폭기조 내 혼합액 1L를 30분간 침전시킨 후 1g의 MLSS가 차지하는 침전슬러지의 부피(mL)를 슬러지용적지표(Sludge Volume Index)라 한다.
  ㉡ 특징
      • 슬러지의 침강성을 나타내는 지표로, 슬러지 팽화(Bulking)의 발생 여부를 확인하는 지표로 사용한다.

|해답| 99.② 100.④ 101.③ 102.③

- SVI가 높아지면 MLSS농도가 적어진다.
- SVI=50~150 : 슬러지침전성 양호
- SVI=200 이상 : 슬러지팽화 발생
- SVI는 폭기시간, BOD농도, 수온 등에 영향을 받는다.
∴ SVI가 현저히 증가되어 슬러지의 응집성이 나빠지는 현상을 슬러지팽화라고 한다.

103. 하수도용 펌프 흡입구의 표준유속으로 옳은 것은?(단, 흡입구의 유속은 펌프의 회전수 및 흡입실양정 등을 고려한다.)

① 0.3~0.5m/s
② 1.0~1.5m/s
③ 1.5~3.0m/s
④ 5.0~10.0m/s

■해설 펌프 흡입구의 유속
펌프 흡입구의 유속은 공동현상의 방지를 위하여 1.5~3m/sec를 표준으로 한다.

104. 양수량이 8m³/min, 전양정이 4m, 회전수 1,160rpm인 펌프의 비교회전도는?

① 316
② 985
③ 1,160
④ 1,436

■해설 비교회전도
㉠ 비교회전도란 펌프나 송풍기 등의 형식을 나타내는 지표로, 펌프의 경우 1m³/min의 유량을 1m 양수하는 데 필요한 회전수(N_s)를 말한다.

$$N_s = N\frac{Q^{\frac{1}{2}}}{H^{\frac{3}{4}}}$$

여기서, N(rpm) : 표준회전수
Q(m³/min) : 토출량
H(m) : 양정

㉡ 비교회전도의 산정

$$N_s = N\frac{Q^{\frac{1}{2}}}{H^{\frac{3}{4}}} = 1,160 \times \frac{8^{\frac{1}{2}}}{4^{\frac{3}{4}}} = 1,160$$

105. 도수관을 설계할 때 자연유하식인 경우에 평균유속의 허용한도로 옳은 것은?

① 최소한도 0.3m/s, 최대한도 3.0m/s
② 최소한도 0.1m/s, 최대한도 2.0m/s
③ 최소한도 0.2m/s, 최대한도 1.5m/s
④ 최소한도 0.5m/s, 최대한도 1.0m/s

■해설 평균유속의 한도
㉠ 도수관의 평균유속의 한도는 침전 및 마모방지를 위해 최소유속과 최대유속의 한도를 두고 있다.
㉡ 적정유속의 범위
0.3~3m/sec

106. 혐기성 소화공정의 영향인자가 아닌 것은?

① 온도
② 메탄함량
③ 알칼리도
④ 체류시간

■해설 소화
㉠ 호기성 소화와 혐기성 소화

호기성 소화	혐기성 소화
• 시설비가 적게 든다.	• 시설비가 많이 든다.
• 운전이 용이하다.	• 온도, 부하량 변화에 적응시간이 길다.
• 비료가치가 크다.	• 병원균을 죽이거나 통제할 수 있다.
• 동력이 소요된다.	• 영양소의 소비가 적다.
• 소규모 활성슬러지 처리에 적합하다.	• 슬러지 생산이 적다.
• 처리수 수질이 양호하다.	• CH_4과 같은 유용한 가스를 얻는다.

㉡ 혐기성 소화의 영향인자
- 소화온도
- pH
- 알칼리도
- 영양염류(N, P)
- 중금속 및 독성물질
- 체류시간
- 산소

∴ 혐기성 소화의 영향인자가 아닌 것은 메탄함량이다.

107. 정수장에서 응집제로 사용하고 있는 폴리염화알루미늄(PAC)의 특성에 관한 설명으로 틀린 것은?

① 탁도제거에 우수하며 특히 홍수 시 효과가 탁월하다.
② 최적 주입률의 폭이 크며, 과잉으로 주입하여도 효과가 떨어지지 않는다.
③ 물에 용해되면 가수분해가 촉진되므로 원액을 그대로 사용하는 것이 바람직하다.
④ 낮은 수온에 대해서도 응집효과가 좋지만 황산알루미늄과 혼합하여 사용해야 한다.

■해설 응집제
  ㉠ 응집제로는 황산알루미늄이 가장 많이 이용되며, 그 외에도 폴리염화알루미늄, 황산 제1철, 황산 제2철 등이 있다.
  ㉡ 폴리염화알루미늄(PAC)의 성질
    • 황산알루미늄보다 응집이 빨라서 홍수 시 사용하면 효과가 크다.
    • 입자의 침강속도가 빠르다.
    • 탁도 제거의 효과도 탁월하다.
    • 최적 주입률의 폭이 크며, 과잉으로 주입하여도 효과가 떨어지지 않는다.
    • 물에 용해되면 가수분해가 촉진되므로 원액을 그대로 사용하는 것이 바람직하다.
    • 고가로 경제성이 떨어지는 것이 단점이다.

108. 완속여과지와 비교할 때, 급속여과지에 대한 설명으로 틀린 것은?

① 대규모처리에 적합하다.
② 세균처리에 있어 확실성이 적다.
③ 유입수가 고탁도인 경우에 적합하다.
④ 유지관리비가 적게 들고 특별한 관리기술이 필요치 않다.

■해설 완속여과지와 급속여과지의 비교
  ㉠ 완속여과지와 급속여과지의 모래 품질

항목	완속여과모래	급속여과모래
여과속도	4~5m/day	120~150m/day
유효경	0.3~0.45mm	0.45~1.0mm
균등계수	2.0 이하	1.7 이하
모래층 두께	70~90cm	60~120cm
최대경	2mm 이하	2mm 이내
최소경	–	0.3mm 이상
세균 제거율	98~99.5%	95~98%
비중	2.55~2.65	

  ㉡ 급속여과지의 특징
    • 여과속도가 빠르므로 대규모처리에 적합하다.
    • 세균 제거율은 완속여과에 비하여 떨어진다.
    • 비교적 완속여과는 유입수의 수질이 양호할 경우에 사용하며, 유입수가 고탁도인 경우에는 급속여과를 사용한다.
    • 급속여과는 전처리로 응집지를 두고 약품을 사용하기 때문에 유지관리비가 많이 들고 유지관리가 어렵다.

109. 유량이 100,000m³/d이고 BOD가 2mg/L인 하천으로 유량 1,000m³/d, BOD 100mg/L인 하수가 유입된다. 하수가 유입된 후 혼합된 BOD의 농도는?

① 1.97mg/L   ② 2.97mg/L
③ 3.97mg/L   ④ 4.97mg/L

■해설 BOD혼합농도 계산
$$C_m = \frac{Q_1 \cdot C_1 + Q_2 \cdot C_2}{Q_1 + Q_2}$$
$$= \frac{100,000 \times 2 + 1,000 \times 100}{100,000 + 1,000} = 2.97\text{mg/L}$$

110. 보통 상수도의 기본계획에서 대상이 되는 기간인 계획(목표)연도는 계획수립 시부터 몇 년간을 표준으로 하는가?

① 3~5년간   ② 5~10년간
③ 15~20년간   ④ 25~30년간

■해설 상수도시설의 계획연도
  상수도시설의 계획연도는 나라마다 다소 다르다. 영국은 계획연도를 30년으로 하고 있으며, 일본은 15~20년으로 하고 있다. 또한 우리나라에서도 그간의 실적을 근거로 10~20년 후를 목표로 하는 것이 보통이다.

111. 일반 활성슬러지공정에서 다음 조건과 같은 반응조의 수리학적 체류시간(HRT) 및 미생물 체류시간(SRT)을 모두 올바르게 배열한 것은? (단, 처리수 SS를 고려한다.)

- 반응조 용량(V) : 10,000m³
- 반응조 유입수량(Q) : 40,000m³/d
- 반응조로부터의 잉여슬러지량(Q_w) : 400m³/d
- 반응조 내 SS 농도(X) : 4,000mg/L
- 처리수의 SS 농도(X_e) : 20mg/L
- 잉여슬러지농도(X_W) : 10,000mg/L

① HRT : 0.25일, SRT : 8.35일
② HRT : 0.25일, SRT : 9.53일
③ HRT : 0.5일, SRT : 10.35일
④ HRT : 0.5일, SRT : 11.53일

■해설 활성슬러지법 설계공식
㉠ 수리학적 체류시간(HRT)
$$HRT = \frac{V}{Q}$$
여기서, V : 반응조 체적
Q : 유입수량
$$\therefore HRT = \frac{V}{Q} = \frac{10,000}{40,000} = 0.25\text{day}$$

㉡ 고형물 체류시간(SRT)
슬러지 체류시간은 처리공정 내에서 슬러지의 평균체류시간을 말한다.
$$SRT = \frac{VX}{Q_w \cdot X_w + Q_e \cdot X_e}$$
여기서, V : 반응조 체적(m³)
X : 반응조 내 부유물(SS) 농도(mg/L)
Q_w : 잉여슬러지발생량(m³/day)
X_w : 잉여슬러지 농도(mg/L)
Q_e : 처리수량(m³/day)
X_e : 처리수의 부유물질 농도(mg/L)

$$\therefore SRT = \frac{VX}{Q_w \cdot X_w + Q_e \cdot X_e}$$
$$= \frac{10,000 \times 4,000}{400 \times 10,000 + 40,000 \times 20} = 8.33\text{day}$$

112. 배수면적이 2km²인 유역 내 강우의 하수관로 유입시간이 6분, 유출계수가 0.70일 때 하수관로 내 유속이 2m/s인 1km 길이의 하수관에서 유출되는 우수량은?(단, 강우강도 $I = \frac{3,500}{t+25}$ mm/h, t의 단위 : [분])

① 0.3m³/s ② 2.6m³/s
③ 34.6m³/s ④ 43.9m³/s

■해설 우수유출량의 산정
㉠ 합리식의 적용 확률연수는 10~30년을 원칙으로 한다.
$$Q = \frac{1}{3.6}CIA$$
여기서, Q : 우수량(m³/sec)
C : 유출계수(무차원)
I : 강우강도(mm/hr)
A : 유역면적(km²)

㉡ 강우강도의 산정
$$I = \frac{3,500}{t+25} = \frac{3,500}{14.33+25} = 89\text{mm/hr}$$
여기서, $t : t_1$(유입시간)$+t_2$(유하시간)
$$= 6\text{min} + \frac{1,000\text{m}}{2\text{m/sec} \times 60}$$
$$= 14.33\text{min}$$

㉢ 계획우수유출량의 산정
$$Q = \frac{1}{3.6}CIA$$
$$= \frac{1}{3.6} \times 0.7 \times 89 \times 2 = 34.61\text{m}^3/\text{sec}$$

113. 펌프의 흡입구경(口徑)을 결정하는 식으로 옳은 것은?[단, Q : 펌프의 토출량(m³/min), V : 흡입구의 유속(m/s)]

① $D = 146\sqrt{\frac{Q}{V}}$ (mm)

② $D = 186\sqrt{\frac{Q}{V}}$ (mm)

③ $D = 273\sqrt{\frac{Q}{V}}$ (mm)

④ $D = 357\sqrt{\frac{Q}{V}}$ (mm)

■해설 펌프의 흡입구경
펌프의 흡입구경은 다음 식에 의해 산정한다.
$$D = 146\sqrt{\frac{Q}{V}}$$
여기서, D : 펌프의 구경(mm)
Q : 펌프의 양수량(m³/min)
V : 흡입구 유속(m/sec)

114. 펌프의 공동현상(Cavitation)에 대한 설명으로 틀린 것은?

① 공동현상이 발생하면 소음이 발생한다.
② 공동현상은 펌프의 성능 저하의 원인이 될 수 있다.
③ 공동현상을 방지하려면 펌프의 회전수를 크게 해야 한다.
④ 펌프의 흡입양정이 너무 작고 임펠러 회전속도가 빠를 때 공동현상이 발생한다.

■해설 공동현상(Cavitation)
㉠ 펌프의 관 내 압력이 포화증기압 이하가 되면 기화현상이 발생하여 유체 중에 공동이 생기는 현상을 공동현상이라 한다. 공동현상이 발생하지 않으려면 이용할 수 있는 유효흡입수두가 펌프가 필요로 하는 유효흡입수두보다 커야 하며, 그 차이 값이 1m보다 크도록 하는 것이 좋다.
㉡ 공동현상의 문제점
 • 소음, 진동 발생
 • 펌프의 성능 저하
 • 관 내부의 침식
㉢ 방지책
 • 펌프의 설치 위치를 낮춘다.
 • 펌프의 회전수를 줄인다(임펠러 속도를 적게 한다).
 • 흡입관의 손실을 줄인다(직경 D를 크게 한다).
 • 흡입양정의 표준을 −5m까지로 제한한다.
∴ 공동현상을 방지하려면 펌프의 회전수를 작게 해야 한다.

115. 하수도시설에 손상을 주지 않기 위하여 설치되는 전처리(Primary Treatment)공정을 필요로 하지 않는 폐수는?

① 산성 또는 알카리성이 강한 폐수
② 대형 부유물질만을 함유하는 폐수
③ 침전성 물질을 다량으로 함유하는 폐수
④ 아주 미세한 부유물질만을 함유하는 폐수

■해설 하수처리공정
㉠ 하수처리장은 크게 전처리(예비처리), 1차 처리, 2차 처리, 3차 처리(고도처리)로 나누어지며, 전처리공정은 스크린, 침사지 등으로 이루어져 있다.

㉡ 전처리공정의 역할
 • 산성 또는 알칼리성이 강한 폐수의 처리
 • 대형 부유물질이 함유되어 있는 폐수의 처리
 • 침전성 물질을 다량으로 함유하는 폐수의 처리
∴ 미세부유물질만을 함유하는 폐수는 전처리공정을 실시하지 않아도 무방하다.

116. 지하의 사질(砂質)여과층에서 수두차 h가 0.5m이며 투과거리 l이 2.5m인 경우 이곳을 통과하는 지하수의 유속은?(단, 투수계수는 0.3cm/s)

① 0.06cm/s
② 0.015cm/s
③ 1.5cm/s
④ 0.375cm/s

■해설 Darcy의 법칙
㉠ Darcy의 법칙
$$V = K \cdot I = K \cdot \frac{h_L}{L},$$
$$Q = A \cdot V = A \cdot K \cdot I = A \cdot K \cdot \frac{h_L}{L}$$ 로 구할 수 있다.
㉡ 지하수 유속의 산정
$$V = K \cdot I = K \cdot \frac{h_L}{L} = 0.3 \times \frac{0.5}{2.5} = 0.06 \text{cm/sec}$$

117. 정수시설에 관한 사항으로 틀린 것은?

① 착수정의 용량은 체류시간을 5분 이상으로 한다.
② 고속응집침전지의 용량은 계획정수량의 1.5~2.0시간분으로 한다.
③ 정수지의 용량은 첨두수요대처용량과 소독접촉시간용량을 고려하여 최소 2시간분 이상을 표준으로 한다.
④ 플록형성지에서 플록형성시간은 계획정수량에 대하여 20~40분간을 표준으로 한다.

■해설 정수시설
착수정은 원수의 수위를 안정화시키고 원수량을 조절하여 후속처리단계인 약품주입, 침전, 여과 등 일련의 작업이 용이하게 처리될 수 있도록 하기 위한 시설로 용량은 체류시간의 1.5분 이상을 표준으로 하고 있다.

|해답| 114.③ 115.④ 116.① 117.①

118. 송수시설의 계획송수량은 원칙적으로 무엇을 기준으로 하는가?

① 연평균급수량
② 시간최대급수량
③ 계획1일평균급수량
④ 계획1일최대급수량

■해설 상수도 구성요소
  ㉠ 수원 → 취수 → 도수(침사지) → 정수(착수정 → 약품혼화지 → 침전지 → 여과지 → 소독지 → 정수지) → 송수 → 배수(배수지, 배수탑, 고가탱크, 배수관) → 급수
  ㉡ 수원, 취수, 도수, 정수, 송수 등의 설계에는 계획1일최대급수량을 기준으로 한다.
  ㉢ 계획취수량은 계획1일최대급수량을 기준으로 5~10 정도 여유 있게 취수한다.
  ㉣ 배수관의 직경결정, 펌프의 직경결정 등은 계획시간최대급수량을 기준으로 한다.
  ∴ 송수시설의 계획송수량은 계획1일최대급수량을 기준으로 한다.

119. 자연수 중 지하수의 경도(硬度)가 높은 이유는 어떤 물질이 지하수에 많이 함유되어 있기 때문인가?

① O_2
② CO_2
③ NH_3
④ Colloid

■해설 지하수의 경도
  지표수 중의 유기물은 표토를 유하하는 동안 표토에 존재하는 미생물에 의해 분해되고, 이때 많은 양의 CO_2가 발생한다. 이 CO_2는 물에 용해되어 C와 O_2로 존재하며 평형을 이루고, 무기물을 용해하여 지하수를 경수로 만든다.

120. 일반적인 상수도 계통도를 올바르게 나열한 것은?

① 수원 및 저수시설 → 취수 → 배수 → 송수 → 정수 → 도수 → 급수
② 수원 및 저수시설 → 취수 → 도수 → 정수 → 송수 → 배수 → 급수
③ 수원 및 저수시설 → 취수 → 배수 → 정수 → 급수 → 도수 → 송수
④ 수원 및 저수시설 → 취수 → 도수 → 정수 → 급수 → 배수 → 송수

■해설 상수도 구성요소
  ㉠ 수원 → 취수 → 도수(침사지) → 정수(착수정 → 약품혼화지 → 침전지 → 여과지 → 소독지 → 정수지) → 송수 → 배수(배수지, 배수탑, 고가탱크, 배수관) → 급수
  ㉡ 수원, 취수, 도수, 정수, 송수 등의 설계에는 계획1일최대급수량을 기준으로 한다.
  ㉢ 계획취수량은 계획1일최대급수량을 기준으로 5~10 정도 여유 있게 취수한다.
  ㉣ 배수관의 직경결정, 펌프의 직경결정 등은 계획시간최대급수량을 기준으로 한다.
  ∴ 수원 및 저수시설 → 취수 → 도수 → 정수 → 송수 → 배수 → 급수시설의 순이다.

과년도 기출문제

(2021년 5월 15일 시행)

제1과목 **응용역학**

01. 그림과 같이 케이블(cable)에 5kN의 추가 매달려 있다. 이 추의 중심을 수평으로 3m 이동시키기 위해 케이블 길이 5m 지점인 A점에 수평력 P를 가하고자 한다. 이때 힘 P의 크기는?

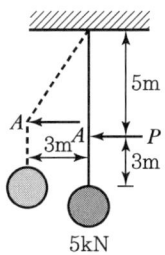

① 3.75kN
② 4.00kN
③ 4.25kN
④ 4.50kN

■해설

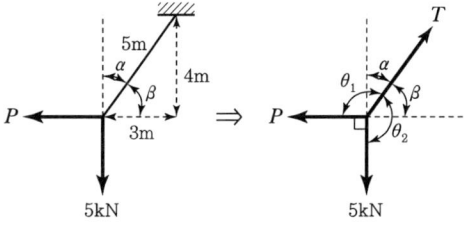

$\sin\theta_1 = \sin\beta = \dfrac{4}{5}$

$\sin\theta_2 = \sin\alpha = \dfrac{3}{5}$

$\dfrac{P}{\sin\theta_2} = \dfrac{5}{\sin\theta_1}$

$P = \dfrac{\sin\theta_2}{\sin\theta_1} \times 5 = \dfrac{\left(\dfrac{3}{5}\right)}{\left(\dfrac{4}{5}\right)} \times 5 = \dfrac{15}{4} = 3.75\text{kN}$

02. 지름이 D인 원형단면의 단면 2차 극모멘트(I_P)의 값은?

① $\dfrac{\pi D^4}{64}$ ② $\dfrac{\pi D^4}{32}$

③ $\dfrac{\pi D^4}{16}$ ④ $\dfrac{\pi D^4}{8}$

■해설 $I_x = I_y$ (원형단면)

$I_P = I_x + I_y = 2I_x = 2\left(\dfrac{\pi D^4}{64}\right) = \dfrac{\pi D^4}{32}$

03. 그림과 같은 3힌지 아치에서 A점의 수평반력(H_A)은?

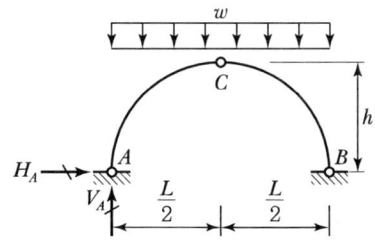

① $\dfrac{wL^2}{16h}$ ② $\dfrac{wL^2}{8h}$

③ $\dfrac{wL^2}{4h}$ ④ $\dfrac{wL^2}{2h}$

■해설 $\sum M_{\text{Ⓑ}} = 0(\curvearrowright \oplus)$

$V_A \times l - (w \times l) \times \dfrac{l}{2} = 0$

$V_A = \dfrac{wl}{2}(\uparrow)$

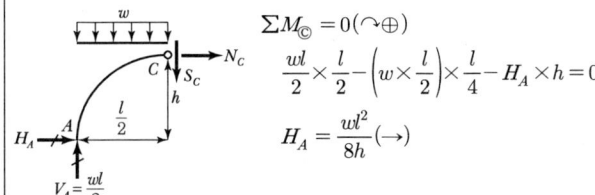

$\sum M_{\text{Ⓒ}} = 0(\curvearrowright \oplus)$

$\dfrac{wl}{2} \times \dfrac{l}{2} - \left(w \times \dfrac{l}{2}\right) \times \dfrac{l}{4} - H_A \times h = 0$

$H_A = \dfrac{wl^2}{8h}(\rightarrow)$

|해답| 1.① 2.② 3.②

04. 단면 2차 모멘트가 I, 길이가 L인 균일한 단면의 직선상(直線狀)의 기둥이 있다. 기둥의 양단이 고정되어 있을 때 오일러(Euler) 좌굴하중은? (단, 이 기둥의 탄성계수는 E이다.)

① $\dfrac{4\pi^2 EI}{L^2}$ ② $\dfrac{\pi^2 EI}{(0.7L)^2}$

③ $\dfrac{\pi^2 EI}{L^2}$ ④ $\dfrac{\pi^2 EI}{4L^2}$

■ 해설 $k=0.5$(양단고정인 경우)

$$P_{cr} = \dfrac{\pi^2 EI}{(kl)^2} = \dfrac{\pi^2 EI}{(0.5l)^2} = \dfrac{4\pi^2 EI}{l^2}$$

05. 그림과 같은 집중하중이 작용하는 캔틸레버 보에서 A점의 처짐은?(단, EI는 일정하다.)

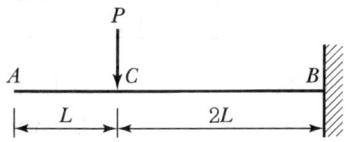

① $\dfrac{14PL^3}{3EI}$ ② $\dfrac{2PL^3}{EI}$

③ $\dfrac{8PL^3}{3EI}$ ④ $\dfrac{10PL^3}{3EI}$

■ 해설

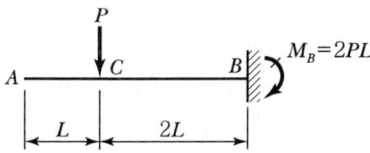

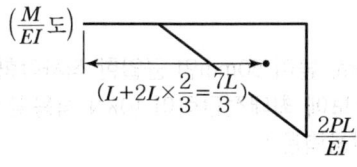

$y_A = \left(\dfrac{1}{2} \times \dfrac{2PL}{EI} \times 2L\right) \times \dfrac{7L}{3} = \dfrac{14PL^3}{3EI}$

06. 아래에서 설명하는 것은?

> 탄성체에 저장된 변형에너지 U를 변위의 함수로 나타내는 경우에, 임의의 변위 Δ_i에 관한 변형에너지 U의 1차 편도함수는 대응되는 하중 P_i와 같다. 즉, $P_i = \dfrac{\partial U}{\partial \Delta_i}$이다.

① Castigliano의 제1정리
② Castigliano의 제2정리
③ 가상일의 원리
④ 공액보법

■ 해설
1. Castigliano의 제1정리, $P_i = \dfrac{\partial U}{\partial \Delta_i}$
2. Castigliano의 제2정리, $\Delta_i = \dfrac{\partial U}{\partial P_i}$

07. 재료의 역학적 성질 중 탄성계수를 E, 전단탄성계수를 G, 푸아송 수를 m이라 할 때 각 성질의 상호관계식으로 옳은 것은?

① $G = \dfrac{E}{2(m-1)}$

② $G = \dfrac{E}{2(m+1)}$

③ $G = \dfrac{mE}{2(m-1)}$

④ $G = \dfrac{mE}{2(m+1)}$

■ 해설 $G = \dfrac{E}{2(1+\nu)} = \dfrac{E}{2\left(1+\dfrac{1}{m}\right)} = \dfrac{mE}{2(m+1)}$

08. 그림과 같은 단순보에서 C점의 휨모멘트는?

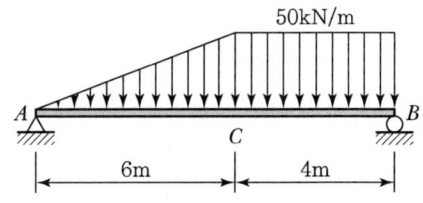

① 320kN·m   ② 420kN·m
③ 480kN·m   ④ 540kN·m

|해답| 4.① 5.① 6.① 7.④ 8.③

■해설 $\Sigma M_{\circledA} = 0(\curvearrowright \oplus)$

$\left(\frac{1}{2} \times 50 \times 6\right)\left(6 \times \frac{2}{3}\right) + (50 \times 4)\left(6 + \frac{4}{2}\right)$
$- R_B \times 10 = 0$
$R_B = 220 \text{kN}(\uparrow)$

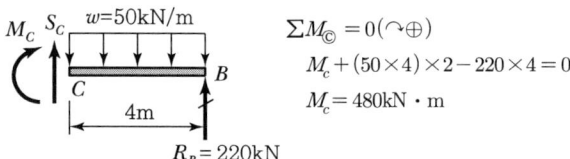

$\Sigma M_{\circledC} = 0(\curvearrowright \oplus)$
$M_C + (50 \times 4) \times 2 - 220 \times 4 = 0$
$M_C = 480 \text{kN} \cdot \text{m}$

09. 그림과 같이 2개의 집중하중이 단순보 위를 통과할 때 절대 최대 휨모멘트의 크기($M_{\max}$)와 발생위치(x)는?

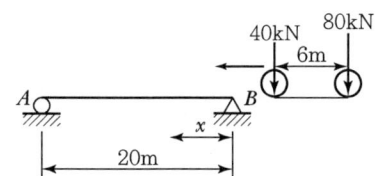

① $M_{\max} = 362 \text{kN} \cdot \text{m}$, $x = 8\text{m}$
② $M_{\max} = 382 \text{kN} \cdot \text{m}$, $x = 8\text{m}$
③ $M_{\max} = 486 \text{kN} \cdot \text{m}$, $x = 9\text{m}$
④ $M_{\max} = 506 \text{kN} \cdot \text{m}$, $x = 9\text{m}$

■해설

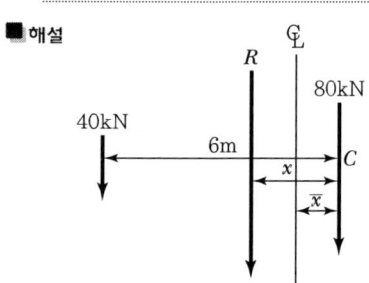

1. 이동하중군의 합력크기(R)
   $\Sigma F_y(\downarrow \oplus)$, $40 + 80 = R$
   $R = 120 \text{kN}$

2. 이동하중군의 합력위치(x)
   $\Sigma M_{\circledC}(\curvearrowright \oplus)$, $40 \times 6 = R \times x$
   $x = \frac{240}{R} = \frac{240}{120} = 2\text{m}$

3. 절대 최대 휨모멘트가 발생하는 위치($\bar{x}$)

$\bar{x} = \frac{x}{2} = \frac{2}{2} = 1\text{m}$

절대 최대 휨모멘트는 80kN이 보 중앙의 우측 1m 떨어진 곳(지점 B로부터 좌측 9m 떨어진 곳)에 배치될 때 80kN의 위치에서 발생한다.

4. 절대 최대 휨모멘트의 크기($M_{abs,\max}$)

$M_{abs,\max} = \frac{R}{l}\left(\frac{l-x}{2}\right)^2$
$= \frac{120}{20}\left(\frac{20-2}{2}\right)^2 = 486 \text{kN} \cdot \text{m}$

10. 그림과 같은 보에서 두 지점의 반력이 같게 되는 하중의 위치(x)는 얼마인가?

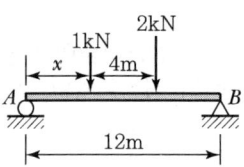

① 0.33m   ② 1.33m
③ 2.33m   ④ 3.33m

■해설 $R_A = R_B$

$\Sigma F_y = 0(\uparrow \oplus)$
$R_A + R_B - 1 - 2 = 0$
$(R_B) + R_B = 3$
$R_B = 1.5 \text{kN}$

$\Sigma M_{\circledA} = 0(\curvearrowright \oplus)$
$1 \cdot x + 2(x+4) - 1.5 \times 12 = 0$
$x = \frac{10}{3} = 3.33\text{m}$

11. 폭 20mm, 높이 50mm인 균일한 직사각형 단면의 단순보에 최대전단력이 10kN 작용할 때 최대 전단응력은?

① 6.7MPa   ② 10MPa
③ 13.3MPa   ④ 15MPa

■해설 $\tau_{\max} = \alpha \frac{S_{\max}}{A} = \frac{3}{2} \cdot \frac{S_{\max}}{bh}$
$= \frac{3}{2} \cdot \frac{(10 \times 10^3)}{20 \times 50} = 15 \text{MPa}$

12. 그림과 같은 부정정보에서 A점의 처짐각(θ_A)은?(단, 보의 휨강성은 EI이다.)

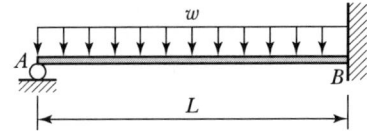

① $\dfrac{wL^3}{12EI}$

② $\dfrac{wL^3}{24EI}$

③ $\dfrac{wL^3}{36EI}$

④ $\dfrac{wL^3}{48EI}$

■해설 $M_{AB}=0, \ \theta_B=0$

$M_{AB}=M_{FAB}+\dfrac{2EI}{l}(2\theta_A+\theta_B)$

$0=-\dfrac{wl^2}{12}+\dfrac{2EI}{l}(2\theta_A+0)$

$\theta_A=-\dfrac{wl^3}{48EI}$

13. 길이가 같으나 지지조건이 다른 2개의 장주가 있다. 그림 (a)의 장주가 40kN에 견딜 수 있다면 그림 (b)의 장주가 견딜 수 있는 하중은?(단, 재질 및 단면은 동일하며 EI는 일정하다.)

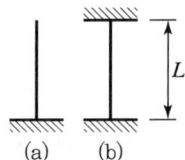

① 40kN ② 160kN
③ 320kN ④ 640kN

■해설 $P_{cr}=\dfrac{\pi^2 EI}{(kl)^2}=\dfrac{c}{k^2}$ ($c=\dfrac{\pi^2 EI}{L^2}$ 라고 가정)

$P_{cr(a)}:P_{cr(b)}=\dfrac{c}{2^2}:\dfrac{c}{0.5^2}=1:16$

$P_{cr(b)}=16P_{cr(a)}=16\times 40=640\text{kN}$

14. 그림에 표시한 것과 같은 단면의 변화가 있는 AB 부재의 강성도(stiffness factor)는?

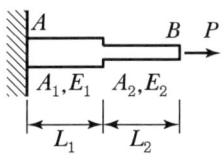

① $\dfrac{PL_1}{A_1E_1}+\dfrac{PL_2}{A_2E_2}$

② $\dfrac{A_1E_1}{PL_1}+\dfrac{A_2E_2}{PL_2}$

③ $\dfrac{A_1E_1}{L_1}+\dfrac{A_2E_2}{L_2}$

④ $\dfrac{A_1A_2E_1E_2}{L_1(A_2E_2)+L_2(A_1E_1)}$

■해설

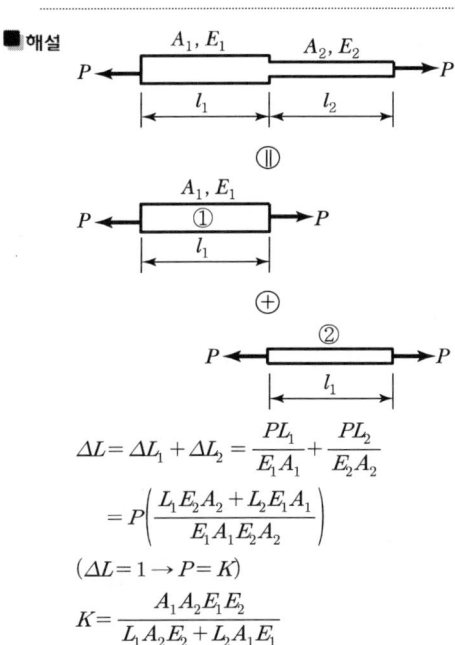

$\Delta L=\Delta L_1+\Delta L_2=\dfrac{PL_1}{E_1A_1}+\dfrac{PL_2}{E_2A_2}$

$=P\left(\dfrac{L_1E_2A_2+L_2E_1A_1}{E_1A_1E_2A_2}\right)$

$(\Delta L=1 \rightarrow P=K)$

$K=\dfrac{A_1A_2E_1E_2}{L_1A_2E_2+L_2A_1E_1}$

|해답| 12.④ 13.④ 14.④

15. 그림과 같이 밀도가 균일하고 무게가 W인 구(球)가 마찰이 없는 두 벽면 사이에 놓여 있을 때 반력 R_A의 크기는?

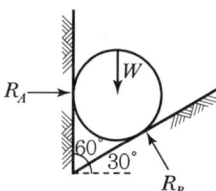

① 0.500 W ② 0.577 W
③ 0.707 W ④ 0.866 W

■해설 $\Sigma F_y = 0 (\uparrow \oplus)$
$-W + R_B \cdot \cos 30° = 0$
$R_B = \dfrac{W}{\cos 30°}$

$\Sigma F_x = 0 (\rightarrow \oplus)$
$R_A - R_B \cdot \sin 30° = 0$
$R_A = \dfrac{W}{\cos 30°} \cdot \sin 30°$
$= \tan 30° \cdot W = \dfrac{W}{\sqrt{3}} = 0.577 W$

16. 그림과 같은 단순보의 최대전단응력($\tau_{\max}$)을 구하면?(단, 보의 단면은 지름이 D인 원이다.)

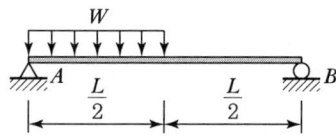

① $\dfrac{9WL}{4\pi D^2}$ ② $\dfrac{3WL}{2\pi D^2}$
③ $\dfrac{2WL}{\pi D^2}$ ④ $\dfrac{WL}{2\pi D^2}$

■해설 단순보에서 최대 전단력이 발생하는 위치는 지점이다.
$\Sigma M_{\text{Ⓑ}} = 0 (\curvearrowright \oplus)$
$R_A \times L - \left(W \times \dfrac{L}{2}\right) \times \dfrac{3L}{4} = 0$
$R_A = \dfrac{3WL}{8}(\uparrow)$

$\Sigma F_y = 0 (\uparrow \oplus)$
$R_A + R_B - \left(W \times \dfrac{L}{2}\right) = 0$
$R_B = \dfrac{WL}{2} - R_A = \dfrac{WL}{2} - \dfrac{3WL}{8} = \dfrac{WL}{8}(\uparrow)$

$S_{\max} = R_A = \dfrac{3WL}{8}$

$\tau_{\max} = \alpha \dfrac{S_{\max}}{A} = \dfrac{4}{3} \cdot \dfrac{\left(\dfrac{3WL}{8}\right)}{\left(\dfrac{\pi D^2}{4}\right)} = \dfrac{2WL}{\pi D^2}$

17. 아래 그림에서 $A-A$축과 $B-B$축에 대한 음영부분의 단면 2차 모멘트가 각각 $8 \times 10^8 \text{mm}^4$, $16 \times 10^8 \text{mm}^4$일 때 음영 부분의 면적은?

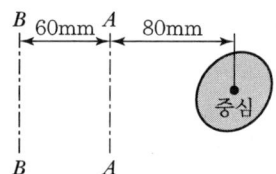

① $8.00 \times 10^4 \text{mm}^2$ ② $7.52 \times 10^4 \text{mm}^2$
③ $6.06 \times 10^4 \text{mm}^2$ ④ $5.73 \times 10^4 \text{mm}^2$

■해설 $I_A = I_o + A \cdot y_A^2$
$I_o = I_A - A \cdot y_A^2 = (8 \times 10^8) - A \cdot 80^2$

$I_B = I_o + A y_B^2$
$(16 \times 10^8) = \{(8 \times 10^8) - 80^2 \cdot A\} + A(140)^2$
$(140^2 - 80^2) A = (16 - 8) \times 10^8$
$A = 6.06 \times 10^4 \text{mm}^2$

18. 그림과 같은 연속보에서 B점의 지점 반력을 구한 값은?

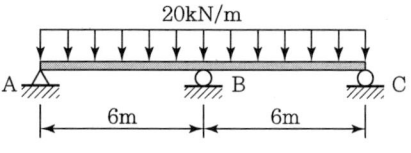

① 100kN   ② 150kN
③ 200kN   ④ 250kN

■해설 $R_B = \dfrac{5wl}{4} = \dfrac{5 \times 20 \times 6}{4} = 150 \text{kN}(\uparrow)$

19. 그림과 같은 캔틸레버 보에서 B점의 처짐각은? (단, EI는 일정하다.)

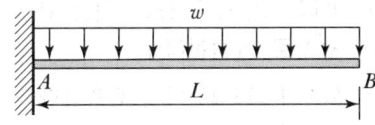

① $\dfrac{wL^3}{3EI}$ ② $\dfrac{wL^3}{6EI}$

③ $\dfrac{wL^3}{8EI}$ ④ $\dfrac{2wL^3}{3EI}$

■해설 $\theta_B = \dfrac{wl^3}{6EI}$

20. 그림과 같은 트러스에서 L_1U_1부재의 부재력은?

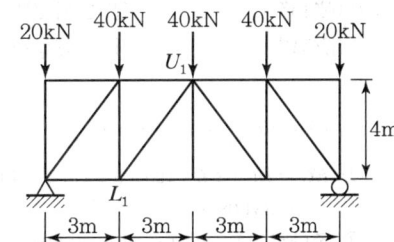

① 22kN(인장) ② 25kN(인장)
③ 22kN(압축) ④ 25kN(압축)

■해설 $R = \dfrac{1}{2}(20+40+40+40+20) = 80\text{kN}(\uparrow)$

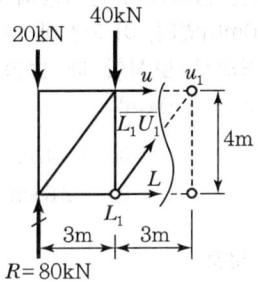

$\sum F_y = 0 (\uparrow \oplus)$

$80 - 20 - 40 + \overline{L_1U_1} \times \dfrac{4}{5} = 0$

$\overline{L_1U_1} = -25\text{kN}(압축)$

제2과목 **측량학**

21. 수로조사에서 간출지의 높이와 수심의 기준이 되는 것은?
① 약최고고저면 ② 평균중등수위면
③ 수애면 ④ 약최저저조면

■해설 ① 평균최고수위 : 치수목적, 제방, 교량, 배수 등
② 평균최저수위 : 이수목적, 주운, 수력발전, 관개 등

22. 그림과 같이 각 격자의 크기가 10m×10m로 동일한 지역의 전체 토량은?

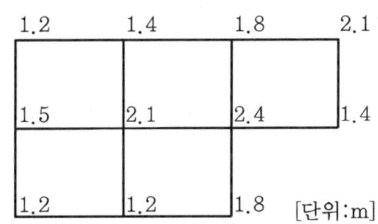

① 877.5m³ ② 893.6m³
③ 913.7m³ ④ 926.1m³

■해설 ① $V = \dfrac{A}{4}(\sum h_1 + 2\sum h_2 + 3\sum h_3 + 4\sum h_4)$

② $\sum h_1 = 1.2+2.1+1.4+1.8+1.2 = 7.7$
$\sum h_2 = 1.4+1.8+1.2+1.5 = 5.9$
$\sum h_3 = 2.4$
$\sum h_4 = 2.1$

③ $V = \dfrac{10 \times 10}{4}(7.7 + 2 \times 5.9 + 3 \times 2.4 + 4 \times 2.1)$
$= 877.5\text{m}^3$

23. 동일 구간에 대해 3개의 관측군으로 나누어 거리관측을 실시한 결과가 표와 같을 때, 이 구간의 최확값은?

관측군	관측값(m)	관측횟수
1	50.362	5
2	50.348	2
3	50.359	3

① 50.354m ② 50.356m
③ 50.358m ④ 50.362m

|해답| 19.② 20.④ 21.④ 22.① 23.③

■해설 ① 경중률(P)은 횟수(n)에 비례
$P_1 : P_2 : P_3 = 5 : 2 : 3$

② 최확치(L_0) = $\dfrac{P_1L_1 + P_2L_2 + P_3L_3}{P_1 + P_2 + P_3}$

$= 50 + \dfrac{5 \times 0.362 + 2 \times 0.348 + 3 \times 0.359}{5 + 2 + 3}$

$= 50.358\text{m}$

24. 클로소이드 곡선(Clothoid Curve)에 대한 설명으로 옳지 않은 것은?

① 고속도로에 널리 이용된다.
② 곡률이 곡선의 길이에 비례한다.
③ 완화곡선의 일종이다.
④ 클로소이드 요소는 모두 단위를 갖지 않는다.

■해설 모든 클로소이드는 닮은꼴이며, 클로소이드 요소는 길이의 단위를 가진 것과 없는 것이 있다.

25. 표척이 앞으로 3° 기울어져 있는 표척의 읽음값이 3.645m이었다면 높이의 보정량은?

① 5mm   ② −5mm
③ 10mm   ④ −10mm

■해설 • 실제표척값 = 3.645×cos3° = 3.640m
• 보정량 = −5mm

26. 최근 GNSS 측량의 의사거리 결정에 영향을 주는 오차와 거리가 먼 것은?

① 위성의 궤도오차
② 위성의 시계오차
③ 위성의 기하학적 위치에 따른 오차
④ SA(Selective Availability) 오차

■해설 오차의 요인
① 위성 관련 오차 : 궤도 편의, 위성시계의 편의
② 신호전달 관련 오차 : 전리층 편의, 대류권지연, 주파수오차
③ 수신기 관련 오차 : 수신기시계의 편의, 주파수오차
④ 위성 배치상태 관련 편의

27. 평탄한 지역에서 9개 측선으로 구성된 다각측량에서 2′의 각관측 오차가 발생하였다면 오차의 처리 방법으로 옳은 것은?(단, 허용오차는 $60''\sqrt{N}$로 가정한다.)

① 오차가 크므로 다시 관측한다.
② 측선의 거리에 비례하여 배분한다.
③ 관측각의 크기에 역비례하여 배분한다.
④ 관측각에 같은 크기로 배분한다.

■해설 ① 허용오차 : $60''\sqrt{N} = 60''\sqrt{9} = 180'' = 3'$
② 측각오차(2′) < 허용오차(3′)이므로 등배분한다.

28. 도로의 단곡선 설치에서 교각이 60°, 반지름이 150m이며, 곡선시점이 No.8+17m(20m×8+17m)일 때 종단현에 대한 편각은?

① 0°02′45″   ② 2°41′21″
③ 2°57′54″   ④ 3°15′23″

■해설 ① $CL = RI\dfrac{\pi}{180} = 150 \times 60° \times \dfrac{\pi}{180°} = 157.08\text{m}$

② $EC = BC + CL = (20 \times 8 + 17) + 157.08 = 334.08\text{m}$

③ 종단현(l_2) = 334.08 − 320 = 14.08m

④ $\delta_2 = \dfrac{l_2}{R} \times \dfrac{90°}{\pi} = \dfrac{14.08}{150} \times \dfrac{90°}{\pi} = 2°41′21″$

29. 표고가 300m인 평지에서 삼각망의 기선을 측정한 결과 600m이었다. 이 기선에 대하여 평균해수면상의 거리로 보정할 때 보정량은?(단, 지구반지름 $R = 6{,}370$km)

① +2.83cm   ② +2.42cm
③ −2.42cm   ④ −2.83cm

■해설 평균해면상 보정
$C = -\dfrac{LH}{R} = -\dfrac{600 \times 300}{6{,}370 \times 1{,}000} = -0.02825\text{m}$
$= -2.83\text{cm}$

30. 수치지형도(Digital Map)에 대한 설명으로 틀린 것은?

① 우리나라는 축척 1 : 5,000 수치지형도를 국토기본도로 한다.
② 주로 필지정보와 표고자료, 수계정보 등을 얻을 수 있다.
③ 일반적으로 항공사진측량에 의해 구축된다.
④ 축척별 포함 사항이 다르다.

■해설 수치지형도는 측량결과에 따라 지표면상의 위치와 지형 및 지명 등의 공간정보를 일정한 축척에 따라 기호나 문자, 속성 등으로 표시하여, 정보시스템에서 분석, 편집, 입·출력할 수 있도록 제작된 것을 말한다.

31. 등고선의 성질에 대한 설명으로 옳지 않은 것은?

① 등고선은 분수선(능선)과 평행하다.
② 등고선은 도면 내·외에서 폐합하는 폐곡선이.
③ 지도의 도면 내에서 등고선이 폐합하는 경우에 등고선의 내부에는 산꼭대기 또는 분지가 있다.
④ 절벽에서 등고선은 서로 만날 수 있다.

■해설 등고선은 능선, 계곡선과 직교한다.

32. 트래버스 측량의 작업순서로 알맞은 것은?

① 선점 - 계획 - 답사 - 조표 - 관측
② 계획 - 답사 - 선점 - 조표 - 관측
③ 답사 - 계획 - 조표 - 선점 - 관측
④ 조표 - 답사 - 계획 - 선점 - 관측

■해설 트래버스 측량순서
계획 → 답사 → 선점 → 조표 → 거리관측 → 각관측 → 거리와 각관측 정도의 평균 → 계산

33. 지오이드(Geoid)에 대한 설명으로 옳지 않은 것은?

① 평균해수면을 육지까지 연장시켜 지구 전체를 둘러싼 곡면이다.
② 지오이드면은 등포텐셜면으로 중력방향은 이 면에 수직이다.
③ 지표 위 모든 점의 위치를 결정하기 위해 수학적으로 정의된 타원체이다.
④ 실제로 지오이드면은 굴곡이 심하므로 측지측량의 기준으로 채택하기 어렵다.

■해설 지오이드면은 불규칙한 곡면으로 준거타원체와 거의 일치한다.

34. 장애물로 인하여 접근하기 어려운 2점 P, Q를 간접거리 측량한 결과가 그림과 같다. $\overline{AB}$의 거리가 216.90m일 때 $\overline{PQ}$의 거리는?

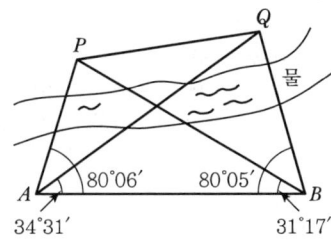

① 120.96m ② 142.29m
③ 173.39m ④ 194.22m

■해설
- $\angle APB = 68°37'$

  $\dfrac{\overline{AP}}{\sin 31°17'} = \dfrac{216.90}{\sin 68°37'}$

- $\overline{AP} = \dfrac{\sin 31°17'}{\sin 68°37'} \times 216.9 = 120.96\text{m}$

- $\angle AQB = 65°24'$

  $\dfrac{\overline{AQ}}{\sin 80°05'} = \dfrac{216.90}{\sin 65°24'}$

- $\overline{AQ} = \dfrac{\sin 80°05'}{\sin 65°24'} \times 216.9 = 234.99\text{m}$

- $\overline{PQ}$
  $= \sqrt{(\overline{AP})^2 + (\overline{AQ})^2 - 2 \cdot \overline{AP} \cdot \overline{AQ} \cdot \cos \angle PAQ}$
  $= \sqrt{120.96^2 + 234.99^2 - 2 \times 120.96 \times 234.99}$
  $\quad \times \cos 45°35'$
  $= 173.39\text{m}$

35. 수준측량야장에서 측점 3의 지반고는?

[단위 : m]

측점	후시	전시 T.P	전시 I.P	지반고
1	0.95			10.00
2			1.03	
3	0.90	0.36		
4			0.96	
5		1.05		

① 10.59m ② 10.46m
③ 9.92m   ④ 9.56m

■해설
- 측점 1 지반고 = 10m
- 측점 2 지반고 = 10.95 − 1.03 = 9.92m
- 측점 3 지반고 = 10.95 − 0.36 = 10.59m

36. 다각측량의 특징에 대한 설명으로 옳지 않은 것은?

① 삼각점으로부터 좁은 지역의 세부측량 기준점을 측설하는 경우에 편리하다.
② 삼각측량에 비해 복잡한 시가지나 지형의 기복이 심한 지역에는 알맞지 않다.
③ 하천이나 도로 또는 수로 등의 좁고 긴 지역의 측량에 편리하다.
④ 다각측량의 종류에는 개방, 폐합, 결합형 등이 있다.

■해설 다각측량
산림지대・시가지 등 삼각측량이 불리한 지점의 기준점 설치

37. 항공사진측량에서 사진상에 나타난 두 점 A, B의 거리를 측정하였더니 208mm이었으며, 지상좌표는 아래와 같았다면 사진축척(S)은?
(단, X_A = 205,346.39m, Y_A = 10,793.16m, X_B = 205,100.11m, Y_B = 11,587.87m)

① S = 1 : 3,000   ② S = 1 : 4,000
③ S = 1 : 5,000   ④ S = 1 : 6,000

■해설
① $\overline{AB}$거리 $= \sqrt{(X_B-X_A)^2+(Y_B-Y_A)^2}$
$= \sqrt{(205,110.11-205,346.39)^2 + (11,587.87-10,793.16)^2}$
$= 831.996m$

② 축척과 거리 관계
$\dfrac{1}{m} = \dfrac{도상거리}{실제거리} = \dfrac{0.208}{831.996} = \dfrac{1}{4,000}$

38. 그림과 같은 수준망에서 높이차의 정확도가 가장 낮은 것으로 추정되는 노선은?(단, 수준환의 거리 Ⅰ=4km, Ⅱ=3km, Ⅲ=2.4km, Ⅳ(㉯㉰㉱)=6km)

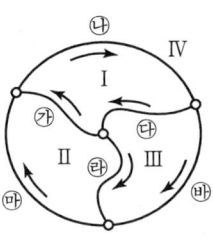

노선	높이차(m)
㉮	+3.600
㉯	+1.385
㉰	−5.023
㉱	+1.105
㉲	+2.523
㉳	−3.912

① ㉮   ② ㉯
③ ㉰   ④ ㉱

■해설
① Ⅰ노선 = 3.6 + 1.385 − 5.023 = −0.037m
Ⅱ노선 = 1.105 + 2.523 − 3.6 = +0.028m
Ⅲ노선 = −5.023 + 1.105 − (−3.912)
= −0.006m

② 1km당 오차 $= \dfrac{0.037}{\sqrt{4}} : \dfrac{0.028}{\sqrt{3}} : \dfrac{0.006}{\sqrt{2.4}}$
= 0.0185 : 1.016 : 0.004

결과를 볼 때 Ⅰ노선과 Ⅱ노선의 성과가 나쁘므로 두 노선에 포함된 ㉮를 재측한다.

39. 도로의 곡선부에서 확폭량(Slack)을 구하는 식으로 옳은 것은?(단, L : 차량 앞면에서 차량의 뒤축까지의 거리, R = 차선 중심선의 반지름)

① $\dfrac{L}{2R^2}$ ② $\dfrac{L^2}{2R^2}$
③ $\dfrac{L^2}{2R}$ ④ $\dfrac{L}{2R}$

■해설 확폭$(\varepsilon) = \dfrac{L^2}{2R}$

40. 표준길이에 비하여 2cm 늘어난 50m 줄자로 사각형 토지의 길이를 측정하여 면적을 구하였을 때, 그 면적이 88m²이었다면 토지의 실제면적은?

① 87.30m² ② 87.93m²
③ 88.07m² ④ 88.71m²

■해설 ① 축척과 거리, 면적의 관계
$$\dfrac{1}{m} = \dfrac{\text{도상거리}}{\text{실제거리}}, \left(\dfrac{1}{m}\right)^2 = \dfrac{\text{도상 면적}}{\text{실제 면적}}$$

② 실제면적$(A_0) = \left(\dfrac{L + \Delta L}{L}\right)^2 \times A$
$= \left(\dfrac{50.02}{50}\right)^2 \times 88 = 88.07\text{m}^2$

제3과목 **수리수문학**

41. 지름 1m의 원통 수조에서 지름 2cm의 관으로 물이 유출되고 있다. 관 내의 유속이 2.0m/s일 때, 수조의 수면이 저하되는 속도는?

① 0.3cm/s ② 0.4cm/s
③ 0.06cm/s ④ 0.08cm/s

■해설 연속방정식
 ㉠ 연속방정식
  $Q = A_1 V_1 = A_2 V_2$
 ㉡ 유속의 산정
  $V_1 = \dfrac{A_2}{A_1} V_2 = \dfrac{2^2}{100^2} \times 200 = 0.08\text{cm/sec}$

42. 유체의 흐름에 관한 설명으로 옳지 않은 것은?
① 유체의 입자가 흐르는 경로를 유적선이라 한다.
② 부정류(不定流)에서는 유선이 시간에 따라 변화한다.
③ 정상류(定常流)에서는 하나의 유선이 다른 유선과 교차하게 된다.

④ 점성이나 압축성을 완전히 무시하고 밀도가 일정한 이상적인 유체를 완전유체라 한다.

■해설 유체흐름 일반
 ㉠ 유체입자가 움직이는 운동경로를 유적선이라고 한다.
 ㉡ 유선이 시간에 따라 변하지 않는 흐름을 정류, 변하는 흐름을 부정류라고 한다.
 ㉢ 정상류에서는 유선과 유적선이 일치하며, 하나의 유선과 다른 유선은 교차하지 않는다.
 ㉣ 비점성, 비압축성인 유체를 이상유체(완전유체)라고 한다.

43. 오리피스의 지름이 2cm, 수축단면(Vena Cont-racta)의 지름이 1.6cm라면, 유속계수가 0.9일 때 유량계수는?

① 0.49 ② 0.58
③ 0.62 ④ 0.72

■해설 오리피스의 계수
 ㉠ 유속계수(C_v) : 실제유속과 이론유속의 차를 보정해 주는 계수로, 실제유속과 이론유속의 비로 나타낸다.
  C_v =실제유속/이론유속≒0.97~0.99
 ㉡ 수축계수(C_a) : 수축단면적과 오리피스단면적의 차를 보정해 주는 계수로 수축단면적과 오리피스단면적의 비로 나타낸다.
  • C_a =수축단면의 단면적/오리피스의 단면적 ≒0.64
  • $C_a = \dfrac{A_0}{A} = \dfrac{1.6^2}{2^2} = 0.64$
 ㉢ 유량계수(C) : 실제유량과 이론유량의 차를 보정해 주는 계수로 실제유량과 이론유량의 비로 나타낸다.
  C=실제유량/이론유량
   $= C_a \times C_v = 0.64 \times 0.9 = 0.58$

44. 유역면적이 4km²이고 유출계수가 0.8인 산지하천에서 강우강도가 80mm/h이다. 합리식을 이용한 유역출구에서의 첨두홍수량은?

① 35.5m³/s ② 71.1m³/s
③ 128m³/s   ④ 256m³/s

|해답| 40.③ 41.④ 42.③ 43.② 44.②

■해설 우수유출량의 산정
㉠ 합리식
$$Q = \frac{1}{3.6}CIA$$
여기서, Q : 우수량(m³/sec)
C : 유출계수(무차원)
I : 강우강도(mm/hr)
A : 유역면적(km²)
㉡ 합리식에 의한 우수유출량의 산정
$$Q = \frac{1}{3.6}CIA = \frac{1}{3.6} \times 0.8 \times 80 \times 4 = 71.1 \text{m}^3/\text{s}$$

45. 유역의 평균강우량 산정방법이 아닌 것은?

① 등우선법
② 기하평균법
③ 산술평균법
④ Thiessen의 가중법

■해설 유역의 평균우량 산정법
유역의 평균우량 산정법은 다음과 같다.

종류	적용
산술평균법	우량계 균등분포된 유역면적 500km² 이내에 적용 $P_m = \frac{1}{N}\sum_{i=1}^{N} P_i$
Thiessen법	우량계 불균등분포된 유역면적 500~5,000km² 이내에 적용 $P_m = \dfrac{\sum_{i=1}^{N} A_i P_i}{\sum_{i=1}^{N} A_i}$
등우선법	산악의 영향이 고려되고, 유역면적 5,000km² 이상인 곳에 적용 $P_m = \dfrac{\sum_{i=1}^{N} A_i P_i}{\sum_{i=1}^{N} A_i}$

∴ 유역의 평균강우량 산정방법이 아닌 것은 기하평균법이다.

46. 강우강도(I), 지속시간(D), 생기빈도(F) 관계를 표현하는 식 $I = \dfrac{kT^x}{t^n}$에 대한 설명으로 틀린 것은?

① k, x, n은 지역에 따라 다른 값을 가지는 상수이다.
② T는 강우의 생기빈도를 나타내는 연수(年數)로서 재현기간(년)을 의미한다.
③ t는 강우의 지속시간(min)으로서, 강우지속시간이 길수록 강우강도(I)는 커진다.
④ I는 단위시간에 내리는 강우량(mm/h)인 강우강도이며, 각종 수문학적 해석 및 설계에 필요하다.

■해설 강우자료의 해석
㉠ 강우강도-지속시간-생기빈도관계
$$I = \frac{kT^x}{t^n}$$
여기서, I : 강우강도(mm/hr)
T : 생기빈도
t : 강우지속시간(min)
k, x, n : 지역에 따라 결정되는 상수
㉡ 해석
· k, x, n : 지역에 따라 결정되는 상수이다.
· T는 강우의 생기빈도를 나타내는 연수로 재현기간(년)을 의미한다.
· t는 강우지속시간(min)으로 강우강도와 지속시간의 관계는 반비례이다.
· I는 강우강도(mm/hr)로 각종 수문학적 해석 및 설계에 필요한 인자이다.

47. 항력(Drag Force)에 관한 설명으로 틀린 것은?

① 항력 $D = C_D A \dfrac{\rho V^2}{2}$으로 표현되며, 항력계수 C_D는 Froude의 함수이다.
② 형상항력은 물체의 형상에 의한 후류(Wake)로 인해 압력이 저하하여 발생하는 압력저항이다.
③ 마찰항력은 유체가 물체 표면을 흐를 때 점성과 난류에 의해 물체 표면에 발생하는 마찰저항이다.
④ 조파항력은 물체가 수면에 떠 있거나 물체의 일부분이 수면 위에 있을 때에 발생하는 유체저항이다.

|해답| 45.② 46.③ 47.①

■해설 항력(Drag Force)
흐르는 유체 속에 물체가 잠겨 있을 때 유체에 의해 물체가 받는 힘을 항력(Drag Force)이라 한다.
$$D = C_D \cdot A \cdot \frac{\rho V^2}{2}$$
여기서, C_D : 항력계수($C_D = \frac{24}{R_e}$)
A : 투영면적
$\frac{\rho V^2}{2}$: 동압력
∴ 항력계수 C_D는 Reynolds의 함수이다.

48. 단위유량도(Unit Hydrograph)를 작성함에 있어서 주요 기본가정(또는 원리)으로만 짝지어진 것은?
① 비례가정, 중첩가정, 직접유출의 가정
② 비례가정, 중첩가정, 일정기저시간의 가정
③ 일정기저시간의 가정, 직접유출의 가정, 비례가정
④ 직접유출의 가정, 일정기저시간의 가정, 중첩가정

■해설 단위유량도
㉠ 단위도의 정의
특정단위시간 동안 균등한 강우강도로 유역 전반에 걸쳐 균등한 분포로 내리는 단위유효우량으로 인하여 발생하는 직접유출 수문곡선
㉡ 단위도의 구성요소
• 직접유출량
• 유효우량 지속시간
• 유역면적
㉢ 단위도의 3가정
• 일정기저시간가정
• 비례가정
• 중첩가정

49. 레이놀즈(Reynolds)수에 대한 설명으로 옳은 것은?
① 관성력에 대한 중력의 상대적인 크기
② 압력에 대한 탄성력의 상대적인 크기
③ 중력에 대한 점성력의 상대적인 크기
④ 관성력에 대한 점성력의 상대적인 크기

■해설 흐름의 상태
㉠ 층류와 난류의 구분
$$R_e = \frac{VD}{\nu}$$
여기서, V : 유속
D : 관의 직경
ν : 동점성계수
• $R_e < 2,000$: 층류
• $2,000 < R_e < 4,000$: 천이영역
• $R_e > 4,000$: 난류
㉡ 레이놀즈수가 갖는 물리적 의미
관수로 흐름에서 관성력과 점성의 비가 흐름의 상태를 결정한다.

50. 지름 $D=4$cm, 조도계수 $n=0.01$m$^{-1/3}\cdot$s인 원형관의 Chezy 유속계수 C는?
① 10 ② 50
③ 100 ④ 150

■해설 Chezy식과 Manning식의 관계
㉠ Chezy식과 Manning식의 관계는 다음과 같다.
$$C\sqrt{RI} = \frac{1}{n}R^{\frac{2}{3}}I^{\frac{1}{2}}$$
$$\rightarrow C\sqrt{RI} = \frac{1}{n}R^{\frac{1}{6}}R^{\frac{1}{2}}I^{\frac{1}{2}}$$
$$\therefore C = \frac{1}{n}R^{\frac{1}{6}}$$
㉡ C의 산정
$$C = \frac{1}{n}R^{\frac{1}{6}} = \frac{1}{0.01} \times \left(\frac{0.04}{4}\right)^{\frac{1}{6}} = 46.42$$

51. 폭이 1m인 직사각형 수로에서 0.5m³/s의 유량이 80cm의 수심으로 흐르는 경우, 이 흐름을 가장 잘 나타낸 것은?(단, 동점성계수는 0.012cm²/s, 한계수심은 29.5cm이다.)
① 층류이며 상류 ② 층류이며 사류
③ 난류이며 상류 ④ 난류이며 사류

■해설 흐름의 상태
㉠ 층류와 난류
$$R_e = \frac{VD}{\nu}$$
여기서, V : 유속
D : 관의 직경
ν : 동점성계수
• $R_e < 2,000$: 층류
• $2,000 < R_e < 4,000$: 천이영역
• $R_e > 4,000$: 난류

|해답| 48.② 49.④ 50.② 51.③

ⓒ 상류(常流)와 사류(射流)
- $F_r = \dfrac{V}{C} = \dfrac{V}{\sqrt{gh}}$

  여기서, V : 유속

  C : 파의 전달속도
- $F_r < 1$: 상류(常流)
- $F_r > 1$: 사류(射流)
- $F_r = 1$: 한계류

ⓒ 층류와 난류의 계산
- 속도

  $V = \dfrac{Q}{A} = \dfrac{0.5}{1 \times 0.8} = 0.625 \text{m/s} = 62.5 \text{cm/s}$
- 직사각형 단면 경심의 산정

  $R = \dfrac{A}{P} = \dfrac{100 \times 80}{100 + 2 \times 80} = 30.8 \text{cm}$
- 원형관의 경심

  $R = \dfrac{D}{4}$ ∴ $D = 4R = 4 \times 30.8 = 123.2 \text{cm}$
- 직사각형 단면의 Reynolds Number

  $R_e = \dfrac{V \times 4R}{\nu} = \dfrac{62.5 \times 123.2}{0.012} = 641,667$

  ∴ 난류

ⓔ 상류(常流)와 사류(射流)의 계산

  $F_r = \dfrac{V}{\sqrt{gh}} = \dfrac{0.625}{\sqrt{9.8 \times 0.8}} = 0.22$

  ∴ 상류(常流)

52. 빙산의 비중이 0.92이고 바닷물의 비중은 1.025일 때 빙산이 바닷물 속에 잠겨 있는 부분의 부피는 수면 위에 나와 있는 부분의 약 몇 배인가?

① 0.8배 ② 4.8배
③ 8.8배 ④ 10.8배

■해설 부체의 평형조건
ⓐ 부체의 평형조건
- W(무게) $= B$(부력)
- $w \cdot V = w_w \cdot V'$

  여기서, w : 물체의 단위중량

  V : 부체의 체적

  w_w : 물의 단위중량

  V' : 물에 잠긴 만큼의 체적

ⓑ 물속에 잠긴 빙산의 부피
- 물 위로 나온 빙산의 부피를 a라 하고 부체의 평형조건을 적용하면
- $0.92V = 1.025(V - a)$

  ∴ $a = 0.10V$

  ∴ 물속에 잠긴 빙산의 부피는 $V - 0.1V = 0.9V$

  ∴ $\dfrac{0.1}{0.9} = 0.11$

  ∴ 잠긴 부분의 부피가 수면 위에 나와 있는 부분의 약 8.8배이다.

53. 수온에 따른 지하수의 유속에 대한 설명으로 옳은 것은?

① 4℃에서 가장 크다.
② 수온이 높으면 크다.
③ 수온이 낮으면 크다.
④ 수온에는 관계없이 일정하다.

■해설 Darcy의 법칙
ⓐ Darcy의 법칙

  $V = K \cdot I = K \cdot \dfrac{h_L}{L}$,

  $Q = A \cdot V = A \cdot K \cdot I = A \cdot K \cdot \dfrac{h_L}{L}$ 로 구할 수 있다.

ⓑ 특징
- Darcy의 법칙은 지하수의 층류흐름에 대한 마찰저항공식이다.
- 투수계수는 물의 점성계수와 토사의 공극률에 따라서도 변화한다.

  $K = D_s^2 \dfrac{\rho g}{\mu} \dfrac{e^3}{1+e} C$

  여기서, μ : 점성계수, e : 공극률

  ∴ 수온이 높으면 점성계수의 값이 적어지고, 투수계수의 값이 커지므로 유속은 증가한다.

54. 유체 속에 잠긴 곡면에 작용하는 수평분력은?

① 곡면에 의해 배제된 액체의 무게와 같다.
② 곡면의 중심에서의 압력과 면적의 곱과 같다.
③ 곡면의 연직상방에 실려 있는 액체의 무게와 같다.
④ 곡면을 연직면상에 투영하였을 때 생기는 투영면적에 작용하는 힘과 같다.

|해답| 52.③ 53.② 54.④

■해설 곡면에 작용하는 압력
ⓐ 곡면이 받는 연직분력은 수직상방에 실려 있는 물의 무게와 같다.
$P_v = W$(물의 무게)
ⓑ 부력의 크기는 부체에 의해 배제된 물의 무게와 같다.
ⓒ 수면과 연직인 면이 받는 압력은 무게중심에서의 압력과 면적의 곱으로 구한다.
$P = wh_G A$
ⓓ 곡면이 받는 수평분력은 곡면의 연직투영면상에 작용하는 압력과 같다.
$P_H = wh_G A$(투영면적)

55. 지하수(地下水)에 대한 설명으로 옳지 않은 것은?
① 자유지하수를 양수(揚水)하는 우물을 굴착정(Artesian Well)이라 부른다.
② 불투수층(不透水層) 상부에 있는 지하수를 자유 지하수(自由地下水)라 한다.
③ 불투수층과 불투수층 사이에 있는 지하수를 피압지하수(被壓地下水)라 한다.
④ 흙 입자 사이에 충만되어 있으며 중력의 작용으로 운동하는 물을 지하수라 부른다.

■해설 지하수
ⓐ 지하수는 크게 자유면지하수와 피압면지하수로 나뉜다.
ⓑ 자유면지하수는 대수층 위를 흐르면서 지하수와 공기가 접해 있는 지하수면을 가지는 지하수를 말한다.
ⓒ 피압면지하수는 두 개의 불투수층 사이에 끼어 있어 대기압보다 큰 압력을 받고 있는 대수층의 지하수를 말한다.
ⓓ 자유면지하수를 양수하는 우물은 심정호, 천정호가 있고, 피압면지하수를 양수하는 우물을 굴착정이라고 한다.

56. 월류수심이 40cm인 전폭위어의 유량을 Francis 공식에 의해 구한 결과 0.40m³/s였다. 이때 위어 폭의 측정에 2cm의 오차가 발생했다면 유량의 오차는 몇 %인가?

① 1.16% ② 1.50%
③ 2.00% ④ 2.33%

■해설 위어의 유량오차
ⓐ 위어 폭의 계산
$Q = 1.84bh^{\frac{3}{2}} \Rightarrow 0.4 = 1.84 \times b \times 0.4^{\frac{3}{2}}$
∴ $b = 0.86m$
ⓑ 직사각형 위어의 유량오차와 폭오차와의 관계
$\frac{dQ}{Q} = \frac{db}{b} = \frac{0.02}{0.86} = 0.0233 = 2.33\%$

57. 폭 9m의 직사각형 수로에 16.2m³/s의 유량이 92cm의 수심으로 흐르고 있다. 장파의 전파속도 C와 비에너지 E는?(단, 에너지 보정계수 $\alpha = 1.0$)

① $C = 2.0$m/s, $E = 1.015$m
② $C = 2.0$m/s, $E = 1.115$m
③ $C = 3.0$m/s, $E = 1.015$m
④ $C = 3.0$m/s, $E = 1.115$m

■해설 장파의 전파속도와 비에너지
ⓐ 장파의 전파속도
$C = \sqrt{gh} = \sqrt{9.8 \times 0.92} = 3$m/s
ⓑ 비에너지
• $V = \frac{Q}{A} = \frac{16.2}{9 \times 0.92} = 1.96$m/s
• $h_e = h + \frac{\alpha v^2}{2g} = 0.92 + \frac{1.0 \times 1.96^2}{2 \times 9.8} = 1.116$m

58. Chezy의 평균유속 공식에서 평균유속계수 C를 Manning의 평균유속 공식을 이용하여 표현한 것으로 옳은 것은?

① $\frac{R^{1/2}}{n}$
② $\frac{R^{1/6}}{n}$
③ $\sqrt{\frac{f}{8g}}$
④ $\sqrt{\frac{8g}{f}}$

|해답| 55.① 56.④ 57.④ 58.②

■해설 Chezy식과 Manning식의 관계
Chezy식과 Manning식의 관계는 다음과 같다.

$$C\sqrt{RI} = \frac{1}{n}R^{\frac{2}{3}}I^{\frac{1}{2}}$$

$$\rightarrow C\sqrt{RI} = \frac{1}{n}R^{\frac{1}{6}}R^{\frac{1}{2}}I^{\frac{1}{2}}$$

$$\therefore C = \frac{1}{n}R^{\frac{1}{6}}$$

59. 비압축성 이상유체에 대한 아래 내용 중 ( ) 안에 들어갈 알맞은 말은?

> 비압축성 이상유체는 압력 및 온도에 따른 ( )의 변화가 미소하여 이를 무시할 수 있다.

① 밀도　　② 비중
③ 속도　　④ 점성

■해설 유체의 종류
  ㉠ 이상유체(=완전유체)
　　비점성, 비압축성 유체
  ㉡ 실제유체
　　점성, 압축성 유체
  ㉢ 비압축성 유체의 경우는 체적변화가 없는 것으로 밀도의 변화를 무시할 수 있다.

60. 수로경사 $I=1/2,500$, 조도계수 $n=0.013\text{m}^{-1/3}\cdot\text{s}$인 수로에 아래 그림과 같이 물이 흐르고 있다면 평균유속은?(단, Manning의 공식을 사용한다.)

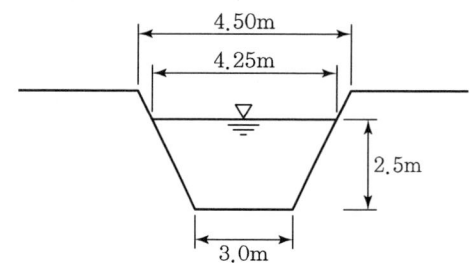

① 1.65m/s
② 2.16m/s
③ 2.65m/s
④ 3.16m/s

■해설 ㉠ Manning의 평균유속 공식

$$V = \frac{1}{n}R^{\frac{2}{3}}I^{\frac{1}{2}}$$

여기서, n : 조도계수
$R\left(=\dfrac{A}{P}\right)$: 경심
I : 동수경사

㉡ 평균유속의 산정
• 면적 : $A = \dfrac{(4.25+3)}{2} \times 2.5 = 9.0625\text{m}^2$
• 경사길이의 산정 :
$l = \sqrt{0.625^2 + 2.5^2} = 2.58\text{m}$
• 경심의 산정 :
$R = \dfrac{A}{P} = \dfrac{9.0625}{3 + 2 \times 2.58} = 1.11\text{m}$

$$\therefore V = \frac{1}{n}R^{\frac{2}{3}}I^{\frac{1}{2}}$$
$$= \frac{1}{0.013} \times 1.11^{\frac{2}{3}} \times \left(\frac{1}{2,500}\right)^{\frac{1}{2}} = 1.65\text{m/s}$$

제4과목 철근콘크리트 및 강구조

61. 옹벽의 구조해석에 대한 설명으로 틀린 것은?

① 뒷부벽식 옹벽의 뒷부벽은 직사각형 보로 설계하여야 한다.
② 캔틸레버식 옹벽의 전면벽은 저판에 지지된 캔틸레버로 설계할 수 있다.
③ 저판의 뒷굽판은 정확한 방법이 사용되지 않는 한, 뒷굽판 상부에 재하되는 모든 하중을 지지하도록 설계하여야 한다.
④ 부벽식 옹벽 저판은 정밀한 해석이 사용되지 않는 한, 부벽 사이의 거리를 경간으로 가정한 고정보 또는 연속보로 설계할 수 있다.

■해설 부벽식 옹벽에서 부벽의 설계
• 앞부벽 : 직사각형 보로 설계
• 뒷부벽 : T형 보로 설계

62. 철근콘크리트가 성립되는 조건으로 틀린 것은?

① 철근과 콘크리트 사이의 부착강도가 크다.
② 철근과 콘크리트의 탄성계수가 거의 같다.
③ 철근은 콘크리트 속에서 녹이 슬지 않는다.
④ 철근과 콘크리트의 열팽창계수가 거의 같다.

■해설 철근콘크리트의 성립 요건
① 콘크리트리와 철근 사이의 부착강도가 크다.
② 콘크리트와 철근의 열팽창계수가 거의 같다.
$$\begin{bmatrix} \alpha_c = (1.0 \sim 1.3) \times 10^{-5} (/℃) \\ \alpha_s = 1.2 \times 10^{-5} (/℃) \end{bmatrix}$$
③ 콘크리트 속에 묻힌 철근은 부식되지 않는다.

63. 경간이 12m인 대칭 T형 보에서 양쪽의 슬래브 중심 간 거리가 2.0m, 플랜지의 두께가 300mm, 복부의 폭이 400mm일 때 플랜지의 유효폭은?

① 2,000mm ② 2,500mm
③ 3,000mm ④ 5,200mm

■해설 T형 보(대칭 T형 보)에서 플랜지의 유효폭(b_e)
① $16t_f + b_w = (16 \times 300) + 400 = 5,200$mm
② 양쪽 슬래브의 중심 간 거리 $= 2 \times 10^3$
$= 2,000$mm
③ 보 경간의 $\frac{1}{4} = \frac{12 \times 10^3}{4} = 3,000$mm

위 값 중에서 최소값을 취하면 $b_e = 2,000$mm이다.

64. 콘크리트의 크리프에 대한 설명으로 틀린 것은?

① 고강도 콘크리트는 저강도 콘크리트보다 크리프가 크게 일어난다.
② 콘크리트가 놓이는 주위의 온도가 높을수록 크리프 변형은 크게 일어난다.
③ 물-시멘트비가 큰 콘크리트는 물-시멘트비가 작은 콘크리트보다 크리프가 크게 일어난다.
④ 일정한 응력이 장시간 계속하여 작용하고 있을 때 변형이 계속 진행되는 현상을 말한다.

■해설 콘크리트의 크리프에 영향을 주는 요인
① w/c가 작은 콘크리트일수록 크리프 변형은 감소한다.
② 하중 재하 시 콘크리트의 재령이 클수록 크리프 변형은 감소한다.
③ 고강도 콘크리트일수록 크리프 변형은 감소한다.
④ 콘크리트가 놓인 주위의 온도가 낮을수록, 습도가 높을수록 크리프 변형은 감소한다.

65. 그림과 같은 단순지지 보에서 긴장재는 C점에 150mm의 편차에 직선으로 배치되고, 1,000kN으로 긴장되었다. 보에는 120kN의 집중하중이 C점에 작용한다. 보의 고정하중은 무시할 때 C점에서의 휨모멘트는 얼마인가?(단, 긴장재의 경사가 수평압축력에 미치는 영향 및 자중은 무시한다.)

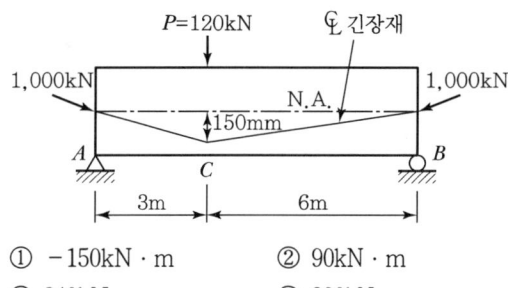

① -150kN·m ② 90kN·m
③ 240kN·m ④ 390kN·m

■해설 $\sum M_B = 0$
$V_A \times 9 - 120 \times 6 = 0$
$V_A = 80$kN($\uparrow$)

(1) 외력($P = 120$kN)에 의한 C점의 단면력

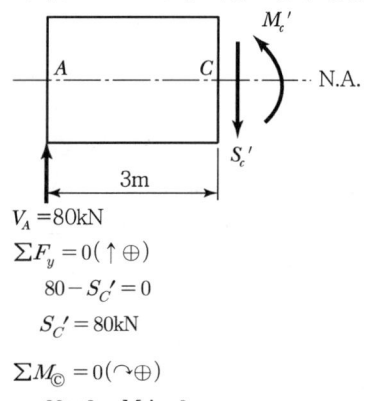

$\sum F_y = 0(\uparrow \oplus)$
$80 - S_C' = 0$
$S_C' = 80$kN

$\sum M_C = 0(\curvearrowright \oplus)$
$80 \times 3 - M_C' = 0$
$M_C' = 240$kN·m

(2) 프리스트레싱력($P_i = 1,000kN$)에 의한 C점의 단면력

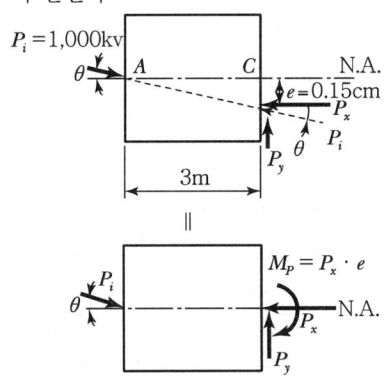

- $P_x = P \cdot \cos\theta \fallingdotseq P_i = 1,000kN$
- $P_y = P \cdot \sin\theta = 1,000 \times \dfrac{0.15}{\sqrt{3^2 + 0.15^2}}$
  $= 50kN$
- $M_P = P_x \cdot e = 1,000 \times 0.15 = 150kN \cdot m$

(3) 외력과 프리스트레싱력에 의한 C점의 단면력

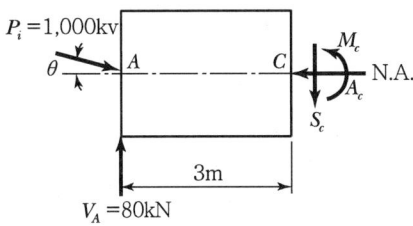

- $A_C = P_x = 1,000kN$
- $S_C = S_C' - P_y = 80 - 50 = 30kN$
- $M_C = M_C' - M_P = 240 - 150 = 90kN \cdot m$

66. 지름 450mm인 원형 단면을 갖는 중심축하중을 받는 나선철근기둥에서 강도설계법에 의한 축방향 설계축강도(ϕP_n)는 얼마인가?(단, 이 기둥은 단주이고, $f_{ck}=27MPa$, $f_y=350MPa$, $A_{st}=8-D22=3,096mm^2$, 압축지배단면이다.)

① 1,166kN　② 1,299kN
③ 2,425kN　④ 2,774kN

■해설　$\phi P_n = \phi\alpha[0.85f_{ck}(A_g - A_{st}) + f_y A_{st}]$
　　　　$= 0.70 \times 0.85 \times \left[0.85 \times 27 \times \left(\dfrac{\pi \times 450^2}{4} - 3,096\right)\right.$
　　　　$\left. + 350 \times 3,096\right]$
　　　　$= 2,774,239N = 2,774kN$

67. 옹벽의 활동에 대한 저항력은 옹벽에 작용하는 수평력의 최소 몇 배 이상이어야 하는가?

① 1.5배　② 2배
③ 2.5배　④ 3배

■해설　옹벽의 안정조건
① 전도 : $\dfrac{\sum M_r (저항모멘트)}{\sum M_a (전도모멘트)} \geq 2.0$
② 활동 : $\dfrac{f(\sum W)(활동에 대한 저항력)}{\sum H(옹벽에 작용하는 수평력)} \geq 1.5$
③ 침하 : $\dfrac{q_a(지반의 허용지지력)}{q_{max}(지반에 작용하는 최대 압력)} \geq 1.0$

68. 폭(b)이 250mm이고, 전체 높이(h)가 500mm인 직사각형 철근콘크리트 보의 단면에 균열을 일으키는 비틀림모멘트(T_{cr})는 약 얼마인가? (단, 보통중량콘크리트이며, $f_{ck}=28MPa$이다.)

① 9.8kN · m　② 11.3kN · m
③ 12.5kN · m　④ 18.4kN · m

■해설　$A_{cp} = b_\omega \cdot h = 250 \times 500 = 125,000mm^2$
　　　　$p_{cp} = 2(b_\omega + h) = 2 \times (250 + 500) = 1,500mm$
　　　　$T_{cr} = \dfrac{1}{3}\sqrt{f_{ck}}\dfrac{A_{cp}^2}{p_{cp}} = \dfrac{1}{3} \times \sqrt{28} \times \dfrac{125,000^2}{1,500}$
　　　　$= 18.4 \times 10^6 N \cdot mm = 18.4kN \cdot m$

69. 프리스트레스트 콘크리트(PSC)의 균등질 보의 개념(Homogeneous Beam Concept)을 설명한 것으로 옳은 것은?

① PSC는 결국 부재에 작용하는 하중의 일부 또는 전부를 미리 가해진 프리스트레스와 평형이 되도록 하는 개념
② PSC 보를 RC 보처럼 생각하여, 콘크리트는 압축력을 받고 긴장재는 인장력을 받게 하여 두 힘의 우력 모멘트로 외력에 의한 휨모멘트에 저항시킨다는 개념
③ 콘크리트에 프리스트레스가 가해지면 PSC 부재는 탄성재료로 전환되고 이의 해석은 탄성이론으로 가능하다는 개념
④ PSC는 강도가 크기 때문에 보의 단면을 강재의 단면으로 가정하여 압축 및 인장을 단면 전체가 부담할 수 있다는 개념

■해설 콘크리트에 프리스트레스가 가해지면 PSC 부재는 탄성재료로 전환되고 이의 해석은 탄성이론으로 가능하다는 개념을 응력개념 또는 균등질 보의 개념이라고 한다.

70. 철근콘크리트 구조물 설계 시 철근 간격에 대한 설명으로 틀린 것은?(단, 굵은 골재의 최대 치수에 관련된 규정은 만족하는 것으로 가정한다.)

① 동일 평면에서 평행한 철근 사이의 수평 순간격은 25mm 이상, 또한 철근의 공칭지름 이상으로 하여야 한다.
② 벽체 또는 슬래브에서 휨 주철근의 간격은 벽체나 슬래브 두께의 3배 이하로 하여야 하고, 또한 450mm 이하로 하여야 한다.
③ 나선철근 또는 띠철근이 배근된 압축부재에서 축방향 철근의 순간격은 40mm 이상, 또한 철근 공칭지름의 1.5배 이상으로 하여야 한다.
④ 상단과 하단에 2단 이상으로 배치된 경우 상하 철근은 동일 연직면 내에 배치되어야 하고, 이때 상하 철근의 순간격은 40mm 이상으로 하여야 한다.

■해설 상단과 하단에 2단 이상으로 배치된 경우 상하 철근은 동일 연직면 내에 배치되어야 하고, 이때 상하 철근의 순간격은 25mm 이상으로 하여야 한다.

71. 철근콘크리트 휨부재에서 최소철근비를 규정한 이유로 가장 적당한 것은?

① 부재의 시공 편의를 위해서
② 부재의 사용성을 증진시키기 위해서
③ 부재의 경제적인 단면 설계를 위해서
④ 부재의 급작스러운 파괴를 방지하기 위해서

■해설 최소철근비에 대한 규정을 두는 이유
인장철근을 너무 적게 배근하면 인장균열의 발생과 동시에 콘크리트가 갑작스럽게 파괴되는 취성파괴가 일어나게 된다. 이러한 취성파괴를 피하고 연성파괴를 확보하기 위해서 최소철근비에 대한 규정을 둔 것이다.

72. 전단철근이 부담하는 전단력 V_s =150kN일 때 수직스터럽으로 전단보강을 하는 경우 최대 배치간격은 얼마 이하인가?(단, 전단철근 1개 단면적=125mm², 횡방향 철근의 설계기준항복강도(f_{yt}) =400MPa, f_{ck}=28MPa, b_w=300mm, d=500mm, 보통중량콘크리트이다.)

① 167mm
② 250mm
③ 333mm
④ 600mm

■해설 $V_s = 150\text{kN}$

$$\frac{1}{3}\sqrt{f_{ck}}\,b_w\,d = \frac{1}{3}\times\sqrt{28}\times 300\times 500$$
$$= 264.6\times 10^3\text{N} = 264.6\text{kN}$$

$V_s \leq \frac{1}{3}\sqrt{f_{ck}}\,b_w\,d$ 이므로 전단철근 간격 s는 다음 값 이하라야 한다.

① $s \leq \dfrac{d}{2} = \dfrac{500}{2} = 250\text{mm}$

② $s \leq 600\text{mm}$

③ $s \leq \dfrac{A_v f_{yt} d}{V_s} = \dfrac{(2\times 125)\times 400\times 500}{(150\times 10^3)}$
$= 333.3\text{mm}$

따라서, 전단철근 간격 S는 최소값인 250mm 이하라야 한다.

73. 압축이형철근의 겹침이음길이에 대한 설명으로 옳은 것은?(단, d_b는 철근의 공칭직경)

① 어느 경우에나 압축이형철근의 겹침이음길이는 200mm 이상이어야 한다.
② 콘크리트의 설계기준압축강도가 28MPa 미만인 경우는 규정된 겹침이음길이를 1/5 증가시켜야 한다.
③ f_y가 500MPa 이하인 경우는 $0.72f_y d_b$ 이상, f_y가 500MPa을 초과할 경우는 $(0.13f_y -24)d_b$ 이상이어야 한다.
④ 서로 다른 크기의 철근을 압축부에서 겹침이음하는 경우, 이음길이는 크기가 큰 철근의 정착길이와 크기가 작은 철근의 겹침이음길이 중 큰 값 이상이어야 한다.

■해설 ① 어느 경우에나 압축이형철근의 겹침이음길이
는 300mm 이상이어야 한다.
② 콘크리트의 설계기준압축강도가 21MPa 미만
인 경우는 규정된 겹침이음길이를 $\frac{1}{3}$만큼 더
증가시켜야 한다.
③ $f_y \leq 400$MPa이면, $0.072f_y d_b$ 이상
$f_y > 400$MPa이면, $(0.13f_y - 24)d_b$ 이상

74. 2방향 슬래브의 설계에서 직접설계법을 적용할 수 있는 제한 조건으로 틀린 것은?

① 각 방향으로 3경간 이상이 연속되어야 한다.
② 슬래브 판들은 단변 경간에 대한 장변 경간의 비가 2 이하인 직사각형이어야 한다.
③ 각 방향으로 연속한 받침부 중심 간 경간 차이는 긴 경간의 1/3 이하이어야 한다.
④ 모든 하중은 연직하중으로 슬래브 판 전체에 등분포이고, 활하중은 고정하중의 3배 이상이어야 한다.

■해설 2방향 슬래브의 설계에서 직접설계법을 적용할 경우, 모든 하중은 슬래브 판 전체에 등분포되는 것으로 간주하고, 활하중은 고정하중의 2배 이하여야 한다.

75. 아래 그림과 같은 보의 단면에서 표피철근의 간격 s는 최대 얼마 이하로 하여야 하는가?(단, 건조환경에 노출되는 경우로서, 표피철근의 표면에서 부재 측면까지 최단거리(c_c)는 40mm, $f_{ck} = 24$MPa, $f_y = 350$MPa이다.)

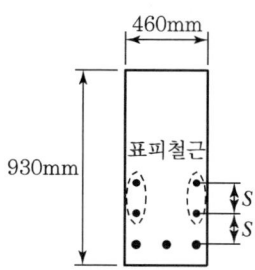

① 330mm ② 340mm
③ 350mm ④ 360mm

■해설 $k_{cr} = 280$ (건조환경 : 280, 그 외의 환경 : 210)
$f_s = \frac{2}{3}f_y = \frac{2}{3} \times 350 = 233.3$MPa
$s_1 = 375\left(\frac{k_{cr}}{f_s}\right) - 2.5C_c$
$= 375 \times \left(\frac{280}{233.3}\right) - 2.5 \times 40 = 350$mm
$s_2 = 300\left(\frac{k_{cr}}{f_s}\right)$
$= 300 \times \left(\frac{280}{233.3}\right) = 360$mm
$s = [s_1, s_2]_{\min} = 350$mm

76. 강판형(Plate Girder) 복부(Web) 두께의 제한이 규정되어 있는 가장 큰 이유는?

① 시공상의 난이
② 좌굴의 방지
③ 공비의 절약
④ 자중의 경감

■해설 강판형 복부 두께의 제한이 규정되어 있는 가장 큰 이유는 복부의 좌굴을 방지하기 위함이다.

77. 프리스트레스 손실 원인 중 프리스트레스 도입 후 시간의 경과에 따라 생기는 것이 아닌 것은?

① 콘크리트의 크리프
② 콘크리트의 건조수축
③ 정착장치의 활동
④ 긴장재 응력의 릴랙세이션

■해설 프리스트레스의 손실 원인
1) 프리스트레스 도입 시 손실(즉시손실)
① 정착장치의 활동에 의한 손실
② PS강재와 쉬스 사이의 마찰에 의한 손실
③ 콘크리트의 탄성변형에 의한 손실
2) 프리스트레스 도입 후 손실(시간손실)
① 콘크리트의 크리프에 의한 손실
② 콘크리트의 건조수축에 의한 손실
③ PS강재의 릴랙세이션에 의한 손실

78. 강합성 교량에서 콘크리트 슬래브와 강(鋼)주형 상부 플랜지를 구조적으로 일체가 되도록 결합시키는 요소는?

① 볼트
② 접착제
③ 전단연결재
④ 합성철근

■해설 강합성 교량에서 콘크리트 슬래브와 강주형 상부 플랜지를 구조적으로 일체가 되도록 결합시키는 요소는 전단연결재이다.

79. 리벳으로 연결된 부재에서 리벳이 상·하 두 부분으로 절단되었다면 그 원인은?

① 리벳의 압축파괴
② 리벳의 전단파괴
③ 연결부의 인장파괴
④ 연결부의 지압파괴

■해설 리벳으로 연결된 부재에서 리벳이 상·하 두 부분으로 절단되었다면 그 원인은 리벳의 전단파괴이다.

80. 강도 설계에 있어서 강도감소계수(ϕ)의 값으로 틀린 것은?

① 전단력 : 0.75
② 비틀림모멘트 : 0.75
③ 인장지배단면 : 0.85
④ 포스트텐션 정착구역 : 0.75

■해설 포스트텐션 정착구역에서 강도감소계수는 0.85이다.

제5과목 **토질 및 기초**

81. 흙의 포화단위중량이 20kN/m³인 포화점토층을 45° 경사로 8m를 굴착하였다. 흙의 강도정수 C_u =65kN/m², ϕ =0°이다. 그림과 같은 파괴면에 대하여 사면의 안전율은?(단, $ABCD$의 면적은 70m²이고 O점에서 $ABCD$의 무게중심까지의 수직거리는 4.5m이다.)

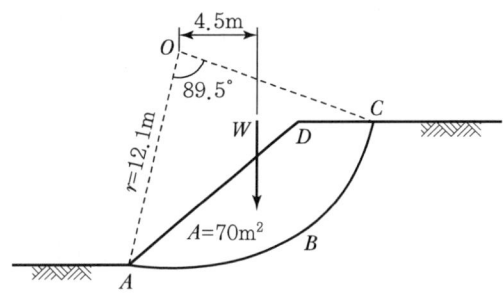

① 4.72   ② 4.21
③ 2.67   ④ 2.36

■해설 $F_s = \dfrac{CRL}{We}$

• L 계산

$\dfrac{89.5}{360} = \dfrac{L}{2\pi R}$

∴ $L = 18.90$

• W 계산

$W = \gamma \cdot v = 20 \times (70 \times 1) = 1,400$

∴ $F_s = \dfrac{CRL}{We} = \dfrac{65 \times 12.1 \times 18.90}{1,400 \times 4.5} = 2.36$

82. 통일분류법에 의한 분류기호와 흙의 성질을 표현한 것으로 틀린 것은?

① SM : 실트 섞인 모래
② GC : 점토 섞인 자갈
③ CL : 소성이 큰 무기질 점토
④ GP : 입도분포가 불량한 자갈

■해설 CL : 압축성이 낮은 점토

83. 다음 중 연약점토지반 개량공법이 아닌 것은?

① 프리로딩(Pre-loading) 공법
② 샌드 드레인(Sand Drain) 공법
③ 페이퍼 드레인(Paper Drain) 공법
④ 바이브로 플로테이션(Vibro Flotation) 공법

■해설 바이브로 플로테이션 공법은 사질토 개량공법이다.

84. 그림과 같은 지반에 재하순간 수주(水柱)가 지표면으로부터 5m이었다. 20% 압밀이 일어난 후 지표면으로부터 수주의 높이는?(단, 물의 단위중량은 9.81kN/m³이다.)

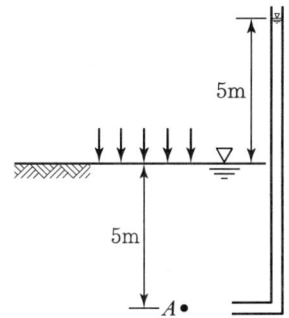

① 1m   ② 2m
③ 3m   ④ 4m

■해설 $U_z = \dfrac{u_i - u_t}{u_i}$

$0.2 = \dfrac{5 - u_t}{5}$

$\therefore u_t = 4$

85. 내부마찰각이 30°, 단위중량이 18kN/m³인 흙의 인장균열 깊이가 3m일 때 점착력은?

① 15.6kN/m²   ② 16.7kN/m²
③ 17.5kN/m²   ④ 18.1kN/m²

■해설 $H_c = 2Z_c = 2 \cdot \dfrac{q_u}{\gamma} = 2 \cdot \dfrac{2C\tan\left(45° + \dfrac{\phi}{2}\right)}{\gamma}$

$\therefore 3 = \dfrac{2 \times C}{18}\tan\left(45° + \dfrac{30°}{2}\right)$

C(점착력) $= 15.6 \text{kN/m}^2$

86. 일반적인 기초의 필요조건으로 틀린 것은?

① 침하를 허용해서는 안 된다.
② 지지력에 대해 안정해야 한다.
③ 사용성, 경제성이 좋아야 한다.
④ 동해를 받지 않는 최소한의 근입깊이를 가져야 한다.

■해설 침하량이 허용침하량 이내이어야 한다.

87. 흙 속에 있는 한 점의 최대 및 최소 주응력이 각각 200kN/m² 및 100kN/m²일 때 최대 주응력과 30°를 이루는 평면상의 전단응력을 구한 값은?

① 10.5kN/m²   ② 21.5kN/m²
③ 32.3kN/m²   ④ 43.3kN/m²

■해설 전단응력(τ) $= \dfrac{\sigma_1 - \sigma_2}{2}\sin 2\theta$

$= \dfrac{200 - 100}{2}\sin(2 \times 30°) = 43.3\text{kN/m}^2$

88. 토립자가 둥글고 입도분포가 양호한 모래지반에서 N치를 측정한 결과 $N=19$가 되었을 경우, Dunham의 공식에 의한 이 모래의 내부 마찰각(ϕ)은?

① 20°   ② 25°
③ 30°   ④ 35°

■해설 $\phi = \sqrt{12N} + 20 = \sqrt{12 \times 19} + 20 = 35°$

89. 그림과 같은 지반에 대해 수직방향 등가투수계수를 구하면?

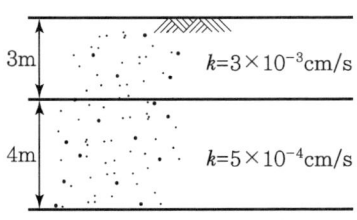

① 3.89×10^{-4}cm/s   ② 7.78×10^{-4}cm/s
③ 1.57×10^{-3}cm/s   ④ 3.14×10^{-3}cm/s

■해설 수직방향 등가투수계수

$$K_v = \frac{H}{\frac{H_1}{K_1}+\frac{H_2}{K_2}} = \frac{700}{\frac{300}{3\times 10^{-3}}+\frac{400}{5\times 10^{-4}}}$$
$$= 7.78\times 10^{-4} \text{cm/sec}$$

90. 다음 중 동상에 대한 대책으로 틀린 것은?

① 모관수의 상승을 차단한다.
② 지표 부근에 단열재료를 매립한다.
③ 배수구를 설치하여 지하수위를 낮춘다.
④ 동결심도 상부의 흙을 실트질 흙으로 치환한다.

■해설 동결심도 상부의 흙을 모래, 자갈로 치환해야 한다.

91. 흙의 다짐곡선은 흙의 종류나 입도 및 다짐에너지 등의 영향으로 변한다. 흙의 다짐 특성에 대한 설명으로 틀린 것은?

① 세립토가 많을수록 최적함수비는 증가한다.
② 점토질 흙은 최대건조단위중량이 작고 사질토는 크다.
③ 일반적으로 최대건조단위중량이 큰 흙일수록 최적함수비도 커진다.
④ 점성토는 건조 측에서 물을 많이 흡수하므로 팽창이 크고 습윤 측에서는 팽창이 작다.

■해설 최대건조단위중량($\gamma_{d\max}$)이 큰 흙은 최적함수비(OMC)가 작아진다.

92. 현장에서 채취한 흙 시료에 대하여 아래 조건과 같이 압밀시험을 실시하였다. 이 시료에 320kPa의 압밀압력을 가했을 때, 0.2cm의 최종 압밀침하가 발생되었다면 압밀이 완료된 후 시료의 간극비는?(단, 물의 단위중량은 9.81kN/m³이다.)

- 시료의 단면적(A) = 30cm²
- 시료의 초기 높이(H) = 2.6cm
- 시료의 비중(G_s) : 2.5
- 시료의 건조중량(W_s) : 1.18N

① 0.125
② 0.385
③ 0.500
④ 0.625

■해설 • 초기 간극비(e_1)
$$V = A\cdot H = 30\times 2.6 = 78\text{cm}^3$$
$$\gamma_d = \frac{W}{V} = \frac{120}{78} = 1.54\text{g/cm}^3$$
$$\gamma_d = \frac{G_s}{1+e_1}\gamma_w \text{에서 } 1.54 = \frac{2.5}{1+e_1}\times 1$$
$$\therefore e_1 = 0.62$$

• 압밀침하량(ΔH) = $\frac{e_1-e_2}{1+e_1}\cdot H$ 에서
$$0.2 = \frac{0.62-e_2}{1+0.62}\times 2.6$$
∴ 압밀이 완료된 후 시료의 간극비(e_2) = 0.5

93. 노상토 지지력비(CBR) 시험에서 피스톤 2.5mm 관입될 때와 5.0mm 관입될 때를 비교한 결과, 관입량 5.0mm에서 CBR이 더 큰 경우 CBR 값을 결정하는 방법으로 옳은 것은?

① 그대로 관입량 5.00mm일 때의 CBR 값으로 한다.
② 2.5mm 값과 5.0mm 값의 평균을 CBR 값으로 한다.
③ 5.0mm 값을 무시하고 2.5mm 값을 표준으로 하여 CBR 값으로 한다.
④ 새로운 공시체로 재시험을 하며, 재시험 결과도 5.0mm 값이 크게 나오면 관입량 5.0mm일 때의 CBR 값으로 한다.

■해설 $\text{CBR}_{5.0} > \text{CBR}_{2.5}$일 때 재시험한다.
• $\text{CBR}_{5.0} > \text{CBR}_{2.5}$이면 CBR 값은 $\text{CBR}_{5.0}$이다.
• $\text{CBR}_{5.0} < \text{CBR}_{2.5}$이면 CBR 값은 $\text{CBR}_{2.5}$이다.

94. 다음 중 사운딩 시험이 아닌 것은?

① 표준관입시험
② 평판재하시험
③ 콘관입시험
④ 베인시험

|해답| 90.④ 91.③ 92.③ 93.④ 94.②

■해설

정적 사운딩	동적 사운딩
• 베인전단시험	• 표준관입시험(SPT)
• 콘관입시험	• 동적 원추관시험

95. 단면적이 100cm², 길이가 30cm인 모래 시료에 대하여 정수두 투수시험을 실시하였다. 이 때 수두차가 50cm, 5분 동안 집수된 물이 350cm³이었다면 이 시료의 투수계수는?

① 0.001cm/s   ② 0.007cm/s
③ 0.01cm/s   ④ 0.07cm/s

■해설 정수위 투수시험의 투수계수
$$k = \frac{QL}{hAt} = \frac{350 \times 30}{50 \times 100 \times 5 \times 60} = 0.07 \text{cm/s}$$

96. 아래와 같은 조건에서 AASHTO분류법에 따른 군지수(GI)는?

- 흙의 액성한계 : 45%
- 흙의 소성한계 : 25%
- 200번체 통과율 : 50%

① 7   ② 10
③ 13   ④ 16

■해설 $GI = 0.2a + 0.005ac + 0.01db$
- $a = P\#200 - 35 = 50 - 35 = 15 \, (0 \le a \le 40)$
- $b = P\#200 - 15 = 50 - 15 = 35 \, (0 \le a \le 40)$
- $c = \omega_L - 40 = 45 - 40 = 5 \, (0 \le c \le 20)$
- $d = I_P - 10 = 20 - 10 = 10 \, (0 \le c \le 20)$
  ($I_P = \omega_L - \omega_P = 45 - 25 = 20$)

∴ $GI = 0.2 \times 15 + 0.005 \times 15 \times 5 + 0.01 \times 10 \times 35$
$= 6.9 ≒ 7$

97. 점토층 지반 위에 성토를 급속히 하려 한다. 성토 직후에 있어서 이 점토의 안정성을 검토하는 데 필요한 강도정수를 구하는 합리적인 시험은?

① 비압밀 비배수시험(UU-test)
② 압밀 비배수시험(CU-test)
③ 압밀 배수시험(CD-test)
④ 투수시험

■해설 UU 시험의 특징
- 포화점토가 성토 직후 급속한 파괴가 예상될 때(포화된 점토지반 위에 급속하게 성토하는 제방의 안전성을 검토)
- 점토지반의 단기간 안정 검토 시(시공 직후 초기 안정성 검토)
- 시공 중 압밀, 함수비와 체적의 변화가 없다고 예상
- 내부마찰각(ϕ) = 0 (불안전 영역에서 강도정수 결정)
- 성토로 인한 재하속도가 과잉간극수압이 소산되는 속도보다 빠를 때

98. 연속 기초에 대한 Terzaghi의 극한지지력 공식은 $q_u = cN_c + 0.5\gamma_1 BN_\gamma + \gamma_2 D_f N_q$로 나타낼 수 있다. 아래 그림과 같은 경우 극한지지력 공식의 두 번째 항의 단위중량(γ_1)의 값은?(단, 물의 단위중량은 9.80kN/m³이다.)

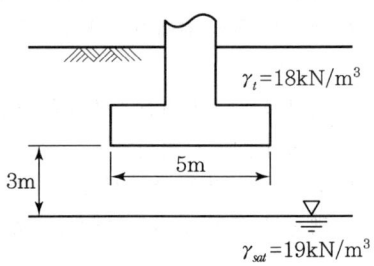

① 14.48kN/m³
② 16.00kN/m³
③ 17.45kN/m³
④ 18.20kN/m³

■해설
$$\gamma_1(\gamma_2) = \frac{\gamma_d + \gamma_{sub}(B-d)}{B}$$
$$= \frac{18 \times 3 + (19 - 9.81) \times (5-3)}{5}$$
$$= 14.48 \text{kN/m}^3$$

99. 점토 지반에 있어서 강성기초와 접지압 분포에 대한 설명으로 옳은 것은?

① 접지압은 어느 부분이나 동일하다.
② 접지압은 토질에 관계없이 일정하다.
③ 기초의 모서리 부분에서 접지압이 최대가 된다.
④ 기초의 중앙 부분에서 접지압이 최대가 된다.

■해설 강성기초의 접지압

점토	모래
기초 모서리에서 최대응력 발생	기초 중앙부에서 최대응력 발생

100. 토질시험 결과 내부마찰각이 30°, 점착력이 50 kN/m², 간극수압이 800kN/m², 파괴면에 작용하는 수직응력이 3,000kN/m²일 때 이 흙의 전단응력은?

① 1,270kN/m² ② 1,320kN/m²
③ 1,580kN/m² ④ 1,950kN/m²

■해설 $S(\tau_f) = C + \sigma' \tan\phi = 50 + (3,000 - 800)\tan30°$
$= 1,320 \text{kN/m}^2$

제6과목 **상하수도공학**

101. 수원으로부터 취수된 상수가 소비자까지 전달되는 일반적 상수도의 구성순서로 옳은 것은?

① 도수 → 송수 → 정수 → 배수 → 급수
② 송수 → 정수 → 도수 → 급수 → 배수
③ 도수 → 정수 → 송수 → 배수 → 급수
④ 송수 → 정수 → 도수 → 배수 → 급수

■해설 상수도 구성요소
㉠ 수원 → 취수 → 도수(침사지) → 정수(착수정 → 약품혼화지 → 침전지 → 여과지 → 소독지 → 정수지) → 송수 → 배수(배수지, 배수탑, 고가탱크, 배수관) → 급수
㉡ 수원, 취수, 도수, 정수, 송수 등의 설계에는 계획1일최대급수량을 기준으로 한다.
㉢ 계획취수량은 계획1일최대급수량을 기준으로 5~10 정도 여유 있게 취수한다.
㉣ 배수관의 직경결정, 펌프의 직경결정 등은 계획시간최대급수량을 기준으로 한다.
∴ 도수 → 정수 → 송수 → 배수 → 급수시설의 순이다.

102. 하수관의 접합방법에 관한 설명으로 틀린 것은?

① 관중심접합은 관의 중심을 일치시키는 방법이다.
② 관저접합은 관의 내면하부를 일치시키는 방법이다.
③ 단차접합은 지표의 경사가 급한 경우에 이용되는 방법이다.
④ 관정접합은 토공량을 줄이기 위하여 평탄한 지형에 많이 이용되는 방법이다.

■해설 관거의 접합방법

종류	특징
수면접합	수리학적으로 가장 좋은 방법으로 관 내 수면을 일치시키는 방법이다.
관정접합	관거의 내면 상부를 일치시키는 방법으로 굴착깊이가 증대되고, 공사비가 증가한다.
관중심접합	관 중심을 일치시키는 방법으로 별도의 수위계산이 필요 없는 방법이다.
관저접합	관거의 내면 바닥을 일치시키는 방법으로 수리학적으로 불리한 방법이다.
단차접합	지세가 아주 급한 경우 토공량을 줄이기 위해 사용하는 방법이다.
계단접합	지세가 매우 급한 경우 관거의 기울기와 토공량을 줄이기 위해 사용하는 방법이다.

∴ 관정접합은 굴착깊이가 증대되는 방법으로 지세가 있는 곳에 적합하다.

103. 계획오수량을 결정하는 방법에 대한 설명으로 틀린 것은?

① 지하수량은 1일1인최대오수량의 20% 이하로 한다.
② 생활오수량의 1일1인최대오수량은 1일1인최대급수량을 감안하여 결정한다.
③ 계획1일평균오수량은 계획1일최소오수량의 1.3~1.8배를 사용한다.
④ 합류식에서 우천 시 계획오수량은 원칙적으로 계획시간최대오수량의 3배 이상으로 한다.

■해설 오수량의 산정

종류	내용
계획오수량	계획오수량은 생활오수량, 공장폐수량, 지하수량으로 구분할 수 있다.
지하수량	지하수량은 1인1일최대오수량의 10~20%를 기준으로 한다.
계획1일 최대오수량	• 1인1일최대오수량×계획급수인구 + (공장폐수량, 지하수량, 기타 배수량) • 하수처리시설의 용량결정의 기준이 되는 수량이다.
계획1일 평균오수량	• 계획1일최대오수량의 70(중·소도시)~80%(대·공업도시)이다. • 하수처리장 유입하수의 수질을 추정하는 데 사용되는 수량이다.
계획시간 최대오수량	• 계획1일최대오수량의 1시간당 수량에 1.3~1.8배를 표준으로 한다. • 오수관거 및 펌프설비 등의 크기를 결정하는 데 사용되는 수량이다.

∴ 계획1일평균오수량은 계획1일최대오수량의 0.7~0.8배를 사용한다.

104. 하수배제방식의 특징에 관한 설명으로 틀린 것은?

① 분류식은 합류식에 비해 우천 시 월류의 위험이 크다
② 합류식은 단면적이 크기 때문에 검사, 수리 등에 유리하다.
③ 합류식은 분류식(2계통 건설)에 비해 건설비가 저렴하고 시공이 용이하다.
④ 분류식은 강우 초기에 노면의 오염물질이 포함된 세정수가 직접 하천 등으로 유입된다.

■해설 하수의 배제방식

분류식	합류식
• 수질오염 방지면에서 유리하다. • 청천 시에도 퇴적의 우려가 없다. • 강우 초기 노면배수효과가 없다. • 시공이 복잡하고 오접합의 우려가 있다. • 우천 시 수세효과를 기대할 수 없다. • 공사비가 많이 든다.	• 구배 완만, 매설깊이가 적으며 시공성이 좋다. • 초기 우수에 의해 노면 배수처리가 가능하다. • 관경이 크므로 검사가 편리하고, 환기가 잘 된다. • 건설비가 적게 든다. • 우천 시 수세효과가 있다. • 청천 시 관 내 침전으로 효율이 저하된다.

∴ 우천 시 월류의 위험이 있는 방식은 합류식이다.

105. 호수의 부영양화에 대한 설명으로 틀린 것은?

① 부영양화는 정체성 수역의 상층에서 발생하기 쉽다.
② 부영양화된 수원의 상수는 냄새로 인하여 음료수로 부적당하다.
③ 부영양화로 식물성 플랑크톤의 번식이 증가하여 투명도가 저하된다.
④ 부영양화로 생물활동이 활발하여 깊은 곳의 용존산소가 풍부하다.

■해설 부영양화
㉠ 가정하수, 공장폐수 등이 하천이나 호수에 유입되었을 때 질소(N)나 인(P)과 같은 영양염류농도가 증가한다. 이로 인해 조류 및 식물성 플랑크톤의 과도한 성장을 일으키고, 결과적으로 물에 맛과 냄새가 유발되며 저수지의 수질이 악화되는 현상을 부영양화 현상이라 한다. 이때 성장한 조류는 바닥에 퇴적하여 죽게 되고 유입하천에서 부하된 유기물도 바닥에 퇴적하게 되는데 이 퇴적물의 분해로 인해 생기는 영양염류가 다시 조류의 영양소로 섭취되어 부영양화가 일어날 수 있다.
㉡ 부영양화는 수심이 낮은 곳에서 발생하며 한 번 발생하면 회복이 어렵다.
㉢ 물의 투명도가 낮아지며, COD농도가 높게 나타난다.
∴ 부영양화가 발생하면 사멸된 조류의 분해작용으로 심층수의 용존산소가 줄어든다.

106. 하수관로시설의 유량을 산출할 때 사용하는 공식으로 옳지 않은 것은?

① Kutter공식
② Janssen공식
③ Manning공식
④ Hazen-Williams공식

■해설 하수관로 유량의 산정
하수관로의 유량을 산정하기 위해 사용하는 평균유속공식은 Manning공식, Chezy공식, Kutter공식, Hazen-Williams공식 등이 있다.

107. 하수처리장 유입수의 SS농도는 200mg/L이다. 1차 침전지에서 30% 정도가 제거되고, 2차 침전지에서 85%의 제거효율을 갖고 있다. 하루 처리용량이 3,000m³/d일 때 방류되는 총 SS량은?

① 63kg/d
② 2,800g/d
③ 6,300kg/d
④ 6,300mg/d

해설 SS 제거율
㉠ 1차 침전지(제거율 30%)
- 유입 SS : 200mg/L
- 제거된 SS : 60mg/L
 (∵ 200×0.3=60mg/L)
- 유출 SS : 200−60=140mg/L
㉡ 2차 침전지(제거율 85%)
- 유입 SS : 140mg/L
- 제거된 SS : 119mg/L
 (∵ 140×0.85=119mg/L)
- 유출 SS : 140−119=21mg/L
㉢ 방류되는 총 SS량의 산정
$21mg/L \times 10^{-3}(kg/m^3) \times 3,000m^3/day$
$= 63kg/day$

108. 상수도관의 관종 선정 시 기본으로 하여야 하는 사항으로 틀린 것은?

① 매설조건에 적합해야 한다.
② 매설환경에 적합한 시공성을 지녀야 한다.
③ 내압보다는 외압에 대하여 안전해야 한다.
④ 관 재질에 의하여 물이 오염될 우려가 없어야 한다.

해설 상수도관의 관종 선정 시 고려사항
㉠ 매설조건에 적합하고, 매설환경에 적합한 시공성을 지녀야 한다.
㉡ 상수도관은 압력관으로 내압에 대하여 안전해야 한다.
㉢ 관 재질에 의하여 물이 오염될 우려가 없어야 한다.

109. 하수도계획에서 계획우수량 산정과 관계가 없는 것은?

① 배수면적
② 설계강우
③ 유출계수
④ 집수관로

해설 우수유출량의 산정
합리식에 의한 우수유출량의 산정
$Q = \frac{1}{3.6}CIA$
여기서, Q : 우수량(m³/sec)
C : 유출계수(무차원)
I : 강우강도(mm/hr)
A : 유역면적(km²)
∴ 계획우수량의 산정과 거리가 먼 것은 집수관로이다.

110. 먹는 물의 수질기준항목에서 다음의 특성을 갖고 있는 수질기준항목은?

- 수질기준은 10mg/L를 넘지 아니할 것
- 하수, 공장폐수, 분뇨 등과 같은 오염물의 유입에 의한 것으로 물의 오염을 추정하는 지표항목
- 유아에게 청색증 유발

① 불소
② 대장균군
③ 질산성질소
④ 과망간산칼륨 소비량

해설 질산성질소
하수, 공장폐수, 분뇨 등에 포함되어 있으며, 유아에게 청색증을 유발시키는 인자는 질산성질소(NO_3−N)이며 먹는 물 수질기준은 10mg/L를 넘지 않아야 한다.

111. 관의 길이가 1,000m이고, 지름이 20cm인 관을 지름 40cm의 등치관으로 바꿀 때, 등치관의 길이는?(단, Hazen−Williams 공식을 사용한다.)

① 2,924.2m
② 5,924.2m
③ 19,242.6m
④ 29,242.6m

|해답| 107.① 108.③ 109.④ 110.③ 111.④

■해설 ㉠ 등치관법
등치관법은 Hardy Cross법에 의하여 관망을 설계하기 전에 복잡한 관망을 좀 더 간단한 관망으로 골격화시키기 위한 예비작업에 적용하는 방법이며, Hazen-Williams공식으로부터 유도하면 다음과 같다.
$$L_2 = L_1\left(\frac{D_2}{D_1}\right)^{4.87}$$
㉡ 등치관의 계산
$$L_2 = L_1\left(\frac{D_2}{D_1}\right)^{4.87} = 1,000\left(\frac{40}{20}\right)^{4.87} = 29,242.6\text{m}$$

112. 폭기조의 MLSS농도가 2,000mg/L이고 30분간 정치시킨 후 침전된 슬러지 체적이 300mL/L일 때 SVI는?

① 100　　　　② 150
③ 200　　　　④ 250

■해설 슬러지용적지표(SVI)
㉠ 정의
폭기조 내 혼합액 1L를 30분간 침전시킨 후 1g의 MLSS가 차지하는 침전슬러지의 부피(mL)를 슬러지용적지표(Sludge Volume Index)라 한다.
$$SVI = \frac{SV(\text{mL/L}) \times 10^3}{MLSS(\text{mg/L})}$$
㉡ 특징
- 슬러지의 침강성을 나타내는 지표로, 슬러지팽화(Bulking)의 발생여부를 확인하는 지표로 사용한다.
- SVI가 높아지면 MLSS농도가 적어진다.
- SVI=50~150 : 슬러지 침전성 양호
- SVI=200 이상 : 슬러지팽화 발생
- SVI는 폭기시간, BOD농도, 수온 등에 영향을 받는다.

㉢ SVI의 산정
$$SVI = \frac{SV(\text{mL/L}) \times 10^3}{MLSS(\text{mg/L})} = \frac{300 \times 10^3}{2,000} = 150$$

113. 유출계수가 0.6이고, 유역면적이 2km²에 강우강도가 200mm/h인 강우가 있었다면 유출량은?(단, 합리식을 사용한다.)

① 24.0m³/s　　　　② 66.7m³/s
③ 240m³/s　　　　④ 667m³/s

■해설 우수유출량의 산정
㉠ 합리식의 적용 확률연수는 10~30년을 원칙으로 한다.
$$Q = \frac{1}{3.6}CIA$$
여기서, Q : 우수량(m³/sec)
C : 유출계수(무차원)
I : 강우강도(mm/hr)
A : 유역면적(km²)
㉡ 계획우수유출량의 산정
$$Q = \frac{1}{3.6}CIA = \frac{1}{3.6} \times 0.6 \times 200 \times 2 = 66.7\text{m}^3/\text{sec}$$

114. 정수지에 대한 설명으로 틀린 것은?

① 정수지 상부는 반드시 복개해야 한다.
② 정수지의 유효수심은 3~6m를 표준으로 한다.
③ 정수지의 바닥은 저수위보다 1m 이상 낮게 해야 한다.
④ 정수지란 정수를 저류하는 탱크로 정수시설로는 최종단계의 시설이다.

■해설 정수지
㉠ 정수지는 여과된 수량과 송수량 간의 불균형을 조절하고 주입된 염소를 균일화하는 시설로, 정수시설로는 최종단계의 시설이다.
㉡ 정수지의 수위
- 유효수심은 3~6m를 표준으로 한다.
- 최고수위는 시설 전체에 대한 수리적인 조건에 의해 결정해야 한다.
- 정수지의 저수위 이하의 물은 유출되지 않도록 유출관을 설치하고 저수위 이하의 물과 바닥의 침전물을 배출할 수 있는 배출관을 설치해야 한다.
㉢ 정수지의 여유고와 바닥경사
- 고수위로부터 정수지 상부 슬래브까지는 30cm 이상의 여유고를 가져야 한다.
- 바닥은 저수위보다 15cm 이상 낮게 해야 한다.
- 바닥에는 필요에 따라 청소 등의 배출을 위해 적당한 경사를 두어야 한다.

115. 합류식 관로의 단면을 결정하는 데 중요한 요소로 옳은 것은?

① 계획우수량
② 계획1일평균오수량
③ 계획시간최대오수량
④ 계획시간평균오수량

■해설 계획하수량의 결정
㉠ 오수 및 우수관거

종류		계획하수량
합류식		계획시간최대오수량에 계획우수량을 합한 수량
분류식	오수관거	계획시간최대오수량
	우수관거	계획우수량

㉡ 차집관거
우천 시 계획오수량 또는 계획시간최대오수량의 3배를 기준으로 설계한다.
∴ 합류식 관로는 계획시간최대오수량에 계획우수량을 합한 수량을 기준으로 설계하지만 계획우수량의 비중이 압도적으로 커서 단면결정의 중요한 요소가 된다.

116. 혐기성 소화법과 비교할 때, 호기성 소화법의 특징으로 옳은 것은?

① 최초시공비 과다
② 유기물 감소율 우수
③ 저온 시 효율 향상
④ 소화슬러지의 탈수 불량

■해설 호기성 소화
㉠ 호기성 소화는 슬러지를 장기간 포기하여 미생물로 하여금 유기물의 분해와 내생호흡을 유도하여 슬러지의 양과 부패성을 감소시키며 안정화시키는 방법이다.
㉡ 호기성 소화법의 장단점

장점	단점
• 최초 투자비가 적다. • 반응속도가 빠르다. • 악취가 발생하지 않는다. • 운전이 용이하다. • 상징수의 수질이 우수하다.	• 포기에 소요되는 동력비가 과다하다. • 유용한 소화가스가 발생하지 않는다. • 슬러지의 탈수성이 불량하다. • 병원성 세균의 잔존 가능성으로 안전성이 떨어진다. • 가치 있는 부산물이 생성되지 않는다. • 유기물 감소율이 낮다. • 온도의 영향이 크다.

117. 정수처리 시 염소소독공정에서 생성될 수 있는 유해물질은?

① 유기물
② 암모니아
③ 환원성 금속이온
④ THM(트리할로메탄)

■해설 트리할로메탄(THM)
㉠ 염소소독을 실시하면 THM의 생성가능성이 존재한다. THM은 응집침전과 활성탄흡착으로 어느 정도 제거가 가능하며 현재 THM은 수도법상 발암물질로 규정되어 있다.
㉡ 전염소처리는 원수의 오염이 심할 때 침전 전의 공정에 염소를 투입하는 것으로, THM의 발생가능성은 크다.

118. 정수시설 내에서 조류를 제거하는 방법 중 약품으로 조류를 산화시켜 침전처리 등으로 제거하는 방법에 사용되는 것은?

① Zeolite
② 황산구리
③ 과망간산칼륨
④ 수산화나트륨

■해설 조류(Algae)
㉠ 호소나 저수지수에 영양염류인 질소나 인의 유입은 조류(Algae)나 식물성 플랑크톤의 증식을 유발한다.
㉡ 조류는 물에 맛과 냄새를 유발하며, 식물성 플랑크톤은 물의 투명도를 저하시킨다.
㉢ 조류를 제거하기 위해서는 황산동($CuSO_4$)이나 염소제 등을 투입한다.

119. 병원성미생물에 의하여 오염되거나 오염될 우려가 있는 경우, 수도꼭지에서의 유리잔류염소는 몇 mg/L 이상이 되도록 하여야 하는가?

① 0.1mg/L
② 0.4mg/L
③ 0.6mg/L
④ 1.8mg/L

■해설 상수도의 잔류염소 기준치
㉠ 평상시 말단 급수전에서 유리잔류염소가 0.2mg/L가 되도록 유지한다.
㉡ 병원성미생물에 의하여 오염되거나 오염될 우려가 있는 비상시에는 0.4mg/L가 되도록 유지한다.

|해답| 115.① 116.④ 117.④ 118.② 119.②

120. 배수관의 갱생공법으로 기존 관 내의 세척(Cleaning)을 수행하는 일반적인 공법으로 옳지 않은 것은?
① 제트(Jet)공법
② 실드(Shield)공법
③ 로터리(Rotary)공법
④ 스크레이퍼(Scraper)공법

■해설 관의 갱생공법
㉠ 노후관은 관 내에 Scale이 형성되어 통수불량 상태를 야기하고 흑수나 이물질의 유입으로 민원을 유발시키며 누수와 관 파손 등의 문제를 발생시킨다.
㉡ 관의 갱생공법
• 제트(Jet)공법
• 로터리(Rotary)공법
• 스크레이퍼(Scraper)공법

과년도 기출문제 (2021년 8월 14일 시행)

제1과목 응용역학

01. 그림과 같은 구조물의 부정정 차수는?

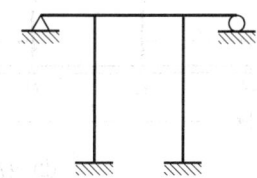

① 6차 부정정 ② 5차 부정정
③ 4차 부정정 ④ 3차 부정정

■해설 (일반적인 경우)
$N = r + m + s - 2p$
$= 9 + 5 + 4 - 2 \times 6 = 6차 부정정$
여기서, N : 부정정차수
r : 반력수
m : 부재수
s : 강접합수
p : 지점 또는 절점수

■별해 (라멘의 경우)
$N = B \times 3 - j = 3 \times 3 - (2+1) = 6차 부정정$
여기서, B : 상자수
$j =$ (내부힌지수) + (Roller 수×2) + (hinge 수)

02. 그림과 같은 단면에 600kN의 전단력이 작용할 때 최대전단응력의 크기는?

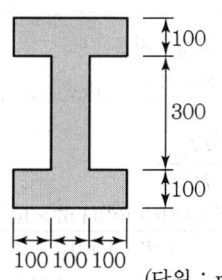

(단위 : mm)

① 12.71MPa ② 15.98MPa
③ 19.83MPa ④ 21.32MPa

■해설 $I_o = \frac{1}{12}(300 \times 500^3 - 200 \times 300^3)$
$= 2,675 \times 10^6 \text{mm}^4$
$G_o = (300 \times 250) \times \frac{250}{2} - (200 \times 150) \times \frac{150}{2}$
$= 7,125 \times 10^3 \text{mm}^3$
$b_o = 100 \text{mm}$
$\tau_{max} = \frac{S \cdot G_o}{I_o \cdot b_o}$
$= \frac{(600 \times 10^3) \times (7,125 \times 10^3)}{(2,675 \times 10^6) \times 100}$
$= 15.98 \text{MPa}$

03. 그림과 같은 30° 경사진 언덕에 40kN의 물체를 밀어 올릴 때 필요한 힘 P는 최소 얼마 이상이어야 하는가?(단, 마찰계수는 0.25이다.)

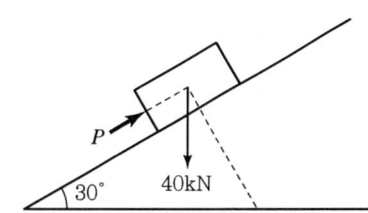

① 28.7kN ② 30.2kN
③ 34.7kN ④ 40.0kN

■해설
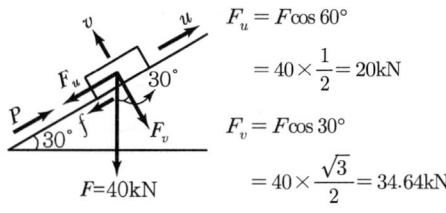

$F_u = F\cos 60°$
$= 40 \times \frac{1}{2} = 20 \text{kN}$

$F_v = F\cos 30°$
$= 40 \times \frac{\sqrt{3}}{2} = 34.64 \text{kN}$

$\Sigma F_u = 0(\nearrow \oplus)$
$P - F_u - f = 0$
$P = F_u + f$
$= F_u + \mu F_v$
$= 20 + 0.25 \times 34.64$
$= 28.66 \text{kN}$

|해답| 1.① 2.② 3.①

04. 그림과 같은 인장부재의 수직변위를 구하는 식으로 옳은 것은?(단, 탄성계수는 E이다.)

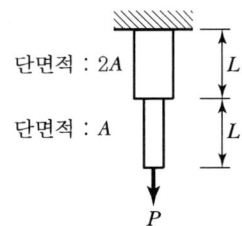

① $\dfrac{PL}{EA}$ ② $\dfrac{3PL}{2EA}$

③ $\dfrac{2PL}{EA}$ ④ $\dfrac{5PL}{2EA}$

■해설

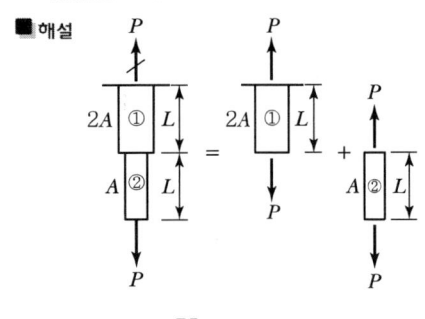

$\Delta_① = \dfrac{PL}{E(2A)}$

$\Delta_② = \dfrac{PL}{EA}$

$\Delta = \Delta_① + \Delta_② = \dfrac{PL}{2EA} + \dfrac{PL}{EA} = \dfrac{3PL}{2EA}$ (신장량)

05. 그림과 같은 사다리꼴 단면에서 $X-X'$ 축에 대한 단면 2차 모멘트 값은?

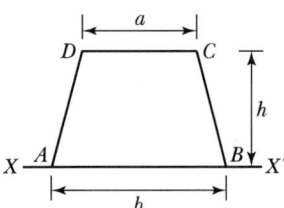

① $\dfrac{h^3}{12}(b+3a)$ ② $\dfrac{h^3}{12}(b+2a)$

③ $\dfrac{h^3}{12}(3b+a)$ ④ $\dfrac{h^3}{12}(2b+a)$

■해설 $I_{X-X'} = \dfrac{1}{3}ah^3 + \dfrac{1}{12}(b-a)h^3$

$= \dfrac{h^3}{12}(4a+b-a)$

$= \dfrac{h^3}{12}(b+3a)$

06. 그림과 같은 단순보에서 $C \sim D$구간의 전단력 값은?

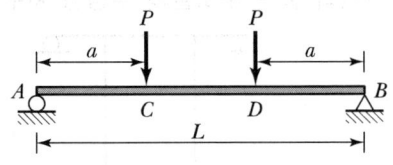

① P ② $2P$

③ $\dfrac{P}{2}$ ④ 0

■해설

$C \sim D$구간의 전단력은 '0'이다.

07. 단면이 100mm×200mm인 장주의 길이가 3m일 때 이 기둥의 좌굴하중은?(단, 기둥의 $E = 2.0 \times 10^4$ MPa, 지지상태는 일단 고정, 타단 자유이다.)

① 45.8kN ② 91.4kN
③ 182.8kN ④ 365.6kN

■해설 $k = 2.0$ (고정 - 자유)

$I_{\min} = \dfrac{200 \times 100^3}{12} = 1.67 \times 10^7 \text{mm}^4$

$P_{cr} = \dfrac{\pi^2 EI_{\min}}{(kl)^2}$

$= \dfrac{\pi^2 \times (2.0 \times 10^4)(1.67 \times 10^7)}{(2.0 \times 3,000)^2}$

$= 91.567 \times 10^3 \text{N} = 91.567 \text{kN}$

08. 그림과 같은 기둥에서 좌굴하중의 비 (a) : (b) : (c) : (d)는?(단, EI와 기둥의 길이는 모두 같다.)

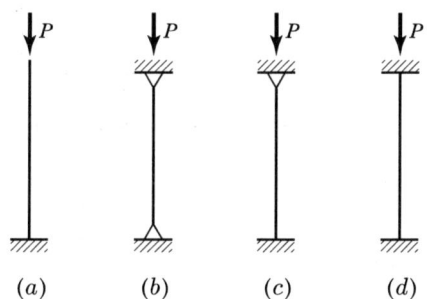

① 1 : 2 : 3 : 4
② 1 : 4 : 8 : 12
③ 1 : 4 : 8 : 16
④ 1 : 8 : 16 : 32

■해설 $P_{cr} = \dfrac{\pi^2 EI}{(kl)^2} = \dfrac{c}{k^2}$ ($c = \dfrac{\pi^2 EI}{l^2}$ 라고 가정)

$P_{cr(a)} : P_{cr(b)} : P_{cr(c)} : P_{cr(d)}$
$= \dfrac{c}{2^2} : \dfrac{c}{1^2} : \dfrac{c}{0.7^2} : \dfrac{c}{0.5^2}$
$= 1 : 4 : 8 : 16$

09. 그림과 같은 2개의 캔틸레버 보에 저장되는 변형에너지를 각각 $U_{(1)}$, $U_{(2)}$라고 할 때 $U_{(1)} : U_{(2)}$의 비는?(단, EI는 일정하다.)

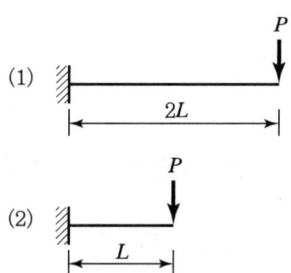

① 2 : 1
② 4 : 1
③ 8 : 1
④ 16 : 1

■해설 $U_{(1)} = \dfrac{1}{2} P \delta_{(1)} = \dfrac{1}{2} P \left(\dfrac{P(2l)^3}{3EI} \right) = 8 \left(\dfrac{P^2 l^3}{6EI} \right)$

$U_{(2)} = \dfrac{1}{2} P \delta_{(2)} = \dfrac{1}{2} P \left(\dfrac{Pl^3}{3EI} \right) = \dfrac{P^2 l^3}{6EI}$

$U_{(1)} : U_{(2)} = 8 : 1$

10. 그림과 같은 $r=4m$인 3힌지 원호 아치에서 지점 A에서 2m 떨어진 E점에 발생하는 휨모멘트의 크기는?

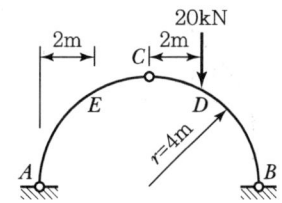

① 6.13kN·m
② 7.32kN·m
③ 8.27kN·m
④ 9.16kN·m

■해설 $\sum M_{\text{Ⓑ}} = 0 (\curvearrowright \oplus)$
$V_A \times 8 - 20 \times 2 = 0$
$V_A = 5kN (\uparrow)$

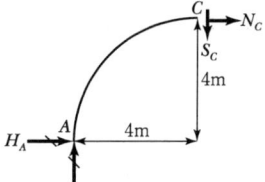

$\sum M_{\text{Ⓒ}} = 0 (\curvearrowright \oplus)$
$5 \times 4 - H_A \times 4 = 0$
$H_A = 5kN (\rightarrow)$

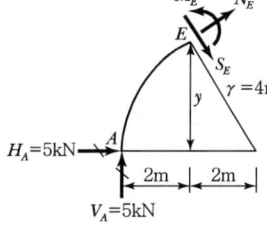

$y = \sqrt{4^2 - 2^2} = 2\sqrt{3}\,m$
$\sum M_{\text{Ⓔ}} = 0 (\curvearrowright \oplus)$
$5 \times 2 - 5 \times 2\sqrt{3} - M_E = 0$
$M_E = -7.32kN \cdot m$

11. 그림과 같은 트러스에서 AC부재의 부재력은?

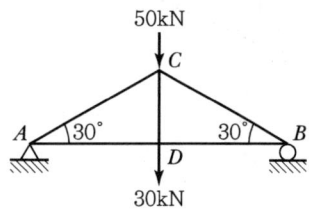

① 인장 40kN
② 압축 40kN
③ 인장 80kN
④ 압축 80kN

■해설 $V_A = V_B = \dfrac{50+30}{2} = 40\text{kN}(\uparrow)$

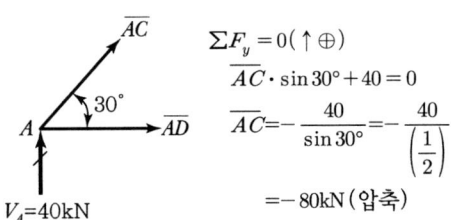

$\sum F_y = 0 (\uparrow \oplus)$
$\overline{AC} \cdot \sin 30° + 40 = 0$
$\overline{AC} = -\dfrac{40}{\sin 30°} = -\dfrac{40}{\left(\dfrac{1}{2}\right)}$
$= -80\text{kN}(압축)$

12. 그림과 같은 캔틸레버 보에서 C점의 처짐은? (단, EI는 일정하다.)

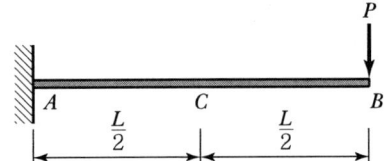

① $\dfrac{PL^3}{24EI}$ ② $\dfrac{5PL^3}{24EI}$

③ $\dfrac{PL^3}{48EI}$ ④ $\dfrac{5PL^3}{48EI}$

■해설
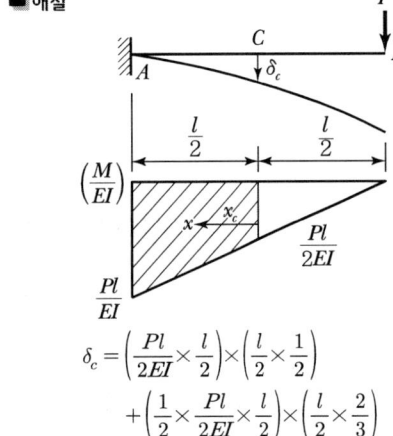

$\delta_c = \left(\dfrac{Pl}{2EI} \times \dfrac{l}{2}\right) \times \left(\dfrac{l}{2} \times \dfrac{1}{2}\right)$
$+ \left(\dfrac{1}{2} \times \dfrac{Pl}{2EI} \times \dfrac{l}{2}\right) \times \left(\dfrac{l}{2} \times \dfrac{2}{3}\right)$
$= \dfrac{5Pl^3}{48EI}$

13. 그림과 같은 부정정 구조물에서 B지점의 반력의 크기는?(단, 보의 휨강도 EI는 일정하다.)

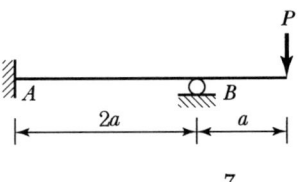

① $\dfrac{7}{3}P$ ② $\dfrac{7}{4}P$

③ $\dfrac{7}{5}P$ ④ $\dfrac{7}{6}P$

■해설
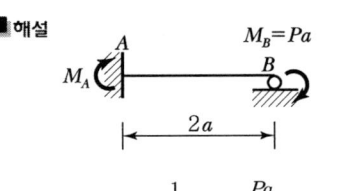

$M_A = \dfrac{1}{2}M_B = \dfrac{Pa}{2}$ $M_B = Pa$

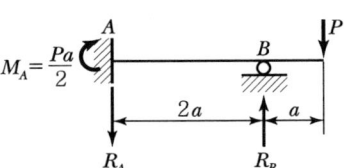

$\sum M_\text{Ⓐ} = 0(\curvearrowleft \oplus)$
$\dfrac{Pa}{2} - R_B \times 2a + P \times 3a = 0$
$R_B = \dfrac{7}{4}P = 1.75P(\uparrow)$

14. 그림과 같은 단순보에서 A점의 반력이 B점의 반력의 2배가 되도록 하는 거리 x는?(단, x는 A점으로부터의 거리이다.)

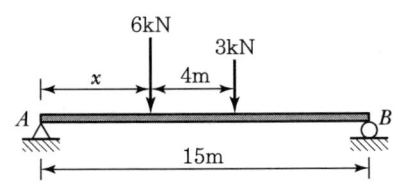

① 1.67m   ② 2.67m
③ 3.67m   ④ 4.67m

■해설 $\Sigma F_y = 0(\uparrow \oplus)$
$R_A + R_B - 6 - 3 = 0$
$(2R_B) + R_B = 9$
$R_B = 3\text{kN}(\uparrow)$
$\Sigma M_{\circledA} = 0(\curvearrowright \oplus)$
$6x + 3(x+4) - 3 \times 15 = 0$
$x = 3.67\text{m}$

15. 그림과 같은 단순보에서 B점에 모멘트 M_B가 작용할 때 A점에서의 처짐각(θ_A)은?(단, EI는 일정하다.)

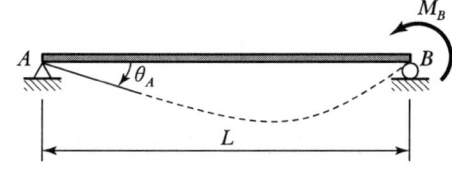

① $\dfrac{M_B L}{2EI}$ ② $\dfrac{M_B L}{3EI}$

③ $\dfrac{M_B L}{6EI}$ ④ $\dfrac{M_B L}{8EI}$

■해설 $\theta_A = \dfrac{l}{6EI}(2M_A + M_B)$
$= \dfrac{l}{6EI}(0 + M_B) = \dfrac{M_B l}{6EI}$

16. 다음 중 정(+)과 부(−)의 값을 모두 갖는 것은?

① 단면계수
② 단면 2차 모멘트
③ 단면 2차 반지름
④ 단면 상승 모멘트

■해설 $I_{xy} = \displaystyle\int_A xy\,dA = I_{XY} + Ax_0 y_0$

단면 상승 모멘트는 주어진 단면에 대한 설정 축의 위치에 따라 정(+)의 값과 부(−)의 값이 모두 존재할 수 있다.

17. 그림과 같이 이축응력(二軸應力)을 받고 있는 요소의 체적변형률은?(단, 이 요소의 탄성계수 $E = 2 \times 10^5\text{MPa}$, 푸아송 비 $\nu = 0.30$이다.)

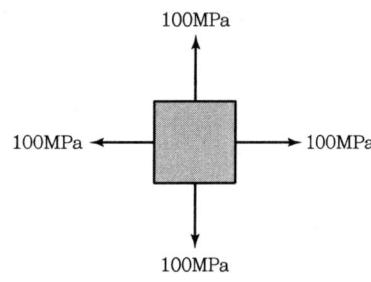

① 3.6×10^{-4} ② 4.0×10^{-4}
③ 4.4×10^{-4} ④ 4.8×10^{-4}

■해설 $\varepsilon_v = \dfrac{1-2\nu}{E}(\sigma_x + \sigma_y + \sigma_z)$
$= \dfrac{1 - 2 \times 0.3}{2 \times 10^5}(100 + 100) = 4 \times 10^{-4}$

18. 그림과 같은 구조물의 C점에 연직하중이 작용할 때 AC부재가 받는 힘은?

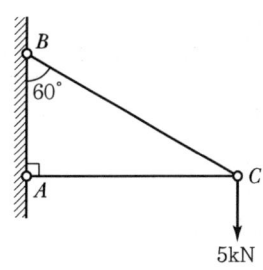

① 2.5kN   ② 5.0kN
③ 8.7kN   ④ 10.0kN

■해설
$\Sigma F_y = 0(\uparrow \oplus)$
$F_{BC} \cdot \sin 30° - 5 = 0$
$F_{BC} = \dfrac{5}{\sin 30°} = \dfrac{5}{\left(\dfrac{1}{2}\right)} = 10\text{kN}\,(인장)$
$\Sigma F_x = 0(\rightarrow \oplus)$
$-F_{BC} \cdot \cos 30° - F_{AC} = 0$
$F_{AC} = -F_{BC} \cdot \cos 30° = -(10) \times \left(\dfrac{\sqrt{3}}{2}\right)$
$= -8.66\text{kN}\,(압축)$

|해답| 15.③ 16.④ 17.② 18.③

19. 그림과 같은 단순보에서 C점에 30kN·m의 모멘트가 작용할 때 A점의 반력은?

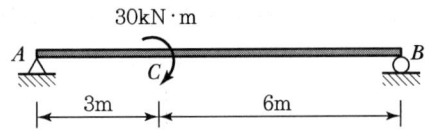

① $\dfrac{10}{3}$kN(↓)   ② $\dfrac{10}{3}$kN(↑)

③ $\dfrac{20}{3}$kN(↓)   ④ $\dfrac{20}{3}$kN(↑)

■해설

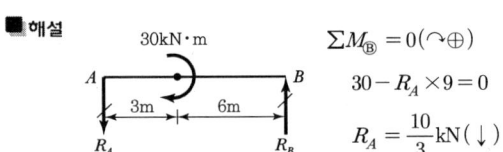

$\sum M_B = 0(\curvearrowleft \oplus)$

$30 - R_A \times 9 = 0$

$R_A = \dfrac{10}{3}\text{kN}(\downarrow)$

20. 그림과 같은 하중을 받는 보의 최대전단응력은?

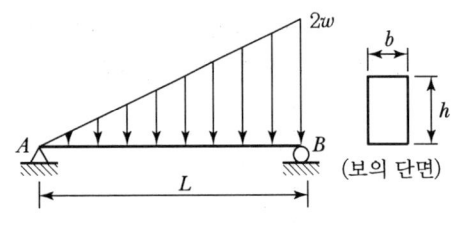

① $\dfrac{2wL}{3bh}$ ② $\dfrac{3wL}{2bh}$

③ $\dfrac{2wL}{bh}$ ④ $\dfrac{wL}{bh}$

■해설 $S_{\max} = R_B = \dfrac{(2w)l}{3}$

$\tau_{\max} = \alpha \dfrac{S_{\max}}{A}$

$= \left(\dfrac{3}{2}\right) \times \dfrac{1}{(bh)} \times \left(\dfrac{2wl}{3}\right) = \dfrac{wl}{bh}$

제2과목 측량학

21. 하천의 심천(측심)측량에 관한 설명으로 틀린 것은?

① 심천측량은 하천의 수면으로부터 하저까지 깊이를 구하는 측량으로 횡단측량과 같이 행한다.
② 측심간(Rod)에 의한 심천측량은 보통 수심 5m 정도의 얕은 곳에 사용한다.
③ 측심추(Lead)로 관측이 불가능한 깊은 곳은 음향측심기를 사용한다.
④ 심천측량은 수위가 높은 장마철에 하는 것이 효과적이다.

22. 트래버스측량의 각 관측방법 중 방위각법에 대한 설명으로 틀린 것은?

① 진북을 기준으로 어느 측선까지 시계방향으로 측정하는 방법이다.
② 방위각법에는 반전법과 부전법이 있다.
③ 각이 독립적으로 관측되므로 오차 발생 시, 개별 각의 오차는 이후의 측량에 영향이 없다.
④ 각 관측값의 계산과 제도가 편리하고 신속히 관측할 수 있다.

■해설 방위각법은 직접방위각이 관측되어 편리하나 오차 발생 시 이후 측량에도 영향을 끼친다.
※ ③ 교각법의 내용임

23. 종단 및 횡단수준측량에서 중간점이 많은 경우에 가장 편리한 야장기입법은?

① 고차식   ② 승강식
③ 기고식   ④ 간접식

■해설 ① 기고식 야장기입법 : 중간점이 많은 길고 좁은 지형
② 승강식 야장기입법 : 정밀한 측정을 요할 때
③ 고차식 야장기입법 : 두 점 간의 고저차를 구할 때

24. 일반적으로 단열삼각망으로 구성하기에 가장 적합한 것은?

① 시가지와 같이 정밀을 요하는 골조측량
② 복잡한 지형의 골조측량
③ 광대한 지역의 지형측량
④ 하천조사를 위한 골조측량

■해설 하천조사 시 골조측량으로 정밀도가 낮은 단열삼각망을 사용한다.

25. GNSS 측량에 대한 설명으로 옳지 않은 것은?

① 상대측위기법을 이용하면 절대측위보다 높은 측위정확도의 확보가 가능하다.
② GNSS 측량을 위해서는 최소 4개의 가시위성 (Visible Satellite)이 필요하다.
③ GNSS 측량을 통해 수신기의 좌표뿐만 아니라 시계오차도 계산할 수 있다.
④ 위성의 고도각(Elevation Angle)이 낮은 경우 상대적으로 높은 측위정확도의 확보가 가능하다.

■해설 고도각이 높을수록 높은 측위 정확도의 확보가 가능하다.

26. 축척 1 : 5,000인 지형도에서 AB 사이의 수평거리가 2cm이면 AB의 경사는?

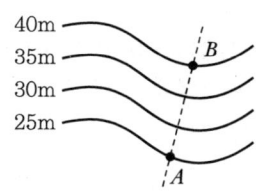

① 10% ② 15%
③ 20% ④ 25%

■해설 경사$(i) = \dfrac{H}{D} \times 100 = \dfrac{15}{0.02 \times 5,000} \times 100$
$= 15\%$

27. A, B 두 점에서 교호수준측량을 실시하여 다음의 결과를 얻었다. A점의 표고가 67.104m일 때 B점의 표고는?(단, a_1=3.756m, a_2=1.572m, b_1=4.995m, b_2=3.209m)

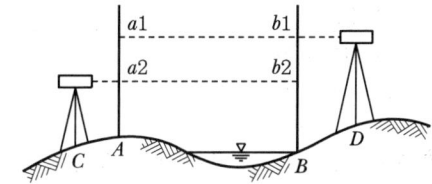

① 64.668m ② 65.666m
③ 68.542m ④ 69.089m

■해설
• $\Delta H = \dfrac{(a_1 - b_1) + (a_2 - b_2)}{2}$
$= \dfrac{(3.756 - 4.995) + (1.572 - 3.209)}{2}$
$= -1.438\text{m}$
• $H_B = H_A - \Delta H = 67.104 - 1.438 = 65.666\text{m}$

28. 폐합 트래버스에서 위거의 합이 −0.17m, 경거의 합이 0.22m이고, 전 측선의 거리의 합이 252m일 때 폐합비는?

① 1/900   ② 1/1,000
③ 1/1,100 ④ 1/1,200

■해설 폐합비 $= \dfrac{\text{폐합오차}}{\text{전측선의 길이}} = \dfrac{E}{\sum L}$
$= \dfrac{\sqrt{(-0.17)^2 + 0.22^2}}{252} \fallingdotseq \dfrac{1}{900}$

29. 토털스테이션으로 각을 측정할 때 기계의 중심과 측점이 일치하지 않아 0.5mm의 오차가 발생하였다면 각 관측오차를 2″ 이하로 하기 위한 관측변의 최소길이는?

① 82.51m ② 51.57m
③ 8.25m   ④ 5.16m

■해설
• $\dfrac{\Delta l}{l} = \dfrac{\theta''}{\rho''}$
• $l = \Delta l \cdot \dfrac{\rho''}{\theta''} = 0.5 \times \dfrac{206,265''}{2''} = 51,566\text{mm}$
$= 51.57\text{m}$

30. 상차라고도 하며 그 크기와 방향(부호)이 불규칙적으로 발생하고 확률론에 의해 추정할 수 있는 오차는?

① 착오
② 정오차
③ 개인오차
④ 우연오차

■해설 우연오차는 오차원인이 불분명하여 제거할 수 없다.

31. 평면측량에서 거리의 허용오차를 1/500,000까지 허용한다면 지구를 평면으로 볼 수 있는 한계는 몇 km인가?(단, 지구의 곡률반지름은 6,370km이다.)

① 22.07km
② 31.2km
③ 2,207km
④ 3,121km

■해설
- 정도 $\left(\dfrac{\triangle L}{L}\right) = \dfrac{L^2}{12R^2}$
- $\dfrac{1}{500,000} = \dfrac{L^2}{12 \times 6,370^2}$
- $L = \sqrt{\dfrac{12 \times 6,370^2}{500,000}} = 31.2$km

32. 수준측량과 관련된 용어에 대한 설명으로 틀린 것은?

① 수준면(Level Surface)은 각 점들이 중력방향에 직각으로 이루어진 곡면이다.
② 어느 지점의 표고(Elevation)라 함은 그 지역 기준타원체로부터의 수직거리를 말한다.
③ 지구곡률을 고려하지 않는 범위에서는 수준면(Level Surface)을 평면으로 간주한다.
④ 지구의 중심을 포함한 평면과 수준면이 교차하는 선이 수준선(Level Line)이다.

■해설 표고는 기준면에서 어떤 점까지의 연직높이

33. 축척 1:20,000인 항공사진에서 굴뚝의 변위가 2.0mm이고, 연직점에서 10cm 떨어져 나타났다면 굴뚝의 높이는?(단, 촬영 카메라의 초점거리 = 15cm)

① 15m
② 30m
③ 60m
④ 80m

■해설
- $\dfrac{1}{m} = \dfrac{f}{H}$
- $H = mf = 20,000 \times 0.15 = 3,000$m
- $h = \dfrac{H}{b_0}\triangle P = \dfrac{3,000}{0.1} \times 0.002 = 60$m

34. 대단위 신도시를 건설하기 위한 넓은 지형의 정지공사에서 토량을 계산하고자 할 때 가장 적합한 방법은?

① 점고법
② 비례 중앙법
③ 양단면 평균법
④ 각주공식에 의한 방법

■해설 점고법
넓고 비교적 평탄한 지형의 체적계산에 사용하고 지표상에 있는 점의 표고를 숫자로 표시해 높이를 나타내는 방법

35. 곡선반지름이 500m인 단곡선의 종단현이 15.343m라면 종단현에 대한 편각은?

① 0°31′37″
② 0°43′19″
③ 0°52′45″
④ 1°04′26″

■해설
$\delta_2 = \dfrac{l_2}{R} \times \dfrac{90°}{\pi} = \dfrac{15.343}{500} \times \dfrac{90°}{\pi}$
$= 0°52′45″$

36. 축척 1:500 도상에서 3변의 길이가 각각 20.5cm, 32.4cm, 28.5cm인 삼각형 지형의 실제면적은?

① 40.70m²
② 288.53m²
③ 6,924.15m²
④ 7,213.26m²

|해답| 30.④ 31.② 32.② 33.③ 34.① 35.③ 36.④

■해설 ① $S = \frac{1}{2}(a+b+c)$
$= \frac{1}{2}(20.5 + 32.4 + 28.5) = 40.7m$

② 면적(A)
$= \sqrt{S(S-a)(S-b)(S-c)} \times m^2$
$= \sqrt{40.7 \times (40.7-20.5) \times (40.7-32.4) \times (40.7-28.5)} \times 500^2$
$= 7,213.26m^2$

37. 지형의 표시법에서 자연적 도법에 해당하는 것은?

① 점고법　　② 등고선법
③ 영선법　　④ 채색법

■해설 자연적 도법은 음영법, 영선법이다.

38. 완화곡선에 대한 설명으로 옳지 않은 것은?

① 완화곡선의 곡선반지름은 시점에서 무한대, 종점에서 원곡선의 반지름 R로 된다.
② 클로소이드의 형식에는 S형, 복합형, 기본형 등이 있다.
③ 완화곡선의 접선은 시점에서 원호에, 종점에서 직선에 접한다.
④ 모든 클로소이드는 닮은꼴이며 클로소이드 요소에는 길이의 단위를 가진 것과 단위가 없는 것이 있다.

■해설 완화곡선의 접선은 시점에서 직선에, 종점에서 원호에 접한다.

39. 측점 A에 토털스테이션을 정치하고 B점에 설치한 프리즘을 관측하였다. 이때 기계고 1.7m, 고저각 +15°, 시준고 3.5m, 경사거리가 2,000m이었다면, 두 측점의 고저차는?

① 512.438m　　② 515.838m
③ 522.838m　　④ 534.098m

■해설 $\Delta H = IH + D\sin\alpha - h$
$= 1.7 + 2,000\sin15° - 3.5m$
$= 515.838m$

40. 곡선반지름 R, 교각 I인 단곡선을 설치할 때 각 요소의 계산공식으로 틀린 것은?

① $M = R\left(1 - \sin\frac{I}{2}\right)$　　② $TL = R\tan\frac{I}{2}$
③ $CL = \frac{\pi}{180°}RI°$　　④ $E = R\left(\sec\frac{I}{2} - 1\right)$

■해설 중앙종거(M) $= R\left(1 - \cos\frac{I}{2}\right)$

제3과목 수리수문학

41. 가능최대강수량(PMP)에 대한 설명으로 옳은 것은?

① 홍수량 빈도해석에 사용된다.
② 강우량과 장기변동성향을 판단하는 데 사용된다.
③ 최대강우강도와 면적관계를 결정하는 데 사용된다.
④ 대규모 수공구조물의 설계홍수량을 결정하는 데 사용된다.

■해설 가능최대강수량(PMP)
가능최대강수량이란 어떤 지역에서 생성될 수 있는 가장 극심한 기상조건에서 발생 가능한 호우로 인한 최대강수량을 말한다. 대규모 수공구조물을 설계하고자 할 때 기준으로 삼는 우량이며, 통계학적으로는 10,000년 빈도에 해당하는 홍수량이다.

42. 수로 폭이 3m인 직사각형 수로에 수심이 50cm로 흐를 때 흐름이 상류(Subcritical Flow)가 되는 유량은?

① 2.5m³/sec　　② 4.5m³/sec
③ 6.5m³/sec　　④ 8.5m³/sec

■해설 상류와 사류
㉠ 상류(常流)와 사류(射流)
• $F_r = \frac{V}{C} = \frac{V}{\sqrt{gh}}$
여기서, V : 유속
C : 파의 전달속도

|해답| 37.③　38.③　39.②　40.①　41.④　42.①

- $F_r < 1$: 상류(常流)
- $F_r > 1$: 사류(射流)
- $F_r = 1$: 한계류

ⓒ 유속의 산정

① $V = \dfrac{Q}{A} = \dfrac{2.5}{3 \times 0.5} = 1.67\,\text{m/s}$

② $V = \dfrac{Q}{A} = \dfrac{4.5}{3 \times 0.5} = 3\,\text{m/s}$

③ $V = \dfrac{Q}{A} = \dfrac{6.5}{3 \times 0.5} = 4.33\,\text{m/s}$

④ $V = \dfrac{Q}{A} = \dfrac{8.5}{3 \times 0.5} = 5.67\,\text{m/s}$

ⓒ 상류와 사류의 구분

① $F_r = \dfrac{V}{\sqrt{gh}} = \dfrac{1.67}{\sqrt{9.8 \times 0.5}} = 0.75$

② $F_r = \dfrac{V}{\sqrt{gh}} = \dfrac{3}{\sqrt{9.8 \times 0.5}} = 1.36$

③ $F_r = \dfrac{V}{\sqrt{gh}} = \dfrac{4.33}{\sqrt{9.8 \times 0.5}} = 1.96$

④ $F_r = \dfrac{V}{\sqrt{gh}} = \dfrac{5.67}{\sqrt{9.8 \times 0.5}} = 2.56$

∴ 상류일 조건으로 $F_r < 1$를 만족하는 유량은 $2.5\,\text{m}^3/\text{s}$이다.

43. 폭이 35cm인 직사각형 위어(Weir)의 유량을 측정하였더니 0.03m³/s이었다. 월류수심의 측정에 1mm의 오차가 생겼다면, 유량에 발생하는 오차는?[단, 유량계산은 프란시스(Francis) 공식을 사용하고, 월류 시 단면수축은 없는 것으로 가정한다.]

① 1.16% ② 1.50%
③ 1.67% ④ 1.84%

■해설 수두측정오차와 유량오차의 관계

㉠ 직사각형 위어의 수두측정오차와 유량오차의 관계
$$\dfrac{dQ}{Q} = \dfrac{3}{2}\dfrac{dH}{H}$$

㉡ 수심의 계산
- $Q = 1.84 b_0 h^{\frac{3}{2}}$
- $0.03 = 1.84 \times 0.35 \times h^{\frac{3}{2}}$
- ∴ $h = 0.13\,\text{m}$

㉢ 오차의 산정
$$\dfrac{dQ}{Q} = \dfrac{3}{2}\dfrac{dH}{H} = \dfrac{3}{2} \times \dfrac{0.001}{0.13} = 0.0115 = 1.15\%$$

44. 1cm 단위도의 종거가 1, 5, 3, 1, 0이다. 유효강우량이 10mm, 20mm 내렸을 때 직접유출수문곡선의 종거는?(단, 모든 시간간격은 1시간이다.)

① 1, 5, 3, 1, 1 ② 1, 5, 10, 9, 2
③ 1, 7, 13, 7, 2 ④ 1, 7, 13, 9, 2

■해설 단위도의 종거

단위도의 종거 계산은 다음 표에 의해 구한다.

(1) 시간 (hr)	(2) 단위도 종거 (m³/sec)	(3) 10mm 유효강우량	(4) 20mm 유효강우량	(5) 직접유출 (3)+(4)
0	1	1		1
1	5	5	2	7
2	3	3	10	13
3	1	1	6	7
4			2	2
5				

∴ 직접유출수문곡선의 종거는 (5)번 항목으로 1, 7, 13, 7, 2이다.

45. 다음 중 도수(跳水, Hydraulic Jump)가 생기는 경우는?

① 사류(射流)에서 사류(射流)로 변할 때
② 사류(射流)에서 상류(常流)로 변할 때
③ 상류(常流)에서 상류(常流)로 변할 때
④ 상류(常流)에서 사류(射流)로 변할 때

■해설 도수

흐름이 사류(射流)에서 상류(常流)로 바뀔 때 수면이 불연속적으로 뛰는 현상을 도수(Hydraulic Jump)라고 한다.

46. 압력 150kN/m²를 수은기둥으로 계산한 높이는?(단, 수은의 비중은 13.57, 물의 단위중량은 9.81kN/m³이다.)

① 0.905m ② 1.13m
③ 15m   ④ 203.5m

■해설 정수압

㉠ 정수압
$P = wh$

여기서, P : 압력
w : 단위중량
h : 수두

ⓒ 수은주의 높이 계산

$$h = \frac{P}{w} = \frac{150}{13.57 \times 9.81} = 1.13\text{m}$$

47.
1차원 정류흐름에서 단위시간에 대한 운동량방정식은?(단, F : 힘, m : 질량, V_1 : 초속도, V_2 : 종속도, Δt : 시간의 변화량, S : 변위, W : 물체의 중량)

① $F = W \cdot S$　　② $F = m \cdot \Delta t$
③ $F = m\dfrac{V_2 - V_1}{S}$　　④ $F = m(V_2 - V_1)$

■해설 운동량방정식
Δt시간 동안 물체에 작용하는 운동량방정식은 다음과 같이 유도된다.
$$F = m\frac{(V_2 - V_1)}{\Delta t}$$
∴ 단위시간($\Delta t = 1$)에 대한 운동량방정식 $F = m(V_2 - V_1)$이다.

48.
지름 4cm, 길이 30cm인 시험원통에 대수층의 표본을 채웠다. 시험원통의 출구에서 압력수두를 15cm로 일정하게 유지할 때 2분 동안 12cm³의 유출량이 발생하였다면 이 대수층 표본의 투수계수는?

① 0.008cm/s　　② 0.016cm/s
③ 0.032cm/s　　④ 0.048cm/s

■해설 Darcy의 법칙
㉠ Darcy의 법칙
$$V = K \cdot I = K \cdot \frac{h_L}{L},$$
$$Q = A \cdot V = A \cdot K \cdot I = A \cdot K \cdot \frac{h_L}{L}$$ 로 구할 수 있다.

ⓒ 투수계수의 산정
$$K = \frac{Q}{A\frac{h}{L}} = \frac{0.1}{\frac{3.14 \times 4^2}{4} \times \frac{15}{30}} = 0.016\text{cm/sec}$$

49.
다음 중 부정류흐름의 지하수를 해석하는 방법은?

① Theis방법　　② Dupuit방법
③ Thiem방법　　④ Laplace방법

■해설 부정류지하수 해석법
부정류지하수를 해석하는 방법에는 Theis, Jacob, Chow방법 등이 있다.

50.
안지름이 20cm인 관로에서 관의 마찰에 의한 손실수두가 속도수두와 같게 되었다면, 이때 관로의 길이는?(단, 마찰저항계수 $f = 0.04$이다.)

① 3m　　② 4m
③ 5m　　④ 6m

■해설 마찰손실수두
㉠ 마찰손실수두
$$h_L = f\frac{l}{D}\frac{V^2}{2g}$$
ⓒ 길이의 계산
$$f\frac{l}{D}\frac{V^2}{2g} = \frac{V^2}{2g}$$
$$\to 0.04 \times \frac{l}{0.2} \times \frac{V^2}{2g} = \frac{V^2}{2g}$$
∴ $l = 5\text{m}$

51.
관수로에서 관의 마찰손실계수가 0.02, 관의 지름이 40cm일 때, 관 내 물의 흐름이 100m를 흐르는 동안 2m의 마찰손실수두가 발생하였다면 관 내의 유속은?

① 0.3m/s　　② 1.3m/s
③ 2.8m/s　　④ 3.8m/s

■해설 마찰손실수두
㉠ 마찰손실수두
$$h_L = f\frac{l}{D}\frac{V^2}{2g}$$
ⓒ 유속의 계산
$$V = \sqrt{\frac{2gDh_L}{fl}} = \sqrt{\frac{2 \times 9.8 \times 0.4 \times 2}{0.02 \times 100}} = 2.8\text{m/s}$$

|해답| 47.④　48.②　49.①　50.③　51.③

52. 물이 유량 $Q=0.06\text{m}^3/\text{s}$로 60°의 경사평면에 충돌할 때 충돌 후의 유량 Q_1, Q_2는?(단, 에너지손실과 평면의 마찰은 없다고 가정하고 기타 조건은 일정하다.)

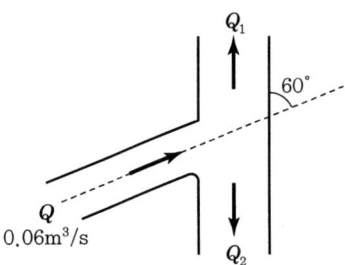

① $Q_1 : 0.03\text{m}^3/\text{s}$, $Q_2 : 0.03\text{m}^3/\text{s}$
② $Q_1 : 0.035\text{m}^3/\text{s}$, $Q_2 : 0.025\text{m}^3/\text{s}$
③ $Q_1 : 0.040\text{m}^3/\text{s}$, $Q_2 : 0.020\text{m}^3/\text{s}$
④ $Q_1 : 0.045\text{m}^3/\text{s}$, $Q_2 : 0.015\text{m}^3/\text{s}$

■해설 **분류유량**
㉠ 충돌 전의 유속 V와 충돌 후의 유속 V_1 및 V_2는 동일하다.
$Q_1 - Q_2 = Q\cos\theta$
㉡ 분류유량의 계산
연속방정식에 의해 $Q = Q_1 + Q_2$
- $Q_1 = \dfrac{Q}{2}(1+\cos\theta)$
$= \dfrac{0.06}{2}(1+\cos 60°) = 0.045\text{m}^3/\text{sec}$
- $Q_2 = \dfrac{Q}{2}(1-\cos\theta)$
$= \dfrac{0.06}{2}(1-\cos 60°) = 0.015\text{m}^3/\text{sec}$

53. 자연하천의 특성을 표현할 때 이용되는 하상계수에 대한 설명으로 옳은 것은?

① 최심하상고와 평형하상고의 비이다.
② 최대유량과 최소유량의 비로 나타낸다.
③ 개수 전과 개수 후의 수심 변화량의 비를 말한다.
④ 홍수 전과 홍수 후의 하상 변화량의 비를 말한다.

■해설 **하상계수**
하천유황의 변동 정도를 표시하는 지표로서 대하천 주요 지점에서 최대유량과 최소유량의 비를 말한다. 우리나라의 주요 하천은 하상계수가 대부분 300을 넘어 외국하천에 비해 하천유황이 대단히 불안정하다.

54. 탱크 속에 깊이 2m의 물과 그 위에 비중 0.85의 기름이 4m 들어 있다. 탱크바닥에서 받는 압력을 구한 값은?(단, 물의 단위중량은 9.81kN/m^3이다.)

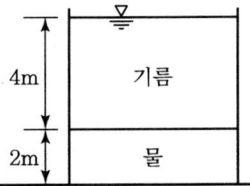

① 52.974kN/m^2 ② 53.974kN/m^2
③ 54.974kN/m^2 ④ 55.974kN/m^2

■해설 **정수압**
㉠ 정수압
$P = wh$
여기서, w : 단위중량
h : 수심
㉡ 정수압의 산정
$P = P_1 + P_2 = w_1 h_1 + w_2 h_2$
$= 0.85 \times 9.81 \times 4 + 9.81 \times 2 = 52.974\text{kN/m}^3$

55. 폭이 무한히 넓은 개수로의 동수반경(Hydraulic Radius, 경심)은?

① 계산할 수 없다.
② 개수로의 폭과 같다.
③ 개수로의 면적과 같다.
④ 개수로의 수심과 같다.

■해설 **경심**
㉠ 경심
$R = \dfrac{A}{P}$
여기서, A : 면적
P : 윤변
㉡ 직사각형 단면의 경심
$R = \dfrac{A}{P} = \dfrac{BH}{B+2H}$
㉢ 광폭개수로의 경심
광폭개수로는 수심에 비하여 폭이 넓은 개수로를 말하므로 분모에서 폭에 $2H$를 더하는 것은 의미가 없어 $2H$는 생략 가능하다.
$\therefore R = \dfrac{BH}{B+2H(\fallingdotseq 0)} = \dfrac{BH}{B} \fallingdotseq H$
∴ 광폭개수로에서 경심은 수심과 같다고 본다.

|해답| 52.④ 53.② 54.① 55.④

56. 원형 관 내 층류영역에서 사용 가능한 마찰손실계수 식은?(단, Re : Reynolds수)

① $\dfrac{1}{Re}$ ② $\dfrac{4}{Re}$

③ $\dfrac{24}{Re}$ ④ $\dfrac{64}{Re}$

■해설 마찰손실계수
㉠ 원관 내 층류($Re < 2,000$)
$$f = \dfrac{64}{Re}$$
㉡ 불완전 층류 및 난류($Re > 2,000$)
- $f = \phi\left(\dfrac{1}{Re}, \dfrac{e}{d}\right)$
- f는 Re와 상대조도(ε/d)의 함수이다.
- 매끈한 관의 경우 f는 Re만의 함수이다.
- 거친 관의 경우 f는 상대조도(ε/d)만의 함수이다

∴ 층류에서 마찰손실계수는 $f = \dfrac{64}{Re}$이다.

57. 저수지에 설치된 나팔형 위어의 유량 Q와 월류수심 h와의 관계에서 완전월류상태는 $Q \propto h^{3/2}$이다. 불완전월류(수중위어)상태에서의 관계는?

① $Q \propto h^{-1}$ ② $Q \propto h^{1/2}$

③ $Q \propto h^{3/2}$ ④ $Q \propto h^{-1/2}$

■해설 나팔형 위어
㉠ 나팔형 여수로는 주여수로로 사용하기보다는 비상여수로로 사용하며 그 입구가 나팔형으로 되어 있고, 자유월류의 경우와 완전히 물속에 잠겨 있는 관수로의 유입과 같은 수중위어의 형태로 나타낼 수 있다.
㉡ 자유월류의 경우
$$Q = CLh^{\frac{3}{2}}$$
여기서, C : 유량계수
L : 위어의 길이
h : 수심
㉢ 수중위어의 경우
$$Q = Cah^{\frac{1}{2}}$$
여기서, a : 위어 출구부의 면적
∴ 수중위어의 경우 $Q \propto h^{\frac{1}{2}}$이다.

58. 다음 중 토양의 침투능(Infiltration Capacity) 결정방법에 해당되지 않는 것은?

① Philip공식
② 침투계에 의한 실측법
③ 침투지수에 의한 방법
④ 물수지원리에 의한 산정법

■해설 침투능 추정법
㉠ 침투능을 추정하는 방법
- 침투지수법에 의한 방법
- 침투계에 의한 방법
- 경험공식에 의한 방법
㉡ 침투지수법에 의한 방법
- ϕ - index법 : 우량주상도에서 총 강우량과 손실량을 구분하는 수평선에 대응하는 강우강도가 ϕ -지표이며, 이것이 평균침투능의 크기이다.
- W - index법 : ϕ - index법을 개선한 방법으로 지면보유, 증발산량 등을 고려한 방법이다.
㉢ 경험공식에 의한 방법
- Horton의 경험식
- Philip의 경험식
- Holtan의 경험식
∴ 침투능 결정방법이 아닌 것은 물수지 원리에 의한 산정법이다.

59. 동점성계수와 비중이 각각 0.0019m²/s와 1.2인 액체의 점성계수 μ는?(단, 물의 밀도는 1,000kg/m³)

① 1.9kgf·s/m²   ② 0.19kgf·s/m²
③ 0.23kgf·s/m²   ④ 2.3kgf·s/m²

■해설 물의 물리적 성질
㉠ 단위중량과 밀도의 관계
$$w = \rho \cdot g$$
여기서, ρ : 밀도
g : 중력가속도
$$\therefore \rho = \dfrac{w}{g} = \dfrac{1.2}{9.8} = 0.122 \text{t} \cdot \sec^2/\text{m}^4$$
㉡ 동점성계수
$$\nu = \dfrac{\mu}{\rho}$$
여기서, μ : 점성계수
ρ : 밀도
$$\therefore \mu = \nu \cdot \rho = 0.0019 \times 0.122$$
$$= 2.318 \times 10^{-4} \text{t} \cdot \sec/\text{m}^2 = 0.23 \text{kg} \cdot \sec/\text{m}^2$$

60. 개수로의 흐름에 대한 설명으로 옳지 않은 것은?

① 사류(Supercritical Flow)에서는 수면변동이 일어날 때 상류(上流)로 전파될 수 없다.
② 상류(Subcritical Flow)일 때는 Froude수가 1 보다 크다.
③ 수로경사가 한계경사보다 클 때 사류(Supercritical Flow)가 된다.
④ Reynolds수가 500보다 커지면 난류(Turbulent Flow)가 된다.

■해설 개수로 흐름해석
㉠ 하류(下流)의 흐름이 상류(上流)에 영향을 주는 흐름을 상류(常流), 영향을 주지 못하는 흐름을 사류(射流)라고 한다.
㉡ $F_r < 1$: 상류, $F_r = 1$: 한계류, $F_r > 1$: 사류로 판정한다.
㉢ 수로의 경사(I)가 한계경사(I_c)보다 크면 사류, 적으면 상류가 된다.
㉣ 개수로에서 한계레이놀즈수(Re_c)는 500보다 작으면 층류, 500보다 크면 난류라고 한다.

제4과목 철근콘크리트 및 강구조

61. 철근의 이음 방법에 대한 설명으로 틀린 것은? (단, l_d는 정착길이)

① 인장을 받는 이형철근의 겹침이음길이는 A급 이음과 B급 이음으로 분류하며, A급 이음은 $1.0l_d$ 이상, B급 이음은 $1.3l_d$ 이상이며, 두 가지 경우 모두 300mm 이상이어야 한다.
② 인장 이형철근의 겹침이음에서 A급 이음은 배치된 철근량이 이음부 전체 구간에서 해석 결과 요구되는 소요 철근량의 2배 이상이고, 소요 겹침이음길이 내 겹침이음된 철근량이 전체 철근량의 1/2 이하인 경우이다.
③ 서로 다른 크기의 철근을 압축부에서 겹침이음 하는 경우, D41과 D51 철근은 D35 이하 철근과의 겹침이음은 허용할 수 있다.
④ 휨부재에서 서로 직접 접촉되지 않게 겹침이음된 철근은 횡방향으로 소요 겹침이음길이의 1/3 또는 200mm 중 작은 값 이상 떨어지지 않아야 한다.

■해설 휨부재에서 서로 직접 접촉되지 않게 겹침이음된 철근은 횡방향으로 소요 겹침이음길이의 $\frac{1}{5}$ 또는 150mm 중 작은 값 이상 떨어지지 않아야 한다.

62. $b_w = 400$mm, $d = 700$mm인 보에 $f_y = 400$MPa인 D16 철근을 인장 주철근에 대한 경사각 $\alpha = 60°$인 U형 경사 스터럽으로 설치했을 때 전단철근에 의한 전단강도(V_s)는?(단, 스터럽 간격 $s = 300$mm, D16 철근 1본의 단면적은 199mm² 이다.)

① 253.7kN ② 321.7kN
③ 371.5kN ④ 507.4kN

■해설
$$V_s = \frac{A_v f_y d (\sin\alpha + \cos\alpha)}{s}$$
$$= \frac{(2 \times 199) \times 400 \times 700 \times (\sin 60° + \cos 60°)}{300}$$
$$= 507,433\text{N} = 507.4\text{kN}$$

63. 철근콘크리트 구조물의 전단철근에 대한 설명으로 틀린 것은?

① 전단철근의 설계기준항복강도는 450MPa을 초과할 수 없다.
② 전단철근으로서 스터럽과 굽힘철근을 조합하여 사용할 수 있다.
③ 주인장철근에 45° 이상의 각도로 설치되는 스터럽은 전단철근으로 사용할 수 있다.
④ 경사스터럽과 굽힘철근은 부재 중간높이인 0.5d에서 반력점 방향으로 주인장철근까지 연장된 45° 선과 한 번 이상 교차되도록 배치하여야 한다.

■해설 전단철근의 설계기준항복강도는 500MPa을 초과할 수 있다.

64. 옹벽의 설계에 대한 설명으로 틀린 것은?
① 무근콘크리트 옹벽은 부벽식 옹벽의 형태로 설계하여야 한다.
② 활동에 대한 저항력은 옹벽에 작용하는 수평력의 1.5배 이상이어야 한다.
③ 저판의 뒷굽판은 정확한 방법이 사용되지 않는 한, 뒷굽판 상부에 재하되는 모든 하중을 지지하도록 설계하여야 한다.
④ 부벽식 옹벽의 저판은 정밀한 해석이 사용되지 않는 한, 부벽 사이의 거리를 경간으로 가정한 고정보 또는 연속보로 설계할 수 있다.

■해설 무근콘크리트 옹벽은 중력식 옹벽의 형태로 설계하여야 한다.

65. 옹벽에서 T형 보로 설계하여야 하는 부분은?
① 뒷부벽식 옹벽의 전면벽
② 뒷부벽식 옹벽의 뒷부벽
③ 앞부벽식 옹벽의 저판
④ 앞부벽식 옹벽의 앞부벽

■해설 부벽식 옹벽에서 부벽의 설계
① 앞부벽 : 직사각형 보로 설계
② 뒷부벽 : T형 보로 설계

66. 경간이 8m인 단순 프리스트레스트 콘크리트 보에 등분포하중(고정하중과 활하중의 합)이 $w=30$kN/m 작용할 때 중앙 단면 콘크리트 하연에서의 응력이 0이 되려면 PS강재에 작용되어야 할 프리스트레스 힘(P)은?(단, PS강재는 단면 중심에 배치되어 있다.)

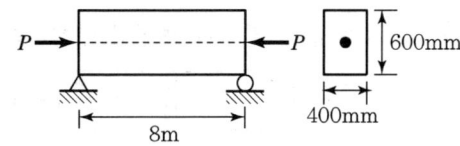

① 2,400kN
② 3,500kN
③ 4,000kN
④ 4,920kN

■해설
$$f_b = \frac{P}{A} - \frac{M}{I}y = \frac{P}{bh} - \frac{3wl^2}{4bh^2} = 0$$
$$P = \frac{3wl^2}{4h} = \frac{3 \times 30 \times 8^2}{4 \times 0.6} = 2,400\text{kN}$$

67. 균형철근량보다 적고 최소철근량보다 많은 인장철근을 가진 과소철근 보가 휨에 의해 파괴될 때의 설명으로 옳은 것은?
① 인장 측 철근이 먼저 항복한다.
② 압축 측 콘크리트가 먼저 파괴된다.
③ 압축 측 콘크리트와 인장 측 철근이 동시에 항복한다.
④ 중립축이 인장 측으로 내려오면서 철근이 먼저 파괴된다.

■해설 과소철근 보가 휨에 의해 파괴될 때 중립축이 압축 측으로 올라가면서 인장 측 철근이 먼저 항복 상태에 도달하는 연성파괴가 일어난다.

68. 강도설계법에 의한 콘크리트구조 설계에서 변형률 및 지배단면에 대한 설명으로 틀린 것은?
① 인장철근이 설계기준항복강도 f_y에 대응하는 변형률에 도달하고 동시에 압축콘크리트가 가정된 극한변형률에 도달할 때, 그 단면이 균형변형률 상태에 있다고 본다.
② 압축연단 콘크리트가 가정된 극한변형률에 도달할 때 최외단 인장철근의 순인장변형률 ε_t가 0.0025의 인장지배변형률 한계 이상인 단면을 인장지배단면이라고 한다.
③ 압축연단 콘크리트가 가정된 극한변형률에 도달할 때 최외단 인장철근의 순인장변형률 ε_t가 압축지배변형률 한계 이하인 단면을 압축지배단면이라고 한다.
④ 순인장변형률 ε_t가 압축지배변형률 한계와 인장지배변형률 한계 사이인 단면은 변화구간 단면이라고 한다.

|해답| 64.① 65.② 66.① 67.① 68.②

■해설 **인장지배단면**
1. 인장지배단면의 정의
 압축연단 콘크리트가 가정된 극한변형률에 도달할 때 최외단 인장철근의 순인장변형률 ε_t가 인장지배변형률 한계 이상인 단면을 인장지배단면이라고 한다.
2. 인장지배변형률 한계($\varepsilon_{t,l}$)
 1) $f_y \leq 400\text{MPa}$인 철근의 경우, $\varepsilon_{t,l} = 0.005$
 2) $f_y \leq 400\text{MPa}$인 철근의 경우, $\varepsilon_{t,l} = 2.5\varepsilon_y$

69. 강도설계법에 대한 기본 가정으로 틀린 것은?
① 철근과 콘크리트의 변형률은 중립축부터 거리에 비례한다.
② 콘크리트의 인장강도는 철근콘크리트 부재 단면의 축강도와 휨강도 계산에서 무시한다.
③ 철근의 응력이 설계기준항복강도 f_y 이하일 때 철근의 응력은 그 변형률에 관계없이 f_y와 같다고 가정한다.
④ 휨모멘트 또는 휨모멘트와 축력을 동시에 받는 부재의 콘크리트 압축연단의 극한변형률은 콘크리트의 설계기준 압축강도가 40MPa 이하인 경우에는 0.0033으로 가정한다.

■해설 철근의 응력이 설계기준항복강도 f_y 이하일 때 철근의 응력은 그 변형률의 E_s배로 취한다.

70. 나선철근기둥의 설계에 있어서 나선철근비(ρ_s)를 구하는 식으로 옳은 것은?(단, A_g : 기둥의 총 단면적, A_{ch} : 나선철근기둥의 심부 단면적, f_{yt} : 나선철근의 설계기준항복강도, f_{ck} : 콘크리트의 설계기준압축강도)

① $0.45\left(\dfrac{A_g}{A_{ch}}-1\right)\dfrac{f_{yt}}{f_{ck}}$ ② $0.45\left(\dfrac{A_g}{A_{ch}}-1\right)\dfrac{f_{ck}}{f_{yt}}$
③ $0.45\left(1-\dfrac{A_g}{A_{ch}}\right)\dfrac{f_{ck}}{f_{yt}}$ ④ $0.85\left(\dfrac{A_{ch}}{A_g}-1\right)\dfrac{f_{ck}}{f_{yt}}$

■해설 $\rho_s\left(=\dfrac{\text{나선철근의 체적}}{\text{심부의 체적}}\right) \geq 0.45\left(\dfrac{A_g}{A_{ch}}-1\right)\dfrac{f_{ck}}{f_{yt}}$

71. 그림과 같은 단순 프리스트레스트 콘크리트보에서 등분포하중(자중 포함) $w=30\text{kN/m}$가 작용하고 있다. 프리스트레스에 의한 상향력과 이 등분포하중이 평형을 이루기 위해서는 프리스트레스 힘(P)을 얼마로 도입해야 하는가?

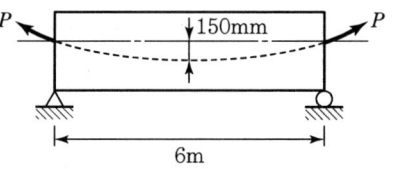

① 900kN ② 1,200kN
③ 1,500kN ④ 1,800kN

■해설 $u = \dfrac{8Ps}{l^2} = w$
$P = \dfrac{wl^2}{8s} = \dfrac{30\times 6^2}{8\times 0.15} = 900\text{kN}$

72. 그림과 같은 필릿용접의 유효목두께로 옳게 표시된 것은?[단, KDS 14 30 25 강구조 연결 설계기준(허용응력설계법)에 따른다.]

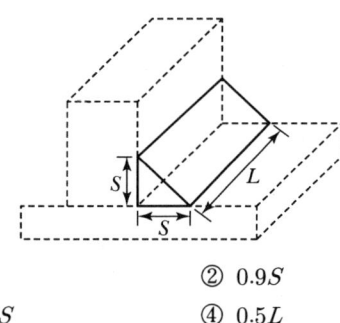

① S ② $0.9S$
③ $0.7S$ ④ $0.5L$

■해설 $a = 0.7S$

73. 그림과 같은 맞대기 용접의 인장응력은?

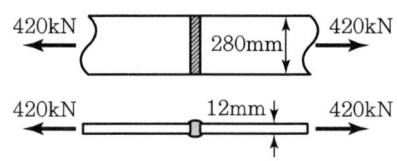

① 25MPa ② 125MPa
③ 250MPa ④ 1,250MPa

■해설 $f = \dfrac{P}{A} = \dfrac{420 \times 10^3}{12 \times 280} = 125\text{MPa}$

74. 그림과 같은 필릿용접에서 일어나는 응력으로 옳은 것은?[단, KDS 14 30 25 강구조 연결 설계기준(허용응력설계법)에 따른다.]

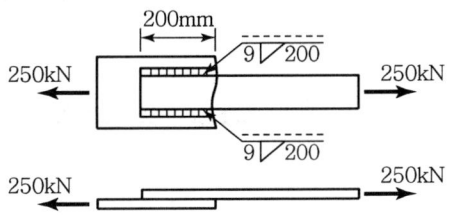

① 82.3MPa ② 95.05MPa
③ 109.02MPa ④ 130.25MPa

■해설 $v = \dfrac{P}{\Sigma a \cdot l_e}$
$= \dfrac{P}{(0.7s) \times \{2 \times (l - 2s)\}}$
$= \dfrac{250 \times 10^3}{(0.7 \times 9) \times \{2 \times (200 - 2 \times 9)\}}$
$= 109.02\text{MPa}$

75. 직접설계법에 의한 2방향 슬래브 설계에서 전체 정적계수휨모멘트(M_o)가 340kN·m로 계산되었을 때, 내부 경간의 부계수휨모멘트는?

① 102kN·m ② 119kN·m
③ 204kN·m ④ 221kN·m

■해설 부계수휨모멘트 $= 0.65 M_o$
$= 0.65 \times 340 = 221\text{kN} \cdot \text{m}$

76. 부재의 설계 시 적용되는 강도감소계수(ϕ)에 대한 설명으로 틀린 것은?

① 인장지배 단면에서의 강도감소계수는 0.85이다.
② 포스트텐션 정착구역에서 강도감소계수는 0.80이다.
③ 압축지배단면에서 나선철근으로 보강된 철근콘크리트부재의 강도감소계수는 0.70이다.
④ 공칭강도에서 최외단 인장철근의 순인장변형률(ε_t)이 압축지배와 인장지배 단면 사이일 경우에는, ε_t가 압축지배변형률 한계에서 인장지배변형률 한계로 증가함에 따라 ϕ 값을 압축지배단면에 대한 값에서 0.85까지 증가시킨다.

■해설 포스트텐션 정착구역에서 강도감소계수는 0.85이다.

77. 표피철근(Skin Reinforcement)에 대한 설명으로 옳은 것은?

① 상하 기둥 연결부에서 단면치수가 변하는 경우에 구부린 주철근이다.
② 비틀림모멘트가 크게 일어나는 부재에서 이에 저항하도록 배치되는 철근이다.
③ 건조수축 또는 온도변화에 의하여 콘크리트에 발생하는 균열을 방지하기 위한 목적으로 배치되는 철근이다.
④ 주철근이 단면의 일부에 집중 배치된 경우일 때 부재의 측면에 발생 가능한 균열을 제어하기 위한 목적으로 주철근 위치에서부터 중립축까지의 표면 근처에 배치하는 철근이다.

■해설 표피철근
보의 전체 높이(h)가 900mm를 초과하는 경우에 부재의 측면에 발생 가능한 균열을 제어하기 위한 목적으로 주철근 위치에서부터 중립축까지의 표면 근처에 부재 축방향으로 배치하는 철근이다.

78. 프리스트레스트 콘크리트(PSC)에 대한 설명으로 틀린 것은?

① 프리캐스트를 사용할 경우 거푸집 및 동바리공이 불필요하다.
② 콘크리트 전 단면을 유효하게 이용하여 철근콘크리트(RC) 부재보다 경간을 길게 할 수 있다.
③ 철근콘크리트(RC)에 비해 단면이 작아서 변형이 크고 진동하기 쉽다.
④ 철근콘크리트(RC)보다 내화성에 있어서 유리하다.

■해설 프리스트레스트 콘크리트(PSC)는 철근콘크리트(RC)보다 내화성이 떨어진다.

79. 압축철근비가 0.01이고, 인장철근비가 0.003인 철근콘크리트보에서 장기 추가처짐에 대한 계수(λ_Δ)의 값은?(단, 하중재하기간은 5년 6개월이다.)

① 0.66　　② 0.80
③ 0.93　　④ 1.33

■해설　$\xi = 2.0$ (하중재하기간이 5년 이상인 경우)
$$\lambda_\Delta = \frac{\xi}{1+50\rho'} = \frac{2.0}{1+(50\times 0.01)} = 1.333$$

80. 그림과 같은 나선철근 단주의 강도설계법에 의한 공칭축강도(P_n)는?(단, D32 1개의 단면적 = 794mm², f_{ck}=24MPa, f_y=400MPa)

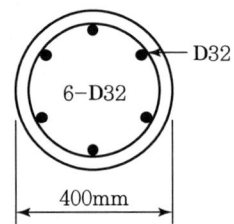

① 2,648kN　　② 3,254kN
③ 3,716kN　　④ 3,972kN

■해설　$P_n = \alpha\{0.85f_{ck}(A_g - A_{st}) + f_y A_{st}\}$
$= 0.85\left\{0.85\times 24\left(\dfrac{\pi\times 400^2}{4} - 6\times 794\right) + 400\times(6\times 794)\right\}$
$= 3,716.16\times 10^3 \text{N} = 3716.16\text{kN}$

제5과목 토질 및 기초

81. 그림과 같은 지반에서 재하순간 수주(水柱)가 지표면(지하수위)으로부터 5m이었다. 40% 압밀이 일어난 후 A점에서의 전체 간극수압은? (단, 물의 단위중량은 9.81kN/m³이다.)

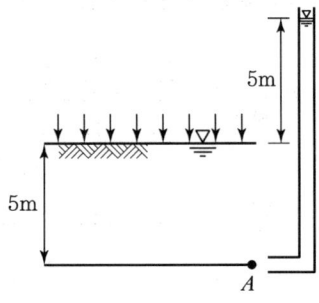

① 19.62kN/m²　　② 29.43kN/m²
③ 49.05kN/m²　　④ 78.48kN/m²

■해설
- $u(\text{압밀도}) = \dfrac{u_i - u_t}{u_i}$, $0.4 = \dfrac{49.05 - u_t}{49.05}$
∴ $u_t = 29.43$kN
($u_i = \gamma_w \cdot h = 9.81\times 5 = 49.05$kN/m²)
- A점 간극수압 = 정수압(u_i) + 과잉간극수압(u_t)
$= 49.05 + 29.43 = 78.48$kN/m²

82. 다짐곡선에 대한 설명으로 틀린 것은?

① 다짐에너지를 증가시키면 다짐곡선은 왼쪽 위로 이동하게 된다.
② 사질성분이 많은 시료일수록 다짐곡선은 오른쪽 위에 위치하게 된다.
③ 점성분이 많은 흙일수록 다짐곡선은 넓게 퍼지는 형태를 가지게 된다.
④ 점성분이 많은 흙일수록 오른쪽 아래에 위치하게 된다.

■해설　사질성분이 많은 시료일수록 다짐곡선은 왼쪽 위로 이동한다.

83. 두께 2cm의 점토시료의 압밀시험 결과 전압밀량의 90%에 도달하는 데 1시간이 걸렸다. 만일 같은 조건에서 같은 점토로 이루어진 2m의 토층 위에 구조물을 축조한 경우 최종 침하량의 90%에 도달하는 데 걸리는 시간은?

① 약 250일   ② 약 368일
③ 약 417일   ④ 약 525일

■해설
- $C_v = \dfrac{T_v \cdot H^2}{t}$, $t \propto H^2$
- 1시간 : $0.02^2 = x : 2^2$
∴ $x = \dfrac{10,000시간}{24} = 417$일

84. Coulomb 토압에서 옹벽배면의 지표면 경사가 수평이고, 옹벽배면 벽체의 기울기가 연직인 벽체에서 옹벽과 뒤채움 흙 사이의 벽면마찰각(δ)을 무시할 경우, Coulomb 토압과 Rankine 토압의 크기를 비교할 때 옳은 것은?

① Rankine 토압이 Coulomb 토압보다 크다.
② Coulomb 토압이 Rankine 토압보다 크다.
③ Rankine 토압과 Coulomb 토압의 크기는 항상 같다.
④ 주동토압은 Rankine 토압이 더 크고, 수동토압은 Coulomb 토압이 더 크다.

■해설

Rankine의 토압론	Coulomb의 토압론
벽마찰각 무시($\delta=0$) (소성론에 의한 토압산출)	벽마찰각 고려($\delta \neq 0$) (강체역학에 기초를 둔 흙쐐기이론)

만약 벽면 마찰각을 무시할 경우 Rankine의 토압과 Coulomb의 토압은 항상 같다.

85. 유효응력에 대한 설명으로 틀린 것은?

① 항상 전응력보다는 작은 값이다.
② 점토지반의 압밀에 관계되는 응력이다.
③ 건조한 지반에서는 전응력과 같은 값으로 본다.
④ 포화된 흙인 경우 전응력에서 간극수압을 뺀 값이다.

■해설
- $\sigma' = \sigma - u$ ($\sigma' < \sigma$)
- 모관현상($-u$)일 때 $\sigma' = \sigma + u$ ($\sigma' > \sigma$)

86. 포화상태에 있는 흙의 함수비가 40%이고, 비중이 2.60이다. 이 흙의 간극비는?

① 0.65   ② 0.065
③ 1.04   ④ 1.40

■해설 $Gw = Se$, $e = \dfrac{Gw}{s} = \dfrac{2.6 \times 0.4}{1} = 1.04$

87. 아래 그림에서 투수계수 $k = 4.8 \times 10^{-3}$cm/s일 때 Darcy 유출속도(v)와 실제 물의 속도(침투속도, v_s)는?

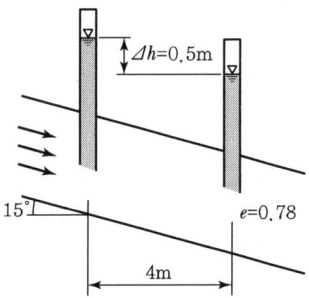

① $v = 3.4 \times 10^{-4}$cm/s, $v_s = 5.6 \times 10^{-4}$cm/s
② $v = 3.4 \times 10^{-4}$cm/s, $v_s = 9.4 \times 10^{-4}$cm/s
③ $v = 5.8 \times 10^{-4}$cm/s, $v_s = 10.8 \times 10^{-4}$cm/s
④ $v = 5.8 \times 10^{-4}$cm/s, $v_s = 13.2 \times 10^{-4}$cm/s

■해설
- Darcy의 유출속도
$V = K\dfrac{\Delta h}{l} = 4.8 \times 10^{-3} \times \dfrac{50}{\dfrac{400}{\cos 15°}}$
$= 5.8 \times 10^{-4}$cm/sec

- 침투속도
$V_s = \dfrac{V}{n} = \dfrac{5.8 \times 10^{-4}}{0.44} = 13.2 \times 10^{-4}$cm/sec
($\because n = \dfrac{e}{1+e} = \dfrac{0.78}{1+0.78} = 0.44$)

88. 포화된 점토에 대한 일축압축시험에서 파괴 시 축응력이 0.2MPa일 때, 이 점토의 점착력은?

① 0.1MPa ② 0.2MPa
③ 0.4MPa ④ 0.6MPa

■해설 $q_u = 2c(\phi = 0)$
$c = \dfrac{q_u}{2} = \dfrac{0.2}{2} = 0.1\text{MPa}$

89. 포화된 점토지반에 성토하중으로 어느 정도 압밀된 후 급속한 파괴가 예상될 때, 이용해야 할 강도정수를 구하는 시험은?

① CU-test ② UU-test
③ UC-test ④ CD-test

■해설 CU시험의 특징
- Pre-loading(압밀 진행) 후 갑자기 파괴 예상 시
- 제방, 흙댐에서 수위가 급강하 시 안정 검토
- 점토 지반이 성토하중에 의해 압밀 후 급속히 파괴가 예상될 시
- 간극수압을 측정하면 압밀배수와 같은 전단강도 값을 얻을 수 있다.
- 유효응력항으로 표시

90. 보링(Boring)에 대한 설명으로 틀린 것은?

① 보링(Boring)에는 회전식(Rotary Boring)과 충격식(Percussion Boring)이 있다.
② 충격식은 굴진속도가 빠르고 비용도 싸지만 분말상의 교란된 시료만 얻어진다.
③ 회전식은 시간과 공사비가 많이 들 뿐만 아니라 확실한 코어(Core)도 얻을 수 없다.
④ 보링은 지반의 상황을 판단하기 위해 실시한다.

■해설 회전식 보링의 특징
- 시간, 공사비가 많이 든다.
- 확실한 시료(Core) 채취
- 작업이 능률적
- 대부분 지반에 적용
- 현재 가장 많이 사용

91. 수조에 상방향의 침투에 의한 수두를 측정한 결과, 그림과 같이 나타났다. 이때 수조 속에 있는 흙에 발생하는 침투력을 나타낸 식은?(단, 시료의 단면적은 A, 시료의 길이는 L, 시료의 포화단위중량은 γ_{sat}, 물의 단위중량은 γ_w이다.)

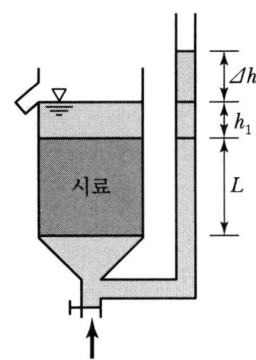

① $\Delta h \cdot \gamma_w \cdot A$ ② $\Delta h \cdot \gamma_w \cdot \dfrac{A}{L}$

③ $\Delta h \cdot \gamma_{sat} \cdot A$ ④ $\dfrac{\gamma_{sat}}{\gamma_w} \cdot A$

■해설
- 단위면적당 침투수압
$F = i\gamma_w Z = \dfrac{\Delta h}{L} \cdot \gamma_w \cdot L = \Delta h \cdot \gamma_w$
- 시료면적에 작용하는 침투수압
$F = \Delta h \cdot \gamma_w \cdot A$

92. 4m×4m 크기인 정사각형 기초를 내부마찰각 $\phi = 20°$, 점착력 $c = 30\text{kN/m}^2$인 지반에 설치하였다. 흙의 단위중량 $\gamma = 19\text{kN/m}^3$이고 안전율(FS)을 3으로 할 때 Terzaghi 지지력 공식으로 기초의 허용하중을 구하면?(단, 기초의 근입깊이는 1m이고, 전반전단파괴가 발생한다고 가정하며, 지지력계수 $N_c = 17.69$, $N_q = 7.44$, $N_\gamma = 4.97$이다.)

① 3,780kN ② 5,239kN
③ 6,750kN ④ 8,140kN

■해설
- $q_u = \alpha N_c C + \beta \gamma_1 N_r B + \gamma_2 N_q D_f$
$= 1,010.516 \text{kN/m}^2$
$(\alpha = 1.3, \ \beta = 0.4)$
- $q_a = \dfrac{q_u}{F_s} = \dfrac{1,010.516}{3} = 336.84\text{kN/m}^2$
- $Q_a(\text{kN}) = q_a \times A = 336.84 \times (4 \times 4) = 5,239\text{kN}$

93. 말뚝에서 부주면마찰력에 대한 설명으로 틀린 것은?

① 아래쪽으로 작용하는 마찰력이다.
② 부주면마찰력이 작용하면 말뚝의 지지력은 증가한다.
③ 압밀층을 관통하여 견고한 지반에 말뚝을 박으면 일어나기 쉽다.
④ 연약지반에 말뚝을 박은 후 그 위에 성토를 하면 일어나기 쉽다.

■해설 부주면마찰력이 작용하면 말뚝의 지지력은 감소한다.

94. 지반 개량공법 중 연약한 점성토 지반에 적당하지 않은 것은?

① 치환 공법
② 침투압 공법
③ 폭파다짐 공법
④ 샌드 드레인 공법

■해설 폭파다짐 공법은 사질토 개량공법이다.

95. 표준관입시험에 대한 설명으로 틀린 것은?

① 표준관입시험의 N값으로 모래지반의 상대밀도를 추정할 수 있다.
② 표준관입시험의 N값으로 점토지반의 연경도를 추정할 수 있다.
③ 지층의 변화를 판단할 수 있는 시료를 얻을 수 있다.
④ 모래지반에 대해서 흐트러지지 않은 시료를 얻을 수 있다.

■해설 표준관입시험(SPT) 정의
64kg 해머로 76cm 높이에서 30cm 관입될 때까지의 타격횟수 N치를 구하는 시험(교란시료를 채취하여 시험)

96. 하중이 완전히 강성(剛性) 푸팅(Footing) 기초판을 통하여 지반에 전달되는 경우의 접지압 (또는 지반반력) 분포로 옳은 것은?

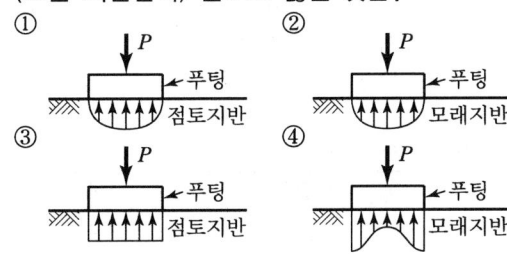

■해설 강성 기초의 접지압

점토지반	모래지반
기초 모서리에서 최대응력 발생	기초 중앙부에서 최대응력 발생

97. 자연 상태의 모래지반을 다져 e_{min}에 이르도록 했다면 이 지반의 상대밀도는?

① 0%
② 50%
③ 75%
④ 100%

■해설
$$D_r = \frac{e_{max} - e}{e_{max} - e_{min}} \times 100 = \frac{e_{max} - e_{min}}{e_{max} - e_{min}} \times 100 = 100$$

98. 현장 도로 토공에서 모래치환법에 의한 흙의 밀도시험 결과 흙을 파낸 구멍의 체적과 파낸 흙의 질량은 각각 1,800cm³, 3,950g이었다. 이 흙의 함수비는 11.2%이고, 흙의 비중은 2.65이다. 실내시험으로부터 구한 최대건조밀도가 2.05 g/cm³일 때 다짐도는?

① 92%
② 94%
③ 96%
④ 98%

■해설
$$Rc(상대다짐도) = \frac{\gamma_d}{\gamma_{d\,max}} \times 100$$
$$= \frac{1.973}{2.05} \times 100 = 96\%$$

$$(\gamma_d = \frac{\gamma_t}{1+\omega} = \frac{\frac{3,950}{1,800}}{1+0.112} = 1.973)$$

|해답| 93.② 94.③ 95.④ 96.② 97.④ 98.③

99. 다음 중 사면의 안정해석방법이 아닌 것은?

① 마찰원법
② 비숍(Bishop)의 방법
③ 펠레니우스(Fellenius)의 방법
④ 테르자기(Terzaghi)의 방법

■해설 사면의 안정해석

질량법	절편법(분할법)
마찰원법	• Fellenius 방법 • Bishop 방법

100. 그림과 같은 지반에서 $x-x'$ 단면에 작용하는 유효응력은?(단, 물의 단위중량은 9.81kN/m³ 이다.)

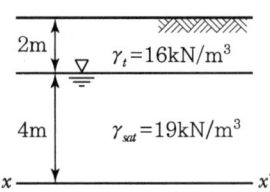

① 46.7kN/m²
② 68.8kN/m²
③ 90.5kN/m²
④ 108kN/m²

■해설 $\sigma' = \gamma_t \cdot h_1 + \gamma_{sub} \cdot h_2$
$= 16 \times 2 + (19 - 9.81) \times 4$
$= 68.8 \text{kN/m}^2$

제6과목 상하수도공학

101. 상수슬러지의 함수율이 99%에서 98%로 되면 슬러지의 체적은 어떻게 변하는가?

① 1/2로 증대
② 1/2로 감소
③ 2배로 증대
④ 2배로 감소

■해설 농축 후의 슬러지부피
㉠ 슬러지 부피
$V_1(100-P_1) = V_2(100-P_2)$
여기서, V_1, P_1 : 농축, 탈수 전의 함수율, 부피
V_2, P_2 : 농축, 탈수 후의 함수율, 부피

㉡ 탈수 후의 슬러지부피 산출
$V_2 = \dfrac{(100-P_1)}{(100-P_2)} V_1 = \dfrac{(100-99)}{(100-98)} \times 1 = \dfrac{1}{2}$ 감소

102. 공동현상(Cavitation)의 방지책에 대한 설명으로 옳지 않은 것은?

① 마찰손실을 작게 한다.
② 흡입양정을 작게 한다.
③ 펌프의 흡입관경을 작게 한다.
④ 임펠러(Impeller) 속도를 작게 한다.

■해설 공동현상(Cavitation)
㉠ 펌프의 관 내 압력이 포화증기압 이하가 되면 기화현상이 발생하여 유체 중에 공동이 생기는 현상을 공동현상이라 한다. 공동현상이 발생하지 않으려면 이용할 수 있는 유효흡입수두가 펌프가 필요로 하는 유효흡입수두보다 커야 하며, 그 차이 값이 1m보다 크도록 하는 것이 좋다.
㉡ 공동현상의 문제점
• 소음, 진동 발생
• 펌프의 성능 저하
• 관 내부의 침식
㉢ 방지책
• 펌프의 설치 위치를 낮춘다.
• 펌프의 회전수를 줄인다(임펠러 속도를 적게 한다).
• 흡입관의 손실을 줄인다(직경 D를 크게 한다).
• 흡입양정의 표준을 $-5m$까지로 제한한다.
∴ 공동현상을 방지하려면 펌프의 흡입관경을 크게 해야 한다.

103. 상수도에서 많이 사용되고 있는 응집제인 황산 알루미늄에 대한 설명으로 옳지 않은 것은?

① 가격이 저렴하다.
② 독성이 없으므로 대량으로 주입할 수 있다.
③ 결정은 부식성이 없어 취급이 용이하다.
④ 철염에 비하여 플록의 비중이 무겁고 적정 pH의 폭이 넓다.

■해설 응집제
㉠ 정의
응집제는 응집대상 물질인 콜로이드의 하전을 중화시키거나 상호 결합시키는 역할을 한다.

|해답| 99.④ 100.② 101.② 102.③ 103.④

ⓒ 황산알루미늄
- 탁도, 색도, 세균, 조류 등 거의 모든 현탁물 또는 부유물에 적합하다.
- 저렴, 무독성 때문에 대량첨가가 가능하고 거의 모든 수질에 적합하다.
- 결정은 부식성, 자극성이 없고 취급이 용이하다.
- 철염에 비하여 생성한 플록이 가볍고 적정 pH폭이 좁은 것이 단점이다.

104. 비교회전도(N_s)의 변화에 따라 나타나는 펌프의 특성곡선의 형태가 아닌 것은?

① 양정곡선　　② 유속곡선
③ 효율곡선　　④ 축동력곡선

■해설 펌프특성곡선
펌프의 회전속도를 일정하게 고정하고 토출관의 밸브를 조절하여 토출량을 변화시킬 때 토출량(Q)의 변화에 따른 양정(H), 효율(η), 축동력(P)의 변화를 최대효율점에 대한 비율로 나타낸 곡선을 펌프특성곡선이라 한다.

105. 우수조정지의 구조형식으로 옳지 않은 것은?

① 댐식(제방높이 15m 미만)
② 월류식
③ 지하식
④ 굴착식

■해설 우수조정지
㉠ 우수조정지
도시화나 도시지역의 확대로 기존 관로의 용량이 부족하거나 관로의 능력 저하에도 불구하고 하류의 시설 및 관로 등의 능력을 높이기 곤란한 경우에 우수조정지를 설치한다.
㉡ 설치장소
- 하수관거의 용량이 부족한 곳
- 방류수로의 유하능력이 부족한 곳
- 하류지역의 펌프장 능력이 부족한 곳
㉢ 구조형식
- 댐식
- 지하식
- 굴착식
∴ 우수조정지 형식이 아닌 것은 월류식이다.

106. 정수시설 중 배출수 및 슬러지처리시설에 대한 아래 설명 중 ㉠, ㉡에 알맞은 것은?

> 농축조의 용량은 계획슬러지량의 (㉠)시간분, 고형물부하는 (㉡)kg/(m²·d)을 표준으로 하되, 원수의 종류에 따라 슬러지의 농축특성에 큰 차이가 발생할 수 있으므로 처리대상 슬러지의 농축특성을 조사하여 결정한다.

① ㉠ : 12~24, ㉡ : 5~10
② ㉠ : 12~24, ㉡ : 10~20
③ ㉠ : 24~48, ㉡ : 5~10
④ ㉠ : 24~48, ㉡ : 10~20

■해설 농축
㉠ 농축은 탈수공정에 앞서 슬러지의 농도를 높이기 위한 공정이다.
㉡ 농축조의 제원
- 농축조의 용량 : 계획슬러지량의 24~48시간분
- 고형물부하 : 10~20kg/m²·day

107. 하수관로의 개·보수 계획 시 불명수량산정방법 중 일평균하수량, 상수사용량, 지하수사용량, 오수전환율 등을 주요 인자로 이용하여 산정하는 방법은?

① 물사용량평가법
② 일최대유량평가법
③ 야간생활하수평가법
④ 일최대-최소유량평가법

■해설 불명수량산정방법

구분	주요 인자
물사용량평가법	일평균하수량, 상수사용량, 지하수사용량, 오수전환율
일최대-최소유량평가법	일최대하수량, 공장폐수량(상시발생)
일최대유량평가법	일최소유량
야간생활하수평가법	일최소하수량, 야간발생하수량, 공장폐수(상시 발생)

|해답| 104.② 105.② 106.④ 107.①

108. 수중의 질소화합물의 질산화 진행과정으로 옳은 것은?

① $NH_3-N \to NO_2-N \to NO_3-N$
② $NH_3-N \to NO_3-N \to NO_2-N$
③ $NO_2-N \to NO_3-N \to NH_3-N$
④ $NO_3-N \to NO_2-N \to NH_3-N$

■해설 **질소처리방법**
질소의 생물학적 처리방법은 호기조건에서의 질산화에 이은 무산소조건에서의 탈질산화 반응에 의해 대기 중 질소가스로 방출한다.
- 질산화 : 유기성질소 → NH_3-N → NO_2-N → NO_3-N
- 탈질산화 : NO_3-N → NO_2-N → 대기 중 질소가스(N_2)

109. 간이공공하수처리시설에 대한 설명으로 틀린 것은?

① 계획구역이 작으므로 유입하수의 수량 및 수질의 변동을 고려하지 않는다.
② 용량은 우천 시 계획오수량과 공공하수처리시설의 강우 시 처리가능량을 고려한다.
③ 강우 시 우수처리에 대한 문제가 발생할 수 있으므로 강우 시 3Q처리가 가능하도록 계획한다.
④ 간이공공하수처리시설은 합류식 지역 내 500m³/일 이상 공공하수처리장에 설치하는 것을 원칙으로 한다.

■해설 **간이공공하수처리시설**
㉠ 간이공공하수처리시설은 강우로 인하여 공공하수처리시설에 유입되는 하수가 일시적으로 늘어날 경우 하수를 신속히 처리하여 하천·바다, 그 밖의 공유수면에 방류하기 위하여 지방자치단체가 설치 또는 관리하는 처리시설과 이를 보완하는 시설을 말한다.
㉡ 설치기준
  - 유입하수의 수량 및 수질의 변동을 모니터링하고 이를 고려하여 설치한다.
  - 용량은 우천 시 계획오수량과 공공하수처리시설의 강우 시 처리가능량을 고려한다.
  - 강우 시 우수처리에 대한 문제가 발생할 수 있으므로 강우 시 3Q처리가 가능하도록 계획한다.
  - 합류식 지역 내 500m³/일 이상 공공하수처리시설에 설치하는 것을 원칙으로 한다.

110. 호소의 부영양화에 관한 설명으로 옳지 않은 것은?

① 부영양화의 원인물질은 질소와 인 성분이다.
② 부영양화는 수심이 낮은 호소에서도 잘 발생한다.
③ 조류의 영향으로 물에 맛과 냄새가 발생하여 정수에 어려움을 유발시킨다.
④ 부영양화된 호소에서는 조류의 성장이 왕성하여 수심이 깊은 곳까지 용존산소농도가 높다.

■해설 **부영양화**
㉠ 가정하수, 공장폐수 등이 하천이나 호수에 유입되었을 때 질소(N)나 인(P)과 같은 영양염류농도가 증가한다. 이로 인해 조류 및 식물성 플랑크톤의 과도한 성장을 일으키고, 결과적으로 물에 맛과 냄새가 유발되며 저수지의 수질이 악화되는 현상을 부영양화 현상이라 한다. 이때 성장한 조류는 바닥에 퇴적하여 죽게 되고 유입하천에서 부하된 유기물도 바닥에 퇴적하게 되는데 이 퇴적물의 분해로 인해 생기는 영양염류가 다시 조류의 영양소로 섭취되어 부영양화가 일어날 수 있다.
㉡ 부영양화는 수심이 낮은 곳에서 발생하며 한 번 발생하면 회복이 어렵다.
㉢ 물의 투명도가 낮아지며, COD농도가 높게 나타난다.
∴ 부영양화가 발생하면 사멸된 조류의 분해작용으로 심층수의 용존산소가 줄어든다.

111. 급수보급률 90%, 계획1인1일최대급수량 440L/인, 인구 12만의 도시에 급수계획을 하고자 한다. 계획1일평균급수량은?(단, 계획유효율은 0.85로 가정한다.)

① 33,915m³/d
② 36,660m³/d
③ 38,600m³/d
④ 40,392m³/d

|해답| 108.① 109.① 110.④ 111.④

■ 해설 수량의 산정
  ㉠ 급수량의 종류

종류	내용
계획1일 최대급수량	수도시설 규모 결정의 기준이 되는 수량 = 계획1일평균급수량×1.5(중·소도시), 1.3(대도시, 공업도시)
계획1일 평균급수량	재정계획수립에 기준이 되는 수량 = 계획1일최대급수량×0.7(중·소도시), 0.85(대도시, 공업도시)
계획시간 최대급수량	배수본관의 구경 결정에 사용 = 계획1일최대급수량/24×1.3(대도시, 공업도시), 1.5(중·소도시), 2.0(농촌, 주택단지)

  ㉡ 급수량의 산정
  • 계획1일최대급수량
    = 계획1인1일최대급수량×인구×급수보급률
    = $440 \times 10^{-3} \times 120,000 \times 0.9 = 47,520 m^3/day$
  • 계획1일평균급수량
    = 계획1일최대급수량×계획유효율
    = $47,520 \times 0.85 = 40,392 m^3/day$

112. 다음 그림은 포기조에서 부유물질의 물질수지를 나타낸 것이다. 포기조 내 MLSS를 3,000mg/L로 유지하기 위한 슬러지의 반송비는?

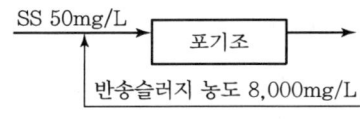

① 39% ② 49%
③ 59% ④ 69%

■ 해설 슬러지 반송률
  슬러지 반송률은 다음 식에 의해 구한다.
  $R = \dfrac{Q_r}{Q} = \dfrac{X}{X_R - X} = \dfrac{3,000}{8,050 - 3,000} = 0.59 = 59\%$

113. 상수도시설 중 접합정에 관한 설명으로 옳지 않은 것은?

① 철근콘크리트조의 수밀구조로 한다.
② 내경은 점검이나 모래반출을 위해 1m 이상으로 한다.
③ 접합정의 바닥을 얕은 우물 구조로 하여 접수하는 예도 있다.
④ 지표수나 오수가 침입하지 않도록 맨홀을 설치하지 않는 것이 일반적이다.

■ 해설 접합정
  ㉠ 접합정은 수로의 분지, 합류, 개수로에서 관수로로 변하는 지점 또는 수로의 수압이나 유속을 감소시킬 목적으로 설치한다.
  ㉡ 설치기준
  • 원형 또는 각형의 콘크리트 또는 철근콘크리트로 축조한다. 아울러 구조상 안전한 것으로 충분한 수밀성과 내구성을 지니며 용량은 계획도수량의 1.5분 이상으로 한다.
  • 유입속도가 큰 경우에는 접합정 내에 월류벽 등을 설치하여 유속을 감쇄시킨 다음 유출관으로 유출되는 구조로 한다. 또 수압이 높은 경우에는 필요에 따라 수압제어용 밸브를 설치한다.
  • 유출관의 유출구 중심높이는 저수위에서 관경의 2배 이상 낮게 하는 것을 원칙으로 한다.
  • 필요에 따라 양수장치, 배수설비(이토관), 월류장치를 설치하고 유출구와 배수설비(이토관)에는 제수밸브 또는 제수문을 설치한다.
  • 접합정은 압력을 줄이기 위하여 물을 분출할 수 있는 맨홀 구조로 설치한다.

114. 하수도의 효과에 대한 설명으로 적합하지 않은 것은?

① 도시환경의 개선 ② 토지이용의 감소
③ 하천의 수질보전 ④ 공중위생상의 효과

■ 해설 하수도 설치효과
  하수도를 설치하여 다음의 효과를 볼 수 있다.
  • 보건위생상의 효과
  • 우수에 의한 침수범람의 방지
  • 토지이용의 증대
  • 도시미관의 증대 및 쾌적한 환경유지

115. 혐기성 소화공정의 영향인자가 아닌 것은?

① 독성물질 ② 메탄함량
③ 알칼리도 ④ 체류시간

|해답| 112.③ 113.④ 114.② 115.②

■해설 소화
  ㉠ 호기성 소화와 혐기성 소화

호기성 소화	혐기성 소화
• 시설비가 적게 든다. • 운전이 용이하다. • 비료가치가 크다. • 동력이 소요된다. • 소규모 활성슬러지 처리에 적합하다. • 처리수 수질이 양호하다.	• 시설비가 많이 든다. • 온도, 부하량 변화에 적응시간이 길다. • 병원균을 죽이거나 통제할 수 있다. • 영양소의 소비가 적다. • 슬러지 생산이 적다. • CH_4과 같은 유용한 가스를 얻는다.

  ㉡ 혐기성 소화의 영향인자
   • 소화온도
   • pH
   • 알칼리도
   • 영양염류(N, P)
   • 중금속 및 독성물질
   • 체류시간
   • 산소
   ∴ 혐기성 소화의 영향인자가 아닌 것은 메탄 함량이다.

116. 우리나라의 먹는 물 수질기준에 대한 내용으로 틀린 것은?

① 색도는 2도를 넘지 아니할 것
② 페놀은 0.005mg/L를 넘지 아니할 것
③ 암모니아성 질소는 0.5mg/L를 넘지 아니할 것
④ 일반세균은 1mL 중 100CFU을 넘지 아니할 것

■해설 먹는 물 수질기준
  우리나라 먹는 물 수질기준에서 색도는 5도 이하를 기준으로 하고 있다.

117. 계획우수량 산정에 필요한 용어에 대한 설명으로 옳지 않은 것은?

① 강우강도는 단위시간 내에 내린 비의 양을 깊이로 나타낸 것이다.
② 유하시간은 하수관로로 유입한 우수가 하수관 길이 L을 흘러가는 데 필요한 시간이다.
③ 유출계수는 배수구역 내로 내린 강우량에 대하여 증발과 지하로 침투하는 양의 비율이다.
④ 유입시간은 우수가 배수구역의 가장 원거리 지점으로부터 하수관로로 유입하기까지의 시간이다.

■해설 우수량 산정 용어
  우수량 산정 용어 중 유출계수는 유역 내의 총우량에 대한 우수유출량의 비율을 말한다.

118. 하수의 배제방식에 대한 설명으로 옳지 않은 것은?

① 분류식은 관로오접의 철저한 감시가 필요하다.
② 합류식은 분류식보다 유량 및 유속의 변화폭이 크다.
③ 합류식은 2계통의 분류식에 비해 일반적으로 건설비가 많이 소요된다.
④ 분류식은 관로 내의 퇴적이 적고 수세효과를 기대할 수 없다.

■해설 하수의 배제방식

분류식	합류식
• 수질오염 방지면에서 유리하다. • 청천 시에도 퇴적의 우려가 없다. • 강우 초기 노면배수효과가 없다. • 시공이 복잡하고 오접합의 우려가 있다. • 우천 시 수세효과를 기대할 수 없다. • 공사비가 많이 든다.	• 구배 완만, 매설깊이가 적으며 시공성이 좋다. • 초기 우수에 의해 노면배수처리가 가능하다. • 관경이 크므로 검사가 편리하고, 환기가 잘 된다. • 건설비가 적게 든다. • 우천 시 수세효과가 있다. • 청천 시 관 내 침전으로 효율이 저하된다.

∴ 오수관과 우수관을 동시에 매설해야 하는 분류식이 건설비가 많이 든다.

119. 지름 15cm, 길이 50m인 주철관으로 유량 0.03m³/s의 물을 50m 양수하려고 한다. 양수 시 발생하는 총 손실수두가 5m이었다면 이 펌프의 소요축동력(kW)은?(단, 여유율은 0이며 펌프의 효율은 80%이다.)

① 20.2kW   ② 30.5kW
③ 33.5kW   ④ 37.2kW

|해답| 116.① 117.③ 118.③ 119.①

■해설 동력의 산정
㉠ 양수에 필요한 동력 ($H_e = h + \Sigma h_L$)
- $P = \dfrac{9.8 Q H_e}{\eta}$ (kW)
- $P = \dfrac{13.3 Q H_e}{\eta}$ (HP)

㉡ 주어진 조건의 양수동력 산정
$P = \dfrac{9.8 Q H_e}{\eta} = \dfrac{9.8 \times 0.03 \times (50+5)}{0.8} = 20.21 \text{kW}$

120. 맨홀에 인버트(Invert)를 설치하지 않았을 때의 문제점이 아닌 것은?

① 맨홀 내에 퇴적물이 쌓이게 된다.
② 환기가 되지 않아 냄새가 발생한다.
③ 퇴적물이 부패되어 악취가 발생한다.
④ 맨홀 내에 물기가 있어 작업이 불편하다.

■해설 인버트
맨홀 내 퇴적물이 쌓이게 되면 작업이 불편하고 하수의 흐름이 원활하지 못하게 되므로 이를 방지하고 맨홀 내 유지관리를 위해 설치하는 시설을 인버트라고 한다.
∴ 인버트는 맨홀 내 퇴적을 방지하고, 작업을 원활하게 하지만 환기를 돕는 시설은 아니다.

contents

3월 5일 시행
4월 24일 시행
7월 시행(기출복원)

토목기사 필기
과년도 기출문제

2022

과년도 기출문제 (2022년 3월 5일 시행)

제1과목 **응용역학**

01. 그림과 같은 구조물에서 부재 AB가 받는 힘의 크기는?

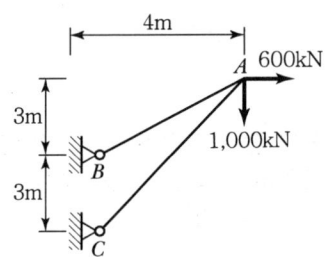

① 3,166.7kN
② 3,274.2kN
③ 3,368.5kN
④ 3,485.4kN

■해설

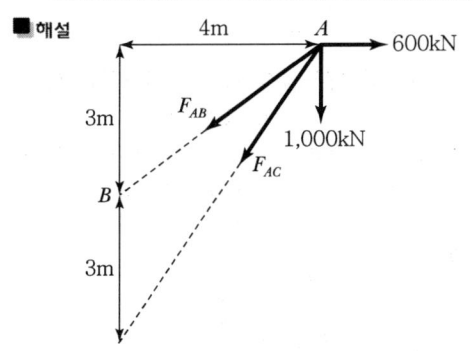

$\sum F_x = 0 (\rightarrow \oplus)$
$-\dfrac{4}{5}F_{AB} - \dfrac{4}{\sqrt{52}}F_{AC} + 600 = 0$ ·················· ①

$\sum F_y = 0 (\uparrow \oplus)$
$-\dfrac{3}{5}F_{AB} - \dfrac{6}{\sqrt{52}}F_{AC} - 1,000 = 0$ ················ ②

식 ①과 ②를 연립하여 풀면
$F_{AB} = 3,166.7$kN (인장)
$F_{AC} = -3,485.4$kN (압축)

02. 단면 2차 모멘트의 특성에 대한 설명으로 틀린 것은?

① 단면 2차 모멘트의 최소값은 도심에 대한 것이며 "0"이다.
② 정삼각형, 정사각형 등과 같이 대칭인 단면의 도심축에 대한 단면 2차 모멘트 값은 모두 같다.
③ 단면 2차 모멘트는 좌표축에 상관없이 항상 양(+)의 부호를 갖는다.
④ 단면 2차 모멘트가 크면 휨강성이 크고 구조적으로 안전하다.

■해설

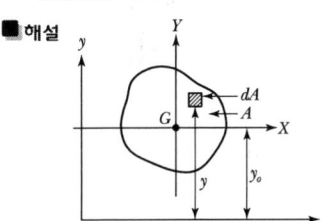

$I_x = \int_A y^2 dA = I_X + A \cdot y_o^2$

단면 2차 모멘트의 최소값은 도심에 대한 것이며, 그 값은 항상 "0"보다 크다.

03. 그림과 같은 직사각형 보에서 중립축에 대한 단면계수값은?

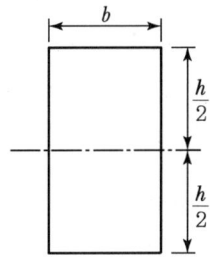

① $\dfrac{bh^2}{6}$
② $\dfrac{bh^2}{12}$
③ $\dfrac{bh^3}{6}$
④ $\dfrac{bh}{4}$

|해답| 1.① 2.① 3.①

■ 해설
$$Z = \frac{I_x}{y_1} = \frac{\left(\dfrac{bh^3}{12}\right)}{\left(\dfrac{h}{2}\right)} = \frac{bh^2}{6}$$

04. 그림과 같은 모멘트 하중을 받는 단순보에서 B 지점의 전단력은?

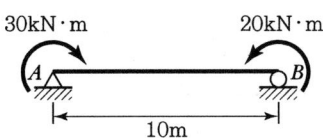

① -1.0kN   ② -10kN
③ -5.0kN   ④ -50kN

■ 해설

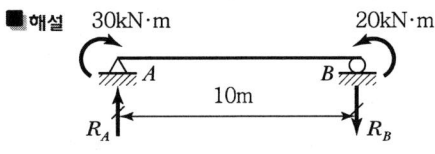

$\sum M_{Ⓐ} = 0(\curvearrowright\oplus)$
$30 - 20 + R_B \times 10 = 0$
$R_B = -1\text{kN}(\uparrow)$

$S_B = R_B = -1\text{kN}$

05. 내민보에 그림과 같이 지점 A에 모멘트가 작용하고, 집중하중이 보의 양 끝에 작용한다. 이 보에 발생하는 최대휨모멘트의 절댓값은?

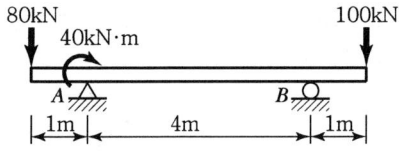

① 60kN·m   ② 80kN·m
③ 100kN·m   ④ 120kN·m

■ 해설 $\sum M_{Ⓑ} = 0(\curvearrowright\oplus)$
$R_A \times 4 - 80 \times 5 + 40 + 100 \times 1 = 0$
$R_A = 65\text{kN}(\uparrow)$

$\sum F_y = 0(\uparrow\oplus)$
$-80 + R_A + R_B - 100 = 0$
$R_B = 180 - R_A = 180 - 65 = 115\text{kN}(\uparrow)$

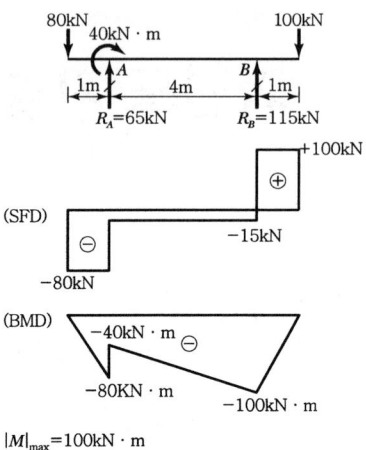

$|M|_{max} = 100$kN·m

06. 그림과 같은 지간(Span)이 8m인 단순보에 연행하중이 작용할 때 절대최대휨모멘트는 어디에서 생기는가?

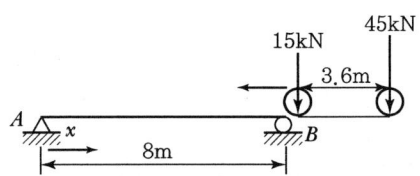

① 45kN의 재하점이 A점으로부터 4m인 곳
② 45kN의 재하점이 A점으로부터 4.45m인 곳
③ 15kN의 재하점이 B점으로부터 4m인 곳
④ 합력의 재하점이 B점으로부터 3.35m인 곳

■ 해설

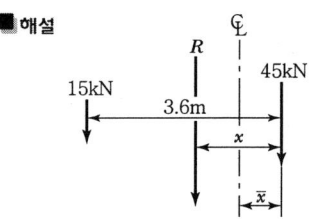

- 합력의 크기(R)
  $R = 15 + 45 = 60$kN

- 합력의 재하 위치(x)
  $R \cdot x = 15 \times 3.6$
  $x = 0.9$m (45kN으로부터)

- 절대 최대 휨모멘트의 발생위치($\bar{x}$)
  절대 최대 휨모멘트는 이동 하중군의 최대 하중인 45kN의 재하위치에서 발생한다.
  $\bar{x} = \dfrac{x}{2} = \dfrac{0.9}{2} = 0.45$m

07. 그림과 같이 양단 내민보에 등분포하중(W)이 1kN/m가 작용할 때 C점의 전단력은?

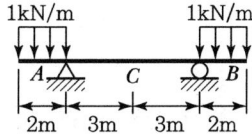

① 0kN ② 5kN
③ 10kN ④ 15kN

■해설 $\sum M_{\text{Ⓑ}} = 0(\curvearrowright \oplus)$
$-1 \times 2 \times 7 + R_A \times 6 + 1 \times 2 \times 1 = 0$
$R_A = 2\text{kN}(\uparrow)$

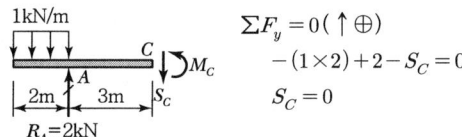

$\sum F_y = 0(\uparrow \oplus)$
$-(1 \times 2) + 2 - S_C = 0$
$S_C = 0$

08. 그림과 같은 구조에서 절댓값이 최대로 되는 휨모멘트의 값은?

① 80kN·m
② 50kN·m
③ 40kN·m
④ 30kN·m

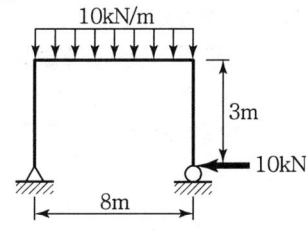

■해설 $\sum F_x = 0(\rightarrow \oplus)$, $H_A - 10 = 0$
$H_A = 10\text{kN}(\rightarrow)$

$\sum M_{\text{Ⓑ}} = 0(\curvearrowright \oplus)$, $V_A \times 8 - (10 \times 8) \times 4 = 0$
$V_A = 40\text{kN}(\uparrow)$

$\sum F_y = 0(\uparrow \oplus)$, $V_A - (10 \times 8) + V_B = 0$
$V_B = 80 - V_A = 80 - 40 = 40\text{kN}(\uparrow)$

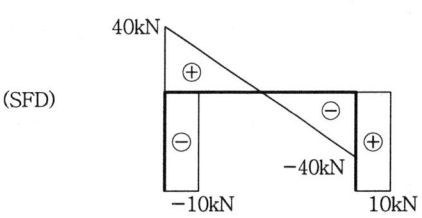
(SFD)

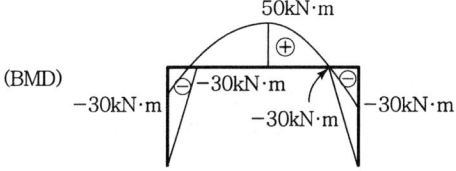
(BMD)

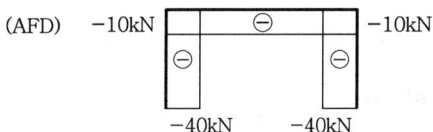
(AFD)

09. 그림과 같은 3힌지 아치에서 A점의 수평반력(H_A)은?

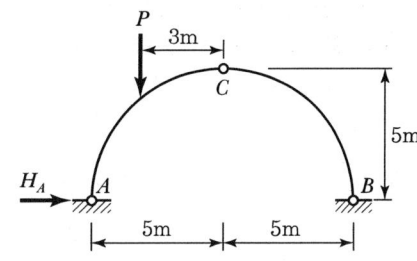

① P ② $\dfrac{P}{2}$
③ $\dfrac{P}{4}$ ④ $\dfrac{P}{5}$

■해설 $\sum M_{\text{Ⓑ}} = 0(\curvearrowright \oplus)$
$V_A \times 10 - P \times 8 = 0$
$V_A = \dfrac{4}{5}P(\uparrow)$

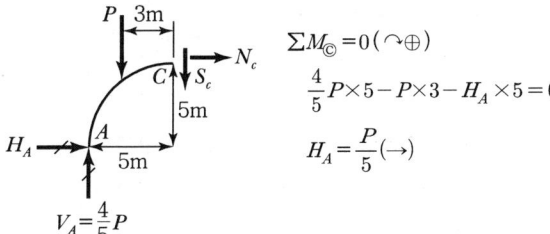

$\sum M_{\text{Ⓒ}} = 0(\curvearrowright \oplus)$
$\dfrac{4}{5}P \times 5 - P \times 3 - H_A \times 5 = 0$
$H_A = \dfrac{P}{5}(\rightarrow)$

10. 전단탄성계수(G)가 81,000MPa, 전단응력(τ)이 81MPa이면 전단변형률(γ)의 값은?
① 0.1
② 0.01
③ 0.001
④ 0.0001

■해설 $\gamma = \dfrac{\tau}{G} = \dfrac{81}{81,000} = 0.001$

11. 어떤 금속의 탄성계수(E)가 21×10^4MPa이고, 전단탄성계수(G)가 8×10^4MPa일 때, 금속의 푸아송 비는?
① 0.3075
② 0.3125
③ 0.3275
④ 0.3325

■해설 $\nu = \dfrac{E}{2G} - 1$
$= \dfrac{(21 \times 10^4)}{2 \times (8 \times 10^4)} - 1 = 0.3125$

12. 직사각형 단면보의 단면적을 A, 전단력을 V라고 할 때 최대전단응력($\tau_{\max}$)은?
① $\dfrac{2}{3}\dfrac{V}{A}$
② $1.5\dfrac{V}{A}$
③ $3\dfrac{V}{A}$
④ $2\dfrac{V}{A}$

■해설 $\tau_{\max} = \alpha \dfrac{V}{A} = \left(\dfrac{3}{2}\right)\dfrac{V}{A} = 1.5\dfrac{V}{A}$

13. 그림과 같은 단순보의 단면에서 발생하는 최대 전단응력의 크기는?

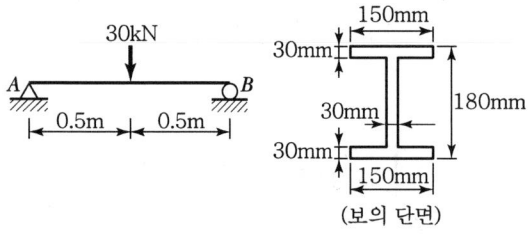

① 3.52MPa
② 3.86MPa
③ 4.45MPa
④ 4.93MPa

■해설 $S_{\max} = \dfrac{P}{2} = \dfrac{30}{2} = 15$kN
$G_o = \{(150 \times 30) \times 75\} + \{(30 \times 60) \times 30\}$
$= 3,915 \times 10^2 \text{mm}^3$
$I_o = \dfrac{150 \times 180^3}{12} - \dfrac{120 \times 120^3}{12} = 5,562 \times 10^4 \text{mm}^4$
$b_o = 30$mm(단면 중립축에서 폭)
$\tau_{\max} = \dfrac{S_{\max} G_o}{I_o b_o} = \dfrac{(15 \times 10^3) \times (3,915 \times 10^2)}{(5,562 \times 10^4) \times 30}$
$= 3.52$MPa

14. 길이가 4m인 원형 단면 기둥의 세장비가 100이 되기 위한 기둥의 지름은?(단, 지지상태는 양단 힌지로 가정한다.)
① 20cm
② 18cm
③ 16cm
④ 12cm

■해설 $r_{\min} = \sqrt{\dfrac{I_{\min}}{A}} = \sqrt{\dfrac{\left(\dfrac{\pi d^4}{64}\right)}{\left(\dfrac{\pi d^2}{4}\right)}} = \dfrac{d}{4}$
$\lambda = \dfrac{l}{r_{\min}} = \dfrac{l}{\left(\dfrac{d}{4}\right)} = \dfrac{4l}{d}$
$d = \dfrac{4l}{\lambda} = \dfrac{4 \times (4 \times 10^2)}{100} = 16$cm

15. 단면 2차 모멘트가 I이고 길이가 L인 균일한 단면의 직선상(直線狀)의 기둥이 있다. 지지상태가 일단고정, 타단자유인 경우 오일러(Euler) 좌굴하중(P_{cr})은?[단, 이 기둥의 영(Young)계수는 E이다.]
① $\dfrac{4\pi^2 EI}{L^2}$
② $\dfrac{2\pi^2 EI}{L^2}$
③ $\dfrac{\pi^2 EI}{L^2}$
④ $\dfrac{\pi^2 EI}{4L^2}$

■해설 k(유효길이계수)$=2$, (고정-자유)
$P_{cr} = \dfrac{\pi^2 EI}{(kl)^2} = \dfrac{\pi^2 EI}{4l^2}$

16. 그림과 같이 중앙에 집중하중 P를 받는 단순보에서 지점 A로부터 $L/4$인 지점(점 D)의 처짐각(θ_D)과 처짐량(δ_D)?(단, EI는 일정하다.)

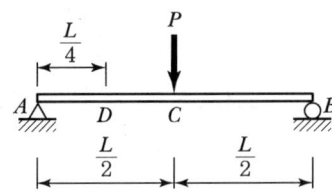

① $\theta_D = \dfrac{3PL^2}{128EI}$, $\delta_D = \dfrac{11PL^3}{384EI}$

② $\theta_D = \dfrac{3PL^2}{128EI}$, $\delta_D = \dfrac{5PL^3}{384EI}$

③ $\theta_D = \dfrac{5PL^2}{64EI}$, $\delta_D = \dfrac{3PL^3}{768EI}$

④ $\theta_D = \dfrac{3PL^2}{64EI}$, $\delta_D = \dfrac{11PL^3}{768EI}$

 해설

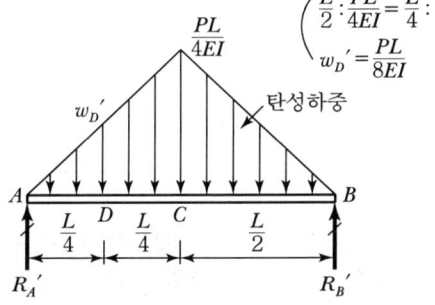

$\left(\dfrac{L}{2} : \dfrac{PL}{4EI} = \dfrac{L}{4} : w_D' \right.$
$\left. w_D' = \dfrac{PL}{8EI} \right.$

$\Sigma M_{\text{Ⓑ}} = 0 (\curvearrowright \oplus)$

$R_A' \times L - \left(\dfrac{1}{2} \times \dfrac{PL}{4EI} \times L \right) \times \dfrac{L}{2} = 0$

$R_A' = \dfrac{PL^2}{16EI}(\uparrow)$

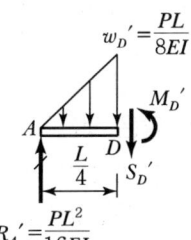

$\Sigma F_y = 0 (\uparrow \oplus)$

$\dfrac{PL^2}{16EI} - \left(\dfrac{1}{2} \times \dfrac{PL}{8EI} \times \dfrac{L}{4} \right) - S_D' = 0$

$S_D' = \dfrac{3PL^2}{64EI}$

$\theta_D = S_D' = \dfrac{3PL^2}{64EI}(\curvearrowright)$

$\Sigma M_{\text{Ⓓ}} = 0 (\curvearrowright \oplus)$

$\dfrac{PL^2}{16EI} \times \dfrac{L}{4} - \left(\dfrac{1}{2} \times \dfrac{PL}{8EI} \times \dfrac{L}{4} \right)\left(\dfrac{L}{4} \times \dfrac{1}{3} \right) - M_D' = 0$

$M_D' = \dfrac{11PL^3}{768EI}$

$\delta_D = M_D' = \dfrac{11PL^3}{768EI}(\downarrow)$

17. 그림과 같이 캔틸레버보의 B점에 집중하중 P와 우력모멘트 M_o가 작용할 때 B점에서의 연직변위(δ_b)는?(단, EI는 일정하다.)

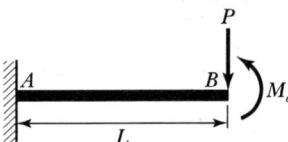

① $\dfrac{PL^3}{4EI} + \dfrac{M_oL^2}{2EI}$ ② $\dfrac{PL^3}{4EI} - \dfrac{M_oL^2}{2EI}$

③ $\dfrac{PL^3}{3EI} + \dfrac{M_oL^2}{2EI}$ ④ $\dfrac{PL^3}{3EI} - \dfrac{M_oL^2}{2EI}$

■해설 $\delta_B = \dfrac{PL^3}{3EI} - \dfrac{M_oL^2}{2EI}$

18. 그림과 같은 단순보에서 휨모멘트에 의한 탄성변형에너지는?(단, EI는 일정하다.)

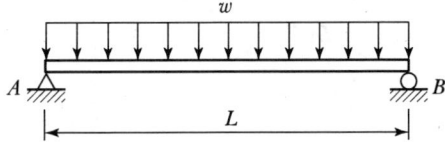

① $\dfrac{w^2L^5}{40EI}$ ② $\dfrac{w^2L^5}{96EI}$

③ $\dfrac{w^2L^5}{240EI}$ ④ $\dfrac{w^2L^5}{384EI}$

■해설

$R_A = \frac{wl}{2}$, $R_B = \frac{wl}{2}$

$\sum M_{\otimes} = 0 (\curvearrowright \oplus)$

$\frac{wl}{2} \cdot x - (w \cdot x) \cdot \frac{x}{2} - M_x = 0$

$M_x = \frac{wl}{2}x - \frac{w}{2}x^2$

$U = \int_0^l \frac{M_x^2}{2EI} dx$

$= \frac{1}{2EI} \int_0^l \left(\frac{wl}{2}x - \frac{w}{2}x^2\right)^2 dx$

$= \frac{w^2}{8EI} \int_0^l (l^2x^2 - 2lx^3 + x^4)^2 dx$

$= \frac{w^2}{8EI} \left[\frac{l^2}{3}x^3 - \frac{2l}{4}x^4 + \frac{1}{5}x^5\right]_0^l$

$= \frac{w^2 l^5}{240 EI}$

19. 그림과 같은 부정정보에서 B점의 반력은?

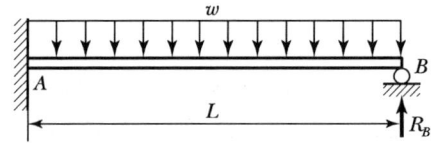

① $\frac{3}{4}wL(\uparrow)$ ② $\frac{3}{8}wL(\uparrow)$

③ $\frac{3}{16}wL(\uparrow)$ ④ $\frac{5}{16}wL(\uparrow)$

■해설 $R_B = \frac{3wl}{8}(\uparrow)$

20. 그림과 같은 라멘 구조물의 E점에서의 불균형 모멘트에 대한 부재 EA의 모멘트 분배율은?

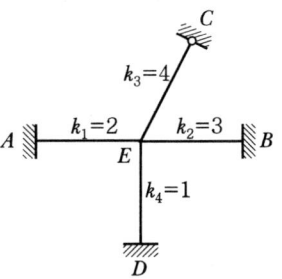

① 0.167 ② 0.222
③ 0.386 ④ 0.441

■해설 $K_{EA} : K_{EB} : K_{EC} : K_{ED} = 2 : 3 : 4 \times \frac{3}{4} : 1$

$= 2 : 3 : 3 : 1$

$DF_{EA} = \frac{K_{EA}}{\sum K_i} = \frac{2}{2+3+3+1} = \frac{2}{9} = 0.222$

제2과목 **측량학**

21. 노선거리 2km의 결합트래버스측량에서 폐합비를 1/5,000로 제한한다면 허용폐합오차는?

① 0.1m ② 0.4m
③ 0.8m ④ 1m

■해설
- $\frac{1}{M} = \frac{폐합오차}{총길이}$
- 폐합오차 $= \frac{총길이}{M} = \frac{2,000}{5,000} = 0.4m$

22. 다음 설명 중 옳지 않은 것은?

① 측지선은 지표상 두 점 간의 최단거리선이다.
② 라플라스 점은 중력 측정을 실시하기 위한 점이다.
③ 항정선은 자오선과 항상 일정한 각도를 유지하는 지표의 선이다.
④ 지표면의 요철을 무시하고 적도반지름과 극반지름으로 지구의 형상을 나타내는 가상의 타원체를 지구타원체라고 한다.

■해설 라플라스 점은 방위각, 경도 측정, 측지망을 바로 잡기 위한 점을 의미한다.

23. 그림과 같은 반지름=50m인 원곡선에서 $\overline{HC}$의 거리는?(단, 교각=60°, α=20°, ∠AHC=90°)

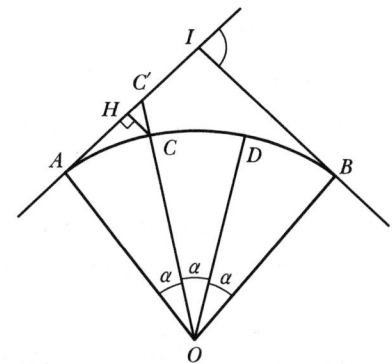

① 0.19m ② 1.98m
③ 3.02m ④ 3.24m

■해설
- $\cos\alpha = \dfrac{\overline{AO}}{\overline{CO'}}$

  $\overline{OC'} = \dfrac{\overline{AO}}{\cos\alpha} = \dfrac{50}{\cos 20°} = 53.21\text{m}$

- $\overline{CC'} = \overline{OC'} - R = 53.21 - 50 = 3.21\text{m}$

- $\cos\alpha = \dfrac{\overline{HC}}{\overline{CC'}}$

  $\overline{HC} = \overline{CC'}\cos\theta = 3.21 \times \cos 20° = 3.02\text{m}$

24. GNSS 상대측위 방법에 대한 설명으로 옳은 것은?

① 수신기 1대만을 사용하여 측위를 실시한다.
② 위성의 수신기 간의 거리는 전파의 파장 개수를 이용하여 계산할 수 있다.
③ 위상차의 계산은 단순차, 2중차, 3중차와 같은 차분기법으로는 해결하기 어렵다.
④ 전파의 위상차를 관측하는 방식이나 절대측위 방법보다 정확도가 떨어진다.

■해설 GNSS 상대측위
- 2대 이상의 수신기를 이용하며 4대 이상의 위성으로부터 동시에 전파신호를 수신하는 방법이다.
- 대측위보다 정밀도가 높다.
- 수신기의 좌표뿐만 아니라 시계오차도 계산할 수 있다.

25. 지형측량에서 등고선의 성질에 대한 설명으로 옳지 않은 것은?

① 등고선의 간격은 경사가 급한 곳에서는 넓어지고, 완만한 곳에서는 좁아진다.
② 등고선은 지표의 최대경사선 방향과 직교한다.
③ 동일 등고선 상에 있는 모든 점은 같은 높이이다.
④ 등고선 간의 최단거리 방향은 그 지표면의 최대경사 방향을 가리킨다.

■해설 등고선은 급경사에서 간격이 좁고, 완경사에서 간격이 넓다.

26. 지형의 표시법에 대한 설명으로 틀린 것은?

① 영선법은 짧고 거의 평행한 선을 이용하여 경사가 급하면 가늘고 길게, 경사가 완만하면 굵고 짧게 표시하는 방법이다.
② 음영법은 태양광선이 서북쪽에서 45° 각도로 비친다고 가정하고, 지표의 기복에 대하여 그 명암을 2~3색 이상으로 채색하여 기복의 모양을 표시하는 방법이다.
③ 채색법은 등고선의 사이를 색으로 채색, 색채의 농도를 변화시켜 표고를 구분하는 방법이다.
④ 점고법은 하천, 항만, 해양측량 등에서 수심을 나타낼 때 측점에 숫자를 기입하여 수심 등을 나타내는 방법이다.

■해설 영선법
- 단상의 선으로 지표의 기복을 표시한다.
- 경사가 급하면 굵고 짧은 선, 완만하면 가늘고 긴 선으로 표시한다.

27. 동일한 정확도로 세 변을 관측한 직육면체의 체적을 계산한 결과가 1,200m³였다. 거리의 정확도를 1/10,000까지 허용한다면 체적의 허용오차는?

① 0.08m³ ② 0.12m³
③ 0.24m³ ④ 0.36m³

■해설
- 체적과 거리의 정밀도
$$\frac{\Delta V}{V} = 3 \times \frac{\Delta L}{L}$$
- $\frac{\Delta V}{1,200} = 3 \times \frac{1}{10,000}$
- $\Delta V = 0.36 \text{m}^3$

28. $\triangle ABC$의 꼭짓점에 대한 좌푯값이 (30, 50), (20, 90), (60, 100)일 때 삼각형 토지의 면적은?(단, 좌표의 단위 : m)

① 500m² ② 750m²
③ 850m² ④ 960m²

■해설

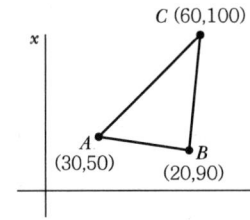

- $\overline{AB} = \sqrt{(30-20)^2 + (90-50)^2} = 41.23\text{m}$
- $\overline{BC} = \sqrt{(60-20)^2 + (100-90)^2} = 41.23\text{m}$
- $\overline{AC} = \sqrt{(60-30)^2 + (100-50)^2} = 58.31\text{m}$
- 삼변법
$$S = \frac{1}{2}(a+b+c) = \frac{1}{2}(41.23 + 41.23 + 58.31)$$
$$= 70.385\text{m}$$
$$A = \sqrt{s(s-a)(s-b)(s-c)}$$
$$= \sqrt{70.385(70.385-41.23)(70.385-41.23)(70.385-58.31)}$$
$$= 849.96\text{m}^2 \fallingdotseq 850\text{m}^2$$

29. 교각 $I = 90°$, 곡선반지름 $R = 150$m인 단곡선에서 교점(IP)의 추가거리가 1,139.250m일 때 곡선종점(EC)까지의 추가거리는?

① 875.375m ② 989.250m
③ 1,224.869m ④ 1,374.825m

■해설
- $TL = R\tan\frac{I}{2} = 150 \times \tan\frac{90°}{2} = 150\text{m}$
- $CL = R \cdot I \frac{\pi}{180°} = 150 \times 90° \times \frac{\pi}{180°} = 235.619\text{m}$
- BC 거리 $= IP - TL = 1139.250 - 150 = 989.25\text{m}$
- EC 거리 $= BC$ 거리 $+ CL (= IP - TL + CL)$
  $= 989.25 + 235.619 = 1,224.869\text{m}$

30. 수준측량의 부정오차에 해당되는 것은?

① 기포의 순간 이동에 의한 오차
② 기계의 불완전 조정에 의한 오차
③ 지구 곡률에 의한 오차
④ 표척의 눈금 오차

■해설 정오차
- 표척의 3점 오차
- 표척 눈금 부정의 오차
- 광선의 굴절오차
- 지구의 곡률오차
- 표척 기울기 오차

31. 어떤 노선을 수준측량하여 작성된 기고식 야장의 일부 중 지반고 값이 틀린 측점은?

[단위 : m]

측점	B.S	F.S		기계고	지반고
		T.P	I.P		
0	3.121				123.567
1			2.586		124.102
2	2.428	4.065			122.623
3			-0.664		124.387
4		2.321			122.730

① 측점 1 ② 측점 2
③ 측점 3 ④ 측점 4

■해설 측점 3의 지반고 = 12.051 + 0.664 = 125.715m

32. 노선측량에서 실시설계측량에 해당하지 않는 것은?

① 중심선 설치 ② 지형도 작성
③ 다각측량 ④ 용지측량

■해설 실시설계측량
- 지형도 작성
- 중심선 선정
- 중심선 설치(도상)
- 다각 측량
- 중심선의 설치 현장
- 고저측량
  - 고저측량
  - 종단면도 작성

33. 트래버스측량에서 측점 A의 좌표가 (100m, 100m)이고 측선 AB의 길이가 50m일 때 B점의 좌표는?(단, AB 측선의 방위각은 195°이다.)

① (51.7m, 87.1m) ② (51.7m, 112.9m)
③ (148.3m, 87.1m) ④ (148.3m, 112.9m)

■해설
- $X_B = X_A + l\cos\theta = 100 + 50 \cdot \cos 195° = 51.7$m
- $Y_B = Y_A + l\sin\theta = 100 + 50 \cdot \sin 195° = 87.06$m
- $(X_B, Y_B) = (51.7, 87.1)$

34. 수심 H인 하천의 유속측정에서 수면으로부터 깊이 $0.2H$, $0.4H$, $0.6H$, $0.8H$인 지점의 유속이 각각 0.663m/s, 0.556m/s, 0.532m/s, 0.466m/s이었다면 3점법에 의한 평균유속은?

① 0.543m/s ② 0.548m/s
③ 0.559m/s ④ 0.560m/s

■해설 3점법에 의한 평균 유속(V_m)
$= \dfrac{V_{0.2} + 2V_{0.6} + V_{0.8}}{4}$
$= \dfrac{0.663 + 2 \times 0.532 + 0.466}{4}$
$= 0.548$m/s

35. L_1과 L_2의 두 개의 주파수 수신이 가능한 2주파 GNSS 수신기에 의하여 제거가 가능한 오차는?

① 위성의 기하학적 위치에 따른 오차
② 다중경로 오차
③ 수신기 오차
④ 전리층 오차

■해설 전리층 오차는 전파가 전리층을 통과하며 발생하는 신호전달 관련 오차로 두 개의 주파수 수신이 가능한 GNSS 수신기에 의해 제거가 가능하다.

36. 줄자로 거리를 관측할 때 한 구간 20m의 거리에 비례하는 정오차가 +2mm라면 전 구간 200m를 관측하였을 때의 정오차는?

① +0.2mm ② +0.63mm
③ +6.3mm ④ +20mm

■해설 정오차$(m_1) = m\delta = \dfrac{200}{20} \times 2 = +20$mm

37. 삼변측량에 대한 설명으로 틀린 것은?

① 전자파거리측량기(EDM)의 출현으로 그 이용이 활성화되었다.
② 관측값의 수에 비해 조건식이 많은 것이 장점이다.
③ 코사인 제2법칙과 반각공식을 이용하여 각을 구한다.
④ 조정방법에는 조건방정식에 의한 조정과 관측방정식에 의한 조정방법이 있다.

■해설 삼각측량에 비하여 조건식 수가 적다.

38. 트래버스측량의 종류와 그 특징으로 옳지 않은 것은?

① 결합트래버스는 삼각점과 삼각점을 연결시킨 것으로 조정계산 정확도가 가장 좋다.
② 폐합트래버스는 한 측점에서 시작하여 다시 그 측점에 돌아오는 관측 형태이다.
③ 폐합트래버스는 오차의 계산 및 조정이 가능하나, 정확도는 개방트래버스보다 좋지 못하다.
④ 개방트래버스는 임의의 한 측점에서 시작하여 다른 임의의 한 점에서 끝나는 관측 형태이다.

■해설 폐합트래버스는 측량결과가 검토는 되나 정확도는 결합트래버스보다 낮다.

39. 수준점 A, B, C에서 P점까지 수준측량을 한 결과가 표와 같다. 관측거리에 대한 경중률을 고려한 P점의 표고는?

측량경로	거리	P점의 표고
$A \to P$	1km	135.487m
$B \to P$	2km	135.563m
$C \to P$	3km	135.603m

① 135.529m ② 135.551m
③ 135.563m ④ 135.570m

|해답| 33.① 34.② 35.④ 36.④ 37.② 38.③ 39.①

■해설 • 경중률은 거리에 반비례한다.
$$P_A : P_B : P_C = \frac{1}{S_1} : \frac{1}{S_2} : \frac{1}{S_3}$$
$$= \frac{1}{1} : \frac{1}{2} : \frac{1}{3} = 6 : 3 : 2$$

• $H_P = \dfrac{P_A H_A + P_B H_B + P_C H_C}{P_A + P_B + P_C}$

$= \dfrac{6 \times 135.487 + 3 \times 135.563 + 2 \times 135.603}{6+3+2}$

$= 135.529\text{m}$

40. 도로노선의 곡률반지름 $R = 2,000\text{m}$, 곡선길이 $L = 245\text{m}$일 때, 클로소이드의 매개변수 A는?

① 500m ② 600m
③ 700m ④ 800m

■해설 • $A^2 = RL$
• $A = \sqrt{R \cdot L} = \sqrt{2,000 \times 245} = 700\text{m}$

제3과목 **수리수문학**

41. 유하폭이 넓은 완경사 개수로 흐름에서 물의 단위중량 $W = \rho g$, 수심 h, $W = \rho g$, 하상경사 S일 때 바닥 전단응력 τ_0는?(단, ρ : 물의 밀도, g : 중력가속도)

① $\rho h S$ ② $g h S$
③ $\sqrt{\dfrac{hS}{\rho}}$ ④ WhS

■해설 전단응력
㉠ 전단응력
$\tau_0 = WRS$
여기서, W : 단위중량, R : 경심
㉡ 광폭개수로
광폭개수로에서는 경심(R)이 수심(h)과 같다.
∴ $\tau_0 = WRS = WhS$

42. 베르누이(Bernoulli)의 정리에 관한 설명으로 틀린 것은?

① 회전류의 경우는 모든 영역에서 성립한다.
② Euler의 운동방정식으로부터 적분하여 유도할 수 있다.
③ 베르누이의 정리를 이용하여 Torricelli의 정리를 유도할 수 있다.
④ 이상유체 흐름에 대하여 기계적 에너지를 포함한 방정식과 같다.

■해설 베르누이 정리
㉠ 비회전류(비점성유체)의 경우에 성립된다.
㉡ Euler의 운동방정식을 적분하고 정리하여 베르누이 정리를 발표하였다.
㉢ 베르누이 정리를 이용하여 Torricelli 정리($v = \sqrt{2gh}$)를 유도하였다.
㉣ 에너지 보존 법칙에 의거하여 유도하였으며, 이상유체에 적용하였다.

43. 삼각 위어(Weir)에 대한 월류 수심을 측정할 때 2%의 오차가 있었다면 유량 산정 시 발생하는 오차는?

① 2% ② 3%
③ 4% ④ 5%

■해설 수두측정오차와 유량오차의 관계
㉠ 수두측정오차와 유량오차의 관계
• 직사각형 위어
$$\frac{dQ}{Q} = \frac{\frac{3}{2} KH^{\frac{1}{2}} dH}{KH^{\frac{3}{2}}} = \frac{3}{2} \frac{dH}{H}$$
• 삼각형 위어
$$\frac{dQ}{Q} = \frac{\frac{5}{2} KH^{\frac{3}{2}} dH}{KH^{\frac{5}{2}}} = \frac{5}{2} \frac{dH}{H}$$
• 작은 오리피스
$$\frac{dQ}{Q} = \frac{\frac{1}{2} KH^{-\frac{1}{2}} dH}{KH^{\frac{1}{2}}} = \frac{1}{2} \frac{dH}{H}$$
∴ 유량오차와 수심오차의 관계는 수심의 승에 비례한다.
㉡ 삼각형 위어의 유량오차와 수심오차의 계산
$\dfrac{dQ}{Q} = \dfrac{5}{2} \dfrac{dH}{H} = \dfrac{5}{2} \times 2\% = 5\%$

|해답| 40.③ 41.④ 42.① 43.④

44. 다음 사다리꼴 수로의 윤변은?

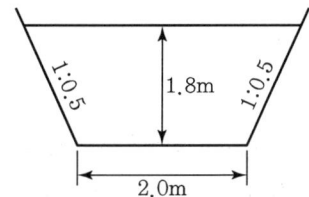

① 8.02m   ② 7.02m
③ 6.02m   ④ 9.02m

■해설 윤변
  ㉠ 경심(수리반경)
  $$R = \frac{A}{P}$$
  여기서, R : 경심, A : 면적, P : 윤변
  ㉡ 윤변의 산정
  • 경사길이 : $l = \sqrt{0.9^2 + 1.8^2} = 2.01\text{m}$
  • $P = 2 \times 2.01 + 2 = 6.02\text{m}$

45. 흐르는 유체 속의 한 점(x, y, z)의 각 측방향의 속도성분을 (u, v, w)라 하고 밀도를 ρ, 시간을 t로 표시할 때 가장 일반적인 경우의 연속방정식은?

① $\frac{\partial u}{\partial t} + \frac{\partial v}{\partial t} + \frac{\partial w}{\partial t} = 0$

② $\frac{\partial \rho u}{\partial x} + \frac{\partial \rho v}{\partial y} + \frac{\partial \rho w}{\partial z} = 0$

③ $\frac{\partial \rho}{\partial t} + \frac{\partial u}{\partial x} + \frac{\partial v}{\partial y} + \frac{\partial w}{\partial z} = 0$

④ $\frac{\partial \rho}{\partial t} + \frac{\partial \rho u}{\partial x} + \frac{\partial \rho v}{\partial y} + \frac{\partial \rho w}{\partial z} = 0$

■해설 3차원 연속방정식
  ㉠ 흐름의 방향성분을 x, y, z라 하고 각 방향의 속도성분을 u, v, w라고 하면 가장 일반적인 형태의 3차원 연속방정식은 다음과 같다.
  $$\frac{\partial \rho}{\partial t} + \frac{\partial (\rho u)}{\partial x} + \frac{\partial (\rho v)}{\partial y} + \frac{\partial (\rho w)}{\partial z} = 0$$
  ㉡ 여기서 정류 또는 부정류로 나누는 기준은 $\frac{\partial \rho}{\partial t} = 0$, $\frac{\partial \rho}{\partial t} \neq 0$이다.
  ㉢ 비압축성 유체의 경우에는 ρ=constant하므로 일반형에서 ρ는 생략 가능하다.

46. 그림과 같이 수조 A의 물을 펌프에 의해 수조 B로 양수한다. 연결관의 단면적 200cm², 유량 0.196m³/s, 총손실수두는 속도수두의 3.0배에 해당할 때 펌프에 필요한 동력(HP)은?(단, 펌프의 효율은 98%이며, 물의 단위중량은 9.81kN/m³, 1HP는 735.75N·m/s, 중력가속도는 9.8m/s²)

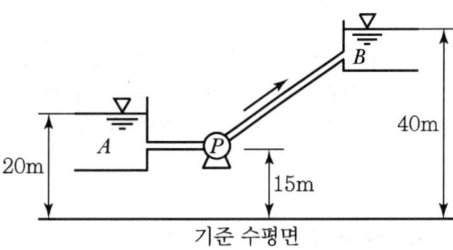

① 92.5HP   ② 101.6HP
③ 105.9HP   ④ 115.2HP

■해설 양수동력의 산정
  ㉠ 유속의 산정
  $$V = \frac{Q}{A} = \frac{0.196}{200 \times 10^{-4}} = 9.8\text{m/s}$$
  ㉡ 수조 A, B의 수표면에 Bernoulli 정리를 수립하면
  • $z_A + \frac{P_A}{w} + \frac{V_A^2}{2g} + E_P$
  $= z_B + \frac{P_B}{w} + \frac{V_B^2}{2g} + \sum h_L$
  여기서, $z_B - z_A = 40 - 20 = 20\text{m}$, 수표면의 압력 $P_A = P_B = 0$, $V_A = V_B = 0$
  • 총손실수두는 속도수두의 3.0배이므로
  $\sum h_L = 3 \times \frac{V^2}{2g} = 3 \times \frac{9.8^2}{2 \times 9.8} = 14.7\text{m}$
  ∴ $E_P = z_B - z_A + \sum h_L = 20 + 14.7 = 34.7\text{m}$
  ㉢ 동력의 산정
  $$P = \frac{13.3QH}{\eta} = \frac{13.3 \times 0.196 \times 34.7}{0.98} = 92.3\text{HP}$$

47. 수리학적으로 유리한 단면에 관한 설명으로 옳지 않은 것은?

① 주어진 단면에서 윤변이 최소가 되는 단면이다.
② 직사각형 단면일 경우 수심이 폭의 1/2인 단면이다.
③ 최대유량의 소통을 가능하게 하는 가장 경제적인 단면이다.
④ 사다리꼴 단면일 경우 수심을 반지름으로 하는 반원을 외접원으로 하는 사다리꼴 단면이다.

|해답| 44.③ 45.④ 46.① 47.④

■해설 **수리학적으로 유리한 단면**
㉠ 일정한 단면적에 유량이 최대로 흐를 수 있는 단면 또는 일정한 유량에 단면적을 최소로 할 수 있는 단면을 수리학적 유리한 단면 또는 가장 경제적인 단면이라 한다.
- 경심(R)이 최대이거나 윤변(P)이 최소인 단면
- 직사각형의 경우 $B=2H$, $R=\dfrac{H}{2}$이다.

㉡ 사다리꼴 단면의 경우에는 수심을 반지름으로 하는 반원에 외접하는 단면, 반원을 내접하는 단면이 수리학적 유리한 단면이다.

48. 여과량이 2m³/s, 동수경사가 0.2, 투수계수가 1cm/s일 때 필요한 여과지 면적은?

① 1,000m² ② 1,500m²
③ 2,000m² ④ 2,500m²

■해설 **Darcy의 법칙**
㉠ Darcy의 법칙
- $V = K \cdot I = K \cdot \dfrac{h_L}{L}$
- $Q = A \cdot V = A \cdot K \cdot I = A \cdot K \cdot \dfrac{h_L}{L}$

㉡ 여과지 면적의 산정
$A = \dfrac{Q}{KI} = \dfrac{2}{1 \times 10^{-2} \times 0.2} = 1,000\text{m}^2$

49. 비중이 0.9인 목재가 물에 떠 있다. 수면 위에 노출된 체적이 1.0m³라면 목재 전체의 체적은?(단, 물의 비중은 1.0이다.)

① 1.9m³ ② 2.0m³
③ 9.0m³ ④ 10.0m³

■해설 **부체의 평형조건**
㉠ 부체의 평형조건
- W(무게) = B(부력)
- $w \cdot V = w_w \cdot V'$
여기서, w : 물체의 단위중량
V : 부체의 체적
w_w : 물의 단위중량
V' : 물에 잠긴 만큼의 체적

㉡ 체적의 산정
$0.9 \times V = 1.0 \times (V - 1.0)$
∴ $V = 10\text{m}^3$

50. 두께가 10m인 피압대수층에서 우물을 통해 양수한 결과, 50m 및 100m 떨어진 두 지점에서 수면강하가 각각 20m 및 10m로 관측되었다. 정상 상태를 가정할 때 우물의 양수량은?(단, 투수계수는 0.3m/h)

① 7.6×10⁻²m³/s ② 6.0×10⁻³m³/s
③ 9.4m³/s ④ 21.6m³/s

■해설 **우물의 양수량**
㉠ 우물의 양수량

종류	내용
깊은 우물 (심정호)	우물의 바닥이 불투수층까지 도달한 우물을 말한다. $Q = \dfrac{\pi K(H^2 - h_o^2)}{\ln(R/r_o)}$ $= \dfrac{\pi K(H^2 - h_o^2)}{2.3\log(R/r_o)}$
얕은 우물 (천정호)	우물의 바닥이 불투수층까지 도달하지 못한 우물을 말한다. $Q = 4Kr_o(H - h_o)$
굴착정	피압대수층의 물을 양수하는 우물을 굴착정이라 한다. $Q = \dfrac{2\pi a K(H - h_o)}{\ln(R/r_o)}$ $= \dfrac{2\pi a K(H - h_o)}{2.3\log(R/r_o)}$
집수암거	복류수를 취수하는 우물을 집수암거라 한다. $Q = \dfrac{Kl}{R}(H^2 - h^2)$

㉡ 굴착정의 양수량
$Q = \dfrac{2\pi a K(H - h_o)}{2.3\log(R/r_o)}$
$= \dfrac{2\pi \times 10 \times \dfrac{0.3}{3600} \times (20 - 10)}{2.3\log\dfrac{100}{50}} = 0.076\text{m}^3/\text{s}$

51. 첨두홍수량의 계산에 있어서 합리식의 적용에 관한 설명으로 옳지 않은 것은?

① 하수도 설계 등 소유역에만 적용될 수 있다.
② 우수 도달시간은 강우 지속시간보다 길어야 한다.
③ 강우강도는 균일하고 전 유역에 고르게 분포되어야 한다.
④ 유량이 점차 증가되어 평형상태일 때의 첨두유출량을 나타낸다.

■해설 합리식
㉠ 합리식은 불투수지역(도심지역)의 우수유출량을 산정하고, 자연유역에 적용할 때에는 유역면적 5km² 이내의 소규모 지역에 적용할 수 있다.
㉡ 합리식은 강우지속시간이 우수도달시간보다 클 경우에만 적용할 수 있다.
㉢ 합리식의 기본가정으로 강우강도는 강우지속시간 동안 균일해야 하며, 강우는 전 유역에 고르게 분포되어야 한다.
㉣ 합리식은 첨두유량을 산정하는 공식으로, 강우가 시작되고 유량은 점차 증가되어 평형상태일 때의 첨두유출량을 나타낸다.

52. 그림과 같은 모양의 분수(噴水)를 만들었을 때 분수의 높이(H_V)는?(단, 유속계수 C_V : 0.96, 중력가속도 g : 9.8m/s², 다른 손실은 무시한다.)

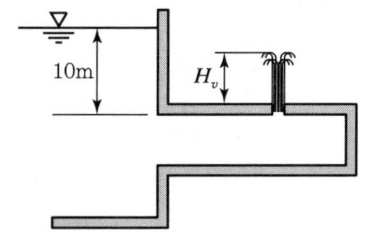

① 9.00m
② 9.22m
③ 9.62m
④ 10.00m

■해설 유출수두의 산정
㉠ 오리피스 유속(V)의 산정
$V = C_v \sqrt{2gh}$
$= 0.96 \times \sqrt{2 \times 9.8 \times 10} = 13.44$m/s
㉡ 분수의 높이(H_V) 산정
$H_V = \dfrac{V^2}{2g} = \dfrac{13.44^2}{2 \times 9.8} = 9.22$m

53. 동수반경에 대한 설명으로 옳지 않은 것은?

① 원형 관의 경우, 지름의 1/4이다.
② 유수단면적을 윤변으로 나눈 값이다.
③ 폭이 넓은 직사각형 수로의 동수반경은 그 수로의 수심과 거의 같다.
④ 동수반경이 큰 수로는 동수반경이 작은 수로보다 마찰에 의한 수두손실이 크다.

■해설 동수반경
경심(동수반경, 수리반경)은 각 단면의 면적(A)을 윤변(P)으로 나누어 준 값을 말한다.
• $R = \dfrac{A}{P}$
• 원형 관에서의 경심 $R = \dfrac{D}{4}$이다.
• 광폭개수로에서는 경심(R)이 수심(h)과 같다.
• 마찰손실은 윤변(P)에 비례하여 커진다.
∴ 경심이 크면 윤변은 작아지고 마찰손실수두는 작아진다.

54. 댐의 상류부에서 발생되는 수면 곡선의 흐름 방향으로 수심이 증가함을 뜻하는 곡선은?

① 배수곡선
② 저하곡선
③ 유사량곡선
④ 수리특성곡선

■해설 부등류의 수면형
㉠ $dx/dy > 0$이면 흐름방향으로 수심이 증가함을 뜻하며 이 유형의 곡선을 배수곡선(Backwater Curve)이라 하고, 댐 상류부에서 볼 수 있다.
㉡ $dx/dy < 0$이면 수심이 흐름방향으로 감소함을 뜻하며 이를 저하곡선(Dropdown Curve)이라 하고, 위어 등에서 볼 수 있다.
∴ 상류(常流)로 흐르는 수로에 댐을 만들었을 때 그 상류(上流) 방향으로 수심이 증가하는 수면곡선은 배수곡선이다.

55. 일반적인 물의 성질로 틀린 것은?

① 물의 비중은 기름의 비중보다 크다.
② 물은 일반적으로 완전유체로 취급한다.
③ 해수(海水)도 담수(淡水)와 같은 단위중량으로 취급한다.
④ 물의 밀도는 보통 1g/cc=1,000kg/m³=1t/m³를 쓴다.

|해답| 51.② 52.② 53.④ 54.① 55.③

■해설 물의 성질
　㉠ 비중은 어떤 액체의 무게비 또는 밀도비라고 하며, 기름보다는 물의 비중이 커서 일반적으로 물 위에 기름이 뜨게 된다.
　㉡ 실제유체는 점성과 압축성을 갖지만 일반적으로 물은 이상유체(완전유체)로 해석하게 된다.
　㉢ 해수는 물속에 염분이 있는 것으로 담수보다는 단위중량이 조금 무겁다.
　　• 담수의 단위중량 : $w = 1 \text{t/m}^3$
　　• 해수의 단위중량 : $w = 1.025 \text{t/m}^3$
　㉣ 물의 밀도(단위중량) 값은 $1\text{t/m}^3 = 1,000\text{kg/m}^3 = 1\text{g/cm}^3 = 1\text{g/cc}$와 같다.

56. 강우자료의 일관성을 분석하기 위해 사용하는 방법은?

① 합리식
② DAD 해석법
③ 누가우량 곡선법
④ SCS(Soil Conservation Service) 방법

■해설 이중누가우량분석(Double Mass Analysis)
　수십 년에 걸친 장기간의 강수자료의 일관성(Consistency) 검증을 위해 이중누가우량분석(누가우량곡선법)을 실시한다.

57. 수문자료 해석에 사용되는 확률분포형의 매개변수를 추정하는 방법이 아닌 것은?

① 모멘트법(Method of Moments)
② 회선적분법(Convolution Intergral Method)
③ 최우도법(Method of Maximum Likelihood)
④ 확률가중모멘트법(Method of Probability Weighted Moments)

■해설 확률분포형의 매개변수
　통계 분야에서는 각종 목적에 따라 수많은 이산형 및 연속형 확률분포형을 개발하여 사용하고 있으며, 수문학에서도 다양한 확률분포형을 이용하여 설계 수문량을 산정하는 데 이용하고 있다. 각 분포에 적용되는 매개변수 추정방법에는 모멘트법, 최우도법, 확률가중모멘트법, L-모멘트법 등이 있다.

58. 정수역학에 관한 설명으로 틀린 것은?

① 정수 중에는 전단응력이 발생된다.
② 정수 중에는 인장응력이 발생되지 않는다.
③ 정수압은 항상 벽면에 직각방향으로 작용한다.
④ 정수 중의 한 점에 작용하는 정수압은 모든 방향에서 균일하게 작용한다.

■해설 정수역학 일반
　㉠ 정수역학에서 다루는 유체는 비점성유체로 정수 중에서 전단응력 및 인장응력은 발생하지 않는다.
　㉡ 정수 중 한 점에 작용하는 압력은 모든 면에 직각방향으로 작용하며, 모든 면에서 그 크기는 균일하게 작용한다.

59. 수심이 1.2m인 수조의 밑바닥에 길이 4.5m, 지름 2cm인 원형 관이 연직으로 설치되어 있다. 최초에 물이 배수되기 시작할 때 수조의 밑바닥에서 0.5m 떨어진 연직관 내의 수압은?(단, 물의 단위중량은 9.81kN/m³이며, 손실은 무시한다.)

① 49.05kN/m^2
② -49.05kN/m^2
③ 39.24kN/m^2
④ -39.24kN/m^2

■해설 Bernoulli 정리
　㉠ Bernoulli 정리
$$Z_1 + \frac{P_1}{w} + \frac{V_1^2}{2g} = Z_2 + \frac{P_2}{w} + \frac{V_2^2}{2g}$$
　∴ 연직관의 바닥에 수평기준면을 잡으면 $Z_1 = 4\text{m}$, $Z_2 = 0$이며, 유출구에서의 압력 $P_2 = 0$이다.
　㉡ 압력의 산정
　　• 단일 연직관이므로 $A_1 = A_2$ ∴ $V_1 = V_2$이다.
　　　∴ $\frac{V_1^2}{2g} = \frac{V_2^2}{2g}$이므로 생략 가능
　　• 위의 조건들을 Bernoulli 정리에 대입하고 정리하면,
$$4 + \frac{P_1}{w} = 0$$
　　∴ $P_1 = -4 \times w = -4 \times 9.81 = -39.24 \text{kN/m}^2$

60. 어느 유역에 1시간 동안 계속되는 강우기록이 아래 표와 같을 때 10분 지속 최대강우강도는?

시간(분)	0	0~10	10~20	20~30
우량(mm)	0	3.0	4.5	7.0

시간(분)	30~40	40~50	50~60
우량(mm)	6.0	4.5	6.0

① 5.1mm/h ② 7.0mm/h
③ 30.6mm/h ④ 42.0mm/h

■해설 강우강도
㉠ 강우강도는 단위시간당 내린 비의 양을 말하며, 단위는 mm/hr이다.
㉡ 지속시간 10분 동안의 최대강우량은 7.0mm이다.
∴ 10분 지속 최대강우강도 $= \frac{7\text{mm}}{10\text{min}} \times 60$
$= 42\text{mm/hr}$

제4과목 철근콘크리트 및 강구조

61. 단철근 직사각형 보에서 f_{ck} = 38MPa인 경우, 콘크리트 등가직사각형 압축응력블록의 깊이를 나타내는 계수 β_1은?

① 0.74 ② 0.76
③ 0.80 ④ 0.85

■해설 f_{ck} = 38MPa ≤ 40MPa인 경우
β_1 = 0.80이다.

62. 표준갈고리를 갖는 인장 이형철근의 정착에 대한 설명으로 틀린 것은?(단, d_b는 철근의 공칭지름이다.)

① 갈고리는 압축을 받는 경우 철근정착에 유효하지 않은 것으로 보아야 한다.
② 정착길이는 위험단면으로부터 갈고리의 외측 단부까지 거리로 나타낸다.
③ D35 이하 180° 갈고리 철근에서 정착길이 구간을 $3d_b$ 이하 간격으로 띠철근 또는 스터럽이 정착되는 철근을 수직으로 둘러싼 경우에 보정계수는 0.7이다.
④ 기본 정착길이에 보정계수를 곱하여 정착길이를 계산하는데 이렇게 구한 정착길이는 항상 $8d_b$ 이상, 또한 150mm 이상이어야 한다.

■해설 D35 이하 180° 갈고리 철근에서 정착길이 구간을 $3d_b$ 이하 간격으로 띠철근 또는 스터럽이 정착되는 철근을 수직으로 둘러싼 경우에 보정계수는 0.8이다.

63. 프리스트레스를 도입할 때 일어나는 손실(즉시 손실)의 원인은?

① 콘크리트의 크리프
② 콘크리트의 건조수축
③ 긴장재 응력의 릴랙세이션
④ 포스트텐션 긴장재와 덕트 사이의 마찰

■해설 1. 프리스트레스 도입 시 손실(즉시손실)
① 정착장치의 활동에 의한 손실
② PS강재와 쉬스 사이에 마찰에 의한 손실
③ 콘크리트의 탄성 변형에 의한 손실

2. 프리스트레스 도입 후 손실(시간손실)
① 콘크리트의 크리프에 의한 손실
② 콘크리트의 건조수축에 의한 손실
③ PS강재의 릴렉세이션에 의한 손실

64. 콘크리트 설계기준압축강도가 28MPa, 철근의 설계기준항복강도가 400MPa로 설계된 길이가 7m인 양단 연속보에서 처짐을 계산하지 않는 경우 보의 최소 두께는?[단, 보통중량콘크리트(m_c = 2,300kg/m³)이다.]

① 275mm ② 334mm
③ 379mm ④ 438mm

■해설 양단 연속보에서 처짐을 계산하지 않아도 되는 최소두께(h_{min})
$h_{min} = \frac{l}{21} = \frac{7 \times 10^3}{21} = 333.3\text{mm}$

65. 철근콘크리트의 강도설계법을 적용하기 위한 설계 가정으로 틀린 것은?

① 철근과 콘크리트의 변형률은 중립축부터 거리에 비례한다.
② 인장 측 연단에서 철근의 극한변형률은 0.003으로 가정한다.
③ 콘크리트 압축연단의 극한변형률은 콘크리트의 설계기준압축강도가 40MPa 이하인 경우에는 0.0033으로 가정한다.
④ 철근의 응력이 설계기준항복강도(f_y) 이하일 때 철근의 응력은 그 변형률에 철근의 탄성계수(E_s)를 곱한 값으로 한다.

■해설 강도설계법에 대한 기본가정 사항
- 휨모멘트와 축력을 받는 부재의 강도설계는 힘의 평형조건과 변형률 적합조건을 만족시켜야 한다.
- 철근 및 콘크리트의 변형률은 중립축으로부터의 거리에 비례한다.
- 콘크리트 압축연단의 극한변형률은 콘크리트의 설계기준압축강도가 40MPa 이하인 경우에는 0.0033으로 가정한다.
- f_y 이하의 철근응력은 그 변형률의 E_s 배로 취한다. f_y 에 해당하는 변형률보다 더 큰 변형률에 대한 철근의 응력은 변형률에 관계없이 f_y 와 같다고 가정한다.
- 콘크리트의 인장응력은 무시한다.
- 콘크리트 압축응력의 분포와 콘크리트 변형률 사이의 관계는 직사각형, 사다리꼴, 포물선형 등 어떤 형상으로도 가정할 수 있다.

66. 강도설계법에서 구조의 안전을 확보하기 위해 사용되는 강도감소계수(ϕ) 값으로 틀린 것은?

① 인장지배 단면 : 0.85
② 포스트텐션 정착구역 : 0.70
③ 전단력과 비틀림모멘트를 받는 부재 : 0.75
④ 압축지배 단면 중 띠철근으로 보강된 철근콘크리트 부재 : 0.65

■해설 포스트텐션 정착구역에서 강도감소계수는 0.85이다.

67. 연속보 또는 1방향 슬래브의 휨모멘트와 전단력을 구하기 위해 근사해법을 적용할 수 있다. 근사해법을 적용하기 위해 만족하여야 하는 조건으로 틀린 것은?

① 등분포하중이 작용하는 경우
② 부재의 단면 크기가 일정한 경우
③ 활하중이 고정하중의 3배를 초과하는 경우
④ 인접 2경간의 차이가 짧은 경간의 20% 이하인 경우

■해설 1방향 슬래브 또는 연속보에서 근사해법을 적용할 경우 활하중은 고정하중의 3배 이하라야 한다.

68. 순간처짐이 20mm 발생한 캔틸레버 보에서 5년 이상의 지속하중에 의한 총 처짐은?(단, 보의 인장철근비는 0.02, 받침부의 압축철근비는 0.010이다.)

① 26.7mm
② 36.7mm
③ 46.7mm
④ 56.7mm

■해설 $\xi = 20$ (하중 재하기간이 5년 이상인 경우)

$$\lambda_\Delta = \frac{\xi}{1+50\rho'} = \frac{2}{1+50 \times 0.01} = \frac{4}{3}$$

$$\delta_L = \lambda_\Delta \cdot \delta_i = \frac{4}{3} \times 20 = 26.7\text{mm}$$

$$\delta_T = \delta_i + \delta_L = (20 + 26.7) = 46.7\text{mm}$$

69. 그림과 같은 단면을 갖는 지간 20m의 PSC보에 PS강재가 200mm의 편심거리를 가지고 직선배치 되어 있다. 자중을 포함한 계수등분포하중 16kN/m가 보에 작용할 때 보 중앙단면의 콘크리트 상연응력은?[단, 유효 프리스트레스 힘(P_e)은 2,400kN이다.]

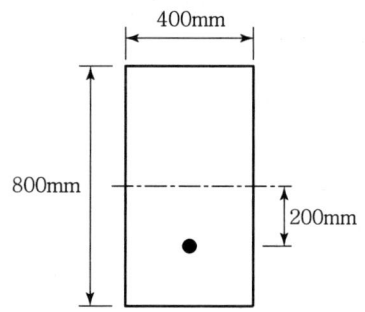

① 6MPa　　　　② 9MPa
③ 12MPa　　　 ④ 15MPa

■해설
$$f_t = \frac{P_e}{A} - \frac{P_e \cdot e}{Z} + \frac{M}{Z} = \frac{1}{bh}\left[P_e\left(1-\frac{6e}{h}\right) + \frac{3wl^2}{4h}\right]$$
$$= \frac{1}{400 \times 800}\left[(2,400 \times 10^2)\left(1-\frac{6 \times 200}{800}\right) + \frac{3 \times 16 \times (20 \times 10^3)^2}{4 \times 800}\right]$$
$$= 15\text{MPa}$$

70. 그림과 같은 맞대기 용접의 이음부에 발생하는 용력의 크기는?(단, P=360kN, 강판두께=12mm)

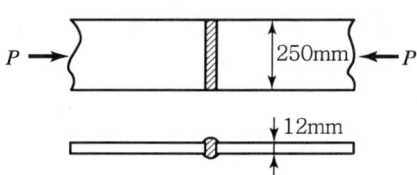

① 압축응력 f_c =14.4MPa
② 인장응력 f_t =3,000MPa
③ 전단응력 τ =150MPa
④ 압축응력 f_c =120MPa

■해설 $f = \dfrac{P}{A} = \dfrac{-360 \times 10^3}{12 \times 250} = -120\text{MPa}(압축)$

71. 유효깊이가 600mm인 단철근 직사각형 보에서 균형 단면이 되기 위한 압축연단에서 중립축까지의 거리는?(단, f_{ck}=28MPa, f_y=300MPa, 강도설계법에 의한다.)

① 494.5mm　　　② 412.5mm
③ 390.5mm　　　④ 293.5mm

■해설 f_{ck}=28MPa ≤ 40MPa인 경우
$$c_b = \frac{660}{660+f_y}d = \frac{660}{660+300} \times 600 = 412.5\text{mm}$$

72. 보의 길이가 20m, 활동량이 4mm, 긴장재의 탄성계수(E_P)가 200,000MPa일 때 프리스트레스의 감소량(Δf_{pa})은?(단, 일단 정착이다.)

① 40MPa　　　　② 30MPa
③ 20MPa　　　　④ 15MPa

■해설 $\Delta f_{pa} = E_p \dfrac{\Delta l}{l} = (20 \times 10^5) \times \dfrac{4}{(20 \times 10^3)} = 40\text{MPa}$

73. 그림과 같은 띠철근 기둥에서 띠철근의 최대 수직간격은?(단, D10의 공칭직경은 9.5mm, D32의 공칭직경은 31.8mm이다.)

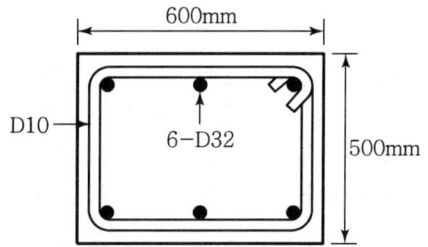

① 400mm　　　　② 456mm
③ 500mm　　　　④ 509mm

■해설 띠철근 기둥에서 띠철근의 간격
- 축방향 철근 지름의 16배 이하
  =31.8×16=508.8mm 이하
- 띠철근 지름의 48배 이하
  =9.5×48=456mm 이하
- 기둥단면의 최소 치수 이하=500mm 이하
따라서, 띠철근의 간격은 최소값인 456mm 이하라야 한다.

74. 강판을 리벳(Rivet)이음할 때 지그재그로 리벳을 체결한 모재의 순폭은 총폭으로부터 고려하는 단면의 최초의 리벳 구멍에 대하여 그 지름을 공제하고 이하 순차적으로 다음 식을 각 리벳 구멍으로 공제하는데 이때의 식은?(단, g : 리벳 선간의 거리, d : 리벳 구멍의 지름, p : 리벳 피치)

① $d - \dfrac{p^2}{4g}$　　　　② $d - \dfrac{g^2}{4p}$
③ $d - \dfrac{4p^2}{g}$　　　　④ $d - \dfrac{4g^2}{p}$

|해답| 70.④　71.②　72.①　73.②　74.①

■해설

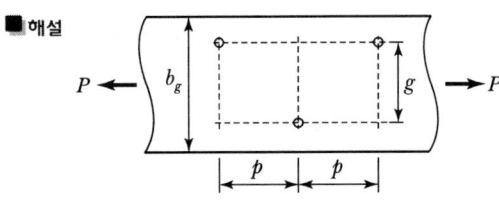

$b_{n1} = b_g - d$

$b_{n2} = b_g - d - (d - \frac{p^2}{4g})$

$b_n = (b_{n1}, b_{n2})_{min}$

75. 비틀림철근에 대한 설명으로 틀린 것은?[단, A_{oh}는 가장 바깥의 비틀림 보강철근의 중심으로 닫혀진 단면적(mm^2)이고, p_h는 가장 바깥의 횡방향 폐쇄스터럽 중심선의 둘레(mm)이다.]

① 횡방향 비틀림철근은 종방향 철근 주위로 135° 표준갈고리에 의해 정착하여야 한다.
② 비틀림모멘트를 받는 속빈 단면에서 횡방향 비틀림철근의 중신선부터 내부 벽면까지의 거리는 $0.5A_{oh}/p_h$ 이상이 되도록 설계하여야 한다.
③ 횡방향 비틀림철근의 간격은 $p_h/6$보다 작아야 하고, 또한 400mm보다 작아야 한다.
④ 종방향 비틀림철근은 양단에 정착하여야 한다.

■해설 횡방향 비틀림철근의 간격은 $P_h/8$ 이하라야 하고, 또한 300mm 이하라야 한다.

76. 뒷부벽식 옹벽에서 뒷부벽을 어떤 보로 설계하여야 하는가?

① T형보   ② 단순보
③ 연속보   ④ 직사각형보

■해설 뒷부벽식 옹벽에서 뒷부벽은 T형보로 설계하여야 한다.

77. 직사각형 단면의 보에서 계수전단력 $V_u = 40kN$을 콘크리트만으로 지지하고자 할 때 필요한 최소 유효깊이(d)는?(단, 보통중량콘크리트이며, $f_{ck} = 25MPa$, $b_w = 300mm$)

① 320mm   ② 348mm
③ 384mm   ④ 427mm

■해설 $\frac{1}{2}\phi V_c \geq V_u$

$\frac{1}{2}\phi\left(\frac{1}{6}\lambda\sqrt{f_{ck}}b_w d\right) \geq V_u$

$d \geq \frac{12V_u}{\phi\lambda\sqrt{f_{ck}}b_w} = \frac{12 \times (40 \times 10^3)}{0.75 \times 1 \times \sqrt{25} \times 300}$

$= 426.7mm$

78. 슬래브와 보가 일체로 타설된 비대칭 T형보(반 T형보)의 유효폭은?(단, 플랜지 두께=100mm, 복부 폭=300mm, 인접보와의 내측 거리=1,600mm, 보의 경간=6.0m)

① 800mm   ② 900mm
③ 1,000mm ④ 1,100mm

■해설 반 T형 보(비대칭 T형 보)의 플랜지 유효폭(b_e)
- $6t_f + b_w = (6 \times 100) + 300 = 900mm$
- $\left(\text{보 지간의 }\frac{1}{12}\right) + b_w = \frac{6,000}{12} + 300 = 800mm$
- $\left(\text{인접보와의 내측거리의 }\frac{1}{2}\right) + b_w$

$= \frac{1,600}{2} + 300 = 1,100mm$

위 값 중에서 최소값을 취하면 $b_e = 800mm$이다.

79. 그림과 같은 인장철근을 갖는 보의 유효깊이는? (단, D19철근의 공칭단면적은 $287mm^2$이다.)

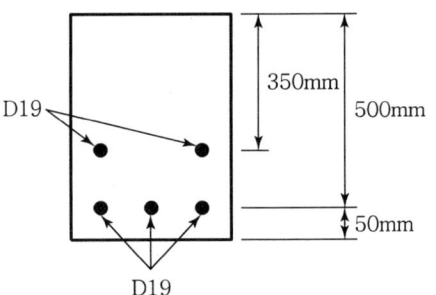

① 350mm   ② 410mm
③ 440mm   ④ 500mm

■해설 $d = \frac{2 \times 350 + 3 \times 500}{5} = 440mm$

80. 인장응력 검토를 위한 L-150×90×12인 형강(Angle)의 전개한 총폭(b_g)은?

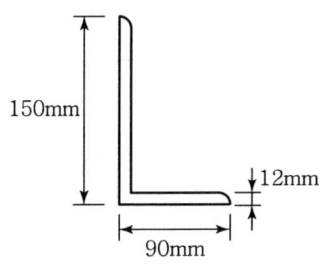

① 228mm ② 232mm
③ 240mm ④ 252mm

■해설 $b_g = b_1 + b_2 - t = 150 + 90 - 12 = 228mm$

제5과목 **토질 및 기초**

81. 두께 9m의 점토층에서 하중강도 P_1일 때 간극비는 2.0이고 하중강도를 P_2로 증가시키면 간극비는 1.8로 감소되었다. 이 점토층의 최종압밀침하량은?

① 20cm ② 30cm
③ 50cm ④ 60cm

■해설 $\Delta H = \dfrac{e_1 - e_2}{1 + e_1} H = \dfrac{2 - 1.8}{1 + 2} \times 900 = 60cm$

82. 지반개량공법 중 주로 모래질 지반을 개량하는 데 사용되는 공법은?

① 프리로딩공법
② 생석회 말뚝공법
③ 페이퍼드레인공법
④ 바이브로플로테이션공법

■해설 점성토 탈수방법
• 페이퍼드레인공법
• 프리로딩공법
• 생석회말뚝공법

83. 포화된 점토에 대하여 비압밀비배수(UU)시험을 하였을 때 결과에 대한 설명으로 옳은 것은?(단, ϕ : 내부마찰각, c : 점착력)

① ϕ와 c가 나타나지 않는다.
② ϕ와 c가 모두 "0"이 아니다.
③ ϕ는 "0"이 아니지만 c는 "0"이다.
④ ϕ는 "0"이고 c는 "0"이 아니다.

■해설 포화된 점토의 UU-Test

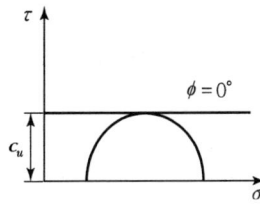

∴ 내부마찰각 $\phi = 0°$이고 점착력 $c_u \neq 0$이다.

84. 점토지반으로부터 불교란시료를 채취하였다. 이 시료의 지름이 50mm, 길이가 100mm, 습윤질량이 350g, 함수비가 40%일 때 이 시료의 건조밀도는?

① 1.78g/cm³ ② 1.43g/cm³
③ 1.27g/cm³ ④ 1.14g/cm³

■해설
• $\gamma_t = \dfrac{W}{V} = \dfrac{350}{A \times l} = \dfrac{350}{\dfrac{\pi \cdot 5^2}{4} \times 10} = 1.78$

• $\gamma_d = \dfrac{\gamma_t}{1+\omega} = \dfrac{1.78}{1+0.4} = 1.27g/cm^3$

85. 말뚝의 부주면마찰력에 대한 설명으로 틀린 것은?

① 연약한 지반에서 주로 발생한다.
② 말뚝 주변의 지반이 말뚝보다 더 침하될 때 발생한다.
③ 말뚝주면에 역청 코팅을 하면 부주면마찰력을 감소시킬 수 있다.
④ 부주면마찰력의 크기는 말뚝과 흙 사이의 상대적인 변위속도와는 큰 연관성이 없다.

|해답| 80.① 81.④ 82.④ 83.④ 84.③ 85.④

■해설 연약한 점토에서 부마찰력은 상대변위의 속도가 느릴수록 적고, 빠를수록 크다.

86. 말뚝기초에 대한 설명으로 틀린 것은?
① 군항은 전달되는 응력이 겹쳐지므로 말뚝 1개의 지지력에 말뚝 개수를 곱한 값보다 지지력이 크다.
② 동역학적 지지력 공식 중 엔지니어링 뉴스 공식의 안전율(F_s)은 6이다.
③ 부주면마찰력이 발생하면 말뚝의 지지력은 감소한다.
④ 말뚝기초는 기초의 분류에서 깊은 기초에 속한다.

■해설 군항의 허용지지력은 단항의 지지력보다 효율(E)만큼 작다.
$Q_{ag} = E \cdot Q_a \cdot N \ (E<1)$

87. 그림과 같이 폭이 2m, 길이가 3m인 기초에 100kN/m²의 등분포하중이 작용할 때, A점 아래 4m 깊이에서의 연직응력 증가량은?(단, 아래 표의 영향계수값을 활용하여 구하며, $m = \dfrac{B}{z}$, $n = \dfrac{L}{z}$ 이고, B는 직사각형 단면의 폭, L은 직사각형 단면의 길이, z는 토층의 깊이이다.)

[영향계수(I)값]

m	0.25	0.5	0.5	0.5
n	0.5	0.25	0.75	1.0
I	0.048	0.048	0.115	0.122

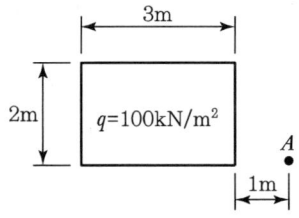

① 6.7kN/cm²
② 7.4kN/cm²
③ 12.2kN/cm²
④ 17.0kN/cm²

■해설 구형 등분포하중에 의한 지중응력
$\sigma_z = \sigma_{z(1234)} - \sigma_{z(2546)}$

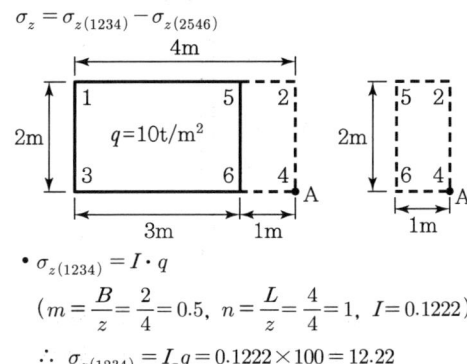

- $\sigma_{z(1234)} = I \cdot q$
  ($m = \dfrac{B}{z} = \dfrac{2}{4} = 0.5$, $n = \dfrac{L}{z} = \dfrac{4}{4} = 1$, $I = 0.1222$)
  ∴ $\sigma_{z(1234)} = I_\sigma g = 0.1222 \times 100 = 12.22$
- $\sigma_{z(2546)} = I \cdot q$
  ($m = \dfrac{B}{z} = \dfrac{1}{4} = 0.25$, $n = \dfrac{L}{z} = \dfrac{2}{4} = 0.5$, $I = 0.048$)
  ∴ $\sigma_{z(2546)} = I \cdot g = 0.048 \times 100 = 4.8$

따라서
$\sigma_z = \sigma_{z(1234)} - \sigma_{z(2546)} = 12.22 - 4.8$
$= 7.4 \text{kN/m}^2$

88. 기초가 갖추어야 할 조건이 아닌 것은?
① 동결, 세굴 등에 안전하도록 최소한의 근입깊이를 가져야 한다.
② 기초의 시공이 가능하고 침하량이 허용치를 넘지 않아야 한다.
③ 상부로부터 오는 하중을 안전하게 지지하고 기초지반에 전달하여야 한다.
④ 미관상 아름답고 주변에서 쉽게 구득할 수 있는 재료로 설계되어야 한다.

■해설 기초의 구비조건
- 동해를 받지 않는 최소한의 근입깊이(D_f)를 가질 것(기초깊이는 동결깊이보다 깊어야 한다.)
- 지지력에 대해 안정할 것
- 침하에 대해 안정할 것(침하량이 허용침하량 이내일 것)
- 기초공 시공이 가능할 것(내구적, 경제적)

|해답| 86.① 87.② 88.④

89. 평판재하시험에 대한 설명으로 틀린 것은?

① 순수한 점토지반의 지지력은 재하판 크기와 관계없다.
② 순수한 모래지반의 지지력은 재하판의 폭에 비례한다.
③ 순수한 점토지반의 침하량은 재하판의 폭에 비례한다.
④ 순수한 모래지반의 침하량은 재하판의 폭에 관계없다.

■해설 순수한 모래지반의 침하량은 재하판의 폭에 비례하지 않고 약간 증가한다.

90. 두께 2cm의 점토시료에 대한 압밀시험 결과 50%의 압밀을 일으키는 데 6분이 걸렸다. 같은 조건하에서 두께 3.6m의 점토층 위에 축조한 구조물이 50%의 압밀에 도달하는 데 며칠이 걸리는가?

① 1,350일   ② 270일
③ 135일   ④ 27일

■해설 · $t \propto H^2$
· 6분 : $\left(\dfrac{2}{2}\right)^2$ = X분 : $\left(\dfrac{360}{2}\right)^2$
∴ X일 = 194,400분 × $\dfrac{1}{60}$ × $\dfrac{1}{24}$ = 135일

91. 비교적 가는 모래와 실트가 물속에서 침강하여 고리모양을 이루며 작은 아치를 형성한 구조로, 단립구조보다 간극비가 크고 충격과 진동에 약한 흙의 구조는?

① 봉소구조   ② 낱알구조
③ 분산구조   ④ 면모구조

■해설 봉소(벌집)구조
· 미세한 모래와 실트가 작은 아치를 형성한 고리모양의 구조
· 단립구조보다 간극(간극비)이 크고 충격에 약하다(충격하중을 받으면 흙 구조가 부서짐).

92. 아래의 그림과 같은 흙의 구성도에서 체적 V를 1로 했을 때의 간극의 체적은?(단, 간극률은 n, 함수비는 w, 흙입자의 비중은 G_s, 물의 단위중량은 γ_w)

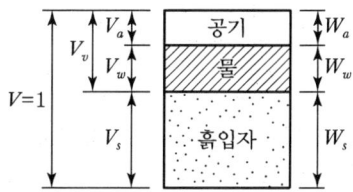

① n
② wG_s
③ $\gamma_w(1-n)$
④ $[G_s - n(G_s - 1)]\gamma_w$

■해설 · $V = V_v + V_s$
· $\dfrac{V}{V} = \dfrac{V_v}{V} + \dfrac{V_s}{V}$
· $1 = n + (1-n)$
∴ 간극의 체적은 $\dfrac{V_v}{V} = n$

93. 유선망의 특징에 대한 설명으로 틀린 것은?

① 각 유로의 침투수량은 같다.
② 동수경사는 유선망의 폭에 비례한다.
③ 인접한 두 등수두선 사이의 수두손실은 같다.
④ 유선망을 이루는 사변형은 이론상 정사각형이다.

■해설 유선망의 특징
· 유선망은 이론상 정사각형
· 침투속도 및 동수경사는 유선망 폭에 반비례

94. 벽체에 작용하는 주동토압을 P_a, 수동토압을 P_p, 정지토압을 P_o라 할 때 크기의 비교로 옳은 것은?

① $P_a > P_p > P_o$ ② $P_p > P_o > P_a$
③ $P_p > P_a > P_o$ ④ $P_o > P_a > P_p$

■해설 P_p(수동토압) > P_o(정지토압) > P_a(주동토압)

|해답| 89.④ 90.③ 91.① 92.① 93.② 94.②

95. 그림과 같이 3개의 지층으로 이루어진 지반에서 토층에 수직한 방향의 평균 투수계수(k_v)는?

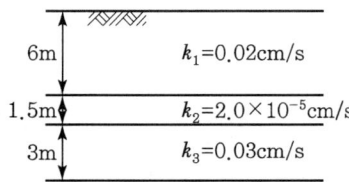

① 2.516×10^{-6} cm/s
② 1.274×10^{-5} cm/s
③ 1.393×10^{-4} cm/s
④ 2.0×10^{-2} cm/s

■해설 $k_v = \dfrac{H_1 + H_2 + H_3}{\dfrac{H_1}{k_1} + \dfrac{H_2}{k_2} + \dfrac{H_3}{k_3}} = \dfrac{600 + 150 + 300}{\dfrac{600}{0.02} + \dfrac{150}{2 \times 10^{-5}} + \dfrac{300}{0.03}}$
$= 1.393 \times 10^{-4}$ cm/s

96. 응력경로(stress path)에 대한 설명으로 틀린 것은?

① 응력경로는 특성상 전응력으로만 나타낼 수 있다.
② 응력경로란 시료가 받는 응력의 변화과정을 응력공간에 궤적으로 나타낸 것이다.
③ 응력경로는 Mohr의 응력원에서 전단응력이 최대인 점을 연결하여 구한다.
④ 시료가 받는 응력상태에 대한 응력경로는 직선 또는 곡선으로 나타난다.

■해설 • 응력경로 : Mohr의 응력원에서 각 원의 전단응력이 최대인 점(p, q)을 연결하여 그린 선분
• 응력경로는 전응력 경로와 유효응력 경로로 나눌 수 있다.

97. 암반층 위에 5m 두께의 토층이 경사 15°의 자연사면으로 되어 있다. 이 토층의 강도정수 $c = 15$ kN/m², $\phi = 30°$이며, 포화단위중량(γ_{sat})은 18 kN/m³이다. 지하수면의 토층의 지표면과 일치하고 침투는 경사면과 대략 평행이다. 이때 사면의 안전율은?(단, 물의 단위중량은 9.81kN/m³이다.)

① 0.85
② 1.15
③ 1.65
④ 2.05

■해설 반무한 사면의 안전율
(점착력 $c \neq 0$이고, 지하수위가 지표면과 일치하는 경우)
$F_s = \dfrac{c}{\gamma_{sat} \cdot z \cdot \sin i \cdot \cos i} + \dfrac{\gamma_{sub}}{\gamma_{sat}} \cdot \dfrac{\tan\phi}{\tan i}$
$= \dfrac{15}{18 \times 5 \times \sin 15° \times \cos 15°} + \dfrac{18 - 9.81}{18} \times \dfrac{\tan 30°}{\tan 15°}$
$= 1.65$

98. 모래시료에 대해서 압밀배수 삼축압축시험을 실시하였다. 초기단계에서 구속응력(σ_3)은 100kN/m²이고, 전단파괴 시에 작용된 축차응력(σ_{df})은 200kN/m²이었다. 이와 같은 모래시료의 내부마찰각(ϕ) 및 파괴면에 작용하는 전단응력(τ_f)의 크기는?

① $\phi = 30°$, $\tau_f = 115.47$ kN/m²
② $\phi = 40°$, $\tau_f = 115.47$ kN/m²
③ $\phi = 30°$, $\tau_f = 86.60$ kN/m²
④ $\phi = 40°$, $\tau_f = 86.60$ kN/m²

■해설 • $\phi = \sin^{-1}\left(\dfrac{\sigma_1 - \sigma_3}{\sigma_1 + \sigma_3}\right) = \sin^{-1}\left(\dfrac{300 - 100}{300 + 100}\right) = 30°$
• $\tau_f = \dfrac{\sigma_1 - \sigma_3}{2} \sin 2\theta = \dfrac{300 - 100}{2} \sin(2 \times 30)$
$= 86.60$ kN/m²

99. 흙의 다짐시험에서 다짐에너지를 증가시킬 때 일어나는 결과는?

① 최적함수비는 증가하고, 최대건조단위중량은 감소한다.
② 최적함수비는 감소하고, 최대건조단위중량은 증가한다.
③ 최적함수비와 최대건조단위중량이 모두 감소한다.
④ 최적함수비와 최대건조단위중량이 모두 증가한다.

■해설 다짐에너지가 클수록 최대건조밀도($\gamma_{d\max}$)는 커지고 최적함수비(OMC)는 작아진다.

|해답| 95.③ 96.① 97.③ 98.③ 99.②

100. 토립자가 둥글고 입도분포가 나쁜 모래지반에서 표준관입시험을 한 결과 N값은 10이었다. 이 모래의 내부마찰각(ϕ)을 Dunham의 공식으로 구하면?

① 21° ② 26°
③ 31° ④ 36°

■해설 $\phi = \sqrt{12N} + 15$
$= \sqrt{12 \times 10} + 15 = 26°$

제6과목 상하수도공학

101. 상수도의 정수공정에서 염소소독에 대한 설명으로 틀린 것은?

① 염소살균은 오존살균에 비해 가격이 저렴하다.
② 염소소독의 부산물로 생성되는 THM은 발암성이 있다.
③ 암모니아성 질소가 많은 경우에는 클로라민이 형성된다.
④ 염소요구량은 주입염소량과 유리 및 결합잔류 염소량의 합이다.

■해설 염소의 특징
㉠ 염소의 가장 큰 장점은 경제적이며 잔류성이 있다는 것이다.
㉡ 염소의 가장 큰 단점은 트리할로메탄이라는 유기염소화합물을 생성한다는 것이다.
㉢ 클로라민은 물속에 암모니아성 질소가 존재하면 발생한다.
㉣ 염소주입량 = 염소요구량 + 잔류염소량
∴ 염소요구량 = 염소주입량 − 잔류염소량

102. 집수매거(Infiltration Galleries)에 관한 설명으로 옳지 않은 것은?

① 철근콘크리트조의 유공관 또는 권선형 스크린관을 표준으로 한다.
② 집수매거 내의 평균유속은 유출단에서 1m/s 이하가 되도록 한다.
③ 집수매거의 부설방향은 표류수의 상황을 정확하게 파악하여 위수할 수 있도록 한다.
④ 집수매거는 하천부지의 하상 밑이나 구하천부지 등의 땅속에 매설하여 복류수나 자유수면을 갖는 지하수를 취수하는 시설이다.

■해설 집수매거
㉠ 복류수를 취수하기 위해 매설하는 다공질 유공관을 집수매거라 한다.
㉡ 집수매거의 경사는 1/500 이하의 완구배가 되도록 하며, 매거 내의 유속은 유출단에서 유속이 1m/sec 이하가 되도록 함이 좋다. 또한 집수공에서 유입속도는 토사의 침입을 방지하기 위해 3cm/sec 이하로 한다.
㉢ 집수매거는 복류수의 흐름방향에 대하여 수직으로 설치하는 것이 취수상 유리하지만, 수량이 풍부한 곳에서는 흐름방향에 대해 수평으로 설치하는 경우도 있다.
㉣ 집수매거는 하천부지의 하상 밑이나 구하천부지 등의 땅속에 매설하여 복류수나 자유수면을 갖는 지하수를 취수하는 시설이다.

103. 수평으로 부설한 지름 400mm, 길이 1,500m의 주철관으로 20,000m³/day의 물이 수송될 때 펌프에 의한 송수압이 53.95N/cm²이면 관수로 끝에서 발생되는 압력은?(단, 관의 마찰손실계수 $f = 0.03$, 물의 단위중량 $\gamma = 9.81$kN/m³, 중력가속도 $g = 9.8$m/s²)

① 3.5×10^5N/m² ② 4.5×10^5N/m²
③ 5.0×10^5N/m² ④ 5.5×10^5N/m²

■해설 관수로의 압력 산정
수평관 끝에서의 압력 산정은 펌프에서 주어진 송수압에서 관에서 발생하는 마찰손실을 빼면 구할 수 있다.

㉠ 유속의 산정
$$V = \frac{Q}{A} = \frac{\frac{20,000}{24 \times 3,600}}{\frac{3.14 \times 0.4^2}{4}} = 1.84 \text{m/sec}$$

㉡ 마찰손실수두의 산정
$$h_L = f \frac{l}{D} \frac{V^2}{2g}$$
$$= 0.03 \times \frac{1,500}{0.4} \times \frac{1.84^2}{2 \times 9.8} = 19.43\text{m}$$

ⓒ 펌프 수두의 산정
$P = wh$
$= 53.95 \text{N/cm}^2 = 530.95 \text{kN/m}^2$
$\therefore h_1 = \dfrac{P}{w} = \dfrac{530.95}{9.81} = 54.12 \text{m}$

ⓔ 관 끝에서 수두의 산정
$h = h_1 - h_L = 54.12 - 19.43 = 34.69 \text{m}$

ⓕ 관 끝에서 압력의 산정
$P = wh = 9.81 \times 34.69 = 340.3 \text{kN/m}^2$
$= 3.4 \times 10^5 \text{N/m}^2$

104. 하수처리시설의 2차 침전지에 대한 내용으로 틀린 것은?

① 유효수심은 2.5~4m를 표준으로 한다.
② 침전지 수면의 여유고는 40~60cm 정도로 한다.
③ 직사각형인 경우 길이와 폭의 비는 3 : 1 이상으로 한다.
④ 표면부하율은 계획 1일 최대오수량에 대하여 25~40m³/m²·day로 한다.

■해설 2차 침전지
ⓐ 2차 침전지는 폭기조 유출수에 함유된 부유물을 침전시키며 슬러지 제거기를 이용하여 침전슬러지를 제거하는 시설을 말한다.
ⓑ 유효수심은 2.5~4m를 표준으로 한다.
ⓒ 침전지의 수면 여유고는 40~60cm 정도로 한다.
ⓓ 직사각형의 경우 폭과 길이의 비는 1:3~1:5 정도로 한다.
ⓔ 2차 침전지에서 표면부하율은 1차 침전지보다 작은 20~30m³/m²·day로 하며, 슬러지의 침강 특성이 나쁜 경우에는 그 값을 15~20m³/m²·day로 낮출 수도 있다.

105. "A" 시의 2021년 인구는 588,000명이며 연간 약 3.5%씩 증가하고 있다. 2027년도를 목표로 급수시설의 설계에 임하고자 한다. 1일 1인 평균급수량은 250L이고 급수율은 70%로 가정할 때 계획 1일 평균급수량은?(단, 인구추정식은 등비증가법으로 산정한다.)

① 약 126,500m³/day   ② 약 129,000m³/day
③ 약 258,000m³/day   ④ 약 387,000m³/day

■해설 일평균급수량의 산정
ⓐ 등비급수법에 의한 인구 추정
• $P_n = P_o(1+r)^n$
여기서, P_n : 추정인구
P_o : 기준년 인구
$r = \left(\dfrac{P_o}{P_t}\right)^{(1/t)} - 1$: 연평균 인구증가율
• $P_n = P_o(1+r)^n$
$= 588,000(1+0.035)^6 = 722,802$

ⓑ 일평균급수량의 산정
일평균급수량
= 1인 1일 평균급수량×급수인구×급수율
$= 250 \times 10^{-3} \times 722,802 \times 0.7$
$= 126,490 ≒ 126,500 \text{m}^3/\text{day}$

106. 운전 중인 펌프의 토출량을 조절할 때 공동현상을 일으킬 우려가 있는 것은?

① 펌프의 회전수를 조절한다.
② 펌프의 운전대수를 조절한다.
③ 펌프의 흡입 측 밸브를 조절한다.
④ 펌프의 토출 측 밸브를 조절한다.

■해설 펌프의 토출량을 조절하는 방법
ⓐ 펌프의 회전수와 운전대수의 조절
ⓑ 토출밸브의 개폐 정도
ⓒ 왕복펌프 플랜지의 스트로크(Stroke)를 변경하는 방법
∴ 펌프의 흡입 측 밸브를 조절하는 경우 압력의 상승으로 공동현상을 발생시킬 수 있다.

107. 원수수질 상황과 정수수질 관리목표를 중심으로 정수방법을 선정할 때 종합적으로 검토하여야 할 사항으로 틀린 것은?

① 원수수질   ② 원수시설의 규모
③ 정수시설의 규모   ④ 정수수질의 관리목표

■해설 정수수질 관리목표의 선정
원수수질 상황과 정수수질 관리목표를 중심으로 정수방법을 선정할 때 검토상황은 다음과 같다.
• 원수의 수질상태
• 정수시설의 규모
• 정수수질의 관리목표

108. 하수도의 계획오수량 산정 시 고려할 사항이 아닌 것은?

① 계획오수량 산정 시 산업폐수량을 포함하지 않는다.
② 오수관로는 계획시간 최대오수량을 기준으로 계획한다.
③ 합류식에서 하수의 차집관로는 우천 시 계획오수량을 기준으로 계획한다.
④ 우천 시 계획오수량 산정 시 생활오수량 외 우천 시 오수관로에 유입되는 빗물의 양과 지하수의 침입량을 추정하여 합산한다.

■해설 오수량의 산정
㉠ 계획오수량의 산정

종류	내용
계획오수량	계획오수량은 생활오수량, 공장폐수량, 지하수량으로 구분할 수 있다.
지하수량	지하수량은 1인 1일 최대오수량의 10~20%를 기준으로 한다.
계획 1일 최대오수량	• 1인 1일 최대오수량×계획급수인구+(공장폐수량, 지하수량, 기타 배수량) • 하수처리시설의 용량 결정의 기준이 되는 수량
계획 1일 평균오수량	• 계획 1일 최대오수량의 70(중·소도시)~80%(대·공업도시) • 하수처리장 유입하수의 수질을 추정하는 데 사용되는 수량
계획시간 최대오수량	• 계획 1일 최대오수량의 1시간당 수량에 1.3~1.8배를 표준으로 한다. • 오수관거 및 펌프설비 등의 크기를 결정하는 데 사용되는 수량

㉡ 하수관로의 계획하수량
• 오수 및 우수관거

종류		계획하수량
합류식		계획시간 최대오수량에 계획우수량을 합한 수량
분류식	오수관거	계획시간 최대오수량
	우수관거	계획우수량

• 차집관거
  우천 시 계획오수량 또는 계획시간 최대오수량의 3배를 기준으로 설계한다.
∴ 계획오수량의 산정에는 생활오수량, 공장폐수량(산업폐수량), 지하수량, 기타 배수량 등을 모두 포함시킨다.

109. 주요 관로별 계획하수량으로서 틀린 것은?

① 오수관로 : 계획시간 최대오수량
② 차집관로 : 우천 시 계획오수량
③ 오수관로 : 계획우수량+계획오수량
④ 합류식 관로 : 계획시간 최대오수량+계획우수량

■해설 하수관로의 계획하수량
㉠ 오수 및 우수관거

종류		계획하수량
합류식		계획시간 최대오수량에 계획우수량을 합한 수량
분류식	오수관거	계획시간 최대오수량
	우수관거	계획우수량

㉡ 차집관거
우천 시 계획오수량 또는 계획시간 최대오수량의 3배를 기준으로 설계한다.
∴ 우수관로는 계획우수량을 기준으로 한다.

110. 하수도시설에서 펌프의 선정기준 중 틀린 것은?

① 전양정이 5m 이하이고 구경이 400mm 이상인 경우는 축류펌프를 선정한다.
② 전양정이 4m 이상이고 구경이 80mm 이상인 경우는 원심펌프를 선정한다.
③ 전양정이 5~20m이고 구경이 300mm 이상인 경우 원심사류펌프를 선정한다.
④ 전양정이 3~12m이고 구경이 400mm 이상인 경우는 원심펌프를 선정한다.

■해설 펌프의 선정기준

전양정(m)	형식	펌프 구경(mm)
5 이하	축류펌프	400 이상
3~12	사류펌프	400 이상
5~20	원심사류펌프	300 이상
4 이상	원심펌프	80 이상

∴ 전양정이 3~12m이고 구경이 400mm 이상인 경우는 사류펌프를 선정한다.

|해답| 108.① 109.③ 110.④

111. 아래 펌프의 표준특성 곡선에서 양정을 나타내는 것은?(단, N_s : 100~250)

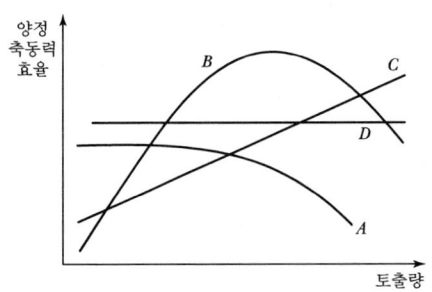

① A ② B
③ C ④ D

■해설 펌프특성 곡선
㉠ 펌프에 있어서 양정(H), 효율(η), 축동력(P)이 수량(Q)의 변동에 따라서 어떻게 변하는가를 표시한 것이 펌프특성 곡선이다.
㉡ 토출량과 양정은 반비례의 관계로, 양정을 나타내는 곡선은 A이다.

112. 양수량이 15.5m³/min이고 전양정이 24m일 때, 펌프의 축동력은?(단, 펌프의 효율은 80%로 가정한다.)

① 4.65kW ② 7.58kW
③ 46.57kW ④ 75.95kW

■해설 동력의 산정
㉠ 수차에 필요한 출력(이론 출력)
$H_e = h - \sum h_L$
• $P = 9.8 Q H_e \eta$ (kW)
• $P = 13.3 Q H_e \eta$ (HP)
㉡ 양수에 필요한 동력
$H_e = h + \sum h_L$
• $P = \dfrac{9.8 Q H_e}{\eta}$ (kW)
• $P = \dfrac{13.3 Q H_e}{\eta}$ (HP)
㉢ 주어진 조건의 양수동력 산정
$P = \dfrac{9.8 Q H_e}{\eta} = \dfrac{9.8 \times \dfrac{15.5}{60} \times 24}{0.8} = 78.95\text{kW}$

113. 맨홀 설치 시 관경에 따라 맨홀의 최대간격에 차이가 있다. 관로 직선부에서 관경 600mm 초과 1,000mm 이하에서 맨홀의 최대간격 표준은?

① 60m ② 75m
③ 90m ④ 100m

■해설 맨홀
㉠ 설치목적
하수관거의 청소, 점검, 장애물의 제거, 보수를 위한 기계 및 사람의 출입을 가능하게 하고, 통풍 및 환기, 접합을 위해 설치한 시설을 말한다.
㉡ 설치간격

관경 (mm)	300 이하	600 이하	1,000 이하	1,500 이하	1,650 이상
최대 간격 (m)	50	75	100	150	200

∴ 600mm 초과 1,000mm 이하에서의 맨홀의 최대 설치간격은 100m이다.

114. 수원의 구비요건으로 틀린 것은?

① 수질이 좋아야 한다.
② 수량이 풍부해야 한다.
③ 가능한 한 낮은 곳에 위치해야 한다.
④ 가능한 한 수돗물 소비지에서 가까운 곳에 위치해야 한다.

■해설 수원의 구비조건
㉠ 수량이 풍부한 곳
㉡ 수질이 양호한 곳
㉢ 계절적으로 수량 및 수질의 변동이 적은 곳
㉣ 가능한 한 자연유하식을 이용할 수 있는 곳
㉤ 주위에 오염원이 없는 곳
㉥ 소비지로부터 가까운 곳
∴ 수원은 자연유하식이 가능하도록 가능한 한 높은 곳에 위치하는 것이 좋다.

115. 다음 중 저농도 현탁입자의 침전 형태는?

① 단독침전 ② 응집침전
③ 지역침전 ④ 압밀침전

■해설 입자의 침전형태

침전형태	특징
Ⅰ형 침전 (독립침전)	• 입자 상호 간의 간섭이 없는 독립입자의 침전 • 침사지, 보통침전지에서 발생
Ⅱ형 침전 (응집침전)	• 입자 상호 간의 대, 소에 의해서 충돌을 일으키는 침전 • 약품침전지에서 발생
Ⅲ형 침전 (지역침전)	• 입자의 농도에 따라 입자 간의 간섭을 일으키는 침전, 상등수간 뚜렷한 구분이 특징 • 하수처리장의 2차 침전지에서 발생
Ⅳ형 침전 (압축침전)	• 침전이 마무리되고 쌓여 있는 침전물 사이에서 물이 빠져나가는 농축과정 • 하수처리장의 2차 침전지 혹은 농축조에서 발생

∴ 저농도 현탁입자는 주로 침사지에 존재하는 것으로 침전의 형태는 독립침전(단독침전)이다.

116. 계획우수량 산정 시 유입시간을 산정하는 일반적인 Kervby 식과 스에이시 식에서 각 계수와 유입시간의 관계로 틀린 것은?

① 유입시간과 지표면 거리는 비례 관계이다.
② 유입시간과 지체계수는 반비례 관계이다.
③ 유입시간과 설계강우강도는 반비례 관계이다.
④ 유입시간과 지표면 평균경사는 반비례 관계이다.

■해설 유입시간의 산정
유입시간은 일반적으로 자연하천 유역에서는 급경사 20분, 산지지역 30분으로 정하고 있으며, 도시지역은 일반적으로 10~20분을 적용한다. 또한 미국 연방항공청 식이나 Kerby 식, 스에이시 식, NRCS에서 제시한 식 등을 이용하여 구할 수 있다.

㉠ Kerby 식
$$t_o = 36.264 \frac{(L \times n)^{0.467}}{S^{0.2335}}$$ (자연하천유역)
여기서, t_o : 유입시간(min)
L : 지표거리(m)
S : 유역평균경사
n : 조도계수

㉡ 스에이시 식
$$t_o = \left(\frac{n_e \times L}{S^{1/2} \times I^{2/3}}\right)^{3/5}$$
여기서, n_e : 단면의 등가조도
I : 설계강우강도

㉢ 특징
• 유입시간과 지표면거리는 비례 관계이다.
• 유입시간과 설계강우강도는 반비례 관계이다.
• 유입시간과 지표면 경사는 반비례 관계이다.

∴ 유입시간과 지체계수는 두 식 모두 관계가 없다.

117. 자연유하방식과 비교할 때 압송식 하수도에 관한 특징으로 틀린 것은?

① 불명수(지하수 등)의 침입이 없다.
② 하향식 경사를 필요로 하지 않는다.
③ 관로의 매설깊이를 낮게 할 수 있다.
④ 유지관리가 비교적 간편하고 관로 점검이 용이하다.

■해설 관로의 유송방식
㉠ 도송수 및 배수방식에는 대표적으로 자연유하식과 펌프압송식, 병용식이 있다.
㉡ 유송방식의 특징

자연유하식	펌프압송식
• 유지관리가 안전하고 확실하며, 유지관리비도 저렴하다. • 수로의 길이가 길어지며, 건설비가 많이 든다. • 오염의 우려가 있다.	• 수원이 급수지역과 가까울 때 적합하다. • 수로가 짧아져 건설비가 적게 든다. • 유지관리비가 많이 들고, 안전성과 확실성이 떨어진다.

∴ 펌프압송식은 유지관리가 어렵고 관경이 작아 관거 점검이 어렵다.

118. 염소 소독 시 생성되는 염소 성분 중 살균력이 가장 강한 것은?

① OCl^- ② $HOCl$
③ $NHCl_2$ ④ NH_2Cl

■해설 염소의 살균력
㉠ 염소의 살균력은 $HOCl > OCl^- >$ 클로라민 순이다.
㉡ 염소와 암모니아성 질소가 결합하면 클로라민이 생성된다.
㉢ 낮은 pH에서는 HOCl 생성이 많고 높은 pH에서는 OCl^- 생성이 많으므로, 살균력은 온도가 높고 pH가 낮은 환경에서 강하다.
∴ 염소의 살균력은 HOCl이 가장 높으며, HOCl은 pH가 낮아야(산성일수록) 많이 생성된다.

119. 석회를 사용하여 하수를 응집 침전하고자 할 경우의 내용으로 틀린 것은?

① 콜로이드성 부유물질의 침전성이 향상된다.
② 알칼리도, 인산염, 마그네슘 등과도 결합하여 제거시킨다.
③ 석회 첨가에 의한 인 제거는 황산반토보다 슬러지 발생량이 일반적으로 적다.
④ 알칼리제를 응집보조제로 첨가하여 응집 침전의 효과가 향상되도록 pH를 조정한다.

■해설 응집제의 종류
가장 널리 사용되고 있는 응집제로는 알루미늄염이나 철염이 있으며, 하수의 특성을 고려하여 응집보조제를 함께 사용하면 응집효과가 증대된다.

㉠ 응집제의 종류
- 황산알루미늄(황산반토)
- 염화제2철
- 황산제2철
- 황산제1철
- 석회

㉡ 석회의 특징
- 일반적으로 하수의 응집에 자주 사용된다.
- 탄산칼슘을 침전시키기 위해서는 pH가 9.5 이상 되어야 하고, 수산화마그네슘을 침전시키기 위해서는 pH가 10.8 이상이 되어야 한다. 일반적으로 pH가 증가함에 따라 이산염이온의 제거량이 증가하므로 pH를 높게 할수록 유리하다.

∴ 석회 첨가에 의한 인 제거는 황산반토보다 슬러지 발생량이 증가한다.

120. 정수처리의 단위 조작으로 사용되는 오존 처리에 관한 설명으로 틀린 것은?

① 유기물질의 생분해성을 증가시킨다.
② 염소 주입에 앞서 오존을 주입하면 염소의 소비량을 감소시킨다.
③ 오존은 자체의 높은 산화력으로 염소에 비하여 높은 살균력을 가지고 있다.
④ 인의 제거능력이 뛰어나고 수온이 높아져도 오존 소비량은 일정하게 유지된다.

■해설 염소살균과 오존살균의 특징

염소살균	오존살균
• 가격이 저렴하고 조작이 간단하다. • 잔류성이 있다. • 살균제인 동시에 산화제로도 쓰인다. • 경제성이 있다.	• 산화제이며, 병원균 살균이 가능하다. • 물에 냄새나 맛이 나지 않는다. • 철, 망간의 제거능력이 크다. • 고가이며, 지속성이 없다.

∴ 오존살균은 살균력이 강하며, 유기물의 생물 분해성을 증가시킨다. 하지만 인의 제거능력은 떨어지며, 수온이 증가하면 오존의 소비량이 증가한다.

과년도 기출문제 (2022년 4월 24일 시행)

제1과목 응용역학

01. 그림과 같은 구조물의 BD 부재에 작용하는 힘의 크기는?

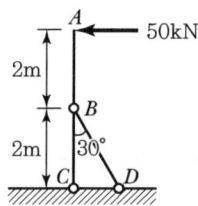

① 100kN
② 125kN
③ 150kN
④ 200kN

■해설

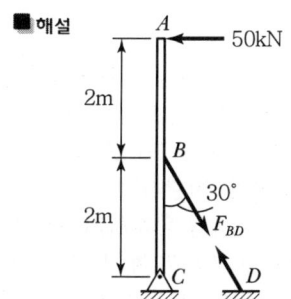

$\sum M_C = 0 (\curvearrowright \oplus)$
$(F_{BD} \cdot \sin 30°) \times 2 - 50 \times 4 = 0$
$F_{BD} = 200\text{kN}$ (인장)

※ 참고
① AC 부재는 beam 부재 → 내력 : 축력, 전단력, 휨 모멘트
② BD 부재는 truss 부재 → 내력 : 축력

02. 그림과 같이 연결부에 두 힘 50kN과 20kN이 작용한다. 평형을 이루기 위한 두 힘 A와 B의 크기는?

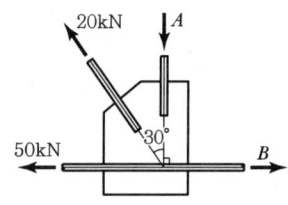

① $A = 10\text{kN},\ B = 50 + \sqrt{3}\ \text{kN}$
② $A = 50 + \sqrt{3}\ \text{kN},\ B = 10\text{kN}$
③ $A = 10\sqrt{3}\ \text{kN},\ B = 60\text{kN}$
④ $A = 60\text{kN},\ B = 10\sqrt{3}\ \text{kN}$

■해설 $\sum F_y = 0 (\uparrow \oplus)$
$20 \cdot \cos 30° - A = 0$
$A = 10\sqrt{3}\ \text{kN}$
$\sum F_x = 0 (\rightarrow \oplus)$
$B - 50 - 20 \cdot \sin 30° = 0$
$B = 60\text{kN}$

03. 그림과 같은 단면의 상승모멘트(I_{xy})는?

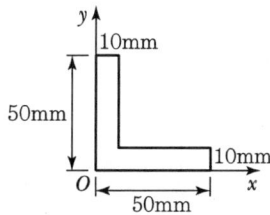

① 77,500mm⁴
② 92,500mm⁴
③ 122,500mm⁴
④ 157,500mm⁴

■해설 $I_{xy} = (50 \times 50) \times 25 \times 25 - (40 \times 40) \times 30 \times 30$
$= 122,500\text{mm}^4$

|해답| 1.④ 2.③ 3.③

04. 그림과 같이 한 변이 a인 정사각형 단면의 1/4을 절취한 나머지 부분의 도심(C)의 위치(y_o)는?

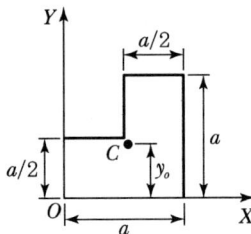

① $\dfrac{4}{12}a$ ② $\dfrac{5}{12}a$

③ $\dfrac{6}{12}a$ ④ $\dfrac{7}{12}a$

■해설
$$y_o = \dfrac{\left\{\left(\dfrac{a}{2}\times\dfrac{a}{2}\right)\times\dfrac{a}{4}\right\}+\left\{\left(\dfrac{a}{2}\times a\right)\times\dfrac{a}{2}\right\}}{\left(\dfrac{a}{2}\times\dfrac{a}{2}\right)+\left(\dfrac{a}{2}\times a\right)} = \dfrac{5a}{12}$$

05. 그림과 같은 게르버보에서 A점의 반력은?

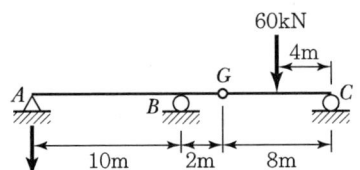

① 6kN(↓) ② 6kN(↑)
③ 30kN(↓) ④ 30kN(↑)

■해설 $\sum M_{\text{Ⓒ}} = 0 (\curvearrowright \oplus)$
$S_G \times 8 - 60 \times 4 = 0$
$S_G = 30\text{kN}$

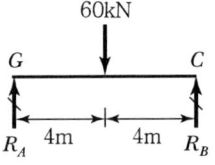

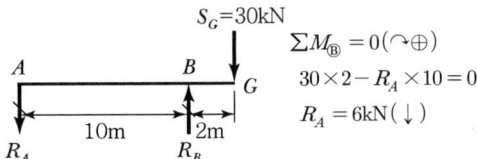

$\sum M_{\text{Ⓑ}} = 0 (\curvearrowright \oplus)$
$30 \times 2 - R_A \times 10 = 0$
$R_A = 6\text{kN}(\downarrow)$

06. 그림에서 중앙점(C점)의 휨모멘트(M_C)는?

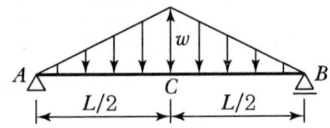

① $\dfrac{1}{20}wL^2$ ② $\dfrac{5}{96}wL^2$

③ $\dfrac{1}{6}wL^2$ ④ $\dfrac{1}{12}wL^2$

■해설 $\sum M_{\text{Ⓑ}} = 0 (\curvearrowright \oplus)$
$R_A \times l - \left(\dfrac{1}{2}\times w \times l\right)\times\dfrac{l}{2} = 0$
$R_A = \dfrac{wl}{4}(\uparrow)$

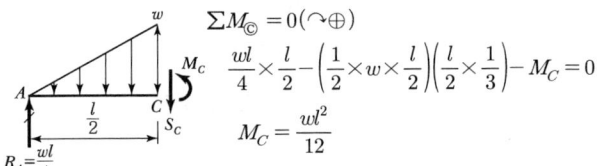

$\sum M_{\text{Ⓒ}} = 0 (\curvearrowright \oplus)$
$\dfrac{wl}{4}\times\dfrac{l}{2} - \left(\dfrac{1}{2}\times w \times \dfrac{l}{2}\right)\left(\dfrac{l}{2}\times\dfrac{1}{3}\right) - M_C = 0$
$M_C = \dfrac{wl^2}{12}$

07. 그림과 같이 단순지지된 보에 등분포하중 q가 작용하고 있다. 지점 C의 부모멘트와 보의 중앙에 발생하는 정모멘트의 크기를 같게 하여 등분포하중 q의 크기를 제한하려고 한다. 지점 C와 D는 보의 대칭거동을 유지하기 위하여 각각 A와 B로부터 같은 거리에 배치하고자 한다. 이때 보의 A점으로부터 지점 C까지의 거리(X)는?

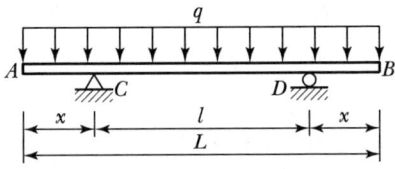

① $0.207L$ ② $0.250L$
③ $0.333L$ ④ $0.444L$

■해설 부재의 중앙을 E점이라 하고 CD구간의 길이를 $(L-2x)$라고 하면
$$M_C = -\dfrac{qx^2}{2}$$
$$M_E = -\dfrac{qx^2}{2} + \dfrac{q(L-2x)^2}{8} = 0$$

$$M_C + M_E = -\frac{qx^2}{2} - \frac{qx^2}{2} + \frac{q(L-2x)^2}{8} = 0$$

$$x = \frac{\sqrt{2}-1}{2}L = 0.207L$$

08. 그림과 같이 단순보에 이동하중이 작용할 때 절대최대휨모멘트는?

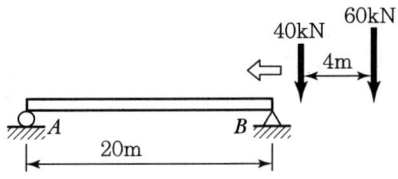

① 387.2kN · m
② 423.2kN · m
③ 478.4kN · m
④ 531.7kN · m

■해설

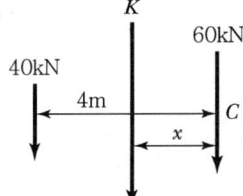

① 이동 하중군의 합력 크기(R)
$\sum F_y(\downarrow \oplus) = 40 + 60 = R$
$R = 100\text{kN}$

② 이동 하중군의 합력 위치(x)
$\sum M_C(\curvearrowright \oplus) = 40 \times 4 = R \times x$
$x = \frac{160}{R} = \frac{160}{100} = 1.6\text{m}$

③ 절대 최대 휨모멘트($M_{abs\,max}$)
$M_{abs\,max} = \frac{R}{l}\left(\frac{l-x}{2}\right)^2$
$= \frac{100}{20}\left(\frac{20-1.6}{2}\right)^2$
$= 423.2\text{kN} \cdot \text{m}$

09. 그림과 같은 3힌지 아치의 중간 힌지에 수평하중 P가 작용할 때 A지점의 수직반력(V_A)과 수평반력(H_A)은?

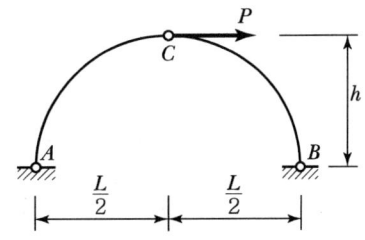

① $V_A = \frac{Ph}{L}(\uparrow)$, $H_A = \frac{P}{2h}(\leftarrow)$
② $V_A = \frac{Ph}{L}(\downarrow)$, $H_A = \frac{P}{2h}(\rightarrow)$
③ $V_A = \frac{Ph}{L}(\uparrow)$, $H_A = \frac{P}{2}(\rightarrow)$
④ $V_A = \frac{Ph}{L}(\downarrow)$, $H_A = \frac{P}{2}(\leftarrow)$

■해설 $\sum M_B = 0(\curvearrowright \oplus)$
$V_A \times l + P \times h = 0$
$V_A = -\frac{Ph}{l}(\downarrow)$

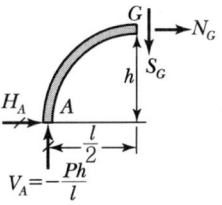

$\sum M_G = 0(\curvearrowright \oplus)$
$-\frac{Ph}{l} \times \frac{l}{2} - H_A \times h = 0$
$H_A = -\frac{P}{2}(\leftarrow)$

10. 그림과 같은 와렌(Warren) 트러스에서 부재력이 '0(영)'인 부재는 몇 개인가?

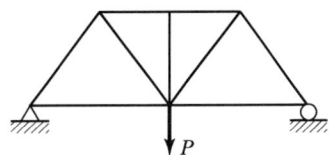

① 0개   ② 1개
③ 2개   ④ 3개

■ 해설

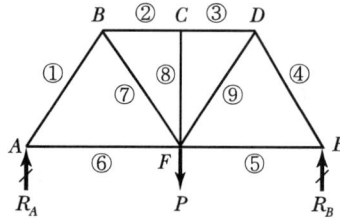

구조물과 하중이 대칭이라고 가정하여 절점 A, B 그리고 C에서 각각 절점법을 적용하여 총 9개 부재에 대한 부재력의 유무를 판별한다.

1) 절점 A에서
   식 $\sum F_y = 0$으로부터 ①번
   부재는 압축재이다.
   식 $\sum F_x = 0$으로부터 ⑥번
   부재는 인장재이다.

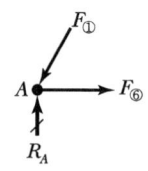

2) 절점 E에서
   절점 A에서와 유사한 과정을 수행하면 ④번
   부재는 압축재이고, ⑤번 부재는 인장재이다.

3) 절점 B에서
   식 $\sum F_y = 0$으로부터 ⑦번
   부재는 인장재이다.
   식 $\sum F_x = 0$으로부터 ②번
   부재는 압축재이다.

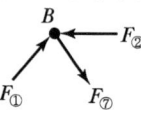

4) 절점 D에서
   절점 B에서와 유사한 과정을 수행하면 ⑨번
   부재는 인장재이고, ③번 부재는 압축재이다.

5) 절점 C에서
   식 $\sum F_y = 0$으로부터 ⑧번
   부재는 부재력이 '0'인
   부재이다.

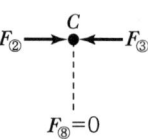

따라서, 총 9개 부재에 대한 부재력의 유무를 판별한 결과는 다음과 같다.
1. 인장재 : ⑤, ⑥, ⑦ 그리고 ⑨번 부재
2. 압축재 : ①, ②, ③ 그리고 ④번 부재
3. 부재력이 '0'인 부재 : ⑧번 부재

11. 그림과 같이 봉에 작용하는 힘들에 의한 봉 전체의 수직 처짐의 크기는?

① $\dfrac{PL}{A_1 E_1}$

② $\dfrac{2PL}{3A_1 E_1}$

③ $\dfrac{4PL}{3A_1 E_1}$

④ $\dfrac{3PL}{2A_1 E_1}$

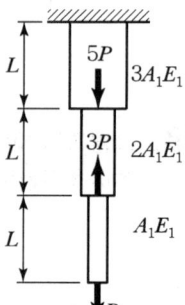

■ 해설

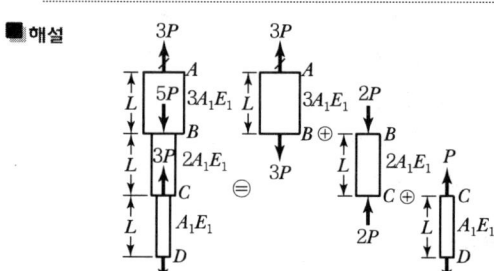

$\Delta = \Delta_{AB} + \Delta_{BC} + \Delta_{CD}$
$= \dfrac{PL}{A_1 E_1}\left(\dfrac{3}{3} - \dfrac{2}{2} + \dfrac{1}{1}\right) = \dfrac{PL}{A_1 E_1}$

12. 그림과 같이 이축응력을 받고 있는 요소의 체적변형률은?[단, 탄성계수(E)는 2×10^5MPa, 푸아송 비(ν)는 0.3이다.]

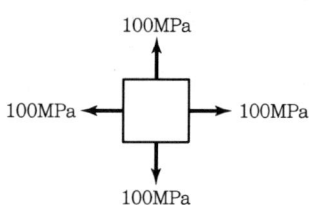

① 2.7×10^{-4} ② 3.0×10^{-4}
③ 3.7×10^{-4} ④ 4.0×10^{-4}

■ 해설
$\varepsilon_v = \dfrac{(1-2\nu)}{E}(\sigma_x + \sigma_y + \sigma_z)$
$= \dfrac{(1-2\times 0.3)}{(2\times 10^3)}(100 + 100 + 0) = 4 \times 10^{-4}$

|해답| 11.① 12.④

13. 전단응력도에 대한 설명으로 틀린 것은?
① 직사각형 단면에서는 중앙부의 전단응력도가 제일 크다.
② 원형 단면에서는 중앙부의 전단응력도가 제일 크다.
③ I형 단면에서는 상, 하단의 전단응력도가 제일 크다.
④ 전단응력도는 전단력의 크기에 비례한다.

■해설 I형 단면에서는 중앙부의 전단응력이 제일 크다.

14. 단면이 200mm×300mm인 압축부재가 있다. 부재의 길이가 2.9m일 때 이 압축부재의 세장비는 약 얼마인가?(단, 지지상태는 양단 힌지이다.)
① 33   ② 50
③ 60   ④ 100

■해설 • $h > b$

• $r_{min} = \sqrt{\dfrac{I_{min}}{A}} = \sqrt{\dfrac{\left(\dfrac{hb^3}{12}\right)}{(bh)}}$

$= \dfrac{b}{2\sqrt{3}} = \dfrac{200}{2\sqrt{3}} = 57.735\text{mm}$

• $\lambda = \dfrac{l}{r_{min}} = \dfrac{(2.9 \times 10^3)}{57.735} = 50.23$

15. 바닥은 고정, 상단은 자유로운 기둥의 좌굴 형상이 그림과 같을 때 임계하중은?

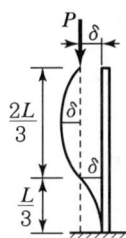

① $\dfrac{\pi^2 EI}{4L}$ ② $\dfrac{9\pi^2 EI}{4L^2}$
③ $\dfrac{13\pi^2 EI}{4L^2}$ ④ $\dfrac{25\pi^2 EI}{4L^2}$

■해설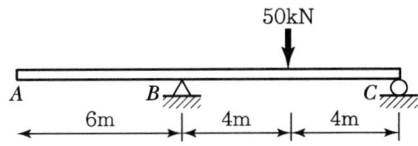
$P_{cr} = \dfrac{\pi^2 EI}{(kl)^2} = \dfrac{\pi^2 EI}{\left(1 \times \dfrac{2L}{3}\right)^2} = \dfrac{\pi^2 EI}{\left(\dfrac{4L^2}{9}\right)} = \dfrac{9\pi^2 EI}{4L^2}$

16. 그림과 같은 내민보에서 A점의 처짐은?(단, $I=1.6\times10^8\text{mm}^4$, $E=2.0\times10^5\text{MPa}$이다.)

① 22.5mm
② 27.5mm
③ 32.5mm
④ 37.5mm

■해설

$\theta_B = \dfrac{Pl^2}{16EI}$

$y_A = -a \cdot \theta_B = -a\left(\dfrac{Pl^2}{16EI}\right) = -\dfrac{Pl^2 a}{16EI}$

$= -\dfrac{(50 \times 10^3) \times (8 \times 10^3)^2 \times (6 \times 10^3)}{16 \times (2.0 \times 10^5) \times (1.6 \times 10^8)}$

$= -37.5\text{mm}\,(\text{상향})$

17. 그림과 같은 구조물에서 하중이 작용하는 위치에서 일어나는 처짐의 크기는?

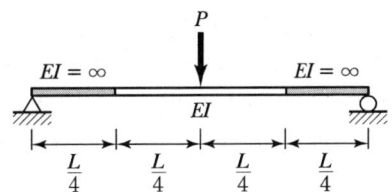

① $\dfrac{PL^3}{48EI}$ ② $\dfrac{PL^3}{96EI}$
③ $\dfrac{7PL^3}{384EI}$ ④ $\dfrac{11PL^3}{384EI}$

■해설

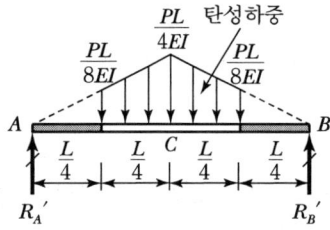

$\sum M_\mathbb{B} = 0 (\curvearrowright \oplus)$

$R_A' \times L - \left\{\left(\dfrac{PL}{8EI} \times \dfrac{L}{2}\right) + \left(\dfrac{1}{2} \times \dfrac{PL}{8EI} \times \dfrac{L}{2}\right)\right\} \times \dfrac{L}{2} = 0$

$R_A' = \dfrac{3PL^2}{64EI} (\uparrow)$

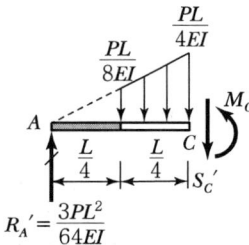

$\sum M_\mathbb{C} = 0 (\curvearrowright \oplus)$

$\dfrac{3PL^2}{64EI} \times \dfrac{L}{2} - \left\{\left(\dfrac{PL}{8EI} \times \dfrac{L}{4}\right) \times \left(\dfrac{L}{4} \times \dfrac{1}{2}\right)\right.$

$\left. + \left(\dfrac{1}{2} \times \dfrac{PL}{8EI} \times \dfrac{L}{4}\right) \times \left(\dfrac{L}{4} \times \dfrac{1}{3}\right)\right\} - M_C' = 0$

$M_C' = \dfrac{7PL^3}{384EI}$

$y_C = M_C' = \dfrac{7PL^3}{384EI} (\downarrow)$

18. 탄성변형에너지(Elastic Strain Energy)에 대한 설명으로 틀린 것은?

① 변형에너지는 내적인 일이다.
② 외부하중에 의한 일은 변형에너지와 같다.
③ 변형에너지는 강성도가 클수록 크다
④ 하중을 제거하면 회복될 수 있는 에너지이다.

■해설 변형에너지는 강성이 클수록 작다.

19. 그림과 같은 부정정보의 A단에 작용하는 휨모멘트는?

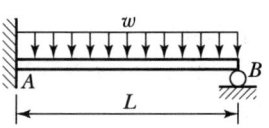

① $-\dfrac{1}{4}wL^2$ ② $-\dfrac{1}{8}wL^2$

③ $-\dfrac{1}{12}wL^2$ ④ $-\dfrac{1}{24}wL^2$

■해설 $M_A = -\dfrac{wL^2}{8}$

20. 그림과 같은 2경간 연속보에 등분포하중 $w = 4$ kN/m가 작용할 때 전단력이 "0"이 되는 위치는 지점 A로부터 얼마의 거리(x)에 있는가?

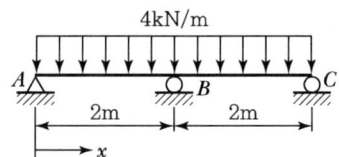

① 0.75m   ② 0.85m
③ 0.95m   ④ 1.05m

■해설 $R_{Ay} = R_{cy} = 0.375wl = 0.375 \times 4 \times 2 = 3\text{kN}(\uparrow)$
$R_{By} = 1.25wl = 1.25 \times 4 \times 2 = 10\text{kN}(\uparrow)$
$S_x = 0$인 곳이 AB 구간에 존재할 경우

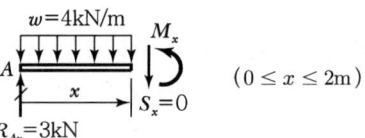

$\sum F_y = 0 (\uparrow \oplus)$
$3 - 4x = 0$
$x = \dfrac{3}{4} = 0.75\text{m}$

제2과목 측량학

21. 다음 중 완화곡선의 종류가 아닌 것은?

① 렘니스케이트 곡선
② 클로소이드 곡선
③ 3차 포물선
④ 배향곡선

■해설 • 배향곡선은 원곡선이다.
• 완화곡선의 종류
  - 렘니스케이트 곡선
  - 클로소이드 곡선
  - 3차 포물선
  - 반파장 체감곡선

22. 그림과 같이 교호수준측량을 실시한 결과가 a_1 =0.63m, a_2=1.25m, b_1=1.15m, b_2=1.73m이었다면, B점의 표고는?(단, A점의 표고=50.00m)

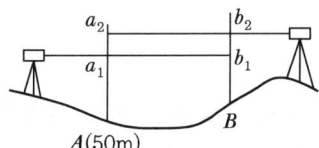

① 49.50m
② 50.00m
③ 50.50m
④ 51.00m

■해설 • $\Delta H = \dfrac{(a_1-b_1)+(a_2-b_2)}{2}$
$= \dfrac{(0.63-1.15)+(1.25-1.73)}{2} = -0.5\text{m}$
• $H_B = H_A \pm \Delta H = 50 - 0.5 = 49.5\text{m}$

23. 수심 h인 하천의 수면으로부터 $0.2h$, $0.4h$, $0.6h$, $0.8h$인 곳에서 각각의 유속을 측정하여 0.562m/s, 0.521m/s, 0.497m/s, 0.364m/s의 결과를 얻었다면 3점법을 이용한 평균유속은?

① 0.474m/s
② 0.480m/s
③ 0.486m/s
④ 0.492m/s

■해설 3점법에 의한 평균유속(V_m)
$$V_m = \dfrac{V_{0.2} + 2V_{0.6} + V_{0.8}}{4}$$
$$= \dfrac{0.562 + 2\times 0.497 + 0.364}{4}$$
$$= 0.48\text{m/s}$$

24. GNSS가 다중주파수(Multi-frequency)를 채택하고 있는 가장 큰 이유는?

① 데이터 취득 속도의 향상을 위해
② 대류권 지연 효과를 제거하기 위해
③ 다중경로 오차를 제거하기 위해
④ 전리층 지연 효과의 제거를 위해

■해설 전리층 오차는 전파가 전리층을 통화하며 발생하는 신호전달 관련오차로 두 개의 주파수 수신이 가능한 GNSS 수신기에 의해 제거가 가능하다.

25. 측점 간의 시통이 불필요하고 24시간 상시 높은 정밀도로 3차원 위치 측정이 가능하며, 실시간 측정이 가능하여 항법용으로도 활용되는 측량방법은?

① NNSS 측량
② GNSS 측량
③ VLBI 측량
④ 토털스테이션 측량

■해설 GNSS의 특징
• 고정밀 측량이 가능하다.
• 장거리를 신속하게 측량할 수 있다.
• 관측점 간의 시통이 필요 없다.
• 기상조건의 영향이 없고, 야간 관측도 가능하다.
• 3차원 공간 계측이 가능하며 움직이는 대상물도 측정이 가능하다.

26. 어떤 측선의 길이를 관측하여 다음 표와 같은 결과를 얻었다면 최확값은?

관측군	관측값(m)	관측횟수
1	40.532	5
2	40.537	4
3	40.529	6

① 40.530m ② 40.531m
③ 40.532m ④ 40.533m

■해설 • 경중률(P)은 횟수(n)에 비례
$P_1 : P_2 : P_3 = 5 : 4 : 6$
• 최확치(L_0) $= \dfrac{P_1L_1 + P_2L_2 + P_3L_3}{P_1 + P_2 + P_3}$
$= 40 + \dfrac{5 \times 0.532 + 4 \times 0.537 + 6 \times 0.529}{5 + 4 + 6}$
$= 40.532$m

27. 그림과 같은 구역을 심프슨 제1법칙으로 구한 면적은?(단, 각 구간의 지거는 1m로 동일하다.)

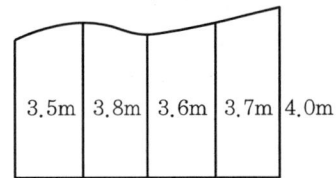

① 14.20m² ② 14.90m²
③ 15.50m² ④ 16.00m²

■해설 심프슨 제1법칙
$A = \dfrac{h}{3}[(h_0 + h_n) + 4(h_{홀}) + 2(h_{짝})]$
$= \dfrac{1}{3}[(3.5 + 4.0 + 4 \times (3.8 + 3.7) + 2 \times 3.6]$
$= 14.9$m²

28. 단곡선을 설치할 때 곡선반지름이 250m, 교각이 116°23′, 곡선시점까지의 추가거리가 1,146m 일 때 시단현의 편각은?(단, 중심말뚝 간격 = 20m)

① 0°41′15″ ② 1°15′36″
③ 1°36′15″ ④ 2°54′51″

■해설 • l_1(시단현) $= 1,160 - 1,146 = 14$m
• δ_1(시단편각) $= \dfrac{l_1}{R} \times \dfrac{90}{\pi} = \dfrac{14}{250} \times \dfrac{90}{\pi}$
$= 1°36′15″$

29. 그림과 같은 트래버스에서 AL의 방위각이 29°40′15″, BM의 방위각이 320°27′12″, 교각의 총합이 1,190°47′32″일 때 각관측 오차는?

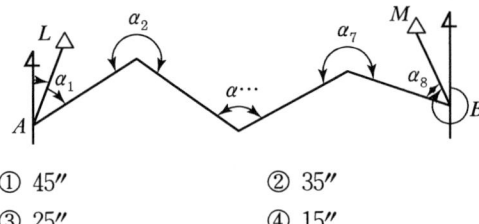

① 45″ ② 35″
③ 25″ ④ 15″

■해설 각관측 오차(E)
$= W_a + [\alpha] - 180°(n-3) - W_b$
$= 29°40′15″ + 1,190°47′32″ - 180°(8-3) - 320°27′12″$
$= 35″$

30. 지형측량을 할 때 기본 삼각점만으로는 기준점이 부족하여 추가로 설치하는 기준점은?

① 방향전환점 ② 도근점
③ 이기점 ④ 중간점

■해설 삼각점만으로 기준점이 부족할 때는 도근점을 추가적으로 설치하여 측량한다.

31. 지구 반지름이 6,370km이고 거리의 허용오차가 $1/10^5$이면 평면측량으로 볼 수 있는 범위의 지름은?

① 약 69km
② 약 64km
③ 약 36km
④ 약 22km 이내 측량

■해설
- 정도 $\left(\dfrac{\Delta L}{L}\right) = \dfrac{L^2}{12R^2}$
- $\dfrac{1}{100,000} = \dfrac{L^2}{12 \times 6,370^2}$
- $L = \sqrt{\dfrac{12 \times 6,370^2}{100,000}} = 69.7\text{km}$

32. 그림과 같은 수준망을 각각의 환에 따라 폐합오차를 구한 결과가 표와 같고 폐합오차의 한계가 ±1.0$\sqrt{S}$ cm일 때 우선적으로 재관측할 필요가 있는 노선은?(단, S : 거리[km])

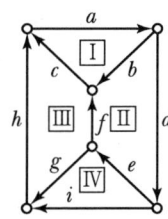

환	노선	거리(km)	폐합오차(m)
I	abc	8.7	−0.017
II	$bdef$	15.8	0.048
III	$cfgh$	10.9	−0.026
IV	eig	9.3	−0.083
외주	$adih$	15.9	−0.031

① e 노선   ② f 노선
③ g 노선   ④ h 노선

■해설 오차가 가장 큰 부분은 II, IV이므로 이 중 공통으로 들어가는 e 노선을 우선 재측한다.

33. 수준측량에서 발생하는 오차에 대한 설명으로 틀린 것은?

① 기계의 조정에 의해 발생하는 오차는 전시와 후시의 거리를 같게 하여 소거할 수 있다.
② 삼각수준측량은 대지역을 대상으로 하기 때문에 곡률오차와 굴절오차는 그 양이 상쇄되어 고려하지 않는다.
③ 표척의 영눈금 오차는 출발점의 표척을 도착점에서 사용하여 소거할 수 있다.
④ 기포의 수평조정이나 표척면의 읽기는 육안으로 한계가 있으나 이로 인한 오차는 일반적으로 허용오차 범위 안에 들 수 있다.

■해설 구차와 기차, 즉 양차를 보정해야 한다.
$\Delta h = \dfrac{D^2}{2R}(1-K)$

34. 그림과 같은 관측결과 $\theta = 30°11'00''$, $S = 1,000$m일 때 C점의 X좌표는?(단, AB의 방위각=$89°49'00''$, A점의 X좌표=$1,200$m)

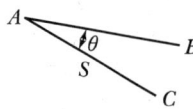

① 700.00m   ② 1,203.20m
③ 2,064.42m   ④ 2,066.03m

■해설
- AC 방위각 = $89°49' + 30°11' = 120°$
- $X_C = X_A + \overline{AC}$ 위거
  = $1,200 + 1,000\cos120° = 700$m

35. 그림과 같은 복곡선에서 $t_1 + t_2$의 값은?

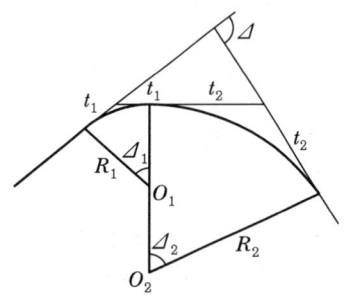

① $R_1(\tan\Delta_1 + \tan\Delta_2)$
② $R_2(\tan\Delta_1 + \tan\Delta_2)$
③ $R_1\tan\Delta_1 + R_2\tan\Delta_2$
④ $R_1\tan\dfrac{\Delta_1}{2} + R_2\tan\dfrac{\Delta_2}{2}$

■해설
- 접선장(TL) = $R\tan\dfrac{I}{2}$
- $t_1 = R_1\tan\dfrac{\Delta_1}{2}$, $t_2 = R_2\tan\dfrac{\Delta_2}{2}$
- $t_1 + t_2 = R_1\tan\dfrac{\Delta_1}{2} + R_2\tan\dfrac{\Delta_2}{2}$

36. 노선 설치방법 중 좌표법에 의한 설치방법에 대한 설명으로 틀린 것은?

① 토털스테이션, GPS 등과 같은 장비를 이용하여 측점을 위치시킬 수 있다.
② 좌표법에 의한 노선의 설치는 다른 방법보다 지형의 굴곡이나 시통 등의 문제가 적다.
③ 좌표법은 평면곡선 및 종단곡선의 설치요소를 동시에 위치시킬 수 있다.
④ 평면적인 위치의 측설을 수행하고 지형표고를 관측하여 종단면도를 작성할 수 있다.

■해설
- 좌표법은 편각법의 설치가 곤란할 때 사용하며, 굴 속의 설치나 산림지대에서 벌채량을 줄일 목적으로 사용한다.
- 좌표법은 평면곡선 및 종단곡선의 설치요소를 동시에 위치시킬 수 없다.

37. 다각측량에서 각 측량의 기계적 오차 중 시준축과 수평축이 직교하지 않아 발생하는 오차를 처리하는 방법으로 옳은 것은?

① 망원경을 정위와 반위로 측정하여 평균값을 취한다.
② 배각법으로 관측을 한다.
③ 방향각법으로 관측을 한다.
④ 편심관측을 하여 귀심계산을 한다.

■해설 오차 처리방법
- 정 · 반위 관측=시준축, 수평축, 시준축의 편심오차
- A, B버니어의 읽음값 평균=내심오차
- 분도원의 눈금 부정확 : 대회관측

38. 30m당 0.03m가 짧은 줄자를 사용하여 정사각형 토지와 한 변을 측정한 결과 150m이었다면 면적에 대한 오차는?

① 41m² ② 43m²
③ 45m² ④ 47m²

■해설 · $A = 150 \times 150 = 22{,}500\text{m}^2$

- 실제면적(A_o) $= \left(\dfrac{L \pm \Delta L}{L}\right) \times A$
$= \left(\dfrac{30 - 0.03^2}{30}\right)^2 \times 22{,}500$
$= 22{,}455\text{m}^2$
- 면적오차 = 실제면적 − 측정면적
$= 22{,}455 - 22{,}500 = -45\text{m}^2$

39. 지성선에 관한 설명으로 옳지 않은 것은?

① 철(凸)선은 능선 또는 분수선이라고 한다.
② 경사변환선이란 동일 방향의 경사면에서 경사의 크기가 다른 두 면의 접합선이다.
③ 요(凹)선은 지표의 경사가 최대로 되는 방향을 표시한 선으로 유하선이라고 한다.
④ 지성선은 지표면이 다수의 평면으로 구성되었다고 할 때 평면 간 접합부, 즉 접선을 말하며 지세선이라고도 한다.

■해설
- 최대경사선을 유하선이라 하며 지표의 경사가 최대인 방향으로 표시한 선을 의미한다.
- 요(凹)선은 계곡선 합수선이라 한다.

40. 그림과 같은 지형에서 각 등고선에 쌓인 부분의 면적이 표와 같을 때 각주공식에 의한 토량은?(단, 윗면은 평평한 것으로 가정한다.)

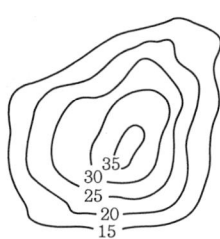

등고선	면적(m²)
15	3,800
20	2,900
25	1,800
30	900
35	200

① 11,400m³ ② 22,800m³
③ 33,800m³ ④ 38,000m³

■해설
- 각주공식(V) $= \dfrac{L}{6}(A_1 + 4A_m + A_2)$
- $V = \dfrac{20}{6}(3{,}800 + 4 \times 1{,}800 + 200)$
$= 37{,}333\text{m}^3 \fallingdotseq 38{,}000\text{m}^3$

제3과목 **수리수문학**

41. 2개의 불투수층 사이에 있는 대수층 두께 a, 투수계수 k인 곳에 반지름 r_o인 굴착정(Artesian well)을 설치하고 일정 양수량 Q를 양수하였더니, 양수 전 굴착정 내의 수위 H가 h_o로 강하하여 정상 흐름이 되었다. 굴착정의 영향원 반지름을 R이라 할 때 $(H-h_o)$의 값은?

① $\dfrac{2Q}{\pi ak}\ln\left(\dfrac{R}{r_o}\right)$ ② $\dfrac{Q}{2\pi ak}\ln\left(\dfrac{R}{r_o}\right)$

③ $\dfrac{2Q}{\pi ak}\ln\left(\dfrac{r_o}{R}\right)$ ④ $\dfrac{Q}{2\pi ak}\ln\left(\dfrac{r_o}{R}\right)$

■해설 우물의 양수량

종류	내용
깊은 우물 (심정호)	우물의 바닥이 불투수층까지 도달한 우물을 말한다. $Q=\dfrac{\pi K(H^2-h_o^2)}{\ln(R/r_o)}=\dfrac{\pi K(H^2-h_o^2)}{2.3\log(R/r_o)}$
얕은 우물 (천정호)	우물의 바닥이 불투수층까지 도달하지 못한 우물을 말한다. $Q=4Kr_o(H-h_o)$
굴착정	피압대수층의 물을 양수하는 우물을 굴착정이라 한다. $Q=\dfrac{2\pi aK(H-h_o)}{\ln(R/r_o)}=\dfrac{2\pi aK(H-h_o)}{2.3\log(R/r_o)}$
집수암거	복류수를 취수하는 우물을 집수암거라 한다. $Q=\dfrac{Kl}{R}(H^2-h^2)$

∴ 굴착정에서 $H-h_o=\dfrac{Q}{2\pi aK}\ln\left(\dfrac{R}{r_o}\right)$

42. 침투능(Infiltration Capacity)에 관한 설명으로 틀린 것은?

① 침투능은 토양 조건과는 무관하다.
② 침투능은 강우강도에 따라 변화한다.
③ 일반적으로 단위는 mm/h 또는 in/h로 표시된다.
④ 어떤 토양면을 통해 물이 침투할 수 있는 최대율을 말한다.

■해설 침투능
침투능은 어떤 토양면을 통해 물이 침투할 수 있는 최대율을 말하며, 단위는 시간당 침투능의 크기(mm/hr or inch/hr)로 사용한다. 또한 침투능은 토양조건에 가장 큰 영향을 받으며 강우강도 등에 영향을 받는다.

43. 3차원 흐름의 연속방정식을 아래와 같은 형태로 나타낼 때 이에 알맞은 흐름의 상태는?

$$\frac{\partial u}{\partial x}+\frac{\partial v}{\partial y}+\frac{\partial w}{\partial z}=0$$

① 압축성 부정류
② 압축성 정상류
③ 비압축성 부정류
④ 비압축성 정상류

■해설 3차원 연속방정식
㉠ 3차원 부정류 비압축성 유체의 연속방정식
$\dfrac{\partial(\rho u)}{\partial x}+\dfrac{\partial(\rho v)}{\partial y}+\dfrac{\partial(\rho w)}{\partial z}=-\dfrac{\partial\rho}{\partial t}$
㉡ 3차원 정상류 비압축성 유체의 연속방정식
• 정상류 : $\dfrac{\partial\rho}{\partial t}=0$
• 비압축성 : $\rho=$constant ∴ 생략 가능
∴ $\dfrac{\partial u}{\partial x}+\dfrac{\partial v}{\partial y}+\dfrac{\partial w}{\partial z}=0$

44. 지름 20cm의 원형 단면 관수로에 물이 가득 차서 흐를 때의 동수반경은?

① 5cm ② 10cm
③ 15cm ④ 20cm

■해설 경심(동수반경)
㉠ 경심
$R=\dfrac{A}{P}$
㉡ 원형 관의 경심
$R=\dfrac{A}{P}=\dfrac{\dfrac{\pi D^2}{4}\times\dfrac{1}{2}}{\pi D\times\dfrac{1}{2}}=\dfrac{D}{4}$
∴ $R=\dfrac{D}{4}=\dfrac{20}{4}=5$cm

|해답| 41.② 42.① 43.④ 44.①

45. 대수층의 두께가 2.3m, 폭이 1.0m일 때 지하수 유량은?(단, 지하수류의 상·하류 두 지점 사이의 수두차 1.6m, 두 지점 사이의 평균거리 360m, 투수계수 $k=192$m/day)

① 1.53m³/day
② 1.80m³/day
③ 1.96m³/day
④ 2.21m³/day

■해설 Darcy의 법칙
  ㉠ Darcy의 법칙
   • $V = K \cdot I = K \cdot \dfrac{h_L}{L}$
   • $Q = A \cdot V = A \cdot K \cdot I = A \cdot K \cdot \dfrac{h_L}{L}$
  ㉡ 지하수 유량의 산정
   $Q = A \cdot K \cdot \dfrac{h_L}{L}$
   $= (2.3 \times 1.0) \times 360 \times \dfrac{1.6}{360} = 1.96$m³/d

46. 그림과 같은 수조 벽면에 작은 구멍을 뚫고 구멍의 중심에서 수면까지의 높이가 h일 때, 유출속도 V는?(단, 에너지 손실은 무시한다.)

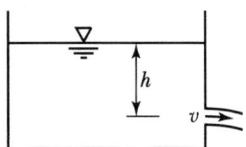

① $\sqrt{2gh}$ ② $\sqrt{gh}$
③ $2gh$ ④ gh

■해설 토리첼리 정리
  토리첼리는 베르누이 정리를 이용하여 오리피스의 이론유속을 구하는 식을 유도하였다.
  $V = \sqrt{2gh}$
   여기서, h : 오리피스 중심에서 수조 상단까지의 수심

47. 그림과 같이 원형 관 중심에서 V의 유속으로 물이 흐르는 경우에 대한 설명으로 틀린 것은? (단, 흐름은 층류로 가정한다.)

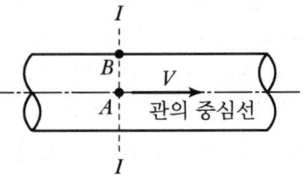

① 지점 A에서의 마찰력은 V^2에 비례한다.
② 지점 A에서의 유속은 단면 평균유속의 2배이다.
③ 지점 A에서 지점 B로 갈수록 마찰력은 커진다.
④ 유속은 지점 A에서 최대인 포물선 분포를 한다.

■해설 관수로 흐름의 특징
  ㉠ 관수로의 유속 분포는 중앙에서 최대이고 관벽에서 0인 포물선 분포를 한다.
   ∴ 유속은 A점에서 최대인 포물선 분포를 한다.
  ㉡ 관수로의 전단응력분포는 관벽에서 최대이고 중앙에서 0인 직선비례한다.
   ∴ A점에서의 마찰저항력은 0이다.
   ∴ A점에서 B점으로 갈수록 마찰저항력은 커진다.
  ㉢ 관수로에서 최대유속은 평균유속의 2배이다.
   ∴ $V_{\max} = 2V_m$

48. 어떤 유역에 다음 표와 같이 30분간 집중호우가 계속되었을 때, 지속기간 15분인 경우의 최대강우강도는?

시간(분)	우량(mm)
0 ~ 5	2
5 ~ 10	4
10 ~ 15	6
15 ~ 20	4
20 ~ 25	8
25 ~ 30	6

① 64mm/h
② 48mm/h
③ 72mm/h
④ 80mm/h

■해설 강우강도
㉠ 강우강도는 단위시간당 내린 비의 양을 말하며 단위는 mm/hr이다.
㉡ 지속시간 15분 강우량의 구성
- 0~15분 : 2+4+6=12mm
- 5~20분 : 4+6+4=14mm
- 10~25분 : 6+4+8=18mm
- 15~30분 : 4+8+6=18mm
㉢ 지속시간 15분 최대강우강도의 산정
$\dfrac{18mm}{15min} \times 60 = 72mm/hr$

49. 정지하고 있는 수중에 작용하는 정수압의 성질로 옳지 않은 것은?

① 정수압의 크기는 깊이에 비례한다.
② 정수압은 물체의 면에 수직으로 작용한다.
③ 정수압은 단위면적에 작용하는 힘의 크기로 나타낸다.
④ 한 점에 작용하는 정수압은 방향에 따라 크기가 다르다.

■해설 정수압
㉠ 정수압의 크기
$P = wh$
여기서, w : 단위중량, h : 수심
∴ 정수압의 크기는 수심에 비례하여 증가한다.
㉡ 정수압의 작용방향은 모든 면에서 직각방향이며, 각 방향에서 그 크기는 동일하다.

50. 단위유량도에 대한 설명으로 틀린 것은?

① 단위유량도의 정의에서 특정 단위시간은 1시간을 의미한다.
② 일정기저시간가정, 비례가정, 중첩가정은 단위유량도의 3대 기본가정이다.
③ 단위유량도의 정의에서 단위유효우량은 유역 전 면적상의 등가우량 깊이로 측정되는 특정량의 우량을 의미한다.
④ 단위유효우량은 유출량의 형태로 단위유량도 상에 표시되며, 단위유량도 아래의 면적은 부피의 차원을 가진다.

■해설 단위유량도
㉠ 단위도의 정의
특정단위시간 동안 균등한 강우강도로 유역 전반에 걸쳐 균등한 분포로 내리는 단위유효우량으로 인하여 발생하는 직접유출 수문곡선을 말하며, 여기서 특정단위시간은 유효강우의 지속시간을 의미한다.
㉡ 단위도의 구성요소
- 직접유출량
- 유효우량 지속시간
- 유역 면적
㉢ 단위도의 3가정
- 일정기저시간가정
- 비례가정
- 중첩가정

51. 한계수심에 대한 설명으로 옳지 않은 것은?

① 유량이 일정할 때 한계수심에서 비에너지가 최소가 된다.
② 직사각형 단면 수로의 한계수심은 최소비에너지의 2/3이다.
③ 비에너지가 일정하면 한계수심으로 흐를 때 유량이 최대가 된다.
④ 한계수심보다 수심이 작은 흐름은 상류(常流)이고, 큰 흐름이 사류(射流)이다.

■해설 비에너지와 한계수심
㉠ 단위무게당의 물이 수로 바닥면을 기준으로 갖는 흐름의 에너지 또는 수두를 비에너지라 한다.
$H_e = h + \dfrac{\alpha v^2}{2g}$
여기서, h : 수심
α : 에너지보정계수
v : 유속
g : 중력가속도
㉡ 비에너지와 한계수심의 관계
- 유량이 일정할 경우 비에너지가 최소일 때의 수심을 한계수심이라 한다.
- 비에너지가 일정할 경우 유량이 최대로 흐를 때의 수심을 한계수심이라 한다.
- 직사각형 단면에서의 경우 한계수심은 비에너지의 2/3이다.
- 한계수심보다 수심이 작은 흐름은 사류(射流), 수심이 큰 흐름은 상류(常流)이다.

|해답| 49.④ 50.① 51.④

52. 개수로 흐름의 도수현상에 대한 설명으로 틀린 것은?

① 비력과 비에너지가 최소인 수심은 근사적으로 같다.
② 도수 전후의 수심 관계는 베르누이 정리로부터 구할 수 있다.
③ 도수는 흐름이 사류에서 상류로 바뀔 경우에만 발생된다.
④ 도수 전후의 에너지 손실은 주로 불연속 수면 발생 때문이다.

■해설 **도수**
㉠ 흐름이 사류(射流)에서 상류(常流)로 바뀔 때 물이 뛰는 현상을 도수라 한다.
㉡ 도수 후의 수심
도수 전후의 수심 관계는 운동량방정식으로부터 다음 식에 의해 구할 수 있다.
$$h_2 = -\frac{h_1}{2} + \frac{h_1}{2}\sqrt{1+8F_{r1}^2}$$
㉢ 도수로 인한 에너지 손실
도수 전후의 에너지 손실은 주로 불연속 수면의 도약으로 발생한다.
$$\Delta H_e = \frac{(h_2-h_1)^3}{4h_1 h_2}$$
㉣ 비력과 비에너지가 최소일 때의 수심을 한계 수심이라 하며, 근사적으로 같다.

53. 단면 2m×2m, 높이 6m인 수조에 물이 가득 차 있을 때 이 수조의 바닥에 설치한 지름이 20cm인 오리피스로 배수시키고자 한다. 수심이 2m가 될 때까지 배수하는 데 필요한 시간은?(단, 오리피스 유량계수 $C=0.6$, 중력가속도 $g=9.8\text{m/s}^2$)

① 1분 39초
② 2분 36초
③ 2분 55초
④ 3분 45초

■해설 **수조의 배수시간**
㉠ 수조의 배수시간
$$t = \frac{2A}{Ca\sqrt{2g}}(h_1^{\frac{1}{2}} - h_2^{\frac{1}{2}})$$

㉡ 수조의 배수시간
$$t = \frac{2\times(2\times 2)}{0.6\times\left(\frac{\pi\times 0.2^2}{4}\right)\times\sqrt{2\times 9.8}}(6^{\frac{1}{2}} - 2^{\frac{1}{2}})$$
$$= 99.3\text{sec} = 1분 39초$$

54. 정상류에 관한 설명으로 옳지 않은 것은?

① 유선과 유적선이 일치한다.
② 흐름의 상태가 시간에 따라 변하지 않고 일정하다.
③ 실제 개수로 내 흐름의 상태는 정상류가 대부분이다.
④ 정상류 흐름의 연속방정식은 질량 보존의 법칙으로 설명된다.

■해설 **정상류**
㉠ 여러 가지 흐름의 특성이 시간에 따라 변하지 않는 흐름을 정상류 흐름이라고 한다.
㉡ 정상류 흐름에서는 유선과 유적선이 일치한다.
㉢ 정상류 흐름의 연속방정식은 질량 보존의 법칙으로 설명된다.
㉣ 실제 개수로 내 흐름은 정류와 부정류가 공존한다.

55. 수로의 단위폭에 대한 운동량 방정식은?(단, 수로의 경사는 완만하며, 바닥 마찰저항은 무시한다.)

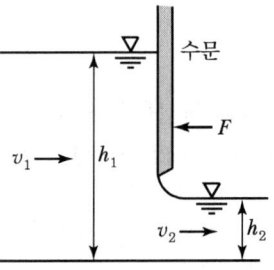

① $\dfrac{\gamma h_1^2}{2} - \dfrac{\gamma h_2^2}{2} - F = \rho Q(V_1 - V_2)$

② $\dfrac{\gamma h_1^2}{2} - \dfrac{\gamma h_2^2}{2} - F = \rho Q(V_2 - V_1)$

③ $\dfrac{\gamma h_1^2}{2} + \dfrac{\gamma h_2^2}{2} - F = \rho Q(V_2 - V_1)$

④ $\dfrac{\gamma h_1^2}{2} + \rho Q V_1 + F = \dfrac{\gamma h_2^2}{2} + \rho Q V_2$

|해답| 52.② 53.① 54.③ 55.②

■해설 운동량방정식
  ㉠ 단면 1, 2에 힘의 평형조건식을 수립
     $\Sum F = P_1 - P_2 - F$ ················ ①
     여기서, P_1, P_2 모두 수면과 연직인 면이 받는 정수압
     $\therefore P_1 = \gamma h_G A = \gamma \frac{h_1^2}{2}$
     $P_2 = \gamma h_G A_2 = \gamma \frac{h_2^2}{2}$ (단위폭의 경우)
  ㉡ 식①과 식② 운동량방정식을 수립
     $\Sum = \rho Q(V_2 - V_1)$ ················ ②
  ㉢ 식①과 식② 모두 힘들의 합이므로 ①=②로 놓고 정리하면,
     $\therefore \frac{\gamma h_1^2}{2} - \frac{\gamma h_2^2}{2} - F = \rho Q(V_2 - V_1)$

56. 완경사 수로에서 배수곡선(Backwater Curve)에 해당하는 수면곡선은?

① 홍수 시 하천의 수면곡선
② 댐을 월류할 때의 수면곡선
③ 하천 단락부(段落部) 상류의 수면곡선
④ 상류 상태로 흐르는 하천에 댐을 구축했을 때 저수지 상류의 수면곡선

■해설 부등류의 수면형
  ㉠ $dx/dy > 0$이면 흐름방향으로 수심이 증가함을 뜻하며 이 유형의 곡선을 배수곡선(Backwater Curve)이라 하고, 댐 상류부에서 볼 수 있는 곡선이다.
  ㉡ $dx/dy < 0$이면 수심이 흐름방향으로 감소함을 뜻하며, 이를 저하곡선(Dropdown Curve)이라 하고, 위어 등에서 볼 수 있는 곡선이다.
  ∴ 상류(常流)로 흐르는 수로에 댐을 만들었을 때 그 상류(上流)방향으로 수심이 증가하는 수면곡선은 배수곡선이다.

57. 지하수의 연직분포를 크게 통기대와 포화대로 나눌 때, 통기대에 속하지 않는 것은?

① 모관수대   ② 중간수대
③ 지하수대   ④ 토양수대

■해설 지하의 연직분포대
  ㉠ 지하의 연직분포대는 크게 통기대(자유면 지하수)와 포화대(피압면 지하수)로 나뉜다.
  ㉡ 통기대는 다시 토양수대, 중간(중력)수대, 모관수대로 나뉜다.

58. 하천의 수리모형실험에 주로 사용되는 상사법칙은?

① Weber의 상사법칙
② Cauchy의 상사법칙
③ Froude의 상사법칙
④ Reynolds의 상사법칙

■해설 수리모형의 상사법칙

종류	특징
Reynolds의 상사법칙	점성력이 흐름을 주로 지배하고, 관수로 흐름의 경우에 적용
Froude의 상사법칙	중력이 흐름을 주로 지배하고, 개수로 흐름의 경우에 적용
Weber의 상사법칙	표면장력이 흐름을 주로 지배하고, 수두가 아주 적은 위어 흐름의 경우에 적용
Cauchy의 상사법칙	탄성력이 흐름을 주로 지배하고, 수격작용의 경우에 적용

∴ 하천의 모형실험은 중력이 흐름을 지배하므로 Froude의 상사법칙을 적용한다.

59. 속도분포를 $V = 4y^{\frac{2}{3}}$으로 나타낼 수 있을 때 바닥면에서 0.5m 떨어진 높이에서의 속도경사(Velocity Gradient)는?(단, v : m/sec, y : m)

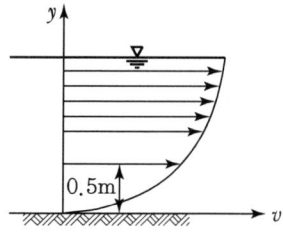

① $2.67\sec^{-1}$ ② $3.36\sec^{-1}$
③ $2.67\sec^{-2}$ ④ $3.36\sec^{-2}$

■해설 속도경사
㉠ 속도경사
속도경사는 속도를 거리에 따라서 미분한 것 $\left(\dfrac{dv}{dy}\right)$을 말한다.
㉡ 문제조건에서 속도경사
- $v = 4y^{\frac{2}{3}}$
- $\dfrac{dv}{dy} = 4 \times \dfrac{2}{3} y^{-\frac{1}{3}}$

∴ 거리 0.55m인 지점의 속도경사
$\dfrac{8}{3} \times 0.5^{-\frac{1}{3}} = 3.36 \text{sec}^{-1}$

60. 수중에 잠겨 있는 곡면에 작용하는 연직분력은?
① 곡면에 의해 배제된 물의 무게와 같다.
② 곡면 중심의 압력에 물의 무게를 더한 값이다.
③ 곡면을 밑면으로 하는 물기둥의 무게와 같다.
④ 곡면을 연직면상에 투영했을 때 그 투영면이 작용하는 정수압과 같다.

■해설 곡면이 받는 전수압
㉠ 수평분력은 곡면을 투영한 연직평면이 받는 압력과 같다.
$P_H = w h_G A$ (투영면적)
㉡ 연직분력은 곡면을 밑면으로 하는 물기둥의 무게와 같다.
$P_V = W$ (곡면을 밑면으로하는 물기둥의 무게)
㉢ 곡면이 받는 전 수압은 수평분력과 연직분력의 합력을 구하면 된다.
$P = \sqrt{{P_H}^2 + {P_V}^2}$

제4과목 철근콘크리트 및 강구조

61. 프리텐션 PSC부재의 단면적이 200,000mm² 인 콘크리트 도심에 PS강선을 배치하여 초기의 긴장력(P_i)을 800kN 가하였다. 콘크리트의 탄성변형에 의한 프리스트레스의 감소량은?[단, 탄성계수비(n)은 6이다.]
① 12MPa
② 18MPa
③ 20MPa
④ 24MPa

■해설 $\Delta f_{pe} = n f_{cs} = n \dfrac{P_i}{A_g} = 6 \times \dfrac{(800 \times 10^3)}{(2 \times 10^5)} = 24 \text{MPa}$

62. 경간이 8m인 단순 지지된 프리스트레스트 콘크리트 보에서 등분포하중(고정하중과 활하중의 합)이 $w = 40$kN/m 작용할 때 중앙단면 콘크리트 하연에서의 응력이 0이 되려면 PS강재에 작용되어야 할 프리스트레스 힘(P)은?(단, PS강재는 단면 중심에 배치되어 있다.)

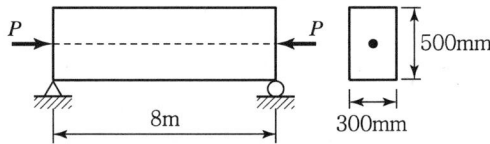

① 1,250kN
② 1,880kN
③ 2,650kN
④ 3,840kN

■해설 $f_b = \dfrac{P}{A} - \dfrac{M}{Z} = \dfrac{1}{bh}\left(P - \dfrac{3wl^2}{4h}\right) = 0$
$P = \dfrac{3wl^2}{4h} = \dfrac{3 \times 40 \times 8^2}{4 \times 0.5} = 3,840 \text{kN}$

63. 아래 그림과 같은 직사각형 단면의 단순보에 PS강재가 포물선으로 배치되어 있다. 보의 중앙단면에서 일어나는 상연응력(㉠) 및 하연응력(㉡)은?(단, PS강재의 긴장력은 3,300kN이고, 자중을 포함한 작용하중은 27kN/m이다.)

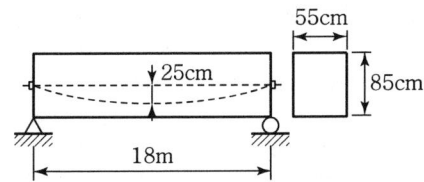

① ㉠ : 21.21MPa,   ㉡ : 1.8MPa
② ㉠ : 12.07MPa,   ㉡ : 0MPa
③ ㉠ : 11.11MPa,   ㉡ : 3.00MPa
④ ㉠ : 8.6MPa,   ㉡ : 2.45MPa

■해설
$$f_{(t/b)} = \frac{P}{A}(\mp)\frac{P \cdot e}{Z}(\pm)\frac{M}{Z}$$
$$= \frac{1}{bh}\left[P\left\{1(\mp)\frac{6e}{h}\right\}(\pm)\frac{3wl^2}{4h}\right]$$
$$= \frac{1}{550 \times 850}\left[(3,300 \times 10^3)\left\{1(\mp)\frac{6 \times 250}{850}\right\}\right.$$
$$\left.(\pm)\frac{3 \times 27 \times (18 \times 10^3)^2}{4 \times 850}\right]$$

$f_t = 11.11$MPa, $f_b = 3.00$MPa

64. 2방향 슬래브 설계 시 직접설계법을 적용하기 위해 만족하여야 하는 사항으로 틀린 것은?

① 각 방향으로 3경간 이상이 연속되어야 한다.
② 슬래브 판들은 단변 경간에 대한 장변 경간의 비가 2 이하인 직사각형이어야 한다.
③ 각 방향으로 연속한 받침부 중심 간 경간차이는 긴 경간의 1/3 이하이어야 한다.
④ 연속한 기둥 중심선을 기준으로 기둥의 어긋남은 그 방향 경간의 20% 이하이어야 한다.

■해설 2방향 슬래브의 설계에서 직접설계법을 적용할 경우, 연속한 기둥 중심선으로부터 기둥의 이탈은 이탈방향 경간의 최대 10%까지 허용한다.

65. 옹벽의 설계 및 구조해석에 대한 설명으로 틀린 것은?

① 지반에 유발되는 최대 지반반력은 지반의 허용지지력을 초과할 수 없다.
② 전도에 대한 저항휨모멘트는 횡토압에 의한 전도모멘트의 1.5배 이상이어야 한다.
③ 저판의 뒷굽판은 정확한 방법이 사용되지 않는 한, 뒷굽판 상부에 재하되는 모든 하중을 지지하도록 설계하여야 한다.
④ 캔틸레버식 옹벽의 저판은 전면벽과의 접합부를 고정단으로 간주한 캔틸레버로 가정하여 단면을 설계할 수 있다.

■해설 전도에 대한 저항휨모멘트는 횡토압에 의한 전도모멘트의 2.0배 이상이어야 한다.

66. 그림과 같은 띠철근 기둥에서 띠철근의 최대 수직간격은?(단, D10의 공칭직경은 9.5mm, D32의 공칭직경은 31.8mm이다.)

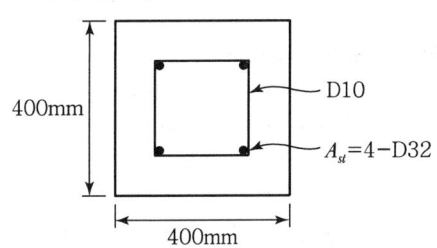

① 400mm   ② 456mm
③ 500mm   ④ 509mm

■해설 띠철근 기둥에서 띠철근의 간격
• 축방향철근 지름의 16배 이하
  =31.8 × 16 = 508.8mm 이하
• 띠철근 지름의 48배 이하
  =9.5 × 48 = 456mm 이하
• 기둥 단면의 최소 치수 이하=400mm 이하
따라서, 띠철근의 간격은 최소값인 400mm 이하라야 한다.

67. 강구조의 특징에 대한 설명으로 틀린 것은?

① 소성변형능력이 우수하다.
② 재료가 균질하여 좌굴의 영향이 낮다.
③ 인성이 커서 연성파괴를 유도할 수 있다.
④ 단위면적당 강도가 커서 자중을 줄일 수 있다.

■해설 강재는 단위면적당 강도가 커서 부재 길이에 비하여 단면이 작은 세장한 부재로서 좌굴에 대한 영향이 높다.

68. 콘크리트와 철근이 일체가 되어 외력에 저항하는 철근콘크리트 구조에 대한 설명으로 틀린 것은?

① 콘크리트와 철근의 부착강도가 크다.
② 콘크리트와 철근의 탄성계수는 거의 같다.
③ 콘크리트 속에 묻힌 철근은 거의 부식하지 않는다.
④ 콘크리트와 철근의 열에 대한 팽창계수는 거의 같다.

■해설 철근콘크리트의 성립 요건
① 콘크리트와 철근 사이의 부착강도가 크다.
② 콘크리트와 철근의 열팽창계수가 거의 같다.
$$\begin{cases} \alpha_c = (1.0 \sim 1.3) \times 10^{-5}(/\text{℃}) \\ \alpha_s = 1.2 \times 10^{-5}(/\text{℃}) \end{cases}$$
③ 콘크리트 속에 묻힌 철근은 부식되지 않는다.

69. 폭이 300mm, 유효깊이가 500mm인 단철근 직사각형 보에서 인장철근 단면적이 1,700mm²일 때 강도설계법에 의한 등가직사각형 압축응력블록의 깊이(a)는?(단, f_{ck}=20MPa, f_y=300MPa이다.)

① 50mm ② 100mm
③ 200mm ④ 400mm

■해설 $\eta=1(f_{ck} \leq 40\text{MPa}$인 경우)
$$a = \frac{f_y A_s}{\eta 0.85 f_{ck} b} = \frac{300 \times 1,700}{1 \times 0.85 \times 20 \times 300} = 100\text{mm}$$

70. 아래에서 설명하는 용어는?

> 보나 지판이 없이 기둥으로 하중을 전달하는 2방향으로 철근이 배치된 콘크리트 슬래브

① 플랫 플레이트   ② 플랫 슬래브
③ 리브 쉘   ④ 주열대

■해설 1. 플랫 슬래브(Flat Slab)
• 보 없이 기둥만으로 지지된 슬래브를 플랫 슬래브라고 한다.
• 기둥 둘레의 전단력과 부모멘트를 감소시키기 위하여 지판(Drop Pannel)과 기둥머리(Column Capital)를 둔다.

2. 평판 슬래브(Flat Plate Slab)
• 지판과 기둥머리 없이 순수하게 기둥만으로 지지된 슬래브를 평판 슬래브라고 한다.
• 하중이 크지 않거나 지간이 짧은 경우에 사용한다.

71. 그림과 같은 L형강에서 인장응력 검토를 위한 순폭계산에 대한 설명으로 틀린 것은?

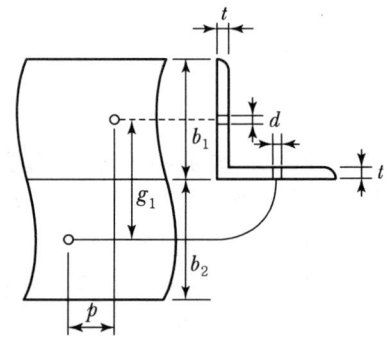

① 전개된 총폭(b) = $b_1 + b_2 - t$이다.
② 리벳선간 거리(g) = $g_1 - t$이다.
③ $\frac{p^2}{4g} \geq d$인 경우 순폭(b_n) = $b - d$이다.
④ $\frac{p^2}{4g} < d$인 경우 순폭(b_n) = $b - d - \frac{p^2}{4g}$이다.

■해설 L형강에서 순폭(b_n)의 계산
① $\frac{p^2}{4g} \geq d$인 경우 : $b_n = b - d$
② $\frac{p^2}{4g} < d$인 경우 : $b_n = b - d - \left(d - \frac{p^2}{4g}\right)$

|해답| 67.② 68.② 69.② 70.① 71.④

72. 단변 : 장변 경간의 비가 1 : 2인 단순 지지된 2방향 슬래브의 중앙점에 집중하중 P가 작용할 때 단변과 장변이 부담하는 하중비($P_S : P_L$)는?(단, P_S : 단변이 부담하는 하중, P_L : 장변이 부담하는 하중)

① 1 : 8　　② 8 : 1
③ 1 : 16　　④ 16 : 1

■해설　$S : L = 1 : 2$

$$P_S = \frac{L^3}{S^3 + L^3}P = \frac{2^3}{1^3 + 2^3}P = \frac{8}{9}P$$

$$P_L = \frac{S^3}{S^3 + L^3}P = \frac{1^3}{1^3 + 2^3}P = \frac{1}{9}P$$

$P_S : P_L = 8 : 1$

73. 보통중량콘크리트에서 압축을 받는 이형철근 D29(공칭지름 28.6mm)를 정착시키기 위해 소요되는 기본정착길이(l_{db})는?(단, f_{ck} =35MPa, f_y =400MPa이다.)

① 491.92mm　　② 483.43mm
③ 464.09mm　　④ 450.38mm

■해설　$\lambda = 1$(보통중량의 콘크리트인 경우)

$$l_{db} = \frac{0.25 d_b f_y}{\lambda \sqrt{f_{ck}}} = \frac{0.25 \times 28.6 \times 400}{1 \times \sqrt{35}} = 483.43\text{mm}$$

$0.043 d_b f_y = 0.043 \times 28.6 \times 400 = 491.92\text{mm}$

$l_{db} < 0.043 d_b f_y$이므로　$l_{db} = 0.043 d_b f_y = 491.92\text{mm}$

74. 철근콘크리트 부재의 전단철근에 대한 설명으로 틀린 것은?

① 전단철근의 설계기준항복강도는 300MPa을 초과할 수 없다.
② 주인장철근에 30° 이상의 각도로 구부린 굽힘철근은 전단철근으로 사용할 수 있다.
③ 최소 전단철근량은 $\dfrac{0.35 b_w s}{f_{yt}}$보다 작지 않아야 한다.
④ 부재축에 직각으로 배치된 전단철근의 간격은 $d/2$ 이하, 또한 600mm 이하로 하여야 한다.

■해설　전단철근의 설계기준항복강도(f_y)는 500MPa을 초과하여 취할 수 없다. 다만, 용접이형철망을 사용할 경우는 600MPa을 초과하여 취할 수 없다.

75. 폭 350mm, 유효깊이 500mm인 보에 설계기준항복강도가 400MPa인 D13 철근을 인장 주철근에 대한 경사각(α)이 60°인 U형 경사 스터럽으로 설치했을 때 전단보강철근의 공칭강도(V_s)는?(단, 스터럽 간격 s =250mm, D13 철근 1본의 단면적은 127mm²이다.)

① 201.4kN　　② 212.7kN
③ 243.2kN　　④ 277.6kN

■해설　$V_s = \dfrac{A_v f_y d(\sin\alpha + \cos\alpha)}{s}$

$= \dfrac{(2 \times 127) \times 400 \times 500 \times (\sin 60° + \cos 60°)}{250}$

$= 277.6 \times 10^3 \text{N} = 277.6\text{kN}$

76. 철근콘크리트 보를 설계할 때 변화구간 단면에서 강도감소계수(ϕ)를 구하는 식은?(단, f_{ck} = 40MPa, f_y =400MPa, 띠철근으로 보강된 부재이며, ε_t는 최외단 인장철근의 순인장변형률이다.)

① $\phi = 0.65 + (\varepsilon_t - 0.002)\dfrac{200}{3}$
② $\phi = 0.70 + (\varepsilon_t - 0.002)\dfrac{200}{3}$
③ $\phi = 0.65 + (\varepsilon_t - 0.002) \times 50$
④ $\phi = 0.70 + (\varepsilon_t - 0.002) \times 50$

■해설　f_y =400MPa인 경우 강도감소계수(ϕ)를 구하는 식
1. 나선철근으로 보강된 경우
$\phi = 0.70 + 50(\varepsilon_t - 0.002)$
2. 나선철근으로 보강되지 않은 경우
$\phi = 0.65 + \dfrac{200}{3}(\varepsilon_t - 0.002)$

77. 그림과 같이 지름 25mm의 구멍이 있는 판(plate)에서 인장응력 검토를 위한 순폭은?

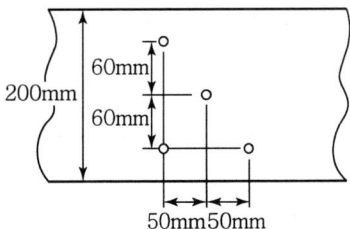

① 160.4mm ② 150mm
③ 145.8mm ④ 130mm

■해설 $b_{n2} = b_g - 2d_h = 200 - 2 \times 25 = 150\text{mm}$

$$b_{n3} = b_g - 3d_h + 2 \times \frac{s^2}{4g}$$
$$= 200 - 3 \times 25 + 2 \times \frac{50^2}{4 \times 60} = 145.8\text{mm}$$
$$b_n = [b_{n2}, b_{n3}]_{\min} = 145.8\text{mm}$$

78. 폭이 350mm, 유효깊이가 550mm인 직사각형 단면의 보에서 지속하중에 의한 순간처짐이 16mm일 때 1년 후 총처짐량은?[단, 배근된 인장철근량(A_s)은 2,246mm², 압축철근량(A_s')은 1,284mm²이다.]

① 20.5mm ② 26.5mm
③ 32.8mm ④ 42.1mm

■해설 $\xi = 1.4$(하중재하기간이 1년인 경우)

$$\rho' = \frac{A_s'}{bd} = \frac{1,284}{350 \times 550} = 0.00667$$
$$\lambda_\Delta = \frac{\xi}{1+50\rho'} = \frac{1.4}{1+50 \times 0.00667} = 1.05$$
$$\delta_L = \lambda_\Delta \cdot \delta_i = 1.05 \times 16 = 16.8\text{mm}$$
$$\delta_T = \delta_i + \delta_L = 16 + 16.8 = 32.8\text{mm}$$

79. 단철근 직사각형 보에서 f_{ck} =32MPa인 경우, 콘크리트 등가 직사각형 압축응력블록의 깊이를 나타내는 계수 β_1은?

① 0.74 ② 0.76
③ 0.80 ④ 0.85

■해설 $f_{ck} = 32\text{MPa} \le 40\text{MPa}$인 경우, $\beta_1 = 0.80$

80. 폭이 300mm, 유효깊이가 500mm인 단철근직사각형 보에서 강도설계법으로 구한 균형철근량은?(단, 등가 직사각형 압축응력블록을 사용하며, f_{ck}=35MPa, f_y=350MPa이다.)

① 5,285mm²
② 5,890mm²
③ 6,665mm²
④ 7,235mm²

■해설 $f_{ck} = 35\text{MPa} \le 40\text{MPa}$인 경우

$$\rho_b = 0.68\frac{f_{ck}}{f_y}\frac{660}{660+f_y}$$
$$= 0.68 \times \frac{35}{350} \times \frac{660}{660+350} = 0.0444356$$
$$A_{s,b} = \rho_b \cdot b \cdot d$$
$$= 0.0444356 \times 300 \times 500 = 6,665.34\text{mm}^2$$

제5과목 토질 및 기초

81. 4.75mm체(4번 체) 통과율이 90%, 0.075mm체 (200번 체) 통과율이 4%이고, D_{10}=0.25mm, D_{30}=0.6mm, D_{60}=2mm인 흙을 통일분류법으로 분류하면?

① GP ② GW
③ SP ④ SW

■해설 • #200체(0.075mm)통과율 4% → 조립토(G.S)
• #4체(4.75mm)통과율 90% → 모래(S)

• $C_u = \dfrac{D_{60}}{D_{10}} = \dfrac{2}{0.25} = 8$

• $C_g = \dfrac{D_{30}^{\;2}}{D_{10} \cdot D_{60}} = \dfrac{0.6^2}{0.25 \times 2} = 0.72$

∴ 입도불량(P)
따라서, SP(입도분포가 불량한 모래)

82. 그림과 같은 정사각형 기초에서 안전율을 3으로 할 때 Terzaghi의 공식을 사용하여 지지력을 구하고자 한다. 이때 한 변의 최소길이(B)는?(단, 물의 단위중량은 9.81kN/m³, 점착력(c)은 60kN/m², 내부마찰각(ϕ)은 0°이고, 지지력계수 $N_c=5.7$, $N_q=1.0$, $N_\gamma=0$이다.)

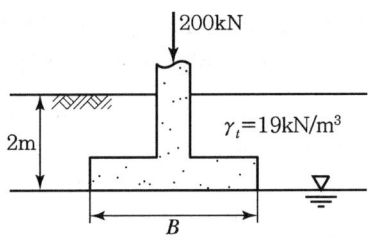

① 1.12m
② 1.43m
③ 1.51m
④ 1.62m

■해설

형상계수	원형 기초	정사각형 기초	연속기초
α	1.3	1.3	1.0
β	0.3	0.4	0.5

• 극한지지력
$q_{ult} = \alpha c N_c + \beta \gamma_1 B N_r + \gamma_2 D_f N_q$
$= 1.3 \times 60 \times 5.7 + 0.4 \times (20-9.8) \times B \times 0$
$+ 19 \times 2 \times 1.0$
$= 482.6 \text{kN/m}^2$

• 허용지지력(q_a) $= \dfrac{q_{ult}}{F_s} = \dfrac{482.6}{3} = 160.87 \text{kN/m}^2$

따라서 허용하중(Q_a) $= q_a \cdot A$에서 $200 = 160.87 \times B^2$
$\therefore B = 1.115 \text{m}$

83. 접지압(또는 지반반력)이 그림과 같이 되는 경우는?

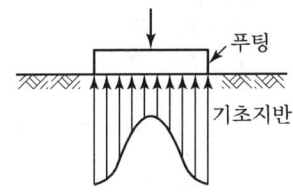

① 푸팅 : 강성, 기초지반 : 점토
② 푸팅 : 강성, 기초지반 : 모래
③ 푸팅 : 연성, 기초지반 : 점토
④ 푸팅 : 연성, 기초지반 : 모래

■해설 강성기초의 접지압

점토	모래
기초 모서리에서 최대응력 발생	기초 중앙부에서 최대응력 발생

84. 지표면이 수평이고 옹벽의 뒷면과 흙과의 마찰각이 0°인 연직옹벽에서 Coulomb토압과 Rankine토압은 어떤 관계가 있는가?(단, 점착력은 무시한다.)

① Coulomb토압은 항상 Rankine토압보다 크다.
② Coulomb토압과 Rankine토압은 같다.
③ Coulomb토압은 Rankine토압보다 작다.
④ 옹벽의 형상과 흙의 상태에 따라 클 때도 있고 작을 때도 있다.

■해설 Coulomb의 토압론은 벽마찰각을 고려하고 Rankine의 토압은 벽마찰각을 무시하는데 Coulomb의 토압론에서 벽마찰각을 고려하지 않으면 Rankine의 토압과 같아진다.

85. 도로의 평판재하시험에서 1.25mm 침하량에 해당하는 하중강도가 250kN/m²일 때 지반반력계수는?

① 100MN/m³
② 200MN/m³
③ 1,000MN/m³
④ 2,000MN/m³

■해설 $K = \dfrac{q}{y} = \dfrac{250}{0.125} = 200{,}000 \text{kN/m}^3$
$= 200 \text{MN/m}^3$ (1MN=10³kN)

86. 다음 지반개량공법 중 연약한 점토지반에 적합하지 않은 것은?

① 프리로딩공법
② 샌드드레인공법
③ 페이퍼드레인공법
④ 바이브로플로테이션공법

|해답| 82.① 83.① 84.② 85.② 86.④

■해설 점성토 탈수방법
- 페이퍼드레인공법
- 프리로딩공법
- 생석회말뚝공법

87. 표준관입시험(S.P.T) 결과 N값이 25이었고, 이때 채취한 교란시료로 입도시험을 한 결과 입자가 둥글고, 입도분포가 불량할 때 Dunham의 공식으로 구한 내부마찰각(ϕ)은?

① 32.3° ② 37.3°
③ 42.3° ④ 48.3°

■해설 $\phi = \sqrt{12N} + 15 = \sqrt{12 \times 25} + 15 = 32.3°$

88. 현장에서 완전히 포화되었던 시료라 할지라도 시료 채취 시 기포가 형성되어 포화도가 저하될 수 있다. 이 경우 생성된 기포를 원상태로 용해시키기 위해 작용시키는 압력을 무엇이라고 하는가?

① 배압(back pressure)
② 축차응력(deviator stress)
③ 구속압력(confined pressure)
④ 선행압밀압력(preconsolidation pressure)

■해설 배압(back pressure)
실험실에서 흙시료를 100% 포화하기 위해 흙시료 속으로 가하는 수압

89. 그림과 같은 지반에서 하중으로 인하여 수직응력($\Delta\sigma_1$)이 100kN/m² 증가되고 수평응력($\Delta\sigma_3$)이 50kN/m² 증가되었다면 간극수압은 얼마나 증가되었는가?(단, 간극수압계수 $A = 0.5$이고, $B = 1$이다.)

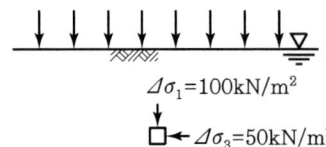

① 50kN/m² ② 75kN/m²
③ 100kN/m² ④ 125kN/m²

■해설 $\Delta u = B \cdot \Delta\sigma_3 + D \cdot \Delta\sigma$
$= B[\Delta\sigma_3 + A(\Delta\sigma_1 - \Delta\sigma_3)]$
$= [50 + 0.5(100 - 50)] = 75 \text{kN/m}^2$

90. 어떤 점토지반에서 베인시험을 실시하였다. 베인의 지름이 50mm, 높이가 100mm, 파괴 시 토크가 59N·m일 때 이 점토의 점착력은?

① 129kN/m² ② 157kN/m²
③ 213kN/m² ④ 276kN/m²

■해설 $C_u = \dfrac{M_{\max}}{\pi D^2 \left(\dfrac{H}{2} + \dfrac{D}{6}\right)}$

$= \dfrac{59 \times 10^{-3} \text{kN} \cdot \text{m}}{\pi \times (50 \times 10^{-3}) \times \left(\dfrac{100 \times 10^{-3}}{2} + \dfrac{50 \times 10^{-3}}{6}\right)}$

$= 129 \text{kN/m}^2$

91. 그림과 같이 동일한 두께의 3층으로 된 수평모래층이 있을 때 토층에 수직한 방향의 평균투수계수(k_v)는?

3m	$k_1 = 2.3 \times 10^{-4}$ cm/s
3m	$k_2 = 9.8 \times 10^{-3}$ cm/s
3m	$k_3 = 4.7 \times 10^{-4}$ cm/s

① 2.38×10⁻³cm/s
② 3.01×10⁻⁴cm/s
③ 4.56×10⁻⁴cm/s
④ 5.60×10⁻⁴cm/s

■해설 수직방향 투수계수
$k_v = \dfrac{H_1 + H_2 + H_3}{\dfrac{H_1}{k_1} + \dfrac{H_2}{k_2} + \dfrac{H_3}{k_3}}$

$= \dfrac{300 + 300 + 300}{\dfrac{300}{2.3 \times 10^{-4}} + \dfrac{300}{9.8 \times 10^{-3}} + \dfrac{300}{4.7 \times 10^{-4}}}$

$= 4.56 \times 10^{-4} \text{cm/sec}$

92. Terzaghi의 1차 압밀에 대한 설명으로 틀린 것은?

① 압밀방정식은 점토 내에 발생하는 과잉간극수압의 변화를 시간과 배수거리에 따라 나타낸 것이다.
② 압밀방정식을 풀면 압밀도를 시간계수의 함수로 나타낼 수 있다.
③ 평균압밀도는 시간에 따른 압밀침하량을 최종 압밀침하량으로 나누면 구할 수 있다.
④ 압밀도는 배수거리에 비례하고, 압밀계수에 반비례한다.

■해설
- 압밀도$(u) \propto$ 시간계수$\left(T_V = \dfrac{C_V \cdot t}{H^2}\right)$
- 압밀도는 배수거리(H)의 제곱에 반비례
- 압밀도는 압밀계수(C_V)에 비례

93. 흙의 다짐에 대한 설명으로 틀린 것은?

① 다짐에 의하여 간극이 작아지고 부착력이 커져서 역학적 강도 및 지지력은 증대하고, 압축성, 흡수성 및 투수성은 감소한다.
② 점토를 최적함수비보다 약간 건조 측의 함수비로 다지면 면모구조를 가지게 된다.
③ 점토를 최적함수비보다 약간 습윤 측에서 다지면 투수계수가 감소하게 된다.
④ 면모구조를 파괴시키지 못할 정도의 작은 압력으로 점토시료를 압밀할 경우 건조 측 다짐을 한 시료가 습윤 측 다짐을 한 시료보다 압축성이 크게 된다.

■해설 면모구조를 파괴시키지 못할 정도의 작은 압력으로 점토시료를 압밀할 경우 건조 측 다짐을 한 시료가 습윤 측 다짐을 한 시료보다 압축성이 작게 된다.

94. 3층 구조로 구조결합 사이에 치환성 양이온이 있어서 활성이 크며, 시트(sheet) 사이에 물이 들어가 팽창·수축이 크며, 공학적 안정성이 약한 점토광물은?

① sand
② illite
③ kaolinite
④ montmorillonite

■해설 montmorillonite는 활성도가 크므로 팽창, 수축이 크고 공학적으로 불안정하다.

95. 간극비 $e_1 = 0.80$인 어떤 모래의 투수계수가 $k_1 = 8.5 \times 10^{-2}$cm/s일 때, 이 모래를 다져서 간극비를 $e_2 = 0.57$로 하면 투수계수 k_2는?

① 4.1×10^{-1}cm/s
② 8.1×10^{-2}cm/s
③ 3.5×10^{-2}cm/s
④ 8.5×10^{-3}cm/s

■해설 간극비와 투수계수의 관계

$$k_1 : k_2 = \dfrac{e_1^3}{1+e_1} : \dfrac{e_2^3}{1+e_2}$$

$$8.5 \times 10^{-2} : k_2 = \dfrac{0.80^3}{1+0.80} : \dfrac{0.57^3}{1+0.57}$$

$$\therefore k_2 = 3.5 \times 10^{-2} \text{cm/sec}$$

96. 사면안정 해석방법에 대한 설명으로 틀린 것은?

① 일체법은 활동면 위에 있는 흙덩어리를 하나의 물체로 보고 해석하는 방법이다.
② 마찰원법은 점착력과 마찰각을 동시에 갖고 있는 균질한 지반에 적용된다.
③ 절편법은 활동면 위에 있는 흙을 여러 개의 절편으로 분할하여 해석하는 방법이다.
④ 절편법은 흙이 균질하지 않아도 적용이 가능하지만, 흙속에 간극수압이 있을 경우 적용이 불가능하다.

■해설 절편법은 흙이 균질하지 않아도 적용이 가능하지만, 흙속에 간극수압이 있을 경우 적용이 가능하다.

|해답| 92.④ 93.④ 94.④ 95.③ 96.④

97. 그림과 같이 지표면에 집중하중이 작용할 때 A점에서 발생하는 연직응력의 증가량은?

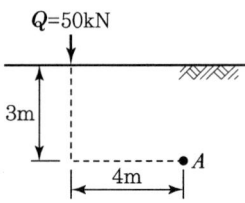

① $0.21kN/m^2$ ② $0.24kN/m^2$
③ $0.27kN/m^2$ ④ $0.30kN/m^2$

■해설 $\Delta\sigma_z = \dfrac{Q}{z^2}I = \dfrac{Q}{z^2} \times \dfrac{3}{2\pi}\left(\dfrac{z}{R}\right)^5$

$= \dfrac{50}{3^2} \times \dfrac{3}{2\times\pi}\left(\dfrac{3}{5}\right)^5 = 0.21kN/m^2$

(여기서, $R = \sqrt{3^2+4^2} = 5$)

98. 지표에 설치된 3m×3m의 정사각형 기초에 80kN/m²의 등분포하중이 작용할 때, 지표면 아래 5m 깊이에서의 연직응력의 증가량은? (단, 2 : 1 분포법을 사용한다.)

① $7.15kN/m^2$ ② $9.20kN/m^2$
③ $11.25kN/m^2$ ④ $13.10kN/m^2$

■해설 $\Delta\sigma_z = \dfrac{qBL}{(B+Z)(L+Z)}$

$= \dfrac{80 \times 3 \times 3}{(3+5)(3+5)}$

$= 11.25kN/m^2$

99. 다음 연약지반 개량공법 중 일시적인 개량공법은?

① 치환공법 ② 동결공법
③ 약액주입공법 ④ 모래다짐말뚝공법

■해설 일시적인 연약지반 개량공법
- 웰포인트(well point)공법
- 동결공법
- 진공압밀공법(대기압공법)

100. 연약지반에 구조물을 축조할 때 피에조미터를 설치하여 과잉간극수압의 변화를 측정한 결과 어떤 점에서 구조물 축조 직후 과잉간극수압이 100kN/m²이었고, 4년 후에 20kN/m²이었다. 이때의 압밀도는?

① 20% ② 40%
③ 60% ④ 80%

■해설 압밀도(U_z) $= \dfrac{u_i - u_t}{u_i} \times 100$

$= \dfrac{100-20}{10} \times 100$

$= 80\%$

제6과목 **상하수도공학**

101. 1인 1일 평균급수량에 대한 일반적인 특징으로 옳지 않은 것은?

① 소도시는 대도시에 비해서 수량이 크다.
② 공업이 번성한 도시는 소도시보다 수량이 크다.
③ 기온이 높은 지방이 추운 지방보다 수량이 크다.
④ 정액급수의 수도는 계량급수의 수도보다 소비수량이 크다.

■해설 계획 1일 평균급수량의 특징
㉠ 대도시가 소도시보다 수량이 크다.
㉡ 공업도시는 소도시보다 수량이 크다.
㉢ 기온이 높은 지방이 추운 지방보다 수량이 크다.
㉣ 정액급수의 수도가 계량급수의 수도보다 소비수량이 크다.

102. 침전지의 수심이 4m이고 체류시간이 1시간일 때 이 침전지의 표면부하율(Surface Loading Rate)은?

① $48m^3/m^2 \cdot d$
② $72m^3/m^2 \cdot d$
③ $96m^3/m^2 \cdot d$
④ $108m^3/m^2 \cdot d$

■해설 수면적 부하
 ㉠ 입자가 100% 제거되기 위한 입자의 침강속도를 수면적 부하(표면부하율)라 한다.
 $V_0 = \dfrac{Q}{A} = \dfrac{h}{t}$
 ㉡ 표면부하율의 산정
 $V_0 = \dfrac{h}{t} = \dfrac{4}{1} = 4\text{m}^3/\text{m}^2 \cdot \text{hr} \times 24$
 $= 96\text{m}^3/\text{m}^2 \cdot \text{day}$

103. 인구가 10,000명인 A 시에 폐수 배출시설 1개소가 설치될 계획이다. 이 폐수 배출시설의 유량은 200m³/d 이고 평균 BOD 배출농도는 500gBOD/m³ 이다. 이를 고려하여 A 시에 하수종말처리장을 신설할 때 적합한 최소 계획인구수는?(단, 하수종말처리장 건설 시 1인 1일 BOD 부하량은 50gBOD/인·d로 한다.)

① 10,000명 ② 12,000명
③ 14,000명 ④ 16,000명

■해설 하수종말처리장의 계획
 ㉠ 1일 BOD 배출량의 산정
  =BOD 농도×유량
  =500g-BOD/m³×200m³/d
  =100,000g-BOD/d
 ㉡ 최소 인구수의 산정
  인구수
  =1일 BOD 배출량/1인 1일 BOD 부하량
  $= \dfrac{100,000}{50} = 2,000$명
 ∴ 기존 인구수 10,000명에 2,000명을 더하면 최소 인구수는 12,000명이다.
 ∴ 계획 1일 평균오수량은 계획 1일 최대오수량의 0.7~0.8배를 사용한다.

104. 우수관로 및 합류식 관로 내에서의 부유물 침전을 막기 위하여 계획우수량에 대하여 요구되는 최소유속은?

① 0.3m/s ② 0.6m/s
③ 0.8m/s ④ 1.2m/s

■해설 하수관의 유속 및 경사
 ㉠ 하수관로 내의 유속은 하류로 갈수록 빠르게 하며, 경사는 하류로 갈수록 완만하게 한다.
 ㉡ 관로의 유속기준
  관로의 유속은 침전과 마모 방지를 위해 최소유속과 최대유속을 한정하고 있다.
  • 오수 및 차집관 : 0.6~3.0m/sec
  • 우수 및 합류관 : 0.8~3.0m/sec
  • 이상적 유속 : 1.0~1.8m/sec
 ∴ 우수 및 합류식관로의 최소유속은 0.8m/sec를 기준으로 한다.

105. 어느 A 시에 대한 장래 2030년의 인구추정 결과 85,000명으로 추산되었다. 계획연도의 1인 1일당 평균급수량을 380L, 급수보급률을 95%로 가정할 때 계획연도의 계획 1일 평균급수량은?

① 30,685m³/d ② 31,205m³/d
③ 31,555m³/d ④ 32,305m³/d

■해설 급수량의 산정
 계획 1일 평균급수량은 재정계획을 수립할 때 기준으로 사용하는 급수량이며, 다음과 같이 산정한다.

 계획 1일 평균급수량
 =계획 1인 1일 평균급수량 × 인구 × 급수보급률
 $= 380 \times 10^{-3} \times 85,000 \times 0.95 = 30,685\text{m}^3/\text{d}$

106. 정수처리 시 트리할로메탄 및 곰팡이 냄새의 생성을 최소화하기 위해 침전지와 여과지 사이에 염소제를 주입하는 방법은?

① 전염소처리 ② 중간염소처리
③ 후염소처리 ④ 이중염소처리

■해설 염소처리
 염소는 통상 소독 목적으로 여과 후에 주입하지만, 소독이나 살조작용과 함께 강력한 산화력을 가지고 있기 때문에 오염된 원수에 대한 정수처리대책의 일환으로 응집·침전 이전의 처리과정에서 주입하는 경우와, 침전지와 여과지 사이에서 주입하는 경우가 있다. 전자를 전염소처리, 후자를 중간염소처리라고 한다.

107. 하수도의 관로계획에 대한 설명으로 옳은 것은?

① 오수관로는 계획 1일 평균오수량을 기준으로 계획한다.
② 관로에 역사이펀을 많이 설치하여 유지관리 측면에서 유리하도록 계획한다.
③ 합류식에서 하수의 차집관로는 우천 시 계획오수량을 기준으로 계획한다.
④ 오수관로와 우수관로가 교차하여 역사이펀을 피할 수 없는 경우는 우수관로를 역사이펀으로 하는 것이 바람직하다.

■해설 계획하수량의 결정
㉠ 오수 및 우수관거

종류		계획하수량
합류식		계획시간 최대오수량에 계획우수량을 합한 수량
분류식	오수관거	계획시간 최대오수량
	우수관거	계획우수량

㉡ 차집관거
우천 시 계획오수량 또는 계획시간 최대오수량의 3배를 기준으로 설계한다.
∴ 합류식 하수의 차집관로는 우천 시 계획오수량을 기준으로 계획한다.

108. 지름 400mm, 길이 1,000m인 원형 철근 콘크리트관에 물이 가득 차 흐르고 있다. 이 관로 시점의 수두가 50m라면 관로 종점의 수압(kgf/cm²)은? (단, 손실수두는 마찰손실수두만을 고려하며 마찰계수(f)=0.05, 유속은 Manning 공식을 이용하여 구하고 조도계수(n)=0.013, 동수경사(I)=0.001이다.)

① 2.92kgf/cm²   ② 3.28kgf/cm²
③ 4.83kgf/cm²   ④ 5.31kgf/cm²

■해설 관로의 설계
㉠ 유속의 산정
$$V = \frac{1}{n} R^{\frac{2}{3}} I^{\frac{1}{2}} = \frac{1}{0.013} \times \left(\frac{0.4}{4}\right)^{\frac{2}{3}} \times 0.001^{\frac{1}{2}}$$
$$= 0.524 \text{m/s}$$

㉡ 마찰손실수두의 산정
$$h_L = f \frac{l}{D} \frac{V^2}{2g} = 0.05 \times \frac{1,000}{0.4} \times \frac{0.524^2}{2 \times 9.8}$$
$$= 1.75 \text{m}$$

㉢ 관 종점 수두의 산정
h = 시점수두 − 손실수두
= 50 − 1.75 = 48.25m

㉣ 종점 수압의 산정
$P = wh = 1 \times 48.25$
$= 48.25 \text{t/m}^2 = 4.83 \text{kgf/cm}^2$

109. 교차연결(Cross Connection)에 대한 설명으로 옳은 것은?

① 2개의 하수도관이 90°로 서로 연결된 것을 말한다.
② 상수도관과 오염된 오수관이 서로 연결된 것을 말한다.
③ 두 개의 하수관로가 교차해서 지나가는 구조를 말한다.
④ 상수도관과 하수도관이 서로 교차해서 지나가는 것을 말한다.

■해설 교차연결(Cross Connection)
음용수를 공급하고 있는 어떤 수도와 음용의 안전성에 의심이 있는 다른 계통의 수도 사이에 관이 물리적으로 연결되는 것을 말한다.
∴ 상수도관과 오염된 오수관이 서로 연결된 것이 교차연결이다.

110. 슬러지 농축과 탈수에 대한 설명으로 틀린 것은?

① 탈수는 기계적 방법으로 진공여과, 가압여과 및 원심탈수법 등이 있다.
② 농축은 매립이나 해양투기를 하기 전에 슬러지 용적을 감소시켜 준다.
③ 농축은 자연의 중력에 의한 방법이 가장 간단하며 경제적인 처리방법이다.
④ 중력식 농축조에 슬러지 제거기 설치 시 탱크 바닥의 기울기는 1/10 이상이 좋다.

■해설 슬러지 농축과 탈수
㉠ 슬러지 농축은 침전된 슬러지를 장시간 다시 침전시켜 부피를 더욱 감소시키기 위한 물리적 공정으로 농축방법에는 중력식 농축, 부상식 농축, 원심분리식 농축 등이 있다.

ⓒ 탈수는 슬러지 용량을 감소시키고, 수분 제거로 2차 오염을 방지할 목적으로 실시하는 공정으로 탈수방법에는 진공탈수법, 가압탈수법, 원심탈수법 등이 있다.
ⓒ 중력식 농축조의 바닥은 슬러지 인출을 위해 5/100 정도의 경사를 두며, 회전식 스크레이퍼를 설치한다.

111. 송수시설에 대한 설명으로 옳은 것은?

① 급수관, 계량기 등이 붙어 있는 시설
② 정수장에서 배수지까지 물을 보내는 시설
③ 수원에서 취수한 물을 정수장까지 운반하는 시설
④ 정수 처리된 물을 소요수량만큼 수요자에게 보내는 시설

■해설 상수도 구성요소
㉠ 수원 → 취수 → 도수(침사지) → 정수(착수정) → 약품혼화지 → 침전지 → 여과지 → 소독지 → 정수지 → 송수 → 배수(배수지, 배수탑, 고가탱크, 배수관) → 급수
㉡ 수원, 취수, 도수, 정수, 송수 등의 설계에는 계획 1일 최대급수량을 기준으로 한다.
㉢ 계획취수량은 계획 1일 최대급수량을 기준으로 5~10 정도 여유 있게 취수한다.
㉣ 배수관의 직경 결정, 펌프의 직경 결정 등은 계획 시간 최대급수량을 기준으로 한다.
∴ 송수시설은 정수장에서 배수지까지 물을 보내는 시설이다.

112. 압력식 하수도 수집 시스템에 대한 특징으로 틀린 것은?

① 얕은 층으로 매설할 수 있다.
② 하수를 그라인더 펌프에 의해 압송한다.
③ 광범위한 지형 조건 등에 대응할 수 있다.
④ 유지관리가 비교적 간편하고, 일반적으로는 유지관리비용이 저렴하다.

■해설 압력관거 시스템의 종류
㉠ 압력관거 시스템에는 수송시스템으로서의 압송식과 수집시스템으로서의 진공식 및 압력식이 있다. 각 방식에서 다른 특성을 갖기 때문에 관거 시설의 규모나 중요성을 고려하여 적절한 것을 선정한다.

ⓒ 압력식 하수도 수집시스템의 특징
• 압력식 하수도의 수집시스템은 오수 중의 이물질을 파쇄하고 압송하기 위한 파쇄기가 부착된 소형 수중펌프(그라인더펌프) 유닛과 오수를 압송상태로 반송하는 압송관거로 이루어져 있다.
• 자연유하방식에 비해 소구경관을 이용할 수 있으며, 광범위한 지형조건에 대응할 수 있고, 본관을 지형에 따라 얕게 매설하는 것이 가능하다.
• 진공식에 비해 유지관리가 어렵고, 유지관리비용이 많이 드는 단점이 있다.

113. pH가 5.6에서 4.3으로 변화할 때 수소이온 농도는 약 몇 배가 되는가?

① 약 13배
② 약 15배
③ 약 17배
④ 약 20배

■해설 pH
㉠ pH는 산 또는 알칼리 상태의 세기를 나타내는 지표이다.
$$pH = \log \frac{1}{[H^+]}$$
여기서, H^+ : 수소이온 농도
㉡ pH의 계산
• $[H^+] = \frac{1}{10^{pH}}$
• pH 5.6의 경우 수소이온 농도
$[H^+] = \frac{1}{10^{5.6}} = 2.51 \times 10^{-6}$
• pH 4.3의 경우 수소이온 농도
$[H^+] = \frac{1}{10^{4.3}} = 5.01 \times 10^{-5}$
∴ $\frac{50.1 \times 10^{-5}}{2.51 \times 10^{-6}} = 19.96 ≒ 20$배 정도 된다.

114. 하수처리계획 및 재이용계획을 위한 계획오수량에 대한 설명으로 옳은 것은?

① 지하수량은 계획 1일 평균오수량의 10~20%로 한다.
② 계획 1일 평균오수량은 계획 1일 최대오수량의 70~80%를 표준으로 한다.
③ 합류식에서 우천 시 계획오수량은 원칙적으로 계획 1일 평균오수량의 3배 이상으로 한다.
④ 계획 1일 최대오수량은 계획시간최대오수량을 1일의 수량으로 환산하여 1.3~1.8배를 표준으로 한다.

|해답| 111.② 112.④ 113.④ 114.②

■해설 오수량의 산정

종류	내용
계획오수량	계획오수량은 생활오수량, 공장폐수량, 지하수량으로 구분할 수 있다.
지하수량	지하수량은 1인 1일 최대오수량의 10~20%를 기준으로 한다.
계획 1일 최대오수량	• 1인 1일 최대오수량×계획급수인구+(공장폐수량, 지하수량, 기타 배수량) • 하수처리시설의 용량 결정의 기준이 되는 수량
계획 1일 평균오수량	• 계획 1일 최대오수량의 70(중·소도시)~80%(대·공업도시) • 하수처리장 유입하수의 수질을 추정하는 데 사용되는 수량
계획시간 최대오수량	• 계획 1일 최대오수량의 1시간당 수량에 1.3~1.8배를 표준으로 한다. • 오수관거 및 펌프설비 등의 크기를 결정하는 데 사용되는 수량

∴ 계획 1일 평균오수량은 계획 1일 최대오수량의 70(중·소도시)~80%(대·공업도시)를 기준으로 한다.

115. 배수관망의 구성방식 중 격자식과 비교한 수지상식의 설명으로 틀린 것은?

① 수리계산이 간단하다.
② 사고 시 단수 구간이 크다.
③ 제수밸브를 많이 설치해야 한다.
④ 관의 말단부에 물이 정체되기 쉽다.

■해설 배수관망의 배치방식

격자식	수지상식
• 단수 시 대상지역이 좁다. • 수압 유지가 용이하다. • 화재 시 사용량 대처가 용이하다. • 수리계산이 복잡하다. • 건설비가 많이 든다.	• 수리계산이 간단하다. • 건설비가 적게 든다. • 물의 정체가 발생된다. • 단수지역이 발생된다. • 수량의 상호 보완이 어렵다.

∴ 수지상식은 모든 관로가 그물 형태로 연결된 격자식에 비하여 제수밸브가 적게 설치된다.

116. 슬러지 처리의 목표로 옳지 않은 것은?

① 중금속 처리
② 병원균의 처리
③ 슬러지의 생화학적 안정화
④ 최종 슬러지 부피의 감량화

■해설 슬러지 처리의 기본목적
㉠ 유기물질을 무기물질로 바꾸는 안정화
㉡ 병원균의 살균 및 제거로 안전화
㉢ 농축, 소화, 탈수 등의 공정으로 슬러지 부피 감소(감량화)

117. 합류식과 분류식에 대한 설명으로 옳지 않은 것은?

① 분류식의 경우 관로 내 퇴적은 적으나 수세효과는 기대할 수 없다.
② 합류식의 경우 일정량 이상이 되면 우천 시 오수가 월류한다.
③ 합류식의 경우 관경이 커지기 때문에 2계통인 분류식보다 건설비용이 많이 든다.
④ 분류식의 경우 오수와 우수를 별개의 관로로 배제하기 때문에 오수의 배제계획이 합리적이다.

■해설 하수의 배제방식

분류식	합류식
• 수질오염 방지 면에서 유리하다. • 청천 시에도 퇴적의 우려가 없다. • 강우 초기 노면 배수 효과가 없다. • 시공이 복잡하고 오접합의 우려가 있다. • 우천 시 수세효과를 기대할 수 없다. • 공사비가 많이 든다.	• 구배 완만, 매설깊이가 적으며 시공성이 좋다. • 초기우수에 의한 노면배수 처리가 가능하다. • 관경이 크므로 검사가 편리하고 환기가 잘된다. • 건설비가 적게 든다. • 우천 시 수세효과가 있다. • 청천 시 관 내 침전, 효율이 저하된다.

∴ 합류식에 비하여 오수관과 우수관을 동시에 매설해야 하는 분류식이 건설비가 많이 든다.

118. 하수의 고도처리에 있어서 질소와 인을 동시에 제거하기 어려운 공법은?

① 수정 Phostrip 공법
② 막분리 활성슬러지법
③ 혐기무산소호기조합법
④ 응집제병용형 생물학적 질소제거법

■해설 질소와 인의 동시제거
  질소와 인을 동시에 제거하는 방법은 다음과 같다.
  • A^2/O 공법(혐기-무산소-호기 조합법)
  • 수정 바덴포(Bardenpho) 공법
  • 수정 포스트립(Phostrip) 공법
  • UCT 공법
  • VIP 공법
  • SBR 공법
  • 응집제병용형 생물학적 질소제거법
  ∴ 막분리 활성슬러지법은 질소와 인의 동시제거와는 관련이 없다.

119. 저수지에서 식물성 플랑크톤의 과도성장에 따라 부영양화가 발생될 수 있는데, 이에 대한 가장 일반적인 지표기준은?

① COD 농도
② 색도
③ BOD와 DO 농도
④ 투명도(Secchi Disk Depth)

■해설 부영양화
  ㉠ 가정하수, 공장폐수 등이 하천이나 호수에 유입되었을 때 질소(N)나 인(P)과 같은 영양염류농도가 증가된다. 이로 인해 조류 및 식물성 플랑크톤의 과도한 성장을 일으키고, 물에 맛과 냄새가 유발되며, 저수지의 수질이 악화되는 현상을 부영양화 현상이라 한다. 이때 성장한 조류는 바닥에 퇴적하여 죽게 되고 유입하천에서 부하된 유기물도 바닥에 퇴적하게 되는데 이 퇴적물의 분해로 인해 생기는 영양염류가 다시 조류의 영양소로 섭취되어 부영양화가 일어날 수 있다.
  ㉡ 부영양화는 수심이 낮은 곳에서 발생되며 한 번 발생되면 회복이 어렵다.
  ㉢ 물의 투명도가 낮아지며, COD 농도가 높게 나타난다.
  ∴ 부영양화의 일반적인 지표는 투명도를 사용한다.

120. 정수장의 소독 시 처리수량이 10,000m³/d인 정수장에서 염소를 5mg/L의 농도로 주입할 경우 잔류염소 농도가 0.2mg/L이었다. 염소요구량은?(단, 염소의 순도는 80%이다.)

① 24kg/d
② 30kg/d
③ 48kg/d
④ 60kg/d

■해설 염소요구량
  ㉠ 염소요구량 농도
    =주입농도-잔류농도
    =5mg/L-0.2mg/L=4.8mg/L
  ㉡ 염소요구량
    =염소요구량 농도×유량
    =$4.8 \times 10^{-3} \times 10,000 = 48$kg/day
  ㉢ 순도(80%)를 고려한 염소요구량
    =$\dfrac{염소요구량 \times 1}{순도}$
    =$48 \times \dfrac{1}{0.8} = 60$kg/day

|해답| 118.② 119.④ 120.④

과년도 기출복원문제

(2022년 7월 시행 기출복원)

제1과목 **응용역학**

01. 다음과 같은 단면적이 A인 임의의 부재단면이 있다. 도심축으로부터 y_1 떨어진 축을 기준으로 한 단면2차모멘트의 크기가 I_{x1}일 때, $2y_1$ 떨어진 축을 기준으로 한 단면2차모멘트의 크기는?

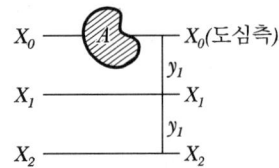

① $I_{x1} + Ay_1^2$
② $I_{x1} + 2Ay_1^2$
③ $I_{x1} + 3Ay_1^2$
④ $I_{x1} + 4Ay_1^2$

■해설
$I_{x1} = I_{x0} + Ay_1^2$
$I_{x0} = I_{x1} - Ay_1^2$
$I_{x2} = I_{x0} + A(2y_1)^2$
$\quad = (I_{x1} - Ay_1^2) + A(4y_1^2)$
$\quad = I_{x1} + 3Ay_1^2$

02. 오일러 좌굴하중 $P_{cr} = \dfrac{\pi^2 EI}{L^2}$을 유도할 때 가정 사항 중 틀린 것은?

① 하중은 부재축과 나란하다.
② 부재는 초기 결함이 없다
③ 양단이 핀 연결된 기둥이다.
④ 부재는 비선형 탄성 재료로 되어 있다.

■해설 오일러 좌굴하중을 유도할 때 부재는 선형 탄성 재료로 되어 있다고 가정한다.

03. 다음 그림과 같은 $r = 4\text{m}$인 3힌지 원호아치에서 지점 A에서 1m 떨어진 E점의 휨모멘트는 약 얼마인가?(단, EI는 일정하다.)

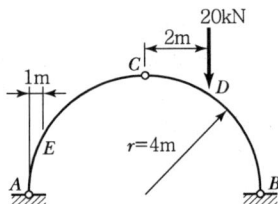

① $-8.23\text{kN} \cdot \text{m}$
② $-13.22\text{kN} \cdot \text{m}$
③ $-16.61\text{kN} \cdot \text{m}$
④ $-20.0\text{kN} \cdot \text{m}$

■해설 $\sum M_{\text{Ⓑ}} = 0(\curvearrowright \oplus)$
$V_A \times 8 - 20 \times 2 = 0$
$V_A = 5\text{kN}(\uparrow)$

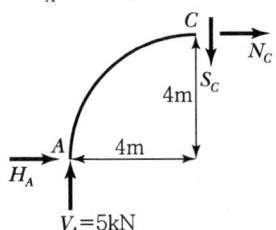

$\sum M_{\text{Ⓒ}} = 0(\curvearrowright \oplus)$
$5 \times 4 - H_A \times 4 = 0, \ H_A = 5\text{kN}(\rightarrow)$

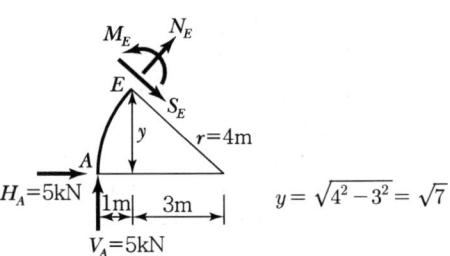

$\sum M_{\text{Ⓔ}} = 0(\curvearrowright \oplus)$
$5 \times 1 - 5 \times \sqrt{7} - M_E = 0$
$M_E = -8.23\text{kN} \cdot \text{m}$

04. 그림과 같은 역계에서 합력 R의 위치 x값은?

① 6cm
② 9cm
③ 10cm
④ 12cm

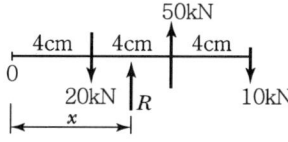

■해설 $\sum F_y(\uparrow \oplus) = -20 + 50 - 10 = R$
$R = 20\text{kN}(\uparrow)$

$\sum M_{\odot}(\curvearrowleft \oplus) = -20 \times 4 + 50 \times 8 - 10 \times 12 = R \times x$

$x = \dfrac{200}{R} = \dfrac{200}{20} = 10\text{cm}(\rightarrow)$

05. 그림과 같은 직사각형 단면의 보가 최대휨모멘트 $M_{\max}=20\text{kN}\cdot\text{m}$를 받을 때 $a-a$ 단면의 휨응력은?

① 2.25MPa
② 3.75MPa
③ 4.25MPa
④ 4.65MPa

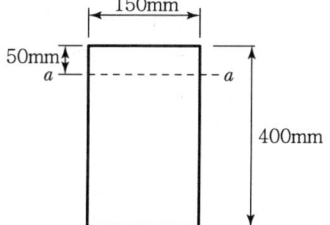

■해설 $I = \dfrac{bh^3}{12} = \dfrac{150 \times 400^3}{12} = 8 \times 10^8 \text{mm}^4$

$y = \dfrac{h}{2} - 50 = \dfrac{400}{2} - 50 = 150\text{mm}$

$\sigma_{a-a} = \dfrac{My}{I} = \dfrac{(20 \times 10^6) \times 150}{(8 \times 10^8)} = 3.75\text{MPa}$

06. 그림과 같은 구조물에서 C점의 수직처짐을 구하면?(단, $EI=2\times10^{12}\text{N}\cdot\text{mm}^2$이며 자중은 무시한다.)

① 2.7mm
② 3.6mm
③ 5.4mm
④ 7.2mm

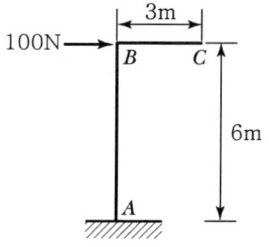

■해설 AB부재는 캔틸레버 보와 동일한 거동을 하고, BC부재는 강체거동을 한다.

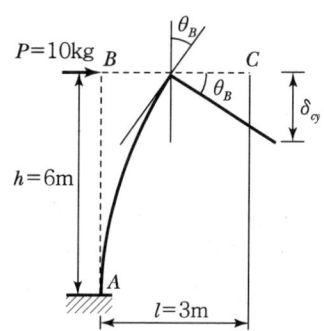

$\delta_{cy} = l \times \theta_B = l \times \dfrac{Ph^2}{2EI} = \dfrac{Ph^2 l}{2EI}$

$= \dfrac{100 \times (6 \times 10^3)^2 \times (3 \times 10^3)}{2 \times (2 \times 10^{12})} = 2.7\text{mm}$

07. 길이 50mm, 지름 10mm의 강봉을 당겼더니 5mm 늘어났다면 지름의 줄어든 값은 얼마인가?(단, 포아송비 $\nu = \dfrac{1}{3}$이다.)

① $\dfrac{1}{3}$mm
② $\dfrac{1}{4}$mm
③ $\dfrac{1}{5}$mm
④ $\dfrac{1}{6}$mm

■해설 $\nu = -\dfrac{\dfrac{\Delta D}{D}}{\dfrac{\Delta l}{l}} = -\dfrac{l \cdot \Delta D}{D \cdot \Delta l}$

$\Delta D = -\dfrac{\nu \cdot D \cdot \Delta l}{l} = -\dfrac{\dfrac{1}{3} \times 10 \times 5}{50}$

$= -\dfrac{1}{3}\text{mm}(수축량)$

08. 그림과 같은 단순보에 등분포하중과 집중하중이 작용할 경우 최대 모멘트 값은?

① 375kN·m
② 383kN·m
③ 402kN·m
④ 416kN·m

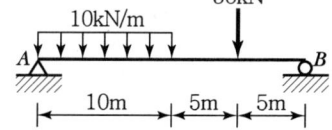

■해설 $\sum M_{\text{Ⓐ}} = 0(\curvearrowright \oplus)$
$(10 \times 10) \times 5 + 50 \times 15 - R_{By} \times 20 = 0$
$R_{By} = 62.5 \text{kN}(\uparrow)$
$\sum F_y = 0(\uparrow \oplus)$
$R_{Ay} - (10 \times 10) - 50 + R_{By} = 0$
$R_{Ay} = 150 - R_{By} = 150 - 62.5 = 87.5 \text{kN}(\uparrow)$

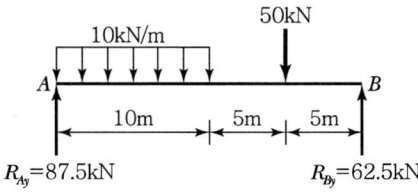

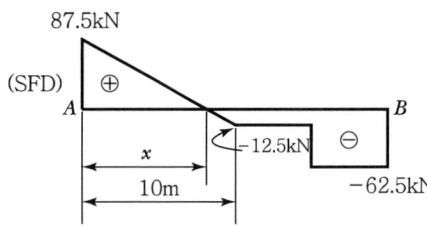

최대휨모멘트가 발생되는 위치는 전단력이 '0'인 곳이고, 그 크기는 전단력도(SFD)에서 전단력이 '0'인 곳까지의 면적이다.

• 전단력이 '0'인 곳의 위치
$87.5 \text{kN} : x = 10 \text{kN} : 1 \text{m}$
$x = 8.75 \text{m}$ (A지점으로부터 우측으로 8.75m 떨어진 곳)

• 최대 휨모멘트
$M_{\max} = \frac{1}{2} \times 87.5 \times 8.75 = 382.8 \text{kN} \cdot \text{m}$

09. 그림과 같은 트러스에서 부재 U의 부재력은?

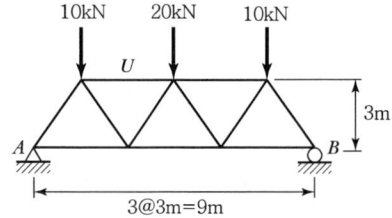

① 10kN(압축) ② 12kN(압축)
③ 13kN(압축) ④ 15kN(압축)

■해설 $R_A = R_B = \dfrac{10 + 20 + 10}{20} = 20 \text{kN}(\uparrow)$

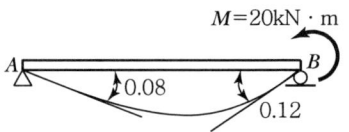

$\sum M_{\text{Ⓒ}} = 0(\curvearrowright \oplus)$
$20 \times 3 - 10 \times 1.5 + U \times 3 = 0$
$U = -15 \text{kN}$ (압축)

10. 그림과 같은 단순보의 B지점에 $M = 20 \text{kN} \cdot \text{m}$를 작용시켰더니 A 및 B지점에서의 처짐각이 각각 0.08rad과 0.12rad이었다. 만일 A지점에서 30kN·m의 단모멘트를 작용시킨다면 B지점에서의 처짐각은?

① 0.08radian ② 0.10radian
③ 0.12radian ④ 0.15radian

■해설 $M_A \theta_{AB} = M_B \theta_{BA}$
$\theta_{BA} = \dfrac{M_A}{M_B} \theta_{AB} = \dfrac{30}{20} \times 0.08 = 0.12 \text{radian}$

11. 그림과 같이 X, Y축에 대칭인 빗금친 단면에 비틀림우력 50kN·m가 작용할 때 최대전단응력은?

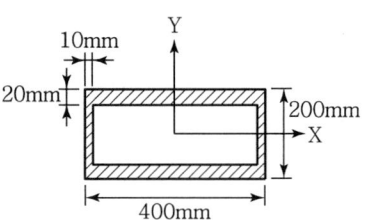

① 35.6MPa ② 43.6MPa
③ 52.4MPa ④ 60.3MPa

■해설 $A_m = (400-10) \times (200-20) = 70,200 \text{mm}^2$

$f = \dfrac{T}{2A_m} = \dfrac{(50 \times 10^6)}{2 \times 70,200} = 356.1 \text{N/mm}$

$\tau_{max} = \dfrac{f}{t_{min}} = \dfrac{356.1}{10} = 35.6 \text{N/mm}^2 = 35.6 \text{MPa}$

12. 다음 그림과 같은 보에서 A점의 반력이 B점의 반력의 2배가 되도록 하는 거리 x는 얼마인가?

① 1.67m
② 2.67m
③ 3.67m
④ 4.67m

■해설 $R_A = 2R_B$

$\sum F_y = 0(\uparrow \oplus)$
$R_A + R_B - 9 = 0$
$(2R_B) + R_B = 9$
$R_B = 3 \text{kN}$
$R_A = 2R_B = 6 \text{kN}$
$\sum M_{\textcircled{A}} = 0(\curvearrowright \oplus)$
$6 \times X + 3 \times (X+4) - 3 \times 15 = 0$
$X = 3.67 \text{m}(\rightarrow)$

13. 상하단이 고정인 기둥에 그림과 같이 힘 P가 작용한다면 반력 R_A, R_B 값은?

① $R_A = \dfrac{P}{2}$, $R_B = \dfrac{P}{2}$
② $R_A = \dfrac{P}{3}$, $R_B = \dfrac{2P}{3}$
③ $R_A = \dfrac{2P}{3}$, $R_B = \dfrac{P}{3}$
④ $R_A = P$, $R_B = 0$

■해설
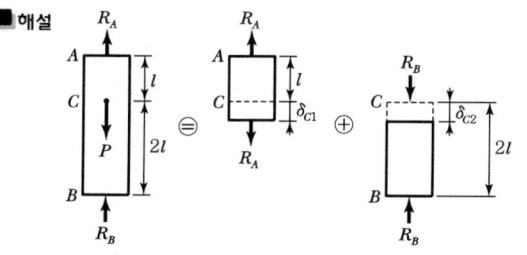

$\delta_{c1} = \dfrac{R_A l}{EA}$ (신장) ········· ①

$\delta_{c2} = -\dfrac{R_B(2l)}{EA}$ (수축) ········· ②

• 적합조건식
$\delta_{c_1} + \delta_{c_2} = 0$
$R_A = 2R_B$

• 평형방정식
$R_A + R_B = P$
$2R_B + R_B = P$
$R_B = \dfrac{P}{3}$
$R_A = 2R_B = \dfrac{2P}{3}$

14. 그림과 같은 구조물에서 B점 휨모멘트의 크기는?

① $\dfrac{1}{8}wL^2$
② $\dfrac{1}{12}wL^2$
③ $\dfrac{1}{16}wL^2$
④ $\dfrac{1}{24}wL^2$

■해설
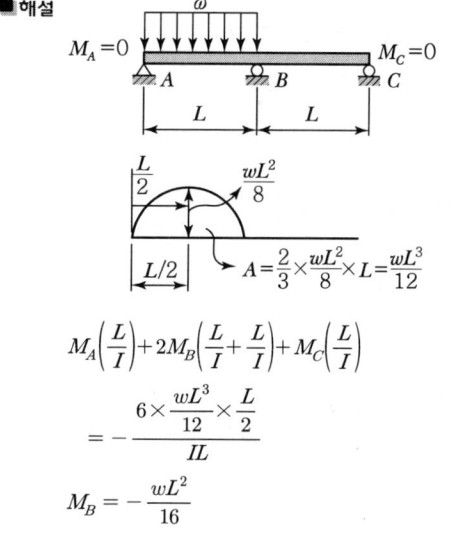

$M_A\left(\dfrac{L}{I}\right) + 2M_B\left(\dfrac{L}{I} + \dfrac{L}{I}\right) + M_C\left(\dfrac{L}{I}\right)$

$= -\dfrac{6 \times \dfrac{wL^3}{12} \times \dfrac{L}{2}}{IL}$

$M_B = -\dfrac{wL^2}{16}$

|해답| 12.③ 13.③ 14.③

15. 정삼각형의 도심을 지나는 여러 축에 대한 단면 2차 모멘트 값에 대한 다음 설명 중 옳은 것은?

① $I_{y1} > I_{y2}$
② $I_{y2} > I_{y1}$
③ $I_{y3} > I_{y2}$
④ $I_{y1} = I_{y2} = I_{y3}$

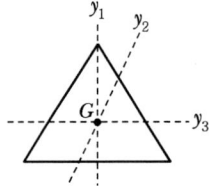

■ 해설 정삼각형 단면의 도심을 지나는 임의의 축에 대한 단면 2차 모멘트는 일정하다.
$I_{y1} = I_{y2} = I_{y3}$

16. 다음 내민보에서 B점의 모멘트와 C점의 모멘트의 절대값의 크기를 같게 하기 위한 $\dfrac{L}{a}$의 값을 구하면?

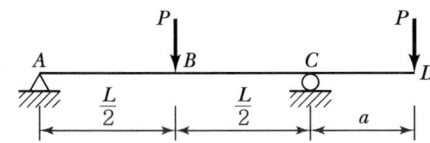

① 6
② 4.5
③ 4
④ 3

■ 해설 $\Sigma M_{\tiny\textcircled{C}} = 0(\curvearrowright\oplus)$

$R_A \times L - P \times \dfrac{L}{2} + P \times a = 0$,

$R_A = \left(\dfrac{P}{2} - \dfrac{Pa}{L}\right)(\uparrow)$

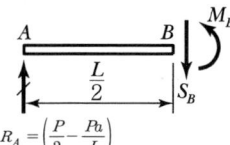

$\Sigma M_{\tiny\textcircled{B}} = 0(\curvearrowright\oplus)$

$\left(\dfrac{P}{2} - \dfrac{Pa}{L}\right) \times \dfrac{L}{2} - M_B = 0$

$M_B = \left(\dfrac{PL}{4} - \dfrac{Pa}{2}\right)$

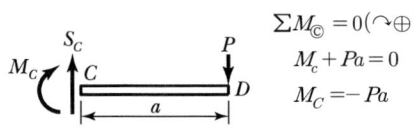

$\Sigma M_{\tiny\textcircled{C}} = 0(\curvearrowright\oplus)$
$M_C + Pa = 0$
$M_C = -Pa$

$M_B + M_C = 0$
$\left(\dfrac{PL}{4} - \dfrac{Pa}{2}\right) + (-Pa) = 0$
$\dfrac{L}{4} - \dfrac{3a}{2} = 0$, $\dfrac{L}{a} = 6$

17. 아래 그림과 같이 A점에 2000kN이 작용할 때 이 기둥에 일어나는 최대 응력은 약 얼마인가?

① 10.6MPa
② 31.3MPa
③ 21.9MPa
④ 18.8MPa

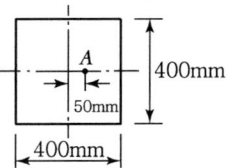

■ 해설
$\sigma_{\max} = -\dfrac{P}{A}\left(1 + \dfrac{e_x}{k_x}\right)$

$= -\dfrac{P}{bh}\left(1 + \dfrac{6e_x}{h}\right)$

$= \dfrac{-2000 \times 10^3}{400 \times 400}\left(1 + \dfrac{6 \times 50}{400}\right)$

$= -21.9\text{MPa}(압축)$

18. 다음 부정정보의 b단이 l^*만큼 아래로 처졌다면 a단에 생기는 모멘트는?(단, $l^*/l = 1/600$이다.)

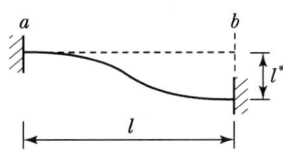

① $M_{ab} = +0.01\dfrac{EI}{l}$

② $M_{ab} = -0.01\dfrac{EI}{l}$

③ $M_{ab} = +0.1\dfrac{EI}{l}$

④ $M_{ab} = -0.1\dfrac{EI}{l}$

■ 해설

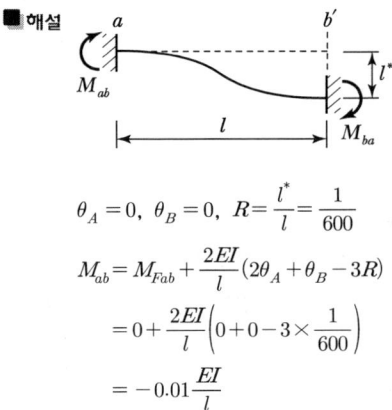

$\theta_A = 0$, $\theta_B = 0$, $R = \dfrac{l^*}{l} = \dfrac{1}{600}$

$M_{ab} = M_{Fab} + \dfrac{2EI}{l}(2\theta_A + \theta_B - 3R)$

$= 0 + \dfrac{2EI}{l}\left(0 + 0 - 3 \times \dfrac{1}{600}\right)$

$= -0.01\dfrac{EI}{l}$

|해답| 15.④ 16.① 17.③ 18.②

19. 평면응력을 받는 요소가 다음과 같이 응력을 받고 있다. 최대 주응력은?

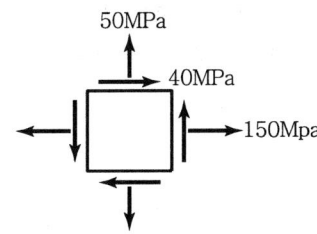

① 64MPa   ② 164MPa
③ 36MPa   ④ 136MPa

■해설
$$\sigma_{max} = \frac{\sigma_x + \sigma_y}{2} + \sqrt{\left(\frac{\sigma_x - \sigma_y}{2}\right)^2 + \tau_{xy}^2}$$
$$= \frac{150 + 50}{2} + \sqrt{\left(\frac{150 - 50}{2}\right)^2 + 40^2}$$
$$= 164\text{MPa}$$

20. 다음 구조물에 생기는 최대 부모멘트의 크기는 얼마인가?(단, C점에 힌지가 있는 구조물이다.)

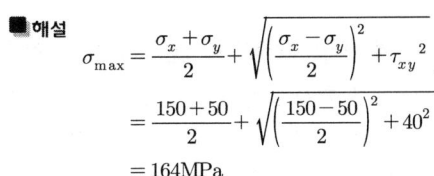

① $-113\text{kN} \cdot \text{m}$ ② $-150\text{kN} \cdot \text{m}$
③ $-300\text{kN} \cdot \text{m}$ ④ $-450\text{kN} \cdot \text{m}$

■해설 $\sum M_C = 0(\curvearrowright \oplus)$
$100 \times 3 \times 1.5 - R_D \times 3 = 0$
$R_D = 150\text{kN}(\uparrow)$
$\sum F_y = 0(\oplus \uparrow)$
$S_C - 100 \times 3 + 150 = 0$
$S_C = 150\text{kN}$

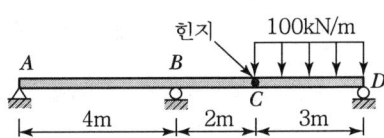

$\sum M_B = 0(\curvearrowright \oplus)$
$150 \times 2 - R_A \times 4 = 0$
$R_A = 75\text{kN}(\downarrow)$
$\sum F_y = 0(\oplus \uparrow)$
$-75\text{kN} + R_B - 150 = 0$
$R_B = 225\text{kN}(\uparrow)$

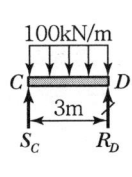

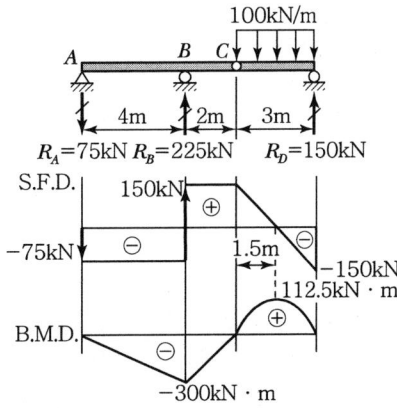

따라서 최대 부모멘트는 B지점에서 발생되며, 그 크기는 $-300\text{kN} \cdot \text{m}$이다.

제2과목 측량학

21. UTM 좌표(Universal Transverse Mercator Coordinates)에 대한 설명으로 옳은 것은?

① 적도를 횡축, 자오선을 종축으로 한다.
② 좌표계의 세로 간격(Zone)은 경도 3° 간격이다.
③ 종 좌표(N)의 원점은 위도 38°이다.
④ 축척은 중앙자오선에서 멀어짐에 따라 작아진다.

■해설 UTM 좌표
① 적도를 횡축, 자오선을 종축으로 한다.
② 좌표계 경도를 6°씩, 위도를 8°씩 분할한다.
③ 경도의 원점은 중앙자오선, 위도의 원점은 적도이다.
④ 중앙자오선의 축척계수는 0.9996이다.

22. 비행고도 2,500m, 초점거리 150mm의 사진기로 촬영한 수직사진에서 비고 60m의 산정이 주점으로부터 5.0cm인 곳에 찍혀 있을 때 비고에 의한 기복변위는?

① 1.8mm   ② 1.5mm
③ 1.2mm   ④ 0.9mm

■해설 기복변위
① $\frac{\Delta r}{r} = \frac{h}{H}$
② $\Delta r = \frac{h}{H} \cdot r = \frac{60}{2,500} \times 0.05 = 0.012\text{m}$
　　　$= 1.2\text{mm}$

23. 수평각관측법 중 가장 정확한 값을 얻을 수 있는 방법으로 1등 삼각측량에 이용되는 방법은?
① 조합각관측법　② 방향각법
③ 배각법　　　　④ 단각법

■해설 조합각관측법이 가장 정밀도가 높고, 1등 삼각측량에 사용한다.

24. 일반적으로 단열삼각망으로 구성하기에 가장 적합한 것은?
① 시가지와 같이 정밀을 요하는 골조측량
② 복잡한 지형의 골조측량
③ 광대한 지역의 지형측량
④ 하천조사를 위한 골조측량

■해설 단열삼각망은 폭이 좁고 긴 지역(도로, 하천)에 이용된다.

25. 완화곡선의 성질에 대한 설명으로 옳지 않은 것은?
① 곡선반지름은 완화곡선의 시점에서 무한대이다.
② 완화곡선의 접선은 종점에서 원호에 접한다.
③ 곡선반지름의 감소율은 캔트의 증가율과 같다.
④ 종점에서의 캔트는 원곡선의 캔트와 역수관계이다.

■해설 종점에서의 캔트는 원곡선의 캔트와 같다.

26. 사변형삼각망의 어느 관측각에 있어서 각 조건에 의해 조정한 결과 그 조정각이 30° 00′ 00″였다. 변조건에 의한 조정계산을 위해 표차를 구할 경우, 이 조정각에 대한 표차는 약 얼마인가?
① 2.6×10^{-6}　② 3.6×10^{-6}
③ 4.5×10^{-6}　④ 5.8×10^{-6}

■해설 30°의 1″의 표차
관측각의 sin값에 대수를 취해 계산한다.
$\log(\sin 30° \, 0' \, 01″) - \log(\sin 30°) = 3.64 \times 10^{-6}$

27. 지성선에 관한 설명으로 옳지 않은 것은?
① 지성선은 지표면이 다수의 평면으로 구성되었다고 할 때 평면 간 접합부, 즉 접선을 말하며 지세선이라고도 한다.
② 철(凸)선을 능선 또는 분수선이라 한다.
③ 경사변환선이란 동일 방향의 경사면에서 경사의 크기가 다른 두면의 접합선이다.
④ 요(凹)선은 지표의 경사가 최대로 되는 방향을 표시한 선으로 유하선이라고 한다.

■해설 최대경사선 : 유하선이라 하며, 지표의 경사가 최대인 방향으로 표시한다.
요(凹)선은 지표면의 낮은 곳을 연결할 선 : 빗물이 이 선을 따라 모이므로 합수선이라 하며, 계곡선이라고도 한다.

28. 그림과 같이 $\triangle P_1 P_2 C$는 동일 평면상에서 $\alpha_1 = 62°8'$, $\alpha_2 = 56°27'$, $B = 95.00$m이고 연직각 $\nu_1 = 20°46'$일 때 C로부터 P까지의 높이 H는?

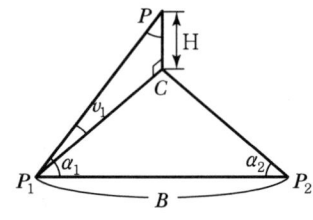

① 30.014m　② 31.940m
③ 33.904m　④ 34.189m

■해설 ① $\angle C = 180 - \alpha_1 - \alpha_2 = 60°21'$

② $\dfrac{\overline{P_1C}}{\sin a_2} = \dfrac{B}{\sin c}$

$\overline{P_1C} = \dfrac{\sin a_2}{\sin c} B = \dfrac{\sin 56°27'}{\sin 60°21'} \times 95$
$= 90.16\text{m}$

③ $H = \overline{P_1C} \cdot \tan V_1$
$= 90.16 \times \tan 20°46'$
$= 34.189\text{m}$

29. 지구의 물리측정에서 지자기의 방향과 자오선이 이루는 각을 무엇이라 하는가?

① 복각　② 수평각
③ 편각　④ 수직각

■해설 지자기의 3요소
① 편각 : 지자기 방향과 자오선이 이루는 각
② 복각 : 수평면과 지구자기장 방향이 이루는 각
③ 수평분력 : 수평면 내에서의 자기장의 세기

30. 축척 1 : 1,500 도면상의 면적을 축척 1 : 1,000으로 잘못 알고 면적을 측정하여 24,000m²를 얻었을 때 실제 면적은?

① 10,667m²　② 36,000m²
③ 37,500m²　④ 54,000m²

■해설 면적은 $\left(\dfrac{1}{m}\right)^2$에 비례

① $A_1 : A_2 = \left(\dfrac{1}{m_1}\right)^2 : \left(\dfrac{1}{m_2}\right)^2$

② $A_1 = \left(\dfrac{m_2}{m_1}\right)^2 \times A_2 = \left(\dfrac{1,500}{1,000}\right)^2 \times 24,000$
$= 54,000\text{m}^2$

31. 그림과 같은 유토곡선(Mass Curve)에서 하향 구간이 의미하는 것은?

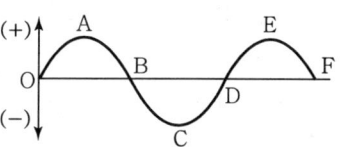

① 성토구간　② 절토구간
③ 운반토량　④ 운반거리

■해설 유토곡선에서 상향구간은 절토구간, 하향구간은 성토구간이다.

32. 직사각형의 두 변의 길이를 $\dfrac{1}{1,000}$ 정밀도로 관측하여 면적을 산출할 경우 산출된 면적의 정밀도는?

① $\dfrac{1}{500}$　② $\dfrac{1}{1,000}$
③ $\dfrac{1}{2,000}$　④ $\dfrac{1}{3,000}$

■해설 면적과 거리의 정도관계
$\dfrac{\Delta A}{A} = 2\dfrac{\Delta L}{L}$

$\dfrac{\Delta A}{A} = 2 \times \dfrac{1}{1,000} = \dfrac{2}{1,000} = \dfrac{1}{500}$

33. 종단면도에 표기하여야 하는 사항으로 옳지 않은 것은?

① 흙깎기 토량과 흙쌓기 토량
② 기울기
③ 거리 및 누가거리
④ 지반고 및 계획고

■해설 종단면도 기재사항
① 측점
② 거리, 누가거리
③ 지반고, 계획고
④ 성토고, 절토고
⑤ 구배

34. 트래버스 측점 A의 좌표가 (200, 200)이고, AB 측선의 길이가 100m일 때 B의 좌표는?(단, AB의 방위각은 195°이고, 좌표의 단위는 m이다.)

① (−96.6, −25.9)   ② (−25.9, −96.6)
③ (103.4, 174.1)   ④ (174.1, 103.4)

■해설 $X_B = X_A + 위거(L_{AB})$, $Y_B = Y_A + 경거(D_{AB})$
① $X_B = X_A + l\cos\theta = 200 + 100 \times \cos 195° = 103.4m$
② $Y_B = Y_B + l\sin\theta = 200 + 100 \times \sin 195° = 174.1m$
③ $(X_B, X_B) = (103.4, 174.1)$

35. 초점거리 150mm 사진기로 촬영고도 5,250m에서 크기 23cm×23cm 사진을 얻었다. 이 사진의 입체 시 모델에서 좌측 사전에 의한 기선장은 103mm, 우측 사진에 의한 기선장은 104mm이었다면 사진의 종중복도는?

① 53%   ② 55%
③ 57%   ④ 59%

■해설 $b_o = a\left(1 - \dfrac{p}{100}\right)$

$p = \left(1 - \dfrac{b_o}{a}\right) \times 100 = \left(1 - \dfrac{\frac{103+104}{2}}{230}\right) \times 100$
$= 55\%$

36. 도로시점에서 교점까지의 거리가 325.18m이고 곡선의 반지름이 150m, 교각이 42°인 단곡선을 편각법으로 설치할 때, 시단현의 편각은? (단, 중심말뚝 간격은 20m이다.)

① 1°27′06″   ② 1°54′36″
③ 2°22′06″   ④ 2°49′36″

■해설 시단현 편각
$\delta_1 = \dfrac{l_1}{R} \times \dfrac{90°}{\pi}$
① BC거리 = IP거리 − T · L = IP거리 − $R\tan\dfrac{I}{2}$
$= 325.18 - 150 \times \tan\dfrac{42°}{2}$
$= 267.60m$
② l_1(시단현 길이) $= 280 - 267.60$
$= 12.4m$

③ $\delta_1 = \dfrac{12.4}{150} \times \dfrac{90°}{\pi}$
$= 2°22′06″$

37. M의 표고를 구하기 위하여 수준점(A, B, C)으로부터 고저측량을 실시하여 표와 같은 결과를 얻었다면 M의 표고는?

측점	표고(m)	측정방향	고저차(m)	노선길이
A	14.03	A→M	+2.10	2km
B	13.60	B→M	−0.50	4km
C	11.64	C→M	+1.45	5km

① 12.08m   ② 12.11m
③ 13.08m   ④ 13.11m

■해설 경중률(P)은 노선길이(L)에 반비례
$P_1 : P_2 : P_3 = \dfrac{1}{2} : \dfrac{1}{4} : \dfrac{1}{5} = 10 : 5 : 4$

최확치(H) $= \dfrac{P_1 h_1 + P_2 h_2 + P_3 h_3}{P_1 + P_2 + P_3}$
$= \dfrac{10 \times 13.13 + 5 \times 13.10 + 4 \times 13.09}{10 + 5 + 4}$
$\fallingdotseq 13.11m$

38. 하천에서 2점법으로 평균유속을 구할 경우 관측하여야 할 두 지점의 위치는?

① 수면으로부터 수심의 $\dfrac{1}{5}$, $\dfrac{3}{5}$ 지점
② 수면으로부터 수심의 $\dfrac{1}{5}$, $\dfrac{4}{5}$ 지점
③ 수면으로부터 수심의 $\dfrac{2}{5}$, $\dfrac{3}{5}$ 지점
④ 수면으로부터 수심의 $\dfrac{2}{5}$, $\dfrac{4}{5}$ 지점

■해설 평균유속
① 1점법 $V_m = V_{0.6}$
② 2점법 $V_m = \dfrac{1}{2}(V_{0.2} + V_{0.8})$
③ 3점법 $V_m = \dfrac{1}{2}(V_{0.2} + 2V_{0.6} + V_{0.8})$

39. 다각측량의 폐합오차 조정방법 중 트랜싯법칙에 대한 설명으로 옳은 것은?

① 각과 거리의 정밀도가 비슷할 때 실하는 방법이다.
② 각 측선의 길이에 비례하여 폐합오차를 배분한다.
③ 각 측선의 길이에 반비례하여 폐합오차를 배분한다.
④ 거리보다는 각의 정밀도가 높을 때 활용하는 방법이다.

■해설 트랜싯법칙
각관측의 정밀도가 거리관측의 정밀도보다 높을 경우에 실시한다.

40. 어떤 측선의 길이를 3인(A, B, C)이 관측하여 아래와 같은 결과를 얻었을 때 최확값은?

A : 100.287m(5회 관측)
B : 100.376m(3회 관측)
C : 100.432m(2회 관측)

① 100.298m ② 100.312m
③ 100.343m ④ 100.376m

■해설 경중률(P)은 횟수(n)에 비례
$P_1 : P_2 : P_3 = n_1 : n_2 : n_3 = 5 : 3 : 2$
최확값$(L_o) = \frac{P_1 L_1 + P_2 L_2 + P_3 L_3}{P_1 + P_2 + P_3}$
$= \frac{5 \times 100.287 + 3 \times 100.376 + 2 \times 100.432}{5+3+2}$
$≒ 100.343m$

제3과목 **수리수문학**

41. 대기의 온도 t_1, 상대습도 70%인 상태에서 증발이 진행되었다. 온도가 t_2로 상승하고 대기 중의 증기압이 20% 증가하였다면 온도 t_1 및 t_2에서의 포화 증기압이 각각 10.0mmHg 및 14.0mmHg라 할 때 온도 t_2에서의 상대습도는 약 얼마인가?

① 50% ② 60%
③ 70% ④ 80%

■해설 상대습도
㉠ 임의의 온도에서 포화증기압(e_s)에 대한 실제 증기압(e)의 비
$h = \frac{e}{e_s} \times 100(\%)$
㉡ $t_1℃$일 때 상대습도 70%
$70 = \frac{e}{10} \times 100$
∴ $e = 7mmHg$
㉢ $t_2℃$일 때 증기압이 20% 증가하였으므로
$e = 7.0 \times 1.2 = 8.4mmHg$
$h = \frac{e}{e_s} \times 100(\%) = \frac{8.4}{14} \times 100(\%) = 60\%$

42. 그림과 같이 유량이 Q, 유속이 V인 유관이 받는 외력 중에서 y축 방향의 힘(F_y)에 대한 계산식으로 옳은 것은?(단, P : 단위밀도, θ_1 및 θ_2 ≤90°, 마찰력은 무시함)

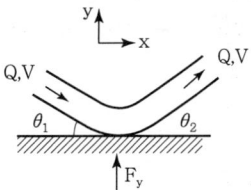

① $F_y = \rho QV(\sin\theta_2 - \sin\theta_1)$
② $F_y = -\rho QV(\sin\theta_2 - \sin\theta_1)$
③ $F_y = \rho QV(\sin\theta_2 + \sin\theta_1)$
④ $F_y = -QV(\sin\theta_2 + \sin\theta_1)/p$

■해설 운동량 방정식
㉠ 운동량 방정식
$F = \rho Q(V_2 - V_1)$
㉡ 속도분력의 산정
$V_2 = V\sin\theta_2$
$V_1 = -V\sin\theta_1$
㉢ F_y의 산정
$F_y = \rho Q(V_2 - V_1)$
$= \rho Q[V\sin\theta_2 - (-V\sin\theta_1)]$
$= \rho QV(\sin\theta_2 + \sin\theta_1)$

43. 유출에 대한 설명 중 틀린 것은?

① 직접유출은 강수 후 비교적 단시간 내에 하천으로 흘러 들어가는 부분을 말한다.
② 지표유하수(Overland Flow)가 하천에 도달한 후 다른 성분의 유출수와 합친 유수를 총 유출수라 한다.
③ 총 유출은 통상 직접유출과 기저유출로 분류된다.
④ 지하유출은 토양을 침투한 물이 지하수를 형성하는 것으로 총 유출량에는 고려되지 않는다.

■해설 유출해석일반
 ㉠ 총 유출은 직접유출과 기저유출로 구분된다.
 ㉡ 직접유출은 강수 후 비교적 단시간 내에 하천으로 흘러들어가는 부분을 말하며 지표면유출수와 조기지표하유출이 이에 해당된다.
 ㉢ 총유출은 직접유출과 기저유출로 기저유출은 지하수유출과 지연지표하유출로 구성되어 있다.

44. 폭 5m인 직사각형 수로에 유량 8m³/sec가 80cm의 수심으로 흐를 때 Froude 수는?

① 0.26 ② 0.71
③ 1.42 ④ 2.11

■해설 흐름의 상태
 ㉠ 상류(常流)와 사류(射流)의 정의
  • 상류(常流) : 하류(下流)의 흐름이 상류(上流)에 영향을 미치는 흐름을 말한다.
  • 사류(射流) : 하류(下流)의 흐름이 상류(上流)에 영향을 미치지 못하는 흐름을 말한다.
 ㉡ 상류(常流)와 사류(射流)의 구분
  $F_r = \dfrac{V}{C} = \dfrac{V}{\sqrt{gh}}$
  여기서, V : 유속
     C : 파의 전달속도
  • $F_r < 1$: 상류(常流)
  • $F_r > 1$: 사류(射流)
  • $F_r = 1$: 한계류
 ㉢ Froude 수의 계산
  $V = \dfrac{Q}{A} = \dfrac{8}{(5 \times 0.8)} = 2\text{m/sec}$
  $F_r = \dfrac{V}{\sqrt{gh}} = \dfrac{2}{\sqrt{9.8 \times 0.8}} = 0.714$

45. 구형물체(球形物體)에 대하여 Stokes의 법칙이 적용되는 범위에서 항력계수(C_D)는?(단, R_e : Reynolds 수)

① $C_D = \dfrac{1}{R_e}$ ② $C_D = \dfrac{4}{R_e}$
③ $C_D = \dfrac{24}{R_e}$ ④ $C_D = \dfrac{64}{R_e}$

■해설 항력(Drag Force)
 ㉠ 흐르는 유체 속에 물체가 잠겨 있을 때 유체에 의해 물체가 받는 힘을 항력(Drag Force)이라 한다.
  $D = C_D \cdot A \cdot \dfrac{\rho V^2}{2}$
  여기서, C_D : 항력계수 $\left(C_D = \dfrac{24}{R_e}\right)$
     A : 투영면적, $\dfrac{\rho V^2}{2}$: 동압력
 ㉡ 항력의 종류

종류	내용
마찰저항	유체가 흐를 때 물체표면의 마찰에 의하여 느껴지는 저항을 말한다.
조파저항	배가 달릴 때는 선수미(船首尾)에서 규칙적인 파도가 일어나는데, 이때 소요되는 배의 에너지 손실을 조파저항이라고 한다.
형상저항	유속이 빨라져서 R_e가 커지면 물체 후면에 후류(Wake)라는 소용돌이가 발생되어 물체를 흐름방향과 반대로 잡아당기게 되는데 이러한 저항을 형상저항이라 한다.

46. 단위 유량도 작성 시 필요 없는 사항은?

① 직접유출량   ② 유효우량의 지속시간
③ 유역면적   ④ 투수계수

■해설 단위유량도
 ㉠ 단위도의 정의 : 특정단위 시간 동안 균등한 강우강도로 유역전반에 걸쳐 균등한 분포로 내리는 단위유효우량으로 인하여 발생하는 직접유출 수문곡선
 ㉡ 단위도의 구성요소
  • 직접유출량
  • 유효우량 지속시간
  • 유역면적

47. DAD(Depth-Area-Duration)해석에 관한 설명 중 옳은 것은?

① 최대 평균 우량깊이, 유역면적, 강우강도와의 관계를 수립하는 작업이다.
② 유역면적을 대수축(Logarithmic Scale)에 최대평균강우량을 산술축(Arithmetic Scale)에 표시한다.
③ DAD 해석 시 상대습도 자료가 필요하다.
④ 유역면적과 증발산량과의 관계를 알 수 있다.

■해설 DAD 해석
DAD(Rainfall Depth-Area-Duration) 해석은 최대평균우량깊이(강우량), 유역면적, 강우지속시간의 관계의 해석을 말한다.

구성	특징
용도	암거의 설계나, 지하수 흐름에 대한 하천수위의 시간적 변화의 영향 등에 사용
구성	최대평균우량깊이(Rainfall Depth), 유역면적(Area), 지속시간(Duration)으로 구성
방법	면적을 대수축에, 최대우량을 산술축에, 지속시간을 제3의 변수로 표시

48. 완경사 수로에서 배수곡선(M_1)이 발생할 경우 각 수심간의 관계로 옳은 것은?(단, 흐름은 완경사의 상류흐름 조건이고, y : 측정수심, y_n : 등류수심, y_c : 한계수심)

① $y > y_n > y_c$
② $y < y_n < y_c$
③ $y > y_c > y_n$
④ $y_n > y > y_c$

■해설 부등류의 수면형
㉠ 배수곡선과 저하곡선
• $dx/dy > 0$이면 흐름방향으로 수심이 증가함을 뜻하며 이 유형의 곡선을 배수곡선(Backwater Curve)라 하며, 댐 상류부에서 볼 수 있는 곡선이다.
• $dx/dy < 0$이면 수심이 흐름방향으로 감소함을 뜻하며 이를 저하곡선(Dropdown Curve)이라 하며, 위어 등에서 볼 수 있는 곡선이다.
㉡ 완경사 상류(常流)구간에서의 수면곡선
• 배수곡선 : $M_1(y > y_n > y_c)$, $M_3(y_n > y_c > y)$
• 저하곡선 : $M_2(y_n > y > y_c)$

49. 그림과 같은 수압기에서 B점의 원통의 무게가 2,000N(200kg), 면적이 500cm²이고 A점의 원통의 면적이 25cm²이라면, 이들이 평형상태를 유지하기 위한 힘 P의 크기는?(단, A점의 원통 무게는 무시하고 관내 액체의 비중은 0.9이며, 무게 1kg=10N이다.)

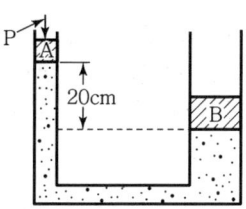

① 0.0955N(9.55g)
② 0.955N(95.5g)
③ 95.5N(9.55kg)
④ 955N(95.5kg)

■해설 수압기
㉠ 파스칼의 원리를 이용하여 작은 힘으로 큰 힘을 얻을 수 있는 장치이다.
㉡ 수압기는 동일수심에서의 압력강도는 동일하다.
$$\frac{P_1}{A_1} = \frac{P_2}{A_2}$$
㉢ 힘 P의 산정(등압면에서 압력강도의 산정)
$$\frac{P_1}{A_1} + wh = \frac{P_2}{A_2}$$
$$\rightarrow \frac{P_1}{25cm^2} + 0.9t/m^3 \times 0.2m = \frac{200kg}{500cm^2}$$
$$\rightarrow \frac{P_1}{25cm^2} + 0.018kg/cm^2 = 0.4kg/cm^2$$
∴ $P_1 = 9.55kg = 95.5N$

50. 지름 2m인 원형 수조의 측벽 하단부에 지름 50mm의 오리피스가 설치되어 있다. 오리피스 중심으로부터 수위를 50cm로 유지하기 위하여 수조에 공급해야할 유량은?(단, 유출구의 유량계수는 0.75이다.)

① 7.61L/sec
② 6.61L/sec
③ 5.61L/sec
④ 4.61L/sec

■해설 오리피스
㉠ 작은 오리피스의 유량
$Q = CA\sqrt{2gh}$

ⓛ 유량의 산정
$$Q = CA\sqrt{2gh}$$
$$= 0.75 \times \frac{\pi \times 0.05^2}{4} \times \sqrt{2 \times 9.8 \times 0.5}$$
$$= 0.00461 \text{m}^3/\text{sec} \times 1,000 = 4.61 \text{L/sec}$$

51. 그림과 같은 굴착정(Artesian Well)의 유량을 구하는 공식은?(단, R : 영향원의 반지름, m : 피압대수층의 두께, K : 투수계수)

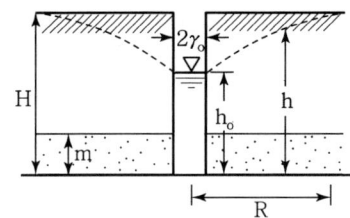

① $Q = \dfrac{2\pi mK(H+h_o)}{\ln(R/r_o)}$

② $Q = \dfrac{2\pi mK(H+h_o)}{\ln(r_o/R)}$

③ $Q = \dfrac{2\pi mK(H-h_o)}{\ln(R/r_o)}$

④ $Q = \dfrac{2\pi mK(H-h_o)}{\ln(r_o/R)}$

■해설 우물의 수리

종류	내용
깊은우물 (심정호)	우물의 바닥이 불투수층까지 도달한 우물을 말한다. $Q = \dfrac{\pi K(H^2 - h_o^2)}{2.3\log(R/r_o)}$
얕은우물 (천정호)	우물의 바닥이 불투수층까지 도달하지 못한 우물을 말한다. $Q = 4Kr_o(H - h_o)$
굴착정	피압대수층의 물을 양수하는 우물을 굴착정이라 한다. $Q = \dfrac{2\pi aK(H - h_o)}{2.3\log(R/r_o)}$
집수암거	복류수를 취수하는 우물을 집수암거라 한다. $Q = \dfrac{Kl}{R}(H^2 - h^2)$

∴ 그림에서의 굴착정 유량공식은
$$Q = \dfrac{2\pi mK(H-h_0)}{2.3\log(R/r_0)} = \dfrac{2\pi mK(H-h_0)}{\ln(R/r_0)} \text{이다.}$$

52. 직각 삼각형 위어에서 월류수심의 측정에 1%의 오차가 있다고 하면 유량에 발생하는 오차는?

① 0.4%
② 0.8%
③ 1.5%
④ 2.5%

■해설 수두측정오차와 유량오차의 관계
  ⓛ 수두측정오차와 유량오차의 관계
  • 직사각형 위어
  $$\frac{dQ}{Q} = \frac{\frac{3}{2}KH^{\frac{1}{2}}dH}{KH^{\frac{3}{2}}} = \frac{3}{2}\frac{dH}{H}$$
  • 삼각형 위어
  $$\frac{dQ}{Q} = \frac{\frac{5}{2}KH^{\frac{3}{2}}dH}{KH^{\frac{5}{2}}} = \frac{5}{2}\frac{dH}{H}$$
  • 작은 오리피스
  $$\frac{dQ}{Q} = \frac{\frac{1}{2}KH^{-\frac{1}{2}}dH}{KH^{\frac{1}{2}}} = \frac{1}{2}\frac{dH}{H}$$

  ∴ 유량오차와 수심오차의 관계는 수심의 승에 비례한다.

  ⓛ 직각삼각형의 유량오차와 수심오차의 계산
  $$\frac{dQ}{Q} = \frac{5}{2}\frac{dH}{H} = \frac{5}{2} \times 1\% = 2.5\%$$

53. 에너지 보정계수(α)와 운동량 보정계수(β)에 대한 설명으로 옳지 않은 것은?

① α는 속도수두를 보정하기 위한 무차원 상수이다.
② β는 운동량을 보정하기 위한 무차원 상수이다.
③ 실제유체 흐름에서는 $\beta > \alpha > 1$이다.
④ 이상 유체에서는 $\alpha = \beta = 1$이다.

■해설 에너지 보정계수와 운동량 보정계수
  ⓛ 에너지 보정계수
  • 평균유속을 사용함에 의한 에너지의 차이를 보정해주는 계수 : $\alpha = \int_A \left(\dfrac{V}{V_m}\right)^3 \dfrac{dA}{A}$
  • 층류의 경우 : $\alpha = 2$
  • 난류의 경우 : $\alpha = 1.01 \sim 1.1$

ⓒ 운동량 보정계수
- 평균유속을 사용함에 의한 운동량의 차이를 보정해주는 계수 : $\eta = \int_A \left(\dfrac{V}{V_m}\right)^2 \dfrac{dA}{A}$
- 층류의 경우 : $\eta = 4/3$
- 난류의 경우 : $\eta = 1.0 \sim 1.05$

ⓒ 해석
- 에너지 보정계수와 운동량 보정계수는 실제유체와 이상유체의 차이를 보정해주는 계수로서 이상유체라면 에너지 보정계수와 운동량 보정계수의 값은 1이다.
- 실제유체에서는 $(\alpha = 2) > (\eta = 4/3) > 1$의 순이다.

54. 원형 댐의 월류량이 400m³/sec이고 수문을 개방하는데 필요한 시간이 40초라 할 때 1/50 모형(模形)에서의 유량과 개방 시간은?(단, g_r은 1로 가정한다.)

① $Q_m = 0.0226$ m³/sec, $T_m = 5.657$ sec
② $Q_m = 1.6232$ m³/sec, $T_m = 0.825$ sec
③ $Q_m = 56.560$ m³/sec, $T_m = 0.825$ sec
④ $Q_m = 115.00$ m³/sec, $T_m = 5.657$ sec

■해설 수리모형 실험
㉠ 수리모형의 상사법칙

종류	특징
Reynolds의 상사법칙	점성력이 흐름을 주로 지배하고, 관수로 흐름의 경우에 적용
Froude의 상사법칙	중력이 흐름을 주로 지배하고, 개수로 흐름의 경우에 적용
Weber의 상사법칙	표면장력이 흐름을 주로 지배하고, 수두가 아주 적은 위어 흐름의 경우에 적용
Cauchy의 상사법칙	탄성력이 흐름을 주로 지배하고, 수격작용의 경우에 적용

∴ 개수로에서는 중력이 흐름을 지배하므로 Froude의 상사법칙을 적용한다.

ⓒ Froude의 모형법칙
- 유속비 : $V_r = \sqrt{L_r}$
- 시간비 : $T_r = \dfrac{L_r}{V_r} = \sqrt{L_r}$
- 가속도비 : $a_r = \dfrac{V_r}{T_r} = 1$
- 유량비 : $Q_r = \dfrac{L_r^3}{T_r} = L_r^{\frac{5}{2}}$

ⓒ 유량비의 계산
- $Q_r = \dfrac{L_r^3}{T_r} = L_r^{\frac{5}{2}}$
- $\dfrac{Q_p}{Q_m} = L_r^{\frac{5}{2}}$

∴ $Q_m = \dfrac{Q_p}{L_r^{\frac{5}{2}}} = \dfrac{400}{50^{\frac{5}{2}}} = 0.0226 \text{m}^3/\text{sec}$

ⓔ 시간비의 계산
- $T_r = \dfrac{L_r}{V_r} = \sqrt{L_r}$
- $\dfrac{T_p}{T_m} = \sqrt{L_r}$

∴ $T_m = \dfrac{T_p}{\sqrt{L_r}} = \dfrac{40}{\sqrt{50}} = 5.657 \text{sec}$

55. 물체의 공기 중 무게가 750N(75kg)이고 물속에서의 무게는 150N(15kg)일 때 이 물체의 체적은?(단, 무게 1kg=10N)

① 0.05m³
② 0.06m³
③ 0.50m³
④ 0.60m³

■해설 물체의 수중무게
㉠ 물체의 수중무게(W') : 물체의 수중무게(W')는 공기 중 무게(W)에서 부력(B)을 뺀 것과 같다.
$W' = W - B$

ⓒ 체적의 산정
$0.015t = 0.075t - w_w V = 0.075t - 1 \times V$
∴ $V = 0.06 \text{m}^3$

56. 그림과 같은 유역(12km×8km)의 평균강우량을 Thiessen방법으로 구한 값은?(단, 1, 2, 3, 4번 관측점의 강우량은 각각 140, 130, 110, 100mm이며, 작은 사각형은 2km×2km의 정4각형으로서 모두 크기가 동일하다.)

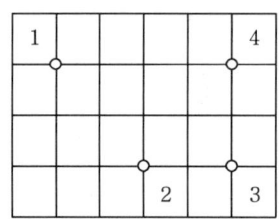

① 120mm   ② 123mm
③ 125mm   ④ 130mm

■해설 유역의 평균우량 산정법
　㉠ 유역의 평균우량 산정공식

종류	적용
산술평균법	유역면적 500km² 이내에 적용 $P_m = \dfrac{1}{N}\sum_{i=1}^{N} P_i$
Thiessen법	유역면적 500~5,000km² 이내에 적용 $P_m = \dfrac{\sum_{i=1}^{N} A_i P_i}{\sum_{i=1}^{N} A_i}$
등우선법	산악의 영향이 고려되고, 유역면적 5,000km² 이상인 곳에 적용 $P_m = \dfrac{\sum_{i=1}^{N} A_i P_i}{\sum_{i=1}^{N} A_i}$

　㉡ Thiessen법에 의한 각 관측소의 지배면적의 산정
　　• 1번 관측소 : 작은 사각형 7개 반으로 30m²
　　• 2번 관측소 : 작은 사각형 6개로 24m²
　　• 3번 관측소 : 작은 사각형 4개로 16m²
　　• 4번 관측소 : 작은 사각형 5개 반으로 22m²

　㉢ Thiessen법에 의한 유역의 평균강우량 산정
$$P_m = \dfrac{\sum_{i=1}^{N} A_i P_i}{\sum_{i=1}^{N} A_i}$$
$$= \dfrac{(30 \times 140) + (24 \times 130) + (16 \times 110) + (22 \times 100)}{30 + 24}$$
$$= 122.6\text{mm}$$

57. 그림에서 A점(관내)에서의 압력에 대한 설명으로 옳은 것은?(단, B점은 수면에 위치)

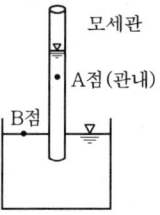

① B점에서의 압력보다 낮다.
② B점에서의 압력보다 높다.
③ B점에서의 압력과 같다.
④ B점에서의 압력과 비교할 수가 없다.

■해설 정수압
　㉠ 정수압의 정의 : 유체입자가 정지해 있거나 상대적 움직임이 없는 경우 받는 압력이다.
　㉡ 정수압의 크기 : 압력의 산정은 다음 식과 같다.
　　• $P = wh$
　　• 압력의 크기는 수심에 비례하여 증가한다.
　∴ B점은 A보다 수심이 깊으므로 A점보다 B점의 압력이 높다.

58. 물이 단면적, 수로의 재료 및 동수경사가 동일한 정사각형관과 원관을 가득차서 흐를 때 유량비 $\left(\dfrac{Q_s}{Q_c}\right)$는?(단, Q_s : 정사각형의 유량, Q_c : 원관의 유량, Manning 공식을 적용)

① 0.645   ② 0.923
③ 1.083   ④ 1.341

■해설 유량비의 산정
　㉠ Manning 공식을 이용한 정사각형관과 원형관의 유량의 산정
　　• 정사각형관 : $Q_s = AV = b^2 \times \dfrac{1}{n} \times R^{\frac{2}{3}} \times I^{\frac{1}{2}}$
　　• 원형관 : $Q_c = AV = \dfrac{\pi \times D^2}{4} \times \dfrac{1}{n} \times R^{\frac{2}{3}} \times I^{\frac{1}{2}}$

　㉡ 관계의 설정 : 단면적이 동일하므로
$$b^2 = \dfrac{\pi \times D^2}{4}$$
$$\therefore b = \dfrac{\sqrt{\pi} \times D}{2}$$

ⓒ 경심 R의 산정
- 정사각형 단면 : $R_s = \dfrac{b^2}{4b} = \dfrac{\sqrt{\pi}D}{8}$
- 원형 단면 : $R_c = \dfrac{D}{4}$

ⓔ 유량비의 산정
단면적 수로의 재료, 동수경사가 동일할 때의 유량비의 산정

$$\dfrac{Q_s}{Q_c} = \dfrac{A \times \dfrac{1}{n} \times R^{\frac{2}{3}} \times I^{\frac{1}{2}}}{A \times \dfrac{1}{n} \times R^{\frac{2}{3}} \times I^{\frac{1}{2}}} = \dfrac{\left(\dfrac{\sqrt{\pi}D}{8}\right)^{\frac{2}{3}}}{\left(\dfrac{D}{4}\right)^{\frac{2}{3}}}$$

$= 0.923$

59. Darcy의 법칙($V=KI$)에 대한 설명으로 옳은 것은?

① 정상류의 흐름에서는 층류와 난류에 상관없이 식을 적용할 수 있다.
② V는 동수경사와는 관계없이 흙의 특성에 좌우된다.
③ K의 차원은 [LT]이며 단위는 [Darcy]로도 표시한다.
④ K는 투수계수이며 흙입자의 모양 및 크기, 유체의 점성 등에 의해 변화한다.

■해설 Darcy의 법칙
ⓐ Darcy의 법칙
$V = KI = K\dfrac{h_L}{L}$, $Q = AV = AKI = AK\dfrac{h_L}{L}$
로 구할 수 있다.
ⓑ 해석
- 지하수의 유속은 동수경사(I)에 비례한다.
- 동수경사(I)는 무차원이므로 투수계수는 유속과 동일 차원을 갖는다.[LT^{-1}]
- Darcy의 법칙은 층류에만 적용된다.
- K는 투수계수이며 흙입자의 모양 및 크기, 유체의 점성 등에 의해 변화한다.

60. 개수로에서 도수가 발생할 때 도수 전의 수심이 0.5m, 유속이 7m/sec이면 도수 후의 수심은?

① 2.5m ② 2.0m
③ 1.8m ④ 1.5m

■해설 도수
ⓐ 흐름이 사류(射流)에서 상류(常流)로 바뀔 때 물이 뛰는 현상을 도수라 한다.
ⓑ 수면이 불연속적으로 상승하는 현상을 말한다.
ⓒ 도수가 발생한 후의 수심을 공액수심이라 한다.
ⓓ 도수 전의 수심과 Froude 수만 알면 도수 후의 수심을 구할 수 있다.
도수 후의 수심 :
$h_2 = -\dfrac{h_1}{2} + \dfrac{h_1}{2}\sqrt{1+8F_{r1}^2}$

ⓔ 도수 후의 수심 계산
$F_{r1} = \dfrac{V_1}{\sqrt{gh_1}} = \dfrac{7}{\sqrt{9.8 \times 0.5}} = 3.16$

$h_2 = -\dfrac{h_1}{2} + \dfrac{h_1}{2}\sqrt{1+8F_{r1}^2}$

$= -\dfrac{0.5}{2} + \dfrac{0.5}{2}\sqrt{1+8\times 3.16^2}$

$= 1.998 ≒ 2m$

제4과목 철근콘크리트 및 강구조

61. 철근콘크리트 부재의 철근이음에 관한 설명 중 옳지 않은 것은?

① D35를 초과하는 철근은 겹침이음을 하지 않아야 한다.
② 인장이형철근의 겹침이음에서 A급 이음은 $1.3l_d$ 이상, B급 이음은 $1.0l_d$ 이상 겹쳐야 한다(단, l_d는 규정에 의해 계산된 인장이형철근의 정착길이이다.)
③ 압축이형철근의 이음에서 콘크리트 설계기준 압축강도가 21MPa 미만인 경우에는 겹침이음 길이를 1/3 증가시켜야 한다.
④ 용접이음과 기계적 연결은 철근의 항복강도의 125% 이상을 발휘할 수 있어야 한다.

■해설 이형철근의 최소 겹침이음 길이
① A급 이음 : $1.0l_d$ 이상(배근된 철근량이 소요 철근량의 2배 이상이고, 겹침이음된 철근량이 총 철근량의 $\frac{1}{2}$ 이하인 경우)
② B급 이음 : $1.3l_d$ 이상(A급 이외의 이음)

62. 그림과 같은 단순 PSC보에서 등분포하중(자중 포함) $W=30$kN/m가 작용하고 있다. 프리스트레스에 의한 상향력과 이 등분포하중이 비기기 위해서는 프리스트레스 힘 P를 얼마로 도입해야 하는가?

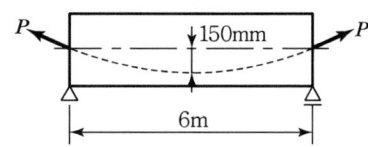

① 900kN
② 1,200kN
③ 1,500kN
④ 1,800kN

■해설 $u = \dfrac{8Ps}{l^2} = W$

$P = \dfrac{Wl^2}{8s} = \dfrac{30 \times 6^2}{8 \times 0.15} = 900$kN

63. 다음 그림의 단철근 T형 보의 설계모멘트강도를 계산할 때 플랜지 돌출부에 작용하는 압축력과 균형되는 가상 압축철근 단면적 A_{sf}는 얼마인가?(여기서, $f_{ck}=24$MPa, $f_y=300$MPa)

① 3,208mm²
② 4,080mm²
③ 5,126mm²
④ 6,050mm²

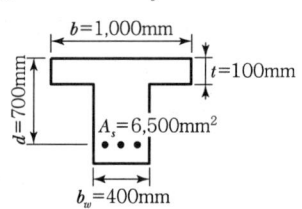

■해설 $\eta = 1 (f_{ck} \leq 40$MPa인 경우)

$A_{sf} = \dfrac{\eta 0.85 f_{ck}(b-b_w)t}{f_y}$

$= \dfrac{1 \times 0.85 \times 24 \times (1,000-400) \times 100}{300}$

$= 4,080$mm²

64. 아래 그림과 같은 보통 중량 콘크리트 직사각형 단면의 보에서 균열모멘트(M_{cr})는?(단, $f_{ck}=24$MPa이다.)

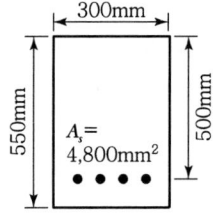

① 46.7kN·m
② 52.3kN·m
③ 56.4kN·m
④ 62.1kN·m

■해설 $\lambda = 1$(보통 중량의 콘크리트인 경우)
$f_r = 0.63\lambda\sqrt{f_{ck}} = 0.63 \times 1 \times \sqrt{24} = 3.09$MPa
$Z = \dfrac{bh^2}{6} = \dfrac{300 \times 550^2}{6} = 15.125 \times 10^6$mm³
$M_{cr} = f_r \cdot Z = 3.09 \times (15.125 \times 10^6)$
$= 46.7 \times 10^6$N·mm $= 46.7$kN·m

65. 연속 휨부재에 대한 해석 중에서 현행 콘크리트 구조설계 기준에 따라 부모멘트를 증가 또는 감소시키면서 재분배할 수 있는 경우는?

① 근사해법에 의해 휨모멘트를 계산한 경우
② 하중을 적용하여 탄성이론에 의하여 산정한 경우
③ 2방향 슬래브 시스템의 직접설계법을 적용하여 계산한 경우
④ 2방향 슬래브 시스템을 등가골조법으로 해석한 경우

■해설 연속 휨부재의 부모멘트 재분배
① 근사해법에 의해 휨모멘트를 계산할 경우를 제외하고, 어떠한 가정의 하중을 적용하여 탄성 이론에 의하여 산정한 연속 휨부재 받침부의 부모멘트는 20퍼센트 이내에서 $1,000\varepsilon_t$ 퍼센트만큼 증가 또는 감소시킬 수 있다.
② 경간 내의 단면에 대한 휨모멘트의 계산은 수정된 부모멘트를 사용하여야 한다.
③ 부모멘트의 재분배는 휨모멘트를 감소시킬 단면에서 최외단 인장철근의 순인장 변형률 ε_t가 0.0075 이상인 경우에만 가능하다.

66. 정착구와 커플러의 위치에서 프리스트레싱 도입 직후 포스트텐션 긴장재의 응력은 얼마 이하로 하여야 하는가?(단, f_{pu}는 긴장재의 설계기준인장강도)

① $0.6f_{pu}$
② $0.74f_{pu}$
③ $0.70f_{pu}$
④ $0.85f_{pu}$

■해설 긴장재(PS강재)의 허용응력

적용범위	허용응력
긴장할 때 긴장재의 인장응력	$0.8f_{pu}$와 $0.94f_{py}$ 중 작은 값 이하
프리스트레스 도입 직후 긴장재의 인장응력	$0.74f_{pu}$와 $0.82f_{py}$ 중 작은 값 이하
정착구와 커플러(Coupler)의 위치에서 프리스트레스 도입 직후 포스트텐션 긴장재의 인장응력	$0.7f_{pu}$ 이하

67. 다음은 철근콘크리트 구조물의 균열에 관한 설명이다. 옳지 않은 것은?

① 하중으로 인한 균열의 최대 폭은 철근응력에 비례한다.
② 콘크리트 표면의 균열폭은 철근에 대한 피복두께에 반비례한다.
③ 많은 수의 미세한 균열보다는 폭이 큰 몇 개의 균열이 내구성에 불리하다.
④ 인장측에 철근을 잘 분배하면 균열폭을 최소로 할 수 있다.

■해설 콘크리트 균열에 대한 특징
① 이형철근을 콘크리트 인장측에 잘 분배하면 균열폭을 최소화시킬 수 있다.
② 균열폭은 철근응력, 철근지름에 비례하고 철근비에 반비례한다.
③ 콘크리트 표면의 균열폭은 피복두께에 비례한다.

68. 폭(b)=600mm, 전체 높이(h)=1,000mm인 직사각형 단면을 가지는 철근콘크리트 부재에 자중만 작용한다면 계수휨모멘트 M_u는?(단, 지간 6.8m인 단순보이고, 철근콘크리트의 단위무게는 25kN/m³을 적용한다.)

① 104.1kN·m
② 121.4kN·m
③ 142.8kN·m
④ 158.5kN·m

■해설 $W_D = \gamma A = \gamma(bh) = 25 \times (0.6 \times 1) = 15$kN/m
$W_{u1} = 1.2W_D + 1.6W_L = 1.2 \times 15 + 1.6 \times 0 = 18$kN/m
$W_{u2} = 1.4W_D = 1.4 \times 15 = 21$kN/m
$W_u = [W_{u1}, W_{u2}]_{max}$
$= [18\text{kN/m}, 21\text{kN/m}]_{max} = 21$kN·m
$M_u = \dfrac{W_u l^2}{8} = \dfrac{21 \times 6.8^2}{8} = 121.38$kN·m

69. b_w=250mm, d=500mm, f_{ck}=21MPa, f_y=400MPa인 직사각형 보에서 콘크리트가 부담하는 설계전단강도(ϕV_c)는?

① 71.6kN
② 76.4kN
③ 82.2kN
④ 91.5kN

■해설 $\phi V_c = \phi \left(\dfrac{1}{6}\sqrt{f_{ck}}\, b_w d\right)$
$= 0.75 \times \left(\dfrac{1}{6} \times \sqrt{21} \times 250 \times 500\right)$
$= 71.6 \times 10^3$N N=71.6kN

70. P=300kN의 인장응력이 작용하는 판두께 10mm인 철판에 ϕ19mm인 리벳을 사용하여 접합할 때의 소요리벳 수는?(단, 허용전단응력=110MPa, 허용지압응력=220MPa)

① 8개
② 10개
③ 12개
④ 14개

■해설 ① 리벳의 전단강도
$P_{Rs} = v_a \cdot \left(\dfrac{\pi \phi^2}{4}\right) = 110 \times \left(\dfrac{\pi \times 19^2}{4}\right) = 31,188$N

② 리벳의 지압강도
$P_{Rb} = f_{ba}(\phi t) = 220 \times (19 \times 10) = 41,800$N

③ 리벳강도
$$P_R = [P_{Rs}, P_{Rb}]_{\min} = 31,188\text{N}$$
④ 소요 리벳수
$$n = \frac{P}{P_R} = \frac{300 \times 10^3}{31,188} = 9.6개$$
$$\fallingdotseq 10개 (올림에 의하여)$$

71. 옹벽의 설계 일반에 대한 설명으로 틀린 것은?

① 전도 및 지반지지력에 대한 안정조건은 만족하지만, 활동에 대한 안정조건만을 만족하지 못할 경우 활동방지벽 혹은 횡방향 앵커 등을 설치하여 활동저항력을 증대시킬 수 있다.
② 활동에 의한 저항력은 옹벽에 작용하는 수평력의 1.5배 이상이어야 한다.
③ 전도에 대한 저항휨모멘트는 횡토압에 의한 전도모멘트의 2.0배 이상이어야 한다.
④ 지반에 유발되는 최대 지반반력은 지반의 허용지지력 이상이어야 한다.

■해설 지반에 유발되는 최대 지반반력은 지반의 허용지지력 이하라야 한다.

72. 강도설계법에서 보의 휨파괴에 대한 설명으로 잘못된 것은?

① 보는 취성파괴보다는 연성파괴가 일어나도록 설계되어야 한다.
② 과소철근보는 인장철근이 항복하기 전에 압축측 콘크리트의 변형률이 극한변형률에 도달하는 보이다.
③ 균형철근보는 압축측 콘크리트의 변형률이 극한변형률에 도달함과 동시에 인장철근이 항복하는 보이다.
④ 과다철근보는 인장철근량이 많아서 갑작스런 압축파괴가 발생하는 보이다.

■해설 과소철근보는 압축측 콘크리트의 변형률이 극한변형률에 도달하기 전에 인장측 철근이 먼저 항복하는 보이다.

73. 나선철근 압축부재 단면의 심부지름이 400mm, 기둥단면 지름이 500mm인 나선철근 기둥의 나선철근비는 최소 얼마 이상이어야 하는가? (단, $f_{ck}=21\text{MPa}$, $f_y=400\text{MPa}$)

① 0.0133 ② 0.0201
③ 0.0248 ④ 0.0304

■해설
$$\rho_s \geq 0.45\left(\frac{A_g}{A_{ch}}-1\right)\frac{f_{ck}}{f_{yt}} = 0.45\left(\frac{\frac{\pi \times 500^2}{4}}{\frac{\pi \times 400^2}{4}}-1\right) \times \frac{21}{400}$$
$$= 0.0133$$

74. 용접 시의 주의사항에 관한 설명 중 틀린 것은?

① 용접의 열을 될 수 있는 대로 균등하게 분포시킨다.
② 용접부의 구속을 될 수 있는 대로 적게 하여 수축변형을 일으키더라도 해로운 변형이 남지 않도록 한다.
③ 평행한 용접은 같은 방향으로 동시에 용접하는 것이 좋다.
④ 주변에서 중심으로 향하여 대칭으로 용접해 나간다.

■해설 용접은 중심에서 주변을 향해 대칭으로 해나가는 것이 변형을 적게 한다.

75. 전단설계 시에 깊은 보(Deep Beam)란 하중이 받침부로부터 부재깊이의 2배 거리 이내에 작용하는 부재로 l_n/h이 얼마 이하인 경우인가? (단, l_n : 받침부 내면 사이의 순경간, h : 부재깊이)

① 2 ② 3
③ 4 ④ 5

■해설 깊은 보 : $\dfrac{l_n}{h} \leq 4$인 보

76. $b_n = 450\text{mm}$, $d = 700\text{mm}$인 직사각형 단면의 공칭 휨모멘트강도(M_n)은 얼마인가?(단, $f_{ck}=21\text{MPa}$, $f_y = 350\text{MPa}$, $A_s = 5,000\text{mm}^2$이고, 과소철근보이다.)

① 904.3kN·m ② 1,034.3kN·m
③ 1,134.3kN·m ④ 1,234.3kN·m

■해설 $\eta = 1\,(f_{ck} \leq 40\text{MPa}$인 경우)
$$a = \frac{f_y A_s}{\eta\,0.85 f_{ck} b} = \frac{350 \times 5,000}{1 \times 0.85 \times 21 \times 450} = 217.9\text{mm}$$
$$M_n = f_y A_s \left(d - \frac{a}{2}\right) = 350 \times 5,000 \times \left(700 - \frac{217.9}{2}\right)$$
$$= 1,034.3 \times 10^6 \text{N·mm} = 1,034.3\text{kN·m}$$

77. 다음 중 PSC구조물의 해석개념과 직접적인 관련이 없는 것은?

① 균등질보의 개념(Homogeneous Beam Concept)
② 공액보의 개념(Conjugate Beam Concept)
③ 내력모멘트의 개념(Internal Force Concept)
④ 하중평형의 개념(Load Balancing Concept)

■해설 PSC구조물의 해석개념
① 균등질보의 개념(응력개념)
② 내력모멘트의 개념(강도개념)
③ 하중평형의 개념(등가하중개념)

78. 그림과 같은 필렛용접에서 일어나는 응력이 옳게 된 것은?

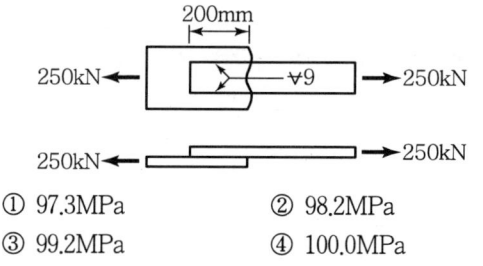

① 97.3MPa ② 98.2MPa
③ 99.2MPa ④ 100.0MPa

■해설 $v = \dfrac{P}{\sum al} = \dfrac{250 \times 10^3}{(0.707 \times 9) \times (2 \times 200)}$
$= 98.2\text{N/mm}^2 = 98.2\text{MPa}$

79. 2방향 슬래브에서 사인장균열이 집중하중 또는 집중반력 주위에서 펀칭전단(원뿔대 혹은 각뿔대 모양)이 일어나는 것으로 판단될 때의 위험단면은 어느 것인가?

① 집중하중이나 집중반력을 받는 면의 주변에서 $d/4$만큼 떨어진 주변단면
② 집중하중이나 집중반력을 받는 면의 주변에서 $d/2$만큼 떨어진 주변단면
③ 집중하중이나 집중반력을 받는 면의 주변에서 d만큼 떨어진 주변단면
④ 집중하중이나 집중반력을 받는 면의 주변단면

■해설 슬래브의 전단에 대한 위험단면의 위치
① 1방향 슬래브 : 지점에서 d 만큼 떨어진 곳
② 2방향 슬래브 : 지점에서 $\dfrac{d}{2}$ 만큼 떨어진 곳

80. 복철근 보에서 압축철근에 대한 효과를 설명한 것으로 적절하지 못한 것은?

① 단면 저항 모멘트를 크게 증대시킨다.
② 지속하중에 의한 처짐을 감소시킨다.
③ 파괴 시 압축 응력의 깊이를 감소시켜 연성을 증대시킨다.
④ 철근의 조립을 쉽게 한다.

■해설 압축철근의 사용효과
• 크리프, 건조수축 등으로 인하여 발생되는 장기처짐을 최소화하기 위한 경우
• 파괴 시 압축응력의 깊이를 감소시켜 연성을 증대시키기 위한 경우
• 철근의 조립을 쉽게 하기 위한 경우
• 정(+), 부(-) 모멘트를 번갈아 받는 경우
• 보의 단면 높이가 제한되어 단철근 단면보의 설계 휨강도가 계수 휨하중보다 작은 경우

제5과목 **토질 및 기초**

81. 직경 30cm의 평판재하시험에서 작용압력이 30t/m²일 때 평판의 침하량이 30mm이었다면, 직경 3m의 실제 기초에 30t/m²의 압력이 작용할 때의 침하량은?(단, 지반은 사질토지반이다.)

① 30mm ② 99.2mm
③ 187.4mm ④ 300mm

■해설 사질토층의 재하시험에 의한 즉시 침하

$$S_F = S_P \cdot \left\{\frac{2 \cdot B_F}{B_F + B_P}\right\}^2 = 30 \times \left\{\frac{2 \times 3}{3 + 0.3}\right\}^2$$
$$= 99.2\text{mm}$$

82. 다음 그림과 같은 $p-q$ 다이어그램에서 K_f 선이 파괴선을 나타낼 때 이 흙의 내부마찰각은?

① 32°
② 36.5°
③ 38.7°
④ 40.8°

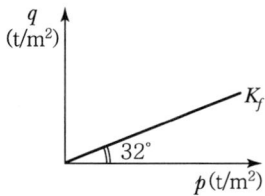

■해설 응력경로(K_f Line)와 파괴포락선(Mohr-Coulomb)의 관계
$\sin\phi = \tan\alpha$
∴ $\phi = \sin^{-1} \cdot \tan 32° = 38.7°$

83. 기초폭 4m의 연속기초를 지표면 아래 3m 위치의 모래지반에 설치하려고 한다. 이때 표준 관입시험 결과에 의한 사질지반의 평균 N값이 10일 때 극한지지력은?(단, Meyerhof 공식 사용)

① 420t/m² ② 210t/m²
③ 105t/m² ④ 75t/m²

■해설 사질토지반의 지지력 공식(Meyerhof)
$$q_u = 3 \cdot N \cdot B \cdot \left(1 + \frac{D_f}{B}\right)$$
$$= 3 \times 10 \times 4 \times \left(1 + \frac{3}{4}\right) = 210\text{t/m}^2$$

84. 어떤 흙의 입도분석 결과 입경가적곡선의 기울기가 급경사를 이룬 빈입도일 때 예측할 수 있는 사항으로 틀린 것은?

① 균등계수는 작다.
② 간극비는 크다.
③ 흙을 다지기가 힘들 것이다.
④ 투수계수는 작다.

■해설 빈입도(경사가 급한 경우)
• 입도분포가 불량하다.
• 균등계수가 작다.
• 공학적 성질이 불량하다.
• 간극비가 커서 투수계수와 함수량이 크다.
∴ 투수계수는 크다.

85. 통일분류법으로 흙을 분류할 때 사용하는 인자가 아닌 것은?

① 입도분포 ② 애터버그한계
③ 색, 냄새 ④ 군지수

■해설 군지수는 AASHTO분류법으로 흙을 분류할 때 사용하는 인자이다.

86. 다음 중 투수계수를 좌우하는 요인이 아닌 것은?

① 토립자의 크기
② 공극의 형상과 배열
③ 포화도
④ 토립자의 비중

■해설 투수계수에 영향을 주는 인자
$$K = D_s^2 \cdot \frac{r}{\eta} \cdot \frac{e^3}{1+e} \cdot C$$
• 입자의 모양
• 간극비
• 포화도
• 점토의 구조
• 유체의 점성계수
• 유체의 밀도 및 농도
∴ 흙입자의 비중은 투수계수와 관계가 없다.

|해답| 81.② 82.③ 83.② 84.④ 85.④ 86.④

87. 어떤 흙에 대한 일축압축시험 결과 일축압축강도는 1.0kg/cm², 파괴면과 수평면이 이루는 각은 50°였다. 이 시료의 점착력은?

① 0.36kg/cm² ② 0.42kg/cm²
③ 0.5kg/cm²   ④ 0.54kg/cm²

■해설 일축압축강도
$$q_u = 2 \cdot C \cdot \tan\left(45° + \frac{\phi}{2}\right) = 2 \cdot C \cdot \tan\theta \text{에서},$$
$1 = 2 \cdot C \cdot \tan 50°$
$\therefore C = 0.42 \text{kg/cm}^2$

88. 내부마찰각 30°, 점착력 1.5t/m² 그리고 단위중량이 1.7t/m³인 흙에 있어서 인장균열(tension crack)이 일어나기 시작하는 깊이는 약 얼마인가?

① 2.2m   ② 2.7m
③ 3.1m   ④ 3.5m

■해설 점착고(인장균열깊이)
$$Z_c = \frac{2 \cdot c}{r} \tan\left(45° + \frac{\phi}{2}\right)$$
$$= \frac{2 \times 1.5}{1.7} \times \tan\left(45° + \frac{30°}{2}\right) = 3.1 \text{m}$$

89. 말뚝의 지지력 공식 중 정역학적 방법에 의한 공식은 다음 중 어느 것인가?

① Meyerhof의 공식
② Hiley공식
③ Engineering-News공식
④ Sander공식

■해설

정역학적 공식	동역학적 공식
• Terzaghi공식	• Sander공식
• Meyerhof공식	• Engineering-News공식
• Dörr공식	• Hiley공식
• Dunham공식	• Weisbach공식

90. 아래 그림과 같은 폭(B) 1.2m, 길이(L) 1.5m인 사각형 얕은 기초에 폭(B) 방향에 편심이 작용하는 경우 지반에 작용하는 최대압축응력은?

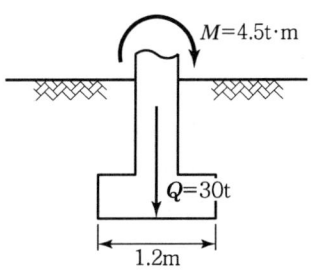

① 29.2t/m²   ② 38.5t/m²
③ 39.7t/m²   ④ 41.5t/m²

■해설 기초지반에 작용하는 최대압력
$$\sigma_{\max} = \frac{\Sigma V}{B}\left(1 \pm \frac{6e}{B}\right)$$
$$= \frac{30}{1.2 \times 1.5} \times \left(1 \pm \frac{6 \times 0.15}{1.2}\right) = 29.2 \text{t/m}^2$$
여기서, 편심거리 $e = \frac{M}{Q} = \frac{4.5}{30} = 0.15 \text{m}$

91. 그림과 같이 3m×3m 크기의 정사각형 기초가 있다. Terzaghi 지지력공식 $q_u = 1.3cN_c + \gamma_1 D_f N_q + 0.4\gamma_2 BN_\gamma$을 이용하여 극한지지력을 산정할 때 사용되는 흙의 단위중량(γ_2)의 값은?

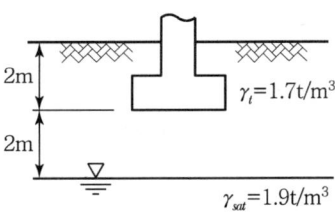

① 0.9t/m³   ② 1.17t/m³
③ 1.43t/m³   ④ 1.7t/m³

■해설 지하수위의 영향(지하수위가 기초바닥면 아래에 위치한 경우)
기초폭 B와 지하수위까지 거리 d 비교
• $B \leq d$: 지하수위 영향 없음
• $B > d$: 지하수위 영향 고려
즉, 기초폭 $B = 3$m > 지하수위까지 거리 $d = 2$m 이므로

|해답| 87.② 88.③ 89.① 90.① 91.③

$\gamma = r_{ave} = r_{sub} + \dfrac{d}{B}(r_t - r_{sub})$ 값 사용

$\therefore \gamma = (1.9-1) + \dfrac{2}{3} \times \{1.7-(1.9-1)\} = 1.43 \text{t/m}^3$

92. 어떤 흙의 변수위투수시험을 한 결과 시료의 직경과 길이가 각각 5.0cm, 2.0cm이었으며, 유리관의 내경이 4.5mm, 1분 10초 동안에 수두가 40cm에서 20cm로 내렸다. 이 시료의 투수계수는?

① 4.95×10^{-4} cm/s ② 5.45×10^{-4} cm/s
③ 1.60×10^{-4} cm/s ④ 7.39×10^{-4} cm/s

■해설 변수위투수시험

$K = 2.3 \dfrac{aL}{At} \log \dfrac{h_1}{h_2}$

$= 2.3 \times \dfrac{\dfrac{\pi \times 0.45^2}{4} \times 2}{\dfrac{\pi \times 5^2}{4} \times 70} \log \dfrac{40}{20}$

$= 1.6 \times 10^{-4}$ cm/s

93. 지표면에 4t/m²의 성토를 시행하였다. 압밀이 70% 진행되었다고 할 때 현재의 과잉간극수압은?

① 0.8t/m² ② 1.2t/m²
③ 2.2t/m² ④ 2.8t/m²

■해설 압밀도

$U = \dfrac{u_i - u}{u_i} \times 100$ 에서,

$70 = \dfrac{4-u}{4} \times 100$

$\therefore$ 현재의 과잉간극수압 $u = 1.2$t/m²

94. sand drain공법에서 sand pile을 정삼각형으로 배치할 때 모래기둥의 간격은?(단, pile의 유효지름은 40cm이다.)

① 35cm ② 38cm
③ 42cm ④ 45cm

■해설 정삼각형 배열일 때 영향원의 지름
$d_e = 1.05d$에서, $40 = 1.05d$
$\therefore$ sand pile의 간격 $d = 38$cm

95. 어느 흙댐의 동수경사가 1.0, 흙의 비중이 2.65, 함수비가 40%인 포화토에 있어서 분사현상에 대한 안전율을 구하면?

① 0.8 ② 1.0
③ 1.2 ④ 1.4

■해설 분사현상 안전율

$F_s = \dfrac{i_c}{i} = \dfrac{\dfrac{G_s-1}{1+e}}{\dfrac{\Delta h}{L}} = \dfrac{\dfrac{2.65-1}{1+1.06}}{1.0} = 0.8$

여기서, 간극비 e는 상관식 $s \cdot e = G_s \cdot w$에서
$1 \times e = 2.65 \times 0.4$ $\therefore e = 1.06$

96. 10m 깊이의 쓰레기층을 동다짐을 이용하여 개량하려고 한다. 사용할 해머 중량이 20t, 하부면적 반경 2m의 원형 블록을 이용한다면, 해머의 낙하고는?

① 15m ② 20m
③ 25m ④ 23m

■해설 개량심도와 추의 무게 및 낙하고 간의 경험공식
$D = a\sqrt{W_H \cdot H}$
$10 = 0.5\sqrt{20 \times H}$
$H = 20$

97. rod에 붙인 어떤 저항체를 지중에 넣어 관입, 인발 및 회전에 의해 흙의 전단강도를 측정하는 원위치시험은?

① 보링(boring) ② 사운딩(sounding)
③ 시료 채취(sampling) ④ 비파괴 시험(NDT)

■해설 사운딩(sounding)
rod 선단의 저항체를 땅속에 넣어 관입, 회전, 인발 등의 저항으로 토층의 강도 및 밀도 등을 체크하는 방법의 원위치시험

98. 2m×2m 정방향 기초가 1.5m 깊이에 있다. 이 흙의 단위중량 $\gamma = 1.7t/m^3$, 점착력 $c = 0$이며, $N_\gamma = 19$, $N_q = 22$이다. Terzaghi의 공식을 이용하여 전 허용하중(Q_{all})을 구한 값은? (단, 안전율 $F_s = 3$으로 한다.)

① 27.3t　　② 54.6t
③ 81.9t　　④ 109.3t

■해설

형상계수	원형 기초	정사각형 기초	연속기초
α	1.3	1.3	1.0
β	0.3	0.4	0.5

- 극한지지력
$q_u = \alpha \cdot c \cdot N_c + \beta \cdot r_1 \cdot B \cdot N_r + r_2 \cdot D_f \cdot N_q$
$= 1.3 \times 0 \times N_c + 0.4 \times 1.7 \times 2 \times 19 + 1.7 \times 1.5 \times 22$
$= 81.94 t/m^2$

- 허용지지력 $q_a = \dfrac{q_u}{F} = \dfrac{81.94}{3} = 27.31 t/m^2$

- 허용하중 $Q_a = q_a \cdot A = 27.31 \times 2 \times 2 = 109.3 t$

99. 그림과 같은 점성토지반의 토질실험 결과 내부마찰각 $\phi = 30°$, 점착력 $c = 1.5t/m^2$일 때 A점의 전단강도는?

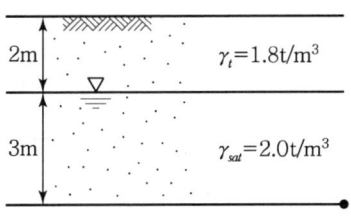

① 5.31t/m²　　② 5.95t/m²
③ 6.38t/m²　　④ 7.04t/m²

■해설
- 전응력 $\sigma = r_t \cdot H_1 + r_{sat} \cdot H_2$
$= 1.8 \times 2 + 2.0 \times 3 = 9.6 t/m^2$
- 간극수압 $u = r_w \cdot h = 1 \times 3 = 3 t/m^2$
- 유효응력 $\sigma' = \sigma - u = 9.6 - 3 = 6.6 t/m^2$
또는 유효응력 $\sigma' = \sigma - u$
$= r_t \cdot H_1 + (r_{sat} - r_w) \cdot H_2$
$= 1.8 \times 2 + (2.0 - 1) \times 3$
$= 6.6 t/m^2$
- 전단강도 $\tau = C + \sigma \tan\phi$
$= 1.5 + 6.6 \tan 30° = 5.31 t/m^2$

100. $\gamma_{sat} = 2.0t/m^3$인 사질토가 20° 경사진 무한사면이 있다. 지하수위가 지표면과 일치하는 경우 이 사면의 안전율이 1 이상이 되기 위해서는 흙의 내부마찰각이 최소 몇 도 이상이어야 하는가?

① 18.21°　　② 20.52°
③ 36.06°　　④ 45.47°

■해설 반무한사면의 안전율
$C = 0$인 사질토, 지하수위가 지표면과 일치하는 경우
$F = \dfrac{r_{sub}}{r_{sat}} \cdot \dfrac{\tan\phi}{\tan\beta} = \dfrac{2.0-1}{2.0} \times \dfrac{\tan\phi}{\tan 20°} \geq 1$
여기서, 안전율 ≥ 1이므로 $\phi = 36.06°$

제6과목 상하수도공학

101. 슬러지 용적지수(SVI)에 관한 설명 중 옳지 않은 것은?

① 포기조 내 혼합물을 30분간 정치한 후 침강한 1g의 슬러지가 차지하는 부피(mL)로 나타낸다.
② 정상적으로 운전되는 포기조의 SVI는 50~150 범위이다.
③ SVI는 슬러지 밀도지수(SDI)에 100을 곱한 값을 의미한다.
④ SVI는 폭기시간, BOD농도, 수온 등에 영향을 받는다.

■해설 슬러지 용적지표(SVI)
㉠ 정의 : 포기조 내 혼합액 1L를 30분간 침전시킨 후 1g의 MLSS가 차지하는 침전 슬러지의 부피(mL)를 슬러지용적지표(Sludge Volume Index)라 한다.
㉡ 특징
- 슬러지 침강성을 나타내는 지표로, 슬러지 팽화(Bulking)의 발생 여부를 확인하는 지표로 사용한다.
- SVI가 높아지면 MLSS 농도가 적어진다.
- SVI = 50~150 : 슬러지 침전성 양호
- SVI = 200 이상 : 슬러지 팽화 발생

|해답| 98.④　99.①　100.③　101.③

- SVI는 폭기시간, BOD농도, 수온 등에 영향을 받는다.
ⓒ 슬러지 밀도지수(SDI)
$$SDI = \frac{1}{SVI} \times 100\%$$

102. 공동현상(Cavitation)의 방지책에 대한 설명으로 옳지 않은 것은?

① 마찰손실을 작게 한다.
② 펌프의 흡입관경을 작게 한다.
③ 임펠러(Impeller) 속도를 작게 한다.
④ 흡입수두를 작게 한다.

■해설 공동현상(Cavitation)
㉠ 펌프의 관내 압력이 포화증기압 이하가 되면 기화현상이 발생되어 유체 중에 공동이 생기는 현상을 공동현상이라 한다. 공동현상이 발생되지 않으려면 이용할 수 있는 유효흡입수두가 펌프가 필요로 하는 유효흡입수두보다 커야 하며, 그 차이 값이 1m보다 크도록 하는 것이 좋다.
ⓒ 악현상
- 소음, 진동 발생
- 펌프의 성능 저하
- 관 내부의 침식
ⓒ 방지책
- 펌프의 설치 위치를 낮춘다.
- 펌프의 회전수를 줄인다. (임펠러 속도를 적게 한다.)
- 흡입관의 손실을 줄인다.(직경 D를 크게 한다.)
- 흡입양정의 표준을 −5m까지로 제한한다.
∴ 공동현상을 방지하려면 펌프의 흡입관경을 크게 한다.

103. 침전지의 수심이 4m이고 체류시간이 2시간일 때 이 침전지의 표면부하율(Surface Loading Rate)은?

① $12m^3/m^2 \cdot day$
② $24m^3/m^2 \cdot day$
③ $36m^3/m^2 \cdot day$
④ $48m^3/m^2 \cdot day$

■해설 수면적 부하
㉠ 입자가 100% 제거되기 위한 입자의 침강속도를 수면적 부하(표면부하율)라 한다.
$$V_0 = \frac{Q}{A} = \frac{h}{t}$$
ⓒ 표면부하율의 산정
$$V_0 = \frac{h}{t} = \frac{4}{2} = 2m^3/m^2 \cdot hr$$
$$= 48m^3/m^2 \cdot day$$

104. 하수관거의 접합 중에서 굴착 깊이를 얕게 함으로 공사비용을 줄일 수 있으며, 수위상승을 방지하고 양정고를 줄일 수 있어 펌프로 배수하는 지역에 적합한 방법은?

① 관저 접합
② 관정 접합
③ 수면 접합
④ 관중심 접합

■해설 관거의 접합방법

종류	특징
수면 접합	수리학적으로 가장 좋은 방법으로 관내 수면을 일치시키는 방법
관정 접합	관거의 내면 상부를 일치시키는 방법으로 굴착깊이가 증대되고, 공사비가 증가된다.
관중심 접합	관중심을 일치시키는 방법으로 별도의 수위 계산이 필요 없는 방법이다.
관저 접합	관거의 내면 바닥을 일치시키는 방법으로 굴착깊이는 얕아지지만, 수리학적으로 불리한 방법이다.
단차 접합	지세가 아주 급한 경우 토공량을 줄이기 위해 사용하는 방법이다.
계단 접합	지세가 매우 급한 경우 관거의 기울기와 토공량을 줄이기 위해 사용하는 방법이다.

∴ 굴착깊이를 얕게 하여 공사비용을 줄일 수 있는 방법은 관저접합이다.

105. 효율이 0.8인 펌프 2대를 이용하여 취수탑에서 100,000m^3/일의 수량을 20m 높이에 있는 도수로에 끌어올리려 한다. 펌프 한 대의 소요동력은?

① 90.6kW
② 113.2kW
③ 141.5kW
④ 283.0kW

■해설 동력의 산정
㉠ 양수에 필요한 동력($H_e = h + \Sigma h_L$)
- $P = \dfrac{9.8 Q H_e}{\eta}$ (kW)
- $P = \dfrac{13.3 Q H_e}{\eta}$ (HP)

㉡ 주어진 조건의 양수동력의 산정
- $Q = \dfrac{100,000}{24 \times 3,600} = 1.1574 \text{m}^3/\text{sec}$
- 펌프 1대당 유량
  $Q = \dfrac{1.1574}{2} = 0.5787 \text{m}^3/\text{sec}$
- $P = \dfrac{9.8 Q H_e}{\eta} = \dfrac{9.8 \times 0.5787 \times 20}{0.8}$
  $= 141.5 \text{kW}$

106. 상수도 시설의 규모 결정에 기초가 되는 계획 1일 최대급수량이 20,000m³이라 할 때 일반적인 계획취수량은 얼마 정도인가?

① 18,000m³/day
② 22,000m³/day
③ 30,000m³/day
④ 40,000m³/day

■해설 계획취수량
㉠ 계획취수량 : 도수 및 송수, 배수시설에서의 손실과 정수장에서의 세척수, 유지관리수를 고려하여 계획 1일 최대급수량에 5~10% 정도 여유 있게 취수한다.
㉡ 계획취수량의 산정
계획취수량 = 계획 1일 최대급수량 × 1.1
= 20,000 × 1.1 = 22,000m³/day

107. 펌프대수를 결정할 때 일반적인 고려사항에 대한 설명으로 옳지 않은 것은?

① 건설비를 절약하기 위해 예비는 가능한 대수를 적게 하고 소용량으로 한다.
② 펌프의 설치대수는 유지관리상 가능한 적게 하고 동일 용량의 것으로 한다.
③ 펌프는 가능한 최고효율점 부근에서 운전하도록 대수 및 용량을 정한다.
④ 펌프는 용량이 작을수록 효율이 높으므로 가능한 소용량의 것으로 한다.

■해설 펌프대수 결정 시 고려사항
㉠ 펌프는 가능한 최고효율점에서 운전하도록 대수 및 용량을 결정한다.
㉡ 펌프는 대용량 고효율 펌프를 사용한다.
㉢ 펌프의 대수는 유지관리상 가능한 적게 하고 동일 용량의 것을 사용한다.
㉣ 예비대수는 가능한 대수를 적게 하고 소용량의 것으로 한다.

108. 상수도의 오염물질별 처리방법으로 옳은 것은?

① 트리할로메탄 - 마이크로스트레이너
② 철, 망간 제거 - 폭기법
③ 색도유발물질 - 염소처리
④ Cryptosporidium - 염소소독

■해설 오염물질 처리방법
철, 망간 등의 제거에는 몇 가지가 있지만 폭기법이 가장 효과적이다.

109. 상수 취수시설에 있어서 침사지의 유효수심은 얼마를 표준으로 하는가?

① 10~12m
② 6~8m
③ 3~4m
④ 0.5~2m

■해설 침사지
㉠ 형상은 직사각형이나 정사각형 등으로 하고 침사지의 지수는 2지 이상으로 하며 수밀성 있는 철근콘크리트 구조로 한다.
㉡ 용량은 합류식 침사지의 경우 우천 시 계획하수량을 처리할 수 있는 용량이 확보되어야 한다.
㉢ 유입부는 편류를 방지하도록 고려하며, 길이가 폭의 3~8배를 표준으로 한다.
㉣ 침사지 용량은 계획취수량의 10~20분
㉤ 침사지의 유효수심은 3~4m
㉥ 침사지 내의 평균유속은 2~7cm/sec

|해답| 106.② 107.④ 108.② 109.③

110. 유입 하수량 20,000m³/day, 포기조 유입수의 BOD 농도를 140mg/L, BOD제거율을 90%로 할 경우 송기량은?(단, 산소 1kg에 대해 필요한 공기량은 3.5m³이고 생화학적 반응에 이용되는 공기량은 공급량의 7%로 가정한다.)

① 116,000m³/day   ② 126,000m³/day
③ 136,000m³/day   ④ 146,000m³/day

■해설 송기량의 산정
  ㉠ BOD 유입량의 산정
    • 유입량＝BOD유입농도×유입하수량
    • 140mg/L×10^{-3}(kg/m³)×20,000m³/day
      ＝2,800kg/day
  ㉡ BOD제거율을 고려한 유입량의 산정
    2,800×0.9＝2,520kg/day
  ㉢ 공기량의 산정
    산소 1kg에 대해 공기량 3.5m³이 필요하다.
    2,520kg×3.5m³＝8,820m³/day
  ㉣ 순도를 고려한 공기량의 산정
    • 최종공기량＝공기량×1/순도
    • 최종공기량＝8,820×1/0.07＝126,000m³/day

111. 상수도의 배수관 설계 시에 사용하는 계획배수량은?

① 계획평균배수량
② 계획최소배수량
③ 계획시간 최대배수량
④ 계획시간 평균배수량

■해설 상수도 구성요소
  ㉠ 수원 → 취수 → 도수(침사지) → 정수(착수정 → 약품혼화지 → 침전지 → 여과지 → 소독지 → 정수지) → 송수 → 배수(배수지, 배수탑, 고가탱크, 배수관) → 급수
  ㉡ 수원, 취수, 도수, 정수, 송수 등의 설계에는 계획 1일 최대급수량을 기준으로 한다.
  ㉢ 계획취수량은 계획 1일 최대급수량을 기준으로 5~10 정도 여유 있게 취수한다.
  ㉣ 배수관의 직경결정, 펌프의 용량산정 등에 사용되는 계획배수량은 계획시간 최대급수량을 기준으로 한다.

112. 하수도 시설 설계 시 우수유출량의 산정을 합리식으로 할 때 토지이용도별 기초 유출계수의 표준값이 가장 작은 것은?

① 지붕
② 수면
③ 경사가 급한 산지
④ 잔디, 수목이 많은 공원

■해설 유출계수
  ㉠ 유출계수 : 총강우량에 대한 유출량의 비를 유출계수라 한다.
  ㉡ 유출계수의 표준 값 : 지붕, 수면, 경사가 급한 산지에 비해 잔디, 수목이 많은 공원이 유출계수는 가장 적다고 할 수 있다.

113. 물이 상수관망에서 한쪽 방향으로만 흐르도록 할 때 사용하는 밸브는?

① 공기밸브(Air Valve)
② 역지밸브(Check Valve)
③ 배수밸브(Drain Valve)
④ 안전밸브(Safty Valve)

■해설 관로 내 밸브의 특징

종류	특징
제수밸브(Gate Valve)	유지관리 및 사고 시 수량조절 위해 설치, 시점, 종점, 분기점, 합류점에 설치
공기밸브(Air Valve)	배수 시 배수의 원활을 목적으로 관의 돌출부에 설치
역지밸브(Check Valve)	펌프압송 중 정전으로 인한 물의 역류를 방지하는 목적으로 설치
안전밸브(Safety Valve)	관내 이상수압의 발생으로 인한 수격작용 방지를 목적으로 설치
니토밸브(Drain Valve)	청소 및 정체수 배출의 목적으로 관내 오목부에 설치

∴ 물의 역류를 방지하고 한쪽 방향으로만 물이 흐르도록 하는 밸브는 역지밸브이다.

114. 관거별 계획하수량에 대한 설명으로 옳지 않은 것은?

① 오수관거의 계획오수량은 계획 1일 최대오수량으로 한다.
② 우수관거에서는 계획우수량으로 한다.
③ 합류식관거에서는 계획시간 최대오수량에 계획우수량을 합한 것으로 한다.
④ 차집관거는 우천 시 계획오수량으로 한다.

■해설 계획하수량의 결정
㉠ 오수 및 우수관거

종류		계획하수량
합류식		계획시간 최대오수량에 계획우수량을 합한 수량
분류식	오수관거	계획시간 최대오수량
	우수관거	계획우수량

㉡ 차집관거 : 우천시 계획오수량 또는 계획시간 최대오수량의 3배를 기준으로 설계한다.
∴ 오수관거의 계획오수량은 계획시간 최대오수량을 기준으로 한다.

115. 하수도시설의 일차침전지에 대한 설명으로 옳지 않은 것은?

① 침전지 형상은 원형, 직사각형 또는 정사각형으로 한다.
② 직사각형 침전지의 폭과 길이의 비는 1 : 3 이상으로 한다.
③ 유효수심은 2.5~4m를 표준으로 한다.
④ 침전시간은 계획 1일 최대오수량에 대하여 일반적으로 12시간 정도로 한다.

■해설 하수처리장의 1차침전지
㉠ 침전지 형상은 원형, 직사각형 또는 정사각형으로 한다.
㉡ 직사각형 침전지는 폭과 길이의 비를 1 : 3 이상으로 한다.
㉢ 침전지의 유효수심은 2.5~4m를 표준으로 한다.
㉣ 침전시간은 계획 1일 최대오수량의 2~4시간 정도로 한다.

116. 하수의 생물학적 처리법 중 산화구법(Oxidation Ditch Process)이 속하는 처리법은?

① 산화지법
② 소화법
③ 활성슬러지법
④ 살수여상법

■해설 활성슬러지법의 변법
㉠ 표준활성슬러지법의 유입부 과부하, 유출부 저부하의 문제점을 해결하기 위해 다음과 같은 변법들이 있다.
㉡ 활성슬러지법의 변법
• 접촉안정법
• 순산소폭기법
• 장시간폭기법
• 계단식폭기법
• 산화구법

117. 펌프의 회전수 $N=3,000$rpm, 양수량 $Q=1.5$m³/min, 전양정 $H=300$m인 5단 원심펌프의 비회전도 N_s는?

① 약 100회
② 약 150회
③ 약 170회
④ 약 210회

■해설 비교회전도
㉠ 비교회전도란 펌프나 송풍기 등의 형식을 나타내는 지표로 펌프의 경우 1m³/min의 유량을 1m 양수하는 데 필요한 회전수(N_s)를 말한다.

$$N_s = N\frac{Q^{\frac{1}{2}}}{H^{\frac{3}{4}}}$$

여기서, N : 표준회전수
Q : 토출량
H : 양정

㉡ 비교회전도의 산정
$$N_s = N\frac{Q^{\frac{1}{2}}}{H^{\frac{3}{4}}} = 3,000 \times \frac{1.5^{\frac{1}{2}}}{60^{\frac{3}{4}}} = 170.4회$$

118. 정수 처리에서 염소소독을 실시할 경우 물이 산성일수록 살균력이 커지는 이유는?

① 수중의 OCl 증가
② 수중의 OCl 감소
③ 수중의 HOCl 증가
④ 수중의 HOCl 감소

■해설 염소의 살균력
㉠ 염소의 살균력은 HOCl > OCl⁻ > 클로라민 순이다.
㉡ 염소와 암모니아성 질소가 결합하면 클로라민이 생성된다.
㉢ 낮은 pH에서는 HOCl 생성이 많고 높은 pH에서는 OCl⁻ 생성이 많으므로, 살균력은 온도가 높고 낮은 pH에서 강하다.
∴ 염소의 살균력은 HOCl 생성이 많이 되어야 높고 이는 pH가 낮아야 HOCl 생성이 많이 되고 살균력은 HOCl이 가장 높다.

119. 하수도 계획 중 계획우수량 산정 시 확률연수는 몇 년을 원칙으로 하는가?

① 5~10년　　② 10~30년
③ 25~30년　　④ 30~40년

■해설 합리식
합리식의 적용 확률연수는 10~30년을 원칙으로 한다.

$Q = \dfrac{1}{3.6} CIA$

여기서, Q : 우수량 (m³/sec)
　　　　C : 유출계수(무차원)
　　　　I : 강우강도(mm/hr)
　　　　A : 유역면적(km²)

120. 토사유입의 가능성이 높은 하천의 취수탑에 의한 취수 시 취수구의 단면적을 결정하기 위한 유입속도는 얼마를 표준으로 하는가?

① 5~10cm/sec　　② 15~30cm/sec
③ 30~50cm/sec　　④ 1~2m/sec

■해설 취수시설별 주요 특징 비교

항목	취수량	취수량의 안정성	취수구 유입속도	비고
취수관	중·소량	비교적 가능	0.15~0.3m/s 관내 (0.6~1.0m/s)	취수언과 병용 시 취수량 대량, 안정
취수탑	대량	안정	하천 (0.15~0.3m/s) 호소수 (1~2m/s)	
취수문	소량	불안정	1m/s 이하	취수언과 병용 시 취수량 대량, 안정
취수틀	소량	안정	하천 (0.15~0.3m/s) 호소수 (1~2m/s)	
취수언	대량	안정	0.4~0.8m/s	

∴ 취수탑의 취수구 유입속도는 하천에서 0.15~0.3m/s로 하고 호소수에서는 1~2m/s를 표준으로 한다.

contents

2월 시행(기출복원)
5월 시행(기출복원)
6월 시행(기출복원)

토목기사 필기
과년도 기출복원문제

2023

과년도 기출복원문제 (2023년 2월 시행 기출복원)

제1과목 응용역학

01. 그림의 라멘에서 수평 반력 H를 구한 값은?

① 90kN
② 45kN
③ 30kN
④ 22.5kN

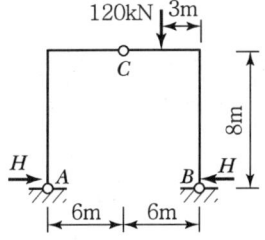

■해설 $\sum M_{\text{B}} = 0(\curvearrowleft \oplus)$
$-120 \times 3 + V_A \times 12 = 0, \quad V_A = 30\text{kN}(\uparrow)$

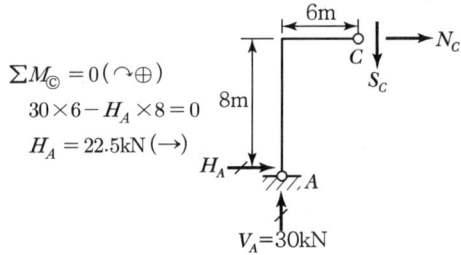

$\sum M_{\text{C}} = 0(\curvearrowleft \oplus)$
$30 \times 6 - H_A \times 8 = 0$
$H_A = 22.5\text{kN}(\rightarrow)$

02. 그림과 같은 2축 응력을 받고 있는 요소의 체적변형률은?(단, 탄성계수 $E = 2 \times 10^5$MPa, 포아송비 $v = 0.2$이다.)

① 1.8×10^{-4}
② 3.6×10^{-4}
③ 4.4×10^{-4}
④ 6.2×10^{-4}

■해설 $\varepsilon_V = \dfrac{1-2\nu}{E}(\sigma_x + \sigma_y)$
$= \dfrac{1 - 2 \times 0.2}{2 \times 10^5}(40 + 20) = 1.8 \times 10^{-4}$

03. 그림과 같은 30° 경사진 언덕에서 40kN의 물체를 밀어 올리는 데 얼마 이상의 힘이 필요한가?(단, 마찰계수 = 0.25)

① 27.5kN
② 28.7kN
③ 30.2kN
④ 40kN

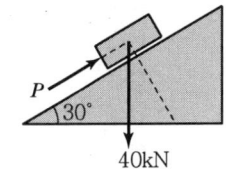

■해설 $F_u = 40 \times \cos 60° = 20\text{kN}$
$F_v = 40 \times \cos 30° = 34.64\text{kN}$
$\sum F_u = 0(\nearrow \oplus)$
$P - F_u - f = 0$
$P = F_u + f = F_u + \mu F_v$
$= 20 + (0.25 \times 34.64) = 28.66\text{kN}$

04. 그림과 같은 구조물의 C점에 연직하중이 작용할 때, AC부재가 받는 힘은?

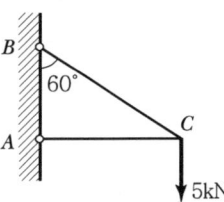

① 2.5kN
② 5kN
③ 8.7kN
④ 10kN

■해설 절점 C에서 절점법 사용

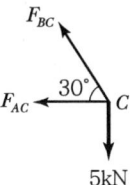

$\sum F_y = 0(\uparrow \oplus)$
$F_{BC} \cdot \sin 30° - 5 = 0$
$F_{BC} = 10\text{kN}(\text{인장})$

|해답| 1.④ 2.① 3.② 4.③

$$\Sigma F_x = 0 (\to \oplus)$$
$$-F_{BC} \cdot \cos 30° - F_{AC} = 0$$
$$F_{AC} = -F_{BC} \cdot \cos 30°$$
$$= -10 \cdot \frac{\sqrt{3}}{2}$$
$$= -8.7 \text{kN} (압축)$$

05. 단면이 원형(반지름 R)인 보에 휨모멘트 M이 작용할 때 이 보에 작용하는 최대휨응력은?

① $\dfrac{4M}{\pi R^3}$ ② $\dfrac{12M}{\pi R^3}$

③ $\dfrac{16M}{\pi R^3}$ ④ $\dfrac{32M}{\pi R^3}$

■ 해설
$$Z = \frac{I}{y_1} = \frac{\left(\frac{\pi R^4}{4}\right)}{(R)} = \frac{\pi R^3}{4}$$
$$\sigma_{max} = \frac{M}{Z} = \frac{M}{\left(\frac{\pi R^3}{4}\right)} = \frac{4M}{\pi R^3}$$

06. 다음 평면 구조물의 부정정차수는?

① 2차
② 3차
③ 4차
④ 5차

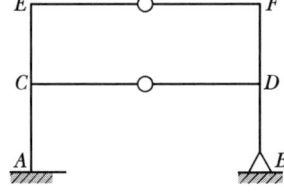

■ 해설 (라멘의 경우)
$$N = B \times 3 - j$$
$$= 2 \times 3 - (2+1) = 3차$$

07. 그림과 같은 단면에서 외곽 원의 직경(D)이 600m이고 내부 원의 직경($D/2$)은 300m라면, 빗금 친 부분의 도심의 위치는 x에서 얼마나 떨어진 곳인가?

① 330mm
② 350mm
③ 370mm
④ 390mm

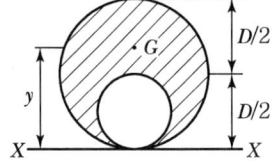

■ 해설
$$y = \frac{G_x}{A} = \frac{G_{x(큰원)} - G_{x(작은원)}}{A_{(큰원)} - A_{(작은원)}}$$
$$= \frac{\left[\left(\frac{\pi D^2}{4}\right)\left(\frac{D}{2}\right)\right] - \left[\left\{\frac{\pi \left(\frac{D}{2}\right)^2}{4}\right\}\left(\frac{D}{2} \cdot \frac{1}{2}\right)\right]}{\left(\frac{\pi D^2}{4}\right) - \left(\frac{\pi \left(\frac{D}{2}\right)^2}{4}\right)}$$
$$= \frac{7D}{12} = \frac{7 \times 600}{12} = 350 \text{mm}$$

08. 외반경 R_1, 내반경 R_2인 중공(中空) 원형단면의 핵은?(단, 핵의 반경을 e로 표시함)

① $e = \dfrac{R_1^2 + R_2^2}{4R_1}$ ② $e = \dfrac{R_1^2 - R_2^2}{4R_1}$

③ $e = \dfrac{R_1^2 - R_2^2}{4R_2}$ ④ $e = \dfrac{R_1^2 + R_2^2}{4R_2}$

■ 해설 $A = \pi(R_1^2 - R_2^2)$
$$Z = \frac{I}{y_{max}} = \frac{\pi(R_1^4 - R_2^4)}{4} \cdot \frac{1}{R_1}$$
$$e = \frac{Z}{A} = \frac{\pi(R_1^4 - R_2^4)}{4R_1} \cdot \frac{1}{\pi(R_1^2 - R_2^2)}$$
$$= \frac{R_1^2 + R_2^2}{4R_1}$$

09. 다음 그림과 같은 보에서 A점의 반력이 B점의 반력의 2배가 되도록 하는 거리 x는 얼마인가?

① 1.67m
② 2.67m
③ 3.67m
④ 4.67m

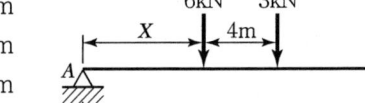
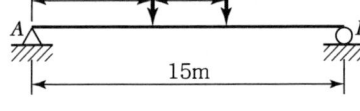

■ 해설 $R_A = 2R_B$
$$\Sigma F_y = 0(\uparrow \oplus)$$
$$R_A + R_B - 9 = 0$$
$$(2R_B) + R_B = 9$$
$$R_B = 3 \text{kN}$$
$$R_A = 2R_B = 6 \text{kN}$$
$$\Sigma M_{\textcircled{A}} = 0(\curvearrowright \oplus)$$
$$6 \times X + 3 \times (X+4) - 3 \times 15 = 0$$
$$X = 3.67 \text{m}(\to)$$

10. 정삼각형의 도심을 지나는 여러 축에 대한 단면 2차 모멘트 값에 대한 다음 설명 중 옳은 것은?

① $I_{y1} > I_{y2}$
② $I_{y2} > I_{y1}$
③ $I_{y3} > I_{y2}$
④ $I_{y1} = I_{y2} = I_{y3}$

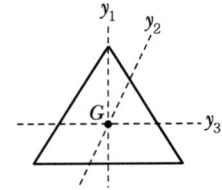

■해설 정삼각형 단면의 도심을 지나는 임의의 축에 대한 단면 2차 모멘트는 일정하다.
$I_{y1} = I_{y2} = I_{y3}$

11. 캔틸레버 보에서 보의 끝 B점에 집중하중 P와 우력 모멘트 M_0가 작용하고 있다. B점에서의 연직 변위는 얼마인가?(단, 보의 EI는 일정하다.)

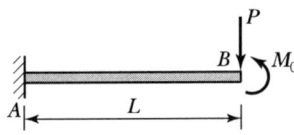

① $\delta_B = \dfrac{PL^3}{4EI} - \dfrac{M_0 L^2}{2EI}$

② $\delta_B = \dfrac{PL^3}{3EI} + \dfrac{M_0 L^2}{2EI}$

③ $\delta_B = \dfrac{PL^3}{3EI} - \dfrac{M_0 L^2}{2EI}$

④ $\delta_B = \dfrac{PL^3}{4EI} + \dfrac{M_0 L^2}{2EI}$

■해설 $\delta_B = \dfrac{PL^3}{3EI} - \dfrac{M_0 L^2}{2EI}(\downarrow)$

12. 그림과 같은 단순보에서 $C \sim D$구간의 전단력 Q의 값은?

① $+P$
② $-P$
③ $+\dfrac{P}{2}$
④ 0

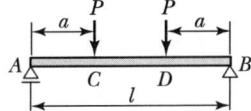

■해설 $V_A = V_B = P$

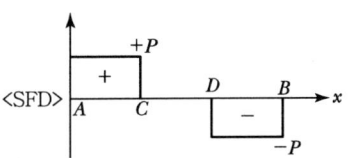

$C \sim D$ 구간의 전단력(Q)은 '0'이다.

13. 길이 50mm, 지름 10mm의 강봉을 당겼더니 5mm 늘어났다면 지름의 줄어든 값은 얼마인가?(단, 포아송비 $\nu = \dfrac{1}{3}$이다.)

① $\dfrac{1}{3}$mm
② $\dfrac{1}{4}$mm
③ $\dfrac{1}{5}$mm
④ $\dfrac{1}{6}$mm

■해설 $\nu = -\dfrac{\dfrac{\Delta D}{D}}{\dfrac{\Delta l}{l}} = -\dfrac{l \cdot \Delta D}{D \cdot \Delta l}$

$\Delta D = -\dfrac{\nu \cdot D \cdot \Delta l}{l} = -\dfrac{\dfrac{1}{3} \times 10 \times 5}{50}$

$= -\dfrac{1}{3}$mm (수축량)

14. 다음 그림과 같은 변단면 Cantilever 보 A점의 처짐을 구하면?

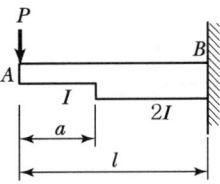

① $\dfrac{P}{6EI}(a^3 + l^3)$

② $\dfrac{P}{12EI}(a^3 + l^3)$

③ $\dfrac{P}{18EI}(a^3 + l^3)$

④ $\dfrac{P}{24EI}(a^3 + l^3)$

■해설

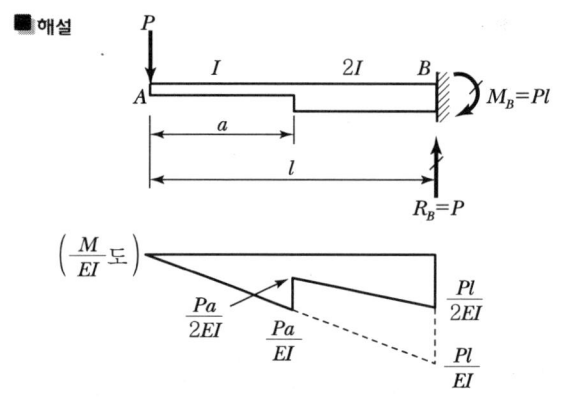

$$y_A = \left\{\left(\frac{1}{2} \times \frac{Pl}{2EI} \times l\right) \times \frac{2l}{3}\right\}$$
$$+ \left\{\left(\frac{1}{2} \times \frac{Pa}{2EI} \times a\right) \times \frac{2a}{3}\right\}$$
$$= \frac{P}{6EI}(l^3 + a^3)$$

15. 다음과 같이 A점과 B점에 모멘트 하중(M_o)이 작용할 때 생기는 전단력도의 모양은 어떤 형태인가?

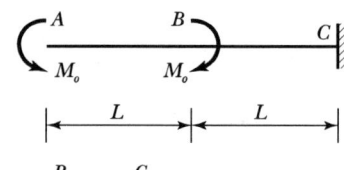

① A B C
② A B C
③ A B C
④ A C

■해설 AB구간은 휨모멘트 내력만 M_0로 일정하게 존재하는 순수 휨(Pure Bending)상태이고, BC구간은 내력이 존재하지 않는 상태이다. 따라서, 부재의 전구간에 걸쳐서 전단력은 존재하지 않는다.

16. 그림과 같은 2경간 연속보에 등분포하중 $w=4$kN/m 가 작용할 때 전단력이 0이 되는 지점 A로부터의 위치(x)는?

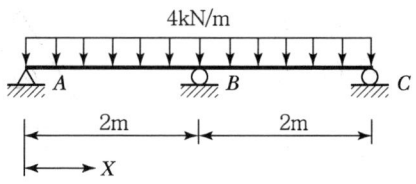

① 0.65m   ② 0.75m
③ 0.85m   ④ 0.95m

■해설 $R_{Ay} = R_{cy} = 0.375wl = 0.375 \times 4 \times 2 = 3$kN($\uparrow$)
$R_{By} = 1.25wl = 1.25 \times 4 \times 2 = 10$kN($\uparrow$)

$S_x = 0$인 곳이 AB 구간에 존재할 경우

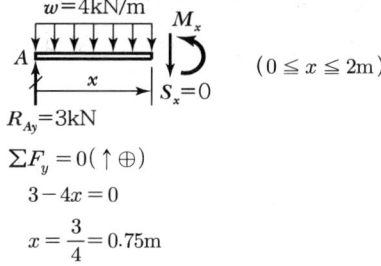

$\sum F_y = 0(\uparrow \oplus)$
$3 - 4x = 0$
$x = \dfrac{3}{4} = 0.75$m

17. 아래의 그림과 같이 길이 L인 부재에서 전체 길이의 변화량(ΔL)은?(단, 보는 균일하며 단면적 A와 탄성계수 E는 일정)

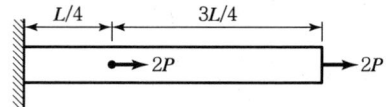

① $\dfrac{2PL}{EA}$

② $\dfrac{2.5PL}{EA}$

③ $\dfrac{3PL}{EA}$

④ $\dfrac{3.5PL}{EA}$

■해설

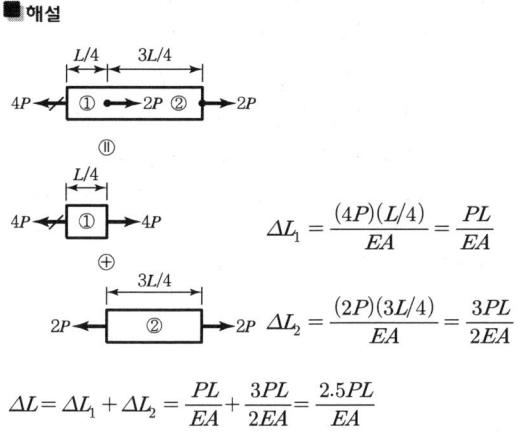

$$\Delta L_1 = \frac{(4P)(L/4)}{EA} = \frac{PL}{EA}$$

$$\Delta L_2 = \frac{(2P)(3L/4)}{EA} = \frac{3PL}{2EA}$$

$$\Delta L = \Delta L_1 + \Delta L_2 = \frac{PL}{EA} + \frac{3PL}{2EA} = \frac{2.5PL}{EA}$$

18. 다음 그림과 같은 보에서 B지점의 반력이 $2P$가 되기 위해서 $\dfrac{b}{a}$는 얼마가 되어야 하는가?

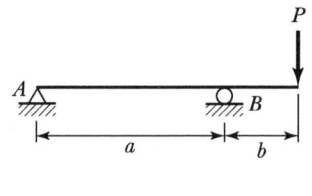

① 0.50 ② 0.75
③ 1.00 ④ 1.25

■해설

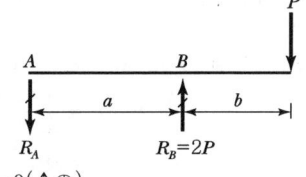

㉠ $\Sigma F_y = 0(\uparrow \oplus)$
  $-R_A + 2P - P = 0,\ R_A = P(\downarrow)$

㉡ $\Sigma M_{\text{Ⓑ}} = 0(\curvearrowright \oplus)$
  $-P \times a + P \times b = 0,\ \dfrac{b}{a} = 1$

19. 다음 그림(A)와 같이 하중을 받기 전에 지점 B와 보 사이에 Δ의 간격이 있는 보가 있다. 그림(B)와 같이 이 보에 등분포하중 q를 작용시켰을 때 지점 B의 반력이 ql이 되게 하려면 Δ의 크기를 얼마로 하여야 하는가?(단, 보의 휨강도 EI는 일정하다.)

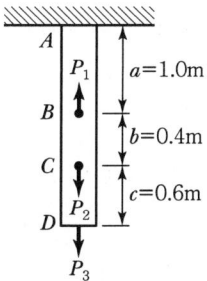

(A)   (B)

① $0.0208\dfrac{ql^4}{EI}$ ② $0.0312\dfrac{ql^4}{EI}$

③ $0.0417\dfrac{ql^4}{EI}$ ④ $0.0521\dfrac{ql^4}{EI}$

■해설
$$y_B = \frac{5q(2l)^4}{384EI} - \frac{(ql)(2l)^3}{48EI} = \Delta$$
$$\Delta = \frac{ql^4}{24EI} = 0.0417 ql^4$$

20. 균질한 균일 단면봉이 그림과 같이 P_1, P_2, P_3의 하중을 B, C, D점에서 받고 있다. $P_2 = 80\text{kN}$, $P_3 = 40\text{kN}$의 하중이 작용할 때 D점에서의 수직방향 변위가 일어나지 않기 위한 하중 P_1은 얼마인가?

① 144kN ② 192kN
③ 240kN ④ 286kN

■해설
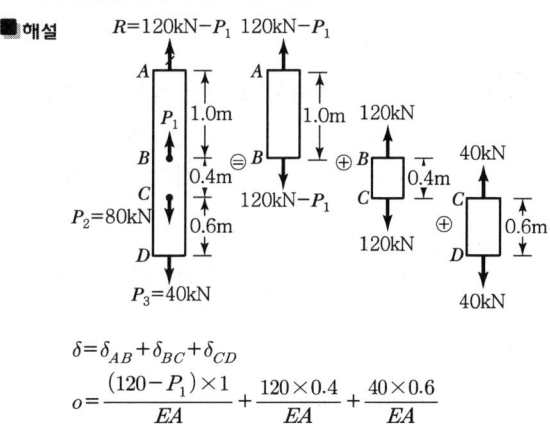

$\delta = \delta_{AB} + \delta_{BC} + \delta_{CD}$
$$0 = \frac{(120 - P_1) \times 1}{EA} + \frac{120 \times 0.4}{EA} + \frac{40 \times 0.6}{EA}$$
$P_1 = 192\text{kN}$

|해답| 18. ③ 19. ③ 20. ②

제2과목 측량학

21. 항공사진측량에서 산악지역(Accident Terrain 혹은 Mountainous Area)이 포함하는 의미로 옳은 것은?

① 산지의 면적이 평지의 면적보다 그 분포비율이 높은 지역
② 한 장의 사진이나 한 모델상에서 지형의 고저차가 비행고도의 10% 이상인 지역
③ 평탄지역에 비하여 경사조정이 편리한 지역
④ 표정 시에 산정(山頂)과 협곡에 시차분포가 균일한 지역

■해설 산악지역
비행고도에 대하여 10% 이상의 고저차가 있을 때

22. 1변의 거리가 30km인 정삼각형의 내각을 오차 없이 측량하였을 때에 내각의 합은?(단, 지구 곡률반지름 = 6,370km)

① 180° + 2″ ② 180° – 2″
③ 180° + 1″ ④ 180° – 1″

■해설 ① 구면삼각형 면적(E)

$$E = \frac{1}{2}ab\sin a = \frac{1}{2} \times 30 \times 30 \times \sin 60°$$
$$= 389.71 \text{km}$$

② 구과향(ε'')

$$\varepsilon'' = \frac{E\varepsilon''}{r^2} = 389.71 \times \frac{206,265''}{6,370^2} = 180° + 2''$$

23. 홍수 시 유속측정에 가장 알맞은 것은?

① 봉부자   ② 이중부자
③ 수중부자   ④ 표면부자

■해설 표면부자
홍수 시 표면유속을 관측할 때 사용한다.

24. 삼각측량을 위한 삼각망 중에서 유심다각망에 대한 설명으로 틀린 것은?

① 농지측량에 많이 사용된다.
② 삼각망 중에서 정확도가 가장 높다.
③ 방대한 지역의 측량에 적합하다.
④ 동일측점 수에 비하여 포함면적이 가장 넓다.

■해설 정확도는 사변형 〉 유심 〉 단열 순이다.

25. 그림과 같이 A, B, C, D에서 각각 1, 2, 3, 4km 떨어진 P점의 표고를 직접 수준측량에 의해 결정하기 위하여 A, B, C, D 4개의 수준점에서 관측한 결과가 다음과 같을 때 P점의 최확값은?

$A \to P = 45.362\text{m}$ $B \to P = 45.370\text{m}$
$C \to P = 45.351\text{m}$ $D \to P = 45.348\text{m}$

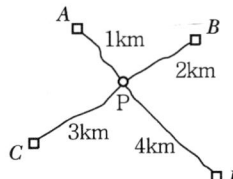

① 45.355m   ② 45.358m
③ 45.360m   ④ 45.365m

■해설 ① 경중률(P)은 노선길이(L)에 반비례

$$P_1 : P_2 : P_3 : P_4 = \frac{1}{L_1} : \frac{1}{L_2} : \frac{1}{L_3} : \frac{1}{L_4}$$
$$= 12 : 6 : 4 : 3$$

② $h_o = \dfrac{P_1 h_1 + P_2 h_2 + P_3 h_3 + P_4 h_4}{P_1 + P_2 + P_3 + P_4}$

$$= \frac{12 \times 45.362 + 6 \times 45.370 + 4 \times 45.351}{12 + 6 + 4 + 3}$$
$$= \frac{+3 \times 45.348}{12 + 6 + 4 + 3}$$
$$= 45.360\text{m}$$

26. 대공표지의 설치에 대한 설명으로 옳지 않은 것은?

① 지상에 적당한 장소가 없을 때는 수목 또는 지붕위에 설치할 수 있다.
② 표석이 없는 지점에 설치할 때는 중심말뚝을 설치하여 그 중심을 표시한다.
③ 대공표지 설치를 완료하면 지상사진을 촬영하고 대공표지 점의 조서를 작성하여야 한다.
④ 설치장소는 시계의 영향은 거의 없지만 천정으로부터 최소 15° 이상의 시계를 확보하는 것이 좋다.

■해설 대공표지
① 항공사진에 지상의 기준점이 명확히 나타나게 하기 위한 표지
② 시계가 좋지 않거나 배경이 좋지 않을 때는 가까운 다른 장소에 설치한다.

27. 직접법으로 등고선을 측정하기 위하여 A점에 레벨을 세우고 기계 높이 1.5m를 얻었다. 70m 등고선상의 P점을 구하기 위한 표척(Staff)의 관측값은?(단, A점 표고는 71.6m이다.)

① 1.0m　　② 2.3m
③ 3.1m　　④ 3.8m

■해설 $H_p = H_A + I - h$
$h = H_A + I - H_p = 71.6 + 1.5 - 70 = 3.1m$

28. 두 측점 간의 위거와 경거의 차가 다음과 같을 때 방위각은?

| Δ위거 = -156.145m | Δ경거 = 449.152m |

① 19°10′11″　　② 70°49′49″
③ 109°10′11″　　④ 289°10′11″

■해설 $\tan\theta = \dfrac{Y}{X} = \dfrac{449.152}{-156.145}$
① $\theta = \tan^{-1}\left(\dfrac{449.152}{-156.145}\right) = 70°49′49″$
② $X(-값), Y(+값)$이므로 2상한
③ 방위각 = 180° - 70°49′49″ = 109°10′11″

29. 교각(I) = 52°50′, 곡선반지름(R) = 300m인 기본형 대칭 클로소이드를 설치할 경우 클로소이드의 시점과 교점($I.P$) 간의 거리(D)는?(단, 원곡선의 중심(M)의 X좌표(X_M) = 37.480m, 이정량(ΔR) = 0.781m이다.)

① 148.03m　　② 149.42m
③ 185.51m　　④ 186.90m

■해설 거리 $D = W + X_M$
① $W = (R + \Delta R)\tan\dfrac{I}{2} = 149.418$
$= (300 + 0.781) \times \tan\dfrac{52°50′}{2}$
② $D = 149.418 + 37.480 ≒ 186.90m$

30. 지반고(h_A)가 123.6m인 A점에 토털스테이션을 설치하여 B점의 프리즘을 관측하여, 기계고 1.0m, 관측사거리(S) 180m, 수평선으로부터의 고저각(α) 30°, 프리즘고(P_h) 1.5m를 얻었다면 B점의 지반고는?

① 212.1m　　② 213.1m
③ 277.98m　　④ 280.98m

■해설 $H_B = H_A + I + S\sin\alpha - P_h$
$= 123.6 + 1 + 180 \times \sin30° - 1.5$
$= 213.1m$

31. 지오이드(Geoid)에 관한 설명으로 틀린 것은?

① 하나의 물리적 가상면이다.
② 지오이드면과 기준 타원체면과는 일치한다.
③ 지오이드 상의 어느 점에서나 중력방향에 연직이다.
④ 평균 해수면과 일치하는 등포텐셜면이다.

■해설 지오이드는 불규칙면으로 회전타원체와 일치하지 않는다.

32. 완화곡선에 대한 설명으로 옳지 않은 것은?

① 완화곡선은 모든 부분에서 곡률이 같지 않다.
② 완화곡선의 반지름은 무한대에서 시작한 후 점차 감소되어 주어진 원곡선에 연결된다.
③ 완화곡선의 접선은 시점에서 원호에 접한다.
④ 완화곡선에 연한 곡선 반지름의 감소율은 캔트의 증가율과 같다.

■해설 완화곡선의 접선은 시점에서 직선에, 종점에서 원호에 접한다.

33. 등고선의 성질에 대한 설명으로 옳지 않은 것은?

① 경사가 급할수록 등고선 간격이 좁다.
② 경사가 일정하면 등고선 간격이 일정하다.
③ 등고선은 분수선과 직교하고, 합수선과 평행하다.
④ 등고선의 최단거리 방향은 최대경사방향을 나타낸다.

■해설 등고선은 합수선, 분수선과 직교한다.

34. 90m의 측선을 10m 줄자로 관측하였다. 이때 1회의 관측에 +5mm의 누적오차와 ±5mm의 우연오차가 있다면 실제거리로 옳은 것은?

① 90.045±0.015m
② 90.45±0.15m
③ 90±0.015m
④ 90±0.15m

■해설
① 횟수$(n) = \frac{90}{10} = 9$회
② 정오차$(m_1) = n\delta = 9 \times 5 = 45$mm
③ 우연오차$(m_2) = \pm\delta\sqrt{n} = \pm 5\sqrt{9} = \pm 15$mm
④ $L_o = 90 + 0.045 \pm 0.015 = 90.045 \pm 0.015$m

35. 30m에 대하여 3mm 늘어나 있는 줄자로써 정사각형의 지역을 측정한 결과 62,500m²이었다면 실제의 면적은?

① 62,512.5m²
② 62,524.3m²
③ 62,535.5m²
④ 62,550.3m²

■해설 • 축척과 거리, 면적의 관계

$\frac{1}{m} = \frac{도상거리}{실제거리}$, $\left(\frac{1}{m}\right)^2 = \frac{도상면적}{실제면적}$

• 실제면적$(A_o) = \left(L + \frac{\Delta L}{L}\right)^2 \times A$

$= \left(\frac{30.003}{30}\right)^2 \times 62,500$

$= 62,512.5$m²

36. 그림과 같이 수준측량을 실시하였다. A점의 표고는 300m이고, B와 C 구간은 교호수준측량을 실시하였다면, D점의 표고는?(단, $A \to B = -0.567$m, $B \to C = -0.886$m, $C \to B = +0.866$m, $C \to D = +0.357$m)

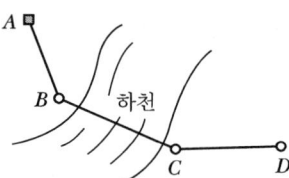

① 298.903m
② 298.914m
③ 298.921m
④ 298.928m

■해설 $H_D = H_A - 0.567 - \left(\frac{0.886 + 0.866}{2}\right) + 0.357$
$= 298.914$m

37. 평판측량에서 중심맞추기 오차가 6cm까지 허용한다면 이때의 도상축척의 한계는?(단, 도상오차는 0.2mm로 한다.)

① $\frac{1}{200}$
② $\frac{1}{400}$
③ $\frac{1}{500}$
④ $\frac{1}{600}$

■해설 구심오차 $q = \frac{2e}{M}$

① $M = \frac{2e}{q} = \frac{2 \times 60}{0.2} = 600$
② $\frac{1}{M} = \frac{1}{600}$

38. 그림과 같이 각 격자의 크기가 10m×10m로 동일한 지역의 전체토량은?

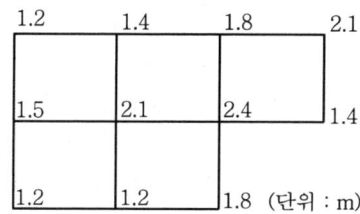

① 877.5m³   ② 893.6m³
③ 913.7m³   ④ 926.1m³

■해설 $V = \dfrac{A}{4}(\Sigma h_1 + 2\Sigma h_2 + 3\Sigma h_3 \cdots)$

① $\Sigma h_1 = 1.2 + 2.1 + 1.4 + 1.8 + 1.2 = 7.7$
② $\Sigma h_2 = 1.4 + 1.8 + 1.2 + 1.5 = 5.9$
③ $\Sigma h_3 = 2.4$
④ $\Sigma h_4 = 2.1$
⑤ $V = \dfrac{10 \times 10}{4}(7.7 + 2 \times 5.9 + 3 \times 2.4 + 4 \times 2.1)$
   $= 877.5 \text{m}^3$

39. 클로소이드 곡선(Clothoid Curve)에 대한 설명으로 옳지 않은 것은?

① 고속도로에 널리 이용된다.
② 곡률이 곡선의 길이에 비례한다.
③ 완화곡선(緩和曲線)의 일종이다.
④ 클로소이드 요소는 모두 단위를 갖지 않는다.

■해설 클로소이드는 길이의 단위를 가진 것과 단위가 없는 것이 있다.

40. 다음 중 전체 측선의 길이가 900m인 다각망의 정밀도를 1/2,600으로 하기 위한 위거 및 경거의 폐합오차로 알맞은 것은?

① 위거오차 : 0.24m, 경거오차 : 0.25m
② 위거오차 : 0.26m, 경거오차 : 0.27m
③ 위거오차 : 0.28m, 경거오차 : 0.29m
④ 위거오차 : 0.30m, 경거오차 : 0.30m

■해설 $\dfrac{1}{M} = \dfrac{E}{\text{총길이}}$, $E = \sqrt{E_L^2 + E_D^2}$

① $E = \dfrac{\text{총길이}}{M} = \dfrac{900}{2,600} = 0.346\text{m}$
② $E_L = E_D = \dfrac{0.346}{\sqrt{2}} \fallingdotseq 0.245\text{m}$

제3과목 수리수문학

41. 직경 10cm인 연직관 속에 높이 1m만큼 모래가 들어있다. 모래면 위의 수위를 10cm로 일정하게 유지시켰더니 투수량 $Q = 4\text{L/hr}$이였다. 이때 모래의 투수계수 k는?

① 0.4m/hr   ② 0.5m/hr
③ 3.8m/hr   ④ 5.1m/hr

■해설 Darcy의 법칙
㉠ Darcy의 법칙
$V = K \cdot I = K \cdot \dfrac{h_L}{L}$
$Q = A \cdot V = A \cdot K \cdot I = A \cdot K \cdot \dfrac{h_L}{L}$
로 구할 수 있다.

㉡ 지하수 유량의 산정
$K = \dfrac{Q}{AI} = \dfrac{0.004}{\dfrac{\pi \times 0.1^2}{4} \times \dfrac{0.1}{1}}$
$= 5.1\text{m/hr}$

42. Manning공식을 사용한 개수로 내 등류의 통수능(通水能) K_o는?(단, A_o : 유수단면적, n : 조도계수, R_o : 수리평균심, I_o : 등류 때의 수면경사이다.)

① $A_o \dfrac{1}{n} R_o^{\frac{2}{3}} I_o^{\frac{1}{2}}$ ② $\dfrac{1}{n} R_o^{\frac{2}{3}}$

③ $\dfrac{1}{n} A_o R_o^{\frac{2}{3}}$ ④ $A_o R_o^{\frac{2}{3}}$

■해설 통수능
㉠ 개수로 단면의 흐름의 특성을 K의 형태를 나타낸 것을 통수능이라 한다.

|해답| 38.① 39.④ 40.① 41.④ 42.③

ⓒ 통수능

$$Q = AV = A_0 \frac{1}{n} R_0^{\frac{2}{3}} I_0^{\frac{1}{2}} = K_0 I_0^{\frac{1}{2}}$$

∴ 통수능 $K_0 = A_0 \dfrac{1}{n} R_0^{\frac{2}{3}}$

43. 다음 중 베르누이(Bernoulli)의 정리를 응용한 것이 아닌 것은?

① 토리첼리(Torricelli)의 정리
② 피토관(Pitot Tube)
③ 벤투리미터(Venturimeter)
④ 파스칼(Pascal)의 원리

■해설 베르누이정리의 응용
토리첼리정리, 피토관방정식, 벤투리미터는 모두 베르누이정리를 응용하여 유도하였으며 파스칼의 원리는 베르누이정리와 무관하다.

44. 10°C의 물방울 지름이 3mm일 때 그 내부와 외부의 압력차는?(단, 10°C에서의 표면장력은 75 dyne/cm이다.)

① 250dyne/cm²   ② 500dyne/cm²
③ 1,000dyne/cm² ④ 2,000dyne/cm²

■해설 표면장력
㉠ 유체입자 간의 응집력으로 인해 그 표면적을 최소화시키려는 힘을 표면장력이라 한다.

$$T = \frac{PD}{4}$$

ⓒ 압력차의 산정

$$P = \frac{4T}{D} = \frac{4 \times 75}{0.3} = 1,000 \text{dyne/cm}^2$$

45. 지름 25cm, 길이 1m의 원주가 연직으로 물에 떠 있을 때, 물속에 가라앉은 부분의 길이가 70cm라면 원주의 무게는?(단, 무게 1kg=10N)

① 252.5N(25.25kg)
② 343.4N(34.34kg)
③ 423.5N(42.35kg)
④ 503.0N(50.30kg)

■해설 부체의 평형조건
㉠ 부체의 평형조건
W(무게) = B(부력)
$w \cdot V = w_w \cdot V'$

여기서, w : 물체의 단위중량
V : 부체의 체적
w_w : 물의 단위중량
V' : 물에 잠긴 만큼의 체적

ⓒ 원주의 무게

$$W = w_w \cdot V' = 1 \times \left(\frac{\pi \times 0.25^2}{4} \times 0.7\right)$$
$$= 0.03434t = 34.34\text{kg} = 343.4\text{N}$$

46. 그림과 같은 노즐에서 유량을 구하기 위한 식으로 옳은 것은?(단, C는 유속계수이다.)

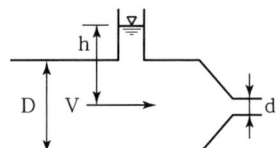

① $C \cdot \dfrac{\pi d^2}{4} \sqrt{\dfrac{2gh}{1 - C^2(d/D)^2}}$

② $C \cdot \dfrac{\pi d^2}{4} \sqrt{\dfrac{2gh}{1 - C^2(d/D)^4}}$

③ $\dfrac{\pi d^4}{4} \sqrt{\dfrac{2gh}{1 - C^2(d/D)^2}}$

④ $C \cdot \dfrac{\pi d^2}{4} \sqrt{2gh}$

■해설 노즐
㉠ 노즐 : 호스 선단에 붙여서 물을 사출할 수 있도록 한 점근 축소관을 노즐이라 한다.

ⓒ 노즐의 유량

실제유속 : $V = C_v \sqrt{\dfrac{2gh}{1 - \left(\dfrac{Ca}{A}\right)^2}}$

실제유량 : $Q = Ca \sqrt{\dfrac{2gh}{1 - \left(\dfrac{Ca}{A}\right)^2}}$

∴ 그림의 조건을 대입하면

$$Q = C\dfrac{\pi d^2}{4} \sqrt{\dfrac{2gh}{1 - C^2(d/D)^4}}$$

|해답| 43.④ 44.③ 45.② 46.②

47. 지하수의 흐름에서 Darcy법칙을 사용할 때의 가정조건으로 옳지 않은 것은?

① 흐름은 정상류이다.
② 다공층의 매질은 균일하며 동질이다.
③ 유속은 입자 사이를 흐르는 평균이론유속이다.
④ 흐름이 층류보단 난류인 경우에 더욱 정확하다.

■해설 Darcy의 법칙
  ㉠ Darcy의 법칙
  $$V = K \cdot I = K \cdot \frac{h_L}{L}$$
  $$Q = A \cdot V = A \cdot K \cdot I = A \cdot K \cdot \frac{h_L}{L}$$
  로 구할 수 있다.

  ㉡ 특징
  • 지하수의 유속은 동수경사(I)에 비례한다.
  • 동수경사(I)는 무차원이므로 투수계수는 유속과 동일 차원을 갖는다.
  • Darcy의 법칙은 정상류흐름에 층류에만 적용된다.
  • 다공층의 매질은 균일하며 동질이다.

48. 그림과 같이 여수로(餘水路) 위로 단위폭당 유량 $Q = 3.27\text{m}^3/\text{sec}$가 월류할 때 ㉠ 단면의 유속 $V_1 = 2.04\text{m/sec}$, ㉡ 단면의 유속 $V_2 = 4.67\text{m/sec}$라면, 댐에 가해지는 수평성분의 힘은?(단, 무게 1kg = 10N이고, 이상 유체로 가정한다.)

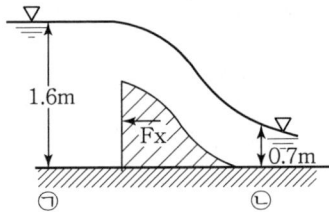

① 1,580N/m(158kg/m)
② 2,450N/m(245kg/m)
③ 6,470N/m(647kg/m)
④ 12,800N/m(1,280kg/m)

■해설 역적 – 운동량방정식
  ㉠ 역적 – 운동량방정식
  $$P_1 - F_x - P_2 = \frac{wQ}{g}(V_2 - V_1)$$

  ㉡ 각 힘들의 해석
  $$P_1 = wh_G A = 1 \times \frac{1.6}{2} \times (1 \times 1.6) = 1.28t$$
  $$P_2 = wh_G A = 1 \times \frac{0.7}{2} \times (1 \times 0.7) = 0.245t$$

  ㉢ 역적 – 운동량방정식에 대입
  $$1.28 - F_x - 0.245 = \frac{1 \times 3.27}{9.8}(4.67 - 2.04)$$
  $$\therefore F_x = 0.158t = 158\text{kg}$$
  단위폭당 댐에 가해지는 힘을 구하면
  $$\therefore F_x = 0.158t/m = 158\text{kg/m} = 1,580\text{N/m}$$

49. 직경 1m, 길이 600m인 강관 내를 유량 2m³/sec의 물이 흐르고 있다. 밸브를 1초 걸려 닫았을 때 밸브 단면에서의 상승압력수두는?(단, 압력파의 전파속도는 1,000m/sec이다.)

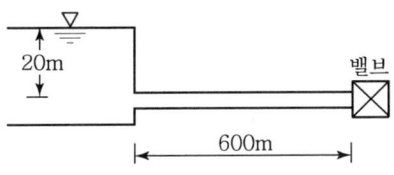

① 220m
② 260m
③ 300m
④ 500m

■해설 수격압
  ㉠ 수격압의 전파속도
  $$C = \frac{1}{\sqrt{\frac{w}{9}\left(\frac{1}{E_w} + \frac{1}{E_s}\frac{D}{t}\right)}}$$

  ㉡ 압력파의 왕복시간
  $$t = \frac{2L}{C}$$

  ㉢ 수격작용에 의한 최대압력
  평균유속 : $V = \dfrac{Q}{\dfrac{\pi D^2}{4}} = \dfrac{2}{\dfrac{\pi \times 1^2}{4}}$
  $= 2.55\text{m/s}$
  → $t = 1$초는 급폐색이므로
  수두의 산정 : $h = \dfrac{CV}{g} = \dfrac{1,000 \times 2.55}{9.8}$
  $= 260\text{m}$

50. 단위중량 w 또는 밀도 ρ인 유체가 유속 V로서 수평방향으로 흐르고 있다. 직경 d, 길이 l인 원주가 유체의 흐름방향에 직각으로 중심축을 가지고 놓였을 때 원주에 작용하는 항력(D)은?(단, C : 항력계수, g : 중력가속도)

① $D = C \cdot \dfrac{\pi d^2}{4} \cdot \dfrac{wV^2}{2}$

② $D = C \cdot d \cdot l \cdot \dfrac{wV^2}{2}$

③ $D = C \cdot \dfrac{\pi d^2}{4} \cdot \dfrac{\rho V^2}{2}$

④ $D = C \cdot d \cdot l \cdot \dfrac{\rho V^2}{2}$

■해설 항력(Drag Force)
㉠ 흐르는 유체 속에 물체가 잠겨 있을 때 유체에 의해 물체가 받는 힘을 항력(Drag Force)이라 한다.

$$D = C_D \cdot A \cdot \dfrac{\rho V^2}{2}$$

여기서, C_D : 항력계수 $\left(C_D = \dfrac{24}{R_e}\right)$
A : 투영면적
$\dfrac{\rho V^2}{2}$: 동압력

∴ $D = C_D \cdot A \cdot \dfrac{\rho V^2}{2} = C \cdot d \cdot l \cdot \dfrac{\rho V^2}{2}$

㉡ 항력의 종류

종류	내용
마찰 저항	유체가 흐를 때 물체표면의 마찰에 의하여 느껴지는 저항을 말한다.
조파 저항	배가 달릴 때는 선수미(船首尾)에서 규칙적인 파도가 일어나는데, 이때 소요되는 배의 에너지 손실을 조파저항이라고 한다.
형상 저항	유속이 빨라져서 R_e가 커지면 물체 후면에 후류(Wake)라는 소용돌이가 발생되어 물체를 흐름방향과 반대로 잡아당기게 되는데 이러한 저항을 형상저항이라 한다.

51. 강수량 자료를 분석하는 방법 중 이중누가해석(Double Mass Analysis)에 대한 설명으로 옳은 것은?

① 강수량 자료의 일관성을 검증하기 위하여 이용한다.
② 강수의 지속기간을 알기 위하여 이용한다.
③ 평균 강수량을 계산하기 위하여 이용한다.
④ 결측자료를 보완하기 위하여 이용한다.

■해설 이중누가우량분석
수십 년에 걸친 장기간의 강수자료의 일관성(Consistency) 검증을 위해 이중누가우량분석(Double Mass Analysis)을 실시한다.

52. 강우강도(I), 지속시간(D), 생기빈도(F) 관계를 표현하는 $I-D-F$ 관계식 $I = \dfrac{kT^x}{t^n}$에 대한 설명으로 틀린 것은?

① t : 강우의 지속시간(min)으로서, 강우가 계속 지속될수록 강우강도(I)는 커진다.
② I : 단위시간에 내리는 강우량(mm/hr)인 강우강도이며 각종 수문학적 해석 및 설계에 필요하다.
③ T : 강우의 생기빈도를 나타내는 연수(年數)로서 재현기간(년)을 말한다.
④ k, x, n : 지역에 따라 다른 값을 가지는 상수이다.

■해설 IDF 관계
㉠ 강우강도(I), 지속시간(D), 생기빈도(F)의 관계를 나타낸다.
$$I = \dfrac{kT^x}{t^n}$$
㉡ 해석
- t는 강우지속시간(min)을 나타내며, 지속시간이 길어지면 강우강도(I)는 작아진다.
- I는 단위시간에 내리는 강우량(mm/hr)인 강우강도이며 각종 수문학적 해석 및 설계에 필요하다.
- T는 강우의 생기빈도를 나타내는 연수로서 재현기간을 말한다.
- k, x, n은 지역에 따른 값을 갖는 상수이다.

53. 단면적 20cm²인 원형 오리피스(Orifice)가 수면에서 3m의 깊이에 있을 때, 유출수의 유량은?(단, 물통의 수면은 일정하고 유량계수는 0.6이라 한다.)

① 0.0014m³/sec
② 0.0092m³/sec
③ 14.4400m³/sec
④ 15.2400m³/sec

■해설 오리피스
㉠ 작은 오리피스의 유량
$Q = CA\sqrt{2gh}$
㉡ 유량의 산정
$Q = CA\sqrt{2gh} = 0.6 \times 0.002 \times \sqrt{2 \times 9.8 \times 3}$
$= 0.0092 \text{m}^3/\text{sec}$

54. 다음 설명 중 옳지 않은 것은?

① 자연하천에서 대부분 동일 수위에 대한 수위 상승 시와 하강 시의 유량이 다르다.
② 수위-유량 관계곡선의 연장방법인 Stevens 법은 Chezy의 유속공식을 이용한다.
③ 유량누가곡선의 경사가 급하면 홍수가 드물고 지하수의 하천방출이 크다.
④ 합리식은 어떤 배수영역에 발생한 강우강도와 첨두유량 간 관계를 나타낸다.

■해설 수문학 일반사항
㉠ 수위-유량관계곡선에서 자연하천에서는 대부분 동일 수위에 대한 수위 상승 시와 하강 시의 유량이 다르다.
㉡ 수위-유량관계곡선의 연장방법의 하나인 Stevens 법은 Chezy의 유속공식을 이용한다.
㉢ 유량누가곡선의 경사가 급하면 홍수가 발생되고 지하수의 하천방출이 크다.
㉣ 합리식은 도시지역의 우수유출량을 산정하는 데 활용하는 공식으로 어떤 배수영역에 강우강도와 첨두유량 간의 관계를 나타낸다.

55. 유출량 자료가 없는 경우에 유역의 토양특성과 식생피복상태 등에 대한 상세한 자료만으로서도 총우량으로부터 유효우량을 산정할 수 있는 방법은?

① f-지표법
② ϕ-지표법
③ W-지표법
④ SCS법

■해설 SCS 초과우량 산정방법
㉠ 유출량 자료가 없는 경우 유역의 토양특성과 식생피복상태 및 선행강수조건 등에 대한 상세한 자료만으로 총우량으로부터 유효우량을 산정할 수 있는 방법을 SCS 유출곡선지수방법이라 한다.
㉡ SCS 유효우량 산정방법에서는 유효우량의 크기에 직접적으로 영향을 미치는 인자로서 강우가 있기 이전의 유역의 선행토양함수조건과 유역을 형성하고 있는 토양의 종류와 토지이용상태 및 식생피복의 처리상태, 그리고 토양의 수문학적 조건 등을 고려하였다.
㉢ 유출곡선지수(CN)는 총우량으로부터 유효우량의 잠재력을 표시하는 지수이다.
㉣ 투수성 지역의 유출곡선지수는 불투수성 지역의 유출곡선지수보다 적은 값을 갖는다.
㉤ 선행토양함수조건은 1년을 성수기와 비성수기로 나누어 각 경우에 대하여 3가지 조건(AMC-Ⅰ, AMC-Ⅱ, AMC-Ⅲ)으로 구분하고 있다.

56. 개수로에서 수로 수심이 1.5m인 직사각형단면일 때 수리적으로 유리한 단면으로 계산한 수로의 경심(동수반경)은?

① 0.75m
② 1.0m
③ 1.25m
④ 1.5m

■해설 수리학적 유리한 단면
㉠ 일정한 단면적에 유량이 최대로 흐를 수 있는 단면을 수리학적 유리한 단면이라 한다.
• 경심(R)이 최대이거나 윤변(P)이 최소인 단면
• 직사각형의 경우 B=2H, $R = \dfrac{H}{2}$이다.
㉡ 동수반경의 산정
$R = \dfrac{H}{2} = \dfrac{1.5}{2} = 0.75\text{m}$

57. 2차원 비압축성 정류의 유속성분 u, v가 보기와 같을 때, 연속방정식을 만족하는 것은?

① $u = 4x, \quad v = 4y$
② $u = 4x, \quad v = -4y$
③ $u = 4x, \quad v = 6y$
④ $u = 4x, \quad v = -6y$

■해설 비압축성 정상류 2차원 연속방정식
㉠ 비압축성 정상류 연속방정식
$$\frac{\partial u}{\partial x} + \frac{\partial v}{\partial y} = 0$$

㉡ x, y방향에 편미분을 하여 위의 방정식을 만족하면 된다.
②의 식을 편미분해보면
$$\frac{\partial u}{\partial x} = 4$$
$$\frac{\partial v}{\partial y} = -4$$
∴ $\frac{\partial u}{\partial x} + \frac{\partial v}{\partial y} = 4 - 4 = 0$

∴ ②의 경우가 비압축성 정상류 연속방정식을 만족시킨다.

58. 유량 20m³/sec, 유효낙차 50m인 수력지점의 이론수력은?

① 1,000kW
② 4,900kW
③ 9,800kW
④ 10,000kW

■해설 동력의 산정
㉠ 양수에 필요한 동력($H_e = h + \Sigma h_L$)
$$P = \frac{9.8 Q H_e}{\eta} (\text{kW})$$
$$P = \frac{13.3 Q H_e}{\eta} (\text{HP})$$

㉡ 수차의 출력($H_e = h - \Sigma h_L$)
$P = 9.8 Q H_e \eta (\text{kW})$
$P = 13.3 Q H_e \eta (\text{HP})$

㉢ 이론수력의 산정
$P = 9.8 Q H_e \eta = 9.8 \times 20 \times 50 = 9,800 \text{kW}$

59. 물이 가득 차서 흐르는 원형 관수로에서 마찰손실계수 f를 Manning의 조도계수 n과 연관시킨 식으로 옳은 것은?(단, d : 관지름, R : 동수반경, g : 중력가속도)

① $f = \dfrac{124.5 n^2}{d^{1/3}}$
② $f = \dfrac{8gn^2}{d^{1/3}}$
③ $f = \dfrac{124.5 n^2}{R^{1/3}}$
④ $f = \dfrac{8gn^2}{R^{1/3}}$

■해설 마찰손실계수
㉠ R_e수와의 관계
• 원관 내 층류 : $f = \dfrac{64}{R_e}$
• 불완전층류 및 난류의 매끈한 관 :
$f = 0.3164 R_e^{-\frac{1}{4}}$

㉡ 조도계수 n과의 관계
$$f = \frac{124.5 n^2}{D^{\frac{1}{3}}}$$

㉢ Chezy 유속계수 C와의 관계
$f = \dfrac{8g}{C^2}$

60. S-curve와 가장 관계가 먼 것은?

① 직접 유출 수문곡선
② 단위도의 지속시간
③ 평형 유출량
④ 등우 선도

■해설 S-curve
㉠ S-curve는 단위도의 지속시간을 변환하는 방법이다.
㉡ 단위도에서 유출유량이 평형상태에 도달하는 경우 S-곡선을 얻는다.
㉢ 단위도는 직접유출수문곡선이다.
∴ S-curve와 가장 관계가 먼 것은 등우선도이다.

제4과목 철근콘크리트 및 강구조

61. 부분 프리스트레싱(Partial Prestressing)에 대한 설명으로 옳은 것은?
① 구조물에 부분적으로 PSC부재를 사용하는 방법
② 부재단면의 일부에만 프리스트레스를 도입하는 방법
③ 사용하중 작용 시 PSC부재 단면의 일부에 인장응력이 생기는 것을 허용하는 방법
④ PSC부재 설계 시 부재 하단에만 프리스트레스를 주고 부재 상단에는 프리스트레스 하지 않는 방법

■해설
- 완전 프리스트레싱(Full Prestressing) : 부재 단면에 인장응력이 발생하지 않는다.
- 부분 프리스트레싱(Partial Prestressing) : 부재 단면의 일부에 인장응력이 발생한다.

62. $P=300kN$의 인장응력이 작용하는 판두께 10mm인 철판에 $\phi 19mm$인 리벳을 사용하여 접합할 때의 소요리벳 수는?(단, 허용전단응력=110MPa, 허용지압응력=220MPa)
① 8개
② 10개
③ 12개
④ 14개

■해설
① 리벳의 전단강도
$$P_{Rs} = v_a \cdot \left(\frac{\pi\phi^2}{4}\right) = 110 \times \left(\frac{\pi \times 19^2}{4}\right) = 31,188N$$

② 리벳의 지압강도
$$P_{Rb} = f_{ba}(\phi t) = 220 \times (19 \times 10) = 41,800N$$

③ 리벳강도
$$P_R = [P_{Rs},\ P_{Rb}]_{min} = 31,188N$$

④ 소요 리벳수
$$n = \frac{P}{P_R} = \frac{300 \times 10^3}{31,188} = 9.6개$$
≒ 10개(올림에 의하여)

63. 철근콘크리트가 성립되는 조건으로 옳지 않은 것은?
① 철근과 콘크리트와의 부착력이 크다.
② 철근과 콘크리트의 열팽창계수가 거의 같다.
③ 철근과 콘크리트의 탄성계수가 거의 같다.
④ 철근은 콘크리트 속에서 녹이 슬지 않는다.

■해설 철근콘크리트의 성립 요건
① 콘크리트와 철근 사이의 부착강도가 크다.
② 콘크리트와 철근의 열팽창계수가 거의 같다.
$$\begin{bmatrix} \alpha_c = (1.0 \sim 1.3) \times 10^{-5}(/℃) \\ \alpha_s = 1.2 \times 10^{-5}(/℃) \end{bmatrix}$$
③ 콘크리트 속에 묻힌 철근은 부식되지 않는다.

64. 철근콘크리트 부재의 비틀림철근 상세에 대한 설명으로 틀린 것은?[단, p_h : 가장 바깥의 횡방향 폐쇄스터럽 중심선의 둘레(mm)]
① 종방향 비틀림철근은 양단에 정착하여야 한다.
② 횡방향 비틀림철근의 간격은 $p_h/4$보다 작아야 하고 또한 200mm보다 작아야 한다.
③ 비틀림에 요구되는 종방향 철근은 폐쇄스터럽의 둘레를 따라 300mm 이하의 간격으로 분포시켜야 한다.
④ 종방향 철근의 지름은 스터럽 간격의 1/24 이상이어야 하며, D10 이상의 철근이어야 한다.

■해설 횡방향 비틀림철근의 간격은 $p_h/8$보다 작아야 하고, 또한 300mm보다 작아야 한다.

65. 강도설계법에서 강도감소계수(ϕ)를 규정하는 목적이 아닌 것은?
① 재료 강도와 치수가 변동할 수 있으므로 부재의 강도 저하 확률에 대비한 여유를 반영하기 위해
② 부정확한 설계방정식에 대비한 여유를 반영하기 위해
③ 구조물에서 차지하는 부재의 중요도 등을 반영하기 위해
④ 하중의 변경, 구조해석할 때의 가정 및 계산의 단순화로 인해 야기될지 모르는 초과하중에 대비한 여유를 반영하기 위해

■해설 하중의 변경, 구조해석시 초과하중에 대비하기 위하여 고려되는 것은 하중계수이다.

66. $A_s = 4,000\text{mm}^2$, $A_s' = 1,500\text{mm}^2$로 배근된 그림과 같은 복철근 보의 탄성처짐이 15mm이다. 5년 이상의 지속하중에 의해 유발되는 장기처짐은 얼마인가?

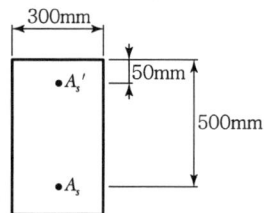

① 15mm   ② 20mm
③ 25mm   ④ 30mm

■해설 $\xi = 2.0$(하중 재하기간이 5년 이상인 경우)
$$\rho' = \frac{A_s'}{bd} = \frac{1,500}{300 \times 500} = 0.01$$
$$\lambda_\Delta = \frac{\xi}{1+50\rho'} = \frac{2}{1+(50 \times 0.01)} = 1.33$$
$$\delta_L = \lambda_\Delta \cdot \delta_i = 1.33 \times 15 = 20\text{mm}$$

67. 다음 주어진 단철근 직사각형 단면이 연성파괴를 한다면 이 단면의 공칭휨강도는 얼마인가? (단, $f_{ck} = 21\text{MPa}$, $f_y = 300\text{MPa}$)

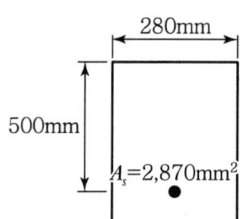

① 252.4kN·m   ② 296.9kN·m
③ 356.3kN·m   ④ 396.9kN·m

■해설 $\eta = 1$ ($f_{ck} \leq 40\text{MPa}$인 경우)
$$a = \frac{A_s f_y}{\eta 0.85 f_{ck} b} = \frac{2,870 \times 300}{1 \times 0.85 \times 21 \times 280} = 172.3\text{mm}$$
$$M_n = A_s f_y \left(d - \frac{a}{2}\right) = 2,870 \times 300 \times \left(500 - \frac{172.3}{2}\right)$$
$$= 356.3 \times 10^6 \text{N} \cdot \text{mm} = 356.3\text{kN} \cdot \text{m}$$

68. 그림과 같은 띠철근 단주의 균형상태에서 축방향 공칭하중(P_b)은 얼마인가? (단, $f_{ck} = 27\text{MPa}$, $f_y = 400\text{MPa}$, $A_{st} = 4\text{-}D35 = 3,800\text{mm}^2$)

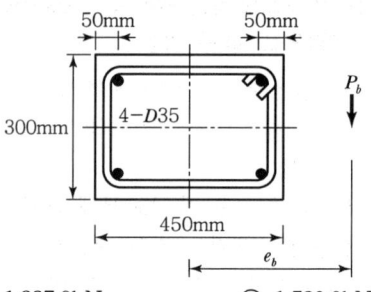

① 1,327.9kN   ② 1,520.0kN
③ 3,645.2kN   ④ 5,165.3kN

■해설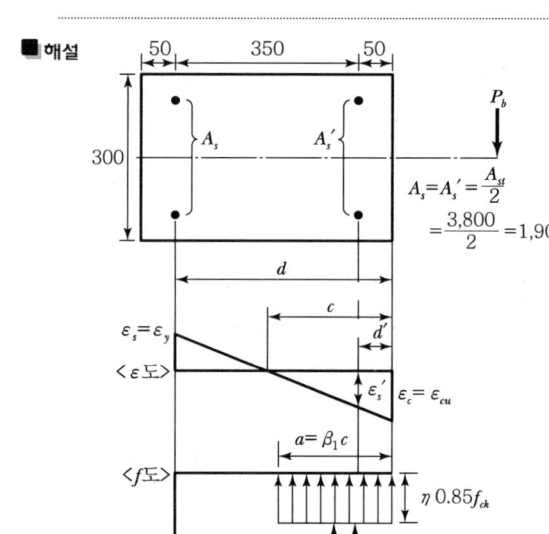

1. ε_{cu}, η, β_1의 값
   $f_{ck} = 27\text{MPa} \leq 40\text{MPa}$인 경우
   $\varepsilon_{cu} = 0.0033$, $\eta = 1$, $\beta_1 = 0.8$

2. 콘크리트의 압축력(C_c)
   $$c_b = \frac{660}{660 + f_y} d = \frac{660}{660 + 400} \times 400 = 249\text{mm}$$
   $$a_b = \beta_1 c_b = 0.8 \times 249 = 199.2\text{mm}$$
   $$C_c = \eta 0.85 f_{ck}(a_b b - A_s')$$
   $$= 1 \times 0.85 \times 27 \times (199.2 \times 300 - 1,900)$$
   $$= 1,327.9 \times 10^3 \text{N} = 1,327.9\text{kN}$$

3. 압축철근의 압축력(C_s)
   $$\varepsilon_y = \frac{f_y}{E_s} = \frac{400}{2 \times 10^5} = 0.002$$

$$\varepsilon_s' = \frac{c_b - d'}{c_b}\varepsilon_{cu} = \frac{249-50}{249} \times 0.0033 = 0.00264$$
$\varepsilon_s' > \varepsilon_y \rightarrow f_s' = f_y = 400\text{MPa}$
$C_s = A_s' f_s' = A_s' f_y$
$\quad = 1,900 \times 400$
$\quad = 760 \times 10^3 \text{N} = 760\text{kN}$

4. 인장철근의 인장력(T)
$\varepsilon_s = \varepsilon_y \rightarrow f_s = f_y = 400\text{MPa}$
$T = A_s f_y = 1,900 \times 400$
$\quad = 760 \times 10^3 \text{N} = 760\text{kN}$

5. 균형상태에서 축방향 공칭하중(P_b)
$P_b = C_c + C_s - T$
$\quad = 1,327.9 + 760 - 760 = 1,327.9\text{kN}$

69. $b_w = 250\text{mm}$, $d = 500\text{mm}$, $f_{ck} = 21\text{MPa}$, $f_y = 400\text{MPa}$인 직사각형 보에서 콘크리트가 부담하는 설계전단강도(ϕV_c)는?

① 71.6kN   ② 76.4kN
③ 82.2kN   ④ 91.5kN

■해설 $\phi V_c = \phi\left(\frac{1}{6}\sqrt{f_{ck}}\,b_w d\right)$
$\quad = 0.75 \times \left(\frac{1}{6} \times \sqrt{21} \times 250 \times 500\right)$
$\quad = 71.6 \times 10^3 \text{N} = 71.6\text{kN}$

70. 그림과 같이 단순지지된 2방향 슬래브에 등분포하중 w가 작용할 때, ab 방향에 분배되는 하중은 얼마인가?

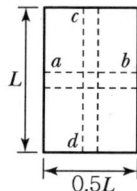

① $0.941w$ ② $0.059w$
③ $0.889w$ ④ $0.111w$

■해설 $w_{ab} = \frac{L^4}{L^4 + S^4}w = \frac{L^4}{L^4 + (0.5L)^4}w = 0.941w$

71. T형 PSC보에 설계하중을 작용시킨 결과 보의 처짐은 0이었으며, 프리스트레스 도입단계부터 부착된 계측장치로부터 상부 탄성변형률 $\varepsilon = 3.5 \times 10^{-4}$을 얻었다. 콘크리트 탄성계수 $E_c = 26,000\text{MPa}$, T형 보의 단면적 $A_g = 150,000\text{mm}^2$, 유효율 $R = 0.85$일 때, 강재의 초기 긴장력 P_i를 구하면?

① 1,606kN   ② 1,365kN
③ 1,160kN   ④ 2,269kN

■해설 $P_e = E_c \varepsilon A = 26,000 \times (3.5 \times 10^{-4}) \times 150,000$
$\quad = 1,365,000\text{N} = 1,365\text{kN}$
$P_i = \frac{P_e}{R} = \frac{1,365}{0.85} = 1,605.9\text{kN} \fallingdotseq 1,606\text{kN}$

72. 그림과 같은 맞대기 용접의 용접부에 생기는 인장응력은 얼마인가?

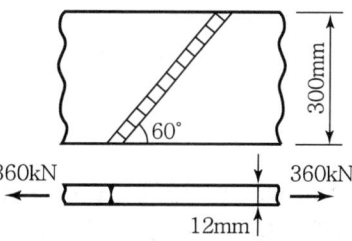

① 115MPa   ② 110MPa
③ 100MPa   ④ 94MPa

■해설 $f = \frac{P}{A} = \frac{360 \times 10^3}{300 \times 12} = 100\text{N/mm}^2 = 100\text{MPa}$

홈용접부의 인장응력은 용접부의 경사각도와 관계없고, 다만 하중과 하중이 재하된 수직단면과 관계있다.

73. 단면이 400mm×500mm이고 150mm²의 PSC 강선 4개를 단면 도심축에 배치한 프리텐션 PSC 부재가 있다. 초기 프리스트레스가 1,000MPa일 때 콘크리트의 탄성변형에 의한 프리스트레스 감소량의 값은?(단, $n = 6$)

① 22MPa   ② 20MPa
③ 18MPa   ④ 16MPa

■해설
$$\Delta f_{pe} = nf_{cs} = n\frac{P_i}{A_g} = n\frac{A_p f_{pi}}{bh}$$
$$= 6 \times \frac{(4 \times 150) \times 1,000}{400 \times 500} = 18\text{MPa}$$

74. 철근콘크리트 보에 배치되는 철근의 순간격에 대한 설명으로 틀린 것은?

① 동일 평면에서 평행한 철근 사이의 수평 순간격은 25mm 이상이어야 한다.
② 상단과 하단에 2단 이상으로 배치된 경우 상하 철근의 순간격은 25mm 이상으로 하여야 한다.
③ 철근의 순간격에 대한 규정은 서로 접촉된 겹침이음 철근과 인접된 이음철근 또는 연속철근 사이의 순간격에도 적용하여야 한다.
④ 벽체 또는 슬래브에서 휨 주철근의 간격은 벽체나 슬래브 두께의 2배 이하로 하여야 한다.

■해설 벽체 또는 슬래브에서 휨 주철근의 중심간격은 위험단면을 제외한 단면에서는 벽체 또는 슬래브 두께의 3배 이하이어야 하고, 또한 450mm 이하로 하여야 한다.

75. 휨을 받는 인장철근으로 4-D25 철근이 배치되어 있을 경우 그림과 같은 직사각형 단면 보의 기본 정착길이 l_{db}는 얼마인가?(단, 철근의 직경 d_b=25.4mm, f_{ck}=24MPa, f_y=400MPa, D25 철근 1개의 단면적=507mm²)

① 905mm
② 1,150mm
③ 1,245mm
④ 1,400mm

■해설 $l_{db} = \frac{0.6 d_b f_y}{\lambda \sqrt{f_{ck}}} = \frac{0.6 \times 25.4 \times 400}{1 \times \sqrt{24}} = 1,244.3\text{mm}$

76. 강도설계법의 기본가정 중 옳지 않은 것은?

① 철근과 콘크리트 변형률은 중립축에서의 거리에 비례한다.
② 콘크리트 압축연단의 극한 변형률은 콘크리트의 설계기준압축강도가 40MPa 이하인 경우에는 0.0033으로 가정한다.
③ 항복강도 f_y 이하에서의 철근의 응력은 그 변형률의 E_s배로 취한다.
④ 휨응력 계산에서 콘크리트의 압축강도는 무시한다.

■해설 강도설계법에서 휨부재 해석 시 콘크리트의 인장강도는 무시한다.

77. 그림과 같은 띠철근 기둥에서 띠철근의 최대 간격으로 적당한 것은?(단, D10의 공칭직경은 9.5mm, D32의 공칭직경은 31.8mm)

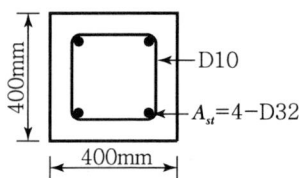

① 400mm
② 450mm
③ 500mm
④ 550mm

■해설 띠철근 기둥에서 띠철근의 간격
① 축방향철근 지름의 16배 이하
=31.8×16=508.8mm 이하
② 띠철근 지름의 48배 이하
=9.5×48=456mm 이하
③ 기둥 단면의 최소 치수 이하=400mm 이하

따라서, 띠철근의 간격은 최솟값인 400mm 이하라야 한다.

78. 그림과 같은 경간 15m의 콘크리트 T형 보의 대칭부의 플랜지 유효폭 b는 얼마인가?

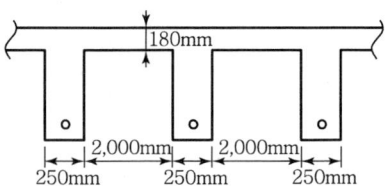

① 3,130mm
② 2,500mm
③ 2,250mm
④ 2,000mm

■해설 T형 보(대칭 T형 보)에서 플랜지의 유효폭(b_e)
- $16t_f + b_w = (16 \times 180) + 250 = 3,130\text{mm}$

- 양쪽 슬래브의 중심간 거리
  $= 2,000 + 250 = 2,250\text{mm}$
- 보 경간의 $\dfrac{1}{4} = (15 \times 10^3) \times \dfrac{1}{4} = 3,750\text{mm}$

위 값 중 최소값 2,250mm를 취한다.

79. 1방향 슬래브의 구조 상세에 대한 설명으로 틀린 것은?

① 1방향 슬래브의 두께는 최소 100mm 이상으로 하여야 한다.
② 슬래브의 정모멘트 철근 및 부모멘트 철근의 중심 간격은 위험단면에서는 슬래브 두께의 3배 이하, 또한 450mm 이하로 하여야 한다.
③ 1방향 슬래브에서 수축·온도철근은 배치할 경우, 정모멘트 철근 및 부모멘트 철근에 직각방향으로 배치한다.
④ 슬래브 끝의 단순받침부에서도 내면슬래브에 의하여 부모멘트가 일어나는 경우에는 이에 상응하는 철근을 배치하여야 한다.

■해설 1방향 슬래브에서 정철근 및 부철근의 중심간격
① 최대 휨모멘트가 생기는 단면의 경우 :
슬래브 두께의 2배 이하, 300mm 이하
② 기타 단면의 경우 :
슬래브 두께의 3배 이하, 450mm 이하

80. 다음에서 깊은 보로 설계할 수 있는 것은?

① 한쪽 면이 하중을 받고 반대쪽 면이 지지되어 하중과 받침부 사이에 압축대가 형성되는 구조요소로서, 순경간(l_n)이 부재 깊이의 4배 이하인 부재
② 한쪽 면이 하중을 받고 반대쪽 면이 지지되어 하중과 받침부 사이에 압축대가 형성되는 구조요소로서, 순경간(l_n)이 부재 깊이의 5배 이하인 부재
③ 받침부 내면에서 부재 깊이의 2.5배 이하인 위치에 등분포하중이 작용하는 경우 경간 중앙부의 최대 휨모멘트가 작용하는 구간
④ 받침부 내면에서 부재 깊이의 2.5배 이하인 위치에 등분포하중이 작용하는 경우 등분포하중과 받침부 사이의 구간

■해설 깊은보(Deep Beam)
① 순경간 l_n이 부재깊이 h의 4배 이하인 부재
② 하중이 받침부로부터 부재 깊이의 2배 거리이내에 작용하고 하중의 작용점과 받침부가 서로 반대면에 있어서 하중 작용점과 받침부 사이에 압축대가 형성될 수 있는 부재

제5과목 토질 및 기초

81. 압밀이론에서 선행압밀하중에 대한 설명 중 옳지 않은 것은?

① 현재 지반 중에서 과거에 받았던 최대의 압밀하중이다.
② 압밀소요시간의 추정이 가능하여 압밀도 산정에 사용된다.
③ 주로 압밀시험으로부터 작도한 e-log P 곡선을 이용하여 구할 수 있다.
④ 현재의 지반 응력상태를 평가할 수 있는 과압밀비 산정 시 이용된다.

■해설 선행압밀하중
시료가 과거에 받았던 최대의 압밀하중을 말하며, 하중과 간극비 곡선으로 구하고 과압밀비(OCR) 산정에 이용된다.

82. 그림과 같은 옹벽에 작용하는 주동토압의 합력은?(단, $\gamma_{sat} = 18\text{kN/m}^3$, $\phi = 30°$, 벽마찰각 무시)

① 100kN/m
② 60kN/m
③ 20kN/m
④ 10kN/m

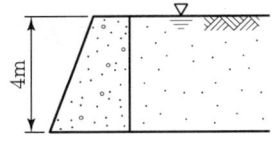

■해설 주동토압계수
$$K_a = \tan^2\left(45° - \frac{\phi}{2}\right) = \tan^2\left(45° - \frac{30}{2}\right) = 0.333$$
∴ 전 주동토압
$$P_a = \frac{1}{2}K_a\gamma_{sub}H^2 + \frac{1}{2}\gamma_w H^2$$
$$= \frac{1}{2} \times 0.333 \times (18-9.8) \times 4^2 + \frac{1}{2} \times 1 \times 9.8 \times 4^2$$
$$= 100.24\text{kN/m}$$

83. 그림과 같은 지층 단면에서 지표면에 가해진 5t/m²의 상재하중으로 인한 점토층(정규압밀점토)의 1차 압밀최종침하량과 침하량이 5cm일 때 평균압밀도는?

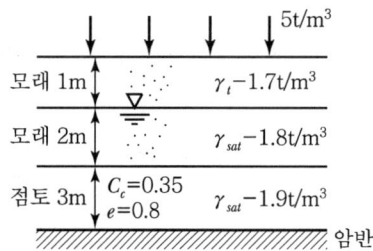

① $S=18.5\text{cm},\ U=27\%$
② $S=14.7\text{cm},\ U=22\%$
③ $S=18.5\text{cm},\ U=22\%$
④ $S=14.7\text{cm},\ U=27\%$

■해설 압밀최종침하량
$$\Delta H = \frac{C_c}{1+e}\log\frac{P_2}{P_1}\cdot H$$
$$= \frac{0.35}{1+0.8}\times\log\frac{9.65}{4.65}\times 300 = 18.5\text{cm}$$

여기서, P_1 = 점토층 중앙단면의 유효응력
즉, 전응력 $\sigma = \gamma_1\cdot H_1 + \gamma_2\cdot H_2 + \gamma_3\cdot H_3$
$= 1.7\times1 + 1.8\times2 + 1.9\times\frac{3}{2}$
$= 8.15\text{t/m}^2$

간극수압 $u = \gamma_w\cdot h = 1\times\left(2+\frac{3}{2}\right) = 3.5\text{t/m}^2$

유효응력 $\sigma' = \sigma - u = 8.15 - 3.5 = 4.65\text{t/m}^2$

혹은 유효응력
$\sigma' = \gamma\cdot H_1 + \gamma_{sub}\cdot H_2 + \gamma_{sub}\cdot H_3$
$= 1.7\times1 + (1.8-1)\times2 + (1.9-1)\times\frac{3}{2}$
$= 4.65\text{t/m}^2$

∴ $P_1 = 4.65\text{t/m}^2$
$P_2 = P_1 + P = 4.65 + 5 = 9.65\text{t/m}^2$

평균압밀도 $U = \frac{5}{18.5}\times 100 = 27\%$

84. 다짐에 대한 다음 설명 중 옳지 않은 것은?
① 세립토의 비율이 클수록 최적함수비는 증가한다.
② 세립토의 비율이 클수록 최대건조단위중량은 증가한다.
③ 다짐에너지가 클수록 최적함수비는 감소한다.
④ 최대건조단위중량은 사질토에서 크고 점성토에서 작다.

■해설
• 다짐 $E\uparrow\ \gamma_{dmax}\uparrow\ OMC\downarrow$ 양입도, 조립토, 급한 경사
• 다짐 $E\downarrow\ \gamma_{dmax}\downarrow\ OMC\uparrow$ 빈입도, 세립토, 완만한 경사
∴세립토의 비율이 클수록 최대건조단위중량(γ_{dmax})은 감소한다.

85. Paper Drain 설계 시 Paper Drain의 폭이 10cm, 두께가 0.3cm일 때 Paper Drain의 등치환산원의 지름이 얼마이면 Sand Drain과 동등한 값으로 볼 수 있는가?(단, 형상계수 : 0.75)
① 5cm   ② 7.5cm
③ 10cm   ④ 15cm

■해설 등치환산원의 지름
$$D = \alpha\frac{2(A+B)}{\pi} = 0.75\times\frac{2\times(10+0.3)}{\pi}$$
$= 5\text{cm}$

86. 현장 도로 토공에서 들밀도시험을 실시한 결과 파낸 구멍의 체적이 1,980cm³이었고, 이 구멍에서 파낸 흙무게가 3,420g이었다. 이 흙의 토질실험 결과 함수비가 10%, 비중이 2.7, 최대건조 단위무게가 1.65g/cm³이었을 때 현장의 다짐도는?
① 80%   ② 85%
③ 91%   ④ 95%

■해설 • 현장 흙의 습윤단위중량
$$\gamma_t = \frac{W}{V} = \frac{3,420}{1,980} = 1.73\text{g/cm}^3$$

• 현장 흙의 건조단위중량
$$\gamma_d = \frac{\gamma_t}{1+\omega} = \frac{1.73}{1+0.1} = 1.57\text{g/cm}^3$$

• 상대다짐도
$$RC = \frac{\gamma_d}{\gamma_{d\max}}\times100 = \frac{1.57}{1.65}\times100 = 95\%$$

87. 부마찰력에 대한 설명이다. 틀린 것은?
① 부마찰력을 줄이기 위하여 말뚝표면을 아스팔트 등으로 코팅하여 타설한다.
② 지하수의 저하 또는 압밀이 진행 중인 연약지반에서 부마찰력이 발생한다.
③ 점성토 위에 사질토를 성토한 지반에 말뚝을 타설한 경우에 부마찰력이 발생한다.
④ 부마찰력은 말뚝을 아래 방향으로 작용시키는 힘이므로 결국에는 말뚝의 지지력을 증가시킨다.

■해설 부마찰력
압밀침하를 일으키는 연약 점토층을 관통하여 지지층에 도달한 지지말뚝의 경우에는 연약층의 침하에 의하여 하향의 주면마찰력이 발생하여 지지력이 감소하고 도리어 하중이 증가하는 주면마찰력으로 상대변위의 속도가 빠를수록 부마찰력은 크다.

88. 그림과 같은 경우의 투수량은?(단, 투수지반의 투수계수는 2.4×10^{-3}cm/sec이다.)

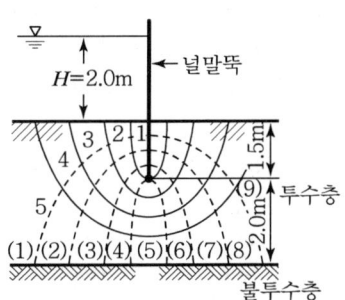

① 0.0267cm³/sec
② 0.267cm³/sec
③ 0.864cm³/sec
④ 0.0864cm³/sec

■해설 침투유량
$$Q = K \cdot H \cdot \frac{N_f}{N_d} = 2.4 \times 10^{-3} \times 200 \times \frac{5}{9}$$
$$= 0.267 \text{cm}^3/\text{sec}$$
여기서, N_f : 유로의 칸수
N_d : 등수두선면의 수 혹은 포텐셜 면의 수

89. 흙의 비중이 2.60, 함수비가 30%, 간극비가 0.80일 때 포화도는?
① 24.0%   ② 62.4%
③ 78.0%   ④ 97.5%

■해설 상관식 $S \cdot e = G_s \cdot w$
$S \times 0.8 = 2.6 \times 0.3$
∴ 포화도 $S = 97.5\%$

90. 다음 그림과 같이 물이 흙 속으로 아래에서 침투할 때 분사현상이 생기는 수두차(Δh)는 얼마인가?

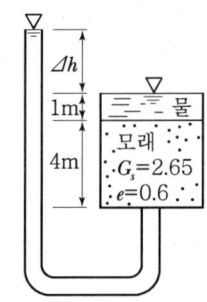

① 1.16m   ② 2.27m
③ 3.58m   ④ 4.13m

■해설 분사현상 안전율
$$F = \frac{i_c}{i} = \frac{\frac{G_s - 1}{1 + e}}{\frac{\Delta h}{L}} = \frac{\frac{2.65 - 1}{1 + 0.6}}{\frac{\Delta h}{4}} = \frac{1.03}{\frac{\Delta h}{4}}$$

안전율이 1보다 작은 경우, 즉 $i > i_c$인 경우 분사현상이 발생한다.
∴ $\frac{\Delta h}{4} > 1.03$이므로 $\Delta h > 4.125$m인 경우 분사현상 발생

91. 어떤 점토의 토질실험 결과 일축압축강도는 0.48kg/cm², 단위중량은 1.7t/m³이었다. 이 점토의 한계고는 얼마인가?
① 6.34m   ② 4.87m
③ 9.24m   ④ 5.65m

■해설 한계고 : 연직절취깊이

$H_c = \dfrac{4 \cdot c}{\gamma} \tan\left(45° + \dfrac{\phi}{2}\right)$

여기서, 점토의 내부마찰각 $\phi = 0°$이므로

$H_c = \dfrac{4 \cdot c}{\gamma} = \dfrac{4 \times 2.4}{1.7} = 5.65\text{m}$

여기서, 점착력 $c = \dfrac{q_u}{2} = \dfrac{0.48}{2} = 0.24\text{kg/cm}^2$
$= 2.4\text{t/m}^2$

92. 표준관입시험(SPT) 결과 N치가 25였고, 그때 채취한 교란시료로 입도시험을 한 결과 입자가 둥글고, 입도분포가 불량할 때 Dunham 공식에 의하여 구한 내부마찰각은?

① 29.8° ② 30.2°
③ 32.3° ④ 33.8°

■해설 Dunham 공식
- 토립자가 모나고 입도분포가 양호한 경우
  $\phi = \sqrt{12 \cdot N} + 25$
- 토립자가 모나고 입도분포가 불량한 경우
  $\phi = \sqrt{12 \cdot N} + 20$
- 토립자가 둥글고 입도분포가 양호한 경우
  $\phi = \sqrt{12 \cdot N} + 20$
- 토립자가 둥글고 입도분포가 불량한 경우
  $\phi = \sqrt{12 \cdot N} + 15$

∴ $\phi = \sqrt{12 \cdot N} + 15 = 32.3°$

93. 다음 연약지반 개량공법에서 일시적인 개량공법은 어느 것인가?

① Well Point
② 치환 공법
③ Paper Drain 공법
④ Sand Compaction Pile 공법

■해설 일시적인 연약지반 개량공법
- 웰포인트(Well Point) 공법
- 동결공법
- 소결공법
- 진공압밀공법(대기압공법)

94. 접지압(또는 지반반력)이 그림과 같이 되는 경우는?

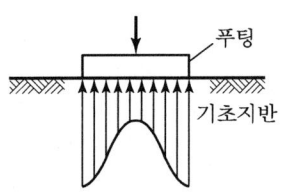

① 푸팅 : 강성, 기초지반 : 점토
② 푸팅 : 강성, 기초지반 : 모래
③ 푸팅 : 휨성, 기초지반 : 점토
④ 푸팅 : 휨성, 기초지반 : 모래

■해설
- 점토지반 접지압 분포 : 기초 모서리에서 최대 응력 발생
- 모래지반 접지압 분포 : 기초 중앙부에서 최대 응력 발생

95. 2m×3m 크기의 직사각형 기초에 60kN/m²의 등분포하중이 작용할 때 기초 아래 10m 되는 깊이에서의 응력 증가량을 2 : 1 분포법으로 구한 값은?

① 2.3kN/m² ② 5.4kN/m²
③ 13kN/m²   ④ 18kN/m²

■해설 2 : 1 분포법에 의한 지중응력 증가량

$\Delta\sigma = \dfrac{P \cdot B \cdot L}{(B+Z)(L+Z)} = \dfrac{60 \times 2 \times 3}{(2+10)(3+10)}$
$= 2.3\text{kN/m}^2$

96. 어떤 흙의 전단시험결과 $c = 1.8\text{kg/cm}^2$, $\phi = 35°$, 토립자에 작용하는 수직응력 $\sigma = 3.6\text{kg/cm}^2$일 때 전단강도는?

① 4.89kg/cm² ② 4.32kg/cm²
③ 6.33kg/cm² ④ 3.86kg/cm²

■해설 전단강도
$S(\tau_f) = c + \sigma' \tan\phi = 1.8 + 3.6\tan 35° = 4.32\text{kg/cm}^2$

97. 다음 현장시험 중 Sounding의 종류가 아닌 것은?

① 평판재하시험　　② Vane 시험
③ 표준관입시험　　④ 동적 원추관입시험

■해설 사운딩(Sounding)의 종류
- 정적 사운딩 : 휴대용 원추관입시험기, 화란식 원추관입시험기, 스웨덴식 관입시험기, 이스키 미터, 베인시험기
- 동적 사운딩 : 동적 원추관입시험기, 표준관입시험기
※ 평판재하시험(PBT) : 기초지반의 허용지내력 및 탄성계수를 산정하는 지반조사 방법

98. 어떤 흙의 시료에 대하여 일축압축시험을 실시하여 구한 파괴강도는 360kN/m²이었다. 이 공시체의 파괴각이 52°이면, 이 흙의 점착력(c)과 내부마찰각(ϕ)은?

① $c=141$kN/m², $\phi=14°$
② $c=180$kN/m², $\phi=14°$
③ $c=141$kN/m², $\phi=0°$
④ $c=180$kN/m², $\phi=0°$

■해설 내부마찰각과 점착력
- 파괴각(θ) $=45°+\dfrac{\phi}{2}=52°$
  ∴ 내부마찰각(ϕ) $=14°$
- 일축압축강도(q_u) $=2c\cdot\tan\left(45°+\dfrac{\phi}{2}\right)$
  $360=2\times c\times\tan\left(45°+\dfrac{14°}{2}\right)$
  ∴ $c=141$kN/m²

99. 두께가 5m인 점토층을 90% 압밀하는 데 50일이 걸렸다. 같은 조건하에서 10m의 점토층을 90% 압밀하는 데 걸리는 시간은?

① 100일　　② 160일
③ 200일　　④ 240일

■해설 침하시간 $t_{90}=\dfrac{T_v\cdot H^2}{C_v}$ 에서
∴ $t_{90}\propto H^2$ 관계
$t_1:H_1^2=t_2:H^2$
$50:5^2=t_2:10^2$　∴ $t_2=200$일

100. 크기가 30cm×30cm인 평판을 이용하여 사질토 위에서 평판재하 시험을 실시하고 극한 지지력 200kN/m²를 얻었다. 크기가 1.8m×1.8m인 정사각형 기초의 총허용하중은 약 얼마인가?(단, 안전율 3을 사용)

① 220kN　　② 660kN
③ 1,300kN　　④ 1,500kN

■해설 사질토 지반의 지지력은 재하판의 폭에 비례한다.
즉, $0.3:200=1.8:q_u$
∴ 극한 지지력 $q_u=1,200$kN/m²
허용지지력 $q_a=\dfrac{q_u}{F}=\dfrac{1,200}{3}=400$kN/m²
∴ 허용하중
$Q_a=q_a\cdot A=400\times1.8\times1.8=1,296$kN

제6과목 상하수도공학

101. 취수보의 취수구에서의 표준 유입속도는?

① 0.3~0.6m/sec　　② 0.4~0.8m/sec
③ 0.5~1.0m/sec　　④ 0.6~1.2m/sec

■해설 취수시설별 주요 특징 비교

항목	취수량	취수량의 안정성	취수구 유입속도	비고
취수관	중·소량	비교적 가능	0.15~0.3m/s 관내 (0.6~1.0m/s)	취수언과 병용 시 취수량 대량, 안정
취수탑	대량	안정	하천 (0.15~0.3m/s) 호소수 (1~2m/s)	
취수문	소량	불안정	1m/s 이하	취수언과 병용 시 취수량 대량, 안정
취수틀	소량	안정	하천 (0.15~0.3m/s) 호소수 (1~2m/s)	
취수언	대량	안정	0.4~0.8m/s	

∴ 취수보(취수언)의 취수구 유입속도는 0.4~0.8m/s 이다.

102. 하수도시설에 관한 설명으로 옳지 않은 것은?

① 하수도시설은 관거시설, 펌프장시설 및 처리장시설로 크게 구별할 수 있다.
② 하수배제는 자연유하를 원칙으로 하고 있으며 펌프시설도 사용할 수 있다.
③ 하수처리장시설은 물리적 처리시설을 제외한 생물학적, 화학적 처리시설을 의미한다.
④ 하수 배제방식은 합류식과 분류식으로 대별할 수 있다.

■해설 하수도시설 일반사항
  ㉠ 하수도시설은 관거시설, 펌프장시설 및 처리장시설로 크게 구별할 수 있다.
  ㉡ 하수배제는 자연유하를 원칙으로 하고 있으며 펌프시설도 사용할 수 있다.
  ㉢ 하수처리장시설은 물리적 처리시설, 화학적 처리시설, 생물학적 처리시설로 구별할 수 있다.
  ㉣ 하수배제 방식에는 분류식과 합류식으로 대별할 수 있다.

103. 정수장에서 1일 50,000m³의 물을 정수하는데 침전지의 크기가 폭 10m, 길이 40m, 수심 4m이고 2지를 가지고 있다. 2지의 침전지가 이론상 100% 제거할 수 있는 입자의 최소 침전속도는?(단, 병렬연결 기준)

① 31.25m/d
② 62.5m/d
③ 125m/d
④ 625m/d

■해설 수면적 부하
  ㉠ 입자가 100% 제거되기 위한 입자의 침강속도를 수면적 부하(표면부하율)라 한다.
  $$V_0 = \frac{Q}{A} = \frac{h}{t}$$
  ㉡ 표면부하율의 산정
  $$V_0 = \frac{Q}{A} = \frac{50,000}{10 \times 40} = 125 \text{m}^3/\text{m}^2\text{day}$$
  → 2지 병렬연결이므로
  $$\frac{125}{2} = 62.5 \text{m/day}$$

104. Streeter-Phelps의 식을 설명한 것으로 가장 적합한 것은?

① 재폭기에 의한 DO를 구하는 식이다.
② BOD 극한 값을 구하는 식이다.
③ 유하시간에 따른 DO 부족곡선식이다.
④ BOD 감소곡선식이다.

■해설 Streeter-Phelps 방정식
  Streeter-Phelps 방정식은 다음과 같으며 유하시간에 따른 DO 부족곡선을 해석하는 식이다.
  $$dt = L_i(e^{-k_1 t} - e^{-k_2 t}) + D_i e^{-k_2 t}$$

105. 침전지의 유효수심이 4m이고 체류시간이 5시간일 때 표면부하율은?

① 12.2m³/m² · day
② 16.2m³/m² · day
③ 19.2m³/m² · day
④ 22.2m³/m² · day

■해설 수면적 부하
  ㉠ 입자가 100% 제거되기 위한 입자의 침강속도를 수면적 부하(표면부하율)라 한다.
  $$V_0 = \frac{Q}{A} = \frac{h}{t}$$
  ㉡ 표면부하율의 산정
  $$V_0 = \frac{h}{t} = \frac{4}{5} = 0.8 \text{m}^3/\text{m}^2\text{hr} \times 24$$
  $$= 19.2 \text{m}^3/\text{m}^2\text{day}$$

106. 완속여과지에 관한 설명으로 옳지 않은 것은?

① 넓은 부지면적을 필요로 한다.
② 응집제를 필수적으로 투입해야 한다.
③ 비교적 양호한 원수에 알맞은 방법이다.
④ 여과속도는 4~5m/d를 표준으로 한다.

■해설 완속여과지
  ㉠ 완속여과지는 급속여과지에 비해 여과속도가 느리므로 넓은 부지면적을 필요로 한다.
  ㉡ 비교적 양호한 원수에 알맞은 방법이다.
  ㉢ 여과속도는 4~5m/d를 표준으로 한다.
  ㉣ 완속여과지는 보통침전지의 후속작업으로 응집제의 투입은 없다.

107. 정수 중 암모니아성 질소가 있으면 염소소독 처리 시 클로라민이란 화합물이 생긴다. 이에 대한 설명으로 옳은 것은?

① 소독력이 떨어져 다량의 염소가 요구된다.
② 소독력이 증가하여 소량의 염소가 요구된다.
③ 소독력에는 거의 영향을 주지 않는다.
④ 경제적인 소독효과를 기대할 수 있다.

■해설 염소의 살균력
㉠ 염소의 살균력은 HOCl > OCl⁻ > 클로라민 순이다.
㉡ 염소와 암모니아성 질소가 결합하면 클로라민이 생성된다.
㉢ 낮은 pH에서는 HOCl 생성이 많고 높은 pH에서는 OCl⁻ 생성이 많으므로, 살균력은 온도가 높고 낮은 pH에서 강하다.
∴ 염소의 살균력은 클로라민이 가장 낮으므로 클로라민이 생성되면 소독력이 떨어져 다량의 염소가 요구된다.

108. 슬러지 팽화(Bulking)의 지표가 되는 것은?

① MLSS
② SVI
③ MLVSS
④ VSS

■해설 슬러지 용적지표(SVI)
㉠ 정의 : 포기조 내 혼합액 1L를 30분간 침전시킨 후 1g의 MLSS가 차지하는 침전 슬러지의 부피(mL)를 슬러지용적지표(Sludge Volume Index)라 한다.
㉡ 특징
• 슬러지 침강성을 나타내는 지표로, 슬러지 팽화(Bulking)의 발생 여부를 확인하는 지표로 사용한다.
• SVI가 높아지면 MLSS 농도가 적어진다.
• SVI=50~150 : 슬러지 침전성 양호
• SVI=200 이상 : 슬러지 팽화 발생
• SVI는 폭기시간, BOD농도, 수온 등에 영향을 받는다.
∴ 슬러지 팽화의 지표가 되는 것은 SVI이다.

109. 도수관에 대한 설명으로 틀린 것은?

① 자연유하식 도수관의 최소평균유속은 0.3m/s로 한다.
② 액상화의 우려가 있는 지반에서의 도수관 매설 시 필요에 따라 지반을 개량한다.
③ 자연유하식 도수관의 허용 최대한도 유속은 3.0m/s로 한다.
④ 도수관의 노선은 관로가 항상 동수경사선 이상이 되도록 설정한다.

■해설 도수관 일반사항
㉠ 도·송수관의 최저유속과 최대유속의 한도는 0.3~3m/s를 표준으로 하고 있다.
㉡ 도·송수관의 관로의 노선은 동수구배선 이하로 하는 것이 원칙이다.
㉢ 액상화 등의 우려가 있는 연약지반에서의 도수관 매설 시 필요에 따라 지반을 개량할 필요가 있다.

110. 정수처리에서 쓰이는 입상활성탄처리를 분말활성탄처리와 비교할 때, 입상활성탄처리에 대한 설명으로 옳지 않은 것은?

① 장기간 처리 시 탄층을 두껍게 할 수 있으며 재생할 수 있어 경제적이다.
② 원생동물이 번식할 우려가 있다.
③ 여과지를 만들 필요가 있다.
④ 겨울에 누출에 의한 흑수현상 우려가 있다.

■해설 활성탄처리
㉠ 활성탄처리 : 활성탄은 No.200체를 기준으로 하여 분말활성탄과 입상활성탄으로 분류하며 제거효과, 유지관리, 경제성 등을 비교, 검토하여 선정한다.
㉡ 적용 : 일반적으로 응급적이며 단기간 사용할 경우에는 분말활성탄처리가 적합하며 연간 연속하거나 비교적 장기간 사용할 경우에는 입상활성탄 처리가 유리하다.
㉢ 특징
• 장기간 처리 시 탄층을 두껍게 할 수 있으며 재생할 수 있어 입상활성탄처리가 경제적이다.
• 입상활성탄처리는 장기간 사용으로 원생동물이 번식할 우려가 있다.
• 입상활성탄처리를 적용할 때는 여과지를 만들 필요가 있다.

|해답| 107.① 108.② 109.④ 110.④

111. 관의 갱생공법으로 기존관 내의 세척(Cleaning)을 수행하는 일반적인 공법이 아닌 것은?

① 제트(Jet) 공법
② 로터리(Rotary) 공법
③ 스크레이퍼(Scraper) 공법
④ 실드(Sheild) 공법

■해설 관의 갱생공법
㉠ 제트(Jet) 공법
㉡ 로터리(Rotary) 공법
㉢ 스크레이퍼(Scraper) 공법

112. $Q = \dfrac{1}{360}CIA$는 합리식으로서 첨두유량을 산정할 때 사용된다. 이 식에 대한 설명으로 옳지 않은 것은?

① C는 유출계수로 무차원이다.
② I는 도달시간 내의 강우강도로 단위는 mm/hr이다.
③ A는 유연면적으로 단위는 km²이다.
④ Q는 첨두유출량으로 단위는 m³/sec이다.

■해설 합리식
합리식의 적용 확률연수는 10~30년을 원칙으로 한다.
$Q = \dfrac{1}{360}CIA$
여기서, Q : 우수량(m³/sec)
C : 유출계수(무차원)
I : 강우강도(mm/hr)
A : 유역면적(ha)

113. 활성슬러지법에서 최종 침전지의 슬러지를 포기조로 반송하는 이유는?

① 포기조의 산소 농도를 일정하게 유지하기 위하여
② 포기조 내의 미생물의 양을 일정하게 유지하기 위하여
③ 최종 침전지 내의 침전성을 향상시키기 위하여
④ 최종 침전지 내의 미생물의 양을 일정하게 유지하기 위하여

■해설 활성슬러지법
활성슬러지법에서는 최종침전지에서 제거된 슬러지의 일부를 포기조로 반송한다. 이는 포기조 내의 미생물의 양을 일정하게 유지하기 위함이다.

114. 관거의 보호 및 기초공에 대한 설명으로 옳지 않은 것은?

① 관거의 부등침하는 최악의 경우 관거의 파손을 유발할 수 있다.
② 관거가 철도 밑을 횡단하는 경우 외압에 대한 관거 보호를 고려한다.
③ 경질염화비닐관 등의 연성관거는 콘크리트기초를 원칙으로 한다.
④ 강성관거의 기초공에서는 지반이 양호한 경우 기초를 생략할 수 있다.

■해설 관거의 보호 및 기초공
㉠ 관거의 부등침하는 최악의 경우 관거의 파손을 유발할 수 있다.
㉡ 관거가 철도 밑을 횡단하는 경우 외압에 대한 관거의 보호를 고려한다.
㉢ 경질염화비닐관 등의 연성관거는 모래기초를 원칙으로 한다.
㉣ 강성관거의 기초공에서는 지반이 양호한 경우 기초를 생략할 수 있다.

115. 어느 도시의 장래 인구 증가 현황을 조사한 결과 현재 인구가 90,000명이고 연평균 인구 증가율이 2.5%일 때 25년 후의 예상 인구는?

① 약 167,000명 ② 약 163,000명
③ 약 160,000명 ④ 약 156,000명

■해설 급수인구 추정법
㉠ 급수인구 추정법

종류	특징
등차 급수법	• 연평균 인구 증가가 일정하다고 보고 방법 • 발전성이 적은 읍, 면에 적용하며 과소평가의 우려가 있다. • $P_n = P_0 + nq$
등비 급수법	• 연평균 인구증가율이 일정하다고 보는 방법 • 성장단계에 있는 도시에 적용하며, 과대평가될 우려가 있는 방법 • $P_n = P_0(1+r)^n$
로지스틱 곡선법	• 증가율이 증가하다 감소하는 경향을 보이는 방법, 도시 인구동태와 잘 일치 • 포화인구를 추정해야 하며, 포화인구 추정법이라고도 한다. • $y = \dfrac{K}{1+e^{a-bx}}$
지수 함수 곡선법	• 등비급수법이 복리법에 의한 일정비율 증가식이라면 인구가 연속적으로 변한다는 원리 하에 아주 짧은 기간의 분석에 적합한 방법이다. • $P_n = P_0 + A_n^a$

㉡ 등비급수법에 의한 인구추정
$P_n = P_0(1+r)^n = 90,000 \times (1+0.025)^{25}$
$= 166,855$
∴ 예상 인구는 약 167,000명이다.

116. 하수관로 내의 유속에 대한 설명으로 옳은 것은?

① 유속은 하류로 갈수록 점차 작아지도록 설계한다.
② 관거의 경사는 하류로 갈수록 점차 커지도록 설계한다.
③ 오수관거는 계획 1일 최대오수량에 대하여 유속을 최소 1.2m/sec로 한다.
④ 우수관거 및 합류관거는 계획우수량에 대하여 유속을 최대 3m/sec로 한다.

■해설 하수관의 유속 및 경사
㉠ 하수관로내의 유속은 하류로 갈수록 빠르게 하며, 경사는 하류로 갈수록 완만하게 한다.
㉡ 관로의 유속기준
• 오수 및 차집관 : 0.6~3.0m/s
• 우수 및 합류관 : 0.8~3.0m/s
• 이상적 유속 : 1.0~1.8m/s

117. 공동현상(Cavitation) 방지책으로 옳지 않은 것은?

① 펌프의 회전수를 높인다.
② 흡입관의 손실을 가능한 한 작게 한다.
③ 펌프의 설치위치를 가능한 한 낮추도록 한다.
④ 흡입측 밸브를 완전히 개방하고 펌프를 운전한다.

■해설 공동현상(Cavitation)
㉠ 펌프의 관내 압력이 포화증기압 이하가 되면 기화현상이 발생되어 유체 중에 공동이 생기는 현상을 공동현상이라 한다. 공동현상이 발생되지 않으려면 이용할 수 있는 유효흡입수두가 펌프가 필요로 하는 유효흡입수두보다 커야 하며, 그 차이 값이 1m보다 크도록 하는 것이 좋다.
㉡ 악현상
• 소음, 진동 발생
• 펌프의 성능 저하
• 관 내부의 침식
㉢ 방지책
• 펌프의 설치 위치를 낮춘다.
• 펌프의 회전수를 줄인다(임펠러 속도를 적게 한다).
• 흡입관의 손실을 줄인다(직경 D를 크게 한다).
• 흡입양정의 표준을 -5m까지로 제한한다.
∴ 공동현상을 방지하려면 펌프의 회전수를 낮게 한다.

118. 상수시설 중 침사지의 체류시간은 계획취수량의 몇 분을 표준으로 하는가?

① 10~20분 ② 30~60분
③ 60~90분 ④ 90~120분

■해설 상수도 침사지
㉠ 침사지 : 수로에 유입한 토사류를 침전시켜 이를 제거하여 도수관과 침전지로의 모래유입을 방지하고 취수펌프를 보호하기 위한 시설이다.
㉡ 제원
- 직사각형모양의 장방향 철근 콘크리트 구조물로 2지 이상을 원칙으로 한다.
- 체류시간 : 10~20분
- 평균유속 : 2~7cm/s

119. 펌프의 흡입관에 대한 다음 사항 중 틀린 것은?

① 충분한 흡입수두를 가질 수 있도록 한다.
② 흡입관은 가능하면 수평으로 설치되도록 한다.
③ 흡입관에는 공기가 혼입되지 않도록 한다.
④ 펌프 한 대에 하나의 흡입관을 설치한다.

■해설 펌프의 흡입관 고려사항
㉠ 흡입관은 펌프 1대당 하나로 한다.
㉡ 흡입관을 수평으로 부설하는 것은 피한다.
㉢ 흡입관은 연결부나 기타 부분으로부터 절대로 공기가 혼입되지 않도록 한다.
㉣ 충분한 흡입수두를 가질 수 있도록 한다.
㉤ 흡입관 속에는 공기가 모여서 고이는 곳이 없도록 하고, 굴곡부도 적게 한다.

120. BOD가 200mg/L인 하수를 1,000m³의 유효용량을 가진 포기조로 처리할 경우 유량이 10,000 m³/d이면 BOD 용적부하량은?

① $1.0\text{kg/m}^3 \cdot \text{d}$ ② $2.0\text{kg/m}^3 \cdot \text{d}$
③ $3.0\text{kg/m}^3 \cdot \text{d}$ ④ $4.0\text{kg/m}^3 \cdot \text{d}$

■해설 BOD 용적부하
㉠ 포기조 단위체적당 1일 가해주는 BOD량을 BOD 용적부하라고 한다.

$$\text{BOD 용적부하} = \frac{\text{하수량} \times \text{하수의 BOD 농도}}{\text{폭기조 부피}}$$

㉡ BOD 용적부하의 계산

$$\text{BOD 용적부하} = \frac{\text{하수량} \times \text{하수의 BOD 농도}}{\text{폭기조 부피}}$$

$$= \frac{10,000 \times 200 \times 10^{-3}}{1,000}$$

$$= 2.0\text{kg/m}^3\text{day}$$

과년도 기출복원문제 (2023년 5월 시행 기출복원)

제1과목 응용역학

01. 다음 그림에서 A점의 모멘트 반력은?(단, 각 부재의 길이는 동일함)

① $M_A = \dfrac{wl^2}{12}$

② $M_A = \dfrac{wl^2}{24}$

③ $M_A = \dfrac{wl^2}{72}$

④ $M_A = \dfrac{wl^2}{66}$

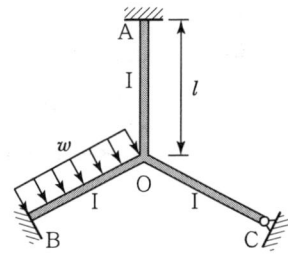

■해설

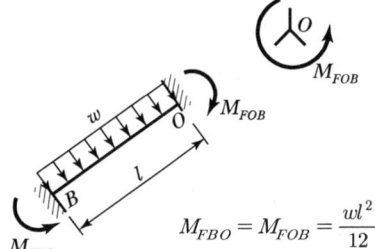

$$M_{FBO} = M_{FOB} = \dfrac{wl^2}{12}$$

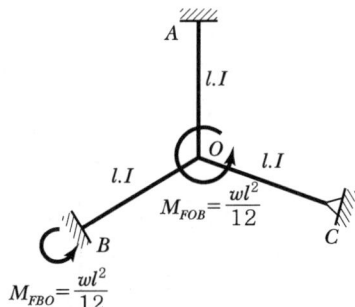

$$M_{FBO} = \dfrac{wl^2}{12}$$

$K_{OA} : K_{OB} : K_{OC} = \dfrac{I}{l} : \dfrac{I}{l} : \dfrac{I}{l} \cdot \dfrac{3}{4} = 4 : 4 : 3$

$DF_{OA} = \dfrac{K_{OA}}{\sum K_i} = \dfrac{4}{11}$

$M_{OA} = M_{FOB} \times DF_{OA} = \dfrac{wl^2}{12} \times \dfrac{4}{11} = \dfrac{wl^2}{33}$

$M_{AO} = \dfrac{1}{2} M_{OA} = \dfrac{1}{2} \times \dfrac{wl^2}{33} = \dfrac{wl^2}{66}$

02. 그림과 같은 3힌지 라멘의 휨모멘트선도(BMD)는?

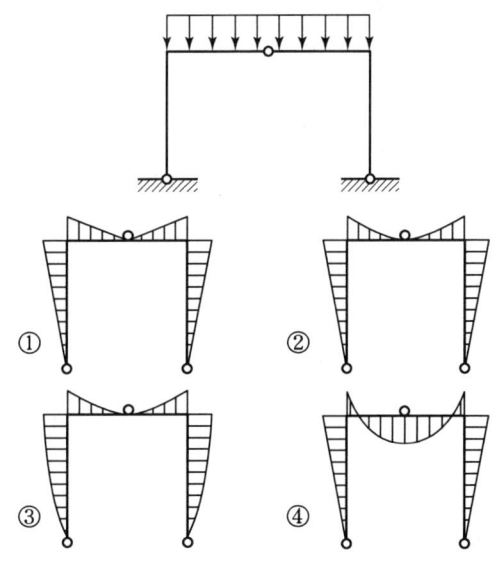

■해설
- 수평부재의 내부힌지 위치
  → $M=0$
- 수평부재에 등분포하중 작용
  → 수평부재의 BMD는 2차 곡선
- 수직부재의 지점에서 수평반력(집중하중) 발생
  → 수직부재의 BMD는 1차 직선

03. 부재 AB의 강성(Stiffness)을 바르게 나타낸 것은?

① $\dfrac{1}{\left(\dfrac{L_1}{E_1 A_1} + \dfrac{L_2}{E_2 A_2}\right)}$

② $\dfrac{E_1 A_1}{L_1} + \dfrac{E_2 A_2}{L_2}$

③ $\dfrac{E_1 A_1 + E_2 A_2}{L_1 + L_2}$

④ $\dfrac{L_1}{E_1 A_1} + \dfrac{L_2}{E_2 A_2}$

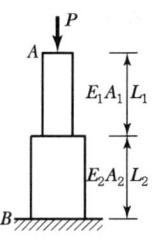

|해답| 1.④ 2.② 3.①

■ 해설

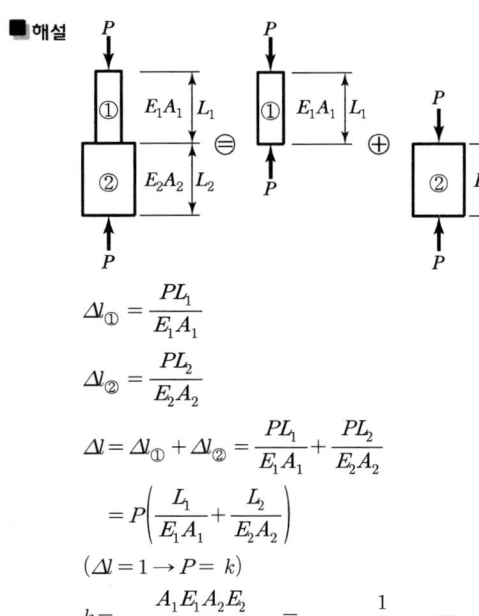

$$\Delta l_① = \frac{PL_1}{E_1 A_1}$$

$$\Delta l_② = \frac{PL_2}{E_2 A_2}$$

$$\Delta l = \Delta l_① + \Delta l_② = \frac{PL_1}{E_1 A_1} + \frac{PL_2}{E_2 A_2}$$

$$= P\left(\frac{L_1}{E_1 A_1} + \frac{L_2}{E_2 A_2}\right)$$

$(\Delta l = 1 \rightarrow P = k)$

$$k = \frac{A_1 E_1 A_2 E_2}{A_1 E_1 L_2 + A_2 E_2 L_1} = \frac{1}{\left(\frac{L_1}{E_1 A_1} + \frac{L_2}{E_2 A_2}\right)}$$

04. 다음 그림과 같은 세 힘이 평형 상태에 있다면 점 C에서 작용하는 힘 P와 BC 사이의 거리 x로 옳은 것은?

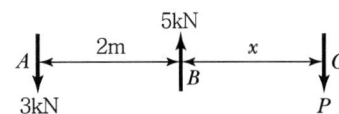

① $P=2$kN, $x=3$m
② $P=3$kN, $x=3$m
③ $P=2$kN, $x=2$m
④ $P=3$kN, $x=2$m

■ 해설 $\Sigma F_y = 0 (\uparrow \oplus)$
$-3+5-P=0$
$P=2$kN$(\downarrow)$

$\Sigma M_\text{Ⓑ} = 0 (\curvearrowright \oplus)$
$-3 \times 2 + 2 \times x = 0$
$x = 3$m

05. 아래 그림과 같은 트러스에서 응력이 발생하지 않는 부재는?

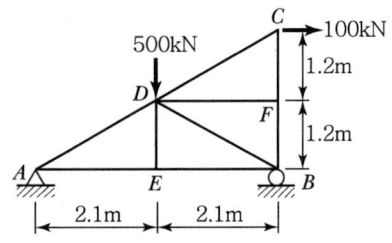

① DE 및 DF
② DE 및 DB
③ AD 및 DC
④ DB 및 DC

■ 해설 ㉠ 절점 E에서

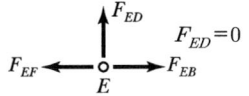

$F_{ED} = 0$

㉡ 절점 F에서

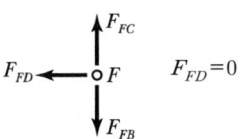

$F_{FD} = 0$

06. 단면에 전단력 V=750kN이 작용할 때 최대 전단응력은?

① 8.3MPa
② 15.0MPa
③ 20.0MPa
④ 25.0MPa

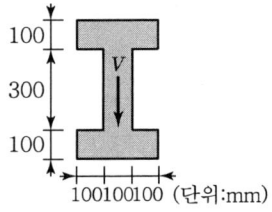

■ 해설

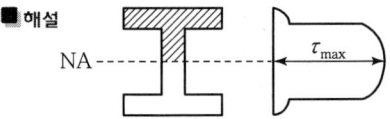

I형 단면에서 최대 전단응력은 단면의 중립축에서 발생한다.

$b_0 = 100$mm (단면의 중립축에서 폭)

$G_0 = (300 \times 100) \times \left(150 + \frac{100}{2}\right) + (100 \times 150) \times \left(\frac{150}{2}\right)$

$= 7125 \times 10^3 \text{mm}^3$

$I_0 = \frac{300 \times 500^3}{12} - \frac{2 \times 100 \times 300^3}{12} = 2675 \times 10^6 \text{mm}^4$

$$\tau_{\max} = \frac{VG_0}{I_0 b_0} = \frac{(750\times10^3)\times(7125\times10^3)}{(2675\times10^6)\times100}$$
$$= 20\text{MPa}$$

07. 그림과 같은 구조물의 부정정차수는?[단, A, B 지점과 E절점은 힌지이고 나머지 절점은 고정(강결절점)이다.]

① 1차 부정정
② 2차 부정정
③ 3차 부정정
④ 4차 부정정

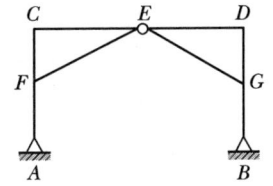

■해설 (일반적인 경우)
$N = r+m+s-2p = 4+8+6-2\times7$
$\quad = 4$차 부정정

08. 다음 그림과 같은 단면의 $A-A$축에 대한 단면 2차 모멘트는?

① $558b^4$
② $623b^4$
③ $685b^4$
④ $729b^4$

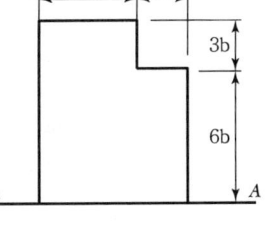

■해설 $I_{A-A} = \dfrac{(2b)(9b)^3}{3} + \dfrac{(b)(6b)^3}{3} = 558b^4$

09. 그림과 같은 단주에 편심하중이 작용할 때 최대 압축응력은?

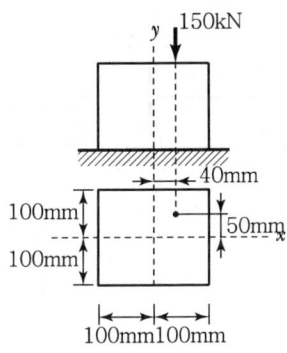

① 13.9MPa
② 17.3MPa
③ 24.6MPa
④ 31.8MPa

■해설 최대 압축응력은 단면의 우측 상단에서 발생한다.
$$\sigma_{\max} = -\frac{P}{A}\left(1+\frac{6e_x}{h}+\frac{6e_y}{b}\right)$$
$$= -\frac{(150\times10^3)}{(200\times200)}\left(1+\frac{6\times40}{200}+\frac{6\times50}{200}\right)$$
$$= -13.9\text{MPa}$$

10. 그림과 같은 단순보에 등분포하중과 집중하중이 작용할 경우 최대 모멘트 값은?

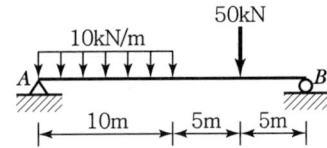

① 375kN·m
② 383kN·m
③ 402kN·m
④ 416kN·m

■해설 $\Sigma M_{\text{Ⓐ}} = 0 (\curvearrowright\oplus)$
$(10\times10)\times5 + 50\times15 - R_{By}\times20 = 0$
$R_{By} = 62.5\text{kN}(\uparrow)$
$\Sigma F_y = 0(\uparrow\oplus)$
$R_{Ay} - (10\times10) - 50 + R_{By} = 0$
$R_{Ay} = 150 - R_{By} = 150 - 62.5 = 87.5\text{kN}(\uparrow)$

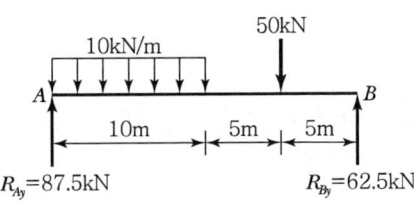

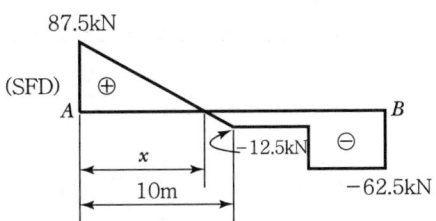

최대휨모멘트가 발생되는 위치는 전단력이 '0'인 곳이고, 그 크기는 전단력도(SFD)에서 전단력이 '0'인 곳까지의 면적이다.

- 전단력이 '0'인 곳의 위치
  87.5kN : x =10kN : 1m
  x =8.75m(A지점으로부터 우측으로 8.75m 떨어진 곳)

- 최대 휨모멘트
  $M_{max} = \frac{1}{2} \times 87.5 \times 8.75 = 382.8 \text{kN} \cdot \text{m}$

11. 다음과 같은 단면적이 A인 임의의 부재단면이 있다. 도심축으로부터 y_1 떨어진 축을 기준으로 한 단면2차모멘트의 크기가 I_{x1}일 때, $2y_1$ 떨어진 축을 기준으로 한 단면2차모멘트의 크기는?

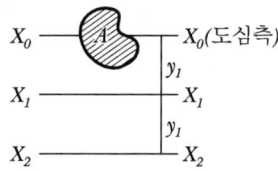

① $I_{x1} + Ay_1^2$
② $I_{x1} + 2Ay_1^2$
③ $I_{x1} + 3Ay_1^2$
④ $I_{x1} + 4Ay_1^2$

■해설
$I_{x1} = I_{x0} + Ay_1^2$
$I_{x0} = I_{x1} - Ay_1^2$
$I_{x2} = I_{x0} + A(2y_1)^2$
$\quad = (I_{x1} - Ay_1^2) + A(4y_1^2)$
$\quad = I_{x1} + 3Ay_1^2$

12. 다음 구조물에서 하중이 작용하는 위치에서 일어나는 처짐의 크기는?

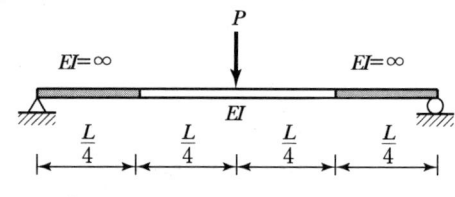

① $\frac{PL^3}{48EI}$
② $\frac{PL^3}{96EI}$
③ $\frac{7PL^3}{384EI}$
④ $\frac{11PL^3}{384EI}$

■해설

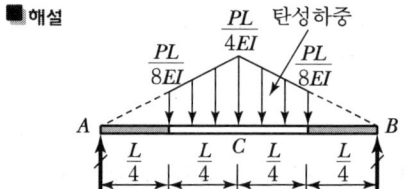

$\sum M_{\text{®}} = 0(\curvearrowleft \oplus)$
$R_A' \times L - \left\{\left(\frac{PL}{8EI} \times \frac{L}{2}\right) + \left(\frac{1}{2} \times \frac{PL}{8EI} \times \frac{L}{2}\right)\right\} \times \frac{L}{2} = 0$
$R_A' = \frac{3PL^2}{64EI}(\uparrow)$

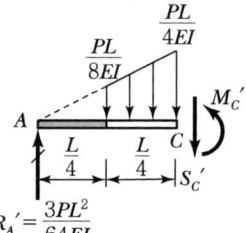

$R_A' = \frac{3PL^2}{64EI}$

$\sum M_{\text{©}} = 0(\curvearrowleft \oplus)$
$\frac{3PL^2}{64EI} \times \frac{L}{2} - \left\{\left(\frac{PL}{8EI} \times \frac{L}{4}\right) \times \left(\frac{L}{4} \times \frac{1}{2}\right)\right.$
$\left. + \left(\frac{1}{2} \times \frac{PL}{8EI} \times \frac{L}{4}\right) \times \left(\frac{L}{4} \times \frac{1}{3}\right)\right\} - M_C' = 0$
$M_C' = \frac{7PL^3}{384EI}$

$y_C = M_C' = \frac{7PL^3}{384EI}(\downarrow)$

13. 그림(a)와 같은 하중이 그 진행방향을 바꾸지 아니하고, 그림(b)와 같은 단순보 위를 통과할 때, 이 보에 절대 최대 휨 모멘트를 일어나게 하는 하중 90kN의 위치는?(단, B지점으로부터 거리임)

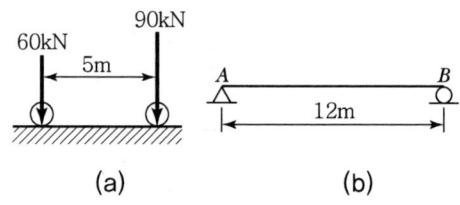

① 2m
② 5m
③ 6m
④ 7m

■해설 절대 최대 휨모멘트가 발생하는 위치

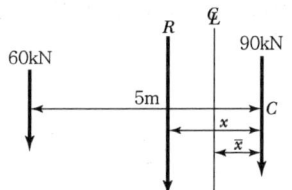

㉠ 이동 하중군의 합력 크기(R)
$\sum F_y(\downarrow \oplus) = 60 + 90 = R$
$R = 150\text{kN}$

㉡ 이동 하중군의 합력 위치(x)
$\sum M_ⓒ(\curvearrowright\oplus) = 60 \times 5 = R \times x$
$x = \dfrac{300}{R} = \dfrac{300}{150} = 2\text{m}$

㉢ 절대 최대 휨모멘트가 발생하는 위치($\bar{x}$)
$\bar{x} = \dfrac{x}{2} = \dfrac{2}{2} = 1\text{m}$

따라서, 절대 최대 휨모멘트는 90kN의 재하위치가 보 중앙으로부터 우측으로 1m 떨어진 곳(A지점으로부터 7m 떨어진 곳, 또는 B지점으로부터 5m 떨어진 곳)일 때 90kN의 재하 위치에서 발생한다.

14. 지름이 d인 강선이 반지름 r인 원통 위로 굽어져 있다. 이 강선 내의 최대 굽힘모멘트 $M_{\max}$를 계산하면?(단, 강선의 탄성계수 $E = 2 \times 10^5$MPa, $d = 20$mm, $r = 100$mm)

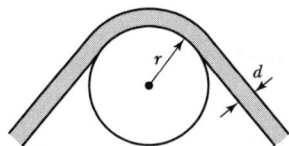

① 12kN·m ② 14kN·m
③ 20kN·m ④ 22kN·m

■해설 $\dfrac{1}{\rho} = \dfrac{M}{EI}$

$M = \dfrac{EI}{\rho} = \dfrac{E\left(\dfrac{\pi d^4}{64}\right)}{\left(r + \dfrac{d}{2}\right)} = \dfrac{E\pi d^4}{64\left(r + \dfrac{d}{2}\right)}$

$= \dfrac{(2 \times 10^5)\pi(20^4)}{64\left(100 + \dfrac{20}{2}\right)}$

$= 14 \times 10^6 \text{N} \cdot \text{mm} = 14\text{kN} \cdot \text{m}$

15. 그림과 같은 내민보에서 자유단 C점의 처짐이 0이 되기 위한 P/Q는 얼마인가?(단, EI는 일정하다.)

① 3
② 4
③ 5
④ 6

■해설

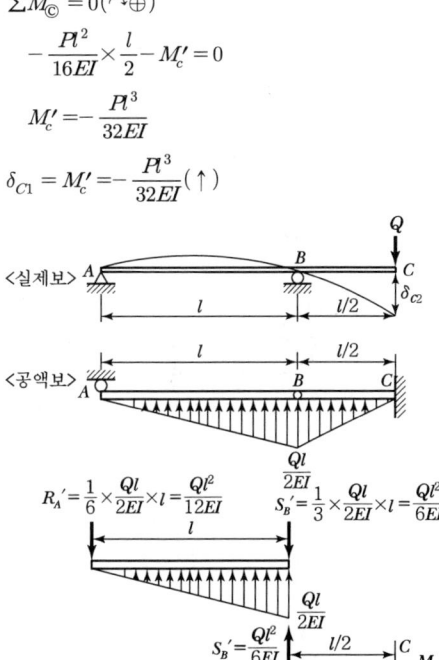

$\sum M_ⓒ = 0(\curvearrowright\oplus)$

$-\dfrac{Pl^2}{16EI} \times \dfrac{l}{2} - M_c' = 0$

$M_c' = -\dfrac{Pl^3}{32EI}$

$\delta_{C1} = M_c' = -\dfrac{Pl^3}{32EI}(\uparrow)$

|해답| 14.② 15.②

$\Sigma M_{\bigcirc} = 0 (\curvearrowright \oplus)$

$\dfrac{Ql^2}{6EI} \times \dfrac{l}{2} + \left(\dfrac{1}{2} \times \dfrac{Ql}{2EI} \times \dfrac{l}{2}\right) \times \left(\dfrac{l}{2} \times \dfrac{2}{3}\right) - M_c' = 0$

$M_c' = \dfrac{Ql^3}{8EI}$

$\delta_{c2} = M_c' = \dfrac{Ql^3}{8EI} (\downarrow)$

$\delta_c = \delta_{c1} + \delta_{c2} = -\dfrac{Pl^3}{32EI} + \dfrac{Ql^3}{8EI} = 0$

$\dfrac{P}{Q} = 4$

■ 별해

자유단 C점의 처짐이 $\delta_c = 0$이어야 하므로, 자유단 C점을 반력 $R_c = Q(\downarrow)$을 갖는 단순지점으로 간주하여 해석한다.

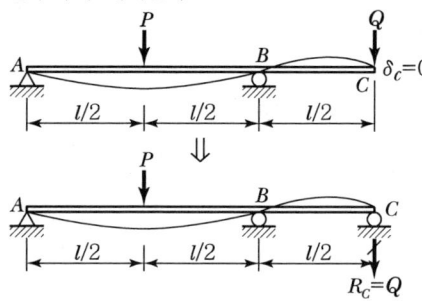

$k_{BA} : k_{BC} = \dfrac{1}{l} : \dfrac{1}{l/2} = 1 : 2$

$DF_{BC} = \dfrac{k_{BC}}{\Sigma k_i} = \dfrac{2}{3}$

$M_{FBA} = -\dfrac{3Pl}{16}$

$M_B = DF_{BC} \times M_{FBA} = \dfrac{2}{3} \times \left(-\dfrac{3Pl}{16}\right) = -\dfrac{Pl}{8}$

$M_B = \dfrac{Pl}{8}$

$\Sigma M_{\circledB} = 0(\curvearrowright \oplus)$

$Q \times \dfrac{l}{2} - \dfrac{Pl}{8} = 0$

$\dfrac{P}{Q} = 4$

16. 그림과 같은 내민보에서 D점에 집중하중 $P=$ 50kN이 작용할 경우 C점의 휨모멘트는 얼마인가?

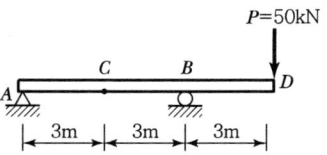

① -25kN·m ② -50kN·m
③ -75kN·m ④ -100kN·m

■ 해설 $\Sigma M_{\circledB} = 0(\curvearrowright \oplus)$

$-R_A \times 6 + 50 \times 3 = 0, \quad R_A = 25\text{kN}(\downarrow)$

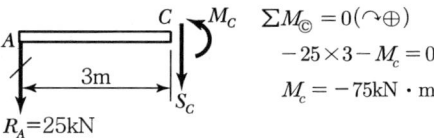

$\Sigma M_{\bigcirc} = 0(\curvearrowright \oplus)$

$-25 \times 3 - M_c = 0$

$M_c = -75\text{kN} \cdot \text{m}$

17. 그림과 같은 2개의 캔틸레버보에 저장되는 변형에너지를 각각 $U_{(1)}$, $U_{(2)}$라고 할 때 $U_{(1)} : U_{(2)}$의 비는?

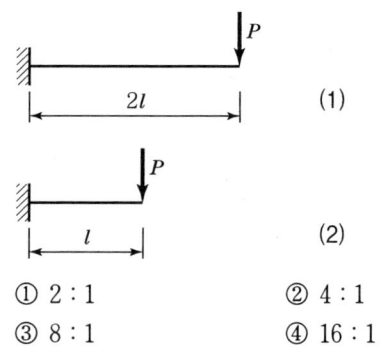

① 2 : 1 ② 4 : 1
③ 8 : 1 ④ 16 : 1

■ 해설 $U_{(1)} = \dfrac{1}{2} P \delta_{(1)} = \dfrac{1}{2} P \left(\dfrac{P(2l)^3}{3EI}\right) = 8\left(\dfrac{P^2 l^3}{6EI}\right)$

$U_{(2)} = \dfrac{1}{2} P \delta_{(2)} = \dfrac{1}{2} P \left(\dfrac{Pl^3}{3EI}\right) = \dfrac{P^2 l^3}{6EI}$

$U_{(1)} : U_{(2)} = 8 : 1$

18. 그림과 같은 구조물에서 B점 휨모멘트의 크기는?

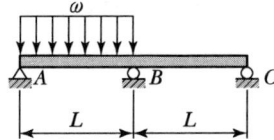

① $\dfrac{1}{8}wL^2$ ② $\dfrac{1}{12}wL^2$

③ $\dfrac{1}{16}wL^2$ ④ $\dfrac{1}{24}wL^2$

■해설

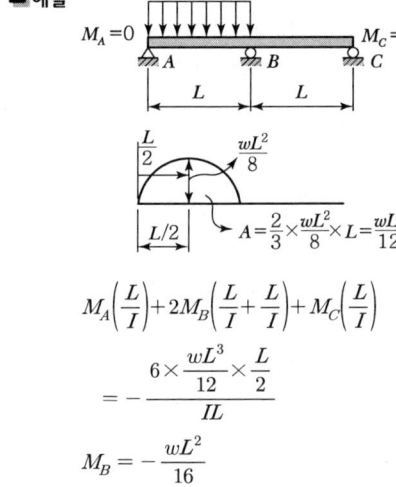

$M_A\left(\dfrac{L}{I}\right)+2M_B\left(\dfrac{L}{I}+\dfrac{L}{I}\right)+M_C\left(\dfrac{L}{I}\right)$

$=-\dfrac{6\times\dfrac{wL^3}{12}\times\dfrac{L}{2}}{IL}$

$M_B=-\dfrac{wL^2}{16}$

19. 다음 내민보에서 B점의 모멘트와 C점의 모멘트의 절댓값의 크기를 같게 하기 위한 $\dfrac{L}{a}$의 값을 구하면?

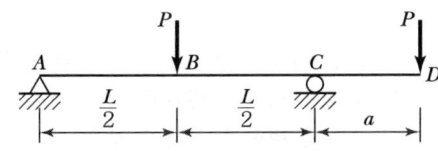

① 6 ② 4.5
③ 4 ④ 3

■해설 $\Sigma M_{\text{Ⓒ}}=0(\curvearrowright\oplus)$

$R_A\times L-P\times\dfrac{L}{2}+P\times a=0,$

$R_A=\left(\dfrac{P}{2}-\dfrac{Pa}{L}\right)(\uparrow)$

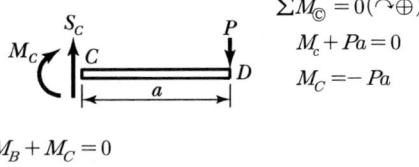

$\Sigma M_{\text{Ⓑ}}=0(\curvearrowright\oplus)$

$\left(\dfrac{P}{2}-\dfrac{Pa}{L}\right)\times\dfrac{L}{2}-M_B=0$

$M_B=\left(\dfrac{PL}{4}-\dfrac{Pa}{2}\right)$

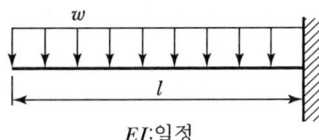

$\Sigma M_{\text{Ⓒ}}=0(\curvearrowright\oplus)$

$M_C+Pa=0$

$M_C=-Pa$

$M_B+M_C=0$

$\left(\dfrac{PL}{4}-\dfrac{Pa}{2}\right)+(-Pa)=0$

$\dfrac{L}{4}-\dfrac{3a}{2}=0,\ \dfrac{L}{a}=6$

20. 다음 그림과 같은 보에서 휨모멘트에 의한 탄성변형 에너지를 구한 값은?

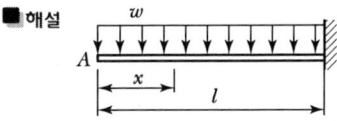

EI:일정

① $\dfrac{w^2l^5}{8EI}$ ② $\dfrac{w^2l^5}{24EI}$

③ $\dfrac{w^2l^5}{40EI}$ ④ $\dfrac{w^2l^5}{48EI}$

■해설

$\Sigma M_{\text{Ⓧ}}=0(\curvearrowright\oplus)$

$-\dfrac{wx^2}{2}-M_x=0$

$M_x=-\dfrac{wx^2}{2}$

$U=\int_0^l\dfrac{M_x^2}{2EI}dx$

$=\dfrac{1}{2EI}\int_0^l\left(-\dfrac{wx^2}{2}\right)^2dx=\dfrac{w^2}{8EI}\left[\dfrac{1}{5}x^5\right]_0^l$

$=\dfrac{w^2l^5}{40EI}$

|해답| 18.③ 19.① 20.③

제2과목 측량학

21. 평면직교 좌표의 원점에서 동쪽에 있는 P1점에서 P2점 방향의 자북방위각을 관측한 결과 80°9′20″이었다. P1점에서 자오선 수차가 0°1′40″, 자침편차가 5°W일 때 진북방위각은?

① 75°7′40″
② 75°9′20″
③ 85°7′40″
④ 85°9′20″

■해설 진북방위각 = 80° 9′ 20″ − 5°
= 75° 9′ 20″

22. 곡률이 급변하는 평면 곡선부에서의 탈선 및 심한 흔들림 등의 불안정한 주행을 막기 위해 고려하여야 하는 사항과 가장 거리가 먼 것은?

① 완화곡선   ② 편경사
③ 확폭   ④ 종단곡선

■해설 종단곡선
종단구배가 변하는 곳에 충격을 완화하고 시야를 확보하는 목적으로 설치하는 곡선

23. 트래버스측량에서 거리관측의 허용오차를 1/10,000로 할 때, 이와 같은 정확도로 각 관측에 허용되는 오차는?

① 5″   ② 10″
③ 20″   ④ 30″

■해설 $\dfrac{\Delta L}{L} = \dfrac{\theta''}{\rho''}$

① $\theta'' = \dfrac{\Delta L}{L} \cdot P'' = \dfrac{1}{10,000} \times 206,265'' \fallingdotseq 20''$

24. 삼각망을 조정한 결과 다음과 같은 결과를 얻었다면 B점의 좌표는?

- ∠A = 60°20′20″
- ∠B = 59°40′30″
- ∠C = 59°59′10″
- AC측선의 거리 = 120.730m
- AB측선의 방위각 = 30°
- A점의 좌표(1,000m, 1,000m)

① (1,104.886m, 1,060.556m)
② (1,060.556m, 1,104.886m)
③ (1,104.225m, 1,060.175m)
④ (1,060.175m, 1,104.225m)

■해설 $\dfrac{\overline{AC}}{\sin B} = \dfrac{\overline{AB}}{\sin C}$

① $\overline{AB} = \dfrac{\sin 59°59′10″}{\sin 59°40′30″} \times 120.730$
= 121.112m

② $X_B = X_A + L_{AB} = 1,000 + 121.112 \times \cos 30°$
= 1104.886m

③ $Y_B = Y_B + D_{AB}$
= 1,000 + 121.112 × sin 30°
= 1060.556m

④ $(X_B, Y_B) = (1,104.886, 1,060.556)$

25. 양수표 설치장소 선정을 위한 고려사항에 대한 설명으로 옳지 않은 것은?

① 지천의 합류점으로 지천에 의한 수위 변화가 뚜렷한 곳
② 홍수 시에도 양수표를 쉽게 읽을 수 있는 곳
③ 세굴과 퇴적이 생기지 않는 곳
④ 유속의 변화가 심하지 않은 곳

■해설 지천의 합류, 분류점에서 수위 변화가 없는 곳에 설치

|해답| 21.② 22.④ 23.③ 24.① 25.①

26. 측지학의 측지선에 관한 설명으로 옳지 않은 것은?

① 측지선은 두 개의 평면곡선의 교각을 2 : 1로 분할하는 성질이 있다.
② 지표면 상 2점을 잇는 최단거리가 되는 곡선을 측지선이라 한다.
③ 평면곡선과 측지선의 길이의 차는 극히 미소하여 실무상 무시할 수 있다.
④ 측지선은 미분기하학으로 구할 수 있으나 직접 관측하여 구하는 것이 더욱 정확하다.

■해설 측지선은 직접 관측이 어렵고 계산을 통하여 결정한다.

27. 사진측량에 대한 설명으로 옳지 않은 것은?

① 사진측량에서는 기선이 없어도 정밀도가 높은 도화기로 도화작업을 행할 수 있는 장점이 있다.
② 촬영용 항공기는 항속거리가 길어야 하며, 이착륙 거리가 짧은 것이 좋다.
③ 지면에 비고가 있으면 연직사진이라도 각 지점의 축척은 엄밀히 서로 다르다.
④ 항공삼각측량이란 항공사진을 이용하여 내부표정, 상호표정, 절대표정을 거쳐 알고자 하는 점의 절대좌표를 구하는 방법이다.

28. 지자기측량을 위한 관측요소가 아닌 것은?

① 지자기의 방향과 자오선과의 각
② 지자기의 방향과 수평면과의 각
③ 자오선으로부터 좌표북 사이의 각
④ 수평면 내에서의 자기장의 크기

■해설 지자기의 3요소
① 편각 : 지자기의 방향과 자오선의 각
② 복각 : 지자기의 방향과 수평면과의 각
③ 수평분력 : 수평면 내에서의 자기장의 크기

29. 하천 양안의 고저차를 측정할 때 교호수준 측량을 많이 이용하는 가장 큰 이유는 무엇인가?

① 개인 오차를 제거하기 위하여
② 스태프(함척)를 세우기 편하게 하기 위하여
③ 기계오차를 소거하기 위하여
④ 과실에 의한 오차를 제거하기 위하여

■해설 교호수준 측량
시준길이가 길어지면 발생하는 기계적 오차를 소거하고 전·후 시 거리를 같게 해서 평균 고저차를 구하는 방법

30. 지형의 표시방법 중 하천, 항만, 해안측량 등에서 심천측량을 할 때 측정에 숫자로 기입하여 고저를 표시하는 방법은?

① 점고법   ② 음영법
③ 연선법   ④ 등고선법

■해설 점고법
① 표고를 숫자에 의해 표시
② 해양, 항만, 하천 등의 지형도에 사용한다.

31. 경사 20%의 지역에 높이 5m의 숲이 우거져 있는 곳을 항공사진측량하여 축척 1 : 5,000 등고선을 제작하였다면 등고선의 수정량은?

① 3mm   ② 4mm
③ 5mm   ④ 6mm

■해설 경사$(i) = \dfrac{H}{D} \times 100(\%)$

① $D = \dfrac{100H}{i} = \dfrac{100 \times 5}{20} = 25\text{m}$

② 등고선 오차 $= \dfrac{D}{M} = \dfrac{25}{5,000}$
$= 0.005\text{m}$
$= 5\text{mm}$

32. 토공량을 계산하기 위해 대상구역을 삼각형으로 분할하여 각 교점의 점토고를 측량한 결과 그림과 같이 얻어졌다. 토공량은?(단, 단위는 m)

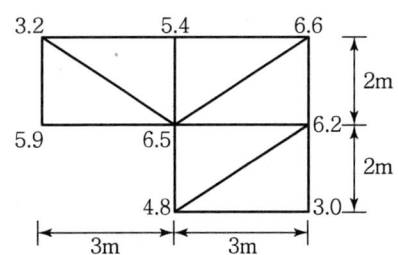

① 85m³
② 90m³
③ 95m³
④ 100m³

■해설 삼각형 분할

$V = \dfrac{A}{3}(\Sigma h_1 + 2\Sigma h_2 + 3\Sigma h_3 \cdots)$

① $\Sigma h_1 = 5.9 + 3.0 = 8.9$
② $\Sigma h_2 = 3.2 + 5.4 + 6.6 + 4.8 = 20$
③ $\Sigma h_3 = 6.2$
④ $\Sigma h_5 = 6.5$
⑤ $V = \dfrac{\frac{1}{2} \times 2 \times 3}{3}(8.9 + 2 \times 20 + 3 \times 6.2 + 5 \times 6.5)$
  $= 100 m^3$

33. 경사가 일정한 두 지점을 앨리데이드와 줄자를 이용하여 관측할 경우, 경사각이 14.2 눈금, 경사거리가 50.5m이었다면 수평거리는?(단, 관측값의 오차는 없다고 가정한다.)

① 50m
② 48m
③ 46m
④ 44m

■해설 $D : l = 100 : \sqrt{100^2 + n^2}$

① $D = \dfrac{100l}{\sqrt{100^2 + n^2}} = \dfrac{100 \times 50.5}{\sqrt{100^2 + 14.2^2}}$
  $\fallingdotseq 49.99$
  $\fallingdotseq 50m$

34. 삼각측량을 위한 삼각점의 위치선정에 있어서 피해야 할 장소와 가장 거리가 먼 것은?

① 나무의 벌목면적이 큰 곳
② 습지 또는 하상인 곳
③ 측표를 높게 설치해야 되는 곳
④ 편심관측을 해야 되는 곳

■해설 삼각측량의 위치선정
① 시준이 잘 되는 곳
② 지반이 견고하고 침하가 없는 곳
③ 벌목 등의 작업이 적고 무리한 시준탑을 세우지 않아도 되는 곳
④ 계속해서 연결되는 작업에 편리한 곳

35. 노선측량에서 교각이 32°15′00″, 곡선 반지름이 600m일 때의 곡선장(C.L.)은?

① 337.72m
② 355.52m
③ 315.35m
④ 328.75m

■해설 $CL = RI \dfrac{\pi}{180°}$

$CL = 600 \times 32°15′00″ \times \dfrac{\pi}{180°} = 337.72m$

36. 그림과 같은 토지의 1변 BC에 평행하게 m : n = 1 : 2의 비율로 면적을 분할하고자 한다. $\overline{AB} = 30m$일 때 $\overline{AX}$는?

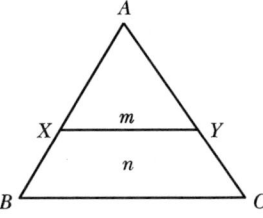

① 8.660m
② 17.321m
③ 25.981m
④ 34.641m

■해설 △AXY : m = △ABC : m+m

① $\dfrac{m}{m+m} = (\dfrac{AX}{AB})^2$
② $\overline{AX} = \overline{AB}\sqrt{\dfrac{m}{m+n}} = 30 \times \sqrt{\dfrac{1}{1+2}}$
  $= 17.321m$

|해답| 32.④ 33.① 34.④ 35.① 36.②

37. 항공사진에 나타난 건물 정상의 시차를 관측하니 16mm이고, 건물 밑부분의 시차를 관측하니 15.82mm이었다. 이 건물 밑부분을 기준으로 한 촬영고도가 5,000m일 때 건물의 높이는?

① 36.8m   ② 41.2m
③ 51.4m   ④ 56.3m

■해설 시차(굴뚝의 높이)
$$h = \frac{H}{P_r + \Delta P} \cdot \Delta P$$
$$= \frac{5,000,000}{15.82 + (16-15.82)} \times (16-15.82)$$
$$= 56,250 \text{mm} ≒ 56.3\text{m}$$

38. 확폭량이 S인 노선에서 노선의 곡선 반지름(R)을 두 배로 하면 확폭량(S')은 얼마가 되는가?

① $S' = \frac{1}{4}S$
② $S' = \frac{1}{2}S$
③ $S' = 2S$
④ $S' = 4S$

■해설 확폭(ε)
$\varepsilon = \frac{L^2}{2R}$에서 R이 두 배이면 ε는 $\frac{1}{2}$이 된다.

39. 4km의 노선에서 결합트래버스 측량을 했을 때 폐합비가 1/6,250이었다면 실제 지형상의 폐합오차는?

① 0.76m   ② 0.64m
③ 0.52m   ④ 0.48m

■해설 폐합비
① $\frac{1}{M} = \frac{\text{폐합오차}}{\text{총길이}}$
② 폐합오차 $= \frac{\text{총길이}}{M} = \frac{4,000}{6,250} = 0.64$m

40. 수준망의 관측결과가 표와 같을 때, 정확도가 가장 높은 것은?

구분	총거리(km)	폐합오차(mm)
I	20	20
II	16	18
III	12	15
IV	8	13

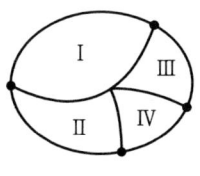

① I   ② II
③ III   ④ IV

■해설 오차(m)는 노선거리(L) 제곱근에 비례한다.
$$E = \pm m\sqrt{n}, \quad m = \frac{E}{\sqrt{n}}$$

① $m_I = \frac{20}{\sqrt{20}} = 4.472$
② $m_{II} = \frac{18}{\sqrt{16}} = 4.5$
③ $m_{III} = \frac{15}{\sqrt{12}} = 4.33$
④ $m_{IV} = \frac{13}{\sqrt{8}} = 4.596$
⑤ III가 가장 정확하다.

제3과목 수리수문학

41. 직각 삼각형 위어에서 월류수심의 측정에 2%의 오차가 생겼다면 유량에는 몇 %의 오차가 생기겠는가?

① 2%   ② 2.5%
③ 4%   ④ 5%

■해설 수두측정오차와 유량오차와의 관계
㉠ 수두측정오차와 유량오차의 관계
• 직사각형 위어
$$\frac{dQ}{Q} = \frac{\frac{3}{2}KH^{\frac{1}{2}}dH}{KH^{\frac{3}{2}}} = \frac{3}{2}\frac{dH}{H}$$

|해답| 37.④ 38.② 39.② 40.③ 41.④

- 삼각형 위어

$$\frac{dQ}{Q} = \frac{\frac{5}{2}KH^{\frac{3}{2}}dH}{KH^{\frac{5}{2}}} = \frac{5}{2}\frac{dH}{H}$$

- 작은 오리피스

$$\frac{dQ}{Q} = \frac{\frac{1}{2}KH^{-\frac{1}{2}}dH}{KH^{\frac{1}{2}}} = \frac{1}{2}\frac{dH}{H}$$

∴ 유량오차와 수심오차의 관계는 수심의 승에 비례한다.

ⓒ 직각 삼각형 위어의 유량오차와 수심오차의 계산

$$\frac{dQ}{Q} = \frac{5}{2}\frac{dH}{H} = \frac{5}{2} \times 2\% = 5\%$$

42. 다음 중 도수(Hydraulic Jump)의 길이산정에 관한 공식이 아닌 것은?

① Safranez 공식
② Smetana 공식
③ Bakhmeteff - Matzke 공식
④ Chezy 공식

■해설 도수의 길이산정 공식
  ㉠ Safranez 공식
    $L = 4.5H_2$
  ㉡ Smetana 공식
    $L = 6(H_2 - H_1)$
  ㉢ Lindquist 공식
    $L = 5(H_2 - H_1)$
  ㉣ Qoycicki 공식
    $L = \left(8 - 0.05\frac{H_2}{H_1}\right)(H_2 - H_1)$
  ㉤ 미국 개척국 공식
    $L = 6.1H_2$
  ㉥ Schaffernak 공식
    $L = 6V_1\frac{\sqrt{H_1}}{g}$
  ㉦ Bakhmeteff - Matzke 공식
    $L = 4.8H_2$
  ∴ 도수의 길이를 산정하는 공식이 아닌 것은 Chezy 공식이다.

43. 도수(Hydraulic Jump) 전후의 수심 h_1, h_2의 관계를 도수 전의 후루드수 Fr_1의 함수로 표시한 것으로 옳은 것은?

① $\frac{h_1}{h_2} = \frac{1}{2}(\sqrt{8Fr_1^2 + 1} - 1)$

② $\frac{h_1}{h_2} = \frac{1}{2}(\sqrt{8Fr_1^2 + 1} + 1)$

③ $\frac{h_2}{h_1} = \frac{1}{2}(\sqrt{8Fr_1^2 + 1} - 1)$

④ $\frac{h_2}{h_1} = \frac{1}{2}(\sqrt{8Fr_1^2 + 1} + 1)$

■해설 도수 후의 수심
도수 후의 수심을 구하는 식은 다음과 같다.

$$h_2 = -\frac{h_1}{2} + \frac{h_1}{2}\sqrt{1 + 8F_{r1}^2}$$

$$\therefore \frac{h_2}{h_1} = \frac{1}{2}(\sqrt{8F_{r1}^2 + 1} - 1)$$

44. 다음 설명 중 옳지 않은 것은?

① 유량빈도곡선의 경사가 급하면 홍수가 빈번함을 의미한다.
② 수위-유량 관계 곡선의 연장방법에는 전대수 지방법, Stevens의 방법 등이 있다.
③ 자연하천에서 대부분의 동일수위에 대한 수위 상승 시와 하강 시의 유량은 같게 유지된다.
④ 합리식은 어떤 배수영역에 발생한 강우강도와 첨두유량간의 관계를 나타낸다.

■해설 수문학 일반사항
  ㉠ 유량빈도곡선의 경사가 급하면 홍수가 빈번함을 의미한다.
  ㉡ 수위-유량 관계곡선의 연장방법에는 전대수 지법, Stevens의 방법, Manning공식에 의한 방법 등이 있다.
  ㉢ 자연하천에서 대부분 동일수위에 대한 수위 상승 시와 하강 시의 유량이 다르게 되어 자연하천에서 수위-유량 관계곡선은 loop형을 띄게 된다.
  ㉣ 합리식은 어떤 배수영역에서 발생한 강우강도와 첨두유량 간의 관계를 나타낸다.

$$Q = \frac{1}{3.6}CIA$$
여기서, Q : 첨두유량
C : 유출계수
I : 강우강도
A : 배수면적

45. 단위도(단위 유량도)에 대한 설명으로 옳지 않은 것은?

① 단위도의 3가정은 일정기저시간 가정, 비례 가정, 중첩 가정이다.
② 단위도는 기저유량과 직접유출량을 포함하는 수문곡선이다.
③ S-Curve를 이용하여 단위도의 단위시간을 변경할 수 있다.
④ Snyder는 합성단위도법을 연구 발표하였다.

■해설 단위유량도
㉠ 단위도의 정의 : 특정단위 시간동안 균등한 강우강도로 유역전반에 걸쳐 균등한 분포로 내리는 단위유효우량으로 인하여 발생하는 직접유출 수문곡선
㉡ 단위도의 구성요소
  • 직접유출량
  • 유효우량 지속시간
  • 유역면적
㉢ 단위도의 3가정
  • 일정기저시간 가정
  • 비례 가정
  • 중첩가정
㉣ 단위도의 지속시간 변경
  • 정수배 방법
  • S-curve 방법
㉤ 합성단위유량도
  • Snyder
  • SCS 무차원 단위도
  • Nakayasu의 종합 단위도법

46. 다음 중 이상유체(Ideal Fluid)의 정의를 옳게 설명한 것은?

① 뉴턴(Newton)의 점성법칙을 만족하는 유체
② 비점성, 비압축성인 유체
③ 점성이 없는 모든 유체
④ 오염되지 않은 순수한 유체

■해설 유체의 종류
㉠ 이상유체(=완전유체) : 비점성, 비압축성 유체
㉡ 실제유체 : 점성, 압축성 유체

47. 관수로 흐름에 대한 설명으로 옳지 않은 것은?

① 자유표면이 존재하지 않는다.
② 관수로 내의 흐름이 층류인 경우 포물선 유속 분포를 이룬다.
③ 관수로 내의 흐름에서는 점성저층(층류저층)이 존재하지 않는다.
④ 관수로의 전단응력은 반지름에 비례한다.

■해설 관수로 흐름의 특성
㉠ 자유수면이 존재하지 않으며, 흐름의 원동력은 압력과 점성력인 수로를 관수로라 한다.
㉡ 관수로 내 흐름이 층류인 경우 유속은 중앙에서 최대이고 벽에서 0에 가까운 포물선 분포를 한다.
㉢ 관수로 내의 흐름에서 매끈한 관의 난류에는 층류저층이 발생한다.
㉣ 관수로의 전단응력은 반지름에 비례한다.
$$\tau = \frac{w h_L r}{2l}$$
여기서, τ : 전단응력
w : 물의 단위중량
h_L : 손실수두
r : 관의 반지름
l : 관의 길이

48. 에너지 보정계수에 대한 설명으로 옳은 것은? (단, A : 흐름 단면적, v : 미소 유관의 유속, V : 평균 유속, dA : 미소유관의 흐름단면적)

① 연속방정식에 적용된다.
② 속도수두의 단위를 갖고 있다.
③ $\dfrac{1}{A}\int_A \left(\dfrac{v}{V}\right)^3 dA$로 표시된다.
④ $\dfrac{1}{A}\int_A \left(\dfrac{v}{V}\right)^2 dA$로 표시된다.

■해설 에너지 보정계수와 운동량 보정계수
  ㉠ 에너지 보정계수
    평균유속을 사용함에 의한 에너지의 차이를 보정해주는 계수 : $\alpha = \int_A \left(\dfrac{V}{V_m}\right)^3 \dfrac{dA}{A}$
    층류의 경우 : $\alpha = 2$
    난류의 경우 : $\alpha = 1.01 \sim 1.1$
  ㉡ 운동량 보정계수
    평균유속을 사용함에 의한 운동량의 차이를 보정해주는 계수 : $\eta = \int_A \left(\dfrac{V}{V_m}\right)^2 \dfrac{dA}{A}$
    층류의 경우 : $\eta = 4/3$
    난류의 경우 : $\eta = 1.0 \sim 1.05$
  ㉢ 해석
    에너지 보정계수와 운동량 보정계수는 실제유체와 이상유체의 차이를 보정해주는 계수로서 이상유체라면 에너지 보정계수와 운동량 보정계수의 값은 1이다.
    에너지 보정계수, 운동량 보정계수는 무차원이다.

49. 그림에서 손실수두가 $\dfrac{3V^2}{2g}$일 때 지름 0.1m의 관을 통과하는 유량은?(단, 수면은 일정하게 유지된다.)

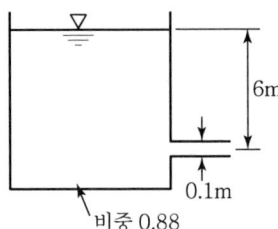

① 0.085m³/sec   ② 0.0426m³/sec
③ 0.0399m³/sec ④ 0.0798m³/sec

■해설 Bernoulli 정리를 이용한 유량의 산정
  ㉠ Bernoulli 정리
    $z_1 + \dfrac{p_1}{w} + \dfrac{v_1^2}{2g} = z_2 + \dfrac{p_2}{w} + \dfrac{v_2^2}{2g} + h_L$
  ㉡ 수조에 Bernoulli 정리를 적용 : 변화가 일어나지 않는 단면(수조단면)을 1번 단면 변화가 일어나는 단면(관 끝)을 2번 단면으로 하고 Bernoulli 정리를 적용한다.
    $z_1 + \dfrac{p_1}{w} + \dfrac{v_1^2}{2g} = z_2 + \dfrac{p_2}{w} + \dfrac{v_2^2}{2g} + h_L$
    여기서, • 수평기준면을 잡으면 위치수두 z_1, z_2는 소거된다.
    • 1번 단면의 압력수두는 6m, 2번 단면의 압력수두는 대기와 접해 있으므로 0이다.
    • 1번 단면의 속도수두는 무시할 정도로 적으므로 0으로 잡고 정리하면
    $\therefore 6 = \dfrac{v^2}{2g} + \dfrac{3v^2}{2g} \rightarrow v$에 관해서 정리하면
    $\therefore v = 5.422 \text{m/sec}$
  ㉢ 유량의 산정
    $Q = AV = \pi \times \dfrac{0.1^2}{4} \times 5.422$
    $= 0.0426 \text{m}^3/\text{sec}$

50. 각 변의 길이가 2cm×3cm인 직4각형 단면의 매끈한 관에 평균유속 1.0m/s로 물이 흐른다. 관의 길이 100m 구간에서 발생하는 손실수두는?(단, 관의 마찰손실계수 $f = 0.03$이다.)

① 3.2m   ② 6.4m
③ 13.8m ④ 25.5m

■해설 마찰손실수두의 산정
  ㉠ Darcy-Weisbach의 마찰손실수두
    $h_L = f \dfrac{l}{D} \dfrac{V^2}{2g}$
  ㉡ 동수반경
    동수반경 $R = \dfrac{A}{P}$
    원형관의 동수반경 $R = \dfrac{D}{4}$
    $\therefore D = 4R$

© 동수반경 조건을 Darcy-Weisbach의 공식에 적용

$$h_L = f \frac{l}{4R} \frac{V^2}{2g}$$

② 비원형 단면에서의 손실수두
동수반경의 산정 :

$$R = \frac{A}{P} = \frac{0.02 \times 0.03}{(0.02+0.03) \times 2} = 0.006\text{m}$$

$$h_L = f \frac{l}{4R} \frac{V^2}{2g} = 0.03 \times \frac{100}{4 \times 0.006} \times \frac{1^2}{2 \times 9.8}$$
$$= 6.4\text{m}$$

51. 반지름($\overline{OP}$)이 6m이고, $\theta'=30°$인 수문이 그림과 같이 설치되었을 때 수문에 작용하는 전수압(저항력)은?

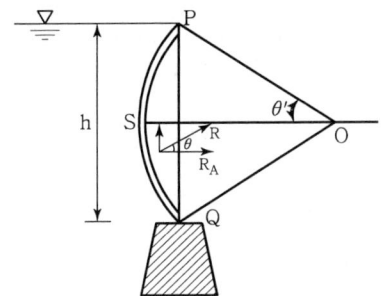

① 159.5kN/m ② 169.5kN/m
③ 179.5kN/m ④ 189.5kN/m

■해설 곡면이 받는 전수압
㉠ 수평분력의 산정
$$P_H = wh_GA$$
$$= 1 \times \frac{6\sin30 \times 2}{2} \times (6\sin30 \times 2 \times 1)$$
$$= 18t$$

㉡ 연직분력의 산정
$$P_V = W = wV$$
$$= 1 \times [(\pi \times 6^2 \times \frac{60}{360})$$
$$- (\frac{1}{2} \times 6\sin30 \times 6\cos30 \times 2)] \times 1$$
$$= 3.25t$$

㉢ 합력의 산정
$$P = \sqrt{P_H^2 + P_V^2} = \sqrt{18^2 + 3.25^2} = 18.291t$$

㉣ 단위폭당 전수압
18.291t/m×9.8 = 179.3kN/m

52. 수문곡선에 대한 설명으로 옳지 않은 것은?

① 하천유로상의 임의의 한 점에서 수문량의 시간에 대한 관계곡선이다.
② 초기에는 지하수에 의한 기저유출만이 하천에 존재한다.
③ 시간이 경과함에 따라 지수분포형의 감수곡선이 된다.
④ 표면유출은 점차적으로 수문곡선을 하강시키게 된다.

■해설 수문곡선
㉠ 정의 : 하천의 어느 단면에서 3개의 유출성분(지표면, 지표하, 지하수유출)이 복합되어 나타나는 수위 혹은 유량의 시간적인 변화 상태를 표시하는 곡선으로 우량주상도와 함께 단기호우와 홍수유출간의 관계를 해석하는데 필수적인 자료가 된다.

㉡ 해석
• 초기에는 지하수에 의한 기저유출만이 하천에 존재한다.
• 시간이 경과함에 따라 지수분포형의 감수곡선이 된다.
• 표면유출이 시작되면 수문곡선은 점차적으로 상승하게 된다.

53. 다음 중 DAD 해석 시 직접적으로 불필요한 요소는?

① 자기우량 기록지 ② 유역면적
③ 최대 강우량 기록 ④ 상대 습도

■해설 DAD 해석
㉠ DAD(Rainfall Depth-Area-Duration) 해석은 최대평균우량깊이(강우량), 유역면적, 강우지속시간의 관계의 해석을 말한다.

구성	특징
용도	암거의 설계나, 지하수 흐름에 대한 하천 수위의 시간적 변화의 영향 등에 사용
구성	최대평균우량깊이(Rainfall Depth), 유역면적(Area), 지속시간(Duration)으로 구성
방법	면적을 대수축에, 최대우량을 산술축에, 지속시간을 제3의 변수로 표시

|해답| 51.③ 52.④ 53.④

ⓒ DAD 해석
- DAD 해석을 위해서는 지속시간별 최대평균우량깊이(강우량), 유역면적, 강우지속시간 등의 자료가 필요하다.
- 최대평균우량은 지속시간에 비례한다.
- 최대평균우량은 유역면적에 반비례한다.
- 최대평균우량은 재현기간에 비례한다.
∴ DAD 해석 시 불필요한 것은 상대 습도이다.

54. 오리피스의 표준단관에서 유속계수가 0.78이었다면 유량계수는?

① 0.66 ② 0.70
③ 0.74 ④ 0.78

■해설 표준단관
ⓐ 표준단관 : 유입단의 길이가 직경의 2~3배 정도이고 유입부의 형상이 수축단면의 형상을 내부에 만들어 놓은 관을 말한다.
ⓑ 특징 : 수축단면의 형상을 내부에 만들어 놓은 관으로 수축계수 $C_a = 1$이다.
ⓒ 유량계수
$C = C_a C_v = 1 \times 0.78 = 0.78$

55. 2개의 불투수층 사이에 있는 대수층의 두께 a, 투수계수 k인 곳에 반지름 r_0인 굴착정(Artesian Well)을 설치하고 일정 양수량 Q를 양수하였더니, 양수 전 굴착정 내의 수위 H가 h_0로 강하하여 정상흐름이 되었다. 굴착정의 영향원 반지름을 R이라 할 때 $(H-h_0)$의 값은?

① $\dfrac{2Q}{\pi ak}\ln\left(\dfrac{R}{r_0}\right)$

② $\dfrac{Q}{2\pi ak}\ln\left(\dfrac{R}{r_0}\right)$

③ $\dfrac{2Q}{\pi ak}\ln\left(\dfrac{r_0}{R}\right)$

④ $\dfrac{Q}{2\pi ak}\ln\left(\dfrac{r_0}{R}\right)$

■해설 우물의 수리
ⓐ 우물의 수리

종류	내용
깊은우물 (심정호)	우물의 바닥이 불투수층까지 도달한 우물을 말한다. $Q = \dfrac{\pi K(H^2 - h_0^2)}{2.3\log(R/r_0)}$
얕은우물 (천정호)	우물의 바닥이 불투수층까지 도달하지 못한 우물을 말한다. $Q = 4Kr_0(H-h_0)$
굴착정	피압대수층의 물을 양수하는 우물을 굴착정이라 한다. $Q = \dfrac{2\pi aK(H-h_0)}{2.3\log(R/r_0)}$
집수암거	복류수를 취수하는 우물을 집수암거라 한다. $Q = \dfrac{Kl}{R}(H^2-h^2)$

ⓑ 굴착정의 양수량 공식
$Q = \dfrac{2\pi aK(H-h_0)}{2.3\log(R/r_0)} = \dfrac{2\pi aK(H-h_0)}{\ln(R/r_0)}$

∴ $(H-h_0) = \dfrac{Q}{2\pi aK}\ln(R/r_0)$

56. 다음 중 물의 순환에 관한 설명으로서 틀린 것은?

① 지구상에 존재하는 수자원의 대기원을 통해 지표면에 공급되고, 지하로 침투하여 지하수를 형성하는 등 복잡한 반복과정이다.
② 지표면 또는 바다로부터 증발된 물이 강수, 침투 및 침루, 유출 등의 과정을 거치는 물의 이동현상이다.
③ 물의 순환과정은 성분과정간의 물의 이동이 일정률로 연속된다는 것을 의미한다.
④ 물의 순환과정 중 강수, 증발 및 증산은 수문기상학 분야이다.

■해설 물의 순환과정
ⓐ 지구상에 존재하는 수자원은 대기원을 통해 강수의 형태로 지표면에 공급되고, 지하로 침투되고 침루를 통해 지하수를 형성하는 등 복잡한 반복과정을 거친다.
ⓑ 지표면 또는 바다로부터 증발된 물이 강수, 침투 및 침루, 유출 등의 과정을 거치는 물의 이동현상이다.

|해답| 54.④ 55.② 56.③

ⓒ 물의 순환과정 중 강수, 증발 및 증산은 수문기상학 분야이다.
ⓓ 물의 순환과정은 성분과정간의 물의 이동을 말하며 일정률로 연속되는 것은 아니다.

57. 지름이 2m이고 영향권의 반지름이 1,000m이며, 원지하수의 수위 $H=7$m, 집수정의 수위 $h_o=5$m 인 심정호의 양수량은?(단, $k=0.0038$m/sec)

① 0.0415m³/sec ② 0.0461m³/sec
③ 0.0831m³/sec ④ 1.8232m³/sec

■해설 우물의 수리
ⓐ 우물의 수리

종류	내용
깊은우물 (심정호)	우물의 바닥이 불투수층까지 도달한 우물을 말한다. $Q = \dfrac{\pi K(H^2-h_0^2)}{2.3\log(R/r_0)}$
얕은우물 (천정호)	우물의 바닥이 불투수층까지 도달하지 못한 우물을 말한다. $Q = 4Kr_0(H-h_0)$
굴착정	피압대수층의 물을 양수하는 우물을 굴착정이라 한다. $Q = \dfrac{2\pi aK(H-h_0)}{2.3\log(R/r_0)}$
집수암거	복류수를 취수하는 우물을 집수암거라 한다. $Q = \dfrac{Kl}{R}(H^2-h^2)$

ⓑ 깊은 우물의 양수량
$Q = \dfrac{\pi K(H^2-h_0^2)}{2.3\log(R/r_0)}$
$= \dfrac{\pi \times 0.0038(7^2-5^2)}{2.3\log(1000/1)}$
$= 0.0415$m³/sec

58. 개수로의 흐름을 상류–층류와 상류–난류, 사류–층류와 사류–난류의 네 가지 흐름으로 나누는 기준이 되는 한계 Froude 수(F_r)와 한계 Reynolds(R_e) 수는?

① $F_r=1$, $R_e=1$
② $F_r=1$, $R_e=500$
③ $F_r=500$, $R_e=1$
④ $F_r=500$, $R_e=500$

■해설 흐름의 상태
ⓐ 상류(常流)와 사류(射流)
$F_r = \dfrac{V}{C} = \dfrac{V}{\sqrt{gh}}$
여기서, V : 유속
C : 파의 전달속도

• $F_r<1$: 상류(常流)
• $F_r>1$: 사류(射流)
• $F_r=1$: 한계류

ⓑ 층류와 난류
$R_e = \dfrac{VD}{\nu}$
여기서, V : 유속
D : 직경
ν : 동점성계수

• $R_e<2,000$: 층류
• $2,000<R_e<4,000$: 천이영역
• $R_e>4,000$: 난류

ⓒ 한계 Reynolds
• $R_e<500$: 층류
• $R_e>500$: 난류

59. 폭 10m의 직사각형 단면수로에 15m³/sec의 유량이 80cm의 수심으로 흐를 때 한계수심은? (단, 에너지 보정계수 $\alpha=1.1$이다.)

① 0.263m ② 0.352m
③ 0.523m ④ 0.632m

■해설 비에너지와 한계수심
ⓐ 비에너지가 최소일 때의 수심을 한계수심이라 한다.
$h_c = \dfrac{2}{3}h_e$
(직사각형 단면의 한계수심과 비에너지의 관계)

ⓑ 유량이 최대일 때의 수심을 한계수심이라 한다.
∴ 한계수심일 때의 유량이 최대유량이 된다.

ⓒ 한계수심의 계산(직사각형 단면)
$h_c = \left(\dfrac{\alpha Q^2}{gb^2}\right)^{\frac{1}{3}} = \left(\dfrac{1.1\times 15^2}{9.8\times 10^2}\right)^{\frac{1}{3}} = 0.632$m

|해답| 57.① 58.② 59.④

60. 경계층에 대한 설명으로 틀린 것은?

① 전단저항은 경계층 내에서 발생한다.
② 경계층 내에서는 층류가 존재할 수 없다.
③ 이상유체일 경우는 경계층은 존재하지 않는다.
④ 경계층에서는 레이놀즈(Reynolds)응력이 존재한다.

■해설 경계층
  ㉠ 저수지로부터 관로로 물이 유입되면 유입부분의 벽면에서 얇은 경계층이 발생하며 등류가 형성된다.
  ㉡ 경계층 내에서는 전단응력이 횡단면 전체를 지배하게 된다.
  ㉢ 경계층 내에서는 점성이 흐름을 지배하므로 흐름의 상태는 층류이다.
  ㉣ 이상유체는 비점성 유체로 경계층은 존재하지 않는다.
  ㉤ 경계층에서는 점성이 흐름을 지배하므로 레이놀즈(Reynolds)응력이 존재한다.

제4과목 철근콘크리트 및 강구조

61. 그림과 같은 정사각형 독립 확대기초 저면에 작용하는 지압력이 $q=100\text{kPa}$일 때 휨에 대한 위험단면의 휨 모멘트는 얼마인가?

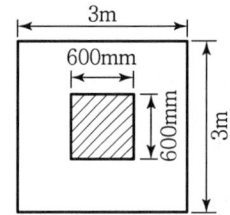

① 216kN·m   ② 360kN·m
③ 260kN·m   ④ 316kN·m

■해설 $M = \dfrac{1}{8}qS(L-t)^2 = \dfrac{1}{8} \times (100 \times 10^3) \times 3 \times (3-0.6)^2$
       $= 216,000\text{N}\cdot\text{m} = 216\text{kN}\cdot\text{m}$

62. 그림과 같은 단순 PSC보에서 등분포하중(자중 포함) $W=30\text{kN/m}$가 작용하고 있다. 프리스트레스에 의한 상향력과 이 등분포하중이 비기기 위해서는 프리스트레스 힘 P를 얼마로 도입해야 하는가?

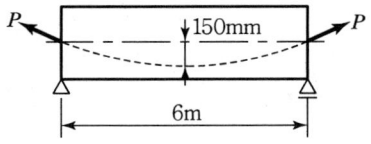

① 900kN   ② 1,200kN
③ 1,500kN   ④ 1,800kN

■해설 $u = \dfrac{8Ps}{l^2} = W$

$P = \dfrac{Wl^2}{8s} = \dfrac{30 \times 6^2}{8 \times 0.15} = 900\text{kN}$

63. 직사각형 보에서 계수전단력 $V_u=70\text{kN}$을 전단철근 없이 지지하고자 할 경우 필요한 최소 유효깊이 d는 약 얼마인가?(단, $b_w=400\text{mm}$, $f_{ck}=21\text{MPa}$, $f_y=350\text{MPa}$)

① $d=426\text{mm}$ ② $d=556\text{mm}$
③ $d=611\text{mm}$ ④ $d=751\text{mm}$

■해설 $\dfrac{1}{2}\phi V_c \geq V_u$

$\dfrac{1}{2}\phi\left(\dfrac{1}{6}\sqrt{f_{ck}}\,b_w d\right) \geq V_u$

$d \geq \dfrac{12V_u}{\phi\sqrt{f_{ck}}\,b_w} = \dfrac{12\times(70\times10^3)}{0.75\times\sqrt{21}\times400} = 611\text{mm}$

64. 아래 그림과 같은 보통 중량 콘크리트 직사각형 단면의 보에서 균열모멘트(M_{cr})는?(단, $f_{ck}=24\text{MPa}$이다.)

① 46.7kN·m
② 52.3kN·m
③ 56.4kN·m
④ 62.1kN·m

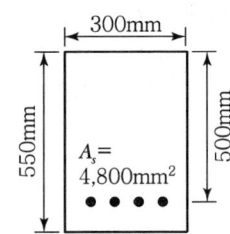

■해설 $\lambda = 1$ (보통 중량의 콘크리트인 경우)
$$f_r = 0.63\lambda\sqrt{f_{ck}} = 0.63 \times 1 \times \sqrt{24} = 3.09\text{MPa}$$
$$Z = \frac{bh^2}{6} = \frac{300 \times 550^2}{6} = 15.125 \times 10^6 \text{mm}^3$$
$$M_{cr} = f_r \cdot Z = 3.09 \times (15.125 \times 10^6)$$
$$= 46.7 \times 10^6 \text{N} \cdot \text{mm} = 46.7\text{kN} \cdot \text{m}$$

65. 보의 길이 $l = 20\text{m}$, 활동량 $\Delta l = 4\text{mm}$, $E_p = 200,000\text{MPa}$일 때 프리스트레스 감소량 Δf_p는?(단, 일단 정착임)

① 40MPa ② 30MPa
③ 20MPa ④ 15MPa

■해설 $\Delta f_p = E_p \varepsilon_p = E_p \dfrac{\Delta l}{l}$
$$= 200,000 \times \frac{4}{(200 \times 10^3)} = 40\text{MPa}$$

66. 강도설계법에 의할 때 단철근 직사각형 보가 균형단면이 되기 위한 중립축의 위치 c는?(단, $f_y = 300\text{MPa}$, $f_{ck} = 30\text{MPa}$, $d = 600\text{mm}$)

① $c = 412.5\text{mm}$ ② $c = 312.5\text{mm}$
③ $c = 507.5\text{mm}$ ④ $c = 403.5\text{mm}$

■해설 $f_{ck} = 30\text{MPa} \leq 40\text{MPa}$인 경우
$$c_b = \frac{660}{660 + f_y}d = \frac{660}{660 + 300} \times 600 = 412.5\text{mm}$$

67. $f_{ck} = 28\text{MPa}$, $f_y = 350\text{MPa}$로 만들어지는 보에서 압축이형철근으로 D29(공칭지름 28.6mm)를 사용한다면 기본정착길이는?(단, 보통 중량 콘크리트를 사용한 경우)

① 412mm ② 446mm
③ 473mm ④ 522mm

■해설 $\lambda = 1$ (보통 중량 콘크리트인 경우)
$$l_{db} = \frac{0.25 d_b f_y}{\lambda\sqrt{f_{ck}}} = \frac{0.25 \times 28.6 \times 350}{1 \times \sqrt{28}} = 472.9\text{mm}$$
$$0.043 d_b f_y = 0.043 \times 28.6 \times 350 = 430.43\text{mm}$$
$$l_{db} \geq 0.043 d_b f_y - \text{O.K}$$

68. 나선철근 압축부재 단면의 심부지름이 400mm, 기둥단면 지름이 500mm인 나선철근 기둥의 나선철근비는 최소 얼마 이상이어야 하는가? (단, $f_{ck} = 21\text{MPa}$, $f_y = 400\text{MPa}$)

① 0.0133 ② 0.0201
③ 0.0248 ④ 0.0304

■해설
$$\rho_s \geq 0.45\left(\frac{A_g}{A_{ch}} - 1\right)\frac{f_{ck}}{f_{yt}} = 0.45\left(\frac{\frac{\pi \times 500^2}{4}}{\frac{\pi \times 400^2}{4}} - 1\right) \times \frac{21}{400}$$
$$= 0.0133$$

69. 옹벽의 구조해석에 대한 설명으로 틀린 것은?

① 뒷부벽은 직사각형 보로 설계하여야 하며, 앞부벽은 T형 보로 설계하여야 한다.
② 저판의 뒷굽판은 정확한 방법이 사용되지 않는 한, 뒷굽판 상부에 재하되는 모든 하중을 지지하도록 설계하여야 한다.
③ 캔틸레버식 옹벽의 저판은 전면벽과의 접합부를 고정단으로 간주한 캔틸레버로 가정하여 단면을 설계할 수 있다.
④ 부벽식 옹벽의 저판은 정밀한 해석이 사용되지 않는 한, 부벽 간의 거리를 경간으로 가정한 고정보 또는 연속보로 설계할 수 있다.

■해설 부벽식 옹벽에서 부벽의 설계
① 앞부벽 : 직사각형 보로 설계
② 뒷부벽 : T형 보로 설계

70. 복철근 보에서 압축철근에 대한 효과를 설명한 것으로 적절하지 못한 것은?

① 단면 저항 모멘트를 크게 증대시킨다.
② 지속하중에 의한 처짐을 감소시킨다.
③ 파괴 시 압축 응력의 깊이를 감소시켜 연성을 증대시킨다.
④ 철근의 조립을 쉽게 한다.

■해설 압축철근의 사용효과
• 크리프, 건조수축 등으로 인하여 발생되는 장기 처짐을 최소화하기 위한 경우

- 파괴 시 압축응력의 깊이를 감소시켜 연성을 증대시키기 위한 경우
- 철근의 조립을 쉽게 하기 위한 경우
- 정(+), 부(-) 모멘트를 번갈아 받는 경우
- 보의 단면 높이가 제한되어 단철근 단면보의 설계 휨강도가 계수 휨하중보다 작은 경우

해설
$d_h = \phi + 3 = 25\text{mm}$
$b_{n2} = b - 2d_h = 200 - 2 \times 25 = 150\text{mm}$
$b_{n3} = b - 3d_h + 2 \times \dfrac{s^2}{4g}$
$= 200 - (3 \times 52) + \left(2 \times \dfrac{40^2}{4 \times 50}\right) = 141\text{mm}$
$b_n = [b_{n2},\ b_{n3}]_{\min} = 141\text{mm}$

71. 전단철근이 부담하는 전단력 $V_s = 150\text{kN}$일 때, 수직스터럽으로 전단보강을 하는 경우 최대 배치간격은 얼마 이하인가?(단, $f_{ck} = 28\text{MPa}$, 전단철근 1개 단면적=125mm², 횡방향 철근의 설계기준항복강도(f_{yt})=400MPa, $b_w = 300\text{mm}$, $d = 500\text{mm}$)

① 600mm ② 333mm
③ 250mm ④ 167mm

해설 $V_s = 150\text{kN}$
$\dfrac{1}{3}\sqrt{f_{ck}}\,b_w d = \dfrac{1}{3} \times \sqrt{28} \times 300 \times 500$
$= 264.6 \times 10^3 \text{N} = 264.6\text{kN}$

$V_s \leq \dfrac{1}{3}\sqrt{f_{ck}}\,b_w d$이므로 전단철근 간격 s는 다음 값이어야 한다.

① $s \leq \dfrac{d}{2} = \dfrac{500}{2} = 250\text{mm}$
② $s \leq 600\text{mm}$
③ $s \leq \dfrac{A_v f_{yt} d}{V_s} = \dfrac{(2 \times 125) \times 400 \times 500}{(150 \times 10^3)} = 333.3\text{mm}$

따라서, 전단철근 간격 s는 최소값인 250mm 이하라야 한다.

72. 다음 그림의 지그재그로 구멍이 있는 판에서 순폭을 구하면?(단, 리벳구멍 직경=25mm)

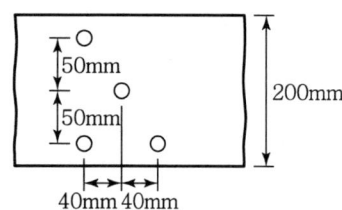

① $b_n = 187\text{mm}$ ② $b_n = 150\text{mm}$
③ $b_n = 141\text{mm}$ ④ $b_n = 125\text{mm}$

73. 정착구와 커플러의 위치에서 프리스트레싱 도입 직후 포스트텐션 긴장재의 응력은 얼마 이하로 하여야 하는가?(단, f_{pu}는 긴장재의 설계기준인장강도)

① $0.6f_{pu}$ ② $0.74f_{pu}$
③ $0.70f_{pu}$ ④ $0.85f_{pu}$

해설 긴장재(PS강재)의 허용응력

적용범위	허용응력
긴장할 때 긴장재의 인장응력	$0.8f_{pu}$와 $0.94f_{py}$ 중 작은 값 이하
프리스트레스 도입 직후 긴장재의 인장응력	$0.74f_{pu}$와 $0.82f_{py}$ 중 작은 값 이하
정착구와 커플러(Coupler)의 위치에서 프리스트레스 도입 직후 포스트텐션 긴장재의 인장응력	$0.7f_{pu}$ 이하

74. 그림과 같은 필렛용접에서 일어나는 응력이 옳게 된 것은?

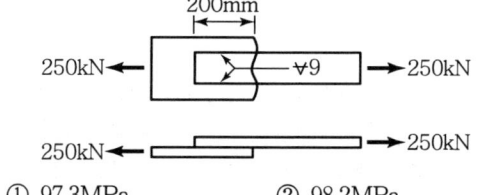

① 97.3MPa ② 98.2MPa
③ 99.2MPa ④ 100.0MPa

해설 $v = \dfrac{P}{\sum al} = \dfrac{250 \times 10^3}{(0.707 \times 9) \times (2 \times 200)}$
$= 98.2\text{N/mm}^2 = 98.2\text{MPa}$

75. 강도설계법에서 구조의 안전을 확보하기 위해 사용되는 강도감소계수 ϕ에 대한 설명으로 틀린 것은?

① 인장지배단면 $\phi=0.85$
② 압축지배단면에서 띠철근콘크리트 부재 $\phi=0.65$
③ 전단과 비틀림모멘트 $\phi=0.70$
④ 콘크리트의 지압력(포스트텐션 정착부나 스트럿-타이 모델은 제외) $\phi=0.65$

■해설 전단과 비틀림모멘트에 대한 강도감소계수 $\phi=0.75$이다.

76. 처짐을 계산하지 않는 경우 단순지지된 보의 최소 두께($h_{\min}$)로 옳은 것은?(단, 보통콘크리트($m_c=2,300\text{kg/m}^3$) 및 $f_y=300\text{MPa}$인 철근을 사용한 부재의 길이가 10m인 보)

① 429mm
② 500mm
③ 537mm
④ 625mm

■해설 단순지지 보의 처짐을 계산하지 않아도 되는 최소 두께($h_{\min}$)

① $f_y=400\text{MPa}$인 경우 : $h_{\min}=\dfrac{l}{16}$

② $f_y\neq 400\text{MPa}$인 경우 : $h_{\min}=\dfrac{l}{16}\left(0.43+\dfrac{f_y}{700}\right)$

$f_y=300\text{MPa}$이므로 최소 두께($h_{\min}$)는 다음과 같다.

$$h_{\min}=\dfrac{l}{16}\left(0.43+\dfrac{f_y}{700}\right)$$
$$=\dfrac{10\times 10^3}{16}\left(0.43+\dfrac{300}{700}\right)=536.6\text{mm}$$

77. 그림과 같은 철근콘크리트보 단면이 파괴 시 인장철근의 변형률은?(단, $f_{ck}=28\text{MPa}$, $f_y=350\text{MPa}$, $A_s=1,520\text{mm}^2$)

① 0.0043
② 0.0089
③ 0.0117
④ 0.0153

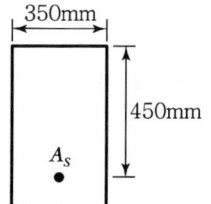

■해설 $f_{ck}=28\text{MPa}\leq 40\text{MPa}$인 경우
$\varepsilon_{cu}=0.0033,\ \eta=1,\ \beta_1=0.8$

$$a=\dfrac{A_s f_y}{\eta 0.85 f_{ck} b}=\dfrac{1,520\times 350}{1\times 0.85\times 28\times 350}=63.9\text{mm}$$

$$\varepsilon_t=\dfrac{d_t\beta_1-a}{a}\varepsilon_{cu}$$
$$=\dfrac{450\times 0.8-63.9}{63.9}\times 0.0033=0.0153$$

78. 경간 6m인 단순 직사각형 단면($b=300\text{mm}$, $h=400\text{mm}$) 보에 등분포하중 30kN/m가 작용할 때 PS강재가 단면도심에서 긴장되며 경간 중앙에서 콘크리트 단면의 하연 응력이 0이 되려면 PS강재에 얼마의 긴장력이 작용되어야 하는가?

① 1,805kN
② 2,025kN
③ 3,054kN
④ 3,557kN

■해설 $f_b=\dfrac{P}{A}-\dfrac{M}{Z}=\dfrac{P}{bh}-\dfrac{3wl^2}{4bh^2}=0$

$$P=\dfrac{3wl^2}{4h}=\dfrac{3\times 30\times 6^2}{4\times 0.4}=2,025\text{kN}$$

79. $b_w=250\text{mm}$이고, $h=500\text{mm}$인 직사각형 철근콘크리트 보의 단면에 균열을 일으키는 비틀림모멘트 T_{cr}은 얼마인가?(단, $f_{ck}=28\text{MPa}$이다.)

① 9.8kN·m
② 11.3kN·m
③ 12.5kN·m
④ 18.4kN·m

■해설 A_{cp}(콘크리트 단면의 면적)
$=b_w h=250\times 500=125,000\text{mm}^2$
p_{cp}(콘크리트 단면의 둘레)
$=2(b_w+h)=2\times(250+500)=1,500\text{mm}$

$$T_{cr}=\dfrac{1}{3}\sqrt{f_{ck}}\dfrac{A_{cp}^2}{p_{cp}}=\dfrac{1}{3}\times\sqrt{28}\times\dfrac{(125,000)^2}{1,500}$$
$$=18.4\times 10^6\text{N}\cdot\text{mm}=18.4\text{kN}\cdot\text{mm}$$

80. 1방향 철근콘크리트 슬래브에서 f_y =450MPa인 이형철근을 사용한 경우 수축·온도철근비는?

① 0.0016　　② 0.0018
③ 0.0020　　④ 0.0022

■해설　1방향 슬래브에서 수축 및 온도 철근비
　① $f_y \leq 400$MPa인 경우
　　$\rho \geq 0.002$
　② $f_y > 400$MPa인 경우
　　$\rho \geq \left[0.0014,\ 0.002 \times \dfrac{400}{f_y}\right]_{max}$
　f_y =450MPa>400MPa인 경우이므로 수축 및 온도 철근비는 다음과 같다.
　$\rho \geq \left[0.0014,\ 0.002 \times \dfrac{400}{f_y}\right]_{max}$
　　$= \left[0.0014,\ 0.002 \times \dfrac{400}{450}\right]_{max}$
　　$= [0.0014,\ 0.0018]_{max} = 0.0018$

제5과목　토질 및 기초

81. 도로의 평판재하시험을 끝낼 수 있는 조건이 아닌 것은?

① 하중강도가 현장에서 예상되는 최대 접지압을 초과 시
② 하중강도가 그 지반의 항복점을 넘을 때
③ 침하가 더 이상 일어나지 않을 때
④ 침하량이 15mm에 달할 때

■해설　평판재하시험의 종료 조건
　침하 측정은 침하가 15mm에 달하거나 하중강도가 현장에서 예상되는 가장 큰 접지압력의 크기 또는 지반의 항복점을 넘을 때까지 실시한다.

82. 크기가 2m×3m인 직사각형 기초에 58.8kN/m²의 등분포하중이 작용할 때 기초 아래에 10m 되는 깊이에서의 응력 증가량을 2:1 분포법으로 구한 값은?

① 2.26kN/m²　　② 5.31kN/m²
③ 1.33kN/m²　　④ 1.83kN/m²

■해설　2:1 분포법에 의한 지중응력 증가량
$\Delta\sigma_z = \dfrac{qBL}{(B+Z)(L+Z)} = \dfrac{58.8 \times 2 \times 3}{(2+10)(3+10)} = 2.26$kN/m²

83. 다음 그림과 같은 샘플러(Sampler)에서 면적비는 얼마인가?

① 5.80%
② 5.97%
③ 14.62%
④ 14.80%

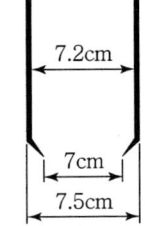

■해설　면적비
$A_r = \dfrac{D_w^2 - D_e^2}{D_e^2} \times 100 = \dfrac{7.5^2 - 7^2}{7^2} \times 100 = 14.80\%$

84. 점착력이 10kN/m², 내부마찰각이 30°인 흙에 수직응력 2,000kN/m²를 가할 경우 전단응력은?

① 2,010kN/m²　　② 675kN/m²
③ 116kN/m²　　　④ 1,165kN/m²

■해설　전단응력
$S(\tau_f) = c + \sigma' \tan\phi = 10 + 2,000\tan30°$
　　　　$= 1,165$kN/m²

85. 흙 속에 있는 한 점의 최대 및 최소 주응력이 각각 200kN/m² 및 100kN/m²일 때 최대 주응력면과 30°를 이루는 평면상의 전단응력을 구한 값은?

① 10.5kN/m²　　② 21.5kN/m²
③ 32.3kN/m²　　④ 43.3kN/m²

■해설　전단응력
$\tau = \dfrac{\sigma_1 - \sigma_3}{2}\sin2\theta$
　$= \dfrac{200-100}{2}\sin(2 \times 30°)$
　$= 43.3$kN/m²

86. 연약점토지반에 성토제방을 시공하고자 한다. 성토로 인한 재하속도가 과잉간극수압이 소산되는 속도보다 빠를 경우, 지반의 강도정수를 구하는 가장 적합한 시험방법은?

① 압밀 배수시험　② 압밀 비배수시험
③ 비압밀 비배수시험　④ 직접전단시험

■해설　비압밀 비배수실험(UU-Test)
- 단기 안정검토 - 성토 직후 파괴
- 초기재하 및 전단 시 간극수 배출 없음
- 기초지반을 구성하는 점토층 시공 중 압밀이나 함수비의 변화가 없는 조건
- 성토로 인한 재하속도가 과잉간극수압이 소산되는 속도보다 빠를 경우

87. $\gamma_{sat}=20\text{kN/m}^3$인 사질토가 20°로 경사진 무한사면이 있다. 지하수위가 지표면과 일치하는 경우 이 사면의 안전율이 1 이상이 되기 위해서는 흙의 내부마찰각이 최소 몇 도 이상이어야 하는가?(단, 물의 단위중량은 10kN/m³이다.)

① 18.21°　② 20.52°
③ 36.06°　④ 45.47°

■해설　반무한사면의 안전율
$C=0$인 사질토, 지하수위가 지표면과 일치하는 경우
$$F=\frac{\gamma_{sub}}{\gamma_{sat}}\cdot\frac{\tan\phi}{\tan\beta}=\frac{20-10}{20}\times\frac{\tan\phi}{\tan 20°}\geq 1$$
여기서, 안전율 ≥ 1이므로 $\phi=36.06°$

88. 그림과 같은 지반에서 유효응력에 대한 점착력 및 마찰각이 각각 $c'=10\text{kN/m}^2$, $\phi'=20°$일 때 A점에서의 전단강도는?(단, 물의 단위중량은 9.81kN/m³이다.)

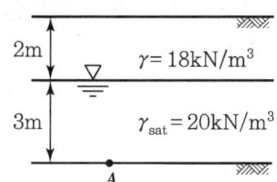

① 34.23kN/m²　② 44.94kN/m²
③ 54.25kN/m²　④ 66.17kN/m²

■해설　$S_A(\tau_f)=c'+\sigma'\tan\phi$
$=10+[(18\times 2)+(20-9.81)\times 3]\tan 20°$
$=34.23\text{kN/m}^2$

89. 점착력 1.0t/m², 내부마찰각 30°, 흙의 단위중량이 1.9t/m³인 현장의 지반에서 흙막이벽체 없이 연직으로 굴착 가능한 깊이는?

① 1.82m　② 2.11m
③ 2.84m　④ 3.65m

■해설　연직으로 굴착 가능한 깊이(한계고)
$$H_c=\frac{4c}{\gamma_t}\tan\left(45°+\frac{\phi}{2}\right)$$
- $c:1.0\text{t/m}^2$
- $\phi:30°$

$\therefore H_c=\frac{4c}{\gamma_t}\tan\left(45°+\frac{\phi}{2}\right)$
$=\frac{4\times 1.0}{1.9}\tan\left(45°+\frac{30°}{2}\right)=3.65\text{m}$

90. 평판재하실험에서 재하판의 크기에 의한 영향(Scale Effect)에 관한 설명으로 틀린 것은?

① 사질토 지반의 지지력은 재하판의 폭에 비례한다.
② 점토지반의 지지력은 재하판의 폭에 무관하다.
③ 사질토 지반의 침하량은 재하판의 폭이 커지면 약간 커지기는 하지만 비례하는 정도는 아니다.
④ 점토지반의 침하량은 재하판의 폭에 무관하다.

■해설　점토지반의 침하량은 재하판의 폭에 비례한다.

91. Rod에 붙인 어떤 저항체를 지중에 넣어 관입, 인발 및 회전에 의해 흙의 전단강도를 측정하는 원위치 시험은?

① 보링(Boring)　② 사운딩(Sounding)
③ 시료채취(Sampling)　④ 비파괴시험(NDT)

■해설　사운딩(Sounding)
Rod 선단의 저항체를 땅속에 넣어 관입, 회전, 인발 등의 저항으로 토층의 강도 및 밀도 등을 체크하는 원위치시험방법이다.

92. 어느 흙댐의 동수경사가 1.0, 흙의 비중이 2.65, 함수비가 40%인 포화토에 있어서 분사현상에 대한 안전율을 구하면?

① 0.8　　② 1.0
③ 1.2　　④ 1.4

■해설　분사현상 안전율
$$F_s = \frac{i_c}{i} = \frac{\frac{G_s-1}{1+e}}{\frac{\Delta h}{L}} = \frac{\frac{2.65-1}{1+1.06}}{1.0} = 0.8$$

여기서, 간극비 e는 상관식 $s \cdot e = G_s \cdot w$에서
$1 \times e = 2.65 \times 0.4$
∴ $e = 1.06$

93. Sand Drain 공법에서 Sand Pile을 정삼각형으로 배치할 때 모래기둥의 간격은?(단, Pile의 유효지름은 40cm이다.)

① 35cm　　② 38cm
③ 42cm　　④ 45cm

■해설　정삼각형 배열일 때 영향원의 지름
$d_e = 1.05d$에서
$40 = 1.05d$
∴ Sand Pile의 간격 $d = 38$cm

94. 흙의 다짐에 관한 사항 중 옳지 않은 것은?

① 최적 함수비로 다질 때 최대 건조단위중량이 된다.
② 조립토는 세립토보다 최대 건조단위중량이 커진다.
③ 점토를 최적함수비보다 작은 건조 측 다짐을 하면 흙구조가 면모구조로, 습윤 측 다짐을 하면 이산구조가 된다.
④ 강도 증진을 목적으로 하는 도로 토공의 경우 습윤 측 다짐을, 차수를 목적으로 하는 심벽재의 경우 건조 측 다짐이 바람직하다.

■해설　• 강도 증진 목적 : 건조 측 다짐
　　• 차수 목적 : 습윤 측 다짐

95. 어떤 흙의 변수위 투수시험을 한 결과 시료의 직경과 길이가 각각 5.0cm, 2.0cm이었으며, 유리관의 내경이 4.5mm, 1분 10초 동안에 수두가 40cm에서 20cm로 내렸다. 이 시료의 투수계수는?

① 4.95×10^{-4}cm/s　　② 5.45×10^{-4}cm/s
③ 1.60×10^{-4}cm/s　　④ 7.39×10^{-4}cm/s

■해설　변수위 투수시험
$$K = 2.3 \frac{aL}{At} \log \frac{h_1}{h_2}$$
$$= 2.3 \times \frac{\frac{\pi \times 0.45^2}{4} \times 2}{\frac{\pi \times 5^2}{4} \times 70} \log \frac{40}{20}$$
$$= 1.6 \times 10^{-4} \text{cm/s}$$

96. 사면의 안정문제는 보통 사면의 단위길이를 취하여 2차원 해석을 한다. 이렇게 하는 가장 중요한 이유는?

① 흙의 특성이 등방성(isotropic)이라고 보기 때문이다.
② 길이방향의 응력도(stress)를 무시할 수 있다고 보기 때문이다.
③ 실제 파괴형태가 이와 같기 때문이다.
④ 길이방향의 변형도(strain)를 무시할 수 있다고 보기 때문이다.

■해설　평면변형(Plane strain) 개념
길이가 매우 긴 옹벽이나 사면 등의 3차원 문제를 해석할 경우 평면변형(Plane strain) 개념에 바탕을 둔 2차원 해석을 한다.

97. 어떤 흙의 입도분석 결과 입경가적곡선의 기울기가 급경사를 이룬 빈입도일 때 예측할 수 있는 사항으로 틀린 것은?

① 균등계수는 작다.
② 간극비는 크다.
③ 흙을 다지기가 힘들 것이다.
④ 투수계수는 작다.

■해설 빈입도(경사가 급한 경우)
- 입도분포가 불량하다.
- 균등계수가 작다.
- 공학적 성질이 불량하다.
- 간극비가 커서 투수계수와 함수량이 크다.
∴ 투수계수는 크다.

98. 동해(凍害)의 정도는 흙의 종류에 따라 다르다. 다음 중 우리나라에서 가장 동해가 심한 것은?
① Silt
② Colloid
③ 점토
④ 굵은 모래

■해설 동해가 심한 순서
실트 > 점토 > 모래 > 자갈

99. 통일분류법에 의한 흙의 분류에서 조립토와 세립토를 구분할 때 기준이 되는 체의 호칭번호와 통과율로 옳은 것은?
① No.4(4.75mm)체, 35%
② No.10(2mm)체, 50%
③ No.200(0.075mm)체, 35%
④ No.200(0.075mm)체, 50%

■해설 ㉠ 조립토와 세립토의 분류기준
- 조립토 : No.200체(0.075mm) 통과량 ≤ 50%
- 세립토 : No.200체(0.075mm) 통과량 ≥ 50%

㉡ 자갈과 모래의 분류기준
- 자갈(G) : No.4체(4.75mm) 통과량 ≤ 50%
- 모래(S) : No.4체(4.75mm) 통과량 ≥ 50%

100. 어떤 흙의 입경가적곡선에서 $D_{10}=0.05$mm, $D_{30}=0.09$mm, $D_{60}=0.15$mm였다. 균등계수 C_u와 곡률계수 C_g의 값은?
① $C_u=3.0$, $C_g=1.08$
② $C_u=3.5$, $C_g=2.08$
③ $C_u=3.0$, $C_g=2.45$
④ $C_u=3.5$, $C_g=1.82$

■해설
- 균등계수(C_u) $= \dfrac{D_{60}}{D_{10}} = \dfrac{0.15}{0.05} = 3$
- 곡률계수(C_g) $= \dfrac{D_{30}^2}{D_{10} \times D_{60}} = \dfrac{0.09^2}{0.05 \times 0.15} = 1.08$

제6과목 상하수도공학

101. 활성탄 공정에서 COD가 56mg/L인 원수에 활성탄 20mg/L을 주입하였더니 COD가 16mg/L로 되었고, 활성탄 52mg/L을 주입하였더니 COD가 4mg/L로 되었다. COD 2mg/L로 하기 위해 소비되는 활성탄의 양은?[단, Freundlich 등온식 $\left(\dfrac{X}{M}=KC^{\frac{1}{n}}\right)$을 이용]
① 40.82mg/L
② 52.19mg/L
③ 76.37mg/L
④ 85.19mg/L

■해설 Freundlich 등온흡착식
㉠ Freundlich 등온흡착식
$$\dfrac{X}{M} = kC^{\frac{1}{n}}$$
여기서, X : 평형흡착량
M : 활성탄중량
C : 평형농도

㉡ Freundlich 등온흡착식의 해석
- Ⅰ번 case
$$\dfrac{56-16}{20} = k \times 16^{\frac{1}{n}} \quad \cdots\cdots ①$$
- Ⅱ번 case
$$\dfrac{56-4}{52} = k \times 4^{\frac{1}{n}} \quad \cdots\cdots ②$$
- ①÷②를 하면
$$\dfrac{2}{1} = \left(\dfrac{16}{4}\right)^{\frac{1}{n}}$$
$$\therefore n = \dfrac{\log 4}{\log 2} = 2$$
- $n=2$를 ①식 또는 ②식에 대입하면
$$\dfrac{(56-16)}{20} = k \times 16^{\frac{1}{2}}$$
$$\therefore k = 0.5$$

ⓒ Freundlich 등온흡착식의 계산

$$M = \frac{X}{kC^{\frac{1}{n}}} = \frac{(56-2)}{0.5 \times 2^{\frac{1}{2}}} = 76.37 \text{mg/L}$$

102. 하수도 기본계획에서 계획목표년도의 인구추정 방법이 아닌 것은?

① Stevens모형에 의한 방법
② Logistic곡선식에 의한 방법
③ 지수함수곡선식에 의한 방법
④ 생잔모형에 의한 조성법(Cohort Method)

■해설 급수인구 추정법

종류	특징
등차 급수법	• 연평균 인구 증가가 일정하다고 보고 방법 • 발전성이 적은 읍, 면에 적용하며 과소평가의 우려가 있다. • $P_n = P_0 + nq$
등비 급수법	• 연평균 인구증가율이 일정하다고 보는 방법 • 성장단계에 있는 도시에 적용하며, 과대평가될 우려가 있는 방법 • $P_n = P_0(1+r)^n$
로지스틱 곡선법	• 증가율이 증가하다 감소하는 경향을 보이는 방법, 도시 인구동태와 잘 일치 • 포화인구를 추정해야 하며, 포화인구추정법이라고도 한다. • $y = \frac{K}{1+e^{a-bx}}$
지수 함수 곡선법	• 등비급수법이 복리법에 의한 일정비율 증가식이라면 인구가 연속적으로 변한다는 원리 하에 아주 짧은 기간의 분석에 적합한 방법이다. • $P_n = P_0 + A_n^a$

∴ 인구추정 방법이 아닌 것은 Stevens모형에 의한 방법이다.

103. 펌프를 선택할 때에 반드시 고려해야 할 사항은?

① 양정   ② 지질
③ 무게   ④ 방향

■해설 양정
펌프의 전양정은 실양정과 각종 손실수두의 합으로 펌프선택 시 반드시 고려해야 할 중요한 사항이다.

104. 다음 중 양수량이 8m³/min, 전양정이 4m, 회전수 1,160rpm인 펌프의 비회전도는?

① 316   ② 985
③ 1,160 ④ 1,436

■해설 비교회전도
ⓐ 펌프의 성능이 최고가 되는 상태를 나타내기 위한 회전수로 각각 치수가 다르고, 기하학적으로 닮은 Impeller가 유량 1m³/min을 1m 양수하는 데 필요한 회전수

$$N_s = N\frac{Q^{\frac{1}{2}}}{H^{\frac{3}{4}}}$$

ⓑ 특징
• N_s가 크면 유량은 많고 양정은 적은 저양정의 펌프가 된다.
• N_s가 작으면 유량은 적고 양정이 큰 고양정의 펌프가 된다.

ⓒ 비교회전도 계산

$$N_s = N\frac{Q^{\frac{1}{2}}}{H^{\frac{3}{4}}} = 1,160 \times \frac{8^{\frac{1}{2}}}{4^{\frac{3}{4}}} = 1,160$$

105. Ripple's Method에 의하여 저수지 용량을 결정하려고 할 때 그림에서 최대 갈수량을 대비한 저수개시 시점은?(단, $\overline{AB}$, $\overline{CD}$, $\overline{EF}$, $\overline{GH}$ 직선은 $\overline{OX}$ 직선에 평행)

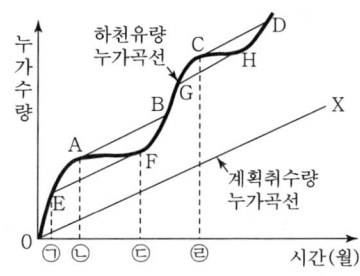

① ㉠시점   ② ㉡시점
③ ㉢시점   ④ ㉣시점

■해설 유량누가곡선법
• 해당 지역의 유입량누가곡선과 유출량누가곡선을 이용하여 저수지용량과 저수시작점 등을 결정할 수 있는 방법으로 이론법 또는 Ripple's Method이라고도 한다.
• 그림에서 저수시작점은 ㉠시점이다.

106. 하수도시설기준에 의한 우수관거 및 합류관거의 표준 최소 관경은?

① 200mm
② 250mm
③ 300mm
④ 350mm

■해설 하수관거의 직경
하수관거의 직경은 다음과 같다.

구분	최소관경
오수관거	200mm
우수 및 합류관거	250mm

∴ 분류식 우수 및 합류관거의 최소관경은 250mm이다.

107. 하수관거 내에 황화수소(H_2S)가 통상 존재하는 이유에 대한 설명으로 옳은 것은?

① 용존산소로 인해 유황이 산화하기 때문이다.
② 용존산소 결핍으로 박테리아가 메탄가스를 환원시키기 때문이다.
③ 용존산소 결핍으로 박테리아가 황산염을 환원시키기 때문이다.
④ 용존산소로 인해 박테리아가 메탄가스를 환원시키기 때문이다.

■해설 황화수소(H_2S)
하수에서 단백질, 유기물, 황화합물 등이 산소가 부족하면 박테리아가 황산염을 환원시켜 발생된다.

108. 계획오수량을 생활오수량, 공장폐수량 및 지하수량으로 구분할 때, 이것에 대한 설명으로 옳지 않은 것은?

① 지하수량은 1인 1일 최대오수량의 10~20%로 한다.
② 계획 1일 최대오수량은 1인 1일 최대오수량에 계획인구를 곱한 후, 여기에 공장폐수량, 지하수량 및 기타 배수량을 더한 것으로 한다.
③ 계획 1일 평균오수량은 계획 1일 최대오수량의 70~80%를 표준으로 한다.
④ 합류식에서 우천시 계획오수량은 원칙적으로 계획시간 최대오수량의 2배 이상으로 한다.

■해설 오수량의 산정

종류	내용
계획오수량	계획오수량은 생활오수량, 공장폐수량, 지하수량으로 구분할 수 있다.
지하수량	지하수량은 1인 1일 최대오수량의 10~20%를 기준으로 한다.
계획 1일 최대오수량	• 1인 1일 최대오수량×계획급수인구+(공장폐수량, 지하수량, 기타 배수량) • 하수처리 시설의 용량 결정의 기준이 되는 수량
계획 1일 평균오수량	• 계획 1일 최대오수량의 70(중·소도시)~80%(대·공업도시) • 하수처리장 유입하수의 수질을 추정하는 데 사용되는 수량
계획시간 최대오수량	• 계획 1일 최대오수량의 1시간당 수량에 1.3~1.8배를 표준으로 한다. • 오수관거 및 펌프설비 등의 크기를 결정하는 데 사용되는 수량

∴ 합류식에서 우천시 계획오수량은 원칙적으로 계획시간 최대오수량의 3배 이상으로 한다.

109. 정수시설 중 배출수 및 슬러지처리시설의 설명이다. ㉠, ㉡에 알맞은 것은?

농축조의 용량은 계획슬러지량의 (㉠)시간분, 고형물부하는 (㉡)kg(m²·day)을 표준으로 하되, 원수의 종류에 따라 슬러지의 농축특성에 큰 차이가 발생할 수 있으므로 처리대상 슬러지의 농축특성을 조사하여 결정한다.

① ㉠ 12~24, ㉡ 5~10
② ㉠ 12~24, ㉡ 10~20
③ ㉠ 24~48, ㉡ 5~10
④ ㉠ 24~48, ㉡ 10~20

■해설 농축
㉠ 농축은 탈수공정에 앞서 슬러지의 농도를 높이기 위한 공정이다.
㉡ 농축조의 제원
• 농축조의 용량 : 계획슬러지량의 24~48시간분
• 고형물부하 : 10~20kg/m²·day

110. 하수의 배제방식의 분류식과 합류식에 대한 설명으로 옳지 않은 것은?

① 분류식은 오수만을 처리장으로 수송하는 방식으로 우천시에 오수를 수역으로 방류하는 일이 없으므로 수질오염 방지상 유리하다.
② 분류식의 오수관거는 소구경이기 때문에 합류식에 비해 경사가 완만하고 매설깊이가 적어지는 장점이 있다.
③ 합류식은 단일관거로 오수와 우수를 배제하기 때문에 침수피해의 다발지역이나 우수배제시설이 정비되어 있지 않은 지역에서 유리하다.
④ 합류식은 분류식에 비해 시공이 용이하나 우천시에 관거 내의 침전물이 일시에 유출되어 처리장에 큰 부담을 줄 수 있다.

■해설 하수의 배재방식

분류식	합류식
수질오염 방지면에서 유리	구배완만, 매설깊이 적으며 시공성이 좋다.
청천시에도 퇴적의 우려가 없다.	초기우수에 의한 노면배수처리 가능
강우초기 노면 배수 효과 없다.	관경이 크므로 검사편리, 환기가 잘된다.
시공이 복잡하고 오접합의 우려가 있다.	건설비가 적게 든다.
우천시 수세효과를 기대할 수 없다.	우천시 수세효과가 있다.
공사비 많이 든다.	청천시 관내 침전, 효율 저하

∴ 분류식의 경우 관경이 적어 경사가 급하고 매설깊이가 깊어지는 문제점이 있다.

111. 폭 10m, 길이 25m인 장방형 침전조에 넓이 80m²인 경사판 1개를 침전조 바닥에 대하여 10°의 경사로 설치하였다면 이론적으로 침전효율은 몇 % 증가하겠는가?

① 약 5% ② 약 10%
③ 약 20% ④ 약 30%

■해설 경사판 침전지
㉠ 경사판 침전지 : 경사판 침전지란 침전지 안에 경사판을 설치하여 침전지 면적을 증대시키는 효과를 얻어 입자가 경사판에 쉽게 도달하도록 하여 침전효율을 향상시키는 것이다.

㉡ 침전지 제거효율
 • 보통침전지 : $E = \dfrac{V_s}{V_o} = \dfrac{V_s A}{Q}$
 • 경사판 침전지 : $E = \dfrac{V_s}{V_o} = \dfrac{V_s(A+A')}{Q}$

㉢ 다른 조건은 동일하다고 보고 두 가지 경우의 침전효율 비교
$$E = \dfrac{V_s(10 \times 25)}{Q} = 250$$
$$E = \dfrac{V_s(250+80)}{Q} = 330$$
∴ 경사판을 설치할 경우 침전효율은 약 30% 정도 증가한다.

112. 배수관의 수압에 관한 사항으로 ⓐ, ⓑ에 들어갈 적정한 값은?

• 급수관을 분기하는 지점에서 배수관 내의 최소 동수압은 (ⓐ)kPa 이상을 확보한다.
• 급수관을 분기하는 지점에서 배수관 내의 최대 정수압은 (ⓑ)kPa을 초과하지 않아야 한다.

① ⓐ 150, ⓑ 700   ② ⓐ 150, ⓑ 600
③ ⓐ 200, ⓑ 700   ④ ⓐ 200, ⓑ 600

■해설 배수관의 수압
㉠ 배수관 말에서의 적정 수압은 최소 1.5~7.1 kg/cm²이다.
㉡ 압력의 단위
 1kg/m² = 0.009807kPa
㉢ 단위 환산
 • 최소동수압 : 150kPa
 • 최대정수압 : 700kPa

113. 하수관거의 직선부에서 맨홀(Man Hole)의 관경에 대한 최대 간격의 표준으로 옳은 것은?

① 관경 600mm 이하의 경우 최대간격 50m
② 관경 600mm 초과 1,000mm 이하의 경우 최대간격 100m
③ 관경 1,000mm 초과 1,500mm 이하의 경우 최대간격 125m
④ 관경 1,650mm 이상의 경우 최대간격 150m

|해답| 110.② 111.④ 112.① 113.②

■해설 맨홀
  ㉠ 맨홀의 설치목적 : 하수관거의 청소, 점검, 장애물의 제거, 보수를 위한 기계 및 사람의 출입을 가능하게 하고, 통풍 및 환기, 접합을 위해 설치한 시설을 말한다.
  ㉡ 맨홀의 설치간격

관경(mm)	300 이하	600 이하	1,000 이하	1,500 이하	1,650 이상
최대간격(m)	50	75	100	150	200

  ∴ 맨홀의 설치간격에서 관경 600mm 초과 1,000mm 이하의 경우에는 최대간격을 100m로 한다.

114. 우수가 하수관거로 유입하는 시간이 4분, 하수관거에서의 유하시간이 10분, 이 유역의 유역면적이 4km², 유출계수는 0.6, 강우강도식 $I = \dfrac{6{,}500}{t+40}$ mm/hr일 때 첨두유량은?(단, t의 단위 : [분])

① 8.02m³/sec ② 80.2m³/sec
③ 10.4m³/sec ④ 104m³/sec

■해설 우수유출량의 산정
  ㉠ 합리식의 적용 확률연수는 10~30년을 원칙으로 한다.
  $Q = \dfrac{1}{3.6} CIA$
  여기서, Q : 우수량(m³/sec)
  C : 유출계수(무차원)
  I : 강우강도(mm/hr)
  A : 유역면적(km²)
  ㉡ 강우강도의 산정
  $I = \dfrac{6{,}500}{t+40} = \dfrac{6{,}500}{14+40} = 120.37$ mm/hr
  여기서, $t = t_1$(유입시간) $+ t_2$(유하시간)
  $= 4\min + 10 = 14\min$
  ㉢ 계획우수유출량의 산정
  $Q = \dfrac{1}{3.6} CIA = \dfrac{1}{3.6} \times 0.6 \times 120.37 \times 4$
  $= 80.2$m³/sec

115. 하천 및 저수지의 수질해석을 위한 수학적 모형을 구성하고자 할 때 가장 기본이 되는 수학적 방정식은?

① 에너지보존의 식 ② 질량보존의 식
③ 운동량보존의 식 ④ 난류의 운동방정식

■해설 질량보존의 식
  ㉠ 유체 흐름 해석에 필요한 기본개념으로 유체의 연속성을 표시한 식이다.
  ㉡ 질량의 변화량＝유입질량의 총량－유출질량의 총량
  ㉢ 하천 및 저수지의 수질해석을 위한 수학적 모형을 구성하고자 할 때 가장 기본이 되는 수학적 방정식이다.

116. 정수장으로 유입되는 원수의 수역이 부영양화되어 녹색을 띠고 있다. 정수방법에서 고려할 수 있는 최우선적인 방법에 해당하는 것은?

① 침전지의 깊이를 깊게 한다.
② 여과사의 입경을 작게 한다.
③ 침전지의 표면적을 크게 한다.
④ 마이크로 스트레이너를 전처리한다.

■해설 Microstrainer
  ㉠ 수역에 부영양화 현상이 발생되면 물속에 조류 및 식물성 플랑크톤의 왕성한 번식이 발생된다.
  ㉡ 조류는 세균에 비해 대형이므로 소량일 경우 여과지에서 잘 제거된다. 하지만 다량일 경우 여과지를 폐색시키거나 여과지의 사면이나 벽면에 번식하여 미관을 해치거나 특유의 이취미를 줄 수 있다. 이들의 제거를 위해서는 황산동을 투입하거나 전염소처리 등을 실시하거나 Microstrainer라고 하는 미세 스크린을 이용하여 여과하는 방법이 있다.

117. BOD가 500mg/L인 공장폐수를 전처리, 1차 처리, 2차 처리하고 있다. 전처리에서 10%, 1차 처리에서 20%, 2차 처리에서 85%의 제거효율을 갖는다면 이 폐수의 최종유출수의 BOD는?

① 26mg/L ② 38mg/L
③ 48mg/L ④ 54mg/L

|해답| 114.② 115.② 116.④ 117.④

■ 해설 BOD 제거율
　㉠ 전처리(제거율 10%)
　　• 유입 BOD : 500mg/l
　　• 제거된 BOD : 50mg/l
　　　(∵ 500×0.1=50mg/L)
　　• 유출 BOD : 500-50=450mg/L
　㉡ 1차 처리시설(제거율 20%)
　　• 유입 BOD : 450mg/L
　　• 제거된 BOD : 90mg/l
　　　(∵ 450×0.2=90mg/L)
　　• 유출 BOD : 450-90=360mg/L
　㉢ 2차 처리시설(제거율 85%)
　　• 유입 BOD : 360mg/L
　　• 제거된 BOD : 306mg/L
　　　(∵ 360×0.85=306mg/L)
　　• 유출 BOD : 360-306=54mg/L
　∴ 유출수의 최종 BOD는 54mg/L이다.

118. 부유물 농도 200mg/L, 유량 2,000m³/day인 하수가 침전지에서 70% 제거된다. 이때 슬러지의 함수율이 95%, 비중 1.1일 때 슬러지의 양은?

① 4.9m³/day　　② 5.1m³/day
③ 5.3m³/day　　④ 5.5m³/day

■ 해설 슬러지의 양
　㉠ 부유물 제거량을 건조무게로 나타내면
　　$200 \times 10^{-3} \times 2,000 \times 0.7 = 280 \text{kg/day}$
　　　　　　　　　　　$= 0.28 \text{t/day}$
　㉡ 발생슬러지의 부피
　　$0.28 \times \dfrac{100}{100-95} \times \dfrac{1}{1.1} = 5.1 \text{m}^3/\text{day}$

119. 다음 중 보통 수돗물에서 염소소독 시, 살균력이 가장 강할 경우는?

① 수온이 높고 pH값이 높을 때
② 수온이 낮고 pH값이 높을 때
③ 수온이 낮고 pH값이 낮을 때
④ 수온이 높고 pH값이 낮을 때

■ 해설 염소의 살균력
　㉠ 염소의 살균력은 HOCl > OCl⁻ > 클로라민 순이다.
　㉡ 염소와 암모니아성 질소가 결합하면 클로라민이 생성된다.
　㉢ 낮은 pH에서는 HOCl 생성이 많고 높은 pH에서는 OCl⁻ 생성이 많으므로, 살균력은 온도가 높고 낮은 pH에서 강하다.
　∴ 염소의 살균력은 수온이 높고 pH가 낮아야 살균력이 높다.

120. 관망에서 등치관에 대한 설명으로 옳은 것은?

① 관의 직경이 같은 관을 말한다.
② 유속이 서로 같으면서 관의 직경이 다른 관을 말한다.
③ 수두손실이 같으면서 관의 직경이 다른 관을 말한다.
④ 수원과 수질이 같은 주관과 지관을 말한다.

■ 해설 등치관법
　㉠ 개요
　　등치관이란 관로나 회로에서 같은 종류의 관에서, 동일한 유량에 대하여 동일한 손실수두를 가지는 관이며, 등치관법이란 실제관 1개 또는 여러 개를 마찰손실이 같은 등치관으로 가정하고 관망을 해석하는 방법이다.
　㉡ 해석
　　$L_2 = L_1 \left(\dfrac{D_2}{D_1}\right)^{4.87}$

|해답| 118.② 119.④ 120.③

과년도 기출복원문제

(2023년 6월 시행 기출복원)

제1과목 응용역학

01. 직경 d인 원형단면의 단면 2차 극모멘트 I_P의 값은?

① $\dfrac{\pi d^4}{64}$　　② $\dfrac{\pi d^4}{32}$

③ $\dfrac{\pi d^4}{16}$　　④ $\dfrac{\pi d^4}{4}$

■해설 원형단면이므로 $I_x = I_y$

$$I_p = I_x + I_y = 2I_x = 2 \times \frac{\pi d^4}{64} = \frac{\pi d^4}{32}$$

02. 그림과 같은 3경간 연속보의 B점이 50mm 아래로 침하하고 C점이 30mm 위로 상승하는 변위를 각각 보였을 때 B점의 휨모멘트 M_B를 구한 값은?(단, $EI = 8 \times 10^{13} \text{N} \cdot \text{mm}^2$로 일정)

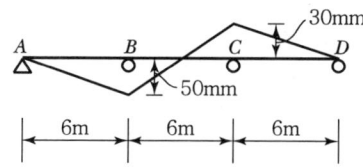

① $3.52 \times 10^8 \text{N} \cdot \text{mm}$　　② $4.85 \times 10^8 \text{N} \cdot \text{mm}$
③ $5.07 \times 10^8 \text{N} \cdot \text{mm}$　　④ $5.60 \times 10^8 \text{N} \cdot \text{mm}$

■해설 $M_A = 0$, $M_D = 0$, $l = 6\text{m}$

$(A-B-C)$

$$M_A\left(\frac{l}{I}\right) + 2M_B\left(\frac{l}{I} + \frac{l}{I}\right) + M_C\left(\frac{l}{I}\right)$$
$$= \frac{6 \times E \times 50}{l} + \frac{6 \times E \times 80}{l}$$

$$4M_B + M_C = \frac{780EI}{(l)^2} \quad \cdots\cdots ①$$

$(B-C-D)$

$$M_B\left(\frac{l}{I}\right) + 2M_C\left(\frac{l}{I} + \frac{l}{I}\right) + M_D\left(\frac{l}{I}\right)$$
$$= \frac{6 \times E \times (-80)}{l} + \frac{6 \times E \times (-30)}{l}$$

$$M_B + 4M_C = \frac{-660EI}{(l)^2} \quad \cdots\cdots ②$$

식 ①, ②를 연립하여 풀면
$M_B = 5.60 \times 10^8 \text{N} \cdot \text{mm}$
$M_C = -5.07 \times 10^8 \text{N} \cdot \text{mm}$

03. 그림과 같은 크레인에 20kN의 하중을 작용시킬 경우, AB 및 로프 AC가 받는 힘은?

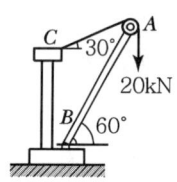

① 17.32kN(인장), 10kN(압축)
② 34.64kN(압축), 20kN(인장)
③ 38.64kN(압축), 20kN(인장)
④ 17.32kN(인장), 20kN(압축)

■해설
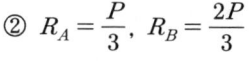
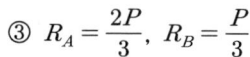

①의 관계로부터, $\overline{AB} = -34.64\text{kN}$(압축)
②의 관계로부터, $\overline{AC} = 20\text{kN}$(인장)

04. 상하단이 고정인 기둥에 그림과 같이 힘 P가 작용한다면 반력 R_A, R_B 값은?

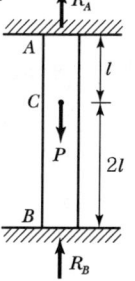

① $R_A = \dfrac{P}{2}$, $R_B = \dfrac{P}{2}$

② $R_A = \dfrac{P}{3}$, $R_B = \dfrac{2P}{3}$

③ $R_A = \dfrac{2P}{3}$, $R_B = \dfrac{P}{3}$

④ $R_A = P$, $R_B = 0$

|해답| 1.② 2.④ 3.② 4.③

■해설

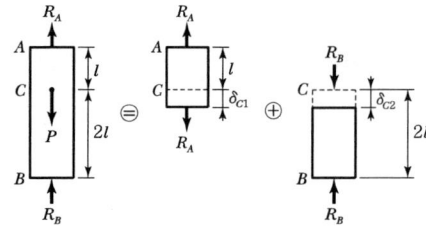

$\delta_{c1} = \dfrac{R_A l}{EA}$ (신장) ············· ①

$\delta_{c2} = -\dfrac{R_B(2l)}{EA}$ (수축) ············· ②

• 적합조건식
$\delta_{c_1} + \delta_{c_2} = 0$
$R_A = 2R_B$

• 평형방정식
$R_A + R_B = P$
$2R_B + R_B = P$
$R_B = \dfrac{P}{3}$
$R_A = 2R_B = \dfrac{2P}{3}$

05. 그림과 같은 단순보의 중앙점(C점)에서 휨모멘트 M_c는?

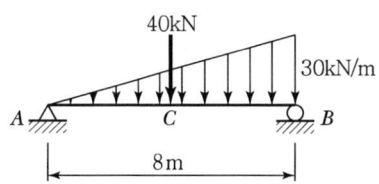

① 100kN·m ② 200kN·m
③ 300kN·m ④ 400kN·m

■해설 $M_c = \dfrac{Pl}{4} + \dfrac{wl^2}{16} = \dfrac{40 \times 8}{4} + \dfrac{30 \times 8^2}{16} = 200\text{kN}\cdot\text{m}$

06. 평면응력을 받는 요소가 다음과 같이 응력을 받고 있다. 최대 주응력은?

① 64MPa
② 164MPa
③ 36MPa
④ 136MPa

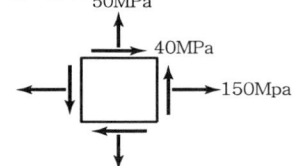

■해설
$\sigma_{\max} = \dfrac{\sigma_x + \sigma_y}{2} + \sqrt{\left(\dfrac{\sigma_x - \sigma_y}{2}\right)^2 + \tau_{xy}^2}$
$= \dfrac{150+50}{2} + \sqrt{\left(\dfrac{150-50}{2}\right)^2 + 40^2}$
$= 164\text{MPa}$

07. 그림과 같이 C점이 내부힌지로 구성된 게르버보에 대한 설명으로 옳지 않은 것은?

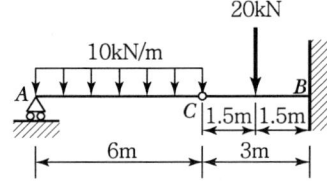

① C점에서의 휨모멘트는 "0"이다.
② C점에서의 전단력은 -20kN이다.
③ B점에서의 수직반력은 50kN이다.
④ B점에서의 휨모멘트는 -120kN이다.

■해설

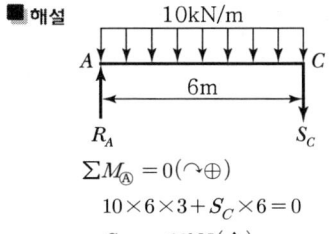

$\sum M_\text{Ⓐ} = 0(\curvearrowright \oplus)$
$10 \times 6 \times 3 + S_C \times 6 = 0$
$S_C = -30\text{kN}(\uparrow)$

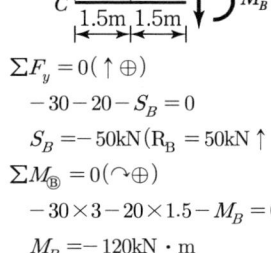

$\sum F_y = 0(\uparrow \oplus)$
$-30 - 20 - S_B = 0$
$S_B = -50\text{kN}(R_B = 50\text{kN}\uparrow)$
$\sum M_\text{Ⓑ} = 0(\curvearrowright \oplus)$
$-30 \times 3 - 20 \times 1.5 - M_B = 0$
$M_B = -120\text{kN}\cdot\text{m}$

08. 그림과 같이 X, Y축에 대칭인 빗금친 단면에 비틀림우력 50kN·m가 작용할 때 최대전단응력은?

① 35.6MPa
② 43.6MPa
③ 52.4MPa
④ 60.3MPa

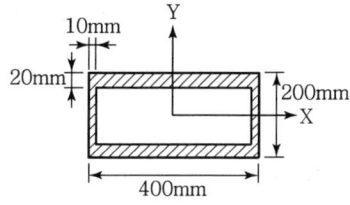

■해설 $A_m = (400-10) \times (200-20) = 70,200 \text{mm}^2$

$f = \dfrac{T}{2A_m} = \dfrac{(50 \times 10^6)}{2 \times 70,200} = 356.1 \text{N/mm}$

$\tau_{max} = \dfrac{f}{t_{min}} = \dfrac{356.1}{10} = 35.6 \text{N/mm}^2 = 35.6 \text{MPa}$

09. 다음 그림과 같은 $r=4$m인 3힌지 원호아치에서 지점 A에서 2m 떨어진 E점의 휨모멘트의 크기는 약 얼마인가?

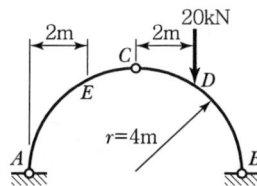

① 6.13kN·m
② 7.32kN·m
③ 8.27kN·m
④ 9.16kN·m

■해설 $\sum M_\text{B} = 0 (\curvearrowright \oplus)$
$V_A \times 8 - 20 \times 2 = 0$
$V_A = 5\text{kN}(\uparrow)$

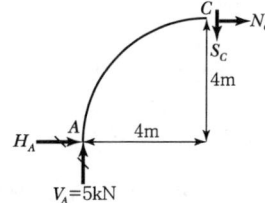

$\sum M_\text{C} = 0 (\curvearrowright \oplus)$
$5 \times 4 - H_A \times 4 = 0$
$H_A = 5\text{kN}(\rightarrow)$

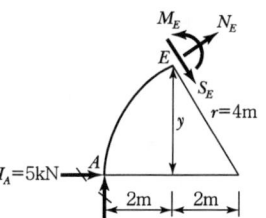

$y = \sqrt{4^2 - 2^2} = 2\sqrt{3}\text{ m}$

$\sum M_\text{E} = 0 (\curvearrowright \oplus)$
$5 \times 2 - 5 \times 2\sqrt{3} - M_E = 0$
$M_E = -7.32\text{kN} \cdot \text{m}$

10. 그림과 같은 구조물에서 C점의 수직처짐을 구하면?(단, $EI = 2 \times 10^{12} \text{N} \cdot \text{mm}^2$이며 자중은 무시한다.)

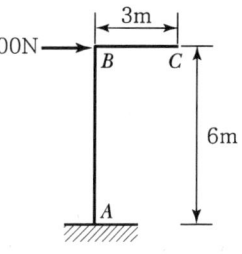

① 2.7mm
② 3.6mm
③ 5.4mm
④ 7.2mm

■해설 AB부재는 캔틸레버 보와 동일한 거동을 하고, BC부재는 강체거동을 한다.

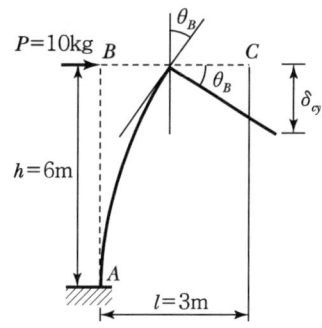

$\delta_{cy} = l \times \theta_B = l \times \dfrac{Ph^2}{2EI} = \dfrac{Ph^2 l}{2EI}$

$= \dfrac{100 \times (6 \times 10^3)^2 \times (3 \times 10^3)}{2 \times (2 \times 10^{12})} = 2.7\text{mm}$

11. 다음 부정정보의 b단이 l^*만큼 아래로 처졌다면 a단에 생기는 모멘트는?(단, $l^*/l = 1/600$이다.)

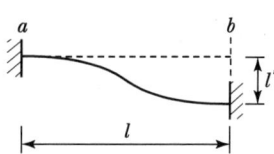

① $M_{ab} = +0.01\dfrac{EI}{l}$
② $M_{ab} = -0.01\dfrac{EI}{l}$
③ $M_{ab} = +0.1\dfrac{EI}{l}$
④ $M_{ab} = -0.1\dfrac{EI}{l}$

■해설
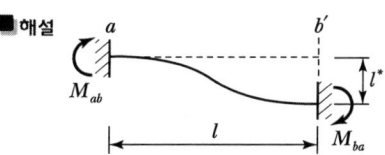

$\theta_A = 0$, $\theta_B = 0$, $R = \dfrac{l^*}{l} = \dfrac{1}{600}$

$M_{ab} = M_{Fab} + \dfrac{2EI}{l}(2\theta_A + \theta_B - 3R)$

$= 0 + \dfrac{2EI}{l}\left(0 + 0 - 3 \times \dfrac{1}{600}\right)$

$= -0.01 \dfrac{EI}{l}$

12. 직경 D인 원형 단면의 단면 계수는?

① $\dfrac{\pi D^4}{64}$ ② $\dfrac{\pi D^3}{64}$

③ $\dfrac{\pi D^4}{32}$ ④ $\dfrac{\pi D^3}{32}$

■해설 $Z = \dfrac{I_x}{y_1} = \dfrac{\dfrac{\pi D^4}{64}}{\dfrac{D}{2}} = \dfrac{\pi D^3}{32}$

13. 그림과 같은 트러스의 C점에 3kN의 하중이 작용할 때 C점에서의 처짐을 계산하면?(단, $E = 2 \times 10^5$MPa, 단면적 $= 100$mm²)

① 1.58mm
② 3.15mm
③ 4.73mm
④ 6.30mm

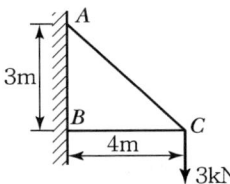

■해설

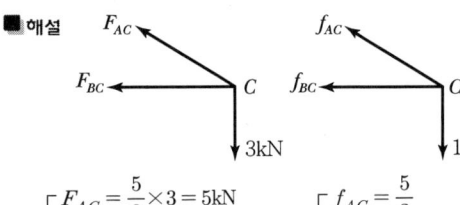

$\begin{bmatrix} F_{AC} = \dfrac{5}{3} \times 3 = 5\text{kN} \\ F_{BC} = -\dfrac{4}{3} \times 3 = -4\text{kN} \end{bmatrix}$ $\begin{bmatrix} f_{AC} = \dfrac{5}{3} \\ f_{BC} = -\dfrac{4}{3} \end{bmatrix}$

$y_c = \dfrac{\Sigma Ff}{EA}l$

$= \dfrac{1}{(2 \times 10^5) \times 100} \times (5 \times 10^3) \times \left(\dfrac{5}{3}\right) \times (5 \times 10^3) +$

$\dfrac{1}{(2 \times 10^5) \times 100} \times (-4 \times 10^3) \times \left(-\dfrac{4}{3}\right) \times (-4 \times 10^3)$

$= 3.15$mm

14. 다음 트러스는 몇 차 부정정인가?

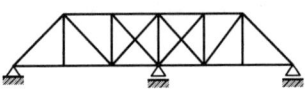

① 1차 ② 2차
③ 3차 ④ 4차

■해설 $N = N_외 + N_내$
$= (4-3) + (2) = 3차 부정정$ ⟨외적 : 1차
내적 : 2차

또는,

(일반적인 경우)

$N = r + m + s - 2p$
$= 4 + 23 + 0 - 2 \times 12$
$= 3차 부정정$

15. 두 주응력의 크기가 아래 그림과 같다. 이 면과 $\theta = 45°$를 이루고 있는 면의 응력은?

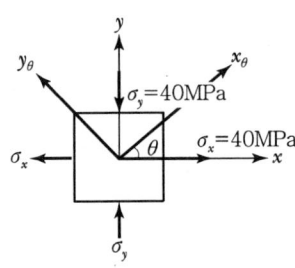

① $\sigma_\theta = 0$MPa, $\tau = 0$MPa
② $\sigma_\theta = 80$MPa, $\tau = 0$MPa
③ $\sigma_\theta = 0$MPa, $\tau = 40$MPa
④ $\sigma_\theta = 40$MPa, $\tau = 40$MPa

■해설 $\sigma_x = 40$MPa, $\sigma_y = -40$MPa, $\tau_{xy} = 0$

$\sigma_\theta = \dfrac{1}{2}(\sigma_x + \sigma_y) + \dfrac{1}{2}(\sigma_x - \sigma_y)\cos 2\theta + \tau_{xy}\sin 2\theta$

$= \dfrac{1}{2}(40-40) + \dfrac{1}{2}(40+40)\cos 90° + 0 \times \sin 90°$

$= 0$

$\tau_\theta = \dfrac{1}{2}(\sigma_x - \sigma_y)\sin 2\theta - \tau_{xy}\cos 2\theta$

$= \dfrac{1}{2}(40+40)\sin 90° - 0 \times \cos 90° = 40$MPa

16. 다음 그림과 같은 단순보에 이동하중이 작용하는 경우 절대 최대 휨모멘트는 얼마인가?

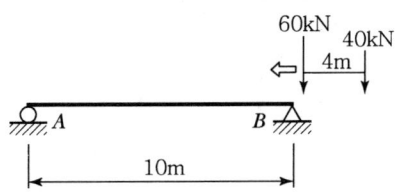

① 176.4kN · m   ② 167.2kN · m
③ 162.0kN · m   ④ 125.1kN · m

■해설 1. 절대 최대 휨모멘트가 발생하는 위치($\bar{x}$)

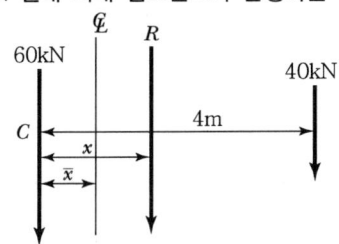

① 이동하중군의 합력크기(R)
$\sum F_y(\downarrow \oplus) = 60 + 40 = R$
$R = 100$kN

② 이동 하중군의 합력 위치(x)
$\sum M_{\odot}(\curvearrowright \oplus) = 40 \times 4 = R \times x$
$x = \dfrac{160}{R} = \dfrac{160}{100} = 1.6$m

③ 절대 최대 휨모멘트가 발생하는 위치($\bar{x}$)
$\bar{x} = \dfrac{x}{2} = \dfrac{1.6}{2} = 0.8$m

따라서, 절대 최대 휨모멘트는 60kN의 재하위치가 보 중앙으로부터 좌측으로 0.8m 떨어진 곳(A점으로부터 4.2m 떨어진 곳)일 때, 60kN의 재하위치에서 발생한다.

2. 절대 최대 휨모멘트($M_{\max}$)

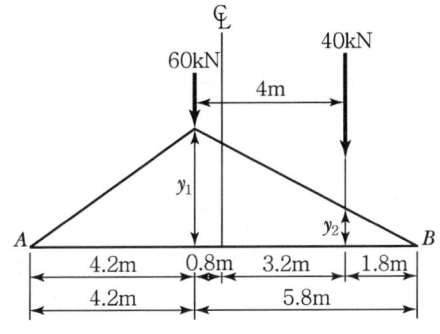

① 영향선 종거(y_1, y_2)
$y_1 = \dfrac{4.2 \times 5.8}{10} = 2.436$

$y_2 = \dfrac{y_1 \times 1.8}{5.8} = \dfrac{2.436 \times 1.8}{5.8} = 0.756$

② 절대 최대 휨모멘트($M_{abs\,\max}$)
$M_{abs\,\max} = 60 \times 2.436 + 40 \times 0.756$
$= 176.4$kN · m

17. 평면응력상태 하에서의 모아(Mohr)의 응력원에 대한 설명 중 옳지 않은 것은?

① 최대 전단응력의 크기는 두 주응력의 차이와 같다.
② 모아 원의 중심의 x좌표값은 직교하는 두 축의 수직응력의 평균값과 같고 y좌표값은 0이다.
③ 모아 원이 그려지는 두 축 중 연직(y)축은 전단응력의 크기를 나타낸다.
④ 모아 원으로부터 주응력의 크기와 방향을 구할 수 있다.

■해설 최대 전단응력의 크기는 두 주응력 차이의 절반이다.
$\tau_{\max} = R = \dfrac{\sigma_1 - \sigma_2}{2}$

18. 그림과 같이 C점이 내부힌지로 구성된 게르버보에서 B지점에 발생하는 모멘트의 크기는?

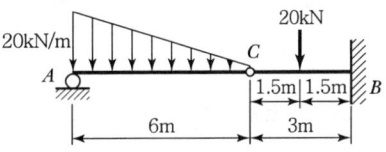

① 90kN · m   ② 60kN · m
③ 30kN · m   ④ 10kN · m

■해설

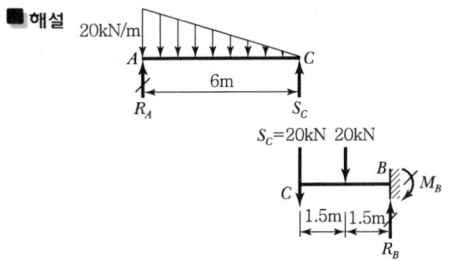

|해답| 16.① 17.① 18.①

$\Sigma M_{\text{Ⓐ}} = 0 \, (\curvearrowright \oplus)$
$\left(\dfrac{1}{2} \times 20 \times 6\right) \times \left(6 \times \dfrac{1}{3}\right)$
$- S_c \times 6 = 0$
$S_c = 20\text{kN}$

$\Sigma M_{\text{Ⓑ}} = 0 \, (\curvearrowright \oplus)$
$M_B - 20 \times 3 - 20 \times 1.5 = 0$
$M_B = 90\text{kN} \cdot \text{m}$

19. 단면과 길이가 같으나 지지조건이 다른 그림과 같은 2개의 장주가 있다. 장주 (a)가 30kN의 하중을 받을 수 있다면, 장주 (b)가 받을 수 있는 하중은?

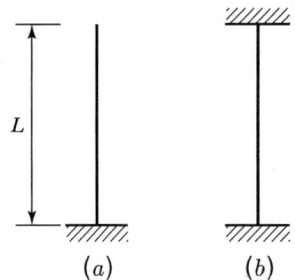

① 120kN ② 240kN
③ 360kN ④ 480kN

■해설 $P_{cr} = \dfrac{\pi^2 EI}{(kL)^2} = \dfrac{c}{k^2} \left(c = \dfrac{\pi^2 EI}{L^2}\text{라 가정하면}\right)$

$P_{cr(a)} : P_{cr(b)} = \dfrac{c}{2^2} : \dfrac{c}{0.5^2} = 1 : 16$

$P_{cr(b)} = 16 P_{cr(a)} = 16 \times 30 = 480\text{kN}$

20. 그림의 트러스에서 a부재의 부재력은?

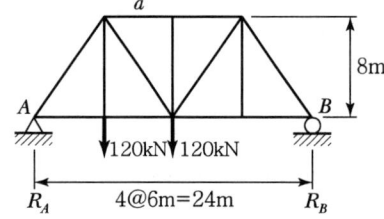

① 135kN(인장) ② 175kN(인장)
③ 135kN(압축) ④ 175kN(압축)

■해설

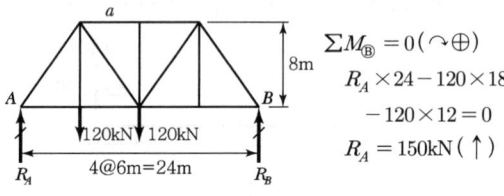

$\Sigma M_{\text{Ⓑ}} = 0 \, (\curvearrowright \oplus)$
$R_A \times 24 - 120 \times 18$
$\quad - 120 \times 12 = 0$
$R_A = 150\text{kN}(\uparrow)$

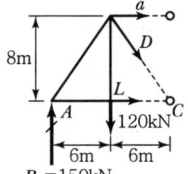

$\Sigma M_{\text{Ⓒ}} = 0 \, (\curvearrowright \oplus)$
$150 \times 12 - 120 \times 6 + a \times 8 = 0$
$a = -135\text{kN}(\text{압축})$

제2과목 측량학

21. 100m의 거리를 20m의 줄자로 관측하였다. 1회의 관측에 +5mm의 누적오차와 ±5mm의 우연오차가 있을 때 정확한 거리는?

① 100.015±0.011m
② 100.025±0.011m
③ 100.015±0.022m
④ 100.025±0.022m

■해설 ① 측정횟수(n) = $\dfrac{100\text{m}}{20\text{m}}$ = 5회
② 정오차 = $+\delta n = +5 \times 5 = +25\text{mm} = 0.025\text{m}$
③ 우연오차 = $\pm \delta \sqrt{n} = \pm 5\sqrt{5} = \pm 11.18\text{mm}$
$= \pm 0.011\text{m}$
④ 정확한 거리(L_o) = L + 정오차 ± 우연오차
$= 100.025 \pm 0.011\text{m}$

22. 그림과 같은 결합 트래버스에서 측점 2의 조정량은?

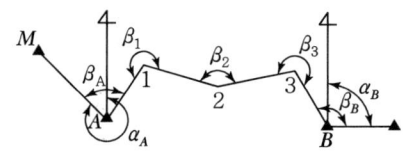

측점	측각(β)	평균방위각
A	68° 26′ 54″	$\alpha_A = 325° 14′ 16″$
1	239° 58′ 42″	
2	149° 49′ 18″	
3	269° 30′ 15″	
B	118° 36′ 36″	$\alpha_B = 91° 35′ 46″$
계	846° 21′ 45″	

① −2″ ② −3″
③ −5″ ④ −15″

■해설 ① 관측오차(E) = $W_a + [\alpha] - 180°(n+1) - W_b$
    = 325° 14′ 16″ + 846° 21′ 45″
    − 180°(5+1) − 91° 35′ 46″
    = 15″
② 관측오차가 15″이므로 (−) 보정을 한다.
③ 보정량 = $-\frac{15″}{n} = -\frac{15″}{5} = -3″$, 측점 2의 보정량은 −3″이다.

23. 그림과 같은 편심측량에서 ∠ABC는?(단, $\overline{AB}$ = 2.0km, $\overline{BC}$ = 1.5km, e = 0.5m, t = 54° 30′, ρ = 300° 30′)

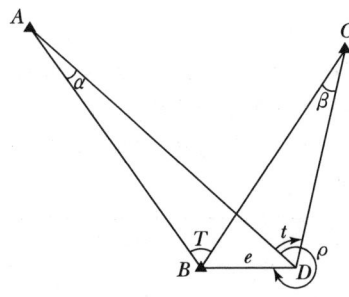

① 54° 28′ 45″ ② 54° 30′ 19″
③ 54° 31′ 58″ ④ 54° 33′ 14″

■해설 sin 정리 이용

① $\frac{2,000}{\sin(360° - 300° 30′)} = \frac{0.5}{\sin\alpha}$

$\sin\alpha = \frac{0.5}{2,000} \times \sin(360° - 300° 30′)$

$\alpha = \sin^{-1}\left\{\left(\frac{0.5}{2,000}\right) \times \sin(360° - 300° 30′)\right\}$

= 0° 0′ 44.43″

② $\frac{1,500}{\sin(360° - 300° 30′ + 54° 30′)} = \frac{0.5}{\sin\beta}$

$\sin\beta = \frac{0.5}{1,500} \times \sin(360° - 300° 30′ + 54° 30′)$

$\beta = \sin^{-1}\left\{\left(\frac{0.5}{1,500}\right) \times \sin(360° - 300° 30′ + 54° 30′)\right\}$

= 0° 1′ 2.81″

③ ∠ABC = $t + \beta - \alpha$
= 54° 31′ + 0° 1′ 2.81″ − 0° 0′ 44.43″
= 54° 30′ 19″

24. 표고가 350m인 산 위에서 키가 1.80m인 사람이 볼 수 있는 수평거리의 한계는?(단, 지구곡률 반지름 = 6,370km)

① 47.34km ② 55.22km
③ 66.95km ④ 3,778.22km

■해설 ① h(표고 + 양차(Δh)) = $\frac{D^2}{2R}(1-K)$

② $h = 351.8\text{m} = 0.3518\text{km}$

③ $D = \sqrt{h \times 2R}$
  = $\sqrt{0.3518 \times 2 \times 6,370}$
  = 66.95km

25. 촬영고도 800m의 연직사진에서 높이 20m에 대한 시차차의 크기는?(단, 초점거리는 21cm, 사진크기는 23×23cm, 종중복도는 60%이다.)

① 0.8mm ② 1.3mm
③ 1.8mm ④ 2.3mm

■해설 ① 시차차(ΔP) = $\frac{h}{H}b_o$

= $\frac{20}{800} \times 0.092 = 0.0023$

= 2.3mm

② $b_o = a\left(1 - \frac{P}{100}\right) = 0.23 \times \left(1 - \frac{60}{100}\right)$

= 0.092m

26. 고속도로 공사에서 측점 10의 단면적은 318m², 측점 11의 단면적은 512m², 측점 12의 단면적은 682m²일 때 측점 10에서 측점 12까지의 토량은?(단, 양단면평균법에 의하며 측점 간의 거리 = 20m)

① 15,120m³ ② 20,160m³
③ 20,240m³ ④ 30,240m³

■해설 ① 양단평균법 $(V) = \dfrac{A_1+A_2}{2}L$

② $V = \left(\dfrac{A_{10}+A_{11}}{2} + \dfrac{A_{11}+A_{12}}{2}\right) \times L$
$= \left(\dfrac{318+512}{2} + \dfrac{512+682}{2}\right) \times 20$
$= 20,240\text{m}^3$

27. 철도의 궤도간격 $b = 1.067$m, 곡선반지름 $R = 600$m인 원곡선 상을 열차가 100km/h로 주행하려고 할 때 캔트는?

① 100mm ② 140mm
③ 180mm ④ 220mm

■해설 ① 캔트 $(C) = \dfrac{SV^2}{gR}$

② $C = \dfrac{1.067 \times \left(100 \times 1,000 \times \dfrac{1}{3,600}\right)^2}{9.8 \times 600}$
$= 0.14\text{m}$
$= 140\text{mm}$

28. 하천이나 항만 등에서 심천측량을 한 결과의 지형을 표시하는 방법으로 적당한 것은?

① 점고법 ② 우모법
③ 채색법 ④ 음영법

■해설 점고법
① 표고를 숫자에 의해 표시
② 해양, 항만, 하천 등의 지형도에 이용한다.

29. B.C의 위치가 NO.12 + 16.404m이고 E.C의 위치가 NO.19 + 13.520m일 때 시단현과 종단현에 대한 편각은?(단, 곡선반지름 = 200m, 중심말뚝의 간격 = 20m, 시단현에 대한 편각 δ_1, 종단현에 대한 편각 δ_2)

① $\delta_1 = 1°22'28''$, $\delta_2 = 1°56'12''$
② $\delta_1 = 1°56'12''$, $\delta_2 = 0°30'54''$
③ $\delta_1 = 0°30'54''$, $\delta_2 = 1°56'12''$
④ $\delta_1 = 1°56'12''$, $\delta_2 = 1°22'28''$

■해설 ① 시단현 길이 (l_1)
= BC점부터 BC 다음 말뚝까지 거리
= 260 − 256.404 = 3.596m

② 시단편각 $(\delta_1) = \dfrac{l_1}{R} \times \dfrac{90°}{\pi} = \dfrac{3.596}{200} \times \dfrac{90°}{\pi}$
$= 0°30'54''$

③ 종단현 길이 (l_2)
= EC점부터 EC 바로 앞 말뚝까지의 거리
= 393.52 − 380
= 13.52m

④ 종단편각 $(\delta_2) = \dfrac{l_2}{R} \times \dfrac{90°}{\pi}$
$= \dfrac{13.52}{200} \times \dfrac{90°}{\pi}$
$= 1°56'12''$

30. 갑, 을, 병 3사람이 동일 조건에서 A, B 두 지점의 거리를 관측하여 다음과 같은 결과를 획득하였다. 최확값을 계산하기 위한 경중률로 옳은 것은?

관측자	관측값	경중률
갑	100.521m ± 0.030m	p_1
을	100.526m ± 0.015m	p_2
병	100.523m ± 0.045m	p_3

① $p_1 : p_2 : p_3 = 2 : 1 : 3$
② $p_1 : p_2 : p_3 = 3 : 1 : 6$
③ $p_1 : p_2 : p_3 = 9 : 36 : 4$
④ $p_1 : p_2 : p_3 = 4 : 1 : 9$

■해설 경중률은 오차의 자승에 반비례한다.
$$P_1 : P_2 : P_3 = \frac{1}{0.030^2} : \frac{1}{0.015^2} : \frac{1}{0.045^2}$$
$$= \frac{1}{2^2} : \frac{1}{1^2} : \frac{1}{3^2} = 9 : 36 : 4$$

31. 수준측량에서 전·후시 거리를 같게 함으로써 제거되는 오차가 아닌 것은?

① 빛의 굴절오차
② 지구의 곡률오차
③ 시준선이 기포관축과 평행하지 않아 생기는 오차
④ 표척눈금의 부정확에서 오는 오차

■해설 전·후시 거리를 같게 하면 제거되는 오차
  ① 시준축오차(기포관축과 시준선이 평행하지 않아서 발생한다.)
  ② 양차(기차, 구차)

32. 완화곡선 중 클로소이드에 대한 설명으로 옳지 않은 것은?

① 클로소이드는 곡률이 곡선길이에 비례하여 증가하는 곡선이다.
② 클로소이드는 나선의 일종이며 모든 클로소이드는 닮은꼴이다.
③ 클로소이드의 종점 좌표 x, y는 그 점의 접선각의 함수로 표시된다.
④ 클로소이드에서 접선각 τ을 라디안으로 표시하면 $\tau = \frac{R}{2L}$ 이 된다.

■해설 클로소이드의 접선각 $(\tau) = \frac{L}{2R}$ 이다.

33. 삼변측량에서 △ABC 세 변의 길이가 각각 a =1200.00m, b=1600.00m, c=1442.22m라면 변 c의 대각인 ∠C는?

① 45°   ② 60°
③ 75°   ④ 90°

■해설 코사인 제2법칙
① $\cos C = \frac{a^2 + b^2 - c^2}{2ab}$
$= \frac{1,200^2 + 1,600^2 - 1442.22^2}{2 \times 1,200 \times 1,600} = 0.5$
② $C = \cos^{-1} 0.5 = 60°$

34. 어떤 횡단면의 도상면적이 40.5cm²이었다. 가로 축척이 1 : 20, 세로 축척이 1 : 50이었다면 실제면적은?

① 48.6m²   ② 33.75m²
③ 4.86m²   ④ 3.375m²

■해설 ① $\left(\frac{1}{M}\right)^2 = \frac{도상면적}{실제면적}$
② 실제면적 = 도상면적 $\times M^2$
$= 40.5 \times (20 \times 60) = 48,600 cm^2$
$= 4.86 m^2$

35. 지형측량에서 등고선의 성질에 대한 설명으로 옳지 않은 것은?

① 등고선은 절대 교차하지 않는다.
② 등고선은 지표의 최대 경사선 방향과 직교한다.
③ 동일 등고선 상에 있는 모든 점은 같은 높이이다.
④ 등고선 간의 최단거리의 방향은 그 지표면의 최대경사의 방향을 가리킨다.

■해설 등고선은 동굴이나 절벽에서 교차한다.

36. 허용 정밀도(폐합비)가 1 : 1,000인 평탄지에서 전진법으로 평판측량을 할 때 현장에서의 전체 측선 길이의 합이 400m이었다. 이 경우 폐합오차는 최대 얼마 이내로 하여야 하는가?

① 10cm   ② 20cm
③ 30cm   ④ 40cm

■해설 폐합비
① $\frac{1}{m} = \frac{\Delta l}{L}$, $\frac{1}{1,000} = \frac{\Delta l}{400}$
② $\Delta l = \frac{400}{1,000} = 0.4m = 40cm$

|해답| 31.④ 32.④ 33.② 34.③ 35.① 36.④

37. 사진의 특수 3점에 대한 그림에서 N, J, M의 명칭으로 옳은 것은?

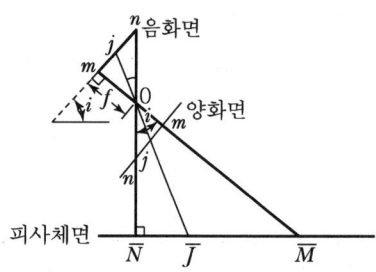

① N : 연직점, J : 등각점, M : 주점
② N : 주점, J : 등각점, M : 연직점
③ N : 주점, J : 연직점, M : 등각점
④ N : 등각점, J : 연직점, M : 주점

■해설 ① 주점(M) : 사진의 중심점으로 렌즈 중심에서 사진 면에 내린 수선의 발(m)
② 연직점(N) : 렌즈 중심으로부터 지표면에 내린 수선의 발(N)을 연장하여 사진 면과 만나는 점(n)
③ 등각점(J) : 사진 면과 직교하는 광선과 연직선이 이루는 각을 2등분하는 점(j)

38. 10,000m²의 정사각형 토지의 면적을 측정한 결과, 오차가 ±0.4m²이었다. 두 변의 길이가 동일한 정밀도로 측정되었다면, 거리 측정의 오차는?

① ±0.000008m
② ±0.00008m
③ ±0.0028m
④ ±0.063m

■해설 면적과 거리의 정밀도 관계
① $\dfrac{\Delta A}{A}=2\dfrac{\Delta L}{L}$
② $\Delta L = \dfrac{\Delta A}{A} \times \dfrac{L}{2} = \dfrac{0.4}{10,000} \times \dfrac{100}{2} = 0.002\text{m}$
③ 두 변 측정 오차$(E) = \sqrt{0.002^2 + 0.002^2}$
  $= 0.0028\text{m}$

39. 하천측량에 대한 설명으로 옳지 않은 것은?

① 평균유속 계산식은 $V_m = V_{0.6}$, $V_m = \dfrac{1}{2}(V_{0.2} + V_{0.8})$, $V_m = \dfrac{1}{4}(V_{0.2} + 2V_{0.6} + V_{0.8})$ 등이 있다.
② 하천기울기(I)를 이용한 유량을 구하기 위한 유속은 $V_m = C\sqrt{RI}$, $V_m = \dfrac{1}{n}R^{\frac{2}{3}}I^{\frac{1}{2}}$ 공식을 이용하여 구한다.
③ 유량관측에 이용되는 부자는 표면부자, 2중부자, 봉부자 등이 있다.
④ 하천측량의 일반적인 작업 순서는 도상조사, 현지조사, 자료조사, 유량측량, 지형측량, 기타의 측량 순으로 한다.

■해설 하천 측량 순서
도상조사 → 자료조사 → 현지조사 → 평면측량 → 고저측량 → 유량측량

40. 수준점 A, B, C에서 수준측량을 하여 P점의 표고를 얻었다. P점 표고의 최확값은?

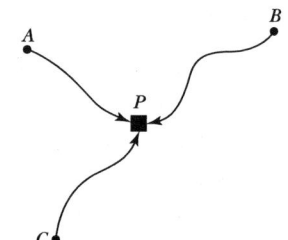

노 선	P점 표고값	노선거리
A → P	57.583m	2km
B → P	57.700m	3km
C → P	57.680m	4km

① 57.641m
② 57.649m
③ 57.654m
④ 57.706m

■해설 ① 경중률(P)은 노선거리(L)에 반비례
$P_1 : P_2 : P_3 = \dfrac{1}{2} : \dfrac{1}{3} : \dfrac{1}{4} = 6 : 4 : 3$
② $h_0 = \dfrac{P_1 h_1 - P_2 h_2 + P_3 h_3}{P_1 + P_2 + P_3}$
$= \dfrac{6 \times 57.583 + 4 \times 57.7 + 3 \times 57.68}{6+4+3} = 57.641\text{m}$

|해답| 37.① 38.③ 39.④ 40.①

제3과목 수리수문학

41. 중력장에서 단위유체질량에 작용하는 외력 F의 X, Y, Z축에 대한 성분을 각각 X, Y, Z라고 하고, 각 축방향의 증분을 dx, dy, dz라고 할 때 등압면의 방정식은?

① $\dfrac{dx}{X}+\dfrac{dy}{Y}+\dfrac{dz}{Z}=0$

② $\dfrac{X}{dx}+\dfrac{Y}{dy}+\dfrac{Z}{dz}=0$

③ $X \cdot dx + Y \cdot dy + Z \cdot dz = 0$

④ $X \cdot dx + Y \cdot dy + Z \cdot dz = dF$

■해설 상대적 정지문제의 응용

단위유체질량의 x, y, z축방향의 대한 가속도 성분을 X, Y, Z라 할 때 외력 F가 작용했을 때 유체 내부의 압력변화와 수면의 이동 상태를 다루는 문제

㉠ 평형방정식 : 유체 내부의 압력변화를 해석
$dp = \rho(X \cdot dx + Y \cdot dy + Z \cdot dz)$

㉡ 등압면방정식 : 수면의 이동 상태를 해석
$X \cdot dx + Y \cdot dy + Z \cdot dz = 0$

42. 빙산(氷山)의 부피가 V, 비중이 0.92이고, 바닷물의 비중은 1.025라 할 때 빙산의 바닷물 속에 잠겨 있는 부분의 부피는?

① $0.92V$ ② $0.9V$
③ $0.82V$ ④ $0.8V$

■해설 부체의 평형조건

㉠ 부체의 평형조건
- W(무게) $= B$(부력)
- $w \cdot V = w_w \cdot V'$

여기서, w : 물체의 단위중량
V : 부체의 체적
w_w : 물의 단위중량
V' : 물에 잠긴 만큼의 체적

㉡ 물속에 잠긴 빙산의 부피

물 위로 나온 빙산의 부피를 a라 하고 부체의 평형조건을 적용하면
$0.92V = 1.025(V-a)$
∴ $a = 0.10V$
∴ 물속에 잠긴 빙산의 부피는 $V - 0.1V = 0.9V$

43. 1m×1m 크기의 평판을 연직방향으로 세워서 물속에 잠기게 하였다. 이 평판을 점점 더 깊은 곳으로 이동할 경우에 전수압의 작용점까지의 수심(h_C)과 평면의 도심까지의 수심(h_G)의 차 ($h_C - h_G$)는?

① 0보다 작아진다.   ② 0에 가까워진다.
③ 점점 커진다.   ④ 변함이 없다.

■해설 수면과 연직인 면이 받는 압력

㉠ 수면과 연직인 면이 받는 압력
$P = wh_G A$
$h_C = h_G + \dfrac{I}{h_G A}$

㉡ 작용점의 위치 해석

작용점의 위치를 구하는 식($h_C = h_G + \dfrac{I}{h_G A}$)에서 h_G가 자꾸 수심 아래로 내려가서 커지면 분자인 단면 2차 모멘트(I)는 그대로이고 분모($h_G A$)만 커지게 되어 점점 0에 가까워진다.

∴ h_C와 h_G의 차이는 없어지고 이들의 차 ($h_C - h_G$)는 0에 가까워진다.

44. 3m 폭을 가진 직사각형 수로에 사각형인 광정(廣頂) 위어를 설치하려 한다. 위어 설치 전의 평균 유속은 1.5m/sec, 수심이 0.3m이고, 위어 설치 후의 평균 유속이 0.3m/sec, 위어상류의 수심이 1.5m가 되었다면 위어의 높이 h는? (단, 에너지 보정계수 $\alpha = 1.0$)

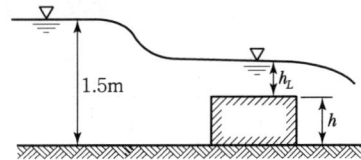

① 0.7m   ② 0.9m
③ 1.1m   ④ 1.3m

■해설 광정위어

㉠ 정상부 폭이 넓은 위어를 광정위어라 한다.
$Q = 1.7CbH^{\frac{3}{2}}$
여기서, $H = h_L$(월류수심)$+h_a$(접근유속수두)

㉡ 위어 설치 전의 유량
$Q = AV = (3 \times 0.3) \times 1.5 = 1.35 \text{m}^3/\text{sec}$

|해답| 41.③ 42.② 43.② 44.③

ⓒ 접근유속수두의 산정
위어 설치 후의 상류(上流)구간의 유속이 접근유속이 된다.

$$h_a = \frac{V_a^2}{2g} = \frac{0.3^2}{2 \times 9.8} = 0.0046\text{m}$$

ⓓ 위어 설치 후의 유량
위어 설치 후의 유량은 위어 설치 전의 유량과 동일하다.

$$Q = 1.7Cb(h_L + h_a)^{\frac{3}{2}}$$

$$\therefore 1.35 = 1.7 \times 1 \times 3 \times (h_L + 0.0046)^{\frac{3}{2}}$$

$$\therefore h_L = 0.4\text{m}$$

ⓔ 위어의 설치높이의 산정
1.5 = h(위어의 설치높이) + h_L(월류수심)
= $h + 0.4$
∴ $h = 1.1$m

45. 10mm단위도의 종거가 0, 20, 8, 3, 0[m³/sec]이고 유효강우량 20mm, 10mm일 경우에 첨두유량[m³/sec]은?(단, 단위시간은 2시간이다.)

① 20 ② 34
③ 40 ④ 42

■해설 단위도의 종거
단위도의 종거 계산은 다음 표에 의해 구한다.

㉠ 시간 (hr)	㉡ 단위도 종거 (m³/sec)	㉢ 20mm 유효 강우량	㉣ 10mm 유효 강우량	㉤ 직접 유출 ㉢+㉣
0	0	0		0
1	20	40		40
2	8	16	0	16
3	3	6	20	26
4	0	0	8	8
5			3	3
6			0	0
7				
8				

∴ 단위도의 최대종거(첨두유량)는 40m³/sec이다.

46. 다음의 설명 중 옳지 않은 것은?(단, l=관의 총길이, D=관의 지름)

① 관수로의 출구 손실계수는 보통 1로 본다.
② 관수로 내의 손실수두는 유속수두에 비례한다.
③ 관수로에서 마찰 이외의 손실수두를 무시할 수 있는 경우는 $l/D > 3{,}000$이다.
④ 마찰손실수두는 모든 손실수두 가운데 가장 큰 것으로 마찰손실 계수에 유속수두를 곱한 것과 같다.

■해설 관수로 일반
㉠ 관수로의 출구손실계수는 수조에서 수조로 넘어간 경우 1로 본다.
㉡ 관수로의 손실수두는 속도수두에 비례한다.

$$h_L = f\frac{l}{D}\frac{V^2}{2g}$$

㉢ 관수로 설계기준
• $\frac{l}{D} > 3{,}000$: 장관 → 마찰손실만 고려
• $\frac{l}{D} < 3{,}000$: 단관 → 모든 손실 고려

㉣ 마찰손실수두는 대손실로 손실수두 중 가장 큰 손실이며 그 크기는 계수에 관의 직경과 길이의 비, 속도수두를 곱한 것과 같다.

$$h_L = f\frac{l}{D}\frac{V^2}{2g}$$

47. 관수로를 흐르는 난류 흐름에서 관마찰손실계수 f에 대한 설명으로 옳은 것은?

① Reynolds 수만의 함수이다.
② Reynolds 수와 상대조도의 함수이다.
③ 상대조도와 Froude 수의 함수이다.
④ 유속과 관지름의 함수이다.

■해설 마찰손실계수
㉠ 원관 내 층류($R_e < 2{,}000$)
• $f = \dfrac{64}{R_e}$

㉡ 불완전 층류 및 난류($R_e > 2{,}000$)
• $f = \phi\left(\dfrac{1}{R_e}, \dfrac{e}{d}\right)$
• f는 R_e와 상대조도(ε/d)의 함수이다.
• 매끈한 관의 경우 f는 R_e만의 함수이다.

- 거친 관의 경우 f는 상대조도(ε/d)만의 함수이다
∴ 난류에서의 마찰손실계수는 R_e와 상대조도(ε/d)의 함수이다.

48. 폭이 2m, 높이가 9.8m인 평판이 정지수중에서 5m/sec의 속도로 움직일 때 항력계수가 $C_D = 0.2$라면 평판에 작용하는 항력(抗力)은?(단, 무게 1kg=10N)

① 10kN(1t)   ② 25kN(2.5t)
③ 30kN(3t)   ④ 50kN(5t)

■ 해설 항력(drag force)
㉠ 흐르는 유체 속에 물체가 잠겨 있을 때 유체에 의해 물체가 받는 힘을 항력(drag force)이라 한다.

$$D = C_D \cdot A \cdot \frac{\rho V^2}{2}$$

여기서, C_D : 항력계수 $\left(C_D = \frac{24}{R_e}\right)$
A : 투영면적
$\frac{\rho V^2}{2}$: 동압력

㉡ 항력의 계산
$$D = C_D \cdot A \cdot \frac{\rho V^2}{2}$$
$$= 0.2 \times (2 \times 9.8) \times \frac{\frac{1}{9.8} \times 5^2}{2}$$
$$= 5t = 50kN$$

49. 모래여과지에서 사층 두께 2.4m, 투수계수를 0.04cm/sec로 하고 여과수두를 50cm로 할 때 10,000m³/day의 물을 여과시키는 경우 여과지 면적은?

① 1,289m²   ② 1,389m²
③ 1,489m²   ④ 1,589m²

■ 해설 여과지의 면적계산
㉠ Darcy의 법칙
$V = KI = K\frac{h_L}{L}$, $Q = AV = AKI = AK\frac{h_L}{L}$로 구할 수 있다.

㉡ 여과지의 면적계산
$$A = \frac{Q}{KI} = \frac{\frac{10,000}{24 \times 3,600}}{0.04 \times 10^{-2} \times \frac{0.5}{2.4}}$$
$$= 1,388.9m^2$$

50. 3종의 강우강도 I_1, I_2 및 I_3의 대소(大小)관계로 옳은 것은?

구분	I_1	I_2	I_3
강우량(mm)	200	50	120
지속시간(min)	100	30	80

① $I_1 > I_2 > I_3$
② $I_1 > I_3 > I_2$
③ $I_1 = I_2 < I_3$
④ $I_1 < I_2 = I_3$

■ 해설 강우강도
㉠ 강우강도는 단위시간당 내린 비의 양을 말하며 단위는 mm/hr이다.
㉡ 강우강도의 계산
- $I_1 = \frac{200mm}{100min} \times 60 = 120mm/hr$
- $I_2 = \frac{50mm}{30min} \times 60 = 100mm/hr$
- $I_3 = \frac{120mm}{80min} \times 60 = 90mm/hr$
∴ 강우강도의 크기는 $I_1 > I_2 > I_3$

51. 흐르는 물속에 연직으로 세운 두 고정 평행판 사이의 흐름에 대한 설명으로 옳은 것은?

① 전단응력과 유속분포는 전단면에서 일정하다.
② 전단응력과 유속분포는 판의 벽에서 0이고 판과 판의 중점을 향해서 직선 형태로 분포한다.
③ 전단응력과 유속분포는 전단면에서 포물선 형태로 분포한다.
④ 전단응력은 두 판의 중점에서 0이고, 중점으로부터 거리에 따라 직선 형태로 분포하며, 유속은 중점에서 최대인 포물선 형태로 분포한다.

■해설 관수로 흐름의 형태
 ㉠ 관수로에서 유속은 중앙에서 최대이고 관 벽에서 0인 포물선 형태로 분포한다.
 ㉡ 관수로에서 전단응력은 중앙에서 0이고 관 벽에서 최대인 직선 비례 형태로 분포한다.

52. 유역의 평균 강우량을 계산하기 위하여 사용되는 Thiessen방법의 단점으로 옳은 것은?

① 지형의 영향(산악효과)을 고려할 수 없다.
② 지형의 영향은 고려되나 강우 형태는 고려되지 않는다.
③ 우량계의 종류에 따라 크게 영향을 받는다.
④ 계산은 간편하나 산술평균법보다 부정확하다.

■해설 유역의 평균 강우량 산정법
 ㉠ 유역의 평균 강우량 산정공식

종류	적용
산술평균법	유역면적 500km² 이내에 적용 $P_m = \dfrac{1}{N}\sum_{i=1}^{N} P_i$
Thiessen법	유역면적 500~5,000km² 이내에 적용 $P_m = \dfrac{\sum_{i=1}^{N} A_i P_i}{\sum_{i=1}^{N} A_i}$
등우선법	산악의 영향이 고려되고, 유역면적 5,000km² 이상인 곳에 적용 $P_m = \dfrac{\sum_{i=1}^{N} A_i P_i}{\sum_{i=1}^{N} A_i}$

 ㉡ Thiessen법의 특징
  우량계의 불균등 분포의 문제를 해결하지만 지역 내 산악의 영향을 고려할 수는 없다.

53. 두께 3m인 피압대수층에서 반지름 1m인 우물로 양수한 결과, 수면강하 10m일 때 정상상태로 되었다. 투수계수 0.3m/hr, 영향권 반지름 400m라면 이때의 양수량은?

① $2.6 \times 10^{-3} \text{m}^3/\text{s}$ ② $6.0 \times 10^{-3} \text{m}^3/\text{s}$
③ $9.4 \text{m}^3/\text{s}$ ④ $21.6 \text{m}^3/\text{s}$

■해설 우물의 수리
 ㉠ 우물의 종류

종류	내용
깊은 우물 (심정호)	우물의 바닥이 불투수층까지 도달한 우물을 말한다. $Q = \dfrac{\pi K(H^2 - h_0^2)}{2.3\log(R/r_0)}$
얕은 우물 (천정호)	우물의 바닥이 불투수층까지 도달하지 못한 우물을 말한다. $Q = 4Kr_0(H - h_0)$
굴착정	피압대수층의 물을 양수하는 우물을 굴착정이라 한다. $Q = \dfrac{2\pi aK(H - h_0)}{2.3\log(R/r_0)}$
집수암거	복류수를 취수하는 우물을 집수암거라 한다. $Q = \dfrac{Kl}{R}(H^2 - h^2)$

 ㉡ 굴착정의 양수량 산정
$$Q = \dfrac{2\pi aK(H - h_0)}{2.3\log(R/r_0)}$$
$$= \dfrac{2 \times \pi \times 3 \times \left(\dfrac{0.3}{3,600}\right) \times 10}{2.3\log(400/1)}$$
$$= 0.0026 \text{m}^3/\text{sec} = 2.6 \times 10^{-3} \text{m}^3/\text{sec}$$

54. 합성단위 유량도(Synthetic Unit Hydrograph) 작성법이 아닌 것은?

① Snyder 방법
② SCS의 무차원 단위유량도 이용법
③ Nakayasu 방법
④ 순간 단위유량도법

■해설 합성단위도
 ㉠ 유량기록이 없는 미계측 유역에서 수자원 개발 목적을 위하여 다른 유역의 과거 경험을 토대로 단위도를 합성하여 근사치로 사용하는 단위유량도를 합성단위유량도라 한다.
 ㉡ 합성단위 유량도법
  • Snyder 방법
  • SCS 무차원단위도법
  • 中安(나까야스)방법
  • Clark의 유역추적법
 ∴ 합성단위유량도의 작성법이 아닌 것은 순간 단위유량도법이다.

55. 수심이 10cm, 수로폭은 20cm인 직사각형의 실험 개수로에서 유량이 80cm³/sec로 흐를 때 이 흐름의 종류는?[단, 물의 동점성계수(ν) = 1.15 × 10^{-2}cm²/sec이다.]

① 층류, 상류
② 층류, 사류
③ 난류, 상류
④ 난류, 사류

■해설 흐름의 상태
㉠ 층류와 난류의 구분
$$R_e = \frac{VD}{\nu}$$
여기서, V : 유속
D : 관의 직경
ν : 동점성계수

- R_e < 2,000 : 층류
- 2,000 < R_e < 4,000 : 천이영역
- R_e > 4,000 : 난류

㉡ 상류(常流)와 사류(射流)의 구분
$$F_r = \frac{V}{C} = \frac{V}{\sqrt{gh}}$$
여기서, V : 유속
C : 파의 전달속도

- F_r < 1 : 상류
- F_r > 1 : 사류
- F_r = 1 : 한계류

㉢ 층류와 난류의 계산
$$V = \frac{Q}{A} = \frac{80}{10 \times 20} = 0.4 \text{cm/sec}$$

- $R = \frac{D}{4}$
  ∴ $D = 4R$
- $R = \frac{b \cdot h}{b + 2h} = \frac{20 \times 10}{20 + 2 \times 10} = 5\text{cm}$

$$R_e = \frac{VD}{\nu} = \frac{V \cdot 4R}{\nu} = \frac{0.4 \times 4 \times 5}{1.15 \times 10^{-2}} = 696$$

∴ 층류

㉣ 상류(常流)와 사류(射流)의 계산
$$F_r = \frac{V}{\sqrt{gh}} = \frac{0.4}{\sqrt{980 \times 10}} = 0.004$$

∴ 상류

56. 어느 유선 상에 두 점 1, 2가 있다. 점 2로부터 점 1로 물이 흐를 때 수두손실(h_L)과 펌프에 의한 에너지공급(h_P)이 있었다. 이 흐름을 해석하기 위한 베르누이 정리로 옳은 것은?(단, γ는 물의 단위중량을 나타낸다.)

① $\frac{P_1}{\gamma} + \frac{V_1^2}{2g} + z_1 + h_P - h_L = \frac{P_2}{\gamma} + \frac{V_2^2}{2g} + z_2$

② $\frac{P_1}{\gamma} + \frac{V_1^2}{2g} + z_1 = \frac{P_2}{\gamma} + \frac{V_2^2}{2g} + z_2 + \gamma(h_P - h_L)$

③ $\frac{P_1}{\gamma} + \frac{V_1^2}{2g} + z_1 = \frac{P_2}{\gamma} + \frac{V_2^2}{2g} + z_2 + h_L + h_P$

④ $\frac{P_1}{\gamma} + \frac{V_1^2}{2g} + z_1 + h_L = \frac{P_2}{\gamma} + \frac{V_2^2}{2g} + z_2 + h_P$

■해설 Bernoulli 정리의 응용
㉠ 하나의 유선상에 펌프 혹은 손실수두가 포함되어 있을 경우 펌프는 흐름에 에너지를 가해주며 손실수두는 흐름이 가지는 에너지의 일부를 빼앗게 된다.

㉡ Bernoulli 정리의 적용
$$Z_1 + \frac{P_1}{\gamma} + \frac{V_1^2}{2g} + h_P = Z_2 + \frac{P_2}{\gamma} + \frac{V_2^2}{2g} + h_L$$

㉢ 문제에서의 흐름은 2점에서 1점으로 흐르고 있으므로 Bernoulli 정리를 적용하면 다음과 같다.
$$Z_1 + \frac{P_1}{\gamma} + \frac{V_1^2}{2g} + h_L = Z_2 + \frac{P_2}{\gamma} + \frac{V_2^2}{2g} + h_P$$

57. 도수가 일어나기 전후에서의 수심이 각각 1.5m, 9.24m이었다. 이 도수로 인한 수두손실은?

① 0.80m
② 0.83m
③ 8.36m
④ 16.7m

■해설 도수
㉠ 흐름이 사류(射流)에서 상류(常流)로 바뀔 때 물이 뛰는 현상을 도수라 한다.

㉡ 도수 후의 수심
$$h_2 = -\frac{h_1}{2} + \frac{h_1}{2}\sqrt{1 + 8F_{r1}^2}$$

㉢ 도수로 인한 에너지손실
$$\Delta E = \frac{(h_2 - h_1)^3}{4h_1 h_2} = \frac{(9.24 - 1.5)^3}{4 \times 1.5 \times 9.24} = 8.36\text{m}$$

|해답| 55.① 56.④ 57.③

58. 물리량의 차원을 표시한 것으로 옳지 않은 것은?

① 각가속도 : $[T^{-2}]$
② 힘 : $[MLT^{-2}]$
③ 점성계수 : $[ML^{-1}T^{-1}]$
④ 탄성계수 : $[MLT^{-2}]$

■해설 차원
  ㉠ 물리량의 크기를 힘(F), 질량(M), 길이(L), 시간(T)의 지수형태로 표기한 값을 차원이라 한다.
  ㉡ 물리량들의 차원

구 분	LFT계 차원	LMT계 차원
각가속도	T^{-2}	T^{-2}
힘	F	MLT^{-2}
점성계수	FTL^{-2}	$ML^{-1}T^{-1}$
탄성계수	FL^{-2}	$ML^{-1}T^{-2}$

59. 지름 1m의 원통 수조에서 지름 2cm의 관으로 물이 유출되고 있다. 관내의 유속이 2.0m/s일 때, 수조의 수면이 저하되는 속도는?

① 0.4cm/s   ② 0.3cm/s
③ 0.08cm/s ④ 0.06cm/s

■해설 수조의 유량계산
  ㉠ 관을 통하여 빠져나가는 유량
    $Q_1 = AV = \dfrac{\pi \times 0.02^2}{4} \times 2$
    $= 0.000628 \text{m}^3/\text{sec}$로 구할 수 있다.
  ㉡ 원통의 유량
    원통에서 저하되는 유량은 관을 통하여 빠져나가는 유량과 같다.($Q_2 = Q_1$)
    $Q_2 = AV = \dfrac{\pi \times 1^2}{4} \times V = 0.000628 \text{m}^3/\text{sec}$
    ∴ $V = 0.0008 \text{m/sec} = 0.08 \text{cm/sec}$

60. 다음 용어에 대한 설명으로 옳지 않은 것은?

① 일평균기온 : 일 최대 및 최저 기온을 산술 평균한 기온
② 월평균기온 : 해당 월의 일평균기온 중 최고 및 최저 기온을 산술 평균한 기온
③ 연평균기온 : 해당 연의 월평균기온 중 최고 및 최저 기온을 산술 평균한 기온
④ 정상 월평균기온 : 특정 월에 대한 장기간 동안의 월평균기온을 산술 평균한 온도

■해설 수문학 일반
  ㉠ 일평균기온은 일 최대 및 최저 기온을 산술 평균한 기온을 말한다.
  ㉡ 월평균기온은 해당 월의 일평균기온 중 최고 및 최저 기온을 산술 평균한 기온을 말한다.
  ㉢ 연평균기온은 해당 연도의 월평균기온의 평균값으로 정의된다.
  ㉣ 정상 월평균기온은 특정 월에 대한 장기간(30년) 동안의 월평균기온의 산술 평균값을 말한다.

제4과목 철근콘크리트 및 강구조

61. 그림의 단순지지 보에서 긴장재는 C점에 150mm의 편차에 직선으로 배치되고, 1,000kN으로 긴장되었다. 보의 고정하중은 무시할 때 C점에서의 휨 모멘트는 얼마인가?(단, 긴장재의 경사가 수평압축력에 미치는 영향 및 자중은 무시한다.)

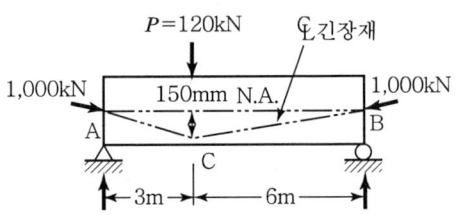

① $M_c = 90$kN·m   ② $M_c = -150$kN·m
③ $M_c = 240$kN·m   ④ $M_c = 390$kN·m

■해설 $\Sigma M_{\text{Ⓑ}} = 0$
  $V_A \times 9 - 120 \times 6 = 0$
  $V_A = 80\text{kN}(\uparrow)$

1) 외력($P=120$kN)에 의한 C점의 단면력

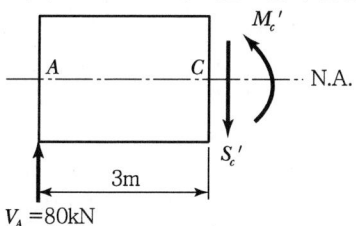

$\Sigma F_y = 0(\uparrow \oplus)$
$80 - S_C' = 0$
$S_C' = 80$kN

$\Sigma M_{\copyright} = 0(\curvearrowright \oplus)$
$80 \times 3 - M_C' = 0$
$M_C' = 240$kN·m

2) 프리스트레싱력($P_i = 1,000$kN)에 의한 C점의 단면력

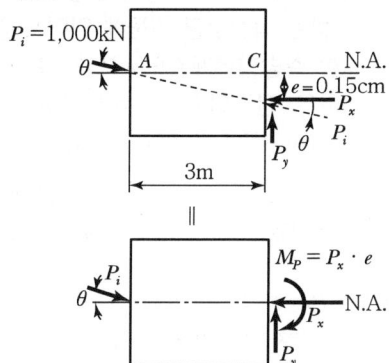

- $P_x = P \cdot \cos\theta ≒ P_i = 1,000$kN
- $P_y = P \cdot \sin\theta = 1,000 \times \dfrac{0.15}{\sqrt{3^2 + 0.15^2}} = 50$kN
- $M_P = P_x \cdot e = 1,000 \times 0.15 = 150$kN·m

3) 외력과 프리스트레싱력에 의한 C점의 단면력

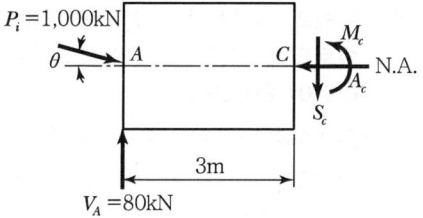

- $A_C = P_x = 1,000$kN
- $S_C = S_C' - P_y = 80 - 50 = 30$kN
- $M_C = M_C' - M_P = 240 - 150 = 90$kN·m

62. 다음은 L형강에서 인장력 검토를 위한 순폭 계산에 대한 설명이다. 틀린 것은?

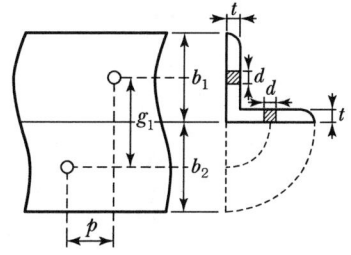

① 전개 총폭(b) = $b_1 + b_2 - t$ 이다.
② $\dfrac{p^2}{4g} \geq d$인 경우 순폭(b_n) = $b - d$ 이다.
③ 리벳 선간거리(g) = $g_1 - t$ 이다.
④ $\dfrac{p^2}{4g} < d$인 경우 순폭(b_n) = $b - d - \dfrac{p^2}{4g}$ 이다.

■해설 L형강에서 순폭(b_n)의 계산
① $\dfrac{p^2}{4g} \geq d$인 경우 : $b_n = b - d$
② $\dfrac{p^2}{4g} < d$인 경우 : $b_n = b - d - \left(d - \dfrac{p^2}{4g}\right)$

63. 콘크리트의 크리프에 대한 설명으로 틀린 것은?

① 일정한 응력이 장시간 계속하여 작용하고 있을 때 변형이 계속 진행되는 현상을 말한다.
② 물-시멘트 비가 큰 콘크리트는 물-시멘트비가 작은 콘크리트보다 크리프가 크게 일어난다.
③ 고강도 콘크리트는 저강도 콘크리트보다 크리프가 크게 일어난다.
④ 콘크리트가 놓이는 주위의 온도가 높을수록 크리프변형은 크게 일어난다.

■해설 콘크리트의 크리프에 영향을 주는 요인
① w/c가 작은 콘크리트일수록 크리프변형은 감소한다.
② 하중 재하 시 콘크리트의 재령이 클수록 크리프변형은 감소한다.
③ 고강도 콘크리트일수록 크리프변형은 감소한다.
④ 콘크리트가 놓인 주위의 온도가 낮을수록, 습도가 높을수록 크리프변형은 감소한다.

64. $b_w = 300mm$, $d = 450mm$인 단철근 직사각형 보의 균형철근량은 약 얼마인가?(단, $f_{ck} = 35MPa$, $f_y = 350MPa$이다.)

① 5,485mm²   ② 6,120mm²
③ 5,994mm²   ④ 5,810mm²

■해설 $f_{ck} = 35MPa \leq 40MPa$인 경우
$$\rho_b = 0.68 \frac{f_{ck}}{f_y} \frac{660}{660+f_y}$$
$$= 0.68 \times \frac{35}{350} \times \frac{660}{660+350} = 0.0444$$
$$A_{s,b} = \rho_b \cdot b \cdot d$$
$$= 0.0444 \times 300 \times 450 = 5,994mm^2$$

65. 슬래브와 일체로 시공된 그림의 직사각형 단면 테두리보에서 비틀림에 대하여 설계에서 고려하지 않아도 되는 계수비틀림모멘트 T_u의 최대 크기는 약 얼마인가?(단, $f_{ck} = 24MPa$, $f_y = 400MPa$, 비틀림에 대한 ϕ는 0.75)

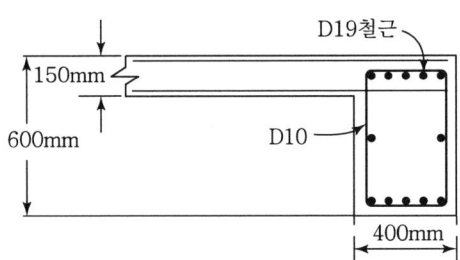

① 29.5kN·m   ② 17.5kN·m
③ 9.9kN·m   ④ 3kN·m

■해설 보가 슬래브와 일체로 되거나 완전한 합성구조로 되어 있을 때, 보의 단면은 보가 슬래브의 위 또는 아래로 내민 깊이 중 큰 깊이만큼을 보의 양측으로 연장한 슬래브 부분을 포함한 것으로서 보의 한 측으로 연장되는 거리는 슬래브 두께의 4배 이하로 하여야 한다.

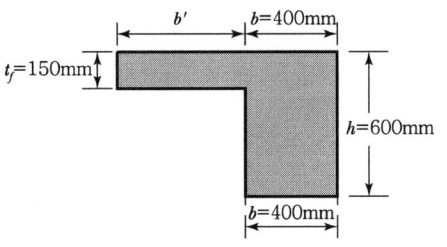

$$b' = [(h-t_f), 4t_f]_{min}$$
$$= [(600-150), 4 \times 150]_{min}$$
$$= (450, 600)_{min} = 450mm$$
A_{cp}(콘크리트 단면의 바깥둘레로 둘러싸인 단면적)
$$= b't_f + bh$$
$$= (450 \times 150) + (400 \times 600) = 307,500mm$$
p_{cp}(콘크리트 단면의 바깥둘레)
$$= 2(b'+b+h)$$
$$= 2 \times (450+400+600) = 2,900mm$$
$$T_u \leq \phi \frac{1}{12} \sqrt{f_{ck}} \frac{A_{cp}^2}{p_{cp}}$$
$$= 0.75 \times \frac{1}{12} \times \sqrt{24} \times \frac{307,500^2}{2,900}$$
$$= 9.98 \times 10^6 N \cdot mm = 9.98 kN \cdot m$$

66. 지름 450mm인 원형 단면을 갖는 중심축하중을 받는 나선철근 기둥에 있어서 강도설계법에 의한 축방향설계강도(ϕP_n)는 얼마인가?(단, 이 기둥은 단주이고, $f_{ck} = 27MPa$, $f_y = 350MPa$, $A_{st} = 8-D22 = 3,096mm^2$이다.)

① 1,166kN   ② 1,299kN
③ 2,425kN   ④ 2,774kN

■해설 $P_d = \phi \cdot P_n$
$$= \phi \times \alpha \times \{0.85f_{ck}(A_g - A_{st}) + f_y A_{st}\}$$
$$= 0.70 \times 0.85 \times \left\{0.85 \times 27 \times \left(\frac{\pi \times 450^2}{4} - 3,096\right) + 350 \times 3,096\right\}$$
$$= 2,774,239N \fallingdotseq 2,774kN$$

67. 옹벽의 안정조건 중 전도에 대한 저항모멘트는 횡토압에 의한 전도모멘트의 최소 몇 배 이상이어야 하는가?

① 1.5배   ② 2.0배
③ 2.5배   ④ 3.0배

■해설 옹벽의 안정조건
① 전도 : $\frac{\sum M_r (저항모멘트)}{\sum M_a (전도모멘트)} \geq 2.0$
② 활동 : $\frac{f(\sum W)(활동에 대한 저항력)}{\sum H(옹벽에 작용하는 수평력)} \geq 1.5$

③ 침하 : $\dfrac{q_a(\text{지반의 허용지지력})}{q_{\max}(\text{지반에 작용하는 최대 압력})} \geq 1.0$

68. 아래 그림의 PSC 부재에서 A단에서 강재를 긴장할 경우 B단까지의 마찰에 의한 감소율(%)은 얼마인가?(단, $\theta_1 = 0.10$, $\theta_2 = 0.08$, $\theta_3 = 0.10$ (Radian), μ_p(곡률마찰계수) = 0.20, K(파상마찰계수) = 0.001이며, 근사법으로 구할 것)

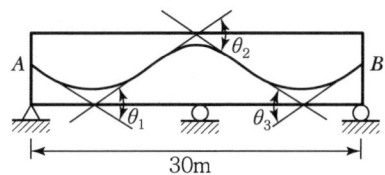

① 4.3% ② 6.4%
③ 7.9% ④ 9.2%

■해설 $l_{px} = 30\text{m}$
$\alpha_{px} = \theta_1 + \theta_2 + \theta_3 = 0.1 + 0.08 + 0.1 = 0.28$
$(Kl_{px} + \mu_p \alpha_{px}) = 0.001 \times 30 + 0.2 \times 0.28$
$= 0.086 \leq 0.3\,(\text{근사식 적용})$
$\Delta P_f = P_{pj}\left[\dfrac{(Kl_{px} + \mu_p \alpha_{px})}{1 + (Kl_{px} + \mu_p \alpha_{px})}\right]$
$= P_{pj}\left[\dfrac{0.086}{1 + 0.086}\right] = 0.079 P_{pj}$
감소율 $= \dfrac{\Delta P_f}{P_{pj}} \times 100 = \dfrac{0.079 P_{pj}}{P_{pj}} \times 100 = 7.9\%$

69. 다음 그림의 단철근 T형 보의 설계모멘트강도를 계산할 때 플랜지 돌출부에 작용하는 압축력과 균형되는 가상 압축철근 단면적 A_{sf}는 얼마인가?(여기서, $f_{ck} = 24\text{MPa}$, $f_y = 300\text{MPa}$)

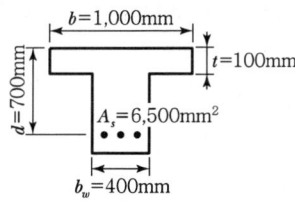

① 3,208mm² ② 4,080mm²
③ 5,126mm² ④ 6,050mm²

■해설 $\eta = 1\,(f_{ck} \leq 40\text{MPa}\text{인 경우})$
$A_{sf} = \dfrac{\eta 0.85 f_{ck}(b - b_w)t}{f_y}$
$= \dfrac{1 \times 0.85 \times 24 \times (1{,}000 - 400) \times 100}{300}$
$= 4{,}080\text{mm}^2$

70. 다음 중 철근의 피복두께를 필요로 하는 이유로 옳지 않은 것은?

① 철근이 산화되지 않도록 한다.
② 화재에 의한 직접적인 피해를 받지 않도록 한다.
③ 부착응력을 확보한다.
④ 인장강도를 보강한다.

■해설 피복두께를 두는 이유
• 철근의 부식 방지
• 단열작용으로 철근 보호
• 철근과 콘크리트 사이의 부착력 확보

71. 철근콘크리트 휨부재의 최소 철근량에 대한 설명 중 틀린 것은?

① 보에서 철근량 A_s는 $\phi M_n \geq 1.3 M_{cr}$의 조건을 만족하도록 배치하여야 한다.
② 부재의 모든 단면에서 해석에 의해 필요한 철근량보다 1/3 이상 인장철근이 더 배치되어 $\phi M_n \geq \dfrac{4}{3} M_u$의 조건을 만족하는 최소 철근량 요건을 적용하지 않아도 된다.
③ 휨부재의 급작스러운 파괴를 방지하기 위해서 최소 철근량 규정이 제시되었다.
④ 두께가 균일한 구조용 슬래브의 경간방향으로 보강되는 인장철근의 최소 단면적은 수축·온도철근의 규정에 따라야 한다.

■해설 휨부재의 최소 철근량은 $\phi M_n \geq 1.2 M_{cr}$의 조건을 만족하도록 배치하여야 한다.

72. 철근의 겹침이음에서 A급 이음의 조건에 대한 설명으로 옳은 것은?

① 배근된 철근량이 이음부 전체 구간에서 해석 결과 요구되는 소요철근량의 2배 이상이고 소요 겹침이음길이 내 겹침이음된 철근량이 전체 철근량의 1/2 이하인 경우
② 배근된 철근량이 이음부 전체 구간에서 해석 결과 요구되는 소요철근량의 1.5배 이상이고 소요 겹침이음길이 내 겹침이음된 철근량이 전체 철근량의 1/2 이상인 경우
③ 배근된 철근량이 이음부 전체 구간에서 해석 결과 요구되는 소요철근량의 2배 이상이고 소요 겹침이음길이 내 겹침이음된 철근량이 전체 철근량의 1/3 이하인 경우
④ 배근된 철근량이 이음부 전체 구간에서 해석 결과 요구되는 소요철근량의 1.5배 이상이고 소요 겹침이음길이 내 겹침이음된 철근량이 전체 철근량의 1/3 이상인 경우

■해설 이형 인장철근의 최소 겹침이음 길이
① A급 이음 : $1.0l_d$
$\left(\dfrac{배근A_s}{소요A_s} \geq 2$이고, $\dfrac{겹침이음A_s}{전체A_s} \leq \dfrac{1}{2}$인 경우$\right)$
② B급 이음 : $1.3l_d$ (A급 이음 이외의 경우)
③ 최소 겹침이음 길이는 300mm 이상이어야 하며, l_d는 정착길이로서 $\dfrac{소요A_s}{배근A_s}$의 보정계수는 적용되지 않는다.

73. 2방향 슬래브 직접설계법의 제한사항에 대한 설명으로 틀린 것은?

① 각 방향으로 3경간 이상 연속되어야 한다.
② 슬래브 판들은 단변 경간에 대한 장변 경간의 비가 2 이하인 직사각형이어야 한다.
③ 각 방향으로 연속한 받침부 중심 간 경간 차이는 긴 경간의 1/3 이하이어야 한다.
④ 연속한 기둥 중심선을 기준으로 기둥의 어긋남은 그 방향 경간의 20% 이하이어야 한다.

■해설 2방향 슬래브의 설계에서 직접설계법을 적용할 경우, 연속한 기둥 중심선으로부터 기둥의 이탈은 이탈방향 경간의 최대 10%까지 허용한다.

74. 그림과 같은 단면을 갖는 지간 20m의 PSC보에 PS강재가 200mm의 편심거리를 가지고 직선배치되어 있다. 자중을 포함한 계수등분포하중 16kN/m가 보에 작용할 때, 보 중앙단면 콘크리트 상연응력은 얼마인가?(단, 유효 프리스트레스 힘 P_e =2,400kN)

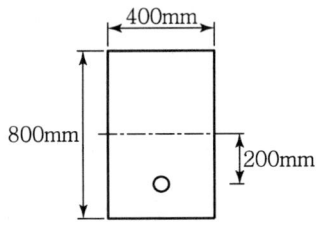

① 12MPa ② 13MPa
③ 14MPa ④ 15MPa

■해설 $f_t = \dfrac{P_e}{A} - \dfrac{P_e \cdot e}{I}y + \dfrac{M}{I}y = \dfrac{P_e}{bh}\left(1 - \dfrac{6e}{h}\right) + \dfrac{3wl^2}{4bh^2}$

$= \dfrac{2,400 \times 10^3}{400 \times 800}\left(1 - \dfrac{6 \times 200}{800}\right) + \dfrac{3 \times 16 \times (20 \times 10^3)^2}{4 \times 400 \times 800^2}$

$= 15\text{N/mm}^2 = 15\text{MPa}$

75. 인장응력 검토를 위한 L-150×90×12인 형강(Angle)의 전개 총폭 b_g는 얼마인가?

① 228mm ② 232mm
③ 240mm ④ 252mm

■해설 $b_g = b_1 + b_2 - t = 150 + 90 - 12 = 228$mm

76. 길이가 3m인 캔틸레버보의 자중을 포함한 계수등분포하중이 100kN/m일 때 위험단면에서 전단철근이 부담해야 할 전단력은 약 얼마인가? (단, f_{ck}=24Mpa, f_y=300MPa, b=300mm, d=500mm)

① 185kN ② 211kN
③ 227kN ④ 239kN

■해설 $V_u = \omega_u(l-d) = 100 \times (3-0.5) = 250$kN

$V_c = \dfrac{1}{6}\sqrt{f_{ck}}\,bd = \dfrac{1}{6} \times \sqrt{24} \times 300 \times 500$

$= 122,474\text{N} = 122.5\text{kN}$

$V_s = \dfrac{V_u - \phi V_c}{\phi} = \dfrac{250 - 0.75 \times 122.5}{0.75} = 210.8$kN

77. 지간(L)이 6m인 단철근 직사각형 단순보에 고정하중(자중포함)이 15.5kN/m, 활하중이 35kN/m가 작용할 경우 최대 모멘트가 발생하는 단면의 계수 모멘트(M_u)는 얼마인가?(단, 하중조합을 고려할 것)

① 227.3kN · m ② 300.6kN · m
③ 335.7kN · m ④ 373.2kN · m

■해설 $W_u = 1.2W_D \times 1.6W_L$
$= 1.2 \times 15.5 + 1.6 \times 35 = 74.6\text{kN/m}$

$M_u = \dfrac{W_u \cdot l^2}{8} = \dfrac{74.6 \times 6^2}{8} = 335.7\text{kN} \cdot \text{m}$

78. 아래 그림과 같은 단면을 가지는 직사각형 단철근 보의 설계휨강도를 구할 때 사용되는 강도감소계수 ϕ값은 약 얼마인가?(단, A_s는 3,176mm², f_{ck} = 38MPa, f_y = 400MPa)

① 0.76
② 0.82
③ 0.83
④ 0.85

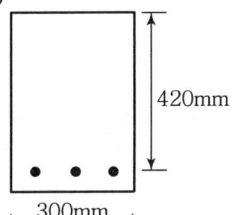

■해설 1. 최외단 인장철근의 순인장 변형율(ε_t)
$f_{ck} = 38\text{MPa} \leq 40\text{MPa}$인 경우
$\varepsilon_{cu} = 0.0033, \eta = 1, \beta_1 = 0.8$

• $a = \dfrac{f_y A_s}{\eta 0.85 f_{ck} b} = \dfrac{400 \times 3,176}{1 \times 0.85 \times 38 \times 300}$
$= 131.1\text{mm}$

• $\varepsilon_t = \dfrac{d_t \beta_1 - a}{a} \varepsilon_{cu}$
$= \dfrac{420 \times 0.8 - 131.1}{131.1} \times 0.0033 = 0.00516$

2. 단면구분
• $f_y = 400\text{MPa}$인 경우, ε_y와 $\varepsilon_{t,l}$값
$\varepsilon_y = \dfrac{f_y}{E_s} = \dfrac{400}{2 \times 10^5} = 0.002$
$\varepsilon_{t,l} = 0.005$
• $\varepsilon_t \geq \varepsilon_{t,l}$ → 인장 지배 단면

3. ϕ결정
• $\phi_c = 0.85$

79. 아래 그림과 같은 보의 단면에서 표피철근의 간격 S는 약 얼마인가?(단, 습윤환경에 노출되는 경우로서, 표피철근의 표면에서 부재 측면까지 최단거리(c_c)는 50mm, f_{ck} = 28MPa, f_y = 400MPa이다.)

① 170mm
② 190mm
③ 220mm
④ 240mm

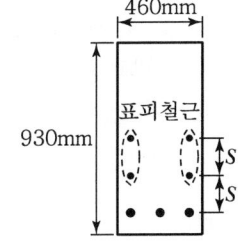

■해설 k_{cr} = 210(건조환경 : 280, 그 외의 환경 : 210)

$f_s = \dfrac{2}{3} f_y = \dfrac{2}{3} \times 400 = 266.7\text{MPa}$

$S_1 = 375 \left(\dfrac{k_{cr}}{f_s} \right) - 2.5 C_c$
$= 375 \times \left(\dfrac{210}{266.7} \right) - 2.5 \times 50 = 170.3\text{mm}$

$S_2 = 300 \left(\dfrac{k_{cr}}{f_s} \right)$
$= 300 \times \left(\dfrac{210}{266.7} \right) = 236.2\text{mm}$

$S = [S_1, S_2]_{\min} = 170.3\text{mm}$

80. 그림과 같은 2방향 확대기초에서 하중계수가 고려된 계수하중 P_u(자중 포함)가 그림과 같이 작용할 때 위험단면의 계수전단력(V_u)은 얼마인가?

① V_u = 1,009.3kN
② V_u = 1,111.2kN
③ V_u = 1,209.6kN
④ V_u = 1,372.9kN

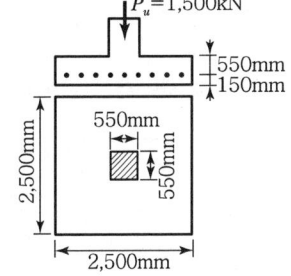

■해설 $q = \dfrac{P}{A} = \dfrac{1,500 \times 10^3}{2,500 \times 2,500} = 0.24\text{N/mm}^2$

$B = t + d = 550 + 550 = 1,100\text{mm}$

$V_u = q(SL - B^2)$
$= 0.24 \times (2,500 \times 2,500 - 1,100^2)$
$= 1,209.6 \times 10^3 \text{N} = 1,209.6\text{kN}$

|해답| 77.③ 78.④ 79.① 80.③

제5과목 토질 및 기초

81. 어떤 흙에 대해서 직접전단시험을 한 결과 수직응력이 1.0MPa일 때 전단저항이 0.5MPa이었고, 수직응력이 2.0MPa일 때에는 전단저항이 0.8MPa이었다. 이 흙의 점착력은?

① 0.2MPa   ② 0.3MPa
③ 0.8MPa   ④ 1.0MPa

■해설 전단저항(전단강도)

$\tau = c + \sigma' \tan\phi$
$5 = c + 10\tan\phi$ ……… ①
$8 = c + 20\tan\phi$ ……… ②
①, ②식을 연립방정식으로 정리

$\begin{array}{r} 10 = 2c + 20\tan\phi \\ \ominus \ \underline{8 = c + 20\tan\phi} \\ 2 = c \end{array}$

∴ 점착력(c) = 2kg/cm^2 = 0.2MPa

82. 널말뚝을 모래지반에 5m 깊이로 박았을 때 상류와 하류의 수두차가 4m였다. 이때 모래지반의 포화단위중량이 19.62kN/m³이다. 현재 이 지반의 분사현상에 대한 안전율은?(단, 물의 단위중량은 9.81kN/m³이다.)

① 0.85   ② 1.25
③ 1.85   ④ 2.25

■해설 분사현상 안전율

$i_c = \dfrac{\gamma_{sub}}{\gamma_w} = \dfrac{2-1}{9.81\text{kN/m}^3 \div 9.8} = \dfrac{1\text{t/m}^3}{1\text{t/m}^3} = 1$

$\gamma_{sat} = 19.62\text{kN/m}^3 \div 9.8 = 2\text{t/m}^3$

∴ $F_s = \dfrac{i_c}{i} = \dfrac{i_c}{h/L} = \dfrac{1}{4/5} = 1.25$

83. 현장 도로 토공에서 들밀도 시험을 했다. 파낸 구멍의 체적이 $V = 1,980\text{cm}^3$이었고 이 구멍에서 파낸 흙 무게가 3,420g이었다. 이 흙의 토질실험 결과 함수비가 10%, 비중이 2.7, 최대 건조 밀도는 1.65g/cm³이었을 때 이 현장의 다짐도는?

① 85%   ② 87%
③ 91%   ④ 95%

■해설

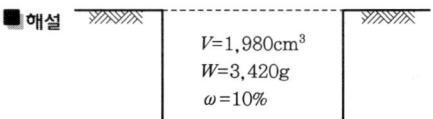

- 습윤 밀도(γ_t) = $\dfrac{W}{V} = \dfrac{3,420}{1,980} = 1.73\text{g/cm}^3$

- 건조 밀도(γ_d) = $\dfrac{\gamma_t}{1+\omega} = \dfrac{1.73}{1+0.10} = 1.57\text{g/cm}^3$

∴ 다짐도(RC) = $\dfrac{\gamma_d}{\gamma_{d\max}} = \dfrac{1.57}{1.65} \times 100 = 95\%$

84. 그림에서 모래층에 분사현상이 발생되는 경우는 수두 h가 몇 cm 이상일 때 일어나는가?(단, $G_s = 2.68$, $n = 60\%$이다.)

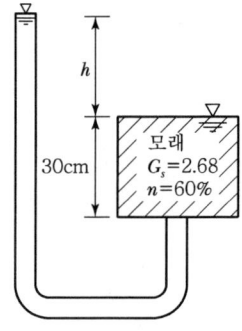

① 20.16cm   ② 18.05cm
③ 13.73cm   ④ 10.52cm

■해설 ・ $i_c \leq i$ (분사현상 발생)

・ $\dfrac{G_s - 1}{1 + e} \leq \dfrac{h}{L}$

$\left(\dfrac{2.68 - 1}{1 + 1.5}\right) \times 30 = h$

$e = \dfrac{n}{1-n} = \dfrac{0.6}{1-0.6} = 1.5$

∴ $h = 20.16\text{cm}$

85. 흙의 다짐시험에서 다짐에너지를 증가시킬 때 일어나는 변화로 옳은 것은?

① 최적함수비와 최대 건조밀도가 모두 증가한다.
② 최적함수비와 최대 건조밀도가 모두 감소한다.
③ 최적함수비는 증가하고 최대 건조밀도는 감소한다.
④ 최적함수비는 감소하고 최대 건조밀도는 증가한다.

■해설 다짐에너지 증가 시 변화
• γ_{dmax} 가 증가한다.
• OMC(최적함수비)는 작아진다.

86. 그림과 같은 옹벽에 작용하는 주동토압의 크기를 Rankine의 토압공식으로 구하면?

① 4.2t/m
② 3.7t/m
③ 4.7t/m
④ 5.2t/m

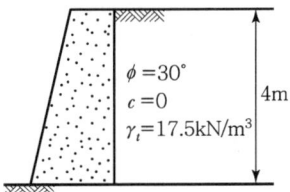

■해설 • 주동토압계수
$$K_a = \tan^2\left(45° - \frac{\phi}{2}\right) = 0.333$$

• 전주동토압
$$P_a = \frac{1}{2}K_a\gamma H^2 = \frac{1}{2} \times 0.333 \times 1.75 \times 4^2 = 4.7\text{t/m}$$

87. 단동식 증기 해머로 말뚝을 박았다. 해머의 무게가 2.5t, 낙하고가 3m, 타격당 말뚝의 평균관입량이 1cm, 안전율이 6일 때 Engineering-News 공식으로 허용지지력을 구하면?

① 250t   ② 200t
③ 100t   ④ 50t

■해설 Engineering-News공식(단동식 증기해머)에서 허용지지력은
$$Q_a = \frac{Q_u}{F_s} = \frac{W_h \cdot H}{6(S+0.25)} = \frac{2.5 \times 300}{6(1+0.25)} = 100\text{t}$$
(Engineering-News공식의 안전율 $F_s = 6$)

88. 아래 그림과 같이 지표면에 집중하중이 작용할 때 A점에서 발생하는 연직응력의 증가량은?

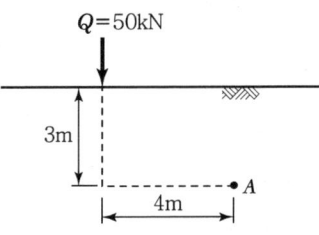

① 0.21kN/m²   ② 9.20kN/m²
③ 11.25kN/m²   ④ 13.10kN/m²

■해설 $\Delta\sigma_z = \frac{Q}{z^2}I = \frac{Q}{z^2} \times \frac{3}{2\pi}\left(\frac{z}{R}\right)^5$
$= \frac{50}{3^2} \times \frac{3}{2\times\pi}\left(\frac{3}{5}\right)^5 = 0.21\text{kN/m}^2$

여기서, $R = \sqrt{3^2+4^2} = 5$

89. 연약지반 처리공법 중 Sand Drain 공법에서 연직 및 수평방향을 고려한 평균압밀도 U는? (단, $U_v = 0.20$, $U_h = 0.71$이다.)

① 0.573   ② 0.697
③ 0.712   ④ 0.768

■해설 $U = 1-(1-U_h)(1-U_v)$
$= 1-(1-0.71)(1-0.20)$
$= 0.768$

90. 다음 그림과 같은 접지압 분포를 나타내는 조건으로 옳은 것은?

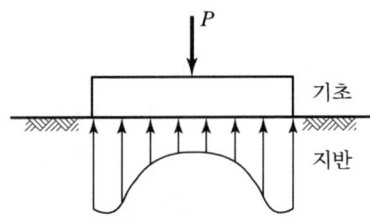

① 점토지반, 강성기초
② 점토지반, 연성기초
③ 모래지반, 강성기초
④ 모래지반, 연성기초

■해설 강성기초의 접지압

점토지반	모래지반
강성기초 접지압	강성기초 접지압
기초 모서리에서 최대응력 발생	기초 중앙부에서 최대응력 발생

91. 모래질 지반에 30cm×30cm 크기로 재하시험을 한 결과 15t/m²의 극한지지력을 얻었다. 2m×2m의 기초를 설치할 때 기대되는 극한지지력은?

① 100t/m² ② 50t/m²
③ 30t/m² ④ 2.5t/m²

■해설 사질토에서 지지력은 재하판 폭에 비례한다.
$0.3 : 15 = 2 : q_{u(기초)}$
$\therefore q_{u(기초)} = \dfrac{2}{0.3} \times 15 = 100 \text{t/m}^2$

92. 입도분포곡선에서 통과율 10%에 해당하는 입경(D_{10})이 0.005mm이고, 통과율 60%에 해당하는 입경(D_{60})이 0.025mm일 때 균등계수(C_u)는?

① 1 ② 3
③ 5 ④ 7

■해설 $C_u = \dfrac{D_{60}}{D_{10}} = \dfrac{0.025}{0.005} = 5$

93. 그림과 같은 옹벽에 작용하는 주동토압의 합력은?(단, γ_{sat} =18kN/m³, ϕ =30°, 벽마찰각 무시)

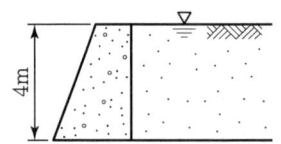

① 100kN/m ② 60kN/m
③ 20kN/m ④ 10kN/m

■해설 • 주동토압계수
$K_a = \tan^2\left(45° - \dfrac{\phi}{2}\right) = \tan^2\left(45° - \dfrac{30}{2}\right) = 0.333$

• 전주동토압
$P_a = \dfrac{1}{2} K_a \gamma_{sub} H^2 + \dfrac{1}{2} \gamma_w H^2$
$= \dfrac{1}{2} \times 0.333 \times (18-9.8) \times 4^2 + \dfrac{1}{2} \times 1 \times 9.8 \times 4^2$
$= 100.24 \text{kN/m}$

94. 압밀계수가 0.5×10⁻²cm²/s이고, 일면배수 상태의 5m 두께 점토층에서 90% 압밀이 일어나는 데 소요되는 시간은?[단, 90% 압밀도에서 시간계수(T)는 0.848이다.]

① 2.12×10⁷초
② 4.24×10⁷초
③ 6.36×10⁷초
④ 8.48×10⁷초

■해설 $T_v = \dfrac{C_v \cdot t}{H^2}$
$\therefore t = \dfrac{T_v \cdot H^2}{C_v} = \dfrac{0.848 \times 500^2}{0.5 \times 10^{-2}}$
$= 4.24 \times 10^7 \text{초}$

95. 말뚝에서 부마찰력에 관한 설명 중 옳지 않은 것은?

① 아래쪽으로 작용하는 마찰력이다.
② 부마찰력이 작용하면 말뚝의 지지력은 증가한다.
③ 압밀층을 관통하여 견고한 지반에 말뚝을 박으면 일어나기 쉽다.
④ 연약지반에 말뚝을 박은 후 그 위에 성토를 하면 일어나기 쉽다.

■해설 부마찰력이 작용하면 말뚝의 지지력은 감소한다.

96. 다음 그림 중 A점에서 자연 시료를 채취하여 압밀시험한 결과 선행 압축력이 0.81kg/cm^2이었다. 이 흙은 무슨 점토인가?

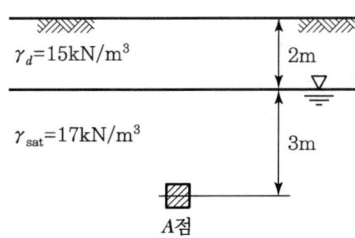

① 압밀 진행 중인 점토
② 정규 압밀 점토
③ 과압밀 점토
④ 이것으로는 알 수 없다.

■해설 • 유효 상재 하중$(P) = \gamma_d \cdot h_1 + \gamma_{sub} \cdot h_2$
$= (1.5 \times 2) + (1.7 - 1) \times 3$
$= 5.1 \text{t/m}^2$

• $OCR(\text{과압밀비}) = \dfrac{P_c}{P} = \dfrac{8.1}{5.1} = 1.588$

$OCR(1.588) > 1$
∴ 과압밀 점토
※ $0.81\text{kg/cm}^2 = 8.1\text{t/m}^2$

97. 그림과 같은 사면에서 활동에 대한 안전율은?

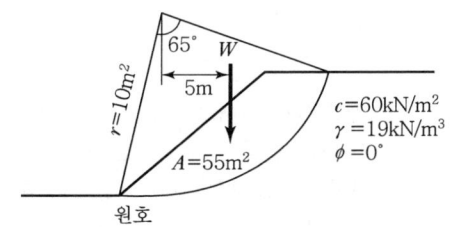

① 1.30
② 1.50
③ 1.70
④ 1.90

■해설 $F_s = \dfrac{\text{저항}M}{\text{활동}M} = \dfrac{c \cdot r \cdot L}{W \cdot e}$
$(W = A \times l \times \gamma = 55 \times 1 \times 1.9 = 104.5)$
$= \dfrac{6 \times 10 \times \left(2 \times \pi \times 10 \times \dfrac{65°}{360°}\right)}{104.5 \times 5}$
$= 1.30$

98. 연약점토지반에 성토제방을 시공하고자 한다. 성토로 인한 재하속도가 과잉간극수압이 소산되는 속도보다 빠를 경우, 지반의 강도정수를 구하는 가장 적합한 시험방법은?

① 압밀 배수시험
② 압밀 비배수시험
③ 비압밀 비배수시험
④ 직접전단시험

■해설 UU(비압밀 비배수)시험
• 포화점토가 성토 직후 급속한 파괴가 예상될 때(포화된 점토 지반 위에 급속하게 성토하는 제방의 안전성을 검토)
• 점토지반의 단기간 안정검토 시(시공 직후 초기 안정성 검토)
• 시공 중 압밀, 함수비와 체적의 변화가 없다고 예상
• 내부마찰각$(\phi) = 0$(불안전 영역에서 강도정수 결정)
• 성토로 인한 재하속도가 과잉간극수압이 소산되는 속도보다 빠를 때

99. 어떤 사질 기초지반의 평판재하시험 결과 항복강도가 60t/m^2, 극한강도가 100t/m^2이었다. 그리고 그 기초는 지표에서 1.5m 깊이에 설치될 것이고 그 기초 지반의 단위중량이 1.8t/m^3일 때 지지력계수 $N_q = 5$이었다. 이 기초의 장기 허용지지력은?

① 24.7t/m^2
② 26.9t/m^2
③ 30t/m^2
④ 34.5t/m^2

■해설 • 재하시험에 의한 허용지지력
$q_t = \dfrac{q_y}{2} = \dfrac{60}{2} = 30\text{t/m}^2$
$q_t = \dfrac{q_u}{3} = \dfrac{100}{3} = 33.3\text{t/m}^2$ ⎤ 중 작은 값

∴ $q_t = 30\text{t/m}^2$

• 장기 허용지지력
$q_a = q_t + \dfrac{1}{3}\gamma D_f N_q = 30 + \dfrac{1}{3} \times 1.8 \times 1.5 \times 5$
$= 34.5\text{t/m}^2$

|해답| 96.③ 97.① 98.③ 99.④

100. 흙의 다짐시험을 실시한 결과가 다음과 같다. 이 흙의 건조단위중량은 얼마인가?

> ① 몰드+젖은 시료 무게 : 3,612N
> ② 몰드 무게 : 2,143N
> ③ 젖은 흙의 함수비 : 15.4%
> ④ 몰드의 체적 : 944cm³

① 1.35N/cm³   ② 1.56N/cm³
③ 1.31N/cm³   ④ 1.42N/cm³

■해설
- $W = 3{,}612 - 2{,}143 = 1{,}469\text{N}$
- $\gamma_t = \dfrac{W}{V} = \dfrac{1{,}469}{944} = 1.556\text{N/cm}^3$
- $\therefore \gamma_d = \dfrac{\gamma_t}{1+w} = \dfrac{1.556}{1+0.154} = 1.35\text{N/cm}^3$

제6과목 **상하수도공학**

101. 하수배제 방식의 합류식과 분류식에 관한 설명으로 옳지 않은 것은?

① 분류식이 합류식에 비하여 일반적으로 관거의 부설비가 적게 든다.
② 분류식은 강우 초기에 비교적 오염된 노면배수가 직접 공공수역에 방류될 우려가 있다.
③ 하수관거 내의 유속의 변화폭은 합류식이 분류식보다 크다.
④ 합류식 하수관거는 단면이 커서 관거 내 유지관리가 분류식보다 쉽다.

■해설 하수의 배재방식

분류식	합류식
• 수질오염 방지면에서 유리하다.	• 구배가 완만하고, 매설 깊이가 적으며 시공성이 좋다.
• 청천 시에도 퇴적의 우려가 없다.	• 초기 우수에 의한 노면 배수처리 가능하다.
• 강우 초기 노면배수 효과가 없다.	• 관경이 크므로 검사가 편리하고 환기가 잘 된다.
• 시공이 복잡하고 오접합의 우려가 있다.	• 건설비가 적게 든다.
• 우천 시 수세효과를 기대할 수 없다.	• 우천 시 수세효과가 있다.
• 공사비가 많이 든다.	• 청천 시 관내 침전, 효율이 저하된다.

∴ 오수관과 우수관을 동시에 매설해야 하는 분류식이 건설비가 많이 든다.

102. 알칼리도가 30mg/L의 물에 황산알루미늄을 첨가했더니 25mg/L의 알칼리도가 소비되었다. 여기에 Ca(OH)₂를 주입하여 알칼리도를 15mg/L로 유지하기 위해 필요한 Ca(OH)₂는?(단, Ca(OH)₂ 분자량 74, CaCO₃ 분자량 100이다.)

① 7.4mg/L   ② 8.2mg/L
③ 10.5mg/L ④ 11.2mg/L

■해설 알칼리도의 산정
㉠ 알칼리도 주입량
알칼리도 15mg/L를 유지하기 위한 주입량의 산정
알칼리도 주입량 = 15 − (30 − 25) = 10mg/L
㉡ 필요 Ca(OH)₂량
필요 Ca(OH)_2량 $= 10\text{mg/L} \times \dfrac{74}{100} = 7.4\text{mg/L}$

103. 계획오수량 산정 시 고려하는 사항에 대한 설명으로 옳지 않은 것은?

① 지하수량은 1인 1일 최대오수량의 10~20%로 한다.
② 계획 1일 평균오수량은 계획 1일 최대오수량의 70~80%를 표준으로 한다.
③ 계획 시간 최대오수량은 계획 1일 평균오수량의 1시간당 수량의 0.9~1.2배를 표준으로 한다.
④ 계획 1일 최대오수량은 1인 1일 최대오수량에 계획인구를 곱한 후 공장폐수량, 지하수량 및 기타 배수량을 더한 값으로 한다.

■해설 오수량의 산정

종류	내용
계획오수량	계획오수량은 생활오수량, 공장폐수량, 지하수량으로 구분할 수 있다.
지하수량	지하수량은 1인 1일 최대오수량의 10~20%를 기준으로 한다.
계획 1일 최대오수량	• 1인 1일 최대오수량×계획급수인구+(공장폐수량, 지하수량, 기타 배수량) • 하수처리 시설의 용량 결정의 기준이 되는 수량

|해답| 100.① 101.① 102.① 103.③

종류	내용
계획 1일 평균오수량	• 계획 1일 최대오수량의 70(중·소도시)~80%(대·공업도시) • 하수처리장 유입하수의 수질을 추정하는 데 사용되는 수량
계획시간 최대오수량	• 계획 1일 최대오수량의 1시간당 수량에 1.3~1.8배를 표준으로 한다. • 오수관거 및 펌프설비 등의 크기를 결정하는 데 사용되는 수량

∴ 계획시간 최대오수량은 계획 1일 최대오수량의 1시간당 수량에 1.3~1.8배를 해준다.

104. 트리할로메탄(Trihalomethane ; THM)에 대한 설명으로 옳지 않은 것은?

① 발암성 물질이므로 규제하고 있다.
② 전염소처리로 제거할 수 있다.
③ 현탁성 THM 전구물질의 제거는 응집침전에 의한다.
④ 생성된 THM은 활성탄 흡착으로 어느 정도 제거가 가능하다.

■해설 트리할로메탄(THM)
염소소독을 실시하면 THM의 생성가능성이 존재한다. THM은 응집침전과 활성탄 흡착으로 어느 정도 제거가 가능하며 현재 THM은 수도법상 발암물질로 규정되어 있다.
∴ 전염소처리는 침전 이전의 공정에 염소를 한 번 더 투입하는 공정으로 THM의 발생가능성이 더욱 높아진다.

105. 활성슬러지 공정의 설계에 있어 F/M비는 매우 유용하게 사용된다. 만일 유입수의 BOD가 2배 증가하고 반응조의 체류시간을 1.5배로 증가시키면 F/M비는?

① 50% 증가   ② 33% 증가
③ 25% 감소   ④ 33% 감소

■해설 BOD 슬러지 부하(F/M비)
㉠ MLSS 단위무게당 1일 가해지는 BOD량을 BOD 슬러지 부하라고 한다.

$$F/M = \frac{1일\ BOD량}{MLSS\ 무게} = \frac{BOD\ 농도}{MLSS\ 농도 \times t}$$

㉡ F/M비의 계산
BOD농도가 2배 증가하고, 체류시간이 1.5배 증가했을 때의 F/M 비의 계산

$$F/M = \frac{BOD\ 농도}{MLSS\ 농도 \times t}$$
$$= \frac{BOD\ 농도 \times 2}{MLSS\ 농도 \times (t \times 1.5)} = 1.33$$

∴ F/M비는 33% 증가되었다.

106. 하수도계획의 기본적 사항에 관한 설명으로 옳지 않은 것은?

① 하수도 계획의 목표연도는 시설의 내용연수, 건설 기간 등을 고려하여 50년을 원칙으로 한다.
② 계획구역은 계획 목표 연도에 시가화 예상구역까지 포함하여 광역적으로 정하는 것이 좋다.
③ 신시가지 하수도계획의 수립 시에는 기존 시가지 및 신시가지를 합하여 종합적으로 고려해야 한다.
④ 공공수역의 수질보전 및 자연환경보전을 위하여 하수도 정비를 필요로 하는 지역을 계획구역으로 한다.

■해설 하수도 목표 연도
하수도 계획의 목표 연도는 시설의 내용연수, 건설기간 등을 고려하여 20년을 원칙으로 한다.

107. 다층여과지에 대한 설명으로 옳지 않은 것은?

① 모래단층여과지에 비하여 여과속도를 크게 할 수 있다.
② 탁류억류량에 대한 손실수두가 적어서 여과지속시간이 길어진다.
③ 표면여과의 경향이 강하므로 여과층의 단위체적당 탁질억류량이 작다.
④ 수류방향에서 여재의 입경이 큰 것으로부터 작은 것이므로 역입도의 여과층을 구성한다.

■해설 다층여과
㉠ 밀도와 입경이 다른 여러 종류의 여재를 사용하여 여과층을 구성하고 입경이 크고 비중이 작은 여재를 상층에 위치시키고 입경이 작고 비중이 큰 여재를 하층에 위치시켜 여과기능을 효과적으로 발휘하기 위한 여과지이다.

ⓒ 내부여과의 경향이 강하므로 탁질 억류량이 크고 여과지속시간이 길어진다.
ⓒ 여과속도를 크게 할 수 있어 여과면적이 작아진다.

108. 인구 10만의 도시에 급수계획을 하려고 한다. 계획 1인 1일 최대급수량이 400L/인·일이라면 급수보급률을 90%라 할 때, 계획 1일 최대급수량은?

① 27,000m³/day
② 36,000m³/day
③ 40,000m³/day
④ 44,000m³/day

■해설 급수량의 산정

종류	내용
계획 1일 최대급수량	수도시설 규모 결정의 기준이 되는 수량 = 계획 1일 평균급수량 × 1.5(중·소도시), 1.3(대도시, 공업도시)
계획 1일 평균급수량	재정계획수립에 기준이 되는 수량 = 계획 1일 최대급수량 × 0.7(중·소도시), 0.85(대도시, 공업도시)
계획시간 최대급수량	배수 본관의 구경결정에 사용 = 계획 1일 최대급수량/24 × 1.3(대도시, 공업도시), 1.5(중·소도시), 2.0(농촌, 주택단지)

∴ 계획 1일 최대급수량
= $400 \times 10^{-3} \times 100,000 \times 0.9$
= $36,000 \text{m}^3/\text{day}$

109. 도수관에서 유량을 Hazen-Williams 공식으로 다음과 같이 나타내었을 때, a, b의 값은?(단, 여기서 D는 관의 직경이며 I는 동수경사이다.)

$$Q = K \cdot C \cdot D^a \cdot I^b$$

① $a = 0.63$, $b = 0.54$
② $a = 0.63$, $b = 2.54$
③ $a = 2.63$, $b = 2.54$
④ $a = 2.63$, $b = 0.54$

■해설 Hazen-Williams 공식
ⓐ 상수도 관망설계에 가장 많이 이용되는 공식으로 Hazen-Williams 공식을 사용하며, Hardy-Cross의 시행착오법을 적용한다.
ⓑ Hazen-Williams 공식
$V = 0.27853 CR^{0.63} I^{0.54}$

$Q = 0.84935 CD^{2.63} I^{0.54}$
여기서, C : Hazen-Williams계수
R : 경심
I : 동수경사
D : 관의 직경

∴ $a = 2.63$, $b = 0.54$

110. 펌프의 비속도 N_s에 대한 설명으로 옳지 않은 것은?

① N_s가 작아짐에 따라 소형이 되어 펌프의 값이 저렴해진다.
② 유량과 양정이 동일하다면 회전속도가 클수록 N_s가 커진다.
③ N_s가 클수록 유량은 많고 양정은 작은 펌프를 의미한다.
④ N_s가 같으면 펌프의 크고 작은 것에 관계없이 모두 같은 형식으로 되며 특성도 대체로 같다.

■해설 비교회전도
ⓐ 비교회전도란 펌프나 송풍기 등의 형식을 나타내는 지표로 펌프의 경우 1m³/min의 유량을 1m 양수하는 데 필요한 회전수(N_s)를 말한다.

$$N_s = N \frac{Q^{\frac{1}{2}}}{H^{\frac{3}{4}}}$$

여기서, N : 표준회전수
Q : 토출량
H : 양정

ⓑ 비교회전도의 특징
• N_s가 작아지면 양정은 크고 유량은 적은 고양정, 고효율펌프로 가격은 비싸다.
• 유량과 양정이 동일하다면 표준회전수(N)가 클수록 N_s가 커진다.
• N_s가 클수록 유량은 많고 양정은 적은 저양정, 저효율 펌프가 된다.
• N_s는 펌프 형식을 나타내는 지표로 N_s가 동일하면 펌프의 크고 작음에 관계없이 동일 형식의 펌프로 본다.

111. 다음 설명 중 옳지 않은 것은?

① BOD가 과도하게 높으면 DO는 감소하며 악취가 발생된다.
② BOD, COD는 오염의 지표로서 하수 중의 용존산소량을 나타낸다.
③ BOD는 유기물이 호기성 상태에서 분해·안정화 되는 데 요구되는 산소량이다.
④ BOD는 보통 20°C에서 5일간 시료를 배양했을 때 소비된 용존산소량으로 표시된다.

■해설 BOD
  ㉠ 정의 : 유기물이 호기성 미생물에 의해 생화학적으로 산화할 때 소비되는 산소의 양을 BOD(생화학적 산소요구량)라 한다.
  ㉡ 측정 : 보통 20°C에서 5일 배양했을 때 소비되는 산소의 양(BOD_5)을 사용한다.
  ㉢ 특징
    • BOD가 과도하게 높으면 DO는 감소하며 악취가 발생된다.
    • BOD, COD는 오염의 지표로 물속의 유기물 함유량 측정수단으로 사용한다.

112. 수격작용을 방지하기 위한 방법으로 옳지 않은 것은?

① 펌프에 플라이 휠(Fly-Wheel)을 붙여 펌프의 관성을 증가시킨다.
② 토출 측 관로에 조압수조(Surge Tank)를 설치한다.
③ 압력수조(Air-Chamber)를 설치한다.
④ 펌프 흡입 측에 완폐형 역지밸브를 단다.

■해설 수격작용
  ㉠ 펌프의 급정지, 급가동 또는 밸브를 급폐쇄하면 관로 내 유속의 급격한 변화가 발생하여 이상 압력이 발생하는 현상을 수격작용이라 한다. 수격작용은 관로 내의 물의 관성에 의해 발생한다.
  ㉡ 방지책
    • 펌프의 급정지, 급가동을 피한다.
    • 부압 발생방지를 위해 조압수조(surge tank), 공기밸브(air valve)를 설치한다.
    • 압력상승 방지를 위해 역지밸브(check valve), 안전밸브(safety valve), 압력수조(air chamber)를 설치한다.
    • 펌프에 플라이 휠(fly wheel)을 설치한다.
    • 펌프의 토출 측 관로에 급폐식 혹은 완폐식 역지밸브를 설치한다.
    • 펌프 설치위치를 낮게 하고 흡입양정을 적게 한다.
  ∴ 역지밸브는 토출 측 관로에 설치한다.

113. 침전지의 침전효율을 증가시키기 위한 설명으로 옳지 않은 것은?

① 표면부하율을 작게 하여야 한다.
② 침전지 표면적을 크게 하여야 한다.
③ 유량을 작게 하여야 한다.
④ 지내 수평속도를 크게 하여야 한다.

■해설 침전지 제거 효율
  ㉠ 침전지 제거 효율
  $$E = \frac{V_s}{V_0} = \frac{V_s}{\frac{Q}{A}} = \frac{V_s}{\frac{h}{t}}$$
  여기서, V_s : 침강속도
  V_0 : 수면적 부하

  ㉡ 침전지 제거 효율의 특징
    • 표면부하율을 작게 하면 효율은 높아진다.
    • 침전지 표면적을 크게 하면 효율은 높아진다.
    • 유량을 작게 하면 효율은 높아진다.
    • 지내 수평속도는 작게 하고, 연직속도를 크게 하면 효율은 높아진다.

114. 다음 중 우수조정지의 구조형식이 아닌 것은? (단, 댐식은 제방높이 15m 미만으로 한다.)

① 댐식
② 굴착식
③ 계단식
④ 지하식

■해설 우수조정지
  ㉠ 우수조정지
  도시화나 도시지역의 확대로 기존 관로의 용량이 부족하거나 관로의 능력 저하에도 불구하고 하류의 시설 및 관로 등의 능력을 높이기 곤란한 경우에 우수조정지를 설치한다.

|해답| 111.② 112.④ 113.④ 114.③

ⓒ 설치장소
- 하수관거의 용량이 부족한 곳
- 방류수로의 유하능력이 부족한 곳
- 하류지역의 펌프장 능력이 부족한 곳

ⓒ 구조형식
- 댐식
- 지하식
- 굴착식

∴ 우수조정지 형식이 아닌 것은 계단식이다.

115. 혐기성 소화공정에서 소화가스 발생량이 저하될 때 그 원인으로 적합하지 않은 것은?

① 소화슬러지의 과잉배출
② 조내 퇴적 토사의 배출
③ 소화조내 온도의 저하
④ 소화가스의 누출

■해설 소화가스
㉠ 슬러지의 소화과정에 함유되고 있던 유기물은 분해에 의해서 가스가 발생하며 이 가스를 소화가스라 한다.
㉡ 용도
- 소화조의 가열용
- 소각용 연료
- 내연기관의 연료
- 건물 난방용
㉢ 소화가스 발생량 저하의 원인
- 소화슬러지의 과잉 배출
- 소화가스의 누출
- 과다한 산 생성
∴ 소화가스 발생량 저하와 가장 거리가 먼 것은 조내 퇴적 토사의 배출이다.

116. 정수시설 내에서 조류를 제거하는 방법으로 약품으로 조류를 산화시켜 침전처리 등으로 제거하는 방법에 사용되는 것은?

① 과망간산칼륨
② 차아염소산나트륨
③ 황산구리
④ Zeolite

■해설 조류의 제거
질소나 인의 유입으로 조류 및 식물성 플랑크톤의 왕성한 번식이 이루어지는 현상을 부영양화라 한다. 이때 이를 방지하기 위하여 황산동(황산구리, $CuSO_4$)이나 염산구리($CuCl_3$)를 투입한다.

117. 하천의 자정계수(Self-Purification Factor)에 대한 설명으로 옳은 것은?

① 유속이 클수록 그 값이 커진다.
② DO에 대한 BOD의 비로 표시된다.
③ [탈산소계수/재폭기계수]로 나타낸다.
④ 저수지보다는 하천에서 그 값이 작게 나타난다.

■해설 자정계수
㉠ 하천의 자정계수는 재폭기계수와 탈산소계수의 비로 나타내며, 자정의 진행을 파악하는 계수로 사용한다.
자정계수 = 재폭기계수 ÷ 탈산소계수
㉡ 특징
자정계수는 유속이 클수록 그 값이 커지며, 저수지보다는 하천에서 그 값이 크게 나타난다.

118. Jar-Test는 적정 응집제의 주입량과 적정 pH를 결정하기 위한 시험이다. Jar-Test 시 응집제를 주입한 후 급속교반 후 완속교반을 하는 이유는?

① 응집제를 용해시키기 위해서
② 응집제를 고르게 섞기 위해서
③ 플록을 고르게 퍼지게 하기 위해서
④ 플록을 깨뜨리지 않고 성장시키기 위해서

■해설 응집반응
응집지는 크게 약품혼화지와 floc형성지로 구분된다. 그 이유는 교반속도 차이로 약품혼화지에서는 응집제가 잘 혼합되도록 급속교반을 하고 floc형성지에서는 floc의 크기를 증가시키기 위해 완속교반을 실시한다.

119. 하수관거의 단면에 대한 설명으로 ①과 ②에 알맞은 것은?

> 관거의 단면형상에는 (①)을 표준으로 하고, 소규모 하수도에서는 (②)를 표준으로 한다.

① ① 원형 또는 계란형, ② 원형 또는 직사각형
② ① 원형, ② 직사각형
③ ① 계란형, ② 원형
④ ① 원형 또는 직사각형, ② 원형 또는 계란형

■해설 하수관거의 단면형상
㉠ 하수관거의 단면형상에는 원형, 직사각형, 마제형(말굽형), 계란형 등이 있다.
㉡ 관거의 단면형상은 수리학적으로 유리한 원형과 직사각형을 표준으로 하고, 유량이 적은 소규모 하수도에서는 원형과 계란형을 표준으로 한다.

120. 오수관거 내 유속이 느리면 오물이 침전할 우려가 있다. 이를 방지하기 위한 오수관거 내 최소 유속은?

① 0.3m/sec
② 0.4m/sec
③ 0.5m/sec
④ 0.6m/sec

■해설 하수관의 유속 및 경사
㉠ 하수관로 내의 유속은 하류로 갈수록 빠르게 하며, 경사는 하류로 갈수록 완만하게 한다.
㉡ 관로의 유속기준
관로의 유속은 침전과 마모방지를 위해 최소유속과 최대유속을 한정하고 있다.
• 오수 및 차집관 : 0.6~3.0m/sec
• 우수 및 합류관 : 0.8~3.0m/sec
• 이상적 유속 : 1.0~1.8m/sec
∴ 오수관의 최소유속은 0.6m/sec를 기준으로 한다.

contents

3월 시행(기출복원)
5월 시행(기출복원)
7월 시행(기출복원)

토목기사 필기
과년도 기출문제

2024

과년도 기출복원문제

(2024년 3월 시행 기출복원)

제1과목 **응용역학**

01. 내민보에 그림과 같이 지점 A에 모멘트가 작용하고 집중하중이 보의 끝에 작용한다. 이 보에 발생하는 최대 휨모멘트의 절댓값은?

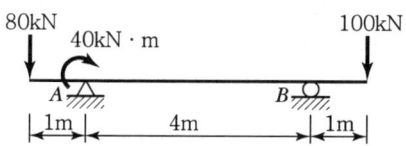

① 60kN·m ② 80kN·m
③ 100kN·m ④ 120kN·m

■해설 $\sum M_{\text{Ⓑ}}=0(\curvearrowright\oplus)$
$R_A \times 4 - 80 \times 5 + 40 + 100 \times 1 = 0$
$R_A = 65\text{kN}(\uparrow)$
$\sum F_y = 0(\uparrow\oplus)$
$-80 + R_A + R_B - 100 = 0$
$R_B = 180 - R_A = 180 - 65 = 115\text{kN}(\uparrow)$

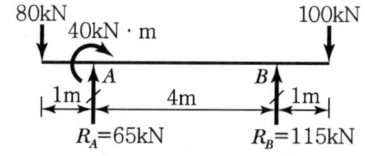

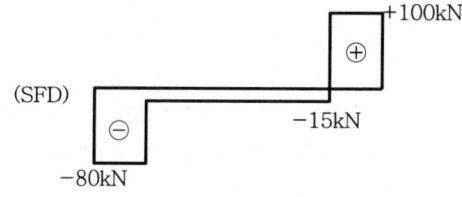

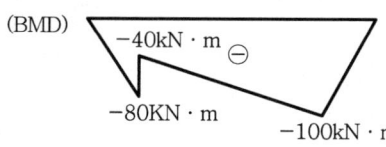

$|M|_{\max} = 100\text{kN}\cdot\text{m}$

02. 직경 50mm, 길이가 2m의 봉이 힘을 받아 길이가 2mm 늘어났다면, 이때 이 봉의 직경은 얼마나 줄어드는가?(단, 이 봉의 푸아송(Poisson's)비는 0.3이다.)

① 0.015mm ② 0.030mm
③ 0.045mm ④ 0.060mm

■해설 $\nu = -\dfrac{\left(\dfrac{\Delta D}{D}\right)}{\left(\dfrac{\Delta L}{L}\right)} = -\dfrac{L \cdot \Delta D}{D \cdot \Delta L}$

$\Delta D = -\dfrac{\nu \cdot D \cdot \Delta L}{L} = -\dfrac{0.3 \times 50 \times 2}{(2 \times 10^3)}$
$= -0.015\text{mm}(수축량)$

03. 그림과 같은 단주에서 편심거리 e에 $P = 8\text{kN}$이 작용할 때 단면에 인장력이 생기지 않기 위한 e의 한계는?

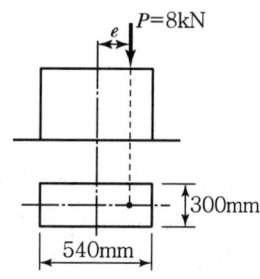

① 100mm ② 80mm
③ 90mm ④ 50mm

■해설 $e \leq \dfrac{h}{6} = \dfrac{540}{6} = 90\text{mm}$

04. 그림과 같은 구조물에서 B점 휨모멘트의 크기는?

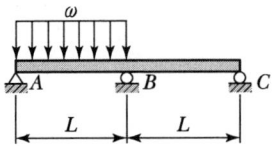

① $\dfrac{1}{8}wL^2$ ② $\dfrac{1}{12}wL^2$

③ $\dfrac{1}{16}wL^2$ ④ $\dfrac{1}{24}wL^2$

■해설

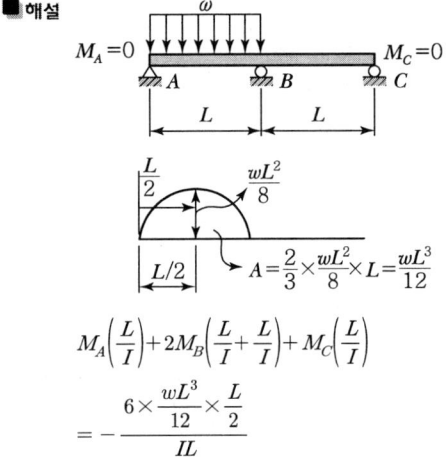

$$M_A\left(\dfrac{L}{I}\right)+2M_B\left(\dfrac{L}{I}+\dfrac{L}{I}\right)+M_C\left(\dfrac{L}{I}\right)$$

$$=-\dfrac{6\times\dfrac{wL^3}{12}\times\dfrac{L}{2}}{IL}$$

$$M_B=-\dfrac{wL^2}{16}$$

05. 그림과 같이 연결부에 두 힘 50kN과 20kN이 작용한다. 평형을 이루기 위해서 두 힘 A와 B의 크기는 얼마가 되어야 하는가?

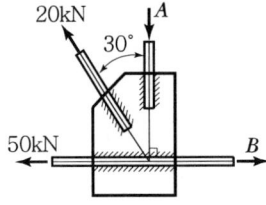

① $A=50+10\sqrt{3}\,\text{kN},\ B=10\text{kN}$
② $A=10\sqrt{3}\,\text{kN},\ B=60\text{kN}$
③ $A=60\text{kN},\ B=10\sqrt{3}\,\text{kN}$
④ $A=10\text{kN},\ B=50+10\sqrt{3}\,\text{kN}$

■해설 $\Sigma F_y=0(\uparrow\oplus)$
$20\cdot\cos30°-A=0$
$A=10\sqrt{3}\,\text{kN}$
$\Sigma F_x=0(\rightarrow\oplus)$
$B-50-20\cdot\sin30°=0$
$B=60\text{kN}$

06. 그림의 라멘에서 수평 반력 H를 구한 값은?

① 90kN
② 45kN
③ 30kN
④ 22.5kN

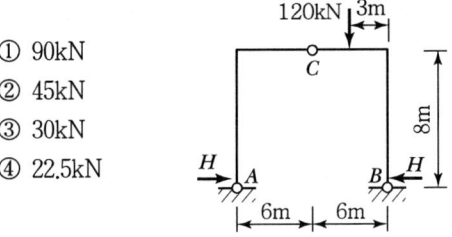

■해설 $\Sigma M_\text{Ⓑ}=0(\curvearrowright\oplus)$
$-120\times3+V_A\times12=0,\quad V_A=30\text{kN}(\uparrow)$

$\Sigma M_\text{Ⓒ}=0(\curvearrowright\oplus)$
$30\times6-H_A\times8=0$
$H_A=22.5\text{kN}(\rightarrow)$

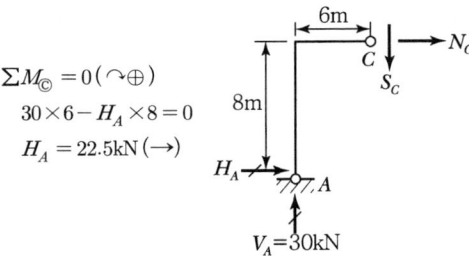

07. 균질한 균일 단면봉이 그림과 같이 P_1, P_2, P_3의 하중을 B, C, D점에서 받고 있다. 각 구간의 거리 $a=1.0\text{m}$, $b=0.4\text{m}$, $c=0.6\text{m}$이고 $P_2=100\text{kN}$, $P_3=50\text{kN}$의 하중이 작용할 때 D점에서의 수직방향 변위가 일어나지 않기 위한 하중 P_1은 얼마인가?

① 50kN
② 60kN
③ 80kN
④ 240kN

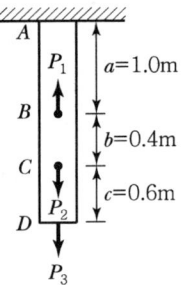

■해설

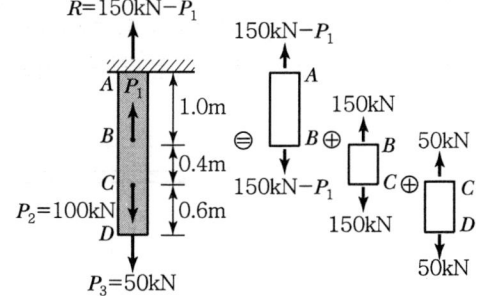

$$\Delta_{AB} = \frac{(150-P_1) \times 1}{EA}$$

$$\Delta_{BC} = \frac{150 \times 0.4}{EA} = \frac{60}{EA}$$

$$\Delta_{CD} = \frac{50 \times 0.6}{EA} = \frac{30}{EA}$$

$$\Delta_{AB} + \Delta_{BC} + \Delta_{CD} = 0$$

$$\frac{1}{EA}\{(150-P_1)+60+30\}=0$$

$$P_1 = 240\text{kN}$$

08. 길이가 6m인 양단 힌지 기둥은 $I-250 \times 125 \times 10 \times 19$(단위 : mm)의 단면으로 세워졌다. 이 기둥이 좌굴에 대해서 지지하는 임계 하중(Critical Load)은 얼마인가?(단, 주어진 I-형강의 I_1과 I_2는 각각 $7,340 \times 10^4$mm⁴와 560×10^4mm⁴이며, 탄성 계수 $E=2 \times 10^5$MPa이다.)

① 307kN
② 426kN
③ 3,070kN
④ 4,025kN

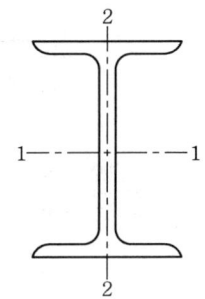

■해설 $k=1$(양단힌지)

$$P_{cr} = \frac{\pi^2 EI_{min}}{(kl)^2} = \frac{\pi^2 (2 \times 10^5) \times (560 \times 10^4)}{(1 \times 6,000)^2}$$

$$= 307 \times 10^3 \text{N} = 307\text{kN}$$

09. 아래 그림에서 지점 A의 반력을 구한 값은?

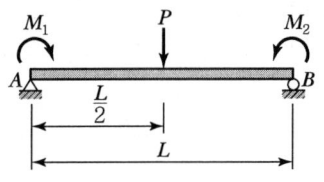

① $R_A = \dfrac{P}{3} - \dfrac{M_2 - M_1}{L}$

② $R_A = \dfrac{P}{3} + \dfrac{M_1 - M_2}{L}$

③ $R_A = \dfrac{P}{3} - \dfrac{M_2 + M_1}{L}$

④ $R_A = \dfrac{P}{2} + \dfrac{M_2 - M_1}{L}$

■해설 $\Sigma M_{\text{Ⓑ}} = 0 (\curvearrowright \oplus)$

$$R_A \times L - P \times \frac{L}{2} + M_1 - M_2 = 0$$

$$R_A = \frac{P}{2} + \frac{M_2 - M_1}{L} (\uparrow)$$

10. 다음 그림과 같은 트러스에서 AC의 부재력은?

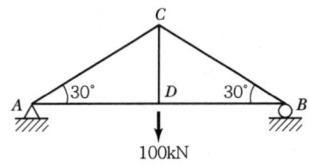

① 인장 100kN ② 인장 150kN
③ 압축 50kN ④ 압축 100kN

■해설 △ACB는 이등변 삼각형이므로
$L_{AD} = L_{DB} = L$이라 두면

$\Sigma M_{\text{Ⓑ}} = 0 (\curvearrowright \oplus)$

$V_A \times (2L) - 100 \times (L) = 0$

$V_A = 50\text{kN}(\uparrow)$

절점 A에서 절점법 사용
$\Sigma F_y = 0 (\uparrow \oplus)$
$50 + AC \cdot \sin 30° = 0$
$AC = -100\text{kN}$ (압축)

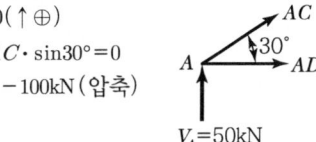

11. 아래 그림과 같은 단순보에 등분포하중 w가 작용하고 있을 때 이 보에서 휨모멘트에 의한 변형에너지는?(단, 보의 EI는 일정하다.)

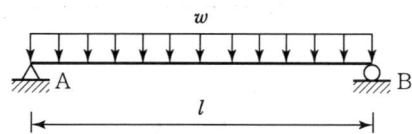

① $\dfrac{w^2 l^5}{384EI}$ ② $\dfrac{w^2 l^5}{240EI}$

③ $\dfrac{7w^2 l^5}{384EI}$ ④ $\dfrac{w^2 l^5}{48EI}$

■해설

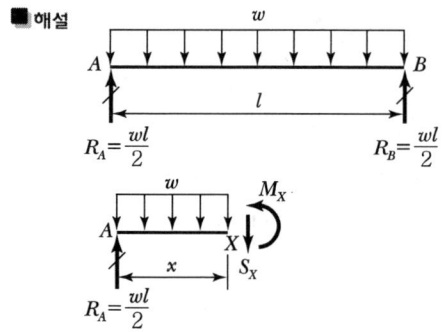

$\sum M_{\otimes} = 0(\curvearrowright \oplus)$

$\dfrac{wl}{2} \cdot x - (w \cdot x) \cdot \dfrac{x}{2} - M_x = 0$

$M_x = \dfrac{wl}{2}x - \dfrac{w}{2}x^2$

$U = \int_0^l \dfrac{M_x^2}{2EI}dx$

$= \dfrac{1}{2EI}\int_0^l \left(\dfrac{wl}{2}x - \dfrac{w}{2}x^2\right)^2 dx$

$= \dfrac{w^2}{8EI}\int_0^l (l^2x^2 - 2lx^3 + x^4)^2 dx$

$= \dfrac{w^2}{8EI}\left[\dfrac{l^2}{3}x^3 - \dfrac{2l}{4}x^4 + \dfrac{1}{5}x^5\right]_0^l$

$= \dfrac{w^2 l^5}{240EI}$

12. 그림 (a)와 (b)의 중앙점의 처짐이 같아지도록 그림 (b)의 등분포하중 w를 그림(a)의 하중 P의 함수로 나타내면 얼마인가?(단, 재료는 같다.)

① $1.2\dfrac{P}{l}$

② $2.1\dfrac{P}{l}$

③ $4.2\dfrac{P}{l}$

④ $2.4\dfrac{P}{l}$

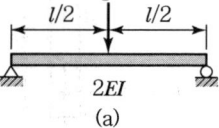

(a)

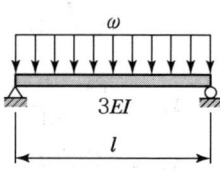

(b)

■해설

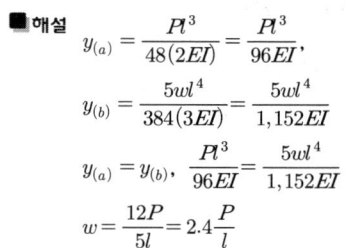

$y_{(a)} = \dfrac{Pl^3}{48(2EI)} = \dfrac{Pl^3}{96EI}$,

$y_{(b)} = \dfrac{5wl^4}{384(3EI)} = \dfrac{5wl^4}{1,152EI}$

$y_{(a)} = y_{(b)}, \dfrac{Pl^3}{96EI} = \dfrac{5wl^4}{1,152EI}$

$w = \dfrac{12P}{5l} = 2.4\dfrac{P}{l}$

13. 다음 그림에서 나타낸 단순보의 b점에 하중 50kN이 연직방향으로 작용하면 c점에서의 휨모멘트는?

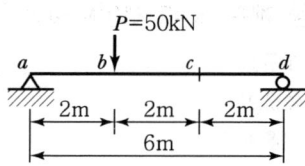

① 33.3kN·m   ② 54kN·m
③ 66.7kN·m   ④ 100kN·m

■해설 $\sum M_{\circledast} = 0(\curvearrowright \oplus)$

$50 \times 2 - R_d \times 6 = 0, \ R_d = 16.7\text{kN}(\uparrow)$

$\sum M_{\circledcirc} = 0(\curvearrowright \oplus)$
$M_c - 16.7 \times 2 = 0$
$M_c = 33.4\text{kN} \cdot \text{m}$

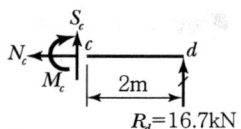

|해답| 11.② 12.④ 13.①

14. 그림과 같은 4분원 중에서 빗금 친 부분의 밑변으로부터 도심까지의 위치 y는?

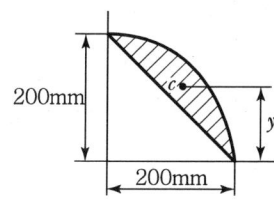

① 116.8mm
② 126.8mm
③ 146.7mm
④ 158.7mm

■해설
$$G_x = G_x\left(\frac{1}{4}\text{원}\right) - G_x(\text{삼각형})$$
$$\left(\frac{\pi r^2}{4} - \frac{r^2}{2}\right)y_o = \left(\frac{\pi r^2}{4}\right)\left(\frac{4r}{3\pi}\right) - \left(\frac{r^2}{2}\right)\left(\frac{r}{3}\right)$$
$$y_o = \frac{r}{3\left(\frac{\pi}{2}-1\right)} = \frac{200}{3\left(\frac{\pi}{2}-1\right)} = 116.8\text{mm}$$

15. 똑같은 휨모멘트 M를 받고 있는 두 보의 단면이 그림 1 및 그림 2와 같다. 그림 2의 보의 최대 휨응력은 그림 1의 보의 최대 휨응력의 몇 배인가?

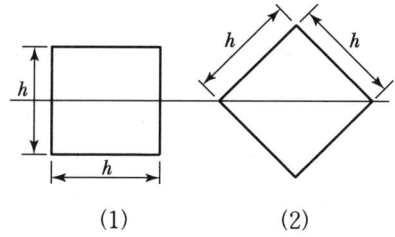

① $\sqrt{2}$ 배
② $2\sqrt{2}$ 배
③ $\sqrt{5}$ 배
④ $\sqrt{3}$ 배

■해설
㉠ 두 단면의 단면 2차 모멘트 비
두 단면은 모두 정사각형 단면이므로 두 단면의 단면 2차 모멘트는 서로 같다.
$$I_1 = I_2 = \frac{h^4}{12}, \quad \frac{I_2}{I_1} = 1$$

㉡ 두 단면의 단면계수 비
$$Z_1 = \frac{I_1}{y_1} = \frac{\frac{h^4}{12}}{\frac{h}{2}} = \frac{h^3}{6}$$

$$Z_2 = \frac{I_2}{y_2} = \frac{\frac{h^4}{12}}{\frac{\sqrt{2}h}{2}} = \frac{h^3}{6\sqrt{2}}$$

$$\frac{Z_2}{Z_1} = \frac{1}{\sqrt{2}}$$

㉢ 두 단면의 최대 휨응력 비
[동일한 휨모멘트(M)가 작용할 경우]
$$\frac{\sigma_2}{\sigma_1} = \frac{\frac{M}{Z_2}}{\frac{M}{Z_1}} = \frac{Z_1}{Z_2} = \sqrt{2}$$

16. 다음 그림과 같은 내민보에서 C점의 처짐은? (단, 전 구간의 $EI=3.0\times10^{12}\text{N}\cdot\text{mm}^2$으로 일정하다.)

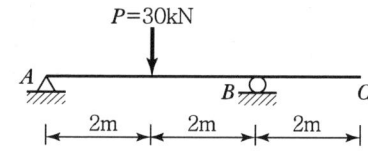

① 1mm
② 2mm
③ 10mm
④ 20mm

■해설
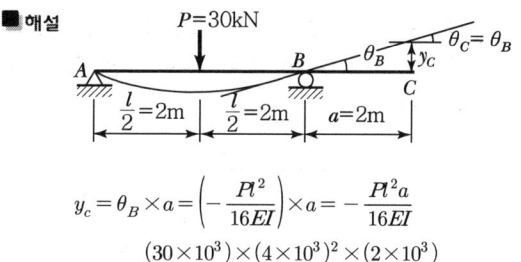

$$y_c = \theta_B \times a = \left(-\frac{Pl^2}{16EI}\right) \times a = -\frac{Pl^2 a}{16EI}$$
$$= -\frac{(30\times10^3)\times(4\times10^3)^2\times(2\times10^3)}{16\times(3\times10^{12})}$$
$$= -20\text{mm}(\text{상향})$$

17. 다음 그림에서 블록 A를 뽑아내는 데 필요한 힘 P는 최소 얼마 이상이어야 하는가?(블록과 접촉면과의 마찰계수 $\mu = 0.3$)

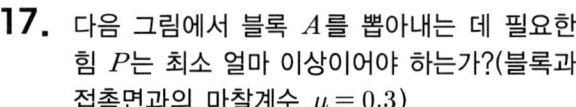

① 30N 이상　　② 60N 이상
③ 90N 이상　　④ 120N 이상

■해설

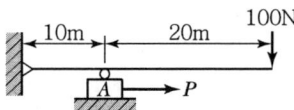

$\sum M_b = 0 (\curvearrowright \oplus)$
$\quad -V_a \times 10 - 100 \times 30 = 0, \quad V_a = 300\text{N}(\uparrow)$

$\sum F_x = 0 (\rightarrow \oplus)$
$\quad P - f = 0$
$\quad P - \mu \cdot V_a = 0$
$\quad P = \mu \cdot V_a$
$\quad \quad = 0.3 \times 300 = 90\text{N}$

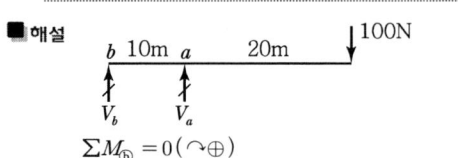

18. 다음 그림에서 $A-A$축과 $B-B$축에 대한 빗금 부분의 단면 2차 모멘트가 각각 $8 \times 10^8 \text{mm}^4$, $16 \times 10^8 \text{mm}^4$일 때 빗금 부분의 면적은 얼마가 되는가?

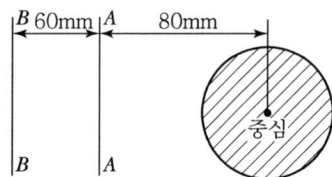

① $800 \times 10^2 \text{mm}^2$　　② $606 \times 10^2 \text{mm}^2$
③ $806 \times 10^2 \text{mm}^2$　　④ $700 \times 10^2 \text{mm}^2$

■해설
- $I_A = I_o + A \cdot y_A^2$
  $(8 \times 10^8) = I_o + A \cdot 80^2$
  $I_o = (8 \times 10^8) - 6,400A$
- $I_B = I_o + Ay_B^2$
  $(16 \times 10^8) = (8 \times 10^8 - 6,400A) + A \cdot 140^2$
  $13,200A = 8 \times 10^8$
  $A = 60,606\text{mm}^2$

19. 다음 그림과 같은 단면을 가지는 단순보에서 전단력에 안전하도록 하기 위한 지간 L은?(단, 허용 전단응력은 0.7MPa이다.)

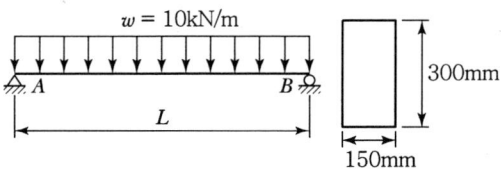

① 4,500mm　　② 4,400mm
③ 4,300mm　　④ 4,200mm

■해설　$w = 10\text{kN/m} = 10\text{N/mm}$
$S_{\max} = \dfrac{wL}{2} = \dfrac{10L}{2} = 5L$
$\tau_a \geq \tau_{\max} = \alpha \cdot \dfrac{S_{\max}}{A} = \dfrac{3}{2} \times \dfrac{5L}{300 \times 150} = \dfrac{L}{6,000}$
$L \leq 6,000\tau_a = 6,000 \times 0.7 = 4,200\text{mm}$

20. 그림과 같은 2경간 연속보에 등분포하중 $w = 4\text{kN/m}$가 작용할 때 전단력이 0이 되는 지점 A로부터의 위치(x)는?

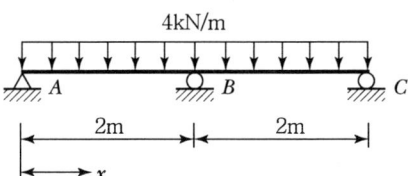

① 0.65m　　② 0.75m
③ 0.85m　　④ 0.95m

■해설　$R_{Ay} = R_{cy} = 0.375wl = 0.375 \times 4 \times 2 = 3\text{kN}(\uparrow)$
$R_{By} = 1.25wl = 1.25 \times 4 \times 2 = 10\text{kN}(\uparrow)$

$S_x = 0$인 곳이 AB 구간에 존재할 경우

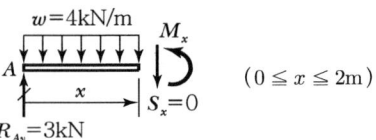

$\sum F_y = 0(\uparrow \oplus)$
$\quad 3 - 4x = 0$
$\quad x = \dfrac{3}{4} = 0.75\text{m}$

|해답| 17.③　18.②　19.④　20.②

제2과목 **측량학**

21. 트래버스 측량의 작업순서로 알맞은 것은?

① 선점 → 계획 → 답사 → 조표 → 관측
② 계획 → 답사 → 선점 → 조표 → 관측
③ 답사 → 계획 → 조표 → 선점 → 관측
④ 조표 → 답사 → 계획 → 선점 → 관측

■해설 트래버스 측량 작업순서
계획 → 답사 → 선점 → 조표 → 거리관측 → 각관측 → 거리와 각관측 정도의 평균 → 계산

22. 교각(I) 60°, 외선 길이(E) 15m인 단곡선을 설치할 때 곡선 길이는?

① 85.2m   ② 91.3m
③ 97.0m   ④ 101.5m

■해설
• 외할(E) = $R\left(\sec\dfrac{I}{2} - 1\right) = 15$

$R = \dfrac{E}{\sec\dfrac{I}{2} - 1} = \dfrac{15}{\sec 30° - 1}$

• 곡선장(CL)
= $\dfrac{\pi}{180} \cdot R \cdot I = \dfrac{\pi}{180} \times 0.1547 \times 60°$
= 101.538m

23. 시가지에서 25변형 폐합트래버스측량을 한 결과 측각오차가 1′ 5″이었을 때, 이 오차의 처리는? (단, 시가지에서의 허용오차 : $20''\sqrt{n} \sim 30''\sqrt{n}$, n : 트래버스의 측점 수, 각 측정의 정확도는 같다.)

① 오차를 각 내각에 균등배분 조정한다.
② 오차가 너무 크므로 재측(再測)을 하여야 한다.
③ 오차를 내각(內角)의 크기에 비례하여 배분 조정한다.
④ 오차를 내각(內角)의 크기에 반비례하여 배분 조정한다.

■해설 • 시가지 허용범위
= $20''\sqrt{n} \sim 30''\sqrt{n}$
= $20''\sqrt{25} \sim 30''\sqrt{25}$
= 1′40″ ~ 2′30″
• 측각오차(1′5″) < 허용범위(1′40″~2′30″)이므로 관측오차를 등배분 조정한다.

24. 원곡선의 주요점에 대한 좌표가 다음과 같을 때 이 원곡선의 교각(I)은?

• 교점($I.P$)의 좌표 : $X = 1,150.0$m,
  $Y = 2,300.0$m
• 곡선시점($B.C$)의 좌표 : $Y = 2,100.0$m
• 곡선종점($E.C$)의 좌표 : $X = 1,000.0$m,
  $Y = 2,500.0$m

① 90°00′00″
② 73°44′24″
③ 53°07′48″
④ 36°52′12″

■해설 ㉠ 현장(C) = 2,500 − 2,100 = 400m
㉡ 현장 중심에서 IP까지의 거리
= 1,150 − 1,000 = 150m
㉢ $\tan\dfrac{I}{2} = \dfrac{150}{\dfrac{400}{2}} = \dfrac{150}{200}$
㉣ $I = \tan^{-1}\left(\dfrac{150}{200}\right) = 73°44′23″$

25. 클로소이드 곡선에 대한 설명으로 틀린 것은?

① 곡률이 곡선의 길이에 반비례하는 곡선이다.
② 단위클로소이드란 매개변수 A가 1인 클로소이드이다.
③ 모든 클로소이드는 닮은꼴이다.
④ 클로소이드에서 매개변수 A가 정해지면 클로소이드의 크기가 정해진다.

■해설 곡률은 곡선의 길이에 비례한다.

|해답| 21.② 22.④ 23.① 24.② 25.①

26. 축척 1 : 25,000의 수치지형도에서 경사가 10%인 등경사 지형의 주곡선 간 도상거리는?

① 2mm ② 4mm
③ 6mm ④ 8mm

■해설
- 1/25,000 지도의 주곡선 간격 10m
- 경사$(i) = \dfrac{H}{D} = 10\%$이므로 수평거리는 100m
- 도상 수평거리$(D) = \dfrac{D}{m} = \dfrac{100}{25,000}$
  $= 0.004\text{m} = 4\text{mm}$

27. 지표면 상의 A, B 간의 거리가 7.1km라고 하면 B점에서 A점을 시준할 때 필요한 측표(표척)의 최소 높이로 옳은 것은?(단, 지구의 반지름은 6,370km이고, 대기의 굴절에 의한 요인은 무시한다.)

① 1m ② 2m
③ 3m ④ 4m

■해설 $\Delta h = \dfrac{D^2}{2R} = \dfrac{7.1}{2 \times 6,370} = 0.00395 ≒ 4\text{m}$

28. 사진측량의 입체시에 대한 설명으로 틀린 것은?

① 2매의 사진이 입체감을 나타내기 위해서는 사진축척이 거의 같고 촬영한 카메라의 광축이 거의 동일 평면 내에 있어야 한다.
② 여색 입체사진이 오른쪽은 적색, 왼쪽은 청색으로 인쇄되었을 때 오른쪽에 청색, 왼쪽에 적색의 안경으로 보아야 바른 입체시가 된다.
③ 렌즈의 초점거리가 길 때가 짧을 때보다 입체상이 더 높게 보인다.
④ 입체시 과정에서 본래의 고지가 반대가 되는 현상을 역입체시라고 한다.

■해설 ㉠ 여색 입체사진의 화면거리가 길 때가 짧을 때보다 입체상이 더 낮아 보인다.
㉡ 여색 입체시는 역입체시이다.
- 정입체시 높은 곳은 높게, 낮은 곳은 낮게
- 역입체시 높은 곳은 낮게, 낮은 곳은 높게

29. 어느 각을 관측한 결과가 다음과 같을 때, 최확값은?(단, 괄호 안의 숫자는 경중률)

73°40′12″(2), 73°40′10″(1)
73°40′15″(3), 73°40′18″(1)
73°40′09″(1), 73°40′16″(2)
73°40′14″(4), 73°40′13″(3)

① 73°40′10.2″ ② 73°40′11.6″
③ 73°40′13.7″ ④ 73°40′15.1″

■해설 최확값(L_0)
$= \dfrac{P_1\theta_1 + P_2\theta_2 + P_3\theta_3}{P_1 + P_2 + P_3 \cdots}$

$= \dfrac{\begin{array}{l}2 \times 73°40′12″ + 3 \times 73°40′15″ + 1 \\ \times 73°40′9″ + 4 \times 73°40′14″ + 1 \\ \times 73°40′10″ + 1 \times 73°40′18″ + 2 \\ \times 73°40′16″ + 3 \times 73°40′13″\end{array}}{2+3+1+4+1+1+2+3}$

$= 73°40′13.7″$

30. 지리정보시스템(GIS) 데이터의 형식 중에서 벡터형식의 객체자료 유형이 아닌 것은?

① 격자(Call) ② 점(Point)
③ 선(Line)   ④ 면(Polygon)

■해설 벡터는 점, 선, 면의 3대 구성요소를 통하여 좌표로 표현 가능하다.

31. 그림과 같이 수준측량을 실시하였다. A점의 표고는 300m이고, B와 C구간은 교호수준측량을 실시하였다면, D점의 표고는?(단, 표고차는 $A \to B$: +1.233m, $B \to C$: +0.726m, $C \to B$: -0.720m, $C \to D$: -0.926m)

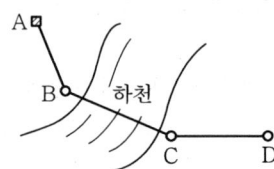

① 300.310m ② 301.030m
③ 302.153m ④ 302.882m

■해설 $H_D = H_A + 1.233 + \left(\dfrac{0.726+0.720}{2}\right) - 0.926$
   $= 301.03m$

32. D점의 표고를 구하기 위하여 기지점 A, B, C에서 각각 수준측량을 실시하였다면, D점의 표고 최확값은?

코스	거리	고저차	출발점 표고
A→D	5.0km	+2.442m	10.205m
B→D	4.0km	+4.037m	8.603m
C→D	2.5km	−0.862m	13.500m

① 12.641m ② 12.632m
③ 12.647m ④ 12.638m

■해설 • 경중률은 노선길이에 반비례한다.
  $P_A : P_B : P_C = \dfrac{1}{5} : \dfrac{1}{4} : \dfrac{1}{2.5}$
  $= 4 : 5 : 8$
• $h_o = \dfrac{P_A h_A + P_B h_B + P_C h_C}{P_A + P_B + P_C}$
  $= \dfrac{4 \times 12.647 + 5 \times 12.64 + 8 \times 12.638}{4+5+8}$
  $≒ 12.641m$

33. 지성선에 관한 설명으로 옳지 않은 것은?

① 지성선은 지표면이 다수의 평면으로 구성되었다고 할 때, 평면 간 접합부, 즉 접선을 말하며 지세선이라고도 한다.
② 철(凸)선을 능선 또는 분수선이라 한다.
③ 경사변환선이란 동일 방향의 경사면에서 경사의 크기가 다른 두면의 접합선이다.
④ 요(凹)선은 지표의 경사가 최대로 되는 방향을 표시한 선으로 유하선이라고 한다.

■해설 • 최대경사선을 유하선이라 하며 지표의 경사가 최대인 방향으로 표시한 선
  • 요(凹)선은 계곡선, 합수선이라 한다.

34. 다음 중 지상기준점 측량방법으로 틀린 것은?

① 항공사진삼각측량에 의한 방법
② 토털스테이션에 의한 방법
③ 지상레이더에 의한 방법
④ GPS에 의한 방법

■해설 지상기준점 측량
 • 항공삼각측량   • GPS
 • T/S   • 관성측량

35. 수준측량에서 레벨의 조정이 불완전하여 시준선이 기포관축과 평행하지 않을 때 생기는 오차의 소거방법으로 옳은 것은?

① 정위, 반위로 측정하여 평균한다.
② 지반이 견고한 곳에 표척을 세운다.
③ 전시와 후시의 시준거리를 같게 한다.
④ 시작점과 종점에서의 표척을 같은 것을 사용한다.

■해설 전·후시거리를 같게 하여 소거하는 것은 시준축 오차이며 기포관축과 시준선이 평행하지 않아 생기는 오차이다.

36. 촬영고도 3,000m에서 초점거리 15cm인 카메라로 촬영했을 때 유효모델 면적은?(단, 사진크기는 23cm×23cm, 종중복 60%, 횡중복 30%)

① 4.72km² ② 5.25km²
③ 5.92km² ④ 6.37km²

■해설 • 축척 $\left(\dfrac{1}{m}\right) = \dfrac{f}{H} = \dfrac{0.15}{3,000} = \dfrac{1}{20,000}$
• 유효면적(A_0)
  $= A\left(1-\dfrac{p}{100}\right)\left(1-\dfrac{q}{100}\right)$
  $= (ma)^2\left(1-\dfrac{p}{100}\right)\left(1-\dfrac{q}{100}\right)$
  $= (20,000 \times 0.23)^2\left(1-\dfrac{60}{100}\right)\left(1-\dfrac{30}{100}\right)$
  $= 5,924,800m^2 ≒ 5.92km^2$

|해답| 32.① 33.④ 34.③ 35.③ 36.③

37. A점에서 관측을 시작하여 A점으로 폐합시킨 폐합 트래버스 측량에서 다음과 같은 측량결과를 얻었다. 이때 측선 AB의 배횡거는?

측선	위거(m)	경거(m)
AB	15.5	25.6
BC	−35.8	32.2
CA	20.3	−57.8

① 0m ② 25.6m
③ 57.8m ④ 83.4m

■해설 ㉠ 첫 측선의 배횡거는 첫 측선의 경거와 같다.
㉡ 임의 측선의 배횡거는 전 측선의 배횡거+전측선의 경거+그 측선의 경거이다.
㉢ 마지막 측선의 배횡거는 마지막 측선의 경거와 같다.(부호반대)
∴ AB 측선의 배횡거=25.6m

38. 폐합트래버스 $ABCD$에서 각 측선의 경거, 위거가 표와 같을 때, $\overline{AD}$ 측선의 방위각은?

측선	위거		경거	
	+	−	+	−
AB	50		50	
BC		30	60	
CD		70		60
DA				

① 133° ② 135°
③ 137° ④ 145°

■해설 위거, 경거의 총합은 0이 되어야 한다.

측선	위거		경거	
	+	−	+	−
AB	50		50	
BC		30	60	
CD		70		60
DA	50			50

- $\overline{DA}$의 방위각($\tan\theta$)=$\dfrac{경거}{위거}$=$\dfrac{-50}{50}$

  $\theta=\tan^{-1}\left(\dfrac{-50}{50}\right)=45°$

- X(+값), Y(−값)이므로 4상한
- $\overline{DA}$ 방위각=360°−45°=315°
- $\overline{AD}$ 방위각=$\overline{DA}$ 방위각+180°
  =315°+180°=495°
- 360°보다 크므로 $\overline{AD}$ 방위각
  =495°−360°=135°

39. 조정계산이 완료된 조정각 및 기선으로부터 처음 신설하는 삼각점의 위치를 구하는 계산 순서로 가장 적합한 것은?

① 편심조정계산 → 삼각형계산(변, 방향각) → 경위도계산 → 좌표조정계산 → 표고계산
② 편심조정계산 → 삼각형계산(변, 방향각) → 좌표조정계산 → 표고계산 → 경위도계산
③ 삼각형계산(변, 방향각) → 편심조정계산 → 표고계산 → 경위도계산 → 좌표조정계산
④ 삼각형계산(변, 방향각) → 편심조정계산 → 표고계산 → 좌표조정계산 → 경위도계산

■해설 계산순서
편심조정계산 → 삼각형계산(변, 방향각) → 좌표조정계산 → 표고계산 → 경위도계산

40. 그림과 같은 도로 횡단면도의 단면적은?[단, O를 원점으로 하는 좌표(x, y)의 단위 : m]

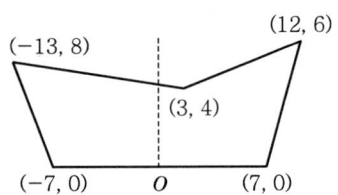

① 94m² ② 98m²
③ 102m² ④ 106m²

■해설

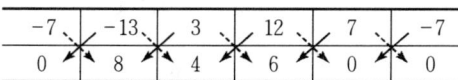

㉠ 배면적 = $(\Sigma \nearrow \otimes) - (\Sigma \searrow \otimes)$
  = $(0+24+48+42+0) - (-56-52+18+0+0)$
  = $114+90 = 204$

㉡ 면적 = $\dfrac{배면적}{2} = \dfrac{204}{2} = 102\text{m}^2$

제3과목 수리수문학

41. 자연하천에서 수위-유량관계곡선이 Loop형을 이루게 되는 이유가 아닌 것은?

① 배수 및 저수효과
② 하도의 인공적 변화
③ 홍수 시 수위의 급변화
④ 조류 발생

■해설 수위-유량 관계곡선
㉠ 하천 임의 단면에서 수위와 유량을 동시에 측정하여 장기간 자료를 수집하면 이들의 관계를 나타내는 검정곡선을 얻을 수 있다. 이 곡선을 수위-유량 관계곡선(Rating Curve)이라 한다.
㉡ 자연하천에서 수위-유량관계곡선이 Loop형인 이유
 • 하도의 인공적, 자연적 변화
 • 홍수 시 수위의 급상승, 급하강
 • 배수 및 저하효과
 • 초목 및 얼음의 효과
㉢ 수위-유량곡선의 연장방법에는 전대수지법, Manning 공식에 의한 방법, Stevens 방법 등이 있다.

---

42. 물속에 존재하는 임의의 면에 작용하는 정수압의 작용방향은?

① 수면에 대하여 수평방향으로 작용한다.
② 수면에 대하여 수직방향으로 작용한다.
③ 정수압의 수직압은 존재하지 않는다.
④ 임의의 면에 직각으로 작용한다.

■해설 정수압
㉠ 정수압의 정의 : 유체입자가 정지해 있거나 상대적 움직임이 없는 경우 받는 압력
㉡ 정수압의 작용방향 : 정수압의 작용방향은 모든 면에 직각으로 작용

---

43. 광폭 직사각형 단면 수로의 단위폭당 유량이 16m³/s일 때, 한계경사는?(단, 수로의 조도계수 $n=0.02$이다.)

① 3.27×10^{-3}
② 2.73×10^{-3}
③ 2.81×10^{-2}
④ 2.90×10^{-2}

■해설 한계경사
㉠ 흐름이 상류(상류)에서 사류(사류)로 바뀔 때의 경사를 한계경사라 한다.

$$I_c = \dfrac{g}{\alpha C^2}$$

여기서, g : 중력가속도
 α : 에너지보정계수
 C : Chezy 유속계수

㉡ 한계수심의 계산

$$h_c = \left(\dfrac{\alpha Q^2}{gB^2}\right)^{\frac{1}{3}} = \left(\dfrac{1 \times 16^2}{9.8 \times 1^2}\right)^{\frac{1}{3}} = 2.97\text{m}$$

㉢ 유속계수의 산정

• $C = \dfrac{1}{n} R^{\frac{1}{6}} = \dfrac{1}{0.02} \times 2.97^{\frac{1}{6}} = 59.95$

• 광폭개수로에서는 경심과 수심을 동일하게 본다.($R = h$)

㉣ 한계경사의 산정

$$I_c = \dfrac{g}{\alpha C^2} = \dfrac{9.8}{1 \times 59.95^2} = 2.73 \times 10^{-3}$$

44. 단위유량도(Unit Hydrograph)를 작성함에 있어서 주요 기본가정(또는 원리)만으로 짝지어진 것은?

① 비례가정, 중첩가정, 시간불변성(Stationary)의 가정
② 직접유출의 가정, 시간불변성(Stationary)의 가정, 중첩가정
③ 시간불변성(Stationary)의 가정, 직접유출의 가정, 비례가정
④ 비례가정, 중첩가정, 직접유출의 가정

■해설 단위유량도
  ㉠ 단위도의 정의
    특정단위 시간 동안 균등한 강우강도로 유역 전반에 걸쳐 균등한 분포로 내리는 단위유효우량으로 인하여 발생하는 직접유출 수문곡선
  ㉡ 단위도의 구성요소
    • 직접유출량
    • 유효우량 지속시간
    • 유역면적
  ㉢ 단위도의 3가정
    • 일정기저시간 가정
    • 비례가정
    • 중첩가정

45. 수심 h, 단면적 A, 유량 Q로 흐르고 있는 개수로에서 에너지 보정계수를 α라고 할 때 비에너지 H_e를 구하는 식은?(단, h=수심, g=중력가속도)

① $H_e = h + \alpha \left(\dfrac{Q}{A}\right)$
② $H_e = h + \alpha \left(\dfrac{Q}{A}\right)^2$
③ $H_e = h + \alpha \left(\dfrac{Q^2}{A}\right)$
④ $H_e = h + \dfrac{\alpha}{2g}\left(\dfrac{Q}{A}\right)^2$

■해설 비에너지
  단위무게당 물이 수로바닥면을 기준으로 갖는 흐름의 에너지 또는 수두를 말한다.

$$H_e = h + \dfrac{\alpha v^2}{2g} = h + \dfrac{\alpha}{2g}\left(\dfrac{Q}{A}\right)^2$$

여기서, h : 수심
 α : 에너지보정계수
 v : 유속

46. 주어진 유량에 대한 비에너지(Specific Energy)가 3m이면, 한계수심은?

① 1m ② 1.5m
③ 2m ④ 2.5m

■해설 비에너지
  ㉠ 단위무게당의 물이 수로바닥면을 기준으로 갖는 흐름의 에너지 또는 수두를 비에너지라 한다.
  $$H_e = h + \dfrac{\alpha v^2}{2g}$$
  여기서, h : 수심, α : 에너지보정계수, v : 유속
  ㉡ 비에너지와 한계수심의 관계
    직사각형 단면의 비에너지와 한계수심의 관계는 다음과 같다.
    $$h_c = \dfrac{2}{3}H_e = \dfrac{2}{3} \times 3 = 2\text{m}$$

47. 그림과 같이 일정한 수위가 유지되는 충분히 넓은 두 수조의 수중 오리피스에서 오리피스의 직경 $d=20$cm일 때, 유출량 Q는?(단, 유량계수 $C=1$이다.)

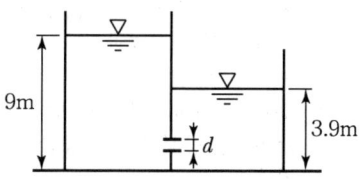

① $0.314\text{m}^3/\text{s}$ ② $0.628\text{m}^3/\text{s}$
③ $3.14\text{m}^3/\text{s}$ ④ $6.28\text{m}^3/\text{s}$

■해설 완전수중오리피스
  ㉠ 완전수중오리피스
    • $Q = CA\sqrt{2gH}$
    • $H = h_1 - h_2$

ⓒ 완전수중오리피스의 유량계산
$$Q = CA\sqrt{2gH}$$
$$= 1 \times \frac{\pi \times 0.2^2}{4} \times \sqrt{2 \times 9.8 \times (9-3.9)}$$
$$= 0.314 \text{m}^3/\text{sec}$$

48. 위어(Weir)에 관한 설명으로 옳지 않은 것은?

① 위어를 월류하는 흐름은 일반적으로 상류에서 사류로 변한다.
② 위어를 월류하는 흐름이 사류일 경우(완전월류) 유량은 하류 수위의 영향을 받는다.
③ 위어는 개수로의 유량측정, 취수를 위한 수위 증가 등의 목적으로 설치한다.
④ 작은 유량을 측정할 경우 삼각위어가 효과적이다.

■해설 위어 일반사항
• 수로 상 횡단으로 가로막아 그 전부 또는 일부에 물이 월류하도록 만든 시설을 위어라고 한다.
• 유량의 측정 및 취수를 위한 수위 증가의 목적으로 위어를 설치한다.
• 일반적으로 유량측정에서 위어 단면을 지배단면으로 이용하고 흐름은 상류에서 사류로 바뀐다.
• 흐름이 사류일 경우에 유량은 하류 수위에 영향을 받지 않는다.
• 소규모 유량의 정확한 측정이 필요할 경우에는 삼각형 위어를 사용한다.

49. 동점성계수의 차원으로 옳은 것은?

① $[FL^{-2}T]$
② $[L^2T^{-1}]$
③ $[FL^{-4}T^{-2}]$
④ $[FL^2]$

■해설 동점성계수
㉠ 점성계수를 밀도로 나눈 값을 동점성계수라 한다.
$$\nu = \frac{\mu}{\rho}$$
㉡ 동점성계수의 차원
1stokes=1cm²/sec
∴ 차원은 $[L^2T^{-1}]$이다.

50. DAD 곡선을 작성하는 순서가 옳은 것은?

가. 누가우량곡선으로부터 지속기간별 최대우량을 결정한다.
나. 누가면적에 대한 평균누가우량을 산정한다.
다. 소구역에 대한 평균누가우량을 결정한다.
라. 지속기간에 대한 최대우량깊이를 누가면적별로 결정한다.

① 가-다-나-라
② 나-가-라-다
③ 다-나-가-라
④ 라-다-나-가

■해설 DAD 해석
㉠ DAD(Rainfall Depth-Area-Duration) 해석은 최대평균우량깊이(강우량), 유역면적, 강우 지속시간 간 관계의 해석을 말한다.

구성	특징
용도	암거의 설계나 지하수 흐름에 대한 하천수위의 시간적 변화의 영향 등에 사용
구성	최대평균우량깊이(Rainfall Depth), 유역면적(Area), 지속시간(Duration)으로 구성
방법	면적을 대수축에, 최대우량을 산술축에, 지속시간을 제3의 변수로 표시

㉡ DAD 곡선 작성순서
• 누가우량곡선으로부터 지속시간별 최대우량을 결정한다.
• 소구역에 대한 평균누가우량을 결정한다.
• 누가면적에 대한 평균누가우량을 산정한다.
• 지속시간에 대한 최대우량깊이를 누가면적별로 결정한다.

51. 매끈한 원관 속으로 완전발달 상태의 물이 흐를 때 단면의 전단응력은?

① 관의 중심에서 0이고 관 벽에서 가장 크다.
② 관 벽에서 변화가 없고 관의 중심에서 가장 큰 직선 변화를 한다.
③ 단면의 어디서나 일정하다.
④ 유속분포와 동일하게 포물선형으로 변화한다.

■해설 관수로 흐름의 특성
㉠ 관수로에서 유속분포는 중앙에서 최대이고 관 벽에서 0인 포물선 분포를 하고 있다.
㉡ 관수로에서 전단응력 분포는 관 벽에서 최대이고 중앙에서 0인 직선 비례한다.

|해답| 48.② 49.② 50.① 51.①

52. 강우자료의 변화요소가 발생한 과거의 기록치를 보정하기 위하여 전반적인 자료의 일관성을 조사하려고 할 때, 사용할 수 있는 가장 적절한 방법은?

① 정상연강수량비율법
② DAD 분석
③ Thiessen의 가중법
④ 이중 누가우량 분석

■해설 이중 누가우량 분석(Double Mass Analysis)
수십 년에 걸친 장기간의 강수자료의 일관성(Consistency) 검증을 위해 이중 누가우량 분석을 실시한다.

53. 개수로 내 흐름에 있어서 한계수심에 대한 설명으로 옳은 것은?

① 상류 쪽의 저항이 하류 쪽의 조건에 따라 변한다.
② 유량이 일정할 때 비력이 최대가 된다.
③ 유량이 일정할 때 비에너지가 최소가 된다.
④ 비에너지가 일정할 때 유량이 최소가 된다.

■해설 한계수심
㉠ 한계수심의 정의
• 유량이 일정하고 비에너지가 최소일 때의 수심을 한계수심이라 한다.
• 에너지가 일정하고 유량이 최대로 흐를 때의 수심을 한계수심이라 한다.
• 유량이 일정하고 비력이 최소일 때의 수심을 한계수심이라 한다.
㉡ 한계수심과 수심의 관계
• $h > h_c$: 상류(常流)
• $h < h_c$: 사류(射流)

54. 그림과 같이 지름 3m, 길이 8m인 수문에 작용하는 전수압 수평분력 작용점까지의 수심은?

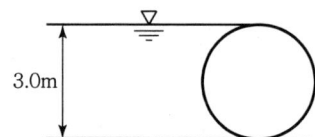

① 2.00m
② 2.12m
③ 2.34m
④ 2.43m

■해설 곡면에 작용하는 전수압
곡면에 작용하는 전수압은 수평분력과 연직분력으로 나누어 해석한다.
㉠ 수평분력
$P_H = wh_G A$ (투영면적)
$h_c = h_G + \dfrac{I}{h_G A}$
㉡ 연직분력
곡면을 밑면으로 하는 물기둥의 체적의 무게와 같다.
$P_V = W$(물기둥 체적의 무게) $= wV$
㉢ 합력의 계산
$P = \sqrt{P_H^2 + P_V^2}$
㉣ 수평분력 작용점 위치의 계산
$h_c = h_G + \dfrac{I}{h_G A}$
$= 1.5 + \dfrac{\dfrac{8 \times 3^3}{12}}{1.5 \times (8 \times 3)} = 2\text{m}$

55. 다음 표는 어느 지역의 40분간 집중 호우를 매 5분마다 관측한 것이다. 지속기간이 20분인 최대 강우강도는?

시간(분)	우량(mm)
0~5	1
5~10	4
10~15	2
15~20	5
20~25	8
25~30	7
30~35	3
35~40	2

① $I = 49$mm/h
② $I = 59$mm/h
③ $I = 69$mm/h
④ $I = 72$mm/h

■해설 강우강도
㉠ 강우강도는 단위시간당 내린 비의 양을 말하며 단위는 mm/hr이다.

ⓒ 지속시간 20분인 강우강도의 계산
처음 내린 비부터 지속시간 20분씩 최대 강우량을 산정한다.
- 0~20분 : 1+4+2+5=12mm
- 5~25분 : 4+2+5+8=19mm
- 10~30분 : 2+5+8+7=22mm
- 15~35분 : 5+8+7+3=23mm
- 20~40분 : 8+7+3+2=20mm

∴ 지속시간 20분인 최대강우강도
$\frac{23}{20} \times 60 = 69$mm/hr

56. 다음 설명 중 옳지 않은 것은?
① 토리첼리 정리는 위치수두를 속도수두로 바꾸는 경우이다.
② 직사각형 위어에서 유량은 월류수심(H)의 $H^{2/3}$에 비례한다.
③ 베르누이 방정식이란 일종의 에너지 보존의 법칙이다.
④ 연속방정식이란 일종의 질량 보존의 법칙이다.

■해설 수리학 일반사항
- 토리첼리 정리는 베르누이 정리를 이용하여 위치수두를 속도수두로 바꾸어 오리피스의 유속을 구하는 경우이다.
- 직사각형 위어에서 유량은 월류수심의 $H^{\frac{3}{2}}$에 비례한다.
$Q = \frac{2}{3} Cb\sqrt{2g} H^{\frac{3}{2}}$
- 베르누이 정리는 에너지 보존법칙에 의거하여 유도된 방정식이다.
- 연속방정식은 질량보존법칙에 의거하여 유도된 방정식이다.

57. 에너지선에 대한 설명으로 옳은 것은?
① 언제나 수평선이 된다.
② 동수경사선보다 아래에 있다.
③ 동수경사선보다 속도수두만큼 위에 위치하게 된다.
④ 속도수두와 위치수두의 합을 의미한다.

■해설 에너지선과 동수경사선
ⓐ 에너지선
기준면에서 총수두까지의 높이를 연결한 선, 즉 전수두를 연결한 선을 말한다.
ⓑ 동수경사선
기준면에서 위치수두와 압력수두의 합을 연결한 선을 말한다.
ⓒ 에너지선과 동수경사선의 관계
- 이상유체의 경우 에너지선과 수평기준면은 평행하다.
- 동수경사선은 에너지선보다 속도수두만큼 아래에 위치한다.
- 흐름구간에서 유속과 수위가 균일한 등류인 경우에는 동수경사선과 에너지선이 평행하다.

58. 지름 D인 원관에 물이 반만 차서 흐를 때 경심은?
① $D/4$ ② $D/3$
③ $D/2$ ④ $D/5$

■해설 경심(동수반경)
ⓐ 경심 : $R = \frac{A}{P}$
ⓑ 원형관의 경심 : $R = \frac{A}{P} = \frac{\frac{\pi D^2}{4} \times \frac{1}{2}}{\pi D \times \frac{1}{2}} = \frac{D}{4}$

59. 경심이 5m이고 동수경사가 1/200인 관로에서 Reynolds 수가 1,000인 흐름의 평균유속은?
① 0.70m/s   ② 2.24m/s
③ 5.00m/s   ④ 5.53m/s

■해설 평균유속의 산정
ⓐ 마찰손실계수의 산정
$f = \frac{64}{R_e} = \frac{64}{1,000} = 0.064$
ⓑ Chezy 유속계수의 산정
$C = \sqrt{\frac{8g}{f}} = \sqrt{\frac{8 \times 9.8}{0.064}} = 35$
ⓒ 평균유속의 산정
$V = C\sqrt{RI} = 35 \times \sqrt{5 \times 1/200} = 5.53$m/sec

60. 베르누이 정리(Bernoulli's theorem)에 관한 표현식 중 틀린 것은?(단, z : 위치수두, $\dfrac{p}{w}$: 압력수두, $\dfrac{v^2}{2g}$: 속도수두, H_e : 수차에 의한 유효낙차, H_p : 펌프의 총양정, h : 손실수두, 유체는 점 1에서 점 2로 흐른다.)

① 실제 유체에서 손실수두를 고려할 경우 :
$$z_1 + \frac{p_1}{w} + \frac{v_1^2}{2g} = z_2 + \frac{p_2}{w} + \frac{v_2^2}{2g} + h$$

② 두 단면 사이에 수차(Turbine)를 설치할 경우 :
$$z_1 + \frac{p_1}{w} + \frac{v_1^2}{2g} = z_2 + \frac{p_2}{w} + \frac{v_2^2}{2g} + (H_e + h)$$

③ 두 단면 사이에 펌프(Pump)를 설치할 경우 :
$$z_1 + \frac{p_1}{w} + \frac{v_1^2}{2g} = z_2 + \frac{p_2}{w} + \frac{v_2^2}{2g} + (H_p + h)$$

④ 베르누이 정리를 압력항으로 표현할 경우 :
$$\rho g z_1 + p_1 + \frac{\rho v_1^2}{2} = \rho g z_2 + p_2 + \frac{\rho v_2^2}{2}$$

■해설 Bernoulli 정리의 응용
㉠ 하나의 유선 상에 펌프 혹은 손실수두가 포함되어 있을 경우 펌프는 흐름에 에너지를 가해주며 손실수두는 흐름이 가지는 에너지의 일부를 빼앗게 된다.

㉡ Bernoulli 정리
$$z_1 + \frac{P_1}{w} + \frac{V_1^2}{2g} = z_2 + \frac{P_2}{w} + \frac{V_2^2}{2g}$$

㉢ 손실수두를 고려한 Bernoulli 정리
$$z_1 + \frac{P_1}{w} + \frac{V_1^2}{2g} = z_2 + \frac{P_2}{w} + \frac{V_2^2}{2g} + h$$

㉣ 두 단면 사이에 수차를 설치할 경우
$$z_1 + \frac{P_1}{w} + \frac{V_1^2}{2g} = z_2 + \frac{P_2}{w} + \frac{V_2^2}{2g} + (H_e + h)$$

㉤ 두 단면 사이에 펌프를 설치할 경우
$$z_1 + \frac{P_1}{w} + \frac{V_1^2}{2g} = z_2 + \frac{P_2}{w} + \frac{V_2^2}{2g} + (H_p - h)$$

㉥ Bernoulli 정리를 압력의 항으로 표시
$$\rho g z_1 + P_1 + \frac{\rho V_1^2}{2} = \rho g z_2 + P_2 + \frac{\rho V_2^2}{2}$$

제4과목 철근콘크리트 및 강구조

61. 철근콘크리트 휨부재의 최소 철근량에 대한 설명 중 틀린 것은?

① 보에서 철근량 A_s는 $\phi M_n \geq 1.3 M_{cr}$의 조건을 만족하도록 배치하여야 한다.
② 부재의 모든 단면에서 해석에 의해 필요한 철근량보다 1/3 이상 인장철근이 더 배치되어 $\phi M_n \geq \dfrac{4}{3} M_u$의 조건을 만족하는 최소 철근량 요건을 적용하지 않아도 된다.
③ 휨부재의 급작스러운 파괴를 방지하기 위해서 최소 철근량 규정이 제시되었다.
④ 두께가 균일한 구조용 슬래브의 경간방향으로 보강되는 인장철근의 최소 단면적은 수축·온도 철근의 규정에 따라야 한다.

■해설 휨부재의 최소 철근량은 $\phi M_n \geq 1.2 M_{cr}$의 조건을 만족하도록 배치하여야 한다.

62. 다음 그림의 지그재그로 구멍이 있는 판에서 순폭을 구하면?(단, 리벳구멍 직경=25mm)

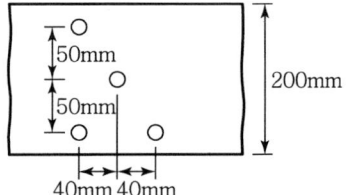

① $b_n = 187$mm ② $b_n = 150$mm
③ $b_n = 141$mm ④ $b_n = 125$mm

■해설 $d_h = \phi + 3 = 25$mm
$b_{n2} = b - 2d_h = 200 - 2 \times 25 = 150$mm
$b_{n3} = b - 3d_h + 2 \times \dfrac{s^2}{4g}$
$= 200 - (3 \times 52) + \left(2 \times \dfrac{40^2}{4 \times 50}\right) = 141$mm
$b_n = [b_{n2},\ b_{n3}]_{\min} = 141$mm

63. 1방향 철근콘크리트 슬래브에서 f_y = 450MPa인 이형철근을 사용한 경우 수축·온도 철근비는?

① 0.0016
② 0.0018
③ 0.0020
④ 0.0022

■해설 1방향 슬래브에서 수축 및 온도 철근비
㉠ $f_y \leq 400$MPa인 경우
$\rho \geq 0.002$
㉡ $f_y > 400$MPa인 경우
$\rho \geq \left[0.0014,\ 0.002 \times \dfrac{400}{f_y}\right]_{max}$

$f_y = 450$MPa > 400MPa인 경우이므로 수축 및 온도 철근비는 다음과 같다.

$\rho \geq \left[0.0014,\ 0.002 \times \dfrac{400}{f_y}\right]_{max}$
$= \left[0.0014,\ 0.002 \times \dfrac{400}{450}\right]_{max}$
$= [0.0014,\ 0.0018]_{max} = 0.0018$

64. $b_w = 250$mm, $d = 500$mm, $f_{ck} = 21$MPa, $f_y = 400$MPa인 직사각형 보에서 콘크리트가 부담하는 설계전단강도(ϕV_c)는?

① 71.6kN
② 76.4kN
③ 82.2kN
④ 91.5kN

■해설 $\phi V_c = \phi\left(\dfrac{1}{6}\sqrt{f_{ck}}\,b_w d\right) = 0.75 \times \left(\dfrac{1}{6} \times \sqrt{21} \times 250 \times 500\right)$
$= 71.6 \times 10^3 \text{N} = 71.6\text{kN}$

65. 아래 그림과 같은 보통 중량 콘크리트 직사각형 단면의 보에서 균열모멘트(M_{cr})는?(단, $f_{ck} = 24$MPa이다.)

① 46.7kN·m
② 52.3kN·m
③ 56.4kN·m
④ 62.1kN·m

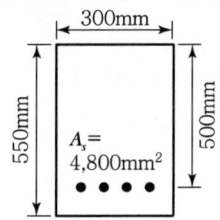

■해설 $\lambda = 1$(보통 중량의 콘크리트인 경우)
$f_r = 0.63\lambda\sqrt{f_{ck}} = 0.63 \times 1 \times \sqrt{24} = 3.09$MPa
$Z = \dfrac{bh^2}{6} = \dfrac{300 \times 550^2}{6} = 15.125 \times 10^6 \text{mm}^3$
$M_{cr} = f_r \cdot Z = 3.09 \times (15.125 \times 10^6)$
$= 46.7 \times 10^6 \text{N} \cdot \text{mm} = 46.7\text{kN} \cdot \text{m}$

66. 옹벽의 구조해석에 대한 설명으로 틀린 것은?

① 뒷부벽은 직사각형 보로 설계하여야 하며, 앞부벽은 T형 보로 설계하여야 한다.
② 저판의 뒷굽판은 정확한 방법이 사용되지 않는 한, 뒷굽판 상부에 재하되는 모든 하중을 지지하도록 설계하여야 한다.
③ 캔틸레버식 옹벽의 저판은 전면벽과의 접합부를 고정단으로 간주한 캔틸레버로 가정하여 단면을 설계할 수 있다.
④ 부벽식 옹벽의 저판은 정밀한 해석이 사용되지 않는 한, 부벽 간의 거리를 경간으로 가정한 고정보 또는 연속보로 설계할 수 있다.

■해설 부벽식 옹벽에서 부벽의 설계
㉠ 앞부벽 : 직사각형 보로 설계
㉡ 뒷부벽 : T형 보로 설계

67. 휨을 받는 인장철근으로 4-D25 철근이 배치되어 있을 경우 그림과 같은 직사각형 단면 보의 기본 정착길이 l_{db}는 얼마인가?(단, 철근의 직경 $d_b = 25.4$mm, $f_{ck} = 24$MPa, $f_y = 400$MPa, D25 철근 1개의 단면적 = 507mm²)

① 905mm
② 1,150mm
③ 1,245mm
④ 1,400mm

■해설 $l_{db} = \dfrac{0.6 d_b f_y}{\lambda \sqrt{f_{ck}}} = \dfrac{0.6 \times 25.4 \times 400}{1 \times \sqrt{24}} = 1,244.3$mm

68. 강도설계법에서 강도감소계수(ϕ)를 규정하는 목적이 아닌 것은?

① 재료 강도와 치수가 변동할 수 있으므로 부재의 강도 저하 확률에 대비한 여유를 반영하기 위해
② 부정확한 설계방정식에 대비한 여유를 반영하기 위해
③ 구조물에서 차지하는 부재의 중요도 등을 반영하기 위해
④ 하중의 변경, 구조해석할 때의 가정 및 계산의 단순화로 인해 야기될지 모르는 초과하중에 대비한 여유를 반영하기 위해

■해설 하중의 변경, 구조해석 시 초과하중에 대비하기 위하여 고려되는 것은 하중계수이다.

69. 단면이 400mm×500mm이고 150mm²의 PSC 강선 4개를 단면 도심축에 배치한 프리텐션 PSC 부재가 있다. 초기 프리스트레스가 1,000MPa일 때 콘크리트의 탄성변형에 의한 프리스트레스 감소량의 값은?(단, $n=6$)

① 22MPa   ② 20MPa
③ 18MPa   ④ 16MPa

■해설 $\Delta f_{pe} = nf_{cs} = n\dfrac{P_i}{A_g} = n\dfrac{A_p f_{pi}}{bh}$
$= 6 \times \dfrac{(4 \times 150) \times 1,000}{400 \times 500} = 18\text{MPa}$

70. 다음은 철근콘크리트 구조물의 균열에 관한 설명이다. 옳지 않은 것은?

① 하중으로 인한 균열의 최대 폭은 철근응력에 비례한다.
② 콘크리트 표면의 균열폭은 철근에 대한 피복두께에 반비례한다.
③ 많은 수의 미세한 균열보다는 폭이 큰 몇 개의 균열이 내구성에 불리하다.
④ 인장 측에 철근을 잘 분배하면 균열폭을 최소로 할 수 있다.

■해설 콘크리트 균열에 대한 특징
㉠ 이형철근을 콘크리트 인장 측에 잘 분배하면 균열폭을 최소화시킬 수 있다.
㉡ 균열폭은 철근응력, 철근지름에 비례하고 철근비에 반비례한다.
㉢ 콘크리트 표면의 균열폭은 피복두께에 비례한다.

71. 다음 주어진 단철근 직사각형 단면이 연성파괴를 한다면 이 단면의 공칭휨강도는 얼마인가? (단, $f_{ck}=21$MPa, $f_y=300$MPa)

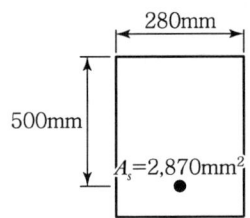

① 252.4kN·m   ② 296.9kN·m
③ 356.3kN·m   ④ 396.9kN·m

■해설 $\eta = 1(f_{ck} \leq 40\text{MPa}$인 경우)
$a = \dfrac{A_s f_y}{\eta 0.85 f_{ck} b} = \dfrac{2,870 \times 300}{1 \times 0.85 \times 21 \times 280} = 172.3\text{mm}$
$M_n = A_s f_y \left(d - \dfrac{a}{2}\right)$
$= 2,870 \times 300 \times \left(500 - \dfrac{172.3}{2}\right)$
$= 356.3 \times 10^6 \text{N·mm} = 356.3\text{kN·m}$

72. 강판형(Plate Girder) 복부(Web) 두께의 제한이 규정되어 있는 가장 큰 이유는?

① 시공상의 난이
② 공비의 절약
③ 자중의 경감
④ 좌굴의 방지

■해설 강판형(Plate Girder) 복부(Web) 두께의 제한이 규정되어 있는 가장 큰 이유는 복부의 좌굴을 방지하기 위함이다.

73. 그림과 같은 정사각형 독립 확대기초 저면에 작용하는 지압력이 $q=100\text{kPa}$일 때 휨에 대한 위험단면의 휨 모멘트는 얼마인가?

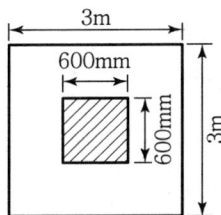

① 216kN·m
② 360kN·m
③ 260kN·m
④ 316kN·m

■해설 $M = \frac{1}{8}qS(L-t)^2 = \frac{1}{8} \times (100 \times 10^3) \times 3 \times (3-0.6)^2$
$= 216,000\text{N·m} = 216\text{kN·m}$

74. 슬래브와 일체로 시공된 그림의 직사각형 단면 테두리보에서 비틀림에 대하여 설계에서 고려하지 않아도 되는 계수비틀림모멘트 T_u의 최대 크기는 약 얼마인가?(단, $f_{ck}=24\text{MPa}$, $f_y=400\text{MPa}$, 비틀림에 대한 ϕ는 0.75)

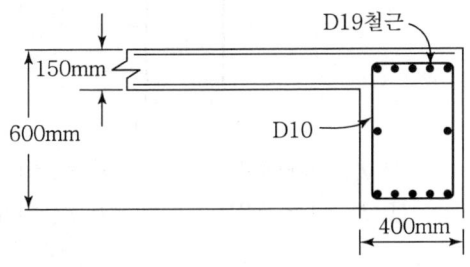

① 29.5kN·m
② 17.5kN·m
③ 9.9kN·m
④ 3kN·m

■해설 보가 슬래브와 일체로 되거나 완전한 합성구조로 되어 있을 때, 보의 단면은 보가 슬래브의 위 또는 아래로 내민 깊이 중 큰 깊이만큼을 보의 양측으로 연장한 슬래브 부분을 포함한 것으로서 보의 한 측으로 연장되는 거리는 슬래브 두께의 4배 이하로 하여야 한다.

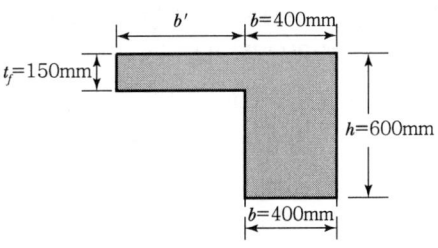

$b' = [(h-t_f), 4t_f]_{min}$
$= [(600-150), 4 \times 150]_{min}$
$= (450, 600)_{min} = 450\text{mm}$

A_{cp}(콘크리트 단면의 바깥둘레로 둘러싸인 단면적)
$= b't_f + bh$
$= (450 \times 150) + (400 \times 600) = 307,500\text{mm}$

p_{cp}(콘크리트 단면의 바깥둘레)
$= 2(b' + b + h) = 2 \times (450 + 400 + 600) = 2,900\text{mm}$

$T_u \leq \phi \frac{1}{12}\sqrt{f_{ck}}\frac{A_{cp}^2}{p_{cp}}$
$= 0.75 \times \frac{1}{12} \times \sqrt{24} \times \frac{307,500^2}{2,900}$
$= 9.98 \times 10^6 \text{N·mm} = 9.98\text{kN·m}$

75. 철근콘크리트 구조물 설계 시 철근 간격에 대한 설명 중 옳지 않은 것은?(단, 굵은 골재의 최대 치수에 관련된 규정은 만족하는 것으로 가정한다.)

① 동일 평면에서 평행한 철근 사이의 수평 순간격은 25mm 이상, 또한 철근의 공칭지름 이상으로 하여야 한다.
② 나선철근과 띠철근이 배근된 압축부재에서 축방향 철근의 순간격은 40mm 이상, 또한 철근 공칭지름의 1.5배 이상으로 하여야 한다.
③ 상단과 하단에 2단 이상으로 배치된 경우 상하 철근은 동일 연직면 내에 배치되어야 하고, 이때 상하철근의 순간격은 40mm 이상으로 하여야 한다.
④ 벽체 또는 슬래브에서 휨 주철근의 간격은 벽체나 슬래브 두께의 3배 이하로 하여야 하고, 또한 450mm 이하로 하여야 한다.

■해설 상단과 하단에 2단 이상으로 배치된 경우 상하 철근은 동일 연직면 내에 배치되어야 하고, 이때 상하철근의 순간격은 25mm 이상으로 하여야 한다.

76. PS콘크리트의 강도개념(Strength Concept)을 설명한 것으로 가장 적당한 것은?

① 콘크리트에 프리스트레스가 가해지면 PSC부재는 탄성재료로 전환되고 이의 해석은 탄성이론으로 가능하다는 개념
② PSC보를 RC보처럼 생각하여, 콘크리트는 압축력을 받고 긴장재는 인장력을 받게 하여 두 힘의 우력모멘트로 외력에 의한 휨모멘트에 저항시킨다는 개념
③ PS콘크리트는 결국 부재에 작용하는 하중의 일부 또는 전부를 미리 가해진 프리스트레스와 평형이 되도록 하는 개념
④ PS콘크리트는 강도가 크기 때문에 보의 단면을 강재의 단면으로 가정하여 압축 및 인장을 단면 전체가 부담할 수 있다는 개념

■ 해설 PSC 보를 RC 보와 같이 생각하여, 콘크리트는 압축력을 받고 긴장재는 인장력을 받게 하여 두 힘의 우력이 외력에 의한 휨모멘트에 저항시킨다는 개념을 내력모멘트 개념 또는 강도개념이라고 한다.

77. A_s = 4,000mm², A_s' = 1,500mm²로 배근된 그림과 같은 복철근 보의 탄성처짐이 15mm이다. 5년 이상의 지속하중에 의해 유발되는 장기처짐은 얼마인가?

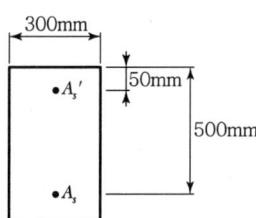

① 15mm   ② 20mm
③ 25mm   ④ 30mm

■ 해설 $\xi = 2.0$ (하중 재하기간이 5년 이상인 경우)

$$\rho' = \frac{A_s'}{bd} = \frac{1,500}{300 \times 500} = 0.01$$

$$\lambda_\Delta = \frac{\xi}{1+50\rho'} = \frac{2}{1+(50 \times 0.01)} = 1.33$$

$$\delta_L = \lambda_\Delta \cdot \delta_i = 1.33 \times 15 = 20mm$$

78. b_w = 300mm, d = 450mm인 단철근 직사각형 보의 균형철근량은 약 얼마인가?(단, f_{ck} = 35MPa, f_y = 350MPa이다.)

① 5,485mm²   ② 6,120mm²
③ 5,994mm²   ④ 5,810mm²

■ 해설 f_{ck} = 35MPa ≤ 40MPa인 경우

$$\rho_b = 0.68 \frac{f_{ck}}{f_y} \frac{660}{660+f_y}$$

$$= 0.68 \times \frac{35}{350} \times \frac{660}{660+350} = 0.0444$$

$$A_{s,b} = \rho_b \cdot b \cdot d$$

$$= 0.0444 \times 300 \times 450 = 5,994mm^2$$

79. 주어진 T형 단면에서 부착된 프리스트레스트 보강재의 인장응력 f_{ps}는 얼마인가?(단, 긴장재의 단면적은 A_{ps} = 1,290mm²이고, 프리스트레싱 긴장재의 종류에 따른 계수(γ_p) = 0.4, f_{pu} = 1,900MPa, f_{ck} = 35MPa이다.)

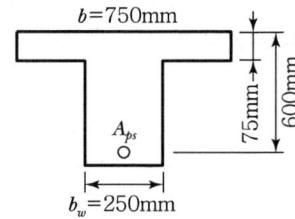

① f_{ps} = 1,900MPa   ② f_{ps} = 1,761MPa
③ f_{ps} = 1,752MPa   ④ f_{ps} = 1,651MPa

■ 해설 $\beta_1 = 0.8$ ($f_{ck} \leq 40MPa$인 경우)

$$\rho_p = \frac{A_{ps}}{bd_p} = \frac{1,290}{750 \times 600} = 0.00287$$

$$f_{ps} = f_{pu}\left(1 - \frac{\gamma_p}{\beta_1}\rho_p\frac{f_{pu}}{f_{ck}}\right)$$

$$= 1,900 \times \left(1 - \frac{0.4}{0.8} \times 0.00287 \times \frac{1,900}{35}\right)$$

$$= 1,752MPa$$

80. 횡구속골조구조물에서 세장비 $\left(\dfrac{kl_u}{r}\right)$가 얼마를 초과할 때 장주로 취급하는가?(단, M_1 : 압축부재의 단부 계수 휨모멘트 중 작은 값, M_2 : 압축부재의 단부 계수 휨모멘트 중 큰 값)

① $22 - 12\dfrac{M_1}{M_2}$ ② $34 - 12\dfrac{M_1}{M_2}$

③ $34 + 12\dfrac{M_1}{M_2}$ ④ $22 + 12\dfrac{M_1}{M_2}$

■해설 장주와 단주의 구별

다음 각 경우에 대하여 세장비$\left(\lambda = \dfrac{kl_u}{r}\right)$가 주어진 조건을 만족하면 단주로서 고려하고, 조건을 만족하지 않으면 장주로서 고려한다.

• 횡방향 상대변위가 구속된 경우
$\lambda < 34 - 12\left(\dfrac{M_1}{M_2}\right) \leq 40$

(여기서, $-0.5 \leq \left(\dfrac{M_1}{M_2}\right) \leq 1.0$)

• 횡방향 상대변위가 구속되지 않은 경우
$\lambda < 22$

제5과목 **토질 및 기초**

81. 그림과 같은 1 : 1.5의 사면을 만드는 데 있어 가능한 절취한계 높이 H는 얼마인가?(단, 점착력 $=10\text{kN/m}^2$, 단위 중량 $=18\text{kN/m}^3$, 내부마찰각 $=10°$)

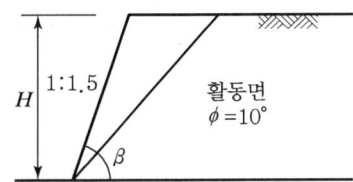

① 9.87m ② 12.16m
③ 14.40m ④ 9.12m

■해설 • 사면의 경사각(β)
$\beta = \tan^{-1}\left(\dfrac{수직거리}{수평거리}\right) = \tan^{-1}\left(\dfrac{1.0}{1.5}\right) = 33° 14' 24''$

• 한계고(H_c)
$H_c = \dfrac{4C}{\gamma_t} \dfrac{\sin\beta \cdot \cos\phi}{1 - \cos(\beta - \phi)}$
$= \dfrac{4 \times 10}{18} \times \dfrac{\sin(33° 41' 24'') \times \cos 10°}{1 - \cos(33° 41' 24'' - 10°)}$
$= 14.4\text{m}$

82. 어떤 흙시료의 변수위 투수시험을 한 결과 다음 값을 얻었다. 15℃에서의 투수계수는?(단, 스탠드파이프 내경 $d = 3\text{mm}$, 측정개시시간 $t_1 = 09:20$, 측정완료시간 $t_2 = 09:30$, 시료의 직경 $D = 5.0\text{cm}$, 시료길이 $L = 20.0\text{cm}$, t_1에서 수위 $H_1 = 30\text{cm}$, t_2에서 수위 $H_2 = 15\text{cm}$, 수온 15℃임)

① $1.746 \times 10^{-3}\text{cm/sec}$
② $1.709 \times 10^{-4}\text{cm/sec}$
③ $3.931 \times 10^{-4}\text{cm/sec}$
④ $7.423 \times 10^{-5}\text{cm/sec}$

■해설 변수위 투수시험공식

$K = \dfrac{aL}{AT}\log_e\dfrac{h_1}{h_2} = 2.303\dfrac{aL}{AT}\log_{10}\dfrac{h_1}{h_2}$
$= 2.303\dfrac{0.145 \times 20}{19.63 \times 600}\log_{10}\left(\dfrac{30}{15}\right)$
$= 1.705 \times 10^{-4}\text{cm/sec}$

• Stand Pipe의 단면적(a)
$a = \dfrac{\pi \times 0.43^2}{4} = 0.145\text{cm}^2$

• 시료의 단면적(A)
$A = \dfrac{\pi \times 5^2}{4} = 19.63\text{cm}^2$

• 측정시간(T) $= 10 \times 60 = 600\text{sec}$

$\therefore K = 1.705 \times 10^{-4}\text{cm/sec}$

83. 함수비 15%인 흙 2,300g이 있다. 이 흙의 함수비를 25%로 증가시키려면 얼마의 물을 가해야 하는가?

① 200g ② 230g
③ 345g ④ 575g

|해답| 80.② 81.③ 82.② 83.①

■해설
- 흙입자만의 중량(W_s)
$$W_s = \frac{W}{1+\frac{W}{100}} = \frac{2,300}{1+\frac{15}{100}} = 2,000\text{g}$$
- $w=15\%$일 때 물의 중량($W_{w(15\%)}$)
$$W_{w(15\%)} = W - W_s$$
$$= 2,300 - 2,000 = 300\text{g}$$
- $w=25\%$일 때 물의 중량($W_{w(25\%)}$)
$$W_{w(25\%)} = \frac{w}{100} \times W_s$$
$$= \frac{25}{100} \times 2,000 = 500\text{g}$$
- 첨가해야 할 물의 양(W_w)
$$W_w = W_{w(25\%)} - W_{w(15\%)} = 500 - 300 = 200\text{g}$$
$$\therefore W_w = 200\text{g}$$

84. 그림과 같은 모래층에 널말뚝을 설치하여 물막이 공내의 물을 배수하였을 때, 분사현상이 일어나지 않게 하려면 얼마의 압력을 가하여야 하는가?(단, 모래의 비중은 2.65, $n=39.4\%$, 안전율은 3으로 한다.)

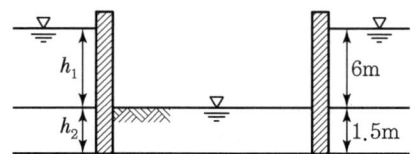

① 6.5t/m² ② 13t/m²
③ 33t/m² ④ 16.5t/m²

■해설 분사현상이 발생하지 않기 위해 가해야 할 압력(P)
- 간극비(e)
$$e = \frac{n}{100-n} = \frac{39.4}{100-39.4} = 0.65$$
- 포화단위중량(γ_{sat})
$$\gamma_{sat} = \frac{G_s + e}{1+e}\gamma_w = \frac{2.65+0.65}{1+0.65} \times 1 = 2.0\text{t/m}^3$$
- 안전율(F_s)
$$F_s = \frac{\sigma' + p}{U} = \gamma = \frac{(2.0-1.0)\times 1.5 + P}{1\times 6} = 3$$
$$\therefore P = 16.5\text{t/m}^2$$

85. 자연상태 실트질 점토의 액성한계가 65%, 소성한계 30%, 0.002mm보다 가는 입자의 함유율이 29%이다. 이 흙의 활성도(Activity)는?

① 0.8 ② 1.0
③ 1.2 ④ 1.4

■해설
- 활성도
점토함유율에 대한 소성지수의 비를 말하며 흙의 팽창성 판단의 기준이 된다.
- 활성도(A) = $\frac{PI}{2\mu \text{ 이하의 점토함유율}(\%)}$
$$= \frac{65-30}{29\%} = 1.21$$
$$\therefore \text{활성도}(A) ≒ 1.2$$

86. 아래 그림과 같이 지표까지가 모관상승지역이라 할 때 지표면 바로 아래에서의 유효응력은? (단, 모관상승지역의 포화도는 90%이다.)

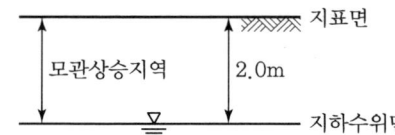

① 0.9t/m² ② 1.8t/m²
③ 1.0t/m² ④ 2.0t/m²

■해설
- 모관상승지역에서는 부(-)의 간극수압이 발생하여 유효응력을 증가시킨다.
- $u = -\left(\frac{S}{100}\right)r_w \times h_c$
$$= -\left(\frac{90}{100}\right) \times 1 \times 2 = -1.8\text{t/m}^2$$
- 유효응력
$\sigma' = \sigma - u = 0 - (-1.8) = 1.8\text{t/m}^2$
$$\therefore \sigma' = 1.8\text{t/m}^2$$

87. 흙의 투수계수에 대한 설명 중 잘못된 것은?

① 투수계수는 점성계수와 수두차에 반비례한다.
② Darcy법칙에서의 투수계수는 속도의 차원과 같다.
③ 세립토의 투수계수는 변수위투수시험으로 구한다.

④ 투수계수에 영향을 미치는 요소로는 토립자의 비중, 유효입경, 흙의 공극비, 물의 점성계수, 포화도 등이 있다.

■해설 투수계수에 영향을 미치는 요소

• $K = D_s^2 \cdot \dfrac{r_w}{\mu} \cdot \dfrac{e^3}{1+e} \cdot C$

여기서, D_s : 흙의 입경
μ : 물의 점성계수
e : 간극비
C : 합성형상계수

• $K = C(D_{10})^2$

D_{10} : 유효입경

• 포화도가 클수록 투수계수는 증가한다.
∴ 토립자의 비중(G_s)은 투수계수와 무관하다.

88. 표준관입시험에 관한 설명 중 틀린 것은?

① 고정 Piston 샘플러를 사용한다.
② 해머 무게 64kg이다.
③ 해머 낙하높이 76cm이다.
④ 30cm 관입에 필요한 낙하횟수를 N치라 한다.

■해설 표준관입시험(SPT)

개요	Split Spoon Sampler(이동식)를 64kg의 해머로 낙하하고 76cm에서 타격하여 30cm 관입시키는 데 소요되는 타격횟수 N치를 구하는 시험
목적	• 흐트러진 시료 채취 • 현장의 지반 강도 추정 • 점토지반의 연경도 추정 • 지층의 구성 관계 판단 • 내부마찰각(ϕ), 점착력 일축압축강도, 콘지수, 지지력추정

89. 다음 중 얕은 기초의 지지력에 영향을 미치지 않는 것은?

① 기초의 형상(Shape)
② 기초의 두께(Thickness)
③ 기초의 깊이(Depth)
④ 지반의 경사(Inclination)

■해설 얕은 기초의 지지력에 영향을 주는 요소에는 지반의 경사, 기초의 깊이, 기초의 형상, 기초의 고쳐차 등이 있다.
∴ 기초의 두께는 얕은 기초의 지지력과 무관하다.

90. 최대주응력이 10t/m², 최소주응력이 4t/m²일 때 최소주응력면과 45°를 이루는 평면에 일어나는 수직응력은?

① 7t/m²
② 3t/m²
③ 6t/m²
④ $4\sqrt{2}$ t/m²

■해설 • 최대주응력면과 파괴면이 이루는 각(θ)
$\theta = 90° - 45° = 45°$
• 파괴면에 작용하는 수직응력(σ)
$\sigma = \dfrac{\sigma_1 + \sigma_3}{2} + \dfrac{\sigma_1 - \sigma_3}{2} \cos 2\theta$
$= \dfrac{10+4}{2} + \dfrac{10-4}{2} \cos(2 \times 45) = 7.0 \text{t/m}^2$
∴ $\sigma = 7.0 \text{t/m}^2$

91. 현장에서 들밀도 시험을 한 결과 파낸 구멍의 용적은 2,000cm³이고 파낸 흙의 중량이 3,240g이며 함수비는 8%였다. 이 흙의 간극비는 얼마인가?(여기서 이 흙의 비중은 2.70이다.)

① 0.80
② 0.76
③ 0.70
④ 0.66

■해설 • 현장의 습윤단위중량(r_t)
$r_t = \dfrac{W}{V} = \dfrac{3,240}{2,000} = 1.62 \text{g/cm}^3$

• 현장의 건조단위중량(r_d)
$r_d = \dfrac{r_t}{1+\dfrac{w}{100}} = \dfrac{1.62}{1+\dfrac{8}{100}} = 1.50 \text{g/cm}^3$

• 간극비(e)
$e = \dfrac{r_w}{r_d} G_s - 1 = \dfrac{1}{1.50} \times 2.70 - 1 = 0.8$
∴ $e = 0.8$

92. 포화된 점토지반 위에 급속하게 성토하는 제방의 안정성을 점토할 때 이용해야 할 강도정수를 구하는 시험은?

① UU-test ② CU-test
③ CD-test ④ CU-test

■해설 배수 방법에 따른 전단시험법(삼축압축시험) 적용

시험법	적용
CD-Test (압밀배수시험)	• 연약점토지반 위에 완속성토를 하는 경우 • 간극수압 측정이 곤란할 때 • 흙댐에서 정상침투 시 안정해석
CU-Test (압밀비배수시험)	• 성토하중으로 어느 정도 압밀 후, 급속 파괴예상될 때 • Preloading 후 급격한 재하 시 안정해석 • 기존하천제방, 흙댐에서 수위가 급강하하는 경우
UU-Test (비압밀비배수시험)	• 포화점토지반 위에 급속성토 시 안정성 점토 • 압밀과 함수비의 변화 없이 급속한 파괴 예상 시 • 점토지반의 단기안정해석

93. 그림과 같은 지반에 등분포하중 $\Delta P = 6.0 \text{t/m}^2$을 가하였다. 점토층의 1차 압밀에 의한 침하량은 얼마인가?(단, 지하수면은 지표면과 일치한다.)

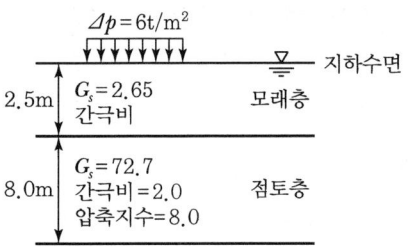

① 102.1cm ② 51.1cm
③ 38.9cm   ④ 76.3cm

■해설 • 각 층의 단위중량
 - 모래층
 $$\gamma_{sat} = \frac{G_s + e}{1+e}\gamma_w = \frac{2.65+0.7}{1+0.7} \times 1 = 1.971 \text{t/m}^3$$
 - 점토층
 $$\gamma_{sat} = \frac{G_s + e}{1+e}\gamma_w = \frac{2.7+2.0}{1+2.0} \times 1 = 1.567 \text{t/m}^3$$

• 점토층 중앙부까지의 유효응력(P_o')

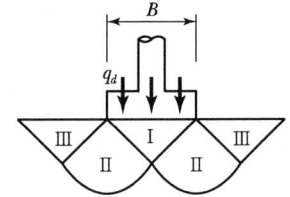

$$= (1.971-1) \times 2.5 + (1.567-1) \times \frac{8}{2}$$
$$= 4.700 \text{t/m}^2$$

• 점토층의 1차 압밀침하량(S)
$$S = \frac{C_c}{1+e} H \log \frac{P_o' + \Delta P}{P_o'}$$
$$= \frac{0.8}{1+2.0} \times 800 \times \log \frac{4.700+6}{4.700} = 76.2 \text{cm}$$
∴ 76.2cm

94. 다음 그림은 얕은 기초의 파괴영역이다. 설명이 옳은 것은?

① 파괴순서는 Ⅲ → Ⅱ → Ⅰ이다.
② 영역 Ⅲ에서 수평면과 45°+φ/2의 각을 이룬다.
③ 영역 Ⅲ은 수동영역이다.
④ 국부전단파괴의 형상이다.

■해설 기초의 파괴형태

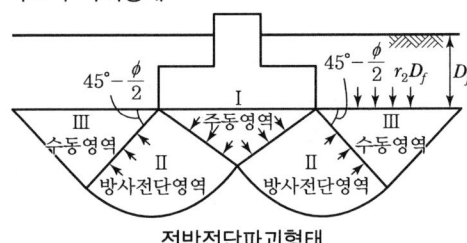

전반전단파괴형태
∴ Ⅲ 영역은 수동영역이다.

95. Sand Drain에 대한 Paper Drain 공법의 장점 설명 중 옳지 않은 것은?

① 횡방향력에 대한 저항력이 크다.
② 시공지표면에 Sand Mat가 필요 없다.
③ 시공속도가 빠르고 타설 시 주변을 교란시키지 않는다.

④ 배수단면이 깊이에 따라 일정하다.

■해설 Sand Drain 공법과 비교한 Paper Drain 공법의 특징

장점	단점
• 시공속도가 빠르다. • 타입 시 주변지반을 교란시키지 않는다. • Drain 단면이 깊이방향으로 대하여 일정하다. • 공사비가 경제적이다. • 횡방력에 대한 저항력이 크다.	• 지반 중에 장애물이 존재하는 경우 시공이 어렵다. • 장기간 사용 시 막힘현상이 발생하여 배수효과가 떨어진다. • 특수타입기계가 필요하다.

96. 그림에서 전주동토압은 얼마인가?(단, 소수 셋째자리에서 반올림하시오.)

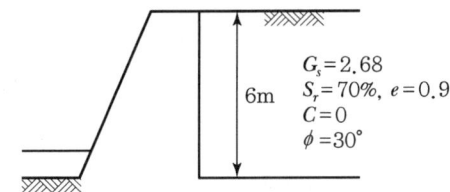

① 84.6kN/m
② 94.6kN/m
③ 104.4kN/m
④ 114.4kN/m

■해설
• 습윤단위중량(r_t)
$$r_t = \frac{G_s + s \cdot e}{1+e} r_w = \frac{2.68 + 0.7 \times 0.9}{1+0.9} \times 10$$
$$= 17.42 \text{kN/m}^3$$
• 전주동토압(P_A)
 - 토압계수(K_A)
$$K_A = \tan^2\left(45 - \frac{\phi}{2}\right) = \tan^2\left(45 - \frac{30}{2}\right) = 0.333$$
 - 전수동토압(P_A)
$$P_A = \frac{1}{2} r \times H^2 \times K_A = \frac{1}{2} \times 17.42 \times 6^2 \times 0.333$$
$$= 104.4 \text{kN/m}$$
$$\therefore P_A = 104.4 \text{kN/m}$$

97. 흙의 다짐에 관한 다음 설명 중 옳지 않은 것은?
① 점성토지반을 다질 때는 진동 롤러로 다지는 것이 가장 좋다.
② 세립토가 많을수록 최적함수비는 증가한다.
③ 다짐에너지가 커질수록 최적함수비는 작다.
④ 비중이 같은 흙은 최대건조밀도가 높은 흙일수록 최적 함수비가 낮다.

■해설 다짐의 특성
• 세립토가 많을수록 최적함수비는 증가하고 최대건조밀도는 작아진다.
• 다짐에너지가 클수록 최적함수비는 작아지고 최대건조밀도는 커진다.
• 양입도일수록 최적함수비는 작아지고 최대건조밀도는 커진다.
• 세립토가 많을수록 다짐곡선의 기울기는 완만하다.
• 조립토(사질토)는 다질 때 진동롤러로 다지는 것이 효과적이다.

98. 평판재하시험에 대한 설명 중 옳지 않은 것은?
① 순수한 점토의 지지력은 재하판 크기와 관계없다.
② 순수한 모래지반의 지지력은 재하판의 폭에 비례한다.
③ 순수한 점토의 침하량은 재하판의 폭에 비례한다.
④ 순수한 모래지반의 침하량은 재하판의 폭에 비례한다.

■해설 Scale Effect를 고려한 각 지반의 지지력 및 침하량

구분	점토 지반	모래 지반
지지력	$q_{u(F)} = q_{u(t)}$	$q_{u(F)} = \frac{B_{(F)}}{B_{(t)}} q_{u(t)}$
침하량	$S_{(F)} = \frac{B_{(F)}}{B_{(t)}} S_{(t)}$	$S_{(F)} = \left[\frac{2B_{(F)}}{B_{(t)} + B_{(F)}}\right]^2 S_{(t)}$

여기서, $q_{u(F)}$: 실제기초의 지지력
$q_{u(t)}$: 재하시험에 의한 지지력
$S_{(F)}$: 실제기초의 침하량
$S_{(t)}$: 재하시험에 의한 침하량
$B_{(F)}$: 실제기초의 폭
$B_{(t)}$: 재하판의 폭

|해답| 96.③ 97.① 98.④

99. 점성토에 대한 압밀배수 삼축압축시험 결과를 $p-q$ diagram에 그린 결과, k_f-line의 경사각 α는 20°이고 절편 m은 3.4kg/cm²이었다. 이 점성토의 내부마찰각(ϕ) 및 점착력(C)의 크기는?

① $\phi=21.34°$, $C=3.65$kg/cm²
② $\phi=23.54°$, $C=3.71$kg/cm²
③ $\phi=21.34°$, $C=9.34$kg/cm²
④ $\phi=23.54°$, $C=8.58$kg/cm²

■ 해설

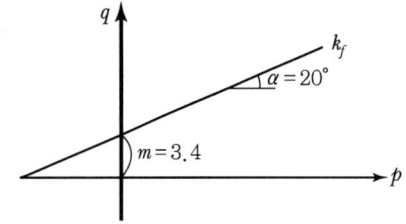

- 내부마찰각(ϕ)
  $\sin\phi = \tan\alpha$
  $\phi = \sin^{-1}(\tan\alpha) = \sin^{-1}(\tan20°) = 21.34°$
- 점착력(C)
  $C = \dfrac{m}{\cos\phi} = \dfrac{3.4}{\cos 21.34°} = 3.65$kg/cm²

100. Vane Test에서 Vane의 지름 50mm, 높이 10cm, 파괴 시 토크가 590kg·cm일 때 점착력은?

① 1.29kg/cm²   ② 1.57kg/cm²
③ 2.13kg/cm²   ④ 2.76kg/cm²

■ 해설
- 베인전단시험(Vane Test)
로드선단에 십자형의 베인을 달아 지중에 박은 후 회전모멘트를 가하여 전단강도를 구하는 현장시험이다.
- 점착력(C)
$C = \dfrac{M_{max}}{\pi D^2 \left(\dfrac{H}{2} + \dfrac{D}{6}\right)}$
$= \dfrac{590}{\pi \times 5^2 \times \left(\dfrac{10}{2} + \dfrac{5}{6}\right)} = 1.29$kg/cm²

∴ $C = 1.29$kg/cm²

제6과목 **상하수도공학**

101. 하수도시설에서 펌프장시설의 계획하수량과 설치 대수에 대한 설명으로 옳지 않은 것은?

① 오수펌프의 용량은 분류식의 경우, 계획시간 최대오수량으로 계획한다.
② 펌프의 설치대수는 계획오수량과 계획우수량에 대하여 각 2대 이하를 표준으로 한다.
③ 합류식의 경우, 오수펌프의 용량은 우천 시 계획 오수량으로 계획한다.
④ 빗물펌프는 예비기를 설치하지 않는 것을 원칙으로 하지만, 필요에 따라 설치를 검토한다.

■ 해설 하수도 펌프의 계획수량
㉠ 계획하수량
  - 우수펌프는 계획우수량을 기준으로 한다.
  - 분류식의 경우 오수펌프는 계획시간최대오수량을 기준으로 한다.
  - 합류식의 경우 오수펌프는 우천 시 계획오수량을 기준으로 한다.
  - 빗물펌프는 예비기를 설치하지 않는 것을 원칙으로 하나, 필요에 따라 설치를 검토한다.
㉡ 펌프 설치대수

오수펌프		우수펌프	
계획오수량 (m³/sec)	설치대수 (대)	계획우수량 (m³/sec)	설치대수 (대)
0.5 이하	2~4(1)	3 이하	2~3
0.5~1.5	3~5(1)	3~5	3~4
1.5 이상	4~5(1)	5~10	4~6

∴ 펌프의 설치 대수는 표에서 제시한 오수량과 우수량에 따라 결정한다.

102. 하수처리 재이용 기본계획에 대한 설명으로 틀린 것은?

① 하수처리 재이용수는 용도별 요구되는 수질 기준을 만족하여야 한다.
② 하수처리수 재이용지역은 가급적 해당 지역 내의 소규모 지역 범위로 한정하여 계획한다.
③ 하수처리수 재이용량은 해당 지역 하수도정비 기본계획의 물순환이용계획에서 제시된 재

|해답| 99.① 100.① 101.② 102.②

이용량 이상으로 계획하여야 한다.
④ 하수처리 재이용수의 용도는 생활용수, 공업용수, 농업용수, 유지용수를 기본으로 계획한다.

■해설 하수처리 재이용계획
㉠ 하수처리 재이용수는 용도별 요구되는 수질기준을 만족하여야 한다.
㉡ 하수처리수 재이용 계획에서 재이용 지역은 해당 지역의 규모를 고려하여 결정한다.
㉢ 하수처리수 재이용량은 해당 지역의 하수도 정비 기본계획의 물순환이용계획에서 제시된 재이용량 이상으로 계획한다.
㉣ 하수처리 재이용수의 용도는 생활용수, 공업용수, 농업용수, 유지용수를 기본으로 계획한다.

103. 장기 포기법에 관한 설명으로 옳은 것은?

① F/M비가 크다.
② 슬러지 발생량이 적다.
③ 부지가 적게 소요된다.
④ 대규모 처리장에 많이 이용된다.

■해설 장시간 포기법
㉠ 표준활성슬러지법의 유입부 과부하, 유출부 저부하의 문제점을 해결하기 위해 변법들이 있다.
㉡ 장시간 포기법
  • 체류시간을 18~24시간으로 길게 체류시킨다.
  • 장시간 포기로 내생호흡단계를 유지시킨다.
  • 미생물의 자기분해로 잉여슬러지 생산이 감소된다.
  • 산소소모량이 크며, 포기조의 용적이 크다.
  • 운전비가 많이 들며, 소규모 처리장에 적합한 방법이다.

104. 슬러지의 호기성 소화를 혐기성 소화법과 비교 설명한 것으로 옳지 않은 것은?

① 상징수의 수질이 양호하다.
② 폭기에 드는 동력비가 많이 필요하다.
③ 악취 발생이 감소한다.
④ 가치 있는 부산물이 생성된다.

■해설 혐기성 소화와 호기성 소화의 비교

호기성 소화	혐기성 소화
• 시설비가 적게 든다. • 운전이 용이하다. • 비료가치가 크다. • 동력이 소요된다. • 소규모 활성슬러지 처리에 적합하다. • 처리수 수질이 양호하다.	• 시설비가 많이 든다. • 온도, 부하량 변화에 적응시간이 길다. • 병원균을 죽이거나 통제할 수 있다. • 영양소 소비가 적다. • 슬러지 생산이 적다. • CH_4과 같은 유용한 가스를 얻는다.

∴ 호기성 소화를 한다고 해서 가치 있는 부산물이 생성되는 것은 아니다.

105. 관거의 보호 및 기초공에 대한 설명으로 옳지 않은 것은?

① 관거의 부등침하는 최악의 경우 관거의 파손을 유발할 수 있다.
② 관거가 철도 밑을 횡단하는 경우 외압에 대한 관거 보호를 고려한다.
③ 경질염화비닐관 등의 연성관거는 콘크리트 기초를 원칙으로 한다.
④ 강성관거의 기초공에서는 지반이 양호한 경우 기초를 생략할 수 있다.

■해설 관거의 보호 및 기초
철근콘크리트관 등의 강성관거는 조건에 따라 모래, 쇄석, 콘크리트 등으로 기초를 실시하고, 경질염화비닐관 등의 연성관거는 자유받침 모래기초를 원칙으로 하며 조건에 따라 말뚝기초 등을 설치한다.

106. 계획오수량을 결정하는 방법에 대한 설명으로 틀린 것은?

① 지하수량은 1일 1인 최대오수량의 10~20%로 한다.
② 계획 1일 평균오수량은 계획 1일 최소오수량의 1.3~1.8배를 사용한다.
③ 생활오수량의 1일 1인 최대오수량은 1일 1인 최대급수량을 감안하여 결정한다.

④ 합류식에서 우천 시 계획오수량은 원칙적으로 계획시간 최대오수량의 3배 이상으로 한다.

■해설 **오수량의 산정**

종류	내용
계획오수량	계획오수량은 생활오수량, 공장폐수량, 지하수량으로 구분할 수 있다.
지하수량	지하수량은 1인 1일 최대오수량의 10~20%를 기준으로 한다.
계획 1일 최대오수량	• 1인 1일 최대오수량×계획급수인구 +(공장폐수량, 지하수량, 기타 배수량) • 하수처리시설의 용량 결정의 기준이 되는 수량
계획 1일 평균오수량	• 계획 1일 최대오수량의 70(중·소도시)~80%(대·공업도시) • 하수처리장 유입하수의 수질을 추정하는 데 사용되는 수량
계획 시간 최대오수량	• 계획 1일 최대오수량의 1시간당 수량의 1.3~1.8배를 표준으로 한다. • 오수관거 및 펌프설비 등의 크기를 결정하는 데 사용되는 수량

∴ 계획 1일 평균오수량은 계획 1일 최대오수량의 70~80%를 기준으로 한다.

107. 동일한 조건에서 비중 2.5인 입자의 침전속도는 비중 2.0인 입자의 몇 배인가?(단, Stoke's 법칙 기준)

① 1.25배 ② 1.5배
③ 1.6배 ④ 2.5배

■해설 **Stoke's의 침강속도**

㉠ 침강속도

$$V_s = \frac{(w_s - w_w) \cdot d^2}{18\mu} = \frac{(\rho_s - \rho_w) \cdot g \cdot d^2}{18\mu}$$

㉡ 침강속도의 계산

• $V_{s2.0} = \dfrac{(w_s - w_w) \cdot d^2}{18\mu} = \dfrac{(2.0-1.0) \cdot d^2}{18\mu}$
  $= \dfrac{1.0d^2}{18\mu} = V$

• $V_{s2.5} = \dfrac{(w_s - w_w) \cdot d^2}{18\mu} = \dfrac{(2.5-1.0) \cdot d^2}{18\mu}$
  $= \dfrac{1.5d^2}{18\mu} = 1.5V$

∴ 비중이 2.5인 입자가 침강속도가 1.5배 빠르다.

108. 종말 침전지에서 유출되는 수량이 5,000m³/day이다. 여기에 염소 처리를 하기 위하여 유출수에 100kg/day의 염소를 주입한 후 잔류염소의 농도를 측정하였더니 0.5mg/L이었다면 염소요구량(농도)은?(단, 염소는 Cl_2 기준)

① 16.5mg/L ② 17.5mg/L
③ 18.5mg/L ④ 19.5mg/L

■해설 **염소요구량**

㉠ 염소요구량
• 염소요구량=요구농도×유량×1/순도
• 염소요구농도=주입농도-잔류농도

㉡ 염소요구농도의 계산
• 주입농도=주입량/유량
  $= \dfrac{100 \times 10^3}{5,000} = 20\text{mg/L}$
• 염소요구농도=주입농도-잔류농도
  $= 20 - 0.5 = 19.5\text{mg/L}$

109. 펌프의 분류 중 원심펌프의 특징에 대한 설명으로 옳은 것은?

① 일반적으로 효율이 높고, 적용 범위가 넓으며, 적은 유량을 가감하는 경우 소요동력이 적어도 운전에 지장이 없다.
② 양정변화에 대하여 수량의 변동이 적고 또 수량변동에 대해 동력의 변화도 적으므로 우수용 펌프 등 수위변동이 큰 곳에 적합하다.
③ 회전수를 높게 할 수 있으므로, 소형으로 되며 전양정이 4m 이하인 경우에 경제적으로 유리하다.
④ 펌프와 전동기를 일체로 펌프흡입실 내에 설치하며, 유입수량이 적은 경우 및 펌프장의 크기에 제한을 받는 경우 등에 사용한다.

■해설 **펌프의 종류**

종류	특징
원심력펌프	• 양정 20m 이상의 고양정 펌프이다. • 임펠러 회전에 의해 발생된 원심력을 수압력으로 전환하여 사용한다. • 안내날개의 유무에 따라 터빈펌프와 볼류트펌프로 나누어진다. • 상하수도용으로 가장 많이 이용된다. • 효율이 높고, 적용범위가 넓다.

|해답| 107.② 108.④ 109.①

종류	특징
사류펌프	• 양정 3~12m의 중양정 펌프이다. • 원심력작용과 양력작용 모두를 사용하는 펌프이다. • 양정(수위) 변화에 대처가 용이하다.
축류펌프	• 양정 4m 이하의 저양정 펌프이다. • 양력작용을 사용한다.

∴ 원심력 펌프의 특징은 효율이 높고, 적용범위가 넓으며, 적은 유량을 가감하는 경우 소요동력이 적어도 운전에 지장이 없다.

합류식	• 구배 완만, 매설깊이가 적으며 시공성이 좋다. • 초기 우수에 의한 노면배수처리가 가능하다. • 관경이 크므로 검사가 편리하고, 환기가 잘된다. • 건설비가 적게 든다. • 우천 시 수세효과가 있다. • 청천 시 관 내 침전, 효율이 저하된다.

∴ 분류식은 전오수의 확실한 처리가 가능한 방식으로 우천 시 오수가 월류하지 않는다.

110. 원형 하수관에서 유량이 최대가 되는 때는?

① 수심이 72~78% 차서 흐를 때
② 수심이 80~85% 차서 흐를 때
③ 수심이 92~94% 차서 흐를 때
④ 가득 차서 흐를 때

■ 해설 원형 관에서의 최대유속, 유량과 수심의 관계
㉠ 유량 : $Q_{\max} = 0.94D$
㉡ 유속 : $V_{\max} = 0.813D$
∴ 원형 관에서의 유량은 수심이 약 92~94% 정도 차서 흐를 때 최대가 된다.

111. 하수관거의 배제방식에 대한 설명으로 틀린 것은?

① 합류식은 청천 시 관 내에 오물이 침전하기 쉽다.
② 분류식은 합류식에 비해 부설비용이 많이 든다.
③ 분류식은 우천 시 오수가 월류하도록 설계한다.
④ 합류식 관거는 단면이 커서 환기가 잘 되고 검사에 편리하다.

■ 해설 하수의 배제방식

분류식	• 수질오염 방지 면에서 유리하다. • 청천 시에도 퇴적의 우려가 없다. • 강우 초기 노면 배수 효과가 없다. • 시공이 복잡하고 오접합의 우려가 있다. • 우천 시 수세효과를 기대할 수 없다. • 공사비가 많이 든다.

112. 하수관으로 폐수를 운반할 때 하수관의 직경이 0.5m에서 0.3m로 변환되었을 경우, 직경이 0.5m인 하수관 내의 유속이 2m/s이었다면 직경이 0.3m인 하수관 내의 유속은?

① 0.72m/s
② 1.20m/s
③ 3.33m/s
④ 5.56m/s

■ 해설 연속방정식
㉠ 질량보존의 법칙에 의해 만들어진 방정식이다.
$Q = A_1 V_1 = A_2 V_2$ (체적유량)
㉡ 유속의 산정
$V_2 = \dfrac{A_1}{A_2} V_1 = \dfrac{D_1^2}{D_2^2} V_1 = \dfrac{0.5^2}{0.3^2} \times 2 = 5.56 \text{m/sec}$

113. 하천, 수로, 철도 및 이설이 불가능한 지하매설물의 아래에 하수관을 통과시킬 경우 필요한 하수관로 시설은?

① 간선
② 관정접합
③ 맨홀
④ 역사이펀

■ 해설 역사이펀
㉠ 정의
하수관거 시공 중 하천, 궤도, 지하철 등의 장애물을 횡단하는 경우 설치하는 시설
㉡ 설계 시 고려사항
• 관내 유속은 상층부보다 20~30% 증가시킨다.
• 상·하류 복월실에는 진흙받이를 설치한다.
• 역사이펀의 입구, 출구는 손실수두를 줄이기 위해 종구(Bell Mouth)형으로 설치한다.

- 역사이편의 구조는 장애물 양측의 역사이편실을 설치하고 이것을 역사이편 관거로 연결한다.

114. 다음 중 COD에 대한 설명으로 옳은 것은?

① BOD에 비해 짧은 시간에 측정이 가능하다.
② COD는 오염의 지표로서 폐수 중의 용존산소량을 나타낸다.
③ COD는 미생물을 이용한 측정방법이다.
④ 무기물을 분해하는 데에 소모되는 산화제의 양을 나타낸다.

■해설 COD
- COD는 해양오염이나 공장폐수의 오염지표로 사용되며, 유기물 함유량 측정수단으로 사용된다.
- BOD는 측정에 최소 5일이 소모되지만, COD는 짧은 시간에 측정이 가능하다.
- COD는 화학적 산소요구량으로 수중의 유기물을 CO_2, H_2O로 산화시키는 데 요구되는 산소량이다.
- COD는 생물학적으로 분해 가능한 것과 불가능한 것으로 구분할 수 있다.($COD = COD_{bio} + COD_{nb}$)
- COD는 BOD와 달리 채수 후 바로 측정하지 않아도 된다. 이때 시료수는 채수 후 바로 황산(SO_2)을 주입하여 시료수 내 미생물의 활동을 억제해야 한다.

115. BOD 250mg/L의 폐수 30,000m³/day를 활성슬러지법으로 처리하고자 한다. 반응조 내의 MLSS 농도가 2,500mg/L, F/M비가 0.5kg BOD/kg MLSS·day로 처리하고자 하면 BOD 용적부하는?

① 0.5kg BOD/m³·day
② 0.75kg BOD/m³·day
③ 1.0kg BOD/m³·day
④ 1.25kg BOD/m³·day

■해설 BOD 용적부하
㉠ BOD 슬러지부하

$$F/M = \frac{1일\ BOD량}{MLSS\ 무게} = \frac{BOD\ 농도 \times Q}{MLSS\ 농도 \times V}$$

∴ 포기조 체적(V) $= \dfrac{BOD\ 농도 \times Q}{MLSS\ 농도 \times F/M}$

$$= \frac{250 \times 30,000}{2,500 \times 0.5} = 6,000 m^3$$

㉡ BOD 용적부하

BOD 용적부하 $= \dfrac{하수량 \times 하수의\ BOD\ 농도}{포기조\ 부피}$

$$= \frac{30,000 \times 250 \times 10^{-3}}{6,000}$$

$$= 1.25 kg/m^3 \cdot day$$

116. 그림은 유효저수량을 결정하기 위한 유량누가곡선도이다. 이 곡선의 유효저수용량을 의미하는 것은?

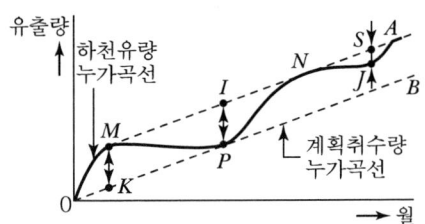

① $\overline{MK}$
② $\overline{IP}$
③ $\overline{SJ}$
④ $\overline{OP}$

■해설 유량누가곡선도
㉠ 유량누가곡선도는 유입량누가곡선과 유출량누가곡선을 이용하여 저수지 용량 및 저수시작점 등을 결정할 수 있는 방법이다.
㉡ 유입량누가곡선의 골에 수직의 발을 내린 종거가 가장 큰 $\overline{IP}$가 저수지용량이 된다.

117. 활성슬러지 공법의 설계인자가 아닌 것은?

① 먹이/미생물 비
② 고형물체류시간
③ 비회전도
④ 유기물질 부하

■해설 활성슬러지법의 설계인자
활성슬러지법의 설계인자에는 BOD용적부하, BOD슬러지부하(먹이/미생물 비), 수리학적 체류시간(HRT), 고형물 체류시간(SRT), 슬러지 용적지수(SVI), 슬러지 반송률 등이 있다.
∴ 설계인자와 거리가 먼 것은 비회전도이다.

|해답| 114.① 115.④ 116.② 117.③

118. 계획 시간 최대배수량의 식 $q = K \times \dfrac{Q}{24}$에 대한 설명으로 틀린 것은?

① 계획 시간 최대배수량은 배수구역 내의 계획급수 인구가 그 시간대에 최대량의 물을 사용한다고 가정하여 결정한다.
② Q는 계획 1일 평균급수량으로 단위는 [m³/day] 이다.
③ K는 시간계수로 계획시간 최대배수량의 시간 평균배수량에 대한 비율을 의미한다.
④ 시간계수는 1일 최대급수량이 클수록 작아지는 경향이 있다.

■해설 급수량의 산정
㉠ 급수량의 종류

종류	내용
계획 1일 최대급수량	수도시설 규모 결정의 기준이 되는 수량=계획 1일 평균급수량×1.5(중·소도시), 1.3(대도시, 공업도시)
계획 1일 평균급수량	재정계획수립에 기준이 되는 수량=계획 1일 최대급수량×0.7(중·소도시), 0.85(대도시, 공업도시)
계획시간 최대급수량	배수 본관의 구경 결정에 사용=계획 1일 최대급수량/24×1.3(대도시, 공업도시), 1.5(중소도시), 2.0(농촌, 주택단지)

㉡ 계획시간 최대급수량의 산정
계획시간 최대급수량=계획 1일 최대급수량/24 ×1.3(대도시, 공업도시), 1.5(중소도시), 2.0 (농촌, 주택단지)
∴ $q = K \times \dfrac{Q}{24}$의 형태로 만든다면 Q는 계획 1일 최대급수량이다.

119. 인구 200,000명인 도시에서 1인당 하루 300L를 급수할 경우, 급속여과지의 표면적은?(단, 여과속도는 150m/day이다.)

① 150m²
② 300m²
③ 400m²
④ 600m²

■해설 여과지 면적
㉠ 여과지 면적
$A = \dfrac{Q}{V}$

㉡ 여과지 면적의 산정
• $Q = 300 \times 10^{-3} \times 200,000 = 60,000 \text{m}^3/\text{day}$
• $A = \dfrac{Q}{V} = \dfrac{60,000}{150} = 400 \text{m}^2$

120. 계획급수량 결정에서 첨두율에 대한 설명으로 옳은 것은?

① 첨두율은 평균급수량에 대한 평균사용수량의 크기를 의미한다.
② 급수량의 변동폭이 작을수록 첨두율 값이 크다.
③ 일반적으로 소규모의 도시일수록 급수량의 변동폭이 작아 첨두율이 크다.
④ 첨두율은 도시규모에 따라 변하며, 기상조건, 도시의 성격 등에 의해서도 좌우된다.

■해설 첨두율
• 첨두부하율은 일최대급수량을 결정하기 위한 요소로 일최대급수량을 일평균급수량으로 나눈 값이다.
첨두부하율 = 일최대급수량/일평균급수량
• 첨두부하는 해당 지자체의 과거 3년 이상의 일일 공급량을 분석하여 산출하고, 또한 첨두부하는 해마다 그 당시의 기온, 가뭄상황 등에 따라 다르게 나타날 수 있으므로 해당 지역의 과거 자료를 이용하여 첨두부하를 결정한다.

|해답| 118.② 119.③ 120.④

과년도 기출복원문제 (2024년 5월 시행 기출복원)

제1과목 응용역학

01. 그림과 같은 단순보에 등분포하중과 집중하중이 작용할 경우 최대 모멘트 값은?

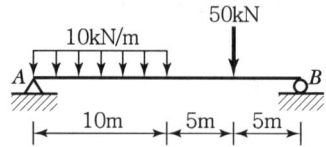

① 375kN · m ② 383kN · m
③ 402kN · m ④ 416kN · m

해설 $\sum M_{\circledA} = 0 (\curvearrowright \oplus)$
$(10 \times 10) \times 5 + 50 \times 15 - R_{By} \times 20 = 0$
$R_{By} = 62.5 \text{kN}(\uparrow)$
$\sum F_y = 0 (\uparrow \oplus)$
$R_{Ay} - (10 \times 10) - 50 + R_{By} = 0$
$R_{Ay} = 150 - R_{By} = 150 - 62.5 = 87.5 \text{kN}(\uparrow)$

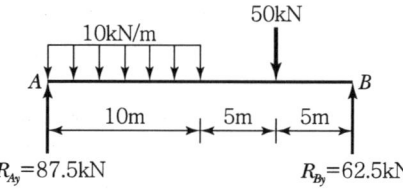

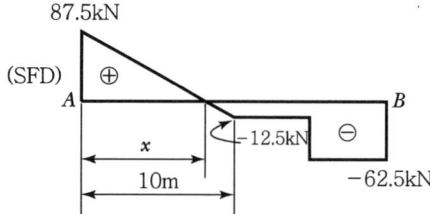

최대휨모멘트가 발생되는 위치는 전단력이 '0'인 곳이고, 그 크기는 전단력도(SFD)에서 전단력이 '0'인 곳까지의 면적이다.

- 전단력이 '0'인 곳의 위치
  $87.5 \text{kN} : x = 10 \text{kN} : 1 \text{m}$
  $x = 8.75 \text{m}$(A지점으로부터 우측으로 8.75m 떨어진 곳)
- 최대 휨모멘트
  $M_{\max} = \frac{1}{2} \times 87.5 \times 8.75 = 382.8 \text{kN} \cdot \text{m}$

02. 다음 그림과 같은 불규칙한 단면의 $A-A$축에 대한 단면 2차 모멘트는 $35 \times 10^6 \text{mm}^4$이다. 만약 단면의 총면적이 $1.2 \times 10^4 \text{mm}^2$이라면, $B-B$축에 대한 단면 2차 모멘트는 얼마인가?(단, $D-D$축은 단면의 도심을 통과한다.)

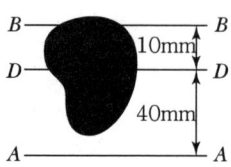

① $15.8 \times 10^4 \text{mm}^4$ ② $17 \times 10^6 \text{mm}^4$
③ $17 \times 10^5 \text{mm}^4$ ④ $15.8 \times 10^5 \text{mm}^4$

해설 $I_{DD} = I_{AA} - A \times (40)^2$
$= (35 \times 10^6) - (1.2 \times 10^4) \times (40)^2$
$= 15.8 \times 10^6 \text{mm}^4$
$I_{BB} = I_{DD} + A \times (10)^2$
$= 15.8 \times 10^6 + (1.2 \times 10^4) \times 10^2$
$= 17 \times 10^6 \text{mm}^4$

|해답| 1.② 2.②

03. 그림과 같이 $a \times 2a$의 단면을 갖는 기둥에 편심거리 $\dfrac{a}{2}$ 만큼 떨어져서 P가 작용할 때 기둥에 발생할 수 있는 최대 압축응력은?(단, 기둥은 단주이다.)

① $\dfrac{4P}{7a^2}$
② $\dfrac{7P}{8a^2}$
③ $\dfrac{5P}{4a^2}$
④ $\dfrac{13P}{2a^2}$

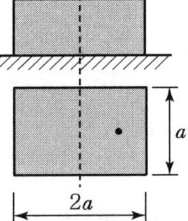

■해설
$\sigma_{max} = -\dfrac{P}{A}\left(1+\dfrac{e_x}{k_x}\right) = -\dfrac{P}{bh}\left(1+\dfrac{6e_x}{h}\right)$
$= -\dfrac{P}{a \times 2a}\left(1+\dfrac{6 \times \dfrac{a}{2}}{2a}\right) = -\dfrac{5P}{4a^2}$ (압축)

04. 다음 부정정보에서 B점의 반력은?

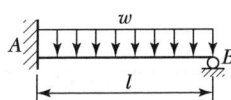

① $\dfrac{5}{16}wl(\uparrow)$
② $\dfrac{3}{4}wl(\uparrow)$
③ $\dfrac{3}{8}wl(\uparrow)$
④ $\dfrac{3}{16}wl(\uparrow)$

■해설 $R_{By} = \dfrac{3wl}{8}(\uparrow)$

05. 양단 내민보에 그림과 같이 등분포하중 $W=1$kN/m가 작용할 때 C점의 전단력은 얼마인가?

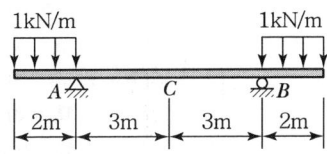

① 0kN
② 0.5kN
③ 1.0kN
④ 1.5kN

■해설
$\Sigma M_\text{Ⓑ} = 0(\curvearrowright\oplus)$
$-1 \times 2 \times 7 + R_A \times 6 + 1 \times 2 \times 1 = 0$
$R_A = 2$kN$(\uparrow)$

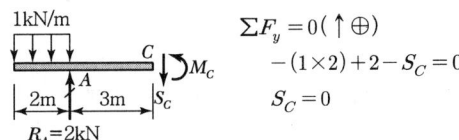

$\Sigma F_y = 0(\uparrow\oplus)$
$-(1 \times 2) + 2 - S_C = 0$
$S_C = 0$

06. 다음 중 재료의 역학적 성질 중 탄성계수를 E, 전단 탄성계수를 G, 포아송수를 m이라 할 때, 각 성질의 상호관계식으로 옳은 것은?

① $G = \dfrac{m}{2(m+1)}$
② $G = \dfrac{E}{2(m+1)}$
③ $G = \dfrac{m}{2(m-1)}$
④ $G = \dfrac{mE}{2(m+1)}$

■해설 $G = \dfrac{E}{2(1+\nu)} = \dfrac{E}{2\left(1+\dfrac{1}{m}\right)} = \dfrac{mE}{2(m+1)}$

07. 그림과 같은 캔틸레버보에서 최대 처짐각(θ_B)은?(단, EI는 일정하다.)

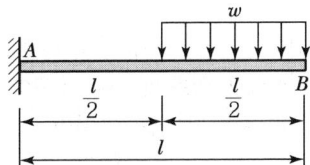

① $\dfrac{3Wl^3}{48EI}$
② $\dfrac{7Wl^3}{48EI}$
③ $\dfrac{9Wl^3}{48EI}$
④ $\dfrac{5Wl^3}{48EI}$

■해설

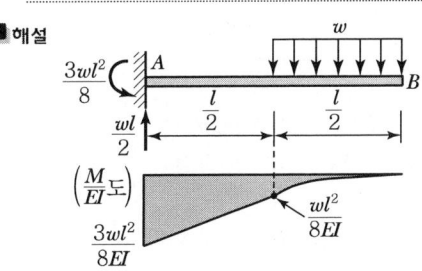

|해답| 3.③ 4.③ 5.① 6.④ 7.②

$$\theta_B = \frac{wl^2}{8EI} \times \frac{l}{2} + \frac{1}{2} \times \frac{2wl^2}{8EI} \times \frac{l}{2} + \frac{1}{3} \times \frac{wl^2}{8EI} \times \frac{l}{2}$$
$$= \frac{7wl^3}{48EI}$$

08. 그림과 같은 2경간 연속보에서 B점이 50mm 아래로 침하하고, C점이 20mm 위로 상승하는 변위를 각각 취했을 때 B점의 휨모멘트로서 옳은 것은?

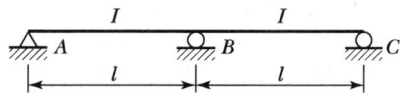

① $200EI/l^2$ ② $180EI/l^2$
③ $150EI/l^2$ ④ $120EI/l^2$

■해설 $M_A = 0$, $M_C = 0$
$(A-B-C)$
$$M_A\left(\frac{l}{I}\right) + 2M_B\left(\frac{l}{I} + \frac{l}{I}\right) + M_C\left(\frac{l}{I}\right)$$
$$= \frac{6 \times E \times 50}{l} + \frac{6 \times E \times 70}{l}$$
$$4M_B\left(\frac{l}{I}\right) = \frac{720E}{l}, \quad M_B = \frac{180EI}{l^2}$$

09. 부양력 2kN인 기구가 수평선과 60°의 각으로 정지상태에 있을 때 기구의 끈에 작용하는 인장력(T)과 풍압(W)을 구하면?

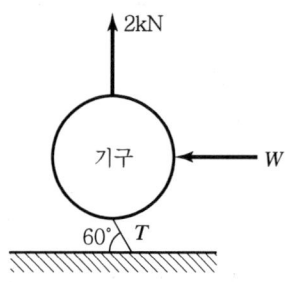

① $T = 2.21$kN, $W = 1.05$kN
② $T = 2.31$kN, $W = 1.15$kN
③ $T = 2.21$kN, $W = 1.25$kN
④ $T = 2.31$kN, $W = 1.35$kN

■해설

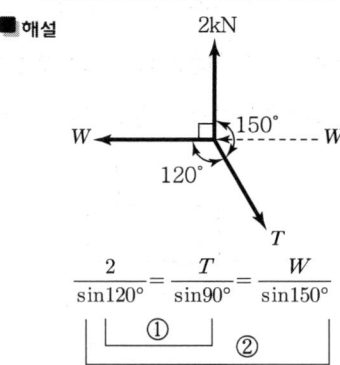

$$\underbrace{\frac{2}{\sin 120°} = \frac{T}{\sin 90°}}_{①} = \underbrace{\frac{W}{\sin 150°}}_{②}$$

①의 관계로부터
$$T = \frac{2}{\sin 120°} \times \sin 90° = 2.31 \text{kN}$$

②의 관계로부터
$$W = \frac{2}{\sin 120°} \times \sin 150° = 1.15 \text{kN}$$

■참고 정역학(대상 물체를 강체로 고려)에서는 힘을 Sliding Vector까지 확장해서 취급

10. 그림과 같이 C점이 내부힌지로 구성된 게르버보에서 B지점에 발생하는 모멘트의 크기는?

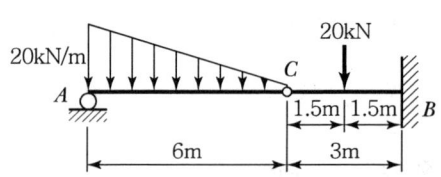

① 90kN · m ② 60kN · m
③ 30kN · m ④ 10kN · m

■해설

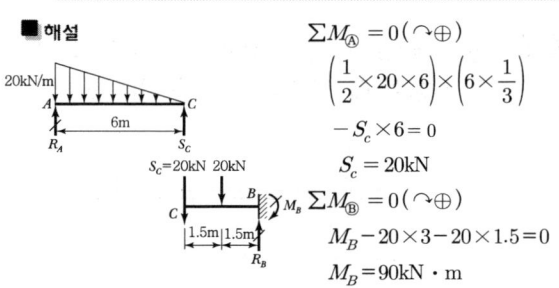

$\Sigma M_{\text{Ⓐ}} = 0 \, (\curvearrowright \oplus)$
$\left(\frac{1}{2} \times 20 \times 6\right) \times \left(6 \times \frac{1}{3}\right) - S_c \times 6 = 0$
$S_c = 20$kN

$\Sigma M_{\text{Ⓑ}} = 0 \, (\curvearrowright \oplus)$
$M_B - 20 \times 3 - 20 \times 1.5 = 0$
$M_B = 90$kN · m

11. 그림과 같은 이축응력(二軸應力)을 받고 있는 요소의 체적변형율은?(단, 탄성계수 $E=2\times10^5$ MPa, 포아송비 $\nu=0.3$)

① 0.0003
② 0.0004
③ 0.0005
④ 0.0006

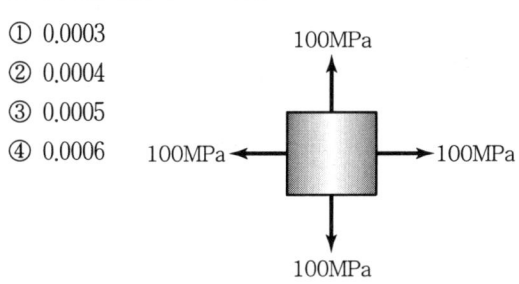

■해설
$$\varepsilon_V = \frac{1-2\nu}{E}(\sigma_x+\sigma_y+\sigma_z)$$
$$= \frac{1-2\times0.3}{2\times10^5}(100+100+0) = 0.0004$$

12. 다음 그림과 같은 정정 라멘에서 C점의 수직 처짐은?

① $\dfrac{PL^3}{3EI}(L+2H)$

② $\dfrac{PL^2}{3EI}(3L+H)$

③ $\dfrac{PL^2}{3EI}(L+3H)$

④ $\dfrac{PL^3}{3EI}(2L+H)$

■해설 단위하중법을 적용하여 C점의 수직 처짐을 구하면 다음과 같다.

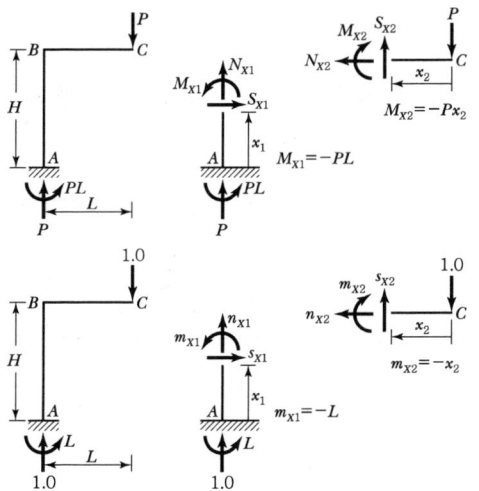

$$y_c = \Sigma\int\frac{Mm}{EI}dx$$
$$= \int_0^H \frac{1}{EI}(-PL)(-L)dx_1$$
$$+ \int_0^L \frac{1}{EI}(-Px_2)(-x_2)dx_2$$
$$= \frac{1}{EI}\left[PL^2 x_1\right]_0^H + \frac{1}{EI}\left[\frac{P}{3}x_2^3\right]_0^L$$
$$= \frac{PL^2 H}{EI} + \frac{PL^3}{3EI} = \frac{PL^2}{3EI}(L+3H)$$

13. 다음 연속보가 정정보로 되려면, 필요한 힌지(Hinge)수는?

① 3개
② 4개
③ 5개
④ 6개

■해설 (보의 경우)
$N = r-3-j = 6-3-j = 0$, $j=3$
여기서, N : 부정정차수
r : 반력수
j : 내부힌지수

즉, 이 구조물은 3차 부정정 구조물이므로 3개의 내부 힌지가 있어야 정정 구조물이 된다.

14. 그림과 같은 3힌지 라멘의 휨모멘트선도(BMD)는?

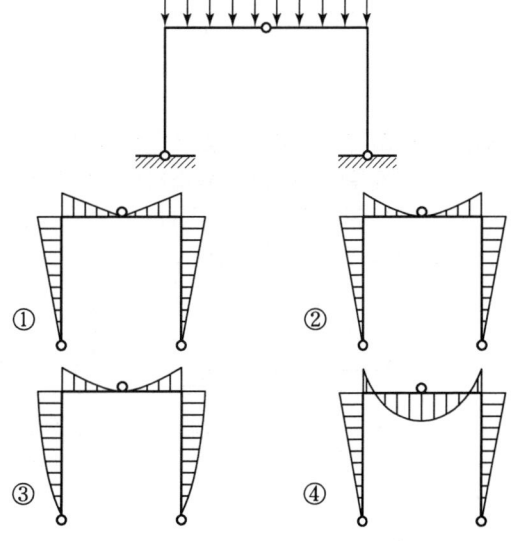

|해답| 11.② 12.③ 13.① 14.②

■해설
- 수평부재의 내부힌지 위치
  → $M=0$
- 수평부재에 등분포하중 작용
  → 수평부재의 BMD는 2차 곡선
- 수직부재의 지점에서 수평반력(집중하중) 발생
  → 수직부재의 BMD는 1차 직선

① $\dfrac{1}{2}$ ② $\dfrac{3}{5}$

③ $\dfrac{4}{7}$ ④ $\dfrac{5}{7}$

■해설 $k_{BA} : k_{BC} = \dfrac{EI}{8} : \dfrac{2EI}{8} \times \dfrac{3}{4} = 2 : 3$

$f_{BC} = \dfrac{k_{BC}}{\sum k_i} = \dfrac{3}{2+3} = \dfrac{3}{5}$

15. 두 주응력의 크기가 아래 그림과 같다. 이 면과 $\theta = 45°$를 이루고 있는 면의 응력은?

① $\sigma_\theta = 0$MPa
   $\tau = 0$MPa
② $\sigma_\theta = 80$MPa
   $\tau = 0$MPa
③ $\sigma_\theta = 0$MPa
   $\tau = 40$MPa
④ $\sigma_\theta = 40$MPa
   $\tau = 40$MPa

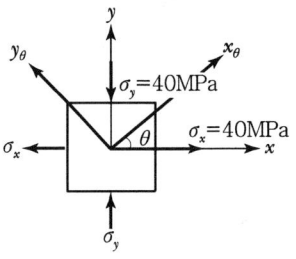

17. 다음 그림과 같은 보에서 두 지점의 반력이 같게 되는 하중의 위치(x)를 구하면?

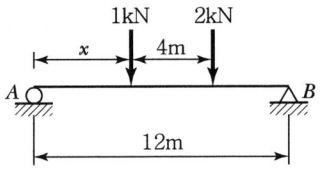

① 0.33m   ② 1.33m
③ 2.33m   ④ 3.33m

■해설 $\sigma_x = 40$MPa, $\sigma_y = -40$MPa, $\tau_{xy} = 0$

$\sigma_\theta = \dfrac{1}{2}(\sigma_x + \sigma_y) + \dfrac{1}{2}(\sigma_x - \sigma_y)\cos 2\theta + \tau_{xy}\sin 2\theta$

$= \dfrac{1}{2}(40-40) + \dfrac{1}{2}(40+40)\cos 90° + 0 \times \sin 90° = 0$

$\tau_\theta = \dfrac{1}{2}(\sigma_x - \sigma_y)\sin 2\theta - \tau_{xy}\cos 2\theta$

$= \dfrac{1}{2}(40+40)\sin 90° - 0 \times \cos 90° = 40$MPa

■해설 $\sum F_y = 0 (\uparrow \oplus)$
$R_A + R_B - 1 - 2 = 0$
$R_A + (R_A) = 3$
$R_A = 1.5$kN($\uparrow$)
$R_B = R_A = 1.5$kN($\uparrow$)

$\sum M_{\circledA} = 0 (\curvearrowright \oplus)$
$1 \times x + 2 \times (x+4) - 1.5 \times 12 = 0$
$x = 3.33$m

16. 다음의 부정정구조물을 모멘트 분배법으로 해석하고자 한다. C점이 롤러지점임을 고려한 수정 강도계수에 의하여 B점에서 C점으로 분배되는 분배율 f_{BC}를 구하면?

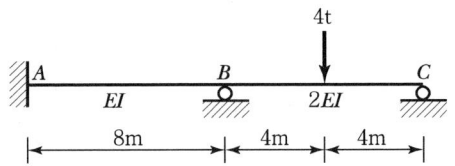

18. 아래 그림과 같은 트러스에서 응력이 발생하지 않는 부재는?

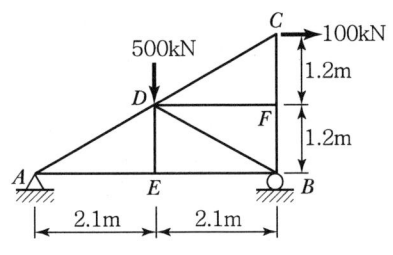

① DE 및 DF ② DE 및 DB
③ AD 및 DC ④ DB 및 DC

|해답| 15.③ 16.② 17.④ 18.①

■해설 ㉠ 절점 E에서

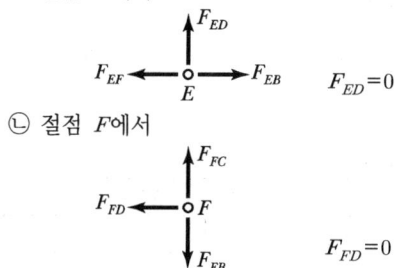

$F_{ED}=0$

㉡ 절점 F에서

$F_{FD}=0$

19. 그림과 같은 하중을 받는 보의 최대 전단응력은?

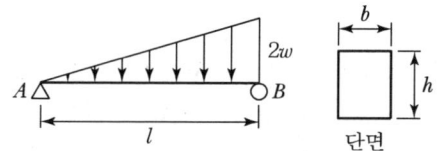

① $\dfrac{2}{3}\dfrac{wl}{bh}$ ② $\dfrac{3}{2}\dfrac{wl}{bh}$

③ $2\dfrac{wl}{bh}$ ④ $\dfrac{wl}{bh}$

■해설 단순보에서 최대전단력(S_{max})은 지점에서 발생한다.

$R_A = \dfrac{(2w)l}{6} = \dfrac{wl}{3}$, $R_B = \dfrac{(2w)l}{3} = \dfrac{2wl}{3}$

$S_{max} = R_B = \dfrac{2wl}{3}$

$\tau_{max} = \alpha \dfrac{S_{max}}{A} = \dfrac{3}{2} \cdot \dfrac{\left(\dfrac{2wl}{3}\right)}{(bh)} = \dfrac{wl}{bh}$

20. 그림에서 P_1이 C점에 작용하였을 때 C 및 D점의 수직 변위가 각각 4mm, 3mm이고, P_2가 D점에서 단독으로 작용하였을 때 C, D점의 수직 변위는 2mm, 2.5mm였다. P_1과 P_2가 동시에 작용하였을 때 P_1, P_2가 하는 일을 구하면?

① 125kN·mm
② 145kN·mm
③ 225kN·mm
④ 245kN·mm

■해설 $W_{12} = \dfrac{1}{2}P_1\delta_{11} + \dfrac{1}{2}P_2\delta_{22} + P_1\delta_{12}$
$= \dfrac{1}{2}\times 30\times 4 + \dfrac{1}{2}\times 20\times 2.5 + 30\times 2$
$= 145\text{kN}\cdot\text{mm}$

제2과목 측량학

21. 사진측량에 대한 설명 중 틀린 것은?

① 항공사진의 축척은 카메라의 초점거리에 비례하고, 비행고도에 반비례한다.
② 촬영고도가 동일한 경우 촬영기선길이가 증가하면 중복도는 낮아진다.
③ 과고감은 지도축척과 사진축척의 불일치에 의해 나타난다.
④ 입체시된 영상의 과고감은 기선고도비가 클수록 커지게 된다.

■해설 과고감
지표면의 기복을 과장하여 나타낸 것으로 사면의 경사가 실제보다 급하게 보인다.

22. 수준측량에서 발생하는 오차에 대한 설명으로 틀린 것은?

① 기계의 조정에 의해 발생하는 오차는 전시와 후시의 거리를 같게 하여 소거할 수 있다.
② 표척의 영눈금 오차는 출발점의 표척을 도착점에서 사용하여 소거할 수 있다.
③ 측지삼각수준측량에서 곡률오차와 굴절오차는 그 양이 미소하므로 무시할 수 있다.
④ 기포의 수평 조정이나 표척면의 읽기는 육안으로 한계가 있으나 이로 인한 오차는 일반적으로 허용오차 범위 안에 들 수 있다.

■해설 측지(대지)측량에서는 구차와 기차, 즉 양차를 보정해야 한다.

$\Delta h = \dfrac{D^2}{2R}(1-K)$

23. 삼각형의 토지면적을 구하기 위해 밑변 a와 높이 h를 구하였다. 토지의 면적과 표준오차는?(단, $a = 15 \pm 0.015\text{m}$, $h = 25 \pm 0.025\text{m}$)

① $187.5 \pm 0.04\text{m}^2$
② $187.5 \pm 0.27\text{m}^2$
③ $375.0 \pm 0.27\text{m}^2$
④ $375.0 \pm 0.53\text{m}^2$

■해설
- 오차$(m) = \pm \frac{1}{2}\sqrt{(a \times m_h)^2 + (h \times m_a)^2}$
$= \frac{1}{2}\sqrt{(15 \times 0.025)^2 + (25 \times 0.015)^2}$
$= \pm 0.265$
- 면적$(A_o) = A \pm M$
$= \frac{1}{2} \times 15 \times 25 \pm 0.265 = 187.5 \pm 0.27\text{m}^2$

24. 하천측량에서 수애선이 기준이 되는 수위는?
① 갈수위 ② 평수위
③ 저수위 ④ 고수위

■해설 수애선은 하천경계의 기준이며 평균 평수위를 기준으로 한다.

25. 트래버스 측점 A의 좌표가 (200, 200)이고, AB 측선의 길이가 50m일 때 B점의 좌표는? (단, AB의 방위각은 195°이고, 좌표의 단위는 m이다.)

① (248.3, 187.1)
② (248.3, 212.9)
③ (151.7, 187.1)
④ (151.7, 212.9)

■해설
㉠ $X_B = X_A + 위거(L_{AB})$, $Y_B = Y_A + 경거(D_{AB})$
㉡ $X_B = X_A + l\cos\theta = 200 + 50 \cdot \cos 195°$
$= 151.70\text{m}$
㉢ $Y_B = Y_A + l\sin\theta = 200 + 50 \cdot \sin 195°$
$= 187.06\text{m}$
㉣ $(X_B, Y_B) = (151.7, 187.1)$

26. 축척 1 : 5,000 수치지형도의 주곡선 간격으로 옳은 것은?
① 5m ② 10m
③ 15m ④ 20m

■해설 등고선 간격

구분	1 : 5,000	1 : 10,000	1 : 25,000	1 : 50,000
주곡선	5m	5m	10m	20m
계곡선	25m	25m	50m	100m
간곡선	2.5m	2.5m	5m	10m
조곡선	1.25m	1.25m	2.5m	5m

27. 등경사인 지성선 상에 있는 A, B표고가 각각 43m, 63m이고 $\overline{AB}$의 수평거리는 80m이다. 45m, 50m 등고선과 지성선 $\overline{AB}$의 교점을 각각 C, D라고 할 때 $\overline{AC}$의 도상길이는?(단, 도상축척은 1 : 100이다.)

① 2m
② 4m
③ 8m
④ 12m

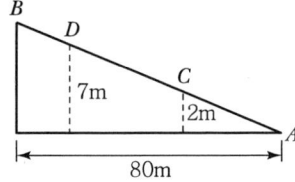

■해설 비례식 이용 $(x : h = D : H)$

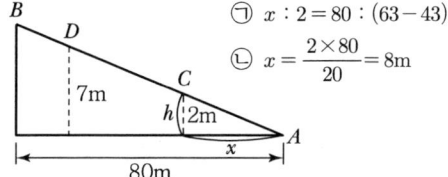

㉠ $x : 2 = 80 : (63 - 43)$
㉡ $x = \frac{2 \times 80}{20} = 8\text{m}$

28. GPS 구성 부문 중 위성의 신호 상태를 점검하고, 궤도 위치에 대한 정보를 모니터링하는 임무를 수행하는 부문은?
① 우주부문
② 제어부문
③ 사용자부문
④ 개발부문

■해설 GPS 구성
　㉠ 우주부분 : 21개의 위성과 3개의 예비위성으로 구성 전파신호를 보내는 역할
　㉡ 제어부분 : 위성의 신호상태를 점검, 궤도위치에 대한 정보를 모니터링
　㉢ 사용자부분 : 위성으로부터 전송되는 신호정보를 이용하여 수신기 위치 결정

29. 지형을 표시하는 방법 중에서 짧은 선으로 지표의 기복을 나타내는 방법은?
　① 점고법　　　② 영선법
　③ 단채법　　　④ 등고선법

■해설 영선(우모)법 단상의 선으로 기복을 표시하는 방법

30. GNSS 측량에 대한 설명으로 옳지 않은 것은?
　① 3차원 공간 계측이 가능하다.
　② 기상의 영향을 거의 받지 않으며 야간에도 측량이 가능하다.
　③ Bessel 타원체를 기준으로 경위도 좌표를 수집하기 때문에 좌표정밀도가 높다.
　④ 기선 결정의 경우 두 측점 간의 시통에 관계가 없다.

■해설 GNSS(범지구위성항법 시스템)는 미국의 GPS, 러시아의 GLONASS, 유럽의 Galileo 프로젝트, 중국의 Beidou, 일본의 QZSS 등이 속한다.
사용좌표계는 세계 다수의 국가가 사용하는 ITRF계 미국의 GPS운영측지계인 WGS계 러시아의 GNONASS 운영측지계인 PZ계로 나눌 수 있다.

31. 그림과 같은 유토곡선(Mass Curve)에서 하향구간이 의미하는 것은?

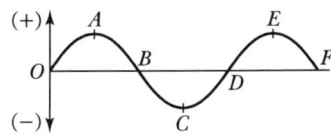

　① 성토구간　　　② 절토구간
　③ 운반토량　　　④ 운반거리

■해설 유토곡선에서 상향구간은 절토구간, 하향구간은 성토구간이다.

32. 그림과 같은 유심다각망의 조정에 필요한 조건방정식의 총수는?

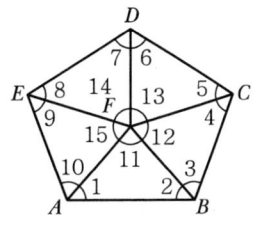

　① 5개　　　② 6개
　③ 7개　　　④ 8개

■해설 조건식의 총수 $= B + a - 2p + 3$
　　　　　　　　$= 1 + 15 - 2 \times 6 + 3 = 7$개

■참고 각조건=5, 점조건=1, 변조건=1, 총 조건 7개

33. 그림과 같은 삼각형을 직선 AP로 분할하여 $m : n = 3 : 7$의 면적비율로 나누기 위한 BP의 거리는?(단, BC의 거리=500m)

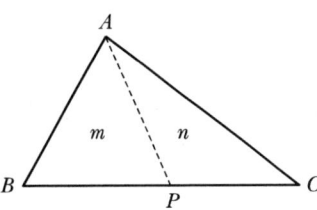

　① 100m　　　② 150m
　③ 200m　　　④ 250m

■해설 한 꼭짓점을 지나는 직선에 의한 분할
$$\overline{BP} = \frac{m}{m+n}\overline{BC}$$
$$= \frac{3}{3+7} \times 500$$
$$= 150\text{m}$$

34. 직접고저측량을 실시한 결과가 그림과 같을 때, A점의 표고가 10m라면 C점의 표고는?(단, 그림은 개략도로 실제 치수와 다를 수 있음)

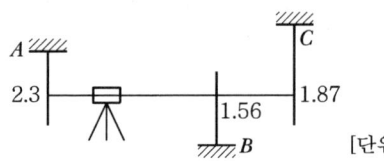

① 9.57m ② 9.66m
③ 10.57m ④ 10.66m

■해설 $H_C = H_A - 2.3 + 1.87 = 10 - 2.3 + 1.87 = 9.57m$

35. 그림과 같은 삼각망에서 CD의 거리는?

① 1,732m
② 1,000m
③ 866m
④ 750m

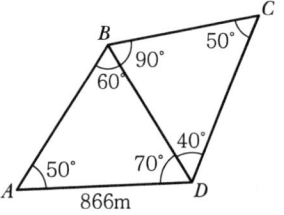

■해설
- $\overline{BD} = \dfrac{\sin 50°}{\sin 60°} \times 866 = 766.02m$
- $\overline{CD} = \dfrac{\sin 90°}{\sin 50°} \times 766.02 = 999.968m ≒ 1,000m$

36. 그림과 같은 반지름=50m인 원곡선을 설치하고자 할 때 접선거리 $\overline{AI}$ 상에 있는 $\overline{HC}$의 거리는?(단, 교각=60°, α=20°, ∠AHC=90°)

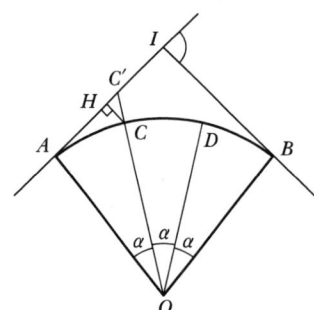

① 0.19m ② 1.98m
③ 3.02m ④ 3.24m

■해설
㉠ $\cos\alpha = \dfrac{\overline{AO}}{\overline{CO'}}$
$\overline{OC'} = \dfrac{\overline{AO}}{\cos\alpha} = \dfrac{50}{\cos 20°} = 53.21m$

㉡ $\overline{CC'} = \overline{OC'} - R = 53.21 - 50 = 3.21m$

㉢ $\cos\alpha = \dfrac{\overline{HC}}{\overline{CC'}}$
$\overline{HC} = \overline{CC'}\cos\theta = 3.21 \times \cos 20° = 3.02m$

37. 캔트(Cant)의 계산에서 속도 및 반지름을 2배로 하면 캔트는 몇 배가 되는가?

① 2배 ② 4배
③ 8배 ④ 16배

■해설
- 캔트(C) $= \dfrac{SV^2}{Rg}$
- 속도와 반지름이 2배이면 캔트(C)는 2배가 된다.

38. 그림과 같은 복곡선에서 $t_1 + t_2$의 값은?

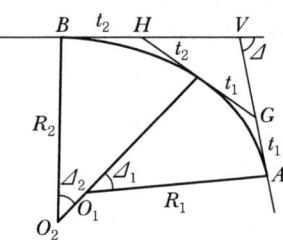

① $R_1(\tan\Delta_1 + \tan\Delta_2)$
② $R_2(\tan\Delta_1 + \tan\Delta_2)$
③ $R_1\tan\Delta_1 + R_2\tan\Delta_2$
④ $R_1\tan\dfrac{\Delta_1}{2} + R_2\tan\dfrac{\Delta_2}{2}$

■해설
- 접선장($T.L$) $= R\tan\dfrac{I}{2}$
- $t_1 = R_1\tan\dfrac{\Delta_1}{2}, t_2 = R_2\tan\dfrac{\Delta_2}{2}$
- $t_1 + t_2 = R_1\tan\dfrac{\Delta_1}{2} + R_2\tan\dfrac{\Delta_2}{2}$

39. 항공 LIDAR 자료의 활용 분야로 틀린 것은?

① 도로 및 단지 설계
② 골프장 설계
③ 지하수 탐사
④ 연안 수심 DB구축

■해설 LIDAR의 활용범위
• 지형 및 일반구조물의 측량
• 용적계산
• 구조물의 변형량 계산
• 가상공간 및 건물시뮬레이션

40. 교점($I.P$)까지의 누가거리가 355m인 곡선부에 반지름(R)이 100m인 원곡선을 편각법에 의해 삽입하고자 한다. 이때 20m에 대한 호와 현길이의 차이에서 발생하는 편각(δ)의 차이는?

① 약 20″
② 약 34″
③ 약 46″
④ 약 55″

■해설 • 현과 호의 길이차
$$\Delta l = \frac{L^3}{24R^2} = \frac{20^3}{24 \times 100^2} = 0.033\text{m}$$
• 편각
$$\delta = \frac{L}{R} \times \frac{90°}{\pi} = \frac{0.033}{100} \times \frac{90°}{\pi} = 34.03″$$

제3과목 수리수문학

41. 베르누이 정리가 성립하기 위한 조건으로 틀린 것은?

① 압축성 유체에 성립한다.
② 유체의 흐름은 정상류이다.
③ 개수로 및 관수로 모두에 적용된다.
④ 하나의 유선에 대하여 성립한다.

■해설 베르누이 정리
베르누이 정리의 성립가정은 다음과 같다.
• 하나의 유선에서만 성립된다.
• 정상류흐름에 적용된다.
• 이상유체(비점성, 비압축성)만 성립된다.

42. 면적 평균 강수량 계산법에 관한 설명으로 옳은 것은?

① 관측소의 수가 적은 산악지역에는 산술평균법이 적합하다.
② 티센망이나 등우선도 작성에 유역 밖의 관측소는 고려하지 말아야 한다.
③ 등우선도 작성에 지형도가 반드시 필요하다.
④ 티센 가중법은 관측소 간의 우량 변화를 선형으로 단순화한 것이다.

■해설 유역의 평균우량 산정법
㉠ 유역의 평균우량 산정공식

종류	적용
산술 평균법	유역면적 500km² 이내에 적용 $P_m = \frac{1}{N}\sum_{i=1}^{N} P_i$
Thiessen 법	유역면적 500~5,000km² 이내에 적용 $P_m = \dfrac{\sum_{i=1}^{N} A_i P_i}{\sum_{i=1}^{N} A_i}$
등우선법	산악의 영향이 고려되고, 유역면적 5,000km² 이상인 곳에 적용 $P_m = \dfrac{\sum_{i=1}^{N} A_i P_i}{\sum_{i=1}^{N} A_i}$

|해답| 39.③ 40.② 41.① 42.④

ⓒ Thiessen법의 특징
Thiessen의 가중법은 관측소 간의 유량 변화를 선형으로 단순화한 것이다.

43. 단위무게 5.88kN/m³, 단면 40cm×40cm, 길이 4m인 물체를 물속에 완전히 가라앉히려 할 때 필요한 최소 힘은?

① 2.51kN
② 3.76kN
③ 5.88kN
④ 6.27kN

■해설 부체의 평형조건
ⓐ 부체의 평형조건
- $W(무게) + P = B(부력)$
- $w \cdot V = w_w \cdot V'$

여기서, w : 물체의 단위중량
V : 부체의 체적
w_w : 물의 단위중량
V' : 물에 잠긴 만큼의 체적

ⓑ 힘(P)의 산정
$5.88(0.4 \times 0.4 \times 4) + P = 9.8(0.4 \times 0.4 \times 4)$
∴ $P = 2.51$kN

44. Thiessen 다각형에서 각각의 면적이 20km², 30km², 50km²이고, 이에 대응하는 강우량이 각각 40mm, 30mm, 20mm일 때, 이 지역의 면적평균 강우량은?

① 25mm
② 27mm
③ 30mm
④ 32mm

■해설 유역의 평균우량 산정법
ⓐ 유역의 평균우량 산정공식

종류	적용
산술평균법	유역면적 500km² 이내에 적용 $P_m = \dfrac{1}{N}\sum_{i=1}^{N} P_i$
Thiessen법	유역면적 500~5,000km² 이내에 적용 $P_m = \dfrac{\sum_{i=1}^{N} A_i P_i}{\sum_{i=1}^{N} A_i}$
등우선법	산악의 영향이 고려되고, 유역면적 5,000km² 이상인 곳에 적용 $P_m = \dfrac{\sum_{i=1}^{N} A_i P_i}{\sum_{i=1}^{N} A_i}$

ⓑ Thiessen법을 이용한 면적평균 강우량의 산정

$P_m = \dfrac{\sum_{i=1}^{N} A_i P_i}{\sum_{i=1}^{N} A_i}$

$= \dfrac{(20 \times 40) + (30 \times 30) + (50 \times 20)}{20 + 30 + 50}$

$= 27$mm

45. 지하수의 투수계수에 영향을 주는 인자로 거리가 먼 것은?

① 토양의 평균입경
② 지하수의 단위중량
③ 지하수의 점성계수
④ 토양의 단위중량

■해설 Darcy의 법칙
ⓐ Darcy의 법칙
- $V = K \cdot I = K \cdot \dfrac{h_L}{L}$
- $Q = A \cdot V = A \cdot K \cdot I = A \cdot K \cdot \dfrac{h_L}{L}$

ⓑ 투수계수 K

$K = D_s^2 \dfrac{\rho g}{\mu} \dfrac{e^3}{1+e} C$

여기서, D_s : 토사의 입경
$\rho g = w$: 지하수의 단위중량
μ : 점성계수
e : 간극비
C : 형상계수

∴ 투수계수와 관련이 없는 인자는 토양의 단위중량이다.

46. 원형관의 중앙에 피토관(Pito Tube)을 넣고 관벽의 정수압을 측정하기 위하여 정압관과의 수면차를 측정하였더니 10.7m였다. 이때의 유속은?(단, 피토관 상수 C=1이다.)

① 8.4m/s ② 11.7m/s
③ 13.1m/s ④ 14.5m/s

■해설 피토관 방정식
㉠ 피토관 방정식
$$V = \sqrt{2gh}$$
㉡ 유속의 산정
$$V = \sqrt{2gh} = \sqrt{2 \times 9.8 \times 10.7} = 14.5 \text{m/s}$$

47. 보기의 가정 중 방정식 $\sum F_x = \rho Q(v_2 - v_1)$에서 성립되는 가정으로 옳은 것은?

> 가. 유속은 단면 내에서 일정하다.
> 나. 흐름은 정류(定流)이다.
> 다. 흐름은 등류(等流)이다.
> 라. 유체는 압축성이며 비점성 유체이다.

① 가, 나 ② 가, 라
③ 나, 라 ④ 다, 라

■해설 운동량방정식
운동량방정식은 관수로 및 개수로 흐름의 다양한 경우에 적용할 수 있으며, 일반적인 경우가 유량과 압력이 주어진 상태에서 관의 만곡부, 터빈 및 수리구조물에 작용하는 힘을 구하는 것이다. 운동량방정식은 흐름이 정상류이며, 유속은 단면 내에서 균일한 경우 입구부와 출구부 유속만으로 흐름을 해석할 수 있는 방정식이다.

48. 다음 중 토양의 침투능(Infiltration Capacity) 결정방법에 해당되지 않는 것은?

① 침투계에 의한 실측법
② 경험공식에 의한 계산법
③ 침투지수에 의한 방법
④ 물수지 원리에 의한 산정법

■해설 침투능 추정법
㉠ 침투능을 추정하는 방법
 • 침투지수법에 의한 방법
 • 침투계에 의한 방법
 • 경험공식에 의한 방법
㉡ 침투지수법에 의한 방법
 • ϕ-index법 : 우량주상도에서 총 강우량과 손실량을 구분하는 수평선에 대응하는 강우강도가 ϕ-지표이며, 이것이 평균 침투능의 크기이다.
 • W-index법 : ϕ-index법을 개선한 방법으로 지면 보유, 증발산량 등을 고려한 방법이다.
∴ 침투능 추정방법이 아닌 것은 물수지 원리에 의한 방법이다.

49. 삼각 위어(Weir)로 월류 수심을 측정할 때 2%의 오차가 있었다면 유량 산정 시 발생하는 오차는?

① 2% ② 3%
③ 4% ④ 5%

■해설 ㉠ 수두측정오차와 유량오차의 관계
 • 직사각형 위어 : $\dfrac{dQ}{Q} = \dfrac{\frac{3}{2}KH^{\frac{1}{2}}dH}{KH^{\frac{3}{2}}} = \dfrac{3}{2}\dfrac{dH}{H}$

 • 삼각형 위어 : $\dfrac{dQ}{Q} = \dfrac{\frac{5}{2}KH^{\frac{3}{2}}dH}{KH^{\frac{5}{2}}} = \dfrac{5}{2}\dfrac{dH}{H}$

 • 작은 오리피스 : $\dfrac{dQ}{Q} = \dfrac{\frac{1}{2}KH^{-\frac{1}{2}}dH}{KH^{\frac{1}{2}}} = \dfrac{1}{2}\dfrac{dH}{H}$

㉡ 삼각 위어의 유량오차 계산
$$\dfrac{dQ}{Q} = \dfrac{5}{2}\dfrac{dH}{H} = \dfrac{5}{2} \times 2\% = 5\%$$

50. 유출(流出)에 대한 설명으로 옳지 않은 것은?

① 비가 오기 전의 유출을 기저유출이라 한다.
② 우량은 그 전량이 하천으로 유출된다.
③ 일정기간에 하천으로 유출되는 수량의 합을 유출량(流出量)이라 한다.

④ 유출량과 그 기간의 강수량과의 비(比)를 유출계수 또는 유출률(流出率)이라 한다.

■해설 유출해석일반
  ㉠ 총 유출은 직접유출과 기저유출로 구분된다.
  ㉡ 직접유출은 강수 후 비교적 단시간 내에 하천으로 흘러들어가는 부분을 말하며, 지표면유출수와 조기지표하유출이 이에 해당된다. 또한 직접유출에 해당하는 유출을 유효강우량이라 한다.
  ㉢ 기저유출은 지연지표하유출과 지하수유출로 구성되며, 시간이 상당히 지연된 후 이루어지는 유출을 말한다.
  ㉣ 강우량은 초기 손실을 이룬 후에 비로서 유출이 시작되며, 유출량과 강수량과의 비를 유출계수 또는 유출률이라고 한다.

51. 관로 길이가 100m, 안지름 30cm의 주철관에 0.1 m³/s의 유량을 송수할 때 손실수두는?(단, $v = C\sqrt{RI}$, $C = 63\text{m}^{\frac{1}{2}}/\text{s}$ 이다.)

① 0.54m ② 0.67m
③ 0.74m ④ 0.88m

■해설 손실수두의 산정
  ㉠ 유속의 산정
  $$V = \frac{Q}{A} = \frac{0.1}{\frac{\pi \times 0.3^2}{4}} = 1.42\text{m/s}$$
  ㉡ 손실수두의 산정
  $$V = C\sqrt{RI} = C\sqrt{\frac{D}{4} \times \frac{h_L}{l}}$$
  ∴ $1.42 = 63 \times \sqrt{\frac{0.3}{4} \times \frac{h_L}{100}}$
  ∴ $h_L = 0.678\text{m}$

52. 평면상 x, y 방향의 속도성분이 각각 $u = ky$, $v = kx$인 유선의 형태는?

① 원
② 타원
③ 쌍곡선
④ 포물선

■해설 유선방정식
  ㉠ 유선방정식
  $$\frac{dx}{u} = \frac{dy}{v} = \frac{dz}{w}$$
  ㉡ 2차원 유선방정식에 $u = ky$, $v = kx$를 대입하면
  $$\frac{dx}{ky} = \frac{dy}{kx}$$
  $xdx - ydy = 0$
  $x^2 - y^2 = 0$
  ∴ 쌍곡선이다.

53. 도수(Hydraulic Jump)에 대한 설명으로 옳은 것은?

① 수문을 급히 개방할 경우 하류로 전파되는 흐름
② 유속이 파의 전파속도보다 작은 흐름
③ 상류에서 사류로 변할 때 발생하는 현상
④ Froude 수가 1보다 큰 흐름에서 1보다 작아질 때 발생하는 현상

■해설 도수
  ㉠ 흐름이 사류(射流)에서 상류(常流)로 바뀔 때 수면이 뛰는 현상을 도수(Hydraulic Jump)라고 한다.
  ㉡ Froude 수가 1보다 큰 경우를 사류라고 하고 Froude 수가 1보다 작은 경우를 상류라고 한다.
  ∴ 도수는 Froude 수가 1보다 큰 사류에서 Froude 수가 1보다 작은 상류로 바뀔 때 발생하는 현상이다.

54. 한 유선 상에서의 속도수두를 $\frac{V^2}{2g}$, 압력수두를 $\frac{P}{w}$, 위치수두를 Z라 할 때 동수경사선(E)을 표시하는 식은?(단, V는 유속, P는 압력, w는 단위중량, g는 중력가속도, Z는 기준면으로부터의 높이이다.)

① $\frac{V^2}{2g} + \frac{P}{w} + Z = E$ ② $\frac{V^2}{2g} + \frac{P}{w} = E$

③ $\frac{V^2}{2g} + Z = E$ ④ $\frac{P}{w} + Z = E$

|해답| 51.② 52.③ 53.④ 54.④

■해설 에너지선과 동수경사선
　㉠ 에너지선
　　기준면에서 총수두까지의 높이$\left(z+\dfrac{p}{w}+\dfrac{v^2}{2g}\right)$를 연결한 선, 즉 전수두를 연결한 선을 말한다.
　㉡ 동수경사선
　　기준면에서 위치수두와 압력수두의 합$\left(z+\dfrac{p}{w}\right)$을 연결한 선을 말한다.
　∴ 동수경사선 $E = z + \dfrac{p}{w}$

55. 하천의 모형실험에 주로 사용되는 상사법칙은?
① Froude의 상사법칙
② Reynolds의 상사법칙
③ Weber의 상사법칙
④ Cauchy의 상사법칙

■해설 수리모형의 상사법칙

종류	특징
Reynolds의 상사법칙	점성력이 흐름을 주로 지배하고, 관수로 흐름의 경우에 적용
Froude의 상사법칙	중력이 흐름을 주로 지배하고, 개수로 흐름의 경우에 적용
Weber의 상사법칙	표면장력이 흐름을 주로 지배하고, 수두가 아주 적은 위어 흐름의 경우에 적용
Cauchy의 상사법칙	탄성력이 흐름을 주로 지배하고, 수격작용의 경우에 적용

∴ 하천의 모형실험은 중력이 흐름을 지배하므로 Froude의 상사법칙을 적용한다.

56. 물속에 존재하는 임의의 면에 작용하는 정수압의 작용방향은?
① 수면에 대하여 수평방향으로 작용한다.
② 수면에 대하여 수직방향으로 작용한다.
③ 정수압의 수직압은 존재하지 않는다.
④ 임의의 면에 직각으로 작용한다.

■해설 정수압
　㉠ 정수압의 정의 : 유체입자가 정지해 있거나 상대적 움직임이 없는 경우 받는 압력
　㉡ 정수압의 작용방향 : 정수압의 작용방향은 모든 면에 직각으로 작용

57. 수표면적이 10km²인 저수지에서 24시간 동안 측정된 증발량이 2mm이며, 이 기간 동안 저수지 수위의 변화가 없었다면, 저수지로 유입된 유량은?(단, 저수지의 수표면적은 수심에 따라 변화하지 않음)
① 0.23m³/s
② 2.32m³/s
③ 0.46m³/s
④ 4.63m³/s

■해설 저수지 증발량 산정방법
　㉠ 물수지 방법
　　일정기간 동안의 저수지 내로의 유입량과 유출량을 고려하여 물수지관계를 계산함으로써 증발량을 산정
　　$E = P + I - O \pm S \pm U$
　　여기서, E : 증발량
　　　　　I : 유입량
　　　　　O : 유출량
　　　　　S : 저류량
　　　　　U : 지하수 유출입량
　㉡ 유입량의 산정
　　주어진 조건은 증발량과 유입량만 있으므로 물수지방정식을 사용하면 다음과 같다.
　　$E = I = (2 \times 10^{-3}) \times (10 \times 10^6)$
　　　　$= 20,000 \text{m}^3/\text{day} = 0.23 \text{m}^3/\text{sec}$

58. 그림에서 $h = 25$cm, $H = 40$cm이다. A, B점의 압력차는?

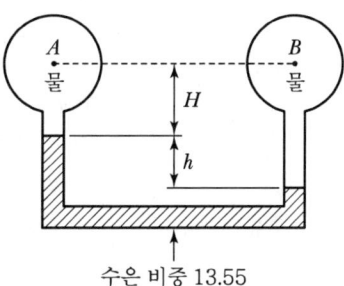

① 1N/cm²
② 3N/cm²
③ 49N/cm²
④ 100N/cm²

|해답| 54.④　55.①　56.④　57.①　58.②

■해설 시차액주계
  ㉠ 두 관의 압력차를 측정하는 액주계를 시차액주계라 한다.
  ㉡ 압력차의 산정
  $P_B - P_A = w_s h - wh = 13.55 \times 25 - 1 \times 25$
  $= 313.75 \text{g/cm}^2 = 0.314 \text{kg/cm}^2$
  $= 3\text{N/cm}^2$

59. 그림과 같이 기하학적으로 유사한 대소(大小)원형 오리피스의 비가 $n = \dfrac{D}{d} = \dfrac{H}{h}$인 경우에 두 오리피스의 유속, 축류단면의 비, 유량의 비로 옳은 것은?(단, 유속계수 C_v, 수축계수 C_a는 대·소 오리피스가 같다.)

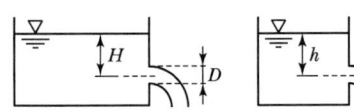

① 유속의 비 = n^2, 축류단면의 비 = $n^{\frac{1}{2}}$, 유량의 비 = $n^{\frac{2}{3}}$

② 유속의 비 = $n^{\frac{1}{2}}$, 축류단면의 비 = n^2, 유량의 비 = $n^{\frac{5}{2}}$

③ 유속의 비 = $n^{\frac{1}{2}}$, 축류단면의 비 = $n^{\frac{1}{2}}$, 유량의 비 = $n^{\frac{5}{2}}$

④ 유속의 비 = n^2, 축류단면의 비 = $n^{\frac{1}{2}}$, 유량의 비 = $n^{\frac{5}{2}}$

■해설 오리피스의 비
  ㉠ 유속의 비 : $\dfrac{V}{v} = \dfrac{\sqrt{2gH}}{\sqrt{2gh}} = \sqrt{\dfrac{H}{h}} = n^{\frac{1}{2}}$
  ㉡ 축류단면의 비 : $\dfrac{A}{a} = \dfrac{\frac{\pi D^2}{4}}{\frac{\pi d^2}{4}} = \left(\dfrac{D}{d}\right)^2 = n^2$
  ㉢ 유량의 비 : $Q = AV$
  $\therefore n^{\frac{1}{2}} \times n^2 = n^{\frac{5}{2}}$

60. 그림과 같이 반지름 R인 원형관에서 물이 층류로 흐를 때 중심부에서의 최대속도를 V라 할 경우 평균속도 V_m은?

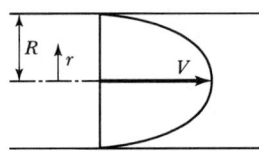

① $V_m = \dfrac{V}{2}$　　② $V_m = \dfrac{V}{3}$

③ $V_m = \dfrac{V}{4}$　　④ $V_m = \dfrac{V}{5}$

■해설 관수로 흐름의 특징
  ㉠ 관수로의 유속분포는 중앙에서 최대이고 관 벽에서 0인 포물선 분포를 한다.
  ㉡ 관수로의 전단응력분포는 관 벽에서 최대이고 중앙에서 0인 직선비례를 한다.
  ㉢ 관수로에서 최대유속은 평균유속의 2배이다.
  $V_{\max} = 2V_m$
  $\therefore V_m = \dfrac{V}{2}$

제4과목 **철근콘크리트 및 강구조**

61. 그림과 같은 띠철근 기둥에서 띠철근의 최대 간격으로 적당한 것은?(단, D10의 공칭직경은 9.5mm, D32의 공칭직경은 31.8mm)

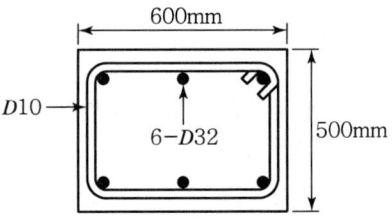

① 509mm　　② 500mm
③ 472mm　　④ 456mm

|해답| 59.② 60.① 61.④

■해설 띠철근 기둥에서 띠철근의 간격
- 축방향 철근 지름의 16배 이하
  $=31.8 \times 16 = 508.8$mm 이하
- 띠철근 지름의 48배 이하
  $=9.5 \times 48 = 456$mm 이하
- 기둥단면의 최소 치수 이하 $=500$mm 이하
따라서, 띠철근의 간격은 최솟값인 456mm 이하라야 한다.

62. 그림과 같이 설계된 복철근 직사각형 보의 경우 공칭 휨모멘트 강도 M_n은?(단, $f_{ck}=28$MPa, $f_y=350$MPa, $A_s=4,500$mm², $A_s'=1,800$mm² 이며, 압축·인장 철근 모두 항복한다고 가정)

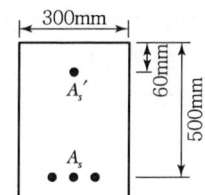

① 665.14kN·m ② 687.16kN·m
③ 690.27kN·m ④ 695.35kN·m

■해설 $\eta = 1 (f_{ck} \leq 40$MPa인 경우)
$$a = \frac{(A_s - A_s')f_y}{\eta 0.85 f_{ck} b}$$
$$= \frac{(4,500-1,800) \times 350}{1 \times 0.85 \times 28 \times 300} = 132.35\text{mm}$$
$$M_n = A_s'f_y(d-d') + (A_s - A_s')f_y\left(d - \frac{a}{2}\right)$$
$$= 1,800 \times 350 \times (500-60) + (4,500-1,800)$$
$$\times 350 \times \left(500 - \frac{132.35}{2}\right)$$
$$= 687.16 \times 10^6 \text{N·mm} = 687.16 \text{kN·m}$$

63. 인장응력 검토를 위한 L-150×90×12인 형강(Angle)의 전개 총폭 b_g는 얼마인가?

① 228mm ② 232mm
③ 240mm ④ 252mm

■해설 $b_g = b_1 + b_2 - t = 150 + 90 - 12 = 228$mm

64. 슬래브의 단경간 $S=4$m, 장경간 $L=5$m에 집중하중 $P=150$kN이 슬래브의 중앙에 작용할 경우 장경간 L이 부담하는 하중은 얼마인가?

① 50.8kN ② 56.5kN
③ 91.5kN ④ 99.2kN

■해설 $P_L = \dfrac{S^3}{L^3 + S^3}P = \left(\dfrac{4^3}{5^3 + 4^3}\right) \times 150 = 50.8$kN

65. 그림과 같이 활하중(w_L)은 30kN/m, 고정하중(w_D)은 콘크리트의 자중(단위무게 23kN/m³)만 작용하고 있는 캔틸레버보가 있다. 이 보의 위험단면에서 전단철근이 부담해야 할 전단력은?(단, 하중은 하중조합을 고려한 소요강도(U)를 적용하고, $f_{ck}=24$MPa, $f_y=300$MPa이다.)

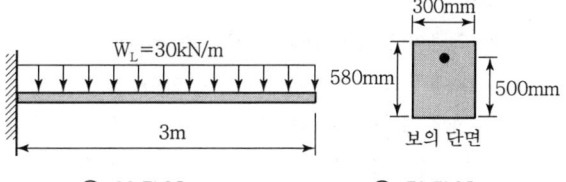

① 88.7kN ② 53.5kN
③ 21.3kN ④ 9.5kN

■해설 $W_D = \gamma_c \cdot A_c = 23 \times (0.3 \times 0.58) = 4$kN/m
$W_u = 1.2 W_D + 1.6 W_L = 1.2 \times 4 + 1.6 \times 30$
$= 52.8$kN/m
$V_u = W_u(l-d) = 52.8 \times (3-0.5) = 132$kN
$\phi V_c = \phi \dfrac{1}{6}\sqrt{f_{ck}}b_w d = 0.75 \times \dfrac{1}{6} \times \sqrt{24} \times 300 \times 500$
$= 91.9 \times 10^3$N $= 91.9$kN
$V_u(=132$kN$) > \phi V_c(=91.9$kN$)$이므로 전단보강이 필요하다.
$V_s \geq \dfrac{V_u - \phi V_c}{\phi} = \dfrac{132 - 91.9}{0.75} = 53.5$kN

|해답| 62.② 63.① 64.① 65.②

66. 콘크리트의 크리프에 대한 설명으로 틀린 것은?
① 일정한 응력이 장시간 계속하여 작용하고 있을 때 변형이 계속 진행되는 현상을 말한다.
② 물-시멘트 비가 큰 콘크리트는 물-시멘트비가 작은 콘크리트보다 크리프가 크게 일어난다.
③ 고강도 콘크리트는 저강도 콘크리트보다 크리프가 크게 일어난다.
④ 콘크리트가 놓이는 주위의 온도가 높을수록 크리프변형은 크게 일어난다.

■해설 콘크리트의 크리프에 영향을 주는 요인
   ㉠ w/c가 작은 콘크리트일수록 크리프변형은 감소한다.
   ㉡ 하중 재하 시 콘크리트의 재령이 클수록 크리프변형은 감소한다.
   ㉢ 고강도 콘크리트일수록 크리프변형은 감소한다.
   ㉣ 콘크리트가 놓인 주위의 온도가 낮을수록, 습도가 높을수록 크리프변형은 감소한다.

67. 다음은 옹벽의 안정에 대한 규정이다. 옳지 않은 것은?
① 옹벽의 활동에 대한 저항력은 옹벽에 작용하는 수평력의 1.5배 이상이어야 한다.
② 전도 및 지반지지력에 대한 안정조건을 만족하며, 활동에 대한 안정조건만을 만족하지 못할 경우 활동방지벽을 설치하여 활동저항력을 증대시킬 수 있다.
③ 전도에 대한 저항모멘트는 횡토압에 의한 전도모멘트의 1.5배 이상이어야 한다.
④ 지지 지반에 작용되는 최대 압력이 지반의 허용지지력을 초과하지 않아야 한다.

■해설 옹벽의 안정과 안전율
   ㉠ 전도 : 2.0
   ㉡ 활동 : 1.5
   ㉢ 지반침하 : 1.0

68. 철근의 이음방법에 대한 설명 중 옳지 않은 것은?(단, l_d는 정착길이)
① 인장을 받는 이형철근의 겹침이음길이는 A급 이음과 B급 이음으로 분류하며, A급 이음은 $1.0l_d$ 이상, B급 이음은 $1.3l_d$ 이상이며, 두 가지 경우 모두 300mm 이상이어야 한다.
② 인장 이형철근의 겹침이음에서 A급 이음은 배치된 철근량이 이음부 전체 구간에서 해석결과 요구되는 소요 철근량의 2배 이상이고, 소요 겹침이음길이 내 겹침이음된 철근량이 전체 철근량의 1/2 이하인 경우이다.
③ 서로 다른 크기의 철근을 압축부에서 겹침이음하는 경우, D41과 D51 철근은 D35 이하 철근과의 겹침이음은 허용할 수 있다.
④ 휨부재에서 서로 직접 접촉되지 않게 겹침이음된 철근은 횡방향으로 소요 겹침이음길이의 1/3 또는 200mm 중 작은 값 이상 떨어지지 않아야 한다.

■해설 휨부재에서 서로 직접 접촉되지 않게 겹침이음된 철근은 횡방향으로 소요 겹침이음 길이의 $\frac{1}{5}$ 또는 150mm 중 작은 값 이상 떨어지지 않아야 한다.

69. 고정하중 50kN/m, 활하중 100kN/m를 지지해야 할 지간 8m의 단순보에서 계수모멘트 M_u는?
① 1,630kN·m
② 1,760kN·m
③ 1,870kN·m
④ 1,960kN·m

■해설 $W_u = 1.2 W_D \times 1.6 W_L$
$= 1.2 \times 50 + 1.6 \times 100 = 220 \text{kN/m}$
$M_u = \dfrac{W_u \cdot l^2}{8} = \dfrac{220 \times 8^2}{8} = 1,760 \text{kN·m}$

70. T형 PSC보에 설계하중을 작용시킨 결과 보의 처짐은 0이었으며, 프리스트레스 도입단계부터 부착된 계측장치로부터 상부 탄성변형률 $\varepsilon = 3.5 \times 10^{-4}$을 얻었다. 콘크리트 탄성계수 $E_c = 26,000$MPa, T형 보의 단면적 $A_g = 150,000$mm², 유효율 $R = 0.85$일 때, 강재의 초기 긴장력 P_i를 구하면?

① 1,606kN   ② 1,365kN
③ 1,160kN   ④ 2,269kN

■해설 $P_e = E_c \varepsilon A = 26,000 \times (3.5 \times 10^{-4}) \times 150,000$
$= 1,365,000\text{N} = 1,365\text{kN}$
$P_i = \dfrac{P_e}{R} = \dfrac{1,365}{0.85} = 1,605.9\text{kN} \fallingdotseq 1,606\text{kN}$

71. 다음 띠철근 기둥이 최소 편심하에서 받을 수 있는 설계 축하중강도($\phi P_{n(\max)}$)는 얼마인가?(단, 축방향 철근의 단면적 $A_{st} = 1,865$mm², $f_{ck} = 28$MPa, $f_y = 300$MPa이고 기둥은 단주이다.)

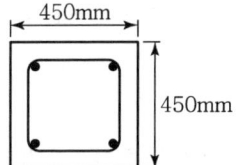

① 2,490kN   ② 2,774kN
③ 3,075kN   ④ 1,998kN

■해설 $\phi P_n = \phi \alpha \{0.85 f_{ck}(A_g - A_{st}) + f_y A_{st}\}$
$= 0.65 \times 0.8 \times \{0.85 \times 28 \times (450^2 - 1,865)$
$+ 300 \times 1,865\}$
$= 2,774 \times 10^3 \text{N} = 2,774\text{kN}$

72. 아래 그림과 같은 단철근 T형 보의 공칭휨모멘트 강도(M_n)는 얼마인가?(단, $f_{ck} = 24$MPa, $f_y = 400$MPa이고, $A_s = 4,500$mm²)

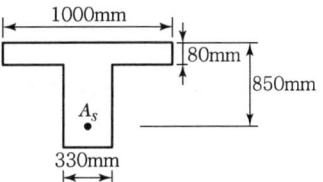

① 1,123.13kN·m   ② 1,289.15kN·m
③ 1,449.18kN·m   ④ 1,590.32kN·m

■해설   1. T형 보의 판별
폭이 $b = 1,000$mm인 직사각형 단면보에 대한 등가사각형 깊이
$\eta = 1 (f_{ck} \leq 40\text{MPa인 경우})$
$a = \dfrac{A_s f_y}{\eta 0.85 f_{ck} b} = \dfrac{4,500 \times 400}{1 \times 0.85 \times 24 \times 1,000} = 88.2\text{mm}$
$t_f = 80\text{mm}$
$a > t_f$이므로 T형 보로 해석

2. T형 보의 공칭 휨강도(M_n)
$A_{sf} = \dfrac{\eta 0.85 f_{ck}(b - b_w)t_f}{f_y}$
$= \dfrac{1 \times 0.85 \times 24 \times (1,000 - 330) \times 80}{400}$
$= 2,734\text{mm}^2$
$a = \dfrac{(A_s - A_{sf})f_y}{\eta 0.85 f_{ck} b_w}$
$= \dfrac{(4,500 - 2,734) \times 400}{1 \times 0.85 \times 24 \times 330} = 105\text{mm}$
$M_n = A_{sf} f_y \left(d - \dfrac{t_f}{2}\right) + (A_s - A_{sf}) f_y \left(d - \dfrac{a}{2}\right)$
$= 2,734 \times 400 \times \left(850 - \dfrac{80}{2}\right) + (4,500 - 2,734)$
$\times 400 \times \left(850 - \dfrac{105}{2}\right)$
$= 1,449.17 \times 10^6 \text{N} \cdot \text{mm} = 1,449.17\text{kN} \cdot \text{m}$

73. 다음 그림과 같은 맞대기 용접 이음에서 이음의 응력을 구하면?

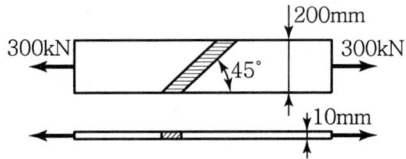

① 150.0MPa ② 106.1MPa
③ 200.0MPa ④ 212.1MPa

■해설 $f = \dfrac{P}{A} = \dfrac{300 \times 10^3}{10 \times 200} = 150\text{N/mm}^2 = 150\text{MPa}$

74. 그림과 같은 2방향 확대기초에서 하중계수가 고려된 계수하중 P_u(자중 포함)가 그림과 같이 작용할 때 위험단면의 계수전단력(V_u)은 얼마인가?

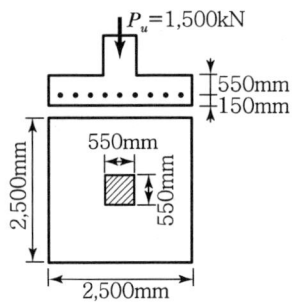

① $V_u = 1,009.3\text{kN}$ ② $V_u = 1,111.2\text{kN}$
③ $V_u = 1,209.6\text{kN}$ ④ $V_u = 1,372.9\text{kN}$

■해설 $q = \dfrac{P}{A} = \dfrac{1,500 \times 10^3}{2,500 \times 2,500} = 0.24\text{N/mm}^2$

$B = t + d = 550 + 550 = 1,100\text{mm}$

$V_u = q(SL - B^2)$
$= 0.24 \times (2,500 \times 2,500 - 1,100^2)$
$= 1,209.6 \times 10^3 \text{N} = 1,209.6\text{kN}$

75. 철근콘크리트 부재의 비틀림철근 상세에 대한 설명으로 틀린 것은?[단, p_h : 가장 바깥의 횡방향 폐쇄스터럽 중심선의 둘레(mm)]

① 종방향 비틀림철근은 양단에 정착하여야 한다.
② 횡방향 비틀림철근의 간격은 $p_h/4$보다 작아야 하고 또한 200mm보다 작아야 한다.
③ 비틀림에 요구되는 종방향 철근은 폐쇄스터럽의 둘레를 따라 300mm 이하의 간격으로 분포시켜야 한다.
④ 종방향 철근의 지름은 스터럽 간격의 1/24 이상 이어야 하며, D10 이상의 철근이어야 한다.

■해설 횡방향 비틀림철근의 간격은 $p_h/8$보다 작아야 하고, 또한 300mm보다 작아야 한다.

76. 프리스트레스트 콘크리트의 경우 흙에 접하여 콘크리트를 친 후 영구히 흙에 묻혀 있는 콘크리트의 최소 피복두께는?

① 40mm ② 60mm
③ 75mm ④ 100mm

■해설 프리스트레스트 콘크리트의 경우 흙에 접하여 콘크리트를 친 후 영구히 흙에 묻혀 있는 콘크리트의 최소 피복두께는 75mm이다.

77. 경간 25m인 PS콘크리트 보에 계수하중 40kN/m이 작용하고, $P = 2,500\text{kN}$의 프리스트레스가 주어질 때 등분포 상향력 u를 하중평형(Balanced Load) 개념에 의해 계산하여 이 보에 작용하는 순수하향 분포하중을 구하면?

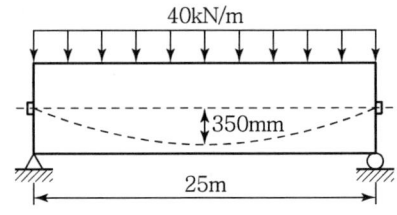

① 26.5kN/m ② 27.3kN/m
③ 28.8kN/m ④ 29.6kN/m

■해설 $u = \dfrac{8Ps}{l^2} = \dfrac{8 \times 2,500 \times 0.35}{25^2} = 11.2\text{kN/m}$

순하향력 $= \omega - u = 40 - 11.2 = 28.8\text{kN/m}$

|해답| 73.① 74.③ 75.② 76.③ 77.③

78. 아래 그림과 같은 보의 단면에서 표피철근의 간격 S는 약 얼마인가?(단, 습윤환경에 노출되는 경우로서, 표피철근의 표면에서 부재 측면까지 최단거리(c_c)는 50mm, f_{ck}=28MPa, f_y=400 MPa이다.)

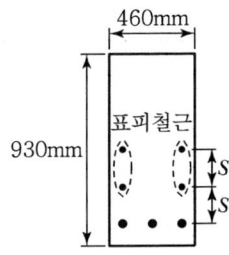

① 170mm
② 190mm
③ 220mm
④ 240mm

■해설 $k_{cr}=210$(건조환경 : 280, 그 외의 환경 : 210)

$$f_s = \frac{2}{3}f_y = \frac{2}{3} \times 400 = 266.7\text{MPa}$$

$$S_1 = 375\left(\frac{k_{cr}}{f_s}\right) - 2.5 C_c$$
$$= 375 \times \left(\frac{210}{266.7}\right) - 2.5 \times 50 = 170.3\text{mm}$$

$$S_2 = 300\left(\frac{k_{cr}}{f_s}\right)$$
$$= 300 \times \left(\frac{210}{266.7}\right) = 236.2\text{mm}$$

$$S = [S_1, \ S_2]_{\min} = 170.3\text{mm}$$

79. 아래 그림과 같은 단면을 가지는 직사각형 단철근보의 설계휨강도를 구할 때 사용되는 강도감소계수 ϕ값은 약 얼마인가?(단, A_s는 3,176mm², f_{ck}=38MPa, f_y=400MPa)

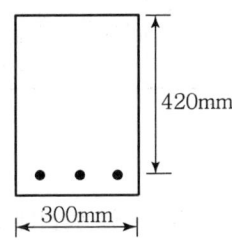

① 0.76
② 0.82
③ 0.83
④ 0.85

■해설 1. 최외단 인장철근의 순인장 변형율(ε_t)
$f_{ck}=38\text{MPa} \leq 40\text{MPa}$인 경우
$\varepsilon_{cu}=0.0033, \ \eta=1, \ \beta_1=0.8$

- $a = \dfrac{f_y A_s}{\eta 0.85 f_{ck} b} = \dfrac{400 \times 3,176}{1 \times 0.85 \times 38 \times 300}$
  $= 131.1\text{mm}$

- $\varepsilon_t = \dfrac{d_t \beta_1 - a}{a}\varepsilon_{cu}$
  $= \dfrac{420 \times 0.8 - 131.1}{131.1} \times 0.0033 = 0.00516$

2. 단면구분
- $f_y=400\text{MPa}$인 경우, ε_y와 $\varepsilon_{t,l}$값
  $\varepsilon_y = \dfrac{f_y}{E_s} = \dfrac{400}{2 \times 10^5} = 0.002$

  $\varepsilon_{t,l}=0.005$

- $\varepsilon_t \geq \varepsilon_{t,l}$ ─ 인장 지배 단면

3. ϕ결정
$\phi_c=0.85$

80. 정착구와 커플러의 위치에서 프리스트레싱 도입 직후 포스트텐션 긴장재의 응력은 얼마 이하로 하여야 하는가?(단, f_{pu}는 긴장재의 설계기준인장강도)

① $0.6f_{pu}$
② $0.74f_{pu}$
③ $0.70f_{pu}$
④ $0.85f_{pu}$

■해설 긴장재(PS강재)의 허용응력

적용범위	허용응력
긴장할 때 긴장재의 인장응력	$0.8f_{pu}$와 $0.94f_{py}$ 중 작은 값 이하
프리스트레스 도입 직후 긴장재의 인장응력	$0.74f_{pu}$와 $0.82f_{py}$ 중 작은 값 이하
정착구와 커플러(Coupler)의 위치에서 프리스트레스 도입 직후 포스트텐션 긴장재의 인장응력	$0.7f_{pu}$ 이하

|해답| 78.① 79.④ 80.③

제5과목 토질 및 기초

81. 데라다(寺田)의 동결깊이를 구하는 공식으로 다음 조건일 때 동결깊이는 얼마인가?(단, 기온이 -10℃로 20일간 계속됨. $C=2.94$임)

① 41.6cm ② 0.14cm
③ 30.8cm ④ 52.3cm

■해설 동결깊이(D)
$$D = C\sqrt{F} = 2.94\sqrt{|-10℃ \times 20|} = 41.58\text{cm}$$
$$\therefore D = 41.6\text{cm}$$

82. 다음 중 직접기초에 속하는 것은?

① 후팅기초 ② 말뚝기초
③ 피어기초 ④ 케이슨기초

■해설 기초의 종류

구분	종류
얕은 기초 (직접 기초)	• Footing 기초 - 독립 Footing 기초 - 복합 Footing 기초 - 연속 기초 • 전면 기초(Mat Foundution)
깊은 기초	• 말뚝 기초(Pile Foundation) • 피어 기초(Pier Foundation) • 케이슨 기초(Caisson Foundation)

83. 선행압밀하중(P_c)에 대한 설명 중 옳지 않은 것은?

① 흙이 현재 지반에서 과거에 최대로 받았을 때의 압밀하중을 말한다.
② $e - \log P$ 곡선상에 구한다.
③ 정규압밀 점토와 과압밀 점토를 구분할 수 있다.
④ 압밀 소요시간 계산에 이용된다.

■해설 선행압밀하중(P_c)
• 흙이 현재 지반에서 과거에 최대로 받았을 때의 압밀하중을 말한다.
• 압밀시험 결과를 이용한 $e-\log P$ 곡선에서 구한다.
• 과압밀비를 산정하여 정규압밀점토와 과압밀 점토를 구분하는 데 이용된다.

84. 말뚝기초에 있어서 말뚝의 동역학적 지지력 공식은 어느 것인가?

① Dörr 공식   ② Meyerhof 공식
③ Hiley 공식 ④ Skempton 공식

■해설 Pile 기초의 지지력 산정 공식

구분	종류
정역학적 이론 공식	• Terzaghi의 지지력 공식 • Meyerhof 공식 • Dörr 공식
동역학적 지지력 공식	• Hiley의 공식 • Engineering News 공식 • Sander의 공식
재하시험에 의한 지지력 공식	• 말뚝 정재하 시험 • 말뚝 동재하 시험

85. 다음 연약지반 개량공법 중 기본원리가 다른 공법은?

① 프리로딩(Preloading)공법
② 샌드드래인(Sand Drain)공법
③ 페이퍼드래인(Paper Drain)공법
④ 콤포저(Compozer)공법

■해설 연약지반 개량공법

구분	기본원리	종류
점성토 지반 개량공법	• 치환 • 탈수	• 치환공법 • Preloading 공법 • Sand Drain 공법 • Paper Drain 공법 • 생석회 pile 공법
사질토 지반 개량공법	• 진동 • 충격	• 다짐말뚝 공법 • 다짐모래말뚝 공법 • Vibroflotation 공법 • Vibro-compozer 공법 • 전기 충격 공법

86. 흙의 표준관입시험 방법에서 해머(Hammer)의 중량은?

① 80kg ② 75kg
③ 64kg ④ 55kg

|해답| 81.① 82.① 83.④ 84.③ 85.④ 86.③

■해설 표준관입시험(SPT)

개요	목적
Split Spoon Sampler(이동식)를 64kg의 해머로 낙하고 76cm에서 타격하여 30cm 관입시키는 데 소요되는 타격횟수 N치를 구하는 시험	• 흐트러진 시료 채취 • 현장의 지반 강도 추정 • 점토지반의 연경도 추정 • 지층의 구성관계 판단 • 내부마찰각(ϕ), 점착력 일축압축강도, 콘지수, 지지력 추정

87. 흙의 다짐에 대한 다음 설명 중 옳지 않은 것은?

① 최적함수비로 다질 때에 건조밀도는 최대가 된다.
② 세립토의 함유율이 증가할수록 최적함수비는 증대된다.
③ 다짐에너지가 클수록 최적함수비는 커진다.
④ 점성토는 조립토에 비하여 다짐곡선의 모양이 완만하다.

■해설 다짐의 특성
• 세립토가 많을수록 최적함수비는 증가하고 최대건조밀도는 작아진다.
• 다짐에너지가 클수록 최적함수비는 작아지고 최대건조밀도는 커진다.
• 양입도일수록 최적함수비는 작아지고 최대건조밀도는 커진다.
• 세립토가 많을수록 다짐곡선의 기울기는 완만하다.
• 조립토(사질토)는 다질 때 진동롤러로 다지는 것이 효과적이다.

88. 흙의 전단강도에 관한 다음 설명 중 옳지 않은 것은?

① 압밀이 진행되면 전단강도는 증가한다.
② 입자 간 내부마찰각과 점착력으로부터 얻어진다.
③ 점성이 강한 흙일수록 마찰력에 의한 전단강도가 크게 나타난다.
④ 전단응력이 전단강도보다 크면 파괴가 일어난다.

■해설 전단강도(τ_f)
$\tau_f = C + \sigma' \tan\phi$

• 전단강도는 점착력과 내부마찰각으로 얻어진다.
• 압밀이 진행되면 σ'이 증가되어 전단강도는 증가한다.
• 전단응력이 전단강도보다 크면 파괴가 발생한다.
∴ 점착력이 강한 흙은 점착력에 의해 전단강도가 결정된다.

89. 그림과 같은 조건의 옹벽에서 벽면 마찰을 무시할 때 주동토압계수가 0.4이다. 이때 옹벽에 작용하는 전주동토압의 합력은?(단, 흙의 포화단위중량은 18kN/m³, 물의 단위중량은 10kN/m³)

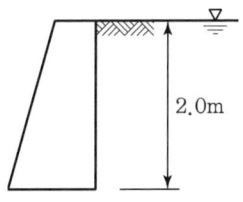

① 26.4kN/m
② 14.4kN/m
③ 6.4kN/m
④ 34.4kN/m

■해설
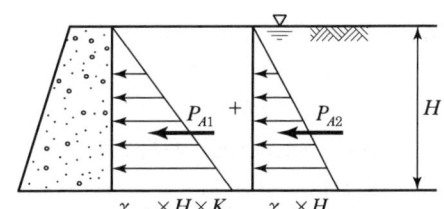

$P_A = \frac{1}{2}\gamma_{sub} \times H^2 \times K_A + \frac{1}{2}\gamma_w H^2$

$= \frac{1}{2} \times 8 \times 2^2 \times 0.4 + \frac{1}{2} \times 1 \times 2^2$

$= 26.4 \text{kN/m}$

90. 사질토층에 물이 침투할 때 침투유량이 같은 조건에서 만약 사질토의 입경이 2배로 커진다면 침투동수구배는 몇 배로 변하는가?

① 4배
② 1/4배
③ 같다.
④ 1/2배

■해설 침투유량이 같은 조건에서
$i \alpha \frac{1}{K}$, 사질토에서 $K = CD_s^2$

|해답| 87.③ 88.③ 89.① 90.②

$$i \alpha \frac{1}{K} = \frac{1}{CD_s^2} = \frac{1}{C \times (2D_s)^2} = \frac{1}{4 \times CD_s^2}$$

∴ D_s이 2배 커지면 i는 $\frac{1}{4}$배가 된다.

91. 영공극곡선(Zero Air Void Curve)은 다음 중 어떤 토질시험 결과로 얻어지는가?

① 액성한계시험
② 다짐시험
③ 직접전단시험
④ 압밀시험

■해설 다짐시험에서 얻어지는 값
- 최적함수비(OMC)
- 최대건조단위중량($\gamma_{d\max}$)
- 다짐곡선
- 영공기간극곡선(Zero Air Void Curve)

92. 단위체적중량이 16kN/m³, 점착력 c=15kNt/m³, 마찰각 ϕ=0인 점토지반에 폭 B=2m, 근입깊이 D_f=3m의 연속기초의 극한지지력은?(단, Terzaghi식을 이용, 지지력계수 N_c=5.7, N_r=0, N_q=1.0, 형상계수 α=1.0, β=0.5)

① 101.5kN/m²
② 133.5kN/m²
③ 154.2kN/m²
④ 181.2kN/m²

■해설 극한지지력(q_u)
$$q_u = \alpha C N_c + Br_1 B N_r + r_2 D_f N_q$$
$$= 1.0 \times 15 \times 5.7 + 0.5 \times 16 \times 2 \times 0 + 16 \times 3 \times 1.0$$
$$= 133.5 \text{kN/m}^2$$

93. 항타공식을 적용하여 지지력을 산출할 때 실제와 가장 잘 부합되는 흙은?

① 조밀한 모래지반
② 연약한 점토지반
③ 예민한 점토지반
④ 느슨한 모래지반

■해설 항타공식은 동적인 하중을 가하여 말뚝의 관입량을 이용하는 지지력 공식으로 조밀한 사질지반에 적용 시 정확한 지지력이 산정된다.

94. 어느 흙댐에서 동수구배 1.0, 흙의 비중이 2.65, 함수비 45%인 포화토에 있어서 분사현상에 대한 안전율은 얼마인가?

① 1.33
② 1.04
③ 0.90
④ 0.75

■해설
- 분사현상
  침투압의 증가로 인해 토립자가 물과 함께 유출되는 현상으로 주로 사질지반에서 발생한다.
- 간극비(e)
  $s \cdot e = w \cdot G_s$에서
  $$e = \frac{w \cdot G_s}{S} = \frac{45 \times 2.65}{100} = 1.19$$
- 안전율(F_s)
  $$F_s = \frac{i_{cr}}{i} = \frac{\frac{G_s - 1}{1+e}}{i} = \frac{\frac{2.65-1}{1+1.19}}{1} = 0.75$$

95. 흙의 삼상(三相)에서 흙입자인 고체 부분만의 체적을 "1"로 가정한다면 공기 부분만이 차지하는 체적은 다음 중 어느 것인가?(단, 포화도 S 및 간극률 n의 단위는 %이다.)

① $e\left(1 - \frac{S}{100}\right)$
② $\frac{S \cdot e}{100}$
③ $\frac{n}{100}\left(1 - \frac{S}{100}\right)$
④ $e\frac{S \cdot n}{10,000}$

■해설
- 공극비(e)
  $$e = \frac{V_v}{V_s} \Rightarrow V_v = e \times V_s = e \times 1 = e$$
- 포화도(s)
  $$S = \frac{V_w}{V_v} \times 100(\%) \Rightarrow V_w = \frac{S \cdot V_v}{100} = \frac{S \cdot e}{100}$$
- 공기부분의 체적(V_a)
  $$V_a = V_v - V_w = e - \frac{s \cdot e}{100} = e\left(1 - \frac{S}{100}\right)$$
  $$\therefore V_a = e\left(1 - \frac{S}{100}\right)$$

|해답| 91.② 92.② 93.① 94.④ 95.①

96. 수직응력이 6.0kg/cm²이고 흙의 내부마찰각이 45°일 때 모래의 전단강도는?

① 6.0kg/cm² ② 4.8kg/cm²
③ 3.6kg/cm² ④ 2.4kg/cm²

■해설 전단강도(τ_f)
$\tau_f = C + \sigma' \tan\phi$
여기서, 모래이므로 $C = 0$
$\tau_f = \sigma' \tan\phi = 6 \times \tan 45° = 6.0 \text{kg/cm}^2$

97. 지하수위가 지표면과 일치되며 내부마찰각이 30°, 포화밀도가 2.0t/m³인 비점성토로 된 반무한사면이 15°로 경사져 있다. 이때 이 사면의 안전율은?

① 1.00 ② 1.08
③ 2.00 ④ 2.15

■해설 침투류가 있는 반무한사면의 안전율

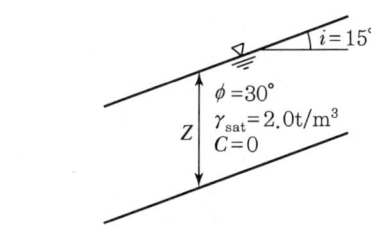

$F_s = \dfrac{C}{\gamma_{sat} Z \cos i \sin i} + \dfrac{\gamma_{sub}}{\gamma_{sat}} \dfrac{\tan\phi}{\tan i}$

$= 0 + \dfrac{1.0}{2.0} \dfrac{\tan 30°}{\tan 15°} = 1.08$

98. 공극비(Void Ratio)가 0.25인 모래의 공극률(Porosity)은 얼마인가?

① 15% ② 20%
③ 25% ④ 30%

■해설 공극비(e)와 공극률(n)의 상호관계공식
$e = \dfrac{n}{100 - n}, \; n = \dfrac{e}{1+e} \times 100$

$n = \dfrac{0.25}{1 + 0.25} \times 100 = 20\%$

99. 다음 중에서 사운딩(Sounding)이 아닌 것은 어느 것인가?

① 표준관입시험(Standard Penetration Test)
② 일축압축시험(Unconfined Compression Test)
③ 원추관입시험(Cone Penetrometer Test)
④ 베인시험(Vane Test)

■해설 Sounding

개요	Rod 선단에 설치한 저항체를 지중에 삽입하여 관입, 회전 인발 시의 저항값을 측정하여 토층의 성질을 조사하는 개략적인 지반조사	
종류	정적 사운딩	• 휴대용 원추관입시험 • 화란식 원추관입시험 • 스웨덴식 관입시험 • 베인시험 • 이스키미터
	동적 사운딩	• 동적원추관입시험 • 표준관입시험(SPT)

∴ 일축압축시험은 Sounding이 아니다.

100. 예민비가 큰 점토란 어느 것인가?

① 입자의 모양이 둥근 점토
② 흙을 다시 이겼을 때 강도가 증가하는 점토
③ 입자가 가늘고 긴 형태의 점토
④ 흙을 다시 이겼을 때 강도가 감소하는 점토

■해설 예민비(Sensitivity)
$S_t = \dfrac{q_u}{q_{ur}}$

여기서, q_u : 흐트러지지 않은 시료의 일축압축강도
q_{ur} : 재성형(Remolding)한 시료의 일축압축강도

∴ 예민비가 큰 시료란 q_{ur} 값이 감소하는 시료를 말한다.

|해답| 96.① 97.② 98.② 99.② 100.④

제6과목 상하수도공학

101. 하수 슬러지처리 과정과 목적이 옳지 않은 것은?

① 소각 – 고형물의 감소, 슬러지 용적의 감소
② 소화 – 유기물과 분해하여 고형물 감소, 질적 안정화
③ 탈수 – 수분제거를 통해 함수율 85% 이하로 양의 감소
④ 농축 – 중간 슬러지 처리공정으로 고형물 농도의 감소

■해설 농축
하수 슬러지처리 공정의 처음 공정으로 침전된 슬러지를 다시 장시간 침전시켜 고형물의 농도를 증가시키고 부피를 더욱 감소시키기 위한 물리적 공정이다.

102. Jar–Test는 적정 응집제의 주입량과 적정 pH를 결정하기 위한 시험이다. Jar–Test 시 응집제를 주입한 후 급속교반 후 완속교반을 하는 이유는?

① 응집제를 용해시키기 위해서
② 응집제를 고르게 섞기 위해서
③ 플록이 고르게 퍼지게 하기 위해서
④ 플록을 깨뜨리지 않고 성장시키기 위해서

■해설 응집지
㉠ 응집지는 약품혼화지와 플록형성지로 나뉜다.
㉡ 응집지가 둘로 나누어진 이유는 교반속도 차이 때문이다.
㉢ 약품혼화지는 응집제가 잘 섞이도록 급속교반을 실시한다.
㉣ 플록형성지는 플록의 크기를 증가시키기 위해 완속교반을 실시한다.

103. 하수관로의 접합 중에서 굴착 깊이를 얕게 하여 공사비용을 줄일 수 있으며, 수위 상승을 방지하고 양정고를 줄일 수 있어 펌프로 배수하는 지역에 적합한 방법은?

① 관정접합
② 관저접합
③ 수면접합
④ 관중심접합

■해설 관거의 접합방법
㉠ 접합방법

종류	특징
수면접합	수리학적으로 가장 좋은 방법으로 관내 수면을 일치시키는 방법이다.
관정접합	관거의 내면 상부를 일치시키는 방법으로 굴착 깊이가 증대되고, 공사비가 증가된다.
관중심 접합	관 중심을 일치시키는 방법으로 별도의 수위계산이 필요 없는 방법이다.
관저접합	관거의 내면 바닥을 일치시키는 방법으로 수리학적으로 불리한 방법이다.
단차접합	지세가 아주 급한 경우 토공량을 줄이기 위해 사용하는 방법이다.
계단접합	지세가 매우 급한 경우 관거의 기울기와 토공량을 줄이기 위해 사용하는 방법이다.

㉡ 접합 시 고려사항
• 2개의 관이 합류하는 경우 두 관의 중심교각은 가급적 60° 이하로 한다.
• 지표의 경사가 급한 경우에는 원칙적으로 단차접합 또는 계단접합으로 한다.
• 2개의 관거가 합류하는 경우의 접합방법은 수면접합 또는 관정접합으로 한다.
• 관거의 계획수위를 일치시켜 접합하는 방법을 수면접합이라고 한다.

∴ 굴착 깊이를 얕게 하여 공사비용을 줄일 수 있으며, 수위 상승을 방지하고 양정고를 줄일 수 있어 펌프로 배수하는 지역에 적합한 방법은 관저접합이다.

104. $Q = \dfrac{1}{360}CIA$는 합리식으로서 첨두유량을 산정할 때 사용된다. 이 식에 대한 설명으로 옳지 않은 것은?

① C는 유출계수로 무차원이다.
② I는 도달시간 내의 강우강도로 단위는 mm/hr이다.
③ A는 유역면적으로 단위는 km²이다.
④ Q는 첨두유출량으로 단위는 m³/sec이다.

■해설 우수유출량의 산정
합리식의 적용 확률연수는 10~30년을 원칙으로 한다.

$$Q = \frac{1}{360} CIA$$

여기서, Q : 우수량(m³/sec)
C : 유출계수(무차원)
I : 강우강도(mm/hr)
A : 유역면적(ha)

∴ 유역면적의 단위는 ha이다.

105. 하수 배제방식의 특징에 관한 설명으로 틀린 것은?

① 분류식은 합류식에 비해 우천 시 월류의 위험이 크다.
② 합류식은 분류식(2계통 건설)에 비해 건설비가 저렴하고 시공이 용이하다.
③ 합류식은 단면적이 크기 때문에 검사, 수리 등에 유리하다.
④ 분류식은 강우 초기에 노면의 오염물질이 포함된 세정수가 직접 하천 등으로 유입된다.

■해설 하수의 배제방식

분류식	합류식
• 수질오염 방지 면에서 유리하다. • 청천 시에도 퇴적의 우려가 없다. • 강우 초기 노면배수효과가 없다. • 시공이 복잡하고 오접합의 우려가 있다. • 우천 시 수세효과를 기대할 수 없다. • 공사비가 많이 든다.	• 구배 완만, 매설깊이가 적으며 시공성이 좋다. • 초기 우수에 의한 노면 배수처리가 가능하다. • 관경이 크므로 검사가 편리하고, 환기가 잘 된다. • 건설비가 적게 든다. • 우천 시 수세효과가 있다. • 청천 시 관내 침전, 효율이 저하된다.

∴ 우천 시 월류위험이 있는 방식은 합류식이다.

106. 완속여과와 급속여과의 비교 설명으로 틀린 것은?

① 원수가 고농도의 현탁물일 때는 급속여과가 유리하다.
② 여과속도가 다르므로 용지 면적의 차이가 크다.
③ 여과의 손실수두는 급속여과보다 완속여과가 크다.
④ 완속여과는 약품처리 등이 필요하지 않으나 급속여과는 필요하다.

■해설 완속여과와 급속여과의 비교
㉠ 원수가 저농도 현탁물일 경우 완속여과, 고농도 현탁물일 경우 급속여과가 유리하다.
㉡ 여과속도는 완속여과보다 급속여과가 약 30~40배 빠르다. 따라서 여과속도가 다르므로 용지 면적의 차이가 크다.
㉢ 여과의 손실수두는 완속여과보다는 급속여과가 크다.
㉣ 완속여과는 약품처리 등이 필요하지 않으나 급속여과는 응집제라는 약품처리를 필요로 한다.

107. 하수관거의 설계기준에 대한 설명으로 틀린 것은?

① 경사는 상류에서 크게 하고 하류로 갈수록 감소시켜야 한다.
② 유속은 하류로 갈수록 작게 하여야 한다.
③ 오수관거의 최소관경은 200mm를 표준으로 한다.
④ 관거의 최소 흙두께는 원칙적으로 1m로 한다.

■해설 하수관의 설계기준
㉠ 하수관로 내의 유속은 하류로 갈수록 빠르게 하며, 경사는 하류로 갈수록 완만하게 한다.
㉡ 하수관거의 최소관경

구분	최소관경
오수관거	200mm
우수 및 합류관거	250mm

㉢ 하수관거의 최소 흙두께는 원칙적으로 1m로 한다.

108. 수격현상(Water Hammer)의 방지 대책으로 틀린 것은?

① 펌프의 급정지를 피한다.
② 가능한 관 내 유속을 크게 한다.
③ 토출 측 관로에 에어 챔버(Air Chamber)를 설치한다.
④ 토출관 측에 압력 조정용 수조(Surge Tank)를 설치한다.

|해답| 105.① 106.③ 107.② 108.②

■해설 수격작용
  ㉠ 펌프의 급정지, 급가동 또는 밸브를 급폐쇄하면 관로 내 유속의 급격한 변화가 발생하여 이상 압력이 발생하는 현상을 수격작용이라 한다. 수격작용은 관로 내 물의 관성에 의해 발생한다.
  ㉡ 방지책
    • 펌프의 급정지, 급가동을 피한다.
    • 부압 발생 방지를 위해 조압수조(Surge Tank), 공기밸브(Air Valve)를 설치한다.
    • 압력 상승 방지를 위해 역지밸브(Check Valve), 안전밸브(Safety Valve), 압력수조(Air Chamber)를 설치한다.
    • 펌프에 플라이휠(Fly Wheel)을 설치한다.
    • 펌프의 토출 측 관로에 급폐식 혹은 완폐식 역지밸브를 설치한다.
    • 펌프 설치위치를 낮게 하고 흡입양정을 적게 한다.
  ∴ 수격작용을 방지하기 위해서는 관 내 유속을 줄여야 한다.

109. 전양정 4m, 회전속도 100rpm, 펌프의 비교회전도가 920일 때 양수량은?

① 677m³/min
② 834m³/min
③ 975m³/min
④ 1,134m³/min

■해설 비교회전도
  ㉠ 비교회전도란 펌프나 송풍기 등의 형식을 나타내는 지표로 펌프의 경우 1m³/min의 유량을 1m 양수하는 데 필요한 회전수(N_s)를 말한다.

$$N_s = N \frac{Q^{\frac{1}{2}}}{H^{\frac{3}{4}}}$$

여기서, N : 표준회전수(rpm)
Q : 토출량(m³/min)
H : 양정(m)

  ㉡ 양수량의 계산

$$Q = \left(\frac{N_s H^{\frac{3}{4}}}{N}\right)^2 = \left(\frac{920 \times 4^{\frac{3}{4}}}{100}\right)^2$$
$$= 677.12 \text{m}^3/\text{min}$$

110. 급수방법에는 고가수조식과 압력수조식이 있다. 압력수조식을 고가수조식과 비교한 설명으로 옳지 않은 것은?

① 조작상에 최고·최저의 압력차가 적고, 급수압의 변동 폭이 적다.
② 큰 설비에는 공기 압축기를 설치해서 때때로 공기를 보급하는 것이 필요하다.
③ 취급이 비교적 어렵고 고장이 많다.
④ 저수량이 비교적 적다.

■해설 급수방법
  ㉠ 고가수조식은 저수조에 물을 받은 다음 펌프로 양수하여 고가수조에 저류하였다가 자연유하로 급수하는 방식이다.
  ㉡ 압력수조식은 저수조에 물을 받은 다음 펌프로 압력수조에 넣고 그 내부압력에 의하여 급수하는 방식으로, 조작상에 최고·최저 압력차가 크고, 급수압의 변동 폭이 크다.

111. 상수도 배수관망 중 격자식 배수관망에 대한 설명으로 틀린 것은?

① 물이 정체하지 않는다.
② 사고 시 단수구역이 작아진다.
③ 수리계산이 복잡하다.
④ 제수밸브가 적게 소요되며 시공이 용이하다.

■해설 배수관망의 배치방식

격자식	수지상식
• 단수 시 대상지역이 좁다.	• 수리계산이 간단하다.
• 수압 유지가 용이하다.	• 건설비가 적게 든다.
• 화재 시 사용량 대처가 용이하다.	• 물의 정체가 발생된다.
• 수리계산이 복잡하다.	• 단수지역이 발생된다.
• 건설비가 많이 든다.	• 수량의 상호 보완이 어렵다.

∴ 제수밸브가 많이 설치되는 방식은 관로를 격자 형태로 묶은 격자식이다.

112. 정수장에서 1일 50,000m³의 물을 정수하는 데 침전지의 크기가 폭 10m, 길이 40m, 수심 4m인 침전지 2개를 가지고 있다. 2지의 침전지가 이론상 100% 제거할 수 있는 입자의 최소 침전속도는?(단, 병렬연결 기준)

① 31.25m/d   ② 62.5m/d
③ 125m/d   ④ 625m/d

■해설 수면적 부하
㉠ 입자가 100% 제거되기 위한 입자의 침강속도를 수면적 부하(표면부하율)라 한다.

$$V_0 = \frac{Q}{A} = \frac{h}{t}$$

㉡ 표면부하율의 산정

$$V_0 = \frac{Q}{A} = \frac{50,000}{10 \times 40} = 125\text{m}^3/\text{m}^2\text{day}$$

→ 2지 병렬연결이므로 $\frac{125}{2} = 62.5$m/day

113. 콘크리트 하수관의 내부 천정이 부식되는 현상에 대한 대응책으로 틀린 것은?

① 방식재료를 사용하여 관을 방호한다.
② 하수 중의 유황 함유량을 낮춘다.
③ 관 내의 유속을 감소시킨다.
④ 하수에 염소를 주입하여 박테리아 번식을 억제한다.

■해설 관정부식
㉠ 정의 : 콘크리트관의 경우 하수 내에 존재하거나 유기물 분해 시 존재하는 산에 의해 관 정상부에 부식이 발생되는 것을 말한다.
㉡ 부식 진행 : 단백질, 유기물, 황화합물 등이 혐기성 상태에서 분해되어 황화수소(H_2S) 발생 → 황화수소가 호기성 미생물에 의해 아황산가스(SO_2, SO_3) 발생 → 아황산가스가 관정부의 물방울에 녹아 황산(H_2SO_4)이 된다. → 황산이 콘크리트관의 성분인 철, 칼슘, 알루미늄과 반응하여 황산염으로 변하면서 관을 부식시킨다.
㉢ 방지대책 : 유속 증가로 퇴적방지, 용존산소 농도 증가로 혐기성 상태 예방, 살균제 주입, 라이닝, 역청제 도포로 황산염의 발생 방지

∴ 관정부식 방지대책으로 틀린 것은 관 내의 유속을 감소시키는 것이다.

114. 유량이 100,000m³/d이고 BOD가 2mg/L인 하천으로 유량 1,000m³/d, BOD 100mg/L인 하수가 유입된다. 하수가 유입된 후 혼합된 BOD의 농도는?

① 1.97mg/L   ② 2.97mg/L
③ 3.97mg/L   ④ 4.97mg/L

■해설 BOD 혼합농도 계산

$$C_m = \frac{Q_1 \cdot C_1 + Q_2 \cdot C_2}{Q_1 + Q_2}$$

$$= \frac{100,000 \times 2 + 1,000 \times 100}{100,000 + 1,000} = 2.97\text{mg/L}$$

115. 펌프의 특성곡선(Characteristic Curve)은 펌프의 양수량(토출량)과 무엇들과의 관계를 나타낸 것인가?

① 비속도, 공동지수, 총양정
② 총양정, 효율, 축동력
③ 비속도, 축동력, 총양정
④ 공동지수, 총양정, 효율

■해설 펌프의 특성곡선
펌프의 회전속도를 일정하게 고정하고 토출관의 밸브를 조절하여 토출량을 변화시킬 때 토출량(Q)의 변화에 따른 양정(H), 효율(η), 축동력(P)의 변화를 최대효율점에 대한 비율로 나타낸 곡선을 펌프 특성곡선이라 한다.
∴ 펌프특성곡선은 유량과 양정, 효율, 축동력의 관계를 나타낸 곡선이다.

116. 용존산소 부족곡선(DO Sag Curve)에서 산소의 복귀율(회복속도)이 최대로 되었다가 감소하기 시작하는 점은?

① 임계점   ② 변곡점
③ 오염 직후 점 ④ 포화 직전 점

■해설 용존산소 부족곡선
㉠ 생활하수의 유입으로 용존산소 부족곡선의 DO 농도가 감소하다가 재폭기에 의해서 DO의 농도가 다시 증가된 것으로 해석할 수 있다.

ⓛ 해석
- 임계점(Critical Point) : 용존산소량이 최소가 되는 점
- 변곡점(Point Of Inflection) : 용존산소 복귀율(회복속도)이 최대로 되었다가 감소하기 시작하는 점

117. 하수 중의 질소와 인을 동시에 제거할 때 이용될 수 있는 고도처리시스템은?

① 혐기호기조합법
② 3단 활성슬러지법
③ Phostrip법
④ 혐기무산소호기조합법

■해설 하수의 고도처리방법
ⓐ 하수의 고도처리방법에는 물리적 방법, 화학적 방법, 생물학적 방법이 있으며, 질소와 인의 처리는 주로 생물학적 방법을 적용한다.
ⓑ 고도처리방법의 분류
- 질소 제거 : 암모니아 탈기법, 이온교환법, 불연속적 염소주입법, 생물학적 질화 탈질화법
- 인 제거 : 응집침전법, 정석탈인법, A/O(Anoxic Oxic)법
- 질소, 인 동시 제거 : A^2/O(Anaerobic-Anoxic/Oxic process)법, SBR법, UCT법, VIP법, 수정 Phostrip법 등
∴ 질소와 인을 동시에 제거하는 방법은 A^2/O (Anaerobic-Anoxic/Oxic process)법으로 혐기무산소호기조합법이다.

118. 계획급수인구를 추정하는 이론곡선식이 $y = \dfrac{K}{1+e^{(a-bx)}}$ 로 표현될 때, 식 중의 K가 의미하는 것은?(단, y : x년 후의 인구, x : 기준년부터의 경과연수, e : 자연대수의 밑, a, b : 상수)

① 현재 인구   ② 포화 인구
③ 증가 인구   ④ 상주 인구

■해설 이론곡선법
$$y = \dfrac{K}{1+e^{(a-bx)}}$$

여기서, y : x년 후의 인구
a, b : 상수
x : 기준년으로부터의 경과연수
K : 포화인구

119. 배수면적 2km²인 유역 내 강우의 하수관거 유입시간이 6분, 유출계수가 0.70일 때 하수관거 내 유속이 2m/s인 1km 길이의 하수관에서 유출되는 우수량은?(단, 강우강도 $I = \dfrac{3,500}{t+25}$ mm/h, t의 단위 : 분)

① 0.3m³/s   ② 2.6m³/s
③ 34.6m³/s   ④ 43.9m³/s

■해설 우수유출량의 산정
ⓐ 합리식의 적용 확률연수는 10~30년을 원칙으로 한다.
$$Q = \dfrac{1}{3.6}CIA$$

여기서, Q : 우수량 (m³/sec)
C : 유출계수(무차원)
I : 강우강도(mm/hr)
A : 유역면적(km²)

ⓑ 유달시간의 계산
$t = t_1 + \dfrac{l}{v} = 6\min + \dfrac{1,000}{2 \times 60} = 14.33\min$

ⓒ 강우강도의 산정
$I = \dfrac{3,500}{t+10} = \dfrac{3,500}{14.33+25} = 89$mm/hr

ⓓ 우수유출량의 산정
$Q = \dfrac{1}{3.6}CIA = \dfrac{1}{3.6} \times 0.7 \times 89 \times 2 = 34.61$m³/s

120. 1인 1일 평균급수량에 대한 일반적인 특징으로 옳지 않은 것은?

① 소도시는 대도시에 비해서 수량이 크다.
② 공업이 번성한 도시는 소도시보다 수량이 크다.
③ 기온이 높은 지방이 추운 지방보다 수량이 크다.
④ 정액급수의 수도는 계량급수의 수도보다 소비수량이 크다.

■해설 1인 1일 평균급수량
　㉠ 용도
　　약품, 전력사용량의 산정, 유지관리비, 수도요금의 산정 등 수도재정계획 수립에 활용된다.
　㉡ 특징
　　• 소도시보다 대도시의 수량이 크다.
　　• 공업이 번성한 도시가 소도시보다 수량이 크다.
　　• 기온이 높은 지방이 추운 지방보다 수량이 크다.
　　• 정액급수의 수도가 계량급수의 수도보다 소비수량이 크다.

과년도 기출복원문제

(2024년 7월 시행 기출복원)

제1과목 응용역학

01. 그림과 같은 단순보에서 A, B 구간의 전단력 및 휨모멘트의 값은?

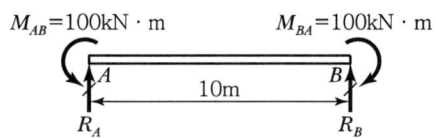

① $S=100$kN, $M=100$kN·m
② $S=100$kN, $M=200$kN·m
③ $S=0$, $M=-100$kN·m
④ $S=200$kN, $M=-100$kN·m

■해설

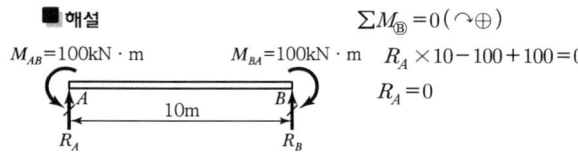

$\sum M_{\text{B}}=0(\curvearrowright\oplus)$
$R_A\times 10-100+100=0$
$R_A=0$

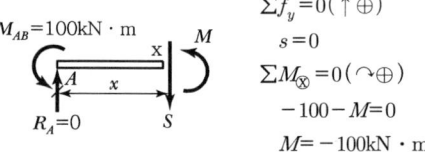

$\sum f_y=0(\uparrow\oplus)$
$s=0$
$\sum M_{\text{X}}=0(\curvearrowright\oplus)$
$-100-M=0$
$M=-100$kN·m

02. 아래 그림과 같은 트러스에서 부재 AB의 부재력은?

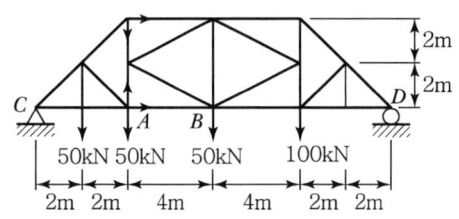

① 106.25kN(압축)
② 150.5kN(압축)
③ 106.25kN(인장)
④ 150.5kN(인장)

■해설 $\sum M_{\text{D}}=0(\curvearrowright\oplus)$
$R_c\times 16-50\times 14-50\times 12-50\times 8-100\times 4=0$
$R_c=131.25$kN($\uparrow$)

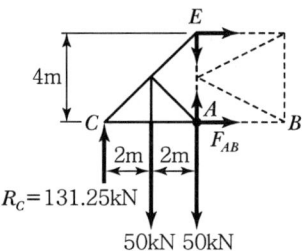

$\sum M_{\text{E}}=0(\curvearrowright\oplus)$
$131.25\times 4-50\times 2-F_{AB}\times 4=0$
$F_{AB}=106.25$kN(인장)

03. 전단중심(Shear Center)에 대한 다음 설명 중 옳지 않은 것은?

① 전단중심이란 단면이 받아내는 전단력의 합력점의 위치를 말한다.
② 1축이 대칭인 단면의 전단중심은 도심과 일치한다.
③ 하중이 전단중심 점을 통과하지 않으면 보는 비틀린다.
④ 1축이 대칭인 단면의 전단중심은 그 대칭축선상에 있다.

■해설 1축 대칭단면의 전단중심은 그 대칭축 선상에 있고, 2축 대칭단면의 전단중심은 도심과 일치한다.

|해답| 1.③ 2.③ 3.②

04. 아래 그림과 같은 1차 부정정보에서 B점으로부터 전단력이 "0"이 되는 위치(X)의 값은?

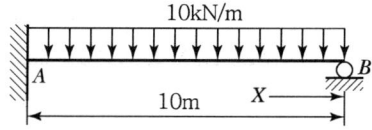

① 3.75m ② 4.25m
③ 4.75m ④ 5.25m

■해설

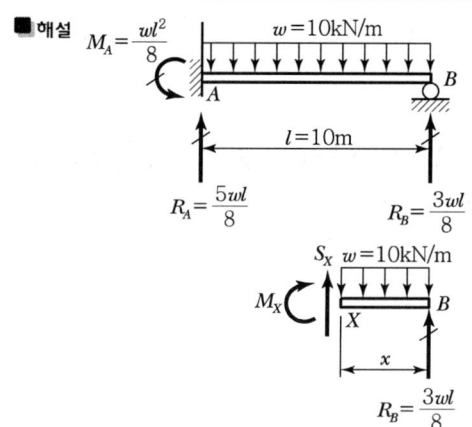

$\sum F_y = 0 (\uparrow \oplus)$

$S_X - w \cdot x + \dfrac{3wl}{8} = 0$

$S_X = wx - \dfrac{3wl}{8} = 0$

$x = \dfrac{3l}{8} = \dfrac{3 \times 10}{8} = 3.75\text{m}$

05. 그림과 같이 단순보에 이동하중이 재하될 때 절대 최대 모멘트는 약 얼마인가?

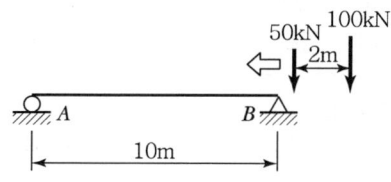

① 330kN·m ② 350kN·m
③ 370kN·m ④ 390kN·m

■해설 1. 절대 최대 휨모멘트가 발생하는 위치($\bar{x}$)

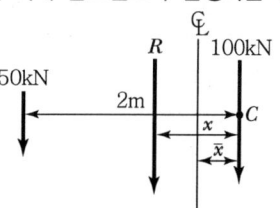

① 이동 하중군의 합력 크기(R)
$\sum F_y (\downarrow \oplus) = 50 + 100 = R$
$R = 150\text{kN}$

② 이동 하중군의 합력 위치(x)
$\sum M_© (\curvearrowleft \oplus) = 50 \times 2 = R \times x$
$x = \dfrac{100}{R} = \dfrac{100}{150} = 0.67\text{m}$

③ 절대 최대 휨모멘트가 발생하는 위치($\bar{x}$)
$\bar{x} = \dfrac{x}{2} = \dfrac{0.67}{2} = 0.33\text{m}$

따라서 절대 최대 휨모멘트는 100kN의 재하 위치가 보 중앙으로부터 우측으로 0.33m 떨어진 곳(지점 A로부터 5.33m 떨어진 곳)일 때, 100kN의 재하 위치에서 발생한다.

2. 절대 최대 휨모멘트($M_{\max}$)

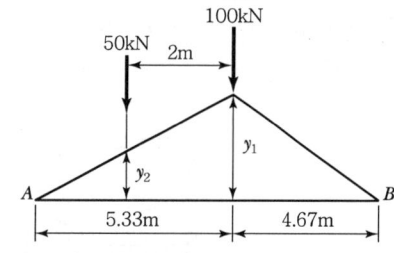

① 영향선 종거(y_1, y_2)
$y_1 = \dfrac{5.33 \times 4.67}{10} = 2.49$
$y_2 = \dfrac{y_1 \times 3.33}{5.33} = \dfrac{2.49 \times 3.33}{5.33} = 1.56$

② 절대 최대 휨모멘트($M_{\max}$)
$M_{abs\,\max} = 100 \times 2.49 + 50 \times 1.56 = 327\text{kN} \cdot \text{m}$

06. 아래 그림의 단면에서 도심을 통과하는 z축에 대한 극관성 모멘트(Polar Moment of Inertia)는 $23 \times 10^4 \text{mm}^4$이다. y축에 대한 단면 2차 모멘트가 $5 \times 10^4 \text{mm}^4$이고, x'축에 대한 단면 2차 모멘트가 $40 \times 10^4 \text{mm}^4$이다. 이 단면의 면적은? (단, x, y축은 이 단면의 도심을 통과한다.)

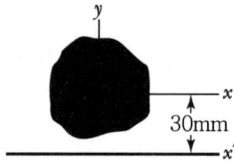

① 444mm² ② 344mm²
③ 244mm² ④ 144mm²

■해설
- $I_p = I_x + I_y$
  $I_x = I_p - I_y = 23 \times 10^4 - 5 \times 10^4 = 18 \times 10^4 \text{mm}^4$
- $I_x' = I_x + Ay_0^2$
  $A = \dfrac{I_x' - I_x}{y_0^2} = \dfrac{40 \times 10^4 - 18 \times 10^4}{30^2} = 244\text{mm}^2$

07. 그림과 같이 가운데가 비어 있는 직사각형 단면 기둥의 길이가 $L=10$m일 때 이 기둥의 세장비는?

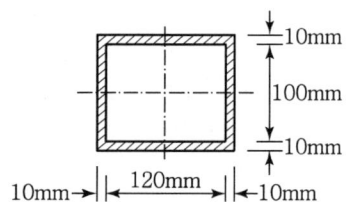

① 1.9 ② 191.9
③ 2.2 ④ 217.3

■해설 $A = (140 \times 120) - (120 \times 100) = 4,800\text{mm}^2$
$I_{\min} = \dfrac{140 \times 120^3}{12} - \dfrac{120 \times 100^3}{12} = 1,016 \times 10^4 \text{mm}^4$
$r_{\min} = \sqrt{\dfrac{I_{\min}}{A}} = \sqrt{\dfrac{1,016 \times 10^4}{4,800}} = 46\text{mm}$
$\lambda = \dfrac{l}{r_{\min}} = \dfrac{10 \times 10^3}{46} = 217.39$

08. 그림과 같은 부정정보에서 지점 A의 휨모멘트 값을 옳게 나타낸 것은?

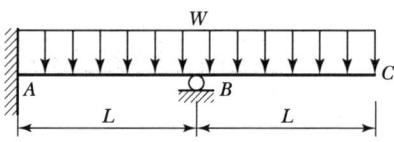

① $\dfrac{\omega L^2}{8}$ ② $-\dfrac{\omega L^2}{8}$

③ $\dfrac{3\omega L^2}{8}$ ④ $-\dfrac{3\omega L^2}{8}$

■해설
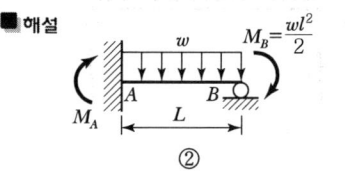 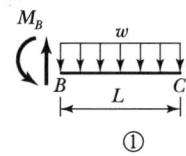

㉠ $M_B = \dfrac{\omega L^2}{2}$

㉡ $M_A = \dfrac{1}{2} M_B - \dfrac{\omega L^2}{8}$
$= \dfrac{1}{2}\left(\dfrac{\omega L^2}{2}\right) - \dfrac{\omega L^2}{8} = \dfrac{\omega L^2}{8}$

09. 그림과 같은 내민보에서 D점에 집중하중 $P=50$kN이 작용할 경우 C점의 휨모멘트는 얼마인가?

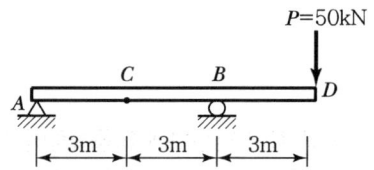

① $-25\text{kN}\cdot\text{m}$ ② $-50\text{kN}\cdot\text{m}$
③ $-75\text{kN}\cdot\text{m}$ ④ $-100\text{kN}\cdot\text{m}$

■해설 $\sum M_B = 0 (\curvearrowright \oplus)$
$-R_A \times 6 + 50 \times 3 = 0$, $R_A = 25\text{kN}(\downarrow)$

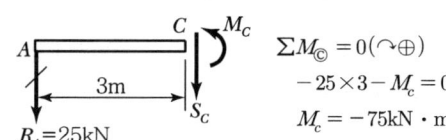

$\sum M_C = 0 (\curvearrowright \oplus)$
$-25 \times 3 - M_C = 0$
$M_C = -75\text{kN}\cdot\text{m}$

10. 다음 인장부재의 수직변위를 구하는 식으로 옳은 것은?(단, 탄성계수는 E)

① $\dfrac{PL}{EA}$

② $\dfrac{3PL}{2EA}$

③ $\dfrac{2PL}{EA}$

④ $\dfrac{5PL}{2EA}$

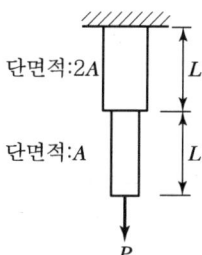

■해설

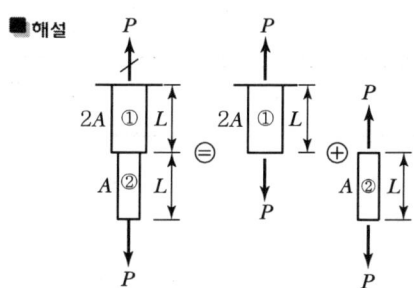

$\Delta_① = \dfrac{PL}{E(2A)}$ $\Delta_② = \dfrac{PL}{EA}$

$\Delta = \Delta_① + \Delta_② = \dfrac{PL}{2EA} + \dfrac{PL}{EA} = \dfrac{3PL}{2EA}$ (신장량)

11. 다음 4종류의 기둥에서 강도의 크기 순으로 옳게 된 것은?(단, 부재는 등질 등단면이고 길이는 같다.)

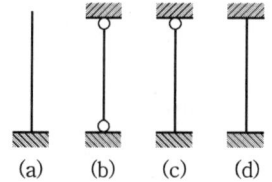

① (a) > (b) > (c) > (d)

② (a) > (c) > (b) > (d)

③ (d) > (b) > (c) > (a)

④ (d) > (c) > (b) > (a)

■해설 $P_{cr} = \dfrac{\pi^2 EI}{(kl)^2} = \dfrac{c}{k^2} \left(c = \dfrac{\pi^2 EI}{l^2} \text{라두면} \right)$

$P_{cr(a)} : P_{cr(b)} : P_{cr(c)} : P_{cr(d)}$

$= \dfrac{c}{2^2} : \dfrac{c}{1^2} : \dfrac{c}{0.7^2} : \dfrac{c}{0.5^2} = 1 : 4 : 8 : 16$

$P_{cr(a)} < P_{cr(b)} < P_{cr(c)} < P_{cr(d)}$

12. 그림과 같은 게르버보의 E점(지점 C에서 오른쪽으로 10m 떨어진 점)에서의 휨모멘트 값은?

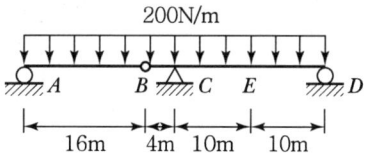

① 6,000N·m
② 6,400N·m
③ 10,000N·m
④ 16,000N·m

■해설

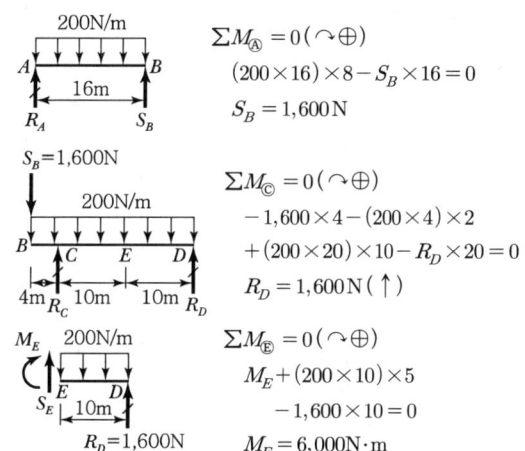

$\sum M_Ⓐ = 0 (\curvearrowright \oplus)$
$(200 \times 16) \times 8 - S_B \times 16 = 0$
$S_B = 1,600\text{N}$

$\sum M_Ⓒ = 0 (\curvearrowright \oplus)$
$-1,600 \times 4 - (200 \times 4) \times 2$
$+ (200 \times 20) \times 10 - R_D \times 20 = 0$
$R_D = 1,600\text{N}(\uparrow)$

$\sum M_Ⓔ = 0 (\curvearrowright \oplus)$
$M_E + (200 \times 10) \times 5$
$- 1,600 \times 10 = 0$
$M_E = 6,000\text{N·m}$

13. 그림과 같은 구조물에서 T부재가 받는 힘은?

① 5.77kN
② 1.67kN
③ 4.00kN
④ 3.33kN

■해설 $\sum M_Ⓒ = 0 (\curvearrowright \oplus)$

$T \times \sin 30° \times 3 - 1 \times 5 = 0$

$T = 3.33\text{kN}$

■참고 ㉠ AC 부재는 beam 부재 → 내력 : 축력, 전단력, 휨모멘트

㉡ BD 부재는 truss 부재(또는 케이블) → 내력 : 축력

|해답| 10.② 11.④ 12.① 13.④

14. 다음 그림과 같은 $r=4m$인 3힌지 원호아치에서 지점 A에서 1m 떨어진 E점의 휨모멘트는 약 얼마인가?(단, EI는 일정하다.)

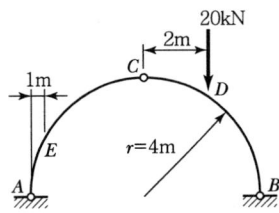

① $-8.23kN \cdot m$ ② $-13.22kN \cdot m$
③ $-16.61kN \cdot m$ ④ $-20.0kN \cdot m$

■해설 $\sum M_\text{Ⓑ} = 0(\curvearrowleft \oplus)$
$V_A \times 8 - 20 \times 2 = 0$
$V_A = 5kN(\uparrow)$

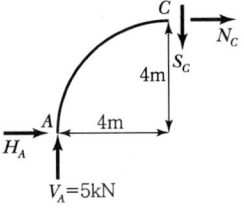

$\sum M_\text{Ⓒ} = 0(\curvearrowleft \oplus)$
$5 \times 4 - H_A \times 4 = 0$,
$H_A = 5kN(\rightarrow)$

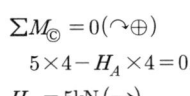

$y = \sqrt{4^2 - 3^2} = \sqrt{7}$

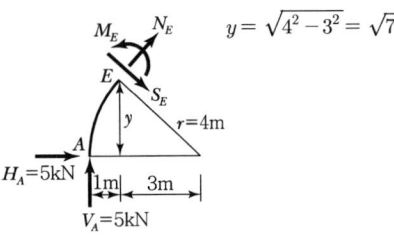

$\sum M_\text{Ⓔ} = 0(\curvearrowleft \oplus)$
$5 \times 1 - 5 \times \sqrt{7} - M_E = 0$
$M_E = -8.23kN \cdot m$

15. 다음의 단순보의 C점의 곡률반경을 구하면 얼마인가?(단, $E=10^3 MPa$, $I=4 \times 10^8 mm^4$)

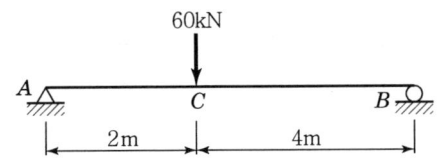

① 3.5m ② 4.0m
③ 4.5m ④ 5.0m

■해설 $M_c = \dfrac{Pab}{l} = \dfrac{60 \times 2 \times 4}{6} = 80kN \cdot m$

$\rho_c = \dfrac{EI}{M_c} = \dfrac{10^3 \times (4 \times 10^8)}{(80 \times 10^6)} = 5,000mm = 5m$

16. 다음 구조물에서 하중이 작용하는 위치에서 일어나는 처짐의 크기는?

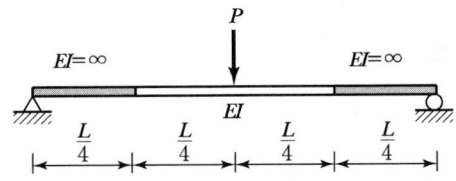

① $\dfrac{PL^3}{48EI}$ ② $\dfrac{PL^3}{96EI}$
③ $\dfrac{7PL^3}{384EI}$ ④ $\dfrac{11PL^3}{384EI}$

■해설

[탄성하중]

$\sum M_\text{Ⓑ} = 0(\curvearrowleft \oplus)$
$R_A' \times L - \left\{ \left(\dfrac{PL}{8EI} \times \dfrac{L}{2}\right) + \left(\dfrac{1}{2} \times \dfrac{PL}{8EI} \times \dfrac{L}{2}\right) \right\} \times \dfrac{L}{2} = 0$
$R_A' = \dfrac{3PL^2}{64EI}(\uparrow)$

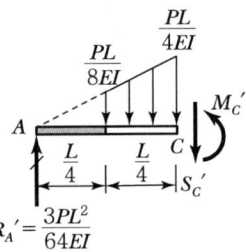

$R_A' = \dfrac{3PL^2}{64EI}$

$\sum M_\text{Ⓒ} = 0(\curvearrowleft \oplus)$
$\dfrac{3PL^2}{64EI} \times \dfrac{L}{2} - \left\{ \left(\dfrac{PL}{8EI} \times \dfrac{L}{4}\right) \times \left(\dfrac{L}{4} \times \dfrac{1}{2}\right) \right.$
$\left. + \left(\dfrac{1}{2} \times \dfrac{PL}{8EI} \times \dfrac{L}{4}\right) \times \left(\dfrac{L}{4} \times \dfrac{1}{3}\right) \right\} - M_C' = 0$

$$M_C' = \frac{7PL^3}{384EI}$$

$$y_C = M_C' = \frac{7PL^3}{384EI}(\downarrow)$$

17. 다음 구조물의 판별로 옳은 것은?

① 정정
② 1차 부정정
③ 2차 부정정
④ 3차 부정정

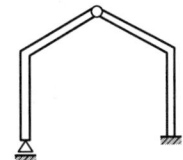

■해설 (일반적인 경우)
$N = r + m + s - 2p$
$\quad = 4 + 4 + 2 - 2 \times 5 = 0$(정정)

■별해 라멘과 유사하게 생각하면
$N = B \times 3 - j$
$\quad = 1 \times 3 - (2 + 1)$
$\quad = 0$(정정)

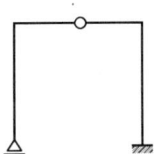

18. 그림의 트러스에서 연직 부재 V의 부재력은?

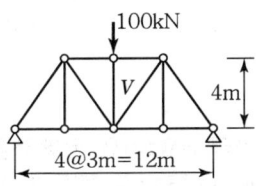

① 100kN(인장)   ② 100kN(압축)
③ 50kN(인장)   ④ 50kN(압축)

■해설 하중을 받고 있는 절점에서 절점법을 사용하면

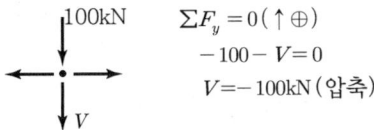

$\Sigma F_y = 0 (\uparrow \oplus)$
$-100 - V = 0$
$V = -100\text{kN}(압축)$

19. 축인장하중 $P = 20$kN을 받고 있는 지름 100mm의 원형봉 속에 발생하는 최대 전단응력은 얼마인가?

① 1.273MPa   ② 1.515MPa
③ 1.756MPa   ④ 1.998MPa

■해설
$\sigma_x = \frac{P}{A} = \frac{P}{\frac{\pi d^2}{4}} = \frac{4P}{\pi d^2} = \frac{4 \times (20 \times 10^3)}{\pi \times 100^2} = 2.546$

$\sigma_x = 2.546$MPa, $\sigma_y = 0$, $\tau_{xy} = 0$

$\tau_{\max} = \sqrt{\frac{(\sigma_x - \sigma_y)^2}{2} + \tau_{xy}^2} = \sqrt{\left(\frac{2.546 - 0}{2}\right)^2 + 0^2}$
$\quad = 1.273$MPa

20. 그림과 같은 2부재 트러스의 B에 수평하중 P가 작용한다. B절점의 수평변위 δ_B는 몇 m인가? (단, EA는 두 부재가 모두 같다.)

① $\delta_B = \dfrac{0.45P}{EA}$

② $\delta_B = \dfrac{2.1P}{EA}$

③ $\delta_B = \dfrac{21P}{EA}$

④ $\delta_B = \dfrac{4.5P}{EA}$

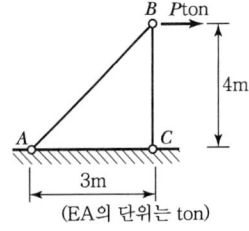

(EA의 단위는 ton)

■해설 단위하중법 사용

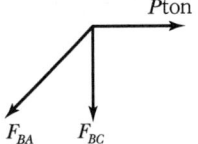

$\begin{cases} F_{BA} = \dfrac{5}{3}P \\ F_{BC} = -\dfrac{4}{3}P \end{cases}$

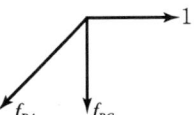

$\begin{cases} f_{BA} = \dfrac{5}{3} \\ f_{BC} = -\dfrac{4}{3} \end{cases}$

$\delta_B = \Sigma \dfrac{Ffl}{AE}$
$\quad = \dfrac{1}{AE}\left\{\left(\dfrac{5}{3}P\right)\left(\dfrac{5}{3}\right)(5) + \left(-\dfrac{4}{3}P\right)\left(-\dfrac{4}{3}\right)(4)\right\}$
$\quad = \dfrac{21P}{AE}$(m)

|해답| 17.① 18.② 19.① 20.③

제2과목 측량학

21. 1,600m²의 정사각형 토지 면적을 0.5m²까지 정확하게 구하기 위해서 필요한 변길이의 최대 허용오차는?

① 2mm ② 6mm
③ 10mm ④ 12mm

■해설 면적과 거리의 정밀도
- $\frac{\Delta A}{A} = 2\frac{\Delta L}{L}$, $L = \sqrt{A} = \sqrt{1,600} = 40m$
- $\Delta L = \frac{\Delta A}{A} \cdot \frac{L}{2} = \frac{0.5}{1,600} \times \frac{40}{2}$
   $= 0.0063m = 6.3mm$

22. 캔트(Cant)의 크기가 C인 노선을 곡선의 반지름(R)만 2배로 증가시키면 새로운 캔트 C'의 크기는?

① $0.5C$ ② C
③ $2C$ ④ $4C$

■해설
- 캔트(C) $= \frac{SV^2}{Rg}$
- R을 2배로 증가시키면 C는 $\frac{1}{2}$로 줄어든다.

23. 지형공간정보체계의 활용분야 중 토목분야의 시설물을 관리하는 정보체계는?

① TIS ② LIS
③ NDIS ④ FM

■해설 ④ FM : 시설물관리

24. 수준측량에서 수준 노선의 거리와 무게(경중률)의 관계로 옳은 것은?

① 노선거리에 비례한다.
② 노선거리에 반비례한다.
③ 노선거리의 제곱근에 비례한다.
④ 노선거리의 제곱근에 반비례한다.

■해설 경중률과 거리의 관계
거리에 반비례한다.
$P_1 : P_2 = \frac{1}{S_1} : \frac{1}{S_2}$

25. 트래버스 ABCD에서 각 측선에 대한 위거와 경거값이 아래 표와 같을 때, 측선 BC의 배횡거는?

측선	위거(m)	경거(m)
AB	+75.39	+81.57
BC	-33.57	+18.78
CD	-61.43	-45.60
CA	+44.61	-52.65

① 81.57m ② 155.10m
③ 163.14m ④ 181.92m

■해설 ㉠ 첫 측선의 배횡거는 첫 측선의 경거와 같다.
㉡ 임의 측선의 배횡거는 전 측선의 배횡거+전측선의 경거+그 측선의 경거이다.
㉢ 마지막 측선의 배횡거는 마지막 측선의 경거와 같다.(부호반대)
- AB 측선의 배횡거 = 81.57
- BC 측선의 배횡거 = 81.57 + 81.57 + 18.78
   = 181.92m

26. 초점거리 210mm인 카메라를 사용하여 사진크기 18cm×18cm로 평탄한 지역을 촬영한 항공사진에서 주점기선장이 70mm였다. 이 항공사진의 축척이 1:20,000이었다면 비고 200m에 대한 시차차는?

① 2.2mm ② 3.3mm
③ 4.4mm ④ 5.5mm

■해설
- $\frac{1}{M} = \frac{f}{H}$, $H = Mf$
- $\Delta P = \frac{h}{H}b_0 = \frac{h}{Mf}b_0$
   $= \frac{200}{20,000 \times 0.21} \times 0.07$
   $= 0.0033m = 3.3mm$

27. 3차 중첩 내삽법(Cubic Convolution)에 대한 설명으로 옳은 것은?

① 계산된 좌표를 기준으로 가까운 3개의 화솟값의 평균을 취한다.
② 영상분류와 같이 원영상의 화솟값과 통계치가 중요한 작업에 많이 사용된다.
③ 계산이 비교적 빠르며 출력영상이 가장 매끄럽게 나온다.
④ 보정 전 자료와 통계치 및 특성의 손상이 많다.

■해설 영상기하보정-재배열, 보간방법

기하학적 보정을 위한 좌표변환식이 결정되면 입력되는 자료를 변환식에 맞추어 변환한 후 새로운 영상자료를 출력하게 된다. 이때 새로이 결정되는 좌표는 정수가 아니라 실수로 나오게 된다.
이러한 경우에 수치영상의 각 화솟값이 이루는 연속성을 가정하여 새로운 좌표가 가질 화솟값을 결정하는 방법을 재배열이라 하며, 대표적인 세 가지 방법이 있다.

㉠ 최근린 내삽법: 가장 가까운 관측점의 화솟값을 구하고자 하는 화소의 값으로 한다.
 • 장점: 화솟값을 흠내지 않고 처리속도가 빠르다.
 • 단점: 위치오차가 최대 1/2화소 정도 생긴다.
㉡ 1차 내삽법: 보간점 주위 4점의 화솟값을 이용하여 구하고자 하는 화소의 값을 선형식으로 보간한다.
 • 장점: 평균하기 때문에 평활화 효과가 있다.
 • 단점: 원자료가 흠이 난다.
㉢ 3차 중첩 내삽법: 보간하고 싶은 점의 주위 16개 관측점의 화솟값을 이용 3차 회선함수를 이용하여 보간한다.
 • 장점: 화상의 평활화와 동시에 선명성의 효과가 있어 고화질이 얻어진다.
 • 단점: 원재료가 흠이 나며 계산시간이 많이 소요된다.

28. 지오이드(Geoid)에 대한 설명으로 옳은 것은?

① 육지와 해양의 지형면을 말한다.
② 육지 및 해저의 요철(凹凸)을 평균한 매끈한 곡면이다.
③ 회전타원체와 같은 것으로 지구의 형상이 되는 곡면이다.
④ 평균해수면을 육지 내부까지 연장했을 때의 가상적인 곡면이다.

29. 완화곡선에 대한 설명으로 틀린 것은?

① 단위 클로소이드란 매개 변수 A가 1인, 즉 $R \times L = 1$의 관계에 있는 클로소이드다.
② 완화곡선의 접선은 시점에서 직선에, 종점에서 원호에 접한다.
③ 클로소이드의 형식 중 S형은 복심곡선 사이에 클로소이드를 삽입한 것이다.
④ 캔트(Cant)는 원심력 때문에 발생하는 불리한 점을 제거하기 위해 두는 편경사이다.

■해설 S형은 반향곡선 사이에 클로소이드를 삽입한 것이다.

30. 등고선의 성질에 대한 설명으로 옳지 않은 것은?

① 동일 등고선 상의 모든 점은 기준면으로부터 같은 높이에 있다.
② 지표면의 경사가 같을 때는 등고선의 간격은 같고 평행하다.
③ 등고선은 도면 안 또는 밖에서 반드시 폐합한다.
④ 높이가 다른 두 등고선은 절대로 교차하지 않는다.

■해설 절벽, 동굴에서는 교차한다.

31. 그림과 같은 복곡선(Compound Curve)에서 관계식으로 틀린 것은?

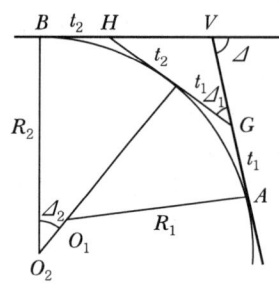

① $\Delta_1 = \Delta - \Delta_2$

② $t_2 = R_2 \tan \dfrac{\Delta_2}{2}$

③ $VG = (\sin\Delta_2)\left(\dfrac{GH}{\sin\Delta}\right)$

④ $VB = (\sin\Delta_2)\left(\dfrac{GH}{\sin\Delta}\right) + t_2$

■해설 $VB = (\sin\Delta_1)\left(\dfrac{GH}{\sin\Delta}\right) + t_2$

32. 각의 정밀도가 ±20″인 각측량기로 각을 관측할 경우, 각오차의 거리오차가 균형을 이루기 위한 줄자의 정밀도는?

① 약 $\dfrac{1}{10,000}$　　② 약 $\dfrac{1}{50,000}$

③ 약 $\dfrac{1}{100,000}$　　④ 약 $\dfrac{1}{500,000}$

■해설
- $\dfrac{\Delta L}{L} = \dfrac{\theta''}{\rho''}$
- $\dfrac{\Delta L}{L} = \dfrac{20}{206,265} \fallingdotseq \dfrac{1}{10,000}$

33. 세부도화 시 한 모델을 이루는 좌우사진에서 나오는 광속이 촬영면상에 이루는 종시차를 소거하여 목표 지형지물의 상대위치를 맞추는 작업을 무엇이라 하는가?

① 접합표정　　② 상호표정
③ 절대표정　　④ 내부표정

■해설
- 내부표정 : 화면거리 조정
- 상호표정 : 종시차소거
- 접속표정 : 모델 간, 스트럽 간의 접합
- 절대표정 : 축척결정, 위치, 방위결정, 표고, 경사의 결정

34. GIS 기반의 지능형 교통정보시스템(ITS)에 관한 설명으로 가장 거리가 먼 것은?

① 고도의 정보처리기술을 이용하여 교통운용에 적용한 것으로 운전자, 차량, 신호체계 등 매순간의 교통상황에 따른 대응책을 제시하는 것
② 도심 및 교통수요의 통제와 조정을 통하여 교통량을 노선별로 적절히 분산시키고 지체 시간을 줄여 도로의 효율성을 증대시키는 것
③ 버스, 지하철, 자전거 등 대중교통을 효율적으로 운행관리하며 운행상태를 파악하여 대중교통의 운영과 운영사의 수익을 목적으로 하는 체계
④ 운전자의 운전행위를 도와주는 것으로 주행 중 차량간격, 차선위반여부 등의 안전운행에 관한 체계

■해설 ITS(지능형 교통정보시스템)는 대중교통 운영체계의 정보화를 바탕으로 시민들에게 대중교통 수단의 운행 스케줄, 차량 위치 등의 정보를 제공하여 이용자 편익을 극대화하고, 대중교통 운송 회사 및 행정 부서에는 차량관리, 배차 및 모니터링 등을 위한 정보를 제공함으로써 업무의 효율성을 극대화한다.

35. 축척 1 : 1,500 지도상의 면적을 잘못하여 축척 1 : 1,000으로 측정하였더니 10,000m²가 나왔다면 실제면적은?

① 4,444m²　　② 6,667m²
③ 15,000m²　　④ 22,500m²

■해설
$A_0 = \left(\dfrac{m_2}{m_1}\right)^2 \times A = \left(\dfrac{1,500}{1,000}\right)^2 \times 10,000$
$= 22,500\text{m}^2$

36. 그림과 같이 ΔP_1P_2C는 동일 평면 상에서 $\alpha_1 = 62°8'$, $\alpha_2 = 56°27'$, $B = 60.00\text{m}$이고 연직각 $v_1 = 20°46'$일 때 C로부터 P까지의 높이 H는?

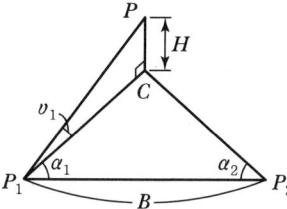

① 24.23m ② 22.90m
③ 21.59m ④ 20.58m

■해설 ㉠ $\angle C = 180 - \alpha_1 - \alpha_2 = 61°25'$
㉡ $\dfrac{\overline{P_1C}}{\sin\alpha_2} = \dfrac{B}{\sin C}$

$\overline{P_1C} = \dfrac{\sin\alpha_2}{\sin C}B = \dfrac{\sin 56°27'}{\sin 61°25'} \times 60 = 56.95\text{m}$

㉢ $H = \overline{P_1C} \cdot \tan V_1 = 56.95 \times \tan 20°46'$
$= 21.59\text{m}$

37. 하천의 수위관측소 설치를 위한 장소로 적합하지 않은 것은?
① 상하류의 길이가 약 100m 정도는 직선인 곳
② 홍수 시 관측소가 유실 및 파손될 염려가 없는 곳
③ 수위표를 쉽게 읽을 수 있는 곳
④ 합류나 분류에 의해 수위가 민감하게 변화하여 다양한 수위의 관측이 가능한 곳

■해설 지천의 합류, 분류점에서 수위 변화가 없는 곳에 설치

38. 측량에서 일반적으로 지구의 곡률을 고려하지 않아도 되는 최대 범위는?(단, 거리의 정밀도를 10^{-6}까지 허용하며 지구 반지름은 6,370km이다.)
① 약 100km² 이내
② 약 380km² 이내
③ 약 1,000km² 이내
④ 약 1,200km² 이내

■해설 • 정도 $\left(\dfrac{\Delta L}{L}\right) = \dfrac{D^2}{12R^2}$

$D = \sqrt{\dfrac{12 \times 6,370^2}{1,000,000}} = 22.07\text{km}$

• 면적 $= \dfrac{\pi D^2}{4} = \dfrac{\pi \times 22.07^2}{4} = 382.56\text{km}^2$

39. 좌표를 알고 있는 기지점에 고정용 수신기를 설치하여 보정자료를 생성하고 동시에 미지점에 또 다른 수신기를 설치하여 고정점에서 생성된 보정자료를 이용해 미지점의 관측자료를 보정함으로써 높은 정확도를 확보하는 GPS측위 방법은?
① KINEMATIC
② STATIC
③ SPOT
④ DGPS

■해설 DGPS(정밀 GPS)는 GPS의 오차 보정 기술이다. 지구에서 멀리 떨어진 위성에서 신호를 수신하므로 오차가 발생하며 지상의 방송국에서 위성에서 수신한 신호로 확인한 위치와 실제위치와의 차이를 전송하여 오차를 교정하는 기술이다.

40. 지구 상의 $\triangle ABC$를 측량한 결과, 두 변의 거리가 $a = 30\text{km}$, $b = 20\text{km}$였고, 그 사잇각이 80°였다면 이때 발생하는 구과량은?(단, 지구의 곡선반지름은 6,400km로 가정한다.)
① 1.49″ ② 1.62″
③ 2.04″ ④ 2.24″

■해설 • 구면 삼각형 면적(E)

$E = \dfrac{1}{2}ab\sin\alpha = \dfrac{1}{2} \times 30 \times 20 \times \sin 80°$
$= 295.44\text{km}^2$

• 구과량(ε'')

$\varepsilon'' = \dfrac{E\rho''}{\gamma^2} = \dfrac{295.44 \times 206,265''}{6,400^2} = 1.49''$

|해답| 36.③ 37.④ 38.② 39.④ 40.①

제3과목 수리수문학

41. 다음 중 물의 순환에 관한 설명으로서 틀린 것은?

① 지구상에 존재하는 수자원이 대기권을 통해 지표면에 공급되고, 지하로 침투하여 지하수를 형성하는 등 복잡한 반복과정이다.
② 지표면 또는 바다로부터 증발된 물이 강수, 침투 및 침루, 유출 등의 과정을 거치는 물의 이동현상이다.
③ 물의 순환과정에서 강수량은 지하수 흐름과 지표면 흐름의 합과 동일하다.
④ 물의 순환과정 중 강수, 증발 및 증산은 수문기상학 분야이다.

■해설 물의 순환
  ㉠ 지구상에 존재하는 수자원이 대기권을 통해 지표면에 공급되고, 지하로 침투하여 지하수를 형성하는 복잡한 반복과정을 물의 순환이라고 한다.
  ㉡ 지표면 또는 바다로부터 증발된 물이 강수, 침투 및 침루, 유출 등의 과정을 거치는 물의 이동현상이다.
  ㉢ 입력자료인 강수량과 출력자료인 지하수 흐름, 지표면 흐름은 일정률로 진행되는 것이 아니므로 이들의 합이 동일하지는 않다.

42. 반지름(P)이 6m이고, $\theta' = 30°$인 수문이 그림과 같이 설치되었을 때, 수문에 작용하는 전수압(저항력)은?

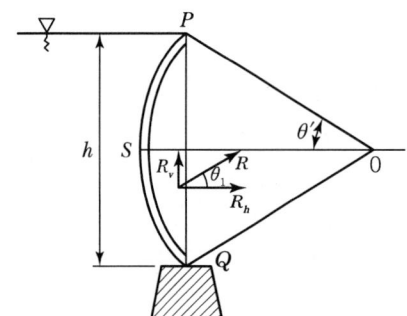

① 185.5kN/m
② 179.5kN/m
③ 169.5kN/m
④ 159.5kN/m

■해설 곡면이 받는 전수압
  ㉠ 수평분력의 산정
  $$P_H = wh_G A = 1 \times \frac{6\sin30 \times 2}{2} \times (6\sin30 \times 2 \times 1)$$
  $$= 18t$$
  ㉡ 연직분력의 산정
  $$P_V = W = wV = 1 \times \left[\left(\pi \times 6^2 \times \frac{60}{360}\right) - \left(\frac{1}{2} \times 6\sin30 \times 6\cos30 \times 2\right)\right] \times 1 = 3.25t$$
  ㉢ 합력의 산정
  $$P = \sqrt{P_H^2 + P_V^2} = \sqrt{18^2 + 3.25^2} = 18.291t$$
  ㉣ 단위폭당 전수압
  $18.291t/m \times 9.8 = 179.3kN/m$

43. 그림과 같이 원형관 중심에서 V의 유속으로 물이 흐르는 경우에 대한 설명으로 틀린 것은?(단, 흐름은 층류로 가정한다.)

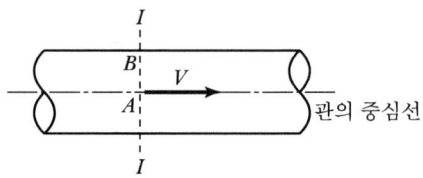

① A점에서의 유속은 단면 평균유속의 2배다.
② A점에서의 마찰력은 V^2에 비례한다.
③ A점에서 B점으로 갈수록 마찰력은 커진다.
④ 유속은 A점에서 최대인 포물선 분포를 한다.

■해설 관수로 흐름의 특징
  ㉠ 관수로의 유속분포는 중앙에서 최대이고 관 벽에서 0인 포물선 분포를 한다.
    ∴ 유속은 A점에서 최대인 포물선 분포를 한다.
  ㉡ 관수로의 전단응력분포는 관 벽에서 최대이고 중앙에서 0인 직선비례를 한다.
    ∴ A점에서의 마찰 저항력은 0이다.
    ∴ A점에서 B점으로 갈수록 마찰 저항력은 커진다.
  ㉢ 관수로에서 최대유속은 평균유속의 2배이다.
    $V_{max} = 2V_m$

|해답| 41.③ 42.② 43.②

44. 그림에서 A와 B의 압력차는?(단, 수은의 비중 =13.50)

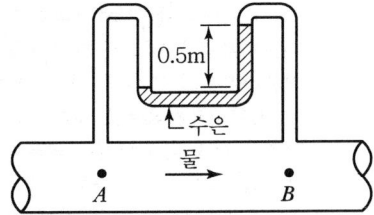

① 32.85kN/m² ② 57.50kN/m²
③ 61.25kN/m² ④ 78.94kN/m²

■해설 시차액주계
㉠ 물과 수은이 만나는 곳의 수평선을 그어 임의의 두 점 C와 D점을 잡는다.
$P_C = P_D$
㉡ 압력차의 산정
· $P_C = P_A + wh$
· $P_D = P_B + w_s h$
∴ $P_A + wh = P_B + w_s h$
∴ $P_A - P_B = 13.5 \times 0.5 - 1 \times 0.5 = 6.25t$
$= 61.25 \text{kN/m}^2$

45. 어느 소유역의 면적이 20ha, 유수의 도달시간이 5분이다. 강수자료의 해석으로부터 얻어진 이 지역의 강우강도식이 아래와 같을 때 합리식에 의한 홍수량은?(단, 유역의 평균 유출계수는 0.6이다.)

강우강도식 : $I = \dfrac{6{,}000}{(t+35)}$ [mm/hr]
여기서, t : 강우지속시간[분]

① 18.0m³/s ② 5.0m³/s
③ 1.8m³/s   ④ 0.5m³/s

■해설 합리식
㉠ 합리식
$Q = \dfrac{1}{360} CIA$
여기서, Q : 우수량 (m³/sec)
C : 유출계수(무차원)
I : 강우강도(mm/hr)
A : 유역면적(ha)

㉡ 강우강도의 산정
$I = \dfrac{6{,}000}{(t+35)} = \dfrac{6{,}000}{(5+35)} = 150 \text{mm/hr}$

㉢ 우수유출량의 산정
$Q = \dfrac{1}{360} CIA = \dfrac{1}{360} \times 0.6 \times 150 \times 20 = 5 \text{m}^3/\text{s}$

46. 누가우량곡선(Rainfall Mass Curve)의 특성으로 옳은 것은?

① 누가우량곡선의 경사가 클수록 강우강도가 크다.
② 누가우량곡선의 경사는 지역에 관계없이 일정하다.
③ 누가우량곡선으로 일정기간 내의 강우량을 산출할 수는 없다.
④ 누가우량곡선은 자기우량 기록에 의하여 작성하는 것보다 보통우량계의 기록에 의하여 작성하는 것이 더 정확하다.

■해설 누가우량곡선
㉠ 정의 : 자기우량계의 관측으로 시간에 대한 누가강우량 기록으로 누가우량곡선을 제공한다.
㉡ 특징
· 곡선의 경사가 클수록 강우강도 크다.
· 곡선의 경사가 없으면 무강우 처리한다.
· 곡선만으로 일정기간 강우량의 산정이 가능하다.
· 누가우량곡선은 지역에 따른 강우의 기록으로 지역에 따라 그 값이 다르다.

47. 폭 35cm인 직사각형 위어(Weir)의 유량을 측정하였더니 0.03m³/s이었다. 월류수심의 측정에 1mm의 오차가 생겼다면, 유량에 발생하는 오차(%)는?(단, 유량계산은 프란시스(Francis) 공식을 사용하되 월류 시 단면수축은 없는 것으로 가정한다.)

① 1.84% ② 1.67%
③ 1.50% ④ 1.16%

|해답| 44.③ 45.② 46.① 47.④

■해설 수두측정오차와 유량오차의 관계
  ㉠ 직사각형 위어의 수두측정오차와 유량오차의 관계
  $$\frac{dQ}{Q} = \frac{3}{2}\frac{dH}{H}$$
  ㉡ 수심의 계산
  $$Q = 1.84 b_o h^{\frac{3}{2}}$$
  $$0.03 = 1.84 \times 0.35 \times h^{\frac{3}{2}}$$
  $$\therefore h = 0.13\text{m}$$
  ㉢ 오차의 산정
  $$\frac{dQ}{Q} = \frac{3}{2}\frac{dH}{H} = \frac{3}{2} \times \frac{0.001}{0.13} = 0.0115 = 1.15\%$$

■해설 유효강우량
  ㉠ 유출을 생기원천에 따라서 분류하면 지표면유출, 지표하 유출, 지하수유출로 구분한다. 또한 지표하유출은 비교적 단시간에 발생되는 조기지표하유출과 강수 후 한참 지연되어서 발생되는 지연지표하유출로 구분된다.
  ㉡ 유출을 다시 유출해석을 위해서 분류하면 직접유출과 기저유출로 나누어진다.
  ㉢ 직접유출은 비교적 단시간에 발생된 유출을 말하며, 지표면유출과 조기지표하유출로 구성된다.
  ㉣ 유효강우량의 근원은 직접유출이 해당된다.

48. 오리피스에서 C_c를 수축계수, C_v를 유속계수라 할 때 실제유량과 이론유량의 비(C)는?

① $C = C_c$
② $C = C_v$
③ $C = C_c / C_v$
④ $C = C_c \cdot C_v$

■해설 오리피스의 계수
  ㉠ 유속계수(C_v) : 실제유속과 이론유속의 차를 보정해주는 계수로, 실제유속과 이론유속의 비로 나타낸다.
  C_v = 실제유속/이론유속 ≒ 0.97~0.99
  ㉡ 수축계수(C_a) : 수축단면과 오리피스단면적의 차를 보정해주는 계수로 수축단면과 오리피스단면적의 비로 나타낸다.
  C_a = 수축 단면의 단면적/오리피스의 단면적 ≒ 0.64
  $$\therefore C_a = \frac{A_0}{A}$$
  ㉢ 유량계수(C) : 실제유량과 이론유량의 차를 보정해주는 계수로 실제유량과 이론유량의 비로 나타낸다.
  C = 실제유량/이론유량 = $C_a \times C_v$ ≒ 0.62

49. 다음 중 유효강우량과 가장 관계가 깊은 것은?

① 직접유출량
② 기저유출량
③ 지표면유출량
④ 지표하유출량

50. 개수로 내 흐름에 있어서 한계수심에 대한 설명으로 옳은 것은?

① 상류 쪽의 저항이 하류 쪽의 조건에 따라 변한다.
② 유량이 일정할 때 비력이 최대가 된다.
③ 유량이 일정할 때 비에너지가 최소가 된다.
④ 비에너지가 일정할 때 유량이 최소가 된다.

■해설 한계수심
  ㉠ 한계수심의 정의
  • 유량이 일정하고 비에너지가 최소일 때의 수심을 한계수심이라 한다.
  • 에너지가 일정하고 유량이 최대로 흐를 때의 수심을 한계수심이라 한다.
  • 유량이 일정하고 비력이 최소일 때의 수심을 한계수심이라 한다.
  ㉡ 한계수심과 수심의 관계
  • $h > h_c$: 상류(常流)
  • $h < h_c$: 사류(射流)

51. 유속분포의 방정식이 $v = 2y^{1/2}$로 표시될 때 경계면에서 0.5m인 점에서의 속도 경사는?(단, y : 경계면으로부터의 거리)

① 4.232sec^{-1}
② 3.564sec^{-1}
③ 2.831sec^{-1}
④ 1.414sec^{-1}

|해답| 48.④ 49.① 50.③ 51.④

■해설 속도경사
ⓘ 속도경사
속도경사는 속도를 거리에 따라서 미분한 것 $\left(\dfrac{dv}{dy}\right)$을 말한다.
ⓛ 문제 조건에서 속도경사
- $v = 2y^{\frac{1}{2}}$
- $\dfrac{dv}{dy} = y^{-\frac{1}{2}}$

∴ 거리 5m인 지점의 속도 경사 : $5^{-\frac{1}{2}} = 1.414\,\text{sec}^{-1}$

52. 개수로 흐름에 대한 설명으로 틀린 것은?

① 한계류 상태에서는 수심의 크기가 속도수두의 2배가 된다.
② 유량이 일정할 때 상류에서는 수심이 작아질수록 유속은 커진다.
③ 비에너지는 수평기준면을 기준으로 한 단위 무게의 유수가 가진 에너지를 말한다.
④ 흐름이 사류에서 상류로 바뀔 때에는 도수와 함께 큰 에너지 손실을 동반한다.

■해설 개수로 흐름의 특성
ⓘ 한계류 상태에서는 수심의 크기가 속도수두의 2배가 된다.
ⓛ 유량이 일정할 때 상류에서는 수심이 작아질수록 유속은 커진다.
ⓒ 비에너지는 수로 바닥면을 기준으로 한 단위 무게의 유수가 가진 에너지를 말한다.
ⓔ 흐름이 사류에서 상류로 바뀔 때 수면이 뛰는 현상을 도수라고 하며, 도수는 큰 에너지 손실을 동반한다.

53. Darcy의 법칙에 대한 설명으로 옳지 않은 것은?

① Darcy의 법칙은 지하수의 흐름에 대한 공식이다.
② 투수계수는 물의 점성계수에 따라서도 변화한다.
③ Reynolds 수가 클수록 안심하고 적용할 수 있다.
④ 평균유속이 동수경사와 비례관계를 가지고 있는 흐름에 적용될 수 있다.

■해설 Darcy의 법칙
ⓘ Darcy의 법칙
$$V = K \cdot I = K \cdot \dfrac{h_L}{L}$$
$$Q = A \cdot V = A \cdot K \cdot I = A \cdot K \cdot \dfrac{h_L}{L}$$

ⓛ 특징
- Darcy의 법칙은 지하수의 층류흐름에 대한 마찰저항공식이다.
- 투수계수는 물의 점성계수에 따라서도 변화한다.
$$K = D_s^2 \dfrac{\rho g}{\mu} \dfrac{e^3}{1+e} C$$
여기서, μ : 점성계수

- Darcy의 법칙은 정상류흐름에 층류에만 적용된다.(특히, $R_e < 4$일 때 잘 적용된다.)
- Darcy의 법칙은 지하수 유속은 동수경사에 비례한다는 법칙이다.($V = KI$)

54. 배수곡선(Backwater Curve)에 해당하는 수면 곡선은?

① 댐을 월류할 때의 수면곡선
② 홍수 시의 하천의 수면곡선
③ 하천 단락부(段落部) 상류의 수면곡선
④ 상류 상태로 흐르는 하천에 댐을 구축했을 때 저수지의 수면곡선

■해설 부등류의 수면형
ⓘ $dx/dy > 0$이면 흐름방향으로 수심이 증가함을 뜻하며 이 유형의 곡선을 배수곡선(Backwater Curve)이라 하고, 댐 상류부에서 볼 수 있는 곡선이다.
ⓛ $dx/dy < 0$이면 수심이 흐름방향으로 감소함을 뜻하며 이를 저하곡선(Dropdown Curve)이라 하고, 위어 등에서 볼 수 있는 곡선이다.
∴ 배수곡선은 상류상태로 흐르는 하천에 댐을 구축했을 때 저수지의 수면곡선에 해당된다.

|해답| 52.③ 53.③ 54.④

55. 동해의 일본 측으로부터 300km 파장의 지진해일이 발생하여 수심 3,000m의 동해를 가로질러 2,000km 떨어진 우리나라 동해안에 도달한다고 할 때, 걸리는 시간은?(단, 파속 $c = \sqrt{gh}$, 중력가속도는 9.8m/s²이고 수심은 일정한 것으로 가정)

① 약 150분 ② 약 194분
③ 약 274분 ④ 약 332분

■해설 지진해일 도달시간
㉠ 장파의 전파속도
$C = \sqrt{gh} = \sqrt{9.8 \times 3,000} = 171.46$m/s
$= 10287.86$m/min
㉡ 지진해일 도달시간의 산정
$t = \dfrac{2,000 \times 1,000}{10,287.86} = 194.4$min

56. 토양면을 통해 스며든 물이 중력의 영향 때문에 지하로 이동하여 지하수면까지 도달하는 현상은?

① 침투(Infiltration)
② 침투능(Infiltration Capacity)
③ 침투율(Infiltration Rate)
④ 침루(Percolation)

■해설 침루(Percolation)
토양면을 통해 물이 스며드는 현상을 '침투'(Infiltration)라 하고, 스며든 물이 중력에 의해 지하수위까지 도달하는 현상을 '침루'라 한다.

57. xy평면이 수면에 나란하고, 질량력의 x, y, z축 방향성분을 X, Y, Z라 할 때, 정지평형상태에 있는 액체 내부에 미소 육면체의 부피를 dx, dy, dz라 하면 등압면(等壓面)의 방정식은?

① $Xdx + Ydy + Zdz = 0$
② $\dfrac{X}{dx} + \dfrac{Y}{dy} + \dfrac{Z}{dz} = 0$
③ $\dfrac{dx}{X} + \dfrac{dy}{Y} + \dfrac{dz}{Z} = 0$
④ $\dfrac{X}{x}dx + \dfrac{Y}{y}dy + \dfrac{Z}{z}dz = 0$

■해설 상대적 정지문제의 응용
단위유체질량의 x, y, z축 방향에 대한 가속도 성분을 X, Y, Z라 할 때 외력 F가 작용한 경우 유체 내부의 압력 변화와 수면의 이동 상태를 다루는 문제
㉠ 평형방정식 : 유체 내부의 압력 변화를 해석
$dp = \rho(X \cdot dx + Y \cdot dy + Z \cdot dz)$
㉡ 등압면방정식 : 수면의 이동 상태를 해석
$X \cdot dx + Y \cdot dy + Z \cdot dz = 0$

58. 원형단면의 수맥이 그림과 같이 곡면을 따라 유량 0.018m³/s가 흐를 때 x방향의 분력은? (단, 관내의 유석은 9.8m/s, 마찰은 무시한다.)

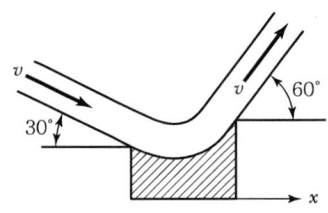

① -18.25N ② -37.83N
③ -64.56N ④ 17.64N

■해설 운동량방정식
㉠ 운동량방정식
• $F = \rho Q(V_2 - V_1)$: 운동량방정식
• $F = \rho Q(V_1 - V_2)$: 판이 받는 힘(반력)
㉡ x방향 분력의 산정
$F = \dfrac{wQ}{g}(V_2 - V_1)$
$= \dfrac{1 \times 0.018}{9.8}(9.8\cos 60° - 9.8\cos 30°)$
$= -6.59 \times 10^{-3}$t $= -64.56$N

59. 두 수조가 관길이 $L = 50$m, 지름 $D = 0.8$m, Manning의 조도계수 $n = 0.013$인 원형관으로 연결되어 있다. 이 관을 통하여 유량 $Q = 1.2$m³/s의 난류가 흐를 때, 두 수조의 수위차(H)는?(단, 마찰, 단면 급확대 및 급축소 손실만을 고려한다.)

① 0.98m ② 0.85m
③ 0.54m ④ 0.36m

■해설 단일관수로의 유량
㉠ 단일관수로에서 급확대, 급축소는 유입과 유출 손실로 보아야 하므로 유입, 유출, 마찰손실을 고려한 유량공식을 사용한다.

$$Q = AV = \frac{\pi D^2}{4} \times \sqrt{\frac{2gH}{f_i + f_o + f\frac{l}{D}}}$$

$$= \frac{\pi D^2}{4} \times \sqrt{\frac{2gH}{1.5 + f\frac{l}{D}}}$$

㉡ 마찰손실계수의 산정

$$f = \frac{124.6 n^2}{D^{\frac{1}{3}}} = \frac{124.6 \times 0.013^2}{0.8^{\frac{1}{3}}} = 0.0227$$

㉢ 수위차의 산정

$$Q = \frac{\pi D^2}{4} \times \sqrt{\frac{2gH}{1.5 + f\frac{l}{D}}}$$

$$\therefore 1.2 = \frac{\pi \times 0.8^2}{4} \times \sqrt{\frac{2 \times 9.8 \times H}{1.5 + 0.0227 \times \frac{50}{0.8}}}$$

$\therefore H = 0.85\text{m}$

60. 관수로 흐름에서 난류에 대한 설명으로 옳은 것은?

① 마찰손실계수는 레이놀즈수만 알면 구할 수 있다.
② 관벽 조도가 유속에 주는 영향은 층류일 때보다 작다.
③ 관성력의 점성력에 대한 비율이 층류의 경우보다 크다.
④ 에너지 손실은 주로 난류효과보다 유체의 점성 때문에 발생한다.

■해설 관수로 흐름 일반
㉠ 난류에서의 마찰손실계수는 레이놀즈수(R_e)와 상대조도$\left(\frac{e}{D}\right)$의 함수이다.
㉡ 난류에서는 관 벽의 조도가 유속에 주는 영향이 층류일 때보다 크다.
㉢ 난류에서는 관성력이 점성력에 비하여 크므로 관성력과 점성력의 비율이 층류의 경우보다 크다.
㉣ 점성에 의한 에너지손실은 난류보다 층류의 경우에 발생된다.

제4과목 철근콘크리트 및 강구조

61. 아래 그림과 같은 두께 19mm 평판의 순단면적을 구하면?(단, 볼트구멍의 직경은 25mm이다.)

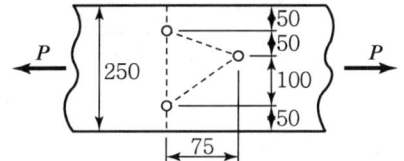

① 3,270mm²
② 3,800mm²
③ 3,920mm²
④ 4,530mm²

■해설
$d_h = \phi + 3 = 25\text{mm}$
$b_{n2} = b_g - 2d_h = 250 - (2 \times 25) = 200\text{mm}$
$b_{n3} = b_g - 3d_h + \frac{s_1^2}{4g_1} + \frac{s_2^2}{4g_2}$
$= 250 - (3 \times 25) + \frac{75^2}{4 \times 50} + \frac{75^2}{4 \times 100} = 217\text{mm}$
$b_n = [b_{n2}, b_{n3}]_{\min} = 200\text{mm}$
$A_n = b_n \cdot t = 200 \times 19 = 3,800\text{mm}^2$

62. 2방향 슬래브 직접설계법의 제한사항에 대한 설명으로 틀린 것은?

① 각 방향으로 3경간 이상 연속되어야 한다.
② 슬래브 판들은 단변 경간에 대한 장변 경간의 비가 2 이하인 직사각형이어야 한다.
③ 각 방향으로 연속한 받침부 중심 간 경간 차이는 긴 경간의 1/3 이하이어야 한다.
④ 연속한 기둥 중심선을 기준으로 기둥의 어긋남은 그 방향 경간의 20% 이하이어야 한다.

■해설 2방향 슬래브의 설계에서 직접설계법을 적용할 경우, 연속한 기둥 중심선으로부터 기둥의 이탈은 이탈방향 경간의 최대 10%까지 허용한다.

|해답| 60.③ 61.② 62.④

63. 그림과 같은 경간 15m의 콘크리트 T형 보의 대칭부의 플랜지 유효폭 b는 얼마인가?

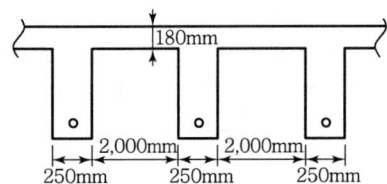

① 3,130mm   ② 2,500mm
③ 2,250mm   ④ 2,000mm

■해설 T형 보(대칭 T형 보)에서 플랜지의 유효폭(b_e)
- $16t_f + b_w = (16 \times 180) + 250 = 3,130$mm
- 양쪽 슬래브의 중심간 거리
 $= 2,000 + 250 = 2,250$mm
- 보 경간의 $\frac{1}{4} = (15 \times 10^3) \times \frac{1}{4} = 3,750$mm

위 값 중 최솟값 2,250mm를 취한다.

64. 콘크리트의 설계기준압축강도(f_{ck})가 50MPa 인 경우 콘크리트 탄성계수 및 크리프 계산에 적용되는 콘크리트의 평균압축강도(f_{cm})는?

① 54MPa   ② 55MPa
③ 56MPa   ④ 57MPa

■해설 1. Δf값
- $f_{ck} \leq 40$Mpa, $\Delta f = 4$Mpa
- $f_{ck} \geq 60$Mpa, $\Delta f = 6$Mpa
- 40MPa $< f_{ck} <$ 60MPa, $\Delta f = 0.1 f_{ck}$

2. f_{cm}값
$f_{cm} = f_{ck} + \Delta f$

따라서, $f_{ck} = 50$MPa인 경우 f_{cm}값은 다음과 같다.
$\Delta f = 0.1 f_{ck} = 0.1 \times 50 = 5$MPa
$f_{cm} = f_{ck} + \Delta f = 50 + 5 = 55$MPa

65. 옹벽의 설계에 대한 설명으로 틀린 것은?

① 부벽식 옹벽의 저판은 정밀한 해석이 사용되지 않는 한, 부벽 사이의 거리를 경간으로 가정한 고정보 또는 연속보로 설계할 수 있다.
② 활동에 대한 저항력은 옹벽에 작용하는 수평력의 1.5배 이상이어야 한다.
③ 저판의 뒷굽판은 정확한 방법이 사용되지 않는 한, 뒷굽판 상부에 재하되는 모든 하중을 지지하도록 설계하여야 한다.
④ 무근콘크리트 옹벽은 부벽식 옹벽의 형태로 설계하여야 한다.

■해설 무근콘크리트 옹벽은 중력식 옹벽의 형태로 설계하여야 한다.

66. 자중을 포함한 계수하중 80kN/m를 지지하는 그림과 같은 단순보가 있다. 경간은 7m이고, $f_{ck} = 21$MPa, $f_y = 300$MPa일 때 다음 설명 중 옳지 않은 것은?

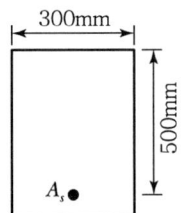

① 위험 단면에서의 계수전단력은 240kN이다.
② 콘크리트가 부담할 수 있는 전단강도는 114.6kN 이다.
③ 전단철근(수직 스터럽)의 최대간격은 250mm 이다.
④ 이론적으로 전단철근이 필요한 구간은 지점으로부터 1.73m까지 구간이다.

■해설 ㉠ $V_u = W_u\left(\dfrac{l}{2} - d\right) = 80 \times \left(\dfrac{7}{2} - 0.5\right) = 240$kN

㉡ $V_c = \dfrac{1}{6}\sqrt{f_{ck}}\,b_w d = \dfrac{1}{6} \times \sqrt{21} \times 300 \times 500$
$= 114.56 \times 10^3$N $= 114.56$kN

㉢ $V_s = \dfrac{V_u}{\phi} - V_c = \dfrac{240}{0.75} - 114.56 = 205.44$kN

$$\frac{1}{3}\sqrt{f_{ck}}\,b_w d = \frac{1}{3}\times\sqrt{21}\times 300\times 500$$
$$= 229.1\times 10^3 \text{N} = 229.1\text{kN}$$

$V_s < \frac{1}{3}\sqrt{f_{ck}}\,b_w d$ 이므로 전단철근 간격 s는 다음과 같다.

$s = \dfrac{d}{2} = \dfrac{500}{2} = 250\text{mm}$ 이하

$s = 600\text{mm}$ 이하

따라서, 전단철근 간격은 최솟값인 250mm 이하라야 한다.

㉣ 전단철근이 필요한 구간

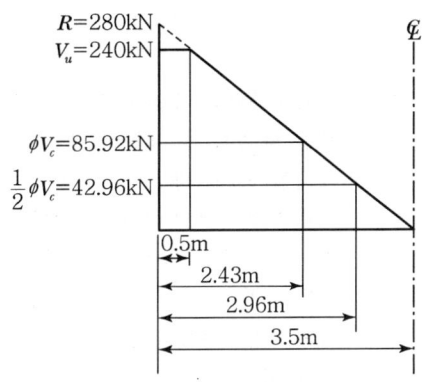

$\phi V_c = 0.75\times 114.56 = 85.92\text{kN}$

$\phi V_c = W_u\left(\dfrac{l}{2} - x\right)$

$x = \dfrac{l}{2} - \dfrac{\phi V_u}{W_c} = \dfrac{7}{2} - \dfrac{85.92}{80} = 2.43\text{m}$

최소 전단철근이 필요한 구간

$\dfrac{1}{2}\phi V_c = \dfrac{1}{2}\times 85.92 = 42.96\text{kN}$

$\dfrac{1}{2}\phi V_c = W_u\left(\dfrac{l}{2} - x\right)$

$x = \dfrac{1}{2}\left(l - \dfrac{\phi V_c}{W_u}\right) = \dfrac{1}{2}\left(7 - \dfrac{85.92}{80}\right) = 2.96\text{m}$

따라서, 이론적으로 전단철근이 필요한 구간은 지점으로부터 2.43m까지의 구간이고, 설계규준에 따라 전단철근이 배근되어야 할 구간은 지점으로부터 2.96m까지의 구간이다.

67. 철근콘크리트 강도설계에 있어서 안전을 위한 강도감소계수 ϕ의 규정값으로 틀린 것은?

① 인장지배단면 : 0.85
② 전단력과 비틀림모멘트 : 0.75
③ 콘크리트의 지압력 : 0.65
④ 압축지배단면 중 나선철근으로 보강된 부재 : 0.80

■해설 압축지배단면의 강도감소계수
• 나선철근으로 보강된 부재 : $\phi = 0.70$
• 그 이외의 부재 : $\phi = 0.65$

68. 그림의 단순지지 보에서 긴장재는 C점에 150mm의 편차에 직선으로 배치되고, 1,000kN으로 긴장되었다. 보의 고정하중은 무시할 때 C점에서의 휨 모멘트는 얼마인가?(단, 긴장재의 경사가 수평압축력에 미치는 영향 및 자중은 무시한다.)

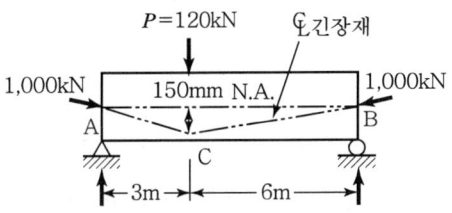

① $M_c = 90\text{kN}\cdot\text{m}$
② $M_c = -150\text{kN}\cdot\text{m}$
③ $M_c = 240\text{kN}\cdot\text{m}$
④ $M_c = 390\text{kN}\cdot\text{m}$

■해설 $\sum M_{\text{Ⓑ}} = 0$
$V_A \times 9 - 120\times 6 = 0$
$V_A = 80\text{kN}(\uparrow)$

1) 외력($P = 120\text{kN}$)에 의한 C점의 단면력

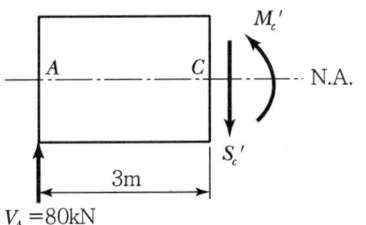

$\sum F_y = 0(\uparrow\oplus)$
$80 - S_C' = 0$
$S_C' = 80\text{kN}$

$\sum M_{\text{Ⓒ}} = 0(\curvearrowright\oplus)$
$80\times 3 - M_C' = 0$
$M_C' = 240\text{kN}\cdot\text{m}$

2) 프리스트레싱력($P_i = 1,000$kN)에 의한 C점의 단면력

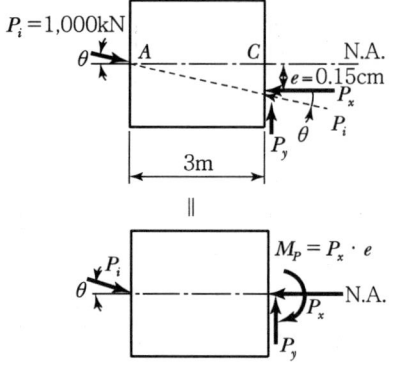

- $P_x = P \cdot \cos\theta \approx P_i = 1,000$kN
- $P_y = P \cdot \sin\theta = 1,000 \times \dfrac{0.15}{\sqrt{3^2 + 0.15^2}} = 50$kN
- $M_P = P_x \cdot e = 1,000 \times 0.15 = 150$kN·m

3) 외력과 프리스트레싱력에 의한 C점의 단면력

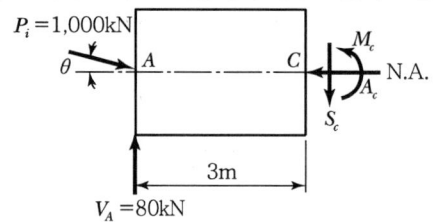

- $A_C = P_x = 1,000$kN
- $S_C = S_C' - P_y = 80 - 50 = 30$kN
- $M_C = M_C' - M_P = 240 - 150 = 90$kN·m

69. 처짐을 계산하지 않는 경우 단순지지된 보의 최소 두께($h_{\min}$)로 옳은 것은?(단, 보통콘크리트($m_c = 2,300$kg/m³) 및 $f_y = 300$MPa인 철근을 사용한 부재의 길이가 10m인 보)

① 429mm   ② 500mm
③ 537mm   ④ 625mm

■해설 단순지지 보의 처짐을 계산하지 않아도 되는 최소 두께($h_{\min}$)

- $f_y = 400$MPa인 경우 : $h_{\min} = \dfrac{l}{16}$
- $f_y \ne 400$MPa인 경우 : $h_{\min} = \dfrac{l}{16}\left(0.43 + \dfrac{f_y}{700}\right)$

$f_y = 300$MPa이므로 최소 두께($h_{\min}$)는 다음과 같다.

$$h_{\min} = \dfrac{l}{16}\left(0.43 + \dfrac{f_y}{700}\right)$$
$$= \dfrac{10 \times 10^3}{16}\left(0.43 + \dfrac{300}{700}\right) = 536.6\text{mm}$$

70. 철근 콘크리트 보의 파괴거동 내용 중 잘못된 것은?

① 규정에 의한 최소 철근량($A_{s,\min}$)보다 매우 적은 철근량이 배근된 경우 인장부 콘크리트응력이 파괴계수에 도달하면 균열과 동시에 취성파괴를 일으킨다.
② 과소철근으로 배근된 단면에서는 최종 붕괴가 생길 때까지 큰 처짐이 생긴다.
③ 과다철근으로 배근된 단면에서는 압축측 콘크리트의 변형률이 극한변형률에 도달할 때 인장 철근의 응력은 항복응력보다 작다.
④ 인장철근이 항복응력 f_y에 도달함과 동시에 콘크리트 압축변형률이 극한변형률에 도달하도록 설계하는 것이 경제적이고 바람직한 설계이다.

■해설 콘크리트 압축변형률이 극한변형률에 도달하기 전에 인장철근이 먼저 항복응력(f_y)에 도달하는 연성파괴가 이루어지도록 설계하는 것이 바람직하다.

71. 그림과 같은 필렛용접에서 일어나는 응력이 옳게 된 것은?

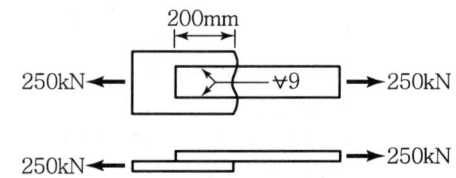

① 97.3MPa   ② 98.2MPa
③ 99.2MPa   ④ 100.0MPa

■해설 $v = \dfrac{P}{\sum al} = \dfrac{250 \times 10^3}{(0.707 \times 9) \times (2 \times 200)}$
$= 98.2\text{N/mm}^2 = 98.2\text{MPa}$

72. 아래 그림과 같은 독립확대기초에서 1방향 전단에 대해 고려할 경우 위험단면의 계수전단력 (V_u)은?(단, 계수하중 $P_u = 1,500$kN이다.)

① 255kN
② 387kN
③ 897kN
④ 1,210kN

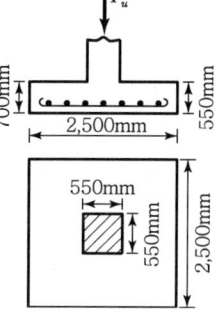

■해설
$$q = \frac{P}{A} = \frac{1,500 \times 10^3}{2,500 \times 2,500} = 0.24 \text{N/mm}^2$$
$$V_u = q\left(\frac{L-t}{2} - d\right)s$$
$$= 0.24 \times \left(\frac{2,500-550}{2} - 550\right) \times 2,500$$
$$= 255 \times 10^3 \text{N} = 255 \text{kN}$$

73. 직사각형 보에서 계수전단력 $V_u = 70$kN을 전단철근 없이 지지하고자 할 경우 필요한 최소 유효깊이 d는 약 얼마인가?(단, $b_w = 400$mm, $f_{ck} = 21$MPa, $f_y = 350$MPa)

① $d = 426$mm
② $d = 556$mm
③ $d = 611$mm
④ $d = 751$mm

■해설
$$\frac{1}{2}\phi V_c \geq V_u$$
$$\frac{1}{2}\phi\left(\frac{1}{6}\sqrt{f_{ck}}\,b_w d\right) \geq V_u$$
$$d \geq \frac{12V_u}{\phi\sqrt{f_{ck}}\,b_w} = \frac{12 \times (70 \times 10^3)}{0.75 \times \sqrt{21} \times 400} = 611\text{mm}$$

74. 다음 중 철근의 피복두께를 필요로 하는 이유로 옳지 않은 것은?

① 철근이 산화되지 않도록 한다.
② 화재에 의한 직접적인 피해를 받지 않도록 한다.
③ 부착응력을 확보한다.
④ 인장강도를 보강한다.

■해설 피복두께를 두는 이유
- 철근의 부식 방지
- 단열작용으로 철근 보호
- 철근과 콘크리트 사이의 부착력 확보

75. 경간이 8m인 PSC보에 등분포하중 $w = 20$kN/m가 작용할 때 중앙 단면 콘크리트 하연에서의 응력이 0이 되려면 강재에 줄 프리스트레스 힘 P는 얼마인가?(단, PS강재는 콘크리트 도심에 배치되어 있음)

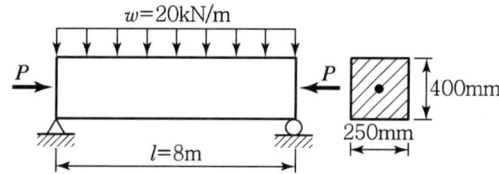

① $P = 2,000$kN
② $P = 2,200$kN
③ $P = 2,400$kN
④ $P = 2,600$kN

■해설
$$f_b = \frac{P}{A} - \frac{M}{Z} = \frac{P}{bh} - \frac{3wl^2}{4bh^2} = 0$$
$$P = \frac{3wl^2}{4h} = \frac{3 \times 20 \times 8^2}{4 \times 0.4} = 2,400\text{kN}$$

76. 보통 중량콘크리트의 설계기준강도(f_{ck})가 35MPa이며 철근의 설계항복강도가 400MPa이면 직경이 25mm인 압축이형철근의 기본정착길이(l_{db})는 얼마인가?

① 2,237mm
② 358mm
③ 423mm
④ 430mm

■해설 $\lambda = 1$(보통 중량의 콘크리트인 경우)
$$l_{db} = \frac{0.25 d_b f_y}{\lambda\sqrt{f_{ck}}} = \frac{0.25 \times 25 \times 400}{1 \times \sqrt{35}} = 422.6\text{mm}$$
$0.043 d_b f_y = 0.043 \times 25 \times 400 = 430$mm
$l_{db} < 0.043 d_b f_y$이므로, $l_{db} = 0.043 d_b f_y = 430$mm

77. 철근콘크리트 보에서 강도설계법의 기본가정에 관한 설명 중 옳지 않은 것은?

① 콘크리트와 철근이 모두 후크(Hooke)의 법칙을 따른다고 가정한다.
② 콘크리트 압축연단의 극한 변형률은 콘크리트의 설계기준압축강도가 40MPa 이하인 경우에는 0.0033으로 가정한다.
③ 휨응력 계산에서 콘크리트의 인장강도는 무시한다.
④ 변형률은 중립축으로부터 떨어진 거리에 비례한다.

■해설 극한강도상태에서 콘크리트의 응력은 변형률에 비례하지 않는다.

78. 프리스트레스의 손실 원인 중 프리스트레스 도입 후 시간이 경과함에 따라서 생기는 것은 어느 것인가?

① 콘크리트의 탄성수축
② 콘크리트의 크리프
③ PS 강재와 쉬스의 마찰
④ 정착단의 활동

■해설 프리스트레스의 손실 원인

```
   Jacking Force
        ↓ (즉시손실)
   초기 프리스트레싱력
        ↓ (시간손실)
   유효 프리스트레싱력
```

1) 프리스트레스 도입 시 손실(즉시손실)
   ㉠ 정착 장치의 활동에 의한 손실
   ㉡ PS강재와 쉬스 사이의 마찰에 의한 손실
   ㉢ 콘크리트의 탄성변형에 의한 손실

2) 프리스트레스 도입 후 손실(시간손실)
   ㉠ 콘크리트의 크리프에 의한 손실
   ㉡ 콘크리트의 건조수축에 의한 손실
   ㉢ PS강재의 릴랙세이션에 의한 손실

79. 나선철근 압축부재 단면의 심부지름이 400mm, 기둥단면 지름이 500mm인 나선철근 기둥의 나선철근비는 최소 얼마 이상이어야 하는가?(단, f_{ck} = 21MPa, f_y = 400MPa)

① 0.0133   ② 0.0201
③ 0.0248   ④ 0.0304

■해설 $\rho_s \geq 0.45 \left(\dfrac{A_g}{A_{ch}} - 1 \right) \dfrac{f_{ck}}{f_{yt}}$

$= 0.45 \left(\dfrac{\frac{\pi \times 500^2}{4}}{\frac{\pi \times 400^2}{4}} - 1 \right) \times \dfrac{21}{400} = 0.0133$

80. 복철근으로 설계해야 할 경우를 설명한 것으로 잘못된 것은?

① 단면이 넓어서 철근을 고루 분산시키기 위해
② 정, 부 모멘트를 교대로 받는 경우
③ 크리프에 의해 발생하는 장기처짐을 최소화하기 위해
④ 보의 높이가 제한되어 철근의 증가로 휨강도를 증가시키기 위해

■해설 압축철근의 사용효과
• 크리프, 건조수축 등으로 인하여 발생되는 장기처짐을 최소화하기 위한 경우
• 파괴 시 압축응력의 깊이를 감소시켜 연성을 증대시키기 위한 경우
• 철근의 조립을 쉽게 하기 위한 경우
• 정(+), 부(-) 모멘트를 번갈아 받는 경우
• 보의 단면 높이가 제한되어 단철근 단면보의 설계 휨강도가 계수 휨하중보다 작은 경우

제5과목 **토질 및 기초**

81. 토질조사에 대한 다음 설명 중 옳지 않은 것은?
① 보링의 위치와 수는 지형조건과 설계형태에 따라 변한다.
② 보링의 깊이는 설계의 형태와 크기에 따라 변한다.
③ 보링 구멍은 사용 후에 흙이나 시멘트 그라우트로 메워야 한다.
④ 표준관입시험은 정적인 사운딩이다.

■해설
• Boring
지반을 직접 뚫어 지하수위 파악, 시료채취, 지반의 토질조사 등의 목적으로 실시되는 가장 확실한 지반조사방법이다.
• 사운딩(Sounding)

개요	Rod 선단에 설치한 저항체를 지중에 삽입하여 관입, 회전 인발 시의 저항값을 측정하여 토층의 성질을 조사하는 개략적인 지반조사	
종류	정적 사운딩	• 휴대용 원추관입시험 • 화란식 원추관입시험 • 스웨덴식 관입시험 • 베인시험 • 이스키미터
	동적 사운딩	• 동적원추관입시험 • 표준관입시험(SPT)

82. 통일분류법에 의해 분류한 흙의 분류기호 중 도로노반으로서 가장 좋은 흙은?
① CL ② ML
③ SP ④ GW

■해설 통일분류법상 GW는 입도분포가 양호한 자갈로 도로 노반재료로서 가장 적합한 흙이다.

83. 접지압(또는 지반반력)이 그림과 같이 되는 경우는?

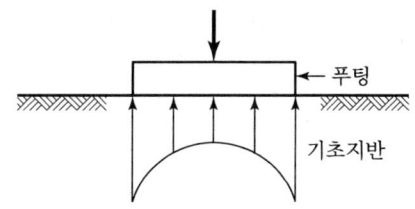

① 푸팅: 강성, 기초지반: 점토
② 푸팅: 강성, 기초지반: 모래
③ 푸팅: 휨성, 기초지반: 점토
④ 푸팅: 휨성, 기초지반: 모래

■해설 기초의 접지압 분포형태

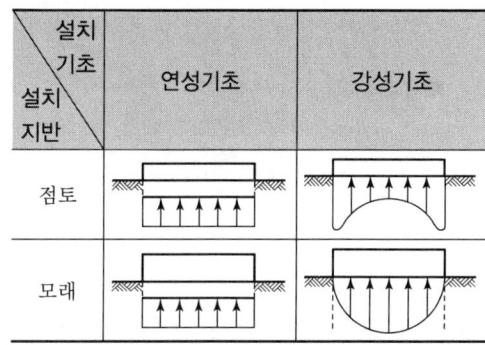

∴ 점토지반의 강성기초는 기초 모서리 부분에서 최대 응력이 발생한다.

84. 다음 그림의 불안전영역(Unstable Zone)의 붕괴를 막기 위해 강도가 더 큰 흙으로 치환을 하였다. 이때 안정성을 검토하기 위해 요구되는 삼축압축시험의 종류는 어떤 것인가?

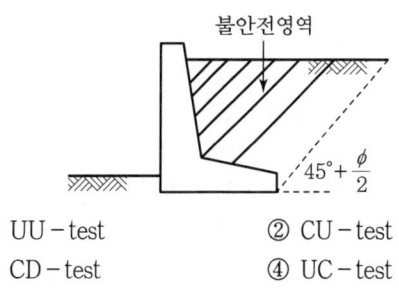

① UU-test ② CU-test
③ CD-test ④ UC-test

|해답| 81.④ 82.④ 83.① 84.①

■해설 비압밀비배수시험(UU-Test)을 적용하는 경우
- 포화점토지반 위에 급속 성토 시 안정성 검토
- 압밀과 함수비의 변화 없이 급속한 파괴 예상 시
- 점토지반의 단기안정해석
- 연약점토를 강도가 더 큰 흙으로 치환 시 안정성 검토

85. 기초폭 4m의 연속기초를 지표면 아래 3m 위치의 모래 지반에 설치하려고 한다. 이때 표준 관입시험 결과에 의한 사질지반의 평균 N값이 10일 때 극한 지지력은?(단, Meyerhof 공식 사용)

① 420t/m² ② 210t/m²
③ 105t/m² ④ 75t/m²

■해설 Meyerhof 경험공식
표준관입 저항값을 이용한 공식을 적용하면
$q_u = 3NB\left(1 + \dfrac{D_f}{B}\right) = 3 \times 10 \times 4\left(1 + \dfrac{3}{4}\right) = 210\text{t/m}^2$

86. 지표면 아래 1m되는 곳에 점 A가 있다. 본래 이 지층은 건조해 있었으나 댐 건설로 현재는 지표면까지 지하수위가 도달하였다. 다른 요인을 무시할 때 A점의 과압밀비(OCR)는?(단, 흙의 건조단위중량은 1.6t/m³, 포화단위중량은 2.0t/m³)

① 1.00 ② 1.25
③ 1.60 ④ 0.80

■해설 과압밀비(OCR)

$\text{OCR} = \dfrac{P_c{'}}{P_o{'}}$

여기서, $P_c{'}$: 선행압밀응력
$P_o{'}$: 현재 지반이 받고 있는 응력

- 선행압밀응력($P_c{'}$)
$P_c{'} = r_d \times H = 1.6 \times 1 = 1.6\text{t/m}^2$
- 현재지반이 받고 있는 응력($P_o{'}$)
$P_o{'} = r_{sub} \times H = (2.0 - 1.0) \times 1 = 1\text{t/m}^2$
- 과압밀비
$\text{OCR} = \dfrac{P_c{'}}{P_o{'}} = \dfrac{1.6}{1.0} = 1.6$

87. 어느 점토의 압밀계수 $C_v = 1.640 \times 10^{-4}\text{cm}^2/\text{sec}$, 압축계수 $a_v = 2.820 \times 10^{-2}\text{cm}^2/\text{kg}$일 때 이 점토의 투수계수는?(단, 공극비 $e = 1.0$)

① 2.014×10^{-6}cm/sec
② 3.646×10^{-6}cm/sec
③ 4.624×10^{-6}cm/sec
④ 2.312×10^{-6}cm/sec

■해설 투수계수
압밀시험에 의한 간접적인 투수계수공식을 적용하면
$K = C_v m_v \gamma_w = C_v \dfrac{a_v}{1+e}\gamma_w$
$= (1.640 \times 10^{-4}) \times \dfrac{(2.820 \times 10^{-2})}{1+1.0} \times 0.001$
$= 2.312 \times 10^{-6}\text{cm/sec}$

88. 포화단위중량이 1.8m³인 흙에서의 한계동수경사는 얼마인가?(단, $G_s = 2.65$)

① 0.8 ② 1.0
③ 1.8 ④ 2.0

■해설
- 간극비(e)
$\gamma_{sat} = \dfrac{G_s + e}{1+e}\gamma_w = \dfrac{2.65+e}{1+e} \times 1 = 1.8$에서
$e = 1.0625$
- 한계동수경사(i_{cr})
$i_{cr} = \dfrac{G_s - 1}{1+e} = \dfrac{2.65-1}{1+1.0625} = 0.8$
$\therefore i_{cr} = 0.8$

89. Compozer공법에 대한 다음 설명 중 적당하지 않은 것은?

① 느슨한 모래지반을 개량하는 데 좋은 공법이다.
② 충격, 진동에 의해 지반을 개량하는 공법이다.
③ 효과는 의문이나, 연약한 점토지반에도 사용할 수 있는 공법이다.
④ 시공관리가 매우 간편한 공법이다.

|해답| 85.② 86.③ 87.④ 88.① 89.④

■해설 ㉠ Compozer 공법 : 연약지반층에 연직방향으로 진동 또는 충격하중을 가하여 지반에 모래말뚝을 형성시킴으로써 공극을 감소시켜 지반의 전단강도를 증대시키는 공법이다.
㉡ Compozer 공법의 특징
- 느슨한 모래지반을 개량하는 데 효과적이다.
- 주변지반을 교란시킨다.
- 시공관리가 어렵다(Hammering Compozer 공법).
- 강력한 타격에너지가 생긴다.
- Hammering Compozer 공법과 Vibro Compozer 공법이 있다.

90. 흙의 다짐에 관한 설명 중 옳지 않은 것은?
① 최대건조밀도가 큰 흙일수록 최적함수비는 작은 것이 보통이다.
② 조립토는 세립토보다 최적함수비가 작다.
③ 비중이 같은 흙은 최대건조밀도가 흙은 흙일수록 최적함수비가 낮다.
④ 몰드, 램머 및 시료가 같은 경우 다짐일량을 증가시킬수록 최적함수비는 증가한다.

■해설 다짐의 특성
- 세립토가 많을수록 최적함수비는 증가하고 최대건조밀도는 작아진다.
- 다짐에너지가 클수록 최적함수비는 작아지고 최대건조밀도는 커진다.
- 양입도일수록 최적함수비는 작아지고 최대건조밀도는 커진다.
- 세립토가 많을수록 다짐곡선의 기울기는 완만하다.
- 조립토(사질토)는 다질 때 진동롤러로 다지는 것이 효과적이다.

91. 허용지내력에 대한 다음 설명 중 옳지 않은 것은?
① 극한 지지력에 대해서 소정의 안전율을 가지며 침하량이 허용치 이하가 되게 하는 하중강도의 최대의 것을 말한다.
② 지지력을 기준하면 점성토는 일정하고 사질토는 기초폭에 비례하여 커진다.
③ 침하량을 기준하면 점성토는 기초폭에 관계없이 일정하고 사질토는 기초폭의 증가에 따라 작아진다.
④ 일반적으로 작은 기초의 허용지내력은 지지력에 의하여 결정되고 큰 기초의 허용지내력은 침하에 의하여 결정된다.

■해설
- 허용지내력은 침하량과 지지력에 의해 결정된다.
- 허용지내력 산정 시 지지력을 기준하면 점성토는 일정하고 사질토는 기초폭에 비례하여 커진다.
- 허용지내력 산정 시 침하량을 기준하면 점성토는 기초폭에 비례해서 커지고, 사질토에서는 일정 탄성식에 비례해서 커진다.

92. 한 요소에 작용하는 응력의 상태가 그림과 같다면 $n-n$면에 작용하는 수직응력과 전단응력은?

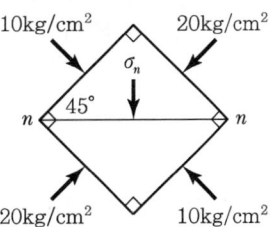

	수직응력	전단응력
①	$15kg/cm^2$	$5kg/cm^2$
②	$10kg/cm^2$	$5kg/cm^2$
③	$20kg/cm^2$	$10kg/cm^2$
④	$\frac{5}{2}\sqrt{3}\,kg/cm^2$	$\frac{\sqrt{3}}{2}\,kg/cm^2$

■해설
- 수직응력
$$\sigma_n = \frac{\sigma_1+\sigma_3}{2} + \frac{\sigma_1-\sigma_3}{2}\cos 2\theta$$
$$= \frac{20+10}{2} + \frac{20-10}{2}\cos(2\times 45°)$$
$$= 15 kg/cm^2$$
- 전단응력
$$\tau = \frac{\sigma_1-\sigma_3}{2}\sin 2\theta$$
$$= \frac{20-10}{2}\sin(2\times 45) = 5 kg/cm^2$$

93. 암질을 나타내는 항목 중 직접 관계가 없는 것은?

① N치
② RQD값
③ 탄성파속도
④ 균열의 간격

■해설 암질의 평가 항복
- 암질지수(RQD)
- 균열의 간격
- 탄성파속도
- 암석의 일축압축강도
- 불연속면의 상태

94. 유선망에서 등수두선이란 수두(Head)가 같은 점들을 연결한 선이다. 이때 수두란?

① 압력수두
② 위치수두
③ 속도수두
④ 전수두

■해설 등수두선이란 유선상에 있어서 전수두가 서로 같은 점을 연결한 궤적을 말한다.

95. 그림과 같은 옹벽에 작용하는 주동토압은 얼마인가?(단, 흙의 단위중량 $\gamma=1.7t/m^3$, 내부마찰각 $\phi=30$, 점착력 $C=0$)

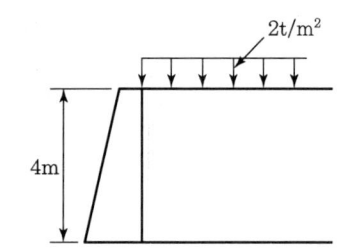

① 3.6t/m
② 4.53t/m
③ 7.2t/m
④ 12.47t/m

■해설

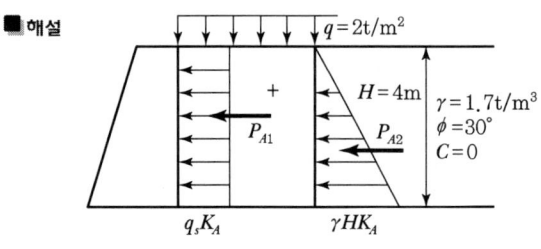

- 주동토압계수(K_A)

$$K_A = \tan^2\left(45 - \frac{\theta}{2}\right)$$
$$= \tan^2\left(45 - \frac{30}{2}\right) = 0.333$$

- 전주동토압

$$P_A = P_{A1} + P_{A2}$$
$$= q_s K_A H + \frac{1}{2}\gamma H^2 K_A$$
$$= 2 \times 0.333 \times 4 + \frac{1}{2} \times 1.7 \times 4^2 \times 0.333$$
$$= 7.19 t/m$$

96. 흙의 입도분포에서 균등계수가 가장 큰 흙은?

① 특히 모래자갈이 많은 흙
② 실트나 점토가 많은 흙
③ 모래자갈 및 실트 점토가 골고루 섞인 흙
④ 모래나 실트가 특히 않은 흙

■해설 입도분포가 양호할수록 C_u는 크고, 입도가 양호하다는 말은 크기가 다른 흙이 골고루 섞여 있음을 나타낸다.

97. 그림과 같은 지반에서 유효응력에 대한 점착력 및 마찰각이 각각 $c'=10kN/m^2$, $\phi'=20°$일 때, A점에서의 전단강도는?(단, 물의 단위중량은 $9.81kN/m^3$이다.)

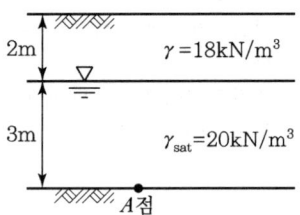

① $34.23kN/m^2$
② $44.94kN/m^2$
③ $54.25kN/m^2$
④ $66.17kN/m^2$

■해설 $S(I_p) = C + \sigma' \tan\phi$
$= 10 + (18 \times 2) + (20 - 9.81) \times 3$
$= 34.23 kN/m^2$

98. 그림에서 A점의 유효응력 σ를 구하면?

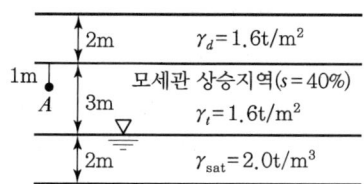

① $\sigma' = 4.0 \text{t/m}^2$
② $\sigma' = 4.5 \text{t/m}^2$
③ $\sigma' = 5.4 \text{t/m}^2$
④ $\sigma' = 5.8 \text{t/m}^2$

■해설
- A점 전응력(σ_A)
  $$\sigma_A = \gamma_d H_1 + \gamma_{sat} \cdot H_2$$
  $$= 1.6 \times 2 + 1.8 \times 1 = 5.0 \text{t/m}^2$$
- A점 공극수압(u_A) : 모관상승지역
  $$u_A = -\left(\frac{s}{100}\right)\gamma_w H_c$$
  $$= -\left(\frac{40}{100}\right) \times 1 \times 2 = -0.8 \text{t/m}^2$$
- A점의 유효응력(σ_A')
  $$\sigma_A' = \sigma_A - u_A$$
  $$= 5.0 - (-0.8) = 5.8 \text{t/m}^2$$

99. 두께 1m인 흙의 공극에 물이 흐른다. $a-a$면과 $b-b$면에 피조미터를 세웠을 때 그 수두차가 0.1m였다면 다음 중 가장 올바른 설명은?

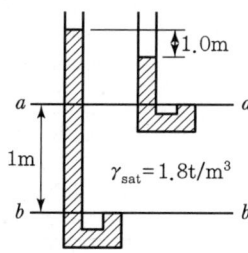

① 물은 $a-a$면에서 $b-b$면으로 흐르는데 그 침투압은 1t/m^2이다.
② 물은 $b-b$면에서 $a-a$면으로 흐르는데 그 침투압은 1t/m^2이다.
③ 물은 $a-a$면에서 $b-b$면으로 흐르는데 그 침투압은 0.1t/m^2이다.
④ 물은 $b-b$면에서 $a-a$면으로 흐르는데 그 침투압은 0.1t/m^2이다.

■해설
- 물은 전수두가 높은 곳에서 낮은 곳으로 흐른다.
- 침투수압(U)
  $$U = \gamma_w \cdot \Delta h = 1 \times 0.1 = 0.1 \text{t/m}^2$$

100. 모래시료에 대해서 압밀배수 삼축압축시험을 실시하였다. 초기단계에서 구속응력(σ_3)은 100 kN/m²이고, 전단파괴 시에 작용된 축차응력(σ_{df})은 200kN/m²이었다. 이와 같은 모래시료의 내부마찰각(ϕ) 및 파괴면에 작용하는 전단응력(τ_f)의 크기는?

① $\phi = 30°$, $\tau_f = 115.47 \text{kN/m}^2$
② $\phi = 40°$, $\tau_f = 115.47 \text{kN/m}^2$
③ $\phi = 30°$, $\tau_f = 86.60 \text{kN/m}^2$
④ $\phi = 40°$, $\tau_f = 86.60 \text{kN/m}^2$

■해설
- $\phi = \sin^{-1}\left(\dfrac{\sigma_1 - \sigma_3}{\sigma_1 + \sigma_3}\right) = \sin^{-1}\left(\dfrac{300 - 100}{300 + 100}\right) = 30°$
- $\tau_f = \dfrac{\sigma_1 - \sigma_3}{2}\sin 2\theta = \dfrac{300 - 100}{2}\sin(2 \times 30)$
  $= 86.60 \text{kN/m}^2$

제6과목 상하수도공학

101. 펌프의 흡입구경(口徑)을 결정하는 식으로 옳은 것은?[단, Q : 펌프의 토출량(m³/min), V : 흡입구의 유속(m/s)]

① $D = 146\sqrt{\dfrac{Q}{V}}$ (mm)

② $D = 186\sqrt{\dfrac{Q}{V}}$ (mm)

③ $D = 273\sqrt{\dfrac{Q}{V}}$ (mm)

④ $D = 357\sqrt{\dfrac{Q}{V}}$ (mm)

■해설 펌프의 흡입구경
펌프의 흡입구경은 다음 식에 의해 산정한다.
$$D = 146\sqrt{\dfrac{Q}{V}}$$
여기서, D : 펌프의 구경(mm)
Q : 펌프의 양수량(m³/min)
V : 흡입구 유속(m/sec)

102. 잉여슬러지 양을 크게 감소시키기 위한 방법으로 BOD-SS부하를 아주 작게, 포기시간을 길게 하여 내생호흡상으로 유지되도록 하는 활성슬러지 변법은?

① 계단식 포기법(Step Aeration)
② 점감식 포기법(Tapered Aeration)
③ 장시간 포기법(Extended Aeration)
④ 완전혼합 포기법(Complete Mixing Aeration)

■해설 장시간 포기법
㉠ 표준활성슬러지법의 유입부 과부하, 유출부 저부하의 문제점을 해결하기 위해 변법들이 있다.
㉡ 장시간 포기법
- 체류시간을 18~24시간으로 길게 체류시킨다.
- F/M비가 0.03~0.05kg BOD/kg SS · day 정도의 낮은 부하로 운전하는 방식이다.
- 장시간 포기로 내생호흡단계를 유지시킨다.
- 미생물의 자기분해로 잉여슬러지 생산이 감소된다.
- 산소소모량이 크며, 포기조의 용적이 크다.
- 운전비가 많이 들며, 소규모 처리장에 적합한 방법이다.

103. 하수처리계획 및 재이용계획의 계획오수량에 대한 설명 중 옳지 않은 것은?

① 계획 1일 최대오수량은 1인 1일 최대오수량에 계획인구를 곱한 후 공장폐수량, 지하수량 및 기타 배수량을 더한 것으로 한다.
② 계획오수량은 생활오수량, 공장폐수량 및 지하수량으로 구분한다.
③ 지하수량은 1인 1일 최대오수량의 20% 이하로 한다.
④ 계획시간 최대오수량은 계획 1일 평균오수량의 1시간당 수량의 2~3배를 표준으로 한다.

■해설 계획오수량의 결정

종류	내용
계획오수량	계획오수량은 생활오수량, 공장폐수량, 지하수량으로 구분할 수 있다.
지하수량	지하수량은 1인 1일 최대오수량의 10~20%를 기준으로 한다.
계획 1일 최대오수량	• 1인 1일 최대오수량×계획급수인구+(공장폐수량, 지하수량, 기타 배수량) • 하수처리시설의 용량 결정의 기준이 되는 수량
계획 1일 평균오수량	• 계획 1일 최대오수량의 70(중·소도시)~80%(대·공업도시) • 하수처리장 유입하수의 수질을 추정하는 데 사용되는 수량
계획시간 최대오수량	• 계획 1일 최대오수량의 1시간당 수량에 1.3~1.8배를 표준으로 한다. • 오수관거 및 펌프설비 등의 크기를 결정하는 데 사용되는 수량

∴ 계획시간 최대오수량은 계획 1일 최대오수량의 1시간당 수량에 1.3~1.8배를 표준으로 한다.

104. 다음 중 오존처리법을 통해 제거할 수 있는 물질이 아닌 것은?

① 철
② 망간
③ 맛·냄새물질
④ 트리할로메탄(THM)

|해답| 101.① 102.③ 103.④ 104.④

■해설 염소살균 및 오존살균의 특징
㉠ 염소살균의 특징
- 가격이 저렴하고, 조작이 간단하다.
- 산화제로도 이용이 가능하며, 살균력이 매우 강하다.
- 지속성이 있다.
- THM 생성 가능성이 있다.

㉡ 오존살균의 특징

장점	단점
• 살균효과가 염소보다 뛰어나다. • 유기물질의 생분해성을 증가시킨다. • 맛·냄새물질과 색도 제거의 효과가 우수하다. • 철, 망간의 제거능력이 크다.	• 고가이다. • 잔류효과가 없다. • 자극성이 강해 취급에 주의를 요한다.

∴ 오존처리법을 통해 THM을 제거할 수는 없다.

105. 함수율 95%인 슬러지를 농축시켰더니 최초부피의 1/30이 되었다. 농축된 슬러지의 함수율은? (단, 농축 전후의 슬러지 비중은 1로 가정)

① 65% ② 70%
③ 85% ④ 90%

■해설 농축 후의 슬러지 부피
㉠ 슬러지 부피
$$V_1(100-P_1) = V_2(100-P_2)$$
여기서, V_1, P_1 : 농축 전의 함수율, 부피
V_2, P_2 : 농축 후의 함수율, 부피

㉡ 함수율 산출
$$(100-P_2) = \frac{V_1}{V_2}(100-P_1) = \frac{1}{\frac{1}{3}}(100-95)$$
$$= 15$$
∴ $P_2 = 85\%$

106. 정수장의 약품침전을 위한 응집제로서 사용되지 않는 것은?

① PACI   ② 황산철
③ 활성탄   ④ 황산알루미늄

■해설 응집제
㉠ 정의
응집제는 응집대상물질인 콜로이드의 하전을 중화시키거나 상호 결합시키는 역할을 한다.
㉡ 응집제의 종류에는 황산알루미늄, 폴리염화알루미늄, 알루민산나트륨, 황산제1철, 황산제2철 등이 있다.
㉢ 응집보조제는 대부분이 알칼리제로 알칼리가 부족한 원수에 알칼리성분을 보충해주는 역할을 한다. 종류에는 생석회, 소다회, 가성소다, 활성규산, 소석회 등이 있다.

107. 배수 및 급수시설에 관한 설명으로 틀린 것은?

① 배수본관은 시설의 신뢰성을 높이기 위해 2개 열 이상으로 한다.
② 배수지의 건설에는 토압, 벽체의 균열, 지하수의 부상, 환기 등을 고려한다.
③ 급수관 분기지점에서 배수관 내의 최대정수압은 1,000kPa 이상으로 한다.
④ 관로공사가 끝나면 시공의 적합 여부를 확인하기 위하여 수압 시험 후 통수한다.

■해설 배수관의 수압
급수관 분기지점에서 배수관 내의 최소동수압은 150kPa 이상, 최대동수압은 700kPa 이하이다.

108. 1/1,000의 경사로 묻힌 지름 2,400mm의 콘크리트 관내에 20℃의 물이 만관상태로 흐를 때의 유량은?(단, Manning 공식을 적용하며, 조도계수 $n=0.015$)

① 6.78m³/s   ② 8.53m³/s
③ 12.71m³/s   ④ 20.57m³/s

■해설 Manning 공식
㉠ Manning 공식
$$V = \frac{1}{n}R^{\frac{2}{3}}I^{\frac{1}{2}}$$
여기서, n : 조도계수 R : 경심$(\frac{A}{P})$
I : 동수경사

ⓒ 유량의 산정

$$Q = A\frac{1}{n}R^{\frac{2}{3}}I^{\frac{1}{2}}$$

$$= \frac{3.14 \times 2.4^2}{4} \times \frac{1}{0.015} \times \left(\frac{2.4}{4}\right)^{\frac{2}{3}} \times \left(\frac{1}{1,000}\right)^{\frac{1}{2}}$$

$$= 6.78\text{m}^3/\text{s}$$

109. 먹는 물에 대장균이 검출될 경우 오염수로 판정되는 이유로 옳은 것은?

① 대장균은 병원균이기 때문이다.
② 대장균은 반드시 병원균과 공존하기 때문이다.
③ 대장균은 번식 시 독소를 분비하여 인체에 해를 끼치기 때문이다.
④ 사람이나 동물의 체내에 서식하므로 병원성 세균의 존재 추정이 가능하기 때문이다.

■해설 대장균군
ⓐ 대장균군은 Gram음성·무아포성·간균으로 유당을 분해해서 산과 가스를 생성하는 모든 호기성 또는 혐기성균을 말한다.
ⓑ 대장균군의 특징
 • 인체에 무해한 균이다.
 • 수인성 전염병균과 같이 존재하므로 이의 존재 가능성을 추정한다.
 • 병원균보다 검출이 용이하고 검출속도가 빠르기 때문에 적합하다.
 • 추정시험 소요시간은 24시간, 확정시험 소요시간은 48시간으로 시험이 간편하고 정확성이 보장된다.

110. 송수에 필요한 유량 $Q = 0.7\text{m}^3/\text{s}$, 길이 $l = 100\text{m}$, 지름 $d = 40\text{cm}$, 마찰손실계수 $f = 0.03$인 관을 통하여 높이 30m에 양수할 경우 필요한 동력(HP)은?(단, 펌프의 합성효율은 80%이며, 마찰 이외의 손실은 무시한다.)

① 122HP
② 244HP
③ 489HP
④ 978HP

■해설 동력의 산정
ⓐ 양수에 필요한 동력($H_e = h + \Sigma h_L$)
 • $P = \dfrac{9.8QH_e}{\eta}$ kW
 • $P = \dfrac{13.3QH_e}{\eta}$ HP
ⓑ 손실수두의 산정
 • $V = \dfrac{Q}{A} = \dfrac{0.7}{\dfrac{3.14 \times 0.4^2}{4}} = 5.57\text{m/s}$
 • $h_L = f\dfrac{l}{D}\dfrac{V^2}{2g} = 0.03 \times \dfrac{100}{0.4} \times \dfrac{5.57^2}{19.6}$
  $= 11.87\text{m}$
ⓒ 주어진 조건의 양수동력의 산정
 $P = \dfrac{13.3QH_e}{\eta} = \dfrac{13.3 \times 0.7 \times 41.87}{0.8}$
  $= 487.26\text{HP}$

111. 우수가 하수관로로 유입하는 시간이 4분, 하수관로에서의 유하시간이 15분, 이 유역의 유역면적이 4km², 유출계수는 0.6, 강우강도식 $I = \dfrac{6,500}{t + 40}$ mm/h일 때 첨두유량은?(단, t의 단위 : 분)

① 73.4m³/s
② 78.8m³/s
③ 85.0m³/s
④ 98.5m³/s

■해설 우수유출량의 산정
ⓐ 합리식의 적용 확률연수는 10~30년을 원칙으로 한다.
 $Q = \dfrac{1}{3.6}CIA$
 여기서, Q : 우수량(m³/sec)
  C : 유출계수(무차원)
  I : 강우강도(mm/hr)
  A : 유역면적(km²)
ⓑ 우수유출량의 산정
 $I = \dfrac{6,500}{t+40} = \dfrac{6,500}{19+40} = 110.17\text{mm/hr}$
 $Q = \dfrac{1}{3.6}CIA = \dfrac{1}{3.6} \times 0.6 \times 110.17 \times 4$
  $= 73.4\text{m}^3/\text{s}$

112. 원수의 알칼리도가 50ppm, 탁도가 500ppm일 때 황산알루미늄의 소비량은 60ppm이다. 이러한 원수가 48,000m³/day로 흐를 때 6% 용액의 황산알루미늄의 1일 필요량은?(단, 액체의 비중을 1로 가정한다.)

① 48.0m³/day
② 50.6m³/day
③ 53.0m³/day
④ 57.6m³/day

■해설 황산알루미늄의 필요량 결정
㉠ 황산알루미늄의 소비량
황산알루미늄 소비량 = 황산알루미늄 농도×유량
$60mg/L × \frac{10^{-6}(kg)}{10^{-3}(m^3)} × 48,000m^3/day$
$= 2,880 kg/day$

㉡ 순도를 고려한 황산알루미늄의 1일 필요량(순도 6%)
황산알루미늄 소비량×(1/순도)
$= 2,880 × \frac{1}{0.06} = 48,000 kg/day = 48 t/day$
$= 48.0 m^3/day$

113. 활성탄흡착 공정에 대한 설명으로 옳지 않은 것은?

① 활성탄흡착을 통해 소수성의 유기물질을 제거할 수 있다.
② 분말활성탄의 흡착능력이 떨어지면 재생공정을 통해 재활용한다.
③ 활성탄은 비표면적이 높은 다공성의 탄소질 입자로, 형상에 따라 입상활성탄과 분말활성탄으로 구분된다.
④ 모래여과 공정 전단에 활성탄흡착 공정을 두게 되면, 탁도 부하가 높아져서 활성탄 흡착효율이 떨어지나 역세척을 자주 해야 할 필요가 있다.

■해설 활성탄처리
㉠ 활성탄처리
활성탄은 No.200체를 기준으로 하여 분말활성탄과 입상활성탄으로 분류하며 제거효과, 유지관리, 경제성 등을 비교, 검토하여 선정한다.
㉡ 적용
일반적으로 응급적이며 단기간 사용할 경우에는 분말활성탄처리가 적합하고 연간 연속하거나 비교적 장기간 사용할 경우에는 입상활성탄처리가 유리하다.

㉢ 특징
• 물에 맛과 냄새를 유발하는 조류 제거에 효과적이며, THM전구물질, 음이온 계면활성제 등의 제거에도 효과적이다.
• 장기간 처리 시 탄층을 두껍게 할 수 있으며 재생할 수 있어 입상활성탄 처리가 경제적이다.
• 분말활성탄은 사용 후 재생 사용이 어려우므로 비경제적이다.
• 입상활성탄처리는 장기간 사용으로 원생동물이 번식할 우려가 있다.
• 입상활성탄처리를 적용할 때는 여과지를 만들 필요가 있다.
• 입상활성탄은 누출에 의한 흑수현상 우려가 적다.
∴ 재생이 가능한 활성탄은 입상활성탄이며, 분말활성탄은 사용 후 재생이 어렵다.

114. 관로별 계획하수량에 대한 설명으로 옳지 않은 것은?

① 우수관로는 계획우수량으로 한다.
② 차집관로는 우천 시 계획오수량으로 한다.
③ 오수관로의 계획오수량은 계획 1일 최대오수량으로 한다.
④ 합류식 관로에서는 계획 시간 최대오수량에 계획우수량을 합한 것으로 한다.

■해설 계획하수량의 결정
㉠ 오수 및 우수관거

종류		계획하수량
합류식		계획 시간 최대오수량에 계획우수량을 합한 수량
분류식	오수관거	계획 시간 최대오수량
	우수관거	계획우수량

㉡ 차집관거
우천 시 계획오수량 또는 계획 시간 최대오수량의 3배를 기준으로 설계한다.

|해답| 112.① 113.② 114.③

115. 아래와 같이 구성된 지역의 총괄유출계수는?

- 주거지역 – 면적 : 4ha, 유출계수 : 0.6
- 상업지역 – 면적 : 2ha, 유출계수 : 0.8
- 녹지 – 면적 : 1ha, 유출계수 : 0.2

① 0.42 ② 0.53
③ 0.60 ④ 0.70

■해설 유출계수
  ㉠ 유역 내의 총우량에 대한 우수유출량의 비를 유출계수라고 한다.
  ㉡ 유역 내의 평균유출계수
  $$C = \frac{\sum C_i \cdot A_i}{\sum A_i}$$
  여기서, C_i : 각 지역의 유출계수
  A_i : 각 지역의 면적
  ㉢ 평균 유출계수의 산정
  $$C = \frac{\sum C_i \cdot A_i}{\sum A_i} = \frac{0.6 \times 4 + 0.8 \times 2 + 0.2 \times 1}{4 + 2 + 1}$$
  $= 0.6$

116. 호수의 부영양화에 대한 설명으로 옳지 않은 것은?

① 부영양화의 주된 원인물질은 질소와 인이다.
② 조류의 이상증식으로 인하여 물의 투명도가 저하된다.
③ 조류의 발생이 과다하면 정수공정에서 여과지를 폐색시킨다.
④ 조류제거 약품으로는 일반적으로 황산알루미늄을 사용한다.

■해설 부영양화
  ㉠ 가정하수, 공장폐수 등이 하천이나 호수에 유입되면 질소(N)나 인(P)과 같은 영양염류농도가 증가한다. 이로 인해 조류 및 식물성 플랑크톤의 과도한 성장을 일으켜 물에 맛과 냄새가 유발되고 저수지의 수질이 악화되는 현상을 부영양화 현상이라 한다. 이때 성장한 조류는 바닥에 퇴적하여 죽게 되고 유입하천에서 부하된 유기물도 바닥에 퇴적하는데, 이 퇴적물의 분해로 인해 생기는 영양염류가 다시 조류의 영양소로 섭취되어 부영양화가 일어날 수 있다.

  ㉡ 부영양화는 수심이 낮은 곳에서 발생하며 한번 발생되면 회복이 어렵다.
  ㉢ 물의 투명도가 낮아지며, COD 농도가 높게 나타난다.
  ㉣ 조류제거 약품으로는 일반적으로 황산동($CuSO_4$)을 사용한다.

117. 하수고도처리방법으로 질소, 인 동시 제거가 가능한 공법은?

① 정석탈인법
② 혐기호기활성슬러지법
③ 혐기무산소호기조합법
④ 연속 회분식 활성슬러지법

■해설 하수의 고도처리방법
  ㉠ 하수의 고도처리방법에는 물리적 방법, 화학적 방법, 생물학적 방법이 있으며, 질소와 인의 처리는 생물학적 방법을 적용한다.
  ㉡ 질소 제거 : Wuhmann법, Ludzack–Ettinger Process, 수정 Ludzack-Ettinger Process, 3단계 Bardenpho법
  ㉢ 인 제거 : A/O(Anaerobic Oxic)법, Phostrip Process
  ㉣ 질소, 인 동시 제거 : 수정 Bardenpho법, A^2/O(Anaerobic Anoxic Oxic)법, SBR, UCT법, VIP법, 수정 Phostrip법
  ∴ 질소와 인을 동시에 처리하는 방법은 A^2/O(Anaerobic Anoxic Oxic : 혐기무산소호기조합법)이다.

118. 활성슬러지법에서 MLSS가 의미하는 것은?

① 폐수 중의 부유물질
② 방류수 중의 부유물질
③ 포기조 내의 부유물질
④ 반송슬러지의 부유물질

■해설 MLSS
  활성슬러지법에서 MLSS(Mixed Liquor Suspended Solid)는 폭기조 내 혼합액의 부유물질을 말한다.

|해답| 115.③ 116.④ 117.③ 118.③

119. 오수 및 우수관로의 설계에 대한 설명으로 옳지 않은 것은?
① 우수관경의 결정을 위해서는 합리식을 적용한다.
② 오수관로의 최소관경은 200mm를 표준으로 한다.
③ 우수관로 내의 유속은 가능한 사류상태가 되도록 한다.
④ 오수관로의 계획하수량은 계획시간 최대오수량으로 한다.

■해설 오수 및 우수관로의 설계
㉠ 우수량 산정은 합리식을 이용하기 때문에 우수관경의 결정은 합리식이 적용된다.
㉡ 오수관로의 최소관경은 200mm, 우수 및 합류관로의 최소관경은 250mm를 기준으로 한다.
㉢ 우수관로 내의 유속은 0.8~3.0m/s를 표준으로 한다.
㉣ 오수관로의 계획하수량은 계획시간 최대오수량을 기준으로 한다.

120. 지표수를 수원으로 하는 경우의 상수시설 배치 순서로 가장 적합한 것은?
① 취수탑 → 침사지 → 응집침전지 → 여과지 → 배수지
② 취수구 → 약품침전지 → 혼화지 → 여과지 → 배수지
③ 집수매거 → 응집침전지 → 침사지 → 여과지 → 배수지
④ 취수문 → 여과지 → 보통침전지 → 배수탑 → 배수관망

■해설 상수도 구성요소
㉠ 수원 → 취수 → 도수(침사지) → 정수(착수정 → 약품혼화지 → 침전지 → 여과지 → 소독지 → 정수지) → 송수 → 배수(배수지, 배수탑, 고가탱크, 배수관) → 급수
㉡ 수원, 취수, 도수, 정수, 송수 등의 설계에는 계획 1일 최대급수량을 기준으로 한다.
㉢ 계획취수량은 계획 1일 최대급수량을 기준으로 5~10% 정도 여유 있게 취수한다.
㉣ 배수관의 직경 결정, 펌프의 직경 결정 등은 계획시간 최대급수량을 기준으로 한다.

토목기사 필기 과년도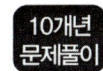
10개년 문제풀이

발행일	2013. 2. 10	초판 발행
	2013. 7. 5	개정 1판1쇄
	2014. 2. 20	개정 2판1쇄
	2015. 2. 10	개정 3판1쇄
	2016. 1. 30	개정 4판1쇄
	2017. 1. 30	개정 5판1쇄
	2018. 1. 30	개정 6판1쇄
	2019. 1. 20	개정 7판1쇄
	2020. 2. 10	개정 8판1쇄
	2021. 2. 10	개정 9판1쇄
	2022. 2. 10	개정 10판1쇄
	2023. 3. 30	개정 11판1쇄
	2024. 4. 10	개정 12판1쇄
	2025. 4. 10	개정 13판1쇄

저　자 | 채수하 · 김영균 · 진성덕 · 조준호
발행인 | 정용수
발행처 | 예문사

주　소 | 경기도 파주시 직지길 460(출판도시) 도서출판 예문사
T E L | 031) 955-0550
F A X | 031) 955-0660
등록번호 | 11-76호

- 이 책의 어느 부분도 저작권자나 발행인의 승인 없이 무단 복제하여 이용할 수 없습니다.
- 파본 및 낙장은 구입하신 서점에서 교환하여 드립니다.
- 예문사 홈페이지 http://www.yeamoonsa.com

정가 : 35,000원

ISBN 978-89-274-5805-0   13530